中国科学院大学研究生教材系列
中国生态学学会“生态学透视”系列

防护林生态学

朱教君 著

科学出版社
北京

内 容 简 介

本书是作者多年来从事防护林研究工作的系统总结。基于防护林生态学必须依托防护林工程而发展的特点，在明确防护林生态学基本内涵与范畴基础上，确定了防护林生态系统区划/构建理论与技术、经营理论与技术、效应（生态服务功能）评估理论与技术等为本书的核心研究内容。全书共5篇11章，包括绪论篇（第1章～第3章）、防护林区划/构建篇（第4章～第6章）、防护林经营篇（第7章～第8章）、防护林效应评估篇（第9章～第10章）和未来展望篇（第11章）。《防护林生态学》属于应用生态学范畴，既是防护林工程建设中基础理论与方法的创新、防护林学与生态学的学科交叉与融合、技术集成和应用系统的总结，也是新时代对防护林工程建设的全面思考和凝练，更是自20世纪60年代以来，三代防护林人精神的传承和记载。

本书是中国科学院大学研究生通用教材，也可供从事生态学（森林生态学）和林学（防护林学）、地理学（自然地理学），以及生态建设与生态恢复等领域的科研、教学、工程技术人员，以及高等学校、科研院所的本科生、研究生等参考。

审图号：GS 京(2023) 1555 号

图书在版编目(CIP)数据

防护林生态学/朱教君著. —北京：科学出版社，2023.10
（中国生态学学会“生态学透视”系列）
中国科学院大学研究生教材系列
ISBN 978-7-03-074266-7

Ⅰ. ①防… Ⅱ. ①朱… Ⅲ. ①防护林-森林生态系统-研究生-教材
Ⅳ. ①S727.2

中国版本图书馆 CIP 数据核字（2022）第 237250 号

责任编辑：孟莹莹 / 责任校对：何艳萍
责任印制：徐晓晨 / 封面设计：无极书装

科学出版社出版
北京东黄城根北街 16 号
邮政编码：100717
http://www.sciencep.com
北京中科印刷有限公司印刷
科学出版社发行　各地新华书店经销
*
2023 年 10 月第 一 版　开本：787×1092 1/16
2023 年 12 月第二次印刷　印张：31 3/4　插页：6
字数：753 000

定价：159.00 元

序　一

学科是产业发展与科学研究实践的产物，是在对规律总结、反思、凝练的基础上，逐步积累而形成与发展的。“防护林生态学”是伴随着世界范围内防护林生态工程建设、在“防护林学”基础上发展而来的。特别在我们这个生态文明新时代，中国规模宏大的防护林生态工程成为生态文明建设的重要载体，新时代防护林生态工程建设坚持“山水林田湖草沙”系统治理，提升生态系统的多样性、稳定性与可持续性的需求，为我国防护林生态学研究与发展提供了探索空间。中国科学院沈阳应用生态研究所（原中国科学院林业土壤研究所）朱教君研究员及其科研团队通过主持科技部、自然科学基金委、中国科学院以及地方政府多项防护林生态领域的科研项目，在防护林学的发展历程中，沿着“以任务推动学科发展”的路径，瞄准营建防护林，实现其生态防护功能高效、稳定并可持续的终极目标，率先形成了基于“防护林学”与“生态学”交叉融合的“防护林生态学”基本内涵与范畴。

该书围绕防护林生态学的核心研究内容——防护林生态系统（防护林生态工程）“区划/构建—经营—效应评估”理论与技术，对防护林生态学发展历程和主要方向的研究进展进行了总结。全书包括绪论、防护林区划/构建、防护林经营、防护林效应评估和未来展望五篇，涵盖了：防护林营建的生态学基础、防护林多尺度结构变化规律及其与防护功能的关系；防护林生态系统温/水-生态适宜性区划机理，以“全量水资源”和以“协调防护效应”定林的“山水林田湖草沙”构建机理及构建技术体系；防护林生态系统防护成熟、阶段定向和结构优化经营原理，带状林景观更新和片状林林窗更新，典型防护林生态系统衰退与生态恢复机制与技术；防护林生态系统生态效应发挥机制、“天-空-塔-地”一体化大型防护林生态工程效应评估方法与技术；防护林生态学的未来发展趋势等。纵观全书，作者提出的防护林生态学内涵的科学性、内容的全面性和针对性，凸显了该书的学术价值和实用价值。

该书完成之时正值党的十八大提出“大力推进生态文明建设”战略决策十年之际，在这继往开来的关键时间节点，作者用自己的科研实践向防护林生态工程等生态文明建设实践献上厚礼，将防护林生态学学科建设推向一个新阶段、新高度。尽管该书形成了防护林生态学的研究框架，但随着防护林生态工程建设规模的不断扩大，以及科研成果的不断积累，相信防护林生态学的“区划/构建—经营—效应评估”理论与技术体系会更加完善，并在未来的生态文明建设中发挥更大的作用。

在该书出版之际，欣之为序以贺之。

中国工程院院士

2022 年 7 月

序　二

森林作为陆地生态系统的主体，在防御自然灾害、维护生态平衡、提供自然资源等方面具有无可替代的作用。然而，随着社会发展，人类对森林索取日益增多，森林资源锐减、质量下降、功能衰退，导致土地沙化、水土流失等土地退化问题，以及沙尘暴、洪涝灾害、泥石流等自然灾害频发。因此，建设以生态防护为主要目的的防护林体系，已成为世界各国应对生态脆弱区的生态问题和防灾减灾的重要举措。

自新中国成立以来，我国一直坚持实施防护林生态工程建设。特别是针对东北、西北和华北地区严重的风沙干旱、水土流失等问题，1978 年国家启动了横跨北方 13 个省（区、市）、建设期为 73 年的三北防护林体系建设工程（简称三北工程）。在三北工程的带动下，国家又相继启动了沿海防护林、长江中上游防护林、黄河中游防护林等 17 项防护林生态建设工程。在这样的长时间跨度、规模宏大的防护林生态工程建设实践中，逐渐形成了具有中国特色的防护林建设工程体系，以及防护林生态学的科学研究体系。

在过去的三十余年中，该书作者朱教君研究员及其科研团队一直围绕我国防护林生态工程营建理论和技术开展系统性的研究，致力于发展防护林生态学的学科体系，为森林生态学和防护林学等应用生态学相关领域知识体系的丰富和发展做出了重要贡献。

该书作为对我国防护林生态工程营建的科学思想、理论创新和技术进步的成果总结，系统梳理并深度思考了防护林、防护林学和防护林生态学的发展历史、现状以及未来发展趋势等内容。该书专业技术性强、应用涉及面广，涵盖了防护林生态学的基本内涵、科学原理、发展历史，以及防护林生态工程的区划/构建、经营、效应评估等方面的理论和技术问题，是一本值得阅读和收藏的图书。该书无论是对长期从事相关研究与教学的科技工作者，还是对相关专业的研究生，或是对行业的管理人员、技术人员和爱好者，均具有很高的参考价值。

该书的出版，不仅对发展防护林生态学具有重要意义，也可为中国乃至全球的森林生态工程建设实践提供重要参考。我本人十分了解并深知朱教君研究员及其科研团队在长期科学研究过程中的艰辛和努力，也非常荣幸能应邀为该书作此短序，借此表达对该书出版的衷心祝贺，也期待其科研团队能为我国防护林生态学发展、重大林业生态工程建设做出更大贡献。

中国科学院院士　于贵瑞

2022 年 7 月

序　三

祖武箕裘

中国幅员辽阔，自然条件复杂多样，森林资源总量不足且功能低下，生态环境问题突出。自新中国成立以来，为了保护生态脆弱区土地资源、防御自然灾害、改善生态环境、保障农牧业生产与发展国民经济，国家对防护林建设给予高度重视并使之迅速发展。自1950年开始，我国陆续启动了东北西部、内蒙古东部的防护林，三北防护林，沿海防护林，长江中上游防护林，黄河中游防护林，珠江流域综合治理防护林，辽河流域防护林等防护林生态建设工程。经70余年的营建实践，中国已经成为名副其实的防护林大国。

面对如此规模宏大且以发挥防护效应为主的防护林，应该用怎样的构建和经营理论与技术，才能确保防护林功能高效、稳定、可持续目标的实现，“防护林学”学科创始人曹新孙先生、我本人以及该书作者——我的学生朱教君等三代人赓续传承，针对防护林生态工程建设的需求，围绕“农田防护林学”“防护林经营学”“防护林生态学”等学科发展和防护林生态工程建设理论与技术，开展了系统性、创新性研究。

1960年，曹新孙先生率先于中国科学院林业土壤研究所（现中国科学院沈阳应用生态研究所）组建了防护林研究课题组，针对当时“大办粮食，大办农业”的国家需要，将研究方向定位在农田防护林营造原理与技术上。我有幸从20世纪60年代开始跟随曹先生从事相关研究。1978年，国家正式启动三北防护林体系建设工程，这项令世人瞩目的世界上“最大的植树造林工程”的启动，标志着防护林建设与研究进入了一个崭新的时代。1983年，曹先生主编的《农田防护林学》正式出版，我作为编写人和统稿人之一，在将近3年的时间里，多次和曹先生一起讨论、修改并完善书稿；这部专著是1960～1983年以农田防护林为对象的多学科综合研究成果，将农田防护林研究提升到了一个独立学科的水平。

1983年以后，我担任防护林学科带头人，从国家“七五”“八五”“九五”科技攻关，到中国科学院重大创新研究项目，我和同事以及我指导的研究生根据当时我国防护林生态工程从规模建设转为内涵建设的营建需求，重点围绕防护林构建与经营、土地荒漠化防治等领域，除农田防护林外，对防风固沙林、水土保持林等开展了相关研究。经过又一个20多年的积累，2003年，我组织撰写了《防护林经营学》并正式出版，这是将防护林经营的科学问题在学科层面上进行系统的凝练和总结。我的学生朱教君从1987年开始跟随我从事防护林学研究，他作为主要负责人全程参与了《防护林经营学》的写作。

进入21世纪，营建防护林并提升其生态功能成为确保国家生态安全与生态文明建设的重要战略任务，为响应中国科学院知识创新工程的号召，朱教君肩扛防护林科学研究的旗帜，组建并带领团队倾力于防护林生态工程构建—经营—评估系统研究，特别是在防护林退化与恢复机理、防护林质量和功能维持与提升，以及重大防护林工程“天-空-塔-地”一体化评估等方面，取得了可喜成果。国家“大力推进生态文明建设”“建设美丽中国”的战略决策，需要新时代防护林建设更加注重从生态学的视角探索建立符合生态服务功能为主的防护林营建理论与技术体系。在经历了又一个 20 年的积淀后，朱教君主笔完成了《防护林生态学》，这是生态学与防护林学的学科交叉与融合，是防护林生态工程营建过程中科学思想突破与创新的系统总结。

《防护林生态学》包含了防护林生态工程的生态学基础、防护林结构与功能、防护林生态工程营建新理论与技术、防护林生态工程效应评估新方法体系，以及防护林生态学学科研究展望等内容。《防护林生态学》既是防护林生态工程建设中基础理论与方法的创新、学科的交叉与融合、技术集成和应用系统的总结，也是新时代对防护林生态工程建设的全面思考和凝练，更是三代防护林人精神的传承和记载，它标志着防护林生态工程发展孕育着生机勃勃的强大生命力。

《防护林生态学》即将出版，让我心潮澎湃、喜不自胜、久久难以平静。三北防护林还要建设将近 30 年，其他防护林生态工程也在生机盎然地发挥着越来越重要的生态功能。我衷心期盼，朱教君和他的研究团队能够继往开来，为防护林生态学等学科发展、为我国防护林生态工程建设事业奋勇前行。

中国科学院沈阳应用生态研究所研究员 姜凤岐

2022 年 7 月

前　言

森林是陆地生态系统的主体，是重要的自然资源，是人类赖以生存发展的基础和文明进步的摇篮，对维系地球的生态平衡起着至关重要的作用。自古至今，森林与人类就有着不解之缘，正是“万物土中生，森林育万物；万物人为主，人生靠万物”（中国科学院沈阳应用生态研究所奠基人之一、我国著名林学家和生态学家王战先生语）。然而，几千年来的农业发展，特别是近代工业革命的迅猛崛起，人类对自然资源的索取日益增多，森林遭到了严重破坏。仅以我们熟知的东北森林为例：清朝后期西方列强四次侵华战争以及日本侵华战争等原因，导致东北的浩瀚森林损失大半；新中国成立后一段时期，林业经营粗放、随意采伐，导致森林资源锐减。因此，气候、水文、土壤等生态环境急剧恶化，部分有益于人类生存发展的动植物物种濒于消失，生物多样性锐减，破坏了自然界的生态平衡，从而出现了风沙危害、水土流失、良田受损等诸多生态问题。随着社会发展与进步，人们逐渐意识到森林加速消失带来的严重后果，并越来越深刻地认识到森林的生态防护功能与人类文明息息相关。已经严重破坏的森林不可能完全恢复到原有状态，但是，可以通过对现有天然林进行生态保育，更为重要的是通过构建与经营（营建）人工林促进被破坏森林的恢复，最大限度发挥森林的生态防护功能。防护林正是为适应这种需求而逐渐被纳入到生态环境建设体系之中。

自 20 世纪 30 年代开始，世界各国开始以国家运作方式大规模营建防护林，并逐渐发展成为世界各国应对自然灾害、维护基础设施、促进经济发展、改善区域环境和维持生态平衡的主要手段。

我国营建防护林的历史悠久，由农民自发营造农田防护林至少可追溯到百年以前；自新中国成立以来，国家主导的防护林建设一直没有间断。20 世纪 50 年代，先后启动了东北西部、内蒙古东部、河北、陕西等地的防护林建设，之后逐渐扩大至我国西北地区、豫东防护林、陕北防护林、永定河下游防护林网、冀西防护林网，以及新疆河西走廊垦区的绿洲防护林营造。20 世纪 70 年代末，针对中国东北西部、华北北部和西北大部分地区（简称三北地区）植被稀少，气候恶劣，风沙危害和水土流失严重，木料、燃料、肥料、饲料缺乏，农牧业产量低而不稳，人民生活长期处于较低水平等问题，国家正式启动了为期 73 年（1978～2050 年）的三北防护林体系建设工程。20 世纪 90 年代，为全面提高生态环境质量、扩大森林资源等，国家又先后启动了长江中上游防护林体系工程、沿海防护林体系工程、平原绿化工程、太行山绿化工程、全国防沙治沙工程、黄河中游防护林体系工程、淮河太湖流域防护林体系工程、珠江流域防护林体系工程、辽河流域防护林体系工程等防护林生态工程（占国土面积的 73.5%），构成了以防护林生态工程为主体的林业生态工程体系。至 1998 年，国家启动了势在必行的天然林资源保护工程，将林业定位（森林经营方向）

由过去以木材利用为主，转向以发挥森林的生态服务功能为主，标志着我国森林更加注重公益属性。21 世纪初，我国从经济社会发展对防护林建设的客观需求出发，围绕新时期林业生态工程建设总目标，根据森林发挥的主导功能不同，将我国森林划分为生态公益林（non-commercial forest）和商品林（commercial forest）两大类。其中，生态公益林约占 57%，绝大部分属于防护林。2015 年以后，随着生态文明建设的大力推进，新时代防护林建设坚持“山水林田湖草沙”系统治理的理念，全面推进科学绿化，实施生态保护修复工程，加大生态系统保护力度，提升生态系统的多样性、稳定性和可持续性，推动林业生态工程，特别是防护林生态工程的高质量发展。

伴随着世界范围内防护林生态工程的建设与发展，“防护林学”应运而生，特别是近 40 多年，中国规模宏大的防护林建设为防护林学研究与发展提供了重要的物质基础和发展空间，并在科技支撑防护林生态工程建设中逐渐得到完善。关于防护林学的早期国内外相关专著包括 *Shelterbelts and Microclimate*（Caborn，1957 年）、《农田防护林学》（曹新孙，1983 年）、《防护林学》（向开馥，1991 年）、《防护林经营学》（姜凤岐等，2003 年）等。这些专著阐述了防护林学的基本内涵，标志着防护林学学科的发展和特色。在防护林学研究内容方面，结构与效益研究最为丰富；在防护林林种方面，农田防护林的文献最多；在防护林构建理论与技术方面，多以森林培育学（造林学）理论与技术为主体，主要包括规划设计、树种选择、立地划分、空间配置和造林技术等；在防护林经营的理论与技术方面，则与经典的森林经营理论与技术（以适应木材利用为主要需求）有所不同，主要包括防护成熟与阶段定向经营、结构配置优化与结构调控、衰退与更新改造；在防护林效益评估方面，除单一防护林效益评估外，将效益/效应评估与检验防护林营建的合理性、未来防护林的科学规划设计等相互联系，成为防护林构建与经营的纽带。

防护林作为以发挥防护效应为基本经营目的的森林总称，既包括人工林，也包括天然林。从生态学角度出发，防护林可以理解为“特殊森林”，它利用森林具有影响环境的生态功能，缓解全球气候变化，保护生态脆弱地区的水土资源、农牧业生产、建筑设施、人居环境等，减轻自然灾害对环境的危害和威胁。实际上，所有森林生态系统均具有一定的防护功能。随着对“天人合一”的深刻认知和生态文明建设的推进，防护林生态工程已不再是以单一的以“防护林”为主体，而是以“防护林生态系统”乃至“山水林田湖草沙综合生态系统”为主体。因此，生态学原理更加深入地应用到“防护林学”领域，形成了基于“防护林学”与“生态学”（特别是森林生态学）交叉融合的“防护林生态学”。

笔者于 1987 年考入中国科学院林业土壤研究所（同年更名为中国科学院沈阳应用生态研究所），成为生态学专业硕士研究生，师从姜凤岐先生，正式加入由姜先生领导的林业生态工程/防护林学科组；曾参加了 20 世纪 80 年代末、90 年代初由姜先生主持的国家“七五”“八五”“九五”科技攻关和国家自然科学基金等多项防护林研究重大课题；参与并见证了以任务推进学科（防护林学）的发展之路。进入 21 世纪以来，笔者相继主持了多项防护林生态领域的项目：中国科学院项目——“百人计划”项目“干扰条件下次生林生态系统主要生态过程与可持续经营”、知识创新工程重要方向项目“典型人工用材林与防护林衰退机理及可持续经营研究”、知识创新工程重要方向课题“浑河上游水源涵养林建设技术与森林生态效益监测”、重大项目课题“三北防护林工程生态环境效应遥感监测与评估研究”、战略性先导科技专项课题“三北防护林工程固碳速率和潜力”、重点部署项目“东北生态安全屏障建设技术研究与示范”、前沿科学重点研究项目“防护林跨尺度功能形成与维持机制研究”、科技服务网络计划（STS 计划）项目“三北防护林体系建设 40 年总结评估”，国家自然科学基金委项目——杰青项目“防护林学”、重点项目“东北次生林主要建群种天然更新过程中的光调节机制”、重点项目“东北次生林生态系统林窗更新过程与机制”、重点项目“阔叶红松林红松天然更新障碍研究”、重大项目“人工林生态系统生产力提升与碳汇维持机制”，国家科技部项目——国家基础研究计划 973 项目“我国主要人工林生态系统结构、功能与调控研究”、国家重点研发计划项目“典型人工林生态系统对全球变化适应机制”、国家公益项目课题“辽宁典型地区生态公益林可持续经营关键技术研究与示范”，国家林业与草原局三北防护林建设局和辽宁省等地方项目——“三北防护林经营研究”“三北防护林体系建设发展战略研究”“辽西北荒漠化地区樟子松固沙林衰退可能性研究”等。为了适应防护林生态研究的需要，笔者依托辽宁清原森林生态系统国家野外科学观测研究站/中国科学院清原森林生态系统观测研究站、中国科学院沈阳应用生态研究所大青沟沙地生态实验站和辽宁省固沙造林研究所（现辽宁省农业科学院风沙地改良利用研究所）科研基地等野外平台，建立了长期稳定的试验基地，全面支撑了防护林生态研究。

研究成果获国家科技进步奖二等奖 2 项，辽宁省科技进步奖一等奖 2 项、辽宁省自然科学奖一等奖 1 项、中国科学院科技促进发展奖 1 项。基于这些研究成果在国内外生态学、林学领域期刊发表论文数百篇，撰写被国家采纳的战略咨询报告 10 余份。笔者坚持以任务推动学科（防护林生态学）的发展之路，基于长期研究成果，总结并提出了防护林生态学的学科框架。

防护林生态学的基本内涵与范畴实际上为生态系统生态学所包涵，即研究生态系统结构、功能和动态等变化规律及其与环境相互作用的科学。防护林是以发挥防护效应（生态效应）为基本经营目的的森林，防护林生态学是研究防护林生态系统的防护效应或生态效应高效、稳定、可持续利用与管理的科学。防护林生态学必须依托防护林生态工程的发展，因而，防护林生态系统（生态工程）区划/构建理论与技术、经营理论与技术和效应（系统生态服务功能）评估理论与技术等，是防护林生态学的核心研究内容。效应评估是防护林生态系统构建与经营的桥梁，可适时对防护林生态工程进行有效评估，以确定防护功能发挥的程度，甄别构建与经营过程中存在的问题，并反馈到构建与经营中，以此保障防护林建设的终极目标——生态防护功能高效、稳定并可持续。防护林营建的生态学基础主要包括森林生态学、恢复生态学和景观生态学等，而防护林单木、林分/林带/系统、景观等多尺度结构参数定义与精准量化，确定结构参数变化规律并建立其与防护功能的关系等，则是防护林营建的重要基础，上述内容构成了本书的绪论篇。关于防护林生态系统（生态工程）构建，以天然林资源保护工程为例，对天然防护林进行区划，以人工防护林规划设计为基础，确定了防护林构建区的温水条件与生态适宜性，明确了乔-灌-草植被耗水特征和分布阈值，确定了以“全量水资源”定林/绿和以“协调防护效应”定林的“山水林田湖草沙”系统构建机理，并建立了对应的防护林区划/构建技术体系，上述内容构成了本书的区划/构建篇。关于防护林生态系统（生态工程）经营，除沿用以往防护林经营的防护成熟、阶段定向和结构优化原理外，明确了带状林景观更新和片状防护林林窗更新，以及典型防护林的衰退与生态恢复机理，确定多尺度防护林生态系统经营技术体系，上述内容构成了本书的经营篇。防护林生态系统生态服务功能的可持续发挥，以保证防护林生态系统构建和经营的合理性为前提，因此，效应评估是保障防护林生态系统的防护功能高效、稳定、可持续的基础，除单一防护林生态系统功能评估外，明确了功能发挥的机制，建立了“天-空-塔-地”一体化大型防护林生态工程生态功能评估方法与技术，上述内容构成了本书的评估篇。此外，本书还设置了未来展望篇，旨在从防护林生态学的国内外研究现状中，梳理防护林生态学的未来发展趋势，为防护林生态学研究提供参考。

全书内容主要基于笔者 30 余年来系统研究成果，并参考了前期出版的《防护林经营学》、*Wind on Tree Windbreaks*、《沙地樟子松人工林衰退机制》、《森林干扰生态研究》和《三北防护林工程生态环境效应遥感监测与评估研究》等专著，为保证本书内容的系统性，有少部分内容（图表）引用自上述专著。

在 30 多年的研究过程中，笔者的同事和笔者指导的研究生、合作的博士后等，对相应研究成果做出了重要贡献。他们是宋立宁、郑晓、闫巧玲、高添、卢德亮、齐珂、于立忠、康宏樟、李秀芬、孙一荣、于跃、杨凯、张金鑫、李凤芹、葛晓雯、刘华琪、刘利芳、徐爽、于丰源、李明财、王高峰、曾德慧、王贺新、范志平、陈庆达、滕德雄、刘足根、毛志宏、焦向丽、谭辉、胡理乐、许美玲、席兴军、张彩虹、王凯、张广奇、张敏、徐天乐、闫涛、闫妍、张维维、宋媛、朱春雨、申奥、刁萌萌、张婷、高平珍等。

《生态学杂志》编辑部的张敏副编审对全书内容进行了核对，李凤芹编审对全书进行了文字润色。张金鑫高级工程师对全书文献、图表、格式进行了全面处理。

本书封面照片由牟景君、文俊峰、晏先提供。

本书的出版得到中国生态学学会和中国科学院大学教材出版中心的资助。

本书承蒙我国著名的林学家、生态学家、中国工程院院士尹伟伦教授，著名生态学家、地理学家、中国科学院院士于贵瑞研究员和我国著名防护林学家姜凤岐先生拨冗赐序，在本书出版之际，谨向尹伟伦院士、于贵瑞院士和姜凤岐先生表示衷心感谢。本书作者指导的硕士、博士研究生参加了本书相关内容的研究，本书写作过程得到了他们的大力支持和帮助。在本书撰写过程中参考了相关领域的国内外文献，参考文献集中列于全书正文之后，在此，向文献作者致以真诚的谢意。

本书所涉及的内容，受研究范围、研究时限和研究水平所限，虽经多轮仔细校对，难免有不详与疏漏之处，诚请读者批评指正。

朱教君
2022 年 7 月

目　　录

第三篇 防护林经营

第四篇　防护林效应评估

第五篇 未来展望

第一篇 绪 论

第1章 防护林与防护林生态学

森林是陆地生态系统的主体，是人类赖以生存和发展的重要物质基础，对维系整个地球的生态平衡起着至关重要的作用。人类对森林的认识：经历了盲目破坏、毁林开荒和单纯为了取得木材而进行的掠夺式采伐，导致生态环境急剧恶化；之后，开始自觉保护与扩大森林资源，充分发挥森林的多种生态服务功能，改善生态环境，并以国家运作方式大规模营建森林，即防护林生态工程发展的漫长阶段。营建防护林生态工程已成为世界各国应对自然灾害、维护基础设施、促进经济发展、改善区域环境和维持生态平衡的主要手段。伴随着世界范围内防护林生态工程（林业生态工程的主体）的建设与发展，与之对应的“防护林学”应运而生，并在科技支撑防护林生态工程建设中逐渐得到完善；随着生态学的不断发展，生态学原理更加深入地应用到防护林学领域，逐渐形成了防护林生态学研究范畴和发展框架。

1.1 防 护 林

1.1.1 防护林的起源

森林是重要的自然资源之一，是人类生存发展、人类文明进步的摇篮和重要生态保障（朱教君和张金鑫，2016），是改善环境与发展经济的纽带，这是国际社会普遍共识。从古至今，森林和人类始终有着不解之缘，正如中国林学家、森林生态学家王战所述：“万物土中生，森林育万物；万物人为主，人生靠万物。”

在人类文明历史发展过程中，早在“天人混沌”的原始文明时期，人类对森林的认识实际上属于一种朴素的生态唯物观，人类完全生活在森林之中，将森林作为庇护所。人类对森林资源的利用主要是制作工具与建造巢室。在整个原始文明阶段，由于人口少、生产力低，原始人类只能顺从自然规律生活，盲目崇拜自然，人类对森林的破坏和影响微不足道。这一阶段人类对森林资源的认识尚处在蒙昧状态。

随着人类逐步向前发展，进入“天人渐离”的农耕文明阶段，对森林的索取日益增多，森林资源锐减。大约 1 万年前，人类开始有意识地从事谷物栽培，出现农耕文明。农耕的出现使人类与森林环境之间的关系产生了新变化。人类的“火猎”活动曾大片地毁灭森林，但不是有意识地毁灭森林，而只是想猎获林中的禽兽；“火猎”结束，森林依靠自我更新机制即可恢复。但是，人类农耕的主要目的是生产食用植物和其他经济作物，为了扩大农业用地，就必须有意识地毁伐森林，永久性地占用大量林地。为了清除森林以扩大农用土地，放火烧荒很自然地成为人们占有森林的有力手段。铁器出现以后，铁犁、铁锄、铁砍刀等大大增强了人类为发展农耕而破坏森林的能力。同时，人口增长的压力迫使人们大量砍伐森林辟为农田，造成森林覆盖率急剧下降，从而导致水土流失、地力下降、土地盐碱化、风沙干旱、洪水泛滥等灾害频繁发生，保护农耕的基础（森林）被摧毁，已威胁人类的生存与发展。例如，远在3000年前，黄土高原地区还是林木蔽天、水草丰盛的地方。西周时，这里尚有森林3200万hm^2，森林覆盖率高达53%（樊宝敏等，2003）。秦统一中国后，由于大兴土木（如修建阿房宫、筑长城，推行移民屯垦政策等），大面积毁林开荒，加上历代封建王朝南征北战，严重破坏了森林植被，使黄土高原变成赤地千里、荒山秃岭。据记载，秦汉时，平均每26年发生1次洪水；三国五代时，平均每10年发生1次洪水；北宋时，平均每年发生1次洪水。由于失去森林覆盖和保护，大量水土流失造成了黄土高原干旱和贫瘠，大量泥沙沉积导致河床抬高，因而决堤、改道事故频繁发生（樊宝敏等，2003）。英国在远古时期曾拥有很多茂密的森林，直到12世纪森林覆盖率仍在20%以上。从13世纪起，随着人口的增加，大面积的毁林开垦使森林覆盖率下降到5%（张建国和吴静和，2002）。早在公元800年，德国由于毁林开垦使森林遭受严重破坏，森林覆盖率下降至25%，公元1000～1350年毁林开垦达到高潮，有67%的森林消失（张建国和吴静和，2002）。在世界其他地区，森林植被的大面积破坏最终导致一些古老文明的衰落或消失，如两河流域的苏美尔文明，中北美洲低地丛林的玛雅文明，地中海沿岸的腓尼基文明，古希腊文明和古罗马文明以及北非和小亚细亚地区的文明等（马光，2014）。

农业耕地的开垦加速了大片森林的毁灭。随着人类文明的发展，毁林垦荒对森林植被的破坏，以及人口急剧增长对环境的压力，造成生态环境日益恶化。土地退化、生态失调、植被破坏……导致的水土流失严重、旱涝灾害频繁、风沙危害加剧等环境问题呈加速发展的趋势。几千年来，在广大的平原和部分丘陵山地，由于农业生产发展，淘汰了作为现代顶极优势种类的森林，原始良好的生态环境逐渐萎缩和消失，气候、水文、土壤等条件恶化。同时，单一的农业结构破坏了原有自然的生物平衡，农业生态系统抗逆功能脆弱（曹新孙，1983），水土流失、风沙干旱加剧（姜凤岐等，2003）。正是源于人们对天然森林加速消失的意识，人类逐渐认识到利用森林的防护功能的重要性，这种朴素的、实践体验出的认识逐渐成了人们的共识，这便形成了防护林的初始概念（高志义，1997；朱教君，2013）。

人类在破坏森林植被的同时，也意识到了森林的作用，开始自发地保护森林和营造人工林。远在距今三千多年前的周朝，就有种植堤岸人工林用以保护河岸堤防及道路的记载。人工林造林首先是在平原地区进行，之后发展到丘陵和山区。最先发展的是风景林，在村庄周围和村内街道及庭院内种植树木，可起到美化和改善环境的作用。据《周礼》记载，在两千多年前的先秦时代就已沿道路种植行道树，用于绿化护路和植树计程。保存至今的四川北部古栈道之上的古柏行道树主要栽植于明代。洞庭湖于唐代在沅江筑堤垸，南宋围湖屯田，开始试造防浪护堤林。明代万历年间，清水江畔的苗侗人就开始了“开坎砌田，挖山栽杉”的山田互补、林粮间作的农林结合生产方式（朱教君和张金鑫，2016）。

随着19世纪工业革命的兴起，人类进入“天人相悖”的工业文明阶段，人口急剧膨胀，人类对自然资源的需求不断升级，对森林资源，特别是对天然林的过度开发，导致生态环境逐渐恶化，威胁人类生存和发展（高志义，1997）。人们逐渐认识到保护和合理开发利用森林资源的重要性，并开始有规划、有目的地保护森林、营造人工林，以发挥森林的防护功能，防止各种各样危及人类生活与生产的自然灾害（如风蚀、沙化、水土流失、泥石流等）发生。例如，19 世纪后期至 20 世纪 30 年代，美国各种自然灾害频发，为改变中西部大平原地区的单调景观和防风固沙，在河岸、农田及居民区附近植树造林。1873 年，美国通过的《木材教育法案》号召在农场营造防护林带，以取得木材、改变平原单调景观。1924 年，美国实施了“Clarke-MeNary 计划”，营造森林，防止水土流失，保护农田、牧场，改善小气候，提高作物、牧草和牲畜产量（朱教君，1993）。18 世纪后期到 19 世纪初，英国制定的许多农业土壤改良措施都提及了为暴露的农田提供防护林的重要性，同时，在英国多风的沿海地区的农场，为满足农业发展的需要，一直重视防护林带的建设。早在 1866 年，丹麦开垦犹特兰岛广大沙荒地区，开始营造护林带。18 世纪，苏格兰在受强风袭击的滨海地带营造林带。19 世纪，英格兰在东部荒地营造防护林，保护农业生产（姜凤岐等，2003）。

全球工业化和现代化进程加速，环境污染和生态破坏日趋严重，导致自然灾害频繁发生、水土流失和荒漠化严重、森林草地资源锐减、生物多样性减少和全球气候变化等。19 世纪中期，在俄罗斯和乌克兰草原区域，由于过度垦伐，“黑风暴”频繁出现。19 世纪后期至 20 世纪 30 年代，在美国大平原地区（密西西比河以西和洛杉矶以东），为获取耕地，人们进行了大范围开发，导致 1934 年发生了大范围、长时间的“黑风暴”（Munns and Stoeckeler，1946；朱教君，1993；姜凤岐等，2003）。日趋严重的生态环境问题使人们认识到生态危机的严峻性和森林生态服务功能的重要性，并开始以国家运作方式大规模营建森林（防护林生态工程）（姜凤岐，2011）。例如，美国、苏联和日本分别于 20 世纪 30 年代中期、40 年代末和 50 年代中期实施了美国大平原各州林业工程、斯大林改造大自然计划和日本治山治水防护林生态工程，中国则在 20 世纪 50 年代初实施了中国东北西部、内蒙古东部防护林建设工程。这些以国家运作方式开展的防护林生态工程，在世界范围内开创了防护林生态工程建设的先河（朱教君，2013）。同时，人类文明也发展到“天人和谐”的生态文明阶段。

1.1.2　营建防护林的目的

防护林是以发挥森林的防护功能为主要目的的森林，因此，营建（构建与经营的合称）防护林是世界各国应对自然灾害和生态问题而采取的重要防治措施（曹新孙，1981；Zagas et al.，2011；朱教君等，2016；Zhu and Song，2021）。随着全球生态环境日益恶化，森林生态服务功能逐渐为人们所认知，更加凸显了防护林建设的重要性。特别是防护林作为农林生态系统中的重要组成部分，对维护生态平衡、减少自然灾害、保障和促进农牧业生产和缓解全球气候变化等具有重要意义（朱教君等，2016）。营建防护林的主要目的包括以下四个方面。

1.1.2.1　控制土地荒漠化

土地荒漠化是指人类历史时期以来，由于人类不合理的经济活动和脆弱生态环境相互作用造成土地生产力下降、土地资源丧失、地表呈现类似荒漠景观的土地退化过程（朱震达，1998；姜凤岐等，2003），主要表现为干旱、风沙危害和水土流失（姜凤岐等，2009）。土地荒漠化的发生、发展及其逆转是气候、环境和人类社会经济活动综合作用的结果，已成为危及人类生存与社会经济可持续发展的重大生态环境问题（姜凤岐等，2003）。全世界约1/3的陆地面积和1/6的人口受到土地荒漠化影响，全球每年新增土地荒漠化面积为5万～7万km^2，造成的直接经济损失约为430亿美元（孙技星等，2021）。我国是世界上荒漠化面积较大、受影响人口较多、受风沙危害和水土流失较重的国家之一，根据第五次全国荒漠化和沙化监测结果（2016年），全国荒漠化土地面积261.16万km^2，沙化土地面积172.12万km^2，分别占国土总面积的27.2%和17.9%。以中国东北西部、华北北部和西北大部分地区（简称三北地区）为主体的中国土地荒漠化的进展速度长期处于攀升态势，21世纪虽有所减缓但仍在高位运行。以三北地区沙漠化为例，该区沙漠化土地面积在1978～2000年一直处于增加状态，至2000年沙漠化土地面积达到峰值（由1978年的31.1万km^2到2000年的37.6万km^2），之后才开始出现减少趋势，2017年沙漠化面积仍为35.8万km^2（朱教君和郑晓，2019）。再如，科尔沁沙地沙化土地面积占科尔沁沙地总土地面积的比例，从20世纪50年代的22%一路攀升到80年代的48%和90年代的54%（姜凤岐，2011），直到21世纪初才有所缓解。目前仍在急剧扩张的甘肃民勤和内蒙古呼伦贝尔沙地，环境恶化的形势尤其突出（姜凤岐等，2009）。进入21世纪以来，尽管我国荒漠化持续减少，但荒漠化依然严重，防治形势仍然严峻。

土壤侵蚀（主要为风蚀和水蚀）是导致土地荒漠化的主要原因，而防护林是控制土壤侵蚀有效的手段之一。由于防护林可以改变下垫面粗糙度，使地表空气层的物理状态发生剧烈变化，形成特有的热力和动力效应，对于调节微气候环境起着决定性作用（姜凤岐等，2003）。在沙漠化危害较为严重的地区，建立防护林，恢复沙区植被，固定流动沙丘，控制沙漠化蔓延，不仅能有效减缓风速、固定流沙，而且对沙地水资源状况有一定的改善作用。营造防护林是防治流沙、改造利用沙地的根本途径，也是在沙区保护农牧业生产和林业建设的重点工作（朱教君等，2016）。对于水蚀，防护林通过林冠截留和枯枝落叶层吸水，能够减缓地表径流速度，推迟地表径流形成时间，提高土壤的入渗性能，从而降低径流量和产沙量；同时，根系对土壤颗粒的缠绕固结作用可提高土壤抗径流冲刷能力（周忠学等，2005）。在水蚀荒漠化严重地区，建立防护林能够有效控制土壤侵蚀，改善生态环境，这已成为防治水蚀荒漠化的根本措施。以三北防护林体系建设工程（简称三北工程）的作用为例，经过40年的防护林建设，三北地区沙化土地呈现出由扩展到缩减的逆转态势。1999年以前，沙化土地呈现“整体扩展，局部好转”的态势，整体上处于扩展状态。2000年以后，沙化土地面积逐渐缩减，呈现“整体遏制，重点治理区加快好转”的态势。1999～2014年，工程区沙化土地面积净减1.77万km^2；2000～2017年，沙漠化（不分等级）面积减少1.81万km^2。沙漠化程度发生了重要变化（沙漠化土地划分为轻度、中度、重度、极重度），极重度、重度沙漠化面积分别减少了39.7万km^2和0.92万km^2，中度、轻度沙漠化面积分别增加了0.69万km^2和2.4万km^2（朱教君和郑晓，2019）。同样，由于三北工程的营建，40年水土流失区森林（水土保持林）面积增加69.23%（由1725万hm^2增加至2918万hm^2），水土流失面积由67.16万km^2减少至22.45万km^2（减少66.58%），特别是剧烈、极强度、强度和中度水土流失面积分别减少了 87.87%、93.69%、95.76%和 92.46%。在黄土高原等重点水土流失区，筑起日益完备的水土保持生态屏障，土壤侵蚀模数大幅下降（朱教君和郑晓，2019）。

1.1.2.2　保障农牧业稳产高产

防护林（带）通过改变风的行为，可缩小农牧区近地层气温和土壤温度的变化幅度，对水资源状况（如蒸发、湿度、水平降水等）有重要影响，为农作物生长提供较好的温度、湿度等小气候条件；同时，可减少近地面沙尘暴、干热风、霜冻等自然灾害对农牧业生产的危害（姜凤岐等，2003；朱教君等，2016）。在农业生态系统中，作物生长发育过程受到微气候环境的影响，而微气候是作物所处的环境变量的复合体，包括土壤环境、气候环境（温度、辐射、湿度和风等）。作物生长环境各因子是“偶联”的，这是由动量、能量和物质的变换所引起的，其中一个因子的变化会导致另外因子的相应变化。这种偶联关系主要有两种类型：①辐射偶联（光能变化引起），②扩散偶联（养分、水蒸气、CO_2 穿越植物边界层交换作用）。微气候因子对作物生理生态过程中的光合作用、呼吸作用、蒸腾和物质运输等的影响最终会影响作物的生产力（姜凤岐等，2003）。

防护林（带）促进农牧业高产稳产的案例很多，以三北工程为例，经过 40 年建设，三北地区基本建成了庇护农田高产稳产的农田防护林体系，有效防护的农田面积达 3021 万 hm^2，比工程启动之初（1978 年）增加了 4.2 倍（朱教君和郑晓，2019）。农田防护林对高、中、低产区粮食的增产率分别达 4.7%、4.3%和 9.5%（Zheng et al.，2016）。40 年，农田防护林使三北工程防护区粮食产量累计增产 4.23 亿 t，年均增产 1058 万 t（朱教君和郑晓，2019）。农田防护林林网可以改善生态环境、优化作物生长环境条件，对作物生长环境具有明显的影响。在新疆，农田防护林能够使平原农区风速降低 45%～55%，空气相对湿度提高 5%～19%，减少水分蒸发 20%～30%，小麦千粒重提高 2～3g（梁宝君，2007）。在防护林（带）的庇护下，牧草可增产 43%～60%（Bird，1998），牧草叶片质量明显得到提高（周新华和张艳丽，1990），玉米产量提高 2.4%～9.5%（Zheng et al.，2016），小麦产量平均提高 4.7%（孙宏义等，2010），林网内的作物产量一般可比空旷区增产 34.2%左右（姜凤岐等，2003）。

1.1.2.3　保护水土资源（涵养水源）

洪水与干旱是全球影响范围很广、对人类的生存与发展危害非常严重的自然灾害（朱教君等，2016）。然而，受全球气候变化的影响，干旱和洪水等与水有关的灾害在全球范围频繁发生，影响范围逐渐扩大，影响程度逐渐加深。自 2000 年以来，与洪水有关的灾害较前 20 年增加了 134%，干旱的发生次数和持续时间也增加了 29%。据统计，1975～2005 年全世界有 50.8%人口受洪水影响，33.1%人口受干旱影响（ADRC，2006）。2000～2018 年，全球受洪水影响人口增加 5800 万～8600 万人，增幅为 20%～24%（Tellman et al.，2021）。世界气象组织《2019 年全球气候状况声明》报道，2019 年在印度、尼泊尔、孟加拉国和缅甸等国发生的各种洪灾事件中，已有超过 2200 人丧生。营建/规划（天然林）防护林是防御与减轻水旱灾害的重要途径。防护林可涵养水源、保护土壤、减少土壤侵蚀、避免江河湖库的泥沙淤积，提高水利设施的效用。其防护作用表现为减小降水对土壤的直接冲击，减弱地表径流对土壤侵蚀的动能。由于防护林改变了降水的分配形式，其林冠层、林下灌草层、枯枝落叶层、林地土壤层等通过拦截、吸收、蓄积降水，起到保持水土、涵养水源的作用（姜凤岐等，2003；朱教君等，2016）。

森林水文学研究表明，森林通过林冠截留、枯枝落叶层吸收、土壤蓄水和渗透过滤，改变降水的分配比例，从而起到阻滞洪水作用（朱教君等，2016）。根据175个流域的水文数据长期观测研究表明，森林覆盖率为100%的条件下，森林减少洪水模数最大值为0.4，洪峰值被削弱50%（Alila et al.，2009）。在黄土高原地区，有林区与无林区比较，有林区的洪峰流量模数要比无林区小几十倍，洪峰流量减小 71.4%～94.3%（金栋梁和刘予伟，2013）。在四川涪江流域（森林覆盖率为12.3%）洪峰径流比降水量相似的沱江流域（森林覆盖率为5.4%）少约30%，而后者径流系数（59.7%）是前者的1.3倍（宋子刚，2007）。位于美国北卡罗来纳州的Coweeta被认为是世界上持续研究历史最长的集水区，相关研究结果表明，清除森林可增加约15% 的平均水流量和洪峰流量（Swank and Crossley，1988）。

森林对河川径流的影响主要表现在影响径流总量和调节径流分配两个方面。森林对河川径流的调节作用在于削减洪峰流量、推迟洪峰到来时间、增加枯水期流量、减小洪枯比。在径流场观测小尺度上，对比防护林地与草地径流场的最大洪峰量、洪峰出现时间的观测结果，表明防护林地径流场降水时形成的最大洪峰量比草地的下降幅度大，减少范围为54.1%～89.5%，同时可以推迟洪峰时间 5～20min（刘世荣等，1996）。在黄土高原丘陵沟壑区，水土保持林区在丰水年、平水年和枯水年的径流系数比无水土保持林区分别减少50%、85%和90%（张晓明等，2005）。森林覆盖率的变化对小溪流域洪水特性产生一定影响，森林覆盖率越大，影响效果越明显。相比无森林覆盖条件，森林覆盖率达到最大（100%）时减小洪峰流量约13.2%，延缓洪峰到达时间约4h，延长洪水历时约13h；当森林覆盖率低于40%时，森林对洪峰的削减作用非常有限；当森林覆盖率大于40%时，森林覆盖率平均每增长10%，可削减洪峰流量约2%（姚原等，2020）。

1.1.2.4 缓解全球气候变化

以大气CO_2浓度增加、全球变暖为主要特征的全球气候变化，正在改变着陆地生态系统的结构和功能，威胁着人类的生存与发展，已受到世界各国政府的高度关注。森林作为陆地生态系统的主体，是陆地生态系统最大的碳库，在调节全球碳平衡和减缓大气中CO_2等温室气体浓度上升，以及维持全球气候稳定等方面具有不可替代的作用（周国逸，2016）。森林通过光合作用吸收了大气中的CO_2，通过光合作用转变为糖、氧气和有机物，为自身的枝叶、茎根、果实、种子的生长提供基本的物质和能量来源。这一过程就产生了森林固碳效果，也就是通常所说的森林的碳汇（朱教君等，2016）。防护林的营建增加了森林碳汇，成为减缓气候变化的根本所在。已有研究表明，全球陆地约80%的地上碳储量和40%的地下碳储量集中在森林生态系统（Goodale et al.，2002）。Fang等（2018）研究表明，2001～2010年我国陆地生态系统年均固碳量2.01亿t，可抵消同期化石燃料碳排放的14.1%，其中森林的贡献约为80%。2000～2010年，我国天然林资源保护工程、退牧还草工程、三北工程（四期）、京津风沙源治理工程、退耕还林工程、长江及珠江防护林建设（二期）的实施，使重大生态工程区内生态系统碳储量增加到 1.50PgC（$1PgC=10^{15}gC$=10 亿 t C），年均碳汇功能达到 132TgC/a（$1TgC=10^{12}gC$=100 万 t C），抵消了同期我国化石燃料燃烧 CO_2 排放的 9.4%（Lu et al.，2018）。根据三北工程 40 年评估结果，随着森林面积逐步增加、森林质量不断提高，40 年森林累计增加活生物碳储量约 13 亿 t、土壤碳储量 7 亿 t、生态效应总固碳量 3 亿 t，40 年三北工程固定 CO_2 量可抵消同期（1980～2015 年）中国工业 CO_2 排放量的约 5%（Sun et al.，2016；朱教君和郑晓，2019）。因此，营建防护林、推动防护林生态工程发展，是我国实现碳中和目标的主要途径之一，对于美丽中国和生态文明建设具有重要意义。

1.1.3　防护林定义与分类

国际上对于防护林并没有统一的定义，多数国家或学者均根据防护林营建目的进行定义。马骥（1953）定义防护林为：以减免自然灾害、涵养水源、固定流沙或防止风沙侵袭、改变农业气候、保障农业生产等为主要经营目的而营造的森林。李霆（1978）定义防护林为：以发挥森林的各种防护效应为目的而营造的人工林，发挥其防风固沙、保水固土、净化大气、改善小气候、防御或削弱灾害性天气等各种生态功能，保护、稳定和改善生态环境。日本的防护林（保安林）则是指：为了国土保安、水源涵养、充分发挥森林的环境保护美化功能，防止各种自然灾害发生而划分出来的森林（朱教君，1993）。意大利和瑞士等欧洲国家将防护林定义为：以保护人民或资产免受自然灾害影响为主要功能的森林（Brang et al.，2006）。综上，防护林是以发挥防护效应为基本营建目的的森林的总称，既包括人工林，也包括天然林（姜凤岐等，2003；Zagas et al.，2011；朱教君，2013）。从生态学角度出发，防护林可以理解为利用森林具有影响环境的生态功能，保护生态脆弱地区的土地资源、农牧业生产、建筑设施、人居环境，减轻自然灾害对环境的危害和威胁的森林（Brandle and Hintz，1988；姜凤岐等，2003；朱教君，2013）。

同样，对于防护林分类，国际上也没有统一标准和分类体系，不同的国家因不同的自然、经济等特点形成各自的防护林分类体系。苏联时期，学者根据防护林作用和所处的位置，将防护林分为 6 类 14 种：护田林带（防风林、水分调节林、近荒溪-近侵蚀沟林、果园防护林），侵蚀沟、荒溪、沟谷林（护坡林、护河床-滤泥沙林、蓄水库-护岸林），沙地牧场防护林（护沙林和牧场牲畜防护林），山地防护林（护山林、复垦地防护林），绿化林（美化林和护村林），护路林（保护生命林）（姜凤岐等，2003）。日本根据森林的不同防灾作用和保护环境作用，将防护林分为 17 种：水源涵养林、水土保持林、塌方防护林、飞砂防护林、防风林、洪水灾害防护林、防潮林、干害防护林、防雪林、防雾林、雪崩防护林、防止落石防护林、防火林、渔业防护林、航标防护林、保健林和风景林（朱教君等，2002a）。意大利和瑞士等国将防护林分为直接提供防护功能和间接提供防护功能的防护林（Brang et al.，2006）。美国将防护林分为农田防护林、牧场防护林、野生动物防护林和宅院防护林（张河辉和赵宗哲，1990）。

关君蔚（1998）根据保护对象、地形部位、土地利用资源方式和防护目的，将我国防护林分为 4 个二级林种 22 个三级林种，具体如表 1-1 所示。根据生态防护脆弱性和生态防护重要性，我国又将防护林分为 11 个二级林种 24 个三级林种（国家林业局，2014），具体如表 1-2 所示。综上所述，依据防护对象和防护目的，防护林可分为：农田防护林、防风固沙林、水土保持林、水源涵养林、牧场防护林、沿海防护林、城市防护林、生态经济型防护林（姜凤岐等，2003；朱教君，2020；Zhu and Song，2021）。另外，根据外表形态防护林可分为：带状防护林和片状防护林（朱教君，2013）。根据防护林存在的尺度等级与结构特征（郑晓等，2013），防护林又可分为：个体尺度、林分/林带尺度、景观尺度、区域尺度、全国尺度、全球尺度防护林。

表 1-1 我国防护林体系组成

林种	二级林种	三级林种	除防护以外的主要用途
防护林	风旱防护林的基本林种	耕地护田林	用材
		护牧林	三料
		果园防护林	速生用材
		水库、渠溪防护林	速生用材
		护路林	速生用材
		护岸、护滩林	速生用材
	沙地防护林的专用林种	固沙林	三料
		堆沙林	三料、用材
		沙地改土林	三料、用材
		沙区边缘防护林	三料、用材
	水土保持林的专用林种	水源涵养林	用材
		分水岭防护林	三料、用材
		塬边防护林	用材、果树、特用
		坡地改土林	三料、用材
		固坡护土林	三料、用材
		坡地径流调节林	三料、用材
		沟道防护林	用材、果树、特用
	环境保护林及其他专用林种	城乡居民区防护林	用材、果树、特用
		工矿企业防护林	用材、果树、特用
		自然保护区及保健林	用材、果树、特用、旅游
		风景林及森林公园	旅游、果树、特用
		国防林	用材、特用、国防

表 1-2 我国防护林分类体系

林种	二级林种	三级林种
防护林	水源涵养林	湖泊水源涵养林
		河流水源涵养林
		水库水源涵养林
		地下水源地水源涵养林
		水质调控林

续表

林种	二级林种	三级林种
防护林	水土保持林	坡地水土保持林
		沟道水土保持林
		山地侵蚀灾害防护林
	农田防护林	平原农田防护林
		山坡地农田植物篱
	草牧场防护林	草原防护林
		牧场防护林
	防风固沙林	防风林
		固沙林
		绿洲防护林
	海岸林	海岸带防护林
		消浪林
	护路林	公路防护林
		铁路防护林
	护岸林	水库护岸林
		湖泊护岸林
		堤岸防护林
	滞尘降噪林	防污滞尘林
		降噪林
	防火林	—
	其他防护林	—

1.1.4　防护林建设发展历程

俄国是大规模营建防护林最早的国家，早在 1843 年，针对严重影响干草原地区农业生产的干旱风害、土壤侵蚀等，在卡明草原营建了农田防护试验林，验证该区防护林建设的可能性。1931 年后，成立了“全苏农林土壤改良科学研究所”（曹新孙和陶玉英，1981），并建成世界上第一个防护林试验站（曹新孙和陶玉英，1981；高志义，1997）。基于此，在林带保护区小气候因素与增产效益的关系、林带类型、林带宽度、林带密度、林带结构、带间距离等与防护林营建相关的理论与技术方面取得一些成果，成为防护林发展的起始点（曹新孙和陶玉英，1981；高志义，1997；姜凤岐等，2003）。美国自 1911 年（Bates，1934）论证了防护林效应后，开始营建防护林。1934 年美国大平原发生重大干旱及沙尘暴等灾害，致使 2000 余万农民破产或陷于贫困，迫使美国政府对防护林营建高度重视，启动了大平原防护林营建工程，其主要目的是保护土壤风蚀与防止干旱。丹麦的防护林营建始于 1866 年，即开展风洞试验与防护林效应研究，并据此研究结果开始窄林带的营建。加拿大自 1901 年即开始在草原上营建保护居民、牲畜、建筑的防护林，至 1930 年正式开启农田防护林建设。英国早在 18 世纪后期，为防止农田、果园及牧场遭受冷害，即开启了防护林建设，而且较早确定防护林的占地面积以 5%农田（或其他用地）为宜。防护林建设虽然对整体有益，但对于个体经营者产生经济损失，因此，政府采取国家津贴补助形式或减少税收的办法，鼓励农场营建防护林（曹新孙和陶玉英，1981）。

我国营建防护林的历史悠久，农民自发营造农田防护林可追溯到至少一百多年前，但大规模或有计划营建防护林则自新中国成立（1949 年）以后开始。由于中国生态脆弱区分布面积较大，因而，中国成为营建防护林最多的国家。自 20 世纪 50 年代初，我国防护林建设一直没有间断过，先后启动了东北西部、内蒙古东部、河北、陕西等地的防护林建设，之后逐渐扩大至西北地区、豫东防护林（17 县）、陕北防护林（6 县）、永定河下游防护林网（4 县）、冀西防护林网（8 县），以及新疆河西走廊垦区的绿洲防护林营造（高志义，1997）。1958～1959 年，宁夏中卫固沙林场在沙坡头地段铺设方格草沙障，实行乔灌草结合，保证了包兰铁路的安全行车。但是，该时期营造的防护林目标单一、缺乏全国统一规划，且范围较小，整体效果不明显（李世东和翟洪波，2002）。

20 世纪 60～70 年代后，以农田防护林为主的建设由北部、西部风沙低产区，扩展到华北、中原高产区及江南水网区；与此同时，黄河中上游各省区水土保持林、水源涵养林，以及中国北方防沙治沙林、黄土高原水土保持林和综合防护林建设一直持续发展（朱教君，2020）。中国三北地区植被稀少，气候恶劣，风沙危害和水土流失十分严重，木料、燃料、肥料、饲料非常缺乏，农牧业产量低而不稳，人民生活长期处于较低水平（朱教君等，2003；姜凤岐等，2009）。为从根本上改变三北地区的生态环境和区域生产、生活条件，1978 年 11 月国务院正式批准了为期 73 年（1978～2050 年）的三北工程。三北工程分 3 个阶段、8 期工程，计划造林 0.38 亿 hm^2，成为人类历史上规模最大、持续建设时间最长、环境梯度最大的林业生态建设工程。三北工程主要防护林类型有农田防护林、水土保持林、水源涵养林、防风固沙林等（姜凤岐等，2003）。

20 世纪 80 年代到 90 年代，为控制水土流失、减轻风沙危害、提高生态环境、扩大森林资源总量等，自三北工程启动以后，国家又先后启动了长江中上游防护林体系工程、沿海防护林体系工程、平原绿化工程、太行山绿化工程、全国防沙治沙工程、黄河中游防护林体系工程、淮河太湖流域防护林体系工程、珠江流域防护林体系工程、辽河流域防护林体系工程等防护林生态工程，这些工程面积占国土面积的 73.5%，覆盖了我国主要的水土流失区，风沙侵蚀区和台风、盐碱危害区等生态脆弱的主要地区，构成了我国林业生态的主要体系，极大地推动了防护林建设的发展（姜凤岐等，2003；朱教君等，2016）。

21 世纪初，我国从经济社会发展对防护林建设的客观需求出发，围绕新时期防护林建设的总目标，国家对防护林生态工程进行了整合，相继实施了天然林资源保护工程、退耕还林工程、三北和长江中下游地区等重点防护林体系建设工程、京津风沙源治理工程、野生动植物保护及自然保护区建设工程、重点地区速生丰产用材林基地建设工程 6 大林业生态工程，推动了防护林建设持续健康发展（翟明普和沈国舫，2016）。

2013 年，国家根据森林发挥的主导功能不同，将我国森林划分为公益林（也称生态公益林）和商品林两大类。其中，公益林是国家根据生态保护的需要，将森林生态区位重要或者生态状况脆弱，以发挥生态效益为主要目的的林地和林地上的森林，包括防护林和特种用途林（表 1-3）。绝大部分公益林属于防护林，但特殊地区的公益林（特种用途林）除外，如国防林、实验林、母树林、环境保护林、风景林、名胜古迹和革命纪念林以及自然保护区林等

（孙中元等，2021）。实际上，陆地上所有的森林生态系统均具有一定的防护功能，因此，广义上，所有以发挥防护功能为主的森林（公益林）均可归为防护林。

表 1-3　生态公益林与防护林关系

林种	二级分类	三级分类（林种）
公益林	防护林	水源涵养林
		水土保持林
		防风固沙林
		农田防护林
		护岸林
		护路林
		城市防护林
		……
	特种用途林	国防林
		实验林
		母树林
		环境保护林
		风景林
		名胜古迹林
		……

资料来源：孙中元等（2021）。

2015 年以后，随着生态文明建设的大力推进，“绿水青山就是金山银山”的理念逐渐深入人心，防护林建设开启新的篇章。新时期防护林建设坚持“绿水青山就是金山银山”和“山水林田湖草沙”系统治理的理念，全面推进科学绿化，实施生态保护修复工程，加大生态系统保护力度，提升生态系统稳定性和可持续性，推动防护林生态工程高质量发展。同时，国家启动了沙区自然保护区及沙化土地封禁保护区等生态工程，持续加大防沙治沙工作力度，大力构建沙区绿色生态屏障。

1.2　防护林生态工程

由于防护林具有以发挥森林防护作用为主要目标的特殊性，许多国家或地区均以防御自然灾害、维护基础设施、促进经济发展、改善环境和维持生态平衡等为主要目的进行了大规模防护林建设，即防护林生态工程（曹新孙和陶玉英，1981；Zhu et al.，2004；Gardner，2009；Yan et al.，2011；朱教君等，2016）。防护林生态工程可理解为：在一个自然景观地带内，依据不同的防护目的和地貌类型，营造或划分各种人工防护林和天然防护林，按照总体规划要求，将它们有机地结合起来，形成森林植物为主的群体系统。从深刻意义上讲，防护林生态工程是应用森林生态系统对环境的强大影响潜力，根据物种共生原理，结合系统工程最优化方法而设计的具有高效、稳定生产力的工艺系统，强调其充分利用空间、能量、多物种共生等形成的多层次强大生态效益和经济效益。因此，防护林可改变保护区的小气候环境，保护土壤免受风蚀、水蚀，涵养水源、减轻干旱灾害，并为野生动物提供栖息环境（姜凤岐等，2003）。

国内外许多防护林生态工程又被称为林业生态工程。林业生态工程的定义：依据生态学、林学及生态控制论原理，设计、建造与调控以木本植物为主体的人工复合生态系统的工程技术，其目的在于保护、改善与持续利用自然资源与环境（王礼先等，2000）。“防护林生态工程”或“防护林体系建设工程”是林业生态工程的主体，林业生态工程按建设目的的不同，可划分为：丘陵区林业生态工程、平原区林业生态工程、风沙区林业生态工程、沿海林业生态工程、城市林业生态工程、农林复合生态工程、自然保护林业生态工程等（李世东和翟洪波，2002）。另外，林业生态工程的主要内容（林业生态工程营造/构建、经营/管理、效益评价与规划设计等）与防护林生态工程十分相似（王百田，2010）。

国内外以国家运作方式开展的防护林生态工程（或林业生态工程，下同）主要包括：1935～1942 年美国大草原各州林业工程（罗斯福工程），1949～1965 年苏联斯大林改造大自然计划，1950～1978 年中国东北西部、内蒙古东部防护林建设为代表的防护林生态工程，1954～1983 年日本治山治水防护林生态工程，1965 年至今法国林业生态工程，1970～1990 年北非五国“绿色坝”跨国防护林生态工程，1973 年至今印度社会林业计划，1973 年至今韩国治山绿化计划，1978～2050 年中国三北工程，1980 年至今尼泊尔喜马拉雅山南麓高原生态恢复工程，1991～2000 年加拿大绿色计划和 1991～2015 年菲律宾全国植树造林计划等（朱教君，2013；Zhu and Song，2021）（图 1-1），具体内容如下。

1.2.1 国外主要防护林生态工程

1.2.1.1 美国大草原各州林业工程（1935～1942 年）

美国大草原各州林业工程，又称“罗斯福工程”，是指在密西西比河以西和洛杉矶以东地域营建大规模防护林事件。该工程启动之前，来自德国、挪威等国的居民为了改变大草原单调的景观和防风固沙，在河岸、农田及居民点附近植树造林，这便是大草原防护林建设的开端（朱教君，1993；Gardner，2009）。随着中西部大草原地区人口显著增长，高强度放牧和无节制垦殖严重破坏了大草原区域生态系统平衡，沙尘暴频繁发生。大规模防护林建设是从 20 世纪 30 年代沙尘暴席卷大草原后开始的（Roland，1952）。1934 年末，美国总统富兰克林・罗斯福签署命令，1935 年春正式启动了大草原各州以农田防护林生态工程为主体的“防护林带工程”（van Deusen，1978）计划。富兰克林・罗斯福自始至终主持了这项工程的决策、规划和实施。工程范围北起北达科他州，南至得克萨斯州，南北长 1850km，东西宽 161km，包括大草原 6 个州 3 万多个农场，至 1943 年，共营造防护林带 2.99 万 km、3.02 万条，保护农田 162 万 hm^2，这是美国林业史上最大的防护林生态工程（朱教君，1993；Orth，2007；Gardner，2009）。大草原各州林业工程主要是在没有森林的土地上造林。

工程造林结束后不久，约有 10%的造林消失或因放牧等干扰而严重受损，但 80%以上保存良好并发挥了应有的作用（Roland，1952）。10 年后（1954 年）再次调查发现，保存

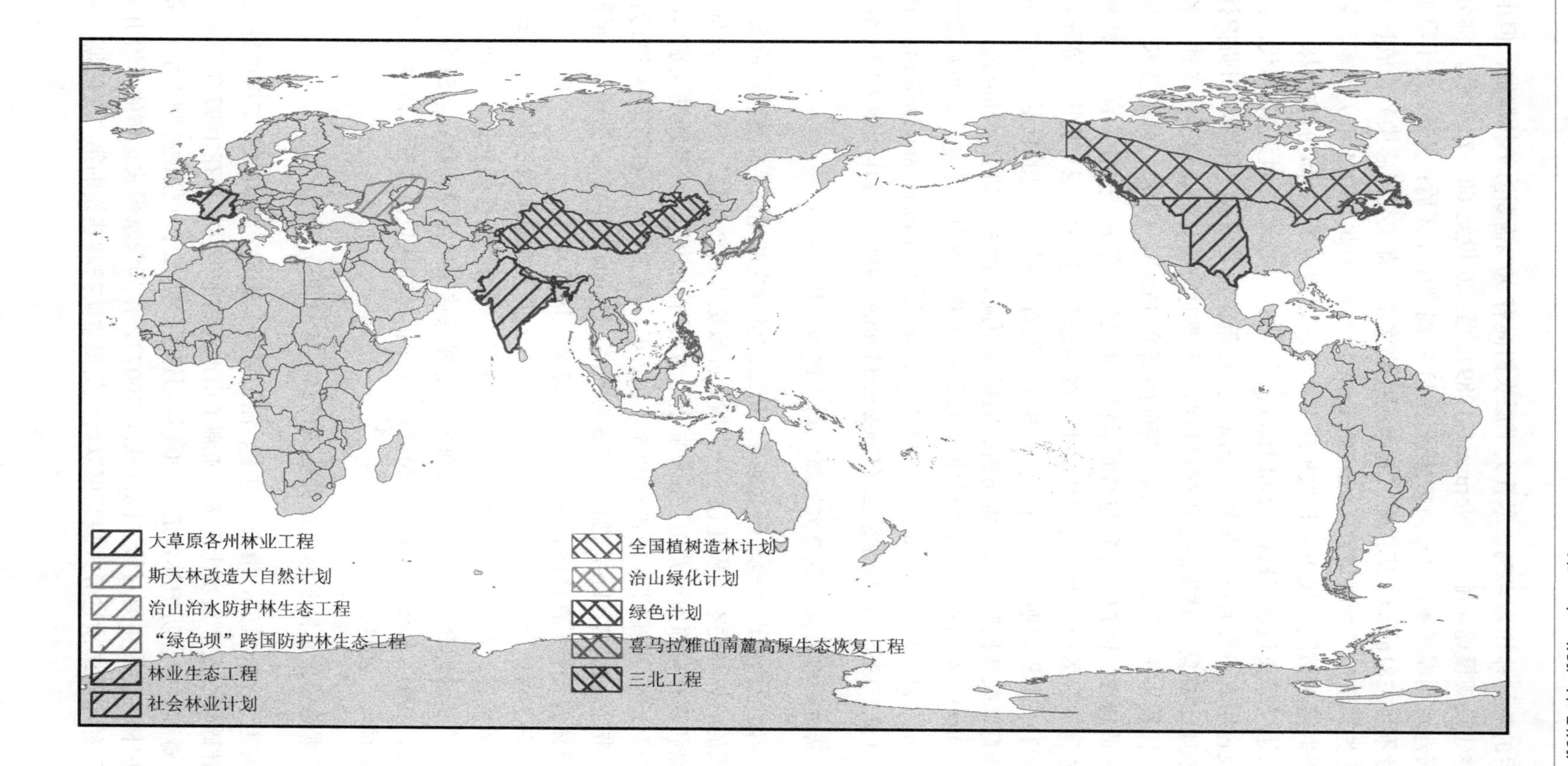

图 1-1　世界主要防护林生态工程分布图（引自 Zhu and Song，2021）（见书后彩图）

良好并发挥作用的防护林约为42%。尽管大平原农田尚有90%需要防护林保护，但由于种种原因，防护林建设规模逐年缩小（Norman，1989）。至20世纪60～70年代，部分农场为扩大耕地和兴建水利灌溉系统，与防护林带（网）布局产生了矛盾；另外，由于旱灾（很多区域年降水量不足381mm）、病虫害（林木同作物病虫害寄主交叉感染）及放牧不当等问题，大面积防护林出现了衰退现象（van Deusen，1978）。为此，1975年美国审计署署长提出：应立即采取措施鼓励农民更新和保护现存林带，以避免多年营造的防护林消失，使附近的农田再次遭受风灾侵袭（Fewin and Helwig，1988）。进入20世纪90年代，由于农田防护林耗水及占用农田等问题，部分大平原防护林带经营者出现了摆脱农田防护林的思潮（沈照仁，2004）。在防护林生态工程建设初期，主要对防护林的规划设计（林带长度与防护面积、林带行数与株行距、林带方向与带间距离）（Finch，1988）、营造技术（树种选择、树种生长及适宜性、防护林配置与断面形状、立地条件划分、采种、育苗、植树、补植、防止动物危害）和效应评价（防护林对小气候的影响、防护效应与费用）等开展了研究（朱教君，1993）；工程后期，重点针对防护林生长发育过程中出现的衰退、死亡等问题，开展了防护林抚育、杂草控制、病虫害防治、防护林更新、改造等研究（Norman，1989；Brandle et al.，2004）。随着全球气候变化的发展及林业发展方向的转变，防护林缓解全球气候变化（Guertin et al.，1997；Hou et al.，2011）、能量保存（Heisler and DeWalle，1988）、动物保护（Dix et al.，1995）及美学效益（Cook and Cable，1995）等作用被人们充分认识。

1.2.1.2 苏联时期的斯大林改造大自然计划（1949～1965年）

基于1843年防护林建设经验与研究成果，第二次世界大战结束后，苏联政府着手规划了国家运作方式的防护林生态工程建设——“斯大林改造大自然计划”。1948年公布了“苏联欧洲部分草原和森林草原地区营造农田防护林，实行草田轮作，修建池塘及水库，以确保农业稳产高产”计划，实施期为1949～1965年（17年），规划营造各种防护林570万hm^2、8条大型防护林带（总长5320km，总面积7.6万hm^2）（Shaw，2015）。据统计，至苏联解体前清查，防护林占其全国森林面积的19%（高志义，1997）。

该防护林生态工程建设过程中，应用了1843年开始的卡明草原农田防护林试验和当时防护林研究取得的成果，在防护林学领域提出了防护林规划的综合配套思想，确定将天然林划归为防护林范畴的理念（姜凤岐等，2003），重视森林保护环境和涵养水源的防护功能等研究（高志义，1997；Korolev et al.，2012），在防护林结构以及效益评估等方面也做出了重要贡献（姜凤岐，2011）。

1.2.1.3 日本治山治水防护林生态工程（1954～1983年）

日本山地灾害（土体流失、滑坡、崩塌、泥石流等）频发，特别是第二次世界大战后，由于大面积森林破坏引发严重水土流失，加剧了山地灾害的发生。早在1897年日本即颁布《森林法》进行森林保护和防护林营造，1904年创建了砂防工学（侵蚀控制工学），将治山治水、经营防护林确定为主要对策（Fujikake，2007）。作为国家形式运作的“治山治水防护林生态工程”始于第二次世界大战结束以后，是日本防护林建设的第二个时期（朱教君等，2002a），1954～1963 年营造以控制土壤流失为重点的防护林，1964～1973 年则以水源涵养林建设为主，1974～1983 年由于城市化迅速发展，以保健林和都市水源涵养林建设为主，20 世纪 80 年代至 1990 年，防护工程建设以混凝土为主，在山地灾害区建设了各类防砂堤坝，而树木防护林则多以被动保护为主（朱教君等，2002b）。

日本是防护林林种划分比较细致的国家，为便于经营管理，根据防护林不同的防护功能，将防护林划分为 17 种，其中，水源涵养林和水土保持林（包括海岸防护林）是防护林的主体（占防护林面积的 90%以上）（Zhu et al.，2003a）。防护林造林树种基本为乡土树种（朱教君等，2002b），树木容易成活，成林有保障。治山治水防护林生态工程在防护林树种选择、更新改造，促进水源涵养林和水土保持林水文调节防护功能形成机理研究、防护林公益效应量化表达和相应防护林种经营管理方面取得丰富经验（Zhu et al.，2012）。在防护林经营管理方面，主要根据不同立地与不同树种和林分特点，综合考虑防护效应与国民需求制订相应经营方案，如分流域管理，抚育、更新及复层林培育等，同时加强国民防护林经营意识。由于日本防护林 70%以上为国有，且主要分布在山地灾害易发地区，总体上缺乏人为管理（Iwasaki et al.，2019）。

1.2.1.4　北非五国“绿色坝”跨国防护林生态工程（1970～1990 年）

北部非洲五国——摩洛哥、阿尔及利亚、突尼斯、利比亚和埃及受世界上最大沙漠撒哈拉沙漠的影响，为了防止沙漠北移，五国政府于 1970 年决定在撒哈拉沙漠北部边缘联合建设跨国林业生态工程——北非五国“绿色坝”防护林生态工程。工程规划 20 年（1970～1990 年），工程基本内容是通过造林、种草，在东西长 1500km、南北宽 20～40km 范围内营造各种防护林 300 万 hm^2。在工程实施过程中，各国分别做出了具体计划，如阿尔及利亚的“干旱草原和绿色坝综合发展计划”、突尼斯的“防治沙漠化计划”和摩洛哥的“1970～2000 年全国造林计划”等（高志义，1997）。“绿色坝”防护林生态工程除了传统规划设计、造林树种（物种）选择等技术外，整体工程从生态学观点出发，首先保护好当地现有天然植被，在此基础上，实施宜林则林、宜草则草的营林方针；另外，针对防护林生态工程受到人为严重干扰的特点，运用法律限制过度放牧干扰（高志义，1997）。这种以生态学观点为依据建立的防护林生态工程为防护林的经营理论与技术发展提供了重要参考。

1.2.1.5　法国林业生态工程（1965 年至今）

1965 年起，法国开始大规模兴建海岸防风固沙、荒地造林和山地恢复等防护林生态工程。虽历经政权更迭，但其机构、政策长期保持不变，大型林业生态工程由政府预算支持。造林由国家给予补贴（营造阔叶树补助 85%，针叶树补助 15%），免征林业产品税，只征 5%的特产税（农业税为 8%），国有林经营费用的 40%～60%由政府拨款。因此，法国森林覆盖率提高明显，第二次世界大战后年森林覆盖率提高 10 个百分点，森林覆盖率趋于稳定。法国的森林覆盖率已经从 1946 年的 20%增加到 2020 年的 31.5%，拥有蓄积量 30.56 亿 m^3 的森林，且蓄积量以每年 3300 万 m^3 的速度增长。法国在鼓励造林的同时，也注意保护林场主的权益，对森林采伐实行税收方面的优惠政策，如规定林主买卖活立木免征增值税等，调动林场主造林的积极性（李世东和翟洪波，2002）。

近几十年来，法国大力发展人工林事业。特别是1947～1992年利用国民林业基金会进行造林或次生林改造累计达216万hm^2。20世纪60年代末，平均每年造林5.5万～6.0万hm^2。1992年造林2.7万hm^2，1993～1996年平均每年造林1.7万hm^2。截至1999年，法国有林地面积已扩大到1671.7万hm^2，其中，森林面积为1493.4万hm^2。法国防护林生态工程建设在保护建筑设施和人居环境、保护水土资源方面发挥了巨大的作用。虽然法国防护林经营水平相对较低，但却有自己的特色，特别是在海岸松、花旗松、杨树、水青冈、夏栎等树种防护林经营上均达到了较高水平，在种苗培育、整地、造林及中幼林抚育方面都积累了一些成功的经验。

1.2.1.6 印度社会林业计划（1973年至今）

为了改善生态环境，消除乡村贫困，增加社会就业，发展农村经济，印度政府于1973年8月正式提出社会林业计划，在印度得到迅速发展，其政策长期保持稳定（李世东和翟洪波，2002）。为保障社会林业计划的有效实施，印度各级林业部门都建立了社会林业计划管理机构，同时，由政府投资或争取外援支持农民发展林业，鼓励广大群众参加社会林业，对森林实施分类经营，加强造林经营全过程管理。1980年底，印度社会林业计划造林面积达143万hm^2，占人工林总面积的45%。到2000年底，印度已有17个邦（全国共26个邦）实施了社会林业计划，管理和保护的森林面积达5600万hm^2，占全印度森林总面积的87.5%，各类农民森林管理和保护组织达1万多个。该工程已经成为国家林业发展战略的重要组成部分，并被联合国粮食及农业组织（Food and Agriculture Organization of the United Nations）誉为发展中国家发展林业的典范。然而，由于缺乏科学经营管理，森林退化和毁林现象十分严重（李世东和翟洪波，2002）。

1.2.1.7 菲律宾全国植树造林计划（1991～2015年）

为了遏制森林破坏，提高森林覆被率，改善生态状况，促进乡村发展，恢复退化的热带森林和红树林，菲律宾政府于1986年开始实施全国植树造林计划。为保证全国植树造林计划的顺利实施，1990年菲律宾政府又制订了为期25年的全国植树造林计划（1991～2015年），计划25年内造林250万hm^2。针对全国植树造林计划实施的需求和林业存在的问题（如重采伐、轻管护、破坏严重）（李世东和翟洪波，2002），菲律宾政府及时调整林业发展方向，通过改革林业管理机构，积极发展社会林业，大力营造薪炭林，把山地作为林业工作的重点区域，充分发挥社会团体在林业发展中的作用，转变科研和教学方向等措施，推动全国植树造林计划实施。1991年颁布的《原始林采伐禁令》标志着森林保护被正式纳入菲律宾的林业政策之中。同年，菲律宾通过了《国家综合保护区系统法》，规定划定的保护区要退出各种形式的开发利用。到2004年，菲律宾已经造林181万hm^2。尽管菲律宾的森林面积在增加，但是人为干扰严重地区的单位面积的森林蓄积量却在不断下降。另外，由于造林活动缺乏科学指导，在森林恢复过程中大量引进外来树种，如桃花心木、加勒比松、银合欢和南洋楹等，对原有的生态系统产生严重威胁，危及森林的生物多样性（李世东和翟洪波，2002）。

1.2.1.8　韩国治山绿化计划（1973 年至今）

为了防止水土流失、改善生态环境，韩国从 1973 年开始先后组织实施了五期治山绿化计划（1973～2017 年）。20 世纪 80 年代末已基本消灭荒山荒地，完成了国土绿化任务，水土流失基本得到控制，森林涵养水源功能增强，生态环境有较大改观（李世东和翟洪波，2002）。

为了提高治山绿化的速度，韩国制订了第一个治山绿化计划（1973～1978 年）。该计划的目标是动员人民参与治山绿化，计划营造 100 万 hm^2 速生林，组织各级人员进行统一造林。工作重点是荒山绿化、薪炭林营造和林业宣传教育，为国土绿化和生态改善奠定基础。仅用 6 年就完成了计划确定的全部任务，实际造林面积达 108 万 hm^2。由于第一个治山绿化计划提前 4 年完成，于 1979 年开始实施第二个治山绿化计划（1979～1987 年）。该计划的基本任务是全部绿化荒山，山地资源化，把山区纳入新的国民经济圈。到 1987 年，完成造林 107.8 万 hm^2，提前完成了 96.6 万 hm^2 的造林任务和 786km 的林道建设，建立了 80 个规模较大的用材林基地，基本完成了国土绿化任务，基本消灭了荒山，为山区资源化打下了良好的基础。经过 10 多年的治山绿化，韩国国土绿化任务基本完成，1988 年林业发展战略开始转移，调整了林业政策，即从过去的以保护森林和绿化为中心的林业政策向以山地资源化为中心的林业发展方向转移，为林业振兴和山区发展开辟了一条新的途径。第三期治山绿化计划（1988～1997 年），这一时期，把工作重点由国土绿化转移到资源培育、山地开发和公益林发展上，又新造林 32.1 万 hm^2，开设林道 11 万 km，并在城市近郊营造了环境保护林。第四期治山绿化计划（1998～2007 年），发展目标是：实行森林可持续经营发展战略，实现森林资源永续利用，构筑生态保护经营管理体系；加强山林资源的培育和经营管理；促进林业产业化，活跃地区经济；健全城市林业管理体系，扩大城市林地；综合开发山区资源，合理保护和使用山地资源；扩充休养设施，丰富林业文化；加强国际合作，开发高新技术，增强林业整体活力。第五期治山绿化计划（2008～2017 年），更多关注可持续森林管理，寻求森林功能的最大化，特别是强调了森林在应对气候变化中的重要性。另外，重视森林的休闲和文化功能，以提高人民群众生活质量和居住环境（李祇辉，2021）。截至 2019 年，韩国现有森林面积达到 637.1 万 hm^2，森林覆盖率达到 63.5%（李祇辉，2021）。韩国治山绿化计划在科学地经营森林、依法治林、有务实的林业政策等方面，为防护林生态工程经营管理提供了重要借鉴（李世东和翟洪波，2002）。

1.2.1.9　加拿大绿色计划（1991～2000 年）

20 世纪 70 年代初，加拿大将全国划分为 39 个国家公园自然区域，计划在每个自然区域内建立国家公园。1990 年加拿大联邦政府和省级部长会议提出了持续经营森林的主要目标、原则和规定。1992 年加拿大国家林业战略确定，在 2000 年前建成保护区网络，把国土面积的 12%留作永久保留地。同时，联邦政府宣布一项耗资 30 亿加元的“为健康环境奋斗的加拿大计划”，开展大规模的植树造林，到 2000 年把 16%的加拿大国土开辟成国家公园。

政府给予划为保护区的森林以大量投入，如 1997～1998 年加拿大国家公园的投入累计达 3.23 亿加元，主要用于建设保护设施和基础设施以及支付管理人员的费用。经过约 10 年（1991～2000 年）的努力，到 2000 年加拿大建成国家公园 39 个，后续建设的国家公园

12 个，总面积 50 万 km^2，已建成省立公园 1800 多个，面积 25 万 km^2，受法律保护禁伐的保护区面积已增加到 83 万 km^2 以上，各类保护区面积合计达 158 万 km^2，占加拿大国土总面积的 15.8%，占其森林面积的 37.8%，基本实现了规划目标（李世东和翟洪波，2002）。加拿大绿色计划在森林可持续经营、国家公园体系建设积累的经验为防护林生态工程构建与经营管理提供了重要参考。

1.2.1.10 尼泊尔喜马拉雅山南麓高原生态恢复工程（1980 年至今）

尼泊尔政府与国际组织联合，1980 年初开始实施喜马拉雅山南麓高原生态恢复工程，该工程借鉴了印度的乡村林业模式和我国在退化高原地区植树造林、增加植被覆盖的成功经验，耗资 2.5 亿美元。工程实施 5 年后，为该国 573 万人提供了全年需要的燃料用材，并为 13.2 万头牲畜提供充足的饲料，同时使该地区粮食产量增加了约 1/3（李世东和翟洪波，2002）。

1.2.2 中国主要防护林生态工程

我国大规模、有计划的防护林生态工程建设始于 20 世纪 50 年代。新中国成立之初，在东北西部、内蒙古、河北坝上、冀西、陕北等地区营造大面积的防护林网，以后逐渐扩展到西北、华北平原、长江中下游、东南沿海等地。为了遏制环境恶化的现状，1978 年我国实施了三北工程。从此，以控制沙漠化、水土流失，提高生态环境，扩大森林资源为目的的林业生态工程项目逐步展开。

中国三北地区植被稀少，气候恶劣，风沙危害和水土流失十分严重，木料、燃料、肥料、饲料非常缺乏，农牧业产量低而不稳，人民生活长期处于较低水平（朱教君等，2003；姜凤岐等，2009）。为从根本上改变三北地区的生态环境和区域生产、生活条件，1978 年 11 月国务院正式批准了为期 73 年（1978～2050 年）的三北工程，工程分 3 个阶段、8 期工程，计划造林 0.38 亿 hm^2，成为人类历史上规模最大、持续建设时间最长、环境梯度最大的林业生态建设工程。三北工程最初规划范围，包括中国 13 个省（自治区、直辖市），551 个县（市、区、旗）（73°26′E～127°50′E，33°30′N～50°12′N），涵盖面积达 406.9 万 km^2，占国土面积 42.4%，包括中国 95%以上风沙危害区和 40%水土流失区。一期、二期和三期工程建设范围为最初规划的 13 个省（自治区、直辖市），551 个县（市、区、旗）406.90 万 km^2，四期、五期工程建设范围均做出调整，至 2021 年，为 725 个县（市、区、旗）和新疆生产建设兵团，总面积 $4.36\times10^6 km^2$。

经过 40 年的建设，三北工程累计完成造林面积 4614 万 hm^2，占同期规划造林任务的 118%。累计造林保存面积 3014 万 hm^2，占造林完成面积的 65%。建设任务逐渐多元化，2010 年后退化林修复和灌木林平茬等纳入工程管理。40 年三北工程区森林面积（森林面积定义：1978 年，乔木林地面积郁闭度≥0.30、灌木林地覆盖度≥40%的农田林网以及村旁、路旁、水旁、宅旁林木的覆盖面积；1994 年以后，乔木林郁闭度≥0.2、灌木林覆盖度≥30%的农田林网以及村旁、路旁、水旁、宅旁林木的覆盖面积）净增加 2156 万 hm^2，森林覆盖率净提高 5.29 个百分点，森林蓄积量净增加 12.6 亿 m^3。至 2017 年，三北工程区森林面积达 5915 万 hm^2，森林覆盖率达 13.7%，活立木总蓄积量 33 亿 m^3，其中，森林蓄积量约

30 亿 m^3。三北工程建设明显改善了区域生态环境，沙化防治措施有效阻止了土地沙化进程，2000 年后呈现出“整体遏制、重点治理区明显好转”态势。防风固沙林面积增加显著，40 年增加约 154%，对沙化土地减少的贡献率约为 15%。重点区域，如科尔沁沙地、毛乌素沙地、呼伦贝尔沙地、河套平原工程区等沙化土地治理成效显著。水土保持、水土流失治理成效显著，水土流失面积减少、侵蚀强度减弱。工程区水土流失面积减少了约 67%，按水土流失土壤侵蚀级别，剧烈减少 87.9%，极强度减少 93.7%，强度减少 95.8%。三北工程区水土保持林面积 40 年增加约 69%，防护林对水土流失减少的贡献率达 61%。其中，黄土高原丘陵沟壑区水土保持林面积增加约 97%，对水土流失减少贡献率高达 67%。农田防护林有效改善了农业生产环境，对高、中、低不同生产潜力区，农田防护林对粮食的增产率分别为 4.7%、4.3%和 9.5%，低产区增产效果更为明显（朱教君和郑晓，2019）。

自三北工程启动以来，先后又启动了一系列重大林业生态工程（表 1-4）。进入 21 世纪，为了加速我国生态建设的步伐，早日实现美丽中国的目标，2001 年，国家将原来的 17 个林业生态工程项目系统整合为六大林业重点生态工程，标志着我国林业建设步入了从以木材生产为主向以生态建设为主转变的历史发展新阶段。

表 1-4 中国重点防护林生态工程（林业生态工程）

工程名称	工程范围	期限
三北防护林体系建设工程	陕西、甘肃、河北、天津、北京、山西、辽宁、吉林、黑龙江、内蒙古、宁夏、青海、新疆 13 个省（自治区、直辖市）的 551 个县（市、区、旗）及新疆生产建设兵团	1978～2050 年
太行山绿化工程	山西、河北、河南、北京 4 省（直辖市）的 110 个县	1986～2050 年
平原绿化工程	东北、华北、长江中下游和珠江三角洲等平原为主体，涉及 918 个县（市、旗），占全国总县数的 45%	1988～2000 年
长江中上游防护林体系工程	云南、贵州、四川、甘肃、青海、陕西、河南、湖北、湖南、江西、安徽和重庆 12 个省（直辖市）的 271 个县	1989～2029 年
沿海防护林体系工程	北起中朝边界鸭绿江口，南至中越边界的北化河口，范围涉及辽宁、河北、天津、山东、江苏、上海、浙江、福建、广东、广西、海南 11 个省（自治区、直辖市）的 195 个县（市、区）	1989～2025 年
全国防沙治沙工程	内蒙古、辽宁、吉林等 27 个省（自治区、直辖市）的 599 个县（旗）	1991～2000 年
淮河太湖流域综合治理防护林体系工程	河南、安徽、江苏、山东、浙江、湖北、上海 7 省（直辖市）的 208 个县（市）	1992～2000 年
辽河流域防护林体系工程	河北、内蒙古、吉林、辽宁 4 省（自治区）的 77 个县（市、旗）	1994～2005 年
珠江流域综合治理防护林体系工程	云南、贵州、广西、广东 4 省（自治区）的 177 个县（市）	1996～2020 年
黄河中游防护林体系工程	河南、陕西、甘肃、宁夏、山西、内蒙古等黄河中游地区的 6 省（自治区）188 个县（市、旗）	1996～2010 年
天然林资源保护工程	云南、四川、重庆、贵州、湖南、湖北、江西、山西、陕西、甘肃、青海、宁夏、新疆（含新疆生产建设兵团）、内蒙古、吉林、黑龙江（含大兴安岭）、海南、河南 18 个省（自治区、直辖市）的重点国有森工企业及长江、黄河中上游等地区生态地位重要的地方森工企业、采育场和以采伐天然林为经济支柱的国有林业局（场）、集体林场	1998～2020 年

续表

工程名称	工程范围	期限
退耕还林工程	工程建设范围包括北京、天津、河北、山西、内蒙古、辽宁、吉林、黑龙江、安徽、江西、河南、湖北、湖南、广西、海南、重庆、四川、贵州、云南、西藏、陕西、甘肃、青海、宁夏、新疆25个省（自治区、直辖市）共1897个县（市、区、旗）和新疆生产建设兵团	1999～2022年
京津风沙源治理工程	北京、天津、河北、山西及内蒙古5省（自治区、直辖市）的75个县（旗）	2002～2012年

为了改善我国部分区域生态破坏严重，生态功能整体退化甚至丧失，严重威胁国家和区域的生态安全现状，2007年国家环境保护总局发布了《国家重点生态功能保护区规划纲要》，首次提出生态功能保护区属于限制开发区的理念。2008年，在《全国生态功能区划》中提出，在全国划分50个重要生态功能区，明确了水源涵养、水土保持、防风固沙、生物多样性维护和洪水调蓄等各类生态功能区的保护方向；同年印发的《全国生态脆弱区保护规划纲要》则主要明确了生态脆弱区的保护任务。至此，我国初步形成了以重要生态功能区、生态脆弱区为重点的生态空间保护格局。

在主体功能区划基础上，2011年，国家提出了以"两屏三带"为主体的生态安全战略格局，即青藏高原生态屏障、黄土高原—川滇生态屏障和东北森林带、北方防沙带、南方丘陵山地带，形成了一个整体生态安全的基本轮廓（图1-2）。生态屏障是生态文明建设中

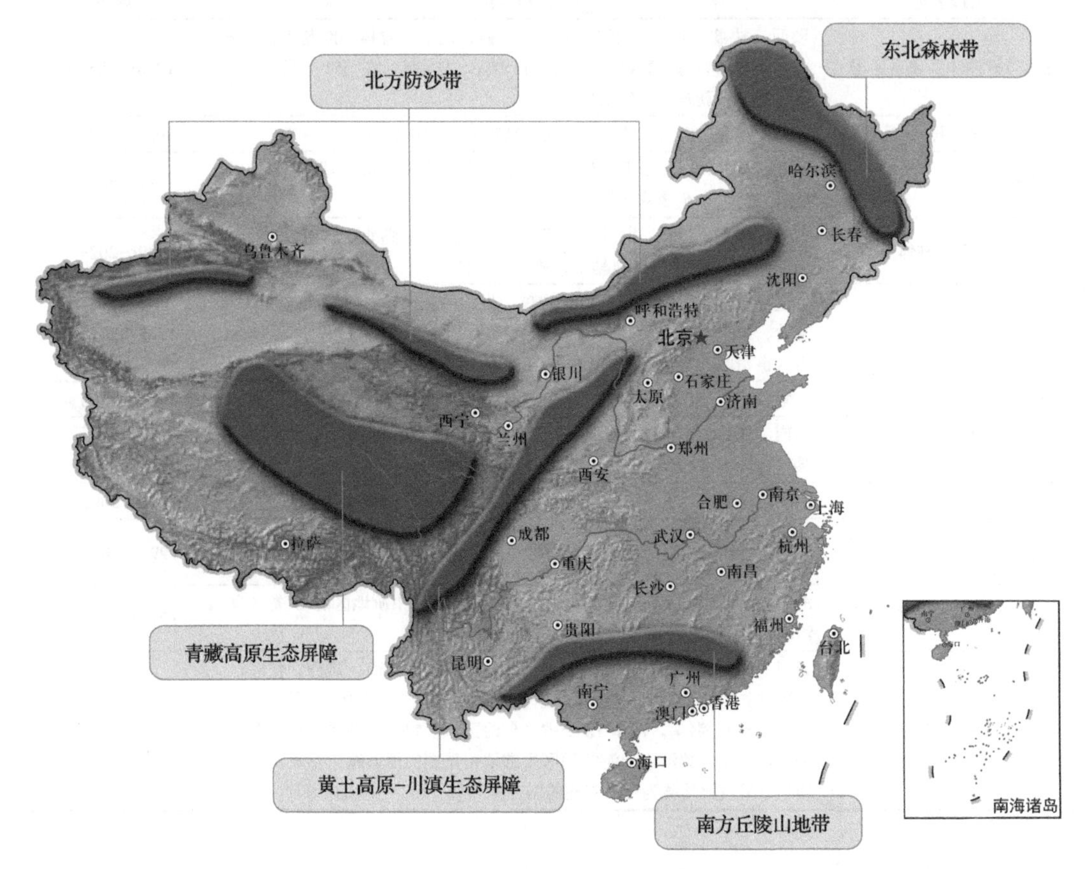

图1-2 "两屏三带"生态安全战略格局示意图（引自樊杰，2016）（见书后彩图）

构建国家生态安全战略格局的重要组成部分，奠定了全国生态安全格局。面对资源约束趋紧、环境污染严重、生态系统退化的严峻形势，2012 年，国家将生态文明建设纳入中国特色社会主义建设“五位一体”总体布局，提出尊重自然、顺应自然、保护自然的生态文明理念和坚持节约优先、保护优先、自然恢复为主的方针，要从源头扭转生态环境恶化趋势。为推动生态文明建设，提出了“绿色发展”的重要理念，立足平衡发展需求和资源环境有限供给之间的矛盾，着力解决当前生态环境保护的突出问题。为推动绿色发展，促进人与自然和谐共生，2017 年国家明确提出“必须树立和践行绿水青山就是金山银山的理念”，坚持生态保护优先、自然修复为主，加大生态治理、修复和保护力度，坚守生态功能保障基线、自然资源利用上线、生态安全底线。

为全面提升国家生态安全屏障质量、促进生态系统良性循环和永续利用，以统筹山水林田湖草一体化保护和修复为主线，2020 年，国家提出了以青藏高原生态屏障区、黄河重点生态区（含黄土高原生态屏障）、长江重点生态区（含川滇生态屏障）、东北森林带、北方防沙带、南方丘陵山地带、海岸带“三区四带”为核心的全国重要生态系统保护和修复重大工程总体布局（图 1-3）。为应对全球气候变化和推动构建人类命运共同体，同年国家主席习近平在第七十五届联合国大会一般性辩论上郑重宣示：“中国将提高国家自主贡献力度，采取更加有力的政策和措施”。林业生态工程将在实现碳中和目标过程中扮演重要的角色，这也为林业生态工程发展提供新的机遇与挑战。

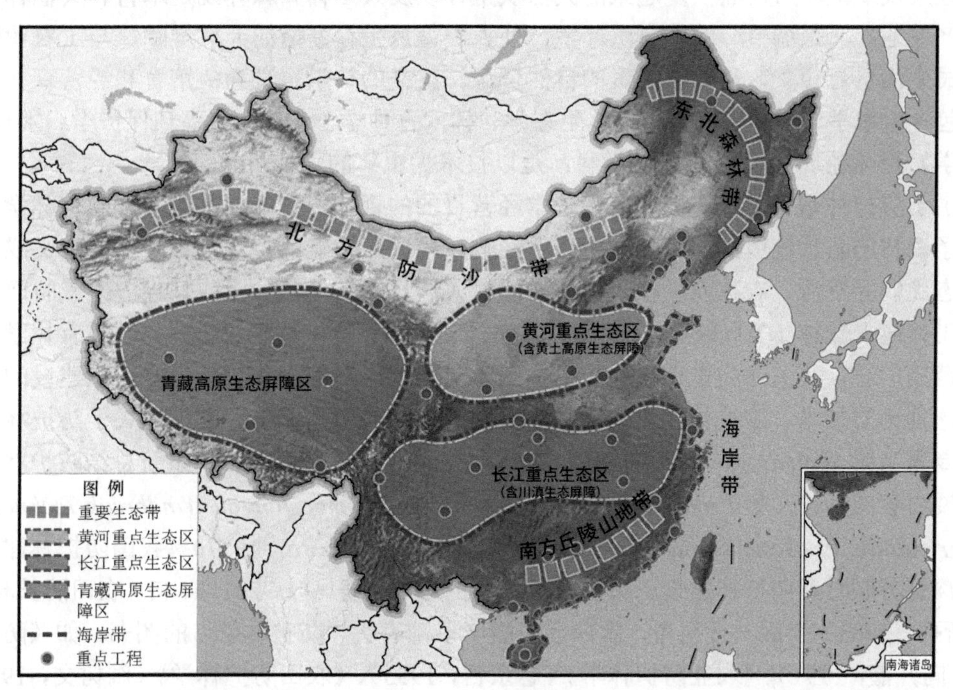

图 1-3　重要生态系统保护和修复重大工程总体布局示意图（引自《中华人民共和国国民经济和社会发展第十四个五年规划和 2035 年远景目标纲要》）（见书后彩图）

1.3 防护林学与防护林生态学

1.3.1 防护林学

防护林学是一门应用性极强的学科，防护林工程建设的需求是防护林学研究的依托和服务归宿（姜凤岐等，2003；Orth，2007；姜凤岐，2011）。伴随着世界范围内防护林生态工程的建设与发展，与之对应的“防护林学”应运而生，并在科学支撑防护林生态工程建设中逐渐完善，特别是以国家运作方式开展的大型防护林生态工程建设，对推动防护林学发展做出了巨大贡献（朱教君，2013）。

防护林学是研究防护林构建及经营的理论与技术的科学，其核心内容包括：防护林构建理论与技术、防护林经营理论与技术、防护林效益评价（朱教君，2013）。

防护林学的基本内涵（概念）与范畴实际上为林学［尤其是森林培育学，即之前的造林学（silviculture）］所包涵。林学（forest science）是研究森林建造、经营、管理、应用、保护、修复，以及与此相关的资源可持续理论与技术的科学（朱教君，2013）。林学的主要研究对象是森林，既包括自然界保存的、未经人类活动显著影响的原始天然林，也包括原始林经采伐或破坏后自然恢复起来的天然次生林以及人工林。森林既是木材和其他林产品的生产基地，又是调节、改善自然环境，使人类得以生存繁衍的天然屏障，与工农业生产和人民生活息息相关，是非常宝贵的自然资源。狭义的林学定义为：培育和经营森林的科学，包含树木学、森林植物学、森林生态学、林木育种学、造林学、森林保护学、木材学、测树学、森林经理/经营学等诸多学科，是以技术为主体的营林科学。

由于防护林是以发挥防护效应为基本经营目的的森林，在林学基础上，防护林学重点关注了森林的防护作用，即充分利用森林影响环境服务功能的特性，将防护林定义成为保护生态脆弱区资源、农牧业生产、建筑设施、人居环境等使其免遭或减轻灾害威胁而培育的人工林或天然林（姜凤岐等，2003；姜凤岐，2011）。防护林学的研究内容没有林学所涉及的范围广泛，其关注的重点正像防护林学定义的那样，依托防护林生态工程建设的防护林构建理论与技术、防护林经营理论与技术和防护林的效益评价。国际上关于防护林学最早的专著当属 *Shelterbelts and Microclimate*（Caborn，1957）；之后，系统总结防护林学研究发展内容的为论文集 *Proceedings of an International Symposium on Windbreak Technology*，由 *Agriculture, Ecosystems and Environment* 专刊发表（Caborn，1957）。我国防护林建设与发展深受苏联时期防护林建设思想和学科体系的影响（姜凤岐，2011）。自《农田防护林学》（曹新孙，1983）出版发行至今，国内已出版了多部有关“防护林学”的图书，如《防护林学》（向开馥，1991）、《农业防护林学》（赵宗哲，1993）、《农田防护林学》（阎树文，1993）、《农田防护林生态工程学》（朱廷曜等，2001）、《防护林经营学》（姜凤岐等，2003）、《农田防护林学》（朱金兆等，2010）和《水土保持与防护林学》（张金池，2011）等。这些图书阐述了防护林学的基本内涵，除防护林学的传统研究内容（以林学为主）外，逐渐与生态学相结合，扩展到更为广阔的森林生态领域，标志着我国防护林学学科的发展和特色。

在防护林学研究内容方面，防护林结构与效益研究的相关文献颇为丰富（曹新孙，1981，1983；曹新孙和陶玉英，1981；Heisler and DeWalle，1988；Loeffler et al.，1992；姜凤岐，1996；Frank and Ruck，2005；Dzybov，2007；Mize et al.，2008；Kulshreshtha and Kort，2009；Tamang et al.，2010）；在防护林林种方面，由于农田防护林的特殊重要性（Munns and Stoeckeler，1946；曹新孙，1983；Matson et al.，1997），文献最多。综观国内外防护林学的发展历史，均与防护林生态工程建设息息相关。特别是近 30 多年来，中国规模宏大的防护林建设为防护林学研究与发展提供了重要的物质基础，紧紧围绕防护林建设与经营的理论和技术关键问题，开展了大量的防护林研究，并使防护林学成为颇具特色的综合研究领域。2000 年以来，中国防护林学的相关研究逐渐增多（Ma，2004；Zhu et al.，2012）。

在防护林的构建理论与技术方面，多以森林培育学（造林学）理论与技术为主体，以木本植物材料构成的生物性生态工程为对象（姜凤岐等，2003）。目前，有关防护林构建理论与技术相对完善，主要包括：规划设计、树种选择（立地条件划分）、空间配置（防护林体系）和造林方法（技术）。

在防护林经营的理论与技术方面，由于经典的森林经营理论与技术是以适应木材利用为主要需求而提出的，而经营防护林的主要需求是取得其防护效应，显然，传统的森林经营理论与技术很难应用到防护林经营实践中。因此，依据防护林的特点，建立适合重点利用森林防护功能的防护林经营理论与技术，是防护林学发展的必然。《防护林经营学》（姜凤岐等，2003）的出版发行，标志着防护林经营理论与技术体系框架的形成（Zhu，2008）。防护林经营主要包括：防护成熟与阶段定向经营、结构配置优化与结构调控、衰退与更新改造。

在防护林效益评价方面，除单一防护林效益评价外（姜凤岐等，2003），将效益/效应评价与检验防护林营建合理与否、未来防护林的科学规划设计等相联系，成为防护林构建与经营的纽带。重点围绕防护林构建后的综合效益、是否达到规划设计的目标、对于达到目标的防护林如何经营以维持其最佳防护状态、对于没有达到目标的防护林需采取哪些必要的经营技术进行改造与重建等。

1.3.2　防护林生态学

防护林生态学是在防护林学基础上发展而来，其发展史与防护林学一样，是沿着国内外重大防护林生态工程发展轨迹而展开（朱教君，2020）；即随着防护林生态工程的拓展，特别是在“山水林田湖草沙”系统治理的理念指导下，防护林生态工程已不再是以单一的“防护林”为主体，而是以“防护林生态系统”为主体。这一理念的改变，对防护林生态学的发展产生了深刻影响。

防护林生态学的基本内涵（概念）与范畴实际上为森林生态学所包涵。森林生态学是研究森林结构、功能、动态与分布、森林如何改变环境和维护环境质量的科学。森林生态学的主要研究对象是森林生态系统，具有重要的实践性和经营目的。由于防护林是以发挥防护效应（生态效应）为基本经营目的的森林，在森林生态学基础上，防护林生态学重点关注了森林生态系统的防护作用，即高效、稳定、可持续利用森林，影响其环境功能的特性（姜凤岐等，2003；姜凤岐，2011；朱教君，2020）。因此，防护林生态学是重点研究防护林生态系统生态服务功能高效、稳定、可持续利用与经营管理的科学（朱教君，2020）。由于防护林的特殊性，很多国家或地区均以防御自然灾害、维护基础设施、促进经济发展、改善环境和维持生态平衡等为主要目的进行防护林生态工程建设（曹新孙和陶玉英，1981；Zhu et al.，2004；Gardner，2009；Yan et al.，2011）。因此，防护林生态学的研究内容没有森林生态学所涉及的范围广泛，其关注的重点是依托防护林生态工程建设，研究防护林生态系统构建理论与技术、防护林生态系统经营理论与技术，以及防护林生态系统生态服务功能评估理论与技术等（朱教君，2020）。

防护林生态工程的发展对防护林生态学产生了深远影响，主要包括以下几方面。

（1）充实了防护林生态系统构建基础理论与技术研究内容。

以往主要借鉴苏联时期防护林规划设计（依托防护林生态工程斯大林改造大自然计划），从灾害种类（风、沙、洪水等）存在与发生规律、危害程度及防护林所处立地、对应树种适应性，到提出因害设防、因地制宜的防护林生态工程构建原则等开展研究（曹新孙，1983；高志义，1997；姜凤岐，2011）。由于我国三北工程建设，提出了功能高效、稳定、可持续的新要求，防护林生态系统构建基础理论与技术得到充实与发展。

（2）形成了基于生态学原理的防护林生态系统可持续经营管理框架体系。

在1990年前，防护林经营管理多依据用材林的经营理论与技术、方法，随着天然林资源保护工程的实施和三北工程建设的推进，结合中国防护林建设历史，主要借鉴了森林生态学的研究成果和经验，开展了防护林生态系统经营的理论与技术相关研究（姜凤岐等，2003；姜凤岐，2011）。认识到防护林生态系统经营理论与技术研究不足，相关学者开展了相关研究并取得一定成果。以农田防护林、水土保持林/水源涵养林和防风固沙林生态系统为对象，提出了防护林防护成熟与阶段定向经营理论、防护林生态系统结构优化理论，并给出各个经营阶段促进或维持防护成熟状态的结构优化等经营技术、防护林衰退与更新改造原理及相应的经营技术，形成基于生态学原理的防护林生态系统可持续经营框架体系（姜凤岐等，2003；朱教君等，2004；Zhu，2008；朱教君等，2016；Song et al.，2016a）。

（3）防护林防护功能已拓展至生态系统服务功能。

以不同类型防护林为对象，特别是对于农田防护林（林带）生态系统，除关注改善农田小气候、提高产量外，还关注其他生态效益，如固碳、增加养分等，防风固沙林生态系统防沙固沙、水土保持林/水源涵养林生态系统保持水土/涵养水源的机理研究更系统化（朱教君等，2016）。在防护林生态系统建设理念指导下，开展了防护林生态系统生态服务功能综合评价研究，特别是针对大型防护林生态工程（林业生态工程）生态效应不清问题，构建了基于生态学随机样本原理的中高分辨率遥感影像尺度转换方法的防护林生态系统动态监测理论与技术体系，研发了水土流失、沙漠化、粮食产量、气温、降水量、地下水等生态环境监测理论与技术体系，提出了“区域防护效应程度”理论及量化方法，创建了“天-空-塔-地”一体化防护林生态系统评估理论与技术体系，科学评估了世界最大防护林生态工程——三北工程30年和40年建设综合成效，甄别出存在的关键问题及成因（朱教君和郑晓，2019）。

（4）提出了新时期防护林生态系统构建与经营的关键理论与技术体系。

通过发明大地比阻抗仪-遥感与地面整合新技术，确定多源水资源（地下水、地表水、土壤水和降水）。根据乔-灌-草植被耗水特征和水资源确定分布阈值，创建了以“全量水资源”定林/绿的防护林生态系统构建理论与技术；提出“景观-防护效应程度”的农防林新参数并量化，依据光-温-水划分了农田的生产潜力区，构建了以“防护效应最大化”定林的带状防护林生态系统构建理论与技术；明确了主要树种根系空间分布特征，辨识了主要树种水分利用来源，量化了主要树种水量平衡过程，提出了林冠截雨指数新结构参数，确立了基于根-冠耦合耗水规律和林冠截雨指数的防护林生态系统结构调控理论与技术；指导了三北工程五期建设，将在六期规划、2035 年规划、2050 年规划中得到应用，也是三北工程整体方案修编的重要依据。

（5）促进其他重大生态工程与区域生态建设。

在三北工程带动下，我国相继启动了沿海、珠江流域、长江中上游、辽河流域、黄河中游等 17 项防护林生态工程（表 1-4），以及天然林资源保护工程、退耕还林还草工程、环北京地区防沙治沙工程等；另外，促进了包括生态立县、立市、立省等区域生态建设。这些工程的启动进一步推动了防护林生态学的发展。例如，在太行山绿化工程建设中提出了营造隔坡行带混交模式及其配套技术；在长江中上游防护林体系建设中提出了基于小流域—县—全流域 3 个不同层次的防护林生态系统建设布局及分类依据系统，划分了 51 个二级、三级林种并提出其相应的配套技术（中国水土保持学会，2018）。

随着防护林生态工程建设不断深入，以及生态文明国家战略的实施，与防护林相关的生态工程相继启动，因此，防护林生态学研究也随之逐渐加深与完善。基于对防护林生态学的理解，结合目前有关防护林生态学研究进展，提出了防护林生态学研究范畴和发展框架（图 1-4）。防护林生态学是研究防护林生态系统区划/构建及经营管理的理论与技术的科学，其核心内容包括：防护林生态系统区划/构建理论与技术、防护林生态系统经营管理理论与技术，以及防护林生态系统生态服务功能（生态效应）评价理论与技术。根据生态学原理，防护林生态系统生态服务功能的可持续发挥是以保证其构建和经营管理的合理性为前提，生态服务功能评价是连接构建和管理的桥梁（图 1-4）。即防护林生态系统区划/构建完成后，需要进行生态服务功能评价，如果满足了最佳防护要求（全面有效地防护所要防

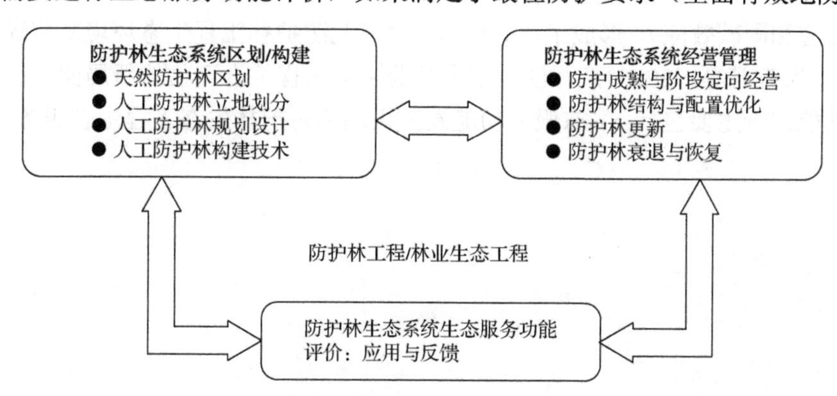

图 1-4　基于生态系统原理的防护林生态学发展框架示意图（朱教君，2020）

护的对象），则对现存防护林生态系统进行最佳状态的维护（经营管理）；反之，如果不能满足最佳防护要求，则应评价、甄别存在的问题，据此，通过重建或经营管理技术进行更新、改造，使之达到最佳防护状态。同样，在防护林生态系统经营管理过程中，当某一经营措施实施后，也需要进行生态服务功能评价，考察经营管理措施是否达到预期目标，如果没有达到，也应当找出存在的问题，进而制定、实施对应的策略，保证防护林生态系统生态服务功能的正常发挥（朱教君，2020）。

在防护林生态系统区划/构建理论与技术方面，有关人工防护林生态系统构建理论与技术相对比较完善，主要是在防护林构建理论与技术基础上，形成了基于“山水林田湖草沙”系统治理原理的以“全量水资源”和“防护效应最大化”定林的构建方案，应用于三北工程六期规划和总体规划修编（朱教君和郑晓，2019；朱教君，2020）。由于天然防护林生态系统的复杂性，以及天然林全面禁止商业采伐，有关天然防护林区划理论与技术研究相对比较薄弱。基于此，提出了将天然防护林系统划分为适度经营区和严格保护区，完善/常态化天然林保护制度。目前，防护林生态系统区划/构建理论与技术包括以下几方面：天然防护林区划、人工防护林立地划分（气候因子与地下水精准反演与分布、造林树种选择、空间配置布局）、人工防护林规划设计以及人工防护林构建技术等。

在防护林生态系统经营理论与技术方面，尽管已形成了防护林可持续经营理论与技术框架，但是有关防护林经营理论与技术仍不能满足防护林生态系统经营管理的需求，尤其是防护林衰退、更新困难、生物多样性降低、破碎化加剧等（朱教君，2020）。基于个体和林分/林带水平尺度的防护林经营理论与技术已无法解决更小和更大尺度防护林生态系统经营管理问题（朱教君，2013，2020）。因此，建立多尺度防护林生态系统经营理论与技术，是防护林生态学发展的必然（朱教君，2013，2020）。防护林生态系统经营管理主要包括：防护成熟与阶段定向经营、防护林结构与配置优化、防护林更新和防护林衰退与恢复。

在防护林生态系统生态服务功能（防护功能）评价方面，除单一防护林生态系统生态服务功能评价外（Zheng et al.，2016），更多关注防护林生态系统生态服务功能发挥机制以及大尺度防护林生态工程生态服务功能评估。创建了“天-空-塔-地”一体化防护林生态工程生态服务功能评估理论与技术体系，科学评估了世界最大防护林生态工程——三北工程30年和40年建设综合生态服务功能（粮食增产效应、水土保持效应、沙漠化防治效应、水源涵养效应和固碳效应），形成了代表性专著《三北防护林工程生态环境效应遥感监测与评估研究》（朱教君等，2016），开创了重大林业生态工程综合评估的新局面。防护林生态系统服务功能评价主要包括：生态服务功能发挥机理和防护林生态工程生态服务功能评价。

第 2 章　防护林营建的生态学基础

随着人类社会的进步，资源的过度消耗和不合理利用导致全球性生态环境问题日益突出，特别是气候变暖、生态退化、环境恶化、灾害频发等问题凸显，不仅影响全球经济的可持续发展，而且还威胁人类的生存基础和生命健康。因而，利用森林具有影响环境的生态功能，营建/规划防护林生态系统，已成为世界各国防御自然灾害、维护基础设施、促进区域经济发展、改善区域环境和维持生态平衡等重要的生态手段之一（朱教君，2020）。因此，营建防护林体系，构建防护林生态系统是解决上述问题的关键。由于防护林体系营建的目的是高效、稳定与可持续地发挥防护林生态系统的生态（防护）功能，因此，从防护林生态学视角，防护林营建的主体内容仍然以防护林学（林学中涉及森林培育和经营的科学）为主，其生态学原理主要来源于森林生态学、恢复生态学和景观生态学等。

2.1　森林生态学基础

森林生态学（forest ecology）是研究乔木和其他木本植物为主体的森林群落与环境之间关系的科学（蒋有绪，2002；李俊清，2006）。森林不仅仅是一个林分或者一个木本植物群落，更重要的，它是一个具有结构和功能的复杂生态系统（森林即是森林生态系统）。因而，森林生态学重点研究环境条件如何影响森林组成、结构、地理分布、生长过程、生产力和演替发展等，研究森林对环境影响和森林内各组分间相互关系，阐明森林结构与功能及其调控原理，为森林构建、森林经营，不断扩大森林面积和有效提高生物生产量，充分发挥森林生态系统的服务功能，维护自然界的生态平衡提供科学依据和途径。防护林作为森林的一种，其特殊性或营建目的在于：强调持续稳定发挥防护林的防护功能，即以发挥生态（防护）功能为主，兼顾其他效益或其他生态系统服务。因此，森林生态学是防护林营建的最重要学科基础（蒋有绪，2002）。涉及防护林营建中的森林生态学原理主要包括：生态适宜性原理、资源竞争与生态位分化原理、森林演替原理、生物多样性维持原理、生态系统多稳态原理。

2.1.1　生态适宜性

生态适宜性是指某一特定生态环境对某一特定生物群落所提供的生存空间的大小，以及对其正向演替的适宜程度（周健民和沈仁芳，2013）。生物由于经过长期与环境的协同进化，对环境产生了生态上的依赖，其生长发育对环境产生了要求，如果生态环境发生变化，生物就不能较好地生长，因此，生物产生了对光、热、温、水、土等的依赖性（任海等，

2019）。对生物群落和自然生态系统而言，生态适宜性主要是指其对自然环境的适宜性，包括气候适宜性、土壤适宜性和水分适宜性等。例如，植物中有一些是喜光植物，而另一些则是耐阴植物。同样，一些植物只能在酸性土壤中生长，另一些植物则不能在酸性土壤中生长。因此，植物群落构建必须考虑其生态适宜性，使植物在最适宜的环境中生长。

基于生态适宜性理论的要求，在进行防护林规划设计时，必须遵循“因地制宜、因时制宜”原则，需要对不同方面的适宜性进行综合评价，从而有效地配置各类资源。同时，生态适宜性原理要求防护林树种选择和更新改造过程中真正达到“适地适树”，包括尽量使用乡土树种，并在充分了解树种生物学和生态学特性的前提下合理配置造林树种。“适地适树”反映了生态学所强调的生态适宜性理论，即适宜的物种引入适宜生境（立地）。因此，生态适宜性原理与森林培育学中的“森林立地”和“树种选择”密切相关。森林立地反映了生态适宜性理论中的适宜生境，而树种选择反映了生态适宜性理论中的适宜物种。

2.1.1.1 森林立地

森林立地主要是指与林木生长发育相关的立地因子，包括物理环境因子、植被因子和人为活动因子等。其中，物理环境因子包括气候、地形和土壤，植被因子包括植被类型、组成、覆盖度及生长状况等，人为活动因子包括人为活动的影响程度或人为经营管理便捷程度等（翟明普和沈国舫，2016）。由于森林立地具有广泛的异质性，在实践中，需要对森林立地进行系统研究、分类和评价（翟明普和沈国舫，2016），即生态适宜性分类与评价。

1. 立地与立地条件

立地是植物生长地段作用于植物环境条件的综合体（翟明普和沈国舫，2016），在森林生态学中统称为生境。可以认为，立地在一定时间内是相对稳定的（翟明普和沈国舫，2016）。

立地条件是指在造林地上与森林生长发育有关的所有自然环境因子的总和（翟明普和沈国舫，2016），即构成立地的各个因子。作用于林木的各项立地条件是综合起作用的，林木生长除受气候条件影响外，其他条件如地形、土壤、水文、生物以及人类的经营活动都起作用。在确定对林木生长有影响的立地条件时，必须全面考虑。某立地条件既可局部反映林木的生态因子，也可反映其他生态因子，例如，地形因子可反映林木生长地段的光、热状况，在一定程度上也可以反映水、养分的差异。对不同地区或地段造林地，不同立地条件的作用程度也有所差异。对大范围的立地条件来说，气候条件起重要作用；但在相似气候条件范围内，土壤因子起的作用可能超过其他生态因子；在地形变化明显的造林地段，土壤因子的作用通过地形来反映。因此，地形因子表现出明显的重要性，在平坦地形的造林地，水分因子的作用又显得较为重要（石家琛，1992）。组成立地的各个因子之间不是独立存在的，它们之间相互影响形成一个综合体。由于森林环境的复杂性，立地组成的因子众多，其中一些对林木生长起重要作用的立地因子，即为主导因子。一般情况下，限制因子常常是主导因子，在一个地区是主导因子，在另外一个地区则不一定是主导因子（石家琛，1992）。

2. 立地分类与评价

把生态学上相近的环境要素进行组合，组合成的单位成为立地条件类型，简称立地类型。同一立地类型的林地具有相同的生产力，并可采用相同或相似的造林和营林技术措施。立地分类是对林业用地的立地条件、宜林性质及其生产力的划分，是防护林营建的重要基础。基于森林培育学的造林，往往强调集中、连片，对立地条件的差异性考虑不足，结果容易导致造林成活率低，或易出现衰退。因而，必须按照不同立地条件类型，严格遵从适地适树（生态适宜性）的原则才能保证造林成功。进行造林地立地类型分类（生态适宜性分类）应坚持以生态学为基础，遵循地域分异、综合多因子与主导因子相结合和简明实用的原则，在掌握自然条件的地域分异规律基础上，确定立地因子与造林和林木生长适宜关系，正确地划分适合当地自然规律又符合生产实际的立地类型。立地条件类型的划分方法主要包括主导环境因子分级、生活因子分级、多因子综合和立地指数代替立地条件类型（翟明普和沈国舫，2016）。

主导环境因子分级是以影响林木生长的环境因子（气候、地形、地质、地貌、水文和土壤等）为指标划分各种立地类型（朱万才等，2011）。生活因子分级是指对造林地重要的立地因子进行综合分析，参照植物及林木的生长状况，确定不同的级别，进而进行各种立地类型划分。多因子综合则是通过对气候、地形、土壤和植被的综合研究来划分立地类型（朱万才等，2011）。立地指数代替立地条件类型是指用某个树种的立地指数来说明林地的立地条件来划分林地立地类型（翟明普和沈国舫，2016）。

立地质量是指某一立地上既定森林或其他植被类型的生产潜力，立地质量与树种相关联（翟明普和沈国舫，2016）。一个既定的立地，对不同树种来说，可能会得到不同的立地质量评价结果（雷相东等，2018）。立地质量包括气候因素、土壤因素及生物因素。在一定程度上，立地质量与立地条件是可以通用的。森林立地质量评价是对森林立地分类基本单元（立地类型）在采取某一种利用方式时的立地生产潜力进行评价，是林业规划设计和科学造林重要的基础工作，也是研究森林生长规律、预估森林生长收获和科学制定森林经营措施的重要依据（雷相东等，2018）。通常用林地上一定树种的生长指标来衡量和评价森林的立地质量，由于不同树种的生物学特性不同，各立地因子对不同树种生长指标的贡献或限制存在一定的差异，立地质量也因树种而异。同一立地类型，有的适宜多个树种生长，有的仅适于单个树种生长。通过森林立地质量评价，便能确定某一立地类型上生长不同树种各自的适宜程度，就可在各种立地类型上配置相应的最适宜林种和树种（翟明普和沈国舫，2016）。

由于各国自然地理背景、历史条件和经营目标不同，形成不同的森林立地质量评价方法。目前，森林立地质量评价方法主要包括：以林分收获量和生长量数据评定林地质量的直接评价法（地位指数法、树种间地位指数比较法）；以构成立地质量因子特性或相关植被类型的生长潜力来评定立地质量的间接评价法（测树学法、指示植物法）（翟明普和沈国舫，2016）。近年来，随着现代遥感技术和地理信息科学的迅速发展，森林立地信息的获取变得更为精准，对森林立地质量与立地因子间相互关系的了解也更加全面和深入。通过遥感参数与林分因子相结合的方式，可以实现大面积快速有效地获取森林立地条件，从而得出更加客观的立地质量评价结果（李明泽等，2017）。

森林立地也是防护林规划设计、选择适宜造林树种、做到适地适树、制定科学造林和营林技术措施的基础（翟明普和沈国舫，2016）。在防护林造林规划设计中，立地类型是划分造林类型的主要依据，适宜造林树种选择，树种合理配置、造林施工及幼林抚育管理等技术也需要依据立地类型进行设计，不同的立地类型具有不同的造林技术措施。在防护林经营过程中，立地类型是确定防护林抚育间伐的时间（林龄）、方式、强度、间隔期和林分更新改造的主要依据之一。如立地条件好的林分，林木自然分化早，宜采用早间伐、强度小、间隔期短的抚育间伐措施。在防护林更新时，立地条件类型也是更新措施的制定、采伐方式的选择的主要依据之一（翟明普和沈国舫，2016）。在防护林改造过程中，也要考虑立地条件，如立地条件差的林地，尽量采用保护措施，减少人为干扰。随着科学技术的发展，“3S”技术［遥感（remote sensing，RS）、地理信息系统（geographic information system，GIS）和全球导航卫星系统（global navigation satellite system，GNSS），即空间技术、传感器技术、卫星定位与导航技术和计算机技术、通信技术相结合］应用于防护林立地分类和质量评价，不但能实现更客观和精确的多因素分类，也能为防护林立地分类与质量评价研究成果的空间落实提供有效途径（李明泽等，2017）。

2.1.1.2 树种选择

树种选择是指为具体的造林地（立地类型）选择适宜的造林树种。选择的树种是否与造林地的立地条件相适宜是造林成败的关键因子之一，关系造林成活率与保存率、是否符合造林目的、林分稳定性以及是否能充分利用和发挥立地生产力（石家琛，1992）。如果选择的造林树种与造林地立地条件不适宜，首先是造林后难以成活，浪费种苗、劳力和资金，其次，即使造林成活，人工林长期生长不良，也难以成林/成材，造林地的生产力也难以发挥，无法获取应有的生态效益和经济效益。林业生产周期的长期性、造林目的的多样性、立地类型的复杂性以及经营管理的差异性，使得造林树种选择显得尤为重要。因此，树种选择成为防护林构建的最重要基础，不仅直接影响防护林树木成活、生长、发育，而且对防护林结构、防护效应产生持久性影响（曹新孙，1983；朱教君，2013）。

1. 树种选择基础

防护林造林树种选择的基础主要是树种的生物学特性、生态学特性和林学特性（朱教君，2013）。生物学特性是指树种在形态及生长发育上所表现出的特点和需求，主要有树种的形态学特性、解剖学特性和遗传特性等。例如，树体高大的乔木树种需要较大的营养空间，木材和枝叶产量比较高，美化和改善环境的效果较强；叶表面气孔下陷、角质层发达的树种，往往对干旱条件比较适应；须根发达的树种耐干旱贫瘠。生态学特性是指树种对于环境条件（生境）的需求和适应能力（张志翔，2010）。由于历史的长期适应性，各个树种形成特有的生态学特性，树种对于生境的需求主要表现为与光照、水分、温度和土壤条件的关系。根据树种对光照条件的适应性（喜光程度），将树种分为阳性树种、中性树种和耐阴树种。在选择树种时，根据树种的需光程度可以将其安排在适宜的立地条件下，如阳性树种常作为造林的先锋树种或适宜在阳坡栽植（翟明普和沈国舫，2016）。依据树种对水分要求不同，可将树木分为旱生树种、湿生树种、中生树种。例如，旱生树种能长期忍耐干旱环境，且能维持体内水分平衡和正常生长发育，可以栽植在风沙荒漠区（李俊清，2006）。林学特性主要是指组成森林的密度和构成的结构所形成单位面积产量或达到主要培育目标的性质。由于树种的生物学和生态学特性不同，加上经营技术水平的差异，树种的林学特性出现多样化（翟明普和沈国舫，2016）。

2. *树种选择原则*

由于防护林以发挥防护效应为主要目标，防护林树种选择在综合考虑树种的生物学特性、生态学特性和林学特性基础上（朱教君，2013），要遵循以下基本原则（曹新孙，1983；翟明普和沈国舫，2016）。

（1）适地适树、因地制宜的原则。

适地适树就是根据经营目标和立地条件，选择适宜的造林树种，或根据树种选择适宜的造林地（梁一民和陈云明，2004）。同时，应依据植被的地带性分布规律和树种的生物生态学、群落学特性及生态位理论，选择适宜成林的防护林树种作为主要树种，优先选择乡土树种，并辅以相应的伴生种，建设结构合理的林分，做到适地适林。由于各树种的生态适应幅度不同，在选择防护林树种时，必须明确各树种的生态适应幅度，依据当地立地条件和灾害特点选择主要造林树种和伴生树种。

（2）乔灌草搭配，增加物种多样性的原则。

乔木、灌木、草本植物结合不仅能增强防护林结构稳定性，提高防护林的综合防护功能，还能够克服因树种单一而易遭受病虫危害，以及抗御自然灾害能力低下、人工防护林易于衰退等缺陷。同时，根据树种的生物学特性和立地条件确定混交方式，选择深根性树种与浅根性树种混交、针叶树种与阔叶树种混交、落叶树种与常绿树种混交、乔木树种与灌木树种混交的方式营造混交林，达到增加物种多样性的目的，为促进林木生长和加速防护林植被系统的恢复提供良好条件。这样既有利于对环境资源的充分利用、提高系统的稳定性，又有利于增强抗干扰能力和生态防护功能。

（3）速生树种与慢生树种相结合的原则。

速生树种具有生长速度快、成林早、管理较粗放的特点，慢生树种则具有寿命长、生长稳定、防护期长的特点。两者有机结合，不仅能尽早发挥防护效应，还能长期发挥防护作用，减少更新次数，节约营造林成本。在防护林树种选择时，应充分考虑各树种的生长特性与防护成熟龄，注重速生树种与慢生树种的合理搭配、多树种的合理搭配，应避免单一树种、纯速生树种，以便达到更佳的防护效应（曹新孙，1983；朱教君，2013）。

3. *树种选择方法*

依据防护目标、对象和按照“适地适树”原则选择适宜造林的防护林树种（石家琛，1992）。根据防护林防护目标和对象不同，防护林树种选择有不同的要求。如防风固沙林主要是以降低风速，防止或减缓风蚀，固定沙地，以及保护耕地、果园、经济作物、牧场免受风沙侵袭为主要目的，且主要在干旱半干旱沙区。因此，防风固沙林树种应选择根系伸展广、根蘖性强、能笼络地表沙粒、固定流沙，耐风吹露根及沙埋、耐沙割，落叶丰富、能改良土壤，耐干旱、耐瘠薄、耐地表高温的树种。水土保持林/水源涵养林主要是通过林冠层的截持、林地枯枝落叶层的调节、涵蓄降水及林下土壤的渗流等环节来实现涵养水源和保持水土的作用。因此，水土保持林/水源涵养林应选择抗逆性强、低耗水、保水保土能力好，根量多、根系分布范围广、林冠层郁闭度高，林内枯枝落叶丰富的树种。农田防护林主要是以保护耕地免受风蚀沙埋，改善农田小气候，促进农作物稳产、高产为主要目标。因此，农田防护林树种应选择抗风能力强、不易风折及风干枯梢，生长迅速、树形高大、枝叶繁茂，寿命长、生长稳定、长期具有防护效能的树种（曹新孙，1983）。

“适地适树”选择防护林树种主要包括选树适地、改树适地和改地适树（张景光和王新平，2002）。选树适地就是在确定造林地基础上，根据立地条件（生境）选择适宜的造林树种。改树适地就是在地和树的某些方面不太适宜的情况下，通过选种、引种驯化、育种等手段改变树种的某些特性使其与造林地相适宜。例如，通过育种方法，选育耐旱和耐盐碱性强的树种，以适应在干旱或盐渍化的造林地上生长；或者引进与造林地相适宜的树种。改地适树就是通过整地、施肥、灌溉、树种混交、土壤管理等措施改变林地生长环境，使之适合于原来不相适宜的树种生长。例如，通过排灌洗盐降低土壤盐碱度，使不太适宜在盐碱地生长的树种正常生长；通过种植固氮树种增加土壤肥力，使不耐贫瘠的树种能够在贫瘠的土壤上正常生长（张景光和王新平，2002）。

2.1.2 资源竞争与生态位分化

植物不同种群之间存在着广泛的竞争，这是形成不同尺度生态系统结构的重要因素。植物不同种群间的竞争主要分为水土资源（如土壤资源、水资源、养分资源等）竞争和空间（主要是光）竞争（彭少麟等，2020）。在资源供给有限时，生态系统内主要表现为资源竞争；在资源供给充足时，系统主要表现为空间竞争（光竞争）。生态位是指每个物种在群落或生态系统中的时间和空间位置与其机能关系（彭少麟等，2020）。物种的生态位能够表明其在一定空间中对资源的利用能力，生态位的大小不仅与物种对环境的利用能力相关，还与物种自身的生物学和生态学特性、与其他物种间的竞争能力和对不同环境的适应能力密切相关（陈俊华等，2010）。生态位分化是物种共存的重要机制，生态位重叠则反映种群之间对资源利用的相似程度和竞争关系。物种间的生态位重叠程度越低，生态幅越窄，越有利于物种的共存，然而，较高的生态位重叠意味着种群之间对环境资源具有相似的生态学要求，因而，可能存在着激烈的竞争（Silvertown，1983）。根据竞争排除假说，具有相同生态位的物种不能稳定共存，竞争能力强的物种必将淘汰竞争能力弱的物种（陈磊等，2014）。

根据资源竞争与生态位分化理论，防护林构建过程中，需要避免利用生态位相同的树种，尽可能使各树种的生态位错开，如深根性树种与浅根性树种、耐阴树种与阳性树种、常绿树种与落叶树种搭配，使各树种在林分中具有各自的生态位，避免不同树种竞争资源和空间，保证林分的稳定性（朱教君和刘世荣，2007）。在防护林经营过程中，通过周期性的抚育间伐（生态疏伐、透光伐）和补植补造，调整林分密度和树种结构，减轻林木间对资源和空间的竞争，促进保留木生长发育，人工诱导形成混交林，增强防护林生态系统的健康、稳定和完整性（朱教君等，2005a）；同时，在保证防护林群落向顶级演替的前提下，通过补植补造，增加防护林生态系统的垂直结构，增加生态层，实行生态位分异，形成结构合理的复层异龄林。根据竞争与生态位分化理论，衰退防护林林分恢复过程中，引进树种应与主要树种在生态位上尽可能互补，减少树种间对资源和空间的竞争，保证林分稳定性（任海等，2019）。

2.1.3　森林演替

森林演替理论是森林生态学的核心内容之一。森林演替是一个植物群落被另一个植物群落取代的过程（李俊清，2006），是森林内部各组成成分间运动变化和发展的必然结果。在森林演替过程中，通常伴随着树种的更替和组成的变化，森林演替的基本规律是从裸地开始，由简单的先锋植物入侵、定居，逐渐改变环境条件，导致后继植物入侵、定居，形成新的群落，经过不同植物群落的更替、发展，最后形成复杂而稳定的森林群落（彭少麟等，2020）。根据森林演替的性质和方向，可分为进展演替和逆行演替。进展演替是指在未经干扰的自然状态下，森林群落由结构简单、不稳定的群落类型向结构复杂、稳定性较高的群落类型发展的过程，主要表现为群落结构的复杂化、地上和地下空间的最大利用、生产力的最大利用和生产率的增加、群落环境的强烈改造。反之，逆行演替是指在人为破坏或自然灾害影响下，原来稳定性较强、结构复杂的群落消失，形成结构简单、稳定性较弱的群落，甚至倒退到裸地。森林演替理论主要有单元顶级学说、多元顶极群落学说和顶级格局假说（李俊清，2006）。

森林演替的根本原因在于森林群落内部矛盾的发展（朱教君和刘世荣，2007；于立忠等，2009）。这种矛盾发展和变化主要是由两种因素决定：其一是由树木的生死过程所决定的，当一株树木从发芽、出苗、成长直至成熟，最后死亡时，必然有另一株树木取代其位置；其二是外部的环境作用所决定的，环境的作用主要表现在外力对森林中树木生死过程的干扰或调控，如风、火等因素对森林作用的方式和强度，就决定着不同树木在森林中的存在方式和存留时期（Zhu et al.，2017）。干扰状况与树木生物学特性结合在一起，就形成了森林群落的动态变化过程。在所有的森林群落中，都存在着由干扰所驱动的森林循环或森林生长循环，这一过程大致划分为 4 个阶段，即林窗阶段、建立阶段、成熟阶段和衰退阶段（Watt，1947；Whitmore，1989；Lu et al.，2015）。根据这种划分方法，森林群落被认为是空间上处于不同发育阶段的斑块镶嵌体，这种斑块镶嵌体处于不断的变化之中。各种斑块可以相互转化并变换空间位置，在某一个特定的时期，森林群落内的一些地方可能处于林窗阶段，其他地方可能处于建立阶段、成熟阶段或衰退阶段。随着时间推移，林窗阶段的斑块可能发育为建立阶段，接着发育为成熟阶段，直到衰退阶段。相反，当干扰发生后，比如大风、火灾、有害物或者病菌入侵、古老个体的老化和死亡，衰退阶段的斑块可能变为林窗阶段（Whitmore，1989；Zhu et al.，2017）。因此，在干扰的影响下，整个森林群落处于斑块连续变化中，使森林群落处于不同的演替阶段。森林演替研究中特别强调干扰的重要性，因为在森林群落中，干扰使森林形成不同性质的斑块镶嵌体，干扰的发生频率与干扰状况直接影响森林群落内斑块的性质和镶嵌状况，从而影响森林群落结构与演替过程，也会对森林生态系统的结构和功能产生一定的影响（朱教君和刘世荣，2007）。

森林演替理论是防护林近自然经营管理的核心基础，对于防护林可持续经营管理具有重要的指导意义（Zhu et al.，2021）。对于密度较高、天然更新困难的防护林，可以通过团状采伐、单株择伐，创造林窗，再遵循森林演替与林窗更新的规律，模拟天然植被结构，补植乡土树种，促进其形成近自然混交林（朱教君等，2016；Lu et al.，2018a）。对于天然防护林，可适度采取措施保护天然更新的幼苗。当天然更新不足时，可采用必要的人工补植等措施。在特殊情况下可采取低强度的森林抚育措施，形成林窗，加快建群树种和优势木生长，促进天然防护林向针阔混交林或常绿阔叶林进展演替，形成以顶极群落树种占优势的地带性森林植被（朱教君和刘世荣，2007）。对于更新能力强的天然混交林，由于其天然更新的混交树种的幼苗、幼树数量已经达到近自然林的基本要求，可采用疏伐的方式促进幼苗、幼树的生长，实现其向近自然林的顺利演替。针对人为干扰引起的衰退防护林生态系统，采取封山育林方式利用自然力促进退化防护林生态系统植被恢复的自然演替，同时，通过人工辅助措施，引入处于顺行演替前一阶段的某些植物种，从而加速顺行演替进程（王盛萍等，2010）。

2.1.4 生物多样性维持

森林生物多样性是生物多样性的重要组成部分，包括所有森林植物、动物和微生物组成的全部物种的森林生态系统，以及这些物种所在的生态系统的生态学过程（李俊清，2006）。作为陆地上分布面积最大、物种组成最丰富多样、功能和组成复杂的生态系统，森林被认为是陆地上最典型、多样化程度最高和最重要的生态系统，是多种动植物生存和繁衍的栖息地，也是世界上最丰富的生物资源库和基因库（冯晓娟等，2019）。《2020 年世界森林状况》报告指出，森林中蕴有 6 万个不同树种、80%的两栖物种、75%的禽类和 68%的哺乳动物物种（FAO，2020；FAO and UNEP，2020）。森林生物多样性是森林生态系统具有复杂的结构及生态过程的基础，森林生态系统中生物所携带的遗传基因构成了一个丰富、完整的基因库，这些多样化的遗传基因是自然选择的结果，不但为物种的多样性奠定了基础，同样也是维持整个生态系统均衡、稳定发展的重要因素。森林物种组成越多样，其物质循环、能量流动和信息传递越复杂，生态系统多样性越高，自我恢复的能力越强，为森林中的物种提供了更优越的生境，为生物进化和新物种的产生奠定了基础。森林景观的多样性又促进了森林生态系统内的物质迁移、能量流动，并影响着物种的分布、扩散与觅食等（朱教君等，2016）。

森林生物多样性资源是森林生态系统的重要组成部分，不仅为人类提供了不可或缺的食物、纤维、木材、药物、工业原料等，而且还能够提供防风固沙、保持水土、固碳释氧、净化空气、旅游休闲和调节局部气候等多种生态系统服务（朱教君等，2016；杨明等，2021）。森林生态系统服务的动力来源于森林生物地球化学循环，生物多样性使这种循环更加完整和复杂，使森林生态系统服务更为丰富。森林生态系统服务的供给和恢复能力都受到森林生物多样性变化的影响（李奇等，2019）。因此，生物多样性对森林生态系统的功能发挥和结构稳定起着决定性作用，生物多样性越高，森林生态系统功能性状的范围越广，生态系统服务质量就越高、越稳定（李奇等，2019）。

鉴于森林生物多样性在维持森林生态系统服务功能和稳定性等方面的重大作用，防护林规划设计及经营管理均应遵循森林生物多样性原则（米湘成等，2021），根据规划需要及生态环境条件，营造不同植物群落、不同景观斑块类型的防护林，以增加防护林生态系统稳定性。防护林树种选择与配置过程中，应采取乔灌草相结合，形成多树种/品种、多层次、多功能相结合，营造混交林，增加生物多样性，构建稳定的防护林体系。在防护林经营过程中，优化林分树种组成结构，确保树种、结构多样性，以增强防护林的多种生态服务功能和稳定性。在防护林林分改造过程中应以现有植被为基础，适当引进外来树种，保持地带性森林群落特征的同时，增加树种多样性，提升防护林生态系统稳定性。

2.1.5 生态系统多稳态

多稳态是指在相同的外力驱动或干扰的情况下，生态系统内生物群落的结构、物质和能量都会发生变化，并且可能表现为由负反馈调节维持的两种及以上不同的稳定状态（赵东升和张雪梅，2021）。许多不同类型的生态系统在特定条件下都可能发生状态突变，不同的生态系统虽然具有极大差异，但突变却往往具有相似的轨迹（Scheffer et al.，2001）。即随着外部环境条件的逐渐变化，生态系统状态在初期可以保持相对稳定，表现出相对较小的变幅；但在越过某一临界阈值后，生态系统状态变量则在短时间内发生大幅变化，表现出突变特征（灾难性突变），而且突变后的生态系统也可以保持相对稳定，难以恢复到突变前的状态（徐驰等，2020）。这种变化常称为稳态转换，一般表现为突变前后状态维持的时间远长于突变发生的时间。稳态转换的发生可能有两种不同的内在机理：一是外部环境条件的改变导致系统“内在”稳定性丧失；二是干扰导致系统跨越不稳定平衡点。在现实生态系统中，两种变化往往同时发生。环境变化导致系统的稳定性下降，干扰更容易触发稳态转换（徐驰等，2020）。生态系统的灾难性突变对生态系统结构和功能的稳定性、生态系统服务的持续性和人类生存环境维持起着重要作用。生态系统一旦发生突变将很难恢复，因此如何利用多稳态理论对生态系统突变进行早期预警，并对退化生态系统恢复提供科学的依据，是国际上生态学研究的热点（徐兴良和于贵瑞，2022）。

生态系统多稳态理论对于防护林构建与经营具有较强的指导意义。在防护林规划过程中，利用防护林生态系统多稳态突变点（环境生态承载力阈值），合理规划防护林建设的规模和格局，构建稳定的防护林生态系统，避免出现灾变性稳态转换。在防护林经营过程中，针对引起防护林生态系统出现灾变性突变转换的环境条件，采取必要的经营措施（间伐等），规避防护林生态系统出现灾难性突变，从而维持防护林生态系统稳定性。对于已经发生灾难性突变的防护林生态系统，基于灾难性突变稳态转换原理，采取不同的人为干预措施，使其尽量恢复到突变前的状态。

2.2 恢复生态学基础

恢复生态学（restoration ecology）是研究生态系统退化的过程与原因、退化生态系统恢复过程与机理、生态恢复与重建的技术和方法的科学（姜凤岐等，2002；彭少麟等，2020）。恢复生态学是生态学的应用性分支，生态恢复实践或恢复生态学中常用的重要生态学原理包括：生态因子作用、竞争、生态位、演替、生物多样性、干扰、岛屿生物地理学等（姜凤岐等，2002；任海等，2019；彭少麟等，2020）。随着恢复生态学的发展产生的理论主要包括：集合规则、参考生态系统、人为设计与自我设计、适应性恢复理论等（任海等，2019）。

2.2.1 集合规则

由于生态恢复的目标是重组一个系统，因而各成分间的组合很重要。集合规则理论认为，任何一个植物群落的物种组成，均基于环境和生物因子对该区域物种库中植物种选择与过滤的组合规则，即生物群落中种类组成是可以解释和预测的（任海等，2019）。已有研究表明：物种库通常包括区域、地方和群落 3 个层次，集合规则显示种与种之间的组合是受到环境过滤影响的，而某些种与种之间是不互相联系的。生物间相互作用的集合规则主要基于物种和功能群等生物组分的频率，而生物间及生物与非生物环境因子间相互作用的集合规则强调基于确定性、随机性及多稳态模型的生态系统结构和动态响应（任海等，2019）。集合规则理论要求防护林在构建与经营过程中应充分考虑树种间、群落间的关系，组合形成结构合理的防护林生态系统。

2.2.2 参考生态系统

生态恢复重要的内容之一是确定恢复的目标（姜凤岐等，2002），即生态恢复时选定的参考生态系统，不仅要参考选定生态系统的结构，还包括其发展过程中的任何状态。关于恢复目标的参考生态系统选择，一般认为，应该考虑环境的随机性和全球变化导致的不确定性，以及恢复的目标是参考生态系统多个变量及各个变量一定的变化范围等（任海等，2019）。生态恢复的每一个阶段都有一个理论上的适宜参照系统，也可称为阶段性目标。地带性植被和保存完好、受干扰较小的隐域性植被可很好地作为参照条件；而长期目标应参照地带性植被，与当地条件相适应（彭少麟等，2020）。

生态恢复时，参照系的选择对退化防护林生态系统的自然恢复和人工恢复均具有重要意义（姜凤岐等，2002）。对退化防护林生态系统自然恢复而言，生态恢复参照系是理解生态系统发生与演替的重要基础，也是自然恢复管理的重要依据。退化防护林生态系统自然生态恢复过程可以依据生态恢复参考系进行生态组分改造或种类组成改造，加速自然恢复的进程。对退化防护林生态系统的人工恢复而言，依据生态恢复参照系进行人工生态恢复过程与框架设计；另外，退化生态系统恢复与重建的启动也需要依据生态恢复参照系，特别是树种组成的配置，需要考虑参照系中早期演替阶段的树种组成（彭少麟等，2020）。

2.2.3　人为设计与自我设计

人为设计和自我设计理论是从恢复生态学中产生的理论，并在生态恢复实践中得到广泛应用。人为设计理论是按照人为设计的恢复目标，通过工程方法和植物重建直接恢复退化生态系统（任海等，2019；彭少麟等，2020）。这一理论把物种生活史作为植被恢复的重要因子，并认为通过调整物种生活史的方法可以加快植被恢复。人为设计恢复的类型是多样的，而且不一定是自然顶极群落，但一定对人类具有不同生态系统服务功能。在人为设计过程中，要依据生态脆弱性理论、生态系统服务与管理理论、生态工程学理论和景观学原理，采用生态修复手段将退化生态系统修复与重建形成符合人类需求的生态系统。

自我设计理论认为，只要有足够的时间，随着时间的进程，退化生态系统将根据环境条件合理地组织，并会最终形成结构与功能相对稳定良好的生态系统（任海等，2019；彭少麟等，2020）。自我设计理论生态恢复的核心是退化生态系统能够进入自身演替进程进行自我恢复。自我设计理论主要依赖于自我组织原理和生态系统演替理论（彭少麟等，2020）。

人为设计理论与自我设计理论不同点在于：人为设计理论把恢复放在个体或种群层次上考虑，重视人类的主观能动性，恢复的结果可能有多种；而自我设计理论把恢复放在生态系统层次考虑，充分考虑自然界环境与植物群落间相互作用，恢复完全由环境因素所决定（任海等，2019；彭少麟等，2020）。然而，对可能自然恢复的受损生态系统而言，依据生态系统受损的程度和恢复所需的时间，辅助不同程度的生态修复和生态工程技术，为其自然恢复创造条件，而人为设计的生态恢复必须遵循自然属性和自然恢复规律。人为设计和自我设计理论要求退化防护林生态系统恢复过程中，根据防护林生态系统退化程度和恢复时间，采取不同的生态恢复措施，促使退化防护林生态系统获得自然恢复能力，进而转变为基于自我设计的生态恢复阶段（姜凤岐等，2002；彭少麟等，2020）。

2.2.4　适应性恢复

由于生态系统有众多组分，而且组分之间存在非常复杂的相互作用，因而，退化生态系统很难完全恢复。研究表明，即使有一定年限的恢复，相对于参考生态系统，也只能有23%～26%的生物结构（主要由植物集合驱动）和生物地球化学功能（主要由土壤碳库驱动）恢复，此外，在生态系统恢复过程中，由于生态环境及社会经济因素发生变化，对生态系统的认识也发生变化，在恢复过程中要考虑恢复的目标与措施进行适应性生态恢复（任海等，2019）。

适应性恢复理论要求退化防护林生态系统要根据生态、经济和社会现实确定恢复目标，不是重建历史上的系统状态，而是帮助退化防护林生态系统获得自我发展和维持的能力。针对退化防护林生态系统，以恢复生态学基本原理为指导，依据生态恢复参照系（如地带性顶极植被类型），根据不同退化类型和退化程度，选择不同的恢复方向（姜凤岐等，2002；朱教君等，2016）。对于退化程度较轻的防护林生态系统，进行封育保护、封山育林等恢复措施，使退化防护林生态系统在自然力作用下自行恢复（姜凤岐等，2002）。对于中度退化的防护林生态系统，通过封育更新、封育补植等人工辅助措施，促进退化防护林生态系统恢复。对于退化较为严重的防护林生态系统，尤其是自然植被已不复存在或林下土壤条件发生根本改变的防护林，重新选择新的植被类型以适应新的环境条件，重新构建与现实生态状况相协调的防护林生态系统。对于极度退化的防护林生态系统，应以恢复生态系统功能为主，结构可以与原生生态系统不同，但功能要优于原生生态系统（姜凤岐等，2002）。对于经过长时间强烈自然干扰和人为破坏的地方，防护林生态系统失去了自我调节能力，环境退化到原生裸地状态，丧失了原有的生命支持力。在这种条件下，防护林生态系统的恢复与重建是极其困难的，应停止一切人为干扰活动，让生物群落自我维持与发展，逐渐适应并改造环境（姜凤岐等，2002）。

2.3 景观生态学基础

景观生态学（landscape ecology）是研究景观单元类型组成、空间配置及其与生态学过程相互作用的综合性学科（傅伯杰等，2001）。空间格局、生态过程与尺度之间的相互作用是景观生态学研究的核心。景观生态学将地理学与地理现象空间相互作用的横向研究和生态学与生态系统机能相互作用的纵向研究结合，以景观为对象，通过物质流、能量流、信息流和物种流在地球表层的迁移与交换，研究景观空间结构、功能及各部分之间的相互关系，研究景观的动态变化及景观优化利用和保护的原理与途径（傅伯杰等，2001）。

景观生态学的迅速发展为综合解决全球生态环境问题、全面开展生态环境建设提供了新的理论和方法。景观生态学的发展对防护林景观格局认识、防护林资源保护与管理、防护林生物多样性保护等起到重要推动作用。随着景观生态学的发展，对防护林景观进行生态规划已经成为防护林营建的基本要求。进行景观生态规划不仅可以协调防护林在生态、社会、经济方面的功能，更有利于促进防护林可持续经营、景观规划与管理水平的提高。同时，防护林景观生态规划使得防护林经营管理不再局限于某一尺度，而是在个体、林分、景观、区域尺度上进行综合经营管理（朱教君和郑晓，2019）。防护林营建过程中常用的景观生态学理论包括：景观格局与景观异质性理论、景观研究的尺度性原理、景观结构的镶嵌性原理和生态流的空间聚集与扩散理论等。

2.3.1 景观格局与景观异质性

景观格局是指景观要素的空间分布和组合特征，主要包括构成景观的生态系统或土地利用/覆被类型的形状、比例和空间配置。不同的景观空间格局，如山地、水体、林地、草地、农田、裸地等的不同配置，对径流、侵蚀和元素的迁移影响也不同（傅伯杰等，2001）。在景观生态学中，常常包括事件或现象的发生、发展过程中的动态特征等多种生态学过程，景观格局研究有助于更好地理解景观生态学过程。因此，景观格局和生态过程关系是景观生态学的核心。防护林景观具有与其他景观一样的空间分布特性，其景观格局决定着防护林景观中各种要素的梯度分布，进而制约着景观空间内各种生态过程。防护林景观研究的主要目的在于通过对防护林景观结构、功能动态及其相互作用关系的理解，揭示防护林景观格局基本规律特征和调控机制，确定防护林景观规划与设计、防护林景观最佳组成结构，这对于防护林景观管理和评估具有重要的指导意义。

景观异质性是景观的主要属性之一，是景观类别、组成要素和属性的多样性水平，这些特征也是景观与其他生命形式最明显的差异（傅伯杰等，2001）。景观异质性是景观生态学研究的焦点之一，决定着景观的结构、功能、动态以及特性等方面的发展。景观异质性对维护生态系统的功能与过程有着重要作用，如对生态系统稳定性、生物多样性、物种的迁移、幼苗的成活率等都有重大影响（Getzin et al.，2008）。因森林生态系统的组成要素（时空）是不均匀的，各种自然和人为干扰、植物群落生态演替决定了森林景观的异质性。森林的生境不同且随着时间变化等，导致森林群落、植被分布的差异，最终造成森林景观的异质性。森林景观异质性一方面促进森林生态系统物质、能量和信息的流动，另一方面减少干扰的传播，为生物共生提供基础。森林异质性造成更多的边缘效应，增加了边缘种，影响了动物的迁移活动、植物种子的传播等，继而影响生物多样性和遗传多样性。一般认为，森林景观异质化程度越高，结构越复杂，有益于维护森林生物多样性和稳定性。利用景观异质性原理，发挥防护林景观的最优功能，在环境承载力范围内，合理规划和经营管理防护林，提高防护林生态系统稳定性，促进防护林生态系统的可持续发展。

2.3.2 景观研究的尺度性

尺度是研究客体或过程的空间维和时间维，可用分辨率与范围来描述，它标志着对所研究对象细节了解的水平。在景观学研究中，空间尺度是指所研究景观单元的面积大小或最小信息单元的空间分辨率水平，而时间尺度是其动态变化的时间间隔。景观生态学的研究基本上对应于中尺度范围，即从几平方公里到几百平方公里、从几年到几百年（肖笃宁，1999）。一般情况下，特定的问题对应着特定的时间与空间尺度，在更小的尺度上揭示其成因机制，在更大的尺度上综合变化过程，并确定控制途径。在一定的时间和空间尺度得出的研究结果不能简单地推广到其他尺度上。

尺度的存在根源于地球表层自然界的等级组织和复杂性，景观格局与过程的发生、时空分布、相互耦合等特性都具有尺度依赖性。尺度分析和尺度效应对于景观生态学研究有着特别重要的意义（傅伯杰等，2001）。尺度分析一般是将小尺度上的斑块格局经过重新组合，而在较大尺度上形成空间格局的过程，此过程伴随着斑块形状由不规则趋向规则以及景观类型的减少。尺度效应表现为随尺度的增大，景观出现不同类型的最小斑块，最小斑块面积逐步增大，而景观多样性指数随尺度的增大而减小。尺度外推或尺度转换是解决尺度效应问题的关键，自然界不同尺度系统间存在的信息、能量和物质的交换与联系为尺度转换提供了理论依据（姚远等，2019）。然而，由于尺度效应的复杂性和尺度转换过程的不确定性，尺度外推或尺度转换技术也是景观生态学研究中的热点和难点（陈利顶等，2006；姚远等，2019）。

由于不同尺度空间下的自然环境背景不同，生态因子特性、生态系统整体特征不同，其生态功能区规划方法和生态建设途径也明显不同。因此，防护林规划设计过程中，要考虑不同尺度的效应问题，针对不同规划对象的空间尺度和时间尺度，通过系统分析确定合理的方法，在生态功能分区的基础上，合理进行防护林空间布局和配置，使规划的最终目的达到不同尺度间的调控与和谐关系。由于不同尺度的生态过程对森林景观格局的形成和变化存在明显的尺度等级结构特征（傅伯杰等，2001），因此，在防护林经营过程中，协调不同尺度经营目标，分别从个体、林分、景观、区域尺度采取相应的经营措施和经营技术，逐步实现防护林的精细化经营，有利于更好地发挥防护效应和实现防护林的多功能。

2.3.3 景观结构的镶嵌性

景观结构的镶嵌性是景观异质性的重要表现，同时又是各种生态过程在不同尺度上作用的结果（傅伯杰等，2001）。景观是由不同景观元素（斑块、廊道、基质）镶嵌组成的一个整体，不同的景观元素集合构成不同的景观镶嵌格局，进而影响生态流在景观尺度的运动或流动。景观的镶嵌格局为斑块-廊道-基质组合格局。景观斑块是地理、气候、生物和人文等要素构成的空间综合体，具有特定的结构形态和独特的物质、能量或信息输入与输出特征。斑块的大小、形状和边界，廊道的曲直、宽窄和连接度，基质的连通性、孔隙度、聚集度等构成了景观镶嵌特征丰富多彩的不同景观。景观的镶嵌格局是决定景观生态流性质、方向和速率的主要因素，也是景观生态流所控制的景观再生产过程的产物。景观镶嵌的测定包括多样性，边缘、中心斑块和斑块总体格局等方面，有多样度、优势度、相对均匀度、边缘数、分维数、斑块隔离度、易达性、斑块分散度、蔓延度等指标。

空间镶嵌体中的不同组分及其格局在不同的环境中具有不同的生态作用和地位。因而，在防护林规划设计及调整土地利用时，应当注意景观镶嵌格局的作用，围绕“山水林田湖草沙”各生态系统要素，合理配置包括防护林在内各生态系统要素的规模和格局；同时，在不同生态要素间保留或建设一些小的斑块和廊道，有利于提高景观异质性和多样性，增强防护林生态系统的稳定性。

2.3.4 生态流的空间聚集与扩散

在复杂的自然生态系统中，各组分之间的物质循环、能量流动和信息传递通常以流态形式来表达，其路径、方向、强度、速率等对生态系统产生重要影响（郭贝贝等，2015）。生态流是反映生态系统中生态关系的物质代谢、能量转换、信息交流、价值增减以及生物迁徙等的功能流，是种群（出生与死亡）、物种（传播）、群落（演替）、物质（循环）、能量（流动）、信息（传递）、干扰（扩散）等在生态系统内空间和时间的变化（郭贝贝等，2015）。景观格局影响着生态流，使这些属于跨生态系统间的以水平流为主体的流分别表现为聚集或扩散，生态流需要通过克服空间阻力来实现对景观的覆盖与控制，从而起着在景观中再分配能量、物质、物种的作用。在景观水平上推动景观生态流的有三种驱动力，分别为扩散、传输和运动，其中扩散会形成最少的聚集格局，传输居中，而运动可在景观格局中形成明显的簇聚格局。物质运动过程总是伴随着一系列能量转化过程，斑块间的物质流可视为在不同能级上的有序运动，斑块的能级特征由其空间位置、物质的组成、生物因素以及其他环境因素所决定。

由人类活动引起的生态流变化引起防护林生态系统及周围环境的变化，通过改善生态系统网络连接度和生态流来优化生态功能，提高防护林生态系统稳定性。例如，通过将高耗水的农田转化为低耗水的针叶林、灌木林地和草地，提高半干旱沙区樟子松固沙林的稳定性（Zheng et al.，2012）。

第3章 防护林结构

生态系统的结构决定其功能，因此，生态系统结构与功能的关系是生态学研究中的永恒主题。森林结构定义为森林植被的构成及其状态，指不同植物种类和大小的空间配置与分布。森林结构包括：①组成结构，狭义上指森林群落中森林植物种类的多少，广义上包括生态系统中动物、微生物及其环境因子等；②空间结构，指水平结构和垂直结构，其中，水平结构为森林植物地上的分布状态和格局，垂直结构是森林植物地上同化器官在空中的排列成层现象，如发育完整的森林中，一般可分为乔木、灌木、草本和苔藓地衣等垂直层次；③年龄结构，即树木生长发育的年龄特征；④营养结构，包括森林生态系统各成分之间通过取食过程而形成一种相互依赖、相互制约的营养级结构等。森林结构可用不同参数从不同方面进行测度。防护林（生态系统）结构是防护林发挥防护功能（效应）的核心。本章重点阐述不同尺度防护林结构定义、结构参数及其量化、结构参数变化规律等，为防护林规划设计、构建与经营奠定基础。

3.1 防护林结构定义

为使防护林防护效应最大化，防护林体系须具备空间布局合理性、树种组成多样性和林分/林带（对于带状林，林带相当于林分）结构稳定性的特征（朱教君，2013）。由于防护林结构直接影响其防护效应（功能），因此，关于结构与效益的研究始终是防护林生态学研究的难点与热点（朱教君，2020），可通过改变防护林体系的结构与配置，使防护林功能（效益）高效、稳定与可持续发挥。

防护林结构是指林分内树木干、枝、叶的密集程度和分布状态，由树种组成、林分密度、林分分层（乔、灌、草等）、林木胸径、树高、林龄等多种因子综合决定（朱教君，2013）。根据外表形态，防护林结构可划分为：带状形式，如农田防护林带、护路护岸林等；片状形式（林分），如水土保持林、防风固沙林、海岸防护林、水源涵养林、保健林、风景林等。由于研究的尺度不同，防护林结构可以分为单木结构、林分/林带结构和景观结构等。

3.1.1 单木结构

树木是防护林结构的基本单元，是构成防护林结构的基础。表征单木结构的参数包括：树高、胸径、冠幅、枝下高、材积、树冠体积、树冠长度、叶倾角、叶片聚集度指数等。上述参数可反映防护林（树木）生长趋势以及健康状况，是防护林构建与经营的基础。精细的单木结构是理解树木生理生态过程、树木生长机制、树木冠层与大气的交换机制，以及防护林发挥防护效应（功能）的关键要素。同时，单木结构参数是进行防护林资源调查与经营的重要测量因子，对于防护林的构建与可持续管理具有重要意义。

3.1.2 林分/林带结构

林分/林带结构是指树木群体各组成成分的空间和时间分布格局（翟明普和沈国舫，2016），包括空间结构和非空间结构。传统林学主要关注非空间结构，包括组成结构、水平结构、垂直结构和年龄结构等，这些参数主要受树种组成、林分密度、林木配置和树龄等因素影响（朱教君等，2003）。空间结构决定了林木空间生态位与竞争势，包括林木空间分布格局、混交、大小分化 3 个方面，在很大程度上决定着防护林经营空间的大小、林分/林带的稳定性和发展的可能性（朱教君等，2003）。林分/林带的空间结构是指林木的分布格局、属性在空间上的排列方式，是生态系统进程和生物多样性的产物与动力，是对林木发育过程（如更新方式、竞争、自然稀疏和经历干扰）的综合反映，同时也是防护林功能发挥的决定要素。因此，林分/林带结构对于防护林构建与经营具有重要指导意义。

3.1.3 景观结构

景观结构是景观的组分和要素在空间上的排列和组合形式。在景观尺度上，防护林可以视为景观系统的一个组成单元，该单元是景观体系中独立的生态系统，以镶嵌分布的形式组成了景观体系。防护林在景观尺度上的空间分布格局，即为防护林的景观尺度结构。防护林作为一种景观单元，其空间分布格局影响了其在景观中发挥的区域性防护作用。从景观水平上度量防护林的空间布局，可在宏观上掌握现存防护林体系的状态和未来的发展方向。因此，准确描述防护林的景观尺度结构，对于建立景观结构与功能过程的相互关系，以及科学合理规划、建设和经营防护林，使其稳定高效地发挥防护效应具有重要意义。

景观生态学中对景观格局的量化与分析方法，同样适用于对防护林景观尺度结构的度量。景观格局分析的方法主要采用的是数量研究方法，用以描述与分析景观空间格局斑块之间相互关系及斑块特征，为建立景观结构与功能过程的相互关系以及预测景观变化提供有效手段。景观指数是描述景观格局中的不同信息、对景观格局信息进行高度概括、反映其结构组成和空间配置某些方面特征的一类指数。常用的景观指数包括表征量的优势度、表征分布特征的均匀度，以及边缘数、分维数、斑块隔离度、易达性、斑块分散度、蔓延度等指标。此外，还有基于网络、中心位置、渗透（随机空间模型）等理论和模型建立的景观指数。以上指数也可以用于对防护林景观结构的量化和研究。

3.2 防护林结构参数及其量化

3.2.1 单木结构参数及其量化

3.2.1.1 单木结构参数

单木结构参数众多，本节重点介绍利用地基激光雷达可精准测定的胸径、树冠体积、叶倾角和叶片聚集度等参数。

1）胸径

胸径指乔木主干离地表面胸高处（通常为地面以上 1.3m 高处）的直径，是评价林木生长状态和林分质量的重要参数之一。由于大量监测树木胸径费时费力，若能批量准确获取树木胸径信息对防护林生物量估算、防护林资源监测与管理等具有重要意义。

2）树冠体积

树冠体积是指树冠结构三维空间大小，是直接反映树冠结构空间测度的复合指标。同时，树冠体积反映了林木个体在林分中所占据的空间位置，反映出树木对环境的适应程度和树木本身适应能力，是评价树冠生产力及树冠活力的重要指标。此外，树冠体积的大小不仅决定了树木光合作用潜力，还直接或间接影响其周边的生态环境，如对降雨的拦截、对风的阻挡，影响周围小气候，是评价生态环境的一个重要指标。

3）叶倾角

叶倾角指叶片平面与水平面的夹角，或叶片腹面的法线与天顶轴的夹角，是描述树木冠层结构特征的重要参数。叶倾角分布决定了森林冠层对辐射的截获量，对入射太阳辐射的多少与光线在冠层中的传输过程，以及光合有效辐射（photosynthetically active radiation，PAR）的分布有着显著的影响，进而影响森林冠层生产力和碳循环（Li et al.，2018）。此外，叶倾角分布常被用于推算叶面积指数（leaf area index，LAI）、耐阴性等参数，以及作为冠层光合作用模型、降雨截留模型、叶面积指数光学模型的输入参数（van der Tol et al.，2009）。

4）叶片聚集度

叶片聚集度，一般称叶片聚集度指数（Ω），是用来表征植被叶片在空间分布的随机程度的参数（Nilson，1971）。叶片聚集度指数>1 说明叶片是规则分布的，叶片聚集度指数=1 说明叶片是随机分布的，叶片聚集度指数<1 说明叶片比随机的情况下更聚集（Pisek et al.，2010）。叶片聚集度指数对植被拦截光和冠层辐射传输过程有重要影响，同时，与冠层的物质能量交换和叶片的光合生理过程密切相关，是影响树木生产力的重要因素（Utsugi et al.，2006）。叶片冠层聚集度指数对于准确表达森林冠层叶片垂直分布与异质特性，获取准确的叶面积指数、提高森林总初级生产力的估算精度等具有重要作用。

3.2.1.2　单木结构参数量化

单木结构参数的批量获取是防护林构建与经营的基础。本节重点介绍基于地基激光雷达对胸径、树冠体积、叶倾角和叶片聚集度指数等参数的批量量化方法。

1）胸径量化方法

传统测量胸径方法主要是用胸径尺在规定的位置量取树干的胸径，或者利用弯轮尺、扇形尺、游轮卡尺等工具直接测量树干直径。尽管传统测量胸径方法测量准确性高，但对于大范围的林业调查，存在外业工作量大、效率低，且检尺主观的问题。地基激光雷达由于能生成高质量的三维点云，同时具有自动化、快速获取和处理数据的潜力，成为野外大面积估算胸径的有用工具。该方法主要通过地基激光雷达扫描快速获取树木点云，对点云进行归一化，并提取归一化点云 1.3m 处截取 2cm 厚度的点，将其投影到平面，通过最小二乘法实现圆拟合，计算圆直径即为胸径［图 3-1（a）］。该方法估算的树木胸径与胸径尺

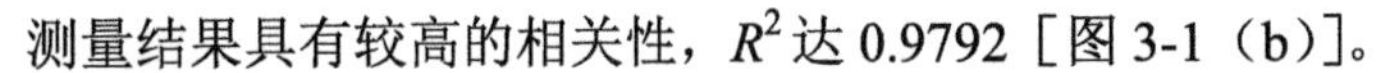
测量结果具有较高的相关性，R^2 达 0.9792［图 3-1（b）］。

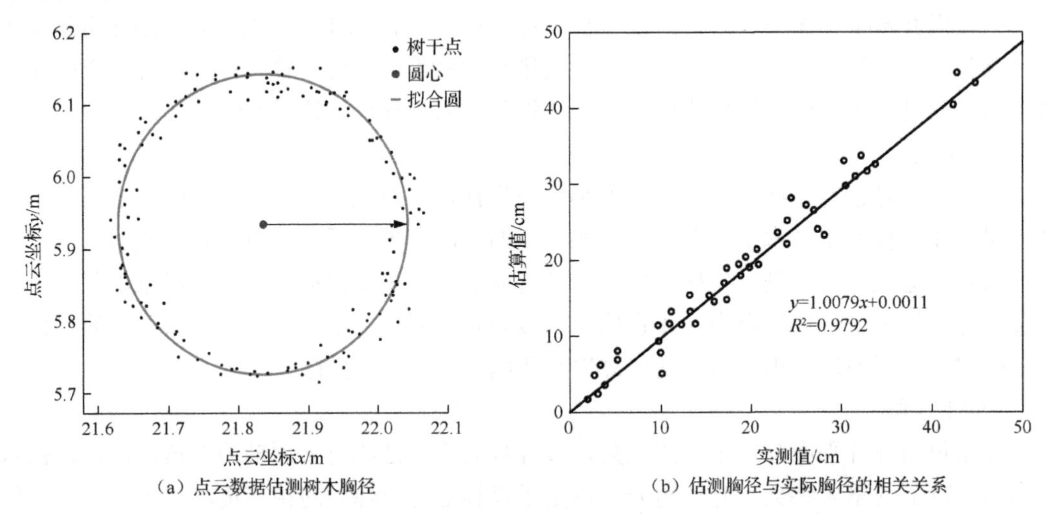

（a）点云数据估测树木胸径　　（b）估测胸径与实际胸径的相关关系

图 3-1　点云数据估测树木胸径方法及估测胸径与实际胸径的相关关系

2）树冠体积量化方法

由于树冠形状不规则，树冠体积难以被准确量化。传统的估算树冠体积的方法是将树冠近似为规则的几何体，通过米尺、测高器等测量工具，获取树冠高、冠幅等因子，代入规则几何形状体体积求算公式来获取树冠体积，精度较低。地基激光雷达扫描技术作为一种全自动高精度的立体扫描技术，能够精准获取树冠的三维空间结构（树冠的几何形状）。该方法利用地基激光雷达获取的树冠点云数据，将树冠点云自树冠底部向上按照一定的间隔（h_i）分割成切片，应用二维凸包算法计算出切片面积（S_i），两个切片之间可以近似看成台体（图 3-2），用台体体积计算公式［式（3-1）］求算每个台体体积，累加各个台体体积即为树冠体积（V）：

$$V=\sum_{i=1}^{n}\frac{1}{3}h_i(S_i+\sqrt{S_i\times S_{i+1}}+S_{i+1}) \tag{3-1}$$

式中，n 为切片层数；S_i 为第 i 层切片面积；S_{i+1} 为第 i+1 层切片面积；h_i 为两个切片之间的间隔。

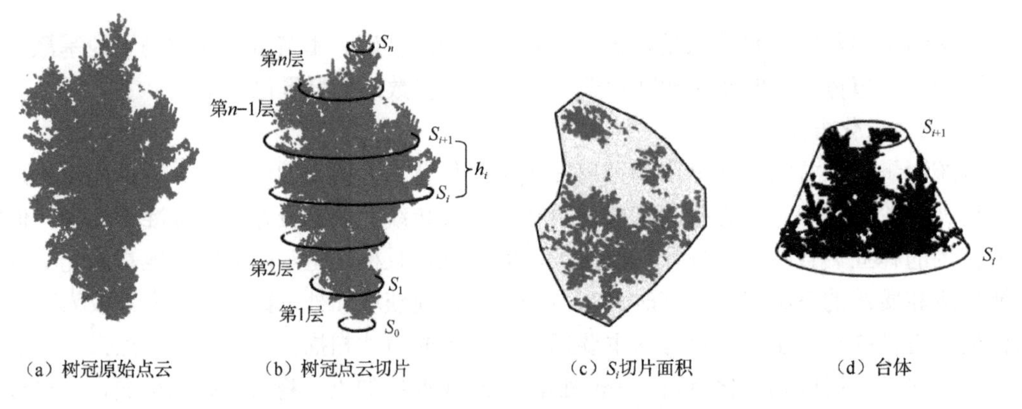

（a）树冠原始点云　　（b）树冠点云切片　　（c）S_i切片面积　　（d）台体

图 3-2　点云数据量化树冠体积过程图

3）叶倾角量化方法

叶倾角的直接测量方法是利用量角器与叶片表面直接接触进行量取，该方法费时费力，且还有可能伤害叶片。使用摄影法对叶倾角进行测量，主要采用高清数码相机在单木冠层不同方向按照一定高度间隔进行拍照，然后通过图像处理软件手动测量各层叶倾角，进而统计出整个冠层的叶倾角分布（Ryu et al.，2010）。但该方法是一种只能在局部和固定数量位置上使用的方法。地基激光雷达因其具有穿透力强、能够提取植被冠层三维结构信息的优势，为准确量化树木海量叶片的叶倾角提供了可能。该方法通过地基激光雷达获取单株树木点云，通过距离搜索的方式提取叶片点云，将叶片点云体素化后，根据最小二乘法拟合叶片的曲面，通过最小生成树法计算叶片平面法向量（图3-3），进而通过式（3-2）计算出叶倾角（ξ）：

$$\xi = \arctan\frac{\sqrt{x^2+y^2}}{|z|} \tag{3-2}$$

式中，ξ 为叶倾角；x、y、z 分别为点云数据拟合叶片平面的法向量的三维坐标。通过地基激光雷达获取的海量叶片信息可进一步获得叶倾角概率分布。

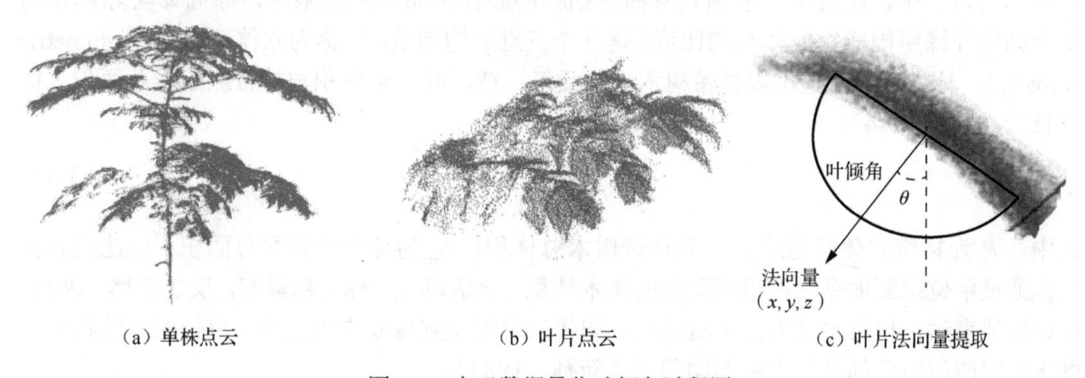

（a）单株点云　（b）叶片点云　（c）叶片法向量提取

图3-3　点云数据量化叶倾角过程图

4）叶片聚集度指数量化方法

叶片聚集度指数的量化主要包括间接方法和直接方法。间接方法是通过冠层分析仪等光学仪器获取冠层的有效叶面积指数，同时，通过破坏性取样或凋落物收集方法计算实际叶面积指数，有效叶面积指数与实际叶面积的比值，即为叶片冠层聚集度系数（Chen et al.，1991）。然而，该方法耗时耗力，并且对植被具有破坏性，也无法进行大面积作业。直接方法是通过激光雷达技术实现叶片聚集度指数量化，通过激光雷达（light detection and ranging，LiDAR）获取树木单株冠层的点云数据，将点云数据投影至与激光发射方向垂直的平面上，进行栅格化并计算二维图像的间隙面积，然后按间隙面积大小排序，并逐步删除面积大的间隙直至符合正态分布，从而计算冠层间隙率（Li S H et al.，2017）。叶片聚集度指数的求算方法为基于冠层间隙率的对数平均法，即间隙率平均值的对数和间隙率的对数平均值之比为叶片聚集度指数（Ω）（Lang and Xiang，1986），计算公式为

$$\Omega(\theta) = \frac{\ln[\overline{P(\theta,\varphi)}]}{\overline{\ln[P(\theta,\varphi)]}} \tag{3-3}$$

式中，θ 为天顶角；φ 为方位角；$\overline{P(\theta,\varphi)}$ 为冠层平均间隙率；$\overline{\ln[P(\theta,\varphi)]}$ 为间隙率的对数平均值。

3.2.2 带状林结构参数及其量化

以农田防护林为主的带状林结构，指林带树冠上下组成的层次，林带宽度，林带走向，林带纵断面形状，干、枝、叶的分布状况，林木密度和透光（透风）状况的综合状态。不同林带密度、林带宽度、树种组成，构成防护效能不同的林带结构。从林带的纵断面上看林带的外部形态，可以通过透光孔隙的大小与分布确定林带的均一性与成层性；从林带的横断面上看林带的外部形态，可以看出林带的各种不同几何形状。

3.2.2.1 林带结构参数

林带结构参数主要有林带立体疏透度、林带透光疏透度、林带透风系数、林带宽度、林带高度、林带断面形状、林带走向、带间距离等。

1）林带立体疏透度

疏透度（porosity）是从林带结构上鉴定其透风状况的指标，是林带结构的重要特征。在流体动力学中，疏透度一般指具有栅栏结构的固体障碍物的孔隙率，即固体实际体积与整个固体外缘所围成空间体积的比值，是一个三维结构指数，又称为立体疏透度（volumetric porosity）。林带立体疏透度以林带树木（包括干、枝、叶）总体积与林带纵断面总面积之比来表示，见式（3-4）。

$$P_c = \frac{V_t}{S_p} \tag{3-4}$$

式中，P_c 为林带立体疏透度；V_t 为林带树木总体积；S_p 为林带纵断面总面积。该比值表征气流通过单位纵断面受到摩擦或阻碍的树木体积。比值越大，林带越紧密，反之亦然。因此，用该比值表达，也可定义为立木疏透度，即代表气流受到每立方米立木（单位树木体积）的摩擦或阻碍所对应的林带纵断面面积（曹新孙，1983）。

2）林带透光疏透度

由于立体疏透度的测定较为困难，因此，一般采用透光疏透度（optimal porosity）来代替。透光疏透度（简称疏透度，下同）是立体疏透度的二维替代（Kenney，1987；Heisler and DeWalle，1988），是林带纵断面上透光孔隙的投影面积与该纵断面投影总面积之比，见式（3-5），通常用百分比表示（曹新孙，1983）。

$$\beta = \frac{S_o}{S_t} \tag{3-5}$$

式中，β 为疏透度；S_o 为林带纵断面上透光孔隙的投影面积；S_t 为纵断面投影总面积。

林带结构类型不同，林带透光疏透度值的范围不同（表 3-1），相应的防风功能和特征也不相同。

表 3-1 林带三种基本结构类型对应的疏透度范围

林带结构类型	疏透度/%	
	树干部	树冠部
紧密结构	0～10	0～10
疏透结构	15～35	15～35
通风结构	>60	0～10

资料来源：姜凤岐等（2003）。

3）林带透风系数

林带透风系数（又称透风度）是指当风垂直林带时，林带背风面林缘在林带高度以下的平均风速与旷野同一高度以下的平均风速之比，见式（3-6）。

$$\alpha_0 = \frac{U_{lee}}{U_{up}} \tag{3-6}$$

式中，α_0为林带透风系数；U_{lee}为林带背风面林缘在林带高度以下的平均风速；U_{up}为旷野同一高度以下的平均风速。

林带透风系数是判定林带结构优劣的重要参数之一，具有不同透风系数的林带其防护差别很大，在林带达到最大防护效应时对应的透风系数为最适透风系数。已有研究表明，由于林带宽度、所需减弱风速的程度等不同，最适透风系数存在一个变化范围，通常在0.5～0.6时防风效果最佳。林带透风系数也可作为划分林带结构的标准：紧密结构，α_0<30%；疏透结构，α_0在30%～75%；通风结构，林冠部α_0<30%，林干部α_0>70%（曹新孙，1983）。

4）林带宽度

林带宽度是指林带两边林缘间的距离。幼林期的林缘指边行林木向外行距的一半处，成林的林缘则取林缘边行树冠在地面投影的外侧。林带疏透度和透风系数是影响防护效应的直接结构特征指标，林带宽度则是一个间接因素。研究表明，林带总的防风效应取决于林带上部3/4处的疏透度，该处疏透度为30%的林带模型防风效果最好（朱廷曜等，2001）。

在林带比较紧密（疏透度小于20%）的情况下，防风效益与林带的宽高比有关。当宽高比≤5时，林带的宽度对防风效果的影响不变；当宽高比>5时，随林带宽度增加，防护距离逐渐减小。依据林带对湍流交换的减弱作用试验，从理论上最适林带宽度为8～28m，这也支持了窄林带比宽林带在防护效应上具有优势的观点（Hagen and Skidmore.，1971）。

5）林带高度

林带高度主要指林带中主要树种的成林高度。在林带疏透度、透风系数和其他特征相同的条件下，林带高度主要影响防护距离。防护距离的绝对值随林带高度的增加成正比例增加，但相对防护距离随林带高度的变化增加不明显（曹新孙，1983）。

6）林带断面形状

断面形状是决定林带结构的要素之一。林带营造时由于乔木、亚乔木、灌木的搭配方式不同而形成不同的横断面形状（断面形状），常见的断面形状包括矩形、三角形（背风面垂直三角形、迎风面垂直三角形、等边或不等边三角形）、对称或不对称屋脊形、梯形、凹槽形等（姜凤岐等，2003）。

7）林带走向

林带走向以林带方位角（林带与子午线的交角）表示（曹新孙，1983；姜凤岐等，2003）。林带走向是林带、林网或防护林体系设计的主要配置参数。一般认为，单条林带走向与风向垂直时防护效果最好，随着风向偏角的加大，防护效应逐渐降低。当风向偏角在小于30°范围时，风向偏角的增大对防护效果影响不大；当风向偏角在大于 30°时，防护效果将显著降低（曹新孙等，1980；姜凤岐等，2003）。

8）带间距离

带间距离指两条平行林带之间的垂直距离。林带网格的大小取决于带间距离，而带间距离一般等于防护距离或有效防护距离（曹新孙，1983）。防护距离和有效防护距离是表征林带防护效应的重要指标。防护距离指林带削减旷野风速 10%所达到的距离，而有效防护距离指林带削减旷野风速 20%所达到的距离（曹新孙，1983）。带间距离和有效防护距离的确定比较复杂，受主害风强度、林带高度、林带结构等众多因素影响（Zhu et al.，2002）。

3.2.2.2 林带疏透度的量化

1）三维疏透度量化方法

由于带状林树木枝叶的非均匀空间分布，通过建立体积密度和表面积密度的空间分布函数表征林带的三维疏透度结构，以反映林带冠层结构的异质性。依据树木干和枝的体积之间生长关系，结合树枝生长的分支方式和叶片的分布模式，建立树木干、枝和叶的表面积和体积与胸径、树高、叶面积密度、枝叶长度等的经验函数。将林带划分为若干个单位体积元（$1m^3$），计算每个单位体积元内干、枝和叶的表面积和体积，得到林带空间单元的表面积密度和体积密度函数 f（Zhou et al.，2002），见式（3-7）。

$$f(y;\alpha,\mu)=\frac{y^{\alpha-1}e^{-\frac{y}{\mu}}I_{(0,\infty)}(y)}{\mu^{\alpha}\int_{0}^{\infty}x^{\alpha-1}e^{-x}dx} \tag{3-7}$$

式中，y 为林带栅格单元的表面积和体积大小所处区间；α 为形状参数，表征林带栅格单元的表面积和体积的大小，该参数值越大，分布函数峰值的横坐标越大，意味着林带单位空间上的表面积和体积越大，对空气流动的拖曳影响越大，林带产生的气压梯度也就越大；μ 为尺度参数，表征林带栅格单元的表面积和体积的空间分布，该参数值越大，分布函数峰值的纵坐标越小，林带表面积和体积的空间异质性与林带产生的气压梯度越小，对空气流速的总体削减作用越明显；$I_{(0,\infty)}(y)$为示性函数，当 $y>0$ 时，该函数取值为 1，否则为 0。

基于表面积密度和体积密度随高度的变化，对林带总表面积和总体积进行归一化，建立表面积密度和体积密度的分布函数，利用伽马分布函数形状参数和尺度参数定义函数 F，以表征林带的三维疏透度，见式（3-8），F 值越大，林带在防护区内对风速的削减作用越强。

$$F=\mu\alpha^{C_1}(C_2-\alpha)^{C_3} \tag{3-8}$$

式中，C_1、C_2 和 C_3 为待确定参数，C_1 和 C_3 表示形状参数对林带三维结构优劣影响的乘数效应，C_2 表示形状参数对林带三维结构优劣影响的极值。

测定方法与步骤为：①利用地基激光雷达从不同角度扫描林带，以降低枝叶遮挡的影响，获得完整的林带点云数据。②利用 LiDAR360 V3.2 软件将林带非地面点云数据分割为主干点云和非主干点云，采用空间体素化优化点云数据分割，精准识别干、枝和叶，提取胸径、树高和叶面积密度等结构参数。③通过叶片长度和叶面积密度计算叶体积密度；提取枝干长度和中径，采用圆台表面积和体积公式计算干和枝的表面积和体积；采用多项式分别拟合树木干、枝和叶的表面积和体积在高度维的分布函数。④利用表面积密度模型函数和体积密度模型函数（Zhou et al.，2002）计算空间单元的表面积密度和体积密度，依据式（3-7）和式（3-8）计算林带三维疏透度的分布函数。

2）透光疏透度量化方法

由于三维疏透度的获取极其复杂，且对现实林带结构合理性的评价机制尚不清楚，林带结构调控通常以透光疏透度作为主要指标。有关透光疏透度的测定，早期一直沿用目测法、相片法、方格景法和根据树木本身特点给出的干部和树冠部疏透度的模型。这些方法存在精度低、耗时长、过程复杂等缺点，限制了防护林诸多方面研究的开展。随着对防护林结构及其效益研究的不断深入，对林带结构参数的精准测定显得愈发重要。目前测定林带透光疏透度的方法主要是Kenney（1987）和姜凤岐（1992）发明的“数字图像处理法”。其基本原理是利用林带树木枝体和枝体间的空隙在照片上所形成的色彩差异，通过数字化处理转换为二值影像，将影像中的林带与空隙分割开，然后根据各组分所占像素数量即可统计出该林带的透光疏透度。

测定方法与步骤：利用数码相机垂直林带取景，尽量获得较大范围的林带（一般以距林带2～3倍树高为宜）。目前，中国东北地区农田防护林大多为上密下疏的通风结构，林带明显分成两层。所以，将林带分成树冠和树干两部分，分别测其透光疏透度值，而整个林带的透光疏透度值通过加权平均法求出。由于强光照射可使树木叶片反光，拍摄时应避开正午，以侧光和逆光为好。照片获取后可直接用图像处理软件（如Adobe Photoshop等）进行林带透光疏透度的计算。如为普通照片，先将照片“数字化”，再计算林带透光疏透度值。一般来说，图像处理时选择的范围要大些，这样有利于提高精度。注意方框的长宽比例应定得适当，以便容纳足够长度（一般为20～25m）的林带。

注意事项：①选用合适的二值图像分割值是确保精度的关键；②对于疏密不均的林带（尤其是少行林带），应选取最具代表性的林带拍摄，为了保证精度，这种林带最好多次重复测量；③照片上树干部分枝体比较容易同背景相混淆，因此，在拍摄照片时应注意避开农田作物的遮掩及黑色背景等；④测定时应尽量包含较多的树木。林带上限应以林带平均高处为准，树冠与树干两部分之间的分界线以平均枝下高为准。

3.2.3 片状林结构参数及其量化

林分结构是片状防护林特征的重要内容，是林分生长和林分经营的理论基础。片状林林分结构通过影响林内环境与生物因子，决定片状防护林生态系统服务功能发挥（朱教君等，2005b）。因此，通过林分结构优化与调控，可以实现片状防护林防护功能高效、稳定与可持续发挥。

3.2.3.1 片状林结构参数

片状林结构参数主要包括林分密度、林分郁闭度、叶面积指数、树种组成、透光分层疏透度（optical stratification porosity，OSP）（垂直结构）、林冠截雨指数（canopy interception index，CII）（立体结构）等。本节重点介绍透光分层疏透度和林冠截雨指数。

1）透光分层疏透度

当考虑片状防护林的防护效应、林分内各个生物和生态因子（如风和光的时空分布、降水的再分配、昆虫分布、温度变化和生物多样性等）与林分结构的关系时（Zhu et al.，2003b），由于林分内的空隙分布直接或间接地影响上述因子，因此，空隙度在林分内垂直方向的分布与这些因子之间的关系变得十分重要。然而，林分疏透度不同于林带疏透度，用测定林带疏透度的方法表征林分内的空隙分布无法实现，这使得片状防护林的结构、效益等研究受到限制。为此，提出片状形式防护林（非带状防护林）的结构“分层疏透度”的概念与测定方法（Zhu et al.，2003a）。

分层疏透度：在林带疏透度与透光疏透度的基础之上提出的，是用来表征片状林分内空隙分布的特征量，是林分垂直结构的重要指标。通过建立各个观测因子（防风效益、林分内各生态因子的变化等）与林内分层疏透度的相关关系，使得各个观测因子可通过调控疏透度来把握其动态。

透光分层疏透度：与林带疏透度一样，分层疏透度亦具有三维性，因此，以分层疏透度的二维值——透光分层疏透度代替分层疏透度。透光分层疏透度可定义为：林分内一定高度的某一平面以上部分没有被树木要素（树干、枝、小枝及叶）遮挡的天空球面的比率。透光分层疏透度用来描述林分内空隙的垂直分布，即将林分从林地开始到林冠顶部这一垂直方向上水平切割成若干薄片，再计算每个薄片的透光疏透度。当水平切割的薄片足够薄的时候，透光分层疏透度接近于分层疏透度。透光分层疏透度与林带的透光疏透度的本质区别在于：林带的透光疏透度是基于林带垂直方向的影像轮廓来定义的，而透光分层疏透度则是基于林分从林地开始到林冠顶部这一垂直方向上任意一个水平薄片的影像轮廓来定义的，即透光分层疏透度是将林带的透光疏透度转换 90° 来考虑。

透光分层疏透度与林冠盖度、林冠郁闭度、林窗等概念的重要区别在于：以往林学与生态学中的这些概念只反映林分内某一高度（林地或相对较低的高度，通常是在 1～2m）的部分天空信息（Yamamoto，2000）；而透光分层疏透度则是林分内任一高度的某一平面以上部分没有被树木要素遮挡的天空球面的比率，透光分层疏透度在垂直方向的分布变化是高度的函数，可用于表达林分的垂直结构（Zhu et al.，2003a）；同时，通过透光分层疏透度的测定，能够更精确地得出上述林学与生态学中所用的各个参数。

2）林冠截雨指数

林冠持水能力（canopy storage capacity，CSC）是水土保持林和水源涵养林影响水土保持和水源涵养功能的重要因子（Savenije，2004）。林冠持水能力是指一场使林冠能够完全湿润的降雨过后，当林冠表面的雨滴停止滑落时，树木各组分（叶片、枝条和树干）能够存储的最大雨量。林冠持水能力常通过叶面积指数、林冠平均高度等结构参数进行量化（Fathizadeh et al.，2017）。然而，这些结构参数难以精准描述与林冠持水能力相关的由叶片、枝条和树干构成的复杂森林三维结构（Roth et al.，2007），导致用这些结构参数量化林冠持水能力存在巨大的不确定性。

林冠持水能力可以理解为树木的三个组分——叶片、枝条和树干能够存储的最大降雨量，而叶片、枝条和树干能够存储的最大降雨量取决于它们的表面积（Keim et al.，2006）。因此，叶片、枝条和树干三个组分的表面积之和，即是量化林冠持水能力的关键。由于叶片、枝条和树干的截留降雨能力（单位表面积的叶片、枝条和树干的存储雨量）不同，依据三组分截留降雨能力差异，对三组分的表面积赋予不同的权重并进行加权求和，获得三组分表面积之和（三组分表面积的权重和），即可准确反映水源涵养林林冠持水能力。基于此，Yu 等（2020）提出林冠截雨指数表征林冠持水能力的思路，林冠截雨指数定义为单位投影面积上叶片、枝条和树干三组分表面积的权重之和。林冠截雨指数可用于提高冠层截留模型的模拟精度，为水源涵养林树种选择、抚育间伐、修枝等结构调控措施提供依据（Yu et al., 2020）。

3.2.3.2 片状林结构参数量化

1）透光分层疏透度量化方法

在林分内一定高度，利用配有鱼眼镜头（fisheye lens）的数码相机获取全天照片，通过数字图像处理法计算透光分层疏透度，见式（3-9）。

$$P_z = \left(A_{tz} - A_{oz}\right)/A_{tz} \tag{3-9}$$

式中，P_z 为高度 z 处的透光分层疏透度；A_{tz} 为高度 z 处的选择全天照片的总面积，用像素表示；A_{oz} 为选择全天照片上树木要素（树干、枝、小枝及叶）所占的总面积，用像素表示。

全天照片的摄取采用全天数码照相机，设置于特制的轻质坚固的金属控制盒中，构成照相机系统。再将照相机系统与可伸缩测杆连接在一起，构成摄影装置。将摄影装置固定在林地上即可通过控制可伸缩测杆摄取不同高度的全天照片，通过式（3-9）计算获得透光分层疏透度。具体操作程序与方法见图 3-4。

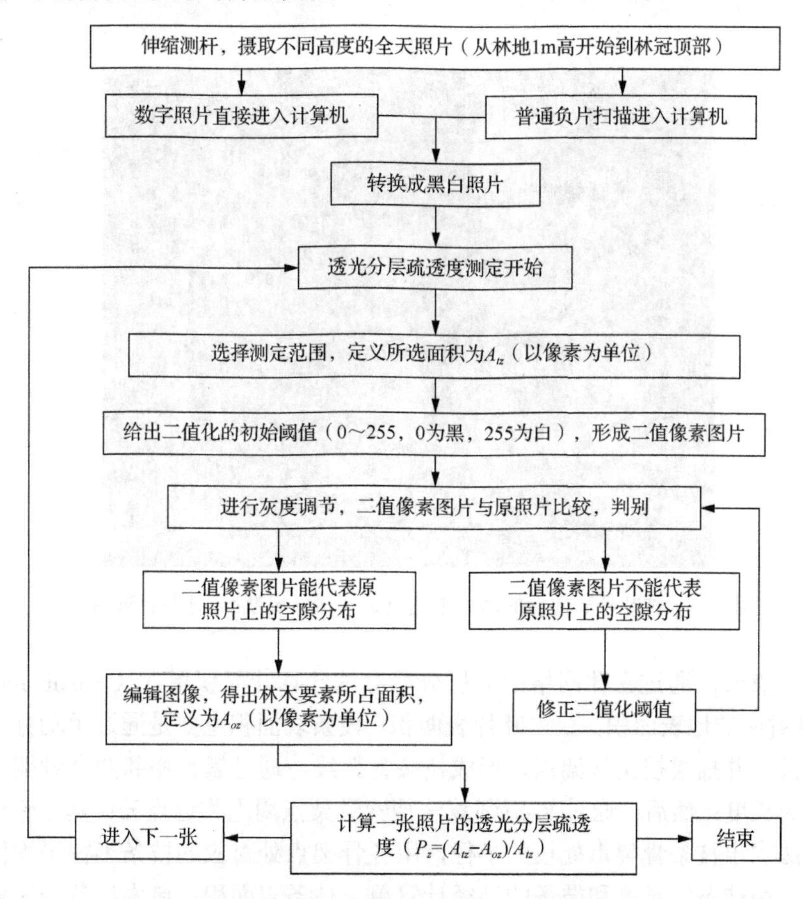

图 3-4 透光分层疏透度测定流程图（朱教君，2003）

适用范围：①透光分层疏透度是表征林分垂直结构的参数，将林带透光疏透度的概念扩展到一般林分中，并通过全天照相机与可伸缩测杆组成的测定装置实现了不同高度透光分层疏透度的测定；②通过透光分层疏透度的测定，可以更精确地确定林学与生态学中有关林冠分层的常用参数，如林冠盖度、林冠郁闭度、林窗、林冠密度、林冠开阔度、林分叶面积指数以及林冠透明度等；③片状防护林的防护效应、林分内各个生态因子等均可建立与透光分层疏透度的相关关系，进而通过透光分层疏透度预测林内各个生态因子的动态，实现林分结构的调控（Zhu et al.，2003a）。

2）林冠截雨指数量化方法

地基激光雷达可以高效、精准监测影响水源涵养林的叶片、枝条和树干结构，为量化林冠截雨指数提供基础（Yu et al.，2020）。林冠截雨指数的具体量化方法如下。

（1）叶片、枝条和树干表面积的量化。

利用地基激光雷达，采用多站扫描方式，获取林分落叶期和生长期的完整点云信息。将落叶期和生长期点云数据进行拼接，通过距离搜索的方式分离叶片点云（Li et al.，2016），通过手动分割方法分离枝条点云和树干点云，从而完成林分树木叶片、枝条和树干的分离（图 3-5）。

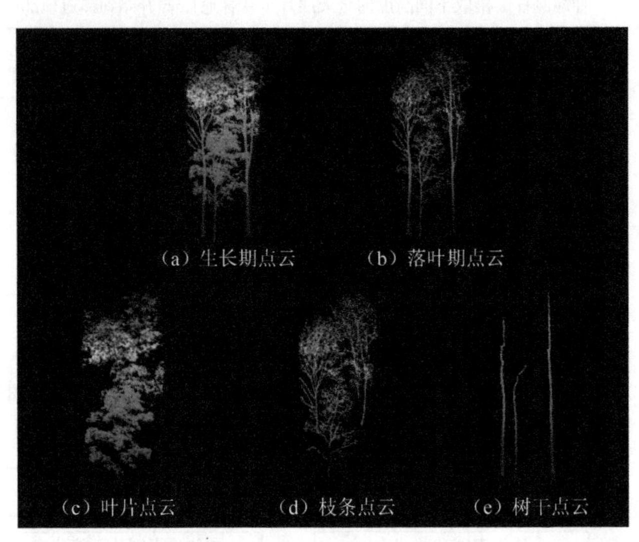

图 3-5 枝叶分离前后的激光雷达点云（林分尺度）（见书后彩图）

基于叶片点云，通过立体网格的冠层分层算法计算叶面积指数（Hosoi and Omasa，2006），乘以对应的地表面积，获得叶片表面积。枝条表面积主要是通过手动分割的方法分离各枝条点云，并描绘枝条骨架点，形成枝条骨架线；通过累积相邻两个骨架点的距离获得单一枝条的长度；然后，通过 K-近邻算法搜索骨架点周围临近点云；基于临近点云，通过圆拟合算法求出枝条骨架点处枝的半径，用各骨架点处对应的枝条半径平均值代表单一枝条的半径；用枝条的长度和枝条的半径计算单一枝条表面积；单木枝条表面积为各枝条表面积之和（Yu et al.，2020）。树干表面积是将树干点云以近似 5cm 的间隔分层，并将各层点云分别投影到平面，通过圆拟合算法求出树干的半径（Pueschel et al.，2013），然后应用计算单一枝条表面积的方法计算树干表面积。

（2）叶片、枝条和树干表面积权重计算。

基于叶片、枝条和树干表面积权重值，确定各组分的截留降雨能力。由于针叶树种和阔叶树种的截留降雨能力存在明显差异（Llorens and Gallart，2000），因此，通过权重值区分针叶和阔叶树种。通过收集文献中针叶和阔叶树种叶片、枝条和树干的截留降雨能力的数据，分别计算针叶和阔叶树种的平均值为其各组分的截留降雨能力。针叶树种叶片、枝条和树干的截留降雨能力值分别是 0.06mm、0.19mm 和 0.37mm，阔叶树种叶片、枝条和树干的截留降雨能力值分别是 0.10mm、0.28mm 和 0.43mm（Yu et al.，2020）。

将叶片表面积的权重值设定为 1，分别计算枝条和树干截留降雨能力与叶片截留降雨能力的比值，作为枝条和树干表面积的权重值。阔叶树种叶片、枝条和树干表面积的权重值分别为 1.00、3.22、6.24，针叶树种叶片、枝条和树干表面积的权重值分别为 1.00、2.66 和 4.16（Yu et al.，2020）。

（3）林冠截雨指数计算。

叶片、枝条和树干三个组分表面积的权重之和（A_{CSC}）通过式（3-10）计算获得。

$$A_{CSC} = A_L + \frac{b}{a} \times A_B + \frac{c}{a} \times A_S \tag{3-10}$$

式中，A_L、A_B、A_S 分别表示叶片、枝条和树干的表面积（m^2）；a、b、c 分别表示叶片、枝条和树干的截留降雨能力（mm）。

由于不同树种叶片的截留降雨能力不同，因此，在不同树种之间，A_{CSC} 对林冠截雨指数量化的适用性不同。为了增强林冠截雨指数的适用性，分针叶树种和阔叶树种进行 A_{CSC} 的计算，见式（3-11）和式（3-12）。

$$A_{CSC}^{bro} = A_L + \frac{b_{bro}}{a_{bro}} \times A_B + \frac{c_{bro}}{a_{bro}} \times A_S \tag{3-11}$$

$$A_{CSC}^{con} = A_L + \frac{b_{con}}{a_{con}} \times A_B + \frac{c_{con}}{a_{con}} \times A_S \tag{3-12}$$

式中，A_{CSC}^{bro}和 A_{CSC}^{con}分别表示阔叶树种和针叶树种的三组分表面积的权重和；a_{bro}、b_{bro} 和 c_{bro} 分别表示阔叶树种叶片、枝条和树干的截留降雨能力；a_{con}、b_{con} 和 c_{con} 分别表示针叶树种叶片、枝条和树干的截留降雨能力。为了增加针叶树种和阔叶树种 A_{CSC} 的可比性，引入 a_{con}/a_{bro}（具体数值为 1.76）对 A_{CSC}^{con}进行进一步修正。修正后的 A_{CSC}^{con}（$A_{CSC}^{con\ imp}$）通过式（3-13）计算获得。

$$A_{CSC}^{con\ imp} = 1.76 \times A_{CSC}^{con} \tag{3-13}$$

基于计算式（3-11）和式（3-12），可以分别计算针叶树种（或针叶林样地）和阔叶树种（或阔叶林样地）的 A_{CSC}。对于针阔混交林 A_{CSC}（A_{CSC}^{mix}），在区分针叶和阔叶树种的基础上，通过 A_{CSC}^{bro}和 $A_{CSC}^{con\ imp}$ 求和获得（Yu et al.，2020）。

综上，林冠截雨指数通过计算单位地表投影面积（A_P）上的叶片、枝条和树干三组分表面积的权重和获得，见式（3-14）。

$$\mathrm{CII}=\frac{A_{\mathrm{CSC}}}{A_{\mathrm{P}}}=\begin{cases}A_{\mathrm{CSC}}^{\mathrm{bro}}/A_{\mathrm{P}}, & \text{阔叶树种单木或者阔叶林样地}\\ A_{\mathrm{CSC}}^{\mathrm{con\ imp}}/A_{\mathrm{P}}, & \text{针叶树种单木或者针叶林样地}\\ A_{\mathrm{CSC}}^{\mathrm{mix}}/A_{\mathrm{P}}, & \text{针阔混交林样地}\end{cases} \tag{3-14}$$

3.2.4 林窗结构参数及其量化

林窗（forest gap）泛指森林一株或多株优势木倒伏后形成的林间空隙（Watt，1947；Whitmore，1989；Zhu et al.，2014）。根据形成原因的不同，可将林窗分为人工林窗和天然林窗；按其结构特征可将林窗分为林冠林窗和扩展林窗（Runkle，1982；McCarthy，2001）。林窗是森林（尤其是水源涵养林、水土保护林、防风固沙林等）生态系统中最普遍、最重要的中小尺度干扰，是影响片状防护林更新及功能持续发挥的关键要素之一（Zhu et al.，2021）。林窗形成直接改变林分结构，影响环境（尤其是光照）特征，进而影响林下植被更新和防护林功能恢复。因此，林窗结构特征对防护林近自然经营具有十分重要的意义（Hu and Zhu，2009；Zhu et al.，2014；Lu et al.，2021）。

3.2.4.1 林窗结构参数

林窗结构参数主要包括林窗大小、林窗大小上下限、林窗形状、林窗年龄、林窗立体结构、林窗边缘木偏冠指数及林窗光指数等。

1）林窗大小

林窗大小是指林窗边缘木环围的空间，是最重要的林窗结构参数。林窗大小决定了光、温度、水分和养分资源的可利用程度，影响着林窗内的物种组成（Zhu et al.，2015）。林窗大小通常用面积衡量（林冠林窗面积和扩展林窗面积）。早期研究认为，林窗面积在4～1000m^2，面积<4m^2很难将林窗和林分内枝叶间隙区分出来，而面积>1000m^2时，一般被当作林内空地来处理（臧润国和徐化成，1998）。相关研究表明，在北方森林，林窗的面积一般在50～200m^2（McCarthy，2001），在温带森林，林窗平均大小在40～130m^2内变动（Spies et al.，1990），而热带森林的林窗大小平均为80～600m^2（臧润国和徐化成，1998）。另外，从更大尺度（遥感影像）考虑，亦有将2hm^2的空地认为是林窗的（Shure et al.，2006）。

2）林窗大小上下限

林窗大小（主要是绝对大小，即面积）的测量方法虽然得到不断发展，但是关于林窗大小的上限和下限仍然没有明确定论，多数学者依据自己的研究目的主观规定林窗的面积范围。林窗面积从4m^2（Lawton and Putz，1988；Kenderes et al.，2008）到2hm^2（Shure et al.，2006）不等。然而，林窗面积的差异使不同研究结果之间很难进行比较，尤其是对于目前森林近自然经营的决策者，无法模拟自然林窗过程进行现实森林的经营（Zhu et al.，2015）。

关于林窗大小的上限和下限的规定一直较为模糊。Runkle（1992）根据林冠树种的死亡株数界定林窗面积，规定林窗面积的上限和下限分别对应10株和0.5株冠层木的林冠面积。另有研究者将林窗面积的下限规定为4m^2（Lawton and Putz，1988）、10m^2（Nakashizuka et al.，1995）、20m^2（Brokaw，1982）和25m^2（Veblen，1985）等。还有研究者通过诸如

“大于一株冠层木”“林冠未被更新层遮挡”等定性描述规定林窗面积下限。Schliemann 和 Bockheim（2011）通过对林窗相关研究的综述，发现 10～5000m^2 的林窗范围涵盖了多数林窗研究，建议用 1000m^2 作为林窗面积的上限，超出此上限则视为林间空地。然而，这些标准均没有给出较为合理的客观依据。

林窗在本质上是成熟树木死亡后遗留的空地，其环境在一定程度受到周围树木（林窗边缘木）的影响。林窗边缘木的高度与林窗平均直径之比（林窗径高比，$R_{D/H}$）能够影响林窗内植被的更新过程（Ritter，2005）。基于此，Zhu 等（2015）通过对温带森林林窗的调查研究，根据光照因子和林窗边缘木特征，客观、定量地确定了林窗面积上限和下限的标准，即温带森林扩展林窗和林冠林窗面积上限的林窗径高比分别为 3.49 和 3.23，下限的林窗径高比分别为 0.49 和 0.23，为不同林窗研究提供了统一标准，从而改变林窗研究领域对林窗面积上下限确定的混乱局面（Zhu et al.，2015）。

3）林窗形状

林窗形状是林窗重要特征之一，影响林窗环境因子和植物更新（胡理乐等，2010）。林窗形状是指边缘木树冠（对应林冠林窗形状）或树干基部（对应扩展林窗形状）围成的形状，一般用林窗周长 P（m）与林窗面积 A（m^2）之比来表达，即林窗形状指数（$\mathrm{SI}=P/(2\sqrt{\pi A})$）（朱教君和刘世荣，2007）。从水平面看，林窗形状不规则，但总体来说，其形状近似于椭圆形；从垂直剖面上看，林窗像一个倒圆锥体。林窗形状越不规则，林窗边缘的环境因子变化越显著，林窗边缘效应越明显（Hu et al.，2009）。早期研究中，多数学者将林窗形状近似为圆形或椭圆形，以便于林窗面积等参数计算和林窗模型对光环境的模拟等。机载与地基激光雷达技术在林窗研究中的应用，为实现林窗形状的精准量化提供了新的手段（Seidel et al.，2015）。

4）林窗年龄

林窗年龄（林窗形成年龄）是指林窗最初形成的时间与监测时的时间间隔（谭辉等，2007；朱教君和刘世荣，2007）。林窗形成后，林窗内微环境特征随着时间逐渐向闭合森林转化。因此，林窗年龄反映林窗在整个闭合过程中所处的阶段，直接影响林窗其他特征，如林窗大小，进而影响林窗物种更新与林分结构（臧润国和徐化成，1998）。然而，在不同的森林生态系统中，林窗年龄对更新的影响差异很大。相关研究结果表明，林窗年龄与更新密度在成熟林中呈正相关关系，而在老龄林中呈负相关关系（McCarthy，2001；Muscolo et al.，2014）。此外，林窗年龄还决定着林窗的闭合方式与闭合时间，基于样地监测的研究表明，在林窗形成初期，林窗的闭合主要以边缘木侧向生长为主，而随着林窗年龄增加，侧向闭合逐渐停止（达到极限），更新层垂直生长成为林窗闭合的主要方式（Lu et al.，2015）。

5）林窗立体结构

林窗立体结构指林窗大小、形状和边缘木高度等特征的组合，并且随着林窗年龄逐渐发生变化（Hu and Zhu，2009）。林窗立体结构对林窗内环境因子（尤其是光）起着决定性作用，影响林窗内植物的更新、生长，物种多样性，植被的分布格局以及林窗演替方向（Hu and Zhu，2009）。由于受到测试方法的限制，早期研究多关注林窗的大小、形状等水平结构，林窗的垂直结构研究相对较少。随着数码相机的发展，照片法逐渐在林业研究中得到应用，通过配有超广角镜头（鱼眼镜头）的数码相机可以获取林窗三维结构。其中，双半球面影像（two hemispherical photographs，THP）法可以同时获取林窗大小、形状和边缘木高度等参数（Hu and Zhu，2009）。近年来，随着激光雷达技术的发展，地基激光雷达逐渐应用于林窗研究，通过单次或多次扫描快速精确获取样地全部结构信息，为林窗体积、林窗内不同高度更新填充状况定量研究提供切实可行的方法（Seidel et al.，2015）。

6）林窗边缘木偏冠指数

林窗边缘木是指包围整个林窗的冠层树木，是影响林窗大小和闭合过程的重要指标。当林窗面积较小时，林窗主要通过边缘木的侧向生长闭合；当林窗面积较大时，边缘木的侧向生长无法完全封闭林窗，林窗闭合过程由边缘木侧向生长和更新层填充共同完成（McCarthy，2001；Lu et al.，2015）。由于林冠层的空间异质性，林窗闭合过程中边缘木树冠的侧向生长表现出非对称性，即偏冠现象。通常而言，靠近林窗一侧的树冠生长速度明显高于远离林窗一侧的树冠（Lu et al.，2021）。林窗边缘木偏冠特征是树木适应光环境的生长策略，可用边缘木偏冠指数来度量（Lu et al.，2020）。利用地基激光雷达获取林窗边缘木树冠点云信息，以林窗边缘木树冠不同维度（树冠宽度、树冠投影面积、树冠体积）的对数比作为边缘木偏冠指数，可量化不同树种的偏冠程度（Lu et al.，2020）。

7）林窗光指数

林窗光指数（gap light index, GLI）是评价林下光环境的最有效指标（朱教君等，2018）。林窗光指数取值范围为 0～100，0 表示林下没有光，即全部被林冠遮挡，100 表示光没有任何遮挡全部到达地面（Canham et al.，1990），林窗光指数的计算见式（3-15）。

$$\mathrm{GLI}=\left(T_{\mathrm{diffuse}}\times P_{\mathrm{diffuse}}+T_{\mathrm{beam}}\times P_{\mathrm{beam}}\right)\times 100 \tag{3-15}$$

式中，P_{diffuse} 和 P_{beam} 分别是林冠上方散射光所占比重和直射光所占比重（$P_{\mathrm{diffuse}}=1-P_{\mathrm{beam}}$）；$T_{\mathrm{diffuse}}$ 和 T_{beam} 分别是林窗内某一测量点与林冠上方散射光的比值和直射光的比值。

P_{diffuse} 和 P_{beam} 可根据 P_{beam} 与光在大气中的穿透系数（atmospheric transmission coefficients）KT 的经验公式求得（Canham，1988）。在林窗内某一测量点，采用装配鱼眼镜头的数码相机垂直向上拍摄半球面影像，基于该半球面影像，T_{diffuse} 和 T_{beam} 可通过式（3-16）和式（3-17）求得。

$$T_{\mathrm{diffuse}}=\sum_{i=a_0}^{b_0}\cos\left(A_i\right)\Big/\sum_{i=1}^{M}\cos\left(A_i\right) \tag{3-16}$$

式中，M 是整个半球面影像面积；$i=a_0,\cdots,b_0$ 代表林窗在整个半球面影像中的面积；A_i 是第 i 个分割区中心点对应的天顶角。

$$T_{\mathrm{beam}}=\sum_{t=a}^{b}\cos\left(Z_t\right)\Big/\sum_{t=1}^{N}\cos\left(Z_t\right) \tag{3-17}$$

式中，Z_t 是 t 时刻太阳天顶角（正午太阳高度角=90°）；N 是生长季内白昼总时长所对应的时间段总数；$t=a,\cdots,b$ 是太阳可照射到林窗内的一个时间段（如 5min）。

3.2.4.2 林窗结构参数量化

1）林窗大小量化方法

（1）椭圆估算法。

将林窗形状近似为椭圆形，通过测量林窗的长轴和短轴估算林窗面积（Runkle，1981），该方法误差较大。

（2）多边形法。

选取林窗中心点，利用罗盘沿中心点将林窗均匀划分为8个或16个三角形，将林窗近似为八边形或十六边形，计算三角形面积并求和估算林窗面积。相对于椭圆估算法，多边形法精度较高，特别是边数越多，计算精度越高（越逼近真实值），但是，野外工作量也大幅增加，因此，超过八边形的测量方法在实际调查中并不实用。

（3）等角椭圆扇形法。

胡理乐等（2007）通过对多边形法的改进，提出等角椭圆扇形法。该方法将八边形近似划分为八个扇形。结果表明，在不改变野外测量工作量前提下，该方法精度显著优于八边形法，甚至超过十六边形法（野外测量工作量是八边形法的一倍）（朱教君和刘世荣，2007）。

（4）半球面影像法。

利用鱼眼镜头相机对林窗进行拍照，通过镜头高度和树冠高度的比例，结合图片处理软件（如Adobe Photoshop）估算林窗面积（Yamamoto，2000；Hu and Zhu，2009）。

（5）遥感影像法和激光雷达法。

利用高清遥感影像、航拍和激光雷达技术，获取林窗的基本特征，进而计算林窗面积（Seidel et al.，2015；Lu et al.，2020）。

2）林窗形状量化方法

在野外调查中，林窗形状量化通常是准确计算林窗大小的前提。因此，林窗形状与大小测量方法基本一致（Hu and Zhu，2009；胡理乐等，2010；Seidel et al.，2015）。主要包括：①直接测量法（与多边形法测量林窗大小操作类似）。②半球面影像法（与半球面影像法测量林窗大小类似）。③遥感影像法和激光雷达法（与遥感影像法和激光雷达法测量林窗大小类似）。通过这些方法，确定林窗的周长与林窗面积，进而确定林窗形状。

3）林窗年龄量化方法

林窗年龄主要通过林窗形成木、林窗更新木和林窗边缘木的特征进行判断（Schliemann and Bockheim，2011）。在更长或更大尺度，可用不同时期的遥感影像确定。

（1）林窗形成木腐烂程度法。

根据林窗形成木的腐烂程度确定林窗形成年龄，腐烂程度分为轻度腐烂（有完整的细枝和树皮）、中度腐烂（没有树枝，有破碎的树皮）、重度腐烂（没有树枝和树皮）。然而，树木的腐烂受气候、地形、死亡方式等多种因素的影响，因此，该方法仅可粗略地将林窗年龄划分为几个等级，且分类结果受主观影响较大，尤其不适宜老林窗的年龄估算（Lertzman and Krebs，1991）。

（2）边缘木轮枝或芽痕数法。

林窗形成后会引起林窗内植被的生长释放，可通过查数林窗内幼树或灌木的轮枝或芽痕数来估算林窗年龄。该方法准确性受限于林窗形成前更新种的影响（Runkle，1982）。

（3）遥感追踪法。

该方法对目标林窗在沿时间倒序排列的影像上进行逐期追踪，判定森林斑块转化为林窗斑块的发生时间。然而，该方法的精度受限于影像的时间分辨率和空间分辨率，且用于单个林窗年龄判定时成本较高（Yamamoto et al.，2011；Zhu et al.，2017）。

（4）边缘木年轮分析法。

林窗形成后释放的空间资源会引起林窗边缘木的加速生长，反映为树木年轮宽度的增加，因此，可以通过分析林窗边缘木年轮，寻找突变点确认林窗形成年份，从而估算林窗年龄（Schliemann and Bockheim，2011）。

边缘木年轮分析法是确定林窗年龄的常用方法。以往研究表明，边缘木年轮的生长释放会因树木对林窗干扰的敏感性、自身的年轮学特性和相邻树木的竞争关系等因素而延后发生，导致该方法的林窗年龄估算精度通常无法突破 5 年。由于林窗形成后其内部光照强度、空气温度、土壤温度和土壤含水量等小气候要素会发生显著改变（谭辉等，2007；胡理乐等，2009），从而可能引起边缘木年轮稳定碳同位素的变化，为利用树木年轮稳定碳同位素技术估算林窗形成时间提供了新的可能。

为了验证利用稳定碳同位素技术估算林窗年龄（形成时间）的可行性，Yan 等（2022）以位于辽东山区（辽宁清原森林生态系统国家野外科学观测研究站，简称清原森林站）2004 年建立的 8 个人工林窗（林窗年龄已知）为例进行研究（表 3-2）。2017 年 10 月底，在每个人工林窗内选择 3 株，共计 24 株林窗边缘木为试验样木（胸径在 25～30cm），包含 8 株花曲柳、7 株胡桃楸、9 株裂叶榆（表 3-3）。此外，在距离林窗边缘 20m 外的林内选取同等数量、种类的 3 个乔木树种作为对照木，用于去除气候变化对结果的干扰。对于选取的样木和对照木，利用生长锥在树高 1.3m 处沿林窗中心到边缘辐射方向和垂直辐射方向各钻取年轮样木，最终获得年轮样木 48 条，年轮对照木 48 条。对于野外获得的年轮样本，进行固定、风干、打磨至显微镜下细胞清晰可见。然后，使用树木年轮分析仪（LINTAB 6，Rinntech，德国，精度 0.001mm）测量所有年轮 1996～2016 年树轮宽度。采用 COFECHA 程序来交叉定年并检验测量结果（Holmes，1983）。

表 3-2 清原森林站水源涵养林生态系统人工林窗特征表

林窗编号	林冠林窗面积/m^2	边缘木平均高度/m	海拔/m	坡度/（°）	坡向/（°）
1	513.9	19	650	17	170
2	621.1	17	670	23	150
3	267.3	17	640	24	140
4	174.1	16	690	20	155
5	307.9	16	673	25	145
6	321.2	17	681	25	160
7	113.8	17	655	26	145
8	124.5	16	669	24	165

表 3-3 取样林窗边缘木特征

树种	耐阴性	样本数	落叶性	平均胸径/cm
裂叶榆	耐阴	9	落叶	27.5
花曲柳	中等耐阴	8	落叶	27.4
胡桃楸	喜光	7	落叶	27.7

（5）稳定碳同位素估算法。

利用稳定碳同位素技术估算林窗年龄包括两步：首先，根据不同树种树木年轮边缘释放生长发生时间，确定林窗干扰发生的时间范围；在此基础上，分析该时间范围内年轮碳同位素判别值（Δ^{13}C）的变化，确定林窗形成的具体时间，进而估算林窗年龄。

林窗干扰发生时间范围判定：林窗形成后，通常会缓解甚至部分解除树种间或种内的竞争，进而促进了林窗边缘木的生长，称为边缘木生长释放现象。采用 Black 和 Abrams（2003）提出的基于滑动中值的相对生长法，即将某一年或多年内的生长速率与前一年或多年对比的方法，计算年轮序列的生长变化百分率（percentage growth change，PGC），并将滑动窗口设为 5 年，以排除因年龄或气候等非干扰因素对树木生长趋势造成的影响。生长变化百分率可通过式（3-18）获得。

$$\mathrm{PGC}=\frac{M_2-M_1}{M_1}\times 100\% \tag{3-18}$$

式中，M_1、M_2 分别为前 5 年和后 5 年年轮宽度中值。将生长变化百分率大于 10%且持续 5 年以上区间视为一个释放事件，而区间内生长变化百分率峰值年份为干扰发生年份。林窗样木与林下对照木生长变化百分率的差值能更直观地反映林窗干扰的情况。综合考虑树木种类和个体差异对边缘木生长释放的影响，从而辨识林窗干扰发生的大致时间范围。

基于稳定碳同位素的林窗干扰发生时间判定：选取林窗干扰发生的大致时间范围内的树木年轮，以两年为一组切割，每组样品使用球磨仪进行粉碎、混匀处理。在处理后的每组样品中称取 5mg，利用稳定同位素质谱仪测量各年份的稳定碳同位素比值（δ^{13}C）。根据测得的各组的 δ^{13}C，计算碳同位素判别值（Δ^{13}C），见式（3-19）。

$$\Delta^{13}\mathrm{C}=\frac{\delta^{13}\mathrm{C}_a-\delta^{13}\mathrm{C}_{\text{tree ring}}}{\delta^{13}\mathrm{C}_{\text{tree ring}}+1} \tag{3-19}$$

式中，$\delta^{13}\mathrm{C}_a$ 是大气中二氧化碳稳定碳同位素比值，利用 Picarro 同位素分析仪（G2101-i，美国）测得该区大气中二氧化碳稳定碳同位素比值（$\delta^{13}\mathrm{C}_a$）为−9.37‰；$\delta^{13}\mathrm{C}_{\text{tree ring}}$ 是树芯样品稳定碳同位素比值。通过比较样木和对照木在同一年份 Δ^{13}C 的差异，确定样木 Δ^{13}C 显著低于对照木的时间，从而判定为林窗干扰发生时间。具体确定过程如下。

林窗边缘木年轮生长释放分析：不同树种林窗边缘木的生长变化百分率随年龄变化差异显著，而林下对照木生长变化百分率随年龄变化差异不显著（表 3-4）。9 株裂叶榆全部发生生长释放事件，生长变化百分率平均值释放区间为 2006～2011 年，峰值出现在 2009 年，而不同个体的峰值在 2008～2010 年分布（图 3-6）。8 株花曲柳中 7 株发生生长释放事件，生长变化百分率平均值释放区间为 2004～2010 年，峰值出现在 2007 年，而不同个体的峰值在 2006～2008 年分布（图 3-6）。7 株胡桃楸中 6 株发生生长释放事件，生长变化百分率平均值的释放区间为 2003～2011 年，峰值出现在 2005 年，而不同个体的峰值在 2005～2007 年分布（图 3-6）。

总体来看，由林窗形成引发的生长释放发生时间（林窗干扰发生时间）在不同树种间存在 4 年误差，在同一树种不同个体间存在 3 年误差。

表 3-4 裂叶榆、花曲柳、胡桃楸林窗边缘木与对照木年轮生长变化百分率双因素方差分析结果表

物种	因素	林窗边缘木		林下对照木	
		自由度	p 值	自由度	p 值
裂叶榆	年份	13	0.023	13	0.023
	个体	8	0.536	8	0.634
花曲柳	年份	13	0.051	13	0.021
	个体	7	0.196	7	0.374
胡桃楸	年份	13	0.012	13	<0.001
	个体	6	0.231	6	0.431

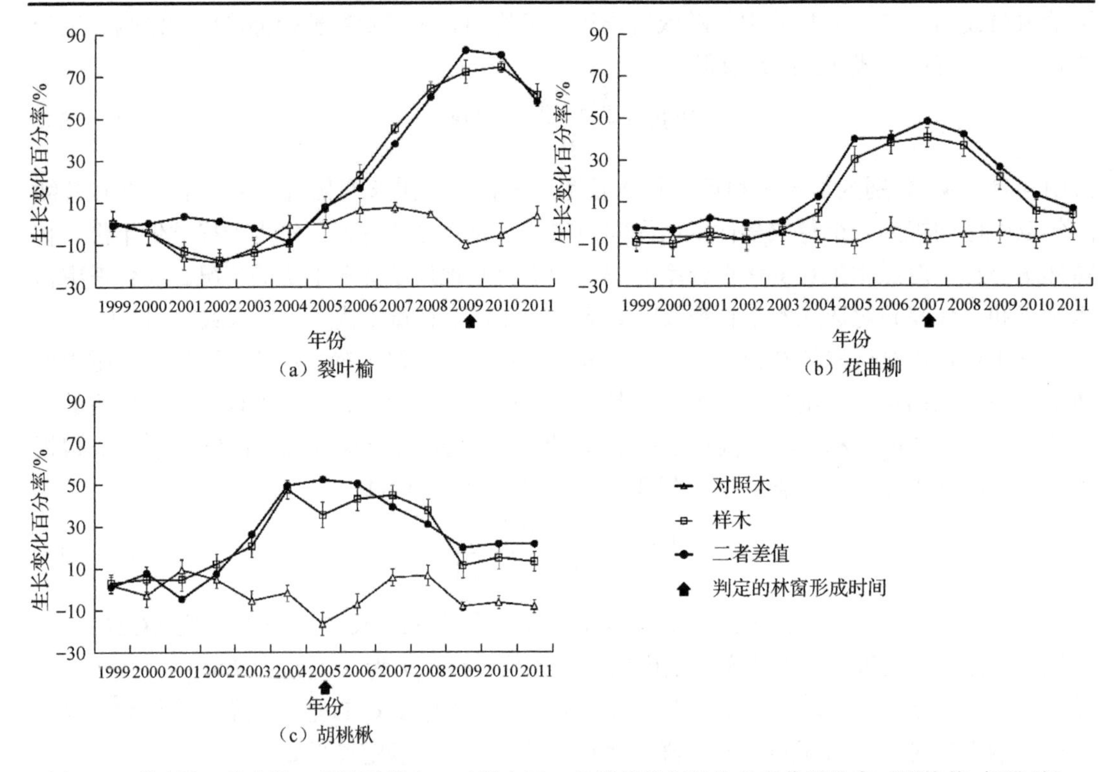

图 3-6 裂叶榆、花曲柳、胡桃楸样木、对照木及二者差值的年轮生长变化百分率（平均值±标准差）随时间变化图

林窗边缘木年轮稳定碳同位素分析：比较 2002～2010 年林窗边缘木年轮的Δ^{13}C，三个树种样木的Δ^{13}C 在不同时间差异显著，但林下对照木的Δ^{13}C 无显著差异（p<0.05，图 3-7）。其中，裂叶榆的Δ^{13}C 在 2005～2006 年和 2007～2008 年显著低于林下对照木（图 3-7）；花

曲柳的$\Delta^{13}C$仅在2005～2006年显著低于林下对照木（图3-7）；胡桃楸的$\Delta^{13}C$在2005～2006年、2007～2008年和2009～2010年显著低于对照木（图3-7）。在2001～2010年，三个树种林窗边缘木树干年轮$\Delta^{13}C$的下降均开始于2005～2006年，表明林窗干扰发生年份为2005～2006年。

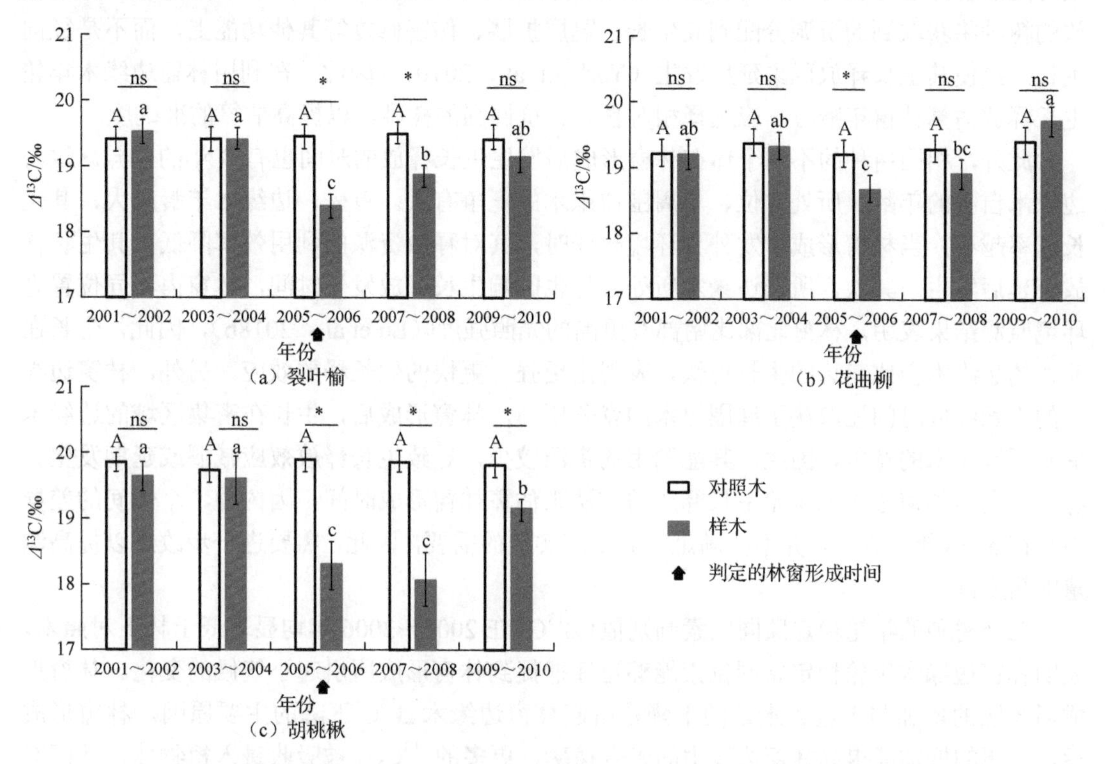

图3-7　裂叶榆、花曲柳、胡桃楸的样木、对照木不同年份稳定碳同位素判别值（$\Delta^{13}C$）（平均值±标准差）

注：不同大写和小写字母分别表示对照木和样木的$\Delta^{13}C$在不同时间的差异显著（p<0.05）。*和ns分别表示同一时间样木与对照木之间$\Delta^{13}C$差异显著（p<0.05）或不显著。

林窗年龄的准确性分析：林窗干扰发生后，周围树木由于竞争去除而产生生长释放，并且这种释放可持续5年以上，特别是在受到压制的林下层中这种现象更为明显（Wright et al.，2000）。因此，国际上通常分析林窗更新层的年轮生长，来判定林窗干扰发生时间。但是，该方法的精度受幼龄效应与更新木是否提前进入林窗的影响（van der Sleen et al.，2017）。裂叶榆、花曲柳、胡桃楸三种阔叶树均对林窗干扰产生了响应，91.6%的林窗边缘木发生了生长释放现象。然而，在利用林窗边缘木年轮生长释放估算林窗年龄的过程中，选择的林窗边缘木种类不同，其估算的林窗形成时间不同。三个树种估算的林窗形成时间与真值存在0～4年的偏差（裂叶榆为4年，花曲柳为2年，胡桃楸为0年）。不同树种对林窗形成的响应差异与不同树种内在生理特性（如喜光特性）有关。三个树种的耐阴性表现为胡桃楸（2.03）<花曲柳（2.73）<裂叶榆（3.15）（Ninemets and Valladares，2006），这与估算林窗形成时间偏差大小的排序一致，表明喜光性更强的树种在林窗形成后能更快地

利用林窗释放的光环境资源。因此，其年轮在记录干扰历史上更具有优势。反之，相对耐阴树种的叶片对光环境改变的适应速度较慢，甚至在林窗形成初期易产生光抑制效应而延缓生长释放的发生。因此，其年轮在记录干扰历史上有一定的滞后性。另外，不同树种释放时间的差异也可能与不同树种获取资源的分配方式不同有关（朱良军等，2015）。延期释放的树种将获取到的资源分配到高生长、冠层扩展、伤害修复等其他功能上，而不是径向生长，致使其生长释放现象延后发生（York et al.，2010）。因此，在利用林窗边缘木年轮生长释放估算林窗年龄时，应选择相对喜光、抗性强的树种，以提高估算的准确度。

此外，相同树种的不同个体在林窗形成后发生生长释放的时间也有 3 年的差异。这与边缘木自身的年龄、所处方位、与周围边缘木的竞争有关。首先，边缘木年龄越大，其生长速率越小，当林窗形成引发外界环境改变时，其对释放资源的利用效率降低，其生长释放会延后发生。其次，所选边缘木所处方位也影响生长释放发生时间，林窗内不同位置光环境监测结果表明，林窗北部比南部有更高的光照强度（Lu et al.，2018b），因此，生长在北边的边缘木会比南边的生长更快，表现出更强、更快的生长释放效应。另外，林窗边缘木的生长释放时间还取决于周围树木的竞争压力，林窗形成后，生长在密集区域的边缘木受到周围树木的竞争，因此，其能利用的资源较少，导致生长释放效应减弱或延期发生。综上，利用林窗边缘木年轮生长释放的方法来估算林窗形成时间，因树种、个体间的差异而存在 5～6 年的误差，并不能满足林业生产实践的需要，因此，需要进一步改进以提高测量的精度。

三个树种的年轮稳定碳同位素判别值（$\Delta^{13}C$）在 2005～2006 年均显著低于林下对照木，表明林窗边缘木年轮稳定碳同位素能够迅速捕捉到林窗形成所引起小气候的变化。林窗形成后光照的增加与土壤含水量的下降是引起林窗边缘木 $\Delta^{13}C$ 下降的主要原因。林窗形成后，光照的增加能提高林窗边缘木的光合速率，更多的 $^{13}CO_2$ 被吸收进入植物体，从而造成年轮的$\Delta^{13}C$ 下降（Schleser et al.，2015）。另外，林窗形成后，缺少冠层遮挡导致到达地表的光合辐射增加，提高了土壤表层温度，土壤蒸发速率上升，从而引起土壤含水率的降低（胡理乐等，2008），进而导致叶片的气孔导度降低，$^{13}CO_2$ 的通量降低，最终也表现为年轮$\Delta^{13}C$ 的下降。以往研究表明，周围树木受到的一些小强度的扰动，如冠层受损、树干弯曲等，虽未能形成林窗，但同样会引起样本边缘木树木年轮 $\Delta^{13}C$ 的迅速下降（Schleser et al.，2015；van der Sleen et al.，2017）。因此，单独使用该方法估算林窗年龄的局限性在于无法区分林窗干扰与其他小尺度扰动。

综上所述，林窗边缘木年轮生长释放法能准确判断林窗形成事件但精度不足，而林窗边缘木年轮稳定碳同位素分析法能第一时间捕捉周围环境的变化但不能区分林窗干扰，而将二者结合，即利用年轮生长释放法辨识林窗干扰发生的时间范围，再基于年轮稳定碳同位素法确定该范围内林窗干扰发生的精确时间，从而将林窗年龄估算的精度提高到 2 年以内，这一精度是其他方法难以达到的。年轮生长释放法与稳定同位素法相结合，既减小了树种、个体差异对估算精度的影响，又排除了其他非林窗形成带来的干扰，使得基于有限的（种类、数量）林窗边缘木实现林窗年龄的精确估算成为可能，也为温带地区水源涵养林生态系统林窗更新的研究奠定了基础。

4）林窗大小上下限量化方法

Zhu 等（2015）以温带森林生态系统为对象，提出了林窗大小上限和下限的量化方法。在相同纬度和地形（坡度、长宽、海拔）下，透过林窗的太阳辐射量总量受林窗边缘木高度影响，并且林窗边缘木高度的影响距离与林窗边缘木的影长相关（图 3-8）。利用林窗直径与边缘木平均高度比表征林窗大小，基于林窗边缘木在生长季的投影长度确定林窗大小下限和上限的定量标准。该方法假设：①最小影长和最大有效影长分别代表林窗边缘木能影响林窗内微环境的最小和最大距离；②林窗大小下限和上限能够通过最小影长和最大有效影长进行定义（Zhu et al.，2015）。具体计算过程如下。

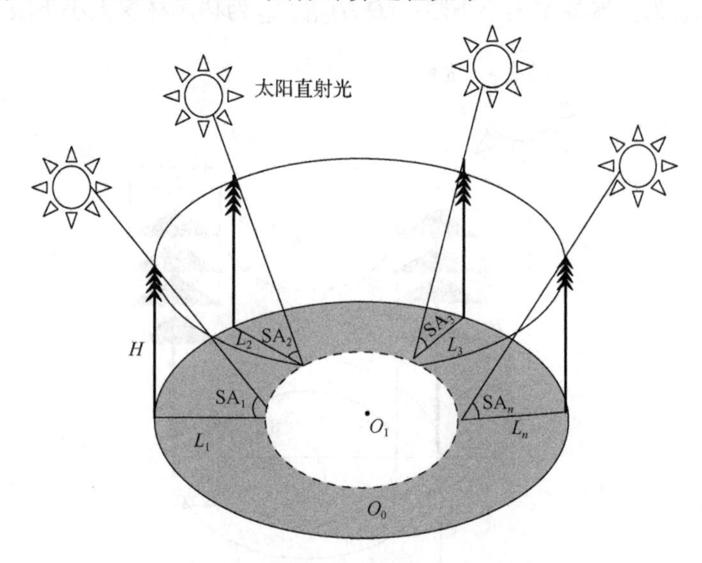

图 3-8 林窗边缘木影响范围示意图

注：H 为林窗边缘木高度（m）；$L_1, L_2, \cdots, L_n$ 为不同时刻林窗边缘木最大投影长度；$SA_1, SA_2, \cdots, SA_n$ 为不同时刻太阳高度角；O_1（虚线圆形）代表影长以外区域；O_0（实现圆形与虚线圆形之间的区域）代表影长以内区域，即林窗面积上限。假设：①坡度为 0°；②林窗边缘木高度相同。

林窗大小下限：林窗大小下限通过林窗边缘木最小影长和冠幅确定（图 3-9）。冠幅可通过野外实地测量获得。林窗边缘木最小影长出现在每日正午 12 点（GMT+008，下同），通过式（3-20）计算获得。

$$L_{\text{noon}} = \frac{H}{\tan \text{SA}_{\text{noon}}} \tag{3-20}$$

式中，L_{noon} 为林窗边缘木在正午 12 点时的影长，也就是扩展林窗大小下限所对应的林窗直径（m）；H 为林窗边缘木的平均高度（m）；SA_{noon} 为正午 12 点时的太阳高度角（°），计算公式为

$$\text{SA}_{\text{noon}} = 90° - (\phi - \delta) \tag{3-21}$$

式中，ϕ 为当地纬度（°）；δ 为太阳赤纬角（°）。

扩展林窗大小下限所对应的林窗直径为生长季每日最小影长的平均值，林冠林窗大小下限所对应的林窗直径为扩展林窗大小下限所对应的林窗直径与冠幅之差，见式（3-22）。

$$L_{\text{low}} = L_{\text{noon}} - L_{\text{c}} \tag{3-22}$$

式中，L_{low}为林冠林窗大小下限所对应的林窗直径（m）；L_{c}为林窗边缘木冠幅（m）。

以林窗（扩展林窗或林冠林窗）最小直径与林窗边缘木平均高度的比值表征林窗大小的下限，见式（3-23）和式（3-24）。

$$(D/H)_{\text{EG-lower}} = \frac{L_{\text{noon}}}{H} \tag{3-23}$$

$$(D/H)_{\text{CG-lower}} = \frac{L_{\text{low}}}{H} \tag{3-24}$$

式中，$(D/H)_{\text{EG-lower}}$为扩展林窗大小下限；$(D/H)_{\text{CG-lower}}$为林冠林窗大小下限。

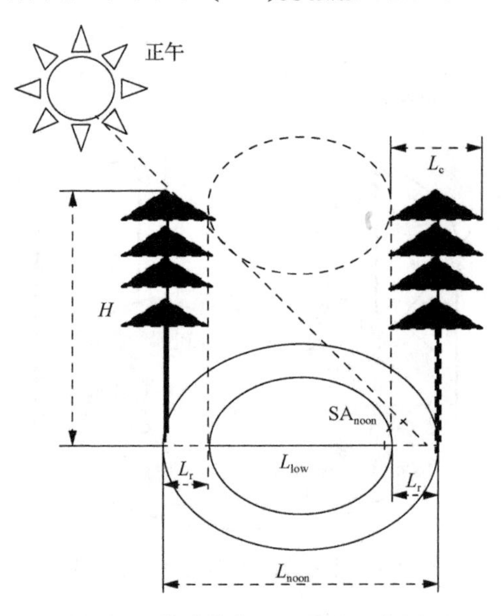

图 3-9 林窗大小下限量化示意图

注：SA_{noon}为正午 12 点的太阳高度角（°）；L_r为林窗边缘木冠幅的一半（m）；L_{c}为林窗边缘木冠幅（m）；H为林窗边缘木的平均高度（m）；L_{noon}为林窗边缘木在正午 12 点时的影长，也就是扩展林窗大小下限所对应的林窗直径（m）；L_{low}为林冠林窗大小下限所对应的林窗直径（m）。假设：①坡度为 0°；②林窗边缘木高度相同。

林窗大小上限：假定林窗形成后改变光照条件会促进树木更新，在大林窗中心更有利于阳性树种生长。已有研究表明，阳性树种的光饱和点为 25000lx［450μmol/（m^2·s）］（Larcher，1980）。因此，以生长季每日光合有效辐射第一次和最后一次达到光饱和点时的时刻计算林窗边缘木的最大有效投影长度。在生长季期间，每 30min 记录一次光合有效辐射。根据记录的光合有效辐射数据，首先确定初始时间（t_{s}）和结束时间（t_{e}），也就是每天光合有效辐射在 30min 的平均值达到或超出 450μmol/（m^2·s）的时间。然后，计算 t_{s}和 t_{e}两个时间点对应的林窗边缘木投影长度，见式（3-25）和式（3-26）。

$$L_i = \frac{H}{\tan \text{SA}_i} \tag{3-25}$$

式中，L_i是林窗边缘木在 i 时刻的影长（m）；SA_i是 i 时刻的太阳高度角（°）；H是林窗边缘木平均高度（m）。

太阳高度角（SA）计算方法如下：

$$\sin \mathrm{SA} = \sin\phi \sin\delta + \sin\phi \cos\delta \cos t \tag{3-26}$$

式中，SA 是太阳高度角；ϕ是当地纬度；δ 是太阳赤纬角；t 是太阳时角。

最后，计算每日最大有效影长，见式（3-27）。

$$L = L_a + L_p \tag{3-27}$$

式中，L_a 是 t_s 时刻对应的影长（m）；L_p 是 t_e 时刻对应的影长（m）；L 是最大有效影长（m）。

扩展林窗大小上限对应的林窗直径为最大有效影长（L）在生长季的平均值。林冠林窗大小上限对应的林窗直径为 L 和 L_c 之差。计算方法见式（3-28）。

$$L_{up} = L - L_c \tag{3-28}$$

式中，L_{up} 是林冠林窗大小上限对应的林窗直径。

以林窗（扩展林窗或林冠林窗）最大直径与林窗边缘木平均高度的比值表征林窗大小的上限，见式（3-29）和式（3-30）。

$$(D/H)_{\text{EG-upper}} = \frac{L}{H} \tag{3-29}$$

$$(D/H)_{\text{CG-upper}} = \frac{L_{up}}{H} \tag{3-30}$$

式中，$(D/H)_{\text{EG-upper}}$ 为扩展林窗大小上限；$(D/H)_{\text{CG-upper}}$ 为林冠林窗大小上限。

林窗大小上限量化示意图见图 3-10。

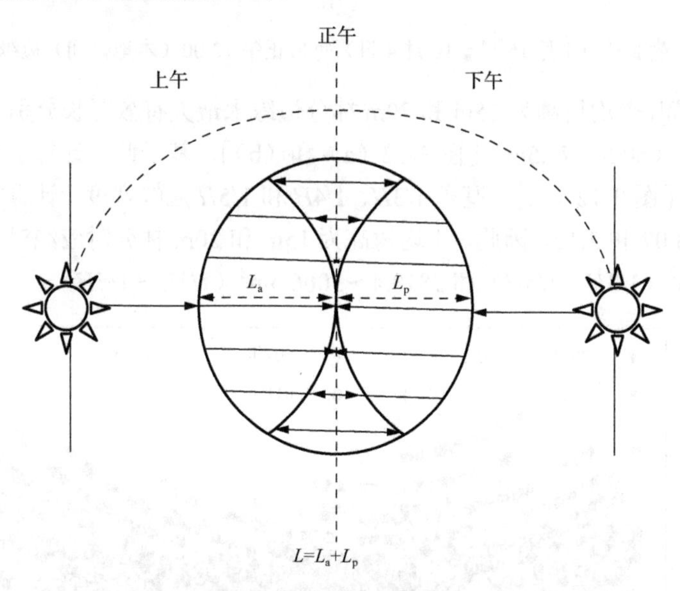

图 3-10　林窗大小上限量化示意图

注：L_a 为光合有效辐射 30min 均值首次（上午 t_s 时刻）达到或超过 450μmol/（m²·s）时对应的影长（m）；L_p 为光合有效辐射 30min 均值末次（下午 t_e 时刻）达到或超过 450μmol/（m²·s）时对应的影长（m）；$L_a + L_p$ 为扩展林窗大小上限对应的林窗直径（m）。如果 $t_s = t_e$，$L_a = L_p = L_{noon}$。

基于上述林窗大小上限和下限的量化方法，确定了温带天然阔叶混交林（41°10′N、

121° 10′E）林窗大小的上限和下限。结果表明，以平均树高为 15m 和 20m 的林分为例，在生长季期间，边缘木在正午 12:00 时的最小影长分别为 7.6m（4.8～15.8m）和 10.2m（6.4～21.1m）（图 3-11），从而计算出扩展林窗大小下限的径高比平均值为 0.51。基于 1/3*H*、1/4*H* 和 1/5*H* 冠幅宽度，确定林冠林窗大小下限分别为 0.18、0.25 和 0.30，因此，平均树高为 15m 和 20m 林分对应绝对面积范围分别为 5.7～15.9m^2（1/3*H*～1/5*H*）和 10.2～28.3m^2（1/3*H*～1/5*H*）。

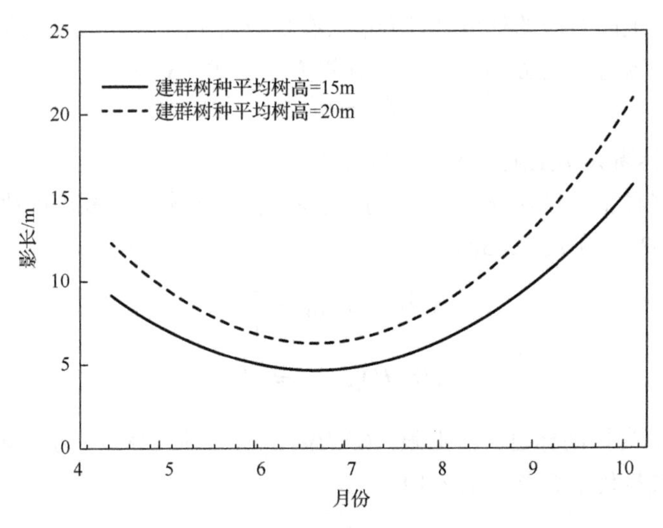

图 3-11 生长季（4 月 15 日～10 月 4 日）每日正午 12:00（本地时间）边缘木影长

在生长季期间，平均树高为 15m 和 20m 林分边缘木最大有效影长分别为 49.9m（45.4～52.9m）和 66.5m（60.5～70.5m）[图 3-12（a）和（b）]，基于此，计算了扩展林窗大小上限平均值为 3.32 [图 3-12（c）]。基于 1/3*H*、1/4*H* 和 1/5*H* 冠幅宽度，计算林冠林窗大小上限分别为 2.99、3.07 和 3.12，因此，平均树高为 15m 和 20m 林分对应绝对面积范围分别为 1580.8～1724.9m^2（1/3*H*～1/5*H*）和 2810.4～3066.5m^2（1/3*H*～1/5*H*）。

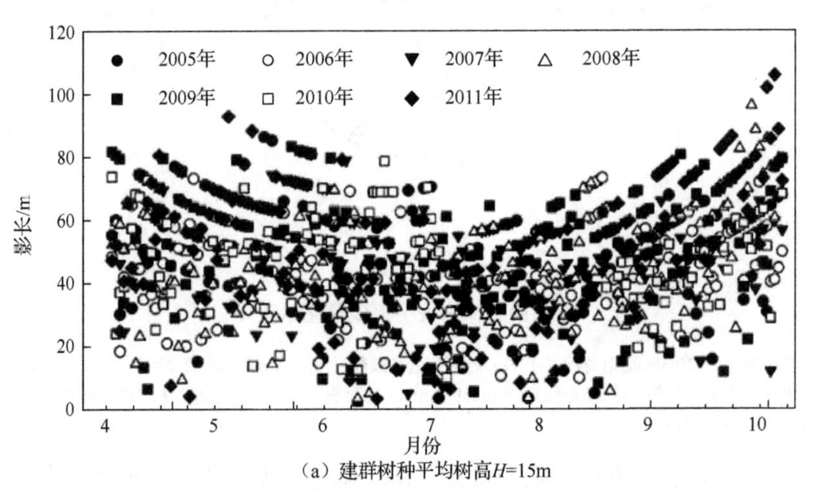

（a）建群树种平均树高*H*=15m

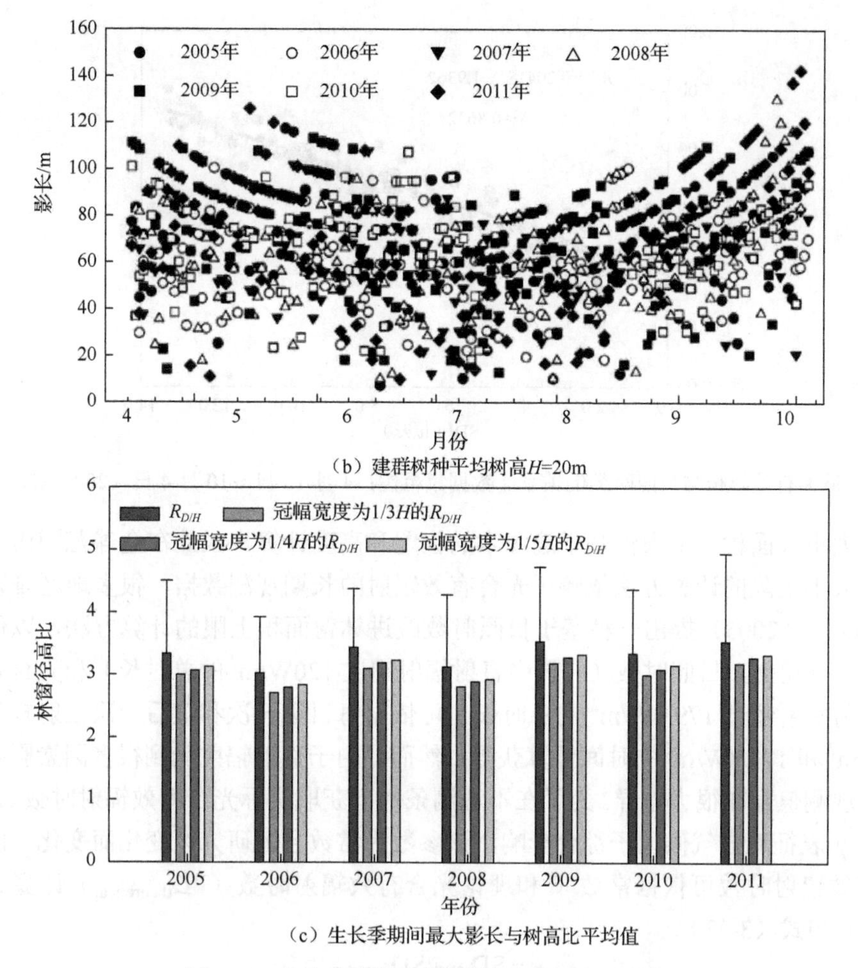

（b）建群树种平均树高H=20m

（c）生长季期间最大影长与树高比平均值

图 3-12　边缘木影长及最大影长与树高比平均值

注：基于生长季期间（4 月 15 日～10 月 4 日，2005～2011 年）光合有效辐射大于 450μmol/（m^2·s）计算。

为了确保结果的准确性，林窗大小下限和上限确定方法只适用于与 41° 10′N, 121° 10′E 区域气候条件相似的温带森林。根据柯本气候分类系统，选取同一气候类型不同地区，包括济南、北京、锦州、沈阳、长春、哈尔滨，计算了林窗面积阈值。结果表明，基于相同冠幅值，林冠林窗大小下限为 0.23（0.12～0.34）。该结果虽然大于已发表文献中的最小林窗径高比（0.05），但约 56%的观测结果包括在此阈值内。利用中国气象数据网（http://data.cma.cn）获取锦州市 30 年（1971～2000 年）日照数据集，由于该数据集未包括生长季期间每日首次和末次光合有效辐射≥450μmol/（m^2·s）（30min 均值）的记录，通过筛选相关数据建立模型预测林窗径高比（图 3-13），林窗径高比的计算见式（3-31）。

$$R_{D/H} = 0.2041 \times \mathrm{SD} + 1.9362 \quad (R^2 = 0.8632) \tag{3-31}$$

式中，SD 为生长季期间日照时数（h/天）。

基于上述式（3-31），计算锦州市天然针阔混交林林冠林窗大小上限为 3.23（3.10～3.32）。该上限涵盖 80%已发表文献的结果。

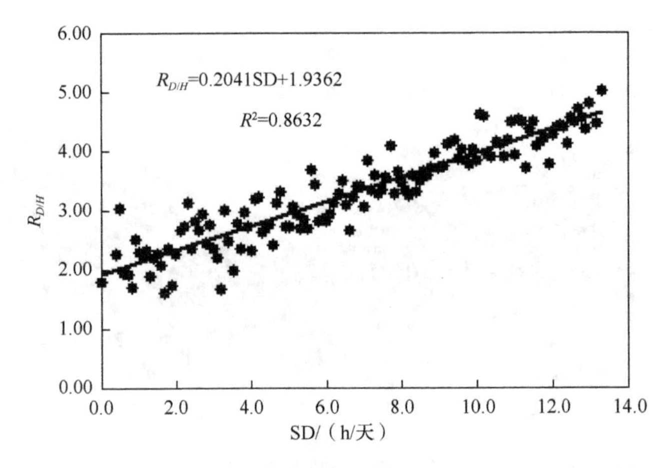

图 3-13 最大有效影长与日照时数的关系［数据集范围：4 月 15 日～10 月 4 日（2005～2011 年）］

林窗大小（面积）下限仅基于边缘木的位置和高度计算，因此在全球范围内适用。然而，林窗大小上限的计算方法依赖于光合有效辐射的长期观测数据，很多地区难以获取。因此，Zhu 等（2005）提出一种基于日照时数改进林窗面积上限的计算方法，以便在全球范围应用。理论上，日照时数（一天中直射辐射超过 120W/m^2 的总时长）和光合有效辐射时数（直射辐射超过 179.8W/m^2 的总时长）可依据每日第一次和最后一次直射辐射分别超过 120W/m^2 和 179.8W/m^2 的时间计算获得。然而，由于直射辐射受到很多因素影响，理论值与实际观测值存在很大差异。为了在不观测条件下获取实际光合有效辐射时数（PD_{actual}），引入参数 γ 表征地方气候因子综合影响，该参数为常数且随研究区变化而变化。因此，实际光合有效辐射时数可依据常数 γ 和理论光合有效辐射时数（$PD_{theoretical}$）计算。具体见式（3-32）和式（3-33）。

$$\gamma = SD_{actual}/SD_{theoretical} \tag{3-32}$$

$$PD_{actual} = \gamma PD_{theoretical} \tag{3-33}$$

式中，γ 为地方气候因子综合影响指数；SD_{actual} 为实际日照时数；$SD_{theoretical}$ 为理论日照时数；PD_{actual} 为实际光合有效辐射时数；$PD_{theoretical}$ 为理论光合有效辐射时数。

实际光合有效辐射时数仅代表每日直射辐射超过 179.8W/m^2 的时长，但不能明确指示首次和末次时间。从图 3-14 可以看出，首次和末次时间存在很大变异。理论上，太阳辐射应围绕正午 12:00（地方太阳时）的峰值呈对称分布（图 3-14）。因此，首次时间（t_s）和末次时间（t_e）可通过将 PD_{actual} 以正午 12:00 为分界线一分为二后计算获得（图 3-14）。最终，通过边缘木在 t_s 和 t_e 时刻的影长，计算林窗大小上限（Zhu et al.，2005）。

5）林窗立体结构量化方法

林窗立体结构通过双半球面影像法测量。选择无风的阴天在林窗内（任何一点均可）拍摄半球面影像，将安装鱼眼镜头的数码相机固定在三脚架上，在两个不同高度各拍摄 1 张垂直向上的半球面影像，准确记录两次拍摄时的高差（d）。以固定的角度间隔记录一组林窗林冠边缘点在相片中的投影坐标，角度间隔越小相片处理越耗时，但精度越高（图 3-15）。根据拍摄高差和这些投影坐标，利用鱼眼镜头的极坐标成像原理计算得到林窗立体特征参数。

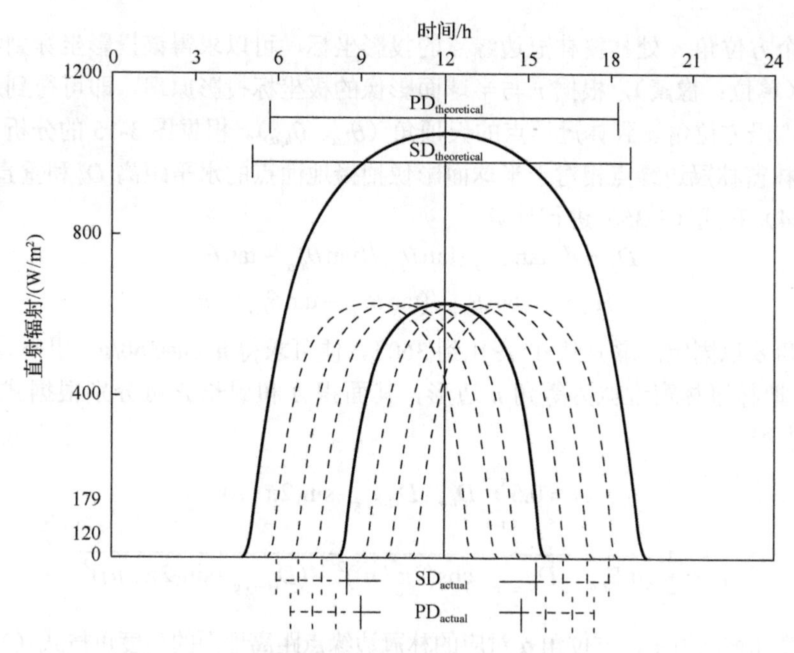

图 3-14 有效日照时间或光饱和时间阈值确定示意图

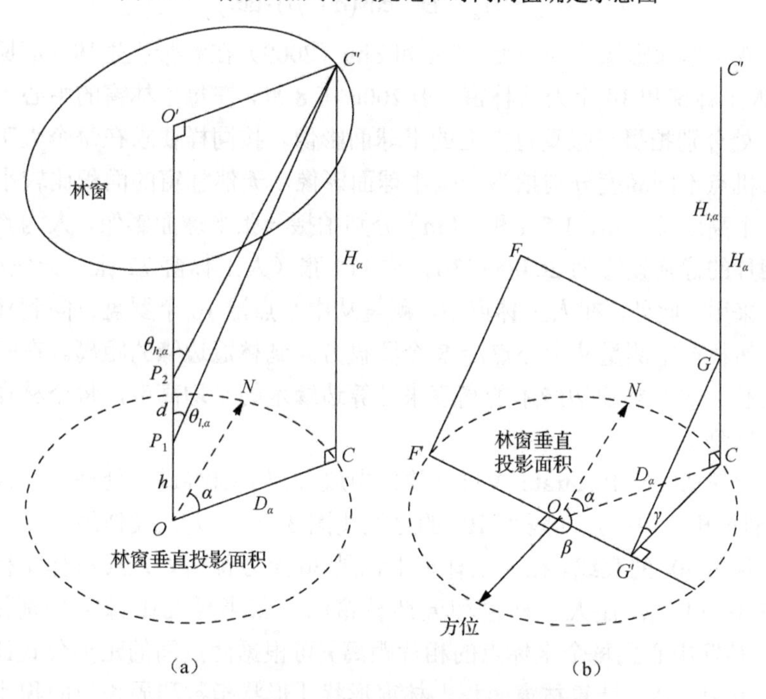

图 3-15 双半球面影像法原理解释图

注：C'是方位角 α 处的林窗林冠边缘点，d 是两张相片拍摄点（P_1和 P_2）的高差，h 是下方拍摄点距离地面的高度。垂直线 OO'是相机拍摄时的光轴，点 C'垂直 OO'于点 O'。$\theta_{l,\alpha}$ 和 $\theta_{h,\alpha}$ 分别是 P_1和 P_2到 C'的天顶角。根据图（a）可得到等式：$O'C'/\tan(\theta_{h,\alpha}) + d = O'C'/\tan(\theta_{l,\alpha})$。因此，点 C'相对于地面点 O 的水平距离 D_α（$=OC$）和垂直高度 H_α（$=CC'$）可根据式（3-34）和式（3-35）分别求得。在图（b）中，平面（$FF'GG'$）代表坡度为 γ 和坡向为 β 的直面，点 G 是点 C'在坡面上的投影点，因此，这些关系是已知的：$CG' \perp F'G'$，$\angle COG' = \beta - \alpha - 90°$。然后，可求得另外 3 个等式：$CG' = D_\alpha \cdot \sin(\beta - \alpha - 90°)$，$CG = CG' \cdot \tan\gamma$ 和 $CG = -D_\alpha \cdot \cos(\alpha - \beta) \cdot \tan\gamma$。最后方位角 α 处林冠边缘点距离地面的高度 $H_{t,\alpha}$ $(= C'G)$可按式（3-38）求得。

根据每个方位角 α 处林窗林冠边缘点的投影坐标，可以求得该投影坐标到相片中心的相片距离 r（单位：像素），根据 r 与半球面影像的极坐标投影原理，即可得到从下方和上方两个拍摄点沿方位角 α 到林冠顶点的天顶角（$\theta_{l,\alpha}$、$\theta_{h,\alpha}$）。根据图 3-15 的分析可知，方位角 α 对应的林窗林冠边缘点相对于半球面影像拍摄地面点的水平距离 D_α 和垂直高 H_α 可分别按式（3-34）和式（3-35）进行计算。

$$D_\alpha = d \cdot \tan\theta_{h,\alpha} \cdot \tan\theta_{l,\alpha} / (\tan\theta_{h,\alpha} - \tan\theta_{l,\alpha}) \tag{3-34}$$

$$H_\alpha = d \cdot \tan\theta_{h,\alpha} / (\tan\theta_{h,\alpha} - \tan\theta_{l,\alpha}) + h \tag{3-35}$$

当方位角 α 以固定间隔 g 从 0° 变化到 360°，便可求得 n（n=360/g）组垂直高 H_α 和水平距离 D_α。把林冠林窗近似为等角 n 边形，其面积 A 和周长 P 可分别根据式（3-36）和式（3-37）求得。

$$A = 0.5\sum_{i=1}^{n} D_{i\cdot g} \cdot D_{(i-1)\cdot g} \cdot \sin(2\pi / n) \tag{3-36}$$

$$P = \sum_{i=1}^{n} \sqrt{(D_{i\cdot g} - D_{(i-1)\cdot g} \cdot \cos(2\pi / n))^2 + (D_{(i-1)\cdot g} \cdot \sin(2\pi / n))^2} \tag{3-37}$$

假定坡度和坡向恒定，方位角 α 对应的林冠边缘点距离地面的高度可按式（3-38）求得。

$$H_{t,\alpha} = H_\alpha + D_\alpha \cdot \cos(\alpha - \beta) \cdot \tan\gamma \tag{3-38}$$

为了检测双半球面影像法的精度，Hu 和 Zhu（2009）在温带次生林（清原森林站）中选择了 12 个人工林窗和 14 个天然林窗，于 2006 年 8 月，在每个林窗的中心点距离地面高 1.0m 和 1.8m 处分别拍摄一张垂直向上的半球面影像。按同样要求在每个人工的林冠林窗内其他两个随机点不同高度分别拍摄一张半球面影像。天然林窗的面积比较小，因此，仅在其中心点 3 个高度（1.0m、1.5m 和 1.8m）分别拍摄一张半球面影像。人为判断林窗中心点，拍摄时相片的像素设置为 2048×1536。共 114 张（人工林窗 72 张，天然林窗 42 张）半球面影像被采用。此外，在人工林窗中，测量从中心点沿 16 个罗盘方向到林冠边缘的水平距离，在天然林窗中测量从中心点沿 8 个罗盘方向到林冠边缘的距离。在每个林窗中随机选择 5 个方位角测量林窗边缘木的高度来计算边缘木的平均高度，每个林窗的坡度和坡向用森林罗盘仪测量。

半球面影像在 Adobe Illustrator V11.0 软件中放大到 1600%进行处理。在人工林窗的相片中画 18 条通过相片中心点间隔为 10° 的直线［图 3-16（a）］；类似地，在天然林窗的相片中画 6 条间隔为 30° 的直线。在人工林窗中记录 36 个方位角处直线与林窗林冠边缘的交点坐标［图 3-16（b）］。在人工林窗和天然林窗的每张半球面影像中分别记录 36 个和 12 个坐标点。林窗中心到每个坐标点的相片距离 r 可根据两点间的距离公式计算，进而求得对应的方位角 θ。然后计算林窗面积、林窗形状［形状指数和周长与面积比（P/A）］以及边缘木平均高。这 4 个林窗特征共得到 3 组独立的计算结果：人工林窗 3 个同位置的结果，天然林窗 3 个高度差（0.3m、0.5m 和 0.8m）处理。此外，人工林冠林窗的面积采用等角 16 边形法和等角椭圆扇形 16 分割法进行计算，天然林冠林窗的面积采用等角 8 边形法和等角椭圆扇形 8 分割法进行计算（胡理乐等，2007）。

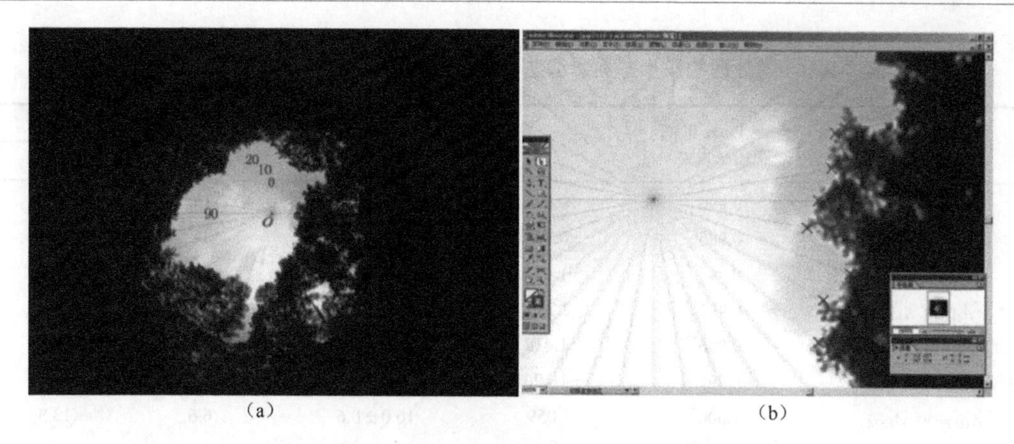

（a）　　　　　　　　　　　　　　（b）

图 3-16　双半球面影像法相片处理示意图

注：O 是相片中心点，相片的上下左右分别指向罗盘正北、南、东、西。

（1）双半球面影像法测量林窗面积与其他方法的比较。

不同方法所测量的林冠林窗面积如表 3-5 所示。双半球面影像法在人工林窗中心以 10°、20°和 30°间隔（两相片高差均为 0.8m）测得的林冠林窗面积分别为 A_{c10}、A_{c20} 和 A_{c30}。这 3 种处理测得的林冠林窗面积均与等角椭圆扇形 16 分割法的结果（A_{16EES}）相近，而与等角 16 边形法的结果（A_{ESM}）差值较大。双半球面影像法的 3 个处理中，A_{c10} 与 A_{16EES} 差值最大，前者比后者大 3%（表 3-6）。双半球面影像法分别以 0.3m、0.5m 和 0.8m 高差在天然林窗中心拍摄半球面影像（均以 30°角度间隔处理相片），计算所得的林冠林窗面积为 $A_{d0.3}$、$A_{d0.5}$ 和 $A_{d0.8}$。这 3 个处理的结果均与等角椭圆扇形 8 分割法的结果（A_{8EES}）相近，其中，$A_{d0.8}$ 与 A_{8EES} 差值最大，前者比后者小 7.4%（表 3-6）。此外，双半球面影像法测得的人工林冠林窗面积（A_{c10}、A_{c20} 和 A_{c30}）和天然林冠林窗面积（$A_{d0.3}$、$A_{d0.5}$ 和 $A_{d0.8}$）与其对应的检验方法的结果（人工林窗：A_{16EES} 和 A_{ESM}，天然林窗：A_{8EES}）均存在极显著正相关关系（表 3-6）。除 A_{c10} 和 A_{ESM} 外，其他双半球面影像法测得林窗面积结果与其对应检验方法结果差异不显著（表 3-6）。上述结果表明，双半球面影像法测得的林窗面积结果精度较高（Hu and Zhu，2009）。

表 3-5　不同处理的双半球面影像法和地面法测得的林冠林窗面积

不同方法测得的林冠林窗面积		均值 ± 标准差	最小值/m²	最大值/m²
人工林窗	A_{c10}	248.6 ± 66.5	43.3	794.8
	A_{c20}	239.9 ± 64.8	42.7	781.5
	A_{c30}	237.7 ± 64.8	37.9	741.5
	A_{16EES}	241.7 ± 60.4	29.6	674.1
	A_{ESM}	220.1 ± 55.3	26.8	621.1
天然林窗	$A_{d0.3}$	23.1 ± 6.9	1.9	81.3
	$A_{d0.5}$	26.3 ± 7.3	2.0	76.7
	$A_{d0.8}$	23.2 ± 7.1	1.6	81.8
	A_{8EES}	23.6 ± 6.4	2.2	69.8

注：A_{c10}、A_{c20} 和 A_{c30} 分别代表双半球面影像法以 0.8m 高度差（方位角精度分别为 10°、20°和 30°）估测林冠林窗面积；$A_{d0.3}$、$A_{d0.5}$、$A_{d0.8}$ 分别代表双半球面影像法以 0.3m、0.5m 和 0.8m 高度差估测林冠林窗面积（方位角精度为 30°）；A_{16EES}、A_{ESM} 和 A_{8EES} 分别代表等角椭圆扇形 16 分法、等角 16 边形法、等角椭圆扇形 8 分法估测林窗面积（下同）。

表 3-6 不同处理的双半球面影像法和地面法测得的林窗面积均值的比较

方法配对	Pearson 相关系数	Z	林冠林窗面积差值比较/%		
			方差 ± 标准差	最小值	最大值
A_{c10} vs. A_{16EES}	0.990**	−0.078	3.0 ± 4.7	−16.6	46.0
A_{c20} vs. A_{16EES}	0.985**	−0.706	−0.6 ± 5.5	−24.5	44.0
A_{c30} vs. A_{16EES}	0.994**	−1.177	−2.1 ± 4.2	−19.0	28.0
A_{c10} vs. A_{ESM}	0.991**	−2.746*	13.2 ± 5.1	−9.2	61.5
A_{c20} vs. A_{ESM}	0.986**	−1.412	9.2 ± 6.0	−17.8	59.3
A_{c30} vs. A_{ESM}	0.995**	−1.490	7.6 ± 4.5	−11.7	41.6
A_{16EES} vs. A_{ESM}	1.000**	−3.059*	10.0 ± 0.6	6.6	13.3
$A_{d0.3}$ vs. A_{8EES}	0.983**	−0.785	−5.3 ± 5.7	−46.9	36.4
$A_{d0.5}$ vs. A_{8EES}	0.934**	−0.282	4.3 ± 10.9	−46.2	115.4
$A_{d0.8}$ vs. A_{8EES}	0.867**	−1.036	−7.4 ± 9.8	−50.5	91.9

注：Z 是 Wilcoxon 配对检验的值。以“A_{c10} vs. A_{16EES}”为例，“林冠林窗面积差值比较/%”一列中是有关“$100\times(A_{c10}-A_{16EES})/A_{16EES}$”统计值。*$p$< 0.01，**$p$< 0.001（下同）。

（2）双半球面影像法测量边缘木平均高的精度分析。

双半球面影像法在人工林窗中心分别以 10°、20° 和 30° 间隔（两相片高差均为 0.8m）测得的林冠林窗边缘木平均高为 H_{c10}、H_{c20} 和 H_{c30}，分别以 0.3m、0.5m 和 0.8m 高差在天然林窗中心拍摄半球面影像（均以 30° 角度间隔处理相片），计算所得的林窗边缘木高度为 $H_{d0.3}$、$H_{d0.5}$ 和 $H_{d0.8}$。用测距仪的测量值（人工林窗和天然林窗边缘木的平均高分别为 H_a 和 H_n）检验双半球面影像法测得的林窗边缘木平均高。结果表明，双半球面影像法按 3 种处理所测得人工林窗边缘木平均高 H_{c10}、H_{c20} 和 H_{c30} 均略小于测距仪的结果；在双半球面影像法 3 种处理测得的天然林窗边缘木平均高中，$H_{d0.3}$ 和 $H_{d0.8}$ 比测距仪结果 H_n 小，但 $H_{d0.5}$ 比 H_n 稍大（表 3-7）。除 H_{c30} 和 H_a 外，双半球面影像法的林窗边缘木平均高测量值均与测距仪的结果存在显著正相关，且没有显著差异（表 3-7），表明双半球面影像法测得的林窗边缘木高度均值的精度较高。

表 3-7 双半球面影像法测得的林窗边缘木高度均值的精度检验

方法配对	相关系数	配对 t 检验		边缘木差值比较/%		
		t	p	方差 ± 标准差	最小值	最大值
H_{c10} vs. H_a	0.615*	0.874	0.401	−2.8 ± 3.4	−22.1	20.3
H_{c20} vs. H_a	0.635*	0.794	0.444	−3.0 ± 3.7	−23.3	22.2
H_{c30} vs. H_a	0.556	0.978	0.349	−3.4 ± 3.6	−23.8	16.3
$H_{d0.3}$ vs. H_n	0.637*	1.763	0.101	−7.0 ± 4.1	−34.4	16.0
$H_{d0.5}$ vs. H_n	0.832**	−0.656	0.523	1.7 ± 2.4	−9.8	17.6
$H_{d0.8}$ vs. H_n	0.856**	0.758	0.462	−2.8 ± 3.4	−30.1	12.1

（3）双半球面影像法测量林窗形状的比较。

由图 3-17 可知，林窗形状指数说明人工林冠林窗（林窗形状指数 SI=1.35 ± 0.03）的形状比天然林冠林窗（林窗形状指数 SI=1.57 ± 0.06）规则，周长/面积也得到相似的结果（朱教君和刘世荣，2007）。在人工林窗中以 10° 间隔处理得到的林窗形状指数和周长/面积均比 20°和 30°两个处理值大，这一结果表明，处理相片时的角度间隔越小得到的形状指数越大。图 3-17 也表明周长/面积随着林窗面积的增加明显下降，但林窗形状指数并没有这种变化趋势。Pearson 相关系数进一步说明林窗面积与周长/面积呈极显著负相关（$R = -0.637$，$p < 0.001$），而与林窗形状指数不存在显著相关性（$R = -0.13$，$p > 0.05$）。上述结果表明，林窗形状指数相比周长/面积更能反映林窗的形状。

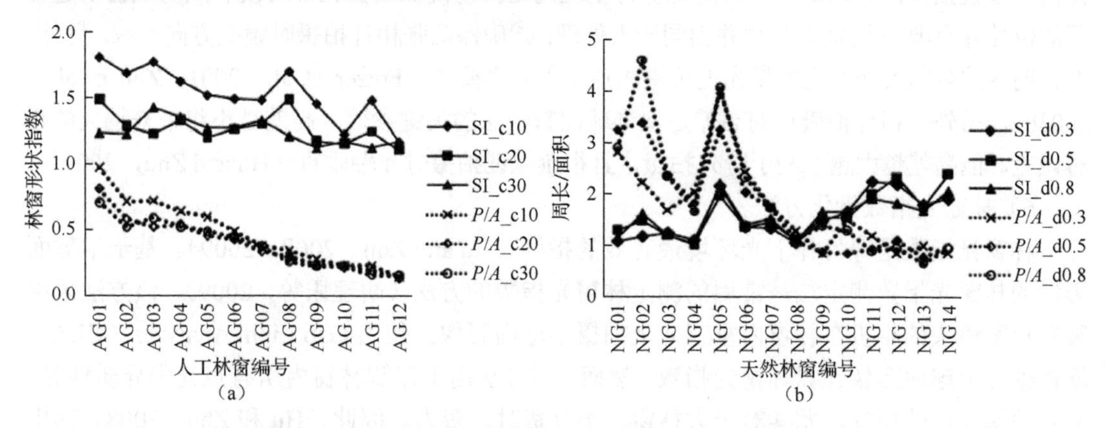

图 3-17 双半球面影像法测得林冠林窗两个形状指数的比较

注：AG1, AG2, …, AG12 和 NG1, NG2, …, NG14 分别是人工林窗和天然林窗按林窗面积从小到大排序的编号。图例 SI_c10、SI_c20 和 SI_c30 代表在人工林窗中心拍摄分别以 10°、20°和 30°角度间隔处理相片时测得的 SI；*P*/*A*_c10、*P*/*A*_c20 和 *P*/*A*_c30 是相同处理得到的 *P*/*A*。图例 SI_d0.3、SI_d0.5 和 SI_d0.8 代表分别以不同高差在天然林窗中心拍摄相片测得的 SI；*P*/*A*_d0.3、*P*/*A*_d0.5 和 *P*/*A*_d0.8 是相同处理得到的 *P*/*A*。

（4）拍摄位置、高差和角度间隔对双半球面影像法测量精度的影响。

方差分析结果表明：两张相片拍摄点的高差对双半球面影像法的所有测量值（林冠林窗面积、林窗形状及边缘木高度）均没有显著影响；当照片处理间隔为 10°时，相机拍摄位置对双半球面影像法的所有测量值也没有显著影响（表 3-8）。林窗面积和边缘木平均高均不受拍摄位置、高差和角度间隔的影响，但形状指数受照片处理时角度间隔（10°、20°和 30°）的影响，并且在 10°时具有最小的值（表 3-8）。因此，当角度间隔越小时所测得的林窗立体结构越精细。

表 3-8 三个因素对双半球面影像法测量结果影响的方差检验

影响因素	角度间隔/(°)	*p* 值			
		林冠林窗面积	形状指数	周长与面积比	边缘木平均高
拍摄点高差	30	0.223[a]	0.324	0.931[a]	0.888
拍摄位置	10	0.848	0.054	0.647	0.833
	20	0.800	0.136	0.010[a]	0.615
	30	0.301[a]	0.154[a]	0.004[a]	0.885
角度间隔		0.992	0.000	0.521	0.902

a 表示显著差异用 Friedman ANOVA 进行分析，因为数据不属于正态分布；其他数据用 one-way ANOVA 进行分析。

综上所述，双半球面影像法可以精确地测量林窗立体结构（林窗大小、形状和各方位林窗边缘木高）。此外，双半球面影像法仅需要在林窗内同一位置不同高度拍摄两张半球面影像，且相片处理时的角度间隔设为 10°时该方法的测量精度不受相片拍摄位置的影响，因此，双半球面影像法具有简单、客观的优点。此外，双半球面影像法不受地形的限制，也不需要假设林冠边缘同高。上述优点使双半球面影像法适合于可重复、可比较和长期的林窗研究（Hu and Zhu，2009）。

为提高双半球面影像法的测量精度，要注意以下事项：①确保不同高度拍摄的两张照片在同一位置拍摄；②拍摄时尽可能地保持垂直向上；③确保拍摄相片时没有风（风会引起林冠的位移）；④选择清晰的照片并由同一人处理；⑤确保两张相片拍摄时镜头方向一致。另外，选择明朗的全阴天和准确的曝光度拍摄相片是十分重要的（Frazer et al.，2001；Zhu et al.，2003b）。另外，相片拍摄点的高差是双半球面影像法的关键参数，高差越小将带来越大的相对误差，但高差越大越不利于野外拍摄，且很难保证拍摄时光轴垂直（Hu and Zhu，2009）。

6）林窗光指数量化方法

林窗光指数是评价林下光环境最有效的指标（Hu and Zhu，2008，2009）。基于半球面影像的林窗光指数测定法是常用的测定林窗光指数的方法（胡理乐等，2009），该方法采用装置鱼眼镜头的相机在林窗内垂直向上拍摄半球面影像，使用 Gap Light Analyzer（GLA）软件处理半球面影像计算林窗光指数。然而，该方法用于监测林窗内所有点光强异质性时，需要拍摄大量的相片，尤其对于大林窗，十分费时、费力。因此，Hu 和 Zhu（2008）提出了基于几何计算的林窗光指数确定方法。该方法是“基于半球面影像的林窗光指数测定法”的改进方法，改进之处在于通过几何计算，快速获取林窗内任意一点的林窗坐标，进而转换成半球面影像，无须野外多次拍摄，不受天气限制。从而实现快速计算林窗任意位置光环境的目标。该方法根据林窗立体结构、坡度和坡向计算林窗坐标，然后将林窗坐标转换成半球面影像，最后采用 Gap Light Analyzer 软件处理半球面影像，经过影像加载、影像配准、阈值设定、自动计算等步骤，获得林窗光指数分析结果（图 3-18）。

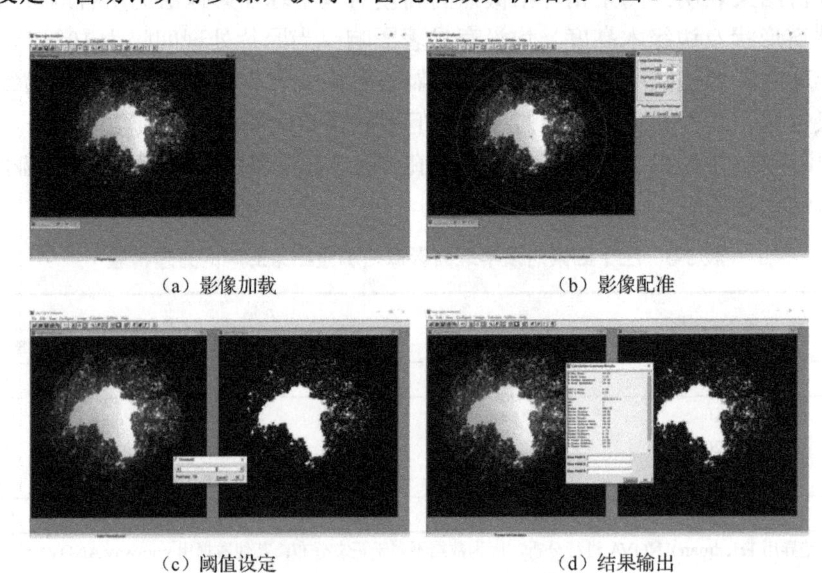

（a）影像加载　（b）影像配准

（c）阈值设定　（d）结果输出

图 3-18　半球面影像处理流程图

为了检验基于几何计算的林窗光指数，Hu 和 Zhu（2008）于辽东山区水源涵养林中选择了 7 个林窗（表 3-9），测量每个林窗从中心点沿 16 个罗盘方向到林冠边缘的水平距离，并按等角 16 边形法测量每个林冠林窗的面积。按林冠林窗面积将 7 个林窗分成大（>500m^2）、中（500～150m^2）、小（<150m^2）三类。此外，用森林罗盘仪测量每个林窗的坡度、坡向以及平均林窗边缘木高，林窗的基本信息如表 3-9 所示。在每个林窗中沿南北和东西轴均匀设置半球面影像拍摄点，1 个大林窗中共设置 21 个点，两个中林窗中共设置 29 个点，4 个小林窗中共设置 43 个点，总共 93 个拍摄点。在每个拍摄点距地面 1.3m 高垂直向上拍摄 1 张半球面影像。以林窗中心为坐标原点，罗盘正东和正北方向分别为 x 轴和 y 轴建立坐标系统，记录每个拍摄点的坐标。此外，在林窗附近林冠下 5 个随机位置距地面 1.3m 处各拍摄 1 张垂直向上的半球面影像。

表 3-9　7 个实验林窗的基本信息

林窗编号	林冠林窗面积/m^2	平均林窗边缘木高/m	坡度/（°）	坡向/（°）	海拔/m
1	513.9	19	17	170	650
2	331.5	17	23	150	670
3	267.3	17	24	140	640
4	112.9	16	20	155	690
5	84.7	16	20	170	630
6	77.5	17	22	140	640
7	71.3	16	23	170	675

每个林窗近似为与地面垂直的 16 面柱体，并假设林窗林冠距地面的高相同，林窗所在的坡面具有恒定的坡度与坡向。计算 93 个拍摄点的林窗坐标，每个林窗坐标包括 36 对方位角 α 和天顶角 Z，计算时不考虑林窗内下层植被的遮挡。将林窗坐标转换成半球面影像，将鱼眼镜头（视角为 183°）拍摄的半球面影像（林窗中 93 张，林下 5 张）按极坐标投影原理转换成 180°视角的半球面影像。调整按几何计算得到的半球面影像的大小与 180°视角的半球面影像的大小相同。然后，在 5 张林下拍摄的具有 180°视角的半球面影像中选出 1 张，与每 1 张按几何计算得到的半球面影像进行叠加，共得到 93 张叠加后的半球面影像。使用 GLA 软件处理半球面影像计算 T_{beam}、$T_{diffuse}$ 和林窗光指数，根据装配鱼眼镜头的相机拍摄的半球面影像和几何计算的半球面影像得到的林窗光指数分别称为基于鱼眼镜头的林窗光指数（fisheye-based GLI）和基于几何计算的林窗光指数。使用 GLA 软件计算林窗光指数时，将天空中直射光与散射光的比值设为 1∶1。用 Shapiro-Wilk 方法测得数据属于正态分布，然后，对基于鱼眼镜头的 T_{beam}、$T_{diffuse}$ 和林窗光指数分别与基于几何计算的 T_{beam}、$T_{diffuse}$ 和林窗光指数进行 Pearson 相关分析、配对 t 检验。

结果表明，基于几何计算的 T_{beam}、$T_{diffuse}$ 和林窗光指数与其对应的基于鱼眼镜头的 T_{beam}、$T_{diffuse}$ 和林窗光指数存在显著正相关性，但在不同大小的林窗中相关程度不同（表 3-10）。基于几何计算的 T_{beam} 和林窗光指数与其对应的基于鱼眼镜头的 T_{beam} 和林窗光指数的相关系数在大林窗中最大；然而，基于几何计算的 $T_{diffuse}$ 和基于鱼眼镜头的 $T_{diffuse}$ 的相关系数在中林窗中最大。配对 t 检验结果表明，基于几何计算的林窗光指数与基于鱼眼镜头计算的林窗光指数在大林窗和小林窗中没有显著差异，而在中林窗中有显著差异；基于几何计算的 T_{beam} 与基于鱼眼镜头计算的 T_{beam} 在中林窗中没有显著差异；基于几何计算的 $T_{diffuse}$ 与基于鱼眼镜头计算的 $T_{diffuse}$ 在大林窗中没有显著差异。将所有林窗放在一起进行配对 t 检验的结果表明，基于几何计算的 $T_{diffuse}$ 和林窗光指数与其对应的基于鱼眼镜头计算的 $T_{diffuse}$ 和林窗光指数不存在显著差异；相反，基于几何计算的 T_{beam} 与基于鱼眼镜头计算的 T_{beam} 存在显著差异（表 3-10）。综上结果表明，基于几何计算的林窗光指数具有较好的精度，且林窗面积越大，精度越高。

表 3-10 基于几何计算与基于鱼眼镜头的 T_{beam}、$T_{diffuse}$ 和 GLI 的比较

配对	Pearson 相关系数				配对 t 检验（p 值）			
	所有林窗	大林窗	中林窗	小林窗	所有林窗	大林窗	中林窗	小林窗
林窗数量	7	1	2	4	7	1	2	4
样点数量	93	21	29	43	93	21	29	43
$T1_{beam}$-$T2_{beam}$	0.913**	0.942**	0.751**	0.857**	<0.001	0.048	0.102	<0.001
$T1_{diffuse}$-$T2_{diffuse}$	0.918**	0.340	0.700**	0.524**	0.066	0.473	0.020	<0.001
GLI1-GLI2	0.927**	0.863**	0.768**	0.804**	0.052	0.108	0.037	0.242

注：$T1_{beam}$、$T1_{diffuse}$ 和 GLI1 分别代表基于几何计算的各参数值；$T2_{beam}$、$T2_{diffuse}$ 和 GLI2 分别代表基于鱼眼镜头计算的各参数值。** $p<0.001$。

综上所述，经 7 个大、中、小三类林窗内 93 个拍摄点检验表明，采用传统方法在每个拍摄点垂直向上拍摄张半球面影与基于几何计算（林窗立体结构）确定林窗坐标进而得到的林窗光指数两者没有显著差异。因此，基于几何计算（林窗立体结构）可获得林窗内连续各点的林窗光指数，使林窗光指数简捷高效应用成为可能（Hu and Zhu，2008）。

7）林窗边缘木偏冠指数量化方法

林窗边缘木偏冠指数利用地基激光雷达扫描仪进行量化，具体过程如下。

（1）应用地基激光雷达扫描仪获取生长季林窗所有树木点云数据。

（2）应用 Faro Scene 软件，根据扫描前固定的标靶球，将林窗所有扫描树木合并为一个格式为.xyz 的点云文件。将每个.xyz 文件导入 LiDAR360 V3.2 软件，通过标准处理完成噪声过滤、数字高程建模、归一化和点云分割等流程［图 3-19（a）］，提取出目标边缘木的点云数据。

（3）根据边缘木基部所在位置确定扩展林窗的几何中心作为林窗中心，对于每株目标边缘木，在林窗中心点和树干基部中心点之间连接一条线，沿着树干基部中心做垂直于该线的剖面，将树木分成两部分，即面向林窗部分（边缘木内侧）和面向林分部分（边缘木外侧）［图 3-19（b）～（d）］。

（4）测量边缘木内侧和外侧的最长树冠长度，用树冠长度的对数比（$\ln R_{CL}$）描述一维边缘木偏冠指数（所有对数比均基于边缘木内侧和外侧的比值，下同）。$\ln R_{CL}>0.0$，代表树冠偏向林窗一侧，反之亦然。树冠长度被认为是树冠投影中穿过中心轴点并垂直于截面的线段长［图 3-19（e）］。通过树冠投影面积导出树冠边缘点的坐标［图 3-19（f）和（g）］，利用 ArcGIS 10.2 软件计算边缘木内侧和外侧的树冠投影面积，利用树冠投影面积的对数比

($\ln R_{CA}$)表征二维边缘木偏冠指数。

通过台体法可将树冠划分为多个台体，利用 LiDAR360 V3.2 软件计算获得边缘木内侧和外侧的树冠体积，利用树冠体积的对数比($\ln R_{CV}$)表征三维边缘木偏冠指数。

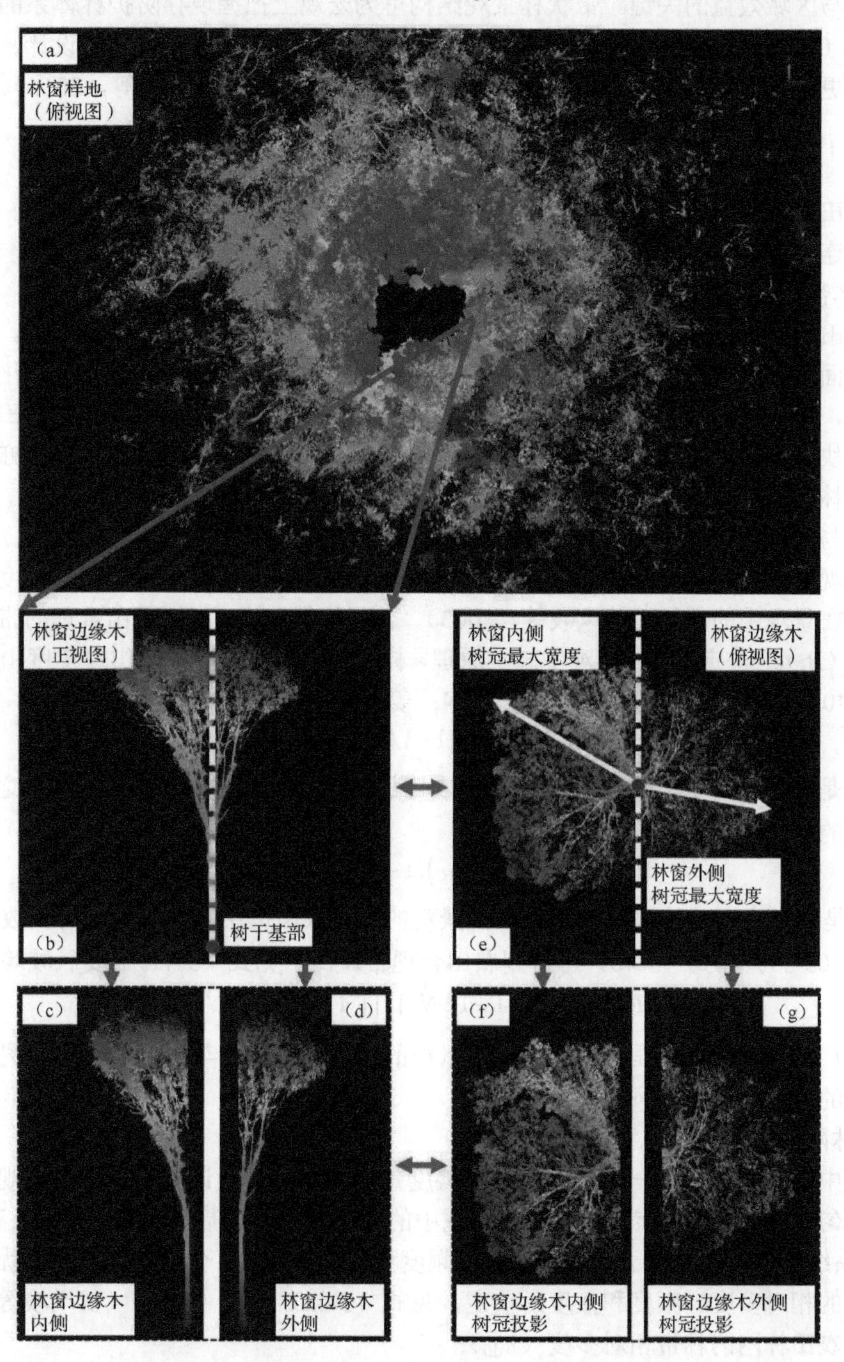

图 3-19 基于地基激光雷达扫描法量化林窗边缘木偏冠的流程图（见书后彩图）

3.2.5 带状林景观结构参数及其量化

以农田防护林为主的带状防护林体系的景观空间结构，是建立景观尺度上带状防护林体系结构与区域效益的关键。带状林景观结构可为宏观上把握现存防护林体系的状态和未来防护林（网）生态系统的发展方向提供新视角，是防护林体系科学规划设计、合理经营与管理（更新、恢复与改造）的重要基础（姜凤岐等，2003；朱教君等，2016）。

3.2.5.1 带状林景观结构参数

以农田防护林为主的带状林景观结构参数主要包括：林带与农田的带斑比、林网优势度、林网连接度、林网环度以及林网景观连接度指数等。

1）林带与农田的带斑比

在农田景观中，林带的数量由林带条数及所占面积来表征，即带丰度（R）。将需要保护的农田面积考虑在内，林带的相对数量常用农田林网化率来表示。农田林网化率指某农田区域内，林带占地面积与该区域农田总面积之比。在景观中，林带分布在农田斑块上，当农田斑块面积较大时，在农田景观中合理的带丰度（R_0）也相应较大，反之亦然。而合理的农田林网化率则不随农田斑块面积的变化而变化、保持在一定范围内。

林带与农田的带斑比（简称带斑比，F），是以农田斑块丰度（简称斑丰度，B）为参比，在宏观上度量林带数量的景观指标。因此，可用林网的带丰度与农田斑丰度的带斑比度量林带在景观中的数量（姜凤岐等，2003）。合理的带斑比（F_0）是由合理的带丰度和农田斑丰度（B_s）所决定。根据景观生态学原理，林带合理的带丰度和农田斑丰度由式（3-39）和式（3-40）确定（周新华和孙中伟，1994；姜凤岐等，2003）。

$$R_0 = S_b\left(1-1/N_b\right)/S \tag{3-39}$$

式中，S_b 是农田景观中林带总面积；N_b 是农田景观中林带（主带、副带）数量之和，S 是景观尺度的总面积（农田总面积）。

$$B_s = \left(A-S_b\right)\left(1-1/M\right)/S \tag{3-40}$$

式中，A 是景观中农田的面积；M 是农田景观的所有农田斑块被林网分割的块数。

由式（3-39）和式（3-40）可得到农田合理带斑比，见式（3-41）（姜凤岐等，2003）。

$$F_0 = R_0/B_s = S_b\left(1-1/N_b\right)/\left[\left(A-S_b\right)\left(1-1/M\right)\right] \tag{3-41}$$

式（3-41）表明，农田合理带斑比与整个景观的面积无关，而与林带的带间距离、带宽及农田斑块的面积有关（姜凤岐等，2003）。

2）林网优势度

景观中斑块或廊道某一属性系统的优势度是从宏观上度量该属性系统在景观中分布的数量与均匀程度，是描述该属性系统在景观中的地位及对景观基质影响的指标（姜凤岐等，2003）。系统的优势度决定于其相对多度、频度和盖度，因此，合理的农田林网优势度也是由其合理的相对多度、频度和盖度所决定，见式（3-42）～式（3-45）（姜凤岐等，2003）。

合理农田林网的林带相对多度（R_{d0}）：

$$R_{d0} = N_b/\left(N+M+N_b-n\right) \tag{3-42}$$

式中，N 是未建防护林之前整个景观中斑块和廊带的总数；n 是未建林网时景观中需被防护斑块数。

合理农田林网的林带频度（R_{f0}）：

$$R_{f0} = A / S \times 100\% \tag{3-43}$$

合理农田林网的盖度（R_{c0}）：

$$R_{c0} = S_b / S \times 100\% \tag{3-44}$$

由式（3-39）～式（3-41）可得林网的优势度（D_0）为

$$D_0 = \left[\left(R_{d0} + R_{f0} \right) + R_{c0} / 2 \right] \times 100\% \tag{3-45}$$

式（3-42）～式（3-45）中各参数含义与式（3-39）～式（3-41）相同。

3）林网连接度

景观生态学中用连接度描述网络和网络化，为度量林网的成型状况提供了基本思路（姜凤岐等，2003）。景观生态学中的连接度适合于度量一般的连接和网络化状态，即连接度最大时每个闭合回路最多仅有 3 个连边。但是，林网的每个闭合网格最少有 4 个连边，所以，当林网连通程度最好时，即每一个节点平均连边数最大，其连接度也不等于 1。为使林网连通程度最好时的连接度均为 1，根据景观生态学中相关指标，定义林网的连接度，见式（3-46）～式（3-50）（姜凤岐等，2003）。

林网的节点数 $V_{bo} \geqslant 2$ 时，林网最多林带（连边）数［$L_{max}(V_{bo})$］是 V_{bo} 的函数。

当 $V_{bo}=2,3$ 时，

$$L_{max}\left(V_{bo}\right) = V_{bo} - 1 \tag{3-46}$$

当 $V_{bo}=4,6,8$ 时，

$$L_{max}\left(V_{bo}\right) = 3\left(V_{bo} - 2\right)/2 + 1 \tag{3-47}$$

当 $V_{bo}=5,7$ 时，

$$L_{max}\left(V_{bo}\right) = 3\left(V_{bo} - 3\right)/2 + 2 \tag{3-48}$$

当 $V_{bo} \geqslant 9$ 时，

$$L_{max}\left(V_{bo}\right) = 2\operatorname{int}\left(\sqrt{V_{bo}}\operatorname{int}\sqrt{V_{bo}} - 1\right) + 2\left[\sqrt{V_{bo}} - \operatorname{int}^2\left(\sqrt{V_{bo}}\right)\right] - \operatorname{sgn}\left[\sqrt{V_{bo}} - \operatorname{int}^2\left(\sqrt{V_{bo}}\right)\right] \tag{3-49}$$

林网的合理连接度（Q_0）为

$$Q_0 = \left[N_{bo} - (n-1) \right] / L_{max}\left(V_{bo}\right) \tag{3-50}$$

式中，N_{bo} 为林网合理主带与副带之和。

4）林网环度

景观生态学中另一个常用于描述网络和网络化的基本参数是环度，它为度量林网的完整程度提供了途径（姜凤岐等，2003）。与林网连接度一样，当林网的完整程度最佳时，即每一个节点平均连边数最大，其环度也不等于 1。为使林网的完整程度最好时的环度均为 1，根据景观生态学中相关指标，定义林网的环度，见式（3-51）～式（3-54）。

林网的最大可能环路（闭合网格）数 $H_{max}\left(V_{bo}\right)$ 也是林网节点数（V_{bo}）的函数。

当 $V_{bo}=2,3$ 时，

$$H_{max}\left(V_{bo}\right) = 0 \tag{3-51}$$

当 $V_{bo} \geqslant 4$ 时，

$$H_{max}\left(V_{bo}\right) = \left[\operatorname{int}\left(\sqrt{V_{bo}}\right) - 1\right]^2 \left[V_{bo} - \operatorname{int}^2\left(\sqrt{V_{bo}}\right)\right] - \operatorname{sgn}\left[\sqrt{V_{bo}} - \operatorname{int}^2\left(\sqrt{V_{bo}}\right)\right] \tag{3-52}$$

林网的合理环度（R_0'）为

当 $V_{bo}\geqslant 4$ 时，

$$R_0'=\left(N+n-V_{bo}\right)/H_{max}\left(V_{bo}\right) \tag{3-53}$$

当 V_{bo}=2,3 时，

$$R_0'=0 \tag{3-54}$$

5）林网景观连接度指数

景观连接度（landscape connectivity）是指景观对斑块之间生态流促进或阻碍的程度，也是基于网络分析法的景观空间结构参数，是联系景观空间格局和景观内部生态过程的一项景观属性（Merriam，1984；Taylor et al.，1993）。因此，景观连接度是能够描述景观生态功能的重要参数。在农田防护林（林带/网）景观结构量化和评价时，关注的景观内部生态过程是林带组合（林网）对近地表害风的风速大小与流场形态的改变。由于农田林带组合方式、连续程度等均影响林网对近地面风速的作用（范志平等，2003），因此，在应用景观连接度描述农田防护林林网景观结构时，需要考虑林带自身走向等结构特征、林网的空间布局以及林带与农田之间的相对位置等。

图论理论（graph theory）是数学的一个分支，通过用点表示事物、用两点间连线表示事物之间的关系或过程，而将研究对象的信息抽象表述为图形并对图形进行研究（Harary，1969）。图论理论的网络分析在景观生态学领域，尤其在抽象和量化景观要素的空间结构、联系景观内过程和功能之间关系方面得到广泛应用（Galpern et al.，2011）。图论理论在景观生态学研究中，一般将镶嵌于基质中的斑块抽象为点（node），将两目标斑块之间的相互作用关系抽象为两点之间连线（link）。各个点和各条连线各自具有属性值，取值方法与研究的目标过程有关，也与斑块自身和斑块之间的拓扑几何结构相关。

将农田林网空间布局抽象为图论理论的“点-线图”时，将每条林带视为网络图的点，以两林带之间的最短欧氏距离为网络图两点之间的线。依据这种原则，构建出“点-线图”，点的数量代表了林带的数量（条数），线的长度代表了相邻林带之间的相对位置远近。根据林带组合（林网）的结构与发挥防护效应潜力的对应关系，量化点、线的属性值，见式（3-55）和式（3-56）。

$$Q_i=k\times H_i\times L_i\times\sin\theta_i \tag{3-55}$$

$$f_{ab}=F(d) \tag{3-56}$$

式中，Q_i 为林带 i 代表的点要素的属性值，代表了林带 i 的有效防护面积，取决于林带 i 的防风结构特征，具体由林带高度 H_i、林带长度 L_i 和林带与主害风向的夹角 θ_i 所决定；$H_i\times L_i\times\sin\theta_i$ 为林带 i 的迎风面积；k 是常数系数，可通过对选定规划区域内单条林带结构与有效防护面积之间建立相关关系后获得。f_{ab} 是以林带 a 和林带 b 为两端点的线要素属性值，表示林带 a 和林带 b 共同产生防护效应的效率，是林带 a 和林带 b 之间的最短欧氏距离 d 的函数，表达式通过计算流体力学模拟实验、建立相邻林带距离与共同防护效率之间的函数关系获得。

应用式（3-55）和式（3-56）定义的点、线属性值，构建基于图论可达性指数的林网景观连接度指数（$I_{connectivity}$），见式（3-57）。

$$I_{\text{connectivity}}=\frac{\sum_{a=1}^{n}\sum_{b=1}^{n}Q_a\times Q_b\times f_{ab}}{S_{\text{farm}}^2} \tag{3-57}$$

式中，n 为景观中现有林带的总条数；a、b 为林带；S_{farm} 是景观中农田的总面积。林网景观连接度指数是一个无量纲的指数，取值范围为 0～1，数值随着林网景观连接度的提高而增加。当 $I_{\text{connectivity}}$ 等于 1 时，所有的农田都被林网有效防护起来；当 $I_{\text{connectivity}}$ 等于 0 时，景观中的农田完全没有被防护，此时景观中没有林带或者存在的林带相对于农田的位置不合理，无法发挥保护作用。

3.2.5.2　带状林景观结构参数量化

林网连接度和林网环度是对林网的成型状况和网格完整程度进行评价，无法全面反映防护效应。林网景观连接度指数可从发挥防护效应潜力的角度，评价区域林网景观结构是否合理。由于林带产生的防护效应范围在林带自身周围，因此，相邻林带产生的防护效应是共同防护效应，而共同防护效应直接由相邻林带相对位置，即林网结构决定。林网景观连接度指数能够度量林网结构的防护效应，其原理是根据计算力流体力学原理，量化林网中相邻林带之间的空间关系，并换算为产生共同防护效应的效率。

对于特定带状林（农田防护林体系）的林网景观连接度指数，其量化方法与步骤如下。

（1）获取农田防护林、农田的空间分布情况（现状）。

使用卫星遥感影像解译出规划区的农田和农田防护林空间分布状况，获得农田分布 raster 格式文件和具有空间结构的农田防护林 shp 格式文件。

（2）转化农田防护林空间结构信息为图论数据格式，提取点、线要素的基础属性数据。

在 ArcGIS 10.2 中，对农田防护林 shp 格式文件进行拓扑结构检查，再按照林带的走向、形状等特征将林网在节点、拐点处打断，获得组成林网的最小结构单元林带。通过提取林带的中心点位置、两林带之间的最小欧氏距离，将农田防护林 shp 格式文件转化为“点-线图”格式文件，并使用 ArcGIS 插件 Conefor_Inputs_10.exe 导出。导出的图论格式文件中，目标对象林带为点要素，以点要素的 ID 和一一对应的点属性值存储，林带之间最小距离为线要素，以线两个端点的点要素 ID 和一一对应的线属性值存储。点要素的基础属性值包括从农田防护林 shp 格式文件中提取的每条林带的长度、走向、高度，线要素的基础属性值是两林带之间的最小欧氏距离。

（3）基于点线要素的基础属性数据，换算景观连接度指数计算所需的点线属性值。

通过野外考察获取区域农田防护林（林带）结构特征，结合文献查阅和计算流体力学模型模拟，获得林网景观连接度指数中的点属性值计算公式［式（3-55）］和线属性的换算关系［式（3-56）］中的变量值。将“点-线图”格式文件中的点线基础属性数据提取出来，按上述关系换算为林网景观连接度指数计算所需的点线属性值，并与原点要素和线要素一一对应存储，生成换算后的“点-线图”格式文件。

（4）计算林网景观连接度指数。

使用换算后的“点-线图”格式文件，调用图论指数计算程序 Conefor26（Bodin and Saura，2010），依据林网景观连接度指数表达式，计算农田防护林林网景观连接度指数。

3.2.6 片状林景观结构参数及其量化

由于带状林在景观上呈林网状态，而片状林在景观上呈斑块状，因此，带状林的景观结构参数不能完全反映片状林的景观功能。斑块是片状防护林景观的基本单元，可反映片状防护林系统内部和系统间的相似性或异质性。不同斑块的大小、形状、边界性质以及斑块距离等空间分布特征，构成了景观结构不同的片状防护林，形成了功能不同的片状防护林生态系统。因此，片状林景观格局特征可以从单个斑块指标、斑块类型指标以及景观镶嵌体 3 个层次上分析（傅伯杰等，2001）。

3.2.6.1 片状林景观结构参数

片状林景观结构参数主要包括平均斑块形状指数、斑块密度、香农多样性指数和聚集度指数等。

1）平均斑块形状指数

平均斑块形状指数 SHAPE 反映斑块形状的复杂程度。斑块形状指数越接近 1，说明该斑块的形状越接近圆形，具有较多的内部面积和较少的边缘，处于较稳定的状态；指数值越大、斑块形状越复杂。计算方法见式（3-58）（刘宇，2017）。

$$\mathrm{SHAPE}=\frac{\sum_{j=1}^{n}\frac{p_{ij}}{\min p_{ij}}}{n_i} \tag{3-58}$$

式中，n_i 表示斑块类型在景观中的数量；p_{ij} 为斑块 ij 的面积。

2）斑块密度

斑块密度 PD 反映单位面积上的斑块数量，可对景观异质性和破碎度进行简单描述。斑块密度越大，景观异质性和破碎度越高，景观受到外部干扰影响的程度就越大。计算方法见式（3-59）（傅伯杰等，2001）。

$$\mathrm{PD}=\frac{N_i}{A}\times 10000\times 100 \tag{3-59}$$

式中，N_i 表示斑块类型 i 在景观中的数量；A 为景观总面积。取值范围 PD≥1，单位是个/（$100\mathrm{hm}^2$）。

3）香农多样性指数

香农多样性指数 SHDI 表示景观的多样性信息，反映景观要素的多少和各景观要素所占比例的变化。计算方法见式（3-60）（傅伯杰等，2001）。

$$\mathrm{SHDI}=-\sum_{i=1}^{m}(p_i\times\ln p_i) \tag{3-60}$$

式中，p_i 为景观类型 i 所占面积比例；m 为景观中的斑块类型数。SHDI 无量纲，取值范围为 SHDI≥0，其值随着景观中斑块类型数目的增加而增加。

4）聚集度指数

聚集度指数 AI 用来表示景观图上所有斑块类型中，相邻的不同类型两斑块出现的概率，包括相同类型之间的相似节点，可以从侧面反映景观斑块的破碎度。计算方法见式（3-61）（傅伯杰等，2001）。

$$\mathrm{AI}=\frac{g_{ii}}{\max g_{ii}}\times 100 \tag{3-61}$$

式中，g_{ii} 为景观类型 i 的斑块之间的邻接数量；$\max g_{ii}$ 为景观类型 i 的斑块之间的最大邻接数值。AI 的单位为%，范围为 0～100。当某斑块类型的破碎度最大时，AI 的值为 0；相反，聚集的程度越大 AI 的值越大，当板块类型聚集成一个紧密的整体时 AI 的值为 100。

3.2.6.2　片状林景观结构参数量化

在对规划区景观功能认识的基础上，根据土地利用现状，将规划区景观类型划分为林地（针叶林、阔叶林、针阔混交林、灌木林）、耕地、草地、水体、建设用地和其他用地，将土地利用类型数据转化为栅格格式（.tif），并输入到景观格局定量分析软件 Fragstats 4.2.589，根据软件要求设置相关输入参数，在景观格局参数中，选择平均斑块形状指数、斑块密度、香农多样性指数和聚集度指数，然后计算片状林景观结构参数（魏彦昌等，2009）。

3.3　防护林主要结构参数变化规律

3.3.1　单木结构参数变化规律

3.3.1.1　叶倾角变化规律

在辽东山区（清原森林站）的水源涵养林区，根据树种的耐阴程度，选择 3 个阴性树种（千金榆、假色槭和糠椴）、3 个中性树种（水曲柳、裂叶榆和胡桃楸）和 3 个阳性树种（山杨、枫桦和蒙古栎）为对象（表 3-11），每个树种选择 3 株样树。利用地基激光雷达扫描系统扫描获取每株样树生长季和非生长季的完整点云数据，利用点云空间分布、包络线拟合和点云特征向量分析等算法，计算获得不同树种及其冠层垂直高度的叶倾角，并进行相关分析。结果表明：阴性树种千金榆、糠椴和假色槭的平均叶倾角分别为 38.6°、36.0°和 40.8°，3 种阴性树种叶倾角的平均值为 38.5°；中性树种水曲柳、裂叶榆和胡桃楸的平均叶倾角分别为 43.4°、40.2°和 41.1°，3 种中性树种叶倾角平均值为 41.6°；阳性树种山杨、枫桦和蒙古栎的平均叶倾角分别为 48.8°、49.9°和 44.6°，3 种阳性树种叶倾角平均值为 47.7°（图 3-20）。叶倾角呈现出阳性树种>中性树种>阴性树种的趋势，表明随着树种喜光程度的增加，叶倾角逐渐增大，获取太阳辐射量逐渐增加。对相同耐阴性的各个树种而言，树种之间的平均叶倾角大小没有显著差异。

表 3-11　不同树种样树特征

耐阴性	树种	胸径/cm	树高/m
阴性树种	千金榆	10.0 ± 0.8	10.02 ± 1.94
	假色槭	10.3 ± 0.9	7.01 ± 1.09
	糠椴	14.1 ± 1.3	13.99 ± 2.69

续表

耐阴性	树种	胸径/cm	树高/m
中性树种	水曲柳	22.8 ± 1.8	22.73 ± 0.19
	裂叶榆	10.2 ± 1.9	8.04 ± 2.60
	胡桃楸	25.4 ± 0.9	24.18 ± 1.45
阳性树种	山杨	20.4 ± 0.9	17.00 ± 1.43
	枫桦	30.9 ± 2.1	23.85 ± 2.78
	蒙古栎	21.0 ± 2.4	20.05 ± 2.17

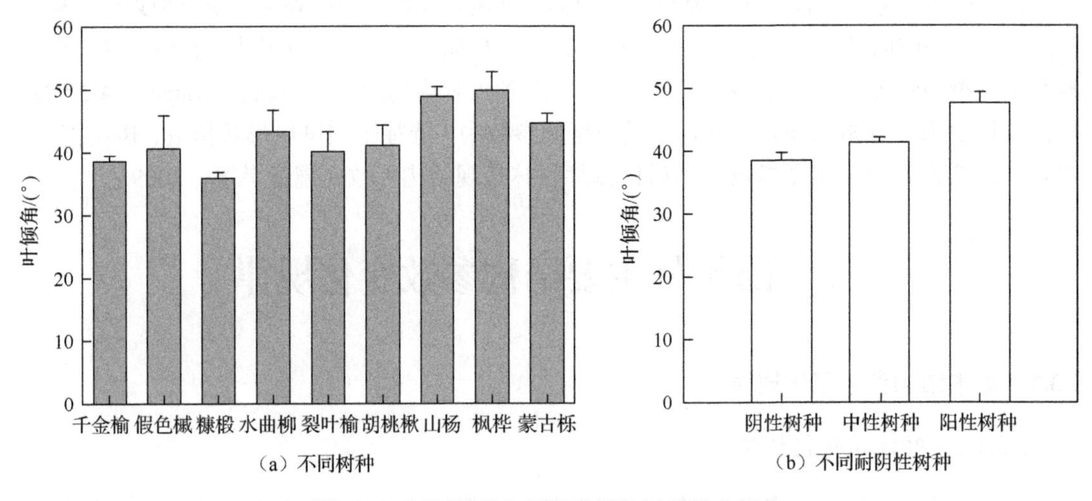

图 3-20 不同树种和不同耐阴性树种的叶倾角

不同树种叶倾角随树冠垂直高度的变化规律不同（图 3-21）：阴性树种的叶倾角随着树冠垂直高度的增加而呈显著降低趋势（$p<0.05$）；中性树种水曲柳和胡桃楸叶倾角随着树冠垂直高度的增加呈显著增加趋势（$p<0.05$），而裂叶榆叶倾角随着树冠垂直高度增加无显著变化（$p>0.05$）；阳性树种的叶倾角随着树冠垂直高度的增加呈显著增加趋势（$p<0.05$）。

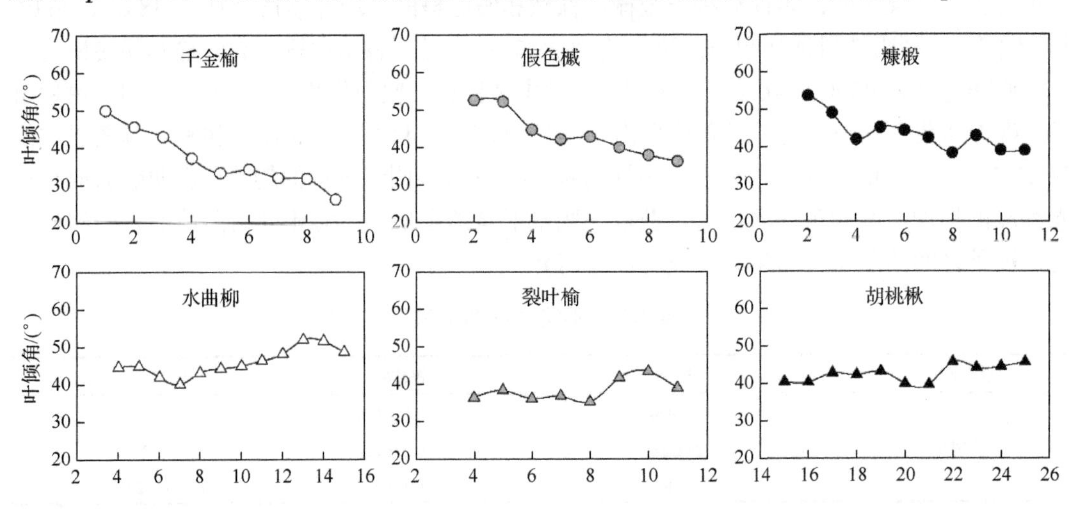

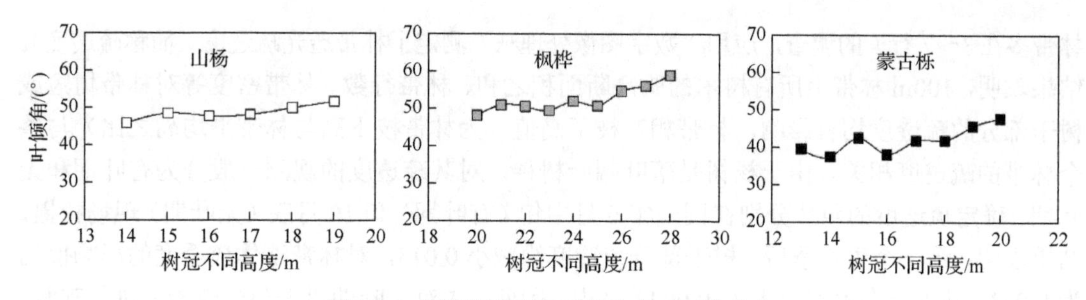

图 3-21 不同树种树冠垂直高度叶倾角分布

3.3.1.2 叶片聚集度指数变化规律

以表 3-11 中的主要树种为例，确定了叶片聚集度指数变化规律。结果表明：阴性树种千金榆、假色槭和糠椴的叶片聚集度指数分别为 0.76、0.69 和 0.56，阴性树种叶片聚集度指数平均值为 0.67；中性树种水曲柳、裂叶榆和胡桃楸叶片聚集度指数分别为 0.65、0.65 和 0.66，中性树种叶片聚集度指数平均值为 0.65；阳性树种山杨、枫桦和蒙古栎的叶片聚集度指数分别为 0.46、0.44 和 0.42，阳性树种叶片聚集度指数平均值为 0.44（图 3-22）。冠层聚集度呈阴性树种和中性树种>阳性树种的趋势，表明叶片在冠层的聚集程度随树种喜光程度的增加而逐渐减小。耐阴性相同的树种，其叶片聚集程度基本相同。不同树种的叶片聚集度指数均小于 1，表明不同树种的冠层叶片均为聚集分布。

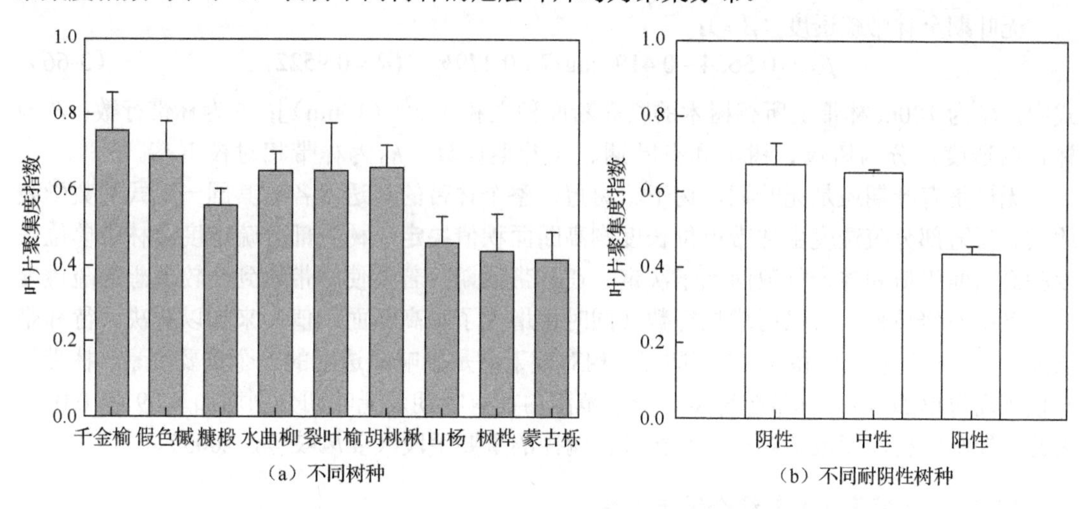

图 3-22 不同树种和不同耐阴性树种的叶片聚集度指数

3.3.2 带状林结构参数变化规律

3.3.2.1 林带疏透度与易测因子关系

姜凤岐等（2003）对杨树林带透光疏透度变化规律进行了系统研究，通过对东北黑土区杨树林带（树种组成主要有：北京杨和双阳快杨等小钻类杂交杨，小青杨和小叶杨等乡土杨。林带营造于 20 世纪 70 年代末、80 年代初，平均高 8～20m 不等，枝下高 2～3m，林带多在3～7行）的调查，应用“数字图像处理法”测定了林带透光疏透度（简称疏透度）。结果表明，100m林带上所有树木的胸高断面积之和、林带行数、林带密度等对林带树冠或树干部分的疏透度均有影响，林带相对枝下高值（为林带枝下高与林带平均高之比）与整个林带的疏透度相关。由于杨树是落叶阔叶树种，对其疏透度的观测一般分为有叶期和无叶期。确定疏透度的照片分别在同一年6月中旬（有叶期）和10月底（无叶期）现场拍摄。结果表明，经一个生长季后，树干部分疏透度约减小0.015，对林带整体疏透度的影响值约为0.003，基本上在误差范围（±0.004）之内。因此，未对无叶期树干部分疏透度进行观测，仅使用有叶期树干部分的疏透度代替。通过逐步回归分析，建立了疏透度与主要林带结构参数之间的主导因子模型，见式（3-62）～式（3-66）。

有叶期树干部分疏透度（β_1）（R为相关系数）：

$$\beta_1 = 0.9944 - 0.3082\log G - 0.009L \quad (R = 0.907) \tag{3-62}$$

有叶期树冠部分疏透度（β_2）：

$$\beta_2 = -0.0512 + 0.4038 / G \quad (R = 0.998) \tag{3-63}$$

有叶期全林带疏透度（$\beta_{有}$）：

$$\beta_{有} = 0.2743 - 0.4042\log G + 0.9303h_0 \quad (R = 0.9719) \tag{3-64}$$

无叶期树冠部分疏透度（β_3）：

$$\beta_3 = 0.2798 + 0.2895 / G \quad (R = 0.9075) \tag{3-65}$$

无叶期全林带疏透度（$\beta_{无}$）：

$$\beta_{无} = 0.5624 - 0.4196\log G + 0.479h_0 \quad (R = 0.9522) \tag{3-66}$$

式中，G为100m林带上所有树木的胸高断面积之和［m^2/（100m）］；L为林带行数；β为林带疏透度，分为树冠、树干和有叶期、无叶期计算；h_0为林带相对枝下高。

无论是有叶期还是无叶期，树干、树冠及整个林带的疏透度各有其同一形式的数学表达式。树冠部分疏透度由林带单位长度胸高断面积值决定，树干部分疏透度由林带单位长度胸高断面积值和林带行数两因子决定。在林带幼期，若要使林带达到比较理想的疏透度值，除了不修枝外，可以用增加行数（同时也增大了胸高断面积值）来加以解决，待林带长成后再行抚育伐，保留4～5行即可。相对枝下高是影响疏透度的一个重要因素。林带相对枝下高每增加0.1，林带疏透度在一定范围内在有叶期及无叶期分别增加0.09和0.05。因此，控制修枝高度也是对林带结构进行调控的重要手段（姜凤岐等，2003）。

3.3.2.2 林带疏透度与综合因子关系

为探讨适宜性广、可指导区域农田防护林带疏透度定量调控的一般性规律，以林带配置、行数（n）、株距（t）、保存率（p）、胸径（$D_{1.3}$）、冠下平均干径（D）、相对枝下高（h_0）等易测因子对林带疏透度影响规律的机理为依据，分别以矩形、品字形和随机（随机配置指无固定株距或行距的配置方式）3种配置类型，推导建立了相应于干部与冠部的疏透度模型，通过林带冠长和干长加权确立林带整体疏透度模型，称为机理模型，见式（3-67）～式（3-69）。

矩形配置林带的疏透度为

$$\beta_{\mathrm{j}}(n,t,p,D_{1.3},D,h_0)=h_0\left(1-\frac{C_1D}{t}\right)\left[1-\exp\left(\frac{C_2}{np}\right)\right]+\frac{C_3(1-h_0)}{C_4[np(1+C_6D_{1.3})^2/t]^{C_5}+C_3} \tag{3-67}$$

品字形配置林带的疏透度为

$$\beta_{\mathrm{p}}(n,t,p,D_{1.3},D,h_0)=h_0\left(1-\frac{2C_1D}{t}\right)\left[1-\exp\left(\frac{C_2}{np}\right)\right]+\frac{C_3(1-h_0)}{C_4[np(1+C_6D_{1.3})^2/t]^{C_5}+C_3} \tag{3-68}$$

随机配置林带的疏透度为

$$\beta_{\mathrm{s}}(n,t,p,D_{1.3},D,h_0)=h_0\left(1-\frac{D}{t}\right)(C_1D+C_2)+\frac{C_3(1-h_0)}{C_4[np(1+C_6D_{1.3})^2/t]^{C_5}+C_3} \tag{3-69}$$

式中，n 为林带行数；t 为株距；p 为保存率；$D_{1.3}$ 为胸径；D 为冠下平均干径；h_0 为相对枝下高；C_1、C_2、C_3、C_4、C_5、C_6 为取决于树种的冠体形状、分枝角的大小、枝的粗细以及叶的疏密有关外貌形态的待定参数（姜凤岐等，2003）。

上述模型确定了疏透度与林带易测因子林带行数、株距、保存率、胸径、冠下平均干径、相对枝下高等之间的关系。在林木个体间，如果树种不同，即使易测因子相同，在决定与林带冠部疏透度相关的冠体体积及其内部枝叶密集程度的冠形、分枝角度的大小、枝的粗细、叶的疏密度等方面均存在着差异，在决定与林带干部疏透度密切相关的冠下干体纵断面积大小、少量枝叶密集程度的干体形状及干部枝叶的多少方面也不一样。显然，对同一结构模型而言，这种差异应该由其中的待定参数来决定。姜凤岐等（2003）通过对吉林省长春市农安县等 6 县区以及辽宁省铁岭市昌图县的农田防护林进行调查，共摄得 144 条有叶期林带的黑白照片 288 张。根据树种的外表特征将样本单元按杂交杨（主要包括北京杨、小黑杨、小青黑杨）、其他小钻类杂交杨（主要包括双阳快杨、白城杨、赤峰杨等）和乡土杨（小青杨和小叶杨）3 个树种组，分别设置 3 种配置（乡土杨仅 1 种配置），确定了不同配置模型中的待定参数（表 3-12）（姜凤岐等，2003）。

表 3-12　不同配置林带干部和冠部疏透度模型中对应 3 个树种组待定参数

配置	树种组	树干部				树冠部					
		C_1	C_2	R	$S_{y,x}$	C_3	C_4	C_5	C_6	R	$S_{y,x}$
矩形	杂交杨	2.82	4.71	0.83	0.07	1.00	0.79	0.94	6.53	0.82	0.08
	小钻杨	1.43	2.49	0.90	0.08	0.50	0.45	0.89	4.14	0.95	0.04
品字形	杂交杨	1.20	4.35	0.92	0.06	1.00	0.56	1.30	5.98	0.98	0.04
	小钻杨	1.11	2.99	0.91	0.06	4.49	0.30	1.08	23.9	0.91	0.05
随机	杂交杨	1.52	0.12	0.93	0.05	0.90	0.17	1.37	11.14	0.97	0.04
	小钻杨	2.08	0.02	0.91	0.06	1.25	0.18	1.07	15.68	0.95	0.04
	乡土杨	2.39	0.07	0.84	0.09	0.45	1.14	0.77	1.58	0.88	0.04

在实际中，上述每个模型对应的配置与树种可主要应用于计算林带的疏透度。在给定林带行数、株距、胸径、相对枝下高的条件下，推导出维持林带最佳疏透度应保留的株数（100m 林带应保留的株数），为间伐调控林带结构提供依据。在给定林带行数、株距、保存率的条件下，推导出维持林带最佳疏透度应保留的枝下高，为修枝调控林带结构提供依据。

除此之外，林带疏透度机理模型还可用于模拟林带疏透度动态变化，制订林带各生长发育阶段结构定量调节调控方案等（姜凤岐等，2003）。

3.3.3 片状林结构参数变化规律

3.3.3.1 透光分层疏透度变化规律

透光分层疏透度是指林分内一定高度的某一平面以上部分没有被树木要素（树干、枝及叶）遮挡的天空球面的比率（Zhu et al.，2003b）。假设片状防护林林分内，树干、枝、叶等分布均匀，分布均匀的林分看作均匀介质，根据光在均匀介质内的分布规律，即 Beer-Lambert 定律（Yasugi et al.，1996），可建立透光分层疏透度在林分内的分布规律模型。

1）透光分层疏透度变化规律模型

透光分层疏透度值在林冠最上端及林冠以上应为 1，因为无任何物体遮挡，即透光度为 100%；随着高度的下降，当下降高度进入林冠后，透光分层疏透度不断减小，在林地达到最小值（透光分层疏透度可能最小值为 0，即全部被树木要素所遮盖）。因此，透光分层疏透度从林冠顶部至林地遵从光在介质中的分布规律——Beer-Lambert 定律，见式（3-70）。

$$\log_{10}\frac{I}{I_0}=-\mu d \tag{3-70}$$

式中，I_0 和 I 分别为光通过介质前与通过介质后的光强［J/（$m^2\cdot s$）］；d 为光通过均匀介质的距离（m）；μ 是与距离无关的常数（m^{-1}），或称吸收常数；I/I_0 为光传递系数。

同样原理，在把林分看作为均匀介质的条件下，透光分层疏透度在林分内的变化见式（3-71）。

$$\ln\left(\frac{P_z}{P_0}\right)=-Kz \tag{3-71}$$

式中，P_z 为林分内某一高度的透光分层疏透度；P_0 为林分内高度为 z 时的透光分层疏透度；当 $z=H$ 时，即林冠顶部，$P_0=1$（最大值）；z 为高度；K 为与透光分层疏透度相关的常数，与式（3-70）中的 μ 相似，又称为透光分层疏透度衰减系数（Zhu et al.，2003b）。

求解式（3-71），得到式（3-72）。

$$P_z=P_0\exp(-Kz) \tag{3-72}$$

当林分内树干、枝、叶分布不均匀时，即在林分内自林地到林冠可分为 n 层，如果 n 层对应高度为 $z_1, z_2, \cdots, z_n$，$K_1, K_2, \cdots, K_n$ 为与之相对应的衰减系数，那么透光分层疏透度在每一层的分布（$P_{z1}, P_{z2}, \cdots, P_{zn}$）见式（3-73）。

$$P_{z1}=P_0^{(1)}\exp(-K_1 z) \tag{3-73}$$

如果 $P_0^{(1)}$ 从林冠开始计算，则演绎式（3-74）～式（3-79）如下。

$$P_0^{(1)}=1.0 \tag{3-74}$$

$$P_{z1}(z)=\exp(-K_1 z) \qquad 0\leqslant z<z_1 \tag{3-75}$$

$$P_{z2}(z)=P_0^{(2)}\exp(-K_2 z) \qquad P_0^{(2)}\approx P_{z1}(z_1) \tag{3-76}$$

$$P_{z2}(z)=\exp(-K_1 z_1-K_2 z) \qquad z_1<z<z_2 \tag{3-77}$$

$$P_{zn}(z)=P_0^{(n)}\exp(-K_n z) \qquad P_0^{(n)}\approx P_{zn-1}(z_{n-1}) \tag{3-78}$$

$$P_{zn}(z)=\exp\left[-(K_1z_1+K_2z_2+\cdots+K_nz)\right] \quad z_{n-1}\leqslant z<H \tag{3-79}$$

如果片状防护林的分层是明显的，可通过测定各层的透光分层疏透度确定衰减系数 $K_1, K_2, \cdots, K_n$，进而得到透光分层疏透度在林分内的分布模型。一般情况下，由于片状防护林大多为人工林，因此，林分可分为林冠层与林冠下层，即只要确定林冠层与林冠下层的透光分层疏透度衰减系数 K，即可确定透光分层疏透度在林分内的分布模型；同样，对于垂直分层较复杂的林分，可将林分从林地到林冠看成一体，人为将该林分分成若干层次，确定各个层次的透光分层疏透度衰减系数 K，将衰减系数 K 相同或相似的层次归类，即可判断该林分的具体垂直分层（Zhu et al.，2003b）。

2）片状海岸防护林透光分层疏透度变化规律

Zhu 等（2003b）以日本海中部地区新潟青山片状黑松海岸防护林（同龄纯林）为例，进行了透光分层疏透度变化规律的研究。该海岸防护林沿日本海分布于海岸沙丘（地）上，宽度为100～300m，林龄约 35 年，初植密度为 4500 株/hm^2，观测时的保存率为 73%。为研究不同密度下海岸林透光分层疏透度的分布规律，进行了 4 个不同强度的块状间伐处理（产生 4 种不同林分密度）：处理 1 为弱度间伐，间伐强度 20%；处理 2 为中度间伐，间伐强度 30%；处理 3 为强度间伐，间伐强度 50%；处理 4 为未间伐，间伐强度 0（表 3-13）。各间伐处理区的有效面积为 40m×50m（朱教君等，2002c）。间伐处理前对林分进行每木检尺，之后每年一次。

表 3-13 试验林分概况

	处理	胸径/cm	枝下高 H_0/m	树高 H/m	密度/（株/hm^2）	胸高断面积/（m^2/hm^2）	枝下高树高比/（H_0/H）	株数间伐强度/%	断面间伐强度/%
间伐前（1997 年 12 月）	1	9.2	3.9	7.5	3217	23.36	0.52	20.2	19.8
	2	9.0	3.1	5.9	3167	21.42	0.53	31.6	32.5
	3	10.1	4.2	7.3	3000	26.00	0.58	46.7	50.2
	4	8.7	3.3	6.2	3600	23.15	0.54	0.0	0.0
间伐后（1998 年 2 月）	1	9.4	3.9	7.5	2517	18.75	0.52		
	2	9.1	3.2	5.9	2100	14.46	0.53		
	3	10.1	4.3	7.2	1483	12.94	0.59		
	4	8.7	3.3	6.2	3600	23.15	0.54		
间伐后（2000 年 1 月）	1	9.8	4.0	8.5	2517	21.27	0.47		
	2	9.8	3.2	7.0	2100	16.91	0.45		
	3	10.8	4.1	8.2	1483	15.48	0.49		
	4	9.3	3.7	7.2	3600	26.13	0.44		

间伐处理后在各处理区中心部位应用全天数码相机（尼康，Coolpix 910，f=7～21mm，日本）和 180°鱼眼镜头转换器（尼康，FC-E8，f=8～24mm，日本），自林地开始至林冠为止，每间隔 1m 摄取林分垂直方向的影像一张，每个高度重复 3 次，应用全天照片测定防护林分层疏透度，计算不同处理透光分层疏透度值。由于透光分层疏透度是鱼眼镜头转换器的天顶角的函数，当鱼眼镜头转换器的天顶角一定时，透光分层疏透度的绝对值则由图像处理时所取像片的面积所决定。在实际操作过程中，当用于计算透光分层疏透度的图像面积达到一定值时，透光分层疏透度的相对值不会减小（Zhu et al.，2003b）。因此，为比较不同密度下林分透光分层疏透度变化规律，选择 3/4 照片面积（Zhu et al.，2003b）处理所得透光分层疏透度值作为标准值（表 3-14）。

表 3-14 各处理透光分层疏透度平均值

高度/m	疏透度平均值 1.0	2.0	3.0	4.0	5.0	6.0	6.5	7.0	7.5
间伐处理 1	0.252 (0.023)	0.270 (0.013)	0.295 (0.008)	0.315 (0.019)	0.393 (0.012)	0.518 (0.012)		0.725 (0.034)	
间伐处理 2	0.281 (0.007)	0.293 (0.016)	0.344 (0.005)	0.474 (0.017)	0.667 (0.002)	0.928 (0.006)	0.995 (0.001)		
间伐处理 3	0.367 (0.001)	0.367 (0.010)	0.403 (0.012)	0.418 (0.011)	0.440 (0.007)	0.534 (0.005)		0.627 (0.020)	0.834 (0.008)
间伐处理 4	0.192 (0.010)	0.203 (0.006)	0.312 (0.021)	0.380 (0.017)	0.482 (0.024)	0.818 (0.011)	0.968 (0.005)		

注：括号内的数值为标准差。

图 3-23 是不同间伐强度黑松海岸防护林透光分层疏透度垂直分布特征。透光分层疏透度在林冠下层（树干层）相对稳定，但在林冠层变动较大，不同密度林分明显不同。处理 4（未间伐）树干层的透光分层疏透度介于 0.19～0.31，处理 1（间伐强度 20%）树干层的透光分层疏透度介于 0.25～0.32，处理 2（间伐强度 30%）树干层的透光分层疏透度介于 0.28～0.34，处理 3（间伐强度 50%）树干层的透光分层疏透度介于 0.37～0.42（图 3-23）。这一排序与所有 4 个间伐处理的林分密度完全吻合。在 0.005 的概率水平上，4 个处理之间没有显著差异（表 3-15）。间伐处理区的透光分层疏透度分布与对照区的分布曲线几乎完全相同。因此，通过建立透光分层疏透度模型可以量化林分透光分层疏透度的分布规律。

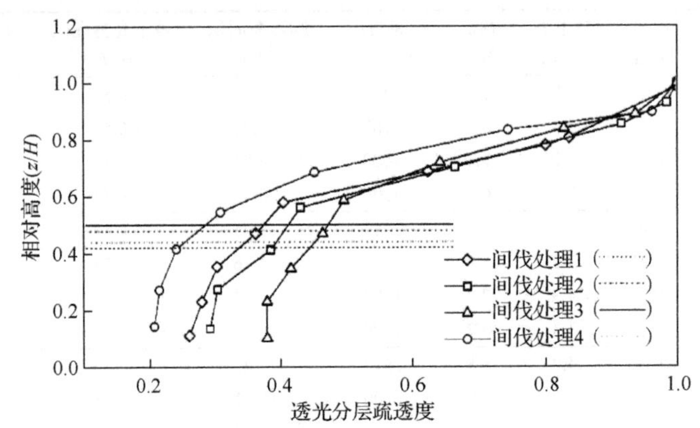

图 3-23 不同间伐强度黑松海岸防护林透光分层疏透度垂直分布特征

注：图例括号中的线在图中指示树干高度所在位置。

表 3-15 树冠层和树干层透光分层疏透度衰减系数 K_c 和 K_t 检验表

		回归统计显著性检验 决定系数 R^2	标准差	F 值	显著性差异 p	参数统计 t 检验 常数 K_c、K_t	标准差	t 值	显著性差异 p
间伐处理 1	树冠层	0.97	0.06	179.24	<0.01	−1.97	0.08	−25.58	<0.01
	树干层	0.94	0.03	26.76	<0.01	−0.24	0.01	−26.67	<0.01
间伐处理 2	树冠层	0.93	0.08	52.84	<0.01	−1.76	0.01	−125.71	<0.01
	树干层	0.82	0.05	17.35	<0.01	−0.68	0.01	−61.82	<0.01
间伐处理 3	树冠层	0.98	0.06	148.16	<0.01	−1.67	0.00	−556.67	<0.01
	树干层	0.83	0.04	6.04	<0.01	−1.06	0.01	−96.36	<0.01
间伐处理 4	树冠层	0.97	0.01	33.05	<0.01	−2.54	0.05	−50.80	<0.01
	树干层	0.99	0.11	20.17	<0.01	−1.40	0.01	−280.00	<0.01

注：K_c（树冠层）和 K_t（树干层）是与透光分层疏透度变化有关的衰减系数。

3）片状黑松海岸防护林垂直分层特征

对于同龄纯林的黑松海岸防护林，以枝下高为界分为树冠层和树干层，如果以相对高度来表示透光分层疏透度的分布模型，那么透光分层疏透度分布模型可表达为式(3-80)和式(3-81)。

$$P_z = P_0 \exp\left[-K_c(1-\frac{z}{H})\right] \quad H_0 < z < H \tag{3-80}$$

$$P_z = P_0 \exp\left[-K_c(1-\frac{H_0}{H}) - K_t(\frac{H_0}{H}-\frac{z}{H})\right] \quad 0 \leqslant z < H_0 \tag{3-81}$$

式中，K_c（树冠层）和 K_t（树干层）是与透光分层疏透度变化有关的衰减系数；P_z 和 P_0 同式（3-71）。假定林冠层枝、叶和树干层树干分布均匀的前提下，K_c 和 K_t 应为常数。K_c 和 K_t 可以通过实测透光分层疏透度进行回归分析得到（表 3-15）。结果表明，利用透光分层疏透度模型估算的透光分层疏透度计算值与测量值在 0.005～0.01 的概率水平上是显著的（图 3-24、表 3-16）。

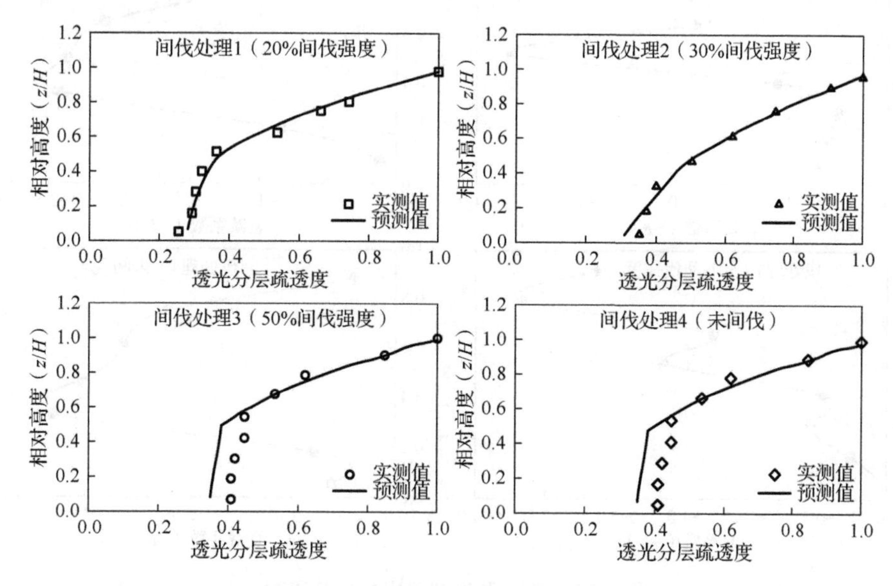

图 3-24 不同处理海岸防护林的透光分层疏透度预测值与实测值比较

表 3-16 不同间伐处理透光分层疏透度模型回归显著性检验

处理	变量	自由度	平方和	均方根	F 值
间伐处理 1（20%间伐强度）	回归	1	0.51	0.51	29.99**
	误差	7	0.12	0.02	$F_{(1.7,\ 0.005)}=16.24$
	总和	8	0.63		
间伐处理 2（30%间伐强度）	回归	1	0.61	0.61	41.13**
	误差	6	0.09	0.01	$F_{(1.6,\ 0.005)}=18.64$
	总和	7	0.70		
间伐处理 3（50%间伐强度）	回归	1	0.47	0.47	12.81**
	误差	7	0.26	0.04	$F_{(1.7,\ 0.01)}=12.25$
	总和	8	0.73		
间伐处理 4（未间伐）	回归	1	0.65	0.65	75.19**
	误差	6	0.05	0.01	$F_{(1.6,\ 0.005)}=18.64$
	总和	7	0.71		

**表示显著性 p 值小于 0.01。

在实际林分中，任何高度的树木组分分布都不是绝对均匀的，因此，任何高度的衰减系数 *K* 值都不相同。如果树木组分的分布在一定的高度范围内相对均匀，那么衰减系数 *K* 在这个范围内应该是相似的。因此，可以根据衰减系数 *K* 值进行林分垂直分层。根据衰减系数 *K* 随相对高度变化规律（图 3-25），可以将片状黑松海岸防护林间伐处理 1、2 和 4 的林分分为 3 个层次，即最上林冠层、主林冠层和树干层。通过比较衰减系数 *K*，建立林分垂直分层格局，比基于视觉辨识的分层更为准确。透光分层疏透度测量有助于开发林分内部更精细模型，例如，通过透光分层疏透度分布可以研究风廓线规律，计算叶面积指数和树冠比率以及光照气候参数等。因此，透光分层疏透度对片状海岸防护林和其他类型森林经营都有重要的指导意义。

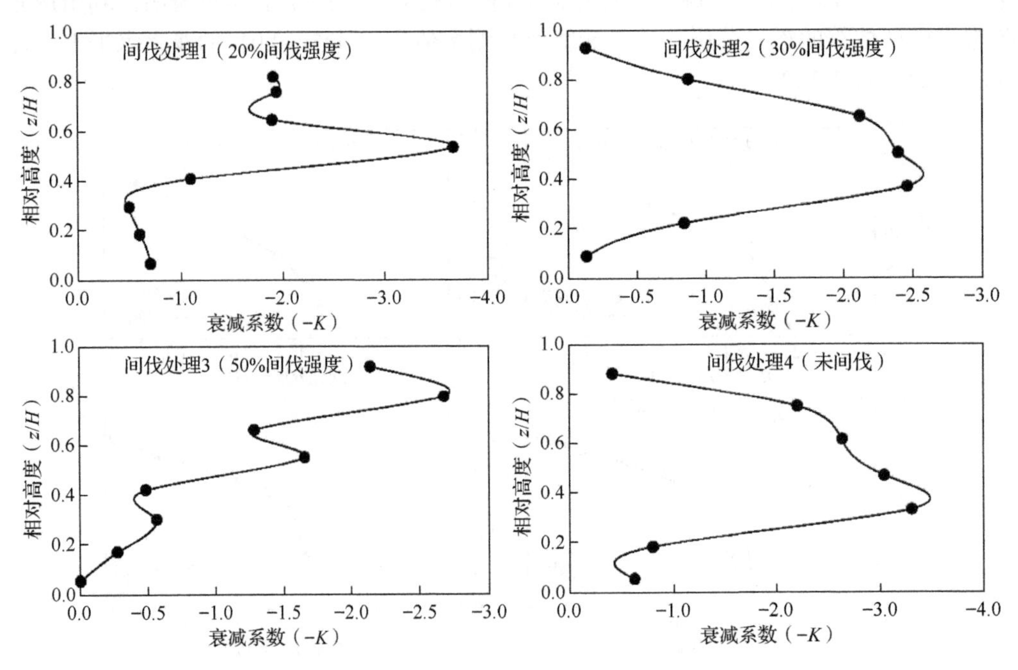

图 3-25 衰减系数 *K* 确定林分分层图

3.3.3.2 林冠截雨指数变化规律

为明晰林冠截雨指数变化规律，Yu 等（2020）以辽东山区（清原森林站）红松人工林、落叶松人工林、次生阔叶混交林、蒙古栎次生林 4 种水源涵养林为对象，比较了不同类型水源涵养林的林冠截雨指数。4 种林型代表了温带次生林生态系统中广泛分布的天然林和人工林、针叶林和阔叶林。针对各种林型，根据实际分布情况，选择 4～6 块样地，每块样地大小为 20m×30m，4 种林型共计 20 块样地（表 3-17）。为了增强代表性，尽可能选取林分密度差异大的样地。依据片状林结构参数量化中的林冠截雨指数量化方法，计算了不同林型林冠截雨指数（图 3-26）。

表 3-17　样地的基本信息

林型	样地标号	树种组成（占比）	林龄	林分密度/（株/hm^2）		胸径/cm		胸高断面积/m^2		树高/m		叶面积指数/（m^2/m^2）		冠层高度/m	郁闭度/%	
				2017 年	2019 年	2017 年	2019 年	2017 年	2019 年	2017 年	2019 年	2017 年	2019 年		2017 年	2019 年
红松人工林（KPF）	KPF1	红松（10）	42	833	833	24.1±5.0	24.3±5.1	47.2	47.6	18.0±1.5	18.1±1.5	2.6±1.0	3.1±0.4	16.7	78.8±9.1	75.4±8.4
	KPF2	红松（10）	42	816	816	22.9±6.5	23.2±6.4	45.5	46.0	17.2±3.5	17.4±3.4	3.5±1.4	3.7±1.0	16.2	75.4±7.0	73.2±6.9
	KPF3	红松（10）	42	816	816	23.4±4.8	23.8±4.8	42.1	42.7	18.1±3.5	18.3±3.8	3.3±1.5	3.1±1.1	16.8	71.7±16.4	73.7±11.5
	KPF4	红松（10）	42	916	916	23.9±5.2	24.2±5.5	49.6	49.9	16.5±2.5	16.7±2.5	3.7±0.7	3.6±0.2	16.0	69.1±6.7	68.5±5.1
	KPF5	红松（10）	34	1033	1033	18.1±4.2	18.4±4.2	32.2	32.7	15.0±1.5	15.4±1.6	5.3±0.9	4.7±0.7	14.3	63.0±7.2	61.8±6.7
落叶松人工林（LPF）	LPF1	落叶松（9），春榆（1）	37	1217	1217	16.8±5.0	17.2±5.1	42.1	42.6	17.5±4.2	18.0±4.4	4.5±0.6	4.3±0.6	16.5	85.1±5.5	83.3±5.6
	LPF2	落叶松（9），花曲柳（1）	37	1267	1267	18.5±5.3	18.8±5.4	46.6	50.0	17.5±4.5	18.1±4.5	5.0±0.8	4.5±0.6	17.1	80.9±6.8	78.6±7.2
	LPF3	落叶松（9），黄波椤树（1）	37	800	783	16.4±4.3	16.6±4.2	33.1	33.4	17.7±3.5	18.1±3.4	4.4±1.7	3.7±0.8	17.2	78.1±4.4	78.1±4.0
	LPF4	落叶松（10）	37	950	950	17.6±5.1	17.7±5.1	40.5	40.8	17.2±3.8	17.5±3.7	3.6±0.5	3.8±0.3	16.1	79.9±2.9	76.7±3.4
	LPF5	落叶松（9），胡桃楸（1）	48	750	783	19.0±9.5	19.5±10.0	24.4	24.8	18.2±7.7	18.2±7.6	2.1±0.6	3.2±0.3	16.8	75.1±13.6	78.9±8.7
	LPF6	落叶松（9），胡桃楸（1）	48	817	817	18.3±8.6	18.9±8.9	36.5	37.1	17.4±8.5	17.8±8.4	2.7±0.8	2.6±0.7	16.9	66.3±7.3	65.1±6.5
次生阔叶混交林（MBF）	MBF1	千金榆（3），色木槭（3），假色槭（2），胡桃楸（1），春榆（1）	64	1350	1383	17.3±10.1	17.5±10.3	20.4	20.8	14.3±6.2	14.4±6.5	3.1±0.4	3.3±0.5	15.6	87.1±4.0	85.2±4.0
	MBF2	千金榆（4），色木槭（2），花曲柳（2），枫桦（1），水曲柳（1）	64	1183	1200	15.2±10.6	15.4±10.6	32.4	32.6	14.5±7.6	14.4±7.5	2.9±0.4	3.2±0.2	16.4	85.6±4.7	82.6±4.3
	MBF3	千金榆（2），色木槭（2），胡桃楸（2），假色槭（1），花曲柳（1），灯台树（1），裂叶榆（1）	64	1233	1233	16.7±11.1	16.8±11.1	43.5	43.7	13.3±7.5	13.6±7.9	2.7±1.1	3.0±0.8	16.7	87.0±5.7	72.5±8.5
	MBF4	千金榆（3），色木槭（2），假色槭（1），花曲柳（1），水曲柳（1），裂叶榆（1），拧筋槭（1）	64	1033	1033	20.3±11.8	20.5±12.5	49.9	50.0	14.4±6.7	14.5±6.6	4.0±1.0	3.3±0.9	17.0	76.5±8.1	77.6±6.4
	MBF5	色木槭（2），千金榆（2），枫桦（1），假色槭（1），春榆（1），花曲柳（1），黄波椤树（1），裂叶榆（1）	64	883	917	13.3±7.0	13.5±7.1	14.3	14.5	14.7±6.3	14.6±6.6	2.3±0.4	2.7±0.5	17.1	70.6±5.3	71.4±4.8
蒙古栎次生林（MOF）	MOF1	蒙古栎（7），花曲柳（2），水曲柳（1）	79	1183	1200	14.5±7.7	14.6±7.5	20.8	21.1	11.6±3.4	11.7±3.8	2.7±0.7	3.2±1.3	12.2	78.9±9.8	75.7±9.3
	MOF2	蒙古栎（8），花曲柳（2），水曲柳（2）	79	1200	1200	12.5±5.8	12.7±6.3	17.5	17.7	12.4±3.5	12.4±3.2	2.7±1.0	3.8±1.2	13.8	75.8±11.8	79.5±8.9
	MOF3	蒙古栎（8），花曲柳（1），水曲柳（1）	79	1150	1166	16.2±7.1	16.2±7.1	25.9	26.0	10.6±3.8	10.8±3.6	2.4±0.3	2.8±0.9	12.2	80.3±4.9	75.3±4.0
	MOF4	蒙古栎（9），花曲柳（1）	79	1400	1400	13.2±7.0	13.3±7.2	19.0	19.2	10.7±3.3	10.8±3.0	2.5±1.0	3.2±1.3	11.8	83.7±7.3	77.0±6.9

注：树种组成占比用十分制表示，林龄和冠层高度测于 2017 年。

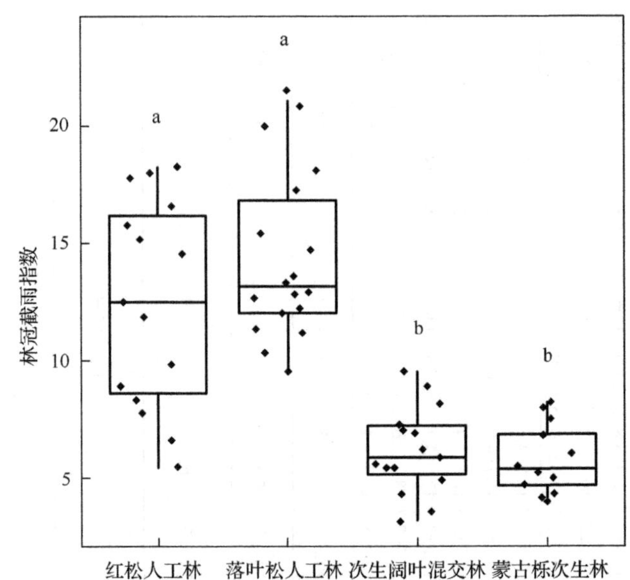

图 3-26 不同林型样方的林冠截雨指数

注：柱形图的中线表示林冠截雨指数的中值，上下线分别表示林冠截雨指数的上四分位值和下四分位值。箱线图上方不同字母表示不同林型样方林冠截雨指数值显著差异（$p< 0.05$）。

结果表明，4 种林型的所有样方林冠截雨指数的变化范围为 3.3～21.0，平均值是 10.2（标准差 SD = 5.1），中值是 8.9。红松人工林、落叶松人工林、次生阔叶混交林和次生蒙古栎林林冠截雨指数的中值分别是 12.5、12.9、5.7 和 5.4（图 3-26），平均值分别为 12.5（SD = 2.7）、14.1（SD = 3.8）、5.80（SD = 1.2）和 6.0（SD = 1.4）。两种针叶林样方的林冠截雨指数显著高于两种阔叶林样方（$p< 0.05$）（图 3-26），而两种针叶林样方之间及两种阔叶林样方之间的林冠截雨指数没有显著差异。

3.3.4 林窗结构参数变化规律

3.3.4.1 林窗光指数变化规律

Hu 和 Zhu（2008）于辽东山区（清原森林站）选择了水源涵养林的人工林制造的大、中、小林窗各 1 个，通过改变这 3 个林窗的边缘木高和（或）坡向得到 9 个模拟林窗，林窗情况见表 3-18。在每个林窗中按图 3-27 设置样点，计算每个样点的林窗坐标，然后，采用 GLA 软件计算林窗光指数、直射光和散射光。

表 3-18 3 个实测林窗及其对应的 9 个模拟林窗的基本概况

林窗编号	林冠林窗面积/m^2	平均林窗边缘木/m	坡度/（°）	坡向/（°）	海拔/m
LG	513.9	19.0	17	170	650
L_1.5H	513.9	28.5	17	170	650
L_HN	513.9	19.0	17	350	650
L_1.5HN	513.9	28.5	17	350	650
MG	267.3	17.0	24	140	640

续表

林窗编号	林冠林窗面积/m^2	平均林窗边缘木/m	坡度/（°）	坡向/（°）	海拔/m
M_1.5H	267.3	25.5	24	140	640
M_HN	267.3	17.0	24	320	640
M_1.5HN	267.3	25.5	24	320	640
SG	112.9	16.0	20	155	690
S_1.5H	112.9	24.0	20	155	690
S_HN	112.9	16.0	20	335	690
S_1.5HN	112.9	24.0	20	335	690

注：LG、MG、SG分别代表大、中、小林窗；L_1.5H、L_HN、L_1.5HN代表基于大林窗的3个模拟林窗，模拟处理分别为边缘木高增到1.5倍、坡向角增加180°、边缘木高增到1.5倍同时坡向角增加180°；M_1.5H、M_HN、M_1.5HN代表基于中林窗的3个模拟林窗，模拟处理与大林窗相同；S_1.5H、S_HN、S_1.5HN代表基于小林窗的3个模拟林窗，模拟处理与大林窗相同。

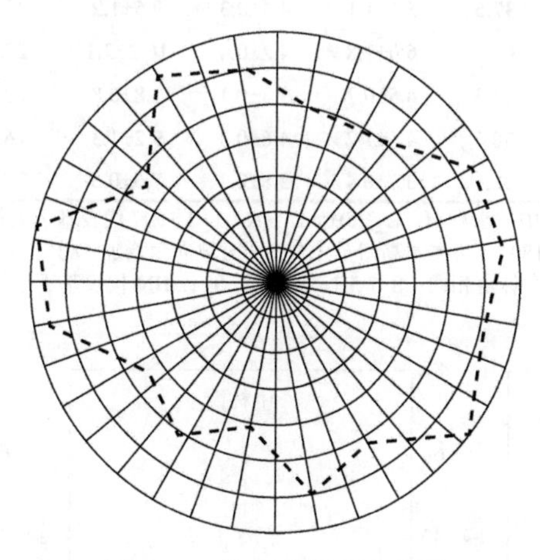

图3-27 林窗内样点分布图

注：虚线代表林冠林窗在水平面上的投影边界，直线与圆的交点为样点，且样点必须在林冠林窗内。18条直线相交点为林窗中心，角度间隔为10°，同心圆半径以1m间隔递增。相片正上向为正北。

1）地面层林窗光指数分布特征

林窗的形成导致林窗内地面层的林窗光指数增加，并随着林窗大小的增加而增加。大、中、小林窗中的林窗光指数分别为40.7 ± 10.7（均值 ±SD，下同）、33.8 ± 9.0和24.1 ± 4.9（表3-19），分别为林下光指数（14.6）的1.7倍、2.3倍和2.8倍。小林窗中林窗光指数的频率分布图为左偏形，而在大林窗和中林窗中为右偏形（图3-28）。随着林窗大小的增加，林窗光指数的变化范围以及具有高林窗光指数值的样点数量增加。大林窗和中林窗具有相同的林窗光指数变化范围，但分布频度不相同。林窗光指数<30的样点占小林窗所有样点的87.4%，仅占中林窗的35.2%和大林窗的20.4%。林窗光指数>40的样点占大林窗所有样点的60.2%，占中林窗的33.0%，而小林窗中没有样点的林窗光指数值达到40（图3-28）。

表 3-19 3 个实测林窗及其对应的 9 个模拟林窗中光照强度的均值

林窗编号	林冠上方光照强度/[mol/（m^2·d）]			林下光照强度/[mol/（m^2·d）]			T_{beam}/%	$T_{diffuse}$/%	GLI
	直射光	散射光	全光	直射光	散射光	全光			
LG	22.0	20.6	42.6	10.2±3.6	7.1±1.1	17.3±4.6	46.4±16.3	34.5±5.3	40.7±10.7
L_1.5H	22.0	20.6	42.6	7.0±2.4	5.1±0.6	12.1±2.9	31.7±10.9	24.9±2.7	28.4±6.7
L_HN	18.6	20.6	39.2	6.9±2.2	7.6±1.1	14.4±2.1	36.9±12.1	36.7±5.2	36.8±5.4
L_1.5HN	18.6	20.6	39.2	4.8±1.3	5.6±0.5	10.4±1.0	25.8±6.8	27±2.4	26.4±2.6
MG	21.9	20.2	42.0	8.6±2.9	5.7±1.0	14.2±3.8	39.1±13.1	28.0±4.8	33.8±9.0
M_1.5H	21.9	20.2	42.0	6.2±1.6	4.1±0.4	10.3±1.9	28.2±7.4	20.2±1.9	24.4±4.6
M_HN	17.4	20.2	37.5	7.0±1.8	5.7±0.6	12.7±2.3	40.2±10.5	28.2±3.2	33.8±6.0
M_1.5HN	17.4	20.2	37.5	5.1±1.1	4.4±0.3	9.5±1.2	29.2±6.3	21.9±1.5	25.3±3.3
SG	22.0	20.4	42.3	6.0±1.8	4.2±0.4	10.2±2.1	27.3±8.0	20.8±1.8	24.1±4.9
S_1.5H	22.0	20.4	42.3	4.5±0.7	3.3±0.1	7.8±0.8	20.3±3.2	16.3±0.7	18.4±1.9
S_HN	17.7	20.4	38.1	4.6±1.2	4.6±0.3	9.2±1.3	26.1±6.9	22.5±1.6	24.2±3.4
S_1.5HN	17.7	20.4	38.1	3.7±0.4	3.8±0.1	7.5±0.5	20.9±2.4	18.6±0.7	19.7±1.2

注：LG、MG、SG 分别代表大、中、小林窗；L_1.5H、L_HN、L_1.5HN 代表基于大林窗的 3 个模拟林窗，模拟处理分别为边缘木高增至 1.5 倍、坡向角增加 180°、边缘木高增至 1.5 倍同时坡向角增加 180°；M_1.5H、M_HN、M_1.5HN 代表基于中林窗的 3 个模拟林窗，模拟处理与大林窗相同；S_1.5H、S_HN、S_1.5HN 代表基于小林窗的 3 个模拟林窗，模拟处理与大林窗相同。

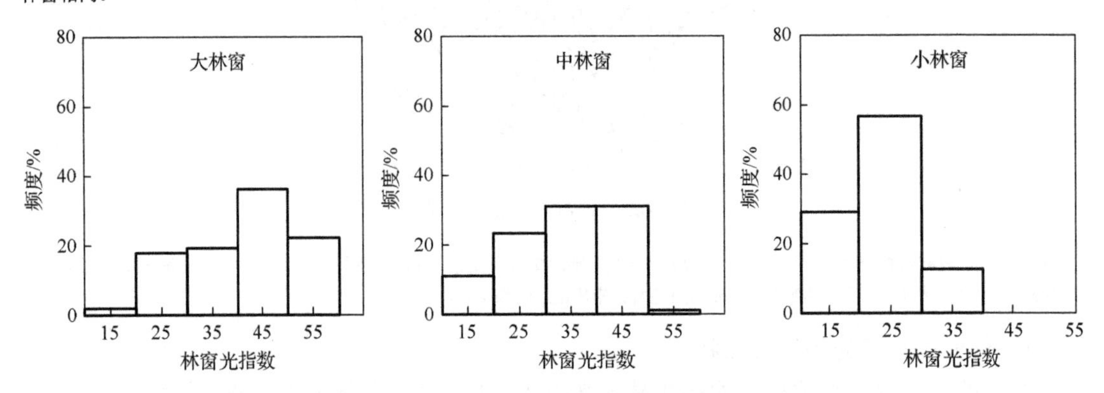

图 3-28 3 个不同大小林窗地面层林窗光指数的频度分布图

基于几何计算法得到每个林窗中大量样点的林窗光指数值，形成林窗光指数等值线分布图（图 3-29），反映出各个林窗中地面层的光照强度均存在空间异质性，具体表现为：①林窗光指数最大值均位于林窗北部；②林窗光指数的空间分布格局在 6 个位于南坡的林窗中大致以坡向为对称轴呈左右对称（170°、140°、155°分别是大、中、小林窗的坡向）；③林窗边缘木高度的增加导致林窗光指数下降，1.5 倍边缘木高的 3 个模拟林窗中的林窗光指数平均值均是其对应实际林窗中林窗光指数的 0.73 倍左右（表 3-19）；④边缘木高对林窗光指数空间分布形状的影响较小，但导致林窗光指数最大值远离林窗中心点；⑤南坡林窗与北坡模拟林窗的林窗光指数空间分布形状有较大的差异，但林窗光指数均值的差异较小，大林窗（位于南坡）中林窗光指数均值比其在北坡的模拟林窗大 10%，但位于南坡的

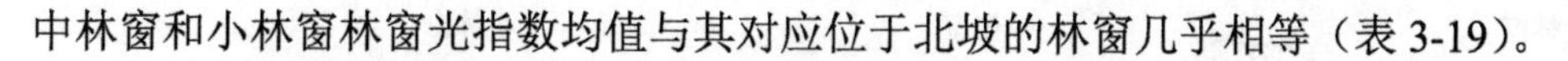
中林窗和小林窗林窗光指数均值与其对应位于北坡的林窗几乎相等（表 3-19）。

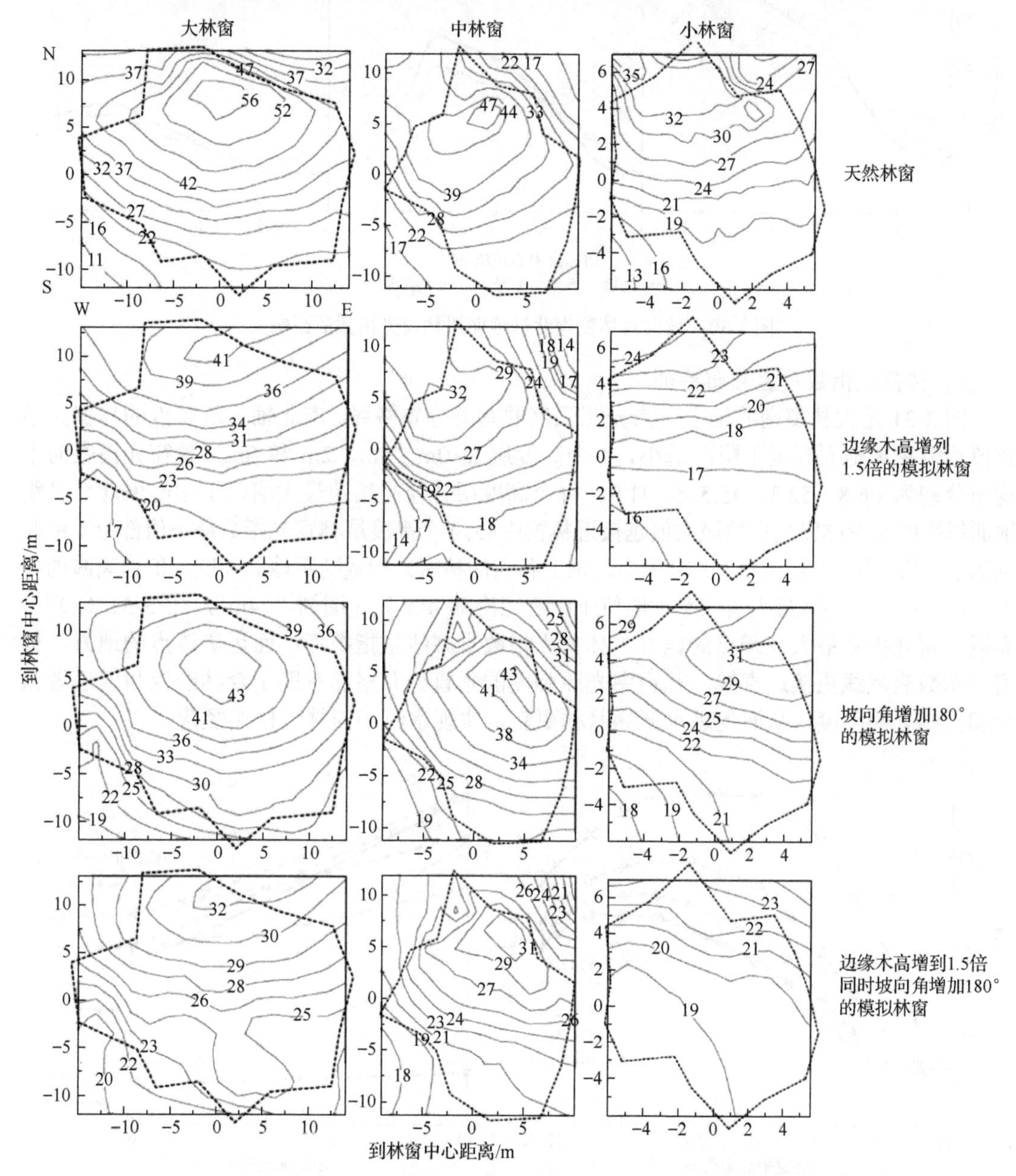

图 3-29 3 个天然林窗及其对应的 9 个模拟林窗地面层林窗光指数等值线图

注：虚线为林冠林窗在水平面上的投影线。

坡向对大、中、小 3 个林窗南北轴地面层各点林窗光指数的影响见图 3-30。大、中、小林窗林窗光指数的平均值和变化范围都表现出南坡>水平>北坡（图 3-30）。大林窗中 3 个坡向的林窗光指数线都交于距离林窗中心偏南约 4m 处，在交点北边林窗光指数大小次序为南坡>水平>北坡，交点南边林窗光指数大小次序与北边相反。

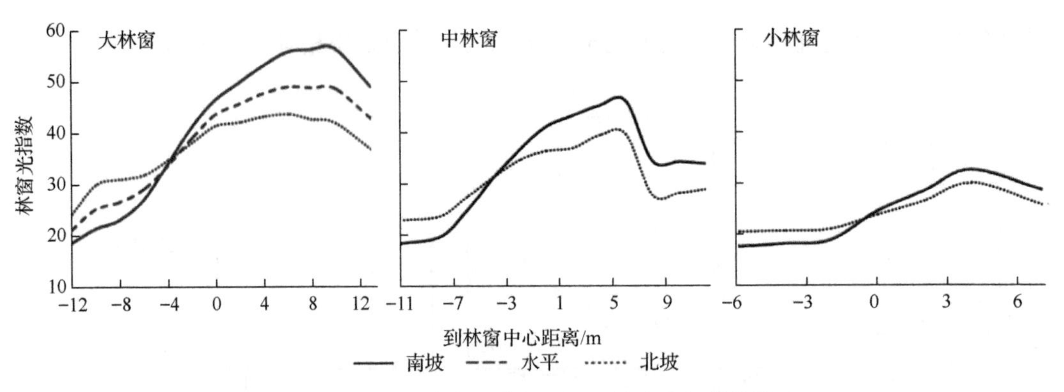

图 3-30 坡向对林窗南北轴地面层林窗光指数的影响

2）林窗光指数垂直分布特征

图 3-31 是大林窗南北轴上各点光照强度的垂直分布格局。南北轴上所有点的林窗光指数值均随距离地面高度下降而减小，4 个高度层（10m、5m、2m 和 0m）林窗光指数的平均值分别为 66.8、52.3、45.5 和 41.9。每个高度层林窗光指数最大值位于中心偏北，且距地面越高的层中林窗光指数最大值越接近林窗中心。4 个高度层林窗光指数最小值都位于南北轴的最南端［图 3-31（a）］。大林窗南北轴上各点的林窗光指数随距地面高度降低而衰减的比率不同，林窗光指数最大衰减率大约位于中心点南部 4m 处［图例“-4m”，图 3-31（b）］。靠近林窗光指数最大衰减点的地方，林窗光指数衰减线呈指数形；而远离该点的地方，林窗光指数衰减线更接近直线。林窗中光照强度的垂直分布格局有助于森林经营与管理者预测和控制光照强度，从而促进水源涵养林更新，实现水源涵养林近自然经营。

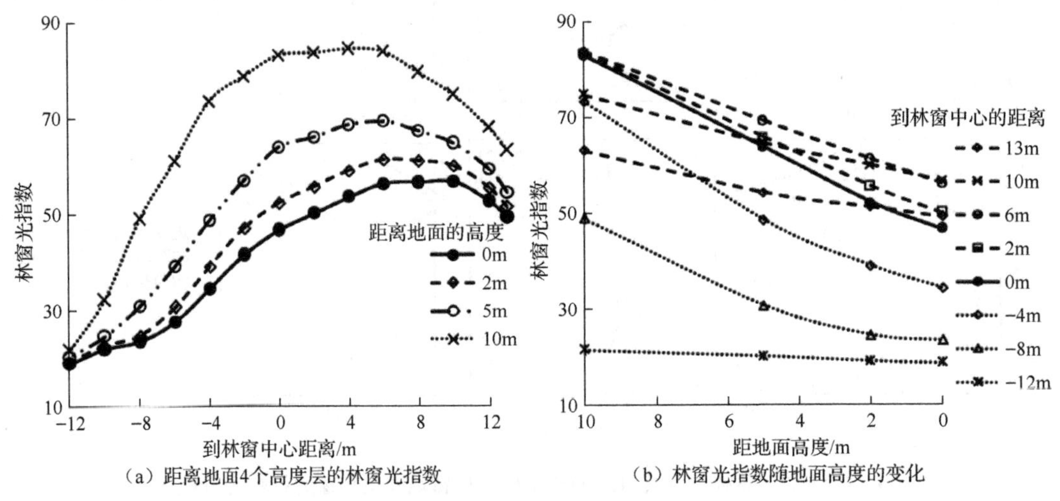

图 3-31 大林窗南北轴林窗光指数垂直结构

3.3.4.2 林窗边缘木偏冠指数变化规律

Lu 等（2020）以辽东山区（清原森林站）水源涵养林的天然林窗为例，选择了 12 个天然林窗，记录林窗的坡度、坡向，边缘木的种类、高度、胸径，目标树种的木材密度（木材密度数据来自 Chave et al.，2009），确定了林窗边缘木偏冠指数变化规律。根据林窗年龄将12个林窗分为两组，包括6个幼龄林窗（平均年龄为15a）和6个老龄林窗（平均年龄为32a）。同时，在密闭林分中选择了6块20m×20m的样地作为对照。详细的林窗信息见表3-20。利用地基激光雷达量化不同林窗边缘木偏冠指数。

表3-20 水源涵养林林窗基本信息表

样地类型	样地编号	林窗年龄	扩展林窗面积/m^2	林冠林窗面积/m^2	坡度/(°)	坡向/(°)	边缘木高度/m	边缘木胸径/cm	径高比
对照林分	1	—	—	—	18	35	19.9	26.3	—
	2	—	—	—	22	40	18.8	24.4	—
	3	—	—	—	24	60	21.7	27.1	—
	4	—	—	—	20	340	19.4	27.8	—
	5	—	—	—	19	310	18.6	26.5	—
	6	—	—	—	16	345	20.7	25.2	—
幼龄林窗	1	10	238.2	10.2	15	315	18.0	34.5	0.97
	2	12	306.4	89.4	22	45	20.4	39.4	0.97
	3	13	182.5	17.8	12	275	19.9	35.3	0.77
	4	17	200.4	24.2	22	305	18.0	32.2	0.89
	5	17	182.8	26.6	15	315	18.2	45.0	0.84
	6	22	300.1	35.2	17	355	19.2	35.2	1.02
老龄林窗	1	26	408.1	84.2	12	330	20.1	47.9	1.13
	2	27	319.6	63.4	10	330	20.5	29.3	0.98
	3	30	308.6	24.4	22	315	19.3	28.1	1.03
	4	32	233.4	40.1	22	315	17.7	30.9	0.97
	5	37	411.4	68.2	17	355	21.6	39.3	1.06
	6	39	166.8	14.6	17	60	20.3	31.9	0.72

1）林窗年龄和边缘木位置对边缘木偏冠指数的影响

不同维度林窗边缘木偏冠指数（即树冠长度、树冠投影面积和树冠体积）结果整体上是一致的。总的来说，林窗边缘木的偏冠指数介于0.6～3.5，平均值为1.6（表3-21），表明了边缘木树冠在很大程度上朝向林窗内生长。相比之下，对照林分中树木的偏冠指数介于0.4～1.7，平均值为1.0（表3-21）。

表3-21 林窗和对照林分边缘木偏冠指数

样地类型	$\ln(R_{CL})$		$\ln(R_{CA})$		$\ln(R_{CV})$	
	均值	范围	均值	范围	均值	范围
林窗	1.5	0.6～3.5	1.7	0.6～3.4	1.6	0.6～3.2
对照林分	0.9	0.7～1.5	1.1	0.4～1.7	1.1	0.5～1.6

注：林窗48株边缘木，其中幼龄和老龄林窗各24株；对照林分24株冠层木。边缘木偏冠指数由林窗内侧与林窗外侧的树冠长度[$\ln(R_{CL})$]（一维）、投影面积[$\ln(R_{CA})$]（二维）和体积[$\ln(R_{CV})$]（三维）的对数比表示。

裂区方差分析结果表明，林窗年龄显著影响边缘木偏冠指数（$p<0.01$）（表3-22），幼龄和老龄林窗的边缘木偏冠指数显著高于对照林分（$p<0.05$），林窗边缘木的位置和林窗年龄交互作用对边缘木偏冠指数没有显著影响（$p>0.05$）。在提取种间差异的影响后，边缘木位置对偏冠指数仍然没有显著影响（$p=0.417>0.05$）（图3-32、图3-33）。

表 3-22 林窗年龄（幼龄林窗、老龄林窗和对照林分）和边缘木位置（东、西、南和北）对边缘木偏冠指数的影响

因子	自由度	ln (R_{CL})		ln (R_{CA})		ln (R_{CV})	
		F 值	*p* 值	*F* 值	*p* 值	*F* 值	*p* 值
林窗年龄	(2,15)	11.05	**0.001**	9.70	**0.002**	18.97	**< 0.001**
树木位置	(3,43)	0.41	0.744	0.11	0.953	0.43	0.735
年龄 × 位置	(6,43)	0.90	0.504	1.94	0.103	1.74	0.141

注：加粗数值表示统计显著。

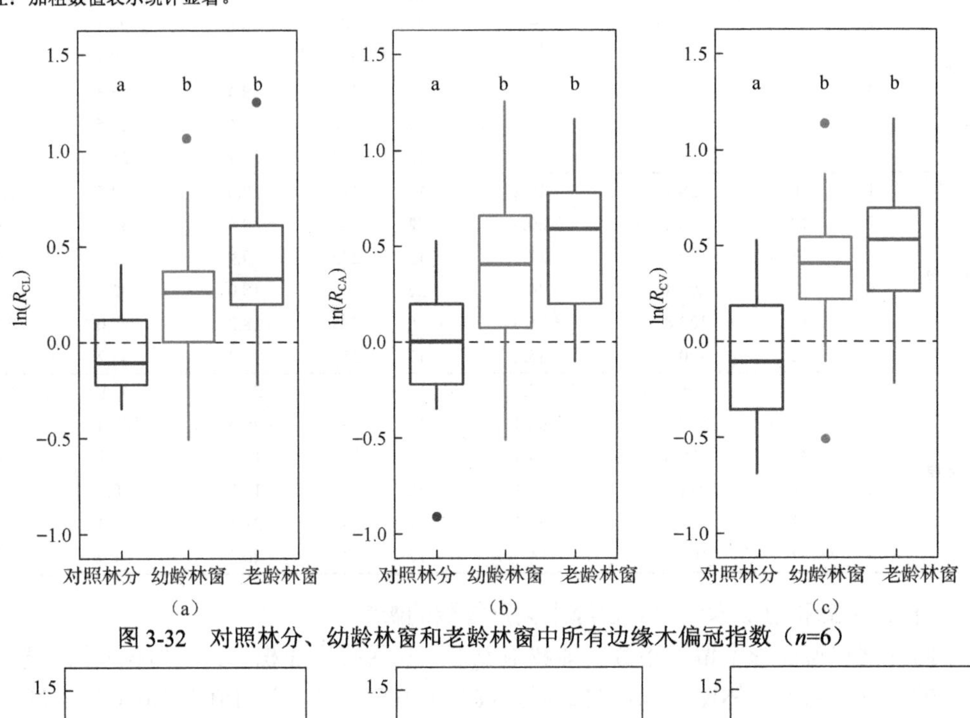

图 3-32 对照林分、幼龄林窗和老龄林窗中所有边缘木偏冠指数（*n*=6）

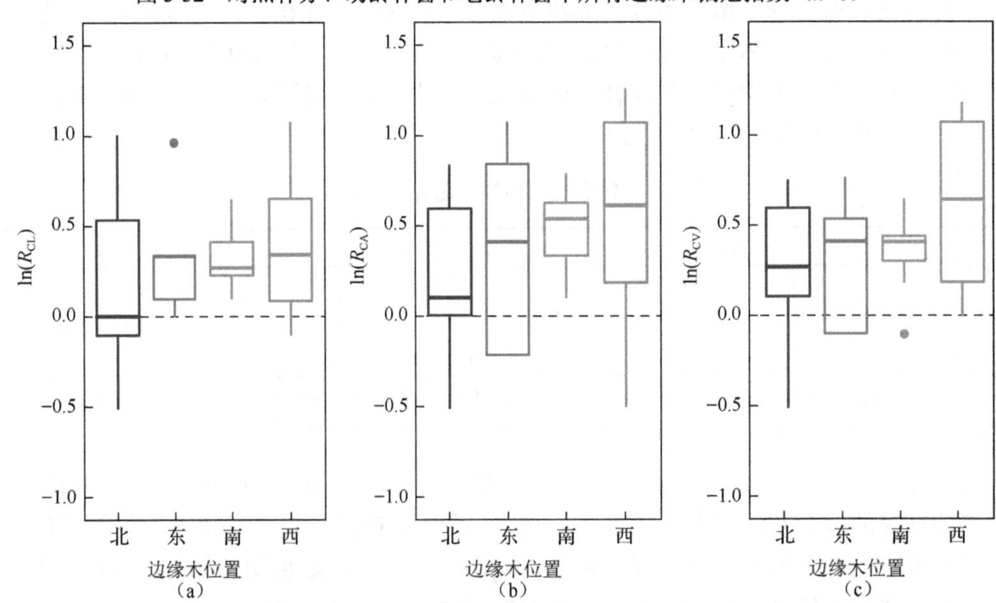

图 3-33 胡桃楸在所有林窗不同位置的偏冠指数（*n*=12）

2）木材密度对林窗边缘木偏冠指数的影响

一般线性混合模型表明，边缘木偏冠指数随着木材密度的增加而显著增加（$p<0.05$）（图 3-34）。在所有林窗边缘木中，仅有三株个体对数比为负值，即树冠偏向远离林窗中心的方向。尽管树冠的一维偏冠程度（树冠长度）也表现出类似的趋势，但模型检验结果并不显著（$p=0.230$）（图 3-34）。

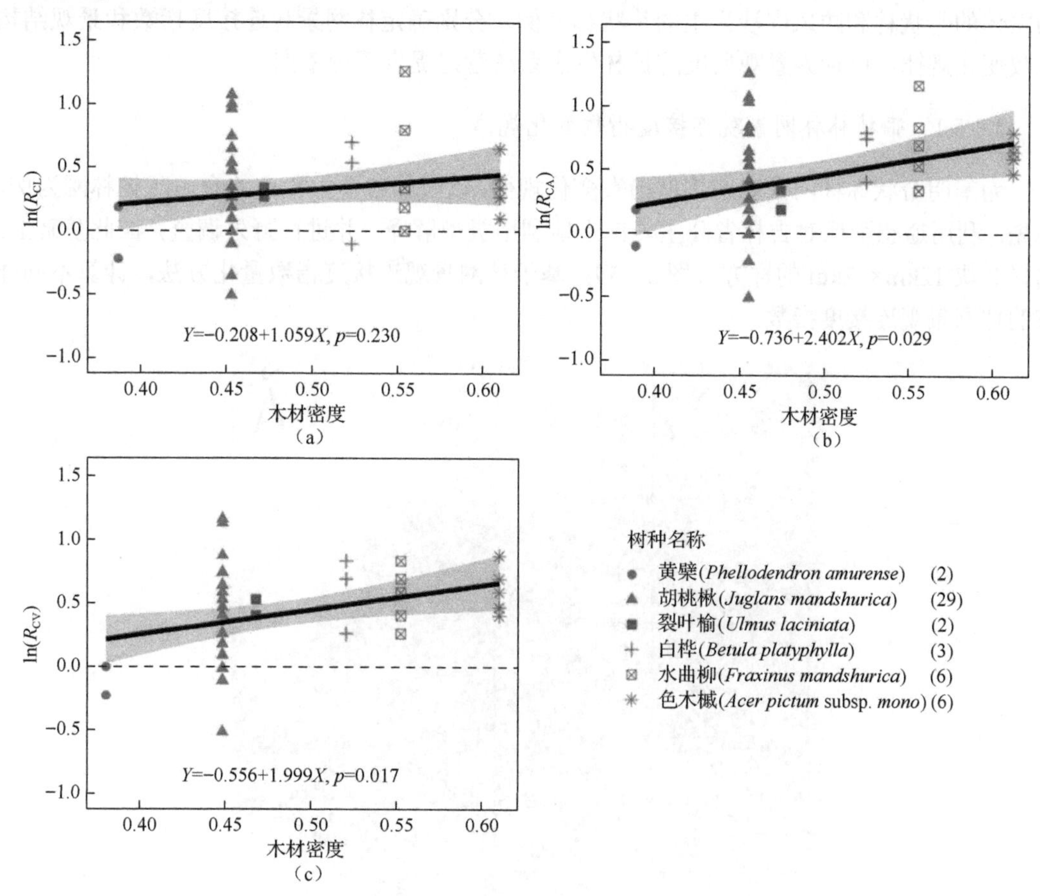

图 3-34　木材密度与树冠偏冠指数的关系（12 个林窗 48 株边缘木）

综上，大约 90%的林窗边缘木存在偏冠现象，且始终偏向林窗中心，偏冠程度远大于密闭林分。林窗内位置对边缘木偏冠的影响可能只存在林窗形成的最初几年，边缘木偏冠程度随着木材密度的增加而增加。随着林窗边缘木偏冠程度增大，其自身发生折干和掘根风险增加（Lu et al.，2020）。因此，在防护林经营过程中，无论是天然林窗还是人工林窗，应考虑在边缘木周围采取适当的间伐或择伐等措施，为其创造更多生长空间，以缓解由于林窗形成引起的偏冠现象。此外，在制订林窗采伐方案，特别是选择林窗大小之前，应考虑树种特性，如木材密度。在由高密度木材组成的阔叶林中，大林窗很可能是经营首选，主要是因为边缘木有较强的侧向生长能力，较小的林窗面积会进一步减少更新层的生长空间（Lu et al.，2020）。

3.3.5 景观结构参数变化规律

防护林景观是区域整体景观的重要组成部分，是防护林生态学研究的重点和热点内容。防护林景观格局和空间分布特征对优化防护林景观空间分布格局、有效发挥防护林生态系统生态服务功能，乃至指导防护林可持续经营具有重要的理论和实践意义。以农田防护林为主体的带状林和防风固沙为主的片状林为例，分别确定林网景观连接度指数和景观结构参数变化规律，以期为景观尺度防护林生态系统营建提供理论依据。

3.3.5.1 带状林林网景观连接度指数变化规律

为阐明带状林林网景观连接度指数变化规律，以吉林省公主岭市的农田防护林网为例，首先，利用遥感影像对吉林省公主岭市土地利用类型解译，并进行野外调查，在此基础上，选择 8 块 12km×12km 的样方（图 3-35），基于林网景观连接度指数量化方法，计算不同样方的林网景观连接度指数。

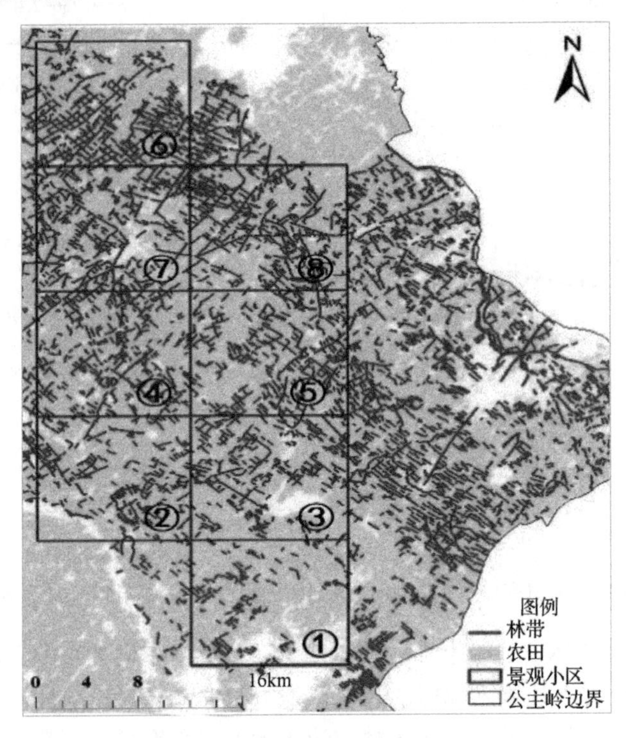

图 3-35 不同样方空间分布图

（1）使用 2020 年 Landsat-8 遥感影像对公主岭市的农田进行解译，得到精度可靠的农田空间分布 raster 格式文件，以此为基础，对公主岭市 1980 年、1990 年、2000 年、2010 年、2020 年共 5 期 Landsat-8 遥感影像进行解译，确定农田防护林的空间分布，得到具有空间结构的农田防护林 shp 格式文件。

（2）对 5 个时间段（5 期）的农田防护林 shp 格式文件进行拓扑结构检查，并将林网分割为林带。估算每条林带的年龄分组、林带高（H），再对林带提取几何中心点位置、任意两林带之间的最小欧氏距离，使用 Conefor_Inputs_10.exe 导出并保存为“点-线图”格式文件。

（3）结合野外调查、文献资料查阅和计算流体力学模拟实验，确定公主岭市的农田防护林网“点-线图”中点属性值计算公式［式（3-82）］和线属性的换算关系（图 3-36）。对“点-线图”格式文件中的点、线要素属性值进行换算，并生成换算后的“点-线图”格式文件。

$$Q_i = 20 \times H_i \times L_i \times \sin\theta_i \tag{3-82}$$

式中参数含义与式（3-55）同。

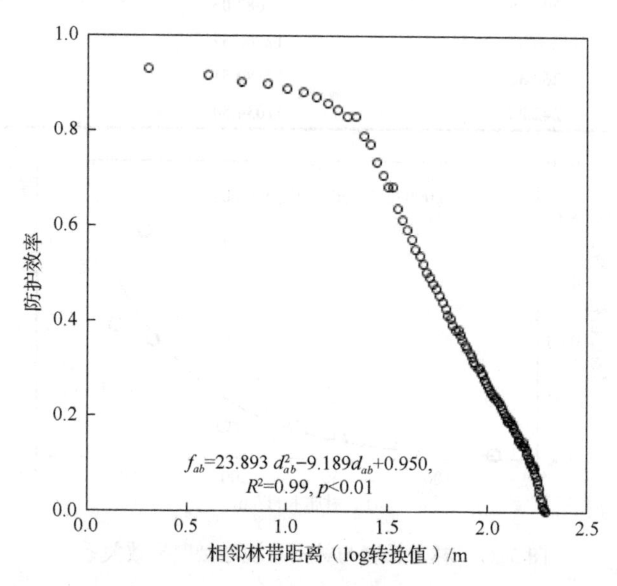

图 3-36　相邻林带防护效率（f_{ab}）与相邻林带间最短距离（d_{ab}）的 log 转换值关系图

（4）根据解译得到的农田空间分布 raster 格式文件，统计规划区域的农田面积，作为参数输入 Conefor26 程序，并读入换算后的“点-线图”格式文件，依据林网景观连接度指数表达式，计算公主岭市内 8 块 12km×12km 样地的农田防护林网景观连接度指数。

不同样方内的林带总长度、农田面积、林网景观连接度指数如表 3-23 所示。林带总长度介于 71.86～260.31km，农田面积介于 1.04 万～1.27 万 hm^2，林网景观连接度指数介于 0.0033～0.1525（表 3-23）。林网景观连接度指数随林带总长度增加而增加（图 3-37）。以 12km 为边长的样方，林网景观连接度指数在林带总长度小于 200km 之前增加缓慢，在林带总长度大于 200km 之后迅速增加，说明在林带达到一定数量后开始形成复杂、彼此联系的林网结构，并开始产生共同的防护效应，从而增强区域防护效果。

根据林网景观连接度指数的定义可知，上述 8 个样方的农田防护林结构均不合理。其中，样方 6 的林网结构相对较好，但有效防护范围也只覆盖约 1/6 的农田。样方 7 和 8 的林网景观连接度指数仅次于样方 6，其中样方 8 与样方 6 的林带总长度虽然接近，但分布过于聚集（图 3-35），因此，林网结构合理程度低于样方 6。样方 2、3、4、5 的林网景观连接度均处于较低水平，仅能防护林带自身周围的少量农田，主要原因是林带数量少而分散，未能形成具有一定结构的林网（图 3-35）。样方 1 的林网结构最不合理，林带数量极少，几乎没有形成林网。

表 3-23 公主岭市 8 块样地林网景观连接度指数特征

样地编号	林带总长度/km	农田面积/hm^2	林网景观连接度指数（$I_{connectivity}$）
1	71.86	10437.58	0.0033
2	148.08	11854.67	0.0125
3	170.89	11624.88	0.0213
4	202.73	12593.31	0.0205
5	206.56	12682.06	0.0220
6	246.38	12266.32	0.1525
7	260.31	12180.51	0.0902
8	242.23	11034.50	0.0802

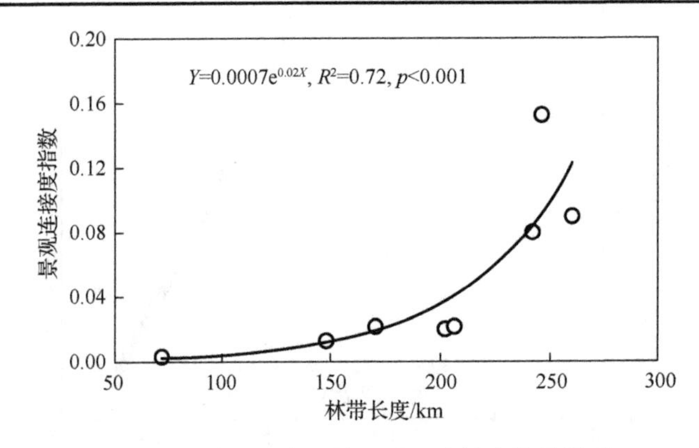

图 3-37 林带长度与林网景观连接度指数关系

3.3.5.2 片状林景观结构参数变化规律

研究以河北省塞罕坝机械林场落叶松人工林区和山西省庞泉沟国家自然保护区天然落叶松林区为例（图 3-38），确定片状林景观结构参数变化规律。塞罕坝机械林场位于河北省围场满族蒙古族自治县北部，地处河北省最北部（42°02′N～42°36′N，116°51′E～117°39′E）。塞罕坝机械林场的植被属于由森林向草原的过渡区植被，主要树种有华北落叶松、云杉、樟子松、白桦等。该林场拥有全国最大的人工林基地，而华北落叶松人工林（主要用于防风固沙）是塞罕坝机械林场主要的森林类型，占林场有林地总面积的 70.6%（黄丽艳等，2015）。山西省庞泉沟国家自然保护区地处吕梁山脉中段，位于山西省交城县西北部和方山县东北部交界处（37°45′N～37°55′N，111°22′E～111°33′E）。庞泉沟国家自然保护区植被茂盛，植被覆盖度高达 95%，亚高山和中山地域以寒温性华北落叶松和云杉为主要建群种，形成了占保护区总面积 40%的华北落叶松和云杉植被（黄丽艳等，2015）。

运用 ENVI 5.0 软件对塞罕坝机械林场 2011 年 SPOT 5 遥感影像和庞泉沟国家自然保护区 2013 年 SPOT 6 遥感影像分别进行几何校正、影像镶嵌和影像增强等预处理，在 ArcGIS 10.0 下提取研究区域（图 3-38），结合地面考察/调查所建立遥感解译标志点，通过目视解译的方式获得塞罕坝机械林场人工林区和庞泉沟国家自然保护区天然林区的土地利用类型数据（表 3-24、表 3-25）。运用 Fragstats 4.2 软件计算天然林区和人工林区华北落叶松林平均斑块形状指数、香农多样性指数和聚集度指数。

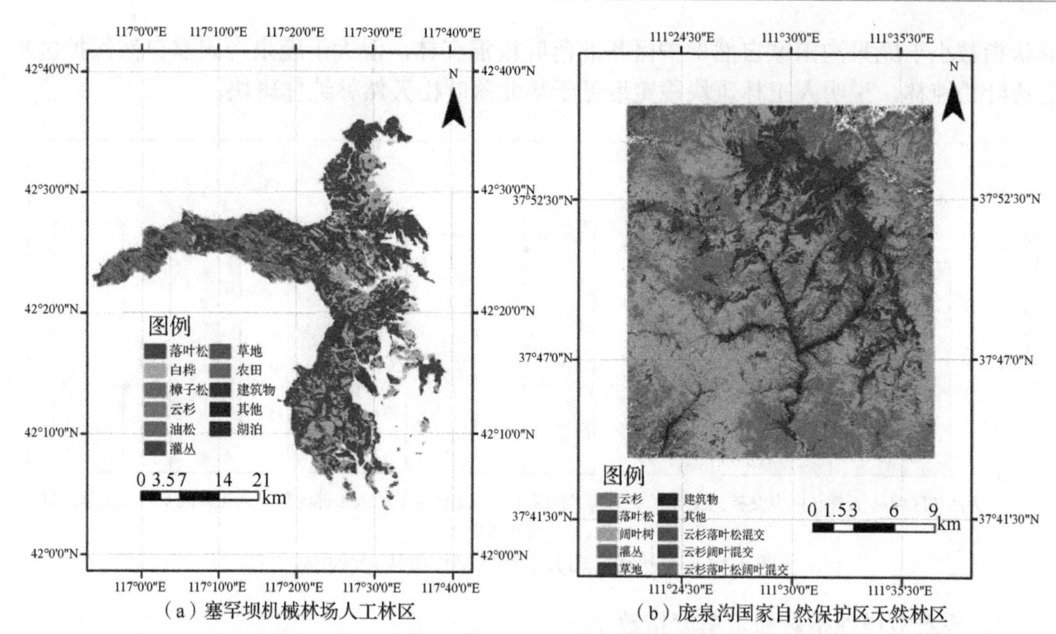

（a）塞罕坝机械林场人工林区

（b）庞泉沟国家自然保护区天然林区

图 3-38　塞罕坝机械林场人工林区与庞泉沟国家自然保护区天然林区土地利用图（见书后彩图）

表 3-24　人工林区主要林型面积、占总林型面积比例及分布海拔

林型	面积/hm^2	占总林型面积比例/%	海拔/m
落叶松	42638	49.2	1107～1929
白桦	20837	24.1	1102～1889
樟子松	8427	9.7	1167～1929
云杉	1297	1.5	1188～1864
油松	362	0.4	1170～1592
其他	13078	15.1	—
合计	86639	100	1010～1940

表 3-25　天然林区主要林型面积、占总林型面积比例及分布海拔

林型	面积/hm^2	占总林型面积比例/%	海拔/m
落叶松	6556	13.0	1406～2782
落叶松混交林	608	1.2	1873～2628
云杉	6558	13.0	1370～2646
云杉阔叶混交林	58	0.1	2152～2489
阔叶林	20746	41.1	1380～2492
其他	15950	31.6	—
合计	50476	100	900～2800

1）平均斑块形状指数

为了保证平均斑块形状指数和斑块密度的同尺度比较，以天然林区海拔 1800～2500m 的 6200hm^2 华北落叶松为参照，将人工林区海拔>1400m 的华北落叶松区域划分为 6 个面积相当的区域（6460hm^2、6452hm^2、6437hm^2、6476hm^2、6408hm^2、6458hm^2）。天然林区落叶松纯林平均斑块形状指数为 1.94，落叶松混交林平均斑块形状指数为 2.64；人工林区落叶松纯林（6 个区域）平均斑块形状指数分别为 2.40、2.29、2.15、2.26、2.36、2.27，介于天然林区落叶松纯林与混交林之间（图 3-39）。塞罕坝机械林场华北落叶松人工林平均斑块形状指数小于庞泉沟国家自然保护区华北落叶松混交林，但大于庞泉沟国家自然保护区华北落叶松纯林，说明人工林斑块稳定度低于华北落叶松天然林纯林斑块。

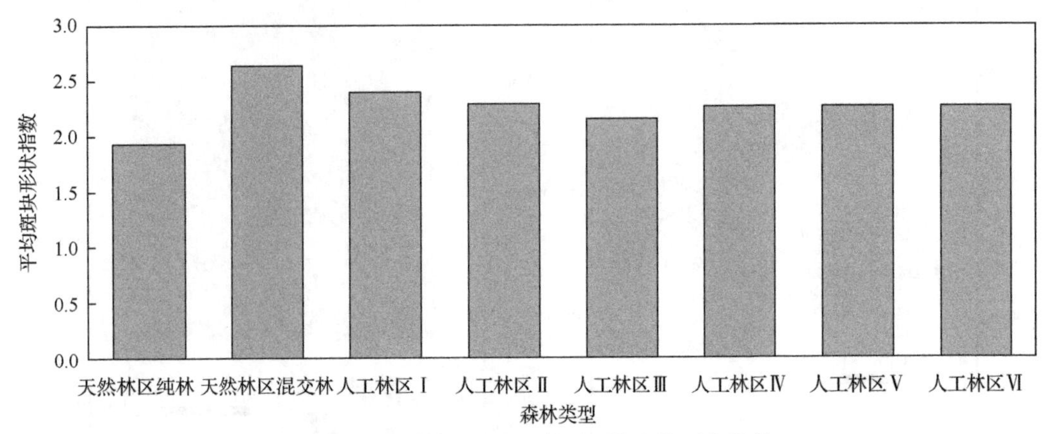

图 3-39 天然林区和人工林区平均斑块形状指数

2）香农多样性指数和聚集度指数

为了保证同尺度比较香农多样性指数和聚集度指数，以天然林区海拔 1800～2500m 的 2.9 万 hm^2 所有林地为参照，将人工林区海拔>1400m 的所有林地区域（6.8 万 hm^2）分成 2 个面积相当的区域（2.9 万 hm^2、3.0 万 hm^2）。天然林区香农多样性指数为 0.98，聚集度指数为 83.9；人工林区两个区域香农多样性指数分别为 0.97 和 0.82，聚集度指数分别为 96.1 和 96.6。塞罕坝机械林场香农多样性指数小于庞泉沟国家自然保护区，而聚集度指数大于庞泉沟国家自然保护区（图 3-40），表明塞罕坝机械林场景观异质性低于庞泉沟国家自然保护区，景观分布比庞泉沟国家自然保护区集中。异质性低且分布集中的景观结构相对于异质性低且分布分散的景观结构而言，其稳定性低，景观分布会有一定的风险（虫害、火灾等）。

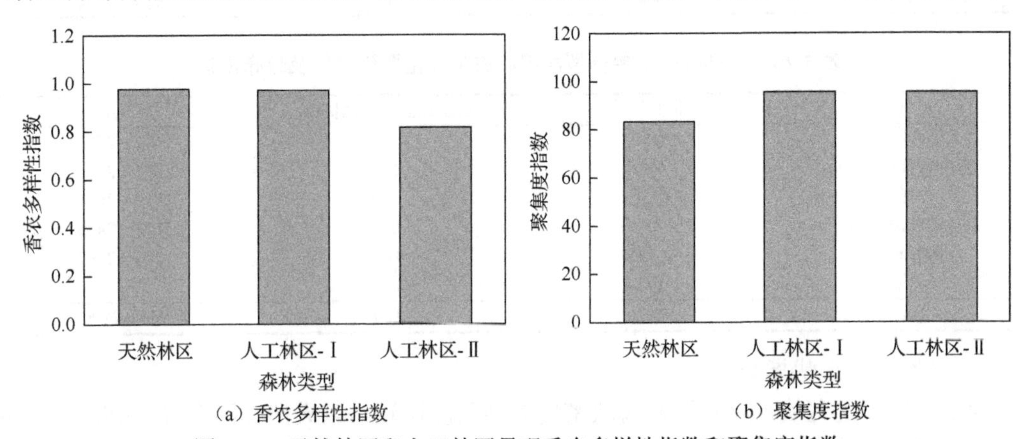

（a）香农多样性指数　　（b）聚集度指数

图 3-40 天然林区和人工林区景观香农多样性指数和聚集度指数

与华北落叶松天然林区（庞泉沟国家自然保护区）相比，塞罕坝机械林场华北落叶松人工林景观形状较简单、分布较集中、景观异质性较低。因此，塞罕坝机械林场华北落叶松人工林有虫害、火灾等风险，需要从兼顾提高生产力和降低生态系统风险性的角度提出落叶松人工林景观结构优化方案和代际更替方向。

第二篇　防护林区划/构建

第4章 天然防护林区划

依据《中华人民共和国森林法》（2019年发布），我国森林分为公益林（防护林、特种用途林）和商品林（用材林、经济林、能源林）两大类。根据森林清查数据，天然林是我国森林资源的主体，约占全国森林总量的2/3（国家林业和草原局，2019）；在天然林中，公益林面积占比约为70%（防护林55.06%、特种用途林14.98%）、商品林面积占比约为30%。我国天然林多分布在江河源头和重要山脉的核心地带，这些地带所在区域是长江、黄河、松花江等大江大河的发源地，是平原农区粮仓和草原牧业基地的天然屏障，发挥着保护和改善人类生存环境、维持生态平衡、保持水土、涵养水源和防风固沙的重要作用。从天然林发挥的生态防护功能看，所有天然林均具有防护作用，即所有天然林均可以认为是防护林。针对长期的不合理经营利用，天然林资源遭到严重破坏，生态防护功能严重下降，为保护和恢复天然林资源，我国于1998年启动了天然林资源保护工程，并于“十三五”规划期间（2016～2020年）开始全面禁止天然林商业性采伐（即使是天然商品林也不能采伐），因此，目前的天然林，特别是公益林，均可视为防护林。我国幅员辽阔、生态环境复杂多样，人口和经济发展水平分布不均，对天然防护林的经营目标和需求不同。因此，从防护林生态学视角，依据景观生态学、自然地理学和林业区划等基本原理，科学开展天然防护林区划，对于科学经营天然防护林，提升其防护功能具有重要意义。

4.1 天然防护林区划基础与方法

4.1.1 天然防护林规划设计目的与原则

天然防护林以生态公益林（no-commercial forest，简称“公益林”）为主体，其规划的目的是确定公益林建设类型、建设等级和保护等级等。依据《生态公益林建设 规划设计通则》（GB/T 18337.2—2001），确定天然防护林规划原则。

主导防护功能原则：依据天然防护林的主导防护功能确定其分区与建设目标。

生态优先原则：严格按照保护生态环境和保持生态平衡的要求因害设防、因需划定。

因地制宜原则：根据不同自然条件和特点、生态区位的重要程度和生态环境的脆弱程度、防灾减灾要求等，确定分类技术指标的不同阈值范围。

适度规模原则：天然防护林林地相对集中连片，便于集中管护和整体治理，以利于最大限度地发挥森林的生态防护效应。

依法行事原则：依法维护森林、林木和林地所有者和经营者的合法权益，具有相应的责权保障措施。

中国幅员广阔、山脉湖泊众多，复杂多样的自然地理与水热条件差异孕育了丰富的天然林生态系统。目前，天然林是我国森林资源的主体，面积约为 1.41 亿 hm^2，约占全国森林总量的 2/3；在生态保护与平衡中起到至关重要的作用，提供着重要的生态防护功能（国家林业和草原局，2019）。中国天然林资源主要分布在东北、西南各省（区）；其中，内蒙古、黑龙江、云南、西藏和四川五省（区）的天然林面积占全国天然林面积的 59%（国家林业和草原局，2019）。从北至南，天然林主要类型依次为针叶林、针阔混交林、落叶阔叶林、常绿阔叶林、季雨林和雨林。另外，根据不同优势树种，天然林可进行进一步划分。例如，长白山核心区垂直地带性海拔自高向低分布的岳桦林、云冷杉林（暗针叶林）、阔叶红松林、阔叶混交林等。从防护林角度出发，天然林还可以根据干扰程度和防护需求进行划分，并针对分类制定不同的经营管理措施。

4.1.2 天然防护林规划设计基础

4.1.2.1 按起源和干扰程度

1）原始林

原始林指未因人类活动而使其生态进程遭受明显干扰的天然林。原始林生态系统是大自然长期演化的结果，具有极强的自我更新与恢复能力，如根据林学、生态学原理科学保护与经营，完全可以永葆原始林生态系统的活力，实现其服务功能高效、稳定与可持续。然而，工业时代以来，人为长期不合理的开发利用，至 20 世纪 90 年代初，全球原始林遭到严重破坏，且残存原始林多数仍处于工业发展的威胁、毁林开荒和放牧等强烈的人为干扰中。因此，原始林保护已成为全球的共识。

国家林业局发布的《中国森林资源报告（2009～2013）》显示，我国原始林（指人为干扰较小、处于原始或接近原始状态的乔木林）面积为 671.6 万 hm^2（国家林业局，2014）。联合国粮食及农业组织发布的 2020 年《全球森林资源评估报告》则显示，我国原始林面积为 1145.3 万 hm^2（占我国森林总面积的 5.2%）（Food and Agricultural Organization，2020）。上述报告仅估计了我国原始林面积，缺乏空间分布数据。至 2018 年，我国原始林面积为 1576.7 万 hm^2，占我国森林总面积的 7.6%；自北向南主要分布在大兴安岭、小兴安岭、长白山、阿尔泰山、天山、太行山、秦岭、神农架、武夷山、东喜马拉雅山、南岭、西双版纳等山区；从各省（区）分布上看，原始林集中分布在西藏自治区、云南省、内蒙古自治区、黑龙江省和四川省（国家林业局，2014）。除西藏东南、江西省和浙江省外，我国原始林分布基本与天然林资源保护工程区吻合。目前，我国正在建设以国家公园为主、以自然保护区为基础，各类自然公园为补充的自然保护地管理体系（赵炳鉴等，2020）。截至 2019 年，国家森林公园已达 897 处，与森林相关的自然保护区和自然公园基本覆盖了我国原始林的分布区。

总体上，我国原始林已经全部纳入天然林资源保护工程和自然保护地体系中，已成为事实上的天然防护林（体系），在大江大河源头起到重要的水土保持、水源涵养、生境维持等生态防护作用。

2）次生林

次生林是原始林经过干扰后在次生裸地上形成的森林，是与原始林在结构和功能有明显差别的天然林。它既保持着原始森林的物种成分与生境，又与原始森林在结构组成、林木生长、生产力、林分环境和生态功能等诸多方面有着显著的不同（朱教君，2002）。根据演替过程，次生林可大致分为三个阶段：演替初期，原始林被破坏，先锋树种侵入形成次生林；演替中期，林分形成后改变了环境条件，一些适宜树种再次侵入，并逐渐形成新的林分；演替后期，林分向着原地带性植被方向发展，或向着偏途顶极方向发展（朱教君，2002）。综上，次生林可以理解为是原始森林生态系统的一种退化，其基本结构和固有功能发生改变，生物多样性下降，稳定性和抗逆能力减弱，系统生产力下降，生态服务功能降低或丧失等（朱教君，2002）。

经长期干扰和不合理利用，我国天然林多退化为次生林，面积占比约为 90%。次生林主要分布在山区的江河源头（为平原区供给工业、农业生产与生活用水），在保持水土和应对气候变化中发挥重要作用。次生林主要有以下特点（朱教君，2002）：①无性繁殖起源的林分多，实生繁殖起源的林分少，次生林是通过系列次生演替所形成的，具有多代萌生的特点，尤其是阔叶树种组成的次生林，大部分为无性繁殖起源的林分。②中幼龄林多，成过熟林少，现有次生林大部分是 1949 年后经过封育或改造而形成的。因此，大部分为中幼龄林，而只有少部分是成过熟林。经营潜力大，防护功能具有较大的提升空间。③群落种类成分呈镶嵌性分布。由于外界干扰作用的时间、强度及形式不同，次生林在分布上呈现出很大的镶嵌性。④林分水平结构多样、复杂，垂直结构简单。由于演替阶段不同，形成的次生林多种多样，次生林的垂直结构均比原生林简单（黄世能和王伯荪，2000）。⑤生长迅速、衰退早，林分动态演替稳定性低。次生林特别是萌生林、阔叶林具有初期生长快、衰退早的特性，易受人为干扰而发生逆向演替。

由于次生林的特性及存在的问题，其提供的生态防护功能低而不稳；经营好如此巨量的次生林，对天然林资源保护工程、退耕还林工程、三北和长江中下游地区等重点防护林体系建设工程的实施，以及国家生态安全建设具有重大意义（朱教君，2002）。

4.1.2.2　按自然地理区

根据地质地貌、气候、植物等大尺度空间地理分布规律，可将我国分为三大自然地理区，即东部季风区、西北干旱区和青藏高寒区。其自然分界线大致是，北起大兴安岭山脉西坡，南沿内蒙古高原东部边缘，进入华北后转向沿内蒙古高原南缘，西南沿黄土高原西部边缘直接与青藏高原东部边缘连接，上述界线与“胡焕庸线”十分接近。此线以东为东部季风区，然后沿青藏高原北缘，再划分出西北干旱区和青藏高寒区（国家林业局，2014；国家林业和草原局，2019）。

1）东部季风区天然林

东部季风区有众多河湖冲积平原，如松辽平原、华北平原和江汉平原等，洞庭湖和鄱阳湖等湖区有较大面积的湖滨平原，是中国最主要的农区，主要天然林（防护林）类型如下（国家林业局，2014；国家林业和草原局，2019）。

（1）寒温带针叶林。亦称“泰加林”。主要分布于中国最北部的大兴安岭山地，建群种为兴安落叶松、樟子松和云杉等。

（2）中温带针阔叶混交林。主要分布于小兴安岭和包括完达山、张广才岭、老爷岭和长白山在内的东北东部山地。针叶树主要为红松，其次有臭冷杉、鱼鳞云杉和红皮云杉。长白山南部分布有沙松和紫杉。阔叶树有蒙古栎、水曲柳、春榆和胡桃楸等。

（3）暖温带落叶阔叶林。北界为东北沈阳、丹东一线，南界为淮河、秦岭分水岭。由于长期人为活动，地带性植被已经破坏殆尽，北部主要树种为油松、侧柏和落叶阔叶栎类；海拔较高的地区分布有华北落叶松、白桦和山杨等；山东和苏北地区出现亚热带树种。

（4）亚热带常绿阔叶林。分布区域北起秦岭、淮河一线，南抵北回归线附近。东部北亚热带常绿阔叶林以壳斗科落叶和常绿树种为基本建群种；东部中亚热带常绿阔叶林以壳斗科的青冈属和石栎属为主；东部南亚热带季风常绿阔叶林组成复杂，区系多样，优势树种以壳斗科和樟科的热带性树种以及金缕梅科和山茶科的种类为主。

西部亚热带常绿阔叶林主要分布在云南高原和川西高原南缘，树种以壳斗科的青冈属等为主。因气候差异，西部亚热带常绿阔叶林还可划分出西部中亚热带常绿阔叶林和西部南亚热带季风常绿阔叶林。

（5）边缘热带季雨林、雨林。分布于我国最南端，北回归线以南，地带性森林为热带半常绿季雨林，植被主要种类有大戟科、无患子科、樟科和梧桐科等。

（6）东南部边缘热带、亚热带沿海滩涂红树林。属于海岸防护林的一种。现有红树植物 8 个群系 21 科 25 属 37 种，其中真红树植物 11 科 14 属 26 种，半红树植物 10 科 11 属 11 种，主要树种有海榄雌、秋茄、桐花树、红海榄及海桑等。

2）西北干旱区森林分布

该区由东西走向的昆仑山、祁连山和天山等高大山系分割出盆地和高原，构成地貌的基本轮廓，处在中国三大地势阶梯的第二台阶（雷加富，2005）。

（1）中温带、暖温带荒漠山地针叶林。天山北坡针叶林，森林呈带状分布于海拔 1300～2800m 中山阴坡，树种以天山云杉、落叶松为主。阿尔泰山西南坡针叶林，以西伯利亚落叶松为主（泰加林）。祁连山北坡针叶林分布于山地阴坡、半阴坡和半阳坡湿润处，树种组成简单，东段以青海云杉为主，西段常由青海云杉组成纯林，阳坡只有祁连圆柏。

（2）中温带、暖温带荒漠河岸胡杨林。集中分布于南疆塔里木河沿岸，形成走廊状河岸防护林，常见树种有胡杨、灰胡杨和多枝柽柳等。

3）青藏高寒区森林分布

青藏高寒区由海拔超过 4000m 的高原和高大山系组成，有“世界屋脊”之称，处在中国三大地势阶梯的最高一阶。青藏高原的森林主要分布于东部和东南部向高原过渡的边缘地带。西南季风和东南季风可循河谷进入高原，故这一带降水多、气候温暖湿润，也是森林植物种类最富集的地区。森林资源以针叶树为主，主要为云杉、冷杉（雷加富，2005）。

4.1.2.3 按防护功能划分

根据我国天然林提供的主要防护功能，可将其分为水土保持林/天然水源涵养林、天然防风固沙林和天然沿海防护林。

1）水土保持林/天然水源涵养林

水土保持林/天然水源涵养林指河川、水库、湖泊的上游集水区内大面积的天然林（包括原始林和次生林）。我国天然林大多分布在河川、水库、湖泊的上游集水区，发挥重要的保持水土和涵养水源功能，均可划分为天然水土保持林。以长江中上游为例，该区位于我国青藏高原东缘和江南丘陵之间，地域辽阔，森林植被类型多样，也是我国农林业和经济发达地区（王金锡等，2006）。长期以来，由于森林过度采伐，不合理的耕作，加上陡坡垦殖，水土流失严重，水源涵养功能下降。以东北地区为例，境内拥有多条重要河流，森林覆被率高，主要发挥水源涵养功能。1998 年，长江和松花江—嫩江流域发生了特大洪灾，而森林植被破坏是主要诱因之一，当年启动了天然林资源保护工程（《长江上游、黄河上中游地区天然林资源保护工程实施方案》）即为保护并恢复该区域的森林植被。

2）天然防风固沙林

天然防风固沙林主要包括我国北方地区（以三北工程区为主）干旱-半干旱区的天然林，由于降水量低，大面积分布的天然防风固沙林较少。在三北工程区东部地区，降水量相对较高（300～400mm）的少量地区分布着耐旱的常绿针叶林。例如，在内蒙古东部地区呼伦贝尔和红花尔基之间成片分布着樟子松天然林，以及白音敖包沙地云杉等。天然防风固沙林还包括南疆塔里木沿岸的胡杨林，该区域年降水量虽然仅为 25～75mm，蒸发量在 2000～3000mm，但胡杨林的生长主要依靠洪水和地下水（雷加富，2005）。

3）天然沿海防护林

我国天然沿海防护林主要指南方红树林。常见的红树林有长柱红树林、木揽林、海莲林、海漆林、银叶树林等类型，树种（含伴生植物）涵盖了 8 个群系、21 个科、25 个属、37 个种。红树林主要与沿海防灾减灾、海洋渔业养殖、近海环境、海洋旅游密切相关。红树林资源结构复杂，树种多样，具有独特的生态防护功能，在维护和改善海湾、河口地区生态环境，抵御海潮、风浪等自然灾害，净化陆地近海污染等方面发挥着重要的作用，被人们称为“海上卫士”。在我国，红树林分布在福建、浙江、广东、海南、广西、香港、澳门和台湾等地，其中 90%以上分布在广东、广西和海南（雷加富，2005）。

4.1.3　天然防护林区划方法

天然防护林与天然公益林基本重合，区划天然防护林是经营与管理的重要基础。生态敏感性是防护林结构稳定、功能发挥的关键。生态敏感性指生态系统对人类活动干扰和自然环境变化的反应程度，说明发生区域生态环境问题（如沙漠化、水土流失和洪水等）的难易程度和可能性大小（欧阳志云等，2000）。生态敏感性与地形（如坡度）、距水源地距离、水土流失风险相关。通过生态敏感性可对现状自然环境背景下潜在的生态环境问题进行辨识，并用于天然林空间区划（欧阳志云等，2000）。根据因害设防原则，天然防护林规划应该考虑景观水平的生态敏感性。

4.1.3.1　生态敏感性指标选择

生态敏感性可用生态环境质量、土地利用、人口负荷及经济发展状况表征，一般可采用以下指标（傅伯杰等，2001）。

1）地形因子

由于山区地形复杂，不同立地因子条件下的生态敏感性不同。其中，海拔越高对下垫面植被分布影响越大，地貌越差，故海拔高的地区隶属度较高；坡度越大，接收太阳辐射面越小，地表的径流速度越快，对生态的敏感性越强（张伟等，2010）。

2）植被因子

下垫面的植被覆盖度和植被类型会影响该地区的生态敏感性。其中植被覆盖度的高低可以反映下垫面的植被生长情况，影响下垫面的水土保持能力，通常覆盖度越高的地区，抗逆性越弱，即植被覆盖度越高，生态敏感性越高（傅伯杰等，2001）。

3）社会因子

人类通过建设村庄道路、开垦耕地、破坏林地从而改变下垫面的地被类型，进而改变生态敏感性，可选用人口和GDP来对人类活动强度进行反映，依据城镇人口平均密度大于2000人/km^2的标准和研究区实际情况进行赋值。

4）水域因子

水域对动植物的生长和生存有着至关重要的作用，水域的变化会对生态环境产生重要影响。如研究区地处辽宁省的水源发源地，可根据距离水域的远近进行隶属度计算（傅伯杰等，2001）。

4.1.3.2 指标权重确定

由于各因子量纲不统一，无法直接进行对比，可将敏感性各因子采用半梯形直线分布函数归一化处理。在对研究区进行生态敏感性分析时可采用问卷调查、层次分析法（analytic hierarchy process，AHP）和GIS技术中的叠加分析法（李德旺等，2013）。

1）问卷调查

根据研究需要设计调查问卷，邀请相关领域专家进行打分，最后综合专家打分结果进行下一步相关分析。

2）层次分析法

层次分析法是对非定量问题做定量或定性分析的一种方法（Saaty and Bennett，1977），是20世纪70年代初期美国匹茨堡大学的运筹学家萨蒂教授提出的一种层次权重决策分析法，该分析法把待分析的问题作为最终的总目标，将复杂的问题分成多个精细的小部分，组成递进的有序层次结构，然后通过比较各层次中不同部分的影响力大小，根据其相对重要性来进行排序，最终确定各层次间的权重，此方法的难点在于如何对各影响因子进行比较。采用问卷调查的形式，邀请相关专家对影响因子进行两两打分比较，最后运用 yaahp 软件进行层次分析计算得到各影响因子权重（Saaty and Bennett，1977）。

3）叠加分析法

叠加分析法是GIS技术常用的基本分析功能，可选用GIS叠加分析法中的加权叠加分析法，影响因子被赋予不同的权重，该方法的优势是可将多源统一标准再分类，在评价思路、确权方法和叠加方法上都要比以往常用的叠加方法有所改进（杜婕和韩佩杰，2018）。

4.2 天然林资源保护工程的规划设计

4.2.1 天然林资源保护工程背景与简介

1998年，长江、松花江流域特大洪灾发生后，党中央、国务院在长江上游、黄河上中游地区及东北内蒙古等重点国有林区启动实施了天然林资源保护工程。

天然林资源保护工程区位于我国东北、西北、中西部和南部等地区，地域上呈分散分布状况。工程实施范围涉及17个省（区、市）、994个县（局），其中包括724个县（市、区、旗）、160个国有重点森工局（场）、110个地方森工局（保护区、林场等），工程区总面积为264.8万km^2，占国土面积的27.5%。工程区包括长江上游地区、黄河中上游地区和东北、内蒙古等重点林地。

4.2.2 天然林资源保护工程的规划目标与分区

4.2.2.1 规划目标

根据2019年中共中央办公厅、国务院办公厅印发的《天然林保护修复制度方案》，天然林资源保护工程分为以下阶段性目标。

1）第一阶段

到2020年，1.3亿hm^2天然乔木林和0.68亿hm^2天然灌木林地、未成林封育地、疏林地得到有效管护，基本建立天然林保护修复法律制度体系、政策保障体系、技术标准体系和监督评价体系。

2）第二阶段

到2035年，天然林面积保有量稳定在2亿hm^2左右，质量实现根本好转，天然林生态系统得到有效恢复、生物多样性得到科学保护、生态承载力显著提高，为美丽中国目标基本实现提供有力支撑。

3）第三阶段

到21世纪中叶，全面建成以天然林为主体的健康稳定、布局合理、功能完备的森林生态系统，满足人民群众对优质生态产品、优美生态环境和丰富林产品的需求，为建设社会主义现代化强国打下坚实生态基础。

4.2.2.2 规划分区

我国九大重点国有林区和海南省林区的天然林资源，集中分布于大江大河的源头和重要山脉的核心地带，占我国天然林资源总量的33%左右。这些林区所在地是澜沧江、长江、黄河、松花江等大江大河的发源地，这些森林是三江平原、松嫩平原两大粮仓和呼伦贝尔草原牧业基地的天然屏障，构成了我国生态公益林重点保护体系。根据该体系，全国天然林资源保护工程体系分区如下。

1）澜沧江、南盘江流域保护体系

转变国有林区森工采伐企业的生产经营方向，停止天然林资源的采伐利用，并加以恢复和保护，大力营造水源涵养林和水土保持林，以改善澜沧江、元江、南盘江等江河流域发源地的水文状况，减少水土流失，防灾减灾。

2）长江中上游保护体系

加强长江中上游及其发源地周围和主要山脉核心地带现有天然林资源的保护，积极营造水源涵养林和水土保持林，以涵养和改善长江中上游的水文状况，减缓地表径流，护岸固坡，防止水土流失。该体系建设的重点是保护三峡库区及其上游的原始林和生态脆弱地区的天然林资源，同时加强营林造林工程建设，增加林草植被，以减轻水土流失、泥沙淤积对水利工程的危害和威胁，充分发挥三峡水利枢纽工程等水利设施的长期效能。

3）黄河中上游保护体系

加强黄河中上游及其发源地周围现有天然林资源的保护，积极营造水源涵养林和水土保持林，涵养和改善黄河中上游的水文状况，缩短黄河断流时间和减少断流次数，减缓地表径流，护岸固坡，防止水土流失。该体系建设的重点是保护小浪底工程区及其上游原始林和生态脆弱地区的天然林资源，同时加强营林造林工程建设，增加林草植被，以减轻水土流失、断流、泥沙淤积对小浪底工程的危害和威胁，充分发挥小浪底水利枢纽工程等水利设施的长期效能。

4）秦巴山脉核心地带保护体系

保护分布于黄河流域及秦岭山脉核心地带和巴颜喀拉山高山峡谷地带的天然林资源，大力营造水土保持林和水源涵养林。建设重点是在各支流上游及沟头经营水源涵养林，在干流和支流两岸及陡峭沟坡上经营护岸固坡林，以增强林草植被的蓄水保土功能，减缓雨水冲刷，减少泥沙含量，同时涵养水源，调节水的小循环，减少黄河断流次数和缩短断流天数。

5）三江平原农业生产基地保护体系

该区域的森林主要分布在黑龙江、松花江、牡丹江等江河流域两岸及其发源地和小兴安岭、张广才岭、长白山等山脉的核心地带。其经营目标是在强化现有天然林资源保护的同时，积极营造水源涵养林和水土保持林，以调节地表径流，固土保肥，涵养水源，防止泥石流和山洪暴发，减少自然灾害的发生，提高粮食产量。

6）松嫩平原农田保护体系

该体系的建设指松花江、嫩江冲积平原周围的生态公益林建设，其经营目标是改善区域生态环境，减少水土流失，保护耕地，抵御水涝、干旱、盐碱、干热风等自然灾害，提高粮食产量。

7）呼伦贝尔草原基地保护体系

经营目标是呼伦贝尔草原牧场的水源涵养和防风固沙。加强森林资源的保护与发展，提高林草植被覆盖度，保护草原，遏制土地沙化和荒漠化扩展，是提高和恢复土地生产力，保障该地区牧业稳产高产的一项重要措施。

8）天山、阿尔泰山水源保护体系

经营方向是保护和营造水源涵养林、水土保持林和防风固沙林，加强生态公益林建设，保障该地区农牧业生产和人民生活用水，改善生存环境，提高生活质量。

9）海南省热带雨林保护体系

经营目标是保护、恢复和发展现有的热带雨林，提高林分质量，同时起到防治风蚀和涵养水源的作用，保护岛屿特有基因资源，控制水土流失，提高抵御自然灾害的能力，为生态旅游和科学实验创造条件。

4.3　东北天然林资源保护工程规划设计

东北地区（行政区划）包括辽宁省、吉林省、黑龙江省和内蒙古自治区东部的三市一盟（呼伦贝尔市、通辽市、赤峰市和兴安盟）（115° E～136° E、38° N～54° N），总面积约 124 万 km^2（通过 ArcGIS 10.7 软件核算的陆地面积）。东北地区自南向北跨越暖温带、中温带和寒温带；自东南向西北，从湿润区、半湿润区过渡到半干旱区，属季风气候，四季分明，夏季温热多雨，冬季寒冷干燥。境内有大兴安岭、小兴安岭和长白山系，中部为辽阔的东北平原。境内拥有多条重要河流，包括松花江、嫩江、乌苏里江、图们江和鸭绿江等。东北地区是我国三大林区所在地之一，生物种类繁多，植被类型丰富，保存及发育了完整的东亚东部温带森林生态系统。

东北天然林资源保护工程区（东北、内蒙古等重点国有林区）总面积 46.6 万 km^2，覆盖了东北地区的三大山系——大兴安岭、小兴安岭和长白山山脉。山地森林是东北天然林资源保护工程区内森林的主体，森林覆被率高，分布在江河源头，是我国生态安全战略格局“两屏三带”、重要生态系统保护和修复重大工程“三区四带”中唯一森林带，构成了东北“三山三原-六江一河”（三山：大兴安岭、小兴安岭、长白山。三原：三江平原、松嫩平原、辽河平原。六江一河：黑龙江、乌苏里江、松花江、图们江、嫩江、鸭绿江、辽河）的自然资源分布格局，提供重要的土壤保持、水源涵养、碳汇和生物多样性维持等重要生态服务功能；在维系东北乃至国家生态安全、粮食安全、水安全和国土安全战略中具有无可替代的特殊重要地位。

4.3.1　基于地理单元分区的规划与经营

东北天然林资源保护工程区位于东北山地地区，大致呈半环状，东部、北部和西部分别为长白山山脉、小兴安岭山脉和大兴安岭山脉（图 4-1）。主要山系的水热条件、植被区系、森林植被状况和管理措施有所不同。

依据东北地区总体的地形，结合气候、森林植被特征、地理分布规律、行政区域及社会经济状况，综合考虑林业经营及生态系统管理实践，将东北地区划分为长白山林区（含长白山中北部亚林区和辽东亚林区）、小兴安岭林区（仅含小兴安岭亚林区）、大兴安岭林区（含大兴安岭北部亚林区和大兴安岭中南部亚林区）。基于主要山系的东北天然林资源保护工程区分区规划见表 4-1。

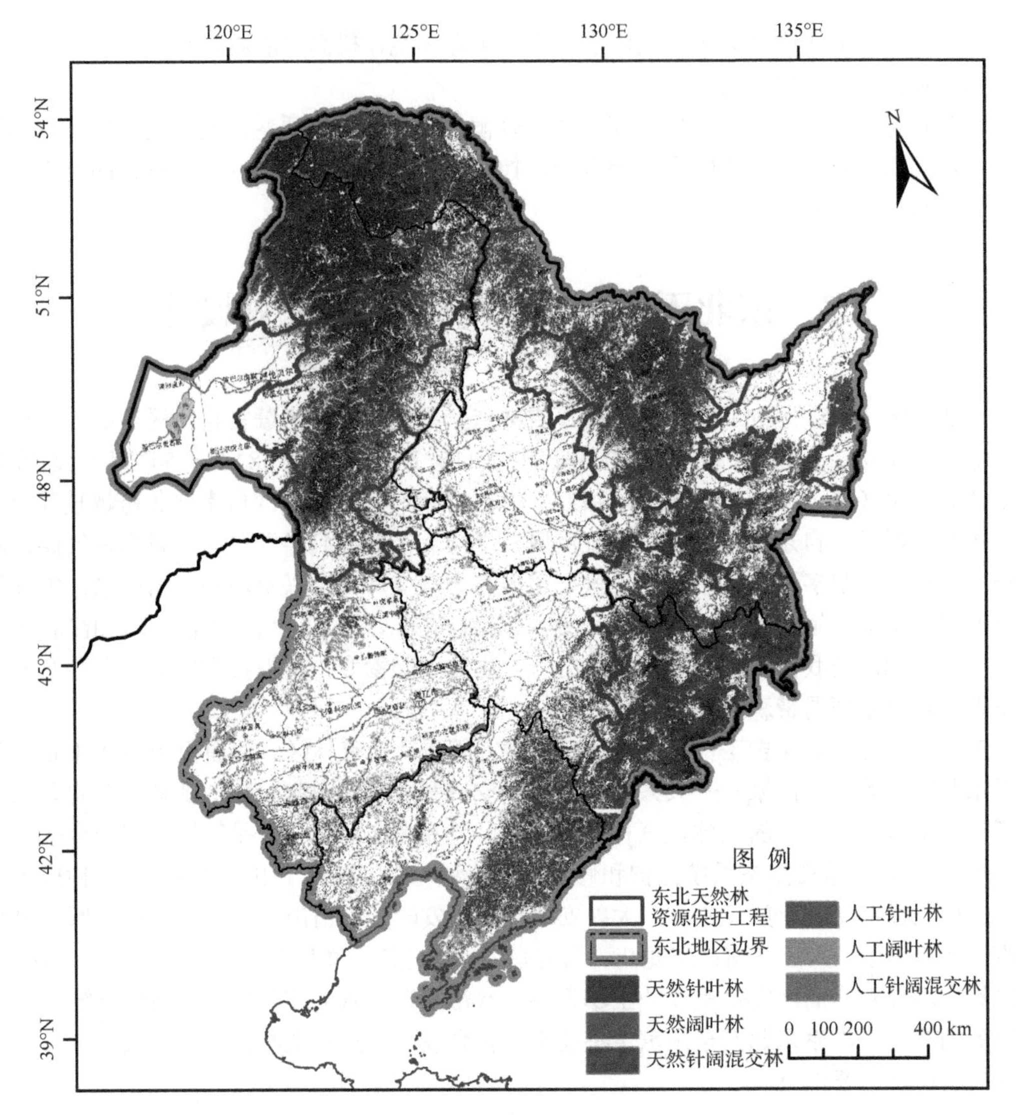

图 4-1 东北天然林资源保护工程区（见书后彩图）

表 4-1 基于主要山系的东北天然林资源保护工程区分区规划

森林（有林地）分区（林区）	森林（有林地）亚区（亚林区）	分区编码	面积/万 km²
长白山天然林资源保护工程区	长白山中部天然林资源保护工程区	Ⅰ-A	12.83
	长白山北部天然林资源保护工程区	Ⅰ-B	1.53
小兴安岭天然林资源保护工程区	小兴安岭天然林资源保护工程区	Ⅱ-A	6.50
大兴安岭天然林资源保护工程区	大兴安岭北部天然林资源保护工程区	Ⅲ-A	10.38
	大兴安岭中南部天然林资源保护工程区	Ⅲ-B	15.32

4.3.1.1 长白山天然林资源保护工程区

1）长白山天然林资源保护工程区规划

长白山天然林资源保护工程区，以长白山山脉的延伸区域为界，从东到西的山脉依次为完达山、老爷岭、张广才岭、英额岭和长白山等，面积约 14.35 万 km^2；长白山山脉南北跨越 5 个纬度，根据山脉和天然林资源保护工程区边界，进一步分为长白山中部天然林资源保护工程区（Ⅰ-A）和长白山北部天然林资源保护工程区（Ⅰ-B）。

长白山中部天然林资源保护工程区北起张广才岭、老爷岭和太平岭，南至龙岗山北缘，长约 550km，东西宽约 400km，山地海拔大部分为 500～1000m，海拔 2000m 以上的山地皆分布在长白山主峰附近。该区为东北东部山区的核心区，亦是长白山山脉主要区域，面积约 12.83 万 km^2。地带性植被是以红松为建群种的温带针阔混交林-阔叶红松混交林。由于长期的人为干扰，现有森林多为皆伐后形成的山杨、白桦次生林和蒙古栎次生林，以及将红松、水曲柳、蒙古栎和春榆等伐去后形成的过伐林。长白山核心区（保护区）还保留呈垂直地带性分布的岳桦林、云冷杉林（暗针叶林）、落叶松林和长白松林。长白山林区珍贵树种红松、蒙古栎、水曲柳、春榆和紫椴等在林分中的比例高达 80%，该林区一直是我国重要的商品材生产基地和生物多样性保护基地。

长白山北部天然林资源保护工程区主要山脉为长白山脉北延支脉的完达山，主脉呈西南—东北走向，北抵挠力河，西北与三江平原相接，东南与穆棱-兴凯平原交界，西南接那丹哈达岭，东达乌苏里江，面积为 1.53 万 km^2。较长白山中部天然林资源保护工程区地势而言，其地势相对平缓。地带性植被为红松阔叶混交林。

2）长白山天然林资源保护工程区经营管理措施

长白山林区是重要的水源涵养与生物多样性保护区。根据《全国生态功能区划（修编版)》，该区主要为长白山山地水源涵养与生物多样性保护生态功能区。该区天然林采伐程度高，防护功能降低；森林破坏导致生境改变，水源涵养功能有所下降，威胁多种动植物物种生存与繁衍。主要对策与建议有如下几点。

第一，原始林及生物多样性保护。完善天然林资源保护工程建设，科学保护原始林，加强自然保护区建设与监管力度，全面保护长白山林区的生物多样性。

第二，过伐林恢复。通过林窗更新、林冠下人工更新等技术，实现关键种保护与更新；通过结构调控技术，调整过伐林的林分结构（树种组成、年龄结构等)，使其逐步向地带性顶极群落恢复。

第三，次生林恢复与培育。全面落实《天然林保护修复制度方案》，科学保护、培育现有天然林，通过关键种保护、人工诱导、栽针保阔、栽针引阔等措施，逐步调整次生林结构、提升次生林水源涵养功能。

第四，木材战略储备基地建设。通过人工林集约栽培、现有林改培、中幼林抚育等模式，以培育珍稀树种及大径级用材为主要目标，发展杨树、落叶松和白桦等中长周期用材树种，樟子松、红松、云杉、水曲柳、黄檗（黄波椤树）和紫椴等大径级或珍稀用材树种。

4.3.1.2 小兴安岭天然林资源保护工程区

1）小兴安岭天然林资源保护工程区规划

小兴安岭天然林资源保护工程区（Ⅱ-A）位于黑龙江省东北部（125°20′E～131°20′E，45°50′N～51°10′N），北以嫩江为界与大兴安岭相连，东北至黑龙江岸，接大兴安岭支脉伊勒胡里山，东部连接三江平原，东南抵松花江畔，与张广才岭相接，西南与松嫩平原毗连。森林类型是以红松为主的温带阔叶红松混交林，但是由于长期人为干扰，大部分原始针阔混交林遭到破坏，形成了多处不同演替阶段的次生林。

2）小兴安岭天然林资源保护工程区经营管理措施

小兴安岭天然林资源保护工程区是生物多样性保护重要区，也是重要水源涵养区和黑土地屏障带。该区的森林已受到较严重的破坏，水源涵养生态功能下降。

第一，原始林保护。全面贯彻落实《天然林保护修复制度方案》，加强原始林生态系统结构和功能等基础研究，创建基于林学与生态学原理的原始林保育技术体系；建立包括单纯保护、质量/功能维持与提升多种模式并存的保育技术，做到“一区一策”“精准施策”；改变目前被动消极的单一围封保护方式，采用更加积极主动的原始林管护模式。同时，保护红松天然种源，保护典型区域的生物多样性，提升原始林科学利用价值。

第二，次生林恢复与培育。针对不同退化程度的次生林，采用不同恢复技术，如栽针保阔、目标树培育等。对“栽针保阔”形成的阔叶红松混交林，及时开展“透光抚育”，提升次生林生产力与生态系统服务功能。同时，坚持自然恢复，加强林缘草甸湿地的管护和退化生态系统的恢复重建，构建良好的黑土地保护生态屏障。

第三，人工林培育。应用结构调控等措施，调整人工林的空间、树种、龄组结构，以提高人工林生态系统的整体生态服务功能。对人工针叶纯林，采取近自然经营、抚育改造等技术，抚育时适当保留目的阔叶树种，逐步将其诱导为异龄复层针阔混交林；对人工阔叶纯林，采取生态疏伐、群团状采伐、冠下更新等技术，适当保留乡土阔叶树种，人工栽植针叶树种，逐步将其诱导为异龄复层针阔混交林；同时加强中幼林抚育，提升森林碳汇能力，助力碳中和目标按时实现。

4.3.1.3 大兴安岭天然林资源保护工程区

1）大兴安岭天然林资源保护工程区规划

大兴安岭天然林资源保护工程区位于内蒙古自治区东北部和黑龙江省西北部（117°20′E～126°57′E，43°48′N～53°30′N），是我国最靠北、面积最大的寒温带林区（25.70万 km^2）。大兴安岭天然林资源保护工程区北起黑龙江畔，南至西拉木伦河上游谷地，呈东北—西南走向，属浅山丘陵地带，全长近 900km，海拔 1100～1400m。全区南北跨度大，以我国唯一寒温带为界限，可进一步分为大兴安岭北部天然林资源保护工程区（Ⅲ-A）和大兴安岭中南部天然林资源保护工程区（Ⅲ-B），面积分别为 10.38 万 km^2 和 15.32 万 km^2。

大兴安岭北部天然林资源保护工程区：以西伯利亚植物区系为主。大部分为过伐林，有部分原始林，多为杜香-落叶松林型与藓类-落叶松林型，少量胡枝子平榛-落叶松林型。立地质量较低，多中龄林与近熟林，森林蓄积量较高（平均 $100m^3/hm^2$ 以上），植物多样性较低，落叶松林比例较大（70%以上），杨桦栎林比例较小（30%以下）。伊勒呼里山北坡西北部属中山台地，降水量为400mm左右，主要是兴安落叶松林、樟子松林；北坡东北部为低山丘陵，棕色针叶林土，有兴安落叶松林、樟子松林、蒙古栎林、白桦林；北部东坡地处伊勒呼里山南坡，中山山地，棕色针叶林土，以兴安落叶松林为主；北部西坡地势平缓，中山山地，棕色针叶林土，气候干冷，以兴安落叶松林为主，混生白桦。

大兴安岭中南部天然林资源保护工程区：以达乌里植物区系为主。全部为多世代次生林，少量杜香-落叶松林型与藓类-落叶松林型，有胡枝子平榛-落叶松林型。立地质量较高（多Ⅱ、Ⅲ地位级），多幼龄林、中龄林，森林蓄积量较低（平均$100m^3/hm^2$以下），植物多样性较高，落叶松林比例较小（30%以下），杨桦栎林比例较大（70%以上）。西坡邻近内蒙古高原，灰色森林土，降水量为400mm左右，主要有白桦林、山杨林；东坡地势渐缓，接壤嫩江平原，暗棕壤，降水量为500mm左右，有落叶松林、白桦林、黑桦林、蒙古栎林；南端处在洮儿河、柴河一带低山丘陵区，灰色森林土，降水量为400mm左右，主要为白桦、黑桦、蒙古栎等次生林。

2）大兴安岭天然林资源保护工程区经营管理措施

大兴安岭天然林资源保护工程区是重要的水源涵养与生物多样性保护区，具有重要的生态安全屏障作用。该区天然林资源保护工程的主要对策与建议有如下几点。

第一，原始林保护。对绰纳河林业局、双河自然保护区、呼中自然保护区和大兴安岭西北部等区域的寒温带原始针叶林，保护以兴安落叶松为主的寒温带原始针叶林。

第二，过伐林恢复与管理。针对现有过伐林以中幼龄兴安落叶松为主的特点，通过人工辅助更新、人工补植、诱导混交林以及基于目标树精细化管理的抚育间伐等技术，调控林分树种组成、林分密度、空间格局、垂直结构，改善过伐林结构，恢复过伐林功能，提升过伐林质量，逐步向地带性植被方向恢复。

第三，火烧迹地退化森林恢复与重建。应用迹地快速更新技术、低效林边缘效应植被快速恢复技术、迹地林分改造和抚育间伐技术、迹地恢复遥感监测及其辅助决策技术，实现火烧及采伐迹地人工快速恢复，重建典型森林生态系统。

第四，退化白桦/山杨次生林恢复。针对白桦和黑桦、山杨等天然次生阔叶林面积比例大、林分结构简单、质量较差等现状，应用抚育改造、人工促进天然更新、混交林诱导技术（林下栽针改造）、封育及局部抚育等技术，补针保阔，林缘补植兴安落叶松、樟子松和云杉等地带性树种，逐步调整树种组成，促进次生林分正向演替。

第五，退化蒙古栎次生林恢复。针对不同退化程度、不同类型的蒙古栎次生林，依据不同恢复目标，采用抚育复壮、带状补植、人工播种等措施，在林内人工补植、补种云杉、红松、樟子松等乡土树种，实现目标树的人工更新，并通过抚育等经营措施，促进退化蒙古栎次生林的正向演替，逐步恢复森林功能，提高林分质量和价值。

4.3.2 基于主导功能的规划与经营

东北区域内原始林所占比例较少（<10%），绝大多数为次生林。森林作为可再生自然资源，科学经营是实现其可持续利用的关键途径。森林培育学要求遵循森林自然演替规律，依靠自然恢复能力，借助人为措施，培育、恢复次生林。生态学要求将次生林作为一个有机整体，借助森林培育措施，使森林生态系统结构优化，功能提升，抗干扰能力增强。长

期定位观测与研究表明，次生林自然恢复进程缓慢、周期长、效果差；其主要原因是仅仅依靠天然林资源保护工程“围封”的自然恢复方式，而没有进行“适度经营”。现有的森林培育学、（恢复）生态学、可持续发展等基本原理可支持天然林保护、抚育、更新以及林下资源有效利用等适度经营措施。实施天然林资源保护工程绝不是简单的“围封”“懒汉式保护”，稳定、高效并可持续利用森林生态系统服务功能是天然林资源保护工程的终极目标。因此，基于区域的生态服务功能可确定其分区与目标。

根据最新评估结果，天然林资源保护工程实施 20 年来取得的主要成效（何兴元等，2020）：①增加工程区森林面积 115.3 万 hm^2；②增加森林蓄积总量 3.3 亿 m^3；③增加森林碳储量 1.05 亿 t；④提高生态效益价值 6300 亿元；⑤改善林区民生状况，社会生态保护意识明显增强；⑥显著增加生态效益物质量，森林生境质量明显得到改善。尽管天然林资源保护工程取得诸多显著成效，但仍面临着未能合理设计原始林与次生林保护策略，次生林自然恢复缓慢，生态服务功能低，缺少可持续经营理论与技术支撑等问题。依据天然林主导生态服务功能评级结果（Ouyang et al.，2016），将天然林资源保护工程区划分为：严格保护天然林区和适度人为辅助管理区（类型Ⅰ和类型Ⅱ）（图 4-2）。

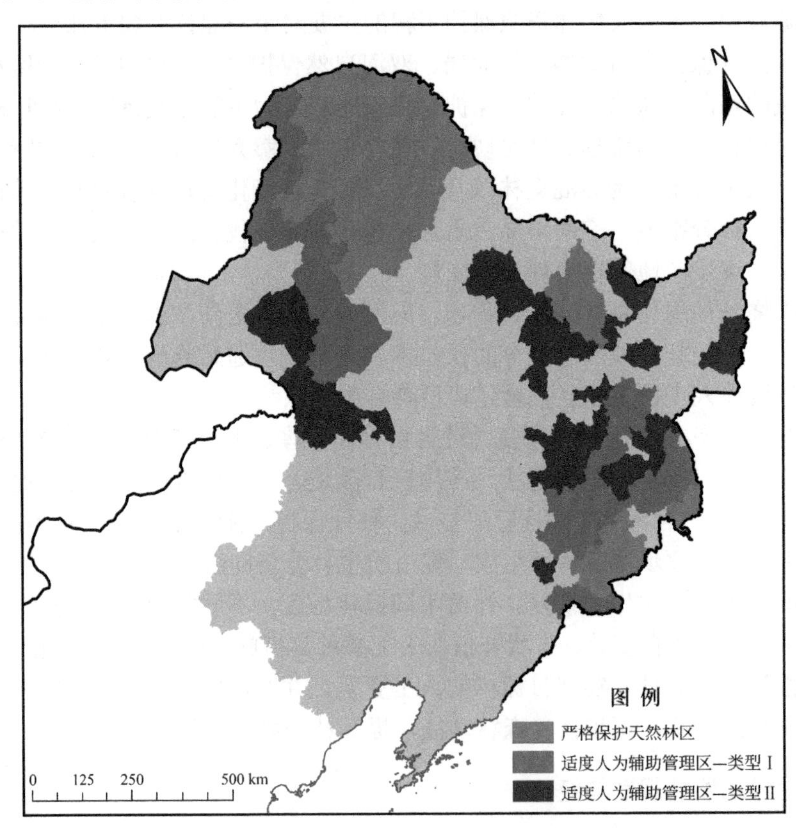

图 4-2　东北天然林资源保护工程——严格保护天然林区与适度人为辅助管理区划分示意图

注：天然林资源保护工程区边界主要为行政边界（县界），该分区示意图亦以县域为单元。例如，抚松县位于长白山山系核心区，且县域内生态服务功能评级为“非常高”，则将全县划分为“严格保护天然林区”。在具体实施时，须参考森林资源二类调查数据，包括树种、密度、蓄积等，结合当地森林起源，确定原始林或次生林，进一步明确严格保护天然林区、适度人为辅助管理区（类型Ⅰ和类型Ⅱ）。

4.3.2.1　严格保护天然林区和适度经营天然林区

该区面积占比为 39%，主要包括原始林区、国家森林自然保护区、国家森林公园区以及国家划分的生态服务功能评级为“非常高”的次生林区（如坡度大于 25° 的森林区）。对于严格保护的天然林区，加大保护力度，突出自然修复和应有的管理措施，严格控制生产性经营。

4.3.2.2　适度人为辅助管理区

适度经营的天然林区可分为两种类型。

1）适度人为辅助管理区——类型 I

以生态功能为主导的天然林区（占比为 30%），以恢复天然林的生态功能为主要目标而开展适度经营，重点提升天然林的生态防护功能，包括水源涵养、固碳释氧、生境维持等。主要措施包括：①林窗更新，即在近熟、成熟天然林中，人工形成林窗促进天然林关键树种更新；②冠下更新，即林冠下人工更新目标树种，在林下幼树达到一定年龄、一定数量后，伐除上层成熟木；③近自然经营，即基于天然林自然发育演替过程，规划设计各阶段经营活动，以利用与森林相关的各种自然力，不断优化森林结构为主，从而使退化天然林或人工林逐步恢复为近自然状态的森林。

2）适度人为辅助管理区——类型 II

以林产品利用为主导的天然林区（占比为 31%），在不改变林分结构、不影响天然林生态功能正常发挥的前提下，开展适度经营，挖掘林地生产潜力。除培育高品质、高价值木材外，利用林下资源，开发优质林副产品，发展林下经济，形成效益长短结合可持续发展态势。除应用类型 I 适度经营技术外，加强对天然林的生态抚育更新，即更好地发挥天然林生态服务功能。丰富和保护物种多样性，改善林木生长环境，将抚育与更新相结合。在此过程中，适度发展林下资源综合利用，以多功能经营技术支撑天然林质量精准提升，逐步建立、健全林区的生态产业体系，促进天然林资源的有效保护。

4.3.3　基于生态敏感性的工程区规划

根据因害设防原则，天然林防护林的规划应该考虑区域生态敏感性。该部分以东北天然林资源保护工程区典型县域，大兴安岭天然林资源保护工程区的呼中核心区（3478km^2）和长白山天然林资源保护工程区抚松县（6131km^2）为例，评估县域水平的生态敏感性并划分其敏感性等级，为天然林资源保护工程区规划提供参考。

4.3.3.1　生态敏感性因子评价分析

选择地形、植被、人口经济和水域因子，并对其生态敏感性进行分级划分（表 4-2）。

表 4-2 生态敏感性分级标准

生态敏感性因子		敏感性等级				
		不敏感	轻度敏感	中度敏感	高度敏感	极度敏感
地形	海拔/m	<500	500～700	700～900	900～1000	>1000
	坡度/（°）	<3	3～10	10～20	20～35	>35
	坡向	平地、南	东南、西南	东、西	东北、西北	北
植被	NDVI	0～0.2	0.2～0.4	0.4～0.6	0.6～0.8	0.8～1
	植被类型	非林地、灌木林	针阔混交林、其他松类、云冷杉	其他阔叶林、阔叶林、杨树林	樟子松、栎类、桦树林	红松林、针叶林、落叶松
社会	人口/（人/km²）	<50	50～150	150～350	350～600	>600
	GDP/（万元/km²）	<80	80～250	250～500	500～850	>850
水域	水域缓冲区/m	>2000	1500～2000	1000～1500	500～1000	<500

注：NDVI 为归一化植被指数（normalized difference vegetation index）。

1）地形因子

地形因子包括海拔、坡度和坡向 3 个因子。按照敏感性将研究区分为不敏感、轻度敏感、中度敏感、高度敏感和极度敏感 5 个等级，敏感性最强的区域也主要位于海拔较高、坡度较陡的区域，不敏感和极度敏感区的面积较小，轻度敏感、中度敏感和高度敏感 3 个区域的面积所占比例较大（图 4-3）。

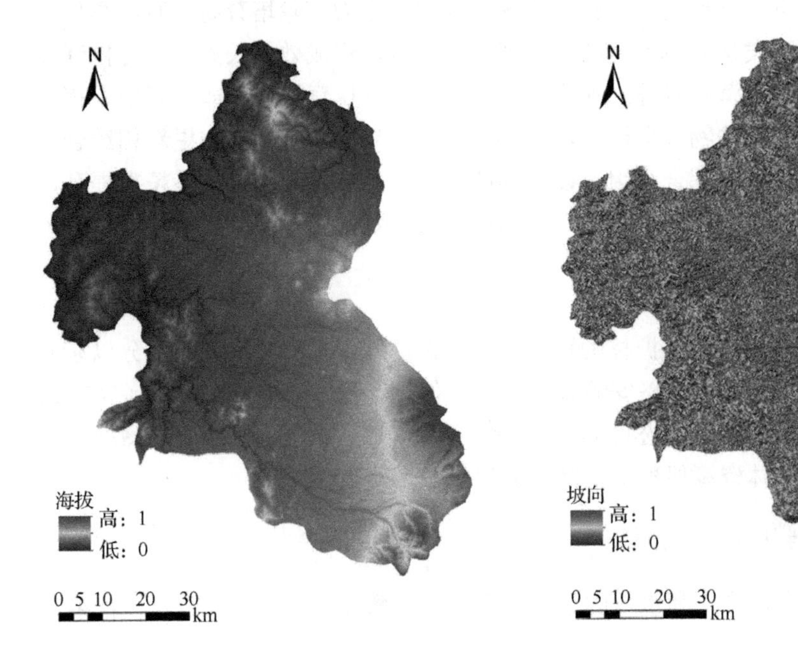

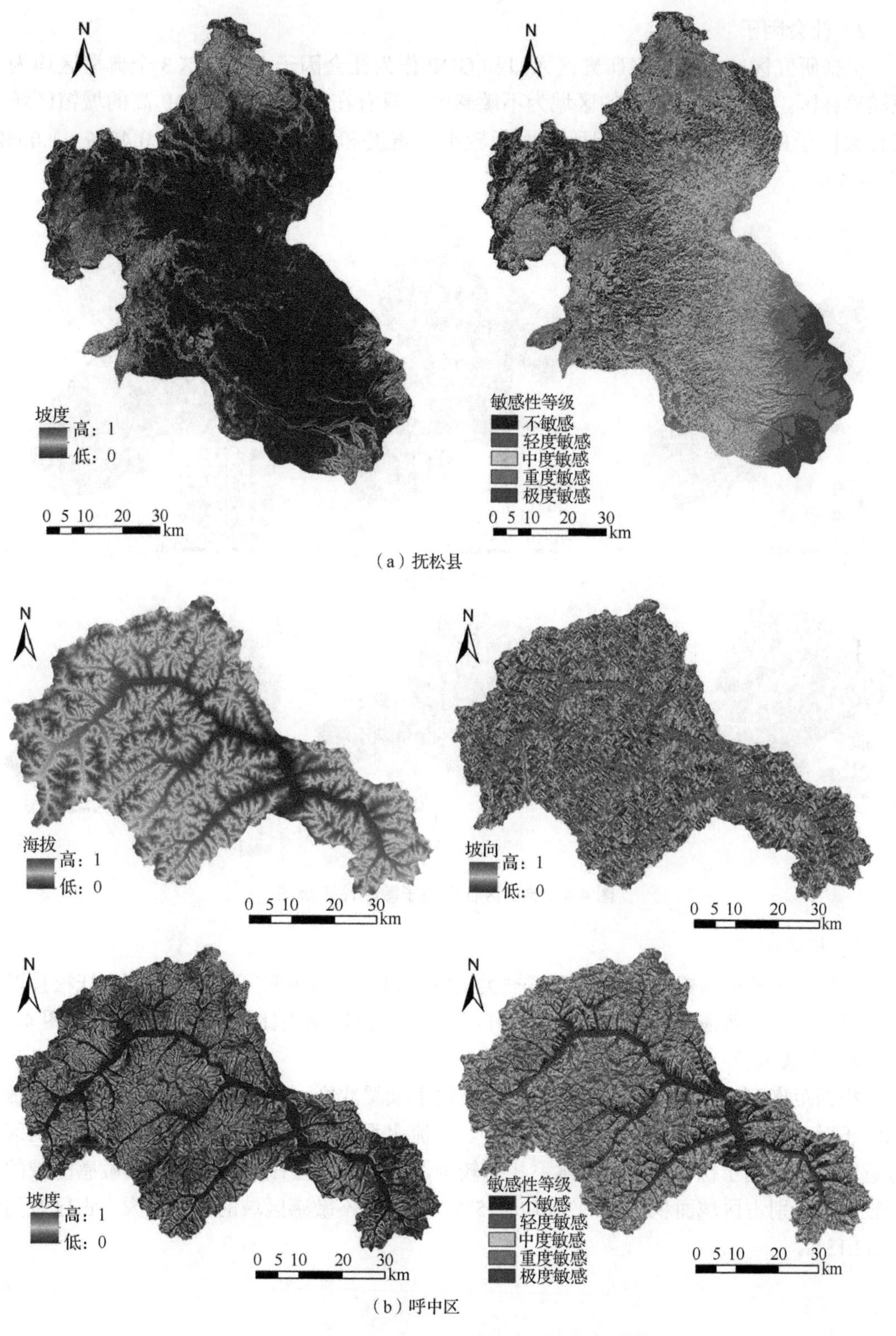

图 4-3　抚松县和呼中区地形因子敏感性等级图

2）社会因子

根据研究区实际情况将研究区人口和 GDP 作为社会因子。由于这 3 个典型区均为水源涵养林区，因此 90%以上的区域为不敏感区，只有在人口密集、GDP 高的城镇区域，其社会因子的敏感性才强，但所占面积较小（重度和极度敏感区只占 0.43%～1.05%）（图 4-4）。

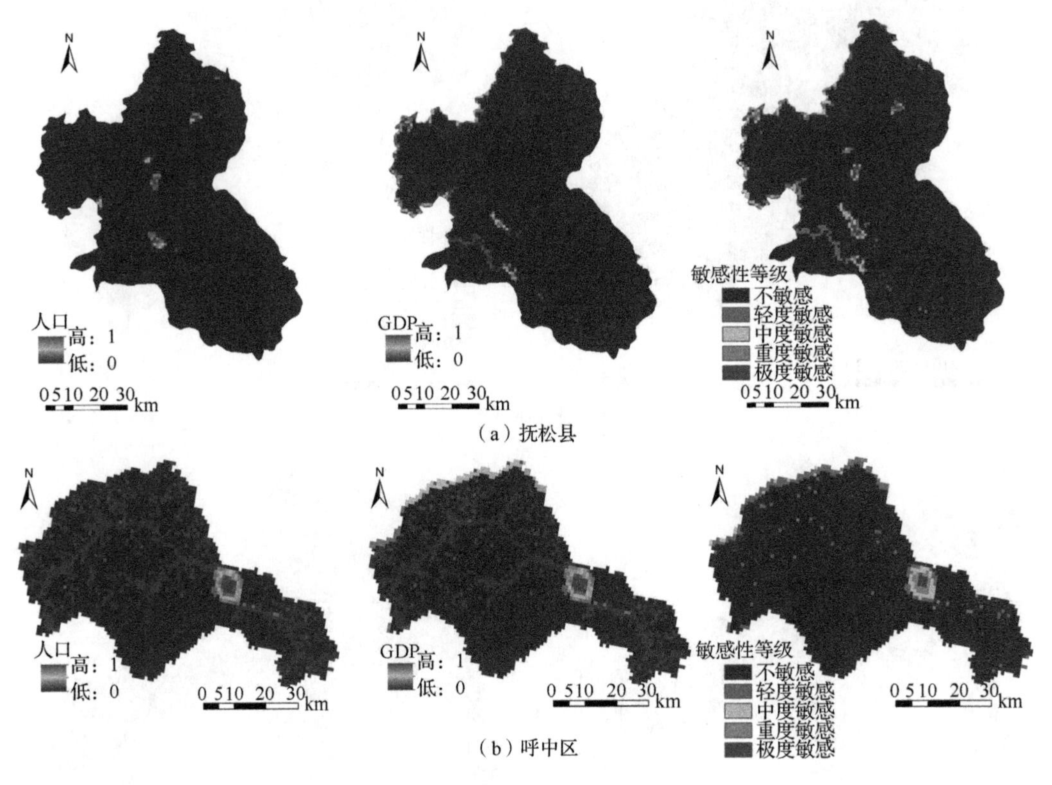

图 4-4　典型区社会因子敏感性等级图

3）植被因子

将归一化植被指数（NDVI）和植被类型两个因子作为研究区域植被因子。抚松县以中度敏感区所占比例最大（38.81%），呼中区以重度敏感区所占比例最大（45.8%）（图 4-5）。

4）水域因子

根据距离河流的远近，设置了不同等级的水域缓冲区，并将水域缓冲区作为生态敏感性因子对研究区进行敏感性分级（图 4-6）。河流水系附近的敏感性最高，远离水域的区域敏感性较低。由于抚松县的河流水系相对较少，因此抚松县在不敏感和中度敏感区域的面积较大，分别占区域面积的 52.9%和 19.15%；呼中区不敏感区域的面积最大，占区域面积的 32.13%。

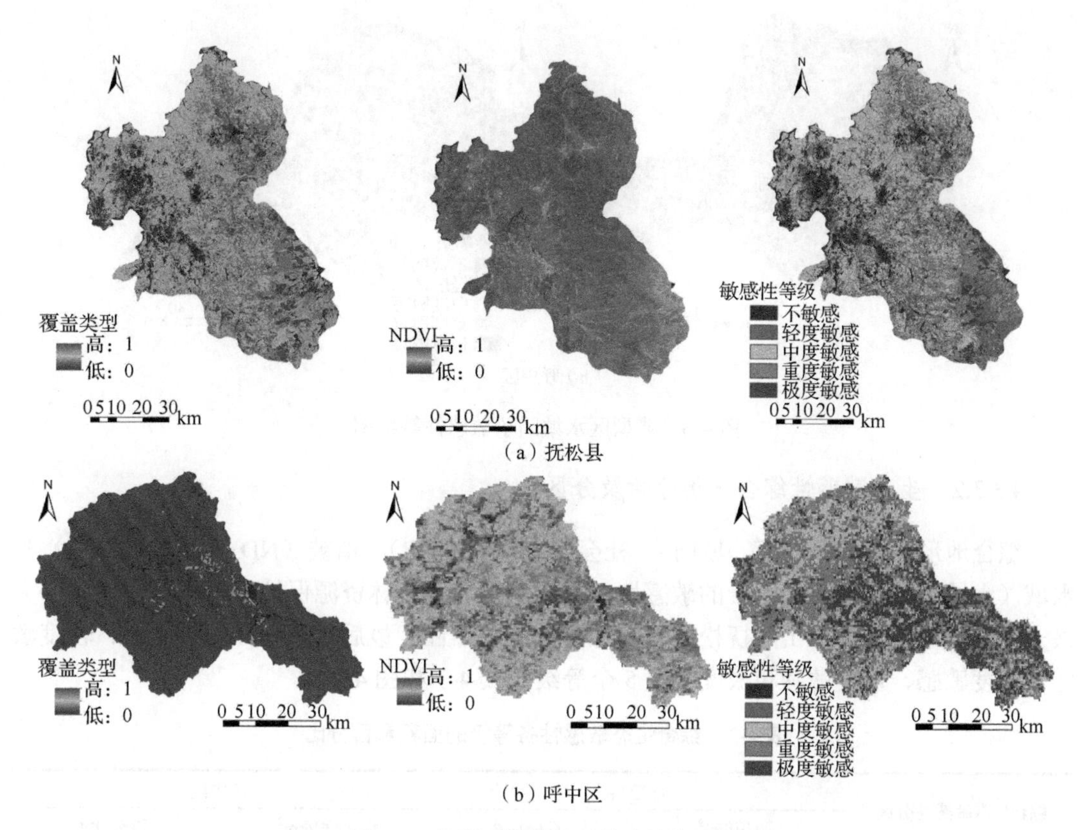

（a）抚松县

（b）呼中区

图 4-5　典型区植被因子敏感性等级图

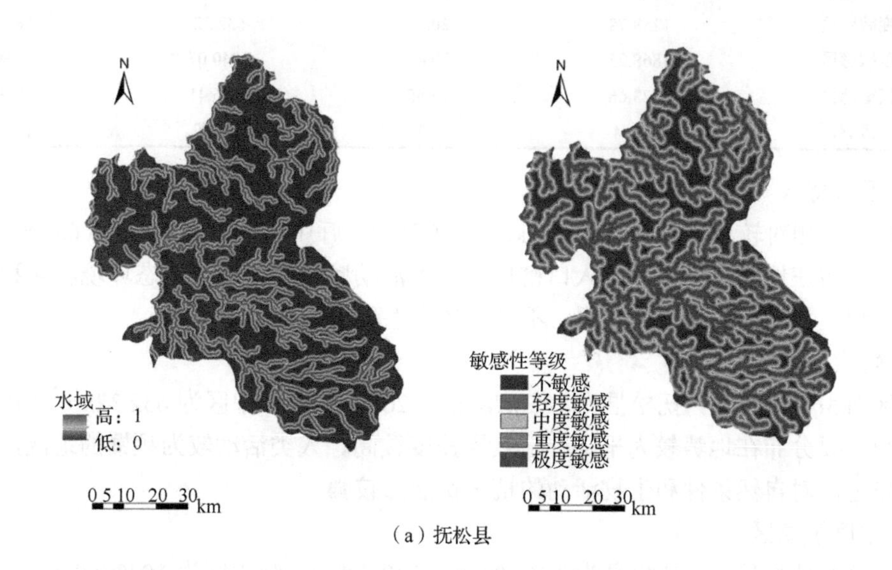

（a）抚松县

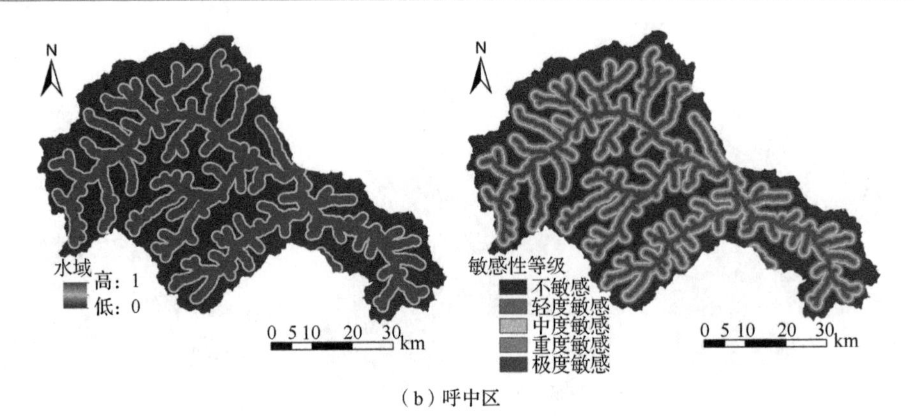

（b）呼中区

图 4-6 典型区水域因子敏感性等级图

4.3.3.2 生态敏感性综合评价分析及分区

综合地形（海拔、坡度、坡向）、社会（人口和 GDP）、植被（NDVI 和植被类型）和水域（水域缓冲区）4 大因子的敏感性，获取了东北天然林资源保护工程区典型县域（大兴安岭的呼中区和长白山的抚松县）的综合生态敏感性，最后将其划分为不敏感、轻度敏感、中度敏感、重度敏感和极度敏感 5 个等级（表 4-3 和图 4-7）。

表 4-3 综合生态敏感性各等级的面积和百分比

综合生态敏感性分区	抚松县		呼中区	
	面积/km^2	百分比/%	面积/km^2	百分比/%
不敏感区	821.00	13.39	229.85	6.61
轻度敏感区	1258.78	20.53	632.32	18.18
中度敏感区	1868.25	30.47	1040.07	29.90
重度敏感区	1523.66	24.85	1076.41	30.95
极度敏感区	659.74	10.76	499.49	14.36

1）不敏感区

该区面积相对较小，抚松县为 821km^2（26.7%），呼中区为 230.00km^2（6.61%）。这些区域主要分布在地势较为平缓、人口密集及人类活动频繁的区域，生态环境相对稳定，对自然条件和生物活动的抗扰能力强，不易导致生态环境恶化。

2）轻度敏感区

该区面积相对较大，抚松县为 1258.78km^2（20.53%），呼中区为 632.32km^2（18.18%），这些区域主要分布在地势较为平缓、植被覆盖度较高、人类活动较为频繁的地区，生态环境较为稳定，对自然条件和生物活动的抗干扰能力较强。

3）中度敏感区

该区分布范围最广，抚松县为 1868.25km^2（30.47%），呼中区为 1040.07km^2（29.9%），主要分布在山体中下坡位，区域特征海拔相对较低、植被丰富、坡度相对较大、人类活动少。

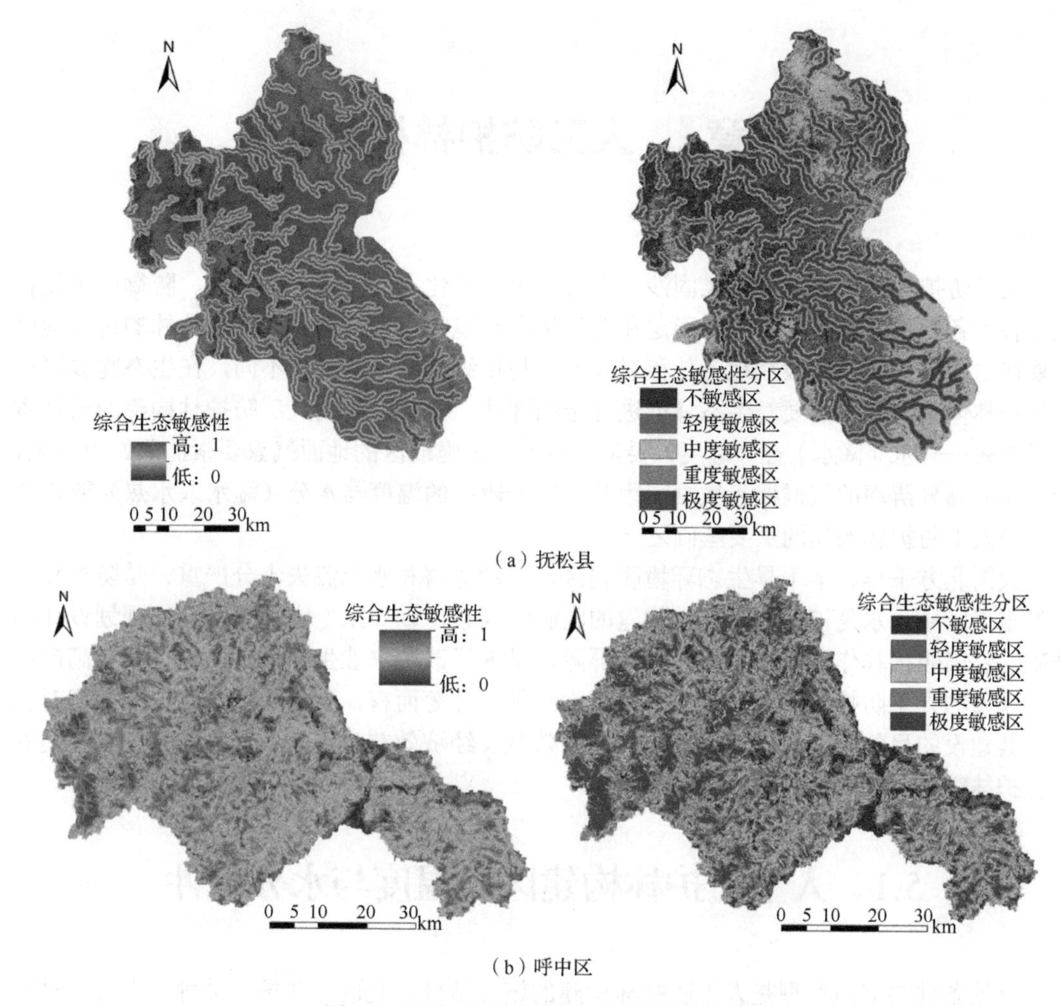

图4-7 两个典型区综合生态敏感性分区图

4）重度敏感区

该区分布范围较大，抚松县为1523.66km²（24.85%），呼中区为1076.41km²（30.95%），上述区域海拔相对较高、坡度较大、人类活动少，植被覆盖敏感性较高。

5）极度敏感区

该区分布范围较小，抚松县为659.74km²（10.76%），呼中区为499.49km²（14.36%），上述区域生态环境脆弱，对自然条件和生物活动的抗干扰能力弱，容易产生恶劣的生态环境问题。

生态敏感性分析指出，两个典型县域的大部分地区为轻、中、重度敏感区。在海拔较低、林地少、人类活动多的区域生态敏感性低，生态环境较为稳定，受到人类干扰及自然条件改变的影响较小，不易产生生态环境恶化，但其面积占比相对较小。而在海拔相对较高、坡度较大的区域，生态环境最为脆弱，生态敏感性高。此外，河流水系附近的生态敏感性最高，远离水域的区域生态敏感性较低。对于生态敏感性较低的地区，可保持现有农业及经济发展，适当增加植被覆盖度，加强生态环境保护。对于生态敏感性较高的地区，加大天然防护林的保护力度，努力恢复森林植被，严禁一切破坏行为。

第5章 人工防护林构建基础

人工防护林是能够发挥防风固沙、保持水土、净化大气、改善小气候、防御或削弱自然灾害等各种生态功能，保护、稳定和改善生态环境的人工森林。人工防护林的构建地区主要在生态脆弱区，一般立地条件相对较差。与传统林学中的造林不同，在生态脆弱区构建防护林体系，首先需要对生态环境进行全面评估，尤其是影响人工防护林构建的最基本气候要素——水（降水）热（温度）要素。由于生态脆弱区的地面气象要素监测站点有限，无法获取高分辨率的气候要素数据，因此，高分辨率的温度与水分（温水或水热）要素的获取是人工防护林构建的重要基础之一。

我国北方干旱、半干旱生态环境脆弱区，风沙危害和水土流失十分严重，是防护林建设的重点区域。水是该区域防护林构建的限制性因素，以“水”定林是防护林规划设计的基础。农田防护林作为农田生态系统的屏障，是为了改善农业生产条件，促进农业高产稳产而建设的人工防护林，相对于固沙林、水土保持林等而言，农田防护林建设条件相对较好，其建设的目的是使农田获取较大的生态效益及经济效益，因此，以“效益”定林是农田防护林空间规划的基础。

5.1 人工防护林构建区的温度与水分条件

立地条件与立地类型是人工防护林构建的核心基础，是确定防护林林种、选择造林树种、做到适地适树、制定科学造林技术措施的主要依据。只有掌握自然条件的地域分异规律，研究立地因子与林木生长和造林的关系，才能正确地划分既适合当地自然规律，又符合生产实际的立地类型（朱教君，2013）。立地条件与立地类型的划分方法可以分为：以环境因子为依据的间接方法和以林木平均生长指标为依据的直接方法。由于人工防护林是针对生态环境脆弱区、因害设防而建设的人工森林，因而，常用以环境因子为依据的间接方法来划分防护林建设区的立地类型。针对我国北方干旱、半干旱生态环境脆弱区，由于范围广袤，缺乏气候要素（如温度、降水等）长期监测资料，无法科学划分立地条件与立地类型。因此，需要在防护林建设前明确建设区的温度、降水条件。基于我国防护林生态工程建设的实际，以三北工程为例，对三北工程建设区（最初规划、前三期建设范围的406.9万km^2）的降水与温度（气温）进行高精度监测，为确定该区立地类型提供参考。

5.1.1 气温的遥感监测

为获取高空间分辨率（1km）的月平均气温（T_{mean}）、月平均最低温（T_{min}）、月平均最高温（T_{max}），建立了遥感监测方法体系，从而获得年平均气温、年平均最高温、年平均最低温、年极低温、年极高温以及年温差（年极高温减去年极低温）（空间分辨率 1km）。以2008 年 1 月～2009 年 12 月三北地区气温估算为例，对监测方法进行说明（Zheng et al.，2013；朱教君等，2016）。

5.1.1.1 数据来源与处理

1）气象观测数据

三北地区气象站点稀少，约 220 个国家气象站的观测数据可从中国气象数据网免费下载获得。数据有月平均气温、月平均最低温、月平均最高温、年平均气温、年平均最高温、年平均最低温。

气象数据的处理：首先利用 Excel 表格把气象数据按照地理坐标进行整理，然后依据各气象站点的地理坐标，利用 ArcMAP 软件导入，从而形成 shapefile 格式的点状气象空间数据集。气象观测数据主要用于建立气温估算模型以及对气温估算的结果进行验证。

2）MODIS 数据

为了估算三北工程建设区 1km 气温的空间分布，采用 MOD13A3 和 MOD11A2。MOD13A3 为月合成的 1km 分辨率地表植被指数产品，目前的数据为第五版本（V005），主要包括归一化植被指数、增强型植被指数、太阳天顶角和相关数据质量控制信息等资料（Huete et al.，2002）。MOD11A2 是由 8 天内每日 1km 地表温度/发射率产品（MOD11A1）合成的 L3 产品，记录 8 天中晴好天气下的地表温度/发射率的平均值，主要包括白天地表温度、夜间地表温度和相关数据质量控制信息等资料。

在气温遥感估算研究中具体使用的 MODIS（中分辨率成像光谱仪，moderate-resolution imaging spectroradiometer）数据包括：MOD13A3 中的 NDVI 和 MOD11A2 中的夜间地表温度。其中，对 8 天的夜间地表温度数据进行合成处理，最终形成空间分辨率 1km，时间分辨率 1 月的数据集。MODIS 数据预处理通过 MRT（MODIS reprojection tool）进行重投影。此外，采用 MODIS 陆地数据业务产品评估工具（MODIS land data operational product evaluation tools）检测云量分布和各波段的数据质量，随后对云区和质量较差的象元进行掩膜处理，并建立与其他时期影像的关系以弥补掩膜区数据，最终形成高质量的 MODIS 数据集（Zheng et al.，2013）。

3）地形数据

数字高程模型（digital elevation model，DEM）来自航天飞机雷达地形测绘任务（shuttle radar topography mission，SRTM）的雷达数据。美国国家航空航天局（National Aeronautics and Space Administration，NASA）和美国国家地理空间情报局（National Geospatial-Intelligence Agency，NGA）联合实施的 SRTM 是一项全球地形测绘计划，由航天飞机执行测量任务，搭载的雷达传感器在太空中持续进行了 222 小时 23 分钟的数据采集工作，获取了约 9.8 万亿字节的雷达影像，数据覆盖地球 80%以上的陆地表面，总面积超过了 11.9 亿 km^2（约覆盖两倍陆地面积）。由 SRTM 雷达数据制成的 DEM 数据是目前使用最为广泛的一种地形数据产品。此数据产品于 2003 年公开发布，经历多次修订后，公开版本 SRTM V4，空间分辨率为 90m，相对精度为 10m（某个点相对于其他临近点）（Rabus et al.，2003；游松财和孙朝阳，2005）。DEM 数据来源于地理空间数据云。

气温遥感估算的结果为空间分辨率 1km，因此，需要对 90m 分辨率的 DEM 数据进行重采样，形成 1km 分辨率 DEM 数据。此外，数据中也含有一些异常值，会导致在局部区域产生较大的误差，通常采用插值方法对异常值进行处理；最后，利用 ENVI 软件对研究区 DEM 数据进行拼接裁切，并转化成阿尔贝斯（Albers）等面积圆锥投影。

5.1.1.2 插值遥感监测方法构建月气温

为了获得气温的空间分布，以往研究多利用邻近区域的气象站点的资料，通过传统空间插值，如反距离权重法、多项式插值法、克里金法、样条插值法等，生成所需要的栅格气象资料。上述方法受到气象站点密度和分布的限制，如何在区域尺度、复杂地形条件下，利用有限的观测数据得到高分辨率气温空间分布始终是一个难题。为此，建立了回归-空间插值（stepwise regression modeling and spatial interpolation techniques，SRMSIT）方法，见式（5-1）。

$$T = f(x_1, x_2, x_3, \cdots, x_n) + e \tag{5-1}$$

式中，T 为气温要素；$f(x_1, x_2, x_3, \cdots, x_n)$ 为气温回归模型，$x_1, x_2, x_3, \cdots, x_n$ 为变量；e 为残差空间插值。

SRMSIT 方法包括两个关键步骤：回归模型和空间插值（图 5-1）。回归模型的目的是基于最少的变量建立有效的气温回归模型；空间插值的目的是处理不能被气温回归模型所解释的剩余部分，也称为残差空间插值。

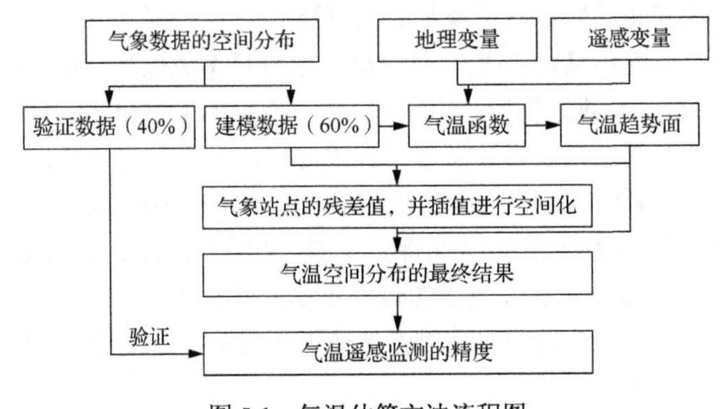

图 5-1 气温估算方法流程图

1）SRMSIT 方法中的回归模型

在气温、降水量、空气湿度等气候要素建模方面，多元逐步回归模型是最简单、最有效的方法（Ninyerola et al.，2000）；基于此，建立三北工程建设区气温回归模型，自变量为地理变量和遥感变量。

地理变量包括：海拔，来自 DEM 数据，单位米（m）；纬度，定义为距离赤道的距离，单位米（m），通过 ArcMAP 软件获得；大陆性，定义为距离我国东部海洋（东海岸线）的距离，单位米（m），通过 ArcMAP 软件获得。

遥感变量包括：夜间地表温度和 NDVI。地表能量是气温最直接的能量来源，而地表温度是地表能量的最直接显示，因此，地表温度与气温有着密切相关性。由于夜间地表温度的能量来源于大气散射和地面的短波辐射，受到的影响因素较小，且云量较少（Wang et al.，2006）；NDVI 是全球应用最广泛的植被指数（Wang et al.，2003；Wang et al.，2004；Wang et al.，2006），常用于气候要素的估算，因此，夜间地表温度和 NDVI 被作为遥感变量。

（1）地理/遥感变量与气温的相关性分析。

分析三北工程建设区的地理变量（海拔、纬度、大陆性）和遥感变量（夜间地表温度、NDVI）与气温（月平均气温、月平均最低温、月平均最高温）的相关性，结果表明，在不同月份，初步选择的变量（海拔、纬度、大陆性、夜间地表温度、NDVI）与气温（月平均气温、月平均最低温、月平均最高温）均具有显著相关性，可以作为气温（月平均气温、月平均最低温、月平均最高温）回归模型的变量（表 5-1）。

表 5-1 变量（纬度、海拔、大陆性、夜间地表温度、NDVI）与气温（月平均气温、月平均最高温和月平均最低温）的相关系数表

时间	纬度			海拔			大陆性			夜间地表温度			NDVI		
（年/月）	T_{mean}	T_{min}	T_{max}	T_{mean}	T_{min}	T_{max}	T_{mean}	T_{min}	T_{max}	T_{mean}	T_{min}	T_{max}	T_{mean}	T_{min}	T_{max}
2008/01	−0.73*	−0.69*	−0.75*	0.01	−0.03	0.11	−0.15	−0.13	−0.16	0.91*	0.91*	0.85*	0.44*	0.42*	0.45*
2008/02	−0.49*	−0.44*	−0.30*	−0.29*	−0.31*	−0.41*	−0.11	−0.10	−0.12	0.91*	0.88*	0.77*	0.38*	0.36*	−0.13
2008/03	−0.32*	−0.24*	−0.42*	−0.33*	−0.42*	−0.18*	0.28*	0.18*	0.34*	0.89*	0.92*	0.81*	0.16*	0.23*	0.08
2008/04	−0.11	−0.09	−0.14*	−0.61*	−0.65*	−0.52*	0.01*	−0.09	0.11*	0.79*	0.83*	0.70*	0.31*	0.39*	0.24*
2008/05	−0.07	0.01	−0.18*	−0.44*	−0.52*	−0.30*	0.37*	0.30*	0.43*	0.91*	0.90*	0.88*	0.16*	0.17*	0.18*
2008/06	0.25*	0.28*	0.17*	−0.67*	−0.80*	−0.53*	0.20*	0.01	0.35*	0.88*	0.92*	0.80*	−0.03	0.02	−0.06
2008/07	0.25*	0.26*	0.16*	−0.80*	−0.87*	−0.63*	−0.08	−0.25*	0.12*	0.90*	0.91*	0.81*	−0.02	0.07	−0.11
2008/08	0.26*	0.21*	0.24*	−0.81*	−0.86*	−0.67*	−0.01*	−0.22	0.22*	0.81*	0.86*	0.66*	0.07	0.14*	0.00
2008/09	0.00	−0.17*	0.10	−0.67*	−0.61*	−0.60*	−0.04	−0.16	0.12	0.88*	0.91*	0.74*	0.11	0.11	0.09
2008/10	−0.20*	−0.20*	−0.27*	−0.58*	−0.60*	−0.43*	−0.04	−0.07	0.08	0.90*	0.89*	0.80*	0.22*	0.24*	0.23*
2008/11	−0.52*	−0.44*	−0.61*	−0.23*	−0.28*	−0.09	0.08	0.08*	0.13 *	0.90*	0.88*	0.84*	0.39*	0.40*	0.35*
2008/12	−0.69*	−0.57*	−0.82*	0.03	−0.07	0.20*	0.12*	0.15*	0.09	0.93*	0.93*	0.87*	0.47*	0.46*	0.45*
2009/01	−0.70*	−0.59*	−0.81*	0.10	−0.01	0.26*	0.13	0.13*	0.10	0.89*	0.89*	0.84*	0.42*	0.40*	0.43*
2009/02	−0.80*	−0.76*	−0.83*	0.17	0.09	0.28*	0.07	0.05	0.08	0.92*	0.93*	0.88*	0.43*	0.43*	0.41*
2009/03	−0.58*	−0.55*	−0.63*	−0.03	−0.08	0.07	0.28*	0.24*	0.29*	0.90*	0.90*	0.86*	0.12	0.17*	0.05
2009/04	−0.22*	−0.19*	−0.28*	−0.39*	−0.41*	−0.29*	0.20*	0.20*	0.21*	0.81*	0.83*	0.74*	0.27*	0.31*	0.25*
2009/05	0.13	0.04*	0.18	−0.78*	−0.76*	−0.75*	0.20*	0.23*	0.14*	0.89*	0.92*	0.83*	−0.01	0.03	−0.01
2009/06	−0.20*	−0.04	−0.29*	−0.52*	−0.66*	−0.38*	−0.06	−0.13	0.04	0.85*	0.88*	0.77*	−0.13	−0.08	−0.13
2009/07	0.06	0.03	0.02	−0.70*	−0.75*	−0.56*	−0.12	−0.29*	0.06	0.89*	0.93*	0.79*	−0.14*	−0.06	−0.18*
2009/08	0.24*	0.13	0.24*	−0.78*	−0.81*	−0.65*	−0.09	−0.26*	0.09	0.85*	0.92*	0.69*	−0.04	0.04	−0.08
2009/09	−0.12	−0.28*	−0.04	−0.58*	−0.50*	−0.52*	−0.04	−0.11	0.06	0.90*	0.89*	0.81*	−0.01	0.04	−0.04
2009/10	−0.29*	−0.28*	−0.34*	−0.47*	−0.46*	−0.35*	0.01	−0.04	0.12	0.84*	0.65*	0.59*	0.16*	0.18*	0.18*
2009/11	−0.58*	−0.45*	−0.73*	−0.06	−0.18*	0.19*	0.22*	0.19*	0.25*	0.89*	0.87*	0.84*	0.33*	0.34*	0.30*
2009/12	−0.73*	−0.66*	−0.80*	0.14	0.05	0.29*	0.17*	0.16*	0.19*	0.94*	0.94*	0.89*	0.46*	0.45*	0.46*

注：T_{mean} 为月平均气温，T_{max} 为月平均最高温，T_{min} 为月平均最低温。*表示相关性显著。

各变量与气温的相关性具体如下。

对于遥感变量，夜间地表温度与气温（月平均气温、月平均最低温、月平均最高温）关系最为密切。NDVI 在 1～5 月和 10～12 月与气温（月平均气温、月平均最低温、月平均最高温）呈显著正相关，在 6～9 月关系不显著或呈负相关。

对于地理变量，纬度在 1～5 月和 10～12 月与气温（月平均气温、月平均最低温、月平均最高温）呈显著负相关，在 6～9 月关系不显著。海拔在 6～9 月与气温（月平均气温、月平均最低温、月平均最高温）呈显著负相关，在 1～5 月和 10～12 月与气温（月平均气温、月平均最低温、月平均最高温）的关系不显著。大陆性在3～5月与气温（月平均气温、月平均最低温、月平均最高温）呈显著负相关，在其他月份中与气温（月平均气温、月平均最低温、月平均最高温）的关系不显著（表5-1）。

（2）变量之间的相关性分析。

为了避免自变量之间由于存在高度相关造成的模型估计失真，需要对变量之间进行相关性分析，以2009年7月为例，结果发现：除海拔与夜间地表温度存在较高相关性以外，其他变量的相关性均较小。由于海拔和夜间地表温度是建立气温模型的重要因子，因此保留了这两个变量。此外，在建立气温模型过程中，对气温回归模型（以海拔、纬度、大陆性、夜间地表温度、NDVI为变量）进行了多重共线性检验，未发现气温模型中存在多重共线性现象。

（3）气温回归模型变量的确定。

通过地理变量、遥感变量与气温及变量之间相关关系分析，气温回归模型如式（5-2）所示。

$$T_{\mathrm{m}} = f(x_1, x_2, x_3, \cdots, x_n) = b_0 + b_1 x_{\mathrm{LAT}} + b_2 x_{\mathrm{ALT}} + b_3 x_{\mathrm{CON}} + b_4 x_{\mathrm{LST\_night}} + b_5 x_{\mathrm{NDVI}} \tag{5-2}$$

式中，T_{m}为气温趋势值；x_{LAT}为纬度；x_{ALT}为海拔；x_{CON}为大陆性；$x_{\mathrm{LST_night}}$为夜间地表温度；x_{NDVI}为归一化植被指数；$b_1, b_2, \cdots, b_5$为气温回归模型的系数。

2）SRMSIT方法中的空间插值

由于残差（指观测值与估算值之间的差值）具有局部性和随机性，无法通过气温模型进行预测，因此，SRMSIT方法中的空间插值的目的是处理不能被气温回归模型所解释的剩余部分，即残差空间插值处理，见式（5-3）。

$$x_{\mathrm{r}} = x_{\mathrm{o}} - x_{\mathrm{m}} \tag{5-3}$$

式中，x_{r}为残差；x_{o}为观测值；x_{m}为预测值。

对比前期不同插值方法，最终选择残差空间插值法中的反距离权重（inverse distance weighting，IDW）法。利用ArcGIS的空间分析功能，随机选取了区域内60%的气象站点（133个）的数据用于气温估算方法的建立，剩余40%的气象站点（87个）对气温估算结果进行验证（图5-2）。

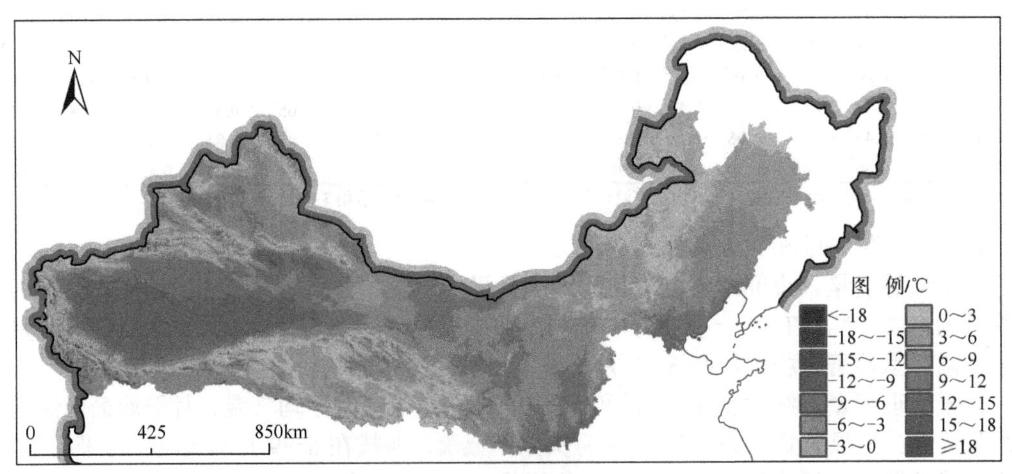

（a）年平均气温

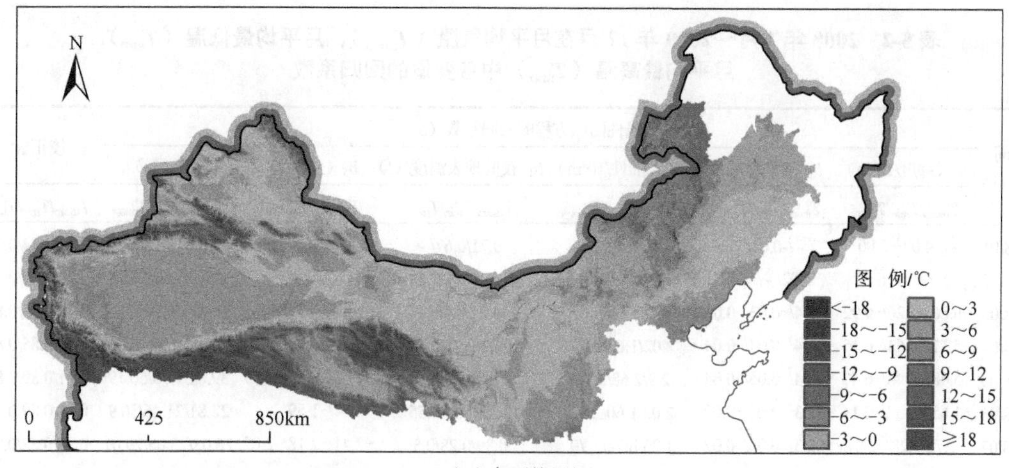

(b) 年平均最低温

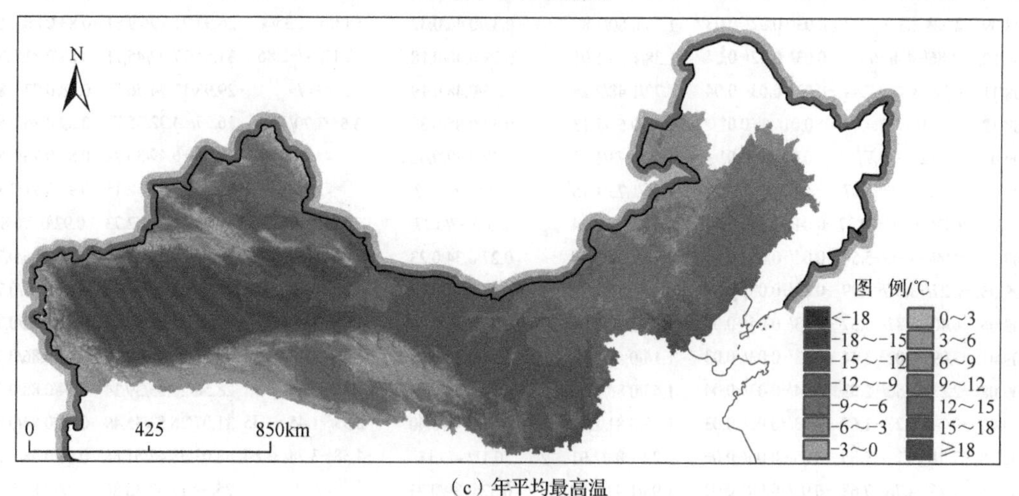

(c) 年平均最高温

图 5-2 基于 SRMSIT 方法估算 2000～2009 年三北工程建设区的年平均气温、年平均最低温、年平均最高温分布图（见书后彩图）

3）SRMSIT 方法对气温模拟的具体过程

利用 60%的气象站点（133 个）的数据，建立了以气温为因变量，以纬度、大陆性、夜间地表温度、NDVI 为自变量的月气温（月平均气温、月平均最低温、月平均最高温）回归方程（表 5-2）。结果表明，2008 年 1 月～2009 年 12 月月平均气温、月平均最低温、月平均最高温的回归模型的 R^2（决定系数）分别为 0.82～0.92（平均值为 0.87）、0.76～0.91（平均值为 0.85）、0.67～0.89（平均值为 0.81），这说明利用海拔、纬度、大陆性、夜间地表温度、NDVI 等变量，通过多元逐步回归方法能较好地模拟气温（表 5-2）。

表 5-2 2008 年 1 月～2009 年 12 月在月平均气温（T_{mean}）、月平均最低温（T_{min}）、月平均最高温（T_{max}）中各变量的回归系数

时间（年/月）	多元线性回归方程的回归系数（b）						校正 R^2
	b_1（纬度/10^6m）	b_2（海拔/m）	b_3（大陆性/10^6m）	b_4（夜间地表温度/℃）	b_5（NDVI）	常数（b_0）	
	$T_{mean}/T_{min}/T_{max}$	$T_{mean}/T_{min}/T_{max}$	$T_{mean}/T_{min}/T_{max}$	$T_{mean}/T_{min}/T_{max}$	$T_{mean}/T_{min}/T_{max}$	$T_{mean}/T_{min}/T_{max}$	$T_{mean}/T_{min}/T_{max}$
2008/01	- /−4.02/−2.00	- /-0.01/ -	-/0.80/-	0.71/0.67/ -	- /- / -	14.88/10.9/22.41	0.83/0.84/0.77
2008/02	−5.79/ - /−6.62	−0.02/ - /−0.02	0.90/ - /0.70	0.35/0.71/0.23	- / - /-	8.8/-16.68/17.58	0.78/0.69/0.74
2008/03	−6.86/−4.26/−9.92	−0.04/−0.03/−0.05	2.67/1.69/3.63	0.24/0.45/ -	−4.68/ - /−8.10	37.06/18.38/58.62	0.91/0.86/0.88
2008/04	−5.11/−4.63/−6.15	−0.04/−0.04/−0.04	2.02/1.63/2.43	0.24/0.31/0.19	−5.80/ - /−7.37	37.14/24.50/47.24	0.86/0.85/0.80
2008/05	−5.48/−4.48/−6.47	−0.04/−0.05/−0.04	2.9/2.68/3.16	0.29/0.25/0.33	−4.13/−3.42/−4.39	39.8/31.70/50.19	0.91/0.89/0.89
2008/06	−1.65/−2.32/−2.14	−0.03/−0.04/−0.02	2.02/1.60/2.57	0.52/0.36/0.55	- /−1.59/ -	22.81/21.46/30.9	0.88/0.89/0.83
2008/07	−1.78/0.28/−2.01	−0.03/−0.04/−0.02	1.25/0.74/1.79	0.39/0.28/0.5	−2.41/−2.18/−2.02	26.05/25.08/29.07	0.86/0.88/0.77
2008/08	−3.14/−3.4/−3.34	−0.05/−0.05/−0.05	1.92/1.17/2.71	0.17/0.19/0.15	−2.6/−2.07/−2.51	35.67/31.46/42.46	0.89/0.87/0.83
2008/09	−2.32/−3.37/−2.27	−0.03/−0.02/−0.03	1.28/0.80/1.80	0.37/0.46/0.32	−1.96/−1.35/ -	26.92/21.19/29.81	0.83/0.86/0.67
2008/10	−4.86/−4.4/−6.15	−0.03/−0.02/−0.04	1.38/1.05/1.91	0.29/0.40/0.18	−3.17/ - /−2.86	31.51/17.97/45.11	0.89/0.81/0.79
2008/11	−6.12/−4.44/−7.44	−0.03/−0.03/−0.04	1.72/1.48/2.24	0.35/0.48/0.19	- / - / -	29.98/17.74/56.58	0.88/0.82/0.88
2008/12	−4.11/ - /−7.43	−0.01/ - /−0.01	1.00/0.53/1.13	0.58/0.85/0.39	3.55/3.70/4.79	16.57/−4.32/35.79	0.89/0.86/0.89
2009/01	−5.82/ - /−7.77	−0.02/ - /−0.01	1.54/0.73/1.37	0.49/0.79/0.42	- / - / -	22.05/−6.49/36.74	0.85/0.76/0.86
2009/02	−7.31/−7.11/−5.87	−0.02/−0.02/ -	1.71/1.73/1.15	0.53/0.6/0.57	- / - / -	32.50/27.12/32.15	0.91/0.91/0.86
2009/03	−9.03/−7.94/−10.37	−0.04/−0.04/−0.04	2.92/2.55/3.14	0.3/0.37/0.27	−5.21/ - /−8.20	43.78/32.22/52.73	0.92/0.9/0.89
2009/04	−4.99/−4.36/−5.54	−0.04/−0.03/−0.04	2.48/2.38/2.57	0.27/0.34/0.23	−5.77/−3.09/−7.07	37.96/26.49/48.65	0.85/0.86/0.75
2009/05	−2.27/−3.06/−1.99	−0.04/−0.03/−0.04	0.95/0.76/1.22	0.28/0.37/0.22	−5.26/−2.96/−5.64	31.70/22.13/39.40	0.85/0.87/0.77
2009/06	−4.40/−3.87/−5.57	−0.03/−0.04/−0.03	1.58/1.28/2.09	0.37/0.31/0.40	−3.76/−2.89/−3.83	39.84/29.42/50.78	0.82/0.82/0.78
2009/07	−3.09/−3.02/−3.44	−0.03/−0.03/−0.03	1.16/0.47/1.82	0.36/0.37/0.38	−3.47/−2.19/−3.58	33.28/27.00/39.77	0.83/0.86/0.74
2009/08	−2.23/−2.56/−2.53	−0.04/−0.03/−0.04	1.43/0.86/2.00	0.32/0.46/0.18	−3.36/−1.60/−3.97	28.58/20.93/39.14	0.84/0.88/0.70
2009/09	−2.74/−4.27/−1.67	−0.03/−0.02/−0.03	1.05/0.81/1.32	0.41/0.44/0.40	−2.95/−1.45/−3.35	31.07/26.53/35.49	0.85/0.84/0.70
2009/10	−7.91/−7.19/−9.39	−0.05/−0.05/−0.06	2.22/1.83/2.91	0.11/ - /0.18	−4.58/−3.78/−3.64	48.03/38.42/61.88	0.88/0.78/0.83
2009/11	−5.76/−4.76/−7.63	−0.03/−0.03/−0.02	1.95/1.93/2.10	0.32/0.39/0.23	- / - / -	25.69/17.42/38.86	0.88/0.83/0.87
2009/12	−5.87/−5.43/−5.87	−0.01/−0.02/ -	1.38/1.47/1.11	0.54/0.58/0.54	- / - / -	24.41/18.74/29.58	0.91/0.88/0.89

注：表格中的数值均表示变量在气温公式中的显著性小于 0.001，“-”表示该变量无显著性。

回归模型中各变量在气温模型的作用如表 5-2 所示。

4）SRMSIT 方法的有效性验证

利用平均误差（mean error，ME）、整群剩余系数（coefficient of residual mass，CRM）、平均偏差（mean bias error，MBE）、平均绝对误差（mean absolute error，MAE）和均方根误差（root mean squared error，RMSE）五个指标对 SRMSIT 方法进行有效性检验，见式（5-4）～式（5-8）。

$$\mathrm{ME}=\frac{\sum_{i=1}^{n}\left(x_{o,i}-\bar{x}_{o}\right)^{2}-\sum_{i=1}^{n}\left(x_{p,i}-x_{o,i}\right)^{2}}{\sum_{i=1}^{n}\left(x_{o,i}-\bar{x}_{o}\right)^{2}} \tag{5-4}$$

$$\mathrm{CRM}=\frac{\sum_{i=1}^{n}x_{o,i}-\sum_{i=1}^{n}x_{p,i}}{\sum_{i=1}^{n}x_{o,i}} \tag{5-5}$$

$$\mathrm{MBE}=\frac{1}{n}\sum_{i=1}^{n}\left(x_{o,i}-x_{p,i}\right) \tag{5-6}$$

$$\mathrm{MAE}=\frac{1}{n}\sum_{i=1}^{n}\left|x_{p,i}-x_{o,i}\right| \tag{5-7}$$

$$\mathrm{RMSE}=\sqrt{\sum_{i=1}^{n}\left(x_{p,i}-x_{o,i}\right)^{2}/n} \tag{5-8}$$

式中，n 为气象站点数量；$x_{p,i}$ 为气温估算值；$x_{o,i}$ 为气象站点观测值。ME 值越接近 1，说明气温估算的方法越准确。CRM 是对估算结果高估或低估进行检验，当 CRM<0 说明气温被高估，CRM>0 说明气温被低估。MBE 值用来描述误差，当真值等于预测值时 MBE=0。MAE 和 RMSE 值越小，说明气温方法越有效（Alsamamra et al.，2009）。

经过气象站点的验证，由 SRMSIT 方法获得月平均气温、月平均最低温、月平均最高温的 RMSE 值分别为 0.86、1.10、1.13，优于其他相关研究结果（Boi et al.，2011）。

对于不同气温的估算，SRMSIT 方法表现不相同。T_{mean} 估算的 R^2 高于 T_{min} 和 T_{max}；T_{mean}、T_{min}、T_{max} 的 ME 分别为 0.91、0.88、0.87，MAE 分别为 0.70、0.87、0.90，RMSE 分别为 0.87、1.10、1.130（表 5-3），与 Boi 等（2011）的研究结果相似。

表 5-3 2008 年 1 月～2009 年 12 月不同 SRMSIT 方法在气温估算中的有效性检验

气温类型	指标体系	数值/℃
月平均气温（T_{mean}）	ME	0.91
	CRM	−0.01
	MBE	−0.05
	MAE	0.70
	RMSE	0.87
月平均最低温（T_{min}）	ME	0.88
	CRM	0
	MBE	0.03
	MAE	0.87
	RMSE	1.10
月平均最高温（T_{max}）	ME	0.87
	CRM	−0.01
	MBE	−0.03
	MAE	0.90
	RMSE	1.13

月平均气温、月平均最低温、月平均最高温遥感估算结果存在季节性偏差，如 MAE 和 RMSE 最大值出现在冬季，最小值出现在夏季，从 CRM 值可知获得的各气温均存在高

估；不存在区域偏差（图 5-2）。

5.1.1.3 三北工程建设区气温空间分布特征

采用 SRMSIT 方法对三北工程建设区（最初规划范围的 406.9 万 km^2）2000～2009 年各月气温（T_{mean}、T_{max}、T_{min}）和各年的平均气温、平均最低温、平均最高温、年极端低温、年极端高温和年温差进行估算（图 5-2），具体分布趋势如下。

（1）就年气温的整体分布趋势而言，年平均气温、年平均最低温、年平均最高温是自南向北递减；在地貌上，较高温度主要分布在平原和盆地，如华北平原和塔里木盆地；低温主要分布在高山地区，如祁连山山脉，主要是海拔作用导致的。

（2）年平均气温：大部分平原和盆地在 3～12℃，高山区域大多小于 0℃。

（3）年平均最低温：大部分平原和盆地在-3～6℃，高山区域大多小于-12℃。

（4）年平均最高温：大部分平原和盆地大于 12℃，高山区域大多在 0℃左右。

（5）极端低温年平均值：大部分平原和盆地在-15～-30℃，高山区域大多在-35～-30℃。

（6）极端高温年平均值：大部分平原和盆地在 35℃以上，如塔里木盆地的大部分在 41～50℃，高山区域大多在 21～25℃。

（7）年温差：自南向北、自东向西温差有变大的趋势，最大值出现在祁连山和塔里木盆地。

5.1.2 降水量的遥感监测

降水是三北工程建设区内生态环境异质性的主要气候驱动要素。尽管热带测雨卫星（tropical rainfall measuring mission，TRMM）提供的数据能够反映降水量的空间分布状况，但较低的空间分辨率（0.25°，约 27km）限制了其在防护林生态环境效应评估和防护林构建与经营研究中的应用。鉴于此，将 TRMM 3B43 进行降尺度（从 0.25° 到 1km）计算，确定高空间分辨率下的三北工程建设区年降水量空间格局，为干燥度指数计算与生态分区提供数据支撑，服务于防护林生态环境效应评估及防护林构建与经营研究（Zheng and Zhu，2015a；2015b；朱教君等，2016）。

5.1.2.1 数据来源与处理

主要采用 TRMM 3B43 数据，包括 TRMM 3B42 数据产品、全球格点雨量测量器资料（气候异常监测系统、美国国家海洋和大气管理局气候预测中心资料）和全球降水气候中心的全球降水资料。该产品有降水强度（precipitation intensity）和相对误差（relative error）两个数据层，以分层数据格式（hierarchical data format，HDF）存储，空间范围 50° S～50° N、180° W～180° E，可覆盖整个三北工程建设区（Simpson et al.，1996）。

在 ENVI 软件的支持下，将 1999 年 1 月～2010 年 12 月的 TRMM 3B43 降水强度层从 HDF 文件中提取出来；然后将降水强度（mm/h）各月的总时间（h）相乘，生成月降水量格点数据。用三北工程建设区的矢量边界对其进行切割，提取出研究区范围内的 TRMM 3B43 降水量基础数据，并转换为阿尔贝斯（Albers）投影系统（阿尔贝斯等面积圆锥投影：克拉索夫斯基椭球体，中央子午线为105°E，两条标准纬线分别为25°N和47°N，中央纬线为0°）。TRMM 3B43月降水量栅格数据可视为多个单独的气象站点数据（Di Michele et al.，2003；Alamgir et al.，2004；杜灵通等，2012）。此外，还利用了MODIS数据（MOD13A3 NDVI产品）和地形数据（DEM数据）。

5.1.2.2　构建降水量降尺度遥感监测方法

1）非降水量补给区的降水量遥感监测

将水域区与受降水影响较弱的植被区定义为非降水量补给区。其中，水域区包括湖泊、冰川、河流，受降水影响较弱的植被区主要为绿洲。结合已有研究与数据验证结果，将MODIS数据年均NDVI值小于0的区域定义为水域区。

非降水量补给区被大面积的降水量补给区隔离成“孤岛”，对于面积较小的区域，利用降水量补给区周边1km降水量数据进行填补；对于面积较大的区域，则以TRMM 3B43点数据为主要变量，以海拔、大陆性、坡向为辅助变量，采用地统计插值方法——克里金插值法进行降尺度计算，最终获得非降水量补给区1km降水量分布。

2）降水量补给区的降水量遥感监测

结合Agam等（2007）、Immerzeel等（2009）和Jia等（2011）的降尺度方法，将TRMM 3B43数据的空间分辨率由0.25°降为1km，具体过程如下。

（1）年降水量降尺度模型的因子选择。

因子选择是建立降水量关系模型的关键。由于降水是植物最重要的水分供给方式，与植被生长状况密切相关。因此，三北工程建设区的植被生长越茂盛（植物绿度越高），其降水量累计值越高。遥感参数计算的NDVI可以很好地反映绿色植被的生长状况，尤其对低覆盖度植被生长更有敏感性。采用NDVI作为干旱与半干旱区TRMM 3B43降尺度算法的一个指标（Gao，1996；Huete et al.，2002）。此外，还建立了海拔、纬度、大陆性与TRMM 3B43的关系。结果显示，TRMM 3B43与大陆性和NDVI具有较强的相关性（图5-3）。因此，采用大陆性和NDVI作为TRMM 3B43降尺度关系模型中的自变量。

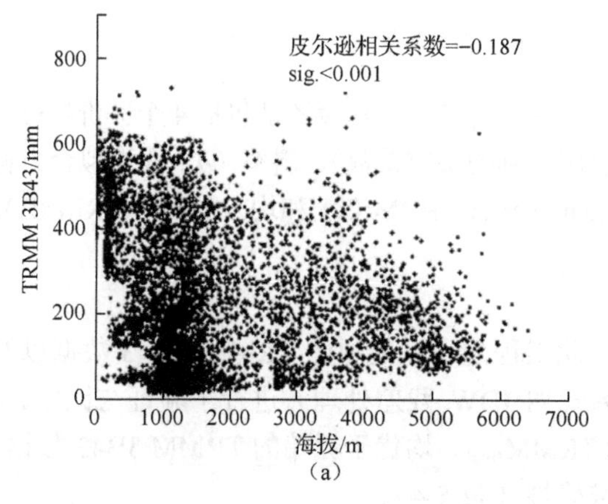

（a）

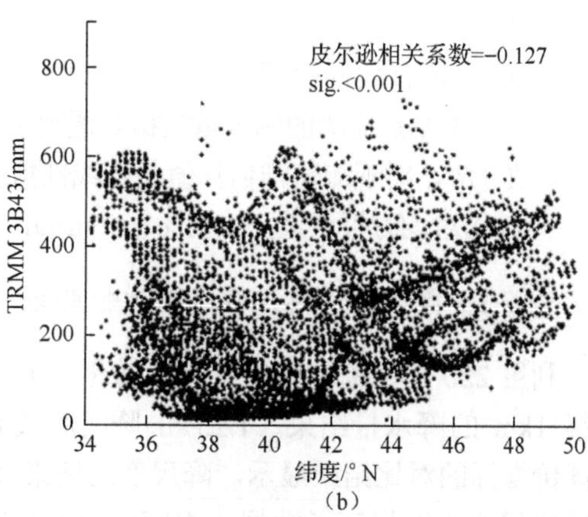

（b）

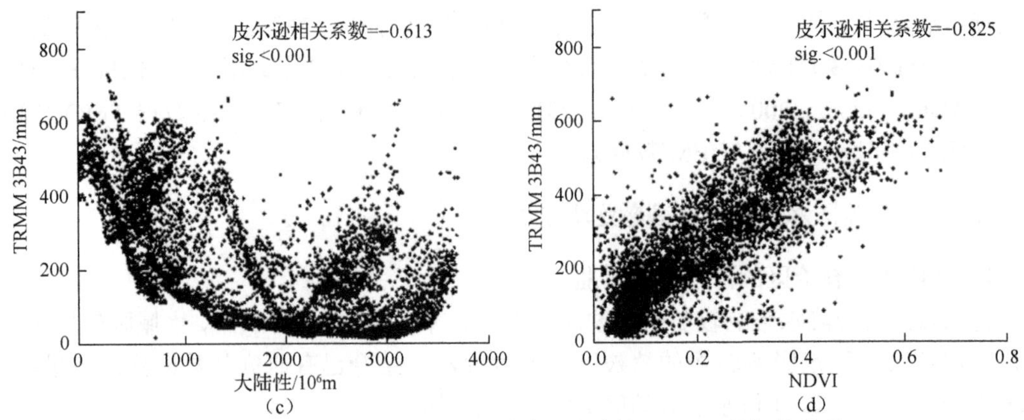

图 5-3 TRMM 3B43 与海拔、纬度、大陆性、NDVI 的相关关系

（2）建立降尺度关系式。

建立 2000～2009 年不同尺度（1.25°、1.00°、0.75°、0.50°、0.25°）的降尺度关系式，以 NDVI 与大陆性为自变量，TRMM 3B43 的像素值为因变量。首先，把 TRMM 3B43、NDVI、大陆性通过重采样方法，形成 1.25°、1.00°、0.75°、0.50°、0.25°分辨率数据；其次，把 TRMM 3B43 的每个栅格转为点状矢量数据（shapefile 格式）；最后，提取每个 TRMM 3B43 矢量点空间对应的 NDVI、大陆性数据，并利用 SPSS 建立不同分辨率的降尺度关系式。

（3）残差处理。

估算残差可以提高降尺度的精度。将 0.25°空间分辨率下的 NDVI、大陆性数据代入不同尺度下的降尺度关系式，得到 5 个尺度关系式的模拟结果，即 $TRMM_{0.25}$。原始的 TRMM 3B43 与估算 $TRMM_{0.25}$ 之间的差值，即为残差。利用反距离权重（IDW）法对残差进行空间化，在 1km 分辨率下，形成残差面（$residual_{IDW}$）。

（4）形成 TRMM 降水量补给区降水量分布数据。

将空间分辨率为 1km 的 NDVI、大陆性数据分别代入不同尺度的降尺度关系式，形成模拟的 TRMM 3B43 数据；在此基础上，叠加对应尺度的残差面，形成 1km 空间分辨率的 TRMM 数据。

3）降水量有效性验证

利用气象站点监测的降水量数据对遥感估算结果进行验证。精度验证包括 4 个评价指标：决定系数（R^2，对观测值与估算值进行线性拟合所得到的决定系数）、斜率（b，线性拟合方程的斜率）、相对均方根误差（relative root mean squared error，RRMSE）和均方根误差（RMSE）。

5.1.2.3 降水量遥感反演的有效性验证

利用 220 个气象站点的降水量数据，对三北工程建设区的原始 TRMM 3B43 数据以及最终 1km 的降水量结果（1.25°的降尺度关系式加 IDW 残差处理）进行了验证与比较。4 个评价指标的对比结果显示，降尺度的结果（$TRMM_{final}$）均优于原始的 TRMM 3B43 数据，说明降尺度方法提高了数据的空间分辨率与准确性（表 5-4）。

表 5-4 原始 TRMM 3B43 降水量、遥感监测结果与气象台站监测数据的对比

年份	原始 TRMM 3B43				$TRMM_{final}$			
	R^2	b	RRMSE/%	RMSE/mm	R^2	b	RRMSE/%	RMSE/mm
2000	0.77	0.95	27.84	71.84	0.81	1.17	19.42	50.11
2001	0.77	0.93	28.83	72.69	0.85	1.00	16.72	42.16
2002	0.78	0.97	23.19	66.98	0.81	1.07	17.63	50.92
2003	0.82	0.99	23.72	81.46	0.87	1.04	14.45	49.62
2004	0.79	0.90	28.31	79.63	0.82	1.12	8.73	24.56
2005	0.78	0.87	33.44	98.57	0.84	1.09	19.15	56.45
2006	0.75	0.91	32.36	86.01	0.77	1.09	21.70	57.68
2007	0.79	0.94	25.48	75.40	0.84	1.07	16.07	47.55
2008	0.83	1.00	22.78	67.67	0.87	1.09	23.33	69.30
2009	0.77	0.93	30.66	83.99	0.78	1.17	25.81	70.70
平均	0.79	0.94	27.66	78.42	0.83	1.09	18.30	51.91

5.1.2.4 降水量空间分布特征

基于 TRMM 3B43 数据对三北工程建设区的年降水量进行降尺度计算，得到 2000～2009 年三北工程建设区 1km 分辨率的降水量空间分布（图 5-4）。结果显示，三北工程建设区降水量的空间异质性较大，总体呈现自东南向西北逐渐递减的趋势。降水量最高的地区出现在三北工程建设区的东南部，包括东北平原中西部地区、华北平原北部与黄土高原的大部分地区，年降水量在 400mm 以上；年降水量处于 200～400mm 的区域分布较广，包括内蒙古中东部、华北平原北部、黄土高原西部与北部，以及受地形影响的新疆北部的局部地区（靠近主要山脉）；内蒙古中部与新疆北部的降水量很少，年降水量为 100～200mm；研究区年降水量最少的区域出现在新疆南部、青海北部与内蒙古西部的大部分地区，即我国沙漠集中分布区，植被覆盖稀疏甚至基本无植被覆盖，年降水量在 100mm 以下。

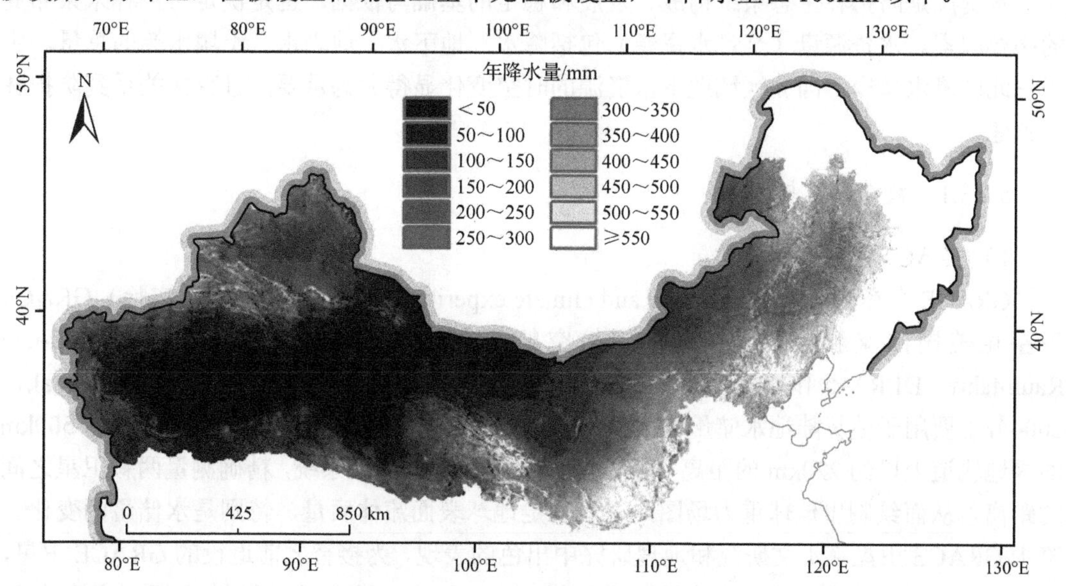

图 5-4 三北工程建设区 2000～2009 年平均年降水量空间分布示意图

降水是三北地区最敏感的气候要素，是防护林生长状况的重要限制性因子，因此对三北工程建设区内不同年降水量的分布面积统计如表 5-5 所示。

（1）年降水量小于 200mm 的区域占总面积的 51.19%；其中，小于 50mm、50～100mm、100～150mm 与 150～200mm 的区域分别占总面积的 22.75%、9.11%、9.95%与 9.38%。

（2）年降水量 200～400mm 的区域占总面积的 30.20%；其中，200～250mm、250～300mm、300～350mm 与 350～400mm 的区域分别占总面积的 8.40%、6.70%、7.78%与 7.32%。

（3）年降水量大于 400mm 的区域面积占总面积的 18.61%；其中，400～450mm、450～500mm 与大于等于 500mm 的区域分别占总面积的 7.32%、5.38%与 5.91%。

表 5-5 三北工程建设区不同年降水量区间面积

年降水量分级/mm	面积/万 km^2	比例/%
<50	90.74	22.75
50～100	36.35	9.11
100～150	39.67	9.95
150～200	37.4	9.38
200～250	33.51	8.40
250～300	26.72	6.70
300～350	31.02	7.78
350～400	29.21	7.32
400～450	29.21	7.32
450～500	21.46	5.38
≥500	23.51	5.91

5.1.3 地下水位与水资源变化遥感监测

水资源是防护林生态系统构成、发展和稳定的基础与依据，也是决定防护林未来布局的必要因素。水资源量（全量水资源）包括降水、地下水、地表水、土壤水等的总量。由于三北区降水量少，因此区域地下水资源的时空变化显得尤为重要，且直接关系到防护林的营建。

5.1.3.1 数据来源与处理

1）GRACE 数据

GRACE 全称为 gravity recovery and climate experiment（重力测量与气候实验），GRACE 卫星由美国国家航空航天局与德国航空航天中心（Deutsches Zentrum für Luft-und Raumfahrt，DLR）合作研制，于 2002 年 3 月成功发射，在轨时间达 15 年（Tapley et al.，2004），主要用于估算陆地水储量。GRACE 卫星有两个相同的航天器（卫星）在距地球 500km 的极地轨道上以约 220km 的距离飞行，通过 GPS 和微波测距系统，精确测量两颗卫星之间的距离，从而绘制出地球重力场图，进而确定地球表面流体质量，特别是水储量的变化。鉴于 GRACE 卫星在水文研究和地理研究中出色的表现，为接替之前退役的 GRACE 卫星，NASA 与德国亥姆霍兹波坦地球科学研究中心于 2018 年 5 月又成功发射了“重力测量与气候实验后续”（gravity recovery and climate experment follow-on，GRACE-FO）卫星，继续对地球重力场的变化进行高精度监测（Rodell et al.，2009）。

2）GLDAS

全球陆面数据同化系统（global land data assimilation system，GLDAS）由美国国家航空航天局与国家海洋和大气管理局（National Oceanic and Atmospheric Administration，NOAA）合作开发。GLDAS 利用数据同化技术，将卫星数据和地面观测数据进行融合，生成最接近观测数据的地表状态量和通量。分别基于 VIC、CLM、CLSM 和 Noah 4 种陆面模型推出了 4 种数据产品。使用 Noah V2.1 模型输出的数据（https://disc.gsfc.nasa.gov/datasets），主要为土壤水分、植物冠层水和雪水当量数据，相比 GLDAS 其他数据产品，该模型的数据具有模式先进、空间分辨率高、驱动场稳定等优点，其空间分辨率为 0.25°×0.25°，时间分辨率为月尺度（Wang S J et al.，2020；陶征广等，2021）。为保持与 GRACE 数据研究时段一致，选取时间长度为 2002 年 4 月～2020 年 12 月。在 MATLAB 软件的支持下，将每月的土壤水分、植物冠层水和雪水当量数据相加，然后将数据从 nc4 格式转换为 tif 格式，再用三北工程建设区的矢量边界进行切割，并转换为阿尔贝斯（Albers）等面积圆锥投影。最后用于验证基于 CSR（Control & Status Register，一种寄存器）的陆地水储量变化的精确度，并与 GRACE 数据结合，反演地下水储量变化。

3）Landsat TM

Landsat（美国的地球资源卫星序列）自 1972 年 7 月成功发射以来，连续系列发射。地下水估计选用 2011 年 6 月下旬发射的 Landsat-5 TM 和 2013 年 6 月下旬的发射 Landsat-8 的遥感影像。

4）地面调查数据

（1）土壤含水量地面调查。

设置 30m×30m 的样方，用 5 点取样法在样方内均匀地选取 5 个样本点，测量土壤含水量，均值代表该像元对应的地表实际土壤含水量。取土工具是 5cm 直径的土钻，取表层 10cm 的土壤样品。收集的土壤样品立即称重并带回实验室，在 100～105℃的恒温下烘干 24h 至恒重，从而计算土壤含水量。模型建立以科尔沁沙地区域取得的 82 个样方（其中 2012 年 34 个，2013 年 48 个）和 410 个土壤含水量样品为样本。

（2）地下水位地面调查。

野外实测地下水位数据主要通过两种方法获取：①传统的水井法。地面考察时，测量传统水井的深度。②垂直电测深法。垂直电测深法测量地下水位（Song et al.，2012）。一般情况下，水井分布数量有限，如果通过钻井方法测量，则会对生态环境产生破坏，因而使用无损性的垂直电测深法作为一种补充。如使用的仪器是日本生产的 Yokogawa 324400 大地比阻抗仪，通过获取垂直电测深数据，运用温纳（Wenner）原理在 IPI2Win 软件中计算得到地下水位数据（Zhu et al.，2007）。模型建立以传统的水井法观测的地下水位数据 49 个、垂直电测深法获取的地下水位数据 33 个为基础；大约每 25km×25km 一个样本点，通过精确的定位，将获取的实测数据空间化。

5.1.3.2　地下水与水资源变化的遥感监测方法

1）典型区地下水位空间遥感监测

地下水遥感监测的原理：土壤中都有一个过渡带或毛细管区域，地下水可以通过毛细管作用向上渗入到土壤孔隙中。蒸发量大，降水量少，土壤含水量受地下水埋深影响极大；当潜水位高时，表层土壤可得到毛细管水的补给，使其保持较高的土壤含水量，随着潜水位的下降，土壤含水量随毛细管水的补给减少而下降，以至土壤的有效含水量不能满足植物的需要而形成土壤干旱。由此可见，地下水通过毛细管作用和热传导作用，引起地表湿度的变化，土壤水分是地下水位高低的直接反映。因此，土壤含水量的空间分布、土壤含水量与地下水之间的关系式是地下水遥感监测的重点（Brunner et al.，2007；Gumma and Pavelic，2013；Yan Y et al.，2014）。基于上述原理，为了获取地下水的空间分布，首先要获得区域尺度土壤含水量的空间分布，然后建立土壤含水量与地下水的关系。

（1）土壤含水量的空间分布。

对于土壤含水量的空间分布，主要是建立 Landsat 影像的穗帽变换的湿度（tasseled cap wetness，TCW）分量与土壤含水量的关系，从而快速获得区域范围的土壤水分数据（Huo et al.，2011）。Landsat TM 通过穗帽变换，不仅去除了原始影像各波段之间的冗余信息，而且使变换之后的结果变成了有重要物理意义的参数；从而建立了遥感 TCW 与表层土壤含水量的线性回归关系（图 5-5），见式（5-9）。

$$W = 0.1099x + 9.3522 \tag{5-9}$$

式中，W 为表层 10cm 深度的土壤含水量（%）；x 为 Landsat 影像变换得到的 TCW 分量。

从图 5-5 中可以看出，TCW 分量与土壤含水量呈显著的正相关关系，为进一步建立监测地下水位反演模型提供了良好的基础（图 5-5）。

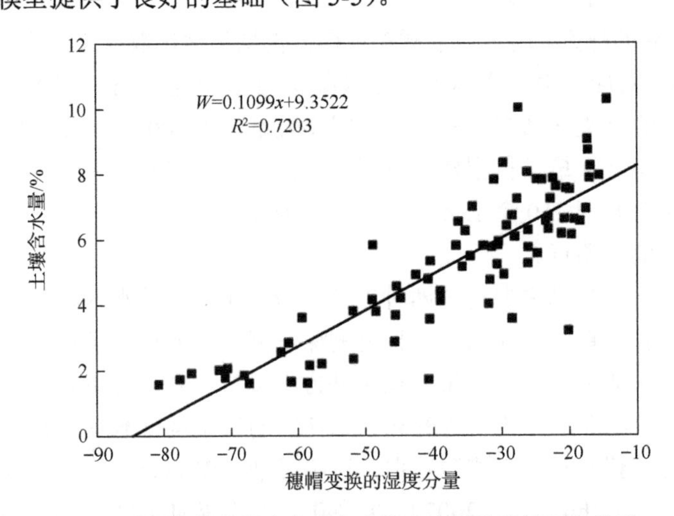

图 5-5　穗帽变换的湿度分量与土壤含水量的线性回归关系

（2）土壤含水量与地下水的关系。

土壤含水量与地下水位关系的遥感监测物理基础：在地下水位以上的土层中存在毛细

管，地下水通过毛细管作用能够到达地面。地下水位的高低能够反映浅层土壤水分含量以及土壤的反射、散射性质，见式（5-10）（Komarov et al.，2001）。

$$W^2(y)=\alpha+\beta y,\ \max(0,H-H_m)\leqslant y\leqslant H_m \tag{5-10}$$

式中，W 为土壤含水量；H 为地下水埋深深度；H_m 为从地下水-土壤接触面开始地下水能上升到毛细管的高度；α 和 β 是参数；y 为地面往下的垂直坐标轴，y=0 为土壤-大气接触面。

H_m 和土壤的理化性质有关，同样的土壤类型具有同样的 H_m 值。土壤类型不同，地下水能上升到毛细管的高度也不一样。参数 α 和 β 由下面的3种边界条件来定义：①在土壤-地下水接触面，$y=H$，土壤含水量达到最大值 W_{max}；②在地下水能上升到毛细管的高度处，$y=H-H_m$，土壤含水量达到最小值 W_{min}；③在土壤-大气接触面，y=0，土壤水分为 W_0。

将临界条件代入式（5-9）和式（5-10），得到毛细管水分布的定性方程，见式（5-11）。

$$\alpha=W_{max}^2-(W_{max}^2-W_{min}^2)\frac{H}{H_m},\quad \beta=\frac{W_{max}^2-W_{min}^2}{H_m} \tag{5-11}$$

显然，如果水文常数 W_{max}、W_{min} 和 H_m 已知，且遥感监测土壤水分的有效深度 d 被确定，利用某象元的TCW值，可以定量确定地下水位。

（3）地下水位估算。

根据表层10cm土壤含水量与TCW良好的拟合关系，利用Landsat影像变换后的TCW分量代替土壤含水量，最终得到地下水埋深深度（H）反演模型，见式（5-12）。

$$H=d+H_m\times\frac{W_{max}^2-(0.1099\text{TCW}+9.3522)^2}{W_{max}^2+W_{min}^2} \tag{5-12}$$

基于模型式（5-12），以土壤含水量作为中介，运用遥感影像可以快速估测出区域地下水位（Yan et al.，2014）。

2）基于GRACE水资源与地下水变化的遥感监测方法

（1）反演水储量变化的理论。

地球上一定空间内的质量并非固定的，而是处在一个动态变化的物质时空交换过程中；能使物质短期内剧烈交换的必然是较大的波动影响，如滑坡、地震、泥石流等事件；另外，短期内大范围的降水、地下水过度开采等，也会使得某区域的重力场发生明显变化。利用GRACE重力数据，可以从时空尺度上对地球重力场的变化进行分析，从而了解地球质量的变化情况。此外，短期内的地球重力场的变化，也是由大气和地球内各类物质的迁移和转化引起的，所以可用大地水准面来表示地球重力场，可由球谐系数计算得到大地水准面 N，见式（5-13）。

$$N(\theta,\lambda)=a\sum_{l}^{\infty}\sum_{m}^{l}\overline{P}_{lm}(\cos\theta)[C_{lm}\cos(m\lambda)+S_{lm}\sin(m\lambda)] \tag{5-13}$$

式中，a 为地球平均半径；θ、λ 分别为地心余纬和经度；C_{lm}、S_{lm} 为对应的GRACE的球谐系数；$\overline{P}_{lm}(\cos\theta)$ 为完全规格化的勒让德函数；l、m 分别表示球谐系数的阶和次。

地球大地水准面的变化常意味着地球质量的变化，大地水准面 N 的变化为 ΔN，即该时刻的大地水准面相对于前一时刻大地水准面的变化情况，也就是球谐系数发生了变化，以 ΔC_{lm}、ΔS_{lm} 来表示大地水准面的变化 ΔN，见式（5-14）（Tapley et al.，2004；Wang S J et al.，2020）。

$$\Delta N(\theta,\lambda)=a\sum_{l}^{\infty}\sum_{m}^{l}\overline{P}_{lm}(\cos\theta)[\Delta C_{lm}\cos(m\lambda)+\Delta S_{lm}\sin(m\lambda)] \tag{5-14}$$

大地水准面变化的密度变化用 $\Delta\rho(r,\theta,\lambda)$来表示，即加入 $\Delta\rho(r,\theta,\lambda)$表示球谐系数变化量 ΔC_{lm}、ΔS_{lm}，见式（5-15）。

$$\begin{Bmatrix}\Delta C_{lm}\\ \Delta S_{lm}\end{Bmatrix}=\frac{3}{4\pi a\rho_{\text{ave}}(2l+1)}\int\Delta\rho(r,\theta,\lambda)\overline{P}_{lm}(\cos\theta)\left(\frac{r}{a}\right)^{l+2}\begin{Bmatrix}\cos(m\lambda)\\ \sin(m\lambda)\end{Bmatrix}\sin\theta\mathrm{d}\theta r\mathrm{d}r \tag{5-15}$$

由此可建立 ΔC_{lm}、ΔS_{lm} 与 $\Delta\widehat{C}_{lm}$、$\Delta\widehat{S}_{lm}$（$\Delta\widehat{C}_{lm}$、$\Delta\widehat{S}_{lm}$ 为无量纲的地表密度变化的球谐系数）之间的关系，见式（5-16）。

$$\begin{Bmatrix}\Delta C_{lm}\\ \Delta S_{lm}\end{Bmatrix}=\frac{3\rho_w}{\rho_{\text{ave}}}\frac{l+k_l}{2l+1}\begin{Bmatrix}\Delta\widehat{C}_{lm}\\ \Delta\widehat{S}_{lm}\end{Bmatrix} \tag{5-16}$$

联合式（5-14）～式（5-16），最终确定面密度，见式（5-17）。

$$\Delta\sigma(\theta,\lambda)=a\sum_{l=0}^{\infty}\frac{2l+1}{l+k_i}\sum_{m=0}^{l}[\Delta C_{lm}\cos(m\lambda)+\Delta S_{lm}\sin(m\lambda)]\overline{P}_{lm}(\cos\theta) \tag{5-17}$$

地球表面质量可转化为等效水高 EWH（θ,λ），见式（5-18）。

$$\text{EWH}(\theta,\lambda)=\frac{a\rho_{\text{ave}}}{3\rho_w}\sum_{l=0}^{\infty}\sum_{m=0}^{l}\frac{2l+1}{1+k_i}[\Delta C_{lm}\cos(m\lambda)+\Delta S_{lm}\sin(m\lambda)]\overline{P}_{lm}(\cos\theta) \tag{5-18}$$

式中，ρ_{ave} 为地球平均密度；r 为高斯滤波平滑半径；k_i 为 l 阶负荷勒夫数。

（2）水储量变化遥感监测数据处理。

GRACE 卫星数据球谐系数高阶项的使用存在较多噪声，且受到信号混淆误差、仪器观测误差和信号泄露、卫星轨道等多种因素影响。重力场模型数据的高阶项随着阶次的增加，噪声的影响愈加增大；这些误差的存在，使得产品数据的解算表现为，在反演等效水高时于南北方向出现较明显的条带误差。因此，在使用 GRACE 重力数据产品时，需要利用空间平滑滤波、高斯滤波、扇形滤波和去相关滤波等方法进行去条带噪声处理，最终获得水储量变化数据。

（3）地下水变化遥感监测方法。

GRACE 卫星数据反演的是陆地水储量变化，GLDAS 能模拟出土壤水、雪水和冠层水的总量，由此推算地下水等效水高的变化。由于 GRACE 所反演的陆地水储量是用其等效水高来量化的，即 GRACE 等效水高是一个变量，是每个月相对于某基准时间（段）的变化，其数值也是一个月内陆地水储量变化的相对值。为了便于将两种数据进行对比分析，GLDAS 的数据全部转化为以某基准时间（段）的等效水高数据，均与 GRACE 数据保持一致，见式（5-19）。

$$\Delta H_{\text{GWSA}}=\Delta\text{TWSA}-\Delta H_{\text{SWSA}}-\Delta H_{\text{SWEA}}-\Delta H_{\text{CWSA}} \tag{5-19}$$

式中，H_{GWSA} 为地下水等效水高；TWSA 为全量水资源；H_{SMSA} 为土壤水等效水高；H_{SWEA} 为雪水等效水高；H_{CWSA} 为冠层水等效水高。

5.1.3.3　地下水位与水资源变化遥感有效性验证

1）地下水位的有效性验证

比较实测地下水埋深数据与地下水遥感估算结果。对两组数据进行线性回归分析，拟合后线性回归的确定系数是 0.80（p<0.001）（图 5-6）。进一步对两组数据进行成对样本 t 检验，结果显示，实测地下水位数据与模型反演结果并没有显著差异（p>0.05）。基于以上回归分析和显著性检验，确保地下水位反演模型结果的精度和可靠性（Yan et al.，2014）。

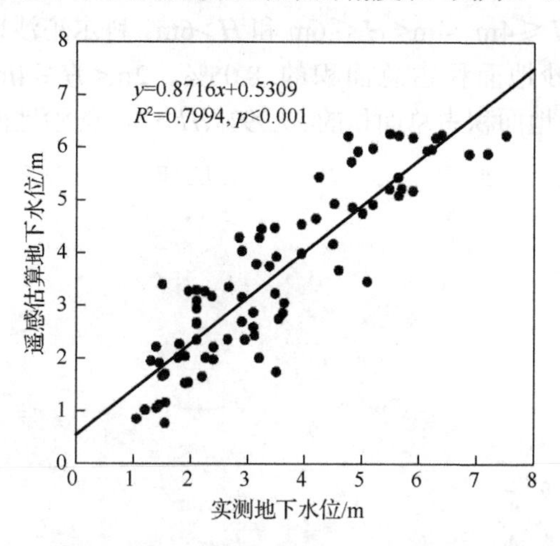

图 5-6 实测地下水位与模型估算地下水位的线性回归关系

2）水资源变化的有效性验证

受制于 GRACE 卫星的观测高度以及轨道确定的误差，GRACE 数据的空间分辨率较低，不可避免地会影响区域地下水储量变化的精度。由于地面水资源量难以监测，水资源变化的有效性无法直接验证，因此利用 GRACE 数据反演地下水的变化量结果进行间接验证。

5.1.3.4 地下水和水资源的分布特征

1）科尔沁沙地典型区地下水位的空间分布

（1）关键参数测定及计算。

为了确定地下水位反演模型的参数，分别于 2012 年和 2013 年的 6 月下旬在科尔沁沙地进行地面调查，选择 82 个样点并实测了土壤含水量、地下水位。在实测的同时，还对研究区植被覆盖度、不同深度的土壤水分、不同深度的土壤温度、土壤毛细管特征和地下水位进行了实地考察。

其中，遥感传感器监测土壤水分的有效深度 d=0.10m（Ju et al.，2010）。最大土壤含水量 W_{max} 通过两种方法获取：一是在研究区的样点实地测量地下水和土壤接触面的土壤含水量，因为此处的土壤含水量最大；二是室内烘干 1kg 土样，然后逐渐增加水，使其饱和，增加的水量就是最大土壤含水量。将室内和野外这两种方法测定的最大土壤含水量取均值得到 W_{max}=10.6%。绿洲-荒漠交错带从地面到地表 8～10cm 深处土壤含水量很低，这说明地下水只能达到此深处或地表蒸发量高；根据 W_{min} 的定义，有效最小土壤含水量是对 10cm 深处的土壤含水量实测数据进行统计分析获得的，W_{min}=1.8%。H_m 是指地下水通过毛细管能够上升的高度，与土壤质地、结构和理化性质有关，同一类土壤有相等的 H_m 值。由于条件的限制，采用上面的两种方法确定了 H_m=5.8m（Yan et al.，2014）。

（2）科尔沁沙地地下水位空间分布。

以科尔沁沙地为典型区，获取了地下水的空间分布，并对地下水按高低进行分类，制作了科尔沁沙地地下水位分布图（Yan et al.，2014）（图 5-7）。将地下水位 H 按水位高度分为 4 类：$H \leqslant 2$m、2m < $H \leqslant 4$m、4m< $H \leqslant 6$m 和 H >6m。科尔沁沙地总面积约 5.23 万 km^2，其中地下水位≤2m 的沙地面积占总面积的 8.05%、2m< H≤4m 的沙地面积占总面积 13.43%、4m< H≤6m 的沙地面积占总面积的 27.99%、H > 6m 的沙地面积占总面积的 10.36%。

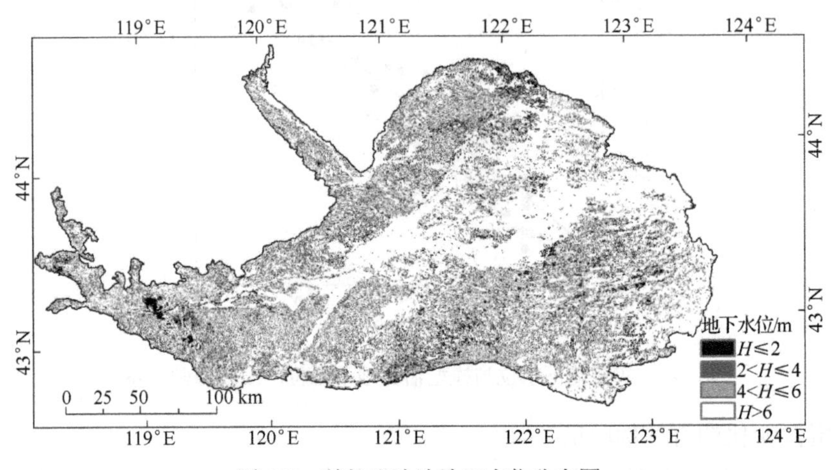

图 5-7 科尔沁沙地地下水位分布图

2）水资源变化的时空动态

（1）三北工程建设区（最初规划范围）总水资源量时空动态。

水储量是陆地水文循环的一个关键组成部分，其变化主要由地下水、土壤含水量、雪水当量和植物冠层水等部分组成，是降水、蒸散发、径流等一系列水文过程的综合反映。三北地区陆地水储量表现出明显的时空分布格局，东北地区与青藏高原地区水储量变化呈现增加趋势，而其他地区水储量呈现减少趋势。三北工程建设区总面积约为 406.9 万 km^2，其中，2002～2020 年水资源显著增加区面积约占 19.86%、显著减少区面积约占 76.52%、无显著变化区占 3.62%（图 5-8）。

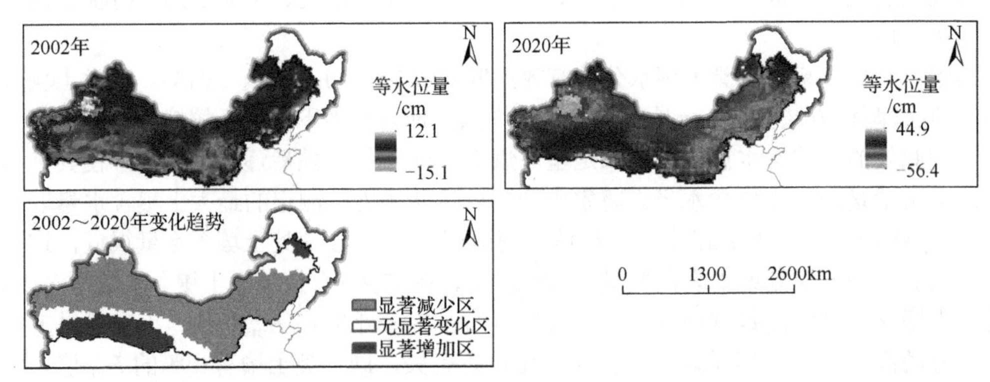

图 5-8 2002 年和 2020 年总水资源量及 2002～2020 年水资源量变化趋势（见书后彩图）

（2）三北工程建设区地下水时空动态。

地下水的时空分布特征与陆地水储量的变化相似，在三北工程建设区，地下水量显著增加区面积约占 14.09%、显著减少区面积约占 84.72%、无显著变化区占 1.19%（图 5-9）。

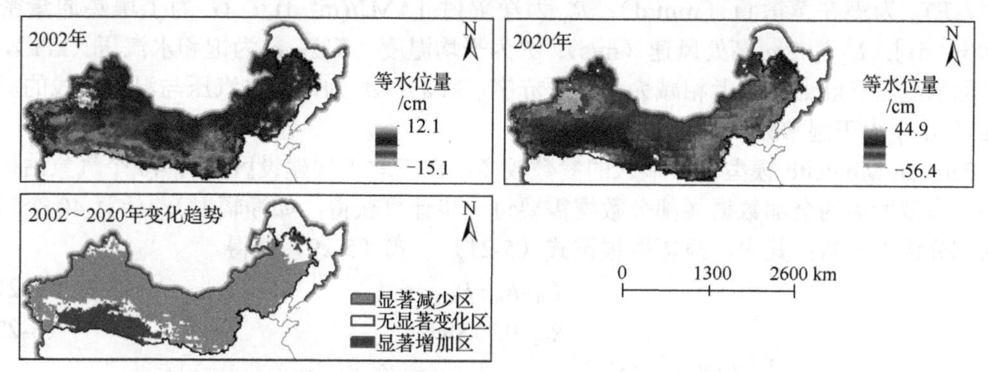

图 5-9 2002 年和 2020 年地下水量及 2002～2020 年地下水量变化趋势

5.2 以多源水定林的基础

“以多源水定林”中的“多源水”是指可以被植物利用的降水、地下水、径流、土壤水等，“林”是指不同区域背景下的最适宜防护林类型。“以多源水定林”是在水源量评估的基础上，通过防护林建设用地的整体布局设计，合理汇集和利用可供水源，对防护林规模、空间布局和种植类型进行规划设计；并进一步通过改善土壤含水量条件，选择适宜的防护林模式，使得防护林在供需水量平衡的基础上发挥最大的生态效益（刘晖等，2021）。

针对“以多源水定林”的概念，当前研究提出了新干燥度指数。一般认为，干燥度指数是表征一个区域干湿状况的重要气候指标，当前国际上通用的干燥度指数指降水量与潜在蒸散量的比值。新干燥度指数充分考虑植物水分利用的多源性，用多源水替代当前的降水量。因此，新干燥度指数分为两部分内容：多源水和潜在蒸散量。

5.2.1 潜在蒸散量的遥感监测

潜在蒸散量，又称参考作物蒸散量，是表征大气蒸发能力的特征量，即水热平衡的重要组成分量。潜在蒸散量的空间化是干旱、半干旱地区防护林需水量估算的重要依据，可为防护林经营与规划提供参考数据（Zheng and Zhu，2015a；2015b）。

5.2.1.1 蒸散量的遥感监测方法

1）潜在蒸散量估算模型的介绍

（1）FAO-56 彭曼-蒙特斯（Penman-Monteith）（FAO-PM）模型。

FAO-PM 模型考虑了植被生理特征，以能量平衡原理和水汽扩散原理为基础构建。该模型于 1998 年被联合国粮食及农业组织（FAO）推荐使用，并得到广泛认可，成为表征植被需水量与水资源供需平衡的重要手段之一，见式（5-20）（Allen and De Gaetano，2001）。

$$\mathrm{ET}_0=\frac{0.408\varDelta(R_{\mathrm{n}}-G)+\gamma\dfrac{900}{T+273}U_2(e_{\mathrm{s}}-e_{\mathrm{a}})}{\varDelta+\gamma(1+0.34U_2)} \tag{5-20}$$

式中，ET_0 为潜在蒸散量（mm/d）；R_{n} 为净辐射［(MJ/(m^2·d)］；G 为土壤热通量密度［MJ/(m^2·d)］；U_2 为 2m 高处风速（m/s）；T 为平均温度（℃）；e_{s} 为饱和水汽压（kPa），e_{a} 为实际水汽压（kPa），二者相减为水汽压赤字（kPa）；$\varDelta$ 为饱和水汽压与温度曲线的斜率（kPa/℃）；γ 为干湿常数（0.0677 kPa/℃）。

Penman-Monteith 模型需要输入的参数较多，在三北工程建设区只有 40 个气象站可以提供该模型所需的全部数据（部分数据需要进一步计算获得，如净辐射）。计算 40 个气象站的部分输入参数；其中，净辐射根据式（5-21）～式（5-29）获得。

$$R_{\mathrm{n}}=R_{\mathrm{ns}}-R_{\mathrm{nl}} \tag{5-21}$$

$$R_{\mathrm{ns}}=0.77\mathrm{SR} \tag{5-22}$$

$$R_{\mathrm{nl}}=\left[\sigma\left(\frac{T_{\max_{\mathrm{k}}}^4+T_{\min_{\mathrm{k}}}^4}{2}\right)\left(0.34-0.14\sqrt{e_{\mathrm{a}}}\right)\left(1.35\frac{\mathrm{SR}}{\mathrm{SR}_{\mathrm{o}}}-0.35\right)\right] \tag{5-23}$$

$$SR_{\mathrm{o}}=0.75R_{\mathrm{a}} \tag{5-24}$$

式中，R_{ns} 为净短波辐射［MJ/(m^2·d)］；R_{nl} 为净长波辐射［MJ/(m^2·d)］；SR 为入射太阳辐射；σ 为斯蒂芬-玻耳兹曼常数［4.90×10^{-9} MJ/(K^4·m^2·d)］；$T_{\max_{\mathrm{k}}}$ 为平均最高温（K）；$T_{\min_{\mathrm{k}}}$ 为平均最低温（K）；$\dfrac{\mathrm{SR}}{\mathrm{SR}_{\mathrm{o}}}$ 为入射太阳辐射与晴朗太阳辐射的比值，其值小于或者等于 1；R_{a} 为天文辐射［MJ/(m^2·d)］；G、$\varDelta$、e_{s}、e_{a}、U_2 可以通过式（5-25）～式（5-29）获取。

$$G=C_{\mathrm{s}}\times\frac{T_i-T_{i-1}}{\Delta t}\Delta z \tag{5-25}$$

$$\varDelta=\frac{4098\left[0.6108\exp\left(\dfrac{17.27T}{T+237.3}\right)\right]}{(T+273.3)^2} \tag{5-26}$$

$$e_{\mathrm{s}}=\frac{\left[0.6108\exp\left(\dfrac{17.27T_{\max}}{T_{\max}+237.3}\right)\right]+\left[0.6108\exp\left(\dfrac{17.27T_{\min}}{T_{\min}+237.3}\right)\right]}{2} \tag{5-27}$$

$$e_{\mathrm{a}}=\frac{\mathrm{RH}}{100}e_{\mathrm{s}} \tag{5-28}$$

$$U_2=U_z\left[\frac{4.87}{\ln(67.8Z-5.42)}\right] \tag{5-29}$$

式中，C_{s} 为热容量［MJ/(m^3·℃)］，取常数 2.1 MJ/(m^3·℃)；T_i 为 i 时间段的平均温度(℃)；T_{i-1} 为 i-1 时间段的平均温度(℃)；Δt 为时间段；Δz 为有效土壤深度(m)，范围一般为 0.10～0.20m；T 为平均气温（℃）；$T_{\max}$ 与 $T_{\min}$ 分别为最高温和最低温（℃）；RH 为相对湿度；U_z 为 10m 处的风速（m/s）；Z 为测风速的高度（10m）。

（2）Hargreaves 模型。

Hargreaves 模型是 1985 年由 Hargreaves 提出，并经不断改进的一个气候学模型。与

Penman-Monteith 模型相比，Hargreaves 模型的计算参数更为简单（Hargreaves and Allen，2003）见式（5-30）。

$$ET_0=C_0R_a'(T_{max}-T_{min})^{0.5}(T+17.8) \tag{5-30}$$

式中，ET_0 为潜在蒸散量；R_a'为地球大气层顶的太阳辐射［$MJ/(m^2·d)$］；T_{max} 为气温的最高值（℃）；T_{min} 为气温的最低值（℃）；T 为平均温度（℃）；C_0 为常数（0.0023）。地球大气层顶的太阳辐射 R_a'根据式（5-31）计算获得。

$$R_a'=0.408R_a \tag{5-31}$$

式中，R_a 为天文辐射［$MJ/(m^2·d)$］；0.408 为转化系数。天文辐射 R_a 根据式（5-32）计算获得。

$$R_a=37.59d_r(w_s\cdot\sin\varphi\cdot\sin\delta+\cos\varphi\cos\delta\cdot\sin w_s) \tag{5-32}$$

式中，d_r 为地球与太阳的反相对距离，其值随日期变化而变化；w_s 为日落角度；δ 为纬度（°）；φ 为太阳相关变量。式（5-33）中间变量根据式（5-33）～式（5-35）计算获得。

$$d_r=1+0.033\cdot\cos\left(\frac{2\pi\cdot J}{365}\right) \tag{5-33}$$

$$\delta=0.4093\cdot\sin\left(\frac{2\pi\cdot J}{365}-1.39\right) \tag{5-34}$$

$$w_s=\arccos(-\tan\varphi\cdot\tan\delta) \tag{5-35}$$

式中，J 为儒略日，是一种不用年月的长期纪日法，可以将不同历法的年表统一，见式（5-36）～式（5-39）。

$$a=\frac{14-T_{month}}{12} \tag{5-36}$$

$$y=T_{year}+4800-a \tag{5-37}$$

$$m=T_{month}+12a-3 \tag{5-38}$$

$$J=T_{day}+\frac{153m+2}{5}+365y+\frac{y}{4}-\frac{y}{100}+\frac{y}{400}-32045 \tag{5-39}$$

式中，T_{month} 为月份；T_{year} 为年份；T_{day} 为日期。

2）潜在蒸散量的估算方法

FAO-PM 模型的计算精度较高，但所需参数较多，对气象观测数据的齐备性要求很高；而 Hargreaves 模型的计算精度相对较低，模型参数少，对气象观测数据的齐备性要求较低。分析三北工程建设区所有的 220 个气象站点数据发现，所有气象站点均可满足 Hargreaves 模型的数据输入要求，但仅有 40 个气象站点满足 FAO-PM 模型的数据要求。因此，通过 FAO-PM 模型对传统的 Hargreaves 模型的关键参数（C_0）进行修正，以提高 Hargreaves 模型在三北工程建设区的适用性。C_0 修正方法参照了以往研究成果（Vanderlinden et al.，2004；Ravazzani et al.，2012），见式（5-40）。

$$C_0=a\cdot\left(\overline{T}/\overline{\Delta T}\right)+b\cdot\overline{T}/\overline{\Delta T}+c+\Delta C_{0,residual} \tag{5-40}$$

式中，$\overline{T}$ 为年平均气温（℃）；$\overline{\Delta T}$ 为月最高温减去月最低温；$\Delta C_{0,residual}$ 为残差（mm）；利用 40 个气象站数据，建立两种模型估算蒸散量结果的回归关系，以获取校正模型中的相关系数（a、b、c），计算 C_0，进而得到修正的 Hargreaves 模型；结合三北工程建设区气温的研究结果，估算三北工程建设区的潜在蒸散量。

3）潜在蒸散量模型估算精度的验证方法

采用 4 个指标对模型的估算结果进行有效性验证，这些指标为决定系数（R^2）、斜率（b）、平均偏差（MBE）、相对均方根误差（RRMSE）。

5.2.1.2 蒸散量遥感有效性验证

利用 40 个气象站点数据，对比 FAO-PM 和 Hargreaves 原始模型，首先建立了 C_0 与各月气温的回归关系。在此基础上，将气温空间分布值代入各月 C_0 模型中，最终获得 1～12 月的 C_0 空间分布。以 FAO-PM 模型计算得到 40 个气象站点的月潜在蒸散量（2001～2009 年）作为标准值或参考真实值，对 Hargreaves 原始模型和 Hargreaves 修正模型进行验证。结果表明，Hargreaves 修正模型的模拟精度得到了显著提高（图 5-10），Hargreaves 修正模型与原始模型的 MBE 分别为-0.21mm 和 10.06mm，RRMSE 分别为 13.44%和 32.74%，R^2 分别为 0.85 和 0.21，b 分别为 1.00 和 1.00。

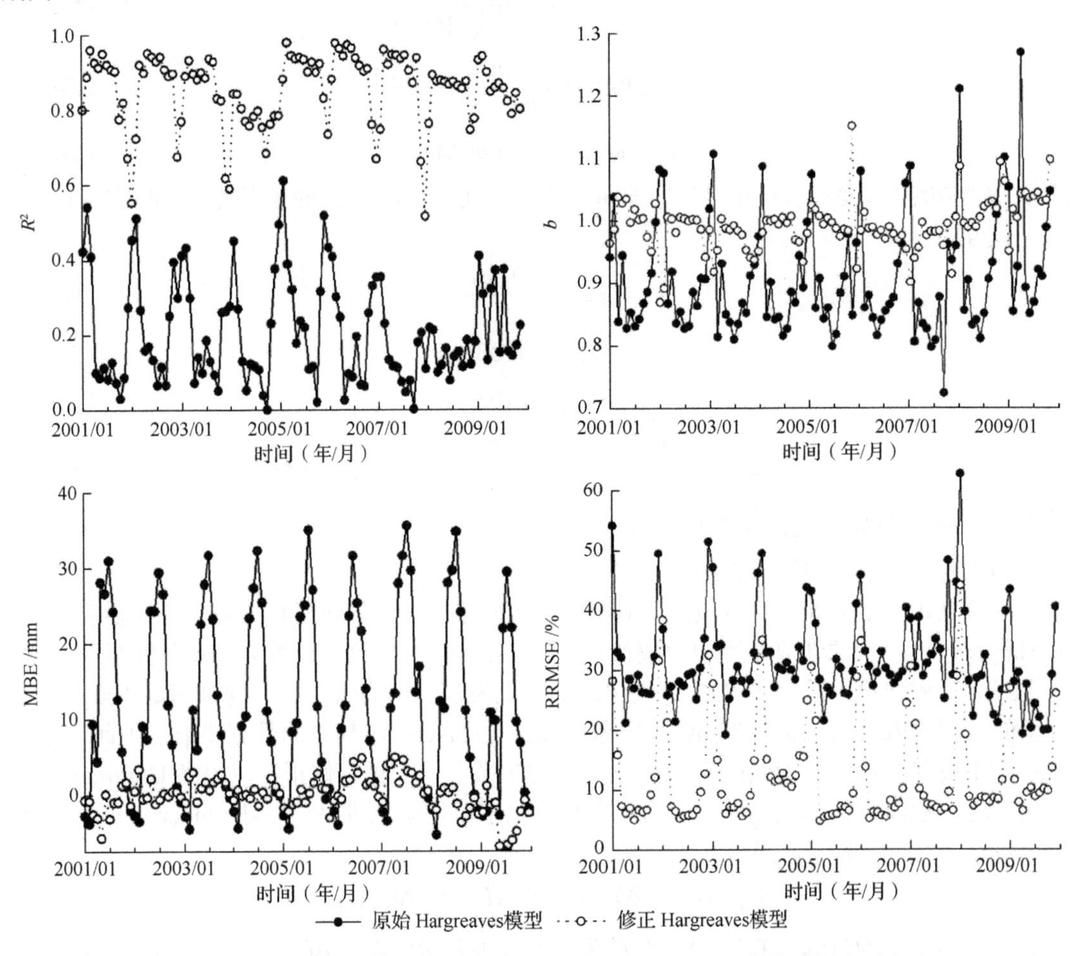

图 5-10 原始 Hargreave 模型与修正 Hargreave 模型月潜在蒸散量的验证结果

在月潜在蒸散量的基础上，计算了 Hargreaves 模型的年潜在蒸散量，并利用 40 个气象站点 FAO-PM 模型得到的年潜在蒸散量估算结果对其验证。结果显示，MBE 为 2.32mm，

RRMSE 为 7.07%，R^2 为 0.90，b 为 1.00（图 5-10、图 5-11），精度显著提高。

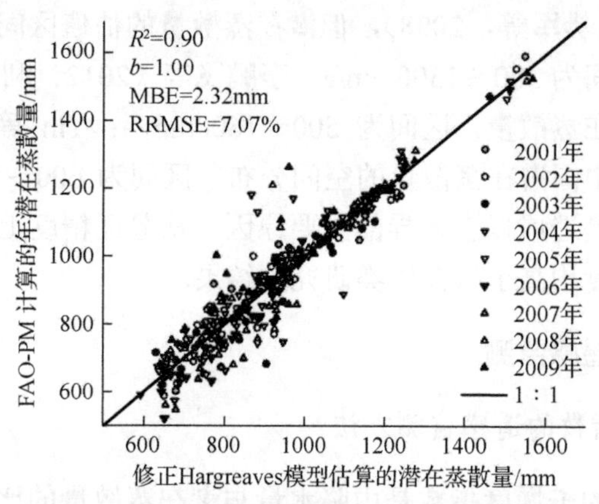

图 5-11　2001～2009 年修正 Hargreaves 模型估算的与 FAO-PM 模型计算的年潜在蒸散量散点图

5.2.1.3　蒸散量空间分布特征

蒸散量的空间分布呈现明显的“三向地带性”：自南向北、自东向西和垂直海拔方向（图 5-12）。首先，潜在蒸散量自南向北逐步降低，该趋势在三北工程建设区的东部表现得尤为明显；例如，华北南端、辽宁省、吉林省与黑龙江省北端的潜在蒸散量依次分别约为 950mm、800mm、700mm、500mm。其次，潜在蒸散量自东向西依次升高；例如，华北北部的潜在蒸散量约为 650mm，内蒙古约为 700mm，至新疆则约上升为 1000mm。最后，潜在蒸散量随着海拔的升高而降低；以三北工程建设区的西北端的阿尔泰山为例，山下的潜在蒸散量为 700～750mm，而山顶部的潜在蒸散量小于 500mm（图 5-12）。

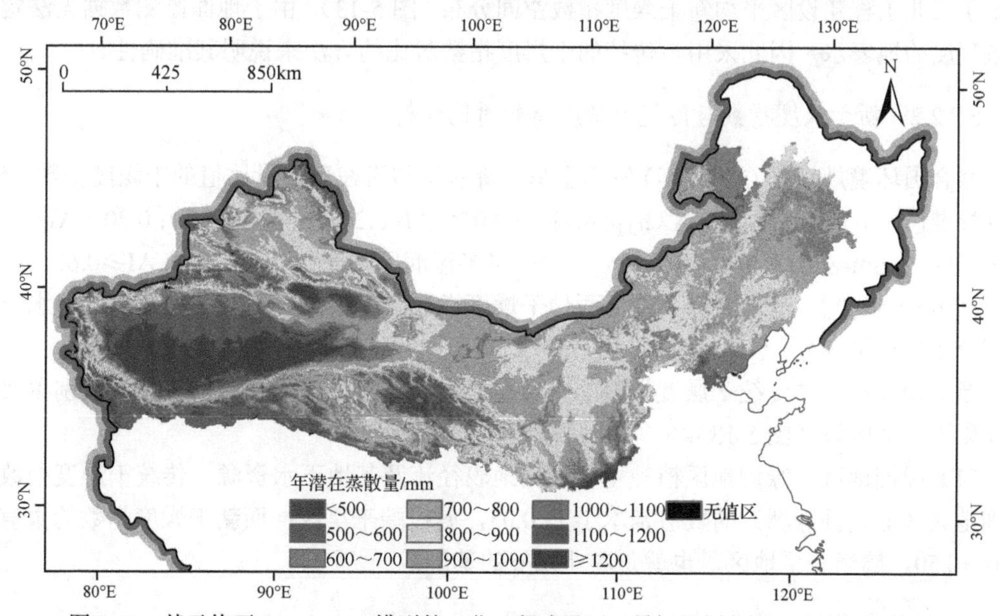

图 5-12　基于修正 Hargreaves 模型的三北工程建设区（最初规划范围）平均年蒸散量空间分布图（见书后彩图）

遥感反演获得的潜在蒸散量的空间分布与以往研究结果基本一致（李晓军和李取生，2004；Yin et al.，2008；樊军等，2008），但潜在蒸散量的估值区间更为精确。基于遥感技术获得的潜在蒸散量区间为300～1300mm/a；李鹏飞等（2012）利用FAO-PM模型计算了典型区的气象站点的潜在蒸散量，区间为500～1600mm/a；Yin等（2008）利用气象站点数据与插值方法获得了中国潜在蒸散量的空间分布，区间为600～1300mm/a。不同的数据源及其空间分辨率可能是造成以上差异的主要原因。从验证精度上来看，遥感技术估算潜在蒸散量的分辨率和精度均高于目前同类研究的结果。

5.2.2　新干燥度指数的遥感监测

5.2.2.1　新干燥度指数的遥感监测方法

当前，国际上通用的干燥度指数是由降水量与潜在蒸散量的比值表征的，将降水量作为区域的可利用水量。然而，在干旱、半干旱地区，植物的生活、生长、发育不仅依靠降水量，地表径流、地下水和土壤水等均属于水资源的一部分，直接影响着防护林的构建与经营。因此，提出基于全量水资源的新干燥度指数，定义为：区域全部可利用水资源量与潜在蒸散量的比值，见式（5-41）。

$$\mathrm{AI}_{\mathrm{new}}=(P+\mathrm{GW}+\mathrm{SWC}+\mathrm{SW})/\mathrm{ET}_0 \tag{5-41}$$

式中，$\mathrm{AI}_{\mathrm{new}}$为新干燥度指数；$P$为降水量（mm）；GW为植物可利用的地下水（mm）；SWC为土壤含水量（折算为等水量，mm）；SW为地表水（mm）；ET_0为潜在蒸散量（mm）。

区域尺度的潜在蒸散量采用修正后的Hargreaves模型进行获取，多源水资源通过遥感方法估算。利用2003～2020年的年平均降水量、地下水、地表水与潜在蒸散量的空间分布，确定了三北工程建设区平均新干燥度指数空间分布（图5-13）。由于地面监测数据无法定量区域尺度的地表水，因此采用与传统的干燥度指数对比的方法来说明其准确性。

5.2.2.2　新干燥度指数与传统干燥度指数对比分析

联合国环境规划署（1992年）发布了基于降水量与潜在蒸散量比值的干燥度指数（AI）划分标准[AI<0.05，极端干旱区（hyper-arid）；0.05≤AI<0.20，干旱区（arid）；0.20≤AI<0.50，半干旱区（semi-arid）；0.50≤AI<0.65，半干旱半湿润区（dry subhumid）；AI≥0.65，半湿润区（subhumid）]。基于该标准结合两种干燥度指数的结果，对三北工程建设区的水资源空间分布进行了划分。

新干燥度指数与传统干燥度指数的空间布局在东部地区基本一致，最大的区别主要集中在以下三个区域（图5-13）。

（1）绿洲地区：绿洲地区植被主要利用地表径流及其地下水资源，传统干燥度指数在绿洲地区（如新疆绿洲）的数值基本小于0.05，属极端干旱区；而新干燥度指数的数值为0.20～0.50，属半干旱地区，也就是农业发展的基础线。

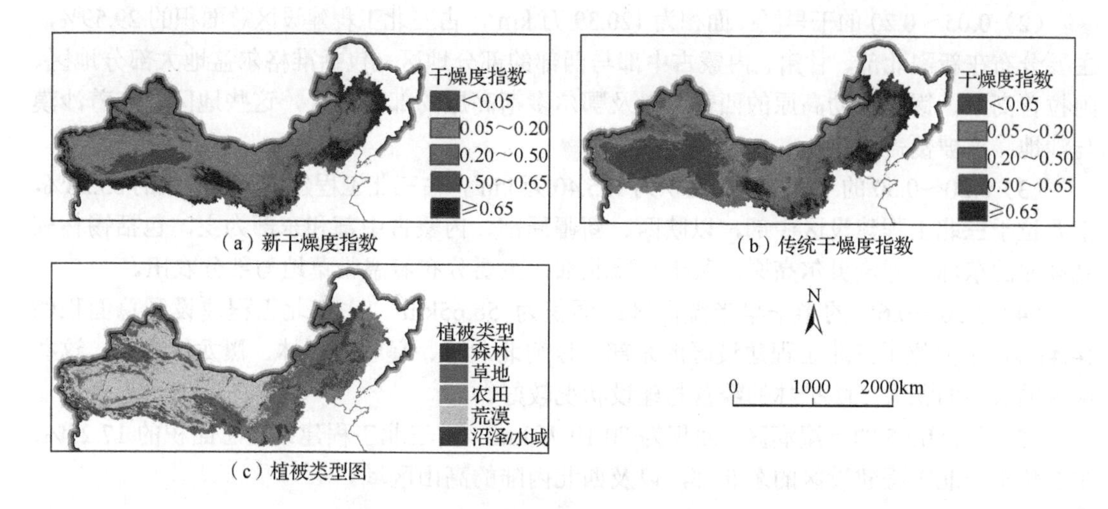

图5-13 三北工程建设区（最初规划范围）新干燥度指数、传统干燥度指数与植被类型分布图（见书后彩图）

（2）西北的高山地区：高山地区的植被类型以高山植被体系为主，水分来源主要是冰川融水；传统的干燥度指数在该地区的数值为 0.05～0.20，属干旱和半干旱两个梯度；而新干燥度指数由于能监测到冰川融水，因此干燥度指数在 0.65 以上，属半湿润区，植被类型以高山植被和湿地植被为主。

（3）沙漠地区：传统的干燥度指数小于 0.05，属极端干旱区，而新干燥度指数在该区域则一部分处于干燥度指数小于 0.05 的极端干旱区，另一部分处于干燥度指数 0.05～0.20 的干旱区。这是因为新干燥度指数计算了沙漠地区的地下水和地表径流，而传统干燥度指数仅计算了降水量。

新干燥度指数与植被类型的空间格局具有较好的对应关系，如塔克拉玛干沙漠和巴丹吉林沙漠都处于干燥度指数小于 0.05 的区间，而对应的新干燥度指数为 0.20～0.50，属半干旱区；新干燥度指数大于 0.5 的区域主要为我国东北大部、华北北部与明显受地形影响的中西部的部分地区，这些区域植被状况较好，是森林与农田的主要分布区。该结果证明，基于全量水资源估算的新干燥度指数能够较好地反映区域的干湿状况，可作为植被气候区划的依据。

5.2.2.3 新干燥度指数空间分布特征

利用联合国环境规划署的划分标准，三北工程建设区（最初规划范围）新干燥度指数的空间分布如下。

（1）小于 0.05 的极端干旱区：面积为 22.27 万 km^2，占三北工程建设区总面积的 5.47%，主要分布在新疆南部、青海西北部与内蒙古西部，包括新疆的塔里木盆地、柴达木盆地的大部分地区，以及阿拉善高原的部分地区，该区域是我国最为干旱的区域，分布着广阔的沙漠和戈壁，基本无植被覆盖。

（2）0.05～0.20 的干旱区：面积为 120.39 万 km^2，占三北工程建设区总面积的 29.59%，主要分布在新疆北部、甘肃、内蒙古中部与西部的部分地区，包括准格尔盆地大部分地区、阿拉善高原、锡林郭勒高原的西部，以及鄂尔多斯高原的部分地区，这些地区分布着沙漠与沙地，植被覆盖稀疏。

（3）0.20～0.50 的半干旱区：面积为 135.40 万 km^2，占三北工程建设区总面积的 33.28%，主要位于三北工程建设区中部，以陕西、新疆局部、内蒙古中部和东部为主，包括锡林郭勒高原的东部、呼伦贝尔高原与黄土高原北部，主要分布着温带草地与部分农田。

（4）0.50～0.65 的半干旱半湿润区：面积为 58.65km^2，占三北工程建设区总面积的 14.41%，主要位于三北工程建设区的东部，以河北北部、辽宁、吉林、黑龙江为主，这些区域的农田面积大，防护林的经营与建设状况较好。

（5）大于 0.65 的半湿润区：面积为 70.19 万 km^2，占三北工程建设区总面积的 17.25%，主要位于三北工程建设区的东北部，以及西北内陆的高山区域。

5.3 基于树木水分利用来源的树种选择

树种选择不仅直接影响防护林树木成活、生长、发育，而且对防护林结构、防护效应及可持续性产生直接影响（曹新孙，1983；朱教君，2013）。因此，树种选择成为防护林构建的最重要基础。由于人工防护林（除部分农田防护林外）大多在生态环境脆弱区，且随着防护林工程建设持续推进，适宜于人工防护林造林的宜林地资源越来越少，立地条件也越来越差，特别是对于有潜力造林的北方干旱、半干旱区，造林难度越来越大，几乎均为困难立地；因而，树种选择显得尤为重要。

水分是限制我国北方干旱、半干旱区树木生长与存活的关键因子，树木吸收的水分主要来自降水和土壤水（地下水）（姜凤岐等，2002）。因此，降水分布和土壤水分（地下水）状况直接影响防护林的树种选择、组成和结构功能。不同树种吸收利用不同来源的水分以适应生境，而明确不同树种到底利用了哪里的水源（土壤水、雨水、地下水等），即水分利用来源，就成为防护林树种“适地适树”选择的重要因素。另外，随着气候变化和人类活动的增加，降水、土壤水和地下水位频繁波动，防护林树种利用并适应不断变化的水源。因此，对干旱、半干旱区防护林水分利用机制的理解，根据树木水分利用来源选择适宜的防护林树种显得尤为重要，成为防护林树种选择的新原则（王金强等，2019；Song et al.，2020a）。

5.3.1 基于树木水分利用来源的树种选择原理

树木水分利用来源是防护林营造过程中树种选择和配置的基础。然而，传统挖根法判断防护林树种水分来源费时、费力且破坏生境，很难精确判断防护林树种究竟利用哪里的水源；而氢氧稳定同位素示踪技术是确定树木水分来源的一种有效手段，能够精准辨识树木利用哪里的水源（Ehleringer et al.，1991；Song et al.，2018a）。研究表明，树木根系所吸收的水分在向木质部运输的过程中，一般不发生氢氧稳定同位素的分馏，这是利用稳定同位素技术判定树木水分来源的理论基础（Dawson et al.，2002）。树木木质部水中的氢氧稳定同位素组成（δ^2H 和 δ^{18}O）反映了它们生长的环境中的水分来源。因此，通过比较树木木质部水中氢氧稳定同位素组成与其生长环境中的各潜在水源的氢氧稳定同位素组成，结合相应模型计算不同潜在水源对树木水分利用的相对贡献比例，从而确定树木水分利用来源。

5.3.1.1　不同树种水分利用来源研究方法

Song 等（2020a）于半干旱区科尔沁沙地南缘的辽宁省彰武县章古台镇（42°43′N，122°22′E），选择樟子松、小钻杨、油松、白榆和小叶锦鸡儿人工固沙林（表 5-6），运用氢氧稳定同位素示踪技术，观测了不同树种水分利用来源季节动态。该区属于半干旱气候区，年平均温度约为 6.7℃（1954～2010 年平均值）；年均降水量在 474mm 左右（1954～2010 年平均值），其中 6～8 月降水量占全年的 67%以上；年均蒸发量约为 1500mm。在每个树种固沙林样地内，设置 3 个 400m^2 样方；在每个样方内选择 1 株标准木作为样树。每个树种 3 株样树，共计 15 株样树。相关研究表明，不同年龄和大小的成熟林个体不会显著影响树木的水分利用来源。因而，不同树种间水分利用来源差异不受林龄的影响。

表 5-6　不同树种人工林特征（2014 年调查）

树种	面积/hm^2	年龄/a	平均胸径/cm	平均树高/m	密度/（株/hm^2）
樟子松	4.0	34	12.7	7.0	1365
小钻杨	5.0	14	16.0	12.4	444
油松	3.0	43	18.9	5.6	300
白榆	1.0	45	23.2	7.5	—
小叶锦鸡儿	2.0	20	2.2*	1.9	233

注：*表示地径；由于榆树是散生状态，未计算白榆的密度。

于 2014 年的 5 月、7 月、9 月和 2015 年的 5 月、7 月、9 月选择晴朗天气进行不同树种样树枝条、不同深度土壤（0～20cm、20～40cm、40～60cm、60～80cm、80～100cm、100～150cm 和 150～200cm）和地下水取样；同时，测定不同深度土壤含水量。另外，收集 2015 年 5～9 月每次降水量>5mm 的雨水样品。将取得的所有样品带回实验室。土壤和枝条样品通过低温真空蒸馏法提取水分（Ehleringer et al.，1991），用稳定同位素质谱仪（MAT 253）测定土壤水、枝条木质部水、地下水和雨水的 δ^2H、δ^{18}O 值。为了便于对比和分析，依据不同深度土壤含水量和土壤水中 δ^2H 和 δ^{18}O 值的变化规律，将土壤水分为 0～40cm、40～100cm 和 100～200cm 三个层次。利用 IsoSource 混合模型计算不同潜在水源（0～40cm、40～100cm、100～200cm 和地下水）对不同树种水分利用来源的贡献比例（Song et al.，2016a）。此外，利用大地阻抗仪（Yokogawa 324400）测定不同月份各样方地下水位。

5.3.1.2　不同树种林地土壤含水量和地下水位季节变化特征

不同树种林地土壤含水量随季节和土壤深度的变化表明：2014 年，各树种林地春季和夏季土壤含水量显著高于秋季（$p<0.05$）；2015 年，樟子松、油松、白榆春季和秋季土壤含水量显著高于夏季（$p<0.05$）。0～40cm 土层土壤含水量变化较大，变异系数介于 20.4%～30.8%；而 40～100cm 土层土壤含水量变化相对较小，变异系数介于 16.1%～21.7%；100～200cm 土层土壤含水量相对稳定，变异系数介于 9.1%～14.5%（图 5-14）。另外，年份、季节和树种均显著影响土壤含水量（$p<0.05$）。2015 年土壤含水量显著高于 2014 年，春季土壤含水量显著高于夏季和秋季，樟子松人工固沙林土壤含水量显著高于其他树种人工固沙林。

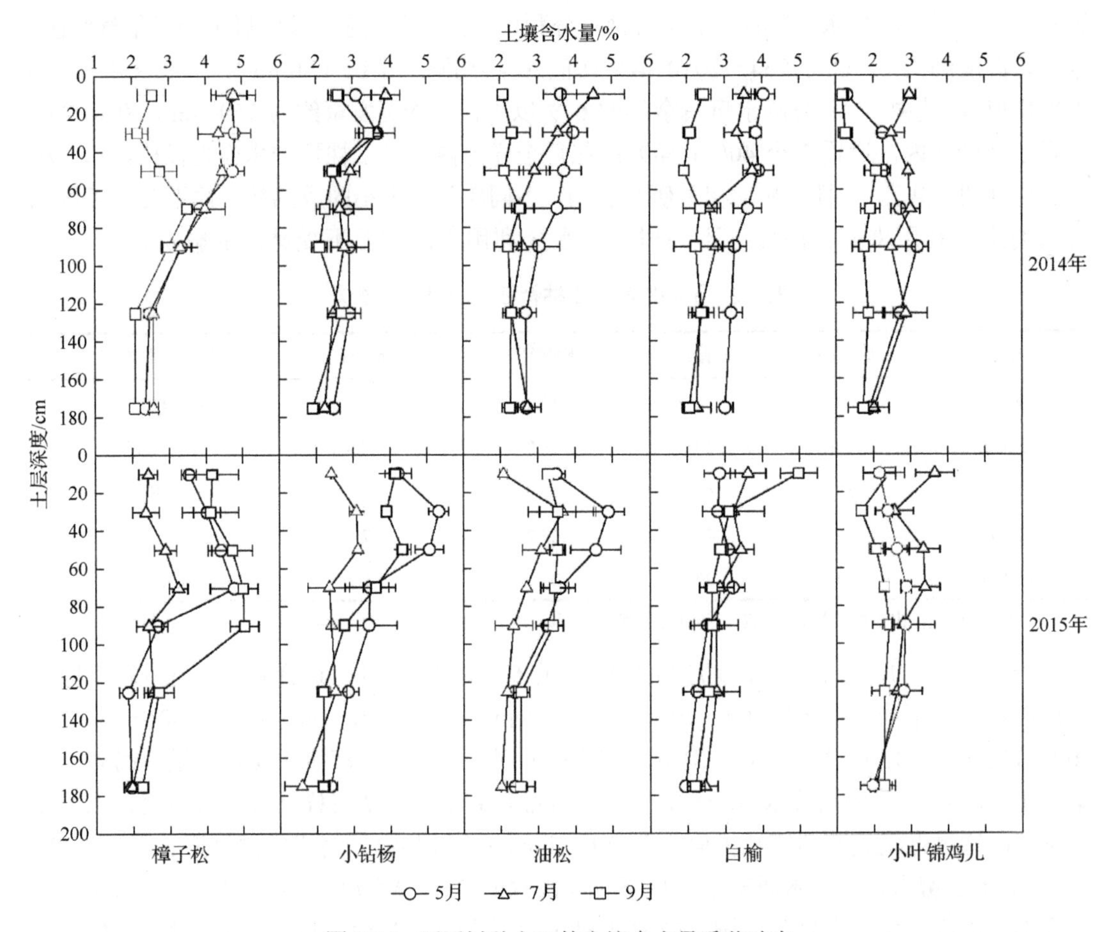

图 5-14　不同树种人工林土壤含水量季节动态

整个监测期间（2014～2015 年），樟子松、小钻杨、油松、白榆和小叶锦鸡儿人工林平均地下水位分别为 4.9m、5.4m、5.1m、5.1m 和 8.9m（图 5-15）。2014～2015 年，樟子松、小钻杨、油松、白榆和小叶锦鸡儿人工林地下水位分别下降 0.4m、0.2m、0.2m、0.4m 和 0.5m（图 5-15）。

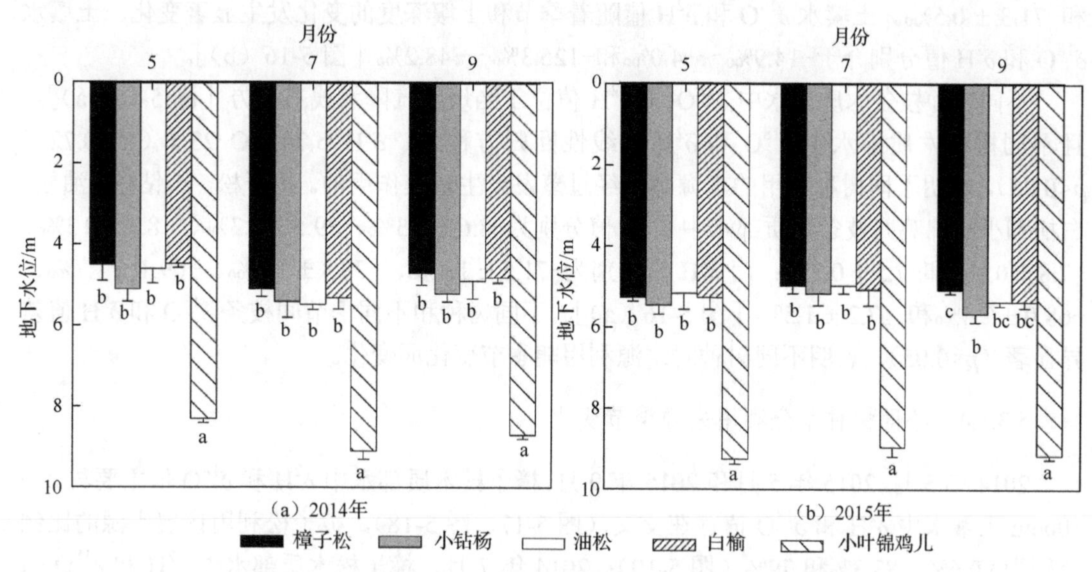

图 5-15 2014 年和 2015 年不同树种人工林地下水位季节动态

5.3.1.3 不同树种枝条木质部水与土壤水、地下水和雨水同位素特征

雨水中 δ^{18}O 和 δ^2H 值在全球大气降水线附近，表明收集的雨水并没有发生同位素富集现象。根据雨水样品的 δ^{18}O 和 δ^2H 值，拟合了当地的大气降水线为：$\delta^2H=8.36\delta^{18}O+9.46$（$R^2=0.97$，$p<0.05$）[图 5-16（a）]。另外，土壤水中 δ^{18}O 和 δ^2H 值分布在当地大气降水线的右下方[图 5-16（b）]，土壤水中 δ^{18}O 和 δ^2H 值线性回归方程为：$\delta^2H=6.31\delta^{18}O-19.29$（$R^2=0.85$，$p<0.05$），这表明不同深度的土壤水同位素受到大气蒸发的影响，造成土壤水同位素值富集。

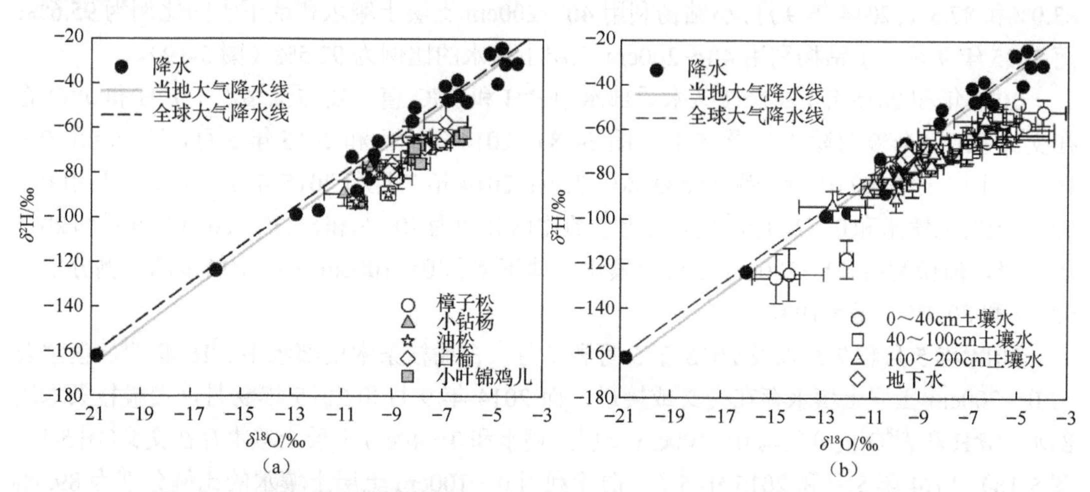

图 5-16 不同树种枝条木质部水、土壤水、地下水和降水中 δ^2H 和 δ^{18}O 关系

雨水中 δ^{18}O 和 δ^2H 值分别介于-20.8‰～-4.1‰和-161.9‰～-23.8‰。与雨水中 δ^{18}O 和 δ^2H 值相比，地下水中 δ^{18}O 和 δ^2H 值相对比较稳定，δ^{18}O 和 δ^2H 平均值分别为-9.6 ± 0.04‰

和−71.3 ± 0.5‰。土壤水 δ^{18}O 和 δ^{2}H 值随着季节和土壤深度的变化发生显著变化，土壤水 δ^{18}O 和 δ^{2}H 值分别介于−14.9‰～−4.0‰和−126.3‰～−48.2‰［图 5-16（b）］。

不同树种枝条木质部水中 δ^{18}O 和 δ^{2}H 值位于当地大气降水线右下方［图 5-16（a）］，且不同树种木质部水中 δ^{18}O 和 δ^{2}H 值线性回归方程为：$\delta^{2}H=5.74\delta^{18}O-23.1$（$R^2=0.72$，$p<0.05$），表明不同树种利用的水源都是经过蒸发产生富集作用的。樟子松、小钻杨、油松、白榆和小叶锦鸡儿枝条木质部水中 δ^{18}O 值分别为−8.6 ± 0.3‰、−9.5 ± 0.3‰、−8.3 ± 0.3‰、−7.8 ± 0.3‰和−7.5 ± 0.2‰；而 δ^{2}H 值分别为−71.5 ± 1.8‰、−78.3 ± 1.9‰、−69.1 ± 1.7‰、−68.0 ± 2.4‰和−67.2 ± 1.5‰［图 5-16（a）］。不同树种和不同季节间枝条 δ^{18}O 和 δ^{2}H 值差异显著（$p<0.05$），表明不同树种对水源利用随季节变化而变化。

5.3.1.4 不同树种水分利用来源季节变化

2014 年 5 月、2015 年 5 月和 2015 年 9 月，樟子松木质部水中 δ^{2}H 和 δ^{18}O 值主要与 0～100cm 土壤水中 δ^{2}H 和 δ^{18}O 值存在交叉（图 5-17、图 5-18），樟子松利用该层水源的比例分别为 90.6%、83.3%和 79%（图 5-19）；2014 年 7 月，樟子松木质部水中 δ^{2}H 和 δ^{18}O 值主要与 0～40cm 土层土壤水中 δ^{2}H 和 δ^{18}O 值存在交叉（图 5-17、图 5-18），樟子松利用该层水源的比例为 95.2%（图 5-19）。然而，2014 年 9 月和 2015 年 7 月，樟子松木质部水中 δ^{2}H 和 δ^{18}O 值主要与 0～100cm 土层土壤水和地下水存在交叉（图 5-17、图 5-18），樟子松利用这些水源的比例分别为 86.6%和 94.0%（图 5-19）。

小钻杨枝条木质部水中 δ^{2}H 和 δ^{18}O 值主要与 40～200cm 土层土壤水和地下水或 100～200cm 土层土壤水和地下水中同位素值接近（图 5-17、图 5-18）。2014 年 5 月和 2015 年 5 月，小钻杨利用 40～200cm 土层土壤水和地下水的比例分别为 92.9%和 90.2%；2014 年 7 月和 2015 年 7 月，小钻杨利用 100～200cm 土层土壤水和地下水的比例分别为 83.0%和 87.3%；2014 年 9 月，小钻杨利用 40～200cm 土层土壤水和地下水的比例为 95.6%；而 2015 年 9 月，小钻杨利用 40～200cm 土层土壤水的比例为 92.5%（图 5-19）。

2014 年和 2015 年，油松枝条木质部水中 δ^{2}H 和 δ^{18}O 值主要与土壤水中 δ^{2}H 和 δ^{18}O 存在交叉（2014 年 9 月除外）（图 5-17、图 5-18）。2014 年 5 月和 2015 年 5 月，油松利用 0～100cm 土层土壤水的比例分别为 88.9%和 72%；2014 年 7 月和 2015 年 7 月，油松利用 0～40cm 土层土壤水和 0～200cm 土层土壤水的比例分别为 70.7%和 86.3%；2014 年 9 月和 2015 年 9 月，油松利用 40～200cm 土层土壤水及地下水和 0～100cm 土层土壤水的比例分别为 92.1%和 80.8%（图 5-19）。

2014 年 5 月和 7 月以及 2015 年 5 月和 7 月，白榆枝条木质部水中 δ^{2}H 和 δ^{18}O 值主要与 0～200cm 土层土壤水存在交叉或接近；而 2014 年 9 月和 2015 年 9 月，白榆枝条木质部水中 δ^{2}H 和 δ^{18}O 值分别与 0～100cm 土层土壤水和 0～40cm 土层土壤水存在交叉（图 5-17、图 5-18）。2014 年 5 月和 2015 年 5 月，白榆利用 0～100cm 土层土壤水的比例分别为 89.3%和 93.8%；2014 年 7 月和 2015 年 7 月，白榆利用 0～200cm 土层土壤水的比例分别为 94.4%和 94.5%；2014 年 9 月，白榆利用 0～100cm 土层土壤水的比例为 85.6%，而 2015 年 9 月，白榆利用 0～40cm 土层土壤水的比例为 92.8%（图 5-19）。

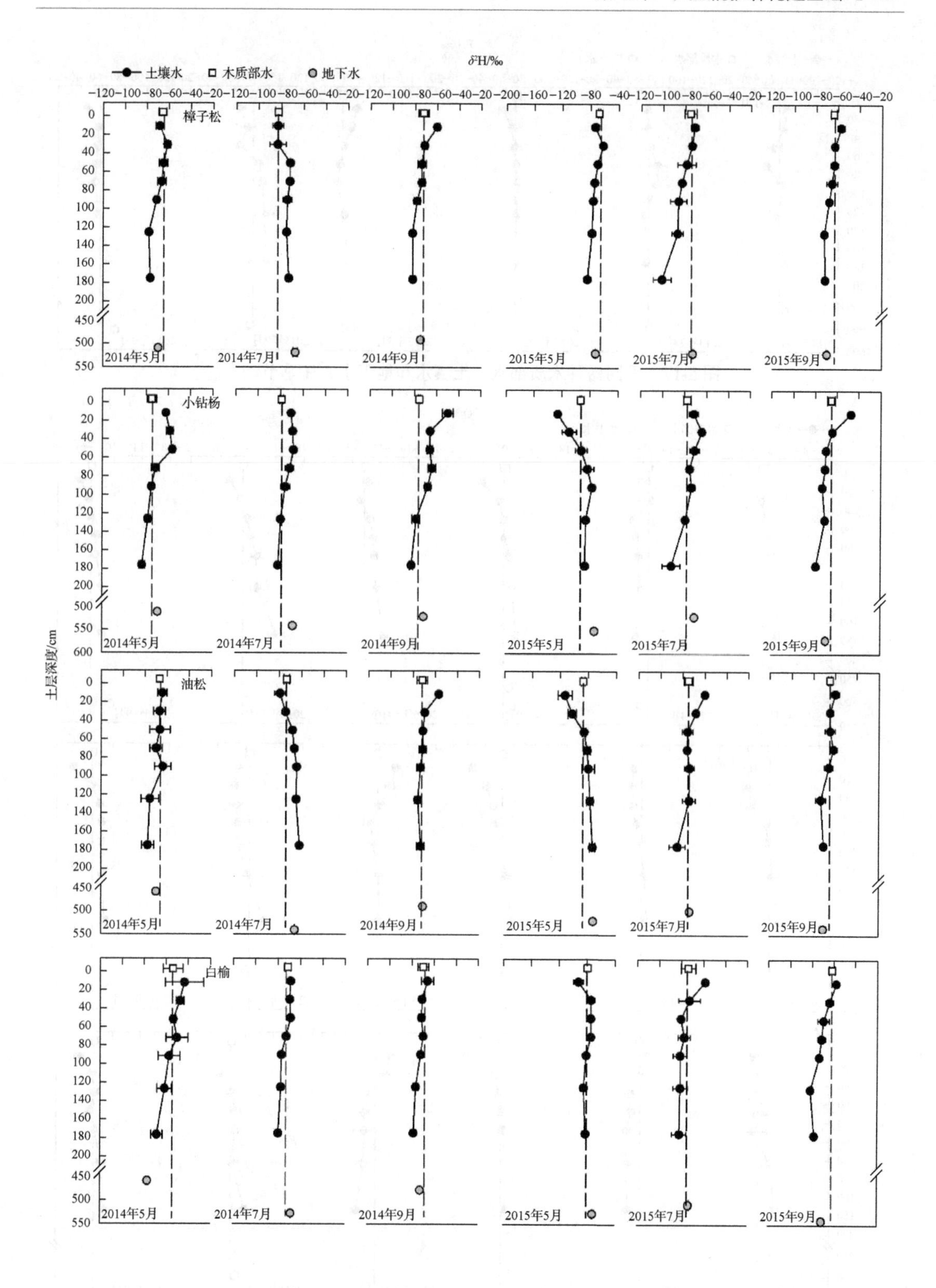

土壤水
木质部水
地下水
δ²H/‰
樟子松
小钻杨
油松
白榆
土层深度/cm
2014年5月
2014年7月
2014年9月
2015年5月
2015年7月
2015年9月

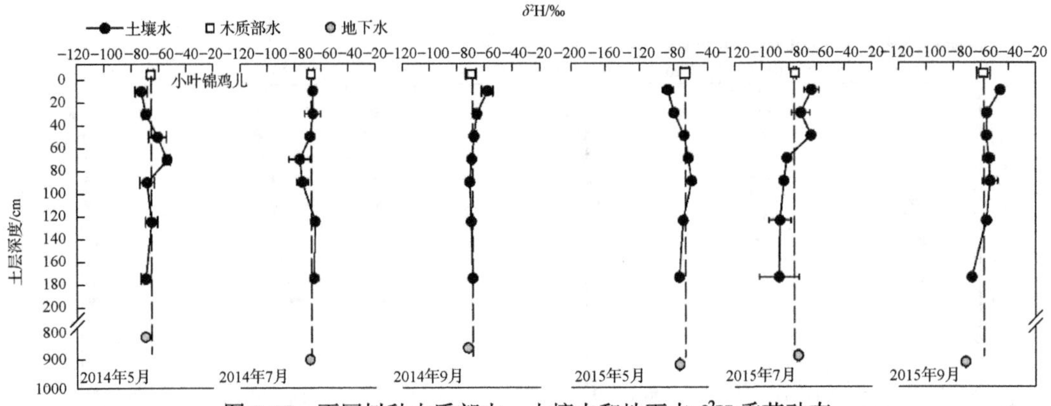

图 5-17 不同树种木质部水、土壤水和地下水 δ^2H 季节动态

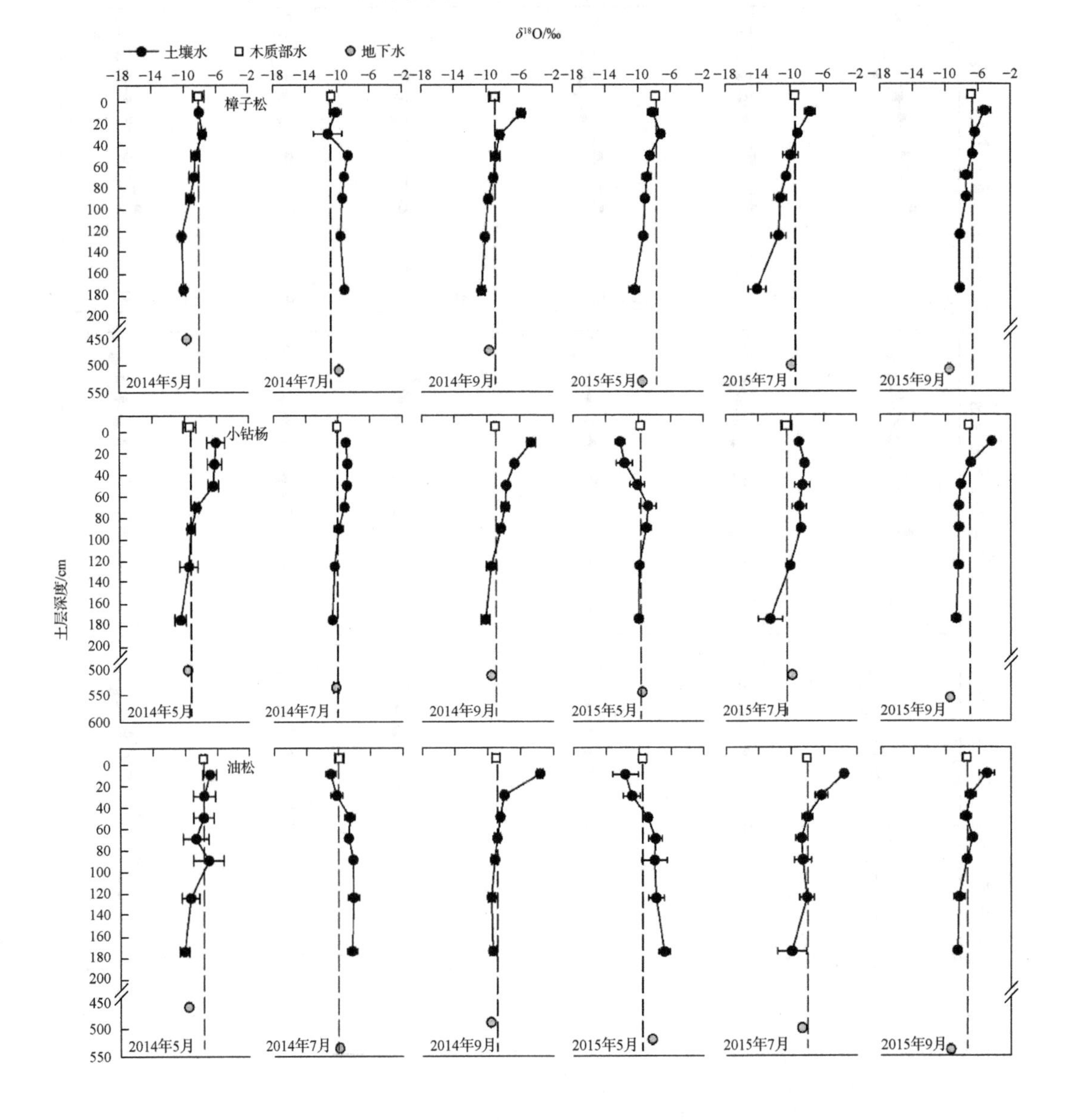

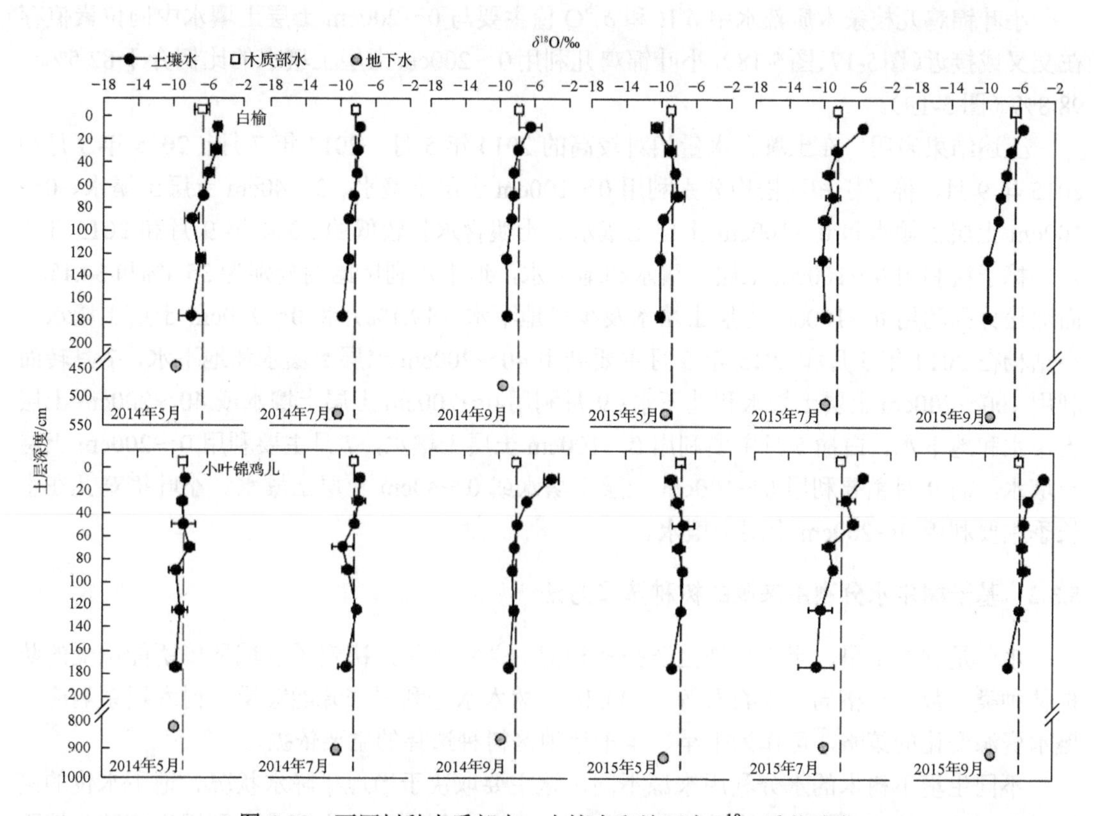

图 5-18 不同树种木质部水、土壤水和地下水 $\delta^{18}O$ 季节动态

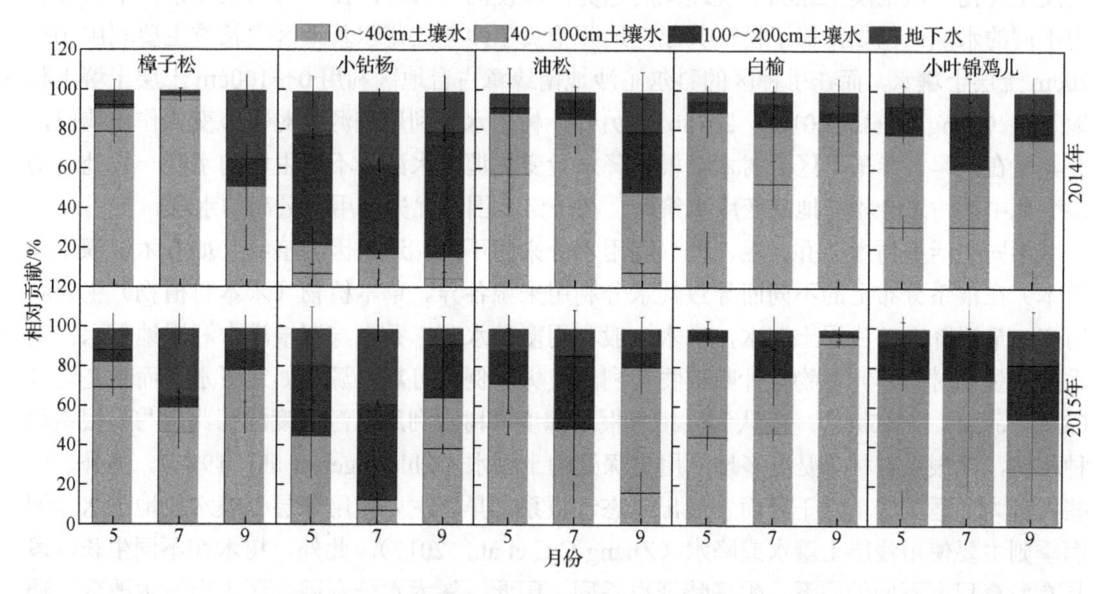

图 5-19 不同潜在水源对不同树种水分吸收的贡献率

小叶锦鸡儿枝条木质部水中 δ^2H 和 δ^{18}O 值主要与 0～200cm 土层土壤水中同位素值存在交叉或接近（图 5-17、图 5-18），小叶锦鸡儿利用 0～200cm 土层土壤水的比例介于 82.5%～98.8%（图 5-19）。

上述结果表明，在土壤含水量相对较高的 2014 年 5 月、2014 年 7 月、2015 年 5 月和 2015 年 9 月，樟子松和油松均分别利用 0～100cm 土层土壤水、0～40cm 土层土壤水、0～100cm 土层土壤水和 0～100cm 土层土壤水。土壤含水量较低的 2014 年 9 月和 2015 年 7 月，樟子松利用 0～100cm 土层土壤水和地下水，地下水利用比例分别为 35.4%和 34.1%；而油松分别利用 0～100cm 土层土壤水及少量地下水（19.1%）和 0～200cm 土层土壤水。小钻杨在 2014 年 5 月和 2015 年 5 月主要利用 40～200cm 土层土壤水和地下水，7 月转而利用 100～200cm 土层土壤水和地下水；9 月利用 0～200cm 土层土壤水或 40～200cm 土层土壤水和地下水。白榆 5 月主要利用 0～100cm 土层土壤水，7 月主要利用 0～200cm 土层土壤水，而 9 月主要利用 0～100cm 土层土壤水或 0～40cm 土层土壤水。小叶锦鸡儿在生长季主要利用 0～200cm 土层土壤水。

5.3.2 基于树木水分利用来源的树种选择方法

水分是制约干旱、半干旱地区防护林构建的关键因子，决定了区域环境所能承受的防护林种类、数量和格局（朱教君等，2005b）。树木水分利用来源能够反映树木根系响应土壤水资源变化的策略，可作为干旱、半干旱地区树种选择的主要依据。

不同生境下树木的水分利用来源不同，这主要取决于当地年降水状况、地下水位的高低以及土壤水的可获得性（杜雪莲和王世杰，2011）。树木对于土壤水的利用深度随生境不同发生变化，从荒漠至绿洲呈现递减的趋势；即使同一树种，在不同的生境条件下也会利用不同的水源，例如，樟子松在其原产地呼伦贝尔沙地红花尔基地区生长季主要利用 0～20cm 土层土壤水，而在引种区的科尔沁沙地南缘章古台地区利用 0～100cm 土层土壤水和地下水（Song et al.，2016a，2018b）。另外，树木水分利用来源会对季节变化作出响应，尤其是在干旱、半干旱区，树木会根据降水量变化调整水源。不同生境的水源一直处于动态变化中，树木会相应地改变用水策略，在一定范围内优先利用含量高的水源。

不同生活型树木（乔、灌、草）利用水分来源不同，这是因为植物（如乔木、灌木和草本）在根系分布上的不同而导致其水分利用来源各异。草本植物（禾本科植物）主要利用来自最近降雨的浅层土壤水，灌木一般利用多种水源，乔木与深根灌木利用地下水；夏季降水量小时，落叶植物较针叶植物会利用更大比例的可靠水源（如地下水）而不是降水（Song et al.，2016a）。一般认为，树木根系深度与树木利用水源深度成正比，与浅根系树种相比，深根系树种总是更多地利用更深处的土壤水（Ehleringer et al.，1991）。另外，一些树种为了适应季节性干旱而发展出二态性根系，旱季主要使用深层土壤水或地下水，湿润季则主要使用浅层土壤水或降水（Zhang C C et al.，2017）。此外，树木在不同生长阶段具有发育程度不同的根系，生理特征也不同。因此，树木水分利用来源也会发生改变。通常情况下，随着树龄增加，树木利用水源的深度也随之增加。Song 等（2016a）的观测结果表明，在科尔沁沙地南缘 10 年生和 21 年生樟子松在生长季主要利用土壤水，而 31 年生和 41 年生樟子松利用土壤水和地下水。

综上所述，在防护林树种选择过程中，基于不同生境水源的可利用性，选择造林树种的水分利用来源尽量与生境中水源的可利用性相匹配。在降水丰沛的地区，可以选择浅根性树种，有利于充分利用降水；在地下水位较高的地区，可以选择必须利用地下水才能维持正常生长与存活的树种。另外，在选择树种进行配置时，尽量使不同树种的水分利用来源在时间和空间上存在分化，即形成“水分生态位分离”，避免由于水分生态位重叠导致激烈的竞争排斥作用而不利于防护林生态系统稳定。根据科尔沁沙地南缘樟子松、小钻杨、油松、白榆和小叶锦鸡儿水分利用来源结果，在地下水位较浅的地区可以选择樟子松和杨树，而地下水位较深的地区可以选择小叶锦鸡儿和白榆；营造混交林时，可以选择樟子松和小钻杨混交，尽量避免或降低出现水分生态位重叠现象。

5.4　农田防护林构建基础

以林带为主要形态的农田防护林的构建历史悠久，且与人们生产、生活关系最紧密（曹新孙，1983）。农田防护林（带状林）是为满足农业防护的需求、改善农业生产环境而在农业生产区建设的防护林，是实现集约农业现代化的重要组成部分，是保障农业稳产、高产的根本措施之一。人为在农田附近种植林带，补足农田生态系统原有相对单一和脆弱的结构，从而实现构建人工农林复合生态系统、发挥生态防护功能。与其他种类防护林所在的区域环境条件相比，农田防护林的立地条件相对较好，不存在温度、水分等条件制约。因此，农田防护林的构建主要取决于农业防护的目的，即以“效益”需求确定农田防护林的空间配置布局。

农田防护林提供的防护效应主要分为两方面：一是对农作物生长发育环境条件的持续性防护作用，通过调节风速、温度、湿度等，形成一个有利于作物生长发育的环境：二是对短时间突发性危害的防护作用，防止或降低突发自然灾害对农作物造成损失。为全面表征农田防护林的防护效应，把风速、大风事件后的玉米倒伏、年土壤风蚀三个要素作为以效益定林的基础。

5.4.1　以效益定林的基础

5.4.1.1　农田防护林建设区的风速数值估算模型

本部分以国家地球系统科学数据中心（http://www.geodata.cn）公开发布的中国 1km 分辨率月平均风速数据集（2000～2020 年）为例，介绍使用遥感手段对大尺度风速的监测和降尺度估算方法。研究区域选择在三北工程建设区内典型农作物区所在的吉林省地区，使用 2019 年 10 月的 10m 高处月平均风速数据进行精度验证。

1）数据来源

原始数据来源于欧洲第五代大气再分析资料 ERA5 数据集（https://cds.climate.

copernicus.eu/cdsapp#!/ dataset/reanalysis-era5-land-monthly-means?tab=overview），涵盖与全球尺度水分和能量循环等过程相关的一系列气候要素，包括地表降水、风速、地表温度、蒸散量、热通量等子数据集。该数据是以 ERA-Interim 为基础后继开发的数据，是由欧盟资助、欧洲中期天气预报中心（European Centre for Medium-Range Weather Forecasts，ECMWF）运营的哥白尼气候变化服务局（Copernicus Climate Change Service，C3S）打造的最新一代再分析资料。ERA5 数据集数据质量优于上一代 ERA-Interim，其数据精度的评估在众多研究中都得到了肯定，能够较好地呈现中国区域的气候特征。ERA5 数据集记录的风速为离地 10m 高处风速，单位为 m/s，空间分辨率为 0.1°，时间分辨率为天；将以天为单位的数据合为以月为单位，再进行变换坐标系、剪切等处理，保存为 Geotiff 格式文件。

用于验证数据集的资料来自中国地面气候资料日值数据集（V3.0），下载并提取吉林省范围内 22 个国家气象站点的 2019 年 10 月每日风速监测数据，检查并还原实际值。

2）构建风速数据的降尺度方法

通过建立 ERA5 数据集中风速数据与植被指数、地形之间的随机森林模型，对 ERA5 数据集中风速数据进行降尺度（图 5-20）（荆文龙等，2013；Jing et al.，2016）。具体计算步骤包括：建立 10km 尺度上的风速数据和 NDVI、数字高程模型、地表温度之间的模型，再将 1km 尺度的数字高程模型和 NDVI、地表温度数据代入建立的模型，得到 1km 分辨率的风速数据。

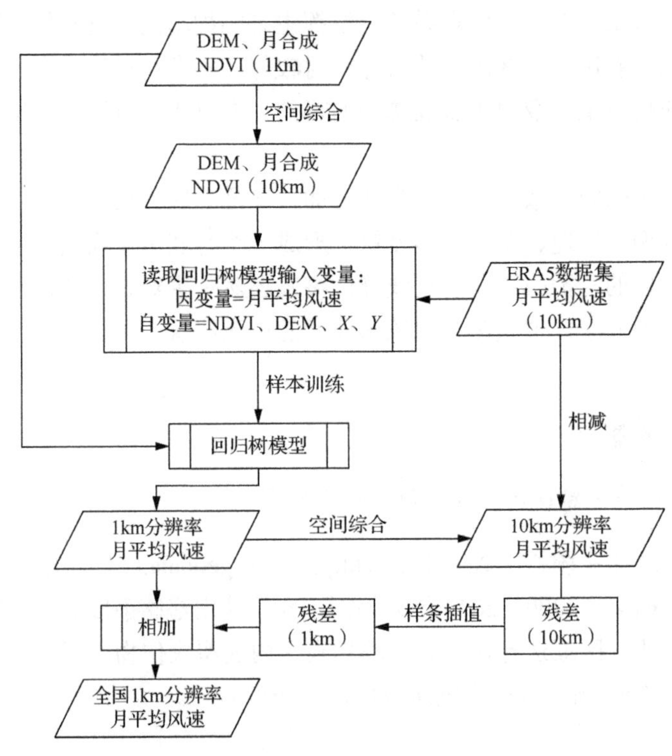

图 5-20　回归树风速降尺度算法流程图

3）典型区风速的空间分布

基于上述方法，确定吉林省范围内的2019年10月的1km分辨率月平均风速空间分布（图5-21）。

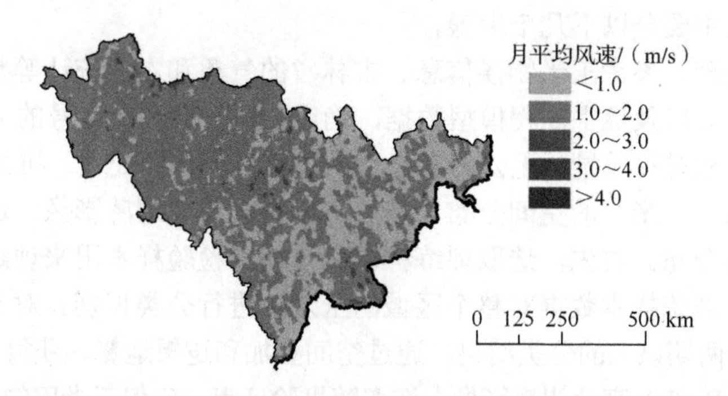

图5-21　吉林省2019年10月地面10m高处的ERA5降尺度风速数据

利用吉林省范围内的22个国家气象观测站点的实地观测数据，对降尺度预测结果进行验证。使用相关系数（r，对观测值与估算值进行相关性分析获得）、决定系数（R^2，对观测值与估算值进行线性拟合获得）和均方根误差，分析了数据集风速数据与观测资料的差异。验证结果表明，地面站点的观测值与数据集值的相关系数r为0.85，R^2为0.72，风速的RMSE值为0.61m/s（图5-22）。因此，可以认为，降尺度数据集的结果可较准确地反映吉林省10m高处风速的分布及数值变化。

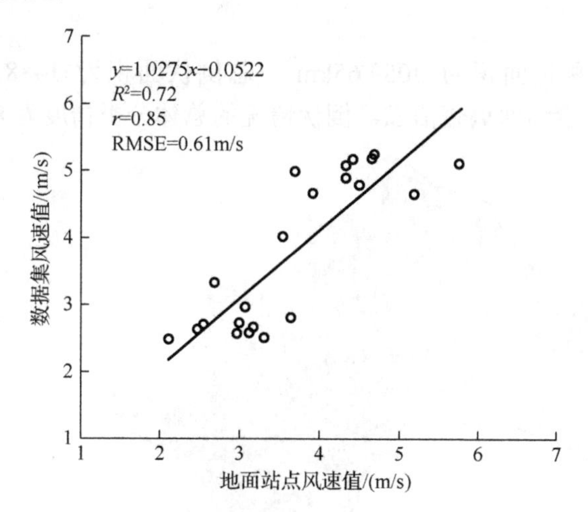

图5-22　基于ERA5数据集的降尺度风速数据集与气象台站监测结果数据对比（吉林省内22个气象站点）

5.4.1.2　玉米受灾倒伏情况获取方法

农田防护林的核心目的是防止害风，因此以害风过境后农作物倒伏与否作为表征农田防护林构建成效的重要因素之一。倒伏是由大风等外界因素引发的植物茎秆从自然直立状态到永久错位的作物受灾现象；倒伏导致收获难度大、籽粒脱水慢、果穗霉变等，进一步引发产量损失和品质下降。以三北工程建设区典型玉米产区——吉林省公主岭市（124°02′E～

125°18′E，43°11′N～44°09′N）为例，使用高分辨率遥感影像，对2020年东北地区先后遭受“巴威”“美莎克”“海神”三场台风叠加侵袭造成的玉米大面积倒伏情况进行评估。

1）基于遥感影像识别玉米受灾倒伏的方法

识别玉米倒伏主要分以下几个步骤。

（1）数据预处理。参考玉米物候信息、吉林省的气象和农业统计等数据、吉林省公主岭市行政区矢量边界以及数字高程模型数据，确定合适日期和轨道号的Landsat-7、高分一号影像数据，下载相对高质量、无云的影像数据进行标准化预处理、拼接和校正。

（2）识别农田（玉米）的空间分布。使用多期中分辨率遥感影像，运用监督分类方法提取玉米田的空间分布。首先，选取训练样本和一部分检验样本用来训练分类和评价分类结果；其次，基于训练样本数据对整个区域的玉米田进行分类识别。对于每一个条带编号位置的影像，选择两期以上的分类结果，通过空间叠加和逻辑运算，获得玉米空间分布。在谷歌地图（Google Earth）高分辨率影像上选取随机验证点，确保玉米田的空间分布结果的精度在90%以上。

（3）玉米倒伏分类的识别。通过提取灾前和灾后两期玉米空间分布数据，并与从MODIS系列NDVI数据产品MOD13Q1中提取的玉米田NDVI数据建立逻辑斯谛（Logistic）回归模型，使用最大似然分类算法，将提取情况分为倒伏与未倒伏两类，人机交互对分类结果进行修正。每次分类结束后，对结果进行精度评价，对于不满足精度要求的区域需要重新选择训练样本进行分类。对于玉米倒伏分类后的结果，使用2020年公主岭市的地面调查数据确定识别精度。

2）结果与验证

公主岭市总玉米种植面积为3059.65km^2，总倒伏面积为1488.20km^2，占总面积的48.64%（图5-23）。结合地面调查信息，倒伏情况的总体分类精度为80%。

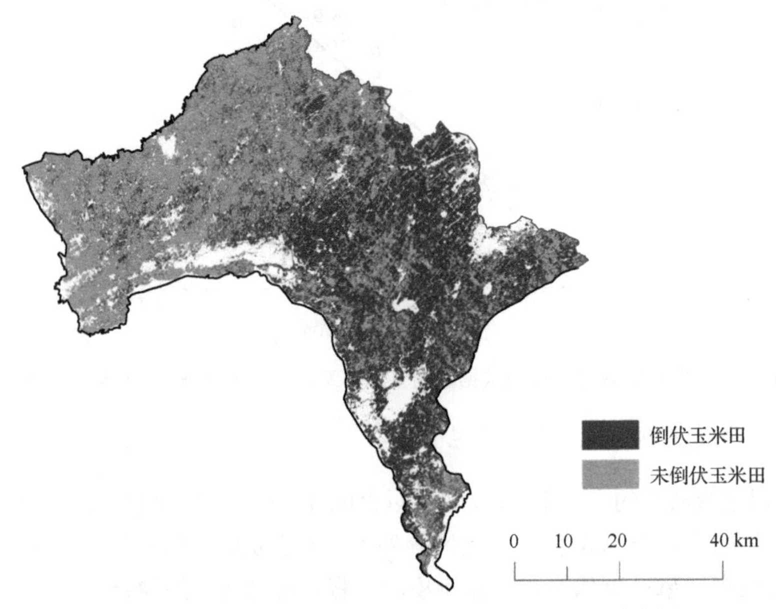

图5-23 吉林省公主岭市2020年玉米田倒伏空间分布图

5.4.1.3 农田的土壤风蚀量

1）数据来源

数据来源包括 2019～2021 年的气象站点数据、土壤质地数据、植被数据、地形数据等。

（1）气象数据：日尺度的风速、辐射量、温度、降水量，来自中国气象数据网。

（2）土壤质地数据：中国高分辨率国家土壤信息网格基本属性数据集（2010～2018 年）。

（3）植被数据：NDVI 数据来自 MOD13A3。

2）土壤风蚀反演方法

土壤风蚀以风蚀模数表征，即每年的风力侵蚀带来的土壤损失量，风蚀模数一般基于风蚀公式（wind erosion equation，WEQ）（一般称为风蚀模型）评估。最早的风蚀模型始于 1961 年（美国农业部），2001 年学者对 WEQ 进行了修正，形成了校正风蚀公式（revised wind erosion equation，RWEQ）（一般称为校正风蚀模型），并被全球广泛应用。模型需要详细的气象、土壤、土地覆盖和土地利用数据；由于缺乏相关数据，模型通常在农田尺度和区域小尺度进行风蚀研究，并不能用于模拟大区域尺度的风蚀。近年来，由于 GIS 和遥感技术的发展，使得校正风蚀模型可以用于大尺度风蚀状况的模拟（Gong et al.，2014）。因此，采用校正风蚀模型对 2020 年三北工程建设区的风蚀（土壤风蚀）时空分布进行反演，见式（5-42）～式（5-44）。

$$A = \frac{2 \cdot z}{S^2} Q_{\max} \cdot \mathrm{e}^{-(z/S)^2} \tag{5-42}$$

$$S = 150.71 \cdot (\mathrm{WF} \times \mathrm{SF} \times \mathrm{SRF} \times C)^{-0.3711} \tag{5-43}$$

$$Q_{\max} = 109.8 \cdot (\mathrm{WF} \times \mathrm{SF} \times \mathrm{SRF} \times C) \tag{5-44}$$

式中，A 为风蚀通量［$\mathrm{kg/(km^2 \cdot a)}$］；$z$ 为实际地块长度（m）；$Q_{\max}$ 为最大土壤转移量（kg/m）；S 为最大土壤转移量 63%位置处的田块长度；WF 为气象因子（无量纲）；SF 为土壤因子（无量纲）；SRF 为地表粗糙度因子；C 为植被管理因子（无量纲）。为了方便后续处理，对数据进行标准化，并将反演结果重采样为 1km 分辨率。

利用文献数据（Shi et al.，2007；Jiang et al.，2016；Wei et al.，2020；Xu and Li，2020；Zhang et al.，2020；Chi et al.，2021；Liu X Y et al.，2021）中的观测数据对模拟结果进行了验证，共收集了 25 对数据。结果显示相关性相对较好，R^2 为 0.77（图 5-24）。

3）三北工程建设区农田土壤风蚀的空间分布

基于 RWEQ，获得 2020 年土壤风蚀情况：空间上呈现从东到西土壤风蚀量逐步增强的趋势。三北工程建设区农田总面积约 55.48 万 $\mathrm{km^2}$（基于遥感影像提取），根据《土壤侵蚀分类分级标准》（SL 190—2007）分级（表 5-7），农田的土壤风蚀（风力侵蚀）状况：微度、轻度、中度、强烈、极强烈和剧烈的占比分别为 76.68%、20.94%、1.28%、0.50%、0.44%、0.16%（该结果为 2020 年的土壤风蚀量，并未排除农田防护林已经对土壤风蚀减少的作用）。三北工程建设区农田土壤风蚀模数的平均值为 330 t /$\mathrm{km^2}$（图 5-25）。

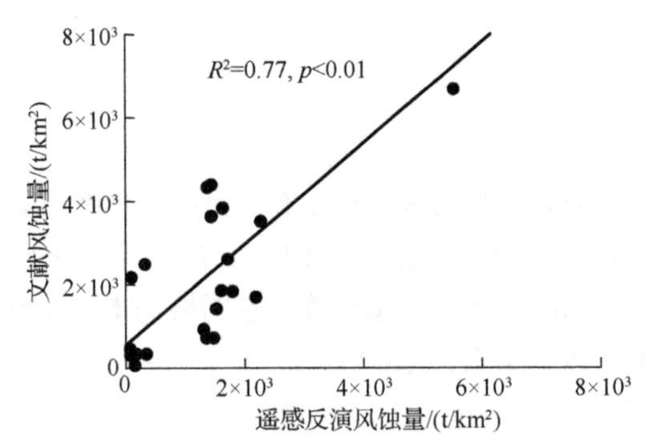

图 5-24 遥感反演风蚀量验证精度

表 5-7 风力侵蚀分类分级标准

级别	植被覆盖度/%	风力侵蚀模数 [t/(km²·a)]
微度	＞70	＜200
轻度	50～70	200～2500
中度	30～50	2500～5000
强烈	10～30	5000～8000
极强烈	＜10	8000～15000
剧烈	＜10	＞15000

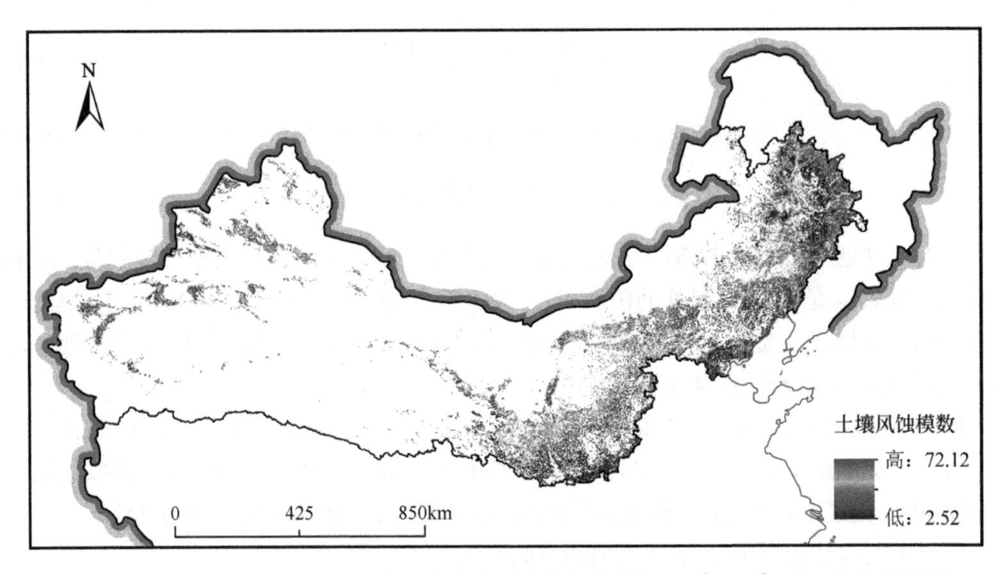

图 5-25 2020 年三北工程建设区农田土壤的风蚀模数［单位：10^3t/(km²·a)］（见书后彩图）

5.4.2 农田防护林空间布局的基础

对于生态环境、气候条件和生产条件不同的区域，持续性防护效应和突发性灾害防护效应的需求比重不同，对防灾的具体要求也不同。因此，构建农田防护林时，需要考虑不同区域对不同性质防护效应的需求。以三北地区内的农业生产区为例，具体可以分为以下几种农田防护林体系空间布局类型。

5.4.2.1 西北区绿洲农田防护林空间布局

西北区绿洲农田由于地处内陆，气候干旱，大风沙尘频繁，春季、夏季频频出现大气干旱和干热风。农牧业生产普遍受到风沙灾害的严重威胁。因此，在西北区绿洲内部广泛营造了各类农田防护林带/网，这些农田防护林带/网成为该区农业生产的必需条件（薛文瑞等，2019），即没有农田防护林带/网就没有绿洲农田。在进行农田防护林体系规划布局时，应以有效防护效应能够覆盖全部农田为目标，因此这些地区农田防护林与农业生产活动基本为0与1的关系，即没有防护林或防护不足就无法开展农业生产。根据西北区绿洲农田生态系统面临的生态问题，经过多年的研究和实践，研究者已探索出一套适宜的农田防护林体系建设模式，主要包括：模式一，绿洲外围的灌草带可控制沙源，阻截流沙，防止风蚀，避免流沙危害绿洲。根据在吐鲁番等地的观测，在高度为50～60cm的灌草带内，粗糙度较“光板地”提高8万～30万倍，从而降低了近地层的风速，且越近地面，风速降低得越多，当50cm高度上风速降低40%，10cm高度上可降低90%（刘钰华等，1994）。模式二，绿洲边缘大型基干防风防沙林带。绿洲边缘灌溉方便，多采用胡杨、新疆杨、白榆和沙棘等抗风沙的高大乔木树种，林带宽度多大于30m，在一定范围内能大幅度降低风速。模式三，绿洲内部的护田林网。广泛采用4～6行的窄林带构成的护田林网，是防护林体系的主体；从绿洲外围到绿洲内部，根据不同的生境和需要，设置不同的林种，使整个绿洲林木分布均匀，布局合理，层层设防，构成一个网、片、带和乔、灌、草相结合的防护林体系（薛文瑞等，2019）。

5.4.2.2 北方风沙区农田防护林空间布局

北方风沙区的分布范围主要在沙地及农牧交错区，该区地势平坦，土壤肥力尚可，一般年降水量为300～450mm。农田生态系统面临的最大生态问题是大风事件，通常发生在作物的拔节期和收割前，造成倒伏灾害。在风沙区农田营造防护林可广泛采用疏透结构的林带，林带中间是3～5行乔木，两边各配一行灌木，30倍树高范围内可降低风速35%以上。在风害较轻的风沙区营造农田防护林可采用通风结构的林带，林带由3～5行乔木组成，不搭配灌木，这种林带下部空隙大，有效防风距离为树高的15～20倍。

5.4.2.3 东北-华北平原农田防护林空间布局

华北北部和东北大平原（三江平原、松嫩平原、辽河平原）的农田生态系统，面临的主要灾害有大风及大风伴随的沙暴。沙暴日数一般为每年10天以上，此外，还有低温冷害和早晚霜冻、冰雹、盐碱、干热风等灾害（曹新孙，1983）。该区域的农田防护林建设持续了40年之久，已经产生了许多显著成效。然而，该地区面积较大，空间布局也随着区域气候和土壤性质差异而不尽相同。农田防护林的布局以“山水田林路”综合治理为基础，在传统林网建设的基础上，甄别农田生态系统存在的问题，确定不同地区农田的布局。

5.5　人工防护林规划设计

防护林建设以人工造林为主，人工防护林规划设计的目的是在需要保护或改善的生态脆弱区构建具有稳定性和多样性的防护林生态系统，并使其防护功能高效、稳定与可持续。因此，防护林规划设计是构建防护林最重要的研究主题（曹新孙，1983）。本节以三北工程为例，阐明人工防护林规划设计的目的、原则，并介绍三北工程规划设计的方法、过程和部分结果。

5.5.1　人工防护林规划设计目的与原则

5.5.1.1　人工防护林规划设计的目的

防护林建设工程规划设计的目的，是为不同类型建设区提供发展方向、制定发展战略、制定措施、指导分类，为分区实施提供依据（曹新孙，1983；高志义，1997）。科学合理的设计规划是人工防护林工程成功实施建设并达到预期效益的前提。人工防护林规划设计的主要目的如下。

（1）实现预期防护效应：规划设计人工防护林的最主要目的是确保建设后的人工防护林充分发挥防风固沙、涵养水土、防洪抗旱等防护效应，改善当地的自然环境和生态环境。

（2）高效、稳定、可持续地发挥防护效应：人工防护林的建设一般在生态环境条件严苛、自然灾害频发的地区，因此保证人工防护林的结构稳定是规划设计的一个重要目的。同时，人工防护林高效、持续地发挥防护效应有赖于通过前期规划构建来实现（朱教君，2013）。

（3）协调区域生态建设与区域经济发展：人工防护林作为一种生态用地类型，营建时需要将原有其他用途的土地转变为林地，因此会占用农牧生产活动等其他类型用地。为解决经济发展与防护林建设的平衡与取舍问题，需要兼顾防护效应和经济效益等方面的规划设计，使人工防护林在改善当地人民生活、促进社会稳定等方面发挥作用。

5.5.1.2　人工防护林规划设计的原则

（1）因地制宜，因害设防原则：规划设计的基本原则是“因害设防、因地制宜”（曹新孙，1983；高志义，1997）。根据不同的防护目的和区域自然环境条件，选择相应的防护林建设模式和配置。在了解当地灾害种类（风沙、水土流失等）的存在现状、危害程度与发生规律基础上，根据具体防护目的选择不同的防护林种，并确定各防护林种的设计参数。

（2）系统稳定性原则：为实现人工防护林结构稳定、功能可持续发挥，需要从森林生态学、恢复生态学、景观生态学等生态学基本原理出发，将人工防护林作为一个生态系统进行规划设计（曹新孙，1983；朱教君，2013）。根据生态适应性和资源竞争原则，将建设防护林地区的立地条件、所选择树种的适应性等纳入考虑范围，为防护林设计选择适宜的物种和配置，并在环境承载力范围内，合理规划和管理防护林（曹新孙，1983；高志义，

1997；姜凤岐等，2002）。以生物多样性理论和生态系统多稳态理论为依据，设计人工防护林的树种配置，通过增加多样性以实现人工防护林生态系统的稳定性。

（3）区域整体性原则：防护林体系作为区域景观系统的一部分，具有在景观尺度上发挥防护效应、调节整个区域生态效应的特点，因此在设计人工防护林体系时还需要依据景观生态学和区域生态学的理论指导规划原则。根据景观生态学的景观异质性理论和景观结构镶嵌性理论，以增加异质性、避免均质性为原则进行人工防护林的设计，提高防护林生态系统的稳定性。根据生态流空间聚集与扩散理论，以增强区域生态流为原则，通过在空间上对人工防护林进行数量和种类的配置，实现防护林生态系统在景观尺度上充分发挥防护效应和区域生态服务调节功能。根据区域生态学理论，以"山水林田湖草沙"一体化为原则，将治山、治水、治林、治田、治湖、治草、治沙等作为目标，从全局角度规划统筹，以达到区域尺度环境条件整体改善、景观系统生态效应整体提高的目的。

5.5.2 三北工程六期规划基础

5.5.2.1 三北工程的规划背景

面对我国三北地区严重的风沙干旱、水土流失等自然灾害和生态问题，我国于1978年11月启动了三北工程。三北工程涵盖了我国95%以上的风沙危害区和40%的水土流失区，是人类历史上规模最大、持续建设时间最长、生态治理难度最大的林业生态建设工程。按照工程总体规划，工程建设从1978年开始到2050年结束，共分三个阶段、八期工程。其中，第一阶段为1978～2000年，包括：一期工程（1978～1985年）、二期工程（1986～1995年）、三期工程（1996～2000年）。第二阶段为2001～2020年，包括：四期工程（2001～2010年）和五期工程（2011～2020年）。第三阶段为2021～2050年，包括：六期工程（2021～2030年）、七期工程（2031～2040年）和八期工程（2041～2050年）。自三北工程启动到完成第五期工程建设的四十多年间，根据国民经济发展需要和三北工程建设的进展情况，工程建设范围进行了多次调整。一期工程、二期工程建设范围分别包括406个县（市、区、旗）和514个县（市、区、旗），划分了4个防护林体系建设一级区（东北西部、蒙新、黄土高原、华北北部）；三期工程建设由东向西全面推进，建设范围扩大至551个县（市、区、旗）和新疆生产建设兵团。至此，三北工程建设范围总面积达407万km^2，即三北工程建设第一阶段的完整范围，这也是三北工程建设范围使用最普遍的数据。四期工程建设范围为600个县（市、区、旗）和新疆生产建设兵团，总面积达400万km^2；五期工程建设范围为725个县（市、区、旗）和新疆生产建设兵团，总面积达436万km^2，区划调整为东北华北平原农区、风沙区、黄土高原丘陵沟壑区和西北荒漠区4大建设区域。与此同时，随着研究方法的不断创新，三北工程的规划设计也修改多次，形成各个建设阶段的工程实施规划，包括《"三北"防护林地区自然资源与综合农业区划》和《三北防护林体系建设工程总体规划》等。

三北地区（东北、华北、西北地区）自然条件严酷、灾害频繁、农林牧比例失调、生态环境破坏严重、群众生活条件差。三北工程的特定功能目标包括：防风固沙、保持水土、涵养水源、改善生态环境、促进农林牧副渔全面发展；满足社会对林业及林产品日益增长的需求；提高人民群众的物质文明和精神文明建设水平。因此，三北工程建设的目的是：用人力兴建大规模林业工程的办法，把我国西北、华北北部和东北西部建设成一个农林牧、土水林、多林种、多树种、带片网、乔灌草、造封管、多效应、产加销相结合的生态经济型防护林体系。由于工程体量大、建设周期长，需要经过几代人坚持不懈的努力才能完成，因此科学、全面的区划是工程实施的前提。基于此，依靠全社会力量和科技进步，统一筹划，协调配合，积极扎实地实施，坚忍不拔地建设，实现生态效益、经济效益和社会效益兼顾，整体利益和局部利益兼顾，长远利益和当前利益兼顾，不断提高防护林体系建设的整体效益。

三北工程第六期工程建设（与第五期工程建设范围相同）正面临一系列新的挑战。受科学研究手段和造林技术发展水平等因素的制约，前期的规划内容存在一定局限性，如树种选择单一、乔灌配比与当地水资源承载力不符、后期管护不到位等，进而导致了成林率相对较低、衰退风险高、防护林质量较差且后续发展困难等问题。因此，为了推进三北工程的高质量发展，需要统筹规划、科学优化新一期的建设规划内容。在三北工程前期规划的基础上，制定了第六期规划。

5.5.2.2 三北工程六期规划的基础

为实现对三北工程所在建设区域的合理规划设计，首先需要按照地域分异规律，结合防护林体系建设的特定要求，对整个建设区进行分区划类，识别出需要建设的区域。由于三北地区自然条件跨度较大、部分区域存在生态环境脆弱和敏感等问题，因此细化区划是保障工程成功实施的基础。其次，依据设计规划的基本原则，充分考虑区域的自然环境要素和生态环境特点等，针对不同的防护目的选择相应的防护林种类、建设模式和配置。

1）自然条件

当前三北工程的行政范围为包括北京市、天津市、河北省、辽宁省、吉林省、黑龙江省、内蒙古自治区、新疆维吾尔自治区、宁夏回族自治区、青海省、甘肃省、陕西省、山西省 13 个省（区、市），725 个县（市、区、旗）（注：大兴安岭核心区不属于三北工程建设区），总面积达 436 万 km^2。基于该区域的自然环境特征，划分防护林建设气候类型。

（1）地形特征。

三北工程规划建设区涵盖我国地势“三大阶梯”，地形复杂多样（图 5-26）。地形地势要素是决定植被生长最为重要的自然要素之一，因此在对工程建设进行区划和任务部署时，地形要素是需要考虑的关键因素。

三北工程建设区内有复杂的山脉和山地，包括：位于新疆维吾尔自治区的阿尔泰山脉、天山山脉和昆仑山脉，位于甘肃省和青海省的祁连山脉，位于内蒙古自治区的阴山山脉、贺兰山山脉和大兴安岭山脉，位于陕西省和河北省的太行山脉、吕梁山脉，位于北京的燕山山脉，位于黑龙江省的小兴安岭，以及位于黑龙江、吉林和辽宁三省内的长白山山脉。

三北工程建设区内分布大面积的平原，包括：东北平原、部分华北平原、关中平原。其中，东北平原由三江平原、松嫩平原、辽河平原组成，地跨黑龙江、吉林、辽宁和内蒙古自治区四个省（区），地处大小兴安岭和长白山山脉之间。部分华北平原位于太行山以东和燕山以南地区，主要分布在北京市和河北省内。关中平原又称渭河平原，主要分布在晋陕盆地的南部。

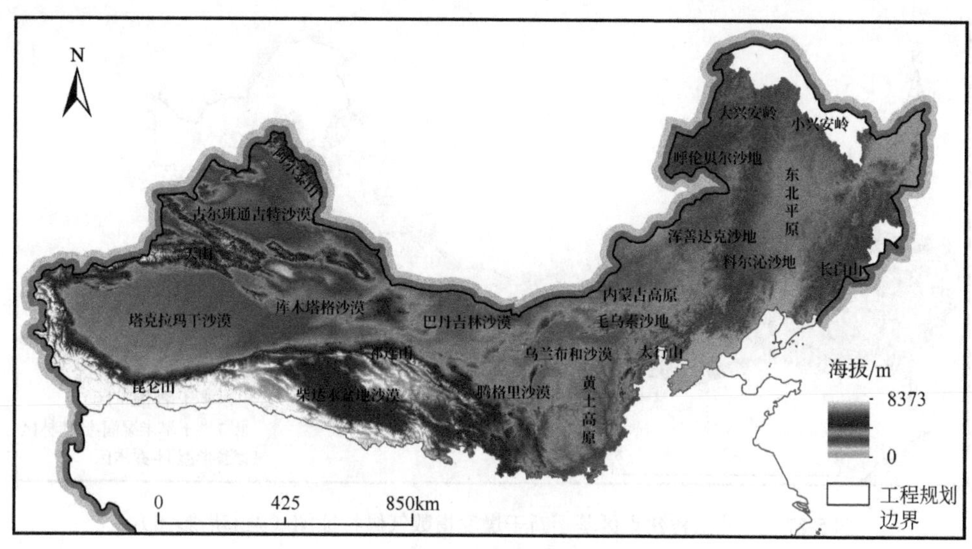

图 5-26　三北工程建设区地形图（见书后彩图）

三北工程建设区还包含高原和盆地。主要高原包括黄土高原和内蒙古高原，其中黄土高原位于中国太行山以西、青海省日月山以东、秦岭以北、长城以南的广大地区，处于中国第二级阶梯，主要由山西高原、陕甘晋高原、陇中高原和河套平原组成。黄土高原是世界上水土流失最严重和生态环境最脆弱的地区之一，地势由西北向东南倾斜，大部分为厚层黄土覆盖，经流水长期强烈侵蚀，逐渐形成千沟万壑、支离破碎的特殊地形特征。黄土高原是三北工程防治水土流失的重点地区。内蒙古高原位于阴山山脉之北，大兴安岭以西，包括阴山以南的鄂尔多斯高原和贺兰山以西的阿拉善高原。内蒙古高原从西北向东南依次分布有戈壁、沙漠、沙地，是三北工程防风固沙建设的重点区域。主要盆地有新疆南部的塔里木盆地、新疆北部的准格尔盆地和青海西北部的柴达木盆地，盆地中心是辽阔的沙漠地区。

三北工程建设区内沙漠与戈壁广布，基本涵盖了我国八大沙漠、四大沙地和大部分的戈壁地区。八大沙漠从西到东依次为：新疆南部塔里木盆地中心的塔克拉玛干沙漠，新疆北部准噶尔盆地中央的古尔班通古特沙漠，新疆南部东端—罗泊湖以南、以东的库木塔格沙漠，青海省柴达木盆地—青藏高原东北部的柴达木盆地沙漠，内蒙古高原的西南边缘的巴丹吉林沙漠，内蒙古自治区阿拉善左旗西南部和甘肃省中部边境的腾格里沙漠，内蒙古巴彦淖尔市东北部和河套平原西南部的乌兰布和沙漠，以及内蒙古鄂尔多斯高原北部的库布齐沙漠。四大沙地自东到西依次为：内蒙古东北部呼伦贝尔高原的呼伦贝尔沙地、内蒙古锡林郭勒草原南部的浑善达克沙地、内蒙古东南部西辽河中下游赤峰市和通辽市之间的科尔沁沙地、陕西省榆林市长城一线以北的毛乌素沙地。戈壁地区主要分布于新疆维吾尔自治区、内蒙古自治区、甘肃省和宁夏回族自治区等区域。

（2）基于新干燥度指数的分区。

基于防护林与新干燥度指数的关系，根据联合国环境规划署（1992 年）发布的分区标准，得到防护林分区如下（图 5-27）。

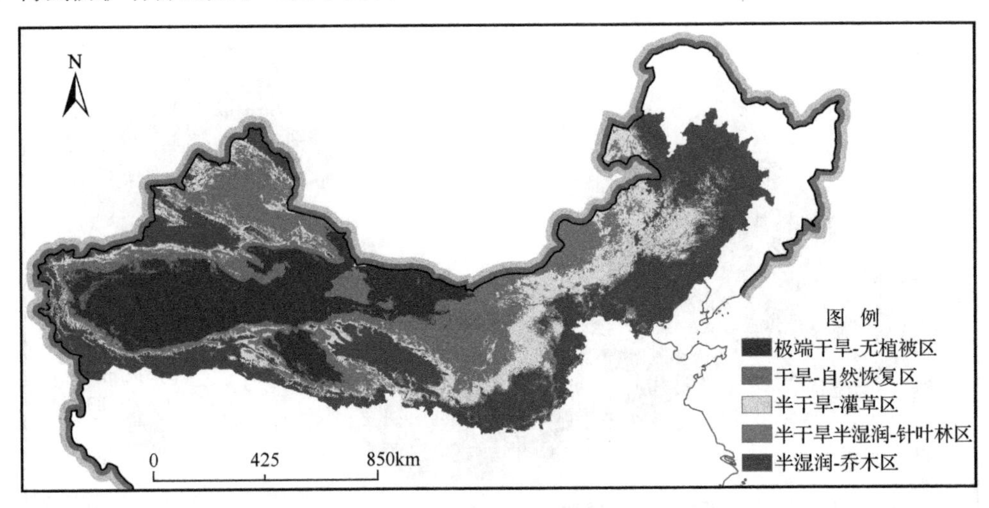

图 5-27 三北工程建设区基于新干燥度指数气候特征图（见书后彩图）

①极端干旱-无植被区：新干燥度指数小于 0.10，面积为 82.47 万 km^2（占比 20.27%），气候极端干旱。该区域以沙漠和戈壁为主；基本符合联合国环境规划署传统干燥度的极端干旱区（AI<0.05）的定义，降水量少，且无其他补给来源。

②干旱-自然恢复区：新干燥度指数在 0.10～0.28，面积为 101.56 万 km^2（占比 24.96%），气候以干旱为主。由于降水量和可利用水较少，植被类型非常稀疏，以荒漠草地为主，未来植被建设以自然恢复为主。对应传统干燥度干旱区（0.05～0.20）和半干旱区（0.20～0.50）范围，该区域植被生长除了依靠降水量以外，还依靠地表水和地下水。

③半干旱-灌草区：新干燥度指数在 0.28～0.43，面积为 65.69 万 km^2（占比 16.14%），气候以半干旱为主，未来植被类型的建设方向以建设灌草植被为主。研究突破了传统半干旱区划范围上限，该区域植被的需水来源以降水为核心，还包括地下水、土壤水和地表水。

④半干旱半湿润-针叶林区：新干燥度指数在 0.43～0.48，面积为 20.00 万 km^2（占比 4.92%），气候为半干旱半湿润，未来植被恢复的方向以建设针叶林为主。研究突破了传统半干旱区划范围下限，也突破了造林 400mm 传统认知。相对于阔叶林，针叶林耗水量相对较少，因此该区域进一步完善了针叶林的生长环境下限。

⑤半湿润-乔木区：新干燥度指数大于 0.48，面积为 137.18 万 km^2（占比 33.71%），突破了联合国环境规划署基于传统干燥度指数 0.50 的下限，区域气候较为湿润，适合生长多种类型的乔木。

2）土地利用分布格局

（1）当前土地利用格局。

利用 2017 年的 Landsat 遥感影像（空间分辨率 30m）和高分一号（空间分辨率 16m），获得了当前三北工程的土地利用类型现状（图 5-28）。

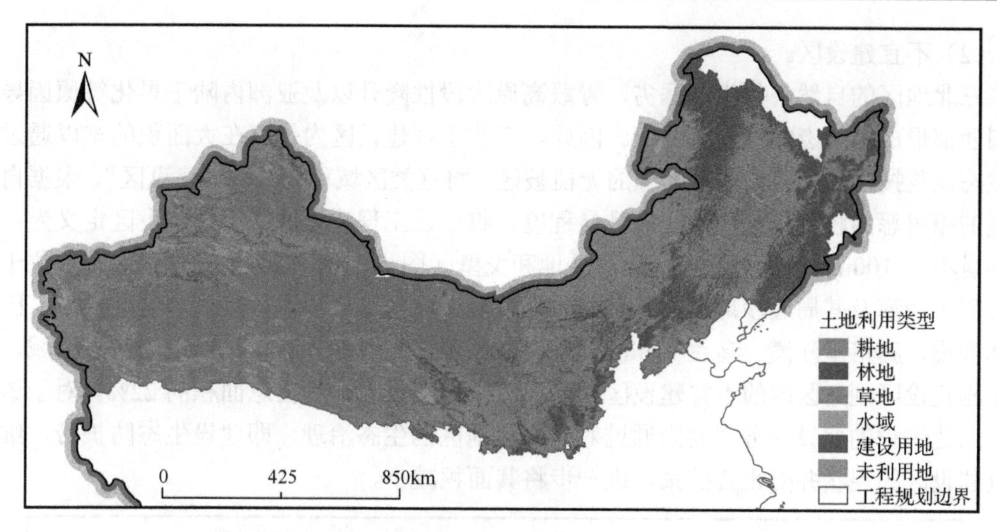

图 5-28　三北工程建设区土地利用类型图（见书后彩图）

经过近 40 年坚持不懈的建设，至 2017 年三北地区森林面积已达 5910 万 hm^2，累计增加森林面积约 2160 万 hm^2。这部分森林植被已经开始发挥防护效应，为人民生产、生活提供了有效保障。由于防护林植被的生长状况和质量决定了效益发挥的程度，为了使防护林功能高效、稳定、可持续发挥，对已有防护林进行保护、抚育和定向经营十分必要。这是三北工程第六期工程的一项重要任务，也是三北工程第六期工程布局的重要组成之一。此外，草地成为三北工程建设的新内容，未来“乔-灌-草”的建设及现有草地的保护也是三北建设的重要内容之一。综上所述，将现有的林地和草地分布区域称为“已有植被区”（图 5-29）。对于这部分区域，三北工程第六期工程的建设任务是通过有效保护、科学抚育等手段进行造林的后期经营。通过合理的经营，使林草生态系统健康、稳定发展，并最终确保已有植被能够稳定、高效、可持续地发挥生态效益。

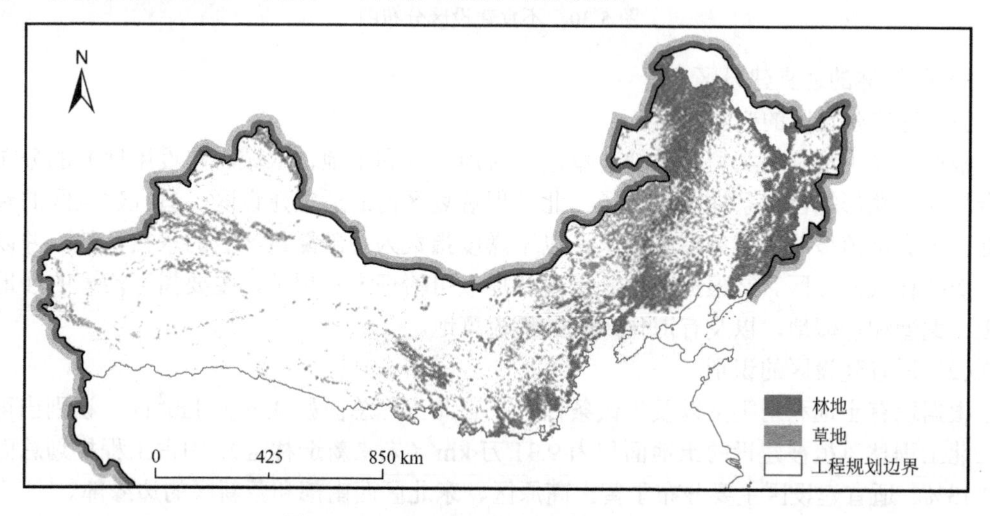

图 5-29　三北工程建设区林草空间分布图

（2）不宜建设区。

三北地区的自然条件相对恶劣，青藏高原阶段性隆升以及亚洲内陆干旱化等原因导致我国西部形成了广袤的沙漠和戈壁。因此，三北工程建设区内仍存在大面积的难以通过现有生态恢复技术完成人为生态治理的无植被区，将这类区域称为“不宜建设区”。根据自然环境的相对恶劣程度和实现治理的难易程度，将三北工程建设区的不宜建设区定义为：年降水量不足 100mm、不可治理的连片沙地和戈壁（图 5-30）。这些不宜建设区主要位于塔克拉玛干沙漠及其周边沙地、古尔班通古特沙漠、库木塔格沙漠、柴达木盆地沙漠、巴丹吉林沙漠、腾格里沙漠、乌兰布和沙漠，以及浑善达克沙地和科尔沁沙地的核心区域。三北工程建设区规划区内的不宜建设区总面积达 95.7 万 km^2，约占总面积的 22%。对于该区域，三北工程的建设任务主要为通过对其周边地区的生态治理，即建设生态防护带，维持不宜建设区的现状并防止其扩张，进一步将其面积减小。

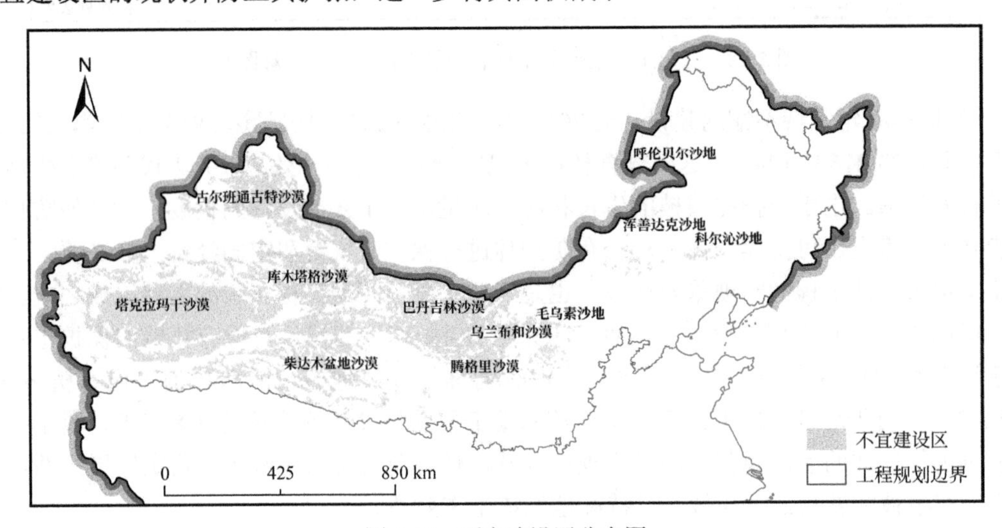

图 5-30 不宜建设区分布图

3）防护林的适宜建设区

（1）适宜建设区的判断标准。

根据当前土地利用类型（林地、草地、耕地、未利用地、水域、建设用地）的分布，结合气候、地形等自然条件，提取了三北工程规划区内的适宜建设区。适宜建设区的判断标准：①满足植被对气候条件的要求，以干燥度指数为基础衡量区域的水热条件，并以此划分防护林气候分区。②根据土地利用现状提取可治理未利用地，主要指可治理的沙地、裸土、戈壁和盐碱地，以及有退化风险的稀疏草地。

（2）适宜建设区的识别。

根据现有土地利用类型以及气候条件，在三北工程总面积 436 万 km^2 内，识别出可用于三北工程林草植被建设的土地面积为 9.31 万 km^2（未来新造林区），约占工程规划总面积的 2.13%。适宜建设区主要分布于黄土高原区、东北区西南部和蒙新区的边缘部。

（3）适宜建设区的区划。

结合工程区内现有的气候类型划分结果、工程建设的难易程度，以及现有植被类型分布状况，将适宜建设区分为三部分（表5-8、图5-31）。

①乔-灌建设区：主要是干燥度指数高于 0.43 的退化稀疏草地，面积为 28609.3km²，约占工程建设区总面积的0.66%。这部分稀疏草地的自然条件较适宜，但由于受到人为等因素的干扰，现有植被覆盖度较低，无法起到防护功能。应根据当地自然条件，合理配置乔灌草，将该稀疏草地改良为疏林草地，提升植被覆盖度，增强防护效果。

②典型灌-草建设区：干燥度指数在0.28～0.43的退化稀疏草地和未利用地，面积约为 17779.9km²，占工程建设区总面积的 0.41%。这部分区域的自然条件较适宜，可以通过辅助技术和人工管护实现发展灌草及低矮乔木种植的建设目标，使其植被覆盖度为30%～50%，合理利用当地自然条件，提升植被质量，发挥防护效应。

③低覆盖度灌-草建设区：干燥度指数大于0.28的未利用地（植被恢复规划区），面积约为 46710.9km²，占工程建设区总面积的1.07%，该区域的建设重点是可治理的沙地、戈壁、裸土、盐碱地的绿化，以封育和人工辅助植被恢复为主。通过人为干预，使其植被覆盖度提升至30%左右，以实现防护功能。

表5-8　适宜建设区规划统计表

适宜建设区分区	规划目标	规划区面积/km²	植被覆盖度提高比例/%
乔-灌建设区	疏林草地改造	28609.3	0.63
典型灌-草建设区	植被质量提升	17779.9	0.40
低覆盖度灌-草建设区	植被恢复区	46710.9	1.04

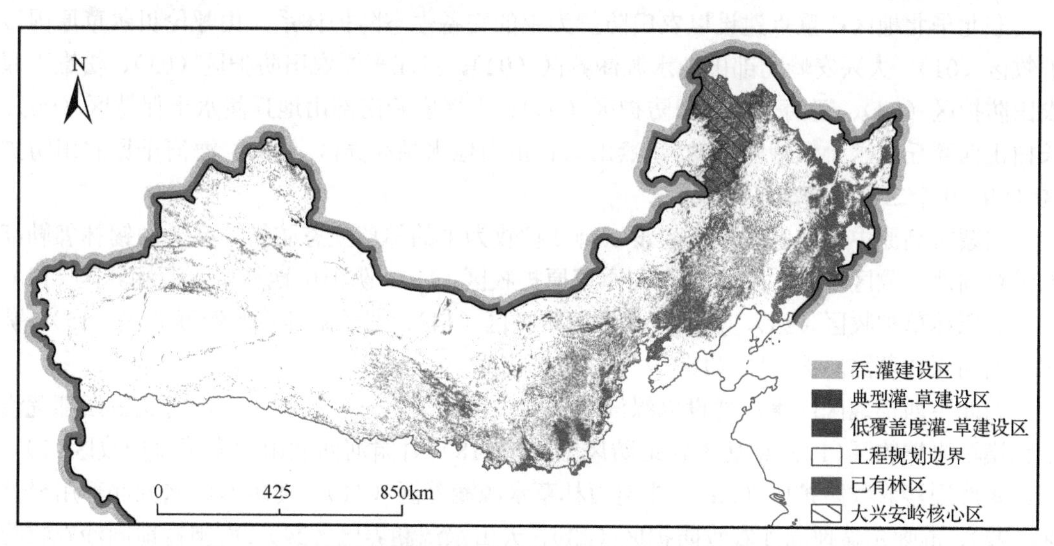

图5-31　三北工程建设区适宜建设区分布示意图（见书后彩图）

5.5.3　三北工程六期规划

在《三北工程总体规划》基础上，结合三北工程的自然条件、当前土地利用类型，参考一至五期工程建设布局，首先将三北工程建设区划为4个一级区：东北华北地区、内蒙古高原中部地区、西北中西部地区和黄土高原地区。在4个一级区基础上，结合防护林适宜建设区和三北工程六期规划方案，指定了29个二级区（图5-32）。

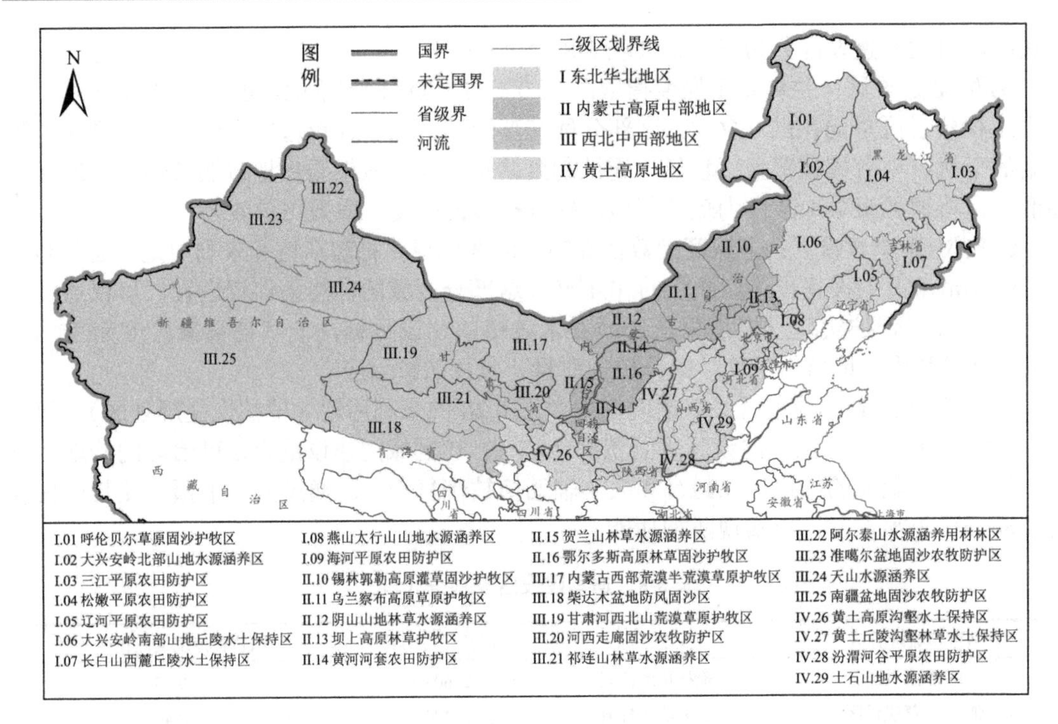

图 5-32 三北工程建设六期布局图（见书后彩图）

东北华北地区：重点建设以农田防护为主的完备生态防护体系，由呼伦贝尔草原固沙护牧区（01）、大兴安岭北部山地水源涵养区（02）、三江平原农田防护区（03）、松嫩平原农田防护区（04）、辽河平原农田防护区（05）、大兴安岭南部山地丘陵水土保持区（06）、长白山西麓丘陵水土保持区（07）、燕山太行山山地水源涵养区（08）、海河平原农田防护区（09）9 个二级区构成。

内蒙古高原中部地区：重点建设以御沙护牧为主的林草生态防护体系，由锡林郭勒高原灌草固沙护牧区（10）、乌兰察布高原草原护牧区（11）、阴山山地林草水源涵养区（12）、坝上高原林草护牧区（13）、黄河河套农田防护区（14）、贺兰山林草水源涵养区（15）、鄂尔多斯高原林草固沙护牧区（16）7 个二级区构成。

西北中西部地区：重点建设以绿洲防护为主的荒漠生态防护体系，由内蒙古西部荒漠半荒漠草原护牧区（17）、柴达木盆地防风固沙区（18）、甘肃河西北山荒漠草原护牧区（19）、河西走廊固沙农牧防护区（20）、祁连山林草水源涵养区（21）、阿尔泰山水源涵养用材林区（22）、准噶尔盆地固沙农牧防护区（23）、天山水源涵养区（24）、南疆盆地固沙农牧防护区（25）9 个二级区构成。

黄土高原地区：重点建设以蓄水固土为主的生态经济型防护体系，综合考虑地形地貌、土壤侵蚀特点、治理措施等因素，提出由黄土高原沟壑水土保持区（26）、黄土丘陵沟壑林草水土保持区（27）、汾渭河谷平原农田防护区（28）、土石山地水源涵养区（29）4 个二级区构成区域性防护林体系。

第6章 防护林构建技术

防护林（多指人工防护林，下同）的构建主要是依托防护林生态工程，以森林生态学、恢复生态学与景观生态学基本原理为基础，以森林培育学（造林学）理论与技术为主体，对防护林进行规划设计、树种选择（立地条件划分）、空间配置（防护林体系）和造林方法（技术）的总称。我国早期的防护林建设与发展，深受苏联防护林建设思想和学科体系的影响（姜凤岐，2011）。自《农田防护林学》（曹新孙，1983）出版发行开始，国内已出版了多部有关“防护林学”的专著，如《防护林学》（向开馥，1991）、《农业防护林学》（赵宗哲，1993）、《农田防护林学》（阎树文，1993）、《农田防护林生态工程学》（朱廷曜等，2001）、《防护林经营学》（姜凤岐等，2003）、《农田防护林学》（朱金兆等，2010）和《水土保持与防护林学》（张金池，2011）等。上述专著为我国防护林构建奠定了基础。随着生态环境建设成为国际社会的焦点问题，防护林生态工程在我国生态文明建设过程中发挥着至关重要的作用。本章从防护林规划设计、树种选择和空间配置等方面阐明防护林生态工程建设中不同林种防护林的构建策略与技术。

6.1 防护林构建的原则

1.“山水林田湖草沙是生命共同体”原则

防护林的构建已不仅仅是单一“造林”的问题，必须坚持系统思维，“山水林田湖草沙是生命共同体”等原则。山水林田湖草沙生态系统是一个有机整体，山、水、林、田、湖、草、沙等自然资源、自然要素是生态系统的组成部分，是整体中的局部，而整个生态系统是多个局部组成的整体。人类开发利用山、水、林、田、湖、草、沙其中的一种资源时，必须考虑对其他资源和整个生态系统的影响，要加强对各种自然资源和整个生态系统的保护（成金华和尤喆，2019）。防护林作为森林的一种形式，属于生命共同体的一部分，因此，在防护林构建时要用系统论的思想、方法看问题，主要体现为：防护林构建必须遵循自然生态规律，在自然条件、客观规律允许的范围内开展建设，并且与水热资源匹配。在防护林生态工程建设时，将湿地、草场等统筹纳入防护林生态工程，而对集中连片、破碎化严重、功能退化的防护林生态系统进行修复，通过土地整治、植被恢复、河湖水系连通、岸线环境整治、野生动物栖息地恢复等手段，逐步恢复防护林生态系统功能（赵建军和尚晨光，2018；赵东升和张雪梅，2021）。

2.“统筹布局、分区实施”原则

生态脆弱区约占中国国土面积的60%以上（宜树华等，2022），因此，防护林构建应该根据各分区特点和主要问题，提出“一区一策”实施方案，明确防护林的布局、优先示范区片、主要建设内容、实施计划安排等，科学确定保护修复的布局、任务与时序。防护林构建分区是区域管理的基础和区域政策的依据，分区的主要任务就是按分区要素的空间分布特征，将防护林构建的目标划分为具有多级结构的区域单元，使同一区域单元内的目标特征具有相对一致性，而不同区域间存在较为明显的异质性，在此基础上制订相应的防护林构建策略。

3.“适地适树”原则

防护林建设过程中，注重生态适宜性原则是关键；而适地适树的林业生产方式则是生态适宜性的具体体现。适地适树指选择适当地区种植适当的树木，使林木种植能够符合实际环境要求，以保证林木能够存活、正常生长。在实际生产中依据生态环境的特点进行科学合理的树种选择，使所选择树种能够实现良好生长、发育，进而形成结构稳定的防护林，更好实现其功能高效、稳定、可持续发挥（任义，2020）。另外，全面、科学地认识适地适树，对新时代下的生态文明建设具有重大的现实意义和指导意义。

4.“因害设防”原则

受特定历史条件影响，新中国成立初期进行了大面积土地开垦，导致相关地区环境遭到严重破坏，生态问题随时间愈加严重且影响面积不断扩张。因此，生态灾害因子的性质和程度各不相同，如水土流失、荒漠化、风沙危害、旱涝、台风、海潮等。防护林的构建按照危害的性质和轻重程度，划分不同类型，设计不同规格、不同树种、不同配置的防护林体系。即，采用科学适当的人为干预措施，既可以改变“地”或者“树”一方的支配地位，也可以打破两者之间原有的均势发展，向着符合人们愿望的方向良性发展。该人为干预措施的作用受科学技术和经济条件的制约，在干预程度上有一定的限度，而且其社会、经济、生态效果是否合理也有待于进一步检验（曹新孙，1983）。

5.“以生态效益、社会效益为主，兼顾经济效益”原则

防护林的生态效益与经济效益本身就是相互结合成为一体的，不能将其单独分开发展。在注重生态效益的同时，应将经济建设纳入到防护林建设之中，同时要具备可持续发展的理念，不应以牺牲环境为代价换取经济利润。在逐步贯彻落实防护林生态工程时，应凸显生态经济的建设目标，环境问题得到改善的同时，地方的经济状况也将得到解决，通过往复的良性循环使外部的脆弱环境也逐步得到改善，体现“绿水青山就是金山银山”的理念。因此，生态经济型防护林建设工程将逐步被重视，不仅显著改善当地的环境现状，同时对其他产业也有积极的促进作用，使得民众对工程的建设成果具有较高的满意度（高志义，1991；任勇和高志义，1996）。

6.2　农田防护林构建技术

农田防护林构建技术是依据农田存在的主要问题——风蚀或风害进行规划设计的，即农田防护林的构建必须考虑农田防护林通过改变“风的行为”实现防护目的，在不同的区域对林带的走向、带间距离、结构类型（疏透度或透风系数）、带宽等主要参数进行规划，同时还应考虑农田防护林的病虫害、胁地效应等问题。农田防护林的构建技术以东北区农田为例，利用综合调查资料和相关试验林带的连续观测等方法，确定了单条林带方向、树种配置、多条林带或林网的带间距离，以及景观和区域防护林体系的空间景观布局等（朱教君等，2003），形成农田防护林构建技术体系。

6.2.1　林带与林网走向

林带走向以林带方位角，即林带与子午线的交角表示。林带走向是林带、林网或防护林体系设计的主要配置参数。为了确定林带、林网走向，依据前期林带走向（与主害风的交角）、林带在景观布局方面的研究结果，通过现实观测和综合分析方法，确定林带/林网走向、林带/林网空间布局等参数变化规律。以位于辽宁省昌图县中西部（123°45′E，42°55′N）双井子乡设计、营造的试验示范林带（1992年设置）为例，说明林带、林网走向设计（朱教君等，2003）。单条林带走向与风向垂直时防护效果最佳，随着风向与林带交角的变化，防护效应逐渐降低（图6-1）。这是因为，当气流（风）通过林带时，如果风向与林带交角小于90°，相当于林带宽度增加，即林带的结构（疏透度）发生了变化。当风向与林带交角小于30°时，防护效果随偏角的增加影响不大；但当风向与林带交角大于30°时，防护效果将大大降低（朱教君等，2003）。图6-2给出防护效应（疏透结构，透风系数为0.43、疏透度约为0.30、风速降低20%时林带高度倍数的距离）随林带与风向交角的变化曲线（朱教君等，2003）。

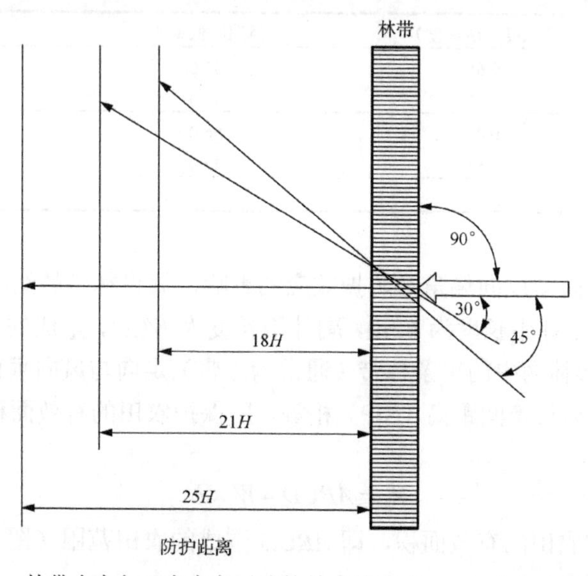

图6-1　林带走向与风向交角对防护效应的影响（H为林带高度，m）

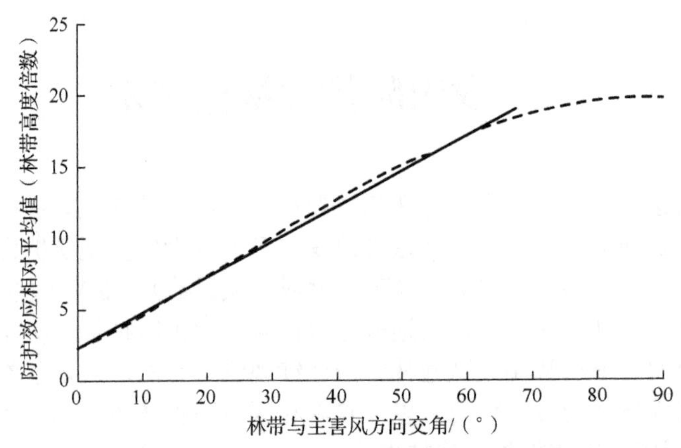

图 6-2 林带防护效应随林带与风向交角变化标准曲线（实线为模拟线，虚线为监测值）

对于林网的走向，宋兆民等（1982）对林网走向或风向偏角对防护效应的影响进行的理论推导与实际观测结果表明，当正方形林网与风向呈 45°左右的交角时，具有防护效能的截面积最大。其原因是风向与林带斜交时，受相邻两条林带的共同作用，增大了风通过林网的截面积。一般林网是方形的，但不一定都是正方形（多为矩形），风向与林网斜交时的防护效率与风向正交于林带时的防护效应相近（表 6-1），且在相邻两条林带的长度相差不悬殊的情况下恒定。因此，可以认为，风向与林网垂直时，林网的防护效应是显著的，风向与林网斜交时，林网的防护效应也是显著的。该研究结果有其合理的一面，但由于其观测的风速降低效能是在林网中心进行的，因而在应用中有其局限性。另外，该研究结果是以防护截面积最大作为确定林网与风向交角对防护效应影响的主要依据，而一般认为，有效防护距离是林网或林带防护效应发挥的主要特征量，林带防护截面积大，有效防护距离并不一定大（宋兆民等，1981）。

表 6-1 林网与风向对防护效应的影响

	通风度（疏透度）	风速降低率/%	风速降低率平均值/%
南	0.65	35.0	37.5
北	0.60	40.0	
东南	0.44	56.0	52.5
西南	0.51	49.0	
差值			15.0

资料来源：宋兆民等（1981）。

根据单条林带走向与风向偏角对防护效应的影响，假设林带的结构为最优，且所设计的带间距离合理，以主林带长度为 L(m)，副林带长度为 W(m)，形成的林网为方形林网（正方形与矩形）。当方形林网中的单条林带（通常为主带）走向与风向垂直时，总的防护效应最大，即有效防护距离与带间距离（SIP）相等，所保护农田的有效面积为林网所包围的全面积，见式（6-1）：

$$A_e = ABCD = W \times L \tag{6-1}$$

式中，A_e 为林带保护农田的有效面积，即 $ABCD$ 围成的农田范围（图 6-3）；L 为主林带长度；W 为副林带长度。

当方形林网中的单条林带走向与风向有一定偏角时（α，单位为°），主带的有效防护距离减小（小于带间距离），虽然副带起到了一定的防护作用（副带有效防护距离增加），但总的防护效应则相对减少（图6-3）。假设林带在结构为最优前提下，防风效应随风向偏角变化如图6-1所示，防护效应以有效防护距离（L_e）表示，那么L_e可以写成风向偏角α的函数，见式（6-2）。

$$L_e = f(\alpha) \tag{6-2}$$

式中，L_e为有效防护距离，用以表征防护效应；α为林带与风向的偏角。

因此，当方形林网中的单条林带走向与风向的偏角为α时，即可得到林网所保护农田的有效面积，见式（6-3）：

$$A_e = ABCD - AB'C'D' = L\cdot f(\alpha) + W\cdot f(90^\circ-\alpha) - f(\alpha)\times f(90^\circ-\alpha) \tag{6-3}$$

由式（6-3）和图6-3可知，当方形林网中的单条林带走向与风向有一定偏角时，林网的有效防护面积较单条林带（通常为主带）走向与风向垂直时的防护面积小。因此，在林网设计时仍应以主林带的走向与风向垂直为标准．但考虑到林带与主害风的偏角小于一定角度时，对防护效应影响较小（图6-3）。因此，在设计方形农田林网时，可以根据具体情况允许林网走向与主害风风向有一定的偏角，尤其是林带的有效防护距离大于带间距离时，林网走向可以不考虑与主害风风向的交角（朱教君等，2003）。

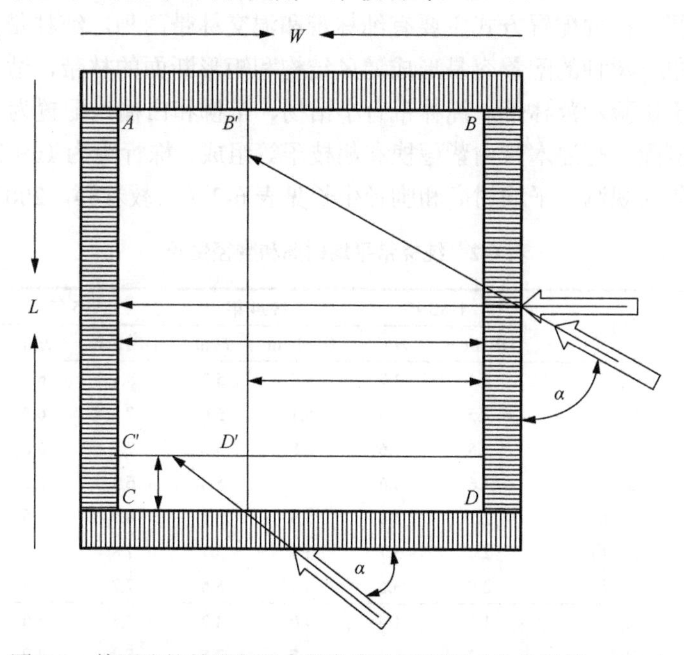

图6-3　林网防护效应与风向偏角变化示意图（朱教君等，2003）

6.2.2　林带树木与树种配置

为了说明林带树木、树种的配置，以1992年于辽宁省昌图县中西部双井子乡设计、营造的试验示范林带为对象，对试验示范林带营造后前3个生长季（1993～1995年），以及造林8年后（2000年）林带的生长、结构进行观测。调查主要采用标准地（临时和固定）

方式进行。林带多为3～6行，带间距离300～500m，主要树种为杨树（杂交杨占80%，乡土杨占20%），林龄3～34年；北京杨、小钻类杂交杨、加拿大杨属于杂交杨；小青杨、小叶杨属于乡土杨。调查区域内选不同年龄、不同品种、不同配置且具典型密度的林带100m为临时或固定标准地，对测树因子（每木检尺、树高、密度、林龄等）进行定期观测；同时对每条林带摄取有叶期相片，测定林带疏透度；在林龄较大的林带中，选典型树木做树干解析。

林带树木配置：农田防护林单条林带的合理配置是保持林带整体效益最大化的前提。林带内树木的配置主要包括矩形、“品”字形和随机配置（姜凤岐等，2003）。目前农田防护林多以窄林带为主，因此，在林带设计时林带内树木配置多采用“品”字形配置，因为该种配置方式能使带内树木个体充分利用有限的空间；造林8年后观测的结果也证明了“品”字形配置的林带林相整齐，结构相对合理，林木更能有效地利用空间。营林实践发现，由阳性树种组成的高度郁闭林带中，位于边行的林木高度和胸径均较在林带中心的林木生长量大，即“边行效应”。因此，在林带设计中调整株行距并将不同生长速度的树种合理配置，可使林带树木充分利用空间与养分，尽早成林。研究表明，对于树木胸径生长，内行距为3m的林带结构优于内行距为2.4m的林带结构，而内行距为2m的林带结构较差，树木分化极为严重。对于树高生长，“边行效应”效果不明显（姜凤岐等，2003）。

林带树种配置：树种配置方式主要有纯林带和混交林带两种，纯林带是由同一树种组成的林带，这种单一树种的配置容易形成通风结构和矩形断面的林带，适于风沙危害不十分严重地区。对于试验示范林带，纯林带有小钻杨、旱柳和白榆，配置为4行，株行距为2m×2m；林带两侧配一行灌木带由紫穗槐和胡枝子等组成，株行距为1m×1m，经前3个生长季和造林后8年的观测，平均树高和胸径生长见表6-2（朱教君等，2003）。

表6-2 纯林带平均树高和胸径生长

树种	行向	1993年		1994年		1995年		2000年	
		DBH/cm	H/m	DBH/cm	H/m	DBH/cm	H/m	DBH/cm	H/m
小钻杨	N_1	2.4	3.7	5.5	5.7	8.1	6.7	13.5	11.2
	N_2	2.5	3.5	5.1	5.6	7.0	6.5	10.8	10.1
	S_1	1.5	3.6	5.8	5.6	7.5	6.8	14.8	11.5
	S_2	1.6	3.6	5.4	5.5	6.3	6.5	11.1	10.0
	内行平均	2.1	3.6	5.3	5.6	6.7	6.5	11.0	10.1
	边行平均	2.0	3.7	5.7	5.7	7.8	6.8	14.2	11.4
	平均值	2.0	3.6	5.5	5.6	7.2	6.6	12.6	10.7
白榆	N_1	1.6	1.4	4.0	3.7	5.5	5.0	11.0	9.3
	N_2	1.7	1.2	3.7	3.5	5.3	4.9	8.6	8.0
	S_1	1.7	1.4	3.9	3.5	5.0	5.2	10.8	9.0
	S_2	1.8	1.5	3.8	3.6	5.2	4.8	8.9	8.1
	内行平均	1.8	1.4	3.8	3.6	5.3	4.9	8.8	8.1
	边行平均	1.7	1.4	4.0	3.6	5.3	5.1	10.9	9.2
	平均值	1.7	1.4	3.9	3.6	5.3	5.0	9.8	8.6

续表

树种	行向	1993 年		1994 年		1995 年		2000 年	
		DBH/cm	*H*/m	DBH/cm	*H*/m	DBH/cm	*H*/m	DBH/cm	*H*/m
旱柳	N_1	0.9	2.3	2.9	3.3	5.4	4.5	11.8	9.2
	N_2	1.1	2.4	2.2	3.6	4.7	4.3	8.6	7.8
	S_1	1.0	2.2	1.9	3.3	5.2	4.6	11.4	9.1
	S_2	1.3	2.4	2.2	3.3	4.8	4.4	8.9	8.0
	内行平均	1.2	2.4	2.2	3.5	4.8	4.4	8.8	7.9
	边行平均	1.0	2.3	2.4	3.3	5.3	4.6	11.6	9.2
	平均值	1.1	2.3	2.3	3.4	5.0	4.5	10.2	8.5

注：N_1表示北侧第 1 行（边行）；N_2表示北侧第 2 行（内行）；S_1表示南侧第 1 行（边行）；S_2表示南侧第 2 行（内行）；DBH 表示胸径；*H* 表示树高。

纯林带树木生长调查表明（表 6-2），各树种在造林后的前 3 个生长季，内行、边行的树高生长均无显著差异，而胸径生长却因树种的不同而有所差异。杂交杨和旱柳在第 3 个生长季出现了较大差异，即边行平均胸径较内行分别高 16.4%和 10.4%，而白榆到第 3 个生长季仍没有差异。这一结果表明，生长相对较快树种的纯林带树木在造林后的第 3 个生长季边行优势即表现出来，而到第 8 年所有林带树木均表现出边行优势。

为证实林带的边行效应，在纯林带的营造过程中设计了内行、外行行距不等的两条林带：杨-杨-杨-杨（内行距为 3.0m，边行距为 2.0m），杨-杨-杨-杨（内行距为 2.4m，边行距为 2.0m）。结果表明，对于林带胸径生长和形成的结构而言，内行距为 3m 的林带优于内行距为 2.4m 的林带，但二者均优于内行距为 2m 的林带；而对于树高生长而言，“边行效应”效果不十分明显。

由 2 种或 2 种以上树种组成的混交林带，如果树种的配置得当，能形成良好结构，充分利用林地条件，抵抗灾害能力强，具有良好的生物学和生态学稳定性的林带。多树种混交的林带适用范围较广，但由于造林及树种搭配的困难性，混交配置林带较少。对于试验示范营造的不同树种、不同配置的混交林带主要包括 4 个层次的混交：①株间混交，在阔叶树种间进行；②行间混交，包括对称式与非对称式行间混交两种形式；③段状混交，即一条林带由不同树种的各段纯林带组成；④整条林带交叉设置，即不同的纯林带由不同树种构成（表 6-3）。

表 6-3 农田防护林树种混交配置方式

混交方式	配置类型	造成林密度/（m×m）
不同阔叶树株间混交林带配置	柳-杨-柳-杨（隔株混交）	2×2
	榆-杨-榆-杨（隔行混交）	2×2
非对称式行间混交林带配置	柳-杨-柳-杨	2×2
	榆-杨-榆-杨	2×2
对称式行间混交林带配置	柳-柳-樟-樟	2×2
	樟-樟-杨-杨	2×2
	榆-榆-杨-杨	2×2
	榆-杨-杨-榆	2×2
	柳-杨-杨-柳	2×2

续表

混交方式	配置类型	造成林密度/（m×m）
段状混义林带配置	杨（500m）-松	2.5×2.5
	（500m 段）-榆（500m 段）	2.5×2.5
整条林带交叉配置	杨（500m 带）-松（500m 带）	2×2

资料来源：朱教君等（2003）。

造林 10 年后观测结果表明，樟子松与小钻杨、樟子松与旱柳混交林带中，由于针叶树与阔叶树生长的差异性，樟子松未能很好地保留下来，而以段状混交、整条林带交叉配置的樟子松却能够成林。不同阔叶树种混交配置造林试验表明，以林带外（边）行栽植生长相对较慢树种，内行栽植生长相对较快树种，如杂交杨与白榆、杂交杨与旱柳混交的“对称式行混”中，榆-杨-杨-榆和柳-杨-杨-柳的混交形式较好。这种形式不仅能够形成较好的林带结构，而且为充分利用边行优势，克服榆、柳生长较杨树缓慢（朱教君等，2003）。

6.2.3　带间距离的确定

决定带间距离的主要因子有最大主害风平均风速、最大参考风速、林带结构、林带高度和林带宽度等。一般在林带设计时，带间距离由式（6-4）确定：

$$\mathrm{SIP} = eH_0 \tag{6-4}$$

式中，SIP 为带间距离（m）；H_0 为林带的成林高或林带的成熟高（m），由树种的遗传特性和立地条件决定；e 为常数，是由小气候条件与林带的结构、类型决定（Woodruff，1956；曹新孙，1983；Tibke，1988；Ticknor，1988；Finch，1988）。

由式（6-4）可知，确定带间距离的关键是决定林带的成林高 H_0 及与小气候条件、林带结构及类型相关的常数 e。但是，由于量化这两个量的过程比较复杂，一直是由设计者根据经验来决定的（Zhu et al.，2002），尤其是常数 e，在林带设计时往往仅考虑风害单一因子，而更为重要的因子——林带结构却没有考虑。如果林带的最主要功能是降低风速，那么风速降低的程度则主要由被保护对象的性质和目的来决定。由于被保护的对象多种多样，因此，使得这一问题更加复杂。为了量化式（6-4）中的各个参数，确定带间距离的方法如式（6-5）：

$$\mathrm{SIP} = S_\beta M_\omega H_0 \tag{6-5}$$

式中，S_β 为与林带结构相关的参数，这里特指与林带疏透度变化相关的参数；M_ω 为与小气候因子相关的参数（与害风风速相关）。假若 $S_\beta M_\omega = e$。

6.2.3.1　成林高的确定

林带经营的目的就是为农田提供全面、有效、持续的保护，但林带自造林开始至达到这一目标需要相当长的时间，而这一时间的长短是确定林带成林高的关键。成林高估计得过高，林带长时间达不到全面、有效的防护状态，有的甚至直到林带自然成熟、死亡也不能达到；相反，如果成林高估计得过小，林带很快达到并超出有效防护范围，使防护资源产生巨大的浪费。对林带树木生长发育规律、防护成熟、林带结构与防护效应的观测研究结果表明，林带成林高（H_0）可由林带树木达到初始防护成熟时的年龄所对应的高度来确定。如果林带树高生长曲线为 Logistic 生长函数式，那么林带达到初始防护成熟龄时的高度可由式（6-6）确定：

$$H(\mathrm{IPMA}) = H_0 = K / \{1 + m \times \exp[\ln(m) + 1.317]\} \tag{6-6}$$

式中，H(IPMA)为林带达到初始防护成熟龄时的树高，即成林高（m）；K 为树高生长的渐近最大值（m）；m 为与立地条件有关的参数。表 6-4 是以杨树林带为例确定林带的成林高。

表 6-4 杨树林带的成林高 H_0

杨树品种	高生长模型参数		成林高/m
	K/m	m	
小青杨	17.9	8.16	13.4
小叶杨	19.9	9.40	15.6
加拿大杨	25.7	5.80	20.3
其他小钻类杂交杨	21.0	13.77	17.5

6.2.3.2 林带结构相关参数

林带疏透度是表征林带结构的主要参数之一，相关研究结果表明，林带最适疏透度值范围为 0.20～0.50，一般取值 0.25。根据曹新孙等（1981）和姜凤岐等（2003）分别对不同结构（疏透度）风障和林带的防护效应观测结果，得出了防护效应随疏透度变化规律，即林带结构相关参数的多元回归经验公式，见式（6-7）（Zhu et al.，2002）：

$$S_\beta = 5.04249\beta^3 - 8.7712\beta^2 + 3.4239\beta + 0.6139 \quad (0 \leqslant \beta \leqslant 0.80,\ P < 0.01) \tag{6-7}$$

式中，β 为林带疏透度，其取值范围为 0～0.80；S_β 取值范围为 0.31～1.00。当 $\beta=0$ 时，$S_\beta=0.61$；当 $\beta=0.80$ 时，$S_\beta=0.31$；当 $\beta=0.25$ 时，$S_\beta=1.00$。

6.2.3.3 害风风速相关参数

林带的最基本设计要求是使保护区内的风速降低到危害程度以下，并使这一区域距离达到最长。对风速降低程度的要求与被保护的对象和当地小气候条件（如害风极大值、风向、土壤类型及耕作制度等）密切相关。阈值风速（指起沙风速或引起灾害时的风速）可以作为确定害风风速相关参数的主要依据，因为阈值风速与防护林效益发挥直接相关。因此，风速降低值可由式（6-8）确定：

$$U_{\mathrm{rw}} = (U_{\mathrm{pw}} - U_{\mathrm{th}}) / U_{\mathrm{pw}} 100\% = 100 - U_{\mathrm{th}} / U_{\mathrm{pw}} 100\% \tag{6-8}$$

式中，U_{rw} 为风速降低值；U_{pw} 为害风的风速（m/s）；U_{th} 为引起灾害的阈值风速（$U_{\mathrm{pw}} > U_{\mathrm{th}}$）（m/s）。

基于风速降低与林带疏透度的关系，确定最适疏透度条件下、水平方向的风速廓线（图 6-4）（Zhu et al.，2002）。由图 6-4 可知，最适疏透度为 0.25 时，在 5H～35H（树高）范围内，风速降低比率与防护距离的关系服从对数分布，见式（6-9）：

$$U_{\mathrm{lee}} / U_{\mathrm{open}} = \Psi \ln(M_\omega) + \Phi_0 \tag{6-9}$$

式中，Ψ和Φ_0为经验常数；U_{lee}和U_{open}分别为林带下方风速和旷野风速（m/s）。

由式（6-9）可以看出，M_ω是影响相对风速U_{lee}/U_{open}的唯一变量，因此，合并式（6-8）和式（6-9），即用U_{lee}/U_{open}替代U_{th}/U_{pw}，可得式（6-10）：

$$U_{rw}=100-[\Psi\ln\left(M_\omega\right)+\Phi_0] \tag{6-10}$$

应用图6-4数据，解式（6-10），即可得到M_ω，见式（6-11）：

$$M_\omega=\exp[(130.3338-U_{rw})/34.2176] \quad (R^2=0.9949, P<0.01) \tag{6-11}$$

值得注意的是，阈值风速的确定十分复杂，式（6-9）和式（6-10）的取值是在5*H*～35*H*范围内，因此，式（6-11）的风速降低值（U_{rw}）应在9%～75%范围内。

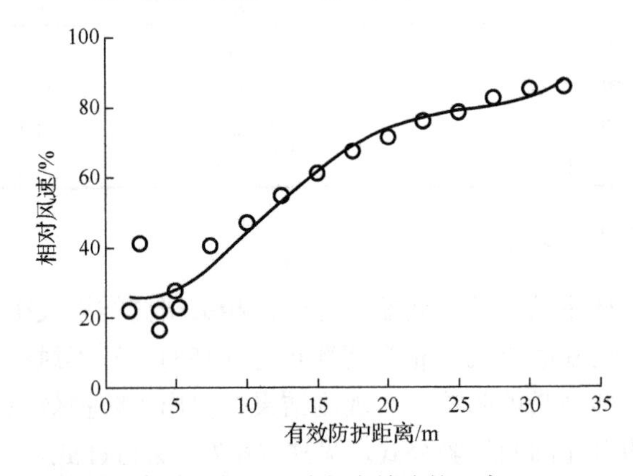

图6-4　最适疏透度条件下相对风速与有效防护距离（Zhu et al.，2002）

6.2.3.4　杨树林带的带间距离

杨树林带占我国农田防护林95%以上。依据东北西部地区杨树林带调查资料，确定在不同林带结构、降低不同风速时的带间距离（表6-5）。林带疏透度选择0.10～0.45、0.12～0.40、0.15～0.36和最适值0.25，用来计算林带结构相关参数S_β；风速降低选择10%～70%，作为计算与小气候因子（害风）相关参数M_ω，成林高H_0由表6-4计算得出。

表6-5　主要杨树防护林林带的带间距离

树种	疏透度范围	S_β的平均值	需要风速降低值/（m/s）						
			U_{rw10}	U_{rw20}	U_{rw30}	U_{rw40}	U_{rw50}	U_{rw60}	U_{rw70}
小青杨	0.10～0.45	0.948	426.2	318.2	237.5	177.3	132.4	98.8	73.8
	0.12～0.40	0.966	434.3	324.2	242.2	180.7	134.9	100.7	75.2
	0.15～0.36	0.981	441.0	329.2	245.8	183.5	137.0	102.3	76.4
	最适值0.25	1.000	449.5	335.6	250.6	187.1	139.7	104.3	77.8
小叶杨	0.10～0.45	0.948	497.4	371.3	277.2	207.0	154.5	115.4	86.1
	0.12～0.40	0.966	506.8	378.4	282.5	210.9	157.5	117.6	87.8
	0.15～0.36	0.981	514.7	384.2	286.9	214.2	159.9	119.4	89.1
	最适值0.25	1.000	524.6	391.7	292.4	218.3	163.0	121.7	90.9

续表

树种	疏透度范围	S_β的平均值	需要风速降低值/（m/s）						
			U_{rw10}	U_{rw20}	U_{rw30}	U_{rw40}	U_{rw50}	U_{rw60}	U_{rw70}
加拿大杨	0.10～0.45	0.948	646.8	482.9	360.5	269.1	200.9	150.0	112.0
	0.12～0.40	0.966	659.0	492.0	367.3	274.2	204.7	152.9	114.1
	0.15～0.36	0.981	669.3	499.7	373.0	278.5	207.9	155.2	115.9
	最适值 0.25	1.000	682.2	509.3	380.3	283.9	212.0	158.2	118.1
其他小钻类杂交杨	0.10～0.45	0.948	558.6	417.1	311.4	323.5	173.6	129.6	96.7
	0.12～0.40	0.966	569.3	425.0	317.3	236.9	176.9	132.0	98.6
	0.15～0.36	0.981	578.1	31.6	322.2	240.6	179.6	134.1	100.1
	最适值 0.25	1.000	589.3	440.0	328.5	245.2	183.1	136.7	102.0

注：带间距离来自式（6-4）；S_β 来自式（6-7）；U_{rw10}、U_{rw20}、U_{rw30}、U_{rw40}、U_{rw50}、U_{rw60}、U_{rw70} 分别为风速降低至旷野风速的 10%、20%、30%、40%、50%、60%、70%（Zhu et al.，2002）。

6.2.4　林网-景观尺度农田防护林空间布局

6.2.4.1　林网-景观尺度农田防护林空间布局

从景观水平上度量农田防护林网的空间布局，可以在宏观上掌握现存农田防护林体系的状态以及未来农田防护林体系的合理规划，从而为农田防护林体系的经营与管理提供重要参考。根据景观生态学的“斑块-基质-廊道”模式，农田防护林网是建立在农田基质之上的，同时具有斑块和廊道属性的网络系统。该网络系统的边是林带，结点是两条或多条林带的连接点、交叉点和各林带的端点。因此，农田景观中的林网特征可以由连接度、环度、带丰度、带斑比及优势度等指标来描述。这些指标在景观水平上从数量与空间分布两方面综合度量防护林网的空间结构。由于具有理想功能发挥效率的农田防护林网体系，是按照合理的网格结构排序，因此，借助景观指标对农田防护林网体系的空间布局进行度量、评价，并比较农田防护林网的理想状态和现有状态，从改善景观结构、提高防护效率的角度提出农田防护林网的经营方案与对策。

周新华和孙中伟（1994）利用上述景观生态学的基本原理和方法，通过制定合理的林网体系空间布局景观指标，将林网合理景观指标值与相应的林网实际景观指标值进行比较，对现有林网在景观中的布局进行评价。

通过对吉林省农安县前岗乡农田防护林网的航片调绘（图幅为 50cm×45cm，比例尺为 1∶10000 的 24 幅航片），分别测量了现有林网的面积、接点数、连边（林带）数和每条林带长度、宽度等；据此，确定农田林网的景观指标。前岗乡景观总面积为 15592hm^2，未建林网之前可划分为 57 个斑块，其中，需被防护的农田大斑块 7 块，面积为 11829hm^2。统计后的林网结构参数为林网面积 694.9hm^2、林带条数 757、接点个数 605、闭合网格个数 206；而计算的理论值分别为林网面积 617.3hm^2、林带条数 1112、接点个数 622、闭合网格个数 497。计算得到的林网实际景观指标值与合理景观指标值列于表 6-6。

表 6-6 林网合理与实际景观指标值比较

项目	优势度	带斑比	环度	连接度
合理值 RV	37.63	0.0596	0.7802	0.9255
实际值 EV	40.17	0.0670	0.3698	0.6064
差值 | RV−EV | /RV	0.067	0.124	0.562	0.345

根据景观生态学原理，林网各实际景观指标值在其合理值 0.85～1.15 倍时，应属于优质林网。由表 6-6 可得出，前岗乡林网在景观中布局合理的评价结论。由此可以确定，前岗乡目前林网的经营应以通过间伐和修枝对单条林带进行结构调控为主，采伐的主要对象是过小网格的成熟林带，通过不断调整林网的连接度和环度使之趋于合理，使需被防护农田斑块的各部位全部且恰好处于林带有效防护范围之内，即调整现有林网逐渐达到最佳防护状态（周新华和孙中伟，1994）。

6.2.4.2 基于景观连接度的区域林网空间布局优化

在确定一个区域现有农田防护林网的整体调整方向后，需要形成具体可操作的空间布局调整方案。以吉林省公主岭市的农田防护林网为例，介绍基于林网景观连接度指数的林网空间布局调整步骤。

第一步：计算公主岭市整体农田防护林网景观连接度指数（$I_{\text{connectivity}}$）。

首先，确定公主岭市总玉米种植面积为 3059.65km^2，现有农田防护林带总长度约为 4432km（7428 条），农田防护林网空间分布情况如图 6-5（a）所示。根据农田防护林网景观连接度指数，评估现有农田防护林网在整体上发挥防护效应的潜在水平。计算结果为 0.259（最大值为 1.000），表明现有农田防护林网对农田的潜在防护不够全面，有待提高。

第二步：划分林带组分（component），识别林网防护功能子结构。

在计算林网景观连接度指数 $I_{\text{connectivity}}$ 的同时，生成的林带组分数据可以识别林网内发挥防护功能的子结构，即子林网。林带组分是指在功能上相互联系的若干相邻林带，根据林带组分的划分结果，可以评估现有林网的防护功能由多少组分承担、各组分的空间分布情况、各组分的防护功能权重，并识别出游离于林网主体的零散林带。

公主岭市现有农田防护林网可以划分为 521 个带组分，其中主体林网所在的景观组分包含 2300 条林带。在主体林网没有覆盖的区域，另有 4 个景观组分包含 101～300 条林带，34 个景观组分包含 11～100 条林带，分别为重要子林网和次要子林网。剩余的 482 个林带组分只包含 10 条以下的林带，即为零散林网。这四类景观组分分布图如图 6-5（b）所示。

第三步：计算单条林带的重要性指数 DI_i。

根据林网景观连接度指数 $I_{\text{connectivity}}$，进一步计算单条林带的重要性指数并评估每条林带在林网中的重要性。对任意一条林带 i，其重要性指数计算如式（6-12）：

$$\text{DI}_i = \frac{I_{\text{connectivity}} - I'_{\text{connectivity}}}{I_{\text{connectivity}}} \tag{6-12}$$

式中，$I'_{\text{connectivity}}$ 为移除了林带 i 之后的林网景观连接度指数。

第四步：对林带的重要性指数 DI_i 排序，划分林带的重要性分级类型。

计算每条林带重要性指数 DI_i 并进行重要性从大到小的排序。从重要性最高的林带向重要性较低的林带依次累加计算重要性指数值，以累加到在重要性排序中的第 a 条林带为例，此时林带重要性指数累计值表示为 $\sum_{i=1}^{a} DI_i$,$a=1,2,\cdots,N$, N 为景观中现有林带的总条数。同理，所有林带的重要性指数累计值为 $\sum_{i=1}^{N} DI_i$ 。根据累加到第 a 条林带的林带重要性指数累计值 $\sum_{i=1}^{a} DI_i$ 与所有林带的林带重要性指数累计值 $\sum_{i=1}^{N} DI_i$ 之间的大小关系，通过以下方法将所有林带划分为高重要等级林带、中重要等级林带、低重要等级林带和普通林带共四种重要性分级类型。

高重要等级林带：当 $\sum_{i=1}^{a} DI_i \geqslant 50\% \times \sum_{i=1}^{N} DI_i$ 时，即到第 a 条林带的林带重要性指数累计值等于或刚刚大于所有林带的重要性指数累计值的一半时，排序在林带 a 之前的林带为高重要等级林带。

中重要等级林带：当 $50\% \times \sum_{i=1}^{N} DI_i < \sum_{i=1}^{a} DI_i \leqslant 90\% \times \sum_{i=1}^{N} DI_i$ 时，即到第 a 条林带的林带重要性指数累计值等于或刚刚大于所有林带的重要性指数累计值的 90%时，排序在林带 a 之前但不属于高重要等级林带的这部分林带为中重要等级林带。

低重要等级林带：在不属于高重要等级林带也不属于中重要等级林带的剩余林带中，DI_i 大于 0.01 的林带为低重要等级林带。低重要等级林带即为重要性排序在后 10%中，但对整体景观连接度指数的影响程度大于 1%的林带。

普通林带：除高、中、低重要等级林带之外，仍有一部分林带的重要性指数 DI_i 小于 0.01，这一部分林带为普通林带。从指数含义上讲，这类林带承担的维持林网结构功能非常小，对整体景观连接度指数的影响程度小于 1%，在分析和调整林网结构构建时可以最后考虑。

对公主岭市现有农田防护林网的单条林带重要性指数计算结果如表 6-7 所示，其中，高重要等级林带有 405 条，占总林带长度的 8.33%。中重要等级林带和低重要等级林带的总长度相近，分别占总林带长度的 27.54%和 23.87%，但低重要等级林带数量更多。普通林带数量最多，说明公主岭市的农田防护林带中有占总长度 40.25%的林带在组建林网结构上贡献非常有限（表 6-7）。三种重要性分级林带和普通林带的空间分布如图 6-5（c）所示。

表 6-7　公主岭市农田防护林带的重要性分级统计

重要性等级	林带数量	林带数量占比/%	林带长度/km	林带长度占比/%
高重要等级林带	405	5.45	369	8.33
中重要等级林带	1418	19.09	1221	27.54
低重要等级林带	1660	22.35	1058	23.87
普通林带	3945	53.11	1784	40.25
合计	7428	100.00	4432	100.00

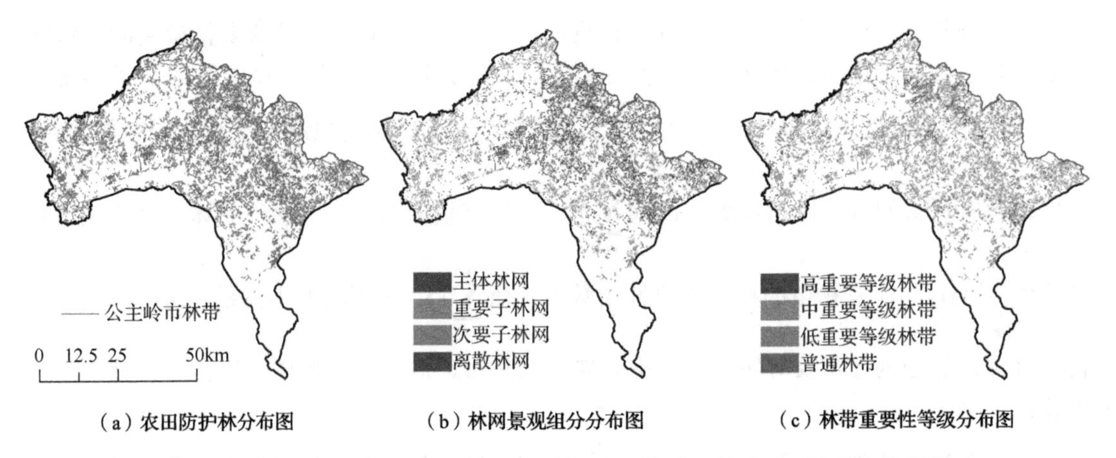

（a）农田防护林分布图　（b）林网景观组分分布图　（c）林带重要性等级分布图

图 6-5　吉林省公主岭市农田防护林、林网景观组分及林带重要性等级分布图

第五步：根据前四个步骤得到的结果和以下原则对公主岭市现有农田防护林网提出布局优化方案（图 6-4）。

（1）对于提供防护功能权重较高的林带组分：对于组分中的高重要等级林带，通过实地考察识别出结构不理想、年龄偏小的林带，进行经营抚育；对年龄偏大的林带进行及时更新。对于组分中的低重要等级林带，以砍伐为主、经营为辅。对于组分中的中等重要的林带，对结构不理想的林带进行经营。

（2）对于提供防护功能权重中等和偏低的林带组分：对所在区域进行实地考察，若确有未被有效防护的农田，则以其中高重要等级林带为基干林带，通过增加新的林带改善该区域的景观连接度。

在对各个林带组分之间的区域：适当增加新林带，以增强各个林带组分之间的功能联系，使整体景观连接度进一步提高。

6.3　防风固沙林构建技术

防风固沙林主要通过降低风速、防止或减缓风蚀，通过根系固持土壤，从而起到防风固沙、防治沙漠化、实现生态屏障作用。由于防风固沙林多位于干旱、半干旱地区，水分是决定防风固沙林存活与生长的关键。因而，在固沙林构建过程中，必须充分考虑水资源环境容量的制约作用，把握住造林苗木成活、林木正常生长发育所需的水量与可供水之间的平衡关系。在水量平衡的基础上，因地制宜配置树种、采取适宜的造林技术，使有限的水资源能得到合理、充分、有效的利用，才可能使林木正常生长发育，维持固沙林体系的稳定。因此，固沙林构建应从造林的实际需要和水资源承载力相适应出发，遵从自然规律进行合理区划，选择适宜的造林树种、科学确定造林密度；大力推广先进造林技术，建设林草生态系统水量平衡与林草生态系统水量相适宜的固沙林体系。以三北工程区沙区防风固沙林构建为主，从区划/规划设计、树种选择、空间配置和造林技术等方面说明防风固沙林构建技术。

6.3.1 区划/规划设计

三北沙区占我国沙质土地（沙地）95%以上；固沙林规划设计，必须牢固树立“以水定绿”的发展理念，以水资源承载力和植被耗水特性为主要依据进行区划/规划。

以我国北方的可治理沙地（剔除沙漠区）为区划/规划区域（图6-6）。中国沙地和沙漠（沙质土地）总面积约为$1.2\times10^6km^2$，主要分布于新疆、青海、西藏、宁夏、内蒙古、甘肃、陕西、山西、河北、北京、河南、吉林和辽宁等地；去除不适于开展防沙治沙工程的沙漠核心区域，即为防风固沙林的区划/规划区域。区域总面积为$45.51\times10^4km^2$（图6-6），占沙质土地总面积的37.73%（三北沙区）。区域内具体分布于四大沙地（呼伦贝尔沙地、毛乌素沙地、科尔沁沙地和浑善达克沙地）以及八大沙漠（塔克拉玛干沙漠、古尔班通古特沙漠、库木塔格沙漠、柴达木盆地沙漠、巴丹吉林沙漠、腾格里沙漠、乌兰布和沙漠和库布齐沙漠）的周边地区。在气候区划上以干旱、半干旱区为主，年平均气温为4.5℃，降水量为50～450mm（平均年降水量为234mm）；土壤类型为沙土，主要天然植被类型包括荒漠草原、典型草原、草甸草原、灌木林、针叶林和阔叶林。

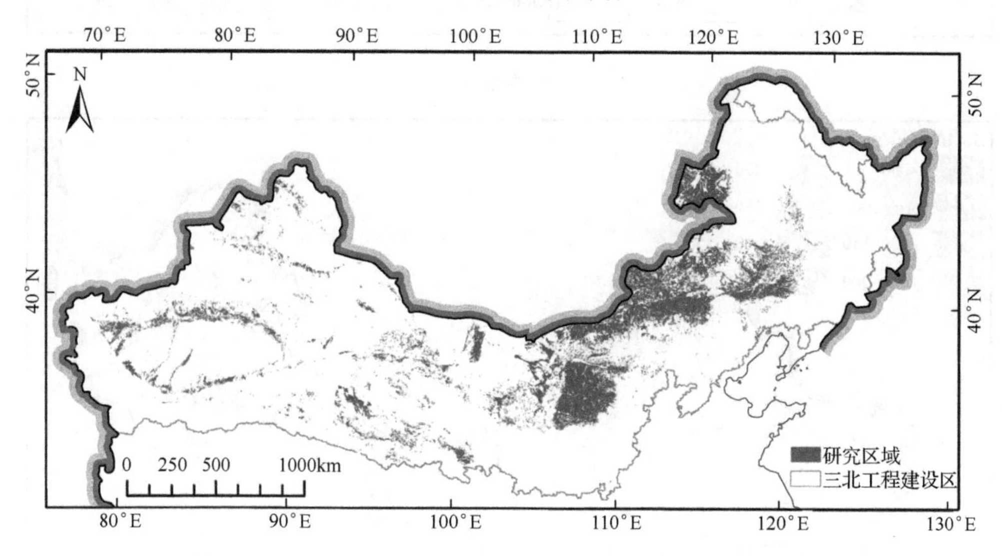

图6-6 三北工程建设区防风固沙林区划/规划的沙区分布范图

6.3.1.1 三北沙区水资源承载力

沙区可用于固沙林植被消耗的水资源量，是降雨量与土壤实际蒸发量之差（不考虑地下水和地表水补给方式），即生态耗水量（植物群体蒸腾和土壤实际蒸发耗水量）（姜德娟等，2003）。基于遥感数据获得的三北沙区1km分辨率的降水和实际蒸散量空间分布结果，结合不同土地利用的植被蒸腾量和土壤蒸发的关系，提取出三北沙区生长期内降水量和土壤蒸散空间分布图（图6-7），两者之差即为树木存活、生长的水分承载力，即可供植物生长利用的水资源量（图6-8）。沙区中可用于固沙林水资源量空间异质性显著，整体呈现由东至西、由南至北逐渐递减的分布格局；较大值区域主要分布于四大沙地区域，而新疆及内蒙古荒漠区和青藏高原北部荒漠区水资源量较少（图 6-8）。

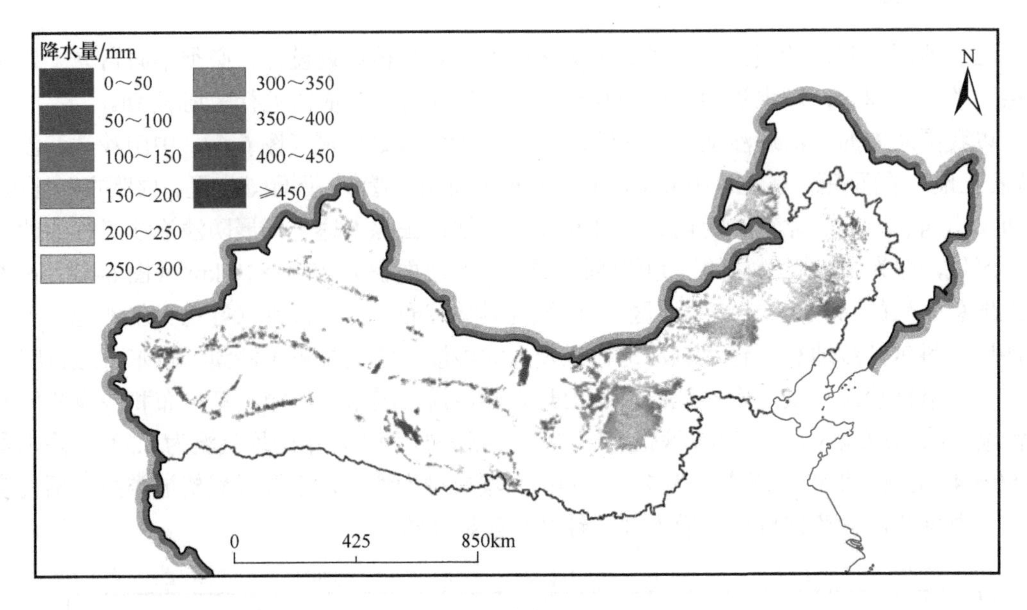

（a）降水量

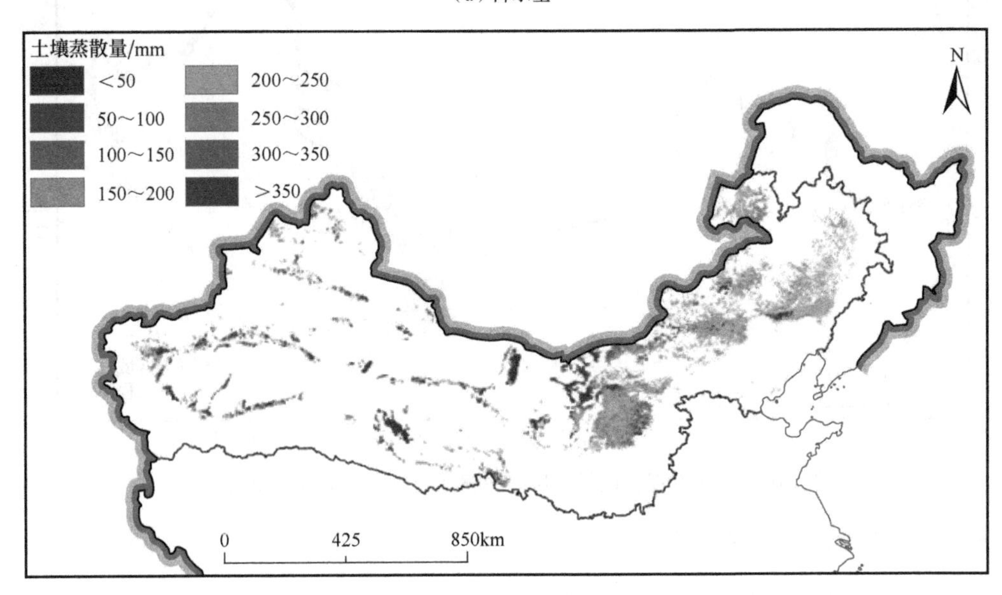

（b）蒸散量

图 6-7 三北工程区沙区生长季潜在生长期降水量和蒸散量空间分布

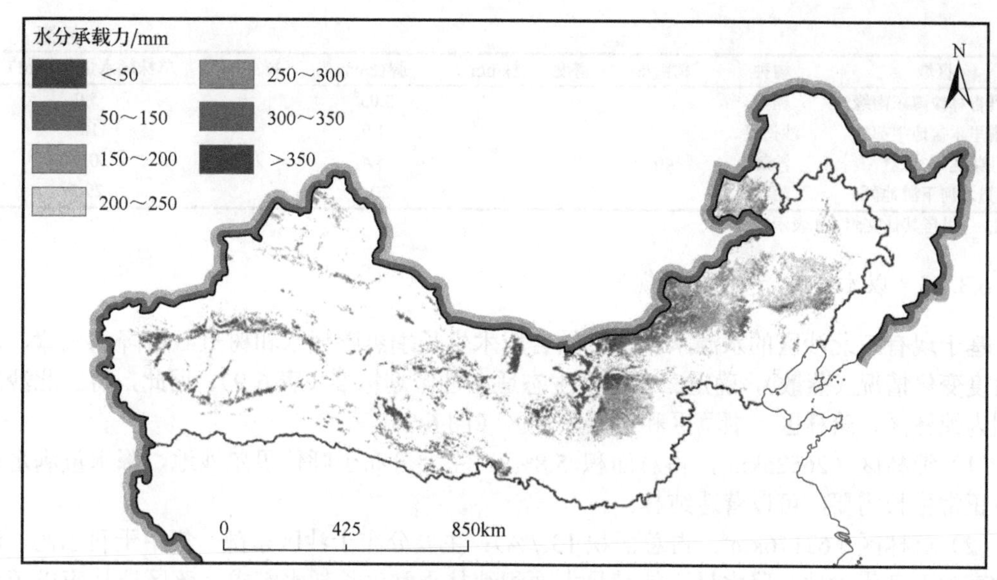

图 6-8　三北工程区沙区水分承载力空间分布

6.3.1.2　植被耗水特性

利用热扩散技术监测了科尔沁沙地南缘不同年龄樟子松、油松、杨树，科尔沁沙地西部樟子松，以及呼伦贝尔沙地天然林樟子松树干液流动态，量化了不同树种蒸腾耗水量；同时，参考以往研究结果，确定了三北沙区主要造林树种蒸腾耗水量（表 6-8）。

表 6-8　三北沙区主要造林树种蒸腾耗水特性

区域	树种	树龄/a	密度 /（株/hm^2）	胸径/cm	树高/m	单株耗水量/（kg/d）
科尔沁沙地南缘	樟子松	20	104	10.6	5.6	14.5
科尔沁沙地南缘	樟子松	19	889	9.8	5.0	6.6
科尔沁沙地南缘	樟子松	31	1389	12.7	8.1	12.0
科尔沁沙地南缘	樟子松	40	1011	17.2	10.0	15.7
科尔沁沙地南缘	油松	18	533	8.3	4.7	6.4
科尔沁沙地南缘	油松	48	467	19.8	7.8	13.2
科尔沁沙地南缘	杨树	7	1167	10.9	8.6	19.3
科尔沁沙地南缘	杨树	14	433	16.7	11.6	38.0
科尔沁沙地南缘	杨树	22	475	20.3	15.3	34.0
科尔沁沙地西部	樟子松	40	967	23.1	14.6	38.1
呼伦贝尔沙地	樟子松	41	424	23.6	18.5	32.2
科尔沁沙地*	锦鸡儿		643	1.8^d	2.15	0.5
毛乌素沙地*	杨树	21		21.1	15.0	29.0
毛乌素沙地*	花棒			1.1^d		0.4
毛乌素沙地*	旱柳	42		22.3	2.6	2.9
毛乌素沙地*	小叶杨	42		20.1	6.0	2.4
浑善达克沙地*	白榆	33		16.0		8.8
民勤绿洲荒漠过渡带*	梭梭	40		13.4^d	2.9	5.5
巴丹吉林沙漠东南缘*	白刺			1.59^d		1.3

续表

区域	树种	树龄/a	密度 /（株/hm²）	胸径/cm	树高/m	单株耗水量/（kg/d）
巴丹吉林沙漠东南缘*	柽柳			3.03^d		5.0
塔里木盆地中部*	沙拐枣			1.9		1.6
柴达木盆地*	沙棘	40		5.4	2.3	0.3
塔里木河下游地区*	胡杨			20.2		29.5

注：*引自其他文献，d 表示地径。

6.3.1.3 以水定林/定绿区划/规划

基于现有三北沙区的水源承载力，结合树木生长季蒸腾耗水和树冠截留降水规律，以及温度变化情况（蒸散），确定三北沙区生态适宜性区划标准（表 6-9）。据此，将三北沙区区划为纯林区、疏林区、灌草区和自然恢复区（图 6-9）。

（1）纯林区（26525km²，占总面积 5.8%）：主要分布于呼伦贝尔沙地，降水量满足固沙林正常生长需要，可以营造纯林。

（2）疏林区（62176km²，占总面积 13.7%）：主要分布于沙区东部，集中于科尔沁、浑善达克和毛乌素沙地，降水量不能满足大面积纯林正常生长耗水需求，该区造林应以疏林草地为主。

（3）灌草区（274359km²，占总面积 60.3%）：主要位于沙区的中西部、受八大沙漠影响的区域，降水量少，不能满足疏林等生长耗水需求，但是可以根据实际情况，发展相关的耐旱灌草。

（4）自然恢复区（92040km²，占总面积 20.2%）：水分承载力极低，应以自然恢复为主。

表 6-9 基于水热条件的沙区植被生态适宜性区划标准

年均温度/℃	水资源需求量阈值/mm		
	纯林区	疏林草地区	非适宜区
≤0	>250	150～250	<150
0～5	>300	200～300	<200
>5	>350	200～350	<200

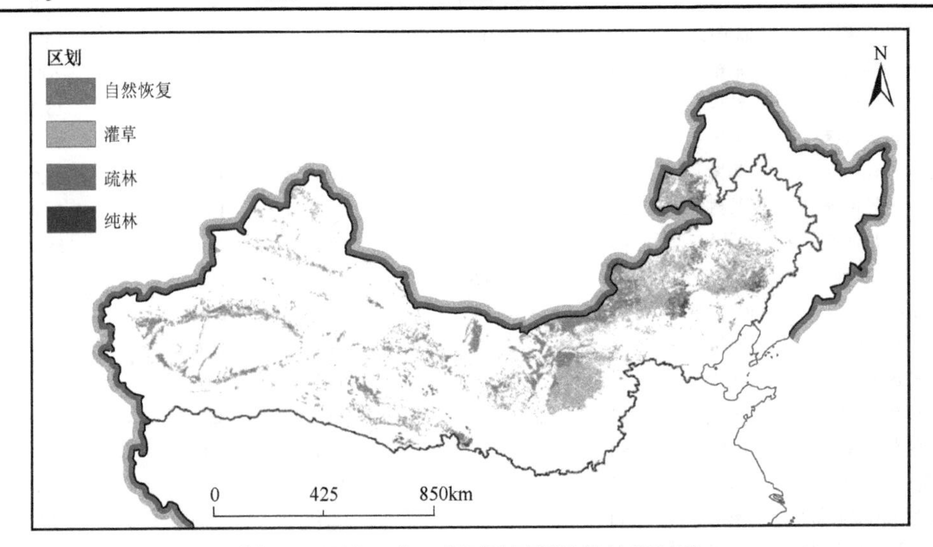

图 6-9 现有三北工程区沙区固沙植被规划图

6.3.2 树种选择

对于固沙林造林树种的选择，应遵循自然规律，适地适树、因地制宜。防风固沙林树种应选择伸展广，根蘖性强，能笼络地表沙粒，固定流沙；耐风吹露根及沙埋，耐沙割；落叶丰富，能改良土壤；耐干旱、耐瘠薄，耐地表高温的乔木和灌木；特别需要考虑树种的耗水特性。防风树种应该选择冠大、根深的乔木树种；固沙树种应该选择水平根系发达的乔木、灌木树种，而且耗水越少或水分利用效率越高越好。此外，随着宜林地越来越少，造林难度越来越大，树种水分利用来源成为固沙林树种选择新依据，能够精准辨识树木利用哪里的水源，有助于精准实现适地适树。基于上述原则，筛选了三北沙区主要的造林树种（表6-10）。

表6-10 三北沙区不同防风固沙主要树种

用途	树木生活型	生物学特性	树种
防风	乔木	冠高（密）根大 耗水高/中	樟子松、油松、白榆、沙地云杉、新疆杨（耐盐碱）、小叶杨、箭杆杨、二白杨、银白杨、沙柳（耐盐碱）、柽柳（耐盐碱）、胡杨（耐盐碱）等
固沙	灌木	根大冠稀 耗水中	锦鸡儿、梭梭、花棒、踏郎、沙棘（耐盐碱）、沙拐枣（耐盐碱）、叉子圆柏、铺地柏、驼绒藜、枸杞（耐盐碱）等

6.3.3 空间配置

防护林生态工程的总体效益不仅仅由防护林本身的结构所决定，同时也受制于防护林体系水平上林分之间的空间布局形式(配置)。空间配置格局可视为防护林体系的空间结构；对于固沙林体系，其空间配置布局（或结构）主要由树种组成、林分布局、片状混交程度等所控制（朱教君等，2016)。为了实现固沙林体系整体效益的最大化，除了选择合适的树种外，还需要对防护林体系结构进行优化配置，从而建立一个由效益和树种构成的相互制约、相互关联的区域生态系统。

造林密度（初值密度）是指单位面积造林地上的栽植（播种）点（穴）数或造林设计的株行距。造林密度与林分形成速度，林分生长、发育、稳定性，林分生产力、质量和生态效益，造林成本、种苗量、整地工程质量、后期抚育管理工作量和资金投入等密切相关。水分是影响固沙林树木生长与存活的关键因素，因此，科学的造林密度既能充分利用当地水资源，又不至于造成“土壤干化”，确保固沙林能够正常生长并发挥良好的防护作用。如三北沙区固沙林造林，必须依据“以水定林”原理（水量平衡)，参考以往研究结果，确定了三北沙区主要固沙造林树种的造林密度（表6-11)。

表6-11 三北沙区主要固沙造林树种的造林密度表

年降水量/mm	树种	造林密度/（株/hm^2）
150～250	梭梭	400～600
	柠条	300～500
	沙拐枣	200～300

续表

年降水量/mm	树种	造林密度/（株/hm²）
250～500	柠条、小叶锦鸡儿	600～1800
	花棒、杨柴	800～1200
	沙柳	1000～2000
	杨树、榆树	200～800
	樟子松	300～800

三北沙区固沙林林型配置（混交配置）应以阳性树种与耐阴树种搭配，针叶树种与阔叶树种搭配，深根性树种与浅根性树种搭配，乔木与灌木搭配为基本原则，确定针-阔混交林比例介于 6∶4～7∶3；针-针混交林比例介于 4∶6～5∶5，阔-阔混交林比例介于 6∶4～5∶5（3∶3∶4），乔-灌混交比例 4∶6～6∶4，灌木混交比例 4∶6～5∶5。混交方式主要以带状混交为主，在水分条件好的低洼地、沙丘阴坡，以乔木树种为主；水分条件差、沙丘阳坡以灌木树种为主。

6.3.4 造林技术

防护林造林技术需要根据生态位、多样性、稳定性、生态型等生态学的基本原理，即生态因子与森林植物相互作用的基本规律，采取相应的合适措施。在具体造林技术方面，与林学（森林培育学）的造林技术相似，整地方式、整地时间一般随造林地具体环境条件的不同而不同（朱教君，2013）。三北沙区固沙林整地方式包括局部与全面整地，对于平坦沙地和固定沙丘，应于前一年秋末冬初整地；流动沙丘和半流动沙丘造林不宜整地，避免造成风蚀。造林时间主要是在春季、雨季和秋季，固沙林造林技术的关键是把握土壤含水量和降水季节（曹新孙，1983；朱教君，2013）。固沙林主要造林方法有植苗造林（关键技术：保证苗木含水量）、播种造林和扦插造林（姜凤岐等，2003；朱教君，2013）。在三北沙区，不同的沙丘类型选择不同的造林方法（姜凤岐等，2003）。

流动沙丘固沙造林：根据流动沙地的风蚀沙压规律与沙丘部位关系，对不同的沙丘部位和立地条件应采取不同的造林方法：①前挡后拉造林法，适用于丘间低地较宽的新月形沙丘或新月形沙丘链；②前高挡、后短拉造林法，适用于沙丘流动较快、沙埋、沙压较为严重的地带；③满天星造林法（块状造林），适用于新月形沙丘链或格状沙丘间低地风蚀沙压较轻，水土条件较好，造林容易成活的地方；④连续造林拉沙法，适用在 8～9m 以上的高大沙丘，或沙丘虽不甚高大但上部沙层水分条件差的地带（姜凤岐等，2003）。

半固定沙丘固沙造林：根据沙丘的流动和固定规律，利用幼林树冠做活沙障、固定树冠水平位置以下的迎风坡，为造林创造条件。这样沿迎风坡已造林的树行起，再逐步由低向高与等高线平行连续造林，达到全部绿化封住沙丘（姜凤岐等，2003）。

固定沙丘造林：地下水位高，水位较好的丘间低地，采取旱柳和紫穗槐混交或小叶杨和沙柳乔灌混交造林；地下水位低、覆沙较薄、土壤较干燥时，采用刺槐或白榆和柠条进行乔灌混交造林；丘间低地而呈轻度盐碱地带，选用旱柳、小叶杨、箭杆杨和沙柳、杞柳、乌柳进行乔灌混交造林；中度盐碱化沙地，选用沙枣、沙拐枣和新疆杨进行混交造林或营造沙枣灌木纯林；在重度盐渍化沙地，选用柽柳、梭梭造林（姜凤岐等，2003）。

6.4　水土保持林/水源涵养林构建技术

森林通过冠层、枯落物层和土壤层的拦截、滞留和存蓄作用使降雨重新分配，削减雨水动能，增加土壤入渗和储存水分能力，从而起到减少地表径流、减少土壤侵蚀、削减洪峰、涵养水源的作用。合理的规划、树种选择和空间配置是水土保持林/水源涵养林构建的关键。水土保持林/水源涵养林的构建应遵从“山水林田湖草沙”生命共同体理念，根据“适地适树”原则选择树种。在林分水平上，根据立地条件选择适宜的配置（混交）方式；在景观水平上，优化水土保持林/水源涵养林和景观内各生态系统要素的空间格局。遵从生态学原理，科学造林，提高造林的成活率、保存率和生长量。以我国典型水土保持林/水源涵养林构建为对象，从区划/规划设计、树种选择、空间配置和造林技术等方面阐述水土保持林/水源涵养林构建技术。

6.4.1　规划设计

水土保持林多为人工林，其规划设计应当从当地水土流失严重程度、被保护的地形地势和经济条件、技术力量等出发，紧密结合农田基本建设，如梯田、谷坊、塘坝等各项工程措施，做到以工程养林、养草，以林草护工程，发挥长期防护效应。规划应有主次之分，先坡后沟，先上后下，从一坡一沟到一个小流域，并扩展到整个流域，分阶段全面设计。由于被保护对象及水土流失区域的地形地势部位和侵蚀程度差异，水土保持林分为亚林种：分水岭防护林、护坡林、侵蚀沟防护林（沟头防护林、沟坡防护林、沟底防护林、护堤林和护岸林）（表 6-12）（张丽娟，2016）。

表 6-12　水土保持林的类型和规划

类型	规划措施
分水岭防护林	分水岭或下部坡度转陡处地段，规划全面造林
护坡林	护坡林树种 以乔、灌树种混交为主，陡坡可规划以灌木为主的灌乔混交，缓坡可规划以乔木树种为主的乔灌混交
侵蚀沟防护林	沟头防护林：沟头边 2～5m 处规划修筑沟头埂，在埂的上方挖成蓄水的“卧牛坑”。在埂上规划适宜的灌木树种，在坑内规划营造乔木树种 沟坡防护林：一般在沟坡上规划造林，如对坡度大、坡面不稳定的，可设计劈坡调整坡度，修筑边埂和窄带梯田工程，然后在调整后的坡面上规划造林 沟底防护林：沟底比降和下切侵蚀程度，从上而下逐段设置土谷坊或编柳谷坊，然后规划全面造林、带状或栅状造林 护堤林和护岸林：林带宽 20～30m

资料来源：张丽娟（2016）。

由于水源涵养林多为天然林，因此，水源涵养林的规划主要以区划为主，以明确其所在的区位，并根据其区位规划目标，具体分为：①水源区水源涵养林，位于江河源头集水区内，以涵养水源、防止水土流失为主；②岸线水源涵养林，河流主流、一级和二级支流两岸，自然地形中第一重山脊内森林，以调节径流、阻挡泥沙为主要目的；③库区水源涵养林，水库、湖泊周边第一重山脊线内以改善水质、涵养水源为主要目的；④饮用水源地保护林，包括城乡居民饮用水引水源区、引水沿线及蓄水区周边第一重山脊线以内，以涵养水源、保护水质为主要目的。基于上述分类，可采用高空间分辨率地形图、水系、水库等图件，对区域水源涵养林进行科学规划（区划），依据“山水林田湖草沙”一体化的原则，充分发挥其水源涵养功能，同时兼顾碳汇、净化空气、生态旅游等目标，坚持统筹兼顾、合理布局，坚持因害设防、重点突出的规划原则。

6.4.2 树种选择

树种选择时应注重以下方面。

第一，乔灌木树种的根系较发达，有良好的固土效果，尤其是在滑坡、泥石流常发地区，应用乔灌木可以有效防止水土流失，降低滑塌事故发生频率。

第二，选择树冠比较浓密的树种，其凋落叶丰富，能够形成松软的枯枝落叶层，提高土壤肥力。

第三，优先考虑生长较快，分支比较稠密的树种，并且考虑树种的经济价值。

第四，水土保持林/水源涵养林营造应根据具体的立地条件选择树种，造林树种应优先考虑乡土树种，可提高成林率（朱教君，2013）。

在降雨量较低且集中、水土流失较严重的地区（如黄土高原、辽宁西部），要选择耐旱、适应性比较强的乔灌木树种。如在辽宁西部地区（包括朝阳、阜新、锦州和葫芦岛），早期造林在选择树种上未能从实际出发，造林树种过于单一，形成了大面积的油松人工林，导致水土保持能力差、火灾和病虫害风险大等问题（郭浩等，2003）。为改造油松人工林，提出“栽阔促针”的树种调控手段，可优先考虑固氮树种，如刺槐、紫穗槐、胡枝子、沙棘等，与油松形成混交林（杜晓军等，1999）。对该区域的本地和引进的 18 个树种开展比对研究，发现蒙古栎、元宝槭、黄栌、柠条、山杏等 14 个树种可用于辽西山地油松人工林树种的结构调整，提高水土保持功能（郭浩等，2003）。在黄土高原沟壑区（中国科学院长武黄土高原农业生态试验站），以草地为对照比较发现，刺槐、油松、沙棘、侧柏纯林及其混交林径流小区的产流产沙情况、土壤水分状况及各树种的生理特性，发现其他树种及不同造林方式下的径流量均大于草地，沙棘林的水土保持能力更好；不同树种的水土保持能力与林龄及其他结构密切相关（陈杰等，2008）。

在北方降水量较为充沛的山区，结合立地条件和林内降雨量的实际情况等，可通过树种选择增加林冠截留、减少林内的降雨量、缓和降雨对地表的击溅作用，进而降低洪水、滑坡等灾害发生的可能性，同时可涵养水源（Mertens et al.，2002）。对于森林覆盖度高、水土流失低的区域，可以适当增加穿透雨量，增加其水资源供给能力。以辽宁东部山区为例，采用激光雷达技术和室内实验，确定不同树种的表面积（表 6-13）和截留降雨能力（表 6-14），获取表征林冠截雨能力的林冠截雨指数 CII（Yu et al.，2020），用于指导水源涵养林的树种选择。在坡度较大、土壤层薄的林分，可以通过引入 CII 值高的树种（针叶树种）和整形修枝等方式，增加林冠截留、减少林内的降雨量、缓和降雨对地表的击溅作用，进而降低洪水、滑坡等灾害发生的可能性（Yu et al.，2020）；反之，通过间伐去除 CII 值高的树种，影响林内凋落物层和土壤层的含水量，进而影响旱季的河道径流（Uhlenbrook，2006）。

表 6-13 主要树种叶片、枝条和树干的表面积

树种	叶片表面积/m^2	枝条表面积/m^2	树干表面积/m^2
水曲柳	1728.4	240.8	299.5
胡桃楸	1298.9	201.9	259.1
槭树	1175.8	146.5	137
千金榆	946.6	118.5	100.1
其他树种	2780.2	373.7	319.3

注：表中数值为5块阔叶林样地（20m×30m）所有树木对应数值的总和（Yu et al.，2020）。

表 6-14 主要针叶树种叶片、枝条和树干的截留降雨能力

树种	截留降雨能力/mm			参考文献
	叶片	枝条	树干	
油松	0.130	0.300	—	Li 等（2016）
侧柏	0.120	0.270	—	Li 等（2016）
湿地松	0.117	0.131	0.136	Liu（1998）
池杉	0.097	0.263	0.283	Liu（1998）
赤松	0.104	—	0.620	Llorens 和 Gallart（2000）
日本落叶松	0.075	0.326	0.677	Yu 等（2020）
长白落叶松	0.062	0.342	0.683	Yu 等（2020）
红松	0.093	0.307	0.622	Yu 等（2020）
冷杉	0.131	—	—	Wang 等（2007）
云杉	0.091	—	—	Wang 等（2007）

6.4.3 空间配置

合理的空间配置是水土保持林/水源涵养林功能稳定和持续提高的关键。在林分尺度，各树种占比影响种间关系的发展趋向、林木的生长状况与水土保持/水源涵养效应（杜晓军等，1999）；在景观水平，应考虑不同位置的立地条件和防护林的空间配置。此外，地带性植被及布局可为水土保持林/水源涵养林空间配置提供借鉴意义（杜晓军等，2004）。因此，因地制宜、因害设防，科学选择树种并合理配置其空间格局，可实现水土保持林/水源涵养林功能的高效、稳定与可持续。

辽宁西部地处丘陵地带，雨量偏少但却集中，土质黏重，总体植被覆盖较差，是典型的水土流失区（沈慧和姜凤岐，1998）。该区植被具有边缘性、交错性和变异性特点，典型人工植被——油松人工林常出现衰退问题（姜凤岐等，2007），大多已退化到灌木林和先锋乔木林之间的演替阶段（杜晓军等，2004）。因此，通过科学合理的防护林空间配置，是有效解决上述问题的有效途径之一。例如，针对油松人工林的“栽阔促针”经营途径（杜晓军等，1999），阔叶树的比例一般以20%～60%为宜，可采用星状混交、块状混交、行间混交、带状混交等空间配置方式，同时增加灌木和先锋乔木树种的比重（王九龄，1986；杜晓军等，2004）。在油松林间空地或林窗里补栽阔叶树，集中连片的林分应优先选择带状混交或块混，有利于工程实施，也便于后期的经营管理（杜晓军等，1999）。与油松人工林相

比，油松和固氮树种混交的空间配置也可以提高土壤有机质含量，降低土壤容重，增加油松的生产力（沈慧和姜凤岐，1998）；混交林还能提高水稳性团聚体含量，提高土壤抗侵蚀能力（沈慧等，2000）。在空间布局方面，应综合考虑山地/丘陵的立地条件，在山顶和山脊、山坡和沟壑等采用斑块或廊道状的空间配置方式（郭浩等，2003）。

在黄土高原侵蚀严重的地区，除考虑不同的混交方式外，防护林的空间配置应与农业工程（梯田）、耕作措施和地形条件紧密结合（蒋定生等，1992）。此外，可实施具有经济效益的水土保持林营建模式，如林药、林农和经济林模式等（贾志清等，2004）。基于“山水林田湖草沙”生命共同体理念，优化水土保持林和景观内各生态系统要素的空间格局，开展“山水林田湖草沙”综合空间配置区划（傅伯杰等，2017）。

在北方降水量较为充沛的东北东部山区，大面积种植的落叶松人工林增加了木材产量，但降低了水源涵养能力，可通过优化人工造林的空间配置，使落叶松纯林成为调水和蓄水能力更强的复层混交林。Yan 等（2013）选取辽宁清原森林生态系统国家野外科学观测研究站两种落叶松人工林空间配置模式（等高线模式、上下模式）（图 6-10），监测了落叶松人工林和毗邻次生林内的天然更新潜力（种子雨、土壤种子库），发现“等高线模式”的种子密度从次生林到人工林呈线性递减趋势，而“上下模式”无显著空间变化规律；在次生林和人工林内，“上下模式”的种子密度是“等高线模式”的 4.5 倍和 3.7 倍。风力传播树种在“上下模式”中的种子密度显著高于“等高线模式”。在两种落叶松人工林栽植模式样地内，都呈现风力传播树种密度显著高于重力传播树种密度的特点（Yan et al.，2013）。在“上下模式”中，种子雨密度与土壤种子库密度之间呈线性正相关关系；但是在“等高线模式”中，二者之间无显著相关关系（Yan et al.，2016a）。综上，上（次生林）下（人工林）的空间配置可利用风力传播将落叶松人工林诱导形成针阔混交林，提升其水源涵养能力。

图 6-10　天然林和落叶松人工林的空间配置（修改自：Yang et al.，2013）

注：NSF 为天然次生林，LP 为落叶松人工林。

造林密度是影响水土保持功能发挥的重要因素之一。林分密度随着林龄的增长其株数逐渐减少，这是林木个体之间竞争的结果。初始造林密度可通过间伐收益、统计学法和主伐密度法确定（石家琛，1992）。对于水土保持林应重点加强基于结构优化原理的密度调控，同时，充分考虑区域立地条件。例如，对于河北太行区土层较薄地区，可适当降低造林密度（刺槐林：1500～3000 株/hm^2，郁闭度≤0.6），增加林下灌草层，提高水土保持能力（石家琛，1992）。利用径流林业的基本原理，张建军等（2007）提出了利用胸径计算刺槐和油松林合理密度的方法，可以保障林木正常生长所需水量，并达到水土保持能力（表 6-15）。

表 6-15 黄土高原（吉县）主要水土保持林的合理密度

胸径/cm	合理密度/（株/hm^2）	
	刺槐	油松
3	3863	1787
4	1671	1452
5	1066	1233
6	783	1056
7	618	929
8	511	830
9	435	750
10	379	683
11	336	628
12	302	581
13	274	540
14	250	505
15	231	474
16	214	447
17	199	423
18	187	401
19	176	381
20	166	363

6.4.4 造林整地技术

科学合理且符合工程质量要求的造林整地技术可提高造林成活率、保存率和生长量，更好地发挥保持水土的效益。传统水土保持林的整地方法包括鱼鳞坑、水平沟、反坡梯田、撩壕等。不同整地方法适用于不同的立地条件，如鱼鳞坑整地适用于易发生水土流失的干旱山地及黄土区，反坡梯田适用于地形较平整的区域，穴状整地的灵活性大，适用于多种立地条件，但对改善立地条件的作用相对较弱（石家琛，1992）。

近年来，新的造林技术也得到了长足发展。例如，在辽宁西部地区，接种根瘤菌的刺槐苗木的地径和苗高更佳（姜凤岐等，2002）；在黄土高原沟壑区坡面区，研发的大鱼鳞坑双苗造林技术可减少土壤侵蚀量，提高造林成活率，适宜在黄土沟壑区推广（朱聿申等，2016）。在系统梳理水土保持重点工程造林经验的基础上，黄土高原半干旱山区造林的新技术，包括集中多种整地方式汇集径流，抗旱保墒措施（保水剂、苫盖地膜）减少水分蒸发，保障苗木生长水分供应等，造林成活率可达 90%（侯喜禄等，1996）。

6.5 海岸防护林构建技术

我国大陆海岸线长达 1.8 万 km，北起辽宁鸭绿江口，南至广西北仑河口。由于陆海交替、气候多变，台风暴雨、风沙海雾等自然灾害频繁发生。自 1991 年林业部（现国家林业和草原局）启动海岸（沿海）防护林体系建设工程以来，海岸地区新造或更新海岸基干林带 9384km，总长度达到 1.78 万 km，海岸（沿海）防护林体系框架基本形成（成向荣等，2009）。海岸防护林体系由于其特殊的地理位置和区位优势，在国家发展全局中具有举足轻重的地位。同时，海岸地区又是台风、暴雨、洪涝、干旱、风沙、海雾等自然灾害的多发地带，具有风、沙、潮、旱、涝、盐碱等不利因素。加快海岸防护林体系的建设，可以充分利用防护林体系保持水土、防风固沙、涵养水源、抵御海啸与风暴潮危害和美化人居环境的功能和作用；对于抵御海岸地区重大自然灾害、保障人民财产安全、促进海岸地区可持续发展具有重要意义（Zhu et al.，2003c）。海岸防护林的构建技术主要包括功能区划和海岸防护林树木更新等。

6.5.1 基于风害风险指数的功能区划

海岸防护林最根本的功能是防治风害，因此，基于风害风险的功能区划是海岸防护林构建的基础。风害的风险受制于非常复杂的因素，与树木形态、林分空气动力学特性、风害发生率和土壤条件等有关，即树种、天气和立地条件。基于此，对单木、林分和整个海岸防护林的风灾诊断，需要评估树木或林分对风荷载的适应程度（Mitchell，2000）。将海岸林模拟成具有恒定弹性模量的弹性梁，风作用在树冠上会产生拖拽力，当拖拽力沿着树干作用时，会产生越来越大的转弯半径；当拖拽力沿着茎部作用时，会产生越来越多的转折点向树的底部移动；这些力矩被茎和根-土壤系统的强度所抵制。如果风荷载的面积为树冠和树干的面积，那么空气（风）和林分中树木元素之间的动量交换（引起的阻力），即可基于树冠内的风速进行曲线估计。树冠内的风速曲线如式（6-13）：

$$F_d(z)=kF_s(z)=k(0.5C_d\rho A_z U_z^2) \tag{6-13}$$

式中，$F_d(z)$是阻力或动态风荷载（N）；$F_s(z)$是静态风荷载（N）；C_d是阻力系数（无量纲），这里假定为常数；ρ 是空气密度（kg/m^3）；A_z是树冠和树干在高度 z 的投影面积（m^2）；k 为常数（Zhu et al.，2003c）。上述方法结合遥感数据，即可获得区域尺度风害风险指数空间分布，见式（6-14）（Zhu et al.，2003c）：

$$R(t)=\int_{H_0}^{H} z\exp[-(\kappa+2\alpha)(1-z/H)]\mathrm{d}z/D_{1.3}^3 \tag{6-14}$$

式中，$R(t)$为林分风害风险指数；κ 是风廓线风速；α 是区域林带疏透度；$D_{1.3}$为林分的平均直径（cm）。

在基于风害风险指数为主体的功能区划基础上，海岸防护林区划再进一步向综合效益的景观设计发展。然而，当前研究海岸防护林综合效益评价研究较少，因此，在综合效益评价方面借鉴一般防护林综合效益评价的思路和方法（乔勇进等，2002）。

6.5.2 空间配置

根据海岸地质结构和土壤类型，可将我国海岸划分为 3 种类型——泥质海岸、沙质海岸和岩质海岸，分别占比为 40%、40%和 20%。鉴于海岸防护林在泥质和沙质的空间配置基本一致（林文棣，1988），海岸防护林的空间配置分为泥/沙质和岩质海岸防护林空间配置。

1. 泥/沙质海岸防护林空间配置

我国沙质海岸主要分布在辽东半岛、山东半岛和华南海岸，而泥质海岸主要位于长江口、黄河口、珠江口、苏北海岸、福建海岸等附近。沙质和泥质海岸防护林体系一般包括如下组分（房用等，2004）。

（1）前缘促淤造陆消浪林：在潮上带和潮间带上营造耐盐、耐湿、耐瘠薄的先锋树种，目的是消浪、促淤、造陆、保堤。

（2）海堤基干林：海堤基干林带是沿海防护林体系的主体，其目的是固土护堤、防潮抗灾，同时兼有防风、防飞盐、防雾、护鱼、避灾功能。

（3）片林：海堤向内陆部分区域，营造防护林、速生丰产林、果园、银杏园等商品林，不仅具有区域性的防风、防飞盐、防雾、保健等功能，而且还具有较大的经济效益。

（4）农田林网：农田林网也是沿海防护林体系的主体之一，目的是改善近海区农田生态环境，保障农作物丰产稳收。

（5）村旁林网：在近海区居民房前屋后植树形成沿海地区特有的村落景观和绿色屏障（吴凡等，1997）。

2. 岩质海岸防护林空间配置

岩质海岸地区以海岛和丘陵为主。由于受严酷的自然条件（如台风、干旱、盐风等灾害及土壤贫瘠等）影响和人为干扰，天然植被已被次生疏林地所取代，荒地面积较大，造林树种单一，水土流失严重，水源涵养能力较差，开展沿海防护林体系建设的难度大。基于此，以丘陵岩质海岸防护林设计为例，通常空间配置如下（钟承贝等，2004）。

（1）海岸防护林的丘陵（山）上部：以多功能生态林为主，考虑到水土保持效果，适当加大造林初植密度，以提早郁闭成林。

（2）海岸防护林的丘陵（山）下部：以生态经济林为主，密度可稀些。

岩质海岸防护林宜形成多树种多林种对位配置、多层次点线面合理布局的空间配置格局（陈顺伟等，2001）。

6.5.3 树种选择

1. 海岸防护林树种选择的原则

由于海岸地形复杂，岸段条件各异，形成了许多有典型特色的生态环境，这就对造林树种的选择和应用提出了新的要求。因此，树种选择除坚持适地适树原则外，重点遵从如下原则。

1）针阔混交、乔灌草相结合的原则

海岸防护林在降低海风风速和改良土壤等方面的生态功能较为突出。根据长期研究，海岸的针阔混交林可以克服纯林防护效能差、易发病虫害的缺陷，整体防护功能高于纯林。因此，海岸防护林选择适宜的乔灌混交树种，实现乔灌草相结合的多层次、多功能生态防护林建设目标，不仅可以促进乔木层的生长，有利于基干林带形成，而且会优化林带结构，改善林地养分循环，从总体上提升基干林带的防护功能（乔勇进等，2002；钟承贝等，2004）。

2）引进树种与乡土树种相结合的原则

沿海海岸造林树种相对较少，林相单一，需要寻求新的造林材料，丰富沙质海岸地区的种质资源。树种的引进和驯化作为丰富种质资源的手段，需注重与当地乡土树种资源和优化相结合，以保持海防林建设的生态稳定性（钟承贝等，2004）。

3）速生与持久兼顾的原则

由于海岸海洋性灾害比较严重，海防林建设要求尽快建成林带高大、结构良好的基干林带为主的防护林体系，因此，在树种选择上就要求一定的速生性。但由于速生树种有寿命短的缺陷，将使林带的防护期短、防护功能不稳定，影响区域生态稳定。为此，要求在树种选择上做到速生与持久兼顾或速生树种和长寿树种混交，以实现防护林带的可持续发展（乔勇进等，2002）。

4）绿化与美化相结合的原则

中国的海岸分布着一些风景名胜区和森林公园，因此，海防林的建设在绿化的同时，也要注重美化，尽量引进适生有特色的美化树种，改善树种配比，提高景观功能。

另外，需要重视灌木树种；一般沙质海岸防护林树种的选择，往往偏重于高大乔木树种，灌木树种易被忽视。由于灌木树种的适生性好于乔木树种，而且近土表固沙性功能好。因此，在沙质海岸不适于基干林带建设的区域，灌木树种会起到独特的作用，如基干林带前沿的灌木带和海水侵渍区的绿化等（乔勇进等，2002）。

2. *海岸防护林的树种应用*

基于以上原则，结合相关文献，确定了我国典型海岸区的可选乔木树种和灌木树种（表 6-16）。

表 6-16 海岸防护林典型海岸区树种选择

典型区	可选乔木树种	可选灌木树种
辽宁省	黑松、紫穗槐、刺槐、麻栎（顾宇书等，2010；韩友志等，2010）	柽柳、枸杞、沙枣、臭椿、元宝槭、毛樱桃、紫穗槐、榛、酸枣、杠柳（顾宇书等，2010；韩友志等，2010）
山东省	黑松、火炬松、刚松、刚火松、侧柏、刺槐（乔勇进等，2002）	单叶蔓荆、紫穗槐、柽柳、酸枣（乔勇进等，2002）
浙江省	湿地松、火炬松、日本扁柏、木荷、枫香树、南酸枣、香椿、化香树（王振侯，1987）	胡枝子、杨梅、二次结实板栗、柚（钟承贝等，2004）
福建省	木麻黄、黑松、黄槿、水黄皮、乌桕、珊瑚树、高山榕、笔管榕、朴树、苦楝、黄连木、桑树、台湾相思、构树（钱莲文等，2019）	海滨木槿、滨柃、冬青卫矛、草海桐、海桐、厚叶石斑木、福建胡颓子、苦槛蓝、福建茶、双荚决明、车桑子、苦郎树、芙蓉菊、单叶蔓荆、光叶蔷薇、石榴（钱莲文等，2019）
海南省	青皮木、蝴蝶树、坡垒、滇糙叶树、白桂木、各种榕树、桃榄、幌伞枫、黄桐、海南韶子、见血封喉（箭毒木）、假鹊肾树、海南菜豆树等（侯倩等，2011）	露兜簕、苦郎树（侯倩等，2011）

6.5.4　造林技术

海岸防护林的造林技术主要包括裸根苗造林、容器苗造林、播种造林、封山（滩）育林（任义，2020）。

裸根苗造林：按相关国家标准《造林技术规程》（GB/T 15776—2016）的规定执行，且各类型区造林有以下特殊要求（任义，2020）。

（1）泥质海岸造林。浅栽平埋，树坑周围筑埂。栽植后要立即浇水，以促进苗木成活，一旦发现地表稍干，要及时松土，防止土壤板结。在重盐碱地区，应在台田表土10～15cm以下埋5cm河沙或秸秆、杂草等，并覆盖地膜和草。

（2）沙质海岸造林。在海岸粗沙地和地下水位较低的固定沙地，采用客土施肥造林，于植树穴内加客土或有机肥15～20kg，客土置换量不少于栽植穴容积的1/5。在风沙、干旱地区，采取根基覆盖、施用高分子吸水剂10～20g/株、采用容器苗雨季造林、适当深栽等措施。在流动沙质海岸的风口处，用草本植物、作物秸秆或树枝等材料在迎风坡中下部每隔10m设立1排高0.5m的沙障；亦可对萌芽能力强的树种采用截干、打头或修枝等方式造林。

（3）岩质海岸造林。整地后适当深栽，然后压实穴内土壤；落叶阔叶树栽植截干苗并用生根粉蘸根处理，针叶树用磷肥蘸根或裹泥浆造林。

容器苗造林：沿海瘠薄荒地宜采用容器苗造林，容器苗质量和容器苗栽植按行业和国家相关标准中的规定执行。

播种造林：在土层浅薄、坡度陡峭、岩石裸露的宜林地可采用播种造林。种子质量应达到合格种子标准。播种前种子处理按国家相关标准中的规定执行。

封山（滩）育林：造林后随即采取封育措施，依靠自然力恢复植被系统。

6.6　综合防护林体系构建技术

长期对自然资源的过度开发，产生了诸多生态系统退化等问题。“山水林田湖草沙”科学界定了人与自然的内在联系和内生关系，而防护林作为该项工作的突破口，是实现山水林田湖草沙保护修复工作的重要路径。山水林田湖草沙生态保护修复工程的具体实施方案之中，一般是先划定生态保护修复分区，然后根据各分区的特点和主要问题，提出“一区一策”实施方案。以辽河三角洲地区为例，说明基于“山水林田湖草沙”修复理念，综合防护林构建技术的实践（姜凤岐和朱教君，1993a；朱教君和姜凤岐，1994）。

6.6.1　综合防护林体系总体设想

针对以海滨农田生态系统为核心的地区，由于人类活动引起了不同程度、不同性质的生态问题，建设以农田防护林为主体，拦海大堤防护林、平原水库防护林、河道水系防护林、经济林和薪炭林等各林种相结合的综合防护林体系，旨在充分实现其最大综合生态与经济效益。

拦海大堤防护林：主要规划在三角洲靠近渤海海滨的防潮、防浪堤上，属于滨海盐渍化型立地。防护林与拦海大堤相结合，拦海大堤抬高地面，降低了地下水位，使滨海盐土的含盐量降低，减少土壤改造工程，增加造林的成功率。堤上造林后，可以起到固背护堤、防止海风、海潮、海浪及海煞对堤外的侵袭等作用。

河道水系防护林：辽河三角洲河流纵横交错，两岸水土条件好，属沿河滩地型立地和部分风沙土型立地。防护林与水系河流相结合，可充分利用河流两岸的水肥优势，能及早取得防护效应与木材效益，成林后树木可保护河、渠的稳定性，降低河、渠床的淤积，延长水利工程的寿命，同时也可起到减少蒸发、防止其周围土地的次生盐渍化等作用。

平原水库防护林：规划营建于三角洲境内的五个平原人工水库库堤及库围，主要土壤为暗色草甸土和草甸土，属平原淡水型立地。防护林与水库建设相结合，可以发挥稳固库堤、减少水库淤积、降低水面的蒸发、减少渗漏、提高水库的利用系数、降低库围农田的地下水位、增加木材收益和美化周围环境等效用。

农田防护林：农田防护林是综合防护林体系建设的重点。农田林带结合干、支、斗、农、毛渠和道路设计营造，形成“山水田林路”农田防护林体系；不仅起到保护农田、改善农业生态环境的作用，而且由于树木降低地下水位，减少水田水分蒸发，从而减轻水田的次生盐渍化，提高水能利用率的工程强度。

经济林和薪炭林：经济林与其他用途防护林的结合，不仅取得一般防护林所具有的防护、美化环境效益，而且为燃料短缺的三角洲地区提供部分烧柴，提高经济效益。

6.6.2　“一区一策”的实施方案

6.6.2.1　拦海大堤防护林

拦海大堤防护林集中在近渤海海滨地区，一般不经工程措施排盐，造林难以成功。为了保障造林成功率，根据立地不同，树种选择见表 6-17（姜凤岐和朱教君，1993a）。

表 6-17　辽河三角洲地区造林立地类型与树种选择

立地类型		主要土类	基本特征	适宜树种
平原淡水型		暗色草甸土	地下水位 2～5m，矿化度<0.5g/L，表层腐殖质 2%～4%，中性，质地沙壤或壤土	沙兰杨、健杨、加杨、群众杨、合作杨、小钻杨、旱柳、家榆、刺槐、臭椿、紫穗槐
沿河滩地型		层状冲积性草甸土	地下水位 1.5～2m，表层腐殖质 1.5%～3%，总盐量 0.03%～0.1%，质地由沙到黏不等	小钻杨、小叶杨、小青杨、旱柳、枸杞、灌木柳
滨海盐渍化类型	轻度	极轻度、轻度盐渍化草甸土	地下水位 1～1.5m，表层腐殖质 1%～2%，总盐量 <0.3%～1.5%，pH 为 7.5～8，质地中轻壤土	小叶杨、加杨、枫场、杞柳、小钻杨
	重度	中、重度盐渍化草甸盐土	地下水位 1m 左右，表层腐殖质 0.1%，总盐量 0.3%～1.5%，pH 为 8～10，质地黏重	柽柳
沙土性		风沙土	地下水位 3m 以下，表层腐殖质<1%，总盐量极低，质地松散	小钻杨、小叶杨、小青杨、旱柳、枸杞、灌木柳

防护林结构：以防潮、防浪、防风、护堤和改良盐渍化土壤为目的，因此，坝体造林宜采取紧密、疏透相结合的复层结构，坝体外营造紧密结构的宽林带。

配置与典型设计：以拦海大堤底宽20m，顶宽10m，堤坡12m设计。林带配置可采用坝顶3～5行乔木构成熟透结构窄带，坝侧至坝底可采用5～6行乔木及5～7行灌木形成紧密结构的护堤带。坝体外营造20～30m的宽林带。

6.6.2.2 平原水库围防护林

林带结构：考虑到当地土地利用的可能性及水库库堤水土流失的危险性，自库顶到库围分别营造疏透结构、紧密结构和通风结构的防护林带。

配置与典型设计：以库堤顶宽8m、堤坡12m设计。林带配置可采用顶部营造4行疏透结构的乔木带；堤坡营造6～8行的紧密结构带，可采用4乔2灌或5乔2灌；在库围20m内营造6～8行乔木带，视需要可配置灌木；树种选择见表6-17。

6.6.2.3 河流、总干防护林

河流两侧固岸护河林：配置于河流、总干渠两侧，可营造8～10行疏透结构的宽林带，或5～7行紧密结构的窄林带，采用3乔2灌。树种选择见表6-17。

沿河滩地防护林：该区域水土条件较好，可营造速生丰产林，主要树种有加杨、小钻类杂交杨（沙兰杨、盖县3号、健杨、白城杨等）、刺槐、白榆等。造林密度以1600株/hm^2为宜。

6.6.2.4 农田防护林

辽河三角洲属暖温带湿润季风气候，地势平坦，景观单一，是辽宁省的主要商品粮基地之一。区内威胁农业生产的主害因子是风害，在区内东北部，是风沙土分布区，常受风沙侵袭。树种选择参考表6-17，主要设计方案如下。

林带走向：根据林带与风向垂直时其防风距离最大的原理，林带走向应垂直于区内主害风方向；考虑到林带与主害风方向偏角小于30°时，有效防护距离基本不变，在水田区林带走向应结合干、支、斗、农、毛渠，在旱田区结合道路最大限度满足与主害风方向垂直。

带间距离：带间距离决定林网面积的大小，其值应为林带的有效防护距离L；由式$L=aH$确定（a为有效防护距离系数，取决于林带结构和灾害性质与程度，在近海区宜小，远海区宜大；H为林带的成林高）。

林带结构：主带以疏透结构为主，亦可为两侧附加灌木的通风结构，林带整体有叶期疏透度应保持在0.25～0.35。

林带宽度：考虑该区土壤的珍贵性，以主带宽度平均15m设计。

配置与典型设计：在近海水田区，有效防护距离取值15～18m，主要林带树种的成林高为15～20m，则主带距离为225～360m，平均为300m，副带为主带的2倍600m，林带行数为6～8行，配以灌木；在干、支两级渠道和主要道路设置以杨树为主的骨干林带，在斗、农、毛渠上配以灌木为主的乔灌混交窄带；在远海区水田，有效防护距离取值20～25m，主带距平均400m，旱田林网主带距以减弱风速的20%所达到的有效防护距离来确定，平均带间距离为450m；副带可视当地害风季节的风向频率及土地利用状况来定（姜凤岐和朱教君，1993a）。

6.6.2.5 经济林与薪炭林

三角洲地区可利用水肥条件较为优越的沿河滩地或旱田中退田还林的林地营造经济林，规划设计参数如下。

树种选择：适于本区的主要经济树种有大扁杏、杏、文冠果、香椿、板栗、枣、沙棘、核桃、苹果、榛等。

典型设计：在沿河滩地型立地上，营造8～10行经济林；在旱田退田还林地营造1ha大小的小型经济林。造林密度为3m×5m～5m×8m。

薪炭林设计在"四旁"的空闲地和农田的毛、斗渠埂上。造林树种以灌木为主，选取燃烧值较大的树种，如沙棘、灌木柳、柽柳、紫穗、胡枝子等。造林密度一般为0.5m×1m或1m×1m。

6.6.3 造林技术

辽河三角洲造林最突出的问题是盐渍化土壤，该地区的地势低平、排水不良、含盐量高，如不经特殊改良措施或选择树种不当，成林率极低。

树种选择：树种选择的得当与否是造林成败的关键。不同树种对土壤盐分的敏感程度和耐性是迥然不同的，因此，选择抗性强的树种是盐碱地造林的重要环节。辽宁省林学会等（1982）针对辽宁沿海滨海盐渍土问题，提出树种选择的顺序如下：紫穗槐（50%）、家榆（45%）、刺槐（30%）、小叶杨（30%）、臭椿（30%）、旱柳（20%）（括号内为忍耐土壤最高含盐量）。

细致整地：对盐碱地的造林整地，除了一般造林整地的目的起到疏松——熟化土壤的作用外，更主要的目的在于形成有利洗盐和脱盐的立地环境。因此，根据盐渍化程度的差异、表土层厚度、地下水位高低等确定整地方法，通常采用台田、条田及深翻大穴整地方法。在地下水位常年深1.0m左右的低洼地修筑台田以抬高地面，使地下水位和台面距离大于1.5m左右。一般台面宽5～10m，条面宽20～50m，排水沟深不小于1.5m，台、条面要求平整深翻、筑埂作畦，以便蓄水淋盐。在台田中采用窄台埝的形式，即宽2～3m、高50m台埝，其洗盐效果最好，但台面不太坚固，遇暴雨易被冲刷。辽宁沿海地区经验是含盐量低于0.1%的轻盐渍化土壤采用机械深翻大垅整地造林；含盐量0.2%～0.3%的不经工程整地也能成活，但工程整地后效果更好；含盐量0.3%～0.7%的重盐渍化土地则采用挖沟作埝（台、条田）后5～7年造林。整地时间在雨季前进行，以便淋盐脱碱（辽宁省林学会等，1982）。

合理密度：在盐渍化地区造林，通常是盐渍化程度高的密度要大一些，相反则小一些。对于杨、柳、榆、槐在一般盐渍化地区可采用2m×3m、1.5m×3m、3m×3m的株行距。灌木可采用丛植，丛距1m。

抚育管理：以洗盐、排盐降低土壤盐分为目的，抚育管理主要有蓄水压碱（平整土地、整修埂埝）、排涝除碱（深挖、疏通排水沟）等内容。

第三篇　防护林经营

第 7 章 防护林经营理论基础

防护林经营是对培育防护林各项技术措施和人工作业的统称，包括从幼林抚育直到主伐更新的全部生长发育过程所采取的系列定向培育技术，旨在实现防护林的防护功能高效、稳定和可持续（姜凤岐等，2003）。从防护林生态学的视角出发，防护林经营是依据其目的和特点，基于生态学相关原理对防护林进行培育，其框架和核心理论内容主要基于《防护林经营学》（姜凤岐等，2003）与生态学原理相结合的扩展；主要包括：以"一期二龄三阶段"为核心的防护林防护成熟理论、防护林结构优化原理、防护林更新理论及防护林衰退与生态恢复机理等。

7.1 防护林防护成熟

防护成熟是森林成熟的一种表现形式，属于森林经理学的范畴；防护成熟一直被认为是森林（防护林）发挥"最大"防护效应时的状态。实际上，营建防护林的核心或总体目标是最大限度地发挥个体、林分/林带及防护林体系的生态防护作用，并使之达到稳定、高效与可持续，即追求防护林体系整体最大防护效应的有效延续。因此，防护林防护成熟不是发挥"最大"防护效应时的时间点，而是一种"成熟"状态。从森林经营角度来看，营建防护林就是尽量延长其全面、有效防护的防护成熟状态；而确定防护林防护成熟持续时间的起点与终点，比寻找"最大"点更有实际意义（姜凤岐等，2003；Zhu and Song，2021）。同时，防护林防护成熟为防护林更新、可持续利用等所有经营活动提供重要理论基础。

7.1.1 防护林防护成熟理论

7.1.1.1 防护林防护成熟的内涵

森林成熟的一般定义为：森林在生长发育过程中达到最符合经营目的和任务时的状态（劳可遒，1989；叶镜中和孙多，1995）。由于森林的种类繁多和森林功能的多样性，不同森林所发挥相应功能的年龄也各不相同，因此，森林成熟也相应有着多种表现形式。以发挥防护效应为经营目的的各种森林的成熟称为防护成熟。森林经理学中关于防护成熟的定义很多，其共同特点是将森林发挥防护效应的最大时间作为表征防护成熟的关键所在（姜凤岐等，2003；Zhu and Song，2021）；如，于政中（1995）定义防护成熟为：水源涵养林、保土林、护田林等发挥防护效应最大时（的年龄）即为防护成熟（龄），并认为是该类森林采伐更新的主要依据；陆静英和刘绍祥（1989）提出以防护效应达到最大时的年龄作为确定防护成熟的首要依据，同时考虑林况及工艺成熟等。

“效益最大”可以被理解为效益的峰值，其所对应的时间只能是防护林生命周期中的一点，而防护林经营的总体目标是通过最大限度地发挥树木、林分/林带及防护林体系的生态防护作用，使之达到全面、有效、可持续。

防护林防护成熟定义为：防护林在生长发育过程中，达到将其保护的对象全面、有效防护时的状态，即防护林防护成熟是一种状态，且该状态随不同的防护林种或防护目的而变化（姜凤岐等，1994；朱教君，2013）。

7.1.1.2　防护林防护成熟“一期二龄三阶段”

防护林防护成熟是一种状态，其该状态所持续的时间定义为防护成熟期，防护成熟期的两个阈值点分别定义为：初始防护成熟龄和终止防护成熟龄（Zhu et al.，2002；姜凤岐等，2003；朱教君，2013）（图 7-1）。根据两个阈值点，即可将生长发育划分为三个阶段（成熟前期阶段、成熟期阶段、更新期阶段），从而形成了“一期二龄三阶段”（一期：防护成熟期。二龄：初始防护成熟龄与终止防护成熟龄。三阶段：成熟前期阶段、成熟期阶段和更新期阶段）的防护林防护成熟经营理论。

阈值点一——初始防护成熟龄：指一代防护林（林分或林带）开始进入防护成熟的状态，即防护林开始将对其所保护的对象全面有效地防护起来的状态，所对应的时间称为初始防护成熟龄（initial protection maturity age，IPMA）。

阈值点二——终止防护成熟龄：指一代防护林（林分或林带）的防护功能（包括其他功能）明显下降时的状态，即防护林整体状态开始衰弱，进入不能为其保护的对象提供全面、有效防护时的状态，所对应的时间称为终止防护成熟龄（terminal protection maturity age，TPMA）（图 7-1）。

防护林经营的终极目标是尽量促进/维持防护成熟，其理想状态为：防护林的初始防护成熟尽早到达，防护成熟期尽量维持、延长，以及在下一代防护林更新过程中防护成熟不间断或最少间断。明确防护林防护成熟“一期二龄三阶段”是防护林抚育管理、更新与可持续利用等经营活动的核心基础。

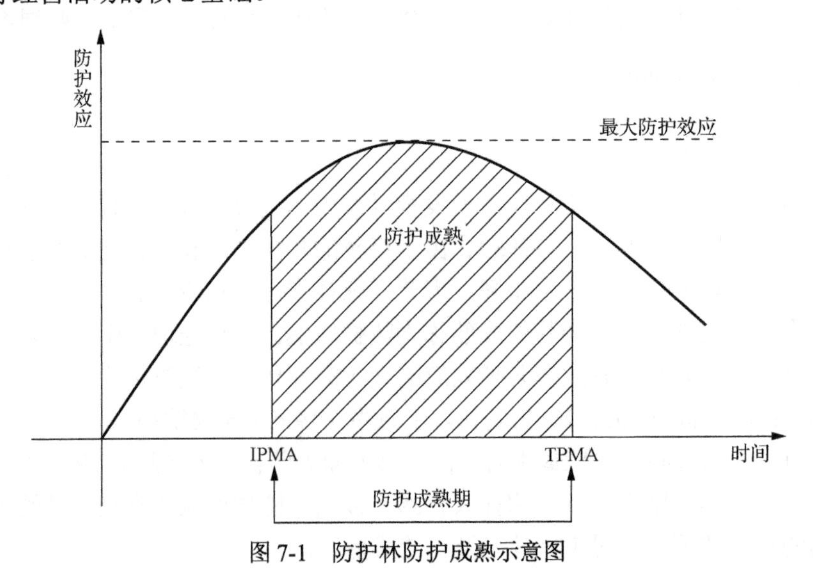

图 7-1　防护林防护成熟示意图

7.1.2 典型防护林的防护成熟

7.1.2.1 带状防护林防护成熟

农田防护林一般是以带状林为主体，按一定格局分布在农田中，简称为林带或林网，是带状林（护路林、护岸林等）的典型代表。营造林带或林网的根本目的是防御或改变风沙、干旱、风害等灾害性气象要素，为农业的稳产、高产创造有利的农田生态环境（小气候）。农田防护林（林带）的防护成熟是更新及经营活动中最重要的一环，它直接关系到林带总体效益的持续与发挥（姜凤岐等，2003）。

1）林带的防护成熟

根据防护林防护成熟的定义，对林带的防护成熟作如下表述：林带在生长发育过程中达到将其所保护的农田全面有效防护起来的状态为防护成熟，防护成熟持续的这段时期为防护成熟期，其两个阈值点分别为初始防护成熟龄和终止防护成熟龄。

2）林带的防护成熟龄

农田防护林（林带）发挥作用主要通过削弱风速来实现，其改变气流（风）运动形式的空气动力效应，是引起一系列小气候因素得以改善、并明显减少自然灾害发生、保障农业生产的主导因子（姜凤岐等，2003）。因此，判断林带是否处于防护成熟状态，实际上要看林带是否在所控制的空间内将害风（或其他灾害因子）降低到临界值以下（曹新孙，1983），从而实现全面有效的防护。林带的防护作用主要取决于林带本身的结构和林带的高度。林带结构主要由树种组成、密度、配置方式等决定，一般设计合理的林带一旦郁闭，即可进入最佳结构状态，设计不合理的可通过调整实现最佳林带结构，从而保证林带最大限度地发挥防护效应；林带高度是决定有效防护距离远近的关键（Zhu et al.，2002）。很显然，林带生长达到最高时，其防护效应最大；一般认为，林带达到最大高度时几乎是自然寿命，而现实中，如果以林带最大高度作为确定林带防护效应或防护成熟的依据，可能只有林带接近自然成熟时才可达到。因此，在林带结构合理的前提下，不能以林带最大高度确定防护成熟。研究表明，当树高生长加速度达到极小值时，树高生长基本进入稳定状态（Husch et al.，1972），此时的林带高度作为确定防护成熟的依据更为合理：一是此时的林带高生长趋于稳定；二是林带树木的木材质量也达到一定程度，比如，树木的纤维长度基本稳定（朱教君等，1994）。由此，将林带树高生长加速度达到极小值时的时间确定为林带的防护成熟，其所对应的年龄为初始防护成熟龄。

终止防护成熟是指一代农田防护林能满足防护目的所持续时期的终结；在自然成熟前，林带基本能满足防护需要，因此，林带的终止防护成熟应以林带的自然成熟为标准，即林带树木或整个林带过渡到开始衰落阶段的状态。虽然树木的自然成熟是一个长期而缓慢的变化过程，很难确切判定它的到来，但对于特定的林带树种仍可以根据林带或树木的外表特征及林带结构加以判断（姜凤岐等，2003）。

7.1.2.2　片状防护林生态系统防护成熟

1）防风固沙林生态系统的防护成熟龄

防风固沙林主要经营目的是防风固沙、保护沙地资源、改善沙地生态环境，其中的关键防护效应是防风固沙，是对风沙流活动的控制。风沙流活动包括风蚀、输沙和沉积三个过程。风蚀是关键，没有前面的风蚀过程就谈不上后面的输沙和沉积。因此，将防风固沙林生态系统（不仅林木，还包括草本等）达到全面有效地控制沙地风蚀的状态称为防风固沙林生态系统的防护成熟。

风蚀的基本规律表明，风速、沙粒径级和土壤含水率是影响风蚀强度的主要因素。针对风蚀要素防治措施的作用机制主要有四种：覆盖（隔离风与沙）、阻挡（降低风速）、增湿（提高沙地土壤含水率）和改性（提高沙粒的黏结力）。防风固沙林控制风蚀的优势在于集上述四种机制于一体，因此，实践中将固沙造林称为固沙的治本措施。

植被（林草）覆盖的程度是沙地固定的重要标志，因此，将植被覆盖度作为界定防风固沙林生态系统防护成熟的指标。按照定义“全面有效控制风蚀”的要求，防风固沙林生态系统及其防护范围能将所保护的区域基本覆盖，且能维持区域水量平衡（由于多数沙区处于干旱、半干旱区，如果水量失衡，防护林将迅速衰退或死亡），即可认为达到了防风固沙林生态系统的防护成熟；以此作为确定该防风固沙林生态系统初始防护成熟龄的主要依据。对于防风固沙林生态系统的终止防护成熟龄，一般与更新龄相联系，单独确定其终止防护成熟龄没有实际意义。因为片状防护林生态系统一旦达到初始防护成熟，即满足了防风固沙要求的目标，后续施以适当的抚育、更新等经营措施，即可持续维持防风固沙的效应。

2）水土保持林生态系统的防护成熟龄

水土保持林的经营目的是保持水土、控制水土流失、改善和保护生态环境与资源，以利于农业乃至社会经济的可持续发展。水土保持林具有截留降水和滞消洪水、减少水土流失量、改善区域小气候、调节河川径流量的作用，同时水土保持林还有固着沟岸等多种作用。水土保持林自营造之后或从幼龄期（A_0～A_1）就开始发挥防护作用（图 7-2），随着年龄的增长而增加，当达到一定时间（图 7-2，A_2）时，其防护效应最大；之后则逐步减退（图 7-2，A_3 以后），直至林木死亡（姜凤岐等，2003）。

若以防护效应最大时的防护成熟状态所对应的时间为防护成熟龄（图 7-2，A_2），在整个防护林生长阶段内的防护效应仅相当于最大值之前防护效应数值的平均值。实际上，在超过“最大防护效应值”之后，防护林的防护效应并不会立即大幅度下降，而是要持续相当长一段时间，呈缓慢下降趋势（图 7-2）。

针对水土保持林生态系统保持水土功能是一种立体、全方位系统的功能，经营重心应放在维持水土保持林长期、持续稳定地发挥水土保持功能上。因此，将水土保持林的生长发育达到全面有效地控制降水对地表的直接冲击，进而达到防止水土流失时的状态确定为水土保持林生态系统的防护成熟。

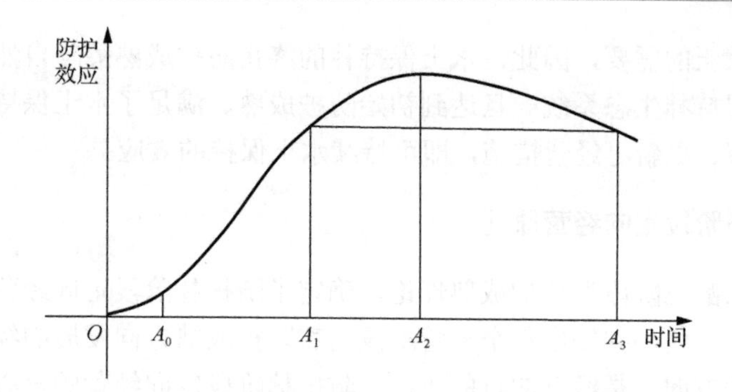

图 7-2　水土保持林防护效应变化曲线示意图

注：A_0～A_3 为防护效应发挥的各个时期（姜凤岐等，2003）。

水土保持林保持水土的关键是林冠控制了降水对地表的直接作用，使降水在落入林地前有一个再分配过程，这一过程是使水土保持林防护效应得以发挥的关键（姜凤岐等，2003）。另外，水土保持林林下植被、大量枯枝落叶和地下部分生物量等也可以通过截流、蓄水和固土实现水土保持效益，其主要受林木生长的制约。因此，判断水土保持林是否处于防护成熟状态，主要看水土保持林能否将所控制空间内降水对地表的冲击降低到不引起侵蚀的状态，从而实现水土保持林对所保护地面的有效防护。基于此，影响乔木水土保持林防护成熟状态到来的最关键因子是林冠的郁闭程度（水平郁闭和垂直郁闭）。

冠幅是表征林冠特征的一个重要参数。已有研究表明，冠幅生长与直径生长呈直线相关关系（姜凤岐等，2003）（图 7-3）。可见，冠幅与胸径的生长变化趋势是一致的，但冠幅生长到一定年龄后，稳定的时间要早于胸径。冠幅生长只说明林冠水平生长的程度及其与年龄的关系。当林冠水平郁闭时，水土保持林已具备了防止降水直接击溅地表的能力，此时可以称水土保持林进入初始防护成熟，所对应的年龄为初始防护成熟龄。

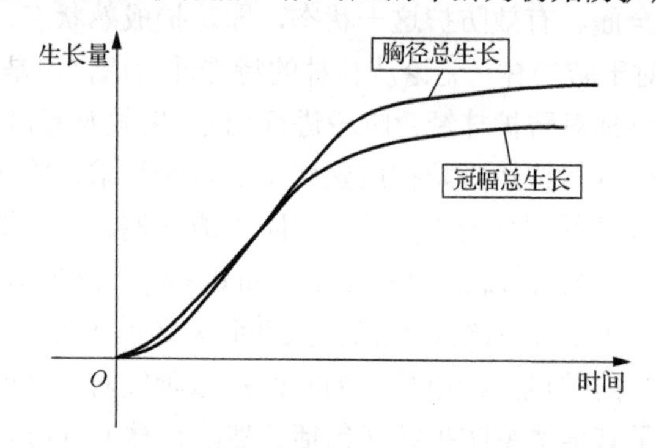

图 7-3　水土保持林胸径、冠幅生长示意图（姜凤岐等，2003）

随着林龄的增加，林冠体积不断增大，林冠密度（一定树冠体积所含枝叶量）不断增大，当增大到某一常数（A_2）时，水土保持林的防护效应（保持水土）最大（图 7-2），此时所对应的时间为最大防护成熟龄。在此状态时，水土保持林防护效应持续一定的时间，之后开始下降（图 7-2）。水土保持林（包括水源涵养林）进入防护成熟后，直至自然成熟，基本能满足保持水土的需要，因此，水土保持林的终止防护成熟龄与自然成熟龄、更新龄保持一致。水土保持林生态系统一旦达到初始防护成熟、满足了水土保持要求的目标，后续施以适当的抚育、更新等经营措施，即可持续水土保持的效应。

7.1.3　防护成熟与阶段定向经营原理

基于“一期二龄三阶段”防护成熟理论，确定了防护林阶段定向经营原理，包括界定防护林不同的经营阶段，并提出每个经营阶段向着防护成熟方向发展的经营理念。防护成熟是防护林经营的方向、是经营的目的所在；防护林阶段定向经营的核心是使防护林始终向着防护成熟状态发展，即在任何经营阶段内，一切经营技术与措施都应使防护林向着全面、有效防护的状态——防护林防护成熟的方向发展（朱教君，2013）。

7.1.3.1　防护林经营阶段的划分

无论天然林还是人工林，生长发育阶段的划分均是林分/林带经营的重要基础，只有科学地分清林分/林带的生长发育阶段，才能有针对性地在各阶段实施相应的经营措施（朱教君等，1993）。

森林（树木）生长发育时期（阶段）的划分方法很多，每种划分方法均有其特点和适用范围。对防护林生长发育时期的划分方法可概括归纳为：以树木年龄为依据，将防护林划分为幼龄林、中龄林、壮龄林、近熟林、成熟林和过熟林等 6 个时期（叶镜中和孙多，1995）。该划分方法与广义森林生长发育阶段类似。另外，也有以防护功能发挥为依据，将防护林生长发育阶段划分为林分/林带形成期、初始防护成熟期、防护成熟期和防护衰退期（Mize et al.，2008）。防护林以高效、稳定、持续提供多种生态防护功能，满足人类对保护生态环境、改善区域环境条件、防治或减轻自然灾害的需求为目的，其经营目标则要求防护林（林木）尽快达到全面、有效防护这一状态，即防护成熟状态，并能在该状态下持续相当长的时间。因此，对于防护林，无论从林种的特殊性考虑，还是从树木生长特性考虑，均应紧紧围绕防护成熟目标对防护林经营阶段进行划分（朱教君等，1993；姜凤岐等，2003）。

为满足经营防护林使其尽快达到防护成熟状态的特殊需求，将防护林（以人工营建的防护林为主）的生长发育过程划分为成熟前期、防护成熟期、更新期三个经营阶段（朱教君等，2002a；姜凤岐等，2003；Zhu，2008；Zhu and Song，2021）。

第一阶段为成熟前期（Ⅰ），从幼林到防护成熟到来之前（图 7-4），即自栽植后形成相对稳定的幼林开始到初始防护成熟龄所持续的时间；该阶段对于林带树木主要以径级离散度作为主要指标，而对于其他类型防护林（包括天然防护林），则指树木的个体发育阶段。

第二阶段为防护成熟期（Ⅱ），防护成熟状态持续的时期（图 7-4），即由初始防护成熟龄到终止防护成熟龄所持续的时间。对于林带应从林带树木高生长基本稳定，即树高生长的加速度达到极小值时，到自然成熟。对于其他片状防护林，防护成熟期指开始郁闭到自然稀疏阶段。

第三阶段为更新期（Ⅲ～Ⅰ），从林木达到终止防护成熟龄或更新龄准备更新开始，直到更新结束，即相对稳定的幼林形成的时期（图 7-4）。

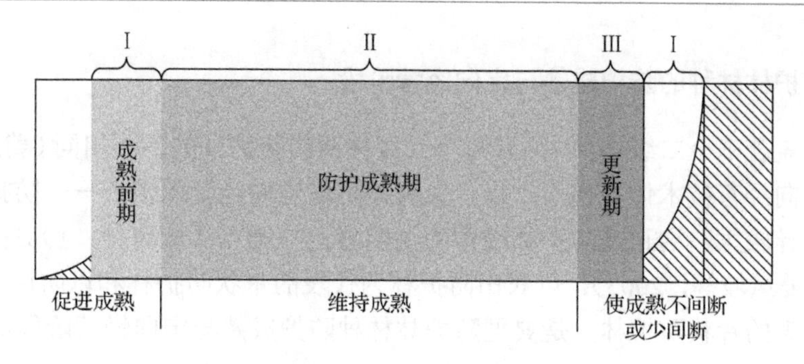

图7-4 防护林定向经营阶段划分示意图

注：阴影部分表示防护效应。

7.1.3.2 防护林阶段定向经营的内涵

根据防护林的三个经营阶段，各阶段定向经营的具体内容如下。

成熟前期阶段。定向经营的目标是促进防护成熟的到来，即促进林木生长使之尽早达到全面、有效的防护成熟状态。该阶段所有的经营措施都应紧紧围绕加速林木生长、尽早实现防护成熟状态为中心进行。以水肥管理为核心的林地管理技术和以修枝、间伐为主的林木抚育技术是成熟前期的主要经营措施，如除草、松土、灌溉、施肥、间作、定株、修枝为基本内容的幼林抚育技术，以及其他有利于林分/林带生长、发育或加速进入防护成熟状态的技术措施（姜凤岐等，2003）。

防护成熟期阶段。定向经营的目标是维持防护成熟，即维持防护林达到防护成熟时的结构状态，使全面、有效的防护成熟状态能够稳定持续。这一阶段所有措施应保证林分/林带处在最佳防护状态。核心技术包括：密度、结构控制技术。以间伐和机械抚育为主要内容的抚育间伐技术、修枝技术，以及其他有利于组成、结构处于最佳期状态的技术措施，是防护成熟期的主要经营措施。建立在结构优化和防护成熟理论基础上的结构调控和密度调控技术应尽量本着准确、方便、先进的高标准，制订图、表和计算机软件等不同使用方式，作为防护成熟期经营的主要手段（姜凤岐等，2003）。

更新期阶段。定向经营的目标是尽早恢复防护成熟，即根据不同防护林种的特点，选择适当的更新方式（天然更新、人工促进/诱导天然更新、人工更新）、更新时间、更新方法，尽早恢复由于一代防护林的自然成熟或采伐利用而间断或降低的防护效应，使下一代防护林尽早形成。以择伐和间伐为主要方式的主伐技术及与之相应的天然更新、人工促进/诱导天然更新和人工更新等更新技术，以及其他有利于林分/林带更新并尽量维持防护效应不致间断或少间断的主伐更新方式，是这一阶段的主要经营措施。采伐更新技术着重在以稳定性理论和可持续经营模型为依据对更新方式进行比较选择，优比新一代林分/林带组成和配置、确定采伐更新方式等是更新期的主要经营内容（姜凤岐等，2003）。

7.1.4 典型防护林林种的防护成熟与定向经营阶段

防护林涵盖若干个二级林种，而且每个二级林种的防护目的各不相同（姜凤岐，1996），因此，阶段定向经营技术体系也不一样，尤其是阶段定向经营的核心——防护成熟的确定方法各林种差异较大，这正是防护林经营的主要特点与难点（曹新孙，1983；朱教君和姜凤岐，1992；姜凤岐等，2003）。以农田防护林为代表的带状防护林和以防风固沙林、水土保持林等为代表的片状防护林，是典型防护林林种防护成熟与定向经营阶段确定的重点。

7.1.4.1 带状防护林防护成熟确定及定向经营阶段

杨树是我国北方农田防护林体系中最主要的树种。据不完全统计，三北地区杨树农田防护林占其农田防护林总面积的95%以上。在东北地区黑土农田区，杨树的主要品种有北京杨、小钻杨、加拿大杨、其他小钻类杂交杨（统称杂交杨）、小青杨、小叶杨（统称乡土杨）。该区林带已成型，网眼整齐，造林密度基本合理。林带年龄，杂交杨在10～18年；乡土杨在23～34年；林带行数多为4～6行；林带宽度5～8m。主要土类有黑土、黑钙土、草甸土、沙土。春旱及风沙是该区的主要灾害因子。

1）杨树林带生长发育规律

朱教君等（1993）通过对我国东北（吉林省长春市的农安县、双阳县、德惠县、九台市、榆树市及长春郊区、辽宁省昌图县和内蒙古自治区赤峰市）以杨树组成林带的调查研究，发现杨树林带的生长发育具有如下特点。

（1）林带树木株数按径阶分布状态。

总体上，小钻杨、北京杨和乡土杨林带树木株数按径阶分布，在各年龄中基本服从正态分布。不服从正态分布的样地大致有两种情况：①保持初植密度的幼龄林带；②抚育间伐后的林带（朱教君等，1993）。

（2）林带树木直径的变化规律。

各树种平均直径出现的位置（株数累计百分数的45%～67%）与一般森林树木（株数累计百分数的55%～64%）近似，约为60%（李克志，1983；姜凤岐等，2003）。但林带树木平均直径位置的下限较一般森林树木低10%，即林带中大于平均直径的株数多于一般森林平均株数的比例，这主要与林带具有较多边行有关。

林带树木在年龄较小（7年生小钻杨及北京杨，12年生乡土杨）时，直径离散度随年龄增加而增加；在年龄稍大（杂交杨>7年、乡土杨>12年）时，直径离散度随年龄增加变异较大。林带树木最小直径的变动幅度与森林树木接近，而最大直径的变动幅度普遍小于森林树木；但由于10年以上的林带均经人为调控，不能看出林带在初始密度下离散度的变化规律（朱教君等，1993）。

（3）林带的边行效应。

林带存在较多边行，边行树木由于所处的生长空间增大，而表现出边行优势。林带的边行优势实质是林带树木分化现象的一个群体特例，是由于环境的特殊性造成林带某一部分群体普遍强化生长的现象。边行占整个林带行数的1/4～2/3，平均为1/2，研究林带的边行效应对林带经营管理具有特殊意义（朱教君等，1993；姜凤岐等，2003）。

林带树木的最大直径均出现在边行，边行的平均直径大于林带内行平均直径，这主要是边行优势所造成的差异；这种差异与林带年龄及行数密切相关，即年龄越大、行数越多，边行优势越明显。

不论年龄及林带所处的行位如何，总体上，平均直径的分布范围平均为53%，基本与一般森林树木的平均直径分布位置相似。但对于不同树种的林带边行、内行平均直径的分布位置有所不同，对于北京杨和小钻类杂交杨，边行大于其平均直径的株数比例高于内行，这主要是由边行与内行之间树木生长所处的环境差异造成的；乡土杨的内行大于其平均直径的株数比例高于外行，这主要是由于林带人为干预太多所致的（朱教君等，1993）。

（4）林带树木的分化。

与一般森林树木一样，林带树木分化的开始时间受树种、密度及人为干预等多种因子影响（朱教君等，1993）。离散度是标志林木分化的主要标志，当林带树木直径的离散度值≥1.0时，即认为林带树木开始分化（姜凤岐等，2003）；此时，林带树木在初植密度合理的条件下已经郁闭，林带结构已不能满足最佳防护结构的要求。

（5）林带树木的生长规律。

林带树木的生长受遗传因子与立地条件的制约，根据杨树林带树木的生长特点，选取多种树木生长模型对林带树木的胸径、树高和材积生长作了拟合（姜凤岐等，2003）。

胸径生长。各杨树树种胸径$D_{1.3}$生长的最佳模型为幂函数生长模型，即

$$D_{1.3} = aA^b \tag{7-1}$$

式中，A为年龄；a为树木生长所处立地的特征参数；b为与树木直径生长率有关的参数。

树高生长。杨树林带的树高生长符合Logistic生长函数，模型如下：

$$H(A) = \frac{K}{\left[1 + m\exp(-rA)\right]} \tag{7-2}$$

式中，H为林带高度（m）；A为年龄；K为树高生长的渐近最大值（m）；m为与立地条件有关的参数；r为树高生长的内禀增长率。

林带树木材积生长。林带树木材积随年龄的变化遵从Chapman-Richards生长曲线，模型如下：

$$V(A) = K_{\upsilon}\left[1 - \exp(-r_{\upsilon}A)\right]^B \tag{7-3}$$

式中，V为林带树木材积（m^3）；K_{υ}为材积的渐近最大值（m^3）；B为影响材积生长速度的特征参数；r_{υ}为与树木遗传因子有关的内禀增长率。

2）杨树林带防护成熟龄

（1）林带初始防护成熟龄的确定。

依据林带树高生长过程确定初始防护成熟龄。通过模拟计算杨树林带树高生长规律，见式（7-2），获得模型中的参数，确定树高生长加速度的极小值，明确林带的初始防护成熟龄（姜凤岐等，2003），即

$$\mathrm{IPMA} = \left[\ln(m) + 1.317\right]/r \tag{7-4}$$

林带初始防护成熟龄及其对应树高的结果见表 7-1。

表 7-1　初始防护成熟龄及其对应的树高（与平均生长和连年生长交点的比较）

树种	初始防护成熟龄及其对应的树高		平均生长与连年生长交点及其对应的树高	
	成熟龄/a	树高/m	年龄/a	树高/m
北京杨	15	17.5	14	15.5
双阳快杨	15	18.9	13	16.7
其他杂交杨类	16	17.7	15	16.6
加拿大杨	15	20.3	10	14.7
小青杨	23	15.6	18	12.5
小叶杨	24	13.4	16	11.0

资料来源：姜凤岐等（2003）。

林带达到初始防护成熟龄时的高度，就是通常所说的农田防护林的成林高，即带间距离内的所有点均达到有效防护时林带的高度（姜凤岐等，2003）。农田防护林带间距设计可以此为依据，这比以往用的林带平均高最大或林带生长达到最大时的树高更合理，因为当林带树高生长加速度达到极小值后，树高的生长速度较以前大大降低。

依据林带木材成熟度验证由树高生长加速度确定的初始防护成熟龄。木材纤维长度（单位 0.1mm）的变化规律可以反映木材成熟度，因此，依据林带木材成熟度验证由树高生长加速度确定的初始防护成熟龄可以进一步明确初始防护成熟龄的可行性（姜凤岐等，2003）。

结果表明（表 7-2），杨树林带的木材纤维长度变化基本符合“在树干任意高度，木材纤维长度从髓心向外最初迅速增加，当增加到该树种应具的特征长度后，缓慢增加并出现小范围的波动”的变化规律（朱教君等，1994）。林带木材纤维长度在幼年生长轮中较短（一般<0.6mm），随着年轮数的增加逐渐变长；当林带达到初始防护成熟（指由林带树高生长确定的初始防护成熟）时，纤维长度的增加变缓。比起与离髓心的距离，纤维长度的长短与年轮数更相关。

表 7-2　不同杨树品种木纤维长度频率变化表　　单位：%

品种	树龄/a	不同木纤维长度/mm					
		0～2.9	3～5.9	6～8.9	9～11.9	12～14.9	15～17.9
北京杨	1	3.2	75.2	20.8	0.8	0	0
	3	0	15.2	63.6	20.4	0.8	0
	5	0	11.6	61.6	25.2	1.6	0
	7	0	5.6	52.0	38.0	4.4	0
	9	0	3.6	42.8	47.2	6.4	0
	10	0	1.0	30.0	54.0	15.0	0
	11	0	0	32.0	52.0	16.0	0
小青杨	1	0	43.3	56.7	0	0	0
	3	0	6.6	58.0	34.7	0.7	0
	5	0	2.7	44.7	48.0	4.6	0

续表

品种	树龄/a	不同木纤维长度/mm					
		0～2.9	3～5.9	6～8.9	9～11.9	12～14.9	15～17.9
小青杨	7	0	0.6	48.0	44.0	6.7	0.7
	9	0	0.6	26.7	56.7	15.3	0.7
	11	0	0.7	40.7	50.0	7.3	1.3
	13	0	2.0	40.0	40.7	19.3	2.0
	15	0	0	20.0	58.7	19.3	2.0
	17	0	0.6	24.0	56.7	16.7	2.0
	19	0	0	25.3	56.7	17.3	0.7
	21	0	0	12.0	60.0	24.0	4.0
	23	0	0	13.0	46.0	32.0	4.0
	25	0	0	6.0	62.0	26.0	6.0
	27	0	0	32.0	58.0	10.0	0
小叶杨	1	1.0	54.0	42.0	3.0	0	0
	3	0	21.0	66.0	12.0	1.0	0
	5	0	1.0	43.0	46.0	10.0	0
	7	0	3.0	28.0	60.0	9.0	0
	9	0	2.0	40.0	51.0	7.0	0
	11	0	0	37.0	53.0	10.0	0
	13	0	0	19.0	49.0	31.0	1.0
	15	0	2.0	35.0	44.0	19.0	0
	17	0	1.0	30.0	53.0	16.0	0
	19	0	0	25.0	59.0	16.0	0
	21	0	1.0	22.0	47.0	27.0	0
	23	0	0	36.0	54.0	9.0	1.0
	25	0	0	24.0	68.0	8.0	0
	27	0	0	8.0	60.0	30.0	2.0
小钻类杂交杨	1	0.7	78.7	20.6	0	0	0
	3	0	15.4	69.3	15.3	0	0
	5	0	1.3	56.7	38.7	3.3	0
	7	0	4.0	41.3	47.3	7.4	0
	9	0	1.3	44.0	47.3	7.4	0
	11	0	1.0	22.0	47.0	28.0	2.0
	13	0	0	30.0	46.0	24.0	0
	15	0	0	28.0	52.0	20.0	0

根据上述分析，得到各杨树品种木材纤维长度相对稳定的年龄及对应的树高（表 7-3），当林带杨树达到此年龄，就可以满足农用材、施工用材及工业用材等要求（朱教君等，1994；姜凤岐等，2003）。阔叶树种木材纤维长度达到相对稳定时木材就成熟，表明木材成熟的年龄与用林带树高生长确定的初始防护成熟龄基本吻合（表 7-1）。因此，把木材成熟年龄作为农田防护林初始防护成熟的参考是合理的。

表 7-3 林带杨树木材纤维长度相对稳定的年龄及对应的树高

树种	纤维长度相对稳定时的树高/m	纤维长度		林带木材成熟年龄/a
		相对稳定年龄/a	纤维长度/×0.1mm	
北京杨	17.45	15～16	10.10	15
小钻杨	18.86	16～18	9.92	16
小叶杨	13.35	19～25	10.41	24
加拿大杨	20.26	14～16	12.40	15
小青杨	15.58	23～25	10.20	24

通过树高生长及纤维长度变化的分析，综合确定农田防护林的初始防护成熟龄。第一种方法主要从农田防护林的防护效应出发，把林带高生长确定为影响初始防护成熟的主要因子；第二种方法则主要从农田防护林的木材效益出发，以木材纤维长度的变化规律为依据。但两种方法得出的结论几乎相同，即林带木材的成熟度与林带的防护成熟是同步的。因此，对于调查区杨树农田防护林初始防护成熟龄的确定，可主要依据经验模型式［式（7-4）］。

（2）林带终止防护成熟龄的确定。

从林带终止防护成熟的特征看，在自然成熟前林带基本能满足防护需要，因此，林带的终止防护成熟龄应以林带的自然成熟为标准。对于东北地区大多数林带树种，可以根据林带或树木的外表特征及林带结构（疏透度）加以判断（朱教君和姜凤岐，1992；姜凤岐等，1994）（图 7-5）。

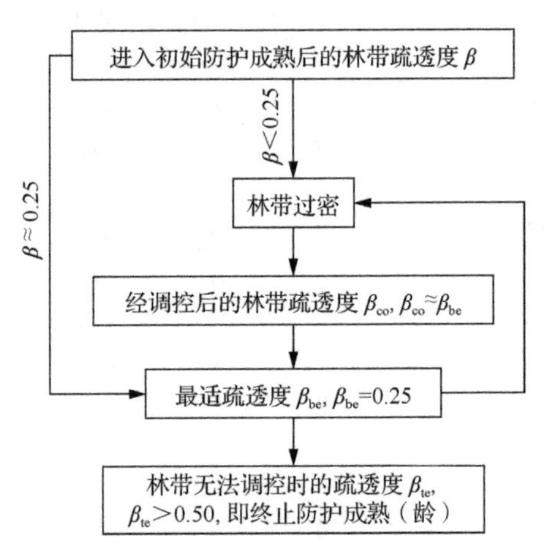

图 7-5 农田防护林结构变化图（姜凤岐等，2003）

以调查区域内杨树林带疏透度观测值和以往研究结论（曹新孙等，1981；Kenney，1987；Loeffler et al.，1992；姜凤岐等，1994；Zhu et al.，2002）为依据，确定杨树农田防护林的自然成熟（龄）或终止防护成熟龄为林带疏透度值大于 0.50 时的状态（图 7-5），其对应的年龄：乡土杨约为 40 年，杂交杨约为 35 年。

仅从林带的防护效应出发，终止防护成熟应为林带树木的自然成熟，但现实农田防护林经营中，还应考虑林带的木材利用的经济效益和社会效益等综合效益；即在保证防护效益的前提下结合农田防护林的更新成熟、数量成熟及工艺成熟等综合确定终止防护成熟是现实林带经营的主体。

3）杨树林带经营阶段

（1）成熟前期的开始时间（A_1）。

林带自栽植后形成相对稳定幼林的时间，即成熟前期的开始时间，主要由林带造林密度决定。在合理初植密度下，林带在垂直方向上基本郁闭时，幼林已基本稳定。判断林带郁闭（不同于一般森林的郁闭）的基本指标之一是径级离散度（朱教君和姜凤岐，1996），当径级离散度大于 1 时，认为林带在垂直方向上基本郁闭。

对于东北地区典型的杨树林带，成熟前期的开始时间 A_1：杂交杨（北京杨、小钻杨、加拿大杨）为 2～4 年（平均 3 年）；乡土杨（小青杨、小叶杨）为 4～5 年（平均 4 年）。

（2）更新期的开始时间（A_r）。

从理论上讲，农田防护林更新的开始时间，即更新龄 A_r，应为终止防护成熟龄（TMPA）或自然成熟龄（natural maturity age，NMA）；但是，如果到了自然成熟龄再进行更新，无论从防护效应的连续性还是从农田防护林木材的利用程度考虑均有不妥之处，因为虽然防护林的主要功能是防护，但防护林的木材也可以解决用材问题（沈国舫，1996）。因此，对于第一代农田防护林的更新龄，除了主要依据终止防护成熟龄外，还要兼顾林带树木的数量成熟和工艺成熟而综合予以确定。以后各代农田防护林可通过选择适当的更新方式、方法，确保农田防护林防护效应不间断（朱教君，2013）。

数量成熟是由平均生长量来表征的，通常出现在初始防护成熟之后，其变化缓慢，最高值能维持相当长的时间（对于阔叶树可维持 10 年）（Husch et al.，1972）；在此期间，林带不仅在木材数量上有所增加，其质量也有所提高。因此，确定杨树林带的更新龄时以数量成熟维持其最高生长时间的末端为主要依据。对于杨树，更新龄应为数量成熟龄+10 年。根据杨树林带树木材积生长模型［见式（7-3）］，确定杨树林带的数量成熟龄为：杂交杨 22 年，乡土杨 26 年。从而得到更新龄（平均值）为：杂交杨 32 年，乡土杨 36 年。更新龄确定后，更新期还受更新方式、方法影响。对于杨树农田防护林，一般采用人工植苗更新；就一条林带而言，主要有全带皆伐更新、半带皆伐更新、带内更新和带外更新等四种更新方式（曹新孙，1983；姜凤岐等，2003），对应的三个经营阶段如图 7-6 所示。

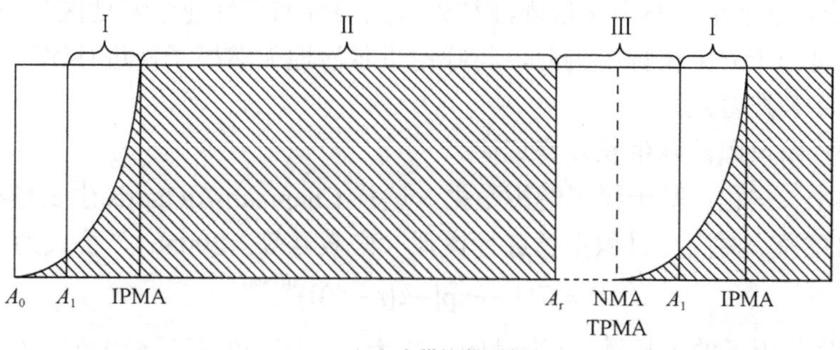

（a）全带皆伐更新

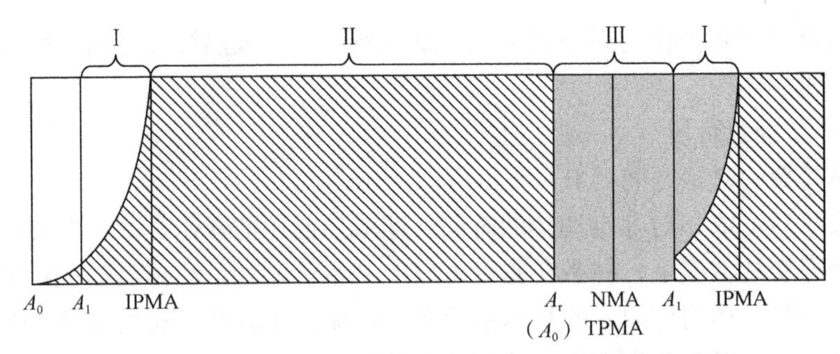

(b) 半带皆伐更新或带外更新、带内更新（人工促进天然更新）

图 7-6 农田防护林经营阶段划分图（终止防护成熟龄≠更新龄）

注：A_0=防护林初植时间，一般为 0（年），A_1=形成相对稳定幼林对应的时间，IPMA=初始防护成熟龄，A_r=更新龄，TPMA=终止防护成熟龄，NMA=自然成熟龄。Ⅰ=第一阶段，成熟前期；Ⅱ=第二阶段，防护成熟期；Ⅲ=第三阶段，更新期（姜凤岐等，2003）。

（3）农田防护林经营阶段。

如果以造林密度为 2m×2.4m，林带行数为 3～4 行，更新方式为全带皆伐更新造林，且第一代更新采用人工更新、树种不变，则杨树林带的三个经营阶段如下。

杂交杨，成熟前期：3～15 年。防护成熟期：15～32 年。更新期：0（32）～3 年。

乡土杨，成熟前期：4～23 年。防护成熟期：23～36 年。更新期：0（36）～4 年。

如果采用天然更新或人工促进天然更新，更新树种有所变化，则各经营阶段会有所不同。

7.1.4.2 片状防护林生态系统防护成熟及定向经营阶段

1）樟子松防风固沙林生态系统防护成熟及定向经营阶段

樟子松是防风固沙林体系中的主要造林树种。自 1955 年首先引种到科尔沁沙地南缘的辽宁省彰武县章古台（42°43′N，122°22′E）进行固沙造林以来，由于初期生长表现良好，防风固沙作用明显，因此，形成了以樟子松为主体的林-草防风固沙生态系统。自三北工程启动以来（1978 年），樟子松已先后引种到我国北方 13 省（区）300 多个县的风沙区进行大规模栽植；至 2018 年，人工樟子松固沙林面积达到 47.89 万 hm^2（朱教君和郑晓，2019）。在樟子松引种最早的章古台地区，人工樟子松固沙林保存面积达 1455hm^2（Zhang et al.，2021）。除呼伦贝尔沙地天然樟子松固沙林外（主要分布在红花尔基地区），对其他沙区而言，樟子松均是一个外来树种；为此，与呼伦贝尔沙地天然樟子松进行比较，更能明晰引种樟子松林的生长发育规律。

（1）樟子松防风固沙林生长发育规律。

樟子松的生长进程：基于树干解析数据，选择 Chapman-Richards 生长模型对天然林和人工林树木的直径、树高与材积生长进行模拟（朱教君等，2005b），公式为

$$Y = G\left(1-\exp[-k(t-t_0)]\right)^{1/(1-m)} \tag{7-5}$$

式中，Y 为某生长因子的生长量；t 为时间；G 为生长因子的渐近最大值；k 为与生长速度有关的系数；m 为决定曲线的形状和拐点位置的参数；t_0 为初始时间。

朱教君等（2015b）选择红花尔基和章古台两地调查得到的解析木资料（分别为 6 株和

13 株），依式（7-5）求解，得到两地樟子松单株林木的去皮胸径（本节以后出现的胸径均指去皮胸径）、树高和去皮材积（本节以后出现的材积均指去皮材积）的各参数（表 7-4），以及生长因子的特征值（表 7-5）（姜凤岐等，2003）。

表 7-4　天然林和人工林樟子松胸径、树高和材积生长曲线参数值

类型	生长因子	样本量	参数				相关系数
			G	k	m	t_0/a	
天然林	胸径	157	33.28	0.0180	−0.0105	8.7	0.8797
	树高	181	20.74	0.0313	0.4825	0	0.9631
	材积	181	0.8458	0.0275	0.8155	0	0.9572
人工林	胸径	62	19.17	0.0478	0.0435	6.5	0.9175
	树高	75	12.69	0.0671	0.5455	0	0.9880
	材积	75	0.1686	0.0650	0.8352	0	0.9750

表 7-5　天然林和人工林樟子松生长因子特征值

生长因子	天然林			人工林		
	胸径/cm	树高/m	材积/m^3	胸径/cm	树高/m	材积/m^3
连年生长量最大时总生长量	0.80	5.39	0.2844	1.15	3.45	0.0576
最大生长速度	0.61	0.33	0.0096	0.79	0.41	0.0044
最大生长速度发生时间	10 年	22 年	61 年	8 年	12 年	28 年

天然林林木生长进程：樟子松天然林幼龄期生长较慢，速生期出现较晚，但持续时间长。胸径生长自 9 年开始，10 年连年生长量达到最大，为 0.61cm（表 7-5）；到 32 年时连年生长量还保持在 0.40cm，以后缓慢下降，到达 48 年时，连年生长量下降到 0.30cm；70 年时连年生长量仍保持 0.20cm，此后的生长较慢，连年生长量为 0.10～0.20cm。树高生长在 12 年以前较慢，连年生长量低于 30cm，13 年以后年生长量超过 30cm，最大年生长量出现在 22 年，为 33cm（表 7-5），年生长量超过 30cm 的速度一直维持到 33 年。以后又开始缓慢下降，但年生长量在 20～30cm 的速度保持到 53 年。单株林木材积生长在 16 年以前非常缓慢，连年生长量低于 0.001m^3，17 年以后速度加快，到 61 年时连年生长量达到最大，为 0.0096m^3（表 7-5），此后生长速度慢慢下降，材积速生期持续时间非常长。通过模型预测，在 100 年时材积的平均生长量与连年生长量达到相等，表明此时樟子松已达数量成熟（姜凤岐等，2003）。

人工林林木生长进程：人工樟子松固沙林速生期出现较早，但持续时间短。胸径生长自 7 年开始生长速度非常快，到 8 年时连年生长量达到最大，为 0.79cm（表 7-5）；之后开始下降，在 25 年以前维持在 0.40cm 以上，至 31 年时连年生长量下降到 0.30cm；这以后的生长迅速下降，到 40 年时连年生长量仅为 0.20cm，而红花尔基天然林维持该速度至 70 年。树高生长在 5 年以前较慢，6 年以后连年生长量超过 30cm，12 年时达到最大为 41cm（表 7-5）。在 23 年以前维持在 30cm 以上，至 31 年时连年生长量仅有 20cm；以后的生长更缓慢。材积生长在 11 年以前非常缓慢，年生长量低于 0.001m^3，12 年以后速度加快，28 年时年生长量达到最大为 0.0044m^3（表 7-5），此后生长速度逐渐下降，至 46 年时平均生长量与连年生长量相等，此时章古台沙地人工樟子松固沙林已达数量成熟（姜凤岐等，2003）。

比较红花尔基地区的天然林和章古台地区的人工林樟子松生长规律发现，人工林的胸径和树高生长量的最大值均大于天然林。从总生长量看，胸径在 45 年时，天然林与人工林没有差异，46 年以后，天然林显著大于人工林；树高在 40 年时，天然林和人工林无显著差异，40 年以后，天然林超过人工林；材积在 42 年时，天然林和人工林没有差异，43 年后，天然林显著大于人工林。

树木由栽植后到成熟的整个生长发育过程中，所需的时间长短及特征，因树种、气候、土壤条件以及人为管理措施不同而有很大差异。Champan- Richards 生长模型能够较好模拟红花尔基天然林和章古台人工林的胸径、树高和材积的生长过程（表 7-4）。从中可以得出，天然樟子松固沙林速生期持续时间长，数量成熟龄为 100 年，人工林速生期持续时间短，数量成熟龄为 46 年。根据樟子松的生长发育规律，天然林划分为个体生长阶段、速生阶段、干材阶段和成熟阶段；将人工樟子松固沙林生长进程划分为个体生长阶段、开始郁闭阶段和自然稀疏阶段（姜凤岐等，2003；Zhu et al.，2003b）。

天然樟子松固沙林生长发育时期的划分如下。

个体生长阶段：在 8 年以前，幼树呈散生或丛团状分布。该阶段的特点是幼树正在扎根生长，而地上部分生长较缓慢。因此，这个阶段应通过林地管理及抚育促进幼树生长，特别是根系的发育。

速生阶段：9～33 年，林木生长迅速，胸径和树高生长最旺盛，林冠高度郁闭，林内光照显著变弱，林下植被相对稀少，森林环境特点比较显著。由于生长迅速，林木之间的竞争加剧，林木分化和自然稀疏非常强烈，死亡木也非常多。因此，该阶段的营林措施应保证林木高速生长，合理进行抚育间伐以保持适当的林分密度。

干材阶段：34～80 年，树高、胸径生长逐渐缓慢，而材积生长速度增加，出现材积连年生长量的高峰，持续时间较长，自然稀疏仍在进行，但较前期稍有缓和。该阶段林分应进行疏伐，使林内保持充足的光照及生长空间，促进林木的直径生长，缩短林分的成材期。

成熟阶段：81～110 年，该阶段的树高生长明显下降，但材积生长仍有一定的速度，林木的生理机能大大减弱，逐渐产生衰老，林木间的矛盾缓和，自然稀疏基本停止，郁闭的林冠逐渐开裂，表明林分已达到数量成熟。

人工樟子松固沙林生长发育时期的划分如下。

个体生长阶段：在 6 年以前，林木的树高和胸径生长比较缓慢，对自然灾害的抵抗力和对杂草的竞争能力都比较弱，此阶段根系的生长通常比地上部分快。应加强除草松土等管理措施，提高造林保存率，促进幼树迅速生长。

开始郁闭阶段：7～8 年至 15 年左右，这一时期林木的生理机能最强，树高和胸径生长较迅速，两者的连年生长量的最大值均出现在这一时期。由于生长速度加快，相邻林木间的树冠枝叶相衔接，个体之间对阳光、水分、养分等开始竞争。在此阶段逐渐出现自然整枝现象，林下的其他植物也逐渐变少，标志着林分已经进入郁闭期。该阶段应进行适当的修枝和适时的首次间伐。

自然稀疏阶段：随着林分郁闭度逐渐加大，个体间竞争日益激化，出现大小、优劣明显的差别，受压制的劣质木逐渐枯死，于是产生了自然稀疏过程；表明林分已发展到密度偏高阶段。根据培育目标，该阶段内需要进行多次疏伐，以调整林分保持最适密度，为保留木创造良好的生长环境，保证林木有合理的营养空间，使之更快、更好地生长。

以上划分方法比较简单，目的性明确，可作为人工樟子松固沙林抚育和间伐的依据。

（2）樟子松防风固沙林生态系统防护成熟龄。

为确定樟子松防风固沙林防护成熟龄，朱教君等（2005a）在章古台地区选取典型标准地，对标准地林木进行每木检尺、测树高、调查林龄、密度、经营情况、配置及生长状况等，在年龄较大的林分中选取具有代表性的树木作树干解析，同时调查沙地类型、物种种类和覆盖度等。

依据树木生长发育和林分郁闭过程，确定樟子松防风固沙林防护成熟龄。从固沙目的而言，覆盖的作用最为直观；对于沙地流动性的分类仍以植被的覆盖度作为主要指标，这说明植被覆盖的程度是沙地固定的重要标志。为此，将郁闭度（乔木为主的林分）和覆盖度（灌木林）作为防风固沙林防护成熟界定的指标。按定义“全面有效控制风蚀”的要求，林分最佳状态是株间、行间或水平和垂直两个方向上均达到郁闭。另外，郁闭又是树冠发育的结果，由式（7-6）获得林分郁闭度 C。

$$C = \pi N C_d^2 / 4000 \tag{7-6}$$

式中，C 为林分郁闭度（或覆盖度）；C_d 为冠幅；N 为单位面积上的株数。

林分郁闭状态，即林分郁闭度 C 达到 $\pi/4$（C=0.78）时进入全面有效防护状态，其所对应的年龄为初始防护成熟龄（姜凤岐等，2003）。若以式（7-6）计算樟子松防风固沙林的初始防护成熟龄，式（7-6）中的 N 对应樟子松的造林保存密度，而冠幅（C_d）对应达到 C 值时的大小应为

$$C_d = \sqrt{10000 / N} \tag{7-7}$$

只要造林保存密度一定，决定林分进入郁闭的冠幅 C_d 也即确定；依据对樟子松散生状态下冠幅与直径的调查结果，模拟了冠幅与直径的线性相关方程：

$$C_d = 0.2052D + 0.6121\ (\text{方程的决定系数} R^2 = 0.8327) \tag{7-8}$$

依据樟子松直径生长结果，将树干解析及实测直径与林木年龄作为回归因子，进行直径生长模型的模拟。通过树高生长模型筛选，找出适合樟子松直径的生长模型：

$$D = 0.3807 A^{1.0787}\ (\text{模型的决定系数} R^2 = 0.9390) \tag{7-9}$$

通过造林保存密度 N，由式（7-7）求出进入郁闭态的单株林木树冠冠幅（C_d），再以式（7-8）用 C_d 求出对应的单株林木的胸径 D，最后以式（7-9）通过 D 求出所对应的年龄 A，即为该林分的初始防护成熟龄（表 7-6）。

表 7-6　造林保存密度与初始防护成熟龄的关系

造林保存密度/（株数/hm^2）	冠幅/m	胸径/cm	初始防护成熟龄/a
2000	2.24	7.9	17
2500	2.00	6.8	15
3000	1.83	5.9	13

续表

造林保存密度/（株数/hm^2）	冠幅/m	胸径/cm	初始防护成熟龄/a
3500	1.69	5.3	12
4000	1.58	4.7	11
4500	1.49	4.3	10
5000	1.41	3.9	9

资料来源：姜凤岐等（2003）。

基于林分水量平衡原理，验证由林分郁闭过程确定的初始防护成熟龄。由于防风固沙林主要分布于干旱、半干旱地区，水分是决定防风固沙林植被生长存活的关键因子。水量平衡是维持防风固沙林生态系统稳定的前提，是保障防风固沙林生态系统达到全面有效控制沙地风蚀的关键。因此，依据林分水量平衡，进一步确认由林分郁闭确定的樟子松防风固沙林初始防护成熟龄的正确性十分必要。

根据樟子松单株耗水（tree water consumption，TWC）与胸径 D 关系数据（宋立宁等，2017），建立胸径与树木耗水模型，见式（7-10）。

$$\mathrm{TWC}=0.0897D^{2.0933}\quad (\text{模型的决定系数}R^2=0.9980) \tag{7-10}$$

根据水量平衡原理，计算小于 25 年时樟子松林生态系统中可供樟子松蒸腾消耗的水量 S，见式（7-11）。

$$S=P\times(16.94\%+(34.09\%/25)\times A) \tag{7-11}$$

式中，P 是常年平均降水量（章古台地区常年平均降水量为 474mm）（Song et al.，2016a）；A 是林木年龄（姜凤岐等，2003）。

根据式（7-6）～式（7-11），确定在一定造林保存密度下，不同密度樟子松固沙林生态系统达到水量平衡时的林龄（表 7-7）。从表 7-7 可以看出，一定造林保存密度下正常生长的樟子松林，林分水量平衡的林龄与达到林分郁闭时确定的初始防护成熟龄几乎相同（表 7-6）。

表 7-7　造林保存密度与达到水量平衡的林龄关系

造林保存密度/（株数/hm^2）	水量平衡的林龄/a
1000	21
1500	18
2000	16
2500	14
3000	13

通过林分郁闭及水量平衡的分析，综合确定樟子松生态系统的初始防护成熟。前一种方法主要从樟子松防风固沙林的防护效应出发，将林分郁闭确定为影响防护成熟的主要因子；后一种方法主要从维持防风固沙林生态系统防护效应稳定性出发，以保证水量平衡为依据，但两种方法得出的结论几乎相同。

另外，在景观尺度和区域尺度上，樟子松固沙林生态系统防护成熟不仅与植被覆盖程度和水量平衡有关，而且与不同尺度上的防护目标和空间结构有关。在景观尺度上，樟子松固沙林生态系统防护成熟主要与景观尺度防护目标（保护景观中的农田以及周围的村镇）和景观尺度固沙林生态系统空间配置（景观连接度）有关。在区域尺度上，樟子松固沙林生态系统防护成熟主要由维护区域生态安全（保障周边城市生态安全）的目标、区域尺度固沙林生态系统空间配置（区域景观连接度）和区域水资源承载力决定。

终止防护成熟龄是固沙林生态系统达到总体郁闭无法维持 π/4（C=0.78）的时间，此时林木通常进入过熟状态。人工樟子松固沙林的数量成熟龄为 46 年，终止防护成熟龄应该是在数量成熟龄的基础上延长两个龄级（20 年）（叶镜中和孙多，1995），即 66 年，此时林分进入过熟状态。因此，人工樟子松固沙林生态系统的终止防护成熟龄在 66 年左右（姜凤岐等，2003）。

（3）樟子松防风固沙林生态系统更新期开始时间与定向经营阶段。

确定防风固沙林生态系统更新期开始时间的关键是确定第一代林分的更新龄（A_r）。固沙林更新的年龄主要取决于终止防护成熟状态到来的时间和经营类型，以取得防护功能为主的防风固沙林生态系统，其更新龄的确定应尽量接近终止防护成熟龄；但固沙林的用材亦是防护林经营中应当考虑的因素之一，因此，防风固沙林更新龄应由林分的终止防护成熟龄、数量成熟龄和工艺成熟龄综合确定（姜凤岐等，2003）。

以樟子松防风固沙林生态系统为例，沙地人工樟子松固沙林材积生长遵从 Champan-Richards 生长模型，根据模型参数与实测数据（表 7-4、表 7-5），得到沙地人工樟子松固沙林在 46 年达到材积数量成熟（姜凤岐等，2003）。由于樟子松为针叶树种，人工林超过数量成熟龄后，尽管人工林平均生长量开始下降，但是，林分仍然发挥防风固沙效益，更新龄应该是在数量成熟龄的基础上延长两个龄级（20 年），即 66 年，此时林分已基本进入过熟状态，接近终止防护成熟龄。考虑到更新方式，更新龄可以在这个范围提前或推后一段时间（姜凤岐等，2003）。

如果以造林保存密度为 2500 株/hm^2 计，造林后 3 年作为沙地人工樟子松固沙林幼林形成的时间，而且第一代沙地人工樟子松固沙林更新采用人工更新、树种不变，根据沙地人工樟子松固沙林的初始防护成熟龄、更新龄等确定其三个经营阶段为：成熟前期，3～15 年；防护成熟期，15～66 年；更新期，66 年或 0～3 年。为了保证防护林防护效应不间断，对于樟子松防风固沙林生态系统，第二代林的防护成熟前期，主要由处于更新期的第一代林和更新的第二代林共同形成的林分达到郁闭状态决定，该林分的初始防护成熟龄低于 15 年，即防护成熟前期缩短，与此相对应的第二代林防护成熟期延长，依此类推。如果采用天然更新或人工促进天然更新，更新树种有所变化，则各经营阶段会有所不同（姜凤岐等，2003）。

2）刺槐水土保持林防护成熟及定向经营阶段

（1）刺槐水土保持林生长发育规律。

刺槐是黄土高原渭北水土流失区的主要造林树种，刺槐水土保持林在水土流失区占有十分重要的地位。据以往的研究结果，黄土高原渭北的刺槐水土保持林可分为 Ⅰ、Ⅱ、Ⅲ 三个等级（刘恩田，2010）（表 7-8）。Ⅰ级，水土保持林可发挥良好的水土保持作用，是正常生长发育的林分；Ⅱ级，有一定的水土保持作用，但需加强管理，使其向更高一级的Ⅰ级林转化；Ⅲ级，无水土保持作用，为衰弱低质林分。

表 7-8 刺槐水土保持林成林标准

等级	郁闭度	枯落物厚度/cm	草本覆盖度	林地破坏程度
I	0.6～0.8	<1.50	>0.80	无
		1.50～2.00	>0.78	
		2.00～3.00	>0.30	
		<3.00	>0.15	
	0.8～1.0	<0.50	>0.70	
		0.50～2.00	>0.30	
		<2.00	0	
II	0.4～0.6	<0.30	>0.45	无或轻微
		<0.30	>0.30	
	0.6～0.9	0.2～0.5	0.05～0.60	
III	0.4～0.6	<0.60	<0.55	严重
	0.6～0.8	<0.50	<0.35	

资料来源：刘恩田（2010）。

土壤水分含量是渭北黄土高原林木生长的限制性因子。在降水量一定的情况下，土壤水分含量主要受地形部位、坡度和坡向影响。通过对代表性的梁峁顶、山梁坡、沟坡中上部、沟底、台地上林分生长概况进行调查，得到生长发育正常刺槐水土保持林生长规律的计算公式如下（朱教君等，1994）。

胸径生长。通过模型的模拟，得到刺槐胸径 $D_{1.3}$ 生长遵从“S”形生长，见式（7-12）；同时，确定了不同坡位的刺槐水土保持林胸径与年龄关系模型参数（姜凤岐等，2003）。

$$D_{1.3}=D_{\max}/\left[1+\mu\exp\left(-\gamma A\right)\right] \tag{7-12}$$

式中，$D_{\max}$、μ、γ 为与树木生长及立地有关的待定参数；A 为树木年龄。

树高生长。通过模型的模拟，得到刺槐树高 H 生长模型与胸径模型相似，见式（7-13）；同时，确定了不同坡位的刺槐水土保持林树高与年龄关系模型参数（姜凤岐等，2003）。

$$H=H_{\max}/\left[1+\eta\exp\left(-\delta A\right)\right] \tag{7-13}$$

式中，$H_{\max}$、η、δ 为与树木生长及立地有关的待定参数；A 为树木年龄。

材积生长。根据树干解析资料，刺槐水土保持林木材材积生长模型为

$$V_{\mathrm{yi}}=V_m\left[1-\exp\left(-KA\right)\right]^{\beta} \tag{7-14}$$

式中，V_{yi} 为第 i 年单株平均材积（m^3）；V_m 为某一立地条件下单株材积的渐近最大值（m^3）；A 为树木年龄；K、β 为与材积生长速度和立地条件相关的参数。同时，确定了不同坡位的刺槐水土保持林材积生长模型参数（朱教君等，1994；姜凤岐等，2003）。

（2）刺槐水土保持林防护成熟龄。

为确定刺槐水土保持林是否防护成熟，朱教君等（1994）于陕西省永寿县和彬县选取典型刺槐林地，设置临时或固定标准地（面积为 $0.25hm^2$），分坡顶、坡上、坡中和坡下四种坡位进行调查。调查的主要内容有地被物厚度、草本组成、覆盖度、每木检尺、树高、枝下高、冠幅、郁闭度、水土流失情况、林分抚育间伐情况、林分更新情况；在林龄较大的林分内做树干解析，未做树干解析的林分用生长锥钻取 1.30m 高度处样芯以确定林龄（朱教君等，1994）。

刺槐水土保持林初始防护成熟龄。由于刺槐水土保持林冠幅与年龄的相关关系比较复

杂，而树冠生长发育与直径生长呈直线相关，因此，通过确定刺槐水土保持林冠幅与直径的关系，间接确定冠幅随年龄的变化规律。由调查数据模拟得到冠幅生长量 C_r 与胸径 $D_{1.3}$ 的相关关系模型，见式（7-15）。

$$C_r = 0.21D_{1.3} + 0.87 \text{（模型的决定系数 } R^2 = 0.62\text{）} \tag{7-15}$$

胸径随年龄的变化过程为“S”形生长曲线，根据树干解析与标准地每木检尺资料，确定了不同坡位的刺槐水土保持林胸径与年龄相关模型参数。林冠的生长过程表明，随年龄的增长，冠幅的增加趋势与胸径随年龄的变化一致（Husch et al.，1972）。因此，用胸径随年龄的变化关系推导出冠幅随年龄的变化关系，以此判断林冠郁闭的年龄或程度，即可确定刺槐水土保持林的初始防护成熟龄，即林冠水平郁闭的时间，其郁闭度值应为π/4。由于水土保持林所处的立地（坡位）变化较大，应分别在不同坡位进行水土保持林初始防护成熟龄的确定。由坡顶至坡下，随着土壤和水分条件逐渐变好，防护成熟的到来变得越来越早，防护成熟龄呈递减趋势。制约防护成熟的另一个因素是林分密度，在同一立地条件下，密度越大，林分郁闭时间越提前，防护成熟到来时间也越早。

在常规密度下，即 2m×2m（2500 株/hm^2）、保存率为 80%，由坡顶到坡底刺槐水土保持林初始防护成熟龄分别为：14 年、13 年、8 年、6 年；如不考虑坡位，刺槐水土保持林防护成熟龄的平均值为 12 年。

刺槐水土保持林终止防护成熟龄。如仅从防护效应考虑，水土保持林的终止防护成熟龄即为自然成熟龄，因为即使林木达到自然成熟，仍能实现对水土流失的有效防护。

（3）刺槐水土保持林更新期开始时间与定向经营阶段。

水土保持林的更新是指为保证水土保持效益不间断或最小程度的间断，而在原有林地上用新一代水土保持林代替上一代水土保持林的过程。如果仅考虑防护效应，水土保持林最理想的更新方式是天然更新，原有林木的更新龄为自然成熟龄。而现实中的水土保持林，绝大部分为人工林，除发挥保持水土的防护效应外，木材利用也是其经营目标之一。因此，应依据防护成熟、工艺成熟、数量成熟等综合指标确定水土保持林的更新龄。

数量成熟是林木生长率的数量指标，是确定以木材利用为主森林采伐更新的主要依据之一。以刺槐水土保持林为例确定出相应的更新开始时的年龄（更新龄）如下。

依据阔叶树的数量成熟最高值可维持 10 年左右的基本判断，通过树干解析，得到刺槐水土保持林木材材积生长模型，见式（7-14）参数。由式（7-14）解得木材材积平均生长（V_{mean}）达到极大值点即为材积的数量成熟龄。在常规密度下，刺槐水土保持林数量成熟龄平均为 32 年；坡顶部为 33 年，坡上部为 29 年，坡中部和坡下部为 27 年。

从工艺成熟看，木材达到纤维长度基本稳定时即可利用。刺槐木纤维试验结果表明，刺槐水土保持林木纤维长度于 22～25 年已基本稳定，到 29 年达到最大值，以后逐渐下降；表明刺槐水土保持林在达到数量成熟的同时，木纤维长度变化已趋稳定，即已达到木材成熟（朱教君等，1994）。据此，确定刺槐水土保持林更新龄为数量成熟龄后 10 年，即 42 年。

如果以造林后 3 年作为刺槐水土保持林幼林形成的时间，而且第一代刺槐水土保持林更新采用人工更新、树种不变，依据刺槐水土保持林的初始防护成熟龄、更新龄等确定其三个经营阶段（总体平均）分别为：成熟前期，3～12 年；防护成熟期，12～42 年；更新期：42 年或 0～3 年。如果采用天然更新或人工促进天然更新，更新树种有所变化，则各经营阶段会有所不同。

7.2　防护林结构优化原理

防护林结构是发挥防护林效益的决定性要素（Kenney，1987；Zhou et al.，2002；姜凤岐等，2003）。防护林结构既是防护林规划设计的关键参数，同时也是防护林经营过程指示防护状态的根本依据（Zhu et al.，2002）。为实现防护林防护功能的最大化，防护林必须具有空间布局上的合理性、树种的多样性和林分的稳定性等结构特征（朱教君，2013）。正如用材林结构与其生产力密切相关一样，防护林的结构直接影响其防护功能。在实践过程中，调控防护林的树种配置、结构特征等，尽可能地保持防护林的系统稳定性，使防护功能保持最优。在精准量化防护林结构参数的基础上，建立防护林的结构变化规律及其与功能的关系，是提出防护林结构/配置优化方案的关键。

7.2.1　防护林结构与功能关系

对于带状形式的防护林，一定结构的林带通过改变风的行为，调节区域内微气象条件，进而实现营造有利于作物生长环境的防护效应；即林带的防护效应是通过林带的动力学效应实现的。主要过程为：风（空气）流经植物体表面时，受到植物体的拖曳力，使流经植物体的空气动能损失，并产生额外的湍流动能、热能、枝干的机械能等，从而降低了风速。林带的动力学效应与林带的结构直接相关，林带的外部结构和内部结构共同决定了林带的动力学特性。根据以往对防护林结构与风场关系研究结果，与空气动力学特性相关的防护林带外部结构要素有林带长度、宽度、高度、横截面形状等；相关的内部结构要素有疏透度、表面积密度、体积密度等（Wang et al.，2003；朱廷曜等，2004）。

对于片状形式的防护林，其结构亦称为林分结构。由于片状形式的防护林与一般森林基本一致，因此，其结构与功能关系的研究方法、研究内容等也与一般森林接近（姜凤岐等，2003）。森林冠层结构影响光获取（Hu and Zhu，2008）、穿透雨（Yu et al.，2020）、风格局（Wang et al.，2001）等，从而影响生物-大气之间的物质和能量交换过程和功能（Baldocchi et al.，2001）。常用叶面积指数（LAI）、郁闭度、林窗光指数（GLI）、透光分层疏透度（OSP）林冠截雨指数（CII）等参数可描述林分结构（Zhu et al.，2003b；Hu and Zhu，2008；Zhu et al.，2015）。

7.2.2　林带结构与防风功能

林带的功能/防护效应主要指防风效应，因为林带产生的一系列效应主要是通过林带改变风的运行方式而实现的。常用的表示林带防护效应的指标有：防护距离、有效防护距离和总防护效应。

防护距离：指林带产生降低风速作用所能达到的距离，一般确定为林带削弱旷野风速10%所能达到的距离（曹新孙等，1981）。

有效防护距离：指林带削弱风速或防止其他灾害因子达到不致引起土壤风蚀或其他灾害因子的临界数值所能达到的距离，一般称为绝对有效防护距离；如果以削弱旷野风速的百分比所能达到的距离表示，则称为相对有效防护距离（曹新孙，1983）。

总防护效应：又称为动量减弱系数，是指气流通过林带后在一定的距离内动量所减弱的程度；由于动量与风速呈正比例平方关系，因此，具体可按风速减弱的百分率计算（曹新孙等，1981）。

通过将林带疏透度、林带断面形状等林带结构参数与上述林带防护效应建立关系，从而为带状防护林结构优化、确定最适林带结构提供科学依据。

7.2.3　林分结构与水源涵养功能

水源涵养林作为片状防护林的一种，主要针对涵养水源功能，采用林冠截雨指数（CII）量化林冠截留降水为主的功能。Yu 等（2020）以辽东山区（清原森林站）的红松人工林、日本落叶松人工林、次生阔叶混交林、蒙古栎天然林四种林型的水源涵养林为对象，确定 CII 与林冠持水能力存在显著正相关关系，见式（7-16），CII 可以解释林冠持水能力 58%～71%的变异（R^2=0.58～0.71，p<0.01，图 7-7）。林冠持水能力与 CII 的相关性在红松人工林中最高（R^2=0.71），其次是日本落叶松人工林（R^2=0.69）和蒙古栎天然林（R^2=0.65），次生阔叶混交林中最低（R^2=0.58）。

$$\mathrm{CSC} = a\,\mathrm{CII} + b \tag{7-16}$$

式中，CSC 为林冠水能力；CII 为林冠持水指数；a，b 为常数项。

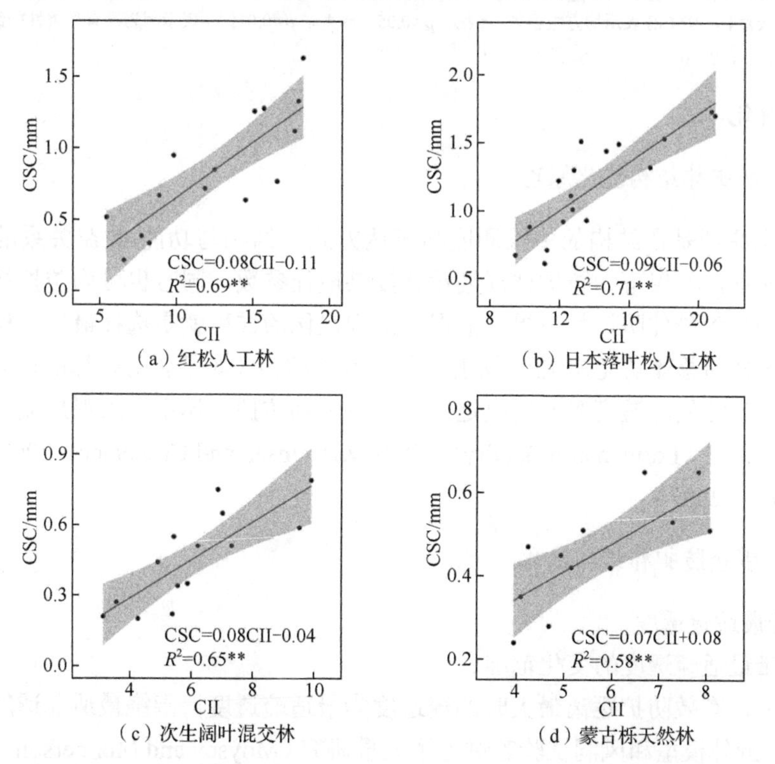

图 7-7　四种林型的样方单独考虑时林冠持水指数（CII）和林冠持水能力（CSC）的关系（**表示 p< 0.01）

为了比较 CII 与其他结构参数在量化林冠持水能力上的优劣，拟合了林冠持水能力与叶面积指数（LAI）、植被面积指数（plant area index，PAI）、林冠平均高度（average canopy height，ACH）的关系。由表 7-9 可知，无论对四种林型的所有样方整体考虑还是单独考虑，CII 与林冠持水能力的相关性均明显高于其他结构参数（LAI、PAI 和 ACH）与林冠持水能力的相关性。将四种林型的所有样方整体考虑，CII 和林冠持水能力拟合关系的 R^2 是 0.81（$p<0.01$，RMSE=0.17mm），而 LAI 和 PAI 与林冠持水能力拟合关系的 R^2 分别是 0.36（$p<0.05$，RMSE=0.35mm）和 0.61（$p<0.01$，RMSE=0.29mm），ACH 与林冠持水能力的相关性不显著（R^2=0.11，$p>0.05$）。

表 7-9 结构参数与林冠持水能力的关系

结构参数	模型精度	ALL	KPF	LPF	MBF	MOF
CII	R^2	0.81**	0.69**	0.71**	0.65**	0.58**
	RMSE/mm	0.17	0.22	0.18	0.11	0.08
LAI	R^2	0.36*	0.30*	0.19	0.40*	0.18
	RMSE/mm	0.35	0.32	—	0.15	—
PAI	R^2	0.61**	0.54**	0.54**	0.52**	0.42*
	RMSE/mm	0.29	0.26	0.23	0.14	0.09
ACH	R^2	0.11	0.06	0.17	0.28	0.25
	RMSE/mm	—	—	—	—	—

注：ALL 表示四种林型样方合在一起，KPF 表示红松人工林，LPF 表示日本落叶松人工林，MBF 表示次生阔叶混交林，MOF 表示蒙古栎天然林；RMSE 表示均方根误差；*表示 $p<0.05$，**表示 $p<0.01$；—表示因为没有显著性的线性关系，不存在均方根误差（Yu et al.，2020）。

7.2.4 结构优化

7.2.4.1 防护林结构优化原理

结构优化原理是在结构的多维测度与表达方式、结构与功能/效益关系的基础上建立的；利用该原理，不仅可为防护林规划设计提供最佳参数，同时也可为防护林经营过程中不断将结构调整到最佳防护状态提供依据；结构优化的过程就是选择最佳结构并加以保持的过程。防护林的总体功能/效益不仅由林分尺度的结构（如带状防护林的透光疏透度、片状防护林的透光分层疏透度等）所决定，同时也受到防护林体系（景观尺度）配置（空间布局形式）的影响（Forman and Baudry，1984；Kristensen and Caspersen，2002；朱教君等，2003；Dzybov，2007）。

7.2.4.2 带状防护林结构优化

1）林带最适疏透度

（1）林带最适疏透度的变化范围。

一般认为，有效防护距离最大时的疏透度为最适疏透度；围绕最适疏透度，国内外学者利用林带、野外模型和风洞试验等进行了大量研究（Moysey and McPherson，1966；Hagen et al.，1981；周新华等，1991；姜凤岐，1992；Tanaka et al.，1995）。但是，林带最适疏透度变化较大（0.13～0.50），产生这些差异的主要原因是试验材料、方法不同，如在风洞试验中模拟现实情况的相似性尚存在诸多不足，使风洞试验所得的最适疏透度大于林带或野外模型；另外，最适疏透度与当地自然气候条件及所需减弱风速的程度等有关。对于风沙严重的地区，要将风速控制在临界风速（以起沙风速作为指标）以下，风降比往往较大，因而需要较密的林带；而在一般风害农区，迄今尚未有公认的临界风速值。事实上，同等风速对不同农作物在不同生长发育期的影响也不同，朱延曜（1981）通过风洞试验对最适疏透度和平均风降的关系做了较全面的研究，认为减弱风速 20% 的最适疏透度为 0.25～0.30，减弱风速 30% 的最适疏透度为 0.25。Wu 等（2018）利用荟萃分析（一般指 Meta 分析）方法综合分析了全球尺度林带防护林效应与疏透度的关系，结果表明，林带外部因子（带宽、行数、树高和林带类型）能够解释 36.1% 林带疏透度的变化，1 行林带最佳疏透度为 0.20～0.40。

综上所述，最适疏透度并不是一成不变的，可依据自然环境及林带本身的防护目的和林带状况进行调节（姜凤岐等，2003）。

（2）杨树林带的最适疏透度。

姜凤岐等（1994）通过对东北黑土农田区杨树林带的长期观测，应用数字图像法分别按树干层和林冠层测定林带疏透度，然后加权平均计算整个林带疏透度。为确定林带最适疏透度，选择了疏透度分别为 0.13、0.15、0.18、0.20、0.23、0.25、0.28、0.30 和 0.33 的 9 种林带，对林带的防风效益进行观测。结果表明，不同疏透度的林带均在迎风面 10*H* 至背风面 20*H* 范围内产生明显作用，30*H* 处的风速均恢复到旷野水平。但是，不同疏透度的林带之间的防风效果和有效防护距离存在显著差别；如果仅用林带背风侧风速降低值计算，当疏透度为 0.25 时，防风效益达到最大值；疏透度大于或小于 0.25 均会降低防护效应，偏差越大，防护效应越不理想（姜凤岐等，1994）。

（3）风障的最适疏透度。

由于现实林带类型的限制，难以找到各种必要的组合、拆分影响结构的各个因子。为进一步明确林带疏透度与防风效应的关系，曹新孙等（1981）采用人工风障（在野外构筑模型试验）方法，模拟林带疏透度与防风效应的关系。试验共选择四种不同疏透度（0.20、0.40、0.60、0.80）的单行风障和七种行数进行组合，合计 28 种组合，25 种不同疏透度的风障。

对比不同疏透度风障对风速降低的程度，结果发现，具有不同疏透度的风障均在迎风面 5*H* 至背风面 25*H* 范围内发挥显著作用。具不同疏透度的风障之间的防风效果和有效防护距离具有显著差异。如果仅用风障背风侧风速降低值计算，当疏透度为 0.13 时，防风效益达到最大值；但疏透度在 0.13～0.19 时防风效益并无显著差异；超出这一范围则会导致防护效应的降低。

从以上林带与风障试验发现，两者的最适疏透度值差异较大。分析其差异原因，风障制作材料（高粱秸秆）与实际林带在构成上有所不同。林带中树木的枝、叶等随风的吹动而不断变化，导致林带的疏透度随风的运动而不断地变化（Zhu et al.，2003b）；而以高粱秸秆为材料编制的风障在一般风力的作用下（5.0～13.0m/s），其疏透度几乎不变，因此，导致两者最适疏透度值的不同。但风速降低趋势在两者的最适疏透度附近却是相近的，与Moysey和McPherson（1966）的“防风林（Windbreaks）”最适疏透度为0.15～0.30（平均约为0.25）的结论吻合。因此，确定林带（对于落叶阔叶树林带指有叶期）的最适疏透度为0.25。

2）林带最适断面形状

林带断面形状多种多样，对防护效应的影响比其他因子更明显。Woodruff和Zingg（1953）、Woodruff（1956）的风洞试验表明，梯形断面积的林带防风效果最好，矩形次之。矩形和凹槽形林带模型的防护距离最远（29*H*），迎风面垂直三角形、对称屋脊形、背风面垂直三角形次之。从相对有效防护距离看，矩形最优（20.5*H*），其他四种形状均在10*H*左右。从绝对有效防护距离看，仍是矩形最优（15*H*），超过其他四种形状2倍。从防护总效应看，在35*H*范围内任何一段距离上，矩形的防护总效应总是高于其他四种。因此，无论从防护距离（相对有效防护距离、绝对有效防护距离），还是从防护总效应看，都以矩形为最佳（表7-10）。

表7-10 不同模型林带横断面形状对防护效应的作用

断面形状	防护距离/m	有效防护距离/m		动量减弱系数								
				迎风面（*H*）		背风面（*H*）						
		相对	绝对	0～10	0～5	0～5	0～10	0～15	0～20	0～25	0～30	0～35
对称屋脊形	21.0	9.5	5.5	7.5	12.0	33.1	27.7	24.1	21.2	18.8	16.9	15.0
背风面垂直三角形	19.0	11.0	7.0	5.8	7.6	47.0	38.9	31.3	26.6	22.3	20.0	16.7
迎风面垂直三角形	23.0	8.5	5.0	8.5	10.1	37.7	30.2	25.1	21.8	18.0	17.6	14.8
凹槽形	29.0	9.0	5.5	7.0	8.4	44.2	34.5	28.3	24.7	21.2	20.4	18.1
矩形	29.0	20.5	15.0	13.2	17.7	77.4	65.4	56.4	49.0	43.0	37.9	33.5

注：动量减弱系数指风通过林带后在一定的距离内动量减弱的百分率，具体按风速减弱的百分率计算（姜凤岐等，2003）。

7.2.4.3 片状防护林结构优化

片状防护林（防风固沙林、水土保持林和水源涵养林）是为防风固沙（降低风速、固定流沙）、保持水土（防止、减少水土流失）和涵养水源（调节、改善水源流量和水质）而营建的防护林。防护功能受到防护林树种生物、生态学特性和林分密度、郁闭度、分层疏透度等林分结构特征的影响。因此，为使现有防护林处于最佳防护状态，应对偏离最佳结构状态的林分进行合理的人为调控；同时，为实现防护林体系整体效益的最大化，还需对防护林体系结构进行优化（宋立宁等，2009；朱教君，2013）。

1）防风固沙林结构优化

防风固沙林多营建于干旱、半干旱的沙地环境中，水分条件是限制植被生长和存活的最重要因子，因此，水分决定了防风固沙林生态系统的生产力水平及其稳定性（Zhu et al.，2006；Song et al.，2015）。林分密度作为维持群落结构稳定性的重要因素之一，既是营林工作中能够有效控制的因子，也是形成合理空间结构的基础依据，是防风固沙林结构调整的主体。如，半干旱区沙地人工樟子松固沙林因水量失衡而出现衰退现象（Zheng et al.，2012；朱教君，2013；宋立宁等，2017），因此，在樟子松固沙林经营管理过程中，应以土壤水分承载力为依据，合理调控林分密度（注：土壤水分承载力是指在较长时期内，当植物根系可吸收和利用土层范围内土壤水分消耗量不超过土壤水分补给量时，所能维持特定植物群落健康生长的最大密度）。宋立宁等（2017）基于水量平衡原理，提出了不同区域和不同年龄沙地樟子松固沙林造林密度表；在经营过程中，应根据这种合理密度动态变化规律适时进行抚育间伐，调整林分密度。此外，在林分密度调控过程中，除了关注地上部分结构或功能外，有必要同时考虑林木地下根系竞争过程；因为地下根系生长过程与地上树冠明显不同，随林分密度增加，根冠体积比（粗根所占体积与林冠体积之比）呈增加趋势，表明地下根系竞争程度远超地上林冠。因此，在防护林经营过程中，应考虑林木地下部分及其与地上部分的耦合关系，从而实现防护林的精准经营。

2）水土保持林/水源涵养林结构优化

水土保持林种类多且防护目标不尽相同，但每类水土保持林的防护效应具有相同的防护特性：林冠通过阻止降水直接冲击地表层，从而减少林下径流量及径流速度，使侵蚀强度降低，达到保持水土的目的。同时，林下地被层可防止林内降水直接击溅地面，增强土壤抗蚀能力，枯枝落叶吸收降水并分散、过滤地表径流，起到涵养水源的作用。另外，水土保持林以其深长而放射型的根系，在相当大的范围内固持土体，起到固土保土作用（朱教君和姜凤岐，1996）。因此，水土保持林防护效应的发挥主要取决于林冠的郁闭程度和水土保持林总体生物量（朱教君和姜凤岐，1996）。

总结以往的研究结果发现，不同类型的水土保持林中，郁闭度在 0.6～0.8、林下灌草覆盖度较高、土壤凋落物厚度较厚、林木空间结构良好的天然异龄混交林往往具有最佳的防护效应（孟楚等，2017）。如，东北黑土区落叶松-蒙古栎混交林的保持水土效应优于落叶松人工林（孙立达和朱金兆，1995）；潮河源头油松-山杏混交林和侧柏-山杏混交林的水源涵养效益最高，油松林和侧柏林次之，撂荒地最差（尹钊等，2021）；相比于油松林和刺槐林，通过自然恢复形成的次生林，可以显著提高晋西黄土区的土壤养分，增强土壤的保水保肥性能（田宁宁等，2015）；此外，次生林主要消耗表层土壤水分，油松林和刺槐林会更多地消耗 70cm 以下深层土层的水分，侧柏林的土壤蓄水量及渗透深度均大于油松林。因此，从可持续和林分水量平衡的角度出发，在半干旱地区恢复水土保持植被时，在遵循适地适树原则的前提下，尽量调整树种组成结构，选择耗水量较小的树种进行造林。

在经营过程中，应参考透光分层疏透度（OSP）和林冠持水指数（CII）等林冠结构参数，通过抚育间伐、冠下更新等技术，重点调控林分郁闭度，诱导单层同龄纯林向复层异龄混交林发展，使林冠既能有效地降低降水的冲击，又能使林下植被层得到良好发育（朱教君等，2004；朱教君，2013；Yu et al.，2020）。朱教君等（2003）研究表明通过开窗补阔、生态疏伐和带状改造技术对低效人工林进行结构优化，在中龄马尾松纯林开展生态疏伐，强度以中度疏伐为宜，有利于适宜灌草覆盖度的形成和天然更新；柏木纯林带状改造的采伐带宽度以 6m 或 8m 为宜。

3）片状防护林空间格局优化

空间格局可视为防护林体系的空间结构，片状防护林体系的空间布局（或结构）主要受树种组成、林分布局、片状混交程度等影响（朱教君，2013；朱教君等，2016）。从景观水平来看，景观稳定性受景观异质性影响，高异质性景观能有效抵抗干扰的发生、传播和蔓延。目前，无论防风固沙林还是水土保持林，大面积营造人工纯林在景观上均存在很多问题，如破坏了原有的生态环境，加剧了景观向同质性方向发展，减弱了生态系统的抗干扰能力，不利于防护林的长期稳定等。因此，大面积经营培育片状防护林应遵循异质性原则、镶嵌性原则和共生优化原则。

通过不同斑块间的合理布局，优化生态系统的整体功能。如，将不同树种的块状纯林组合起来以发挥一定的混交林作用，通过选择、优化针-阔、阔-阔等各种林分类型，确定合适的混交镶嵌模式、树种及其针阔比例，充分利用人工林生态系统交界处的边缘效应，相互协调促进以改善林区生境，既保证了从宏观上形成混交格局，增加物种多样性和群落稳定性，又可在微观上减少树种空间配置和栽培管理的复杂性，缓和了树种间的矛盾。防风固沙林的营建需采用混交模式（行间混交、株间混交、块状混交），以充分利用沙区现有资源，发挥固沙林的功能。一般采用乔、灌、草搭配混交，既可充分发挥乔木的防风效能、灌、草的固沙效能，同时也能提高水土资源利用率。由于风沙前沿区受风蚀严重、水分条件差，所以此处混交林应以灌木为主，乔木为辅并且稀植；沙丘迎风坡应栽植灌、草，而在背风坡、丘间地栽植耐沙埋乔木，以"前挡后拉"模式提高防护效能（厉静文等，2019）。水土保持林应营建于流域上游，以提高水资源的下渗蓄水作用，减少降水径流量，缓解中、下游地区的径流，从而降低洪峰流量（黄琳娜，2018）。

在人工林区域内保留一定面积的乡土种类的森林、农田、草地等，形成景观结构合理的镶嵌体，以维持人工林内生境多样性。比如，针对目前林分衰退、水土保持效果欠佳的油松人工林进行林分结构调整，通过廊道式、斑块式皆伐后在采伐迹地或林缘栽植阔叶树以营造出混交林，之后再对可利用的生态位进行组装，推广农林牧复合模式；林木生长初期时在河滩地、丘陵缓坡地和经济林园等位置进行农作物、中药材、牧草等栽植。复合经营模式下的树种、农作物、草等，应合理搭配，充分发挥各自的生长特性，从而充分发挥防护林体系的生态效益和经济效益。

7.3 防护林更新

7.3.1 带状林景观更新

林带内的树木生长达到自然成熟年龄时，生长速度减退，并逐渐出现枯梢、病虫害等问题。随着组成林带的树木进入防护成熟后期，林带的结构偏离最佳结构状态，防护效应降低。为保证林带防护效应持续不间断，需要对林带和林带组成的林网进行更新。为防止因采伐更新导致农田突然失去防护，造成生态环境剧变和作物减产，应从农田防护林网的整体考虑，按一定的顺序，在时间和空间上合理安排林带逐步更新。

农田防护林体系作为区域景观系统的一个组成单元，在区域中起着调节物质交换和能量流动过程的作用。景观尺度上的农田防护林体系更新，是对区域整体格局进行调节的过程，因此，农田防护林体系景观更新应重点考虑以下几方面。

7.3.1.1 基于林网景观连接度的防护功能动态维持更新方案

农田防护林体系在景观尺度上发挥区域防护效应，依赖于组成林网的林带保持一定数量，并且林网景观结构保持一定的景观连接度水平。因此，更新时应充分考虑在林网更新期间不发生太大的波动。①根据当地自然条件和生产活动特点，在保障该区域农业稳定生产的前提下，确定该区域所需的农田防护林景观连接度的最小值；在整个更新过程中，保证林网的景观连接度始终不低于最小值，即可确保林网能动态维持区域防护功能。②根据林网景观连接度最小值，可计算出该区域农田防护林可更新林带数量占现有总林带数量的最大比例；基于此，完成林网子结构组分划分及其重要性排序，明确现有林网潜在防护功能的空间分布情况。对于各林网子结构组分，根据其对维持林网景观连接度的贡献率，计算出可以进行更新林带的数量。结合该林网子结构组分内林带的实际情况，确定需要更新的林带数量。③根据各林网子结构组分的可以更新林带数量和需要更新林带数量，制订局部更新方案。

7.3.1.2 农田防护林体系的可持续经营

农田防护林体系的可持续经营是指通过一定的培育措施，使一定时空尺度上的林网体系具备在时空布局上的合理性、林分的多样性和稳定性、生态服务功能的持续性等特征，从而使整个农田防护林体系持续地发挥防护功能。实现农田防护林的可持续经营必须在宏观上采取统筹的经营措施，首先，在时间和空间上对林网有一个合理的布局；然后，针对每一条林带进行经营，使林带、林网的防护效应最大限度处于最佳状态（范志平等，2003）。

农田防护林的防护功能受制于林网体系的时空状态（由农田防护林空间布局、结构类型、年龄分布、防护成熟、更新状况等基本因素组成）。根据已有研究成果，将时空状态要素与单条林带的防护状态建立相关关系，从而确定以整个林网的防护状态为目标函数的农田防护林可持续经营模型。基于该模型，以林网为经营对象，通过分析经营尺度、更新能力、林带更新龄、更新方式等林网时空结构状态要素，建立林网体系功能目标与时空结构状态之间的定量关系。通过分析整个林网的结构动态过程，以及每个经营阶段中林带的年龄结构和空间分布状态转移序列，确定更新林带的空间位置和数量，最终提出最优的林网结构配置形式和经营方向。

7.3.1.3 “山水林田湖草沙”的区域系统治理理念

景观格局决定了景观各要素之间物质交换与能量流动的频率和强度，因此，决定了景观整体生态效应的发挥。以“山水林田湖草沙”为主要元素的区域景观系统是一个生命共同体。不同的要素既有各自内在的结构、功能和变化规律，又与其他要素相互耦合、相互影响。为实现区域景观系统的生态效应最大化、协调各个组成要素，需要立足于区域整体，明确对“山水林田湖草沙”每个生态要素在结构、过程和功能方面的相互影响机制，将治山、治水、治林、治田、治湖、治草、治沙等各项治理措施统筹起来（傅伯杰等，2017）。

根据区域生态学原理，按照发挥和需求生态功能的差异，将景观系统中的各个生态要素划分为生态功能供体（即林地、草地、水体等）、生态功能受体（农田、人居用地），以及作为两者间廊道、发挥调节生态过程频率和强度作用的农田防护林体系。区域景观系统的功能协调发挥，依赖于合理的生态要素数量和空间配置。而农田防护林体系作为景观系统中唯一人为可控的景观要素，其构建和经营正是实现其防护功能的关键。

在实际应用时，需要将整个区域视为一个景观系统，明确“山水林田湖草沙”各要素以及各要素之间协同发挥的气候调节、水土保持、土壤保护等效应的机制，在此基础上，通过调整农田防护林的布局，对林地、草地、水体等生态功能供体要素的数量和空间格局进行调配，构建以人居环境、生产环境、土地资源为主要目的的生态屏障带，从而实现区域生态系统高效、协调、可持续地发挥生态效应。

7.3.2 片状林林窗更新

林窗（gap，亦称为林冠空隙或林隙）是森林生态系统最重要的小尺度干扰类型之一，是森林演替的主要驱动力（de Römer et al.，2007；Weber et al.，2014）。林窗是森林群落中冠层树木死亡形成的林间空隙（Watt，1947），是森林循环（forest cycle）最重要的阶段（臧润国和徐化成，1998）。本节重点介绍森林循环理论、林窗分区假说（gap partitioning hypothesis，GPH）及其与林窗更新的关系。

7.3.2.1 森林循环理论

森林循环理论亦称林窗动态理论（forest cycle theory or gap dynamics theory）。Sernander（1936）在调查瑞典欧洲云杉林时发现，冠层树木死亡后产生的空隙将被更新层的树木填充，这一现象发生在整个森林生态系统并不断重复。Watt（1947）对 7 种植物群落的发展格局和过程进行系统研究，证实了这一现象发生的普遍性；并认为森林由不同发展阶段的斑块（mosaic）共同组成，这为森林循环理论的形成奠定了基础。森林循环理论将森林中的斑块划分为三个阶段（Whitmore，1989；臧润国和徐化成，1998；Yamamoto，2000）：林窗阶段（gap phase）、建立阶段（building phase）和成熟阶段（mature phase）。这三个阶段共同存在于森林生态系统之中，并不断发展变换，形成了森林的动态过程，而林窗是这一过程的驱动力。森林循环三个阶段的划分，反映了树木占据林窗的连续变化过程，也为描述树种分类与组成提供了依据（Whitmore，1989）。根据个体生态学原理，树木对光照的需求可划分为顶极树种（the climax class）和先锋树种（the pioneer class）：顶极树种的种子能够在林下萌发，幼苗、幼树可在遮阴条件下定植、存活数年；与此相反，先锋树种的整个发育过程均需要在林窗等光照充足的条件下完成。两类树种的个体生态学差异，在一定程度决定了森林演替过程。当大林窗在下一个森林循环周期由小林窗替代时，先锋树种的优势地位很有可能被顶极树种取代；如果森林始终由小林窗主导，顶极树种则一直占据更新优势。森林循环不仅是生态学的基础理论［生态位分化（niche partitioning）、树种适应］，也是森林保护与恢复、人工诱导天然更新等经营实践的重要参考（Yamamoto，2000）。

7.3.2.2 林窗分区假说

林窗的形成改变了林分结构，进而改变生境，为种子萌发（Yan et al.，2010）、幼苗定植（Rodríguez-Calcerrada et al.，2010）、幼树生长（Cooper et al.，2014）提供了机会。关于林窗更新，已有多个假说（Obiri and Lawes，2004）；其中，林窗分区假说指出，林窗创造了从林窗中心到密闭林分的资源梯度差异，具有不同生长策略的树种，将根据其资源需求在林窗内不同位置定植、生长（Denslow，1980）。与林窗分区假说相反的观点认为，天然林窗的随机形成导致了不确定的林窗填充过程，最终往往是偶然的占领者而非最适的树种更新成功（Brokaw and Busing，2000）。如，即使是在大林窗中，林窗形成前就存在的耐阴树种，在森林演替后期竞争胜出到达冠层（Webster and Lorimer，2005）。此外，种子传播（Dalling et al.，1998）、土壤种子库动态（Yan et al.，2010）、有蹄类动物捕食（Sabo et al.，2019）、草本植物竞争（Vandenberghe et al.，2006）同样影响林窗内树种组成与分布。

以往研究多基于对天然林窗更新的监测研究，试验过程受到诸多因素影响，较难观测到明显的区划现象（Sipe and Bazzaz，1994）；多数研究仅根据植被的单一或少数特征对该假说进行检验（Coates，2002；Powers et al.，2008）。Coates（2002）发现，当林窗面积小于 300m^2 时，林窗内不同位置的更新状况并无差异；当林窗面积增大时（300～5000m^2），无论耐阴性如何，植被更新密度均随光照强度的增强而降低。而 van Couwenberghe 等（2010）通过对 8 种欧洲温带阔叶树种天然更新的调查，发现树种在林窗内的更新存在明显的分区现象，并指出这种更新差异可能受到森林类型、土壤 pH 等因素的影响。Sipe 和 Bazzaz（1994，1995）排除了多种天然因素的干扰，利用栽植的方式对三种槭树在人工林窗内的更新状况进行研究，从存活、生长、枝叶形态结构和光合等多个角度，评估了幼苗在林窗内南-北样带的差异，发现部分指标（如光合能力）可以反映幼苗的分布差异。Lu 等（2018，2021）通过系统性控制试验，对中国东北次生林不同大小林窗胡桃楸和云杉幼苗的更新状况进行研究，发现阳性树种胡桃楸在大林窗内表现出明显的沿林窗中心-林窗边缘-林下梯度更新变化的趋势，而耐阴树种云杉在不同大小林窗、林窗内不同位置的更新并无明显差异；研究结果证实了林窗分区假说在解释阳性树种更新格局的有效性（Lu et al.，2018b，2021）。

7.4 防护林衰退

7.4.1 防护林衰退及其原因

7.4.1.1 防护林衰退概念

早在 20 世纪 60 年代，Sinclair（1965）基于欧洲和北美的林木衰退，提出了森林衰退的多因素致病理论；Manion（1991）提出了森林衰退病（forest decline）概念。两者均认为，森林衰退病是由若干可交替并有顺序的非生物和生物因子的相互作用而引起的，且呈现出渐进的全体退化过程，最终导致林木死亡的一类病害。亦有研究认为，森林衰退是指同一立地的许多树木明显丧失活力，如常绿树种的大部分叶片凋落，而落叶树种则在非落叶季节落叶，进而出现顶梢枯死、树冠叶片凋落，直至死亡（肖辉林，1994）。朱教君和刘世荣（2007）认为，森林衰退可以归纳为：森林在生长发育过程中出现的生理机能下降、生长发育滞缓或死亡、生产力降低以及地力衰退等状态。可见，森林衰退具有复杂的无序性，它起源于多种胁迫对林分的作用，表现为林木生长力下降甚至死亡。

防护林（生态公益林）作为森林生态系统的重要组成部分，其衰退与森林衰退相似；但是，防护林具有明确的生态公益（防护）目标，其衰退的最终表现是防护效能的下降。因此，防护林衰退的概念可归纳为：防护林在生长发育过程中，出现的生理机能下降，因生产力、地力衰退、林分结构不合理等导致防护效能下降的状态（宋立宁等，2009）。防护林衰退是多种因素综合作用的结果，具体表现为林木生长量下降、叶片变黄或脱落、顶梢枯死或死亡，树体矮小、呈现“小老树”，林分结构简单、天然更新困难、稳定性降低以及所有导致防护效能降低的现象，衰退是一个长期渐变的过程，可能持续较长时间（宋立宁等，2009）。

7.4.1.2　防护林衰退现状

20多年来（2000年至今），防护林衰退现象不断出现，表现为林木生长不良，病虫害发生，林木受损严重，形成大面积的低质、低价林分。三北工程建设40年评估结果表明，三北防护林衰退严重，风险达50%（朱教君和郑晓，2019）。

北方早期营造的单一树种的杨树防护林，病虫害大面积暴发，形成大量的低价林、死亡林，如河北张家口坝上10.2万hm^2杨树防护林79.5%出现衰退（高俊峰等，2016）。自20世纪90年代初，位于辽宁省彰武县章古台地区最早引种的樟子松固沙林，出现了典型的防护林衰退现象；之后，陕、晋、黑、吉等省相继出现类似情况。据调查，辽宁省3.83万hm^2人工樟子松固沙林中有2.50万hm^2发生衰退（吴祥云等，2004）；科尔沁沙地现存的2万hm^2樟子松固沙林中近40%处于衰退状态（朱教君和郑晓，2019）；内蒙古通辽市68.7万hm^2杨树固沙林中有30%发生衰退。另外，山西省以水土保持林为主的防护林也出现不同程度的衰退现象，衰退面积达45万hm^2，占全省防护林总面积的12.4%（朱教君和郑晓，2019）。

沿海防护林也出现了林木衰退现象。20世纪80年代以来，山东省日照市沿海黑松防护林80%林木生长衰弱，严重者濒临死亡，降低了海防林的防护效能（方丽等，2001）；山东省威海市环翠区沿海防护林有37.4%出现衰退现象。另外，沿海木麻黄防护林中也出现了林分衰老、生长衰弱、更新困难、病虫害严重等问题（肖胜生等，2007）。在长江中上游地区广为分布的马尾松水土保持林出现林分结构差、生态系统组成成分下降、林下植被稀少、林分涵养水源、固持土壤能力下降等生态效能低劣问题（佘济云等，2002）。

总之，随着防护林工程建设步伐逐步加快，数量增多，规模加大，再加上全球变化导致的极端气候事件频发，防护林衰退现象正在加重，并呈扩大趋势。

7.4.1.3 防护林衰退原因

防护林健康与稳定是保障防护林功能高效发挥的前提，但是，由于种种原因，防护林在生长发育过程中出现衰退现象。一般认为：违背适地适树原则、缺乏科学有效的经营管理、频发的自然干扰、强烈的人为干扰等，是引起防护林衰退的主要原因（宋立宁等，2009；Zhu and Song，2021）。

1）违背适地适树原则

适地适树（生态适宜性）是造林工作的一项基本原则（沈国舫，2001），在造林过程中，如果违背了适地适树原则，很容易引起造林失败。目前，有相当一部分衰退防护林是由于造林地选择不当，或者树种选择不当，从而形成了大量的“小老树”林或“早衰”林分，影响了防护林整体效益的发挥（宋立宁等，2009；朱教君和郑晓，2019）。如，三北工程建设40年评估结果表明，在干旱、半干旱区防护林建设之初，未充分考虑水资源承载力的制约，即使考虑了水资源，也仅仅考虑降水单一要素，并未考虑全量水资源（地下水、地表水、土壤水），没有实质性做到“适地适树”。确定造林密度主要依据树木林冠生长发育特征，缺乏对根系分布特征的考虑，导致造林密度偏高、水量失衡，树木生长受到影响且易导致病虫害发生，从而形成大量衰退林分（朱教君和郑晓，2019）。

另外，造林树种选择没有充分考虑到地带性顶极植被规律，所选防护林造林树种不能适应当地的气候条件，很容易造成林木生长不良或死亡（姜凤岐等，2003；Song et al.，2018a），从而导致防护效应得不到正常发挥。在黄土高原，林、草植被建设一直存在重乔轻灌、草问题，特别在森林草原地带和草原地带，营造大面积乔木林，违背了植被地带性分布规律，导致大面积人工林成为“小老树”林（陈云明等，2002）。朱教君等（2005a）通过对沙地人工樟子松固沙林生态、生物适宜性、水分生态、养分循环以及林木外生菌根等方面研究认为，引起辽宁省彰武县章古台地区的樟子松固沙林衰退的最主要原因是引种区的生态、生物环境与原产区差异巨大，樟子松在人工林引种区生长迅速，生命周期缩短、成熟期提前、呈现一种“早衰”现象。如樟子松原产地的极端最低气温、日最低气温低于0℃的天数分别比引种区低19.9℃，多58.3天。姜凤岐等（2007）认为，将油松人工林作为普遍的恢复模式应用于辽西退化严重的立地，是导致油松林衰退的根本原因。肖胜生等（2007）认为，沿海出现木麻黄防护林的衰退，主要是没有对品种和种源进行适应性测定，木麻黄某些遗传型不适应造林地区的立地环境和气候条件，长期生长不良，最后由于使心材变褐的次生病原菌侵入而导致林木死亡。

造林地（立地条件）为林木生存和生长发育提供包括水分、养分、光照、温度以及固着根系的作用。如果造林地选择不当，造林树种不能适应造林地的立地条件，随着林木生长，很容易表现出衰退症状（朱教君，2013）；如黄土高原出现的“小老树”水土保持林。侯庆春等（1991）研究认为，土壤水分亏缺、土壤肥力不足和不平衡是黄土高原“小老树”形成的重要因素，即立地条件影响了土壤水分利用，进而影响了树木生长。张建军等（2007）在晋西黄土区水土保持林的研究表明，干旱年份人工刺槐林土壤根际区最低土壤含水量仅为8%～9%，接近凋萎湿度，使根际区形成季节性干化土层。而有些“小老树”林地土壤含水量并不是很低，与正常生长林分相当，但土壤肥力不足，有机质含量较正常生长林分林地低 11%～43%（Kabrick et al.，2008）。

2）缺乏科学有效的经营管理

防护林的经营管理目的就是使林分尽快达到防护成熟状态，并使成熟状态能够尽量长时间得以维持（姜凤岐等，2003）。如果造林后不及时进行抚育或者抚育过于粗放，导致幼树生长较差，极易形成衰退林分（姜凤岐等，2003；Zhu and Song，2021）。“三分造、七分管”“造林一时、经营一世”，均表明经营管理对人工林的重要性。

由于三北地区处于干旱、半干旱区，再加上缺乏有效的管护措施，形成了大量的低质、衰退林分。内蒙古兴和县营造杨树、榆树、柳树防护林，由于缺乏有效的管理或管理不到位，部分树木严重退化（李纯英等，1999）。山西省五台山的华北落叶松水土保持和水源涵养林，由于管理受粗放，较多林分出现生长衰退、保持水土与涵养水源等生态功能降低问题，形成大面积衰退林分（张光灿等，2007）。Oliva 和 Colinas（2007）报道，经营管理不当是引发西班牙比利牛斯山脉银杉林衰退的主要诱因。

防护林营造仅仅是防护林体系工程建设的开始，如果相应的经营管理措施跟不上，势必造成防护林的衰退。而衰退导致防护林的防护成熟期缩短、防护效应不能充分发挥，这在某种程度上是对有限林地资源的浪费（宋立宁等，2009；Zhu and Song，2021）。三北工程建设 40 年评估结果显示，现有农田防护林经营比例低于 30%、防风固沙林经营比例低于 22%、水源涵养林经营比例低于 12%、水土保持林经营比例约 3%（朱教君和郑晓，2019）。

3）频发的自然干扰

自然干扰，如干旱、极端温度、病虫害等，在森林动态变化中起着重要作用（Zhu and Song，2021），特别是以全球变暖为主要特征的全球变化，使对温度敏感的树木受到高温胁迫，进而形成水分胁迫，水、热相互作用，使地处干旱、半干旱区的防护林树木代谢失调，抑制生长、促进衰老、枯萎和落叶等（肖辉林，1994；朱建华等，2007）。另外，CO_2浓度升高引起的温度上升，以及在生长季干旱胁迫加剧，都不可避免地引起树木顶梢枯死、森林破碎化等衰退现象（刘国华和傅伯杰，2001；Duchesne et al.，2005）。

20 世纪 90 年代以来，黑龙江省东部山区，尤其是伊春林区谷地云冷杉水源涵养林成片死亡，表现出明显的衰退迹象。王庆贵（2005）研究表明，引起谷地云冷杉衰退的最直接原因是全球气候变化，温度的明显升高导致了大小兴安岭的多年冻土南界的北移，而原来的南界地区——伊春市带岭区的多年冻土已基本完全消融，从而导致了谷地云冷杉林的水分失调，春季过于干旱，而夏、秋两季湿度又过大。春、夏、秋季的土壤水分变化均导致了谷地云冷杉林的生长衰退。焦树仁等（2008）研究表明，辽宁西北部地区 1999～2002 年降水连续偏低，降水量为历年平均的 64.8%，在此干旱期间，防风固沙林出现大面积枯死等衰退现象。Zhu 等（2006，2008a）研究发现，干旱胁迫影响种子萌发是阻碍沙地人工樟子松固沙林天然更新的关键因子之一；另外，高温引起沙地樟子松林表层土壤中的外生菌根菌死亡，影响了樟子松固沙林的天然更新。Sun 等（2018）研究表明，气候变化引发的干旱，是导致河北坝上杨树防护林衰退的重要原因。在国外，1999～2000 年的严重干旱引发了美国阿肯色州欧扎克国家森林中的夏栎发生大面积衰退（Wang C Z et al.，2007）。因此，气候变化引起的干旱已成为防护林衰退的重要原因之一，退化森林生态系统的恢复和重建也面临严峻挑战。

4）强烈的人为干扰

随着人类对资源利用强度的不断加深，人为干扰成为影响森林生态系统稳定性的最重要外部因素。主要干扰形式包括：采伐、放牧、开垦、人为火灾等（Zhu and Song，2021）。人为干扰改变光照、温度、水分和养分等物理环境，进而改变森林生态系统的物种结构、生物多样性和稳定性（朱教君和刘世荣，2007）。

以滥垦、滥伐/滥樵、滥牧等“三滥”为代表的不合理土地利用活动，是引起三北防护林衰退的最主要人为干扰因素。四川西部地区由于过去的“超载”采伐，原始森林资源破坏相当严重，形成了大面积由次生落叶灌木和草本组成的低效林，水土流失严重，生态服务功能衰退；低效灌丛林已经占川西地区水土保持林/水源涵养林面积的 50%～60%（庞学勇等，2005）。山东省沿海黑松防护林由于农民缺乏营林技术，采用“拔大毛”的方式取材，使一部分防护林林相发生劣变，林分由被压木、残次木和天然更新的幼树取而代之形成低效林分（许景伟等，2008）。贵州乌江流域防护林由于过量砍伐、修枝、挖蔸作薪、林间开垦、铲草积肥、放牧、火烧等因素形成的低效林占 61.5%；鄂西南地区的常绿落叶阔叶水源涵养林/水土保持林，长期过度采伐利用导致该区域出现常绿阔叶混交林面积减少、破碎化程度高，群落结构简单、稳定性很差，森林生产力下降等衰退现象（汤景明等，2014）。

人为干扰对防护林的影响是长期的，随着人为干扰次数和强度的增加，防护林生态系统结构遭到破坏，引起功能降低甚至丧失，严重制约了防护林防护效应的发挥（宋立宁等，2009；Zhu and Song，2021）。

7.4.2　防护林衰退的水分机制——以防风固沙林为例

防风固沙林多分布在水资源短缺和极端气候事件频发的干旱、半干旱沙区，是防护林中衰退较为严重的林种；衰退的核心原因是水分胁迫、水量失衡（焦树仁，2001；朱教君等，2005b；Song et al.，2016a，2016b），因而，明确防风固沙林衰退的水分机制是关键。

樟子松，又称海拉尔松、蒙古松，为松科松亚科松属双维管束松亚属油松组；按区域分布、树干和冠形等特点分为山地樟子松和沙地樟子松（赵兴梁和李万英，1963）。山地樟子松林分布于俄罗斯西伯利亚和中国大兴安岭，沙地樟子松天然分布于大兴安岭西麓的呼伦贝尔沙地（图 7-8）。樟子松，特别是沙地樟子松，具有耐寒、耐旱、耐贫瘠、适生沙地和速生等优良特性；加之树干通直、材质良好，适生于沙地，又能起到防风固沙等作用（朱教君等，2005b）。在中国北方，尤其是干旱、半干旱的三北地区（沙区），樟子松已成为营造防风固沙林、农田/草牧场防护林的最重要常绿针叶树种（Zhu et al.，2008a）。

沙地樟子松引种用于防风固沙造林可追溯到 20 世纪 50 年代初。1952 年，辽西省人民政府在彰武县章古台镇（科尔沁沙地东南缘）建立了“辽宁省章古台固沙造林试验站”（后成为“辽宁省固沙造林研究所”，2018 年与“辽宁省风沙地改良利用研究所”合并，组建成立“辽宁省沙地治理与利用研究所”）。1953 年中国科学院林业土壤研究所（1987 年更名为中国科学院沈阳应用生态研究所）在章古台设立试验基地，开展固沙造林研究工作；1955

年春，研究团队从黑龙江省牡丹江市苗圃和带岭苗圃引种 2 年生樟子松苗（6508 株）和 1 年生樟子松苗（3889 株）到章古台大一间房西南 1.5 km 处的固定沙丘用于防风固沙造林。同年秋季，辽宁省章古台固沙造林试验站也进行了沙地樟子松引种试验，从而开创了沙地樟子松造林的先例（朱教君等，2005b）。引种试验初步成功后，逐渐在周边地区推广。1978 年三北工程启动以来，先后在辽宁、内蒙古、陕西、甘肃和新疆等 13 个省（自治区、直辖市）300 多个县引种栽培取得了成功，并在三北风沙区开始大规模引种栽植（图 7-8）。然而，自 20 世纪 80 年代末、90 年代初，最早引种的辽宁省彰武县章古台地区的沙地人工樟子松固沙林出现了叶枝变黄、生长势衰弱、病虫害发生的现象，继而全株死亡且不能更新的大面积衰退现象（图 7-9）。衰退主要发生在林龄超过 35 年的人工纯林；之后，陕西、山西、黑龙江、吉林等省份相继出现类似情况。而分布于呼伦贝尔的沙地樟子松天然纯林，却从未发生过衰退现象，其平均寿命超过 150 年，且天然更新良好。另外，1992 年，在中国科学院沈阳应用生态研究所大青沟沙地生实验站（42′58″N，122′21″E，距离章古台约 25km）营建了疏林草地樟子松则生长健康、从未出现衰退现象。

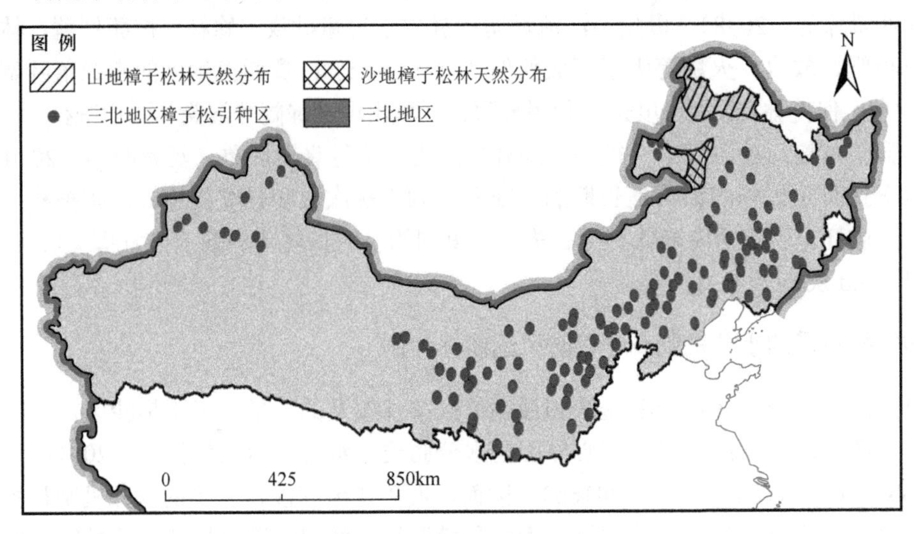

图 7-8　樟子松天然分布区和引种区

图 7-9　樟子松最早引种地区（章古台地区）樟子松固沙林衰退图像（见书后彩图）

本节以天然樟子松固沙林（中国科学院沈阳应用生态研究所呼伦贝尔沙地-天然沙地樟子松科研基地，简称红花尔基基地）、疏林草地樟子松林（中国科学院沈阳应用生态研究所大青沟沙地生态实验站，简称大青沟站）为参考，从个体、林分、区域尺度，探讨人工樟子松固沙林（辽宁省彰武县章古台地区，中国科学院沈阳应用生态研究所与辽宁省沙地治理与利用研究所共建的章古台试验基地，简称章古台基地）土壤水分胁迫、水源受限、蒸腾耗水、林分水量失衡等衰退的水分机制。研究区域如图 7-10 所示。

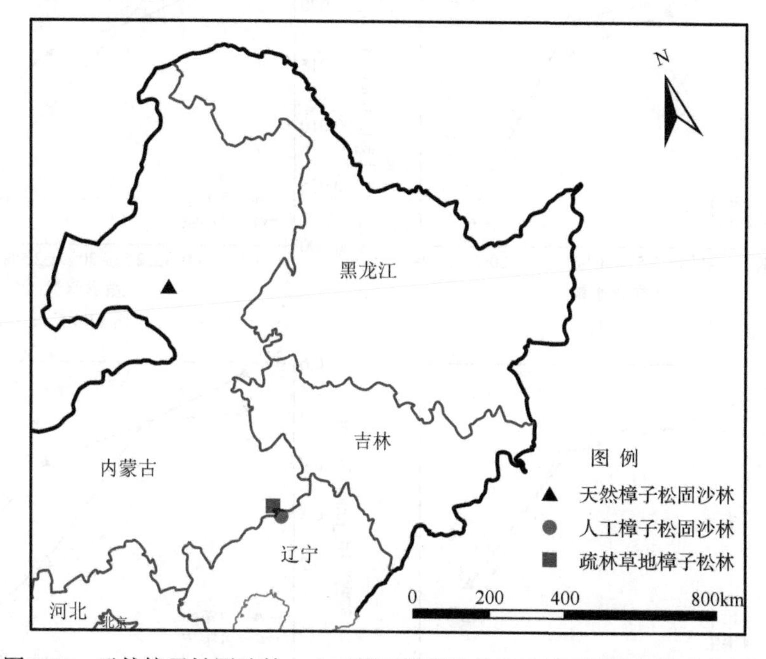

图 7-10　天然樟子松固沙林、人工樟子松固沙林和疏林草地樟子松林位置图

7.4.2.1　土壤水分胁迫机制

土壤含水量是影响树木存活、生长的关键，为明确人工樟子松固沙林衰退的土壤水分胁迫机制，朱教君等（2005a）于大青沟站和章古台基地开展了土壤含水量监测。首先，选择 2 年生和 4 年生樟子松幼苗，设置 4 个水平土壤含水量，每个水平重复 6 次进行水分胁迫试验。土壤含水量以田间持水量（17.5%）为参考，分别设置田间持水量的 40%±2.5%、30%±2.5%、20%±2.5%和对照样地。其次，于章古台基地选择不同年龄（13 年、23 年和 42 年）人工樟子松固沙林样地。利用 LI-6400P 便携式光合作用测定仪（USA，LI-COR），测定不同土壤含水量条件下苗木和不同年龄人工樟子松固沙林树木的光合速率、蒸腾速率、气孔导度和胞间 CO_2 浓度等指标。

在光合生理监测同时，于生长季 4～9 月，每月上旬和下旬利用时域反射仪（TDR，Trime-T3，Germany）测定了不同年龄、不同密度人工樟子松固沙林不同深度（0～100cm）土壤含水量。

1）土壤水分胁迫对樟子松幼苗光合生理特性影响

随着土壤干旱胁迫的增加，2 年生和 4 年生樟子松幼苗的光合速率逐渐下降。当土壤含水量大于30%田间持水量时，光合速率下降的幅度不大，而当土壤含水量小于30%田间持水量时，光合速率急剧下降［图7-11（a）］。这表明土壤含水量大于30%田间持水量时，对于樟子松幼苗尚未达到严重干旱胁迫水平。当土壤含水量降至20%田间持水量时，2年生和4年生幼苗的光合速率几乎接近0［图7-11（a）］。

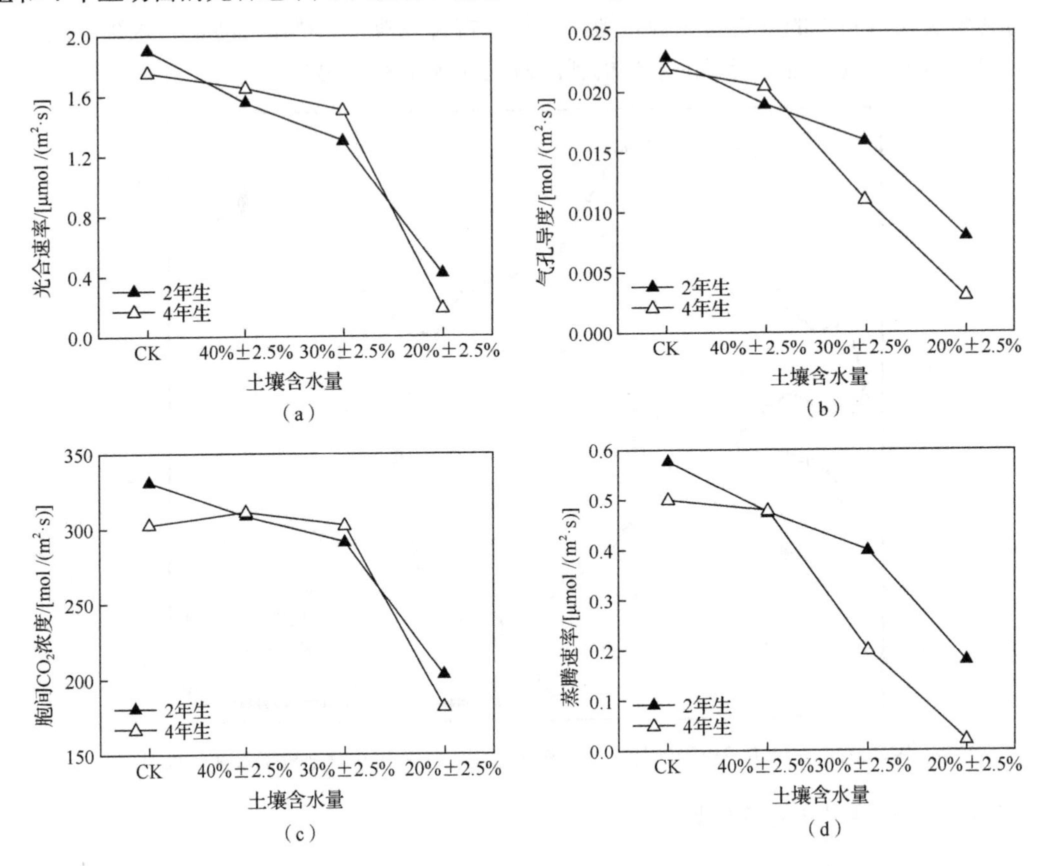

图7-11 2年和4年生樟子松幼苗的光合生理特性对干旱胁迫的响应

气孔导度和胞间CO_2浓度随土壤含水量变化趋势与光合速率相似。如当土壤含水量下降为20%田间持水量时，气孔导度大幅度下降，下降幅度高达78.1%［图7-11（b）］；同样，胞间CO_2浓度随土壤水分胁迫程度增加亦呈下降趋势［图7-11（c）］，当土壤含水量为30%田间持水量以下时，胞间CO_2浓度下降速度加快。

干旱胁迫对蒸腾速率的影响呈现出与光合速率、气孔导度和胞间CO_2浓度相似的变化趋势，在土壤含水量为30%田间持水量以上时，蒸腾速率下降的幅度较小，之后蒸腾速率下降幅度较大［图7-11（d）］。

2）土壤水分对樟子松树木（成树）光合生理特性影响

除了5月的42年生沙地樟子松和7月、9月的23年生沙地樟子松针叶净光合速率日变化呈现单峰形曲线外，其他时期不同年龄樟子松针叶光合速率日变化平缓，基本呈逐渐下降趋势［图7-12（a）～（c）］；而不同年龄沙地樟子松的气孔导度日变化趋势呈现出逐渐下降趋势或为单峰型曲线（9 月 23 年生沙地樟子松）[图 7-12（d）～（f）]；在不同生长时期，不同年龄沙地樟子松的蒸腾速率日变化呈现出逐渐下降趋势或为单峰形曲线［图 7-12（g）～（i）]。

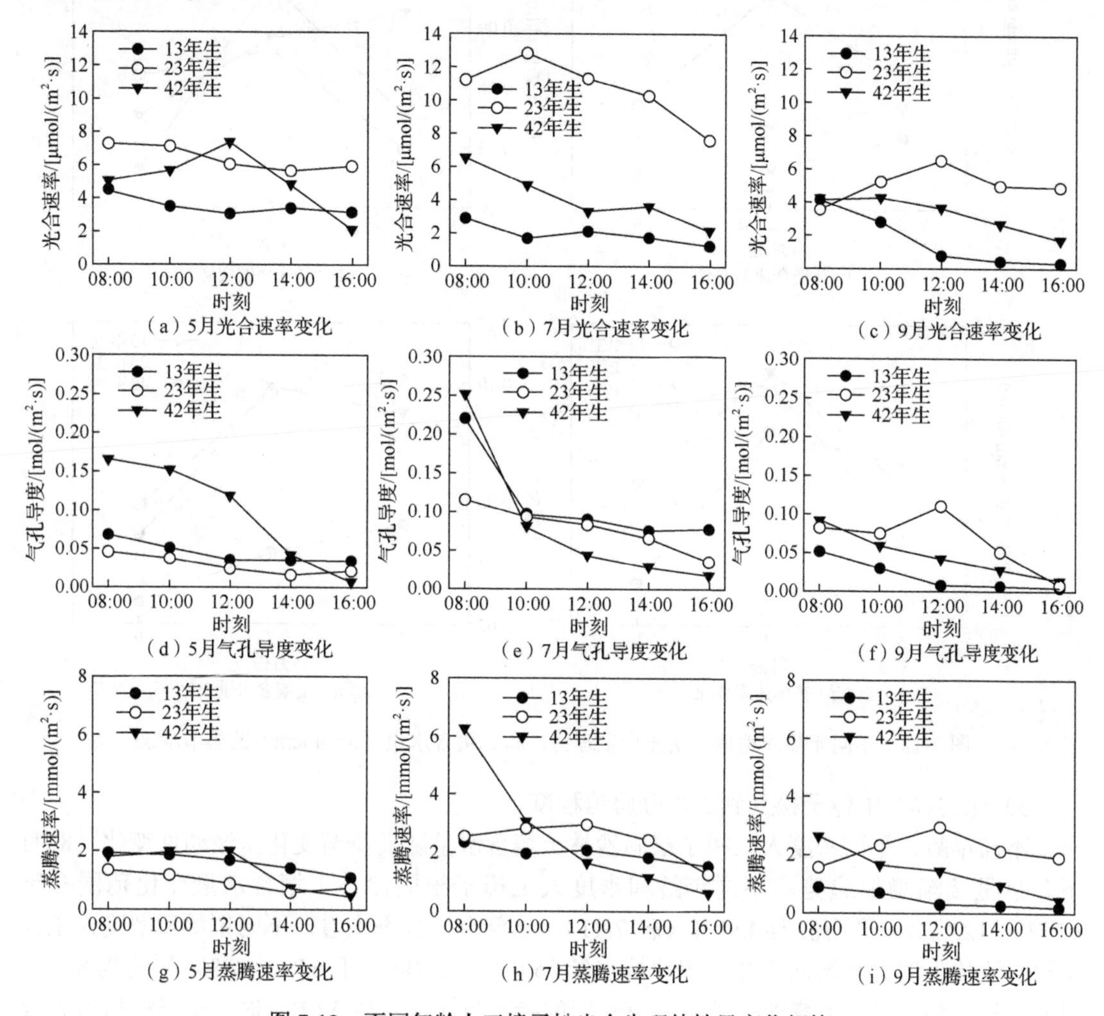

图 7-12　不同年龄人工樟子松光合生理特性日变化规律

13 年生樟子松净光合速率随着土壤含水量降低逐渐下降，而气孔导度和蒸腾速率随着土壤含水量下降呈先增加后降低趋势（图 7-13）；23 年和 42 年生樟子松净光合速率、气孔导度和蒸腾速率与土壤含水量变化趋势一致，即随着土壤含水量降低，光合生理指标显著降低（图 7-13）。上述结果表明，现实林分中不同林龄树木光合生理指标随土壤含水量变化与幼苗表现出相似趋势，即当土壤含水量小于 20%田间持水量，光合速率急剧下降，表明处于严重胁迫状态。

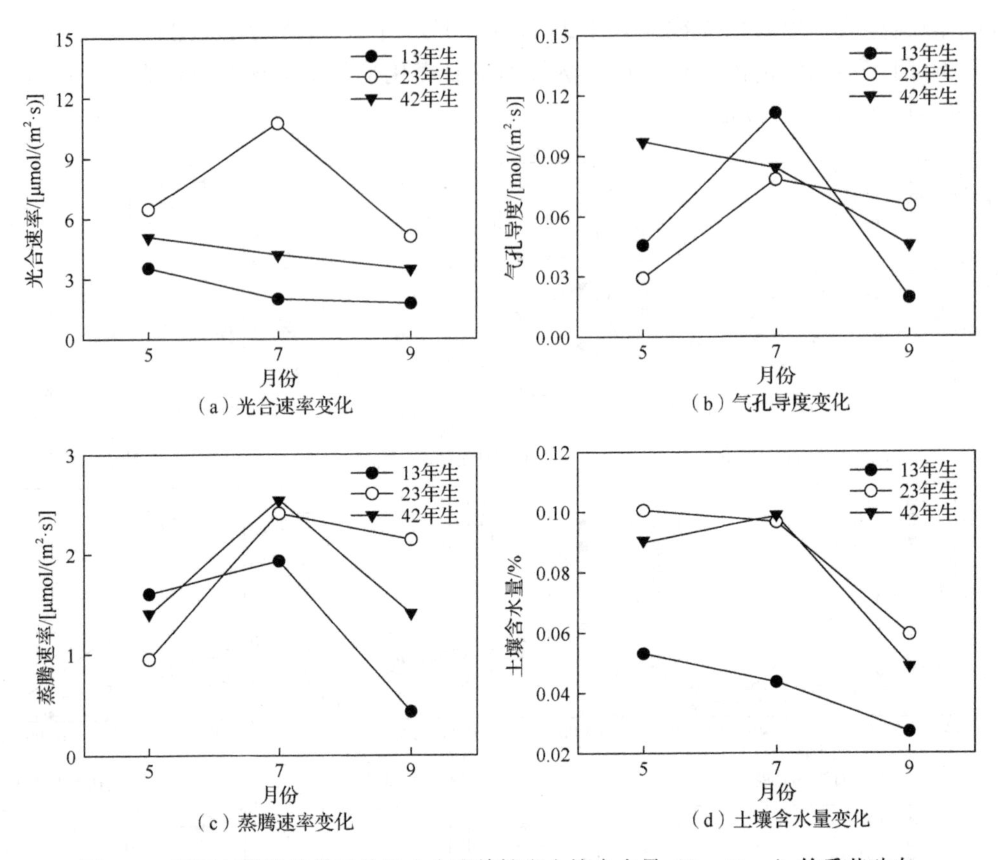

(a) 光合速率变化

(b) 气孔导度变化

(c) 蒸腾速率变化

(d) 土壤含水量变化

图 7-13 不同年龄沙地樟子松光合生理特性和土壤含水量（0～40cm）的季节动态

3）现实林分中樟子松受到的水分胁迫程度

不同年龄、不同密度人工樟子松固沙林土壤含水量随着季节变化呈波动性变化，8 月下旬后呈逐渐增加趋势。不同年龄和密度人工樟子松固沙林土壤含水量变化范围介于1.77%～12.45%，平均值为 4.90%（表 7-11）。从整个生长季来看，不同年龄和密度人工樟子松固沙林土壤含水量低于 20%田间持水量（5.6%）的时间介于 67%～83%；平均为 82.5%（加权平均值）。即当土壤含水量降至 20%田间持水量（含水量 5.6%）时，樟子松树木光合作用基本停止；而生长季土壤含水量低于此阈值的时间占 80%以上，即生长季 80%的时间树木均处于严重胁迫状态，土壤水难以满足林木生长或存活。

表 7-11 不同年龄和密度人工樟子松固沙林土壤含水量季节动态

参数/测定日期		样地									
		1	2	3	4	5	6	7	8	9	10
林分特征	林龄	60	10	50	40	40	40	40	40	22	22
	密度/（株/hm²）	300	575	300	1200	625	2000	275	575	400	522
	平均胸径/cm	21.6	7.6	17.7	14.7	18.4	12.8	26.4	16.4	15.1	14.6
	平均树高/m	10.2	3.1	8.4	10.1	11.4	10.7	12.1	8.8	5.6	5.7

续表

参数/测定日期		样地									
		1	2	3	4	5	6	7	8	9	10
土壤含水量/%	4 月 6 日	4.78	4.37	1.77	5.53	4.16	4.28	4.93	3.88	4.29	4.84
	4 月 26 日	4.82	4.62	3.97	4.93	4.55	4.23	4.72	4.3	3.99	4.6
	5 月 8 日	4.48	3.94	3.86	4.3	3.11	3.29	4.33	3.87	3.89	3.52
	5 月 21 日	5.08	3.65	4.1	5.15	4.63	4.41	5.57	5.03	4.09	4.83
	6 月 7 日	7.29	6.1	3.73	7.38	4.93	6.88	6.21	6.02	5.24	4.65
	6 月 22 日	5.05	4.12	4.29	5.23	2.8	5	4.64	4.56	3.72	2.78
	7 月 8 日	4.16	5.67	7.64	4.55	3.09	3.78	4.62	4.52	5.8	2.75
	7 月 23 日	2.06	2.52	4.84	3.76	2.34	2.85	3.48	3.44	3.45	2.08
	8 月 7 日	2.21	2.1	5.67	3.44	2.74	2.41	3.32	3.68	3.88	2.25
	8 月 28 日	4.97	4.78	3.48	5.61	3.49	3.38	4.83	5.72	5.31	3.95
	9 月 6 日	7.41	8.07	3.15	9.49	6.83	7.58	6.96	7.36	9.15	5.97
	9 月 22 日	10.39	9.01	5.09	10.87	10.84	9.14	9.75	10.37	12.45	8.77

7.4.2.2　水源受限机制

干旱、半干旱地区，降水稀少而蒸发旺盛，水资源匮乏；随着气候变化、气温升高，导致可供植物利用水资源逐渐减少（Leo et al.，2014），因此，植物通过根系吸收深层土壤水（地下水）或减少水分散失（降低叶片生长、关闭气孔）应对水分不足或水分胁迫（Wu et al.，2013；Su et al.，2014）。随着树木的生长发育，其水分利用来源将发生变化（Matzner et al.，2003）。与年龄较小树木相比，年龄较大的树木具有较深的根系，因而，在干旱环境下更易获取深层土壤水或地下水来避免或降低干旱的影响程度（Kerhoulas et al.，2013）。另外，在干旱、半干旱地区，多年生植物的根系具有二态性，能够根据水分可利用性选择吸收浅层土壤水或是深层土壤水（地下水）。如，根系二态性植物表层土壤的根系可以吸收来自生长季节降雨的水分，而深层根可以吸收来自上一年度冬天和春天降雨的深层土壤水。明确树木水分利用来源，可深入理解植物-水分关系，进而揭示防护林衰退的水分机制（Su et al.，2014）。

为了揭示人工樟子松固沙林（纯林）是否是由于水源发生变化而引发衰退，选择章古台基地人工林、红花尔基基地天然林、大青沟站疏林草地进行对比观测研究。樟子松水分利用来源监测于 2010～2014 年的生长季（4～10 月），每月对不同年龄、不同密度樟子松枝条木质部、不同深度土壤和地下水样品进行取样（表 7-12）。土壤和枝条样品用低温真空蒸馏法提取水分（Ehleringer et al.，2000），利用氢氧稳定同位素示踪技术（稳定同位素质谱仪：MAT-253，thermoelectron-finnigan 公司，美国）测定 δ^2H 和 δ^{18}O 值。同时，在每株样树树冠中部取足量针叶，烘干、粉碎后测定针叶 δ^{13}C 值。通过比较樟子松枝条木质部水中 δ^2H 和 δ^{18}O 值与不同深度土壤水和地下水中 δ^2H 和 δ^{18}O 值，结合 IsoSource 混合模型计算潜在水源对樟子松木质部水的贡献、土壤含水量和针叶 δ^{13}C 值，从而可以精准辨识疏林草地樟子松林、人工樟子松固沙林和天然樟子松固沙林的水分利用来源（Phillips and Gregg，2003；Song et al.，2016a）。

表 7-12 疏林草地樟子松林、人工樟子松固沙林和天然樟子松固沙林林分特征

森林类型	林分年龄 /a	林分密度 /（株/hm²）	平均胸径 /cm	平均树高 /m	叶面积指数 /（m²/m²）	监测时期
疏林草地樟子松林	18	104	10.6	4.8	0.10	2010～2011 年
人工樟子松固沙林	10	833	4.0	1.4	0.10	2012～2013 年
	22	667	7.6	4.5	0.31	
	32	1389	12.2	6.8	1.44	
	42	433	17.6	8.9	0.82	
天然樟子松固沙林	69	424	23.5	18.6	1.18	2012～2014 年

1）人工樟子松固沙林水分利用来源受限机制

（1）不同年龄人工樟子松固沙林土壤含水量和地下水季节动态。

不同年龄人工樟子松固沙林生长季地下水位介于 4.4～5.8m，平均为 5.1m（图 7-14）。2012 年地下水位显著浅于 2013 年；10 年生林地地下水位显著浅于 32 年生林地，而 32 年生林地地下水位显著浅于 22 年生和 42 年生林地；9 月地下水位显著浅于 7 月，而 7 月地下水位显著浅于 5 月（p<0.05，图 7-14）。

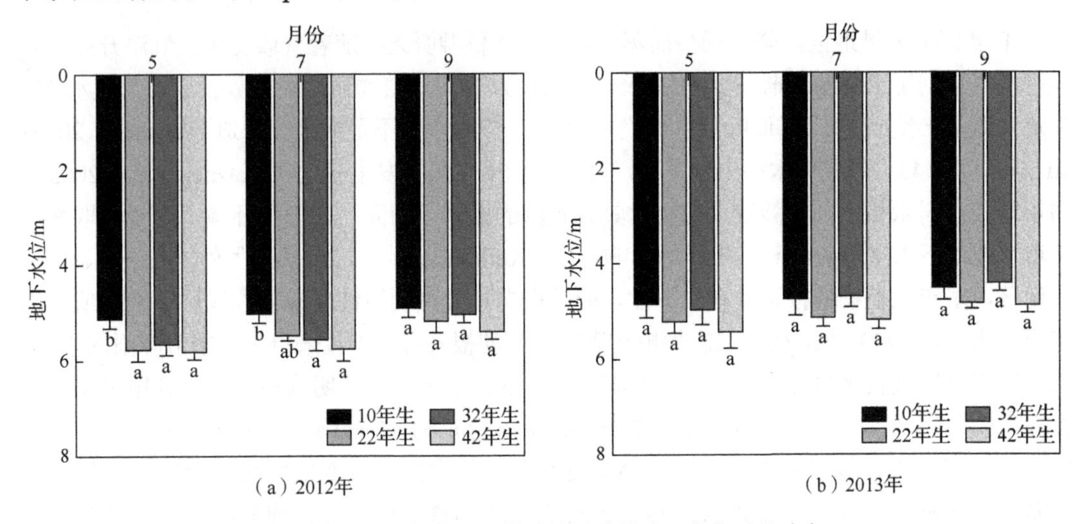

图 7-14 不同年龄人工樟子松固沙林地下水位季节动态

不同年龄人工樟子松固沙林土壤含水量介于 2.2%～8.7%，平均为 5.4%（图 7-15）。2012 年土壤含水量显著高于 2013 年；22 年生林地土壤含水量显著低于其他林龄（p<0.05）；7 月土壤含水量显著高于 9 月，9 月土壤含水量显著高于 5 月（图 7-15）。

（2）不同年龄人工樟子松固沙林针叶 δ^{13}C 值季节动态。

不同年龄樟子松固沙林针叶 δ^{13}C 值介于−28.53‰～−25.29‰，平均为−27.00‰（图 7-16）。2012 年针叶 δ^{13}C 显著低于 2013 年；10 年生林分樟子松针叶 δ^{13}C 值显著低于 32 年生林分，而 32 年生林分樟子松针叶 δ^{13}C 值显著低于 22 年生和 42 年生林分；5 月针叶 δ^{13}C 值显著高于 7 月，而 7 月针叶 δ^{13}C 值显著高于 9 月（p<0.05，图 7-16）。

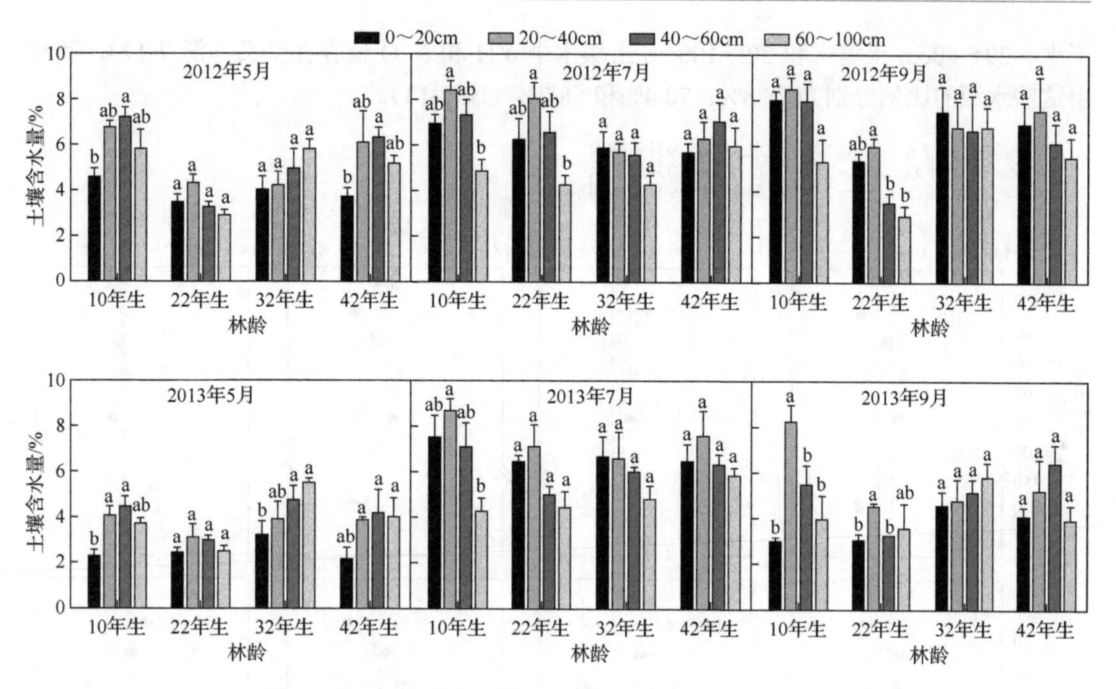

图 7-15　不同年龄人工樟子松固沙林土壤含水量季节动态

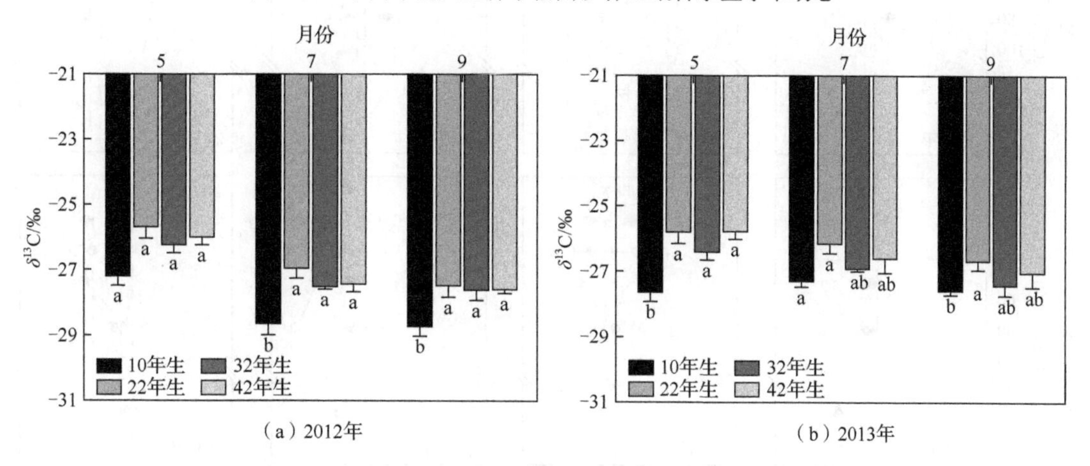

（a）2012年　　（b）2013年

图 7-16　不同年龄人工樟子松固沙林针叶 δ^{13}C 值季节动态

（3）不同年龄人工樟子松固沙林水分利用来源季节动态。

2012 生长季，10 年生和 22 年生樟子松枝条木质部水中 δ^2H 和 δ^{18}O 值都分别与 20～60cm 土壤水、0～60cm 土壤水和 20～100cm 土壤水中 δ^2H 和 δ^{18}O 值存在交叉（图 7-17）；10 年生和 22 年生樟子松利用 20～60cm、0～60cm 和 20～100cm 土壤水的比例分别为 68.9%、73.6%、90.1%和 78.5%、77.7%、73.7%（表 7-13）。32 年生樟子松枝条木质部水中 δ^2H 和 δ^{18}O 值分别与 40～100cm 土壤水及地下水、0～60cm 土壤水和 20～100cm 土壤水中 δ^2H 和 δ^{18}O 值存在交叉（图 7-17），其利用这些水源的比例分别为 82.1%、88.5%和 83.9%（表 7-13）；而 42 年生樟子松枝条木质部水中 δ^2H 和 δ^{18}O 值分别与 40～100cm 土壤水及地

下水、20～60cm 土壤水和 20～100cm 土壤水中 δ^2H 和 $\delta^{18}O$ 值存在交叉（图 7-17），其利用这些水源的比例分别为 78.8%、70.4%和 68.7%（表 7-13）。

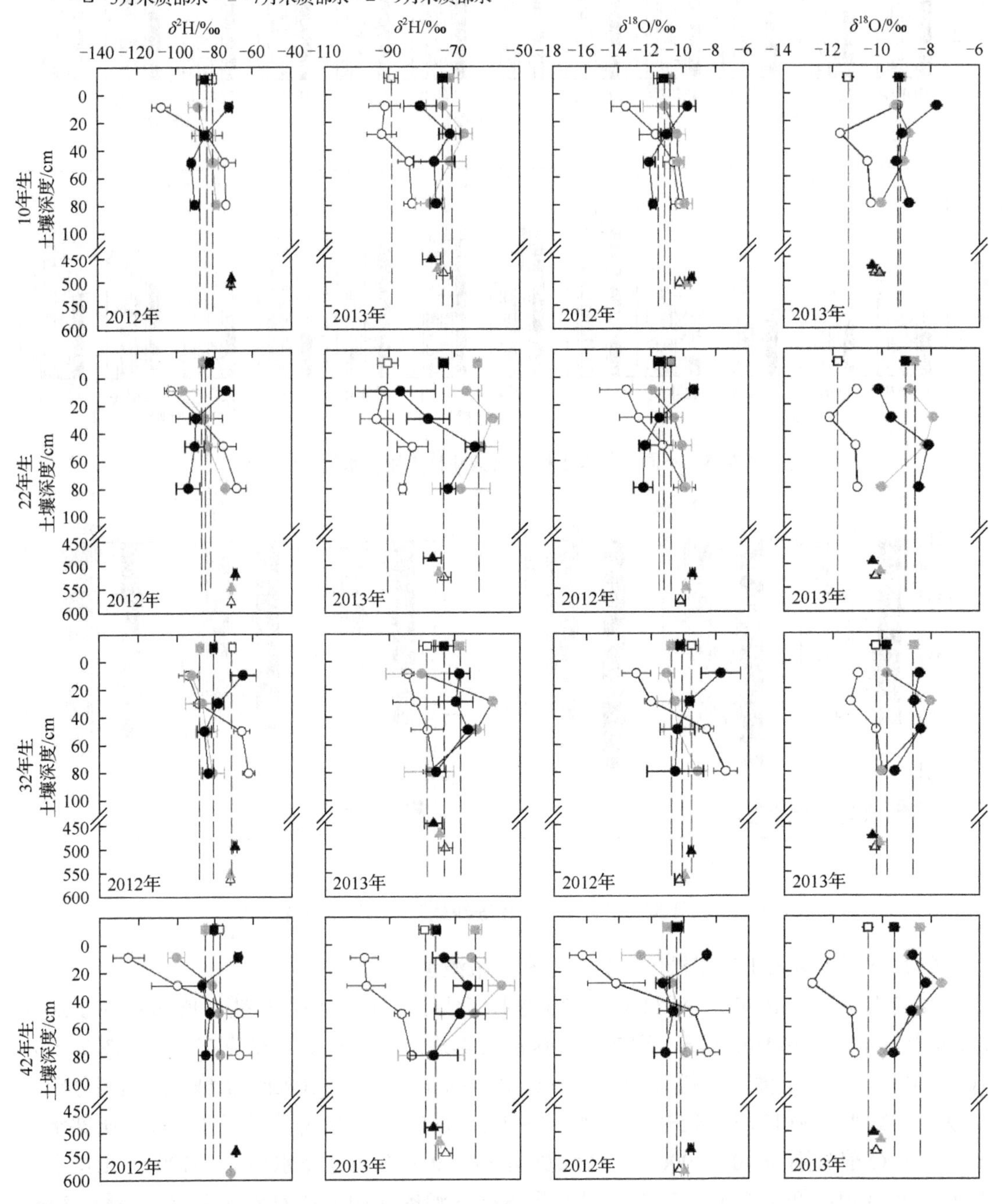

图 7-17　不同年龄人工樟子松固沙林木质部水、土壤水和地下水 δ^2H 和 $\delta^{18}O$ 值

表 7-13 不同潜在水源对不同年龄人工樟子松固沙林水分吸收的贡献比例

林龄/a	潜在水源	2012 年贡献比例/%			2013 年贡献比例/%		
		5月	7月	9月	5月	7月	9月
10	0～20cm 土壤水	6.7 (0～14)	65.6 (47～85)	11.8 (0～35)	5.6 (0～16)	17.2 (0～67)	4.1 (0～16)
	20～40cm 土壤水	51.9 (0～79)	12.8 (0～53)	25.2(0～100)	68.5 (57～85)	35.2 (0～61)	60.3(48～75)
	40～60cm 土壤水	17.0 (0～63)	11.7 (0～48)	26.0 (0～70)	10.9 (0～36)	26.6 (0～50)	12.8 (0～47)
	60～100cm 土壤水	11.9 (0～45)	6.0 (0～26)	26.5 (0～76)	9.6 (0～28)	10.1 (0～41)	11.8 (0～47)
	地下水	12.5 (0～47)	3.9 (0～17)	10.5 (0～31)	5.4 (0～16)	10.9 (0～38)	11.0 (0～32)
22	0～20cm 土壤水	9.3 (0～31)	35.6 (8～56)	14.2 (0～38)	4.3 (0～15)	20.5(0～60)	12.0 (0～42)
	20～40cm 土壤水	51.6 (0～78)	23.5 (0～92)	22.2 (0～72)	66.1 (55～81)	48.3 (15～73)	19.1 (0～67)
	40～60cm 土壤水	22.0 (0～70)	19.4 (0～66)	25.4 (0～75)	14.2 (0～37)	13.5 (0～60)	26.3 (0～59)
	60～100cm 土壤水	8.6 (0～31)	11.4 (0～46)	26.1 (0～69)	7.4 (0～28)	5.2 (0～24)	29.6 (0～81)
	地下水	8.4 (0～32)	10.1 (0～40)	12.1 (0～31)	8.0 (0～19)	12.5 (0～28)	13.0 (0～41)
32	0～20cm 土壤水	8.0 (0～23)	49.9 (17～79)	4.7 (0～17)	6.7 (0～27)	34.9 (25～46)	4.4 (0～18)
	20～40cm 土壤水	9.9 (0～28)	22.4 (0～83)	15.4 (0～57)	6.0 (0～23)	23.4 (0～54)	5.1 (0～21)
	40～60cm 土壤水	24.0 (0～57)	16.2 (0～58)	25.7 (0～73)	18.3 (0～69)	39.4 (0～70)	3.0 (0～13)
	60～100cm 土壤水	34.2 (21～48)	5.2 (0～17)	42.8 (0～86)	24.3 (0～83)	1.5 (0～7)	34.1 (2～74)
	地下水	23.9 (0～73)	6.3 (0～22)	11.4 (0～31)	44.7 (14～70)	0.8 (0～4)	53.4(21～79)
42	0～20cm 土壤水	9.5 (0～17)	32.9 (19～46)	14.8 (0～37)	9.9 (0～26)	18.3 (0～71)	10.4 (0～33)
	20～40cm 土壤水	11.7 (0～31)	20.3 (0～81)	21.0 (0～62)	1.2 (0～5)	31.5 (1～63)	2.6 (0～10)
	40～60cm 土壤水	23.8 (0～83)	17.2 (0～68)	24.1 (0～82)	18.5 (0～48)	29.0 (0～99)	3.4 (0～13)
	60～100cm 土壤水	38.9 (0～72)	16.1 (0～59)	23.6 (0～69)	10.2 (0～42)	11.2 (0～38)	63.7(14～94)
	地下水	16.1 (0～59)	13.5 (0～54)	16.5 (0～40)	60.2 (45～75)	10.0 (0～38)	19.9 (0～53)

注：表中数据表示为平均值，括号内数据为贡献比例的范围（最小值～最大值）。

2013 年生长季，对于 10 年生樟子松枝条木质部水中 δ^2H 和 δ^{18}O 值，与 2012 年相似（图 7-17），利用 20～60cm、0～60cm 和 20～100cm 土壤层水源的比例分别为 79.4%、79.0% 和 84.9%（表 7-14）。而 22 年生樟子松枝条木质部水中 δ^2H 和 δ^{18}O 值分别与 20～60cm 土壤水、0～60cm 土壤水和 20～100cm 土壤水中 δ^2H 和 δ^{18}O 值存在交叉（图 7-17），利用比例分别为 80.3%、82.3%和 75.0%（表 7-13）。32 年生樟子松枝条木质部水中 δ^2H 和 δ^{18}O 值分别与 20～100cm/40～100cm 土壤水及地下水、0～60cm 土壤水和 60～100cm 土壤水及地下水中 δ^2H 和 δ^{18}O 接近（图 7-17）；42 年生樟子松枝条木质部水中 δ^2H 和 δ^{18}O 值分别与 40～100cm 土壤水及地下水、0～60cm 土壤水和 40～100cm/0～100cm 土壤水及地下水存在交叉（图 7-17）；对于 32 年生和 42 年生樟子松，各个月份利用各土壤层次水源及利用的比例各不相同（表 7-13）。

表 7-14 不同潜在水源对疏林草地樟子松林水分吸收的贡献比例

年份	潜在水源	贡献比例/%						
		4月	5月	6月	7月	8月	9月	10月
2010	0～20cm 土壤水	22.0 (0～39)	6.0 (0～18)	24.2 (0～52)	21.2 (0～65)	—	—	45.1 (15～64)
	20～40cm 土壤水	32.8 (0～78)	34.3 (0～100)	25.0 (0～67)	73.3 (0～93)	—	—	28.7 (0～85)
	40～60cm 土壤水	22.9 (0～63)	55.1(0～86)	32.8 (0～82)	3.2 (0～11)	—	—	14.4 (0～43)
	地下水	22.2 (0～60)	4.6 (0～14)	18.0 (0～48)	2.3 (0～8)	—	—	11.8 (0～36)

续表

年份	潜在水源	贡献比例/%						
		4月	5月	6月	7月	8月	9月	10月
2011	0～20cm 土壤水	22.5 (0～67)	2.9 (0～9)	14.9 (0～44)	19.9 (0～60)	0.4 (0～2)	8.3 (0～26)	53.5 (34～72)
	20～40cm 土壤水	31.6 (0～94)	16.3 (0～47)	36.6 (0～60)	34.6 (0～98)	1.7 (0～5)	33.8 (0～100)	22.2 (0～66)
	40～60cm 土壤水	27.3 (0～44)	74.2 (0～91)	35.1 (0～97)	33.0 (0～62)	77.8 (0～98)	26.2 (0～74)	9.0 (0～27)
	地下水	18.5 (0～56)	6.6 (0～20)	13.3 (0～40)	12.6 (0～38)	20.1 (0～45)	31.7 (0～94)	15.3 (0～46)

注：表中数据表示为平均值，括号内数据为贡献比例的范围（最小值～最大值）。

综上结果，10 年生和 22 年生人工樟子松固沙林生长季主要利用土壤水（0～100cm），而 32 年生和 42 年生人工樟子松固沙林生长季利用土壤水和地下水。这主要是由于 10 年生人工樟子松固沙林具有较高的土壤含水量和较低的蒸腾需求，因而其能够从土壤中获取足够的水分满足较低蒸腾耗水的需求。然而，22 年生人工樟子松固沙林土壤含水量较低，且地下水位深度超出根系分布深度，树木不能直接利用地下水；22 年生樟子松受到严重的水分胁迫。32 年生和 42 年生人工樟子松固沙林具有较高的土壤含水量，林分蒸腾需求也较大；土壤水不能满足 32 年生和 42 年生樟子松蒸腾耗水需求，因而，利用地下水维持树木生长需要。尽管樟子松是浅根系树种，98%的根系分布在 1.0m 以内，3～5 个主根仍能延伸到地面以下 3.5～4.5m（朱教君等，2005b）；随着土壤含水量降低，32 年生和 42 年生人工樟子松固沙林利用地下水的比例升高；当土壤含水量为 20%田间持水量（质量含水量[①]3.5%）时，42 年生人工樟子松固沙林利用地下水的比例高达 60.2%（表 7-13）。另外，沙土保水能力较低，经常产生严重干旱胁迫。因此，在极端干旱年，土壤水不能满足沙地樟子松存活与生长需要，而地下水位由于干旱而急剧下降，樟子松根系难以利用，从而引发沙地人工樟子松固沙林的衰退。

2）疏林草地樟子松林水分利用来源

（1）疏林草地樟子松林土壤含水量季节动态。

2010 年和 2011 年生长季，土壤含水量均呈明显的季节性变化（图 7-18）。7 月、8 月和 10 月土壤含水量显著高于 4 月和 5 月，而 4 月和 5 月土壤含水量显著高于 6 月和 9 月（$p<0.05$）；2010 年土壤含水量显著高于 2011 年（$p<0.05$）。

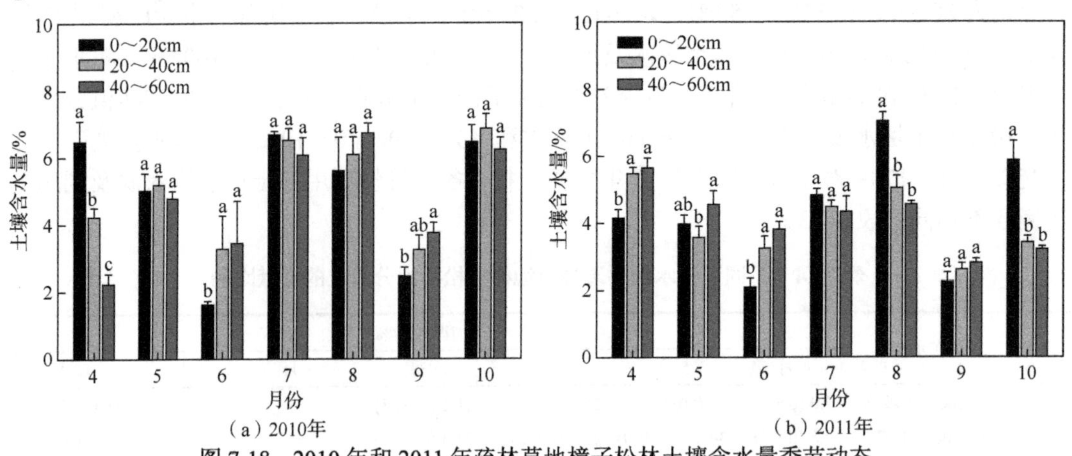

（a）2010年　　（b）2011年

图 7-18　2010 年和 2011 年疏林草地樟子松林土壤含水量季节动态

① 质量含水量指土壤中所含的水分质量占干土质量的百分数。

（2）疏林草地樟子松林针叶 $\delta^{13}C$ 季节动态。

疏林草地樟子松林当年生针叶 $\delta^{13}C$ 值介于-26.70‰～-26.10‰，平均-26.50‰；1 年生针叶 $\delta^{13}C$ 值介于-26.90‰～-26.30‰，平均-26.59‰（图 7-19）。当年生和 1 年生针叶 $\delta^{13}C$ 值在不同月份间差异均不显著（$p>0.05$），不同叶龄间 $\delta^{13}C$ 值差异也不显著（$p>0.05$）。

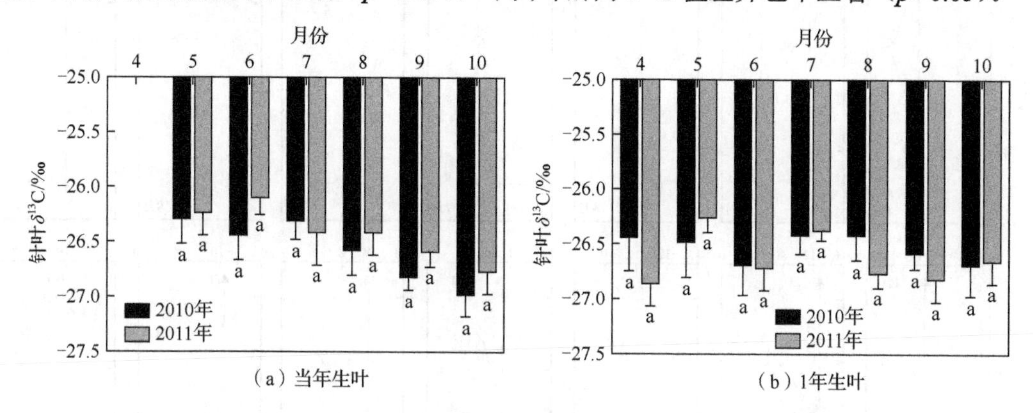

图 7-19 2010 年和 2011 年疏林草地樟子松林针叶 $\delta^{13}C$ 季节动态

（3）疏林草地樟子松林水分利用来源季节动态。

2010 年 4 月和 2011 年 4 月，疏林草地樟子松林枝条木质部水中 $\delta^{18}O$ 值都与 20～40cm 土壤水存在交叉（图 7-20），利用比例分别为 32.8%和 31.6%（表 7-14）。2010 年 5 月和 2011 年 5 月，枝条木质部水中 $\delta^{18}O$ 值都与 20～60cm 土壤水中 $\delta^{18}O$ 值存在交叉（图 7-20），利用比例分别为 89.4%和 90.5%（表 7-14）。2010 年 6 月和 2011 年 6 月，枝条木质部水中 $\delta^{18}O$ 值都与 20～60cm 土壤水存在交叉（图 7-20），利用比例分别为 57.8%和 71.7%（表 7-14）。2010 年 7 月和 2011 年 7 月，枝条木质部水中 $\delta^{18}O$ 值与 0～60cm 土壤水中 $\delta^{18}O$ 值存在交叉（图 7-20），利用比例分别为 94.5%和 87.4%（表 7-14）。2010 年 8 月和 9 月，枝条木质部水中 $\delta^{18}O$ 值与 40～60cm 土壤水中 $\delta^{18}O$ 值接近（图 7-20），由于木质部水中 $\delta^{18}O$ 值超出了不同潜在水源 $\delta^{18}O$ 值范围，因此，未计算出不同潜在水源的比例（表 7-14）。2011 年 8 月和 9 月，枝条木质部水中 $\delta^{18}O$ 值分别与 40～60cm 土壤水及地下水和 20～60cm 土壤水及地下水中 $\delta^{18}O$ 值存在交叉（图 7-20），利用比例分别为 97.9%和 91.7%（表 7-15）。2010 年 10 月和 2011 年 10 月，枝条木质部水中 $\delta^{18}O$ 值与 20～40cm 土壤水中 $\delta^{18}O$ 值存在交叉（图 7-20），且利用该水源的比例分别为 73.8%和 75.7%（表 7-14）。

上述结果表明，4 月和 5 月，疏林草地樟子松林分别利用 20～40cm 土壤水和 20～60cm 土壤水。6 月，尽管土壤含水量降低，疏林草地樟子松林依然利用 20～60cm 土壤水；7 月，随着土壤含水量增加，疏林草地樟子松林转而利用 0～60cm 土壤水。由于 8 月，土壤水蒸发量较高，导致 0～40cm 土壤水变化较大，因而，疏林草地樟子松林利用 40～60cm 土壤水或 40～60cm 土壤水及少量地下水。9 月，随着土壤含水量降低，疏林草地樟子松林主要利用 40～60cm 土壤水或 20～60cm 土壤水及少量地下水。10 月，随着土壤含水量增加，疏林草地樟子松转而利用 0～40cm 土壤水。由此可知，疏林草地樟子松林生长季主要利用土壤水，干旱年份（2011 年）利用少量地下水。另外，不同月份疏林草地樟子松林针叶 $\delta^{13}C$ 值没有显著差异。因此，疏林草地樟子松林没有表现出明显的水源限制，整个生长季并没有受到明显的水分胁迫。

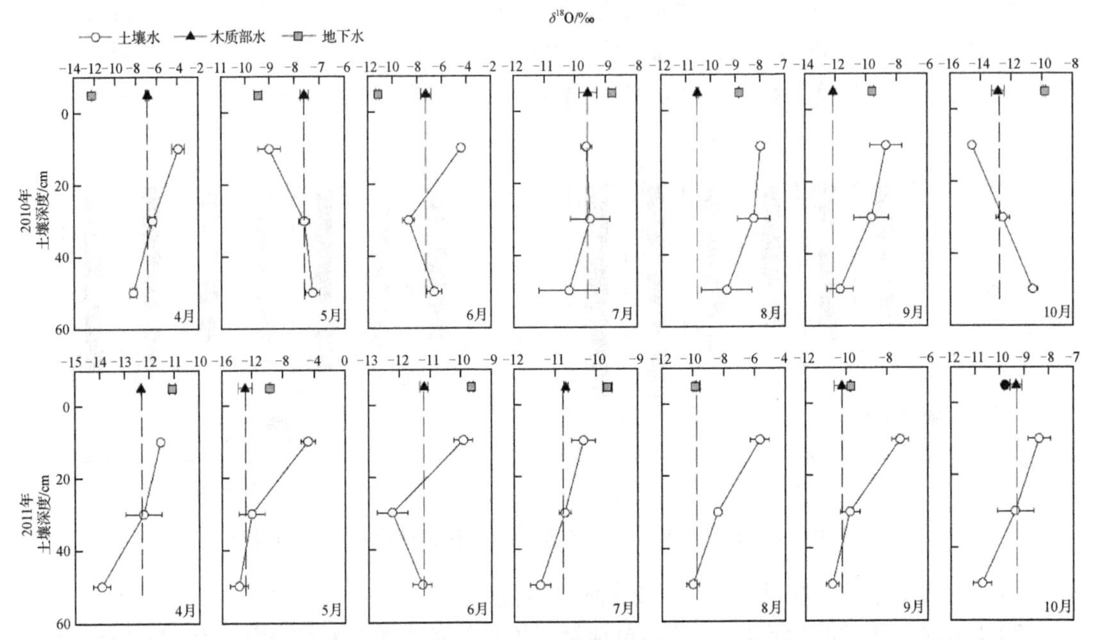

图 7-20 2010 年和 2011 年疏林草地樟子松林枝条木质部水、土壤水和地下水中 $\delta^{18}O$ 值

3）天然樟子松固沙林水分利用来源

（1）天然樟子松固沙林土壤含水量季节动态。

2012～2014 年监测期间，天然樟子松固沙林土壤含水量介于 8.1%～11.6%，平均 10.0%。9 月和 10 月平均土壤含水量显著高于 6 月和 8 月，土壤含水量平均值随着土壤深度增加显著降低（$p<0.05$，图 7-21）。

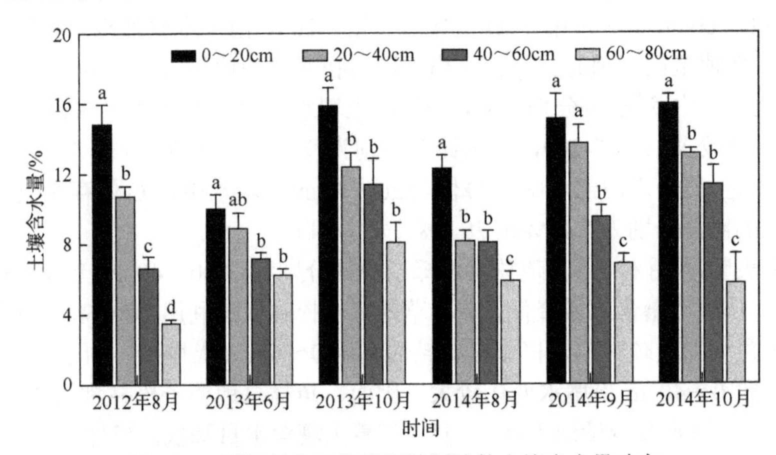

图 7-21 不同月份天然樟子松固沙林土壤含水量动态

（2）天然樟子松固沙林水分利用效率季节动态。

10～20 年生樟子松当年生针叶 $\delta^{13}C$ 值介于−31.52‰～−28.52‰，平均−29.88‰；20～30 年生樟子松当年生针叶 $\delta^{13}C$ 值介于−30.15‰～−26.29‰，平均−29.06‰，30～50 年生樟

子松当年生针叶 $\delta^{13}C$ 值介于-29.84‰～-27.10‰，平均-28.57‰。不同年龄天然樟子松当年生针叶 $\delta^{13}C$ 值在不同月份间无显著差异（$p>0.05$）；但随着树龄增加，叶片 $\delta^{13}C$ 值显著增加（$p<0.05$，图 7-22）。

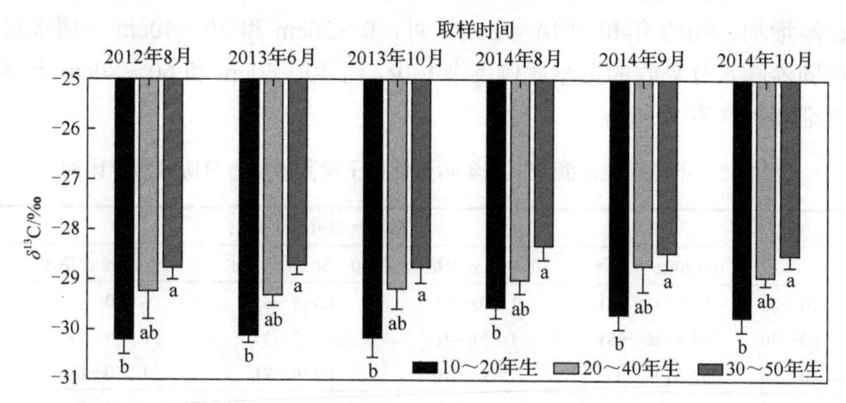

图 7-22 不同取样日期天然樟子松固沙林当年生针叶 $\delta^{13}C$ 值动态变化

（3）天然樟子松固沙林水分利用来源季节动态。

2012 年 8 月，不同年龄樟子松木质部水中 $\delta^{18}O$ 和 $\delta^{2}H$ 值主要与 0～20cm 土壤水存在交叉。2014 年 9 月，不同年龄樟子松木质部水中 $\delta^{18}O$ 和 $\delta^{2}H$ 值主要与 0～20cm、20～40cm 和 40～60cm 土壤水存在交叉。2013 年 6 月和 2014 年 8 月，不同年龄樟子松木质部水中 $\delta^{18}O$ 和 $\delta^{2}H$ 值主要与 0～20cm 和 20～40cm 土壤水中 $\delta^{18}O$ 和 $\delta^{2}H$ 值存在交叉；2013 年 10 月和 2014 年 10 月，不同年龄樟子松木质部水中 $\delta^{18}O$ 和 $\delta^{2}H$ 值主要位于 20～40cm、40～60cm 和 60～80cm 土壤水中 $\delta^{18}O$ 和 $\delta^{2}H$ 平均值之间（图 7-23）。

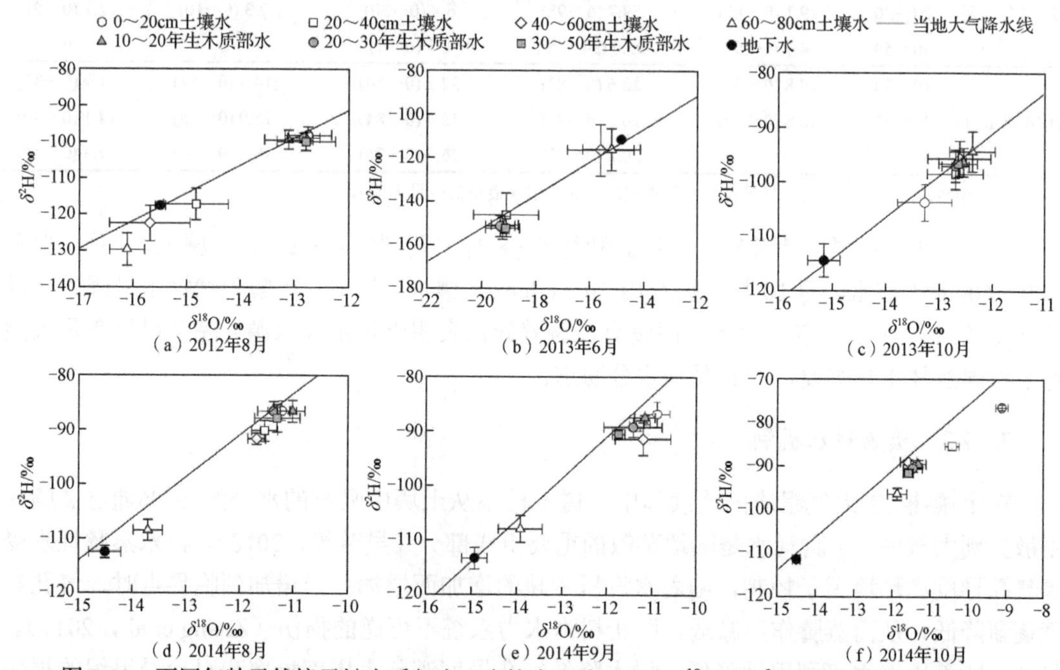

图 7-23 不同年龄天然樟子松木质部水、土壤水和地下水中 $\delta^{18}O$ 和 $\delta^{2}H$ 值与当地大气降水线

IsoSource 混合模型计算结果表明，2013 年 6 月、2012 年 8 月和 2014 年 8 月，0～20cm 土壤水对不同年龄天然樟子松固沙林水分吸收的贡献比例介于 79.1%～98.4%；2014 年 9 月，0～20cm 土壤水吸收的贡献比例逐渐减少，而 20～40cm 和 40～60cm 土壤水吸收的贡献比例逐渐增加。2013 年和 2014 年的 10 月，0～20cm 和 20～40cm 土壤水对不同年龄天然樟子松固沙林水分吸收的贡献比例逐渐减少，而 40～60cm 和 60～80cm 土壤水吸收的贡献比例逐渐增加（表 7-15）。

表 7-15　不同潜在水源对不同年龄天然樟子松固沙林水分吸收贡献比例

取样时间	树龄/a	潜在水源贡献比例/%				
		0～20cm 土壤水	20～40cm 土壤水	40～60cm 土壤水	60～80cm 土壤水	地下水
2012 年 8 月	10～20	93.6 (93～95)	1.4 (0～5)	1.5 (0～6)	0.6 (0～4)	2.8 (0～7)
	20～30	96.6 (96～98)	1.1 (0～4)	0.7 (0～3)	0.5 (0～2)	1.1 (0～4)
	30～50	92.3 (90～95)	2.5 (0～10)	1.7 (0～7)	1.3 (0～6)	2 (0～8)
2013 年 6 月	10～20	88.7 (71～96)	8.3 (0～29)	1.0 (0～5)	1.0 (0～5)	0.9 (0～4)
	20～30	91.7 (79～97)	6.4 (0～21)	0.7 (0～3)	0.7 (0～3)	0.5 (0～3)
	30～50	98.0 (96～100)	2.0 (0～4)	0	0	0
2013 年 10 月	10～20	5.8 (0～23)	13.7 (0～53)	32.9 (0～97)	45.1 (0～90)	2.4 (0～10)
	20～30	8.4 (0～31)	18.5 (0～70)	32.7 (0～93)	36.6 (0～87)	3.7 (0～14)
	30～50	6.5 (0～25)	15.0 (0～58)	33.7 (0～92)	42.1 (0～89)	2.8 (0～12)
2014 年 8 月	10～20	98.4 (97～100)	1 (0～3)	0.6 (0～2)	0	0
	20～30	96.3 (93～100)	2.2 (0～7)	1.4 (0～1)	0.1 (0～1)	0 (0～1)
	30～50	79.1 (58～95)	10.8 (0～42)	7.5 (0～30)	1.4 (0～7)	1.1 (0～6)
2014 年 9 月	10～20	71.7 (39～96)	22.3 (0～61)	4.1 (0～18)	1.1 (0～5)	0.8 (0～4)
	20～30	29.1 (0～82)	59.7 (6～98)	6.8 (0～30)	2.3 (0～10)	2.1 (0～9)
	30～50	4.7 (4～5)	95.0 (94～96)	0.3 (0～1)	0	0
2014 年 10 月	10～20	18.8 (0～62)	22.6 (0～82)	32.2 (0～84)	14.4 (0～52)	11.9 (0～37)
	20～30	16.8 (0～60)	20.8 (0～79)	32.4 (0～84)	15.9 (0～55)	14.1 (0～40)
	30～50	16.0 (0～57)	20.8 (0～77)	26.7 (0～76)	19.3 (0～64)	17.3 (0～43)

注：表中数据表示为平均值，括号内数据为贡献比例的范围（最小值～最大值）。

综上结果，不同年龄天然樟子松固沙林 6～8 月主要利用 0～20cm 土壤水，9 月主要利用 0～60cm 土壤水，而 10 月主要利用 20～80cm 土壤水；且不同年龄天然樟子松固沙林针叶 $\delta^{13}C$ 在不同月份（取样日期）间没有显著差异，表明土壤水（水源）完全可以满足天然樟子松固沙林生长需要，没有受到水分胁迫。

7.4.2.3　蒸腾耗水机制

在土壤-植物-大气组成的连续体中，树木根系从土壤中吸收的水分约 90%通过蒸腾作用散失到大气中；蒸腾耗水是陆地蒸散的重要组成部分（吴芳等，2010）。树木蒸腾耗水受到气孔导度和环境因子控制，随着水汽压亏缺的增加而增加；当增加到临界点时，气孔导度逐渐降低，从而蒸腾作用减弱，防止树木水力系统不可逆的损伤（Zhang et al.，2017）。另外，随着土壤水可利用性降低，树木降低气孔导度避免木质部栓塞和对输导组织的损伤

（Song et al.，2020b）。气孔关闭有利于减少水分的损失，但同时也降低了光合速率（Kropp et al.，2017）。因此，明确环境因子对树木蒸腾耗水影响机制，有助于理解树木耗水机制，进而揭示森林枯梢和死亡等衰退机制（Grossiord et al.，2020）。

为了明确人工樟子松固沙林衰退的蒸腾耗水机制，选择章古台基地人工林、红花尔基基地天然林、大青沟站疏林草地进行对比观测研究，于2013年生长季（5～9月），利用热扩散探针（thermal dissipation probe，TDP）法樟子松树干液流季节动态。具体观测内容、方法与步骤如下。

（1）环境因子测定。利用各样地附近的自动气象站监测气温、湿度、降水、太阳辐射和风速等数据。

通过式（7-17）计算获得水汽压亏缺（vapor pressure deficit，VPD）。

$$\mathrm{VPD} = 0.611 \times \exp\frac{17.502T_{\mathrm{a}}}{T_{\mathrm{a}} + 240.97} \times (1 - \mathrm{RH}) \tag{7-17}$$

式中，VPD是水汽压亏缺（kPa）；T_a是大气温度（℃）；RH是大气相对湿度（%）。

通过FAO-PM模型计算潜在蒸散量（参考蒸散量），见式（7-18）。

$$\mathrm{ET}_0 = \frac{0.408\varDelta(R_{\mathrm{n}} - G) + \gamma\dfrac{900}{T_{\mathrm{a}} + 273}U_2(e_{\mathrm{s}} - e_{\mathrm{a}})}{\varDelta + \gamma(1 + 0.34U_2)} \tag{7-18}$$

式中，ET_0为潜在蒸散量（mm/d）；R_n为净辐射［$\mathrm{MJ/(m^2 \cdot d)}$］；$G$为土壤热通量［$\mathrm{MJ/(m^2 \cdot d)}$］，通常在日尺度上计算时可忽略不计；$\varDelta$为饱和水汽压-温度曲线的斜率（kPa/℃）；$\gamma$为湿度计常数（kPa/℃）；$T_a$为2m处的气温（℃）；$U_2$为2m处的风速（m/s）；$e_s$为当时气温条件下的饱和水汽压（kPa）；$e_a$为实际水汽压（kPa）。

在每块固定样地内安装EC-5土壤水分传感器，测定不同深度（10cm、30cm和50cm）的土壤含水量。

（2）边材面积确定。由于樟子松边材和心材难以辨识，利用染色法确定樟子松边材厚度（Song et al.，2020a）。利用胸径和边材厚度数据，计算边材面积，建立边材面积与胸径的幂函数关系（图7-24）。基于每块固定样地内所有樟子松胸径，计算人工樟子松固沙林、疏林草地樟子松林和天然樟子松固沙林固定样地内樟子松边材总面积，分别为12348.8cm²、2394.3cm²和18027.2cm²。

（3）树干液流测定及蒸腾耗水量计算。根据人工樟子松固沙林、疏林草地樟子松林和天然樟子松固沙林树木胸径分布规律，分别选择10株、8株和9株不同径级的样树（表7-16）。利用Granier热扩散探针（TDP）测定每株样树树干液流动态，利用温差值计算得到树木的液流速率［F_d, $\mathrm{g/(cm^2 \cdot s)}$］，见式（7-19）（Granier，1985）。

$$F_{\mathrm{d}} = 0.0119 \times \left(\frac{\Delta T_{\mathrm{m}} - \Delta T}{\Delta T}\right)^{1.231} \tag{7-19}$$

式中，ΔT_m为无液流时加热探针与参考探针的最大温差值（℃）；ΔT为瞬时温差值（℃）。

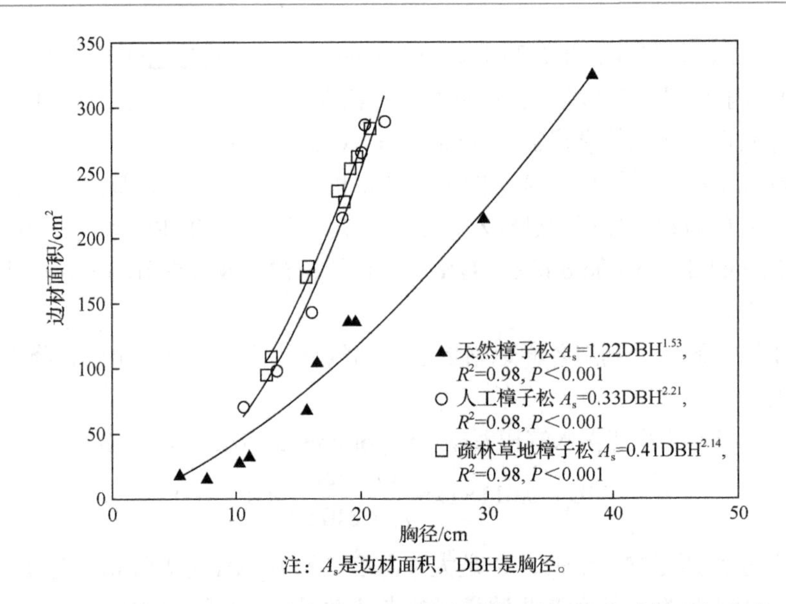

图 7-24 天然樟子松、人工樟子松和疏林草地樟子松胸径与边材面积关系

注：A_s 是边材面积，DBH 是胸径。

单株树的耗水量（TWC, g/d）计算如式（7-20）。

$$\mathrm{TWC}=\sum_{i=1}^{144} F_{\mathrm{d}} \times A_{\mathrm{s}} \times 600 \tag{7-20}$$

式中，A_s 是边材面积（cm^2），根据边材面积与胸径幂函数方程计算获得（图 7-24）。树干液流采集器 10min 储存一次数据，因此时间换算系数为 600。

林分尺度耗水量（E_c, mm/d）计算如下：

$$E_{\mathrm{c}}=\frac{\sum_{i=1}^{n_{\mathrm{tree}}} \mathrm{TWC}_i}{\sum_{i=1}^{n_{\mathrm{tree}}} A_{si}} \times \frac{A_{\mathrm{cs}}}{A_{\mathrm{g}}} \tag{7-21}$$

式中，n_{tree} 是样树的个数；TWC_i 是第 i 株样树的耗水量（g/d）；A_{si} 是第 i 株样树的边材面积（cm^2）；A_{cs} 是样地总的边材面积（cm^2）；A_g 是样地面积（m^2）。其中，人工樟子松固沙林、疏林草地樟子松林和天然樟子松固沙林样地面积分别为 900m^2、2500m^2 和 2500m^2。

为了比较不同类型樟子松固沙林蒸腾耗水速率差异，将林分尺度耗水量转换为单位叶面积蒸腾耗水量（E_L, mm/d）计算如式（7-22）。

$$E_{\mathrm{L}}=E_{\mathrm{c}} / \mathrm{LAI} \tag{7-22}$$

式中，LAI 是叶面积指数。

表 7-16　人工樟子松固沙林、疏林草地樟子松林和天然樟子松固沙林样树特征

树号	森林类型								
	人工樟子松固沙林			疏林草地樟子松林			天然樟子松固沙林		
	胸径/cm	树高/m	边材面积/cm²	胸径/cm	树高/m	边材面积/cm²	胸径/cm	树高/m	边材面积/cm²
1	14.5	7.0	124.9	12.3	5.2	88.1	15.5	12.4	80.8
2	11.0	6.6	67.7	12.7	5.5	115.4	42.0	20.0	371.5
3	16.9	7.3	175.6	12.4	5.4	89.7	12.3	8.9	56.7
4	11.7	6.7	77.6	13.4	5.7	105.9	20.5	12.5	124.0
5	9.5	5.5	48.9	13.7	6.2	111.0	34.7	17.6	277.4
6	9.3	5.4	46.6	14.6	6.2	127.2	43.0	20.3	385.1
7	16.5	7.2	166.5	14.4	6.5	123.5	23.8	13.8	155.8
8	15.5	7.2	144.9	12.0	5.5	83.6	31.4	16.5	238.0
9	11.9	6.8	80.6	—	—	—	12.8	9.8	60.3
10	13.6	6.9	108.4	—	—	—	—	—	—

（4）冠层导度计算。采用简化 Penman-Monteith 公式分别计算人工樟子松固沙林、疏林草地樟子松林和天然樟子松固沙林冠层导度［G_L, mmol/(m²·s)］（Naithani et al.，2012），即

$$G_{L}=\frac{K_{G}E_{L}}{\mathrm{VPD}} \tag{7-23}$$

式中，K_G 是导度系数（kPa·m³/kg），综合反映一定温度下的干湿常数、汽化热、空气比热与密度，是一个温度函数（115+0.4236 T_a），T_a 是大气温度（℃）；VPD 是水汽压亏缺（kPa）（Naithani et al.，2012）。

1）人工樟子松固沙林高蒸腾耗水与低控制失水能力机制

（1）人工樟子松固沙林环境因子季节动态。2013 年 5～9 月，人工樟子松固沙林区降水量为 466.7mm，是同期常年平均降水量的 114.0%，林地土壤含水量平均为 7.0%（4%～12%）；生长季日均气温为 20.8℃（9.2～30.0℃），水汽压亏缺日均值为 0.9kPa（0.02～2.2kPa）；太阳辐射日均值为 18.2MJ/m²（1.2～31.8MJ/m²），潜在蒸散量日均值为 5.8mm/d（0.3～11.9mm/d）（图 7-25）。

（2）人工樟子松固沙林蒸腾耗水季节动态及其与环境因子关系。整个生长季，人工樟子松固沙林单位叶面积蒸腾耗水量平均值为 1.4mm/d（0.2～2.0mm/d）（图 7-26）；随潜在蒸散量增加显著增加［图 7-27（a）］，随着水汽压亏缺和太阳辐射增加呈饱和指数增加趋势，当水汽压亏缺值大于 1.5kPa 时，蒸腾速率趋于平稳［图 7-27（b）和（c）］；单位叶面积蒸腾耗水量与土壤含水量无显著相关关系［图 7-27（d）］。林分蒸腾耗水量平均值为 2.0mm/d（0.3～2.9mm/d），人工樟子松固沙林生长季累计耗水量为 306.0mm，是同期降水量的 66%（图 7-26）。

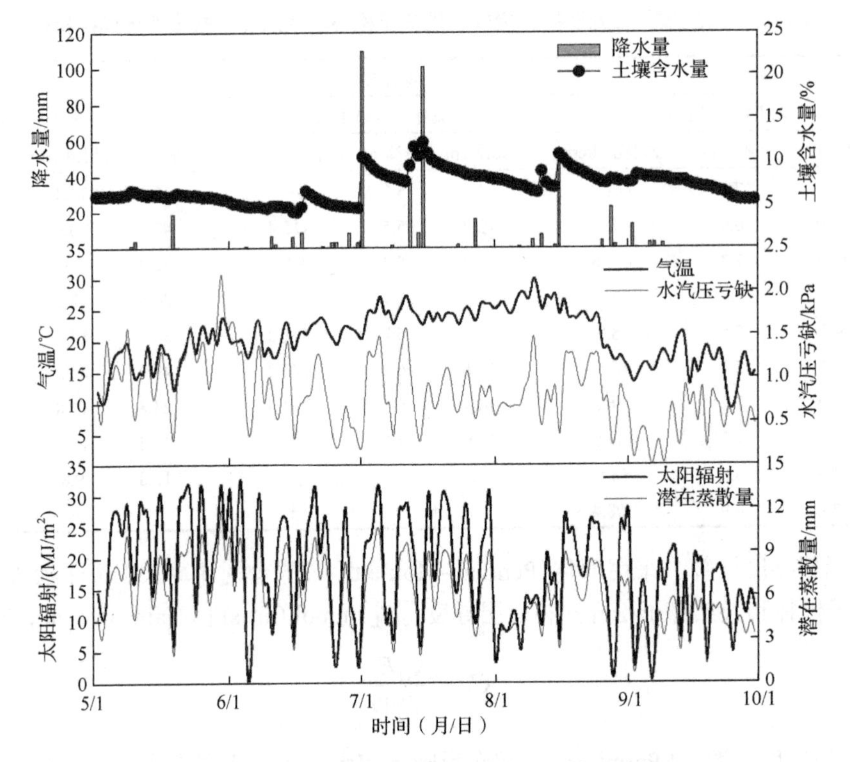

图 7-25 人工樟子松固沙林环境因子季节动态

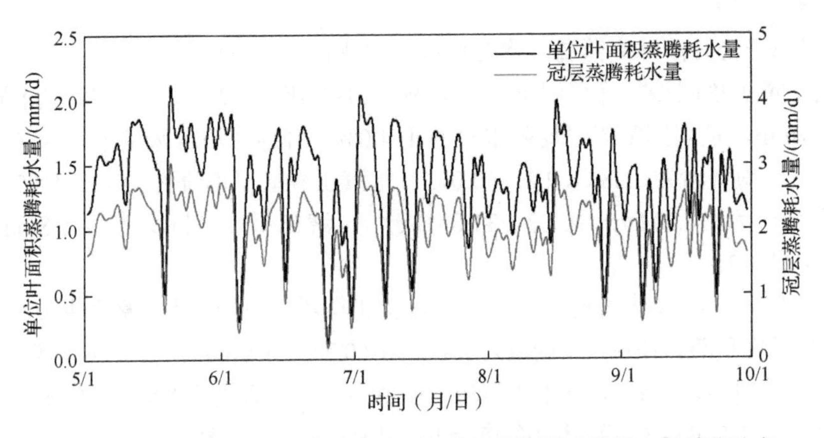

图 7-26 人工樟子松固沙林单位叶面积蒸腾和冠层蒸腾耗水量季节动态

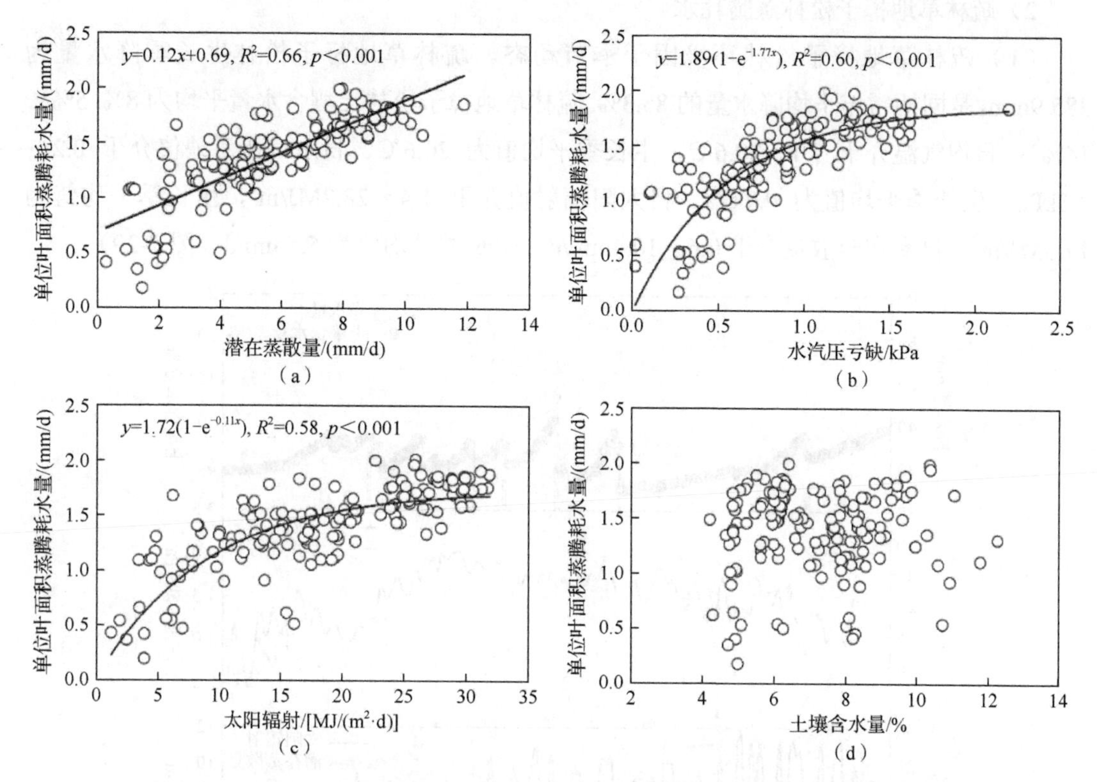

图 7-27　人工樟子松固沙林单位叶面积蒸腾耗水量与环境因子关系

（3）人工樟子松固沙林冠层导度季节动态及其与水汽压亏缺关系。整个生长季，人工樟子松固沙林冠层导度平均值为 109.9mmol/(m^2·s)[59.2～164.9mmol/(m^2·s)][图 7-28(a)]；随着水汽压亏缺增加，冠层导度显著降低，对水汽压亏缺敏感性值为 67.2，参考冠层导度（指水汽压亏缺值为 1kPa 时的冠层导度）为 109.3mmol/(m^2·s)［图 7-28（b)］。

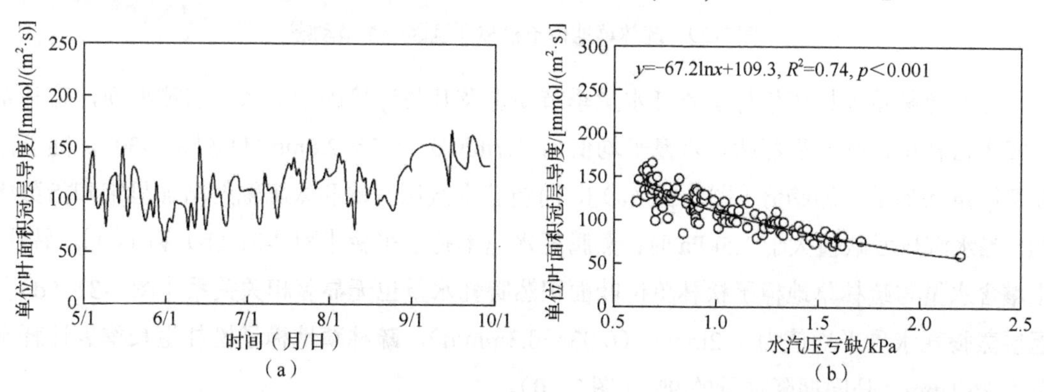

图 7-28　人工纯林樟子松冠层导度季节动态及其与水汽压亏缺关系

2）疏林草地樟子松林蒸腾耗水

（1）疏林草地樟子松林环境因子季节动态。疏林草地樟子松林生长季降水量为285.9mm，是同期常年平均降水量的85.3%。疏林草地樟子松林土壤含水量平均为8%（5%～14%）；日均气温介于9.1～28.6℃，生长季平均值为20.6℃。日水汽压亏缺值介于0.2～2.3kPa，生长季平均值为0.9kPa。日太阳辐射值介于1.4～28.2MJ/m²，生长季平均值为17.5MJ/m²。日潜在蒸散量介于0.6～10.4mm/d，生长季平均值为5.5mm/d（图7-29）。

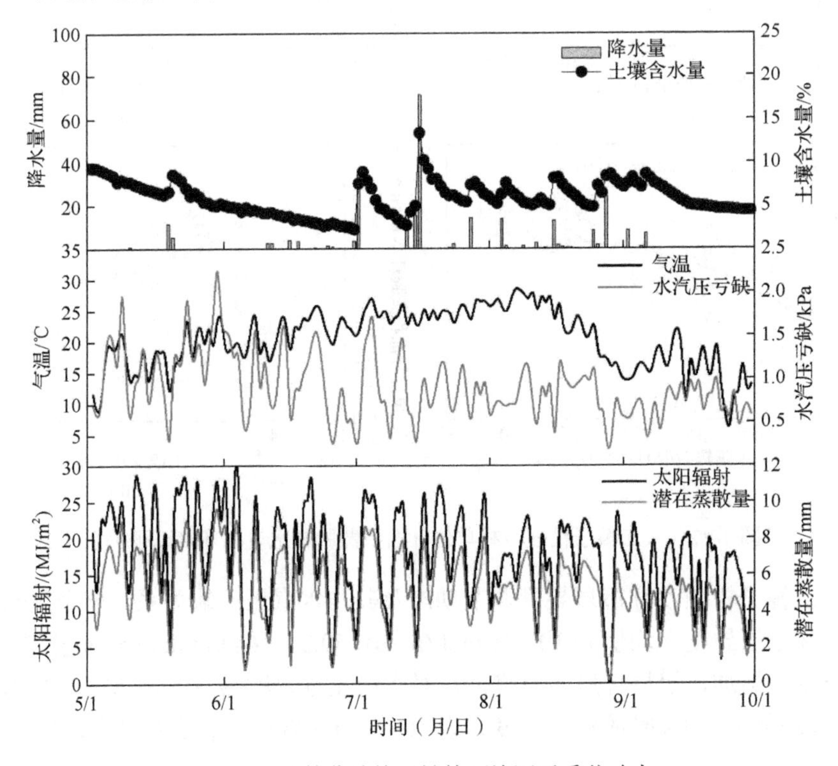

图7-29　疏林草地樟子松林环境因子季节动态

（2）疏林草地樟子松林蒸腾耗水量季节动态及其与环境因子关系。监测期间，疏林草地樟子松林单位叶面积蒸腾耗水量平均值为1.7mm/d（0.3～2.6mm/d）（图7-30），随着潜在蒸散量增加呈增加趋势［图7-31（a）］，而随着水汽压亏缺和太阳辐射增加呈饱和指数增加；当水汽压亏缺值大于1.5kPa时，蒸腾耗水速率趋于平稳［图7-31（b）和（c）］。另外，土壤含水量与疏林草地樟子松林单位叶面积蒸腾耗水量也无显著相关关系［图7-31（d）］。冠层蒸腾耗水量平均值为0.2mm/d（0.03～0.3mm/d），疏林草地樟子松林生长季累计耗水量为26.1mm，是同期降水量的9%（图7-30）。

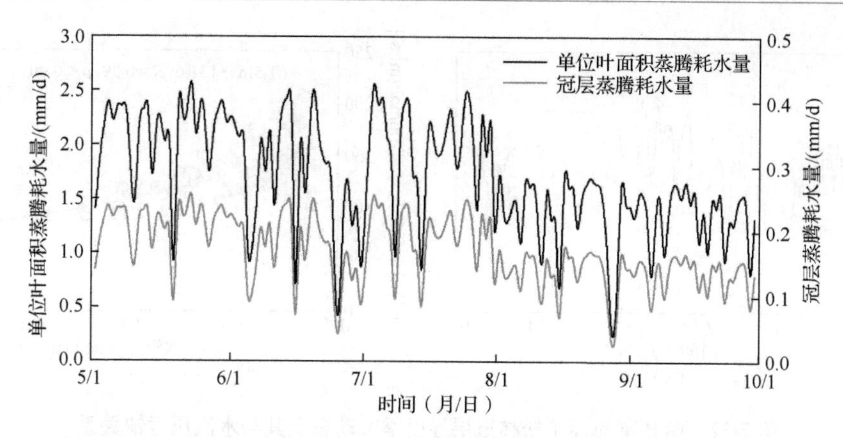

图 7-30 疏林草地樟子松林单位叶面积蒸腾和冠层蒸腾耗水量季节动态

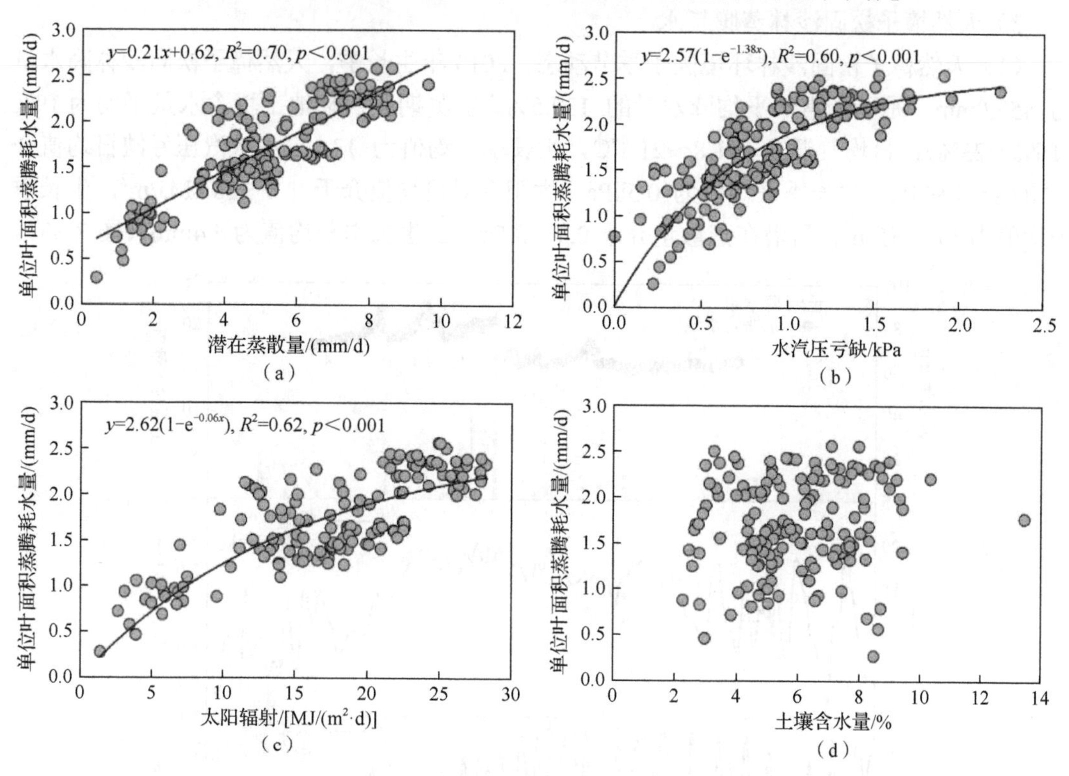

图 7-31 疏林草地樟子松林单位叶面积蒸腾耗水量与环境因子关系

（3）疏林草地樟子松林冠层导度季节动态及其与水汽压亏缺关系。整个生长季，疏林草地樟子松林冠层导度平均值为 132.2mmol/(m^2·s)［74.4～206.8mmol/(m^2·s)］［图 7-32（a）］。随水汽压亏缺增加，疏林草地樟子松林冠层导度显著降低，对水汽压亏缺的敏感性值为 61.5，参考冠层导度为 131.6mmol/(m^2·s)［图 7-32（b）］。

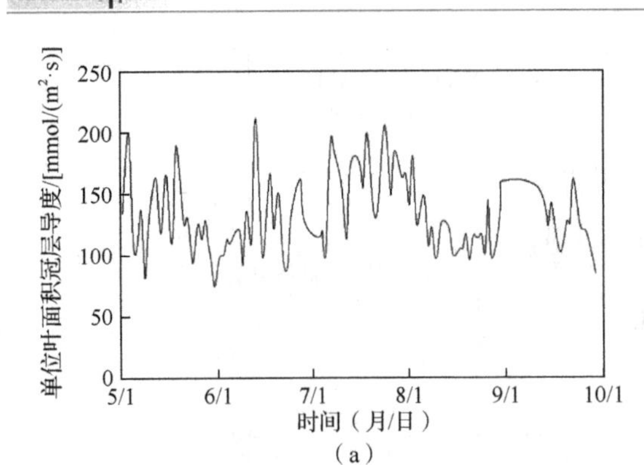

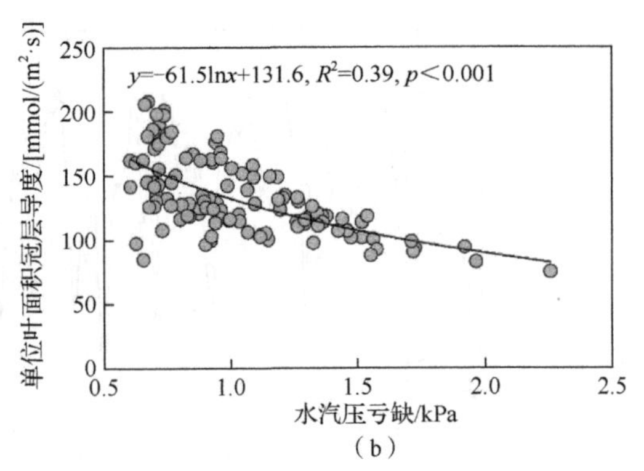

图 7-32 疏林草地樟子松林冠层导度季节动态及其与水汽压亏缺关系

3）天然樟子松固沙林蒸腾耗水

（1）天然樟子松固沙林环境因子季节动态。2013 年生长季，天然樟子松固沙林降水量为 457.0mm，是同期常年平均降水量的 137.5%。监测期间，林地土壤含水量平均为 19%（16%～23%）；日均气温介于 1.8～21.1℃，生长季平均值为 13.1℃；水汽压亏缺日均值介于 0.01～1.9kPa，生长季平均值为 0.5kPa；太阳辐射日均值介于 1.2～28.8MJ/m^2，生长季平均值为 17.4MJ/m^2；日潜在蒸散量介于 0.4～8.5mm，生长季平均值为 4.4mm（图 7-33）。

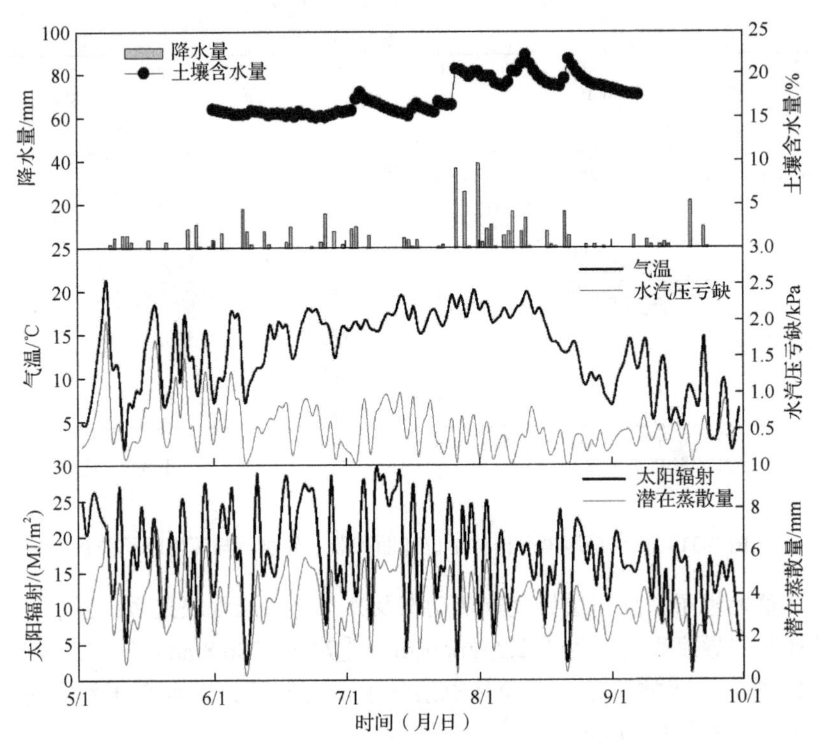

图 7-33 天然樟子松固沙林环境因子季节动态

（2）天然樟子松固沙林蒸腾耗水量季节动态及其与环境因子关系。整个生长季，天然樟子松固沙林单位叶面积蒸腾耗水量平均值为 1.0mm/d（0.2～1.7mm/d）（图 7-34）；林分蒸腾耗水量平均值为 1.2mm/d，介于 0.3～2.0mm/d。林分蒸腾耗水量随潜在蒸散量增加呈增加趋势［图 7-35（a）］，随着水汽压亏缺和太阳辐射增加呈饱和指数增加趋势；当水汽压亏缺值大于 0.6kPa 时，蒸腾耗水速率趋于平稳［图 7-35（b）和（c）］。另外，天然樟子松固沙林单位叶面积蒸腾耗水量与土壤含水量无显著相关关系［图 7-35（d）］。天然樟子松固沙林生长季累计耗水量为 180.0mm，是同期降水量的 39%（图 7-35）。

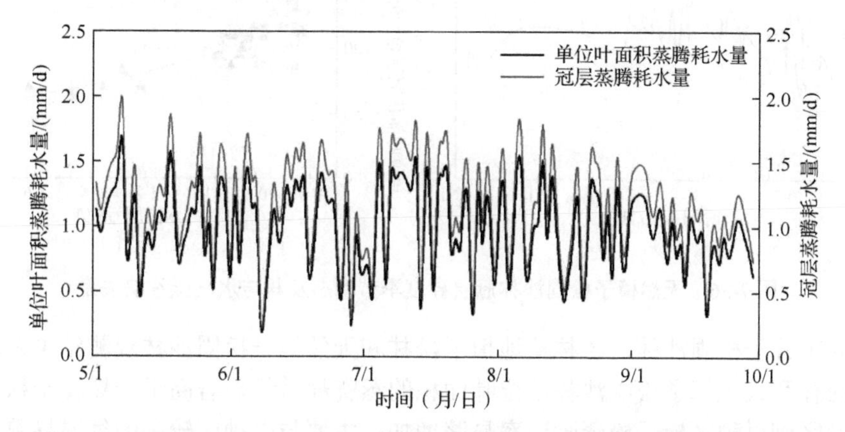

图 7-34　天然樟子松固沙林单位叶面积蒸腾耗水量与冠层蒸腾耗水量季节动态

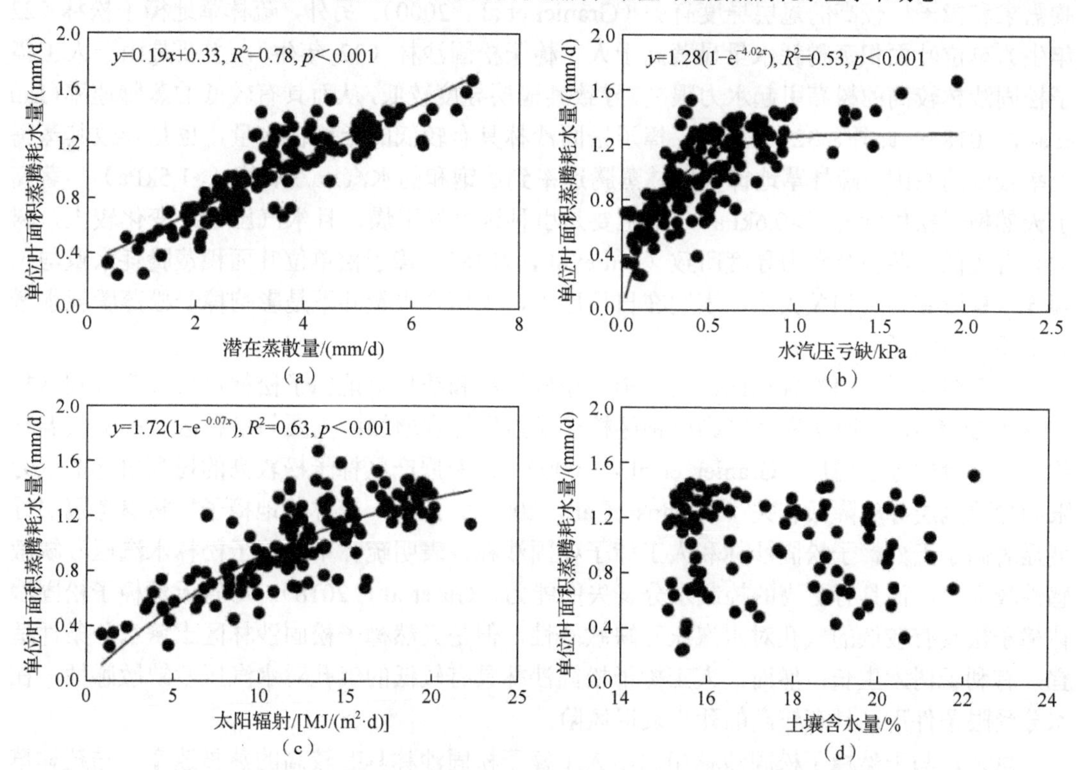

图 7-35　天然樟子松固沙林单位叶面积蒸腾耗水量与环境因子关系

（3）天然樟子松固沙林冠层导度季节动态及其与水汽压亏缺的关系。整个生长季，天然樟子松固沙林冠层导度平均值为104.6mmol/(m^2·s)[54.5～152.8mmol/(m^2·s)][图7-36(a)]。随着水汽压亏缺值增加，冠层导度显著降低；对水汽压亏缺敏感性值为64.3，参考冠层导度为93.5mmol/(m^2·s)［图7-36（b)］。

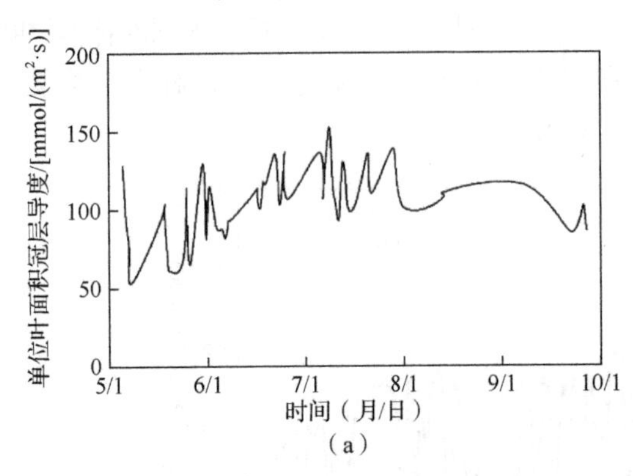

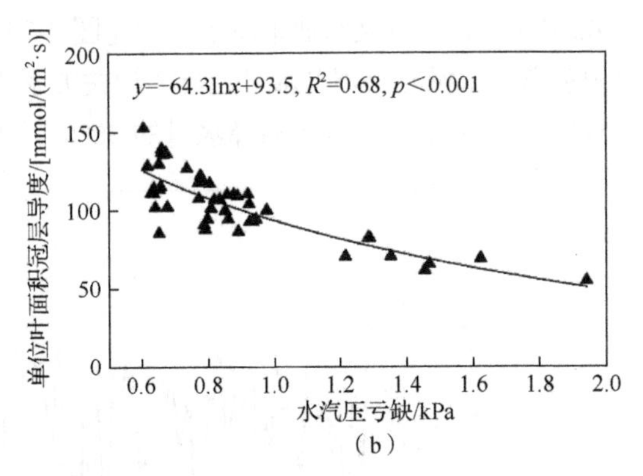

图7-36　天然樟子松固沙林冠层导度季节动态及其与水汽压亏缺关系

综上人工樟子松固沙林、疏林草地樟子松林和天然樟子松固沙林观测结果发现，疏林草地樟子松林和人工樟子松固沙林单位叶面积的蒸腾耗水量显著高于天然樟子松固沙林，表明从原产区到引种区樟子松蒸腾速率显著增加；主要与引种区较高的气温导致较高的蒸腾需求和樟子松较高的冠层导度有关（Granier et al.，2000）。另外，疏林草地樟子松林（22年生）单位叶面积蒸腾耗水量显著高于人工樟子松固沙林（32年生），主要是由于人工樟子松固沙林较高的树高引起水力限制，导致其冠层导度较低，从而具有较低的蒸腾速率（Liu et al.，2018）；此外，32年生人工樟子松固沙林具有较低的土壤含水量，也是导致其蒸腾速率较低的原因。疏林草地樟子松林蒸腾速率到达饱和的水汽压亏缺值（>1.5kPa）显著高于天然樟子松固沙林（>0.6kPa），则主要是引种区气候干燥，且水汽压亏缺变化较大，树木具有较低的茎和叶水力导度所致（Liu et al.，2018）。樟子松单位叶面积蒸腾耗水量与土壤含水量没有显著相关关系，表明在日尺度上，土壤含水量并不是影响樟子松蒸腾耗水量的主要环境因子。

与天然樟子松固沙林相比，人工樟子松固沙林和疏林草地樟子松林冠层导度分别增加5.1%和26.4%，表明从原产区到引种区樟子松冠层导度增加；主要与引种区较高的气温导致樟子松冠层导度增加（Granier et al.，2000），以及原产区樟子松较高的树高引起的水力限制导致冠层导度降低有关（Poyatos et al.，2007）。此外，疏林草地樟子松林参考冠层导度显著高于天然樟子松固沙林和人工樟子松固沙林，表明疏林草地樟子松林水汽压亏缺敏感性较高，从而具有更高的控制水分丧失的能力（Gu et al.，2018）。尽管天然樟子松固沙林樟子松具有较低的气孔对水汽压亏缺敏感性，但是天然樟子松固沙林区土壤水分条件适宜，有利于树木生长；然而，人工樟子松固沙林具有较低的气孔对水汽压亏缺敏感性，在水分受限条件下，具有较高的死亡衰退风险。

总之，与天然樟子松固沙林相比，人工樟子松固沙林具有较高的蒸腾速率；与疏林草地樟子松林相比，具有较低的控制水分丧失能力。因而，在极端干旱条件下，人工樟子松固沙林极易发生衰退现象。

7.4.2.4 林分尺度水量失衡机制

防护林生态系统水量平衡通常包括水分输入项和输出项；降水作为主要输入项，其特征影响着防护林生态系统的生态水文过程和养分运输过程。降水经林冠层而分成林内降水、树干径流和林冠截留三部分，其中，林内降水和树干径流构成了防护林生态系统的水分输入项。一般认为，树干径流仅占降水量的 0.3%～3.8%，而林内降水所占比例较大，也是土壤水分的主要来源。防护林生态系统水分输出主要为蒸发散（林冠截留、林分蒸腾和林下植被蒸腾），受温度、饱和水汽压差、风速等因子综合影响，林分蒸发散大约占降水量的 70%，在干旱、半干旱区甚至高达 90%。其中，在林冠截留过程中，树体各部分所截留的雨水最终蒸发到大气中，成为森林生态系统蒸散发的组成部分。林下植被蒸发散过程则主要包括林下植被蒸腾、截留蒸发和土壤蒸发，也是构成森林生态系统蒸散发的重要组成部分。

为揭示人工樟子松固沙林衰退的水量失衡机制，通过选择章古台基地人工林、红花尔基基地天然林、大青沟站疏林草地，于 2010～2013 年开展林分水平上的蒸腾耗水量、林下植被蒸散量和林冠截留量监测。林分尺度的样地面积：人工樟子松固沙林 30m×30m、疏林草地樟子松林 50m×50m、天然樟子松固沙林 50m×50m。

1）林分尺度水量平衡监测方法

（1）林分蒸腾耗水量测定。

按照胸径分布规律，在人工樟子松固沙林、疏林草地樟子松林、天然樟子松固沙林样地内分别选择 13 株、9 株和 13 株监测样树，在每株样树上安装 Granier 热扩散探针（探针长度为 20mm，直径为 2mm），监测不同胸径樟子松树干液流动态。基于胸径与边材面积关系，推算整个林分尺度樟子松蒸腾耗水量。

（2）林下植被蒸散量估算。

利用 CROPWAT 模型和 FAO-56 双作物系数法，获得的作物系数估算林分尺度的蒸散量（Zheng et al.，2012）；林分总的蒸散量减去林分蒸腾耗水量，即为林下植被蒸散量。

（3）林冠截留量计算。

利用 Gash 修正模型计算林冠层截留量，见式（7-24）（Gash，1979）。

$$\sum_{j=1}^{n+m} I_j = c\sum_{j=1}^{m} P_{Gj} + c\sum_{j=1}^{n} P_{G'} + \sum_{j=1}^{n}(c\overline{E}_{cj} / \overline{R}_j)(P_{Gj} - P_{G'}) + qcS_t + cP_t\sum_{j=1}^{n-q}(1 - \overline{E}_{cj} / \overline{R}_j)(P_{Gj} - P_{G'}) \quad (7\text{-}24)$$

式中，c 为林分郁闭度；m 为未使林冠层持水量达到饱和的降雨次数；n 为使林冠层持水量达到饱和状态的降雨次数；P_{Gj} 为第 j 场降雨的降雨量；$P_{G'}$为使林冠层达到饱和状态所需的最小降雨量；$\overline{E}_{cj}$ 为第 j 场降雨对应平均蒸发速率（mm/h）；$\overline{R}_j$ 为第 j 场降雨的降雨强度（mm/h）；q 为产生树干径流的降雨次数；S_t 为树干的持水能力（mm）；P_t 为树干径流系数。使林冠层达到饱和状态的最小降雨量 $P_{G'}$可通过式（7-25）获得。

$$P_{G'} = -\frac{\overline{R}}{\overline{E}_c} S_c \ln\left(1 - \frac{\overline{E}_c}{\overline{R}}\right) \quad (7\text{-}25)$$

式中，$\overline{R}$为观测期间平均降水强度（mm/h）；$S_c = S / c$，S为林冠饱和时的持水量（mm）；$\overline{E}_c$为林冠层平均蒸发强度（mm/h），$E_c = E/c$，E为林冠饱和状态下的平均蒸发速率（mm/h）。

（4）水量平衡评估。

根据式（7-26）评估防护林系统（林分）水量平衡（姜凤岐等，2003）。

$$P = E_c + E_i + E_u + Q + \Delta S \tag{7-26}$$

式中，P是降水量；E_c是林分蒸腾耗水量；E_i是林冠截留量；E_u是林下植被蒸散量；Q是地表径流量；ΔS是土壤蓄水量变化量。由于观测区为沙地，Q可以忽略不计，在年际尺度上，ΔS变化较小（≈0）。

2）林分蒸腾耗水量季节动态

天然樟子松固沙林不同径级（15cm、25cm、35cm、45cm）单株平均耗水量分别为15.2kg/d、30.2kg/d、42.7kg/d和36.8kg/d［图7-37（a）］；林分单株平均耗水量为31.2kg/d。生长季林分耗水量相当于降水量158.0mm（134～193mm）［图7-37（b）］，占同期降水量的42%（38%～46%）。

疏林草地樟子松林生长季平均单株耗水量为14.7kg/d（11.7～19.8 kg/d）［图7-37（c）］，林冠尺度耗水量仅相当于降水量28.1mm（21.1～39.6mm），占同期降水量的7%（5%～12%）［图7-37（d）］。

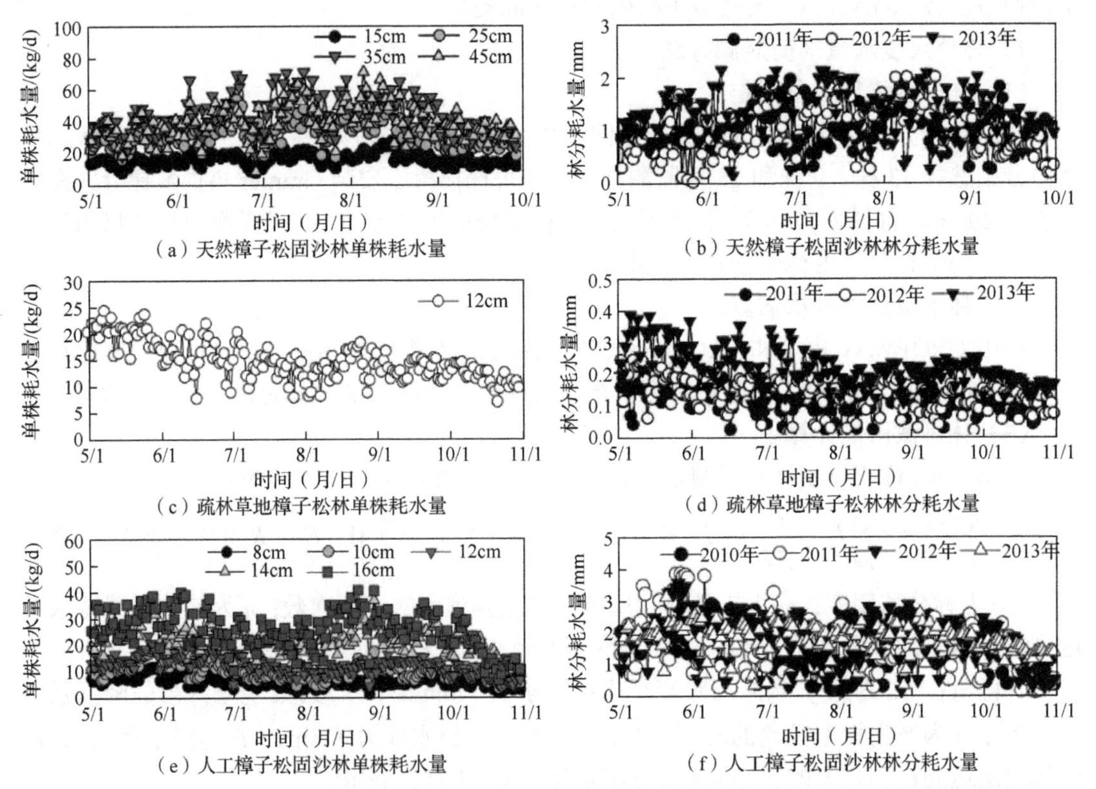

（a）天然樟子松固沙林单株耗水量
（b）天然樟子松固沙林林分耗水量
（c）疏林草地樟子松林单株耗水量
（d）疏林草地樟子松林林分耗水量
（e）人工樟子松固沙林单株耗水量
（f）人工樟子松固沙林林分耗水量

图7-37 天然樟子松固沙林、疏林草地樟子松林和人工樟子松固沙林单株及林分耗水量季节动态

人工樟子松固沙林随着径级增加，单株耗水量呈增加趋势；不同径级单株平均耗水量分别为6.2kg/d、10.3kg/d、12.5kg/d、21.6kg/d和26.1kg/d［图7-37（e）］。生长季林分平均

单株耗水量为 12.3kg/d，林分总的蒸腾耗水量相当于降雨量 312.7mm（294.6～327.7mm），占同期降雨量的 62%（58%～71%）[图 7-37（f）]。

3）林下植被蒸散量季节动态

天然樟子松固沙林林下植被蒸散量平均为 149.3mm，占同期降雨量的 40.2%；疏林草地樟子松林林下植被蒸散量平均为 267.4mm，占同期降雨量的 70.4%；人工樟子松固沙林下植被蒸散量平均为 148.6mm，占同期降雨量的 28.9%（图 7-38）。

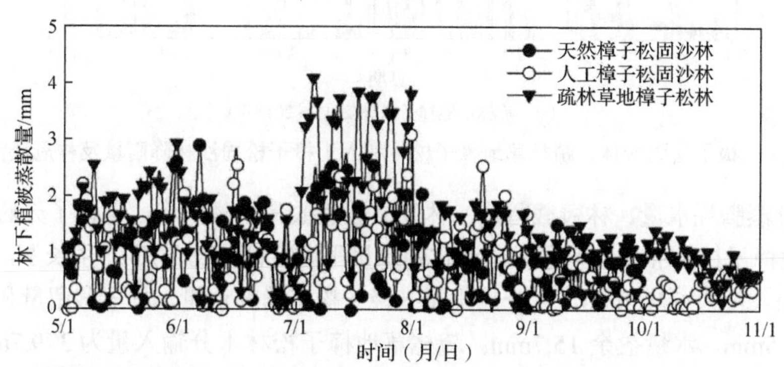

图 7-38　天然樟子松固沙林、疏林草地樟子松林和人工樟子松固沙林下植被蒸散量季节动态

4）林冠截留量特征

天然樟子松固沙林平均林冠截留量为 47.8mm，占同期降水量（371.2mm）的 13%；疏林草地樟子松林平均林冠截留量为 13.7mm，占同期降水量（379.7mm）的 4%；人工樟子松固沙林平均林冠截留量为 92.0mm，占同期降水量（514.7mm）的 18%（图 7-39）。

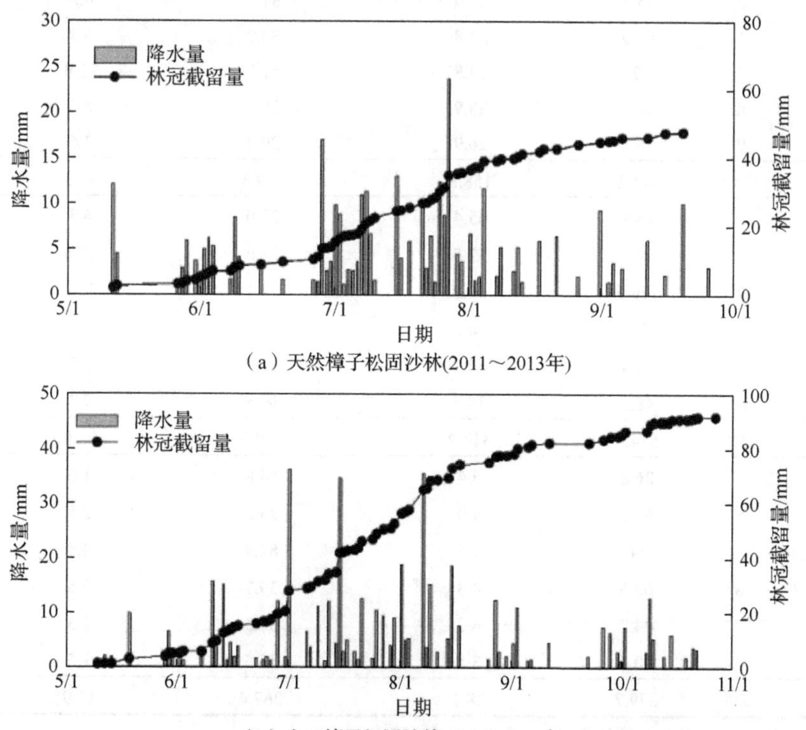

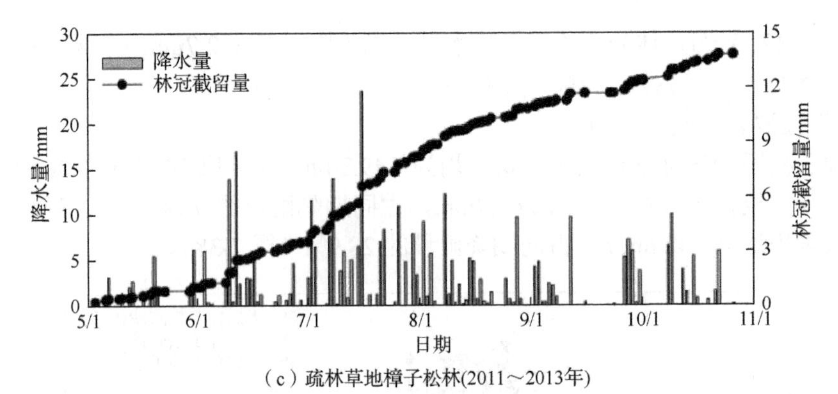

（c）疏林草地樟子松林(2011～2013年)

图 7-39 天然樟子松固沙林、疏林草地樟子松林和人工樟子松固沙林降雨量及林冠截留量特征

基于林分蒸腾耗水量、林冠截留量、林下植被蒸散量和降水量，量化了天然樟子松固沙林、疏林草地樟子松林和人工樟子松固沙林的水量平衡特征（表 7-17）。生长季，天然樟子松固沙林水分输入量为 371.2mm，水分输出量（樟子松蒸腾耗水量、林冠截留量和林下植被蒸散量）为 355.5mm，水量盈余 15.7mm；疏林草地樟子松林水分输入量为 379.7mm，水分输出量为 309.3mm，水量盈余 70.4mm；人工樟子松固沙林水分输入量为 514.7mm；水分输出量为 553.7mm，水量亏缺 39.0mm。

表 7-17 不同类型樟子松林水量平衡特征

类型	月份	降水量/mm	林分蒸腾耗水量/mm	林下植被蒸散量/mm	林冠截留量/mm	亏缺量/mm
天然樟子松固沙林（2011～2013 年）	5	35.3	27.9	31.6	4.3	-28.5
	6	65.9	32.8	34.2	9.7	-10.8
	7	167.2	34.8	42.7	22.0	67.7
	8	66.8	35.9	20.4	8.3	2.2
	9	36.1	26.9	20.4	3.6	-14.8
	合计	371.2	158.3	149.3	47.9	15.7
人工樟子松固沙林（2010～2013 年）	5	46.4	65.4	27.0	4.7	-50.7
	6	58.8	57.5	27.6	14.6	-40.9
	7	176.5	50.2	40.1	33.2	53.0
	8	150.1	50.5	29.7	25.2	44.7
	9	34.4	54.1	13.7	6.9	-40.3
	10	48.5	35.5	10.5	7.4	-4.9
	合计	514.7	313.2	148.5	92.0	-39.0
疏林草地樟子松林（2011～2013 年）	5	26.8	6.4	54.8	1.0	-35.4
	6	64.6	4.9	33.2	2.5	24
	7	134.7	4.5	82.9	4.8	42.5
	8	68.5	4.3	39.7	2.6	21.9
	9	44.7	4.2	30.3	1.5	8.7
	10	40.4	3.8	26.5	1.5	8.6
	合计	379.7	28.1	267.4	13.9	70.3

注：由于数据修约，“合计”行数值可能与加和有些许差异。

上述结果表明，降水完全可以满足天然樟子松固沙林和疏林草地樟子松林生长的需要，水量盈余；但不能满足人工樟子松固沙林生长需要，水量失衡，至少需要吸收 39mm 地下水方能维持水量平衡。然而，在引种区科尔沁沙地南缘的章古台，每隔 15 年出现一次极端干旱，极端干旱年份地下水位急剧下降，极易引发人工樟子松固沙林衰退。

7.4.3　"林田水草沙"综合系统失调机制

科尔沁沙地（我国面积最大的沙地）南缘章古台地区，自 20 世纪 50 年代初，开始引种沙地樟子松用于固沙造林试验，引种试验初获成功后，在我国三北地区大面积推广。直到 20 世纪 80 年代末 90 年代初，章古台地区最早引种的樟子松固沙林出现大面积衰退现象。关于樟子松固沙林衰退的原因，常被简单地认为，由于大面积营造的樟子松固沙林就是"抽水机"，造成沙区地下水位大幅下降（20 世纪 50 年代固沙造林之初，地下水位 0.8m，20 世纪 90 年代地下水位急速下降至 5.0m），进而导致衰退发生（朱教君等，2005b；Zheng et al.，2012），生态环境迅速恶化（朱教君等，2016）。事实上，在大面积发展樟子松固沙林后，随着成林、稳定，沙地得到有效治理，生态环境大幅度提升，使农田等经济开发成为可能，经济效益大幅提升。整体区域内山、水、林、田、草等生态系统的构成发生了根本性变化；对于沙区，如果"山水林田水草沙"各系统之间水量失衡，势必会造成各系统崩溃。为探明"山水林田水草沙"系统失调导致樟子松固沙林衰退的机制，朱教君等（2005a）以科尔沁沙地南缘章古台地区最典型的沙地樟子松固沙林衰退为对象，选择相对独立的章古台地区，总面积 257km^2（122°23′～122°40′E，42°35′～42°47′N，平均海拔为 224m），通过对防护林、草地、农田、沙地各系统的时空变化、耗水特征以及包括地下水位在内的水资源长期监测，确定了樟子松固沙林衰退的"林田水草沙"系统失调机制（朱教君等，2005b，2016；Zheng et al.，2012）。

7.4.3.1　章古台地区土地利用/各生态系统遥感监测方法

为说明沙地人工樟子松固沙林对沙地环境的作用，首先，利用国家统计资料和遥感影像，获得章古台地区沙地樟子松引种前和引种后不同时期（1953～2009 年，约每 10 年 1 期，计五期）的土地利用变化情况，即各生态系统的时空变化情况；之后，估算不同时期各土地利用类型（生态系统）的耗水量，确定章古台地区的耗水格局，并建立与地下水下降的关系；最后，结合樟子松的生态习性、地下水下降以及气候条件，阐明樟子松固沙林衰退的"林田水草沙"系统失调机理。

1）土地利用（生态系统）变化监测

利用 1953 年历史资料（包括植被图、带有植被类型的地形图和统计数据）和四期（1979 年、1988 年、2001 年、2009 年）Landsat MSS/TM/ETM 遥感影像，通过目视解译的方法，获得历史时期章古台地区土地利用（生态系统）变化。土地利用（生态系统）类型分为针叶林（樟子松）、阔叶林（杨树）、灌丛、农田（旱地）、水田、水域、草地、裸沙地。

2）土地利用（生态系统）耗水量估算

利用改进的 CROPWAT 模型估算针叶林（樟子松）、阔叶林（杨树）、灌丛、农田（旱地）、水田、水域、草地、裸沙地耗水量，即

$$ET = ET_0 K_c K_s \tag{7-27}$$

式中，ET_0为作物蒸散量，通过式（7-18）计算获得；K_c为作物系数；K_s为压力系数。

对于樟子松、杨树、灌丛，作物系数利用 FAO-56 双作物系数法获得式（7-28）（Zheng et al.，2012）。

$$K_c = K_{cb} + K_e \tag{7-28}$$

式中，K_{cb}为基本作物系数；K_e为土壤蒸发系数（Zheng et al.，2012）。

胁迫系数 K_s 由式（7-29）获得。

$$W_d < W_c, K_s = 1.0; W_d \geqslant W_c, K_s = \sin\frac{\pi}{2}\frac{100 - W_d}{100 - W_c} \tag{7-29}$$

式中，W_d为在出现干旱胁迫时的临近点；W_c为实际耗水百分比。

针叶林（樟子松）、阔叶林（杨树）、灌丛、农田（旱地）、水田、水域、草地、裸沙地在改进的 CROPWAT 模型中的参数，如表 7-18 所示。

表 7-18 各土地利用类型（生态系统）在 CROPWAT 模型中的参数

植物类型	植物参数					土壤参数				
	高度/m	植被覆盖度/%	有效根系深度/cm	生长季开始（月/日）	生长季结束（月/日）	土壤类型	土壤有效含水量/%	最大降水下渗率/（mm/d）	最初土壤含水量/%	实际土壤含水量/%
樟子松	6.2	64.7	60	5/1	10/27	风积土	80	30	0	0
杨树	7.5	47.6	80	5/1	10/17	风积土	80	30	0	4
灌丛	1.6	30	30	5/1	10/7	风积土	80	30	0	17
草地	0.3	40	30	5/1	9/27	风积土	80	30	0	15
玉米	2	70	20	4/21	9/27	风积土	140	30	0	—
水稻	—	80	30	5/2	10/1	冲积土	290	40	0	—

除了针叶林（樟子松）、阔叶林（杨树）、灌丛、农田（旱地）、水田、水域、草地、裸沙地耗水以外，还有居民生活、畜牧、工业用水等。

裸沙地蒸发耗水量采用式（7-30）计算获得。

$$E = P(1 - \lambda), \quad \lambda \geqslant 0 \tag{7-30}$$

式中，E 为沙地蒸发量（沙地耗水量）；P 为降水量；λ 为降水补给系数（%），分时间段确定：1953～1979 年的降水补给系数 λ=0.5（郑晓等，2013）；1979 年的降水补给系数 λ=0.5；由于 1980 年后地下水水位不断下降，造成降水无法补给地下水，即 λ=0，因此，1980～2009 年的降水补给系数取其平均值，即 λ=0.25（图 7-40）。

居民耗水（household water use，HWU）通过每个阶段不同的人均耗水量（average per capita water use，AW）乘以居民人数 N 获得式（7-31），畜牧、工业用水等由于相对量较少，包括在居民耗水中。

$$HWU = AW \times N \tag{7-31}$$

人均耗水量与居民人数通过当地统计数据获得：1953～1978 年、1979～1987 年、1988～2001 年和 2001～2009 年各区间的人均耗水量分别为 20.0L/d、30.0L/d、50.0L/d 和 62.5L/d。

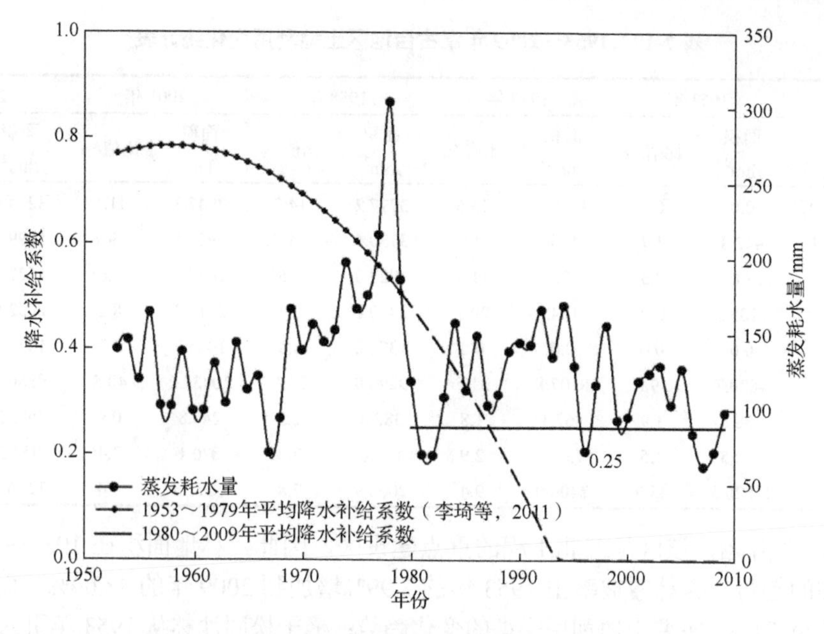

图 7-40　1953～2009 年裸沙地降水补给系数和蒸发耗水量变化（Zheng et al.，2012）

7.4.3.2　章古台地区人工樟子松固沙林衰退机制

1）土地利用变化分析

1953～2009 年章古台地区土地利用总趋势：林地和耕地面积逐渐增加、沙地面积逐渐减少（图 7-41 和表 7-19）。林地面积增加主要是由于 1955 年开始引进的樟子松固沙林，同

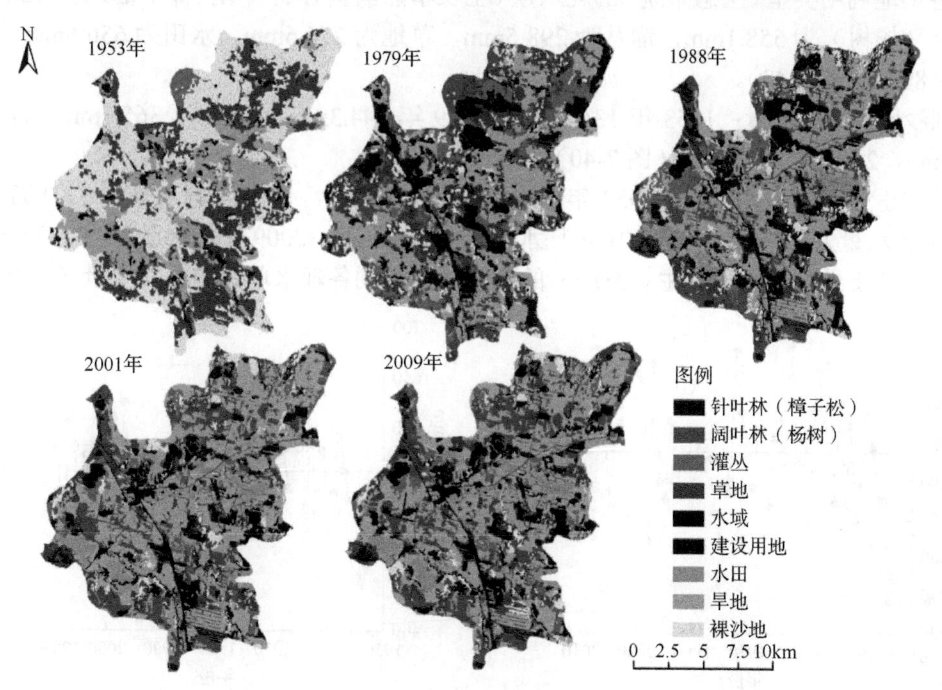

图 7-41　1953～2009 年章古台地区土地利用变化图

表 7-19 1953～2009 年章古台地区土地利用变化统计表

土地利用	1953 年		1979 年		1988 年		2001 年		2009 年	
	面积/hm²	比值/%	面积/hm²	比值/%	面积/hm²	比值/%	面积/hm²	比值/%	面积/hm²	比值/%
针叶林（樟子松）	0.0	0.0	3488.3	13.6	3777.2	14.7	2947.3	11.5	3214.4	12.5
阔叶林（杨树）	442.3	1.7	2416.7	9.4	3730.4	14.5	4921.5	19.1	5099.9	19.8
灌丛	584.9	2.3	2923.3	11.4	1927.0	7.5	1442.6	5.6	1629.8	6.3
草地	7105.2	27.6	5184.4	20.1	2430.1	9.4	2117.3	8.2	2052.6	8.0
水田	0.0	0.0	0.0	0.0	1375.2	5.3	1465.7	5.7	1475.6	5.7
旱地	4890.7	19.0	8107.8	31.5	9296.0	36.1	10433.2	40.5	9880.7	38.4
水域	488.3	1.9	467.1	1.8	382.3	1.5	240.8	0.9	208.3	0.8
建设用地	398.5	1.5	736.5	2.9	811.0	3.2	870.1	3.4	952.5	3.7
裸沙地	11820.3	45.9	2406.0	9.4	2000.9	7.8	1291.6	5.0	1216.2	4.7

时，自 1978 年开始，该区是三北工程的重点建设区，因此，林地面积在 1953～2009 年一直处于增加的趋势，森林覆被率由 1953 年的 3.99%增加到 2009 年的 38.64%；而同期沙地面积减少了 89.71%。主要土地利用类型的变化趋势：樟子松固沙林从 1953 年引入，1988 年达到其最大值（3777.2hm^2），随后减少，而 2001～2009 年又有增加的趋势；杨树固沙林从 1953～2009 年一直处于增加的趋势，到 2009 年占章古台地区总面积的 19.8%；水田从无到有，农田（旱地）不断增长，农田呈现迅猛发展趋势；裸沙地面积比例从 1953 年的 45.5%降至 2009 年的 4.7%。综上，章古台地区的土地利用结构发生了彻底改变（图 7-41 和表 7-19）。

2）各耗水单元（土地利用类型或生态系统）的耗水量

各土地利用类型（生态系统）的耗水量（生长季蒸散量）：针叶林（樟子松）为 415.2mm，阔叶林（杨树）为 558.1mm，灌丛为 298.5mm，草地为 276.6mm，水田为 656.6mm，旱地为 339.8mm（图 7-42）。

裸沙地蒸发耗水量：1953 年 134.8mm，1979 年 244.3mm，1988 年 365.1mm，2001 年 447.8mm，2009 年 418.0mm（图 7-40）。

各年份生活用水耗水量：1953 年耗水量为 4.90 万 m^3，1979 年耗水量为 13.9 万 m^3，1988 年耗水量为 18.6 万 m^3，2001 年耗水量为 25.5 万 m^3，2009 年耗水量为 29.6 万 m^3。

基于各土地利用类型（生态系统）的耗水量，得到各耗水单元的总耗水量（图 7-43）。

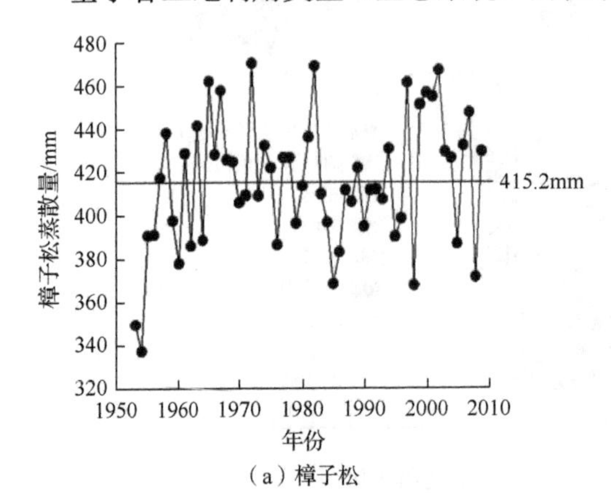

（a）樟子松

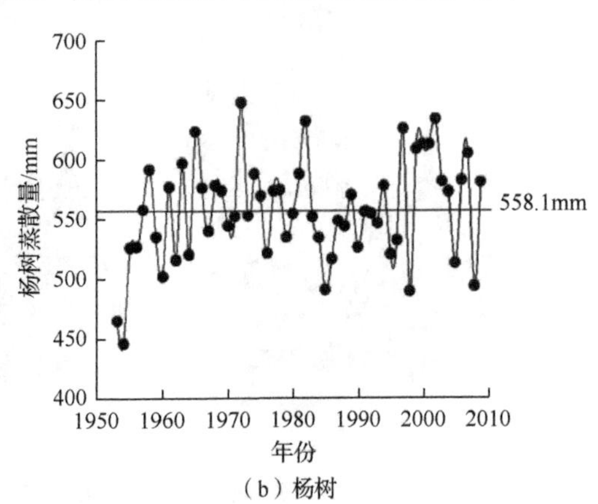

（b）杨树

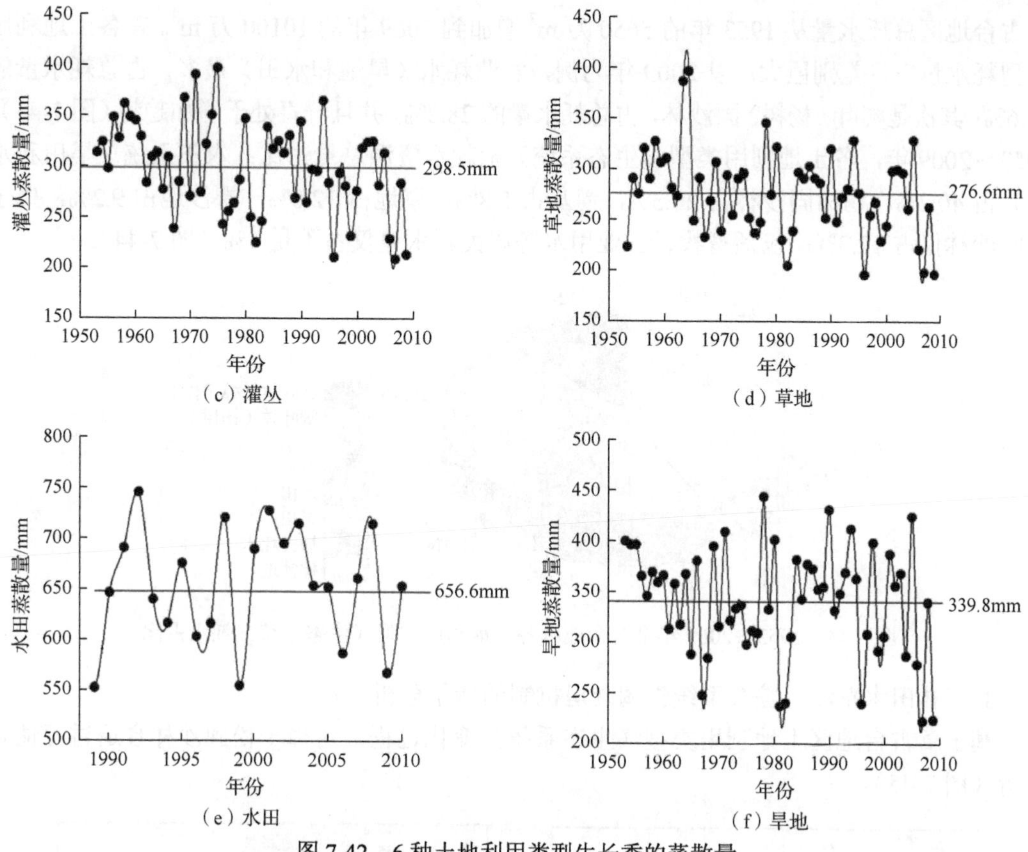

图 7-42　6 种土地利用类型生长季的蒸散量

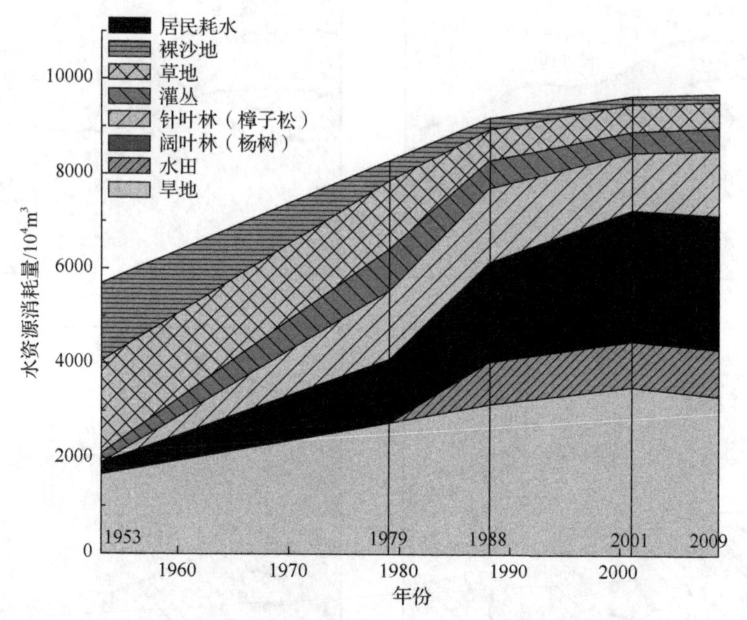

图 7-43　1953～2009 年章古台地区各单元耗水总计图

注：阔叶林（杨树）数据较小，图中未体现。

章古台地区总耗水量从 1953 年的 5650 万 m^3 增加到 2009 年的 10100 万 m^3。在各土地利用类型耗水量中，差别巨大：以 2009 年为例，农业耗水（旱地和水田）最多，占总耗水量的 44.6%；其次是阔叶（杨树）固沙林，占总耗水量的 28.2%，并且一直处于增加趋势（图 7-43）。1953～2009 年，各土地利用类型（生态系统）消耗水资源总量占比：农田系统（旱田和水田）占 40.2%，杨树固沙林占 20.3%，灌丛占 5.8%，草地占 12.0%，裸沙地占 9.2%，樟子松固沙林仅占 12.3%；包括畜牧、工业用水等居民耗水量仅占不足 1%（图 7-44）。

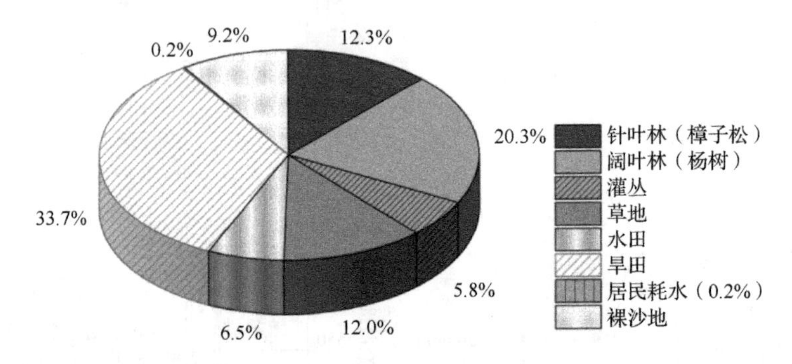

图 7-44 1953～2009 年章古台地区各土地利用类型（生态系统）耗水占比

3）“林田水草沙”综合系统失调衰退机制的情景分析

基于章古台地区土地利用类型（生态系统）变化过程，对樟子松固沙林衰退进行情景分析（图 7-45）。

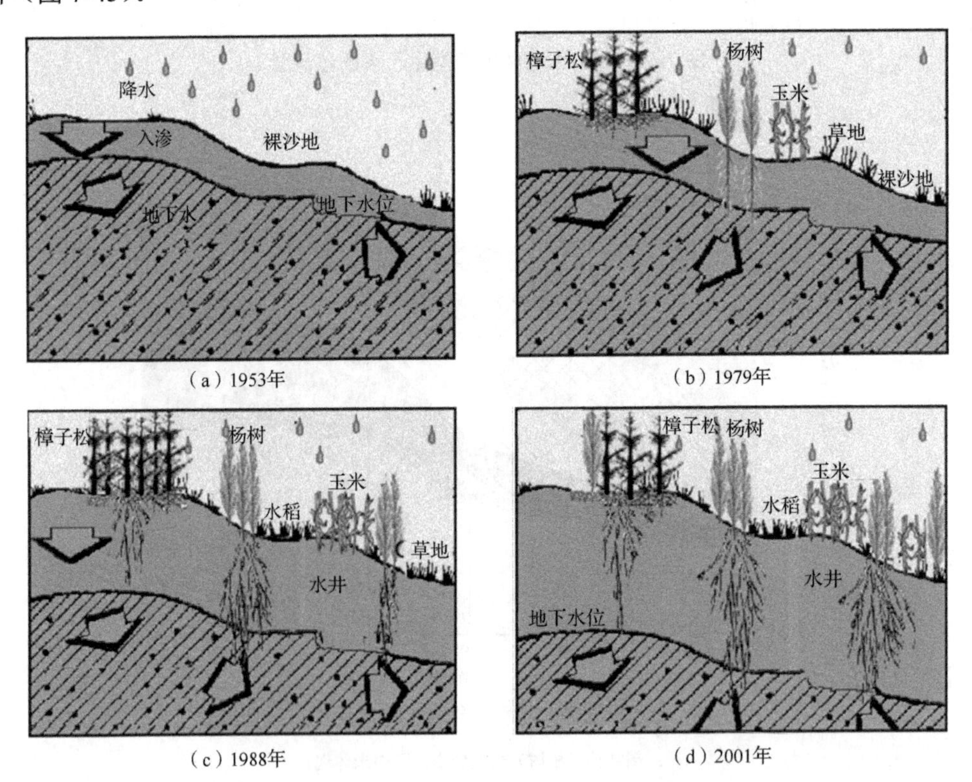

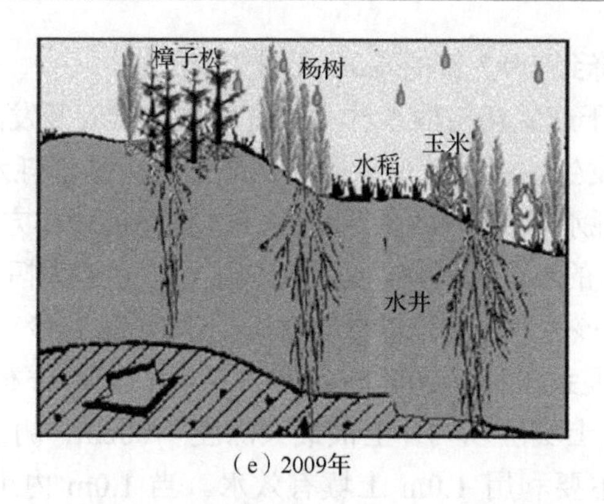

（e）2009年

图 7-45　1953～2009 年章古台地区土地利用类型变化过程与樟子松衰退机制情景分析示意图

1953 年，在引入樟子松进行固沙造林之初，章古台地区以退化草地和裸沙地为主体［图 7-45（a)］，地下水位为 0.7m（图 7-46）。

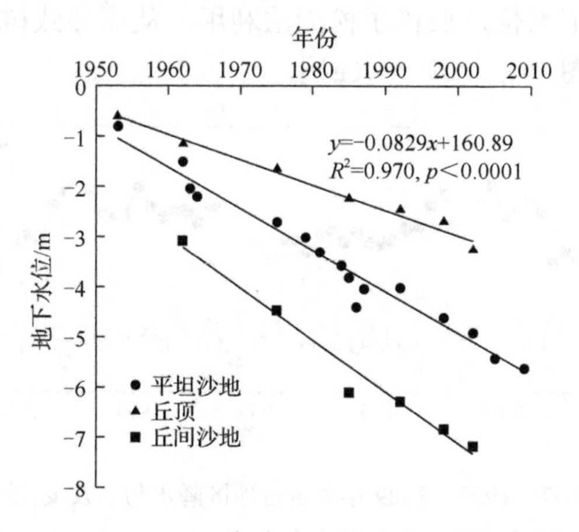

图 7-46　1953～2009 年章古台地区地下水位变化过程

1954～1979 年，樟子松固沙林开始营建，无论是土壤水还是地下水均可满足樟子松固沙林生长。樟子松引种约 15 年，已逐渐成林、稳定，再加上原生阔叶林、灌丛和草地，形成了有效防护体系，章古台地区沙地得到有效治理，生态环境得到了改善，使农田开发成为可能，即农作物得到有效防护，从而使经济效益（短期效益）大幅度提升。在此期间，人们看到了固沙造林可以带来经济效益，樟子松固沙林进一步扩大，少量杨树防护林开始栽植［图 7-45（b)］。

1979～1988 年，三北工程启动，加速了防护林建设的步伐，营建防护林成为全民共识。由于人们认识到防护林的有效防护作用，特别是章古台地区固沙造林可防止风沙、保护农田，带来巨大经济效益，使人们营造防护林的热情进一步提高。由于防护林营建与农田开发、迅速获得经济效益直接相关，为了尽快获得防护林的防护功能，便开始营造深根性、高耗水，但能迅速成林、起到防沙效果的杨树固沙林；随着速生杨树固沙林的增加，沙地不断开垦、农田（甚至在 20 世纪 80 年代初沙区开发了水田）面积大幅度增加［图 7-45（c)］。与 1953 年相比，由于章古台地区植被覆盖度与农田面积的增加，导致用水量增加，地下水位从 1953 年的 0.7m 下降到 1987 年的 4.0m（图 7-46）。

1988～2001 年，由于速生杨树固沙林大幅度增加，对应开发的农田面积也不断扩张，章古台地区的耗水格局发生了根本改变；除杨树固沙林大量消耗水资源（深根系直接吸收地下水）外，农田蒸散耗水和农作物生长抽取地下水灌溉的耕作方式则消耗了更多的水资源[图 7-45（d）]。如此大量的水资源消耗，无疑造成了地下水位大幅下降。自 1987 年的 4.0m 下降至 2010 年 5.3m，即该区地下水位以每年 0.1m 下降（图 7-45）（Song et al.，2015）。

由于樟子松属于浅根系树种，2001～2009 年，80%根系分布于 0～40cm 土壤层内，98%的根系分布在 1.0m 土壤层以内；主根最大深度<400cm；侧根覆盖表层土半径 200～300cm。因此，樟子松主要利用 1.0m 土壤有效水。当 1.0m 内土壤水分不满足樟子松生命活动的需水量时，可以通过地下水的毛细管上升直接或间接地吸收地下水（Cooper et al.，2006）。然而，在极端干旱年份（该区每 15 年左右出现一次极端低降水，约为常年平均降水量的一半，图 7-47），土壤水产生严重干旱胁迫；当樟子松需要利用地下水维持其生存时，由于地下水位过低樟子松无法利用，从而导致树势减弱、病虫害侵入，进而出现大面积衰退[图 7-45（c）～（e）]。

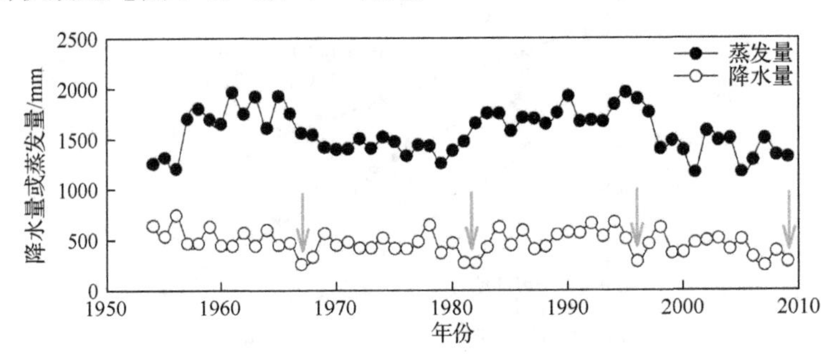

图 7-47　1953～2009 年章古台地区降水与蒸发变化过程

从樟子松固沙林衰退的情景分析过程可知，早年营建的樟子松固沙林衰退的确是由于地下水位下降所导致的；但是，地下水位下降并不是人们直观认为的大面积营造樟子松固沙林成为“抽水机”造成的。事实上，章古台地区在 1953～2009 年的水资源利用中，农田系统耗水占 40.2%，杨树固沙林占 20.3%，草地占 12%，裸沙地占 9.2%，樟子松固沙林仅占 12.3%（图 7-44），即，樟子松固沙林衰退是与其他土地利用类型的水资源耗水密切相关，真正原因是“林田水草沙”各系统失衡带来的后果。

7.5 衰退防护林的生态恢复

生态恢复是指基于防护林衰退机制，依据生态学原理，通过一定的途径修复或重建衰退的防护林，使其结构与功能达到满足防护需要的状态。以樟子松固沙林为例，针对三北沙区防护林衰退的“重灾区”，确定以调控水资源为核心的沙地樟子松固沙林恢复机理。首先，基于水资源承载力，对三北沙区进行生态适宜性评价并区划；之后，形成三北沙区樟子松造林规划图，对于已存在衰退的樟子松固沙林，提出树种更替和密度调控等相应调控对策。

7.5.1　三北沙区生态适宜性评价与区划

三北沙区生态适宜性评价是区划的核心，依据三北沙区的水热因子，特别是水资源承载力，结合樟子松树木生长季蒸腾耗水和树冠截留降水规律以及温度变化情况（蒸散），确定三北沙区樟子松生态适宜性区划标准并进行评价（表 7-20），据此，对恢复区进行樟子松造林区划（图 7-45），划分为樟子松纯林区、疏林草地樟子松林区和非适宜区。

（1）樟子松纯林区（占总面积 4.4%，图 7-48）：主要分布于呼伦贝尔沙地，降水量满足樟子松正常生长需要，可以营造樟子松纯林。

（2）疏林草地樟子松林区（占总面积 27.7%，图 7-48）：主要分布于三北地区东部，集中于科尔沁、浑善达克和毛乌素沙地，降水量不能满足大面积纯林正常生长耗水需求，该区造林应以疏林草地为主。

（3）非适宜区（占总面积 67.9%，图 7-48）：主要位于三北地区的中西部、受八大沙漠影响的区域，降水量少，不能满足沙地樟子松生长耗水需求，不适合樟子松造林。

表 7-20　基于水热条件的三北沙区樟子松生态适宜性区划标准

年均温度/℃	年均降水量/mm		
	樟子松纯林区	疏林草地樟子松林区	非适宜区
≤0	>350	250～350	<250
0～5	>400	300～400	<300
>5	>450	300～450	<300

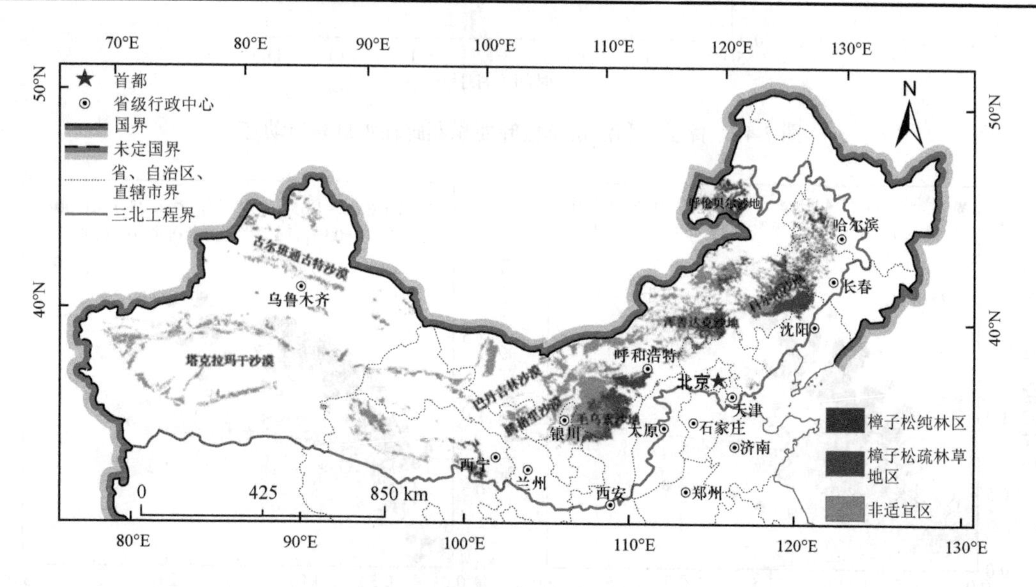

图 7-48　三北防护林工程建设区现有沙区樟子松造林规划图（分辨率 1km）

7.5.2 衰退防护林恢复与重建

1. 衰退防护林恢复

1）树种更替

针对樟子松固沙林衰退现象，Song 等（2022）通过热扩散技术量化了科尔沁沙地南缘引进树种樟子松和乡土树种油松蒸腾耗水特征，比较了两树种对干旱响应的差异。结果表明，生长季，樟子松单位叶面积蒸腾耗水量平均为 1.1mm/d（0.1～2.0mm/d），而油松单位叶面积蒸腾耗水量平均为 0.7mm/d（0.1～1.0mm/d）（图 7-49）。从无干旱胁迫到干旱胁迫，水汽压亏缺和太阳辐射对樟子松单位叶面积蒸腾耗水量变化的解释程度分别从 78%降至 45%和 79%降至 58%，而对油松单位叶面积蒸腾耗水量变化的解释程度分别从 76%降至 59%和 74%降至 63%（图 7-50）。

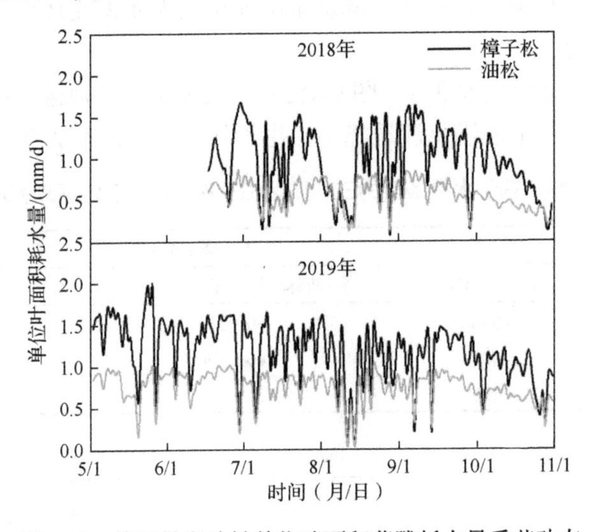

图 7-49 樟子松和油松单位叶面积蒸腾耗水量季节动态

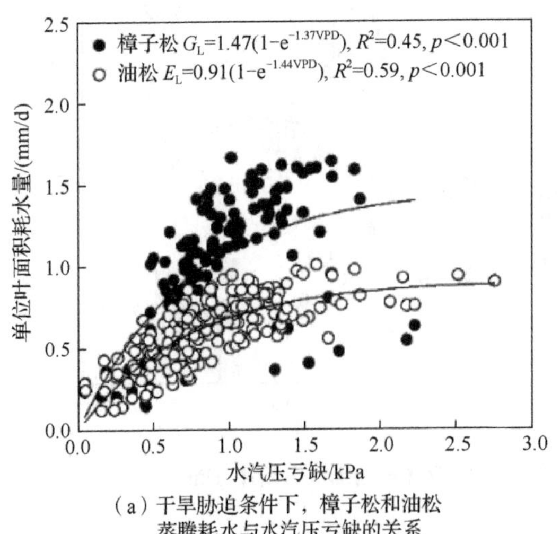

（a）干旱胁迫条件下，樟子松和油松蒸腾耗水与水汽压亏缺的关系

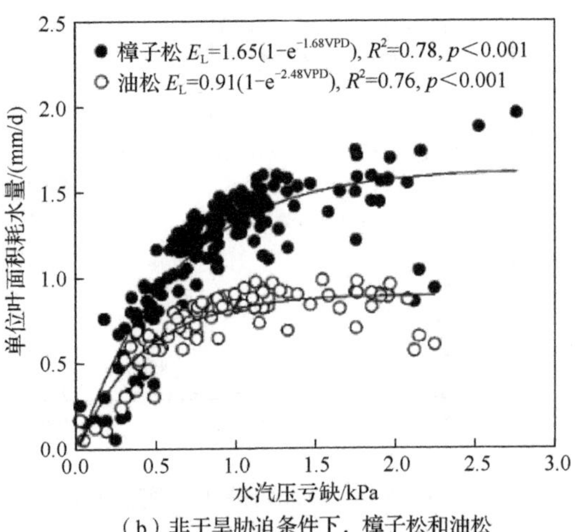

（b）非干旱胁迫条件下，樟子松和油松蒸腾耗水与水汽压亏缺的关系

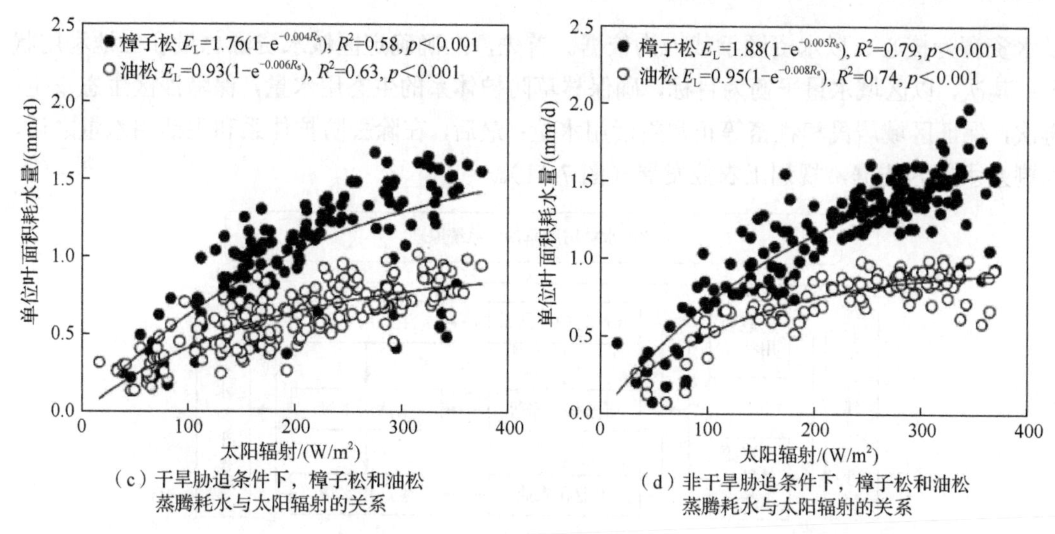

（c）干旱胁迫条件下，樟子松和油松蒸腾耗水与太阳辐射的关系

（d）非干旱胁迫条件下，樟子松和油松蒸腾耗水与太阳辐射的关系

图 7-50　樟子松和油松蒸腾耗水与环境因子在干旱胁迫和非干旱胁迫条件下的关系

注：R_s为太阳辐射值。

比较樟子松和油松蒸腾耗水结果发现，引进树种樟子松单位叶面积蒸腾耗水速率高于乡土树种油松；而且随干旱程度增加，水汽压亏缺和太阳辐射对樟子松蒸腾耗水变化解释的降低程度高于油松，表明樟子松蒸腾耗水对干旱胁迫更敏感（Du et al.，2011），主要与其根系分布较浅有关。樟子松 85%的根系分布在 0～40cm 土层中（Zhu et al.，2008a），其更加依赖浅层土壤水，对干旱胁迫更敏感；而油松具有较深的根系分布，能够在干旱条件下利用深层土壤水（地下水）维持正常生理活动和生长（Song et al.，2020a）。因此，在地下水位较深地区，应考虑用乡土树种油松替代引进树种樟子松。

2）经营密度调控

在三北沙区樟子松生态适宜性评价与区划基础上，计算了不同区域、不同年龄樟子松的蒸腾耗水量。基于水量平衡，确定三北沙区樟子松固沙林不同区域全生命周期经营密度，并据此提出相应经营密度调控对策。

对于现存尚未衰退的人工樟子松固沙林，由于大面积人工樟子松固沙林（纯林）密度偏高，因此，对不同年龄的樟子松固沙林应根据全生命周期经营密度，开展不同强度的间伐，降低土壤水分消耗，从而使现有林分生长与土壤水分承载力相适应。对于衰退人工樟子松固沙林，应按照衰退程度，进行疏伐、卫生伐、皆伐等措施，降低林木间对土壤水分的竞争，在大幅度降低樟子松林分密度的同时，积极引进选用抗逆性强的乔灌木树种、草种，将现有人工樟子松纯林逐步改造成混交林（图 7-48）。

2. 衰退防护林重建

对于衰退严重且难以恢复的樟子松固沙林，应进行重建。樟子松固沙林衰退不仅仅与樟子松固沙林本身有关，而且与其他土地利用类型对水资源消耗密切相关，也就是“林田水草沙”各系统失衡造成的。因此，衰退防护林重建应遵循“山水林田湖草沙”系统原理，以水资源为核心、以水资源承载力为依据。首先，准确确定区域水资源总量和土地利用状况；其次，以区域水量平衡为目标，确保林草防护体系的生态用水量，保障沙区生态安全；再次，保证区域居民和牲畜等正常生活用水量；最后，在除去防护体系和生活用水量之后，以剩余水量为依据，规划工农业发展（图 7-51）。

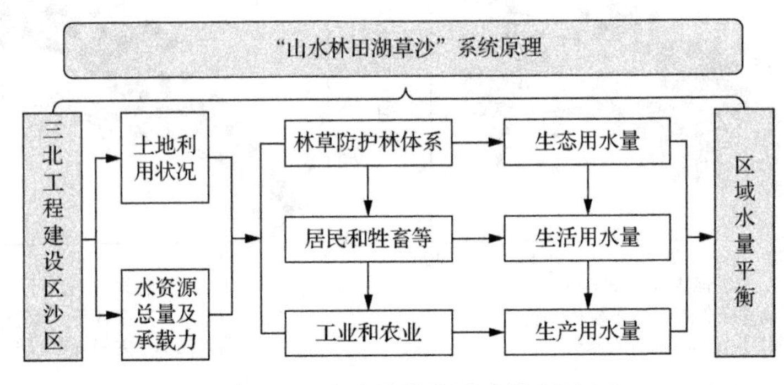

图 7-51 衰退防护林重建思路图

第 8 章 防护林经营技术

防护林经营技术是实现防护林功能高效、稳定、可持续目标的技术保障。而一般森林经营技术以培育优良木材为目标，或以取得最大经济效益为目的，对于以获得生态防护效应为目的的防护林经营并不完全适用（朱教君等，2016；Zhu and Song，2021）。防护林经营技术主要是基于防护林防护成熟与阶段定向经营理论的各项技术。根据防护林阶段定向经营原理，经营的核心是使防护林向着防护成熟状态发展，或保持防护成熟状态，一切经营技术与措施必须围绕这一目标。因此，正常生长发育的防护林以防护成熟前期、成熟期和更新期经营技术为主；对于衰退的防护林，则根据衰退防护林恢复原理施以经营技术，使其恢复。

8.1 防护成熟前期经营技术

防护林防护成熟前期的经营目标是促进防护林树木生长发育，使林分/林带整体上尽早达到全面、有效的防护状态（姜凤岐等，2003）。该阶段所有的经营措施都应紧紧围绕加速林木生长、尽可能提前实现防护成熟状态为中心进行。在防护成熟前期，树木间的竞争并不激烈，影响树木生长的主要因素是林地水、肥等基本条件的保障。因此，防护成熟前期经营技术的重点是林地和幼林的抚育技术。本节以带状农田防护林为例，阐明防护成熟前期的林地和幼林抚育技术。

8.1.1 林地除草与施肥技术

8.1.1.1 林地除草技术

林地除草的目的是为防护林树木生长营造优质环境条件，及时清除与林木生长争夺养分和水分的杂草和杂灌等，以确保树木幼苗成活并得以正常成长。合适的除草方式不仅可以直接促进造林树种的生长，还能改善造林树种的土壤环境条件，使得防护林及早发挥防护效应（姜凤岐等，2003）。

农田防护林目标树种在幼苗时期的生长受到杂草、杂灌、藤本植物等影响，应及时进行除草。除草的年限取决于造林地的立地条件、林带的生长状况及经营强度（武生权和丁博志，2012）。一般林带林地的除草到全面郁闭为止，为期 3～5 年，每年 1～3 次（翟明普和沈国舫，2016）；盐碱地及年降水量为 300～500mm 的半干旱地区，抚育年限可延长到 5～7 年。林带林地除草可采取带状、垄状和全面除草等 3 种方式进行（翟明普和沈国舫，2016）。除草应做到里浅外深，不伤害苗木根系，深度以 5～15cm 为宜；水分条件差的地方应适当加深。风沙区第 1 年和第 2 年不应进行全面除草，应沿树行带状除草，行间应保留草带，并在林带达到初始防护成熟龄后再全面除草。武生权和丁博志（2012）对吉林省梨树县幼龄农田防护林进行除草抚育，观测表明，幼龄林除草抚育可使造林成活率和保存率分别提高 11.8%和 14.8%；树高和胸径生长量分别提高 20%和 24%。

8.1.1.2 林地施肥技术

林地施肥的主要目的是以营养元素来保证防护林林木对矿物质营养方面的要求，提高林木的生长量和生产力。施肥不仅可以直接供给林木营养，而且可用有机肥料和绿肥增加土壤有机质。因此，施肥结合适当的耕作措施，能改善土壤的结构和孔隙状况，为防护林林木生长创造良好的土壤条件。此外，施肥还能改善土壤微生物的生存条件（矿质营养物质、能源和土壤反应等），增加它们对林木营养的有利作用（姜凤岐等，2003）。

土壤比较贫瘠，肥力不高，难以长期满足中幼龄林林地防护林林木生长的需要，包括一些多代连续栽植某些针叶树的纯林，其微量元素等各种营养物质极度缺乏，地力衰退，应进行施肥；另外，受皆伐、疏伐或修枝、搂薪等人为因素影响，归还土壤的枯落物数量逐年减少，造成土壤有机质大量损失的中幼龄林林地，应进行施肥（翟明普和沈国舫，2016）。

农田防护林林地施肥应以氮肥为主，也可适量配以磷肥，以提高肥效（魏庆莒，1993）；目前常用的化肥有尿素、硫酸铵、过磷酸钙等。施肥量、施肥次数可根据树种的生物学特性、林龄、土壤贫瘠程度和土壤质地、施用肥料种类等确定（王力和侯庆春，2000）。幼龄林施肥一般为 3～7 年，以每年春季和夏初施肥为宜（魏庆莒，1993）。氮肥及钾肥（硫酸钾或氯化钾）溶解度高，易于流失，在沙质土壤中施用应根据少量多次的原则施用。黏质土壤保肥性能良好，肥效持续期长，为节省劳力，施肥间隔期可长一些（王力和侯庆春，2000）。施肥方法可采用穴施、环状沟施、放射状沟施及树两侧开沟株间施肥等。韦炜和谢元福（1997）研究了沙地农田林网二白杨氮（N）和磷（P）施肥，试验表明，单株树木最佳施肥量 N 为 160g、P 为 60g，N∶P 为 2.67∶1，施肥后材积增益可达 92.4%；尤其在立地条件差，土壤瘠薄的地段，效益更加显著。在幼龄杨树农田防护林施肥，可提高生长量，尽快起到防护效应，同时可提高木材产量，经济效益较不施肥提高 86.1%。

8.1.2 幼林综合抚育技术

幼林综合抚育的主要目的是提高防护林造林的保存率，促进幼树生长和加速幼林郁闭。新造幼林，特别是在造林后的前几年（3～5 年），常常树体矮小、根系入土浅、生长缓慢，易遭受各种不良环境因子的危害，其成活和生长均不稳定。因此，除进行林地除草和施肥外，应进行松土、灌溉、定株、修枝和培垄等措施的综合抚育技术，以及其他有利于林带正常生长、发育或尽快进入防护成熟状态的技术措施等，不断排除不利因子的干扰，从而提高造林质量（姜凤岐等，2003）。

对处于蒸发强烈地区的幼龄林带，应进行松土措施，以便于切断土壤毛细管，减少土壤水分蒸发，改良土壤结构，并有利于降水的渗透。松土有利于林带幼树生长条件的改善，松土的年限决定于造林地的立地条件、林带的生长状况及经营强度（武生权和丁博志，2012；

翟明普和沈国舫，2016）；松土应进行到林带全面郁闭为止，为期 3～7 年。在水分条件较好的地段，幼树高度已稳定超出杂草层高度，即幼树不再受杂草遮光时即可停止抚育。每年松土次数 1～3 次，松土应以穴状方式为主，松土深度一般 5～15cm，必要时可增加到 20～30cm（翟明普和沈国舫，2016）。

培垄抚育是先除去带内杂草，然后进行 1 次或 2 次行间松土并培成土垄。一般是沿林带每行树木进行窄带状的培垄，抚育带的宽度可根据行距确定。培垄抚育可以促进林带树木的生长，如当年树高生长量可提高 15%～25%、胸径提高 20%～25%（武生权和丁博志，2012）。

对于因林带密度较高，导致林冠下枯死枝较多的中幼龄林，应进行修枝。修枝主要是去除林带树冠部位过密交叉枝，受人畜危害严重、病虫害严重的枝条和其他生长衰弱有碍林木生长的枝条。修枝的主要目的是改善林带结构、维持林带最适疏透度，使其尽早成型并发挥最大防护效能（姜凤岐等，2003）。无论是通风结构，还是疏透结构，其适宜疏透度最大不能超过 0.4。在风沙危害严重地区，窄林带不宜修枝；较宽的林带，边缘的林木不应修枝，内部林木则可适度修枝。

以防止干热风为主要目的林带，为保持适度的通风结构，必要时可适当修枝。以防风护田为主要目的的紧密结构林带（绿洲农田防护林），应通过修枝，使其形成疏透结构的林带。幼龄林阶段修枝高度不超过树高的 1/3，中龄林阶段修枝高度不超过树高 1/2；修枝后林带疏透度不低于 0.4（向开馥，1991）。修枝应在早春和冬季进行，该季节树液停止流动，并且树枝脆，容易修剪。

8.2 防护成熟期经营技术

防护林防护成熟期阶段的经营目标是维持防护林达到防护成熟时的结构状态，使其全面、有效、稳定地发挥防护作用。这一阶段的主要经营措施是，使林分/林带结构处于有利于防护效应发挥的最适范围。因此，以调控林分/林带结构（密度调控）为中心的抚育间伐技术，是该阶段经营技术措施的主体（姜凤岐等，2003）。

8.2.1 带状林最优结构间伐技术

8.2.1.1 基于最佳疏透度调控林带结构

农田防护林（林带）结构调控可以理解为林带疏透度的调控，抚育间伐和修枝等抚育技术就是调节林带结构，保障防护林效益可持续的重要手段（姜凤岐等，2003；朱教君，2013）。林带的抚育间伐通过改善林木本身的生长条件，促进树木生长，进而改善林带结构，促进其更好地发挥防止自然灾害、改善环境的功能（曹新孙，1983）。姜凤岐等（2003）应用疏透度主导因子模型，取平均疏透度为 0.25 时为林带最适结构参数，结合林带林分结构各主导因子，即林带高、枝下高和胸高断面积，编制成不同林带高、枝下高及其对应的最适胸高断面积和最适株数表（表 8-1、表 8-2）。对于任意一条现实林带，只要通过常规的林带调查、取得 100m 段林带的胸高断面积值，即可得到该林带的实际疏透度值；通常情况下，若林带的初植密度合理，林带进入防护成熟期后均表现为有叶期林带疏透度<0.25；这表明林带过于紧密，可以通过间伐或其他措施如修枝等进行调整，即通过改变林带的胸高断面积或枝下高使林带恢复到最适结构状态。一般间伐调整量可由式（8-1）计算获得。

$$\mathrm{TI}=\frac{G-G_{\mathrm{s}}}{G}\times 100 \tag{8-1}$$

式中，TI 为间伐强度（%）；G_s 为最适林带的胸高断面积（$m^2/100m$）；G 为现实林带的胸高断面积（$m^2/100m$）。

以东北地区杨树林带为例，确定了不同林带高和枝下高对应的最适胸高断面积（表 8-1）（林带行数在 3～7 行）。调查 100m 段林带的胸高断面积值，通过式（8-1），结合表 8-1 即可计算得出杨树林带的间伐强度。为了便于应用，通过林带直径与树高的关系，进一步换算成对林带的株数控制（表 8-2）。对于树木分化严重的林带，需要注意，实行按株数控制不易使林带真正保持在最优结构状态（姜凤岐等，2003）。

表 8-1 杨树林带不同树高及枝下高条件下 G_s 值

枝下高/m	G_s值/（m^2/100m）									
	6.0m	7.0m	8.0m	9.0m	10.0m	11.0m	12.0m	13.0m	14.0m	15.0m
1.5	3.310	2.835	2.306	2.146						
2.0	4.750	3.864	3.310	2.935	2.665	2.463	2.306	2.182		
2.5			4.340	3.734	3.310	2.999	2.763	2.578	2.429	2.306
3.0				4.750	4.111	3.653	3.310	3.045	2.835	2.665
3.5					5.106	4.448	3.965	3.598	3.310	3.079
4.0							4.750	4.251	3.864	3.558
4.5								5.022	4.511	4.111
5.0									5.267	4.750

资料来源：姜凤岐等（2003）。

表 8-2 杨树林带不同树高及枝下高条件下株数控制

枝下高/m	株数控制/（株/100m）									
	6.0m	7.0m	8.0m	9.0m	10.0m	11.0m	12.0m	13.0m	14.0m	15.0m
1.5	567	397	281	223	176					
2.0	827	542	381	283	218	173	141	117		
2.5			500	360	271	211	169	138	115	97
3.0				458	337	257	202	163	134	112
3.5					418	313	242	193	157	130
4.0							290	228	183	150
4.5								269	214	173
5.0									250	200

资料来源：姜凤岐等（2003）。

8.2.1.2　林带抚育间伐对象

林带结构是表征林带防护效能的主要指标，林带树木所处的位置对林带结构的影响尤为重要。因此，将树木对林带结构贡献的程度和林木分化状态（林木分级）作为确定林带抚育间伐对象的依据（朱教君等，1993）。

1）林带树木的分化

林带树木分化的时间受树种、密度及人为干预等多因子影响（姜凤岐等，2003）。分化现象存在的根本原因在于其边缘的特殊性，林带树木生长发育的特殊性在于林带存在较多边行，由于边行树木的营养空间大，使其表现出边行优势（朱教君等，1993）。关于林木的分化，离散度是主要标志，一般森林树木离散度近于 1.0 即应进行第一次间伐。根据实际情况，对于林带树木，离散度>1.0 时即可认为树木开始分化。

由于林带树木的离散度受林带行数、密度、年龄及人为干预所制约，因此，林带树木的分化时间也受这些因子的影响。朱教君等（1993）研究发现，未经间伐的小钻杨（4 行林带密度<1.5m×2.0m）到 5 年时即分化（姜凤岐等，2003）。

2）林带树木的分级

一般林木的分级是以获取木材为目的，因此，其分级依据是树木分化的程度，采用的方法主要是克拉夫特分级法（丁宝永等，1980；孙时轩，1992）；而林带的主要作用是防止自然灾害、保护农田，林带树木分级的目的是使林带结构经常处于最佳防护状态，以充分发挥其防护效应。因此，除根据树木分化程度外，更主要是依据林带树木对防护效能贡献的大小，即对林带结构的作用大小。以下是林带各级树木的特征。

（1）林带树木周围 5m 外无其他树木，则该树木为Ⅰ级木（D 为林木胸径，D_{mean} 为平均胸径）。

Ⅰ$_{\mathrm{a}}$：$D>D_{\mathrm{mean}}$，生长发育良好。

Ⅰ$_{\mathrm{b}}$：$D<D_{\mathrm{mean}}$，生长发育良好。

Ⅰ$_{\mathrm{c}}$：$D>D_{\mathrm{mean}}$，生长发育不好。

Ⅰ$_{\mathrm{d}}$：$D<D_{\mathrm{mean}}$，生长发育不好。

（2）林带树木周围 2.0～5.0m 无树木为Ⅱ级木。

Ⅱ$_{\mathrm{a}}$：$D>D_{\mathrm{mean}}$，生长发育良好。

Ⅱ$_{\mathrm{b}}$：$D<D_{\mathrm{mean}}$，生长发育良好。

Ⅱ$_{\mathrm{c}}$：$D>D_{\mathrm{mean}}$，生长发育不好。

Ⅱ$_{\mathrm{d}}$：$D<D_{\mathrm{mean}}$，生长发育不好。

（3）林带树木周围<2.0m 处的树木为Ⅲ级木。

Ⅲ$_{\mathrm{a}}$：$D>D_{\mathrm{mean}}$，生长发育良好。

Ⅲ$_{\mathrm{b}}$：$D<D_{\mathrm{mean}}$，生长发育良好。

Ⅲ$_{\mathrm{c}}$：$D>D_{\mathrm{mean}}$，生长发育不好。

Ⅲ$_{\mathrm{d}}$：$D<D_{\mathrm{mean}}$，生长发育不好。

（4）严重病腐木为Ⅳ级木。

林带树木的分级主要是用于林带进入速生期以后，因为此时林带树木不仅分化严重，而且结构也变得不合理，需进行人为调控（抚育、间伐）。林带树木分级不仅可以反映林木分化的进程，同时也反映了林带结构的需要。因此，间伐林木的选择可按林带树木分级标准进行（朱教君等，1993；朱教君和姜凤岐，1996），伐除对象主要为Ⅲ级木中的III_c、III_d和Ⅳ级木。

8.2.2 固沙林密度调控技术

8.2.2.1 基于水量平衡的密度调控技术

以乔木为主的防风固沙林进入防护成熟期后，即能达到防风固沙的目的；由于防风固沙林多处于干旱、半干旱的沙区，水分状况决定着固沙林林分的生产力水平及其稳定性，进而影响防护成熟期状态。因此，防护成熟期阶段固沙林结构的维持，需要从水量平衡的角度考虑林分的密度调控（姜凤岐等，2003）。

沙地樟子松自 20 世纪 50 年代引种至科尔沁沙地南缘用于固沙造林以来，表现出适应性强、生长迅速、防风固沙效果好等特性，樟子松固沙林具有一定的代表性（姜凤岐等，2006）。然而，由于初植密度较大（4444～6667 株/hm^2）（焦树仁，2001），进入防护成熟期后林地沙土水分含量下降，林木生长降低，个别林木濒临死亡；干旱年份极易出现衰退现象。为此，基于樟子松单株耗水量和水量平衡过程，计算不同温度和降水条件下的樟子松固沙林的密度，为合理调控沙地樟子松人工林结构，使不同时期的水分供需平衡，以达到其防护效应持续稳定发挥的目的（姜凤岐等，2003）。

1）基于水量平衡的固沙林密度

根据樟子松固沙林衰退的水分机制与恢复机理，基于三北沙区樟子松固沙林不同年均气温、不同降水、不同年龄，确定樟子松固沙林全生命周期经营密度表（表 8-3）。樟子松固沙林密度调控应以此为依据。

表 8-3 基于水量平衡的三北沙区樟子松固沙林全生命周期经营密度表

年均温度/℃	龄组	年龄/a	密度/（株/hm^2）					
			P≥500mm	P=450mm	P=400mm	P=350mm	P=300mm	P=250mm
≤0	幼龄林	3	3300	3300	3300	3300	2844～3300	537～715
		5	3300	3300	2594～3300	1792～2389	989～1319	187～249
		10	2683～3300	2170～2894	1657～2210	1145～1526	632-843	119～159
		15	1857～2477	1502～2003	1147～1530	793～1057	438～583	83～110
		20	1334～1779	1079～1439	824～1099	569～759	314～419	59～79
	中龄林	25	999～1332	808～1077	617～823	426～568	235～314	44～59
		30	773～1030	625～833	477～636	330～440	182～243	34～46
	近熟林	35	614～818	496～662	379～505	262～349	145～193	27～36
		40	498～665	403～538	308～411	213～284	117～157	22～30
	成熟林	45	412～550	333～445	255～340	176～235	97～129	18～24
		50	346～462	280～374	214～285	148～197	82～109	15～21
		55	295～313	239～318	182～243	126～168	69～93	13～17

续表

年均温度/℃	龄组	年龄/a	密度/（株/hm²）					
			P≥500mm	P=450mm	P=400mm	P=350mm	P=300mm	P=250mm
0～5	幼龄林	3	3300	3300	3300	2081～2755	816～1088	
		5	3300	2516～3300	1826～2434	1135～1514	445～593	
		10	2184～2912	1714～2285	1243～1658	773～1031	303～404	
		15	1090～1454	855～1141	621～828	386～515	151～202	
		20	593～790	465～620	338～450	210～280	82～110	
	中龄林	25	360～480	282～377	205～273	127～170	50～67	
		30	239～319	188～250	136～182	85～113	33～44	
	近熟林	35	170～226	133～177	97～129	60～80	24～31	
		40	126～168	99～132	72～96	45～60	18～23	
	成熟林	45	97～130	76～102	55～74	34～46	14～18	
		50	77～103	61～81	44～59	27～37	11～14	
		55	63～84	49～66	36～48	22～30	9～12	
>5	幼龄林	3	2884～3300	2181～2909	1479～1972	777～1036	75～100	
		5	1660～2214	1256～1675	852～1136	447～2214	43～57	
		10	1118～1522	846～1151	574～781	301～410	29～39	
		15	861～1149	652～869	442～589	232～309	22～30	
		20	453～604	343～457	232～310	122～163	12～16	
	中龄林	25	271～362	205～274	139～186	73～97	7～9	
		30	178～238	135～180	92～122	48～64	5～6	
	近熟林	35	119～158	90～120	61～81	32～43	3～4	
		40	86～115	65～87	44～59	23～31	2～3	
	成熟林	45	65～87	49～66	33～45	18～23	2	
		50	65～68	49～51	33～35	18	2	

注：考虑到长期年均降水量的变动系数（25%），在75%～100%年均降水量幅度内计算出不同年龄沙地樟子松造林密度或经营密度范围。P为降水量。

2）间伐调控林分密度

樟子松固沙林主要采用生态疏伐、卫生伐等间伐措施，以调整林分结构为主，使之达到合理林分密度。间伐方式可采用带状，或带状与留优去劣兼顾等形式。

生态疏伐：主要适用于中龄林、近熟林及不宜更新采伐，但需疏伐的成熟林，且郁闭度较高的林分；主要调整林分密度与结构，缓解林木间对生长空间的竞争。采用间密留匀、留优去劣，不同区域樟子松固沙林间伐保留密度参考表8-3。

卫生伐：对遭受病虫害、火灾、风雪危害等自然灾害、林内卫生状况较差的樟子松固沙林，主要是伐除濒死木、枯死木、被压木。

8.2.2.2　基于根系有效影响面积的密度调控技术

根系是树木吸收水分的主要器官，其空间分布决定着树木吸收水分范围，且影响树木生存策略（Musa et al.，2019）。事实上，固沙林（造林）形成后，根系的扩展速度远大于树冠的扩展速度，导致根系的影响范围大于树冠的影响范围。因此，林分中根系的竞争要早于树冠竞争，且随着林龄增加，地下竞争程度逐渐增加且比地上部分激烈。明确树木根系空间分布对确定合理营林措施具有重要指导意义。

依据根系形态和功能的差异，多数将根系按直径大小分为粗根与细根。粗根是指根直径>2mm 的根系（Resh et al.，2003；Guo et al.，2013），主要承担土壤水分与养分资源的运输，同时为林冠提供一定的物理支撑；细根是指根径≤2mm 的根系，按照功能可分为吸收根和运输根，在森林系统碳循环与养分循环中发挥着重要作用（Brédoire et al.，2016）。树木根系空间分布研究方法主要包括挖掘法（Guo et al.，2013）、剖面壁法（Albuquerque et al.，2015）、土柱法（Rau et al.，2009）、根钻法（Black et al.，2010）、内生长法和微根管法（Guo et al.，2013）等。然而，上述方法大多具有较强的破坏性，且费时费力，也难以窥见根系的全貌。探地雷达（ground penetrating radar，GPR）作为一种较新的地球物理方法，可在无损根系与土壤的前提下，对根系实施原位、长期、重复性的测量和研究。该方法高效实用，短时间便可完成大面积的粗根探测，为了解树木根系空间分布全貌提供重要手段（郭立等，2014）。

以科尔沁沙地南缘章古台地区樟子松为对象，Zhang 等（2021）于 2018 年 7 月～10 月利用探地雷达技术探测不同年龄（10 年、20 年、30 年、40 年和 50 年生）单株樟子松孤立木的粗根（≥5mm）空间分布（水平分布与垂直分布），使用土钻法测定不同年龄樟子松细根（≤2mm）空间分布，量化沙地樟子松根系的空间分布特征，揭示樟子松根系空间分布的年龄效应，为樟子松人工林密度调控提供科学依据。

1）基于探地雷达的粗根探测与验证

使用天线频率为 1000MHz 的探地雷达对不同年龄樟子松的粗根进行探测［图 8-1（a)］（Molon et al.，2017）；该仪器仅能探测根径≥5mm 的根系（粗根）。由于树木的侧根大都从树干基部向外呈放射状生长（Wu et al.，2014），为使雷达天线与根系尽可能保持垂直以便获取明显的根系信号特征，采用同心圆环测线，即以树干为中心，设置恒定 0.2m 径向距离，对樟子松树木根系进行探测［图 8-1（b）和（d)］（Zhang et al.，2021）。

为评估探地雷达探测根系的准确性，利用实际挖掘的根系与雷达图像上识别到的根系进行比较（Borden et al.，2017）。当雷达图像上的根系信号与实际挖掘的根系位置匹配，即认为探测准确；当雷达图像上没有观察到根系信号，而实际挖掘存在根系，则认为是探测错误。探地雷达识别根系的准确度，由正确识别根数占总挖掘根数的比值表征。基于此，探地雷达探测不同年龄樟子松根系的平均准确率为 71.4%（65.0%～84.7%）（图 8-2）。不同树龄间探地雷达探测根系的准确率无显著性差异。然而，根径对探测准确性有较大影响［图 8-2（c)］；随着根径增加，探测准确率增加，如探测深度在 60～80cm 时，根径为 5～7mm 的根系无法探测到，而对于根径≥10mm 的根系，探测准确率在 80%～100%。对于同样大小根径，随根系深度的增加探测准确率呈现降低趋势［图 8-2（c)］。

（a）探地雷达仪器

（b）根系探测

（c）用于根系准确性验证的土壤剖面

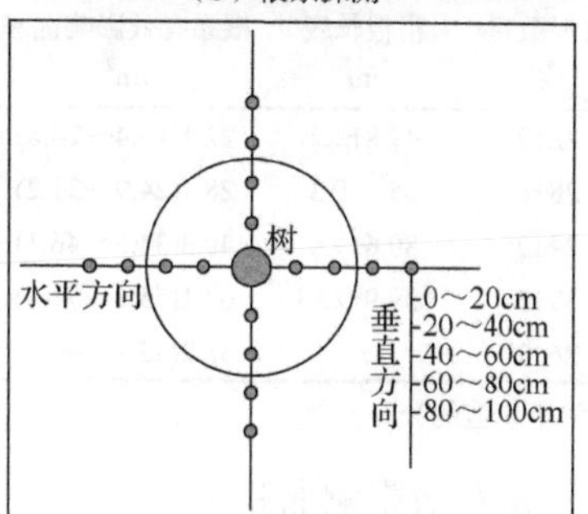

（d）细根取样示意图

图 8-1 探地雷达的粗根探测（见书后彩图）

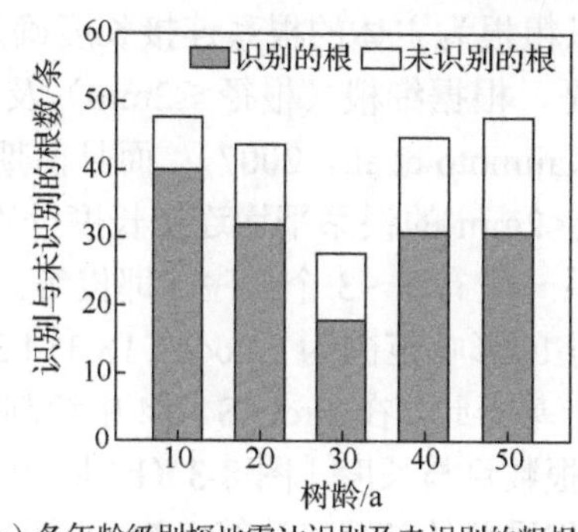

（a）各年龄级别探地雷达识别及未识别的粗根数量

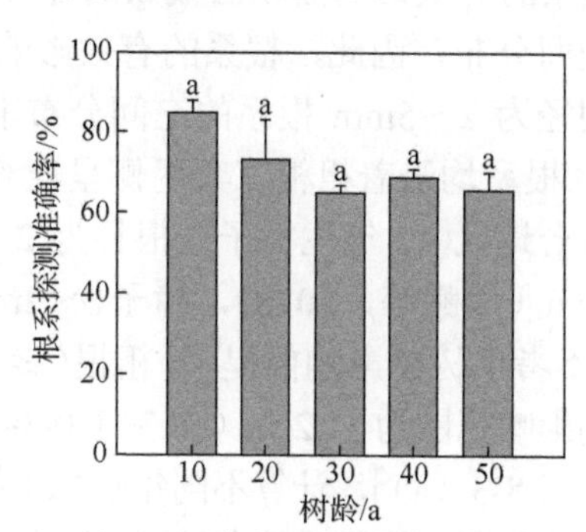

（b）不同年龄的粗根探测准确率

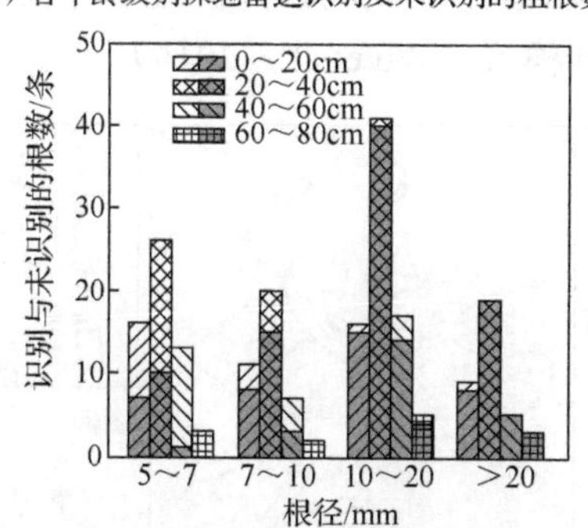

（c）各根径级别与各根深级别探地雷达识别与未识别的根数

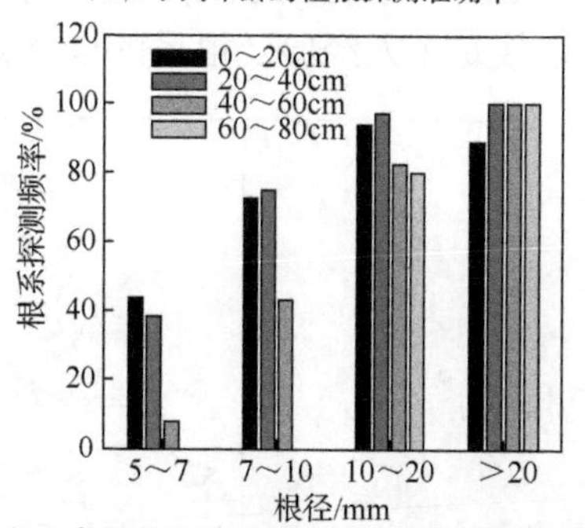

（d）各根径类别与根系深度的粗根探测频率

图 8-2 探地雷达探测樟子松粗根准确率

注：相同小写字母表示树龄间差异不显著（$p>0.05$），图中数据为平均值±标准差。

2）不同年龄樟子松根系（粗根）空间分布

总体上，樟子松的根系（粗根）在空间分布上不对称，随着到树干的距离增加，不同年龄樟子松根系频率（定义为每一条扫描样带的根数，占所有根数的百分比）呈先增加后降低趋势（表 8-4）。从树干基部，分别向外延伸至根数达到占所有根数的 50%和 95%的距离（H_{50}和H_{95}），随树龄的增加先增加后降低。10 年、20 年、30 年、40 年和 50 年生樟子松的 H_{50}分别为 1.87m、2.08m、3.30m、3.15m、2.46m，H_{95}分别为 3.42m、3.67m、6.01m、6.34m、4.85m；30 年与 40 年生樟子松 H_{50}和 H_{95}值最大，显著高于其他年龄樟子松（$p<0.05$）。

表 8-4 基于根系有效影响面积确定不同年龄樟子松人工林密度表

树龄/a	株数	粗根数目/条	粗根长度/m	根系有效影响面积/m²	林分密度/（株/hm²）			
					根系有效影响面积	冠幅	水量平衡	实际林分
10	4	22±2	49.8±5.2	22.1(19.4～24.8)	452(403～515)		1318(9 年)	1174(956～1625)
20	4	28±6	65.2±9.3	28.1(24.9～31.2)	356(321～402)	1413	620	1219(900～1467)
30	3	24±3	80.6±9.4	40.3(34.5～46.1)	248(217～290)	657	247	711(467～989)
40	3	39±3	139.9±22.1	63.1(55.9～71.7)	159(139～179)	380	140(39 年)	483(233～800)
50		26±7	—	38.2(32.1～44.4)	—	—	—	—

注：括号内数据为平均值的分布范围。

3）樟子松根系有效影响面积

根系的有效影响面积是根系空间分布及其影响范围，决定树木获取土壤资源空间的大小；根系的有效影响面积由根系的连接长度确定。由于探地雷达仅能探测到根径≥5mm 的粗根空间分布，因此，根系的有效影响面积由以粗根为主体的根系连接长度确定。虽然细根和根径为 2～5mm 根系的空间分布未知，但是，根据细根（根径≤2mm）及根径为 2～5mm 的根系均沿着粗根在其两侧呈连续分布（Kajimoto et al.，2007）；而且前期研究发现，在章古台地区 40 年生樟子松根径为 2～5mm 及<2mm 的根系平均连接长度分别为 18.3cm 与 4.3cm（孟鹏等，2018），樟子松<2mm 的根系一般有 1～3 个根序（邱俊等，2010）。因此，在不考虑树龄影响前提下，粗根（≥5mm）最小的影响范围为 22.6cm（18.3+4.3=22.6cm），最大的影响范围为 31.2cm（18.3+4.3×3=31.2cm）。基于此，在 ArcGIS 10.4 中绘制粗根空间分布图［图 8-3（a）］，计算不同年龄樟子松总的粗根数目与长度［图 8-3（b）］；基于每一条粗根的影响范围计算根系的有效影响面积（影响面积重叠的部分仅计算一次）［图 8-3（c）］。根点的连接是个人经验及根系的自然分枝和取向模式（Wu et al.，2014）。

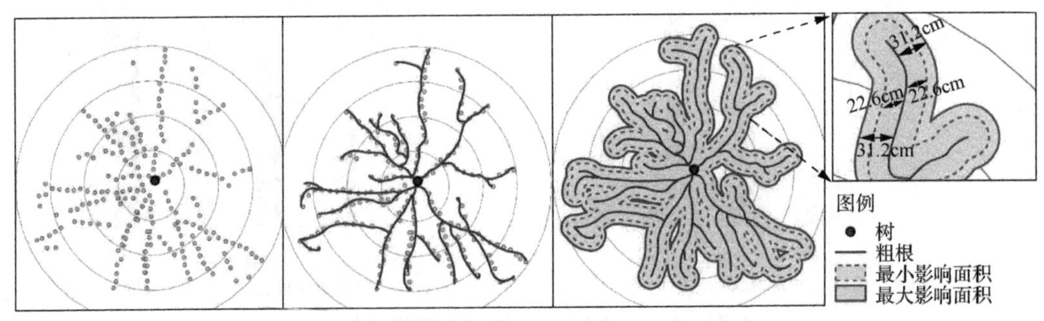

（a）粗根数目分布图　（b）粗根根系分布图　（c）根系有效影响面积示意图

图 8-3 根系有效影响面积确定示意图

4）不同年龄樟子松根系有效影响面积及合理林分密度

基于根系空间分布特征，计算出不同年龄樟子松根系平均有效影响面积及范围。10年、20年、30年、40年、50年生樟子松根系平均有效影响面积分别为22.1m^2（19.4～24.8m^2）、28.1m^2（24.9～31.2m^2）、40.3m^2（34.5～46.1m^2）、63.1m^2（55.9～71.7m^2）、38.2m^2（32.1～44.4m^2）（表8-4）。基于不同年龄樟子松根系平均有效影响面积及范围，计算了不同树龄樟子松人工林密度。10年、20年、30年和40年生樟子松人工林的平均密度分别为452株/hm^2（403～514株/hm^2）、356株/hm^2（320～402株/hm^2）、248株/hm^2（217～290株/hm^2）、159株/hm^2（139～179株/hm^2）。由于50年生樟子松接近过熟状态，因而，没有计算50年生樟子松人工林的密度（表8-4）。

利用根系有效影响面积计算的林分密度，显著低于利用冠幅计算的林分密度，但与基于水量平衡原理计算的30年和40年生樟子松人工林密度基本吻合，主要是因为根系所覆盖面积的土壤水分，能够满足30年生和40年生樟子松人工林生长需要。利用根系有效影响面积计算10年生和20年生樟子松人工林密度较低，这可能是因为10年生和20年生樟子松处于高速生长时期，且相对孤立，与周围树木不存在资源竞争，根系扩展速度远远高于树冠增加速度。另外，基于根冠结构及其耦合关系（Zhang et al.，2021），随着树龄增加，樟子松根系分布空间逐渐增加，而树冠随树龄增加呈增加趋势，但根系前期增加程度大于树冠增加程度，导致根冠比显著降低。因此，综合确定10年、20年、30年和40年樟子松人工林合理林分密度分别为1158（992～1394）株/hm^2、633（581～696）株/hm^2、248（217～290）株/hm^2、159（139～179）株/hm^2（50年生接近过熟林，未计算其密度）。上述结果与宋立宁等（2017）基于水量平衡原理计算的9年生、20年生、30年生和39年生樟子松人工林密度（分别为1318株/hm^2、620株/hm^2、247株/hm^{2}和140株/hm^2）相吻合。

在科尔沁沙地南缘章古台地区，10年、20年、30年、40年生樟子松人工林实际林分密度分别为1174（956～1625）株/hm^2、1219（900～1467）株/hm^2、711（467～989）株/hm^{2}和483（233～800）株/hm^2。因此，应通过间伐等措施降低不同年龄樟子松人工林的密度，以保证其防护的长期稳定性。间伐保留密度参考表8-3。50年生樟子松人工林由于其趋于过熟林状态，需要采取两方面的措施予以应对，一是对于尚未出现严重衰退的林分采取生态疏伐的方式进行林分结构调整，主要是伐除濒死木、枯死木、被压木，二是已经出现严重衰退的林分实施皆伐，及时开展更新造林工作，营造混交林或乡土树种人工林。

8.2.3 水土保持林/水源涵养林结构调控技术

水土保持林/水源涵养林主要通过林冠层、枯落物层、土壤层拦截和滞蓄降水，削弱降水强度和其冲击地面的能量，从而起到保持水土、涵蓄土壤水分、补充地下水、调节林内小气候、减少林内地表蒸发散和调节河川径流的作用（姜凤岐等，2003；朱教君，2020）。因此，防护林树种组成和林冠结构是决定水土保持/水源涵养功能的关键；对于达到初始防护成熟龄的水土保持林/水源涵养林，应以调整林分结构、诱导（纯林）形成针阔混交林为主，使其全面、有效、稳定地发挥防护功能。

8.2.3.1　水土保持林垂直结构定向抚育技术

透光分层疏透度（OSP）是反映水土保持林林冠垂直结构的重要参数。达到初始防护成熟龄的水土保持林（黄土高原刺槐水土保持林，初始防护成熟龄为 12 年），应维持水土保持林达到防护成熟时的结构状态，使其全面、有效的防护功能稳定发挥。对于不同透光分层疏透度水土保持林侵蚀监测发现，最适 0.5m 处透光分层疏透度为 0.40～0.45 时，水土保持能力最强（姜凤岐等，2003）。因此，该阶段水土保持林应保持透光分层疏透度维持在 0.40～0.45。通过间伐、修枝等林木抚育技术（核心是调控林分密度）维持最佳林分透光分层疏透度。

对处于防护成熟期，林分郁闭度，即眼高处的透光分层疏透度>0.7 的水土保持林，采取间伐、修枝、卫生伐等密度调控为主的技术，维持防护成熟时的结构状态，是该期的经营管理主要目标。间伐后林分郁闭度，即眼高处的透光分层疏透度应在 0.5～0.7（此时林分透光分层疏透度对应的水土保持效益最佳）（张建军等，2007）。主要伐除枯倒木、濒死木和被压木，保留优势木和亚优势木；对于过密林分，还应考虑适量伐除部分中等木；对于多干木和丛生木，应伐除生长衰弱、竞争能力差、无培养前途的植株。间伐强度除考虑林龄、胸径等因素外，还要考虑立地条件的差异。位于梁顶、干旱阳坡等立地条件较差及风口处的林分，保留木株数应少些；位于阴坡等立地条件较好的林分，保留木株数可适当增多；且陡坡的疏伐强度应小于缓坡，避免一次性采伐强度过大。每次间伐强度不得大于蓄积量的 15%，以免造成林内环境突变导致不良后果。伐后林内个体分布均匀，不形成林窗和疏林地（翟明普和沈国舫，2016）。

8.2.3.2　人工水源涵养林空间格局调控和间伐技术

Yan 等（2013）选择辽东山区（清原森林站）的两种水源涵养林：落叶松人工林和阔叶天然次生林，对其空间格局进行调控。与阔叶天然次生林相比，落叶松人工林的水源涵养功能下降 15%、pH 下降 1.0 个单位，将落叶松人工林诱导形成落叶松-阔叶混交林，是提升人工纯林水源涵养功能的根本途径。通过调控落叶松人工林与阔叶天然次生林的相对空间格局、实施间伐等技术，实现了纯林向混交林的转变。

落叶松人工林和阔叶天然次生林在清原森林站形成了镶嵌分布的状态，存在两种相对空间格局：上下模式（坡上次生林、坡下人工林）、等高线模式（人工林与次生林位于相同的坡位和坡向）（图 8-4）。对于上下模式的水源涵养林，阔叶树（如色木槭、花曲柳、蒙古栎等）种子可通过重力、风力传播进入落叶松人工林内，进行天然更新，从而诱导成落叶松-阔叶混交林（Yan et al.，2013，2016a）。对于等高线模式的水源涵养林，阔叶树（如胡桃楸等）种子通过啮齿类动物传播进入落叶松人工林（Wang et al.，2018），进而形成混交林，提升落叶松人工林的水源涵养功能。

图 8-4　落叶松人工林与阔叶天然次生林的相对空间格局调控（见书后彩图）

另外，对于缺乏阔叶树种源的落叶松人工林，如斑块面积过大，可在人工林内通过添加阔叶树种源、栽植阔叶树幼苗，同时结合适当的间伐，将落叶松人工林诱导成针阔混交林（Gang et al.，2015；Yan et al.，2016b；朱教君等，2018）。在间伐处理中，坚持“留优去劣，密间稀留”的原则。初次弱度抚育，伐除全部非目标树种和目标树种中没有培育前途的林木，伐除全部藤本植物和灌木；首次强度抚育，伐除全部Ⅳ级木、Ⅴ级木和少部分Ⅲ级木；持续弱度抚育，伐除超弯、腐朽、纵裂、双头等有缺陷的林木，以及处于林冠下层的Ⅳ级木、Ⅴ级木；最终强度抚育，伐除超弯等有缺陷的林木和胸径<平均胸径 2/3 的林木，对生长势较高的优势木可以按植生组造林方式保留。

不同生长过程落叶松水源涵养林间伐强度技术指标见表 8-5。最后一次间伐强度将目前森林经营规程中规定的 600 株/hm^2，减少到保留密度为 350～400 株/hm^2。抚育间伐后在采伐迹地上，营造黄波椤树、胡桃楸和水曲柳等树种，形成针阔混交林（朱教君等，2018；Lu et al.，2018a；Wang et al.，2019）。对更新阔叶幼树进行针对性抚育，保留珍贵阔叶树，伐除非目标树种及灌木，达到培育针阔混交林的目的。同时，在林冠下更新幼树后的 3 年内，每年进行 1～2 次除草，清除妨碍幼树生长的杂草，促进幼树生长。

表 8-5　落叶松人工林不同间伐强度控制指标

抚育强度	林龄/a	林下光指数	蓄积强度/%
初次弱度抚育	9～12	25～40	10～15
首次强度抚育	12～15	15～35	35～40
持续弱度抚育	15～30	25～40	15～25
最终强度抚育	30～35	15～35	35～50

注：部分引自文献叶镜中和孙多（1995）。

8.3　更新期经营/更新技术

根据防护林更新期的经营目标，是通过选择适当的更新方式、方法，尽早恢复由于一代防护林的自然成熟或采伐利用而间断或降低的防护效应，使下一代防护林尽早形成。按照防护林类型划分，防护林更新的方式大体分为两大类：带状防护林更新和片状防护林更新。防护林更新设计要科学合理，技术简单易行，操作方便，成林快；更新的原则是，确定防护林更新龄、坚持适地适树、秉承防护林效益不间断或减少间断等，使防护效应得到最大限度的发挥（姜凤岐等，2003；朱教君，2020）。

8.3.1 带状林更新方式与更新技术

8.3.1.1 带状林的更新方式

带状防护林（以农田防护林为主）主要采取人工造林方法进行更新，分为伐前更新和伐后更新；伐后更新是常用方法（姜凤岐等，2003；梁宝君，2007）。对于风沙、干旱区林带的更新采伐，宜采用伐前更新，包括带内更新和带间更新。其中，中度风沙区宜采用带间更新，一般风沙区应先副带后主带，交错间隔并及时完成林网更新，待新植树木生长稳定时，方可对老林带进行更新（姜凤岐等，2003；梁宝君，2007）。对于绿洲农业区，由于农田防护林与绿洲农业生产是 0 与 1 的关系，即没有农田防护林，就没有绿洲农业生产，因此，绿洲农田防护林只能采取伐前更新或置换更新。

林带的更新方式指在进行林带更新时，为了避免一次将所有林带全部伐除，导致对该地区的防护作用产生较大影响，需要对一定范围内林带的更新按照一定顺序在时间和空间上做到合理安排。对于单条林带，主要更新方式有全带皆伐更新、半带皆伐更新、带内更新和带外更新；对于整个林网体系，除单条林带的更新方式外，还可以考虑隔带更新方式、置换更新方式和景观更新方式等（曹新孙，1983；姜凤岐等，2003；梁宝君，2007；朱教君，2013）。

全带皆伐更新方式：将衰老林带一次全部伐除，然后在林带迹地上建立起新一代林带。全带皆伐更新方式适用于区域范围内已形成大规模的农田防护林体系，在区域效益不减的情况下，分期、分批、分段将原来的林带一次全部伐除，全带皆伐更新形成的新林带林相整齐，效果较好，实行全带皆伐更新要考虑在更新期间保持适当的防护；该更新方式适用于风沙危害不大的一般风害区。

半带皆伐更新方式：将衰老林带一侧的数行伐除，然后采用植苗或萌芽等更新方法，在林带采伐迹地上建立新一代林带。待新林带郁闭、发挥防护作用后，再去掉保留的部分林带。半带皆伐更新由于受原林带的影响，因此，植苗造林比较困难，对萌芽能力强的树种最好采用萌芽更新。半带皆伐更新方式适于风沙比较严重的地区，特别适于宽林带的更新（姜凤岐等，2003）。半带皆伐更新基本上没有破坏防护林的网格结构，甚至可保持原有林网的良好生态环境。随着区域性农田防护林体系建设的不断完善，农田防护林景观建设格局已经形成；但是以落叶阔叶树为主的林带缺乏景观异质性，特别是落叶季节，防护功能下降，为了改善这种现状，在老林带更新时，宜采用半带间伐更新的方式，用常绿针叶树更新，形成针阔混交林林带（梁宝君，2007）。

带内更新方式：在林带内原有树木行间，或伐除部分树木的空隙地上，进行带状或块状整地、造林，并依此逐步实现对全部林带的更新。这种更新方式具有既不多占土地，又可以使林带连续发挥防护作用的优点，但往往形成不整齐的林相（姜凤岐等，2003）。

带外更新方式：又称滚带更新，在林带的一侧（一般是阳侧），按林带设计宽度整地，用植苗造林或萌芽更新的方式营造新林带，待新植林带郁闭后再伐除原林带。老林带对新林带生长的影响与新林带位置有关，因此，两带最小间距 8～10m，新造林带以栽植在阳侧最佳。该更新方式适于区域内防护林体系不健全、风沙危害严重、粮食生产低而不稳的风沙危害严重地区，该种更新方式占地较多，适于窄林带的更新（姜凤岐等，2003；梁宝君，2007）。

隔带更新方式：指隔一带伐一带的更新方法，待伐除旧林带更新林带生长成型后、能起到一定的防护作用时，再进行保留林带的更新。但在采用隔带更新方式时，亦可在具体的单条林带中采取半带间伐更新、带内更新和带外更新方式。

置换更新方式：又称伐前更新，针对风沙危害严重地区，如绿洲农业区，一代林带衰亡后，不是在该林带上或附近更新，而是在其他地方提前营建好新林带，即相当于移动农田。

景观更新方式：为防止因林带更新使部分农田突然失去防护、造成生产环境剧变和作物减产，应在满足农田林网的区域防护效应不发生较大波动的情况下，在时间和空间上合理安排林带的逐步更新。农田防护林体系在景观尺度上发挥区域防护效应，有赖于组成林网的林带保持一定数量，并且林网景观结构保持一定的景观连接度水平。因此，在景观尺度上更新农田林网时，首先应根据当地自然条件和生产活动特点，确定保障该区农业稳定生产所需的农田防护林景观连接度的最小值；并基于该最小值，确定该区域农田防护林可更新林带数量的最大比例。其次，划分该区域现有农田林网的子结构组分，按每一个林网组分对维持林网景观连接度的贡献比例分配更新林带的数量。最后，在各个林网组分所在区域，对需要更新的林带按比例更新。

8.3.1.2 带状林的更新技术

农田防护林更新技术主要采用植苗更新；对于具有萌蘖能力的树种，采用萌蘖更新；对于同科或同属树木间砧木与移植组织间的木质部、韧皮部亲和力较强的树种，也可采用嫁接更新（曹新孙，1983；李纯英等，1999；姜凤岐等，2003；梁宝君，2007）。

1）植苗更新技术

植苗更新是在造林地上栽植带根的苗木。植苗造林形成的幼苗具有较强的抗逆性，并迅速成林。这也是农田防护林更新常用的方法。常用的苗木主要有实生苗和扦插苗。在用植苗更新营造农田防护林时，突出强调苗木质量，凡是带有病虫、遭受冻害、根系发育不良、损伤严重或针叶树无顶芽及多顶芽的苗木均不能采用。植苗更新的关键是保证造林成活率、保存率和生长率（姜凤岐等，2003）。

（1）抗旱保湿综合措施。

水是干旱、半干旱地区造林成败的关键因素。在干旱、半干旱地区，通过苗木保湿、土壤蓄水保墒等综合措施，可提高造林成活率。为明确抗旱保湿综合措施对造林成活率影响，姜凤岐等（1988）比较了不同灌水量、不同覆盖材料和不同施用保湿剂量，对小钻类杂交杨（辽西地区，农田防护林）成活率的影响。结果表明，灌水在抗旱保湿措施中对造林成活率起主导作用，造林成活率随灌水量增加而增加；如果没有充足的水分供应，仅靠保湿措施无济于事。不同保湿剂间苗木成活率没有显著差异，这可能由于植树穴较大，苗木本身也很大，因而不同保湿剂间土壤水分含量差异不显著。覆盖材料对成活率的影响处于仅次于灌水量作用的第二位，在不同覆盖材料之间，其优劣顺序是松散土壤>膜>报纸。因此，抗旱保湿综合措施选择的顺序为灌水量、覆盖材料、保水（湿）剂使用。

灌水量和灌水方式：姜凤岐等（1988）依据水量平衡原理，在辽宁省朝阳（辽西）地区，对适宜灌水量问题进行了探讨。在干旱地区或干旱季节更新造林，土壤水不能保证所栽植的乔、灌木树种正常生根、展叶、成活的需要，只有另外补充水分，即人为灌溉，才能满足水量平衡。鉴于干旱地区水资源的缺乏，不能奢望有非常充分的水量用于造林，适宜灌水量应为总的蒸发量与降水量和土壤储水量变化量之差。在辽西地区灌水时段为每年的 4 月中旬到 6 月中旬；以植树穴长、宽、深均为 70cm 和 80cm 的两种整地规格为计算单位，得到 70cm×70cm 和 80cm×80cm 整地穴面积的灌水量分别为 59.9kg 和 92.2kg（姜凤岐等，2003）。如果条件允许，分两次或多次灌水，可以保证土体的有效吸收和树木的充分利用。两次灌水的时间可以分别于造林定植后与比较干旱的 5 月中下旬进行（姜凤岐等，2003）。另外，为了提高水资源的利用率，一般情况下采用喷灌、滴灌和渗灌方式进行灌水，不仅可以提高造林成活率，而且使维持苗木生长的水资源供给高效而充足（于震和毕泉鑫，2014）。

覆盖材料：为提高保墒效果，以苗木为中心，将田面整理成里深外浅的坑面，用覆盖材料（地膜、秸秆、枯枝落叶、报纸等）覆盖，从而能够有效减少土壤水分蒸发，提高土壤抗旱保水能力，从而提高造林成活率（于震和毕泉鑫，2014）。

保水（湿）剂使用：苗木定植时，施用保水（湿）剂洒埋于树苗根部，也可将抗旱保水（湿）剂兑水充分搅拌溶解成糊状，栽植时每株苗木浇该溶液，之后迅速盖土，浇足水，覆土踩严实即可（鹿天阁，2011）。使用保水（湿）剂能够提高树苗根部的吸水能力，保持土壤湿度，确保树苗在生长过程中可以得到充足的水分，从而提高造林成活率；荒山造林（小苗）每个栽植穴施用保水剂量应为 2～3g（鹿天阁，2011）。

（2）植苗接种根瘤菌更新造林技术。

根瘤菌是一类分布于土壤中的革兰氏阴性菌，能够与一些豆科植物和部分非豆科植物根系形成共生关系（Sprent et al.，1987）。植物与根瘤菌形成互利共生关系后，根瘤菌从植物根部表层细胞获得营养物质和水分等，同时将空气中的游离氮元素固定，为植物提供氮源。植苗接种根瘤菌能有效促进幼苗生长，主要体现在两个方面：一是通过根瘤菌分泌的特殊物质，如植物生长调节剂，促进营养元素的吸收，促进幼苗生长；二是通过微生物分泌的铁载体、抗生素等减轻病原微生物对幼苗的侵害，从而提高幼苗的存活率。

姜凤岐等（2003）以辽西地区防护林造林为例，探讨了植苗接种根瘤菌更新造林技术对林木生长的影响。设置 4 种处理。处理 1，用液体菌剂（刺槐根瘤菌中分离纯化的优良根瘤菌经发酵后形成的液体）浇灌、用固体菌剂（液体菌剂加入灭菌草炭形成固体菌剂）拌种和固体菌剂的撒施处理的种子苗木；处理 2，用 VA 菌根菌（vesicular-arbuscular mycorrhizas）孢子接种处理的苗木；处理 3，用菌根菌孢子和根瘤菌菌剂双接种处理的苗木；处理 4，为对照，不进行任何处理的苗木。将处理苗木在同一立地造林，造林后的一个季节，调查苗木生长的差异。结果表明，接种根瘤菌处理的苗木的树高与地径均高于对照，其中，以双接种菌剂（处理 3，用菌根菌孢子和根瘤菌菌剂双接种处理的苗木）效果最佳，树高和地径分别比对照提高 16%和 21%（表 8-6），即对于刺槐更新造林采取接种根瘤菌剂的方法是可行的。

表 8-6　根瘤菌接种处理的苗木生长状况

处理	平均树高/cm	平均地径/cm	树高比对照增加量/cm	树高比对照增加比例/%	地径比对照增加量/cm	地径比对照增加比例/%
1	86.00	0.83	0.10	13.7	11.00	14.67
2	78.00	0.77	0.04	5.48	3.00	4.00
3	87.00	0.88	0.15	20.55	12.00	16.00
对照	75.00	0.73	0.00	0.00	0.00	0.00

资料来源：姜凤岐等（2003）。

2）萌蘖更新技术

萌蘖更新是利用植物地下部分的分生能力强，或利用植物的地上部分根原基数量比较丰富，且易于萌发的特性，在适宜外界条件下能够再生出新植物体的无性繁殖方式（梁宝君，2007；卢德亮等，2020）。杨属、柳属植物的萌蘖更新，则是充分利用植物地上部位伐掉后，其地下部分或伐根地上部分的根原基不断生长，并形成新的植物体过程（姜凤岐等，2003；梁宝君，2007）。萌蘖更新方式较植苗更新在前期表现出了许多优势，如成活和保存率较高、苗期生长较快、更新成本较低、便于抚育管理，且林相比较整齐等；特别是在气候、土壤等环境条件较为恶劣的半干旱风沙区尤为突出（王力刚等，2009）。

以杨树农田防护林为例，萌蘖更新技术主要包括：选择萌蘖更新林带、确定萌蘖更新季节和方法、抚育管理方式等。

萌蘖更新林带：一般要求待更新林带现有林木保存率较高，林相相对整齐；否则更新后的林带结构将会受到严重影响，从而影响其功能发挥。另外，原林带要为密度适宜、林木生长健壮的成熟林或近熟林（15～30 年为宜）。再次，原林带立地条件要相对优越，有利于萌蘖更新幼苗生长发育（梁宝君，2007；王力刚等，2009）。

萌蘖更新季节及方法：拟萌蘖更新杨树林带的采伐季节为林木停止生长的冬季到春季树液流动之前（休眠期）（姜凤岐等，2003）；如黑龙江省西部半干旱区，应在 4 月上旬之前完成采伐，以锯伐方式为宜，伐桩高度一般不超过 5cm（王力刚等，2009）。

在春季树木萌动之前，将待更新的伐桩培土，培土厚度在 5cm 左右。在当年春季将会从伐根上萌出 5～20 株新枝条，待新萌生的枝条长至 80～100cm 时，按三角形的方向选择 3 株长势强、分布均匀的枝条进行培养，其余的全部除掉。然后，在伐桩周围培 50cm 高的土堆，使新萌生枝有足够的空间生长出自己的再生根。定株后需经常检查有无新萌生枝，如有则即时进行清除；一般更新当年要除蘖 3～4 次，第 2 年除蘖 1～2 次（梁宝君，2007；王力刚等，2009）。

萌蘖更新林带抚育管理：新萌生枝定株以后减少灌水次数，以防止新萌生枝的徒长，增加萌生枝当年生长的木质化程度，减少冬季受冻害和翌年春季的生理干旱程度。第2年要再进行一次定株，定株后的单位面积保留株数应与原造林时的单位面积初始密度保持一致（梁宝君，2007）。

3）嫁接更新技术

嫁接是运用同科或同属植物的砧木与移植组织间木质部、韧皮部亲和力较强的特性，将一种植物的生长组织移植到另一种植物上，并形成新植物体的过程。该技术充分发挥了砧木对土壤和气候条件适生能力强的特性，又保存了移植组织的优良遗传特性（梁宝君，2007）。

在原有待更新的林带伐桩上，采用嫁接的方式更新林带是优化林带树种结构、减少更新成本且快速恢复林带功能的重要途径之一（孙学顺等，2013）；同时，该技术还可以达到品种更新、控制病虫害等效果（梁宝君，2007）。以杨树农田防护林为例，嫁接更新技术主要包括嫁接砧木和接穗、嫁接时间和方法、嫁接后管理等技术环节（满多清等，2004；梁宝君，2007）。

嫁接砧木和接穗：选择前一年冬季至当年早春采伐树木的伐根做砧木，保证有生命力的伐根株数不能低于造林合理株数的80%。伐根的年龄为中龄林、近熟林或成熟林，保证伐根的生命力，伐根高度在5～10cm。对已准备进行嫁接更新且前一年冬季采伐的伐根要在采伐后及时盖土，以有效阻止伐根水分的散失，如未及时盖土，可在春季嫁接时用手锯或劈斧在伐根表面向下1～2cm处横向平锯，或向内砍至木质部2～3cm后并剔除，然后在新切面处嫁接（梁宝君，2007）。

接穗应选择当地抗逆性强、生长速度快且与伐根（砧木）有较强亲合力的优良品种（无性系）。采穗期以初冬至早春为宜，选择1年生苗木中生长健壮、无病虫害、无机械损伤、芽饱满而充实、粗度在0.6cm以上的枝条做接穗，将枝条的根部和梢部各剪去50cm，或在中部下段剪取接穗为最好（姜凤岐等，2003）。

嫁接时间与方法：嫁接应在接穗萌动前、砧木树液流动后，且韧皮部和木质部已能够分离时进行。削接穗时下切口以上应保留2～3个饱满芽为宜，接穗长度以10～15cm为宜。从种条上剪下，在芽的背面1cm左右处楔面切下，再刮去背面表皮，露出形成层，而后将伐根嫁接处切削出2～3cm的光面；在木质部与韧皮部之间拨开缝，将接穗的楔面向木质部缝内插入，轻轻将接穗钉入伐根，使接穗削口与伐根光面紧密吻合，随后用泥浆将接口及接穗截面密封，再用疏松湿润土壤埋没至超过接穗顶端1～2cm，并覆地膜保水保湿（梁宝君，2007；吴丽娟，2013）。

嫁接后管理：在嫁接15～20天后，部分幼苗已出土时，对塑料膜捅孔，将幼苗引出，再用土将孔周围埋好。在苗木生长过程中长出的侧枝要及时抹去，当侧枝幼嫩时可用手直接摘除，若已木质化则需用剪刀剪除，注意不能伤及主干。第一次抹芽宜迟不宜早，一般在苗高50～60cm时开始，以保证苗木根系能够得到早期侧枝光合作用所需的养分，使根系正常生长。为了保证伐根嫁接后杨树前期生长优势的持续发挥，适时进行松土、除草、除蘖、灌溉、施肥，做好病虫害防治工作，促进幼树生长，加速幼林郁闭。

嫁接更新的成功案例：满多清等（2004）对荒漠绿洲农田防护林伐根嫁接二倍体、三倍体毛白杨更新；正常情况下，伐根嫁接毛白杨当年苗木高度达 2.0～4.4m，2 年后，林带平均高度达 6.2m；3 年后，二倍体和三倍体毛白杨林带的平均高度分别为 7.3m 和 7.4m，地径分别为 7.65cm 和 8.87cm；防护效应显著；预计更新林生长 4 年后，高度与原防护林相近，防护效应达原防护林的 90%以上。通过防护林伐根嫁接二倍体、三倍体毛白杨更新改造，不仅可提高防护林的防护效应；还可增加树种多样性，使防护林抵御病虫等自然灾害的能力增强。

8.3.2　片状林林窗更新技术

8.3.2.1　海岸防护林的林窗更新技术

海岸林对于保护地方环境、改善区域小气候等发挥重要作用。因此，通过合理的管理保障海岸林防护功能的可持续发挥，是海岸林经营的主要目标（Murai et al.，1992）。间伐作为调节森林结构的主要经营方式，可有效改善林冠开阔度，促进森林群落发展（Gray and Spies，1996；Krauchi et al.，2000）；特别是通过间伐形成的林窗，在促进树木更新与树种共存方面发挥核心作用（Brokaw，1987；Lertzman，1992）。因此，利用或模拟自然干扰形成林窗，促进森林更新与恢复已经达成广泛共识。海岸林是一类较为特殊的防护林，其提供庇护功能的同时，易受到沿海极端环境的干扰，因而，林窗更新更适合海岸林生态系统。

Zhu 等（2003a，2012）以日本新潟青山海岸的黑松海岸林为对象，通过随机间伐处理：间伐强度为 20%（处理 1）、30%（处理 2）、50%（处理 3）、0%（对照，处理 4），间伐面积为 40m×50m，形成与间伐强度对应的三种大小林窗。林窗大小以径高比（林窗直径与边缘木高度之比）表示，依次为 0.0（对照样地）、0.5（小林窗）、1.0（中林窗）、1.5（大林窗）。大林窗、中林窗、小林窗以及对照样地分别从处理 3、处理 2、处理 1 和处理 4 样地选择。在间伐处理后的第 4 年和第 12 年，分别监测了每个样地的微环境特征，包括：光照（林冠开阔度），0～10cm、20～30cm 和 50cm 深度土壤含水量，距离地面 2m 处风速状况，凋落物厚度和质量。同时，在林窗内，沿东-西和南-北两个方向设置宽度为 1m 的样带，调查样带内更新情况，记录幼苗存活、基径、高度、年龄等信息。

环境因子监测结果表明，在间伐处理后的第 4 年，与未间伐对照样地相比（林冠开阔度视为 1.0），间伐样地处理 1、处理 2、处理 3 的林冠开阔度分别为 1.85、2.22 和 3.89；对照样地、小林窗、中林窗、大林窗的林冠开阔度百分比依次为 8.2%、15.9%、27.9%、46.3%；平均土壤含水量与间伐强度呈正相关关系，即处理 3 最高，处理 4 最低；不同间伐处理强度导致的林分密度差异直接与风速衰减系数相关，随着间伐强度增加，风速衰减系数从 3.22 降至 1.81；随着间伐强度增加，凋落物的平均质量和深度逐渐减少。与间伐处理后的第 4 年相比，间伐后第 12 年的处理 3 的林冠开阔度降低程度最大，处理 1 和处理 2 的林冠开阔度增加；四种处理之间 0～10cm 土层的土壤含水量没有显著差异，间伐处理后 20～30cm 和 50cm 土层的土壤含水量显著高于对照；与间伐处理后的第 4 年相比，间伐后第 12 年的处理 1 和处理 2 的凋落物深度分别减少了 37.9%和 45.2%，处理 3 和对照处理的凋落物数量没有显著变化，而且在间伐处理样地中出现了苔藓覆盖，苔藓覆盖度和苔藓深度都随着间伐强度的增加而显著增加。

幼苗监测结果表明，在间伐处理后的第 4 年，在四个处理中，黑松苗龄组成从 1 年生到 5 年生不等。在试验期间，处理 4（未间伐）样地几乎所有幼苗苗龄均为 1 年生，且无幼苗在出苗后能存活至次年秋季。处理 1（20%间伐，0.5 林窗）样地的出苗和存活率几乎与处理 4 相同，仅有 3 株 2 年生幼苗。在处理 2（30%间伐，1.0 林窗）样地中，幼苗存活 1 年至 4 年不等。处理 3（50%间伐，1.5 林窗）样地自始至终均有幼苗更新，幼苗苗龄 1 年至 5 年生不等。林窗形成 4 年后，不同大小林窗对幼苗的总体平均密度没有显著影响；但随着林窗面积增大，大于 1 年生幼苗密度逐渐增加［图 8-5（a）］。在大林窗，不同年龄阶段幼苗均有出现，而对照样地几乎没有 2 年及以上幼苗。幼苗在对照和小林窗内明显更新失败。在大林窗和中林窗内幼苗整体分布趋势类似，幼苗密度在中心偏北、偏东和偏西边缘最大（图 8-6）。在大林窗和中林窗内，幼苗高度范围分别在 5～60cm 和 5～30cm 变化，但中林窗并没有 5 年生幼苗（图 8-7），且大林窗的平均幼苗基径与高度均显著高于中林窗；林窗内幼苗高度变化沿南-北和东-西样带方向波动（图 8-8）。

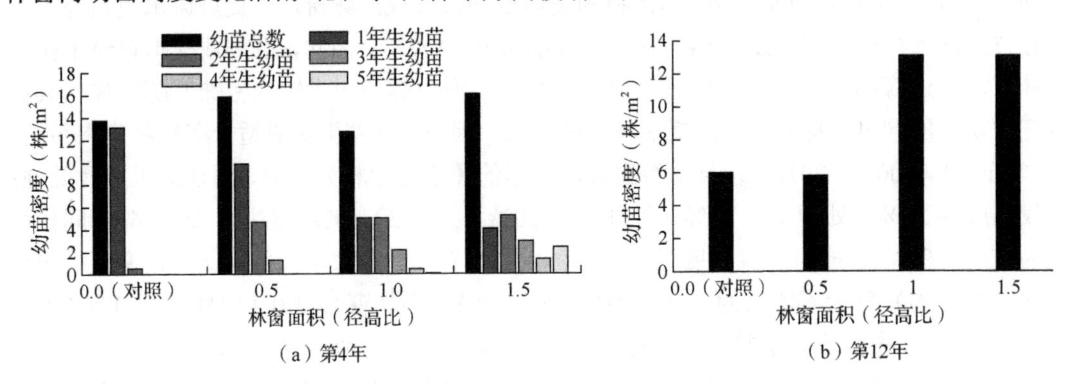

图 8-5 间伐后第 4 年和第 12 年，林窗大小对幼苗更新密度的影响

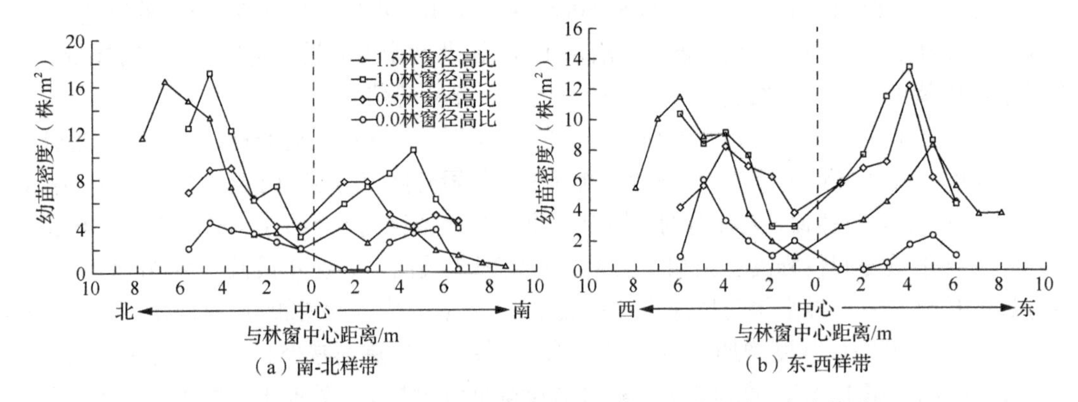

图 8-6 幼苗在林窗内不同方位更新密度特征（间伐后第 4 个生长季）

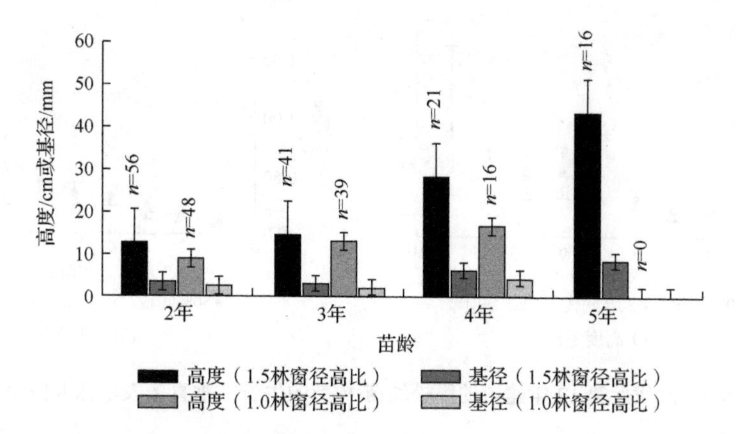

图 8-7　幼苗在大林窗和中林窗更新基径与高度特征（间伐后第 4 个生长季）

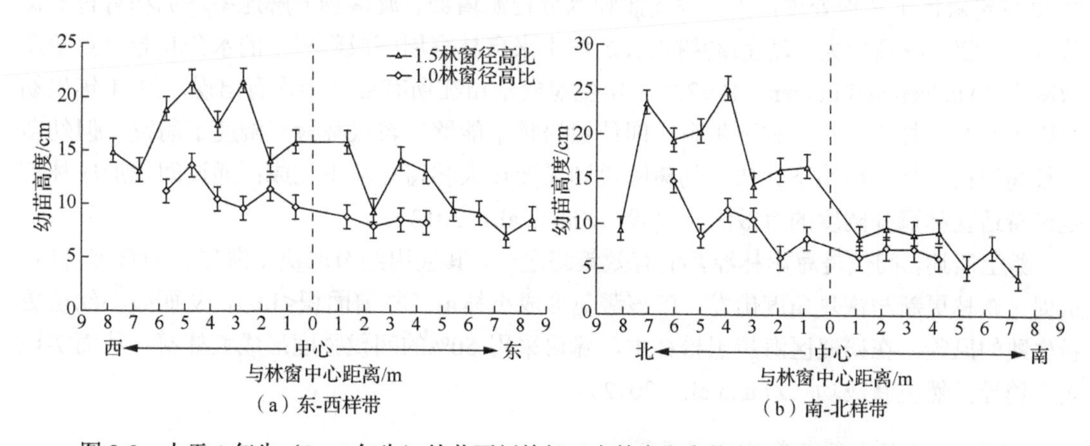

图 8-8　大于 1 年生（2～5 年生）幼苗更新特征（大林窗和中林窗）（间伐后第 4 个生长季）

在间伐处理后的第 12 年，处理 1（0.5 林窗）和处理 4（对照）的黑松幼苗/幼树密度明显低于处理 2（1.0 林窗）和处理 3（1.5 林窗）的幼苗/幼树密度［图 8-5（b）］；处理 3（1.5 林窗）林分的更新幼苗/幼树的年龄组成为 2 年至 10 年，处理 1 和处理 2 林分的更新幼苗年龄组成为 1 年至 3 年；对照处理中的所有更新幼苗均为 1 年生，与间伐处理后第 4 年的观察结果相同。对照、处理 1 和处理 2 中没有幼树（年龄在 5 年以上），幼树仅出现在处理 3（1.5 林窗）林分中，幼树密度达到 1.18 株/m^2；年龄<5 年的幼苗也在处理 3 林分中生长旺盛。在对照林分中，幼苗建植失败。因此，仅对间伐处理中的幼苗/幼树生长进行了测量，发现黑松幼苗/幼树的高度和基径均随年龄呈指数增长（图 8-9），而且处理 3（1.5 林窗）林分中的生长趋势更显著；黑松幼苗/幼树的平均高度生长速度为 3.0cm/a（图 8-9）。

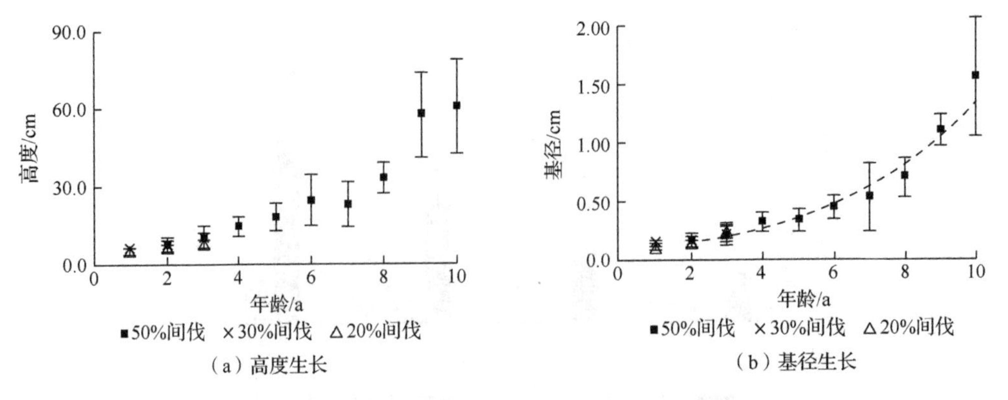

图 8-9 间伐后第 12 年建植的黑松幼苗/树苗的生长（垂直条表示标准偏差）

上述连续观测结果证实，林窗大小是影响幼苗/幼树生长的主要因素。在大林窗中，幼苗/幼树更新优于其他处理，主要与光照和水分资源增加、凋落物分解速率增加和有苔藓覆盖有关。随着林窗增大，幼苗/幼树生长过程中来自林窗周围成熟树木的水分和养分竞争压力减少（Madsen and Larsen，1997）。1 年生黑松幼苗在所有处理中均有出现，但>1 年生幼苗则无法在小林窗和对照林下生存，即使黑松种子能够在较低林冠开阔度下萌发，但幼苗生长需要在中林窗环境下完成，幼树阶段则需要在大林窗环境下完成；通过间伐形成林窗是维持适宜林冠开阔度的有效经营手段（Zhu et al.，2012）。

综上所述，间伐是海岸林经营的有效策略之一，其应用细节取决于海岸林的管理目标。从促进森林更新与恢复角度出发，应该避免形成小林窗（林窗面积<1.0），从而减小幼苗更新失败的风险。在研究区海岸黑松林中，建议采用 50%的间伐强度形成大林窗，从而实现人工诱导天然更新成功（Zhu et al.，2012）。

8.3.2.2 天然水源涵养林林窗更新技术

1）林窗早期更新技术

天然水源涵养林（天然次生林）林窗更新，由于种源匮乏，即使存在林窗也可能导致更新失败，因此，在林窗内栽植目标树种，即人工补植（enrichment planting）或人工诱导方法的林窗更新（Knapp et al.，2013；Mason and Zhu，2014）。为了明确林窗的早期更新特征、揭示林窗大小和林窗内位置对人工栽植幼苗更新状况的影响，Lu 等（2018）于辽宁东部山区（清原森林站）典型水源涵养林内，于 2015 年 3 月通过人工采伐设置大林窗［(825 ± 175）m^2，平均林窗径高比为 1.66］、中林窗［(491 ± 15）m^2，平均林窗径高比为 1.36］和小林窗［(212 ± 39）m^2，平均林窗径高比为 0.92］共计 12 个。所有林窗面积均为扩展林窗面积（Runkle，1982），均位于地形相似的次生林中；常见边缘木树种包括蒙古栎、胡桃楸、水曲柳等。每个林窗划分为 3 个区域，并沿穿过林窗中心点的东-西、南-北两条主线选取 9 个位置：林窗中心区（1 个位置）、林窗过渡区（东、西、南、北 4 个位置）、林窗边缘区（东、西、南、北 4 个位置）；所有位置均根据林窗中心点和林窗边缘木间的距离确定（图 8-10）。选取三种主要树种——1 年生胡桃楸（阳性树种）和色木槭（中性树种）幼苗、3 年生云杉（耐阴树种）幼苗作为试验对象。于 2015 年 4 月末至 5 月初进行幼苗栽植，在生长季期间，每月对幼苗存活状况进行一次调查，持续两个生长季（2015 年和 2016 年）。

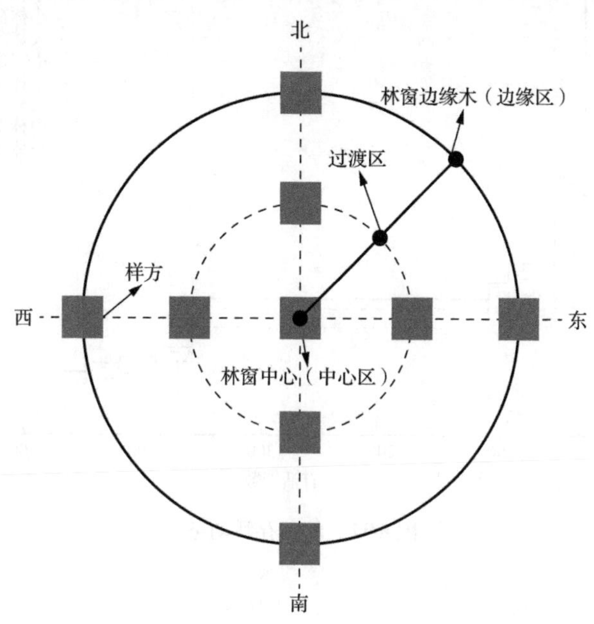

图 8-10　林窗内样方位置分布示意图

观测结果表明，三种幼苗在林窗内的存活率均显著高于林下，包括耐阴树种。可见，在林窗内进行人工栽植是提高幼苗存活率的有效方式，而且耐阴树种的更新也同样受益（Wang and Liu，2011），这主要是由于林窗的形成有助于改善光照环境，增加了土壤养分的释放（Muscolo et al.，2007）。云杉的平均存活率最高（林窗为 61.4%；林下为 45.0%），色木槭的平均存活率最低（林窗为 8.0%；林下为 1.4%），胡桃楸的平均存活率居中（林窗为 48.2%；林下为 17.5%）；阳性树种胡桃楸在林窗和林下对照的存活差异明显高于耐阴树种云杉和中性树种色木槭，这说明耐阴性影响幼苗对林窗的响应程度（Zhu et al.，2014）。

林窗大小和幼苗种类显著影响幼苗存活动态。与小林窗相比，大林窗和中林窗分别降低了 15%和 11%的幼苗死亡风险；与色木槭相比，胡桃楸和云杉的死亡风险分别降低了 65%和 85%。胡桃楸在大林窗和中林窗的存活率显著高于小林窗，云杉在不同林窗中的存活差异并不明显，色木槭在大林窗和中林窗的存活率显著高于小林窗（图 8-11）。

三种幼苗的最终存活表现受到树种和林窗内位置的影响。以林窗中心幼苗的存活率为参考，对于胡桃楸，位于林窗西部和南部边缘的幼苗存活率相对较低，而其他位置的幼苗存活并未与林窗中心有显著差异，该种存活格局在大、中、小林窗基本一致（图 8-12），这与林窗内光环境的分布基本一致（Diaci et al.，2008）；说明林窗内的高光环境区更有利于阳性树种的存活（Cooper et al.，2014）。对于云杉，幼苗存活在大、中、小林窗内均未受到位置的影响，存活率没有显著差异（图 8-12），这可能是由于诸如云杉等耐阴树种只能在一定程度上受益于增强的光照环境，但并不会像阳性树种一样沿光照梯度分布。对于色木槭，幼苗存活受位置影响表现出一定的随机性，小林窗西部过渡区、中林窗南部和东部边缘区存活率较低，但大林窗内不同位置存活差异并不显著（图 8-12）。

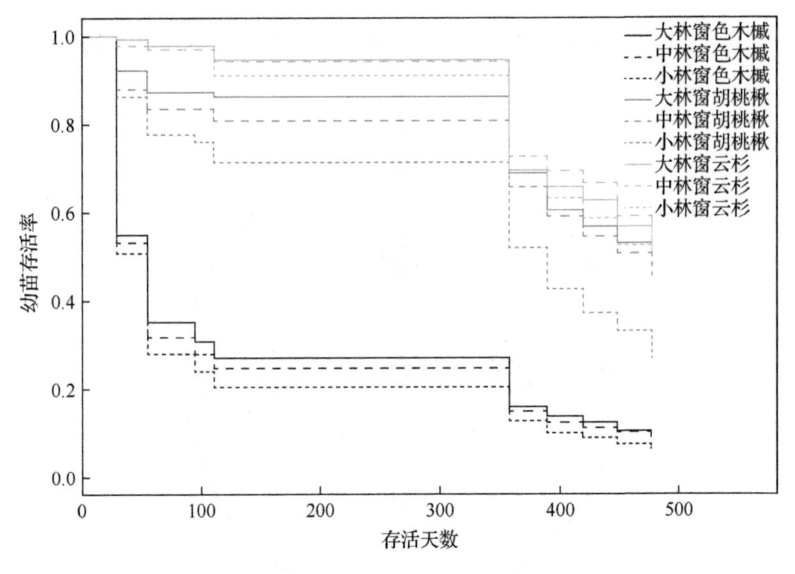

图 8-11 幼苗存活动态

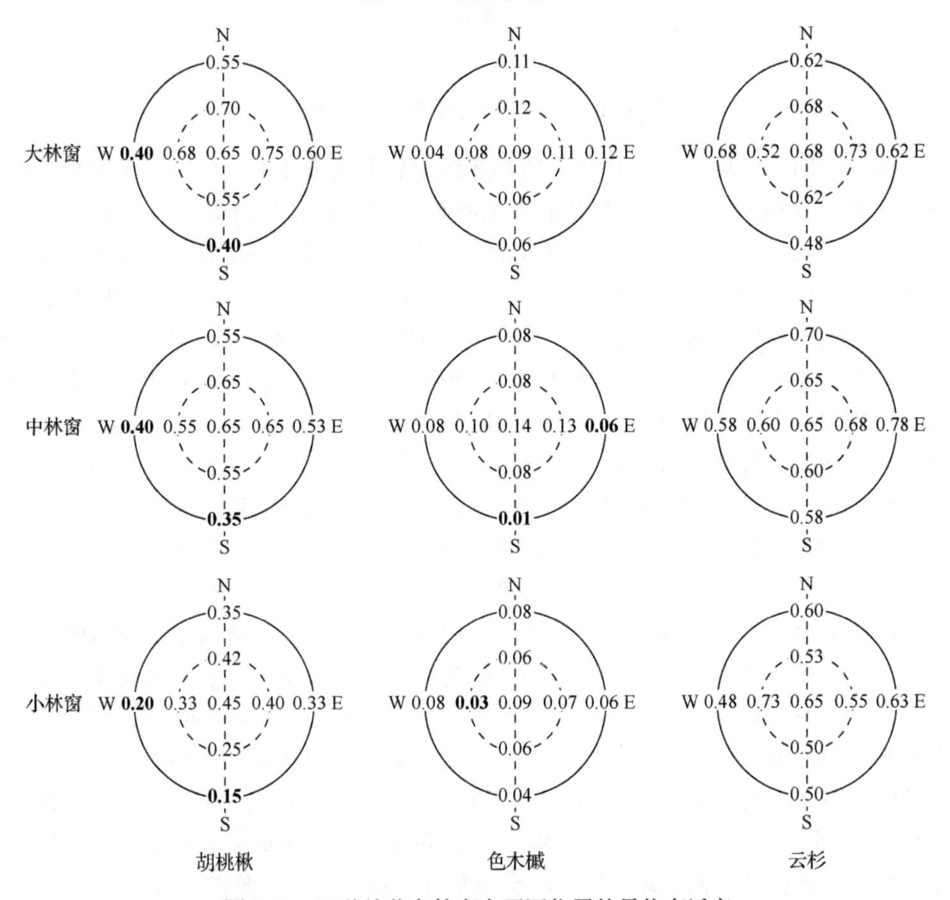

图 8-12 三种幼苗在林窗内不同位置的最终存活率

注：加粗字体表示与林窗中心存活率（基准）相比，统计学差异显著（p<0.05）。

综上，在实际经营中，可通过结合林窗采伐与人工栽植的方式，提高目标树种的早期存活和定植可能性。整体而言，形成大、中林窗（林窗径高比>1.0）可提高各类耐阴性树种的存活率，而小林窗（林窗径高比<1.0）即使对于阳性树种作用也十分有限。在栽植过程中，应优先满足阳性树种的生存环境（如林窗中心），其次搭配耐阴树种，以提高林窗空间的利用效率。

2）林窗格局、动态与填充过程

为明确林窗宏观格局、动态与填充过程及其对水源涵养林长期更新、演替的影响，进而对该防护林种林窗更新技术提供参考。Zhu 等（2021）通过遥感监测技术，解译、叠加历史时期（1964～2014 年）辽东山区（清原森林站）典型水源涵养林的遥感影像，确定每一时期林窗分布格局，并在某一时期后的影像中追踪其闭合过程，具体过程如下。

首先，解译各时期影像，确定林窗分布格局。在此基础上，以 1964 年影像中所有大林窗为对象，根据其中心点位置坐标与 1976 年影像叠加，获取该林窗于 1976 年的状态（森林或林窗），若仍为林窗，则说明 1964 年的大林窗经约 10 年尚未闭合，若为森林则确定该林窗早于 1964 年形成，其闭合时间在 1965～1976 年；若 1976 年影像中出现 1964 年影像中没有的大林窗，则说明该大林窗为新形成的大林窗，林窗年龄为 1～10 年（1964～1976 年间形成）。依此类推（图 8-13），与 1986 年影像叠加，追踪 1965～1976 年间新形成的林窗在 1986 年的状态（森林或林窗），若为森林，则认为大林窗在形成后 10～20 年闭合；若为林窗，则与 1994 年影像叠加，追踪 1965～1976 年间新形成的林窗在 1994 年的状态（森林或林窗），若为森林，则认为大林窗在形成后 20～30 年闭合，若为林窗，则继续与 2003 年、2014 年影像叠加，追踪 1965～1976 年间新形成的林窗在 2003 年、2014 年的状态（森林或林窗），获取大林窗在形成后 30～40 年、40～50 年的闭合情况（图 8-13）（Zhu et al.，2021）。

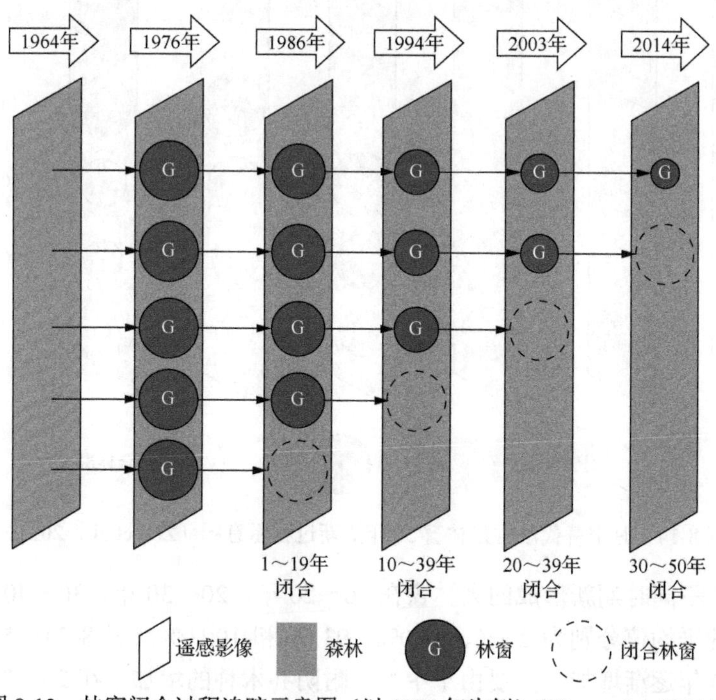

图 8-13　林窗闭合过程追踪示意图（以 1976 年为例）（Zhu et al.，2021）

基于上述过程，分别获取1965～1976年、1977～1986年、1987～1994年、1995～2003年、2004～2014年间新形成大林窗的数量，追捕其闭合过程，记录其在林窗形成10～20年、20～30年、30～40年、40～50年闭合林窗的数量与最终到2014年仍未闭合林窗的数量，并以此估算大林窗的闭合时间。

同样以此方法追踪不同时期形成的中林窗闭合过程，估算中林窗的闭合时间。根据小林窗闭合过程监测结果表明，小林窗因边缘木侧向生长5～7年即闭合，且对森林更新的影响远低于大、中林窗（Lu et al.，2015）；由于本监测以10年的时间分辨率确定林窗对森林更新长期影响，因此，没有追踪小林窗的闭合过程。

根据大、中林窗的闭合时间，结合研究区0.2m地形图，以坡向为0°～90°和270°～360°（主坡向）、坡度为0°～25°（占研究区总面积的80%以上）、年龄为林窗刚形成～林窗闭合后10年为条件，在各时期新形成的林窗中筛选大、中林窗各5个，共计45个，作为林窗不同年龄状态的替代林窗（图8-14）。使用ArcGIS 10.2空间分析工具，获取样本林窗中心点位置，并计算其林冠林窗面积。根据样本林窗中心点坐标，野外使用高精度差分GPS（unistrong MG868S，精度为1m）导航至样本林窗中心处，对林窗特征及植被更新情况进行调查。调查内容包括：①林窗特征：扩展林窗面积，林冠林窗面积，林窗边缘木高度、树种、胸径等。②植被更新：位置、树种、胸径/基径、高度等。由此确定林窗更新状况。

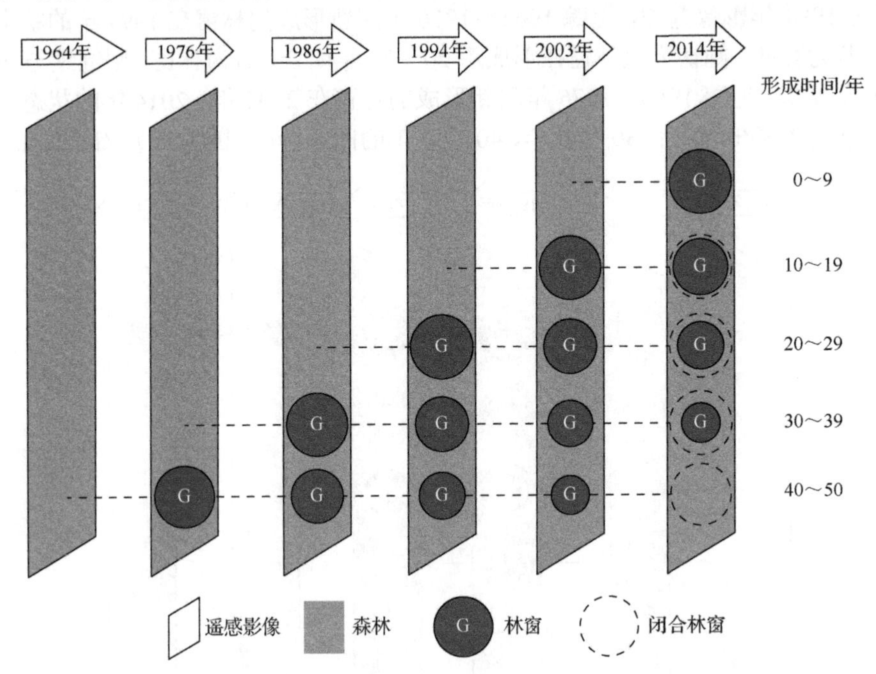

图8-14 时空替代法重建林窗50年更新过程示意图（Zhu et al.，2021）

总体而言，不同时期新形成的大林窗在10～20年、20～30年、30～40年、40～50年累积闭合比例的平均值分别为2.6%、34.0%、93.6%和100.0%（表8-7）；林窗更新层物种丰富度在0～20年逐渐增加，主要由于中性、耐阴乔木种的增加，在20～30年逐渐下降，主要由于喜光灌木树种的减少；树种替代表现为促进型，喜光灌木树种被中性乔木树种取代，最终更新成功树种为在林窗形成10年后树种重要值逐渐占据优势的色木槭、胡桃楸、紫椴。中林窗累积闭合比例的平均值分别为6.5%、59.4%、97.1%和100.0%（表8-7）；林窗更新层物种丰富度和更新密度在0～30年逐渐降低，主要由喜光树种下降引起，30年后差异不大；树种替代表现为抑制型，中性乔木树种在各年龄持续占优势，耐阴树种重要值逐渐升高，最终更新成功的树种是在林窗形成时便占据优势的色木槭、紫椴。小林窗闭合过程虽未进行遥感追踪（受限于影像分辨率），但通过固定样地监测了研究区小林窗闭合情况，主要结论为小林窗在形成10年内由侧向生长闭合，对更新层的填充生长影响不大。

表8-7　不同时期新形成林窗在10～20年、20～30年、30～40年和40～50年后的累积闭合比例

林窗大小	林窗年龄/a	累积闭合比例/%				
		1965～1976年	1977～1986年	1987～1994年	1995～2003年	平均
大林窗	10～20	0.0	3.2	0.0	7.1	2.6
	20～30	38.1	32.2	31.6	—	34.0
	30～40	90.5	96.7	—	—	93.6
	40～50	100.0	—	—	—	100.0
中林窗	10～20	7.1	7.7	6.2	5.0	6.5
	20～30	54.3	59.6	64.2	—	59.4
	30～40	96.0	98.1	—	—	97.1
	40～50	100.0	—	—	—	100.0

综上，林窗对次生林生态系统的恢复具有重要意义，但林窗天然更新是一个长期过程，伴随多种不确定因素的影响，目标树种成功更新与否难以确定。明确林窗长期更新过程，为不同阶段制定缩短森林恢复周期的相关方案提供参考。比如，在林窗形成初期（0～10年）控制灌木等竞争，在中期（10～20年）通过择伐移除与目标树种生态位相同的竞争个体，加速目标树种生长等。

8.3.2.3　落叶松人工水源涵养林林窗更新技术

落叶松人工林是北方重要的水源涵养林（Zhu et al.，2008b）。但是，与毗邻的次生林相比，落叶松人工林存在水源涵养功能下降的问题，将纯林诱导形成落叶松-阔叶混交林是提升水源涵养功能的根本途径。已有研究发现，间伐对落叶松天然更新作用有限，但却可能将落叶松人工林诱导为针阔混交林（Zhu et al.，2008b）。然而，也有研究表明，即使通过间伐维持适宜的环境条件，天然更新的阔叶树种在7年后仍然表现欠佳，这可能由于草本和灌木密度增加，导致种间竞争加剧而引起（Kern et al.，2013）。与天然更新相比，根据森林经营目的，人工补植合适树种结合间伐或林窗，可以有效减少将人工纯林诱导为混交林的时间（Owari et al.，2015）。

Yan等（2016a）在林龄为25年左右的落叶松人工林设置样地，包括：对照（林下，样地面积15m×15m）；间伐（基于胸高断面积，强度为25%，样地面积50m×15m）；微林窗［平均采伐4株树，扩展林窗面积（45±9）m^2］（平均值±标准差）；小林窗［平均采伐

17 株树，扩展林窗面积（160±33）m^2]。本试验最大林窗面积根据林窗面积下限标准（Zhu et al.，2015）进行选择。对照和林窗处理均重复 4 次，间伐处理重复 3 次。设置 3m×3m 的样方用于栽植胡桃楸和云杉幼苗，样方设置如下：①在所有对照样地或间伐样地的中心（或近似中心）处选取微环境特征相似的地点，设立 1 个样方；②在每个小林窗中心，东、西、南、北的四个边缘各设立 1 个样方，共计 5 个样方；③在每个大林窗中心，东、西、南、北的四个过渡区和四个边缘区各设立 1 个样方，共计 9 个样方。栽植幼苗前，人工移除所有样方内的植被和凋落物，共栽植胡桃楸幼苗 756 株、云杉幼苗 756 株。为促进幼苗定植、减少植被竞争，生长季期间每月对所有样方（包括林下对照）内新更新的草本和灌木等进行人工移除，持续两个生长季（2015 年和 2016 年）。

结果表明，胡桃楸和云杉在小林窗和微林窗内的存活率均显著高于林下，且云杉的存活率显著高于胡桃楸（图 8-15），可以推测，耐阴树种云杉在面积范围较广的林窗环境内均可生存。胡桃楸幼苗在大林窗内的高度显著高于间伐和林下，说明光照强度增加可有效促进阳性树种的存活生长；但是云杉幼苗高度不受林冠处理影响（Zhang et al.，2013）。胡桃楸在大林窗内的基径显著高于林下；云杉在大林窗和小林窗内幼苗基径显著高于间伐和林下。胡桃楸幼苗在大林窗内的生物量是其他处理的 2 倍以上，但云杉幼苗生物量则表现出随处理强度增强而逐渐增大的趋势。

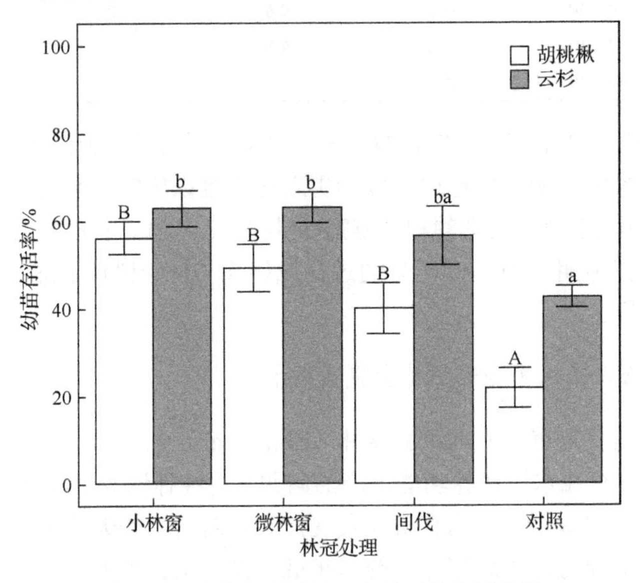

图 8-15　幼苗在不同处理条件下的存活状况

注：不同字母代表处理间统计学差异显著（$p < 0.05$）。

综上，低强度林冠处理（即形成林窗）可用于诱导落叶松人工林向混交林转变的早期阶段。由于胡桃楸和云杉幼苗的存活和生长对不同强度的林冠处理反馈不同，实际经营中可根据需要采取不同的栽植方案。胡桃楸幼苗在小林窗中的表现明显优于林下，而在微林窗和间伐样地中的表现与林下无明显差异。因此，如果胡桃楸用于诱导落叶松人工林向混交林转变，较大面积的林窗必不可少。由于只对林窗下限（Zhu et al.，2015）进行检验，建议选择高于此下限的林窗，提高胡桃楸或其他阳性树种在早期更新的成功概率。与胡桃楸不同，低强度间伐也能在一定程度上促进云杉幼苗生长。因此，如果云杉作为诱导落叶松人工林向混交林转变的树种，可以将其栽植于刚刚抚育过的落叶松人工林，尽管这种方式会延长落叶松人工林向混交林转变的周期。

8.4 衰退防护林生态恢复技术

衰退防护林生态恢复技术是基于防护林的衰退原因与恢复机理，为恢复和提高衰退防护林的结构与生态防护功能而进行的各种经营措施的总称（Zhu and Song，2021）。鉴于樟子松固沙林衰退机制与生态恢复原理较明确，以该林种为例，围绕其衰退的水分机制和稳定性评价方法，提出衰退防护林以多源水定林的恢复技术和以增强稳定性的近自然恢复技术。

8.4.1 以多源水定林的恢复技术

防风固沙林主要分布在干旱、半干旱沙区，水分胁迫与水量失衡是造成该林种严重衰退的核心原因（焦树仁，2001；朱教君等，2005c；Song et al.，2016b）。因为天然降水不能维持沙地樟子松人工林（1955 年造林）的水量平衡，沙地（以科尔沁沙地为例）土壤水分不能满足樟子松林木生长的需求，使沙地樟子松必须利用地下水资源才能保障生长与存活；而农田、灌草/裸沙地、杨树防护林（1978 年三北防护林工程以后营建）等其他土地利用类型，促使地下水位下降，最终导致沙地樟子松（浅根系，98%根系分布在 1m 以内）人工林因水量失衡而发生衰退（Zheng et al.，2012）。

针对樟子松固沙林衰退的水分机制，基于三北沙区的水资源承载力，结合沙地樟子松树木生长季蒸腾耗水和树冠截留降水规律及温度变化情况（计算蒸散的基础），根据三北沙区樟子松生态适宜性区划，分为樟子松纯林区（占总面积 4.4%）、疏林草地区（占总面积 27.7%）和非适宜区（占总面积 67.9%）；在不同生态适宜区，针对降水-土壤水-地下水等多源水状况，提出适宜的多源水定林恢复技术。

纯林区主要分布于呼伦贝尔沙地，降水量通常能够满足樟子松正常生长需要，但在防护林建设之初，为保证林木的存活数量，造林密度普遍偏高。对于在纯林区发生衰退的樟子松人工林，应参考“基于水量平衡的三北沙区樟子松全生命周期经营密度表”（表 8-3）进行密度调控，伐除林分内的病枯植株，以缓解林木对生长空间的竞争；保留生长较好的植株并进行修枝、整形，抚育去掉树冠 1/3 以下的侧枝以减少水资源消耗，维持林分尺度的水量平衡状态，促进林木正常生长（马文元，2016）。

疏林草地区主要分布于三北地区东部，降水量不能满足大面积纯林正常生长耗水需求。对于在疏林草地区发生衰退的樟子松固沙林，应在密度调控的基础上逐步进行林分改造，优先选取适应性强的乡土树种，将樟子松纯林调整为不同的混交林模式。如章古台地区，一方面，可以选择灌木树种（沙棘、胡枝子等）与樟子松进行混交，因为阔叶类灌木丛的枝叶繁茂，能有效增加林内枯落物数量，从而减缓林间水分蒸发、改善土壤养分结构，提升樟子松固沙林的综合生产力（宋立宁等，2017）；另一方面，也可以选择乔木树种（油松、刺槐等）与樟子松带状混交，以改善林分结构、增加树种多样性，使防风固沙效益持续稳定发挥（马文元，2016；Song et al.，2021）。

非适宜区主要位于三北地区中西部，年降水量在250mm以下，不能满足沙地樟子松生长耗水需求，不适宜樟子松造林；而且，在这种无灌溉或季节性灌溉条件下，固沙林的造林树种应以旱生灌木为主，灌草结合（马文元，2016）。因此，对于在非适宜区发生衰退的樟子松林，应根据衰退程度，采用不同强度间伐或皆伐措施，清除病腐枯死林木，逐步以耐干旱抗风蚀的灌木林代替之。对于灌木树种的选择，应最大限度地遵从适地适树原则，以乡土树种为主，如梭梭、柠条、沙拐枣、花棒、沙柳、沙棘等（马文元，2016）。造林方式可根据目标树种和造林区域选择实生苗或容器苗造林、扦插造林、人工撒播或飞播造林（马文元，2016）。对于恢复后的灌木林，应加强抚育管理、严格实行封育保护，严禁放牧、砍柴，以防灌木林被畜群啃食或被人为破坏。

8.4.2 以增强稳定性的近自然恢复技术

防护林稳定性是指防护林或防护林体系在干扰条件下，基本能完成正常生长发育和发挥其应有防护效应的持续能力。稳定性表现在林木个体、林分/林带和体系3个水平上，林木个体的稳定由树种的生理、生态特性决定；林分/林带水平的稳定性则取决于林分/林带的结构，如单一树种的密度和树种的多样化程度等；在体系水平上还受到土地资源总体利用上的合理性与水资源保障的可能性等制约。无论在何种水平上，只要干扰强度超越了树木、林分/林带或防护林体系可承受的阈值，就会导致不稳定发生（朱教君等，2016）。对沙地樟子松人工林生态系统稳定性产生负效应的干扰因子主要包括：非生物因子（气象、土壤条件）、生物因子（病虫害）和人为因子（人为用火导致的火灾和收集枯枝落叶作薪柴用）（姜凤岐等，2003）。

姜凤岐等（2006）针对章古台樟子松固沙林衰退问题，应用生态演替、干扰、种群密度等恢复生态学理论和原则，对防护林在决策层面的设计要素的科学性及其与衰退的关系进行了分析和评价。结果表明，大面积造林与地带性顶极群落的不吻合（即偏离生态学原则），使防护林建设的目标、步骤、树种的组成和密度等出现了偏颇，成为防护林衰退最深层次的原因。另外，疏于管理和粗放经营以及频发的自然和人为干扰也是致衰的重要因素。应对防护林衰退，维持防护林稳定的主要措施是对现有防护林进行更新改造；重点考虑近自然更新技术，坚持生态效益优先的原则，通过人工促进天然更新，实现维持或增强防护林稳定性的目标（Baer，1989；Zhu et al.，2003a；朱教君和刘世荣，2007）。

为了维持和提高沙地樟子松人工林的稳定性，本书提出如下近自然经营措施。

（1）根据区域尺度上对沙地樟子松人工林生态适应性区划的结果，针对在纯林区或疏林草地区发生衰退的樟子松固沙林，采用卫生伐清除林内的衰老树、病枯树，既能获得一定的木材，同时制造出林窗，促进天然更新，有利于林分结构的复杂化；对于保留林木进行修枝和密度调控，以减少林木蒸腾耗水，维持较高的林分稳定性（姜凤岐等，2003）。

（2）基于区域水资源承载力，调整土地利用类型，维持区域水量平衡。一方面，减少高耗水的农田和杨树林或将农田或者杨树林转化为耗水量低的针叶林、灌木和草地（Zheng et al.，2012）；另一方面，对于不宜营造樟子松林的区域不再强行使用该树种造林，而以恢复和建立沙地植被、增加沙地表面粗糙度为首要前提，本着宜乔则乔、宜灌则灌、宜草则草的原则，切实做到适地适树，同时以本土树种为主，做到乔灌草结合（Song et al.，2021）。

（3）根据植物功能群原理，在造林时，注重增加物种多样性，适当营造复层异龄混交林，可选用旱柳、花曲柳、色木槭、胡桃楸、蒙古栎、黄波椤、油松、赤松等树种，采取块状或带状混交方式，避免大面积营造樟子松纯林；在沙丘顶部营造紫穗槐、胡枝子、锦鸡儿、黄柳、盐蒿（差不嘎蒿）等灌木或保留原有植被；坚持使用良种壮苗，尽量采用实生繁殖。实生繁殖的苗木不仅具有丰富的遗传多样性，而且根系较无性系更为发达，有利于提高防护林的稳定性和生态效益；鉴于沙地土壤养分缺乏，在造林时适当施加泥炭土或肥料（姜凤岐等，2003；黄玉梅等，2007）。

（4）由于三北地区自然和经济条件较差，在优先考虑生态效益的前提下，建议注重优良固沙植物自身的经济价值和林下经济的发展，比如可在柽柳和梭梭林间种药用植物肉苁蓉，或将乡土饲草植物、食用植物与樟子松人工纯林进行间作或混交，将防护林和经济林结合起来，在充分发挥防风固沙林生态效益的同时，也能产生更佳的经济效益（黄玉梅等，2007；马文元，2016）。形成的复合式林分结构更稳定、抗逆能力更强，有助于缓解人工纯林的衰退现象，同时也有利于提高当地农民营造和管护的积极性。

（5）由于沙地生态环境的脆弱性，加上人类破坏性干扰，极易导致人工林不稳定，因此，应对林地严格管理，严禁在松林内收集枯枝落叶，限制林内过度放牧，防止火灾发生。针对人为干扰过度（过量砍伐和修枝、林间开垦、铲草积肥、放牧、火烧等）导致防护林衰退的区域，以封禁保护（封山育林）为主要技术措施，充分发挥生态系统自我修复能力。在原有防护林区域，限制人畜进入，禁止乱砍滥伐，利用植物的自然繁育能力，达到防护林恢复与生态环境改善的目的（姜凤岐等，2003）。

（6）加强病虫害的防治，尤其是枯梢病和松毛虫的防治工作，组织多学科研究人员进行攻关，厘清枯梢病和松毛虫的发生发展规律，以及与生态因子的关系。已经发生病虫害的林分要尽可能采用生物防治技术，如松毛虫的防治可以采用释放松毛虫赤眼蜂、人工捕杀；美国白蛾可以采用挖蛹、灯光诱杀。要以自然控制措施为主，以应急短效的化学、物理措施为辅，合理使用农药（姜凤岐等，2003）。

第四篇　防护林效应评估

第9章 防护林生态效应发挥机理

防护林是利用森林具有的生态功能（即生态效应），保护生态脆弱地区的土地资源、农牧业生产、建筑设施、人居环境，减轻自然灾害对环境的危害和威胁的森林。我国生态脆弱区分布广泛，防护林以其独具的资源性、可再生性与多效益性等特点，在解决关键生态环境问题中，如维系北方地区自然生态平衡、减缓风沙和水土流失威胁、缓解能源短缺等，发挥重要作用。评价防护林生态效应是连接防护林构建和管理的桥梁，通过评价生态效应，可以确定构建和管理的效果；评价防护林生态效应发挥程度是当前研究的热点，也是难点。本章重点介绍防护林在个体、林分/林带、景观三个尺度上的生态效应发挥机理及生态效应评估方法。

9.1 个体尺度生态效应估算方法

防护林的生态效应通过具有完整结构的林分/林带发挥作用，而林分/林带是由单株树木构成，林分/林带的生态防护效应的强弱均受单株树木（即树木个体尺度）影响。在个体尺度，固碳释氧和蒸腾耗水是林木发挥生态效应非常突出的两个方面。

9.1.1 个体树木固碳释氧效应估算

树木（植物）具有固碳释氧功能，即防护林树木通过光合作用吸收二氧化碳、释放氧气、蒸发水分等生理活动，对减缓温室效应、调节区域碳平衡起着重要的作用。固碳释氧是植物生长过程中碳素化合物积累的主要途径，同一种植物在不同地区以及不同生长季节的固碳释氧能力不同；特别是不同树种因其遗传、生理、生态特性不同产生固碳释氧能力的差异（王效科等，2001）。

9.1.1.1 生物量法

生物量法通过测算植物体有机物的干重推算植物固碳量，将植物按类别、按组分进行生物量测量，进而推算不同植物年均固碳量。根据树木光合作用和呼吸作用机理的计算结果，树木形成1kg干物质可释放出1.2kgO_2；根据树木每年形成的干物质总量，可计算出树木每年的供氧量。同样，计算得出树木CO_2固定量，树木每生产1kg干物质需要固定1.6kg CO_2；根据树木每年形成的干物质量，可计算出树木每年固定CO_2的总量（王效科等，2001）。

生物量法虽然技术成熟，并已获取了大量研究数据，但其存在诸多缺点：①生物量法需要现场破坏性采样，因此，无法对样本进行持续观测；②生物量法需要对样本进行烘干、称重等后续处理，过程繁琐；③生物量法需对植物地上、地下部分分别计算，但植物地下生物量即根部生物量难以统计，植物枯枝落叶的收集和计算也较为困难（何英，2005）。

9.1.1.2 同化量法

同化量法是目前研究植物固碳释氧效益最广泛的方法，该方法通过红外线法测定瞬时进出植物叶片的 CO_2 浓度和水分，得到植物单位叶面积的瞬时光合速率和呼吸速率，再将植物叶面积乘以植物单位时间净光合量（光合累积量与呼吸累积量之差）得到植物固碳量和释氧量。同化量法涉及植物光合速率、呼吸速率和植物叶面积三个参数（王效科等，2001）。

根据植物光合作用方程，可计算植物光合作用日同化量，进而计算植物每天 CO_2 固定量和 O_2 释放量，即固碳释氧能力。一般采用红外 CO_2 气体分析仪（Li-6800 等）测定植物叶片全天的瞬时光合作用，获得树木光合作用变化曲线。同化量是净光合速率曲线与时间横轴围合的面积，因此，可获得单株树木当日固碳释氧量，见式（9-1）。

$$D = \sum_{i=1}^{j} \left[\left(D_{i+1} + D_i \right) \div 2 \times \left(t_{i+1} - t_i \right) \times 3600 \div 1000 \right] \tag{9-1}$$

式中，D 为树木日同化量[mmol/(m^2·d)]；D_i 为初测时间点的瞬时光合速率[μmol/(m^2·s)]；D_{i+1} 为下一时间点的瞬时光合速率［μmol/（m^2·s)]；t_i 为初测点的瞬时时间（h）；t_{i+1} 为下一测定点的时间（h）；j 为测试次数；3600 指每小时 3600s；1000 指 1mmol 为 1000μmol。通过计算出的树木日同化量 D，再计算日固定 CO_2 量和释放 O_2 的量，见式（9-2）和式（9-3）。

$$W_{CO_2} = P \times 44/1000 \tag{9-2}$$

$$W_{O_2} = P \times 32/1000 \tag{9-3}$$

式中，W_{CO_2} 和 W_{O_2} 分别为日固定 CO_2 量和释放 O_2 的量［g/(mol·d)］；44 为 CO_2 的摩尔质量（g/mol）；32 为 O_2 的摩尔质量（g/mol）。

然而，同化量法基于光合参数和叶面积指数计算树木的固碳释氧效应，容易受到测定时限和环境条件等因素的影响（王效科等，2001）。

9.1.2 单株树木蒸腾耗水估算

蒸腾是林木耗水的主要方式。选择适合的测定方法，准确测算林木蒸腾耗水量，是开展植物水分生态特征和管理水资源等相关研究的基础。单株树木蒸腾耗水量的测量方法主要包括直接测量法、间接测量法和估算法。其中，间接测量法，如树干热平衡法、热脉冲法和热扩散法等，是主流方法。

9.1.2.1 树干热平衡法

树干热平衡法由 Čermák 等（1973）提出，主要用于测定大树（直径>120mm）的液流。树木的一段被内置的加热器加热，热量均一释放到木质部中，通过能量（直接与液流成比例）或者温度差（间接与液流成比例）计算液流。该方法不需要经验公式计算、无须校正；但是，该方法可能会由于植物组织的热储存而产生较大的误差，且安装技术复杂，因此，还未得到广泛的应用。

9.1.2.2 热脉冲法

利用热脉冲法测量木质部液流速度的设想最早由德国学者 Huber 于 1932 年提出，

Marshall 于 1958 年经过对流速流量转换分析，利用该方法成功地测定了树干液流。热脉冲法的原理是向电加热元件通以短暂即逝的电流，产生热波动脉冲加热树液，在上下方固定距离记录茎干内的升温曲线，利用“补偿原理”和“脉冲滞后效应”，测定树干中液流运动产生的热传导现象，并结合热扩散模型，推导出液流速率及液流量。由于木本植物树干中液流速率通常随径向深度不同而变化，因此，探针一般插在树干形成层下数个不同深度，以测定边材液流通量密度的径向剖面；树干液流量通过整合边材横截面上的液流通量剖面来计算。该方法缺点是测量值为瞬时值，不能反映连续的液流速率；只适用于树干直径大于 30mm 的木本植物，并且在树干低液流时误差较大。

9.1.2.3　热扩散法

Granier（1985）对热脉冲法进行改进，提出热扩散法。主要是将两根温度探针插入树干边材，上方探针对边材恒定供热，下方探针不加热，由于树干液流的向上运输会将部分热量带走，通过两个探针的温度差和液流密度建立经验公式，计算树干液流。热扩散法的突出特点是能够连续放热，实现任意时间间隔液流速率自动化测量，且测量结果准确，耗材成本较低，易于操作，因而得到广泛应用。根据通用的 Granier（1985）提出的原理，利用温差值和边材面积计算得到树木耗水量，见式（9-4）。

$$V_s = 0.0119 \times \left(\frac{\Delta T_{\mathrm{m}} - \Delta T}{\Delta T}\right)^{1.231} \times A_s \tag{9-4}$$

式中，V_s为液流速率（cm/s）；ΔT_{m}为 24h 内两探针间最大温度差（℃）；ΔT 由 TDP 两探针所输出的电压差除以经验常数 0.04 所得；A_s为边材面积。

科尔沁沙地南缘章古台地区小钻杨人工林（18 年）树木蒸腾耗水特征利用上述技术获取。基本信息：小钻杨人工林密度为 433 株/hm^2，平均胸径为 16.8cm，平均树高为 11.6m，叶面积指数为 0.56（图 9-1）。在人工林内，设置 30m×30m 固定样地，于 2018 年 4 月，在固定样地内选择 7 株样树（表 9-1），每株样树安装热扩散探针，测定了不同样树树干液流特征；基于边材面积与胸径回归关系（图 9-1），计算了不同样树边材面积（表 9-1），量化了单株耗水量。

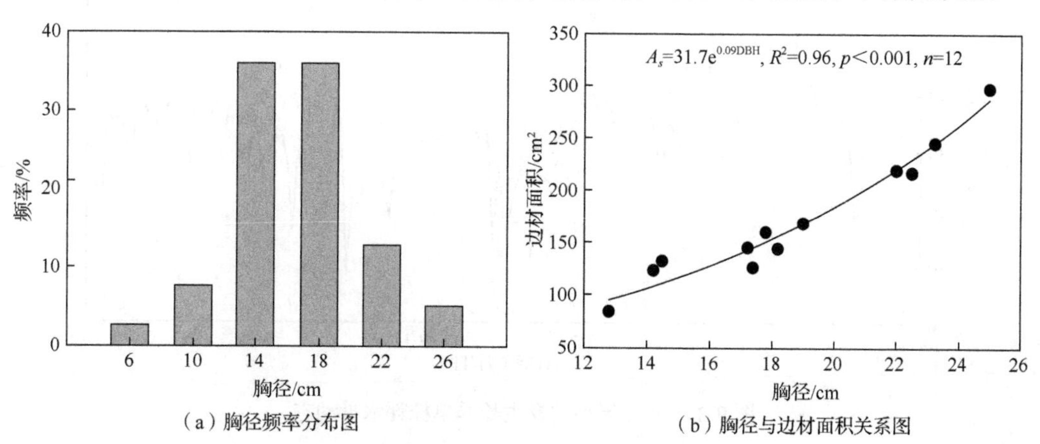

（a）胸径频率分布图　　（b）胸径与边材面积关系图

图 9-1　胸径频率分布图和胸径与边材面积关系图

表 9-1 不同样树特征

样树编号	胸径/cm	树高/m	边材面积/cm^2
1	19.7	14.1	203.3
2	23.8	15.8	292.7
3	18.7	14.6	185.8
4	10.8	7.6	107.4
5	17.5	9.8	167.0
6	11.3	8.6	109.2
7	16.4	10.2	152.0

结果表明：树干液流通量密度日变化呈明显的单峰曲线（图 9-2），日平均通量密度为 0.0025g/(cm^2·s)。2018 年 5～9 月，小钻杨单株平均耗水量为 32.6kg/d（8.7～51.0kg/d）（图 9-3）。

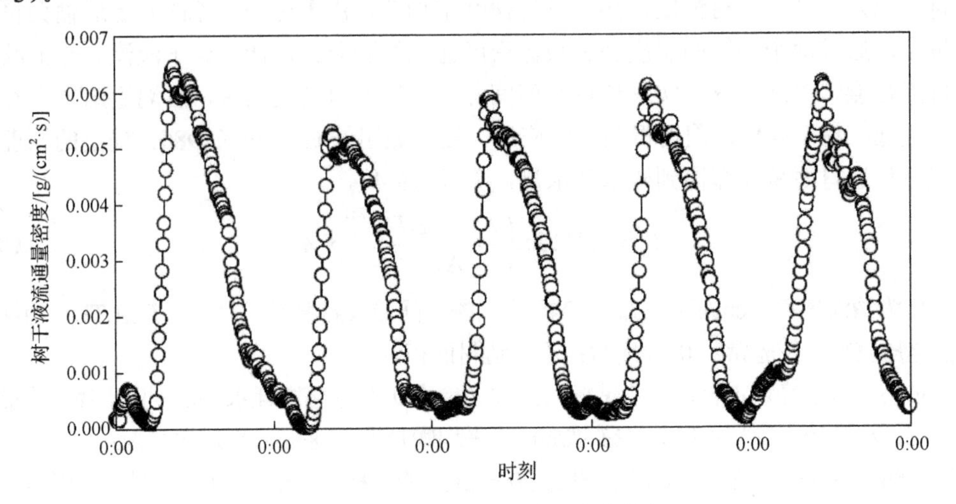

图 9-2 树干液流通量密度日变化特征

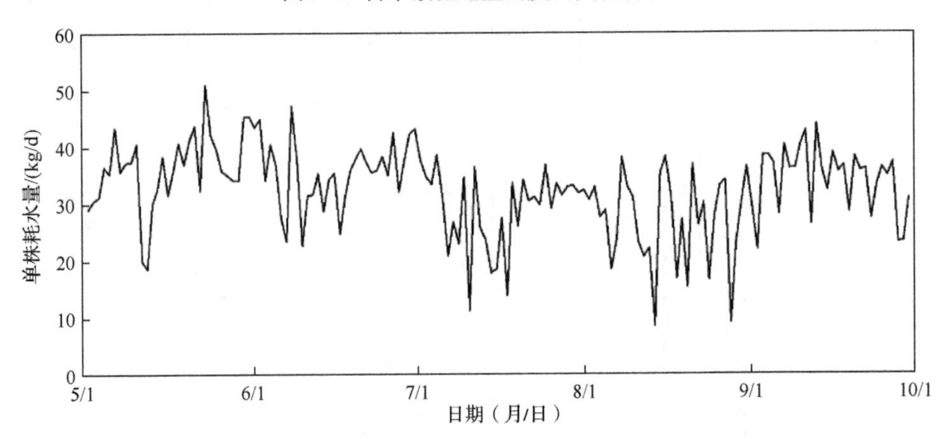

图 9-3 2018 年小钻杨生长季单株耗水量动态

9.2　林分/林带尺度生态效应评估方法

防护林在林分/林带尺度的生态效应主要表现为气候效应、水文效应、土壤效应和生物效应。本节重点对不同类型防护林的主要生态效应进行梳理、总结，具体包括：农田防护林的降低风速和粮食增产效应，防风固沙林的防治风蚀效应，水源涵养林的水文效应，水土保持林的保持水土效应。

9.2.1　农田防护林降低风速效应评估

农田防护林（林带）的主要作用是通过改变风的行为而在一定范围内降低风速，进而改变防护范围内的温度和湿度等小气候条件，使其有利于作物生长。农田防护林带产生的局部小气候改善的区称为防护区域，在该区域内，风速减弱、空气湿度增加、地表温度日较差减小（钟中和董婕，1997）。其原理如下：林带是气流运行中的障碍物，气流通过林带时，一方面大规模的气流规则运动被改变或破坏，在林带后形成许多小涡旋，彼此摩擦消耗动能；另一方面气流通过林带时，气流的动能通过与干枝叶表面的摩擦和枝叶的摇摆而被消耗，使风速减弱。

林带的防风效果和林带的结构、走向有关。根据结构，林带主要分三种：不通风林带、疏透林带和通风林带。不通风林带上下稠密，气流几乎不能通过，因此，气流主要从林带上方越过，之后又很快落回地面，这种林带防风范围较小。疏透林带能通过部分气流，并且可与越过林带的气流有效混合，明显降低风速，防风效果最好。通风林带气流很容易通过，有效防风范围不大。

9.2.1.1　评估方法

根据获取风场内风速的手段，可将评价林带防风效应的方法分为野外实地观测实验、风洞模型实验和计算机数值模拟实验三类方法。相对于野外实地观测实验方法受天气影响较大、只能研究实际存在的林带的限制，以及风洞模型实验方法受成本较高和所使用模型材料与真实林带有差异的限制，以计算流体力学（computational fluid dynamics，CFD）为主的计算机数值模拟实验方法因具有低成本、结果可靠且情景设置灵活的优点，是目前应用最广、发展最为迅速的方法。

计算流体力学是以计算机为工具，应用数学方法对流体力学的各类问题进行数值模拟实验和分析研究的新兴学科。在气象领域中，计算流体力学被用于实现在基本物理定律框架内，对一定空间范围的风速、温度等气象要素的分布和变化的模拟，表现出令人满意的准确性和适用性。计算流体力学为林带防风效应评价研究提供了有力工具，取得了重要研究进展（Wang et al.，2001；Wilson and Yee，2003）。现将该方法简要介绍如下。

林带是置于大气边界层中的障碍物。在大气边界层中，受地表障碍物影响后，风的流动主要存在形式为湍流。湍流是一种在自然界中普遍存在的不规则流动，以不同尺度的涡旋形式存在，并不断破碎成更小尺度的涡旋，最终将动能全部耗散为内能。在一个三维空间内，根据湍流的脉动性，通过雷诺平均的方法，将气体湍流瞬间速度表示为一段时间内的平均速度和脉动速度的和，即式（9-5）。

$$u_i = \overline{u}_i + u_i' \tag{9-5}$$

式中，u_i 为湍流的瞬时速度；$\overline{u}_i$ 是一段时间内的平均速度；u_i' 是瞬时的脉动速度。

湍流运动符合描述流体流动规律的连续方程（即质量守恒方程）和 Navier-Stokes（纳维-斯托克斯）方程（即动量守恒方程，简称运动方程）。

一般认为，空气在地表的流动是马赫数较低的低速流动，属于流体不可压缩的情况。此时，湍流流动的连续方程和 Navier-Stokes 方程分别如式（9-6）和式（9-7）。

$$\frac{\partial \overline{u}_i}{\partial x_i} = 0, \quad i = 1,2,3 \tag{9-6}$$

$$\frac{\partial \overline{u}_i}{\partial t} + \overline{u}_j \frac{\partial \overline{u}_i}{\partial x_j} = -\frac{1}{\rho}\frac{\partial \overline{p}}{\partial x_i} + v\frac{\partial^2 \overline{u}_i}{\partial x_j^2} - \frac{\partial}{\partial x_j}\left(\overline{u_i' u_j'}\right) \tag{9-7}$$

式中，x_i 为湍流速度在三个方向上的分量；t 为时间；ρ 为流体密度；$\overline{p}$ 为流体微团上的平均压力；v 是流体的运动黏度（m^2/s）；$\overline{u_i' u_j'}$ 为代表雷诺应力的项，表示基于脉动速度产生的应力。根据 Boussinesq（布西内斯克）的涡黏性假设对 $\overline{u_i' u_j'}$ 进行描述，并引入涡黏性模型中最为广泛应用的 k-ε 模型作为湍流模型方程，与前面的连续方程和运动方程形成可求解的闭合方程组，见式（9-8）～式（9-17）。

$\overline{u_i' u_j'}$ 可表示为

$$-\overline{u_i' u_j'} = v_t\left(\frac{\partial \overline{u}_i}{\partial x_j} + \frac{\partial \overline{u}_j}{\partial x_i}\right) - \frac{2}{3}k\delta_{ij} \tag{9-8}$$

$$v_t = C_\mu \frac{k^2}{\varepsilon} \tag{9-9}$$

$$k = \frac{1}{2}\overline{u_i' u_j'} \tag{9-10}$$

$$\varepsilon = \frac{k}{t_k} \tag{9-11}$$

式中，v_t 为涡黏度（m^2/s）；δ 为 Kronecker（克罗内克）函数，当 $i = j$ 时，$\delta_{ij} = 1$，当 $i \neq j$ 时，$\delta_{ij} = 0$；k 为流体微团的湍动能；ε 为流体微团湍动能的耗散率；t_k 为湍动能的耗散时间；C_μ 为经验常数。k 和 ε 的方程为

$$\frac{\partial k}{\partial t} + \frac{\partial(\overline{u}_i k)}{\partial x_i} = \frac{\partial}{\partial x_j}\left[\left(v + \frac{v_t}{\sigma_k}\right)\frac{\partial k}{\partial x_j}\right] + v_t\left(\frac{\partial \overline{u}_i}{\partial x_j} + \frac{\partial \overline{u}_j}{\partial x_i}\right)\frac{\partial \overline{u}_i}{\partial x_j} - \varepsilon \tag{9-12}$$

$$\frac{\partial \varepsilon}{\partial t} + \frac{\partial(\overline{u}_i \varepsilon)}{\partial x_i} = \frac{\partial}{\partial x_j}\left[\left(v + \frac{v_t}{\sigma_\varepsilon}\right)\right]\frac{\partial \varepsilon}{\partial x_j} + v_t\frac{\varepsilon C_{\varepsilon 1}}{k}\left(\frac{\partial \overline{u}_i}{\partial x_j} + \frac{\partial \overline{u}_j}{\partial x_i}\right)\frac{\partial \overline{u}_i}{\partial x_j} - C_{\varepsilon 2}\frac{\varepsilon^2}{k} \tag{9-13}$$

式中，$C_{\varepsilon 1}$、$C_{\varepsilon 2}$ 为经验常数；σ_k、σ_ε 分别为湍动能 k 和湍动能耗散率 ε 的 Prandtl（普朗特）数。

在上述 k-ε 湍流方程的基础上，通过将林带视为多孔介质，将风流经林带时受到的拖曳力而产生的额外湍流作为运动方程和湍流模型中的添加项，实现对林带的空气动力特征模拟。Thom（1975）引入通用阻力公式来对植物体表面与气流摩擦产生的拖曳力进行量化，其表达式如式（9-14）。

$$F_i = \rho C_D A U u_i \tag{9-14}$$

式中，ρ 为空气密度（kg/m^3）；C_D 为单位植被表面上的阻力系数（无量纲）；A 为单位空间内的植被表面积（m^2）；U 为风速（m/s）；u_i 为某一方向上的速度分量（m/s）。

由于对风产生拖曳力的主要是形状复杂的植被冠层，Green（1992）直接应用该阻力公式定义了植物体的阻力项，其表达式如式（9-15）。

$$S_{u_i} = -\mathrm{LAD} C_d U u_i \tag{9-15}$$

式中，LAD 为叶面积密度（leaf area density）（m^2/m^3），即单位空间内的叶面积；C_d 为植物叶片的拖曳力系数。

由于植物体在产生阻力的同时也促进了湍流的生成并增加了湍流的耗散，因此通过向 k 方程和 ε 方程分别添加源项、汇项的方法实现这个过程的量化，见式（9-16）、式（9-17）。

$$S_k = \mathrm{LAD} C_d \left(\beta_p U^3 - \beta_d U k\right) \tag{9-16}$$

$$S_\varepsilon = \mathrm{LAD} C_d \left(C_{\varepsilon 4} \beta_p \frac{\varepsilon}{k} U^3 - C_{\varepsilon 5} \beta_d U \varepsilon\right) \tag{9-17}$$

式中，β_p 为通过植被的拖曳作用将平均动能转化为湍流动能的比例数；β_d 为湍流能量级串传递的无量纲系数；$C_{\varepsilon 4}$、$C_{\varepsilon 5}$ 为经验常数。

至此，通过在运动方程和湍流模型方程中添加式（9-16）和式（9-17），实现植被周围风场的模拟。在有植被出现的空间范围内的运动方程和湍流 k-ε 方程如式(9-18)～式(9-20)。

$$\frac{\partial \overline{u}_i}{\partial t} + \overline{u}_j \frac{\partial \overline{u}_i}{\partial x_j} = -\frac{1}{\rho}\frac{\partial \overline{p}}{\partial x_i} + v\frac{\partial^2 \overline{u}_i}{\partial x_j^2} - \frac{\partial}{\partial x_j}\left(\overline{u_i' u_j'}\right) + S_{u_i} \tag{9-18}$$

$$\frac{\partial k}{\partial t} + \frac{\partial\left(\overline{u}_i k\right)}{\partial x_i} = \frac{\partial}{\partial x_j}\left[\left(v + \frac{v_t}{\sigma_k}\right)\frac{\partial k}{\partial x_j}\right] + v_t\left(\frac{\partial \overline{u}_i}{\partial x_j} + \frac{\partial \overline{u}_j}{\partial x_i}\right)\frac{\partial \overline{u}_i}{\partial x_j} - \varepsilon + S_k \tag{9-19}$$

$$\frac{\partial \varepsilon}{\partial t} + \frac{\partial\left(\overline{u}_i \varepsilon\right)}{\partial x_i} = \frac{\partial}{\partial x_j}\left[\left(v + \frac{v_t}{\sigma_\varepsilon}\right)\right]\frac{\partial \varepsilon}{\partial x_j} + v_t\frac{\varepsilon C_{\varepsilon 1}}{k}\left(\frac{\partial \overline{u}_i}{\partial x_j} + \frac{\partial \overline{u}_j}{\partial x_i}\right)\frac{\partial \overline{u}_i}{\partial x_j} - C_{\varepsilon 2}\frac{\varepsilon^2}{k} + S_\varepsilon \tag{9-20}$$

β_p、β_d、$C_{\varepsilon 4}$、$C_{\varepsilon 5}$ 在使用不同情景下的实测和风洞实验数据与模拟结果校正时取值略有不同。

基于上述模拟思路和方法，使用计算流体力学对防护林防风效应评价的研究目前已获得一定研究成果。Santiago 等（2007）使用了标准 k-ε（standard k-ε）湍流方程、RNG k-ε（renormalization group k-ε）湍流方程和可实现 k-ε（realizable k-ε）湍流方程，分别模拟了防护林的防风效果，并将数据与风洞实验的结果对比，确定出最佳孔隙度（疏透度）。Bourdin 和 Wilson（2008）使用可实现 k-ε 湍流方程在二维、三维的模拟情景下对比了模拟数据与实验数据，确认了数值模拟在防风林模拟方面的准确性和适用性。日本埼玉大学水利工程实验室使用埃菲尔型非循环风洞（Eiffel-type non-circulating wind tunnel）试验（Yusaiyin and

Tanaka，2009），研究阐明了防风林带对风速减弱的作用；并结合雷诺平均下的 Navier-Stokes 方程和 k-ε 湍流方程模型研究了不同防风林带宽的流场变化。综上，使用计算流体力学评价林带防风效应是可行且可靠的。

9.2.1.2 典型案例

本节介绍使用计算流体力学方法对 3 条沈阳市郊区的农田防护林带（现实林带）进行的防风效应评价。主要方法过程为：通过计算流体力学方法实现对 3 条林带结构的建模，模拟林带周围的风场，并根据模拟风场结果评价各条林带的防风效应。模拟实验使用了目前发展最为成熟的计算流体与计算传热学软件 PHOENICS（parabolic hyperbolic or elliptic numerical integration code series）完成，基本工作流程如图 9-4 所示，具体实验操作和结果如下。

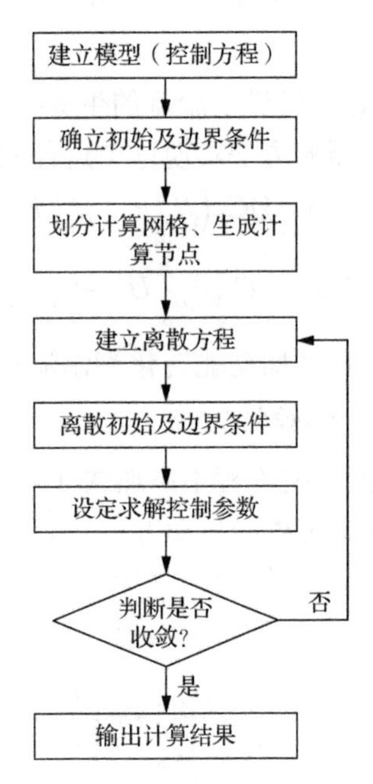

图 9-4 计算流体力学模拟流程图（王福军，2004）

1）模拟参数设定

计算域大小为长×宽×高=500m×200m×100m。采用在物体边界周围以 log 函数方式加密的 PHOENICS 自动生成的网格划分方法，并对网格进行质量检查。

2）模拟求解步骤

（1）设定边界条件与大气状态。左侧面流入 in-let，右侧面流出 out-let，顶面设为 open，底面粗糙度设为 0.1m。左侧流入处风速廓线 log 型，于 1.5m 高度处设定点 1 的实测值作为初始风速。由于空气在地表的流动属于马赫数较低的低速流动，属于流体不可压缩的情况，因此求解稳态、不可压缩流。湍流模型采用经典 k-ε 湍流方程［式（9-12）和式（9-13）］模型。

（2）在计算域中对林带和环境要素建模。为实现实况模拟，计算域中的林带实体

（object）。使用实地测量的林带长、宽、高、叶面积密度随高度分布等参数为3条林带建模（表9-2），拖曳力系数（C_d）=0.5，植被湍流模型采用Green（1992）模型［式（9-15）～式（9-20）］。将得到的立方体林带模型置于计算域的最左端，长度与计算域的宽度相同。

表9-2　林带结构信息表

林带编号	高度/m	枝下高/m	行数	株距×行距/m	胸径/cm	保存率/%
B1	25.00	2.50	8	3×6	28.90	83.93
B2	13.00	1.50	6	2×5	18.69	91.67
B3	19.00	4.90	3	3×1.5	19.97	56.67

（3）求解。在迭代计算求解中，设定松弛因子为0.3，收敛精度为0.001，迭代步骤为500。将探针置于风场下风向尾流处，以提取风速并判断收敛情况。

（4）模拟结果风场的提取与有效防护距离的计算。将模拟得到的风场取1.5m处水平高度、设定显示最大值为5.6m/s（以减风20%为标准）的风场等值线图并导出图片。在导出的风场图片上，测量非空白区域沿进出风口方向的长度（超过5.6m/s的区域为空白区域，视为未被有效防护）。各林带背风方向上的非空白区长度即为有效防护距离。

3）模拟结果与防风效应

本节模拟的3条林带风场结果如图9-5所示，模拟得到的有效防护距离如表9-3所示。有效防护距离由大到小的林带顺序为B2、B1、B3，可见中等宽度林带的防护效应最好。林带宽度越小，产生的有效防护区域距离林带越远；当林带宽度达到一定程度时，在背风面形成的有效防护区域出现分为两部分的情况。

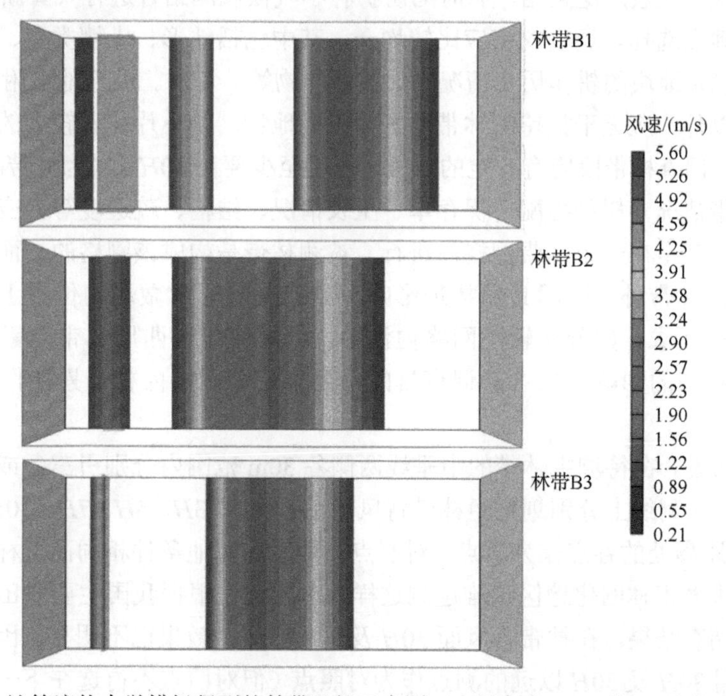

图9-5　计算流体力学模拟得到的林带风场示意图（水平高度1.5m处）（见书后彩图）

表 9-3　计算流体力学模拟的林带有效防护距离

林带编号	有效防护距离/m
B1	250.82
B2	307.47
B3	197.87

9.2.2　农田防护林粮食增产效应评估

农田防护林防止风沙、干旱，调节气候，改善农业生产条件，是保障农业高产稳产的根本措施之一；其对作物有明显的增产效应，也是农田防护林防护效应的综合体现。增产效应的大小受多种条件限制，即自然条件差的地区增产幅度高于自然条件好的地区，自然灾害多或气候条件差的年份增产幅度高于一般年份，经营管理水平差的农田增产幅度高于经营管理水平高的农田，不同的作物品种增产效应有一定的差异。

9.2.2.1　评估方法

林带对农作物的增产效应涉及许多因素，是林带防护效应的综合反映。因此，研究工作也需根据不同的目的采用不同的方法。在林带尺度，量化农田防护林对粮食产量影响的方法有：直接抽样调查法和有无防护农田总产量对比法（曹新孙，1983）。

1）直线抽样调查法

在田间垂直于待测林带的一条直线上，距林带不同距离处选择一系列调查点进行抽样调查的方法。该方法被广泛采用，有时与防护林小气候观测结合进行（曹新孙，1983）。

（1）调查地点选择。调查农田应比较均一，其中包括地形、土壤类型、肥力、作物种类、耕作管理以及地块的耕作历史情况（如前茬作物等）均一。调查地点附近（至少在 30 倍障碍物高度以外）应无干扰待测林带防护效应的地物，如小片林、较大的堤坝、房屋及其他建筑物等。调查林带段应有一定的长度，一般至少要在 30*H*（*H* 为林带高）（或 200m）以上，整个林带情况（树种搭配、保存率、生长情况、结构、疏透度等）应基本一致，并无断空。通常调查是在一个林带网格内进行，被测林带是构成该网格的一面，此时应将测量线选在除待测林带外，四周其他林带影响不到或影响非常微弱的位置上。显然，较大的网格易满足此要求，如若在较小网格内测量，结果将包含四周林带的累加作用，因而无法判断单条林带的影响效果（若调查目的是要确定小网格内林带累加作用的效果则不在此例）。

（2）测点布设。在待测主林带的中垂线两侧各 30m 范围内分别引三条或三条以上垂直于林带的测线，在测线上分别划定距林带背风面 1*H*、2*H*、3*H*、5*H*、7*H*、10*H*、15*H*、20*H*、25*H*、30*H*……距离处的各点作为测点。对照点一般设在其他条件相同而无林带影响的空旷地。但是，在大面积林网化地区很难选到这样的对照点。根据我国主要农田防护林地区已有的增产作用调查结果，在林带背风面 30*H* 及更远区域，效果已不明显。因而，在带距较大的林网内，用 30*H* 及 30*H* 以远的测点作为对照点（但对照点不得选在下一条林带影响范围内），如果自林缘开始就有作物，还要加设背风面林缘 0、3*H*、5*H* 三个测点，以显示林带胁地的影响。有时在林带迎风面 10*H*、5*H*、3*H*、1*H*、0.5*H*、0.3*H* 和林缘处也设测点，但由于这些测点与林带背风面的测点不在同一田块内，作物、经营管理、水肥条件有明显差异，造成系统误差过大。如在该林网下风方向的第二条主带的迎风面设点测量，此时这些测点与第一条主带背风面的测点同在一个农田内。因此，用这些测点的观测结果说明待测林带对迎风面作物的影响效果是可行的。

（3）调查内容。测区情况调查内容包括地块的地形、土壤、水肥条件、作物品种、农业技术措施、耕作历史、当年和前一年的气候状况、前茬作物等。被测林带基本情况的调查内容包括林带树种及搭配、行数、株行距、保存率、结构类型、疏透度（或透风系数）、造林时间、造林方法、经营管理情况等，并选择标准带段进行每木调查，计算平均带高、平均胸径、蓄积量、百米株数等；农作物生长发育情况的调查分为不同的发育期，分期调查作物的株高、茎粗及其他有关指标。不同作物的发育期不同，比如小麦、玉米的发育期可分为种子发芽、出苗、出叶期、分蘖（玉米无此期）、拔节、抽穗、开花（玉米又分雌雄花期）、乳熟、蜡熟、完熟；棉花的发育期可分为种子发芽、出苗、孕蕾、开花、第一个棉铃开裂、停止生长等。发育期记载：当不足 10%的植株进入某发育期时，可视为该发育期的起始时期；大于 10%且不足 75%的植株达此发育期的日期为普遍发育期；75%以上的植株达到的日期为该发育期的末期。作物生长发育的调查费时、费力，有时因人力、时间或调查侧重点的不同，可将调查内容减少甚至全部省去。成熟后，在各测点分别选取样方测产。产量调查分为两种：一种是生物产量的调查，即将样方内的植株全部（包括其所有根系）取出烘干称重，此为现存生物量；如该种作物在整个生育期内植株无损失（掉枝、落叶等），可将此量视为该作物在整个生长期内的净生产量；如若求总生产量，还应将净生产量加上作物整个生长期间内的呼吸消耗量。另一种是经济产量即收获物产量的调查，可将样方内所取得的收获物风干至所要求的含水量标准、称重。农产品质量的测定指标因作物不同而异，一般可测定粮、豆作物的千粒重或百粒重及产品的营养成分，如粮食中的蛋白、脂肪、淀粉以及其他各种有机、无机要素的含量，有些收获物还可通过测量其理化性质来说明其质量的变化。具体测量项目和方法，可根据不同收获物各自的要求确定。然后按数理统计方法，用所得数据求出各测量要素在林带不同距离的变化情况，并与对照点相比，求出在林带保护区内不同距离的增产数值和整个保护范围内的平均增产数值。

2）有无防护农田总产量对比法

为了比较有林带保护下的农田产量与无林带保护的农田产量之间的差异，以说明林带的增产作用，采用两块农田总产量对比法（曹新孙，1983）。即选择具有同样的土壤、地形及其他农业生产条件的距离较近的两块农田，其中一块农田有林带保护，另一块无林带保护，两块地按同样的方式种植、经营、管理同一品种的作物，并以同样的方法收获，将收获产量进行比较。显然，这种方法可得到关于林带保护下的整块农田实际产量与无防护农田相比增加的平均值。然而，这种方法在执行中要求严格，如果除林带以外的其他影响因素有差异，或存在控制误差（通常难以避免），结果受到影响。因此，在进行两块地对比时，可在一较大的网格内，选取网格中间未受林带影响的范围作为对照地块，与林带保护区内的地块进行对比。

9.2.2.2　典型案例

基于直线抽样调查法，以东北区的吉林省和辽宁省的典型区为案例（姜凤岐，1996；孙宏义等，2010），确定了林带对粮食产量和粮食质量的影响。

1）林带对粮食产量的影响

在气候条件恶劣的沙区（或者绿洲区域），农田防护林是农田存在的前提，因此，林带对粮食产量的贡献可以为100%。在其他生态脆弱区，孙宏义等（2010）采用直线抽样调查法对林带尺度农田防护林对粮食增产的作用进行观测。结果表明，靠近防护林的两边1*H*范围为胁地影响区，其产量是平产区产量的56.7%；增产区产量增加5.1%。有防护的农田小麦产量与无防护（1*H*～30*H*）的小麦产量比较，有防护的小麦增产量为4.3%～18.1%（孙宏义等，2010）。

2）林带对粮食质量的影响

以辽宁省沈阳市的法库县为典型区，姜凤岐（1996）对农田防护林在林带尺度上对粮食质量的影响进行观测。林带由株行距1.0m×1.5m的5行北京杨组成，采样点分别设在林带背风面2*H*、3*H*、5*H*、7*H*、10*H*、15*H*、20*H*、25*H*和30*H*（作为对照）处，每点取2.0m×2.0m样方内全部玉米穗，脱粒、称重，并测百粒重。室内烘干样品、研碎，用0.3mm筛过筛，取粉面用来分析蛋白质和糖；蛋白质含量采用扩散吸收法测定。每测点取0.5g试样，3次重复。糖含量采用定量测定法（依据伯川计法）测定。在林带的防护范围内，玉米籽粒中糖与蛋白质的含量变化规律，与粒重和百粒重的变化情况相似。糖与蛋白质含量的最高点出现在林带背风面附近，随着距林带距离的增加，呈现逐渐减少的变化趋势；其中，糖的变化表现得尤为突出，蛋白质含量在防护范围内的变化则有些波动。背风面附近2*H*处糖含量（质量分数，下同）高达12.75%，蛋白质含量高达9.25%，防护范围内平均糖含量6.90%，蛋白质含量6.13%，比对照分别提高约2倍和1.9倍（表9-4）。

表9-4　林带背风面不同距离玉米粒内糖和蛋白质变化

指标	距林带距离									
	30*H*（对照）	2*H*	3*H*	5*H*	7*H*	10*H*	15*H*	20*H*	25*H*	平均
糖/%	2.28	12.75	11.14	10.65	6.14	7.99	7.52	4.14	2.68	6.9
蛋白质/%	2.12	9.25	8.32	5.44	6.2	6.35	6.44	4.82	5.41	6.13

资料来源：姜凤岐（1996）。

9.2.3　防风固沙林的防治风蚀效应评估

9.2.3.1　评估方法

土壤风蚀是指松散的土壤物质被风吹起、搬运和堆积的过程，以及地表物质受到风吹起的颗粒的磨蚀等。干旱和半干旱风沙区，营建固沙林是防治土壤风蚀、防止土地沙漠化、减轻风沙危害的主要手段。除土壤条件、气候条件外，防护林防止土壤风蚀主要决定于防护林体系各组成部分的空气动力效应。

土壤风蚀主要发生在年降水量小于400mm的干旱、半干旱以及部分半湿润地区，本质上是一种具备独特气流-土壤界面相互作用属性的连续动力学过程。土壤风蚀在样地尺度的研究方法主要有野外调查观测、风洞模拟实验等。

1）野外调查观测

输沙量即沙尘含量是反映风沙流强度的一个重要指标。输沙量一般用集沙仪观测、取样（宋浠铭等，2021）。集沙仪的种类繁多，以不同的方式可划分为以下几种。

（1）按集沙的动力划分，有主动式集沙仪和被动式集沙仪两种。主动式集沙仪有抽气装置，而被动式集沙仪只凭借风沙流的动力惯性进入集沙仪。在实际应用中一般见到的都是被动式集沙仪，而主动式集沙仪一直停留在研制阶段，尚未真正进入应用。

（2）按沙尘的进入方式划分，有水平集沙仪和垂直集沙仪两种。其中，以水平集沙仪最多；不论水平集沙仪还是垂直集沙仪，都是被动式的。

（3）按是否可随主风向转动划分，有固定式集沙仪和旋转式集沙仪两种。旋转式集沙仪尾部带有一个风向叶片，可随风向调整进沙口始终对准主风向；固定式集沙仪一般只对准一个主风向，但也有可对准任意风向的全方位集沙仪。

（4）按与床面的关系划分，有地面集沙仪和悬空集沙仪两种，其中，以地面集沙仪最多。

（5）按进沙口排列方式划分，有垂直排列式集沙仪和水平排列式集沙仪两种，还有单管式集沙仪、多管式集沙仪、阵列式集沙仪等多种。除此之外，国内还有学者研制出可远程控制的遥测集沙仪（常兆丰等，2018）。

2）风洞模拟实验

鉴于野外测定的不确定性和观测条件的限制，风洞模拟实验因条件可控和便于操作而成为土壤风蚀影响因子作用机制、风蚀因子与风蚀速率之间定量关系研究最重要的手段。风洞是指在一个管道内，用动力设备驱动一股速度可控的气流，用以对模型进行空气动力实验的一种设备，它是空气动力学研究和实验中最广泛使用的工具。在野外观测时，风速、风向等自然要素的多变性，给实际工作带来了极大困难，为摆脱这些因素的影响，早期研究植物对地表防护效应的实验大多是在风向固定、风速大小能够控制的风洞中进行（Buckley，1987）。风洞模拟实验是利用缩尺模型，在环境风洞中进行的模拟实验，可以人为控制模拟条件，风向固定，风速连续可调，不受自然条件制约，适合开展系统研究。然而，在风洞中模拟的风沙现象难以严格满足相似条件，其原因是按粒径比例缩小的沙粒会导致模拟现象违反风沙流自然规律。风洞条件与自然界实际状况存在的差异性，使得风洞观测研究结果更多具有理论意义，不能代表野外真实状况（申建友等，1988）。

9.2.3.2　典型案例

符亚儒等（2005）对陕北榆林风沙区固沙林在林分尺度的防风固沙能力进行了观测。他们通过地面调查，设置30m×10m标准地，分成3个10m×10m的大样方，按照随机抽样或沿对角线测10～15丛灌木的丛高、丛幅、地径和分枝数；计算平均值、选取标准丛，测标准丛的生物量，并换算出标准地的生物量；同时，调查标准地的立地因子和活地被物。

对于踏郎和叉子圆柏，在 10m×10m 的大样方内测其株高、株数和地径，计算平均值，调查生物量。在标准地内用目测法测定乔灌木林的郁闭度，乔灌木林种的组成比例、密度以及混交方式等（表 9-5）。此外，用电子测风仪分别测定不同防风固沙林标准地内和流动沙地上 30cm、60cm、150cm、200cm 和 250cm 处的风速值 V_g、V_1，并计算变化率。针对输沙量的测定，选择大风天气，将集沙仪口正对风向放 6min 后收回集沙仪，测定输沙量。风蚀深度测定，在不同防风固沙林地内和对照流沙地上设标尺，经过一段时间后测定。

表 9-5 风蚀样地基本概况

观测区	植被组成	林草覆盖度/%	混交方式	种植方式	主要植物种平均高度/m	造林种草年份
1 号区	沙打旺+花棒+踏郎	48	草灌不规则混交	植草、撒播	0.93	1996
2 号区	沙柳+紫穗槐+沙打旺	75	两种灌木行状混交	植苗、撒播	1.43	1997
3 号区	杨树+紫穗槐	60	乔灌行状混交	植苗	5.12	1997
4 号区	沙柳+沙棘	80	两种灌木带状混交	植苗	1.65	1996
5 号区	叉子圆柏+紫穗槐	30	常绿与落叶灌木行状混交	植苗	0.58	1996
6 号区	樟子松+紫穗槐+沙蒿	65	乔灌草行状混交	植苗、撒播	0.81	1997
对照区	流沙地无植被	0				

资料来源：符亚儒等（2005）。

在乔木林配置类型与输沙量相关因子中，造林密度和草本植物覆盖度的权重最大；在灌木林中，密度权重最大；在乔灌混交林中，灌丛分枝数权重最大。仅从固沙效果看，应选择地表分枝多的灌木林或乔灌混交林配置类型。就防风效益而言，应选择乔灌混交造林方式营造具有多层次、结构复杂的防风固沙林体系（符亚儒等，2005）。

灌木防风固沙林的生物量和防风固沙效益观测分析表明，除踏郎外，沙柳、花棒、紫穗槐、柠条 4 种灌木均为丘间地生物量高于迎风坡生物量。灌木防风固沙林的防风效益，若以 2.5m 高处垂直断面风速降低的平均值判断，花棒植株高大，总体防风效果好，降低风速值达 52.2%，而沙柳、踏郎效果较差；相反在近地表 0.3m 处，沙柳、踏郎降低风速值分别达 45.6%和 77.1%。在防风效益上，树高所占的权重最大，而近地表分枝数所起的作用较小，反映了防风效益与固沙林上层的“形态”有密切的相关性。就输沙量而言，地表分枝数、密度和草本植物覆盖度所占权重较大，反映了风沙流贴近地表运动的特征，只有具备近地表“形态”因子，才能对输沙量产生影响（符亚儒等，2005）。

混交型防风固沙林改善小气候的效果显著，有林草植被区比流动沙地夏季气温低 0.24～1.52℃，空气相对湿度高 6.8%～12.4%；混交型防风固沙林具有显著的防风固沙效益，可以降低风速 63.9%（与流动沙地的风蚀比较），且林草植被覆盖度越大，降低风速的效果越显著。防风固沙林能显著增加地表粗糙度，减轻风蚀和输沙量。不同结构的防风固沙林均可以减少输沙量的 34.7%～95.7%，随着林草覆盖度的增加输沙量减少。当林草覆盖度达 70%以上时，输沙量仅为流动沙地的 4.3%～5.5%，林地内基本无风蚀现象（符亚儒等，2005）。

9.2.4 水源涵养林水文效应评估

防护林的水文效应是生态系统中森林和降水相互作用及其功能的综合体现（于静洁和刘昌明，1989；王德连等，2004）。在林分尺度，大气降水进入森林生态系统，首先受到林冠层的影响，对降水进行第一次截留分配，即将降水分配为林冠截留、穿透雨和树干径流3部分，直接改变了降水的空间分配格局，影响了森林生态系统的水文循环和水量平衡。结构合理的森林生态系统可以通过林冠层的截留，降低雨水对地表的冲刷，通过入渗等发挥水源涵养等水文效应（于立忠等，2016）。

9.2.4.1 评估方法

1）林冠截留

一般采用水量平衡原理，通过实测得到林外降雨、树干径流和穿透雨量，从而获得林冠截留量。采用自记雨量计测定每次降雨的雨量、降雨强度和降雨过程。自记雨量计安装在邻近小区的空旷地内。林内穿透雨采用圆口型塑料容器，随机布设在林下收集获得。将聚乙烯塑料管剖开后沿树干螺旋形固定，下部用容器承接获得树干径流量（王轶浩等，2021），见式（9-21）和式（9-22）。

$$I = P - P' - G \tag{9-21}$$

式中，I为林冠截留量（mm）；P为林外降雨量（mm）；P'为林内雨量（mm）；G为树干径流量（mm）。

$$林冠截留率 = \frac{林冠截留量}{林外降雨量} \times 100\% \tag{9-22}$$

2）穿透雨

穿透雨由直接穿过林冠间隙的雨滴和经林冠及枝叶截留后滴落的雨水组成，是林下降水的主要输入方式。目前主要用标准雨量筒，或者矩形受雨口的沟槽式收集器测定穿透雨。雨量筒的布设数量一般比槽式收集器的数量多。另外，具体布设位置及数量要视不同的森林类型、林冠结构、实验目的而定（刘亚等，2016；邓文平等，2021）。

3）树干径流

树干径流指林冠截留的雨水经树叶、树枝沿树干流下的水，对土壤水分的空间分布及森林生态系统养分、矿质元素的输入影响较大。关于树干径流的测定，多数采用按径级法选测株然后分别加权求算各径级和林分的树干径流量，在选定的标准木上，采用剖开的胶皮管螺旋形围在刮平树皮的树干上（绕2～3圈）做成截水槽，中间缝隙用橡皮泥封严，下端引入收集容器（席兴军等，2009；徐天乐等，2011）。

4）枯枝落叶层截留

降水通过林冠到达地表枯枝落叶层。枯落物层是森林群落结构的一个重要层次，具有防止击溅侵蚀、抑制土壤水分蒸发、降低径流流速、抵抗冲刷、蓄水、保水等作用。另外，枯枝落叶层还能通过改善地表层土壤物理性状和抑制土壤蒸发等起到间接的蓄水作用。收集树木枯枝落叶，烘干后，根据取样面积计算凋落动态和现存量；采用室内浸泡法测定其持水量和吸水速率，以枯枝落叶物浸泡 24h 后的持水量作为枯枝落叶物最大持水量；而将达到最大持水量时枯枝落叶物湿重与干重之比称为最大吸湿比，用来表征枯枝落叶物持水能力（赵鸿雁等，2001）。

5）根系固土储水

树木根系通过生长和分支产生复杂的根系系统，从而实现其固土储水功能。由于植物根系分布较浅，森林土壤具有较大的孔隙度，特别是非毛管孔隙度大，从而加大了林地土壤的入渗率、入渗量，土壤持水力增加，土壤蓄水量增加。一般采用林地土壤非毛管孔隙饱和含水量计算林地储水（程金花等，2003）。

9.2.4.2 典型案例

于立忠等（2016）在席兴军等（2009）和徐天乐等（2011）研究的基础上，2014 年 5 月于辽东山区（清原森林站）选择具有代表性的林型——阔叶混交林、红松人工林、落叶松人工林、红松与阔叶树的混交林（以下简称“红松混交林”）、落叶松与阔叶树的混交林（以下简称“落叶松混交林”），在每个林型的典型地段设置标准地（每个林型重复 3 次），标准地面积为 20m×30m。在标准地进行每木检尺，实测林木胸径、树高等林分因子与立地因子，采用人工修枝法，在红松人工林、落叶松人工林和阔叶混交林中各选取 4 棵胸径相近树木，使林冠厚度减少 33%，冠幅面积减小 20%。各林分标准地概况详见表 9-6。

表 9-6 试验样地基本概况

林型	林龄/a	平均树高/m	平均胸径/cm	平均冠幅/m	郁闭度	密度/（株/hm²）	树种组成	林下灌木	海拔/m	坡度/（°）	坡位	坡向
落叶松混交林	25	10.2	12	4.1	0.8	1650	针叶：落叶=2.7：7.3	鼠李、卫矛	611	5	下	东
红松混交林	30	14.2	16.5	4.5	0.75	1750	针叶：阔叶=2.9：7.1	忍冬、软枣子	612	12	中	西北
阔叶混交林	40	12.7	17.1	6	0.77	917	蒙、千、花、胡等	五味子、山梅花	620	20	中	北
落叶松人工林	23	11.9	17	4	0.78	1109	落叶松	忍冬、卫矛	560	9	中下	东
红松人工林	30	16.4	25.6	4.2	0.78	792	红松	五味子、卫矛	635	12.5	下	东北

注：蒙表示蒙古栎，千表示千金榆，花表示花曲柳，胡表示胡桃楸。

1）林外降雨特征

2014 年 6 月 9 日到 2014 年 9 月 30 日，观测到大气降雨共 31 次，总降雨量 315mm，比往年同期平均减少 50%，单次最大降雨量为 57.5mm，单次最小降雨量为 0.8mm，平均次降雨量为 10.2mm，平均次降雨时间为 24h。大雨量级的降雨，量多但频率低，小雨量级的降雨，量小但频率高（图 9-6）。0～5mm 雨量级的降雨频率最高（42%），但雨量最小（30.1mm），占总降雨量的 9.56%；50～100mm 雨量级的降雨频率最低（3.2%），但降雨量为 57.5mm，占总降雨量的 18.25%；10～25mm 雨量级降雨频率为 6.45%，降雨量最大（80.2mm），占总降雨量的 25.46 %（图 9-6）。

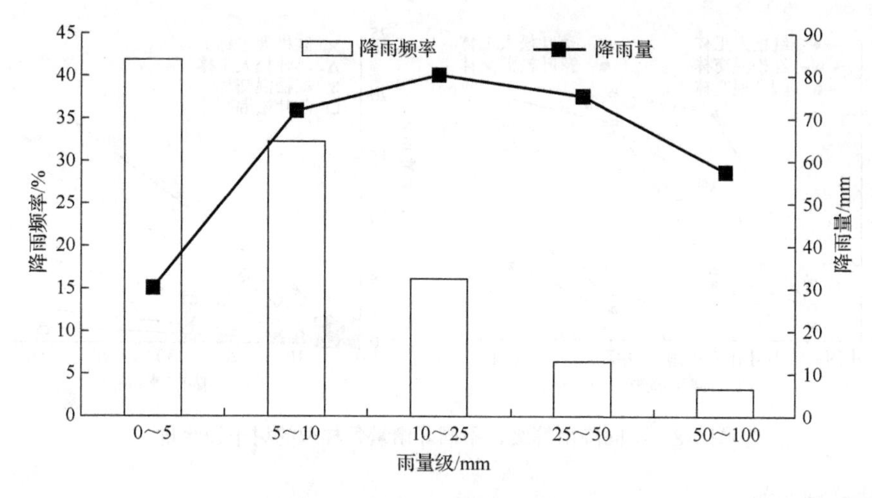

图 9-6　林外降雨频率与降雨量

2）穿透雨量

根据降雨量大小，按小雨、中雨、大雨，将林内降雨过程划分为 4 个降雨级别（0～5mm、5～10mm、10～25mm、25～50mm）。各林型的穿透雨量随降雨量级的增大而增大（图 9-7），各林型穿透雨量占林外总降雨量的比例（平均穿透雨率）的顺序为落叶松混交林（14.64%）<落叶松人工林（14.70%）<红松人工林（17.2%）<阔叶混交林（19.30%）<红松混交林（30.52%）（图 9-7）。与其他地区针叶林和阔叶林相比，浑河上游地区各林型在小雨、中雨范围内穿透雨率均较低（Staelens et al.，2008；李道宁等，2014）。

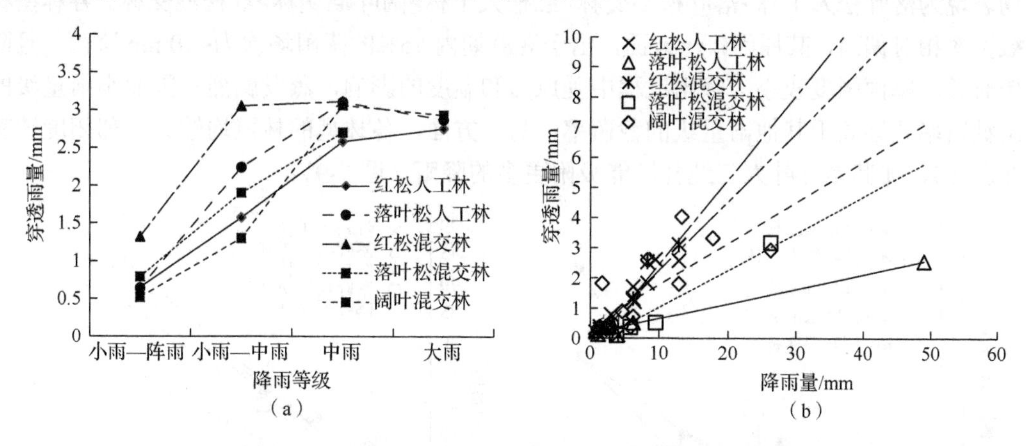

图 9-7　不同降雨等级、不同降雨量各林型的穿透雨量

3）树干径流量

树干径流受树皮粗糙度及干燥度、林冠特征（冠幅、林木分枝度、林冠厚度）、降水特征等多种因素影响，通常树干径流量较小，占林外降雨量的 10%以下（周泽福等，2004）。各林型的树干径流量随降雨量级的增大而增大，各林型树干径流量占林外总降雨量的比例（树干径流率）的大小顺序表现为落叶松人工林（4.40%）<红松人工林（5.33%）<阔叶混交林（15.25%）<落叶松混交林（15.44%）<红松混交林（32.12%）（图 9-8）。

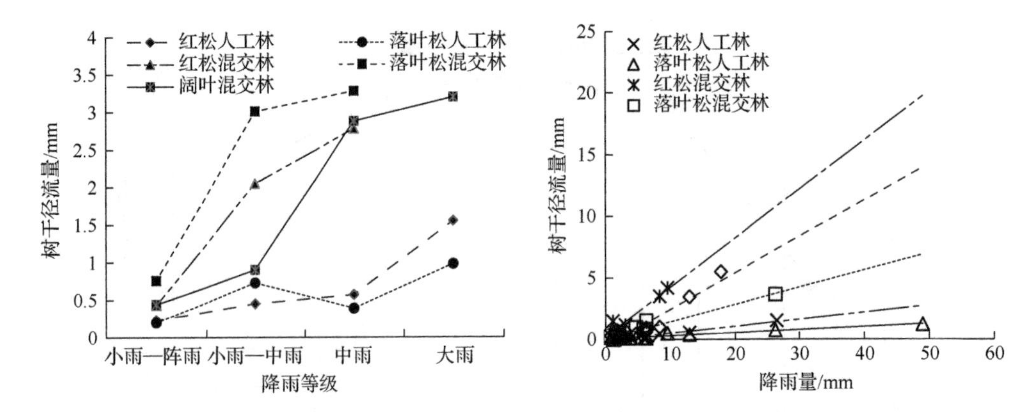

图 9-8　不同降雨等级、不同降雨量各林型的树干径流量

4）林冠截留量

林冠截留包括冠层吸附和冠层蒸发两部分，二者同时发生；林冠截留主要受到降雨特征、林冠郁闭度、干燥程度、叶面积指数、叶片及树皮表面的吸水能力等影响（温远光和刘世荣，1995）。林冠结构特征与林分密度均导致截留能力不同（温远光和刘世荣，1995）。各林型的林冠截留量随降雨量级的增大而增大，各林型林冠截留量占林外总降雨量的比例（林冠截留率）的大小顺序为红松混交林（37.25%）<落叶松混交林（69.91%）<阔叶混交林（65.17%）<红松人工林（77.47%）<落叶松人工林（80.66%）（图 9-9）。不同雨量级下，各林型林冠截留率差异不明显，但均表现出较高的截留率。在各雨量级下，5 种林型截留率均表现为落叶松人工林>落叶松混交林>红松人工林>阔叶混交林>红松混交林。各林型林冠截留率相对偏高，其原因：一方面，由于观测期内 75%的降雨场次为<10mm 降雨，且降雨历时长，降雨强度较小，降雨过程中受风力和温度的影响，蒸发剧烈，因而小雨量级的降雨截留率要远高于其他雨量级的截留率；另一方面，各林型的林冠均较大，郁闭度较高（0.8 左右），尤其是针叶人工纯林，能吸附更多的降雨（图 9-9）。

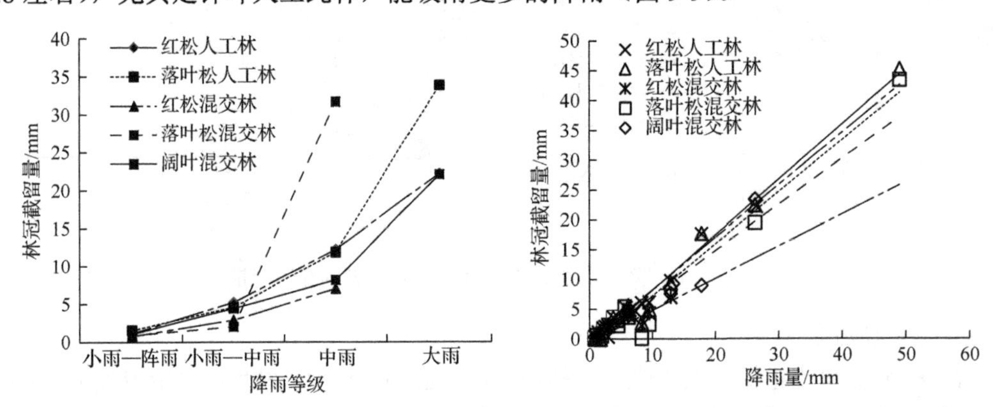

图 9-9　不同降雨等级、不同降雨量各林型的林冠截留量

9.2.5　水土保持林保持水土流失效应评估

9.2.5.1　评估方法

水土保持林保持水土的作用体现在以下几个方面：①植被冠层及地被物的截留作用，使大气降水的损失量较大，减小了产生径流的净雨量；②地被物层对汇流的延长作用，使得地表径流速率减小，增加了径流下渗的时间，使地表径流量减小，地下径流和地表径流的比例变大，径流的侵蚀能量减小，削弱了径流冲刷挟沙的能力；③植物根系改良土壤结构，提高土壤的抗冲和抗蚀性，增加土壤的下渗能力（焦菊英等，2000；赵鸿雁等，2001）。

1）冠层的截留作用

植被冠层主要是通过截留降雨，减少地表击溅，减少表层结皮达到减少侵蚀的目的；该作用与水源涵养林的林冠截留基本一致。

2）防护林地被物层保持水土作用

该作用具体包括枯落物蓄水固土作用、枯落物抑制蒸发作用、枯落物改良土壤结构增加入渗作用（陈杰等，2008）。

3）枯落物蓄水固土作用

树种不同，枯落物吸水固土能力及分解情况差异较大（王佑民，2000）。蓄水功能测量主要将枯落物按层（未分解层、半分解层）分别取样收集，带回实验室内称重，取部分样品烘干（95℃，24h）后称重，推算单位面积生物量。枯落物持水性能的测定采用室内浸泡法，将未分解层和半分解层枯落物样品，称重后装入网袋，分别记录浸入清水 0.5h、2h、4h、6h、8h、10h、12h、24h 前后重量变化，确定其吸水速度和吸水过程。不同时段枯落物湿重与风干重差值，即为枯落物浸水不同时间的持水量；该值与浸水时间的比值即为枯落物的吸水速率（王佑民，2000；张振明等，2005）。枯落物固土能力主要通过无林地与有林地的土壤侵蚀差异计算。

4）枯落物抑制蒸发作用

枯落物是热的不良导体，减缓土壤散热速度，同时阻碍土壤蒸发散失水汽，即减少林地蒸发量。在林分尺度上，研究通常采用蒸发仪测定。

5）根系水土保持作用

植物根系在稳定土壤结构、增强土壤抗冲性、提高土壤的抗剪强度方面的作用，远超地上部分，主要表现在以下方面。

（1）稳定土壤结构。根系增加了水稳性团粒与有机质含量，稳定土层，尤其是表土层结构，形成抗冲性强的土体构型。量化根系稳定土壤结构的具体方法分为两部分：一是根系参数的测定，传统采用大型挖掘剖面壁法（根/100cm^2）结合冲洗法（g/100cm^3）；目前，多采用探地雷达扫描获取。二是土壤物理性质的测定，针对已作过根密度调查的土壤剖面，分别在 0～100cm 深度每隔 10cm 土层、100～200cm 深度每隔 20cm 土层，进行物理性质测定；如水稳性团粒含量（%）采用机械湿筛法，容重（g/cm^3）采用环刀法，紧实度（kg/cm^3）采用 TG-IA 型坚实度计法，有机质含量（%）采用重铬酸钾法等（李勇等，1993）。

（2）增强土壤抗冲性。土壤抗冲性的增强，主要取决于根系的缠绕和固结作用，该作用使土体有较高的水稳结构和抗蚀强度，从而不易产生径流（李勇等，1993）。抗冲性的表征方式较多，一般采用抗冲系数或抗冲指数表征抗冲性的大小，常用以冲走 1 g 干土所需的时间来表示，或以冲走 1 g 干土所需的水量和时间的乘积表示。另外，亦有以单位径流所产生的土壤侵蚀量作为评价土壤抗冲性的指标，主要反映降雨强度的作用。实地放水冲刷法，主要通过单位体积的流量进行冲刷，利用单位面积上的土壤产沙量表征土壤抗冲性的强弱（周佩华等，1997）。径流小区观测资料分析法采用纵向对比，分析同一小区地面径流量不同时冲刷量的变化情况，以此说明根系对土壤抗冲性的作用。

（3）提高土壤的抗剪强度。当土体受到剪应力作用时，土体对剪应力增大所产生的阻力称为抗剪强度。具体测量方法：记录待测植物地上部分的株高、基径和生物量等，之后将植物的地上部分切除；随后在各个植物根系某个固定方向，沿着植物的基部画一条直线，在直线的一侧，用定制环刀（10cm×10cm×10cm）逐层自上向下取原状土做剖面，直至取到水平和垂直方向上没有目标植物根系的分布为止；将取好的土柱进行方位上的三维坐标标记，并装入不透光的密封袋带回实验室。使用剪切仪（ZJ-2 等应变直剪仪）配套的环刀（30cm×2cm）随机对每层的原状土进行取样，测量当地土壤的含水量（申紫雁等，2021）。

9.2.5.2　典型案例

学术界有关水土保持林与水土流失的关系研究较多，本节通过综合赵鸿雁等（2001）、韦红波等（2002）等的试验结果，说明林分尺度上水土保持林在保持水土中的作用。

1）冠层截留的动态变化规律

区域内的水土流失是由多次降水所引起，特别是黄土高原地区，往往一次暴雨所引发的水土流失，相当于全年土壤侵蚀的绝对量，甚至多年土壤侵蚀的总和。降水要素对水土流失的影响最大，因此，植被冠层对降雨截留的动态过程，是准确确定植被冠层对水土保持作用的关键。乔木层首先通过截留作用，减少地表土壤或流域的水分收入量。我国主要森林生态系统的林冠平均截留量变幅为 134.0～843.4mm，截留率平均值为 11.4%～36.45%（温远光和刘世荣，1995）。乔木层林冠截留量的大小除与降雨特性有关以外，还受其本身类型、组成、结构、林龄、郁闭度等特性的影响。

与乔木层一样，灌木层和草本层也具有截留降雨的作用，其截留量的大小取决于枝叶量的多少。六盘山林区的灌木层和草本层的最大截留量占大气降水量的 1.8%～16%（刘向东等，1982）。灌木层和草本层对降雨动能的削减也可分为两部分：一为截留降雨所减少的降雨动能，其数量可按截留率计算，约为大气降雨量的 2.0%～15.0%（平均为 5.6%）；二为透过该层滴入地表土壤的部分，与乔木层不同，由于降落高度大大降低，动能被削弱，可按该层的覆盖度计算。

2）枯枝落叶层保持水土作用

枯枝落叶层的截留量与其自身的蓄积量、分解程度、持水能力相关。刘向东等（1982）对六盘山各主要森林类型枯枝落叶层的截留量进行监测，发现截留量占大气降水量的 5.6%～13.0%、占林内降水量的 7.5%～20.9%。枯枝落叶层削减的降雨动能包括截留作用减弱的降雨动能和透过枯枝落叶层削弱的降雨动能，前者平均为大气降雨总动能的 9.1%，后者将透过乔木层、灌木层和草本层的降雨动能全部削减。枯枝落叶层可降低径流流速，吴钦孝等（1998）在黄土高原的监测结果表明，无枯落物的坡面径流流速是有 0.5cm 厚枯落物层的 6.8～13.5 倍；由于动能与速度的平方成正比，即使保持质量不变，无枯落物的坡面径流冲刷动能是有枯落物层坡面的 82～272 倍。因此，枯枝落叶层在降低径流冲刷能量方面具有极显著的作用。

3）根系保持水土作用

根系可以改善土壤的物理性质和结构，增强土壤的渗透性，提高土壤的抗冲性和抗蚀性。吴钦孝等（1998）在六盘山对土壤水分渗透能力（稳渗率）的测定结果表明，乔木林地（11.07～22.11mm/min）>灌木林地（5.80～14.45mm/min）>草地（3.69～10.26mm/min）>农地（2.87～5.87mm/min）。土壤的抗冲性也是林地最强，农地最差，草地居中。根系提高土壤抗冲性的作用与其不大于 1mm 的须根密度关系极为密切，对土壤抗蚀性的增强效果，同样是林地和草地大于农地。另外，同一剖面自上到下，土壤抗蚀性逐渐减弱（吴钦孝等，1998）。

9.3 景观尺度防护林生态效应评估方法

在景观尺度上，防护林的主要生态效应包括水土保持、防治沙漠化、水源涵养、粮食增产、固碳增汇效益评估和生境质量评估等方面。

9.3.1 水土保持效应评估

景观尺度监测防护林的水土流失评价方法，可分为定性判断和定量评估两类。定性判断主要包括目视判读法、指标综合法和影像分类法（Vrieling et al.，2002）；定量评估则主要是侵蚀模型法（Schiettecatte et al.，2008）。

9.3.1.1 定性判断法

1）目视判读法（目视解译）

目视判读法主要通过对遥感影像的判读，以及对主要的侵蚀控制因素进行目视解译，同时根据经验进行信息综合；进而在叠加的遥感图像上直接勾绘图斑（侵蚀范围），并标识图斑相对应的属性（侵蚀等级和类型）（周为峰和吴炳方，2005）。目视解译利用专家系统，对水土流失情况进行基本认知，结合其他专题信息，对区域侵蚀状况进行判定或判别；进而制作相应的侵蚀类型图或强度等级图（杨胜天和朱启疆，2000）。

2）指标综合法

指标综合法是综合应用单个或多个侵蚀因子，制定决策规则，与各侵蚀等级建立相关关系。侵蚀因子的选择和决策规则的制定，通常是基于专家的判断，或对区域侵蚀过程的一般认知。例如，最基本的方法是，根据侵蚀过程中各侵蚀因子的重要性，分别赋予不同的权重，通过因子的加权和（Shrimali et al.，2001）或加权平均（Vrieling et al.，2002），结合已制定的决策规则确定侵蚀风险。该方法的优势在于省去了大量的人力和时间，结合遥感影像和地理信息系统（GIS）技术，快速进行土壤侵蚀的调查。值得注意的是，该种方法主要基于专家经验，因而，对调查结果存在主观性。

3）影像分类法

影像分类法是直接利用遥感记录的地表光谱信息，进行土壤侵蚀评价的方法。将常用的遥感影像分类法，引入土壤侵蚀监测中，以区分土壤侵蚀强度及空间分布。由于水土流失本身并不是以特定的土地覆盖等地表特征出现，而且指示土壤流失的土壤属性光谱信息往往被植被、田间管理和耕种方式等土壤表层信息所掩盖，理论上仅利用遥感信息难以提取土壤侵蚀状况的各个要素；影像分类法在土壤侵蚀监测中的应用，一般仅局限在某些特定的半干旱地区，反映不同侵蚀状态的地表覆盖等（周为峰和吴炳方，2005）。

9.3.1.2　定量评估法

水土流失的定量评估法主要为侵蚀模型法。修正的通用土壤流失方程（the revised universal soil loss equation，RUSLE）是目前世界上应用最广泛的水蚀预报经验模型（Renard et al.，1997）。已有研究结果表明，应用侵蚀模型法，采用 GIS 技术，对区域尺度水土流失定量评价有效、可靠。RUSLE 如式（9-23）。

$$A=R\times K\times \mathrm{LS}\times C\times P \tag{9-23}$$

式中，A 为土壤侵蚀量［t/（hm^2·a)］；R 为降水侵蚀力因子［MJ·mm/（hm^2·h·a)］；K 为土壤可侵蚀性因子［t·hm^2·h·/（MJ·mm·hm^2)］；LS 为地形因子（无量纲）；C 为覆盖与管理因子（无量纲）；P 为水土保持措施因子（无量纲）（Wischmeier and Smith，1978）。上述参数的具体计算方法，参考朱教君等（2016）。

评价水土流失的主要指标是土壤侵蚀分级。根据中华人民共和国水利部（2007）发布的《土壤侵蚀分类分级标准》（SL 190—2007），对我国北方地区水蚀强度进行分级。具体的分级标准，以年平均土壤侵蚀模数为判别指标（表 9-7）。

表 9-7　我国北方地区各侵蚀类型区土壤侵蚀强度分级标准表

级别	平均侵蚀模数/［t/（hm^2·a)］		平均流失厚度/（mm/a）	
	黄土高原区	华北区、蒙新区和东北区	黄土高原区	华北区、蒙新区和东北区
微度	<10	<2	<0.74	<0.15
轻度	10～25	2～25	0.74～1.9	0.15～1.9
中度	25～50		1.9～3.7	
强烈	50～80		3.7～5.9	
极强烈	80～150		5.9～11.1	
剧烈	>150		>11.1	

资料来源：朱教君等（2016）。

注：流失厚度系数按土壤容重 1.35g/cm^3 折算。

9.3.2 防治沙漠化效应评估

防风固沙林作为北方防护林最突出的林种，其核心作用是防治沙漠化。定量监测沙漠化的动态，是景观尺度评价固沙林防治沙漠化效应的基础。一般认为，沙漠化是指在干旱、半干旱及部分湿润区，由于与资源环境不相协调的过度人为活动，所引发的一种以风沙活动为主要标志的土地退化过程（朱震达等，1980；Kassas，1995）。景观尺度沙漠化监测方法主要包括两种：野外实地调查法和遥感监测法。特别是随着遥感技术的发展，因其监测范围广、更新速度快的优点，遥感监测法已经成为当前主流的沙漠化动态监测方法。因此，本节重点介绍遥感监测法。

当前的遥感技术监测沙漠化的方法，主要包括人机交互目视解译、监督分类/非监督分类和综合植被指数法，其中，人机交互目视解译结果的精度最高。

（1）沙漠化程度分级。依据当前遥感手段所能提取信息的能力，沙漠化土地地表形态、植被及自然景观特征等，将沙漠化土地分为流动沙地、半流动沙地、半固定沙地和固定沙地四类；与此相对应，将沙漠化程度分为极重度沙漠化、重度沙漠化、中度沙漠化和轻度沙漠化四级（Yan et al.，2009）。根据各类型沙漠化在遥感图像上的颜色、阴影、大小、形状、纹理、图案及位置 7 个解译要素，结合遥感图像的获取时间、季节、种类、波段组合及分辨率，建立识别目标所具有的影像特征——解译标志（表 9-8）。

表 9-8 沙漠化程度分类标志

沙漠化类型	分类特征	影像特征
轻度沙漠化	沙丘迎风坡出现风蚀坑，流沙斑点状分布，流沙面积 5%～25%	红色为主色调，依稀可见流沙色，边界不明显
中度沙漠化	沙丘显现明显的风蚀坡和落沙坡分布，流沙面积 25%～50%	黄白色、色调不纯、其上有明显红色
重度沙漠化	沙地成为半流动状态，流沙面积超过 50%	黄白色、色调不纯，夹杂有红色，黄白色沙地具有主要优势
极重度沙漠化	流动沙丘，植被覆盖度小于 10%	黄或白色、色调纯、斑块状分布、纹理粗糙、具有沙纹、大形态可见

资料来源：朱教君等（2016）。

（2）沙漠化遥感解译。在建立不同沙漠化程度解译标志的基础上，选取多期 Landsat MSS/TM/ETM+/OLI 遥感影像，对影像进行前期处理后，将分幅精确纠正后的正射遥感影像按作业人员分成不同的作业区，在 ArcGIS 环境下进行人机交互目视解译提取信息。在实际工作中，解译时结合其他资料（地形图、气候区划图、植被图、土地沙漠化图等专题图件和文字调查报告），运用地学相关分析法综合判断，实际解译定性精度，经后期抽样验证，精度应达到 95%以上。解译完成后，作业人员之间交换进行详细查错补漏后，送交质量检查组检查，对不满足质量要求的图幅重返前两道工序。经过三级工序的严格质量控制，以保证定位精度达 1 个像元，定性精度达 95%以上。

（3）质量检查。在空间处理化后进行质量检查，主要包括室内重复作业复查和外业实地核查两方面。室内重复作业复查：按照图斑个数的 10%随机抽取评定质量的样本，采用交叉重复判读的方式，从图斑属性和图斑界线勾绘两个方面，记录每一个图斑的定性、定位是否符合要求。外业实地核查：对全区的土地沙漠化变化进行系统、全面的实地调查，并实地验证基于遥感信息源的室内分析结果。获取外业现场照片和摄像资料，同时采用记录和填图等方式系统记录实地状况，为完善室内预判结果、提高土地沙漠化信息提取精度奠定基础。

9.3.3 水源涵养效应评估

水源涵养功能定量评估始于 20 世纪 80 年代，典型方法有水量平衡法、降水储存法、年径流法、地下径流增长法、林冠截留剩余法、综合蓄水能力法、多元回归法，以及影子工程法等（王云飞等，2021）。21 世纪 20 年代以来，学者们逐渐采用模型方法在区域范围内综合评估水源涵养功能。水文模型、生态模型等被广泛应用于水源涵养功能的研究中，如 SWAT 模型、InVEST 模型、元胞自动机模型、SEBS 和 SCS 模型、Terrain Lab 模型等（王云飞等，2021）。其中，InVEST 模型是当前景观尺度上水源涵养量估算中最为常用的模型。因此，本节主要以 InVEST 模型法为主进行阐述。

InVEST 模型的产水模块利用水量平衡的估算方法，基于简化的水文循环模型计算地表产水量，用于表征水源涵养效应。该模型忽略了地下水的影响，由降雨量、蒸散量、植被可利用含水量等众多参数综合计算，从而估算区域水资源供给水平，用以衡量区域水资源供给服务（Thorsen et al.，2001）。年产水量由式（9-24）获得。

$$Y_x = (1 - \mathrm{AET}_{xj} / P_x) P_x \tag{9-24}$$

式中，Y_x 为栅格 x 的年均产水量；AET_{xj} 为第 j 类土地覆被型栅格 x 的年平均实际蒸发量；P_x 为栅格 x 的年均降雨量。由于 AET_{xj} 无法直接获取，因此，可采用 Budyko 曲线对 AET_{xj}/P_x 近似计算（Thorsen et al.，2001），见式（9-25）。

$$\frac{\mathrm{AET}_{xj}}{P_x} = \frac{1 + \omega_x R_{xj}}{1 + \omega_x R_{xj} + \dfrac{1}{R_{xj}}} \tag{9-25}$$

式中，R_{xj} 为第 j 类土地利用/覆被类型栅格 x 的干燥度指数，无量纲，可由潜在蒸散量和降雨量进行计算；ω_x 用来描述气候-土壤属性，无量纲，可由植被可利用含水量和年降雨量进行计算，见式（9-26）和式（9-27）。

$$R_{xj} = \frac{k \times \mathrm{ET}_0}{P_x} \tag{9-26}$$

$$\omega_x = Z \frac{\mathrm{AWC}_x}{P_x} \tag{9-27}$$

式中，ET_0 是潜在蒸散量；k 是蒸散系数，不同覆被类型的蒸散系数不同；AWC_x 表示土壤有效含水量，受土壤质地和土深共同影响；Z 为 Zhang 系数（Zhang et al.，2001），可以表征多年平均降雨特征；AWC_x 可由式（9-28）得到。

$$\mathrm{AWC}_x = \min(\mathrm{MaxsoilDepth}_x, \mathrm{RootDepth}_x) \times \mathrm{PAWC}_x \tag{9-28}$$

式中，$\mathrm{MaxsoilDepth}_x$ 为最大土壤深度；$\mathrm{RootDepth}_x$ 为根系深度；PAWC_x 为栅格 x 植被可利

用含水率。

水源供给模型还包括土地利用图、年均降雨量、土壤有效含水量、潜在蒸散量、土壤深度、集水区、Zhang 系数等参数。

其中，集水区的获取根据 InVEST 模型要求提取，即基于精度为 30m 的 DEM 数据（数据来自地理空间数据云：http://www.gscloud.cn/），在 ArcGIS 填洼处理后，利用 ArcSWAT 工具（http://swat.tamu.edu/software/arcswat/）对集水区进行划分。

水源供给模型运行时需要最大根系深度和植被蒸散系数两个参数的参数表。其中最大根系深度主要针对有植被的土地覆盖类型，各林地类型最大根系深度可参考 FAO 发布的 *FAO Irrigation and Drainage* Paper No.56（《FAO 灌溉排水丛书第 56 分册》）及相关研究文献进行设定，具体赋值如表 9-9 所示。

表 9-9 辽东山区水源供给模型参数表

林型	植被蒸散系数	最大根系深度/mm
落叶松	0.96	3000
红松	1.00	3000
其他针叶林	0.99	3000
蒙古栎	0.96	3000
胡桃楸	0.94	3000
水曲柳	0.93	3000
杨树	0.85	3000
桦树	0.92	3000
针阔混交林	0.93	3000
其他阔叶林	0.90	3000
灌木林	0.80	2000

9.3.4 粮食增产效益评估

农田防护林通过改善区域环境和农田小气候，保护农田生境，进而提升作物水分、养分的利用效率，最终实现提高作物产量的目的（曹新孙，1983；Zhu，2008）。粮食增产效益是农田防护林效应发挥的综合反映，粮食产量的动态变化是粮食增产效益评估的基础（Zheng et al.，2012）。然而，传统的区域尺度作物产量估算主要依赖于国家统计数据，受人为因素影响较大、即刻获取性不强。

Zheng 等（2012）基于遥感技术，采用收获指数（harvest index，HI）法估算区域尺度的作物产量。收获指数是指作物收获时经济产量（籽粒、果实等）与生物产量之比，又称经济系数，其本质反映了作物生理同化产物在籽粒和营养器官上的分配比例（Reeves et al.，2005）。根据作物生理学理论，生物量表示作物生理潜力，籽粒质量由籽粒库容限定，所以，收获指数标志着经济产物与同化产物的效率，也反映了源的生理效能，源、库、流在一定程度上综合影响作物的产量。

利用收获指数法估算作物产量的具体步骤：首先，利用遥感技术获得农作物区地上生物量；其次，通过统计数据以及相关文献数据，获得不同区域的收获指数值；然后，将地上生物量空间分布与收获指数值相结合，估算区域尺度的作物产量；最后，利用地面实测数据对作物产量进行验证。收获指数法估计作物产量可用式（9-29）（Reeves et al.，2005）。

$$\text{Yield} = \text{GPP}_{\text{yearly}} \times 2 \times 0.9 \times \text{HI} \tag{9-29}$$

式中，Yield 为作物产量（kg/hm^2）；GPP_{yearly} 为年总初级生产力（kg/hm^2）；“2”为转化系数；“0.9”为地上生产力的比重；HI 为收获指数。年总初级生产力（GPP_{yearly}）采用 MOD17A3 GPP 数据，空间分辨率为 1km，时间分辨率为年。数据来源于“全球 MODIS GPP 产品”，该数据产品基于 MODIS 影像的 NTSG（数值地球动力学模拟组，Numerical Terradynamic Simulation Group）陆地动态数值模型获得，具体参考 MODIS GPP 产品使用指南（https://www.umt.edu/numerical- terradynamic-simulation-group/project/modis/mod17.php）。

我国农业技术的不断发展提高，农作物新品种的不断培育改良，农民对新型农业技术的有效利用和对优选作物的实际精心栽培，使得我国农作物收获指数有了明显的提高，特别是禾谷类作物的收获指数，已由 0.3 逐渐上升到 0.4、0.5，有的地区甚至高达 0.6。收获指数作为影响作物产量的重要参数之一，受到作物自身生长环境条件、种植栽培措施等因素的影响，其大小直接关系到作物实际产量的多少。在基于光能利用率的作物估产模型中，玉米的收获指数是整个估产流程中非常重要的输入参数，但是在我国农作物的种植工作是由单位农户单独承包，导致种植玉米的品种不统一、单位区域里玉米收获指数空间分布有差异。各地区不同农作物的收获指数一般可以在中国气象数据网查找，由农业气象站获取点数据。估产实验中使用地区农业站点获取常数点数据，作为一定区域范围内的农作物收获指数，因此，对粮食作物的估产有一定的影响，导致估产实验结果数据误差增大。此外，收获指数的空间取值以作物产量（以玉米为主或者类似于玉米的粮食作物）的统计数据为基础，结合 MODIS GPP 遥感数据，通过对比获得收获指数值。

9.3.5 固碳增汇效益评估

防护林的全组分碳库可分为植被碳库、凋落物碳库、枯立木碳库和土壤碳库。目前国家或区域尺度植被碳库的推算大多使用森林资源清查资料。具体方法包括：①生物量转换因子法，建立生物量与木材蓄积量之间的换算关系；②碳库差值法，对固定样地中植物生物量和碳库进行长时间间隔的重复测定，以两次调查的间隔时间和碳库差值计算植被碳汇变化；③微气象法，使用涡度相关等微气象方法直接计算森林生态系统净生产力，进而间接表征森林生态系统的固碳能力。此外，遥感法可实现尺度转换，估算区域尺度的碳汇（Yao et al.，2018）。

9.3.5.1 森林资源清查

防护林植被碳库的估算对象包括乔木林、灌木林和经济林 3 个地类。碳库主要包括植被（乔木和灌木，包括根系）碳库、土壤碳库、凋落物及枯死木碳库（Pan et al.，2011）。

1）乔木活立木碳储量估算模型

基于主要树种活立木生物量标准模型，按照国际乔木生物量通用计算方法，通过构建生物量扩展因子（biomass expansion factor，BEF）与生物量转换因子（biomass conversion factor，BCF）的转换模型，分区域建立由生物量扩展因子、木材基本密度 D、根茎比 R 和含碳率 CF 等组成的生物量扩展因子法模型，用于乔木林活生物量碳储量计算。采用生物量扩展因子法对乔木林蓄积量和含碳率进行计算，见式（9-30）。

$$C_i = V_i \times \mathrm{BEF}_i \times D_i \times (1 + R_i) \times \mathrm{CF}_i \tag{9-30}$$

式中，C_i 为 i 区域乔木林活生物量碳储量；V_i 为 i 区域乔木林蓄积量；BEF_i 为 i 区域的生物量扩展因子；D_i 为 i 区域的木材基本密度；R_i 为 i 区域的根茎比；CF_i 为 i 区域的含碳率。

2）灌木林碳储量计算模型

采用单位面积生物量法，利用《中国森林植被生物量和碳储量评估》中建立的灌木林生物量估算模型，结合灌木平均含碳率，分区域（省）建立灌木林碳储量估算模型。采用单位面积生物量法，根据不同时间段的灌木林面积数据和平均含碳率进行计算，见式（9-31）。

$$\mathrm{C_{si}} = B_i \times A_i \times \mathrm{CF} \tag{9-31}$$

式中，$\mathrm{C_{si}}$ 为灌木林活生物量碳储量；B_i 为 i 省灌木林单位面积生物量（t/hm^2）；A_i 为 i 省灌木林面积（hm^2）；CF 为灌木林平均含碳率。

3）土壤碳储量变化

第二次全国土壤普查数据（1979～1985 年）作为我国土壤碳储量工作的基础，在大尺度的土壤固碳的相关研究中起到了重要作用。第二次全国土壤普查结果可以通过空间插值处理，获得空间尺度土壤碳储量的本底值。对于当前防护林，土壤固碳主要利用地面调查获取不同类型、不同年份防护林的土壤碳储量现状。

9.3.5.2　涡度协方差法

涡度协方差（eddy covariance，EC）法属于微气象学方法之一，可直接测量植被冠层与大气之间物质与能量交换，计算森林生态系统的固碳能力（于贵瑞等，2014）。典型的涡度协方差系统包括三维超声风速仪（测量高频垂直风速）、气体分析仪（测量高频气体浓度）、数据采集系统和预处理软件等。以中国科学院清原森林生态系统观测研究站为例（朱教君等，2021），每座通量塔上配备 1 套闭路涡动系统（美国坎贝尔公司，型号：CPEC310）和 1 套大气廓线系统（美国坎贝尔公司，型号：AP200），系统可自动调整 CO_2/H_2O 气体分析仪运算中的 Zero/Span 参数。净生态系统碳交换（net ecosystem carbon exchange，NEE）（在无明显干扰情况下等同于固碳量）可以通过式（9-32）计算获得。

$$\mathrm{NEE} = F_c + F_s + F_a \tag{9-32}$$

式中，F_c、F_s 和 F_a 分别表示湍流通量、储存通量和平流通量。当忽略平流通量时，NEE 可近似等于 F_c 与 F_s 之和。

闭路涡动系统 CPEC310 测定 CO_2 浓度和三维风速脉动（10 Hz），经质量控制计算半小时尺度的 CO_2 湍流通量。大气廓线系统 AP200 每 2min 一轮测定 8 层廓线的 CO_2 浓度以计算储存通量（F_s）。

设备维护、仪器损坏和停电以及数据质量控制等原因，会导致碳通量数据缺失。在晴朗无风的夜晚，常常因为平流贡献明显而低估生态系统呼吸。夜间的无效数据常采用摩擦风速阈值过滤，也可采用傍晚最大呼吸法过滤（Liu F et al.，2021）。计算森林生态系统的年固碳量，需要获得连续的碳通量数据，因此需要对缺失的数据进行插补。对于小于 2 h 的缺失数据，可用线性内插法估计；而长时间缺失数据可采用平均日变化法、查表法、非线性回归法等估计（王兴昌和王传宽，2015）。

9.3.5.3 遥感间接反演法

遥感法通过建立地面样方与遥感植被指数的统计关系，推算区域的植被碳储量。遥感法可在一定程度上弥补实地调查采样的不足，二者结合建立的统计模型，在一定程度上解决了从采样点到区域面的尺度转换问题（方精云等，2010）。生物量的遥感估测多利用归一化植被指数（NDVI）、增强植被指数（enhanced vegetation index，EVI）、后向散射系数、日光诱导叶绿素荧光（solar-induced chlorophyll fluorescence，SIF）等，通过整合地面调查和上述遥感变量，建立地面调查的平均生物量碳密度与遥感参数（波谱数值、归一植被指数等）间的关系，建立估算森林地上生物量碳密度的统计模型，然后利用建立的模型估算区域森林固碳量。该方法简便易行，易于推广，可获得较为精确的估算数值，能反映时空分布/变化特征，便于空间推移；但估算大尺度森林多期碳储量易受云层影响，且地形和森林冠层结构复杂，存在较大的不确定性，导致模型驱动变量存在误差，无法忽略各类模型结构和机制上的不确定性，准确估算参数取值范围及其空间变异性难度大（朱教君等，2016）。此外，还可通过建立净生态系统碳交换和生物要素（光合有效辐射吸收比例、林龄等）及环境要素（气温、降水、氮沉降等）的关系，结合大尺度的遥感影像与环境，推算区域尺度森林的净生态系统碳交换（方精云等，2010；朱教君等，2016）。

9.3.6 防护林生境质量评估

防护林可通过改善生境质量维持所在区域的生物多样性。生境质量一般指生态系统提供适宜个体与种群持续发展生存条件的能力，决定了区域内生物多样性状况（张学儒等，2020）。生境质量评估主要体现在两个尺度：单个物种尺度和区域尺度（张学儒等，2020）。单个物种尺度的生境质量评价是依据生物的生境要求及其与当地自然环境的匹配关系，明确其生境的分布范围与特征（张学儒等，2020），该方法数据采集成本昂贵，不适宜开展大尺度综合评价。在区域尺度，生境质量可通过分析土地利用和土地覆盖（the land-use/land-cover，LULC）图及其对生物多样性威胁程度计算得到。近年来，多采用 InVEST 模型进行多尺度定量生境质量评估（张学儒等，2020）。本节重点关注景观尺度防护林生境质量的评估，因此主要介绍基于 InVEST 模型评估防护林生境质量的方法。

在 InVEST 模型中，生境质量和生境稀缺性作为生物多样性的反映，可以通过评估某一地区各种生境类型或防护林（植被）类型的范围和这些类型各自的退化程度来表达。通过分析防护林景观敏感度和外界威胁强度，可以评估生物多样性维持状况（张学儒等，2020）。

InVEST 生境质量评估模型假设生境质量好的地区相应的生物多样性也高，受外界干扰和威胁程度相应较小。模型运算时为得到生境质量得分首先要对生境质量退化程度进行计算，见式（9-33）。

$$D_{xj}=\sum_{r=1}^{R}\sum_{y=1}^{Y_r}\left(\frac{W_r}{\sum_{r=1}^{R}W_r}\right)r_y i_{rxy}\beta_x S_{jr} \tag{9-33}$$

式中，D_{xj}为第j类土地覆被类型中栅格x的生境退化程度；R为胁迫因子个数；Y_r为胁迫因子层在地类图的栅格个数；W_r为胁迫因子的权重，取值为0～1；r_y为地类图中每个栅格胁迫因子所占的个数；i_{rxy}为栅格y的胁迫因子r对x栅格的影响；β_x为法律保护程度，取值为0～1（张学儒等，2020）；S_{jr}为第j类土地利用/覆被类型中第r个栅格的敏感性，取值为0～1。基于此计算生境质量得分，见式（9-34）～式（9-36）。

$$i_{rxy}=1-\left(d_{xy}/d_{r\max}\right)\ \text{（线性衰退）} \tag{9-34}$$

$$i_{rxy}=\exp\left[-\left(2.99/d_{r\max}\right)d_{xy}\right]\ \text{（指数衰退）} \tag{9-35}$$

$$Q_{xj}=H_j\left[1-\left(\frac{D_{xj}}{D_{xj}+k^z}\right)\right] \tag{9-36}$$

式中，Q_{xj}为第j类土地覆被中栅格x的生境质量；D_{xj}为第j类土地覆被中栅格x所受的胁迫水平；H_j为第j类土地覆被的生境适合性；k为半饱和常数，一般设置为D_{xj}最大值的一半；z为默认参数，通常取值2.5。

InVEST模型生境质量模块以栅格为单元进行计算，所需数据包括土地利用类型图、威胁因子、威胁因子图层及各地类对威胁因子的敏感程度。可选取主要道路、次要道路、铁路、工业用地、耕地、农村居民点、城镇用地及水域作为研究区的主要威胁因子，各因子威胁能力的强弱主要由其对生境的影响范围进行评判，威胁能力越强，则影响范围越大，对生境的破坏程度越重。由于生态系统对不同威胁因子的响应程度不同，各地类受威胁的敏感度也不尽相同。敏感度的大小主要基于景观学中生物多样性保护的基本原则确定，即人为干扰度越大敏感度越低，生态系统越复杂敏感度越低。本书“生境质量评价”在参考InVEST模型手册的基础上，借鉴国内外相关学者的研究（陈妍等，2016），并结合研究区实际情况对威胁因子权重、衰减系数及敏感度进行设定，其中非林地不予以考虑。

第 10 章　防护林工程生态效应评估

防护林的生态效应评估是防护林工程构建与经营的桥梁。适时对防护林工程/林业生态工程进行有效评估/诊断，确定防护功能发挥程度，甄别构建与经营过程中存在的问题，将存在的问题分别反馈到构建与经营中，以此保障防护林建设的终极目标——防护功能高效、稳定并可持续（朱教君，2013）。本章以三北工程为对象，量化防护林工程是否完成预期目标，即评估在工程驱动下防护林状态（数量、质量或健康状况）的变化；在此基础上，结合区域尺度防护林生态效应评价机理，排除其他要素影响定量防护林工程，对以农田防护林为主体的带状防护林生态效应（改善环境和粮食增产作用），以水土保持林、固沙林、水源涵养林为主体的片状防护林生态效应（水土保持效应、防风固沙效应和水源涵养效应）进行了评估。此外，对防护林的固碳效应作用也进行了评估。

10.1　防护林状态的评估

防护林生态工程建设使防护林的状态发生了巨大变化，防护林状态具体包括数量和质量（健康）状况。本节以三北工程为例，阐明防护林数量的评价过程；以三北沙区固沙林为例，评价固沙林的质量或健康状况。

10.1.1　防护林的数量监测

为了有效提取防护林数量信息，首先，根据防护目的不同，将防护林划分为农田防护林（带状林）、水土保持林、水源涵养林、防风固沙林和海岸防护林（片状林）等。郑晓和朱教君（2013）对三北工程 1978 年建设以来的防护林数量变化进行监测与评估。

10.1.1.1　三北工程范围及防护林遥感监测标准

1）三北工程范围

三北工程建设期规划历时 73 年（1978～2050 年），分三个阶段、八期工程进行。其中，第一阶段为 1978 年至 2000 年，包括一期（1978～1985 年）、二期（1986～1995 年）、三期（1996～2000 年）工程；第二阶段为 2001～2020 年，包括四期（2001～2010 年）和五期（2011～2020 年）工程；第三阶段为 2021～2050 年，包括六期（2021～2030 年）、七期（2031～2040 年）和八期（2041～2050 年）工程。

根据国民经济发展需要和三北工程建设的进展情况，43 年（1978～2020 年）来，工程建设范围多次调整。第一阶段工程建设范围由一期工程的 406 个县（市、区、旗）、二期工程的 514 个县（市、区、旗），扩大至三期工程的 13 个省（自治区、直辖市）的 551 个县（市、区、旗）和新疆生产建设兵团，土地面积共 406.9 万 km^2 [图 10-1（a）]。四期工程根据国家全面实施以生态建设为主的林业发展战略，以及林业重点生态工程建设布局，将原三北工程 86 个县（市、区、旗）划为京津风沙源治理工程的建设范围。由于行政区划变动，原 551 县（市、区、旗）和新疆生产建设兵团在四期工程时，已变为 581 个县（市、区、旗），新纳入三北工程区 105 个县，调整后的建设范围为 600 个县（市、区、旗）和新疆生产建设兵团，土地面积共 399.90 万 km^2 [图 10-1（b）]。五期工程，贯彻防护林体系建设的理念，将京津风沙源治理工程整体又重新纳入三北工程，增加 75 个县（市、区、旗），行政区调整和工程布局调整增加 50 个县（市、区），调整后的建设范围为 725 个县（市、区、旗）和新疆生产建设兵团，土地面积共 435.80 万 km^2 [图 10-1（c）]。

为了系统性和可对比性，三北工程状态与生态效应评估均采用三北工程的第一阶段的范围，即北方 13 个省（自治区、直辖市）551 个县（市、区、旗）和新疆生产建设兵团，土地面积共 406.9 万 km^2 [图 10-1（a）]。

（a）第一阶段551个县（市、区、旗）和新疆生产建设兵团

（b）第四期600个县（市、区、旗）和新疆生产建设兵团

（c）第五期725个县（市、区、旗）和新疆生产建设兵团

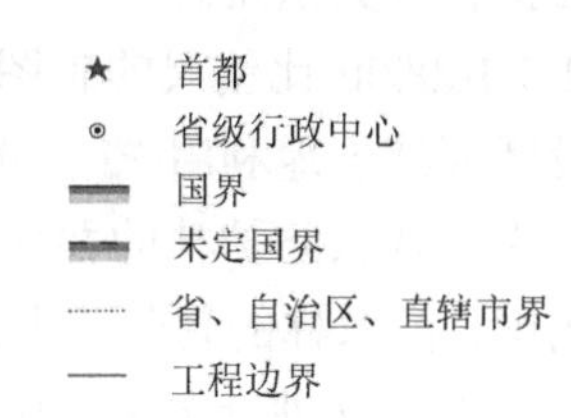

图 10-1　三北工程建设第一阶段和第二阶段第四期、第五期范围示意图

2）防护林遥感监测标准

在我国，森林标准自 1978 年以来发生了显著变化，1978～1994 年国家森林标准为：乔木林地（郁闭度≥0.3）和竹林地、灌木林地（覆盖度≥40%）、农田林网以及村旁、路旁、水旁、宅旁林木覆盖面积的总和。1994 年以后，国家规定森林标准为：郁闭度 0.2（含 0.2）以上的乔木林地和竹林地、国家特别规定的灌木林地、农田林网以及村旁、路旁、水旁、宅旁林木覆盖面积的总和。为了明确三北工程自 1978 年至今防护林数量的变化，并且在不同时期具有可对比性，防护林遥感监测的标准均采用三北工程建设初期（1978 年）的森林标准。

10.1.1.2 防护林遥感监测信息提取方法

1）遥感影像的来源及预处理

为了明确三北工程建设 43 年（1978～2020 年）来防护林数量和质量动态变化，我们以大约 10 年为一个时间节点进行防护林数量和质量信息的提取。1978 年代表三北工程启动之初、1990 年代表工程建设约 10 年、2000 年代表工程建设约 20 年、2010 年代表工程建设约 30 年、2020 年代表工程建设 43 年。使用的影像有：Landsat MSS（1978 年，空间分辨率 80m）、Landsat TM（1990 年的 Landsat-4、2010 年的 Landsat-5；空间分辨率 30m）、Landsat ETM+（2000 年，空间分辨率 30m）、高分 1 号（GF-1）（2020 年，空间分辨率 16m）影像。此外，购置了 2010 年期间（2008～2011 年）高清影像，分别为 SPOT5 影像（空间分辨率 2.5m）和中巴资源卫星 CBERS-02B 卫星 HR 全色影像（空间分辨率 2.36m）；以及 2020 年高分 2 号影像（GF-2）（2020 年，空间分辨率 2m）。

在卫星获取遥感影像过程中，受地形、太阳高度、气溶胶、传感器、飞行状态等因素影响，影像产生变形、模糊和噪声而不能真实反映地物的实际光谱特征，因此，需要对遥感影像进行预处理。首先，对遥感影像进行大气校正，由于大气散射和吸收的影响，改变了传感器接收到地表反射辐射的能量，极大地影响着遥感信息的提取和参数反演的精度（宋巍巍和管东生，2008）。因此，首先采用广泛应用且精度较高的辐射传输模型的查找表（姚薇等，2011），并结合暗元目标法（dark object method）对遥感影像进行大气校正（范渭亮等，2010）；其次对遥感影像进行波段合成，采用标准假彩色合成等方法进行图像增强处理；最后对遥感影像进行几何校正和镶嵌裁剪完成预处理。

2）防护林信息遥感解译方法

（1）防护林分类系统。

根据 1∶100000 比例尺的制图精度标准和遥感影像信息源分辨率的要求，制定了“三北工程建设区遥感土地利用/覆盖分类系统”（表 10-1）。该分类系统包括片状防护林和带状防护林。其中，片状防护林的乔木林（包括针叶林、阔叶林、针阔混交林）的划分依据防护林的郁闭度，灌木林的划分依据其覆盖度；带状防护林比较特殊，在影像上仅呈现线状，因此，依据林带长度进行定义。由于遥感获取地表信息来自于防护林冠层上方，因此，乔木的郁闭度与灌木林的覆盖度相当于遥感意义上的植被覆盖度。

表 10-1 三北工程建设区遥感土地利用/覆盖分类系统

一级类型	二级类型	含义
片状防护林	针叶林	郁闭度≥0.30、高度≥2m 的针叶林
	阔叶林	郁闭度≥0.30、高度≥2m 的阔叶林
	针阔混交林	郁闭度≥0.30、高度≥2m 的针阔混交林
	灌木林	覆盖度≥40%、高度<2m 的灌丛和矮林
带状防护林		林带长度≥20m、高度≥2m 的林地

注：采用 1978 年森林标准，即乔木林地（郁闭度≥0.3）和竹林地、灌木林地（覆盖度≥40%）、农田林网以及村旁、路旁、水旁、宅旁林木覆盖的总面积。

（2）遥感影像的解译过程。

在矢量方式下，采用人机交互全数字分析方法，首先对 2000 年片状/带状林地信息进行提取，然后分别对比 1978 年、1990 年、2010 年、2020 年与 2000 年遥感图像之间的差异（带状防护林为 1990 年、2010 年、2020 年），并参照地形图和其他相关资料，确定林地动态变化区域，直接勾绘动态图斑边界，标注动态图斑编码。

为了保证解译的准确性，对 5 期林地信息数据进行抽查，再次判读，以保证信息提取精度达到设计要求。抽样时，采取随机抽样方法，对全部图斑，以 5%的抽样率进行取样；之后，对矢量图斑进行外业调查、Google Earth 影像验证。

3）数量数据校正方法

Landsat TM 影像分辨率为 30m，根据 1∶100000 的成图要求，提取防护林的最小图斑面积为 6×6（36）个像元，即面积小于 32400m^2 的防护林目视解译无法提取。而 SPOT5 分辨率为 2.5m，能够提取图斑大于 20m×20m 所有防护林信息。因此，为了弥补 Landsat TM 影像分辨率不足，准确估算三北工程建设区防护林面积，需要建立 SPOT5 高分辨率影像与 Landsat TM 中分辨率影像对防护林面积的校正关系。

在建立校正关系时，由于降水量是影响片状防护林分布的关键因素，为提高防护林面积校正精度，根据 1998～2020 年的热带降雨测量任务（tropical rainfall measuring mission，TRMM）平均年降水量数据，利用詹克斯自然断点法，将三北工程建设区划分为高降水区（年降水量≥456mm）、中降水区（303mm≤年降水量<456mm）和低降水区（年降水量<303mm）（图 10-2）。在不同降水区内，随机选取 80%样区数据（面积 30006km^2，占三北工程建设区总面积的 0.74%），利用 SPSS 分析软件，建立不同降水区下的 SPOT5 和 Landsat TM 校正公式；剩余 20%的样区数据（面积 7502km^2，占三北工程建设区面积的 0.18%）作为精确度验证数据。结果表明，高降水区（除华北区）的防护林数量精确度为 85.41%，华北高降水区为 91.13%，中降水区为 95.17%，低降水区为 72.39%。

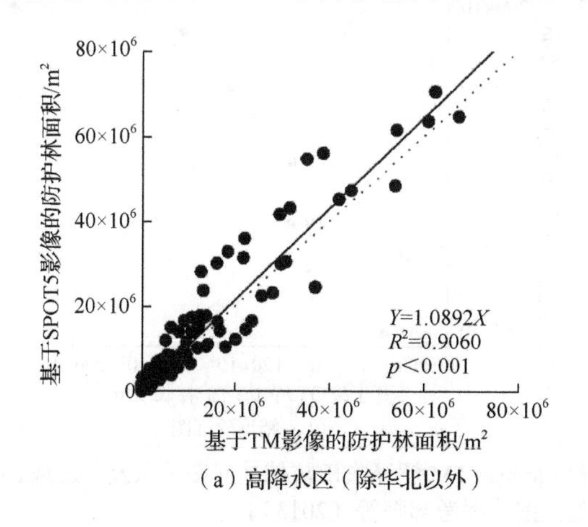

（a）高降水区（除华北以外）

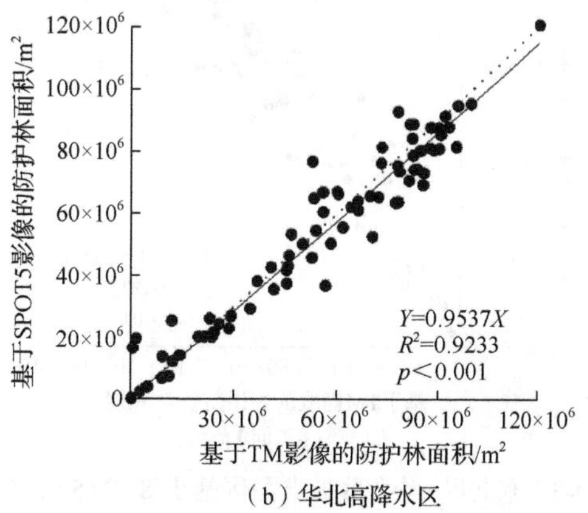

（b）华北高降水区

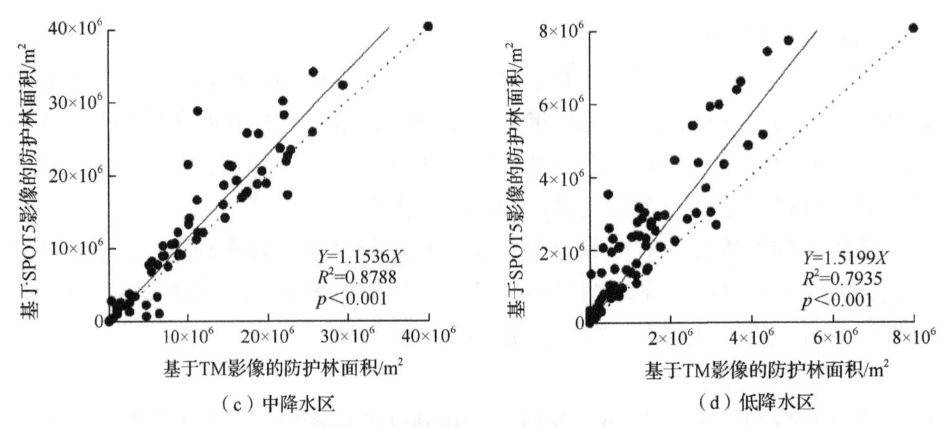

图 10-2 不同降水区防护林面积的 SPOT5 和 Landsat TM 校正关系

注：Y 为基于 SPOT5 的防护林面积，X 为基于 Landsat TM 的防护林面积，下同；整理于郑晓和朱教君（2013）。

针对农田防护林，以一景 SPOT5 影像覆盖的区域为典型区，利用人机交互目视解译方法，形成基于 SPOT5 高分辨率影像的林带长度信息；根据 SPOT5 影像范围，提取相同范围内 Landsat TM 影像的林带长度信息；对 SPOT5 影像与 Landsat TM 影像叠加区进行均匀划分，形成“样区”。提取每个样区的 SPOT5 影像和 Landsat TM 影像林带信息的结果，随机选取 80%的样区数据，建立 SPOT5 和 Landsat TM 回归关系，校正 Landsat TM 影像解译的东北区和华北区林带长度信息。选取的东北典型农田防护林区一景 SPOT5 影像，行政区划上包括吉林省农安县、德惠市、九台市部分地区；将该典型区平均分为 100 个样区，样区的面积为 51.09km²，除去无林地样区（12 个）和异常值样区（9 个），得到有效样本数 79 个。将 80%有效样本（63 个）用于建立 SPOT5 与 Landsat TM 的回归关系［图 10-3（a）］，利用剩余的 20%有效样本（16 个）对校正回归关系式进行验证，验证精度为 79.27%［图 10-3（b）］。

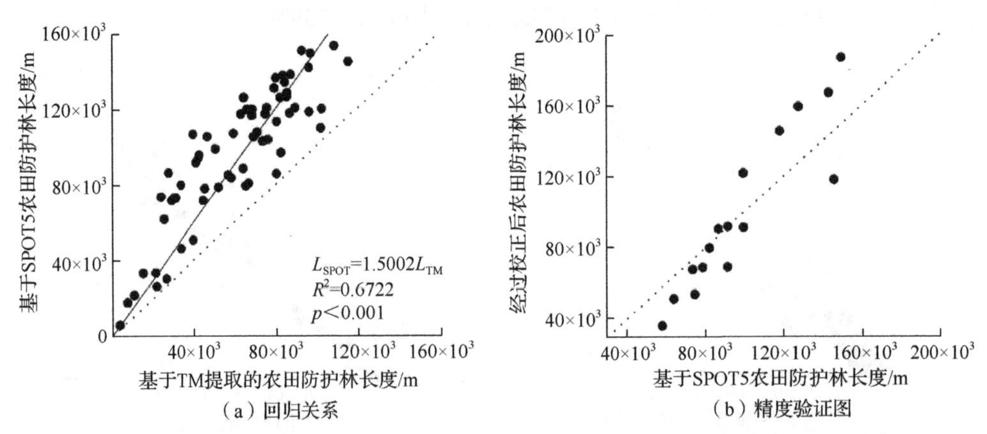

图 10-3 东北区、华北区的典型区基于 SPOT5 解译和 Landsat TM 解译农田防护林回归关系及 Landsat TM 农田防护林经校正后的精度验证图［参考郑晓等（2013）］

10.1.1.3 三北工程防护林数量动态（1978～2020 年）

将片状防护林面积（校正后）和带状防护林面积合并，最终得到 1978 年、1990 年、

2000 年、2010 年、2020 年三北防护林（片状防护林和农田防护林）的总面积。其中，1978 年防护林覆盖率为 5.53%，截至 2020 年防护林覆盖率增长了 4.14%，防护林覆盖率达到 9.57%（表 10-2）。

表 10-2　1978～2020 年三北防护林总面积

防护林类型		1978 年	1990 年	2000 年	2010 年	2020 年
片状林面积/万 hm^2	针叶林	380.98	579.88	594.93	493.45	455.36
	阔叶林	878.58	1059.92	1145.77	1100.95	1188.17
	针阔混交林	174.53	235.05	215.91	201.32	151.35
	灌丛	705.74	1034.91	1085.66	1651.92	1991.18
带状林面积/万 hm^2		70.22	92.89	110.53	130.31	108.94
防护林总面积/万 hm^2		2209.06	3002.65	3152.80	3577.95	3895.00
防护林覆盖率/%		5.43	7.38	7.75	8.79	9.57

注：因数据四舍五入，防护林总面积与各林型加和可能不完全相等。

10.1.2　防护林衰退评估

由于防护林多分布于生态脆弱区，因而不可避免会出现衰退现象，主要表现为林木生长不良，病虫害发生，林木受损严重，形成大面积的低质、低价林分。随着防护林建设步伐逐步加快，数量增多，规模加大，再加上全球变化等严酷的气候条件，防护林衰退现象正在加重，并呈范围扩大趋势。但是，到目前为止，林木和林分衰退尚无统一的量化标准，防护林衰退的总体现状，如衰退程度、衰退面积等尚不清楚。Zhu 等（2003c）认为，森林衰退可以归纳为：森林在生长发育过程中出现的生理机能下降、生长发育滞缓或死亡、生产力降低以及地力衰退等状态。可见森林衰退具有复杂的无序性，通常在未知原因或未知主要原因时，统称为“衰退病”或“枯萎综合征”等，其起源于多种胁迫对林分的作用，表现为林木生长力下降甚至死亡。防护林作为森林的一部分，其衰退的最终表现是防护效能的下降。防护林衰退概念可归纳为：防护林在生长发育过程中出现的生理机能下降、病虫害、枯萎等现象，以及因生产力、地力衰退、林分结构不合理等导致防护效能下降的状态。本节以三北工程的固沙林（三北沙区）为例，基于遥感方法对三北工程建设 40 多年（1978～2020 年）以来的固沙林衰退情况进行定量评价。

10.1.2.1　固沙林衰退状况的评估方法

净初级生产力（net primary production，NPP）和降水利用效率（precipitation use efficiency，PUE）是评估干旱、半干旱植被生态系统状况的关键指标，广泛应用于植被衰退识别（Le Houérou，1984；Hein and de Ridder，2006；Zhao et al.，2019）。净初级生产力下降表示植被自身生物量的减少，代表了植被在维持自身生物量上发生了衰退；降水利用效率是年净初级生产力与年降水量（P）之比，代表植被利用降水生长的能力（Prince et al.，1998）。降水利用效率的下降指示了植被将水和养分转化为生物量的能力降低，即植被的功能发生了衰退（Le Houérou，1984）。降水边际响应（precipitation marginal response，PMR）是降水利用效率的一个补充指标，代表了净初级生产力对降水年际变化的敏感性，是年净初级生产量和年降水量之间的线性关系的斜率（Verón et al.，2006；Verón and Paruelo，

2010）。当净初级生产力和降水利用效率变化不显著时，可以提供必要的补充信息，如某个时间段内的降水边际响应比上一个时段内的降水边际响应降低，则表明植被最大化获取资源的能力有所提高，反之亦然。

考虑到衰退是一个长期、不断变化的过程，将防护林建设的40多年，按各建设阶段的时间节点（1978年、1990年、2000年、2010年和2020年）划分出四个时间段，每阶段约10年，即1978～1990年，1990～2000年，2000～2010年，2010～2020年。以10年为一个周期，通过防护林的降水利用效率和净初级生产力关系的动态、辅以降水边际响应的变化判断防护林质量。

在每一个时间段内，根据净初级生产力和降水利用效率的变化趋势，划分出四种固沙植被的质量状况类型：严重衰退类型、潜在衰退A类型、潜在衰退B类型、未衰退类型。其中，严重衰退类型、潜在衰退A类型和潜在衰退B类型，表明植被分别在生物量积累、利用降水能力，或两个方面上均呈现显著下降趋势，即存在不同程度的衰退情况。未衰退类型表明植被在生物量积累和利用降水能力上都呈现显著改善趋势，代表了植被质量较好的情况。具体划分标准如图10-4所示。

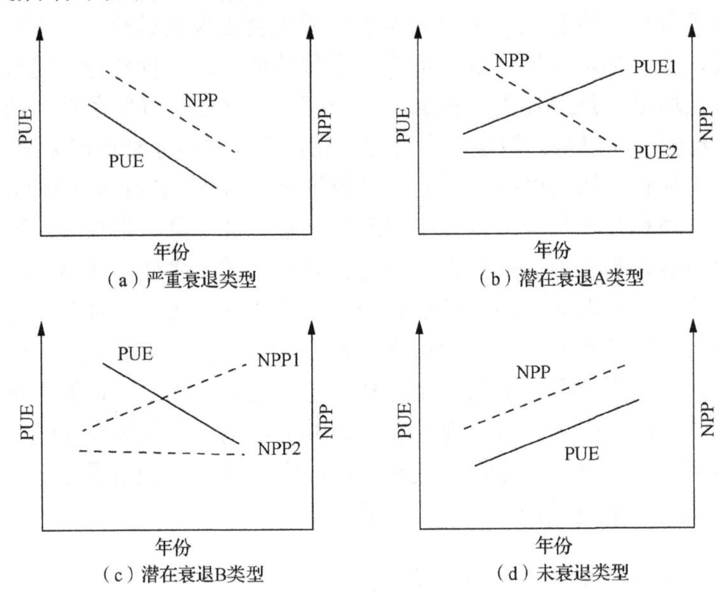

图10-4　基于净初级生产力（NPP）和降水利用效率（PUE）变化趋势的植被退化类型图［参考（Le Houérou，1984）］

（1）严重衰退类型。在某一时间段内，如果净初级生产力和降水利用效率均显著下降，则植被的生物量积累和利用降水能力两方面均在退化［图10-4（a）］。

（2）潜在衰退A类型。如果净初级生产力下降而降水利用效率增加或没有显著变化，则表明结构退化［图10-4（b）］；即植被总生物量减少，但植被的自我恢复是可能的，因为生态系统的功能没有显著改变。

（3）潜在衰退B类型。净初级生产力增加或保持不变，但降水利用效率减少的情景，归类为潜在衰退B类型，该类型的生态系统功能实际上正在恶化［图10-4（c）］。另一种潜在衰退B类型发生的情况：当降水利用效率和净初级生产力均未发生显著变化时降水边际响应的数值升高，表明生态系统的生物量积累和利用降水能力存在波动，且对降水年际变化的敏感性呈加剧的趋势，即存在潜在衰退的风险。

（4）未衰退类型。当降水利用效率和净初级生产力均未显著降低时，有以下几种情况：降水利用效率和净初级生产力均上升、其中一个上升另一个不变或均不变；其中，“降水利用效率和净初级生产力均不变”中需除去“潜在衰退 B 类型”中提到的降水边际响应的数值升高情况，其余均归类为无退化类型。图 10-4（d）显示了植被在生物量积累和利用降水能力上都得到改善的一种典型情况。

降水利用效率由净初级生产力数据和年降水量数据获得，见式（10-1）。

$$\mathrm{PUE} = \mathrm{NPP}/P \tag{10-1}$$

式中，PUE 为研究区内各像元的降水利用效率［g/（m^2·mm）］；NPP 为净初级生产力的平均值（g/m^2）；P 为年降水量（mm）。

净初级生产力数据：1981～2020 年的空间年度净初级生产力值，取自全球 5km 8 天总初级生产力和净初级生产力产品（Wang M J et al.，2020）；该数据集是在国家重点研发计划项目“全球生态系统碳循环关键参数立体观测与反演”的资助下制作，并通过了基于 FLUXNET 网站数据的验证。

年降水量数据：1981～2020 年的年降水量来自中国 1km 分辨率逐月降水量数据集（Peng et al.，2019）。该数据集是通过 Delta 空间降尺度方案在中国地区降尺度生成的，使用了东英格利亚大学气候研究所（Climatic Research Unit，CRU）（https://crudata.uea.ac.uk/cru/data/hrg/）提供的全球 0.5°气候数据集和 WorldClim（全球高分辨率气候数据分享平台）发布的全球高分辨率气候数据集，并以 496 个独立气象观测点的数据完成验证。

检测净初级生产力和降水利用效率的趋势：通过获取每个像元（1km）的线性回归斜率系数，对四个时间段的净初级生产力和降水利用效率进行趋势分析。斜率系数由式（10-2）计算获得。

$$\mathrm{Slope} = \frac{n\sum_{n}^{i=1} i \times x_i - \sum_{n}^{i=1} i \times \sum_{n}^{i=1} x_i}{n\sum_{n}^{i=1} i^2 - \left(\sum_{n}^{i=1} i\right)^2} \tag{10-2}$$

式中，i 是一个时间段内的年份序数；n 是时间段的长度；x_i 表示第 i 年的净初级生产力或降水利用效率值。斜率的显著性由 t 统计量检验获得。

根据 t 统计量的结果，将每个像元的斜率结果分为 3 组：显著增加组（Slope>0，p<0.25）、显著减少组（Slope<0，p<0.25）和不显著组（p≥0.25）。

计算降水边际响应：将每个时间段划分为两个连续且长度大致相同（4～5 年）的子时段，即早时段和晚时段。在每个时段的 2 个子时间段内分别计算降水边际响应，并比较二者的大小。降水边际响应为净初级生产力与年降水量之间的线性回归方程的斜率值，当回归关系不显著（p≥0.25）时，降水边际响应的值设为 0。

10.1.2.2　三北工程固沙植被质量的评估结果

1）三北工程固沙植被的动态变化

1978～2020 年三北沙区（45.51 万 km^2）的全部植被（乔木林、灌木林和草地）的面积统计结果（表 10-3）和空间分布情况（图 10-5）表明，植被覆盖度在 40 年年内变化不大，从 1978 年的 68.0%增至 2020 年的 68.5%，沙区植被的总面积增加了 23.87 万 hm^2。其中固沙林，即乔木林和灌木林，面积分别增加 113.8%（35.02 万 hm^2）和 338.8%（258.19 万 hm^2），但草地面积减少了 9.02%（269.37 万 hm^2）。

表 10-3 1978～2020 年防风固沙植被种类及面积统计表（单位：万 hm^2）

植被类型		1978 年	1990 年	2000 年	2010 年	2020 年
乔木林	针叶林	7.91	15.87	17.98	18.18	21.84
	阔叶林	20.98	25.22	29.10	29.96	40.98
	针阔混交林	1.88	4.08	3.72	3.75	2.97
	小计	30.77	45.17	50.80	51.89	65.79
灌木林		76.20	93.68	113.83	285.27	334.39
固沙林		106.97	138.85	164.63	337.16	400.18
草地		2986.68	3044.18	2909.60	2772.00	2717.31
全部植被		3093.66	3183.03	3074.24	3109.20	3117.49

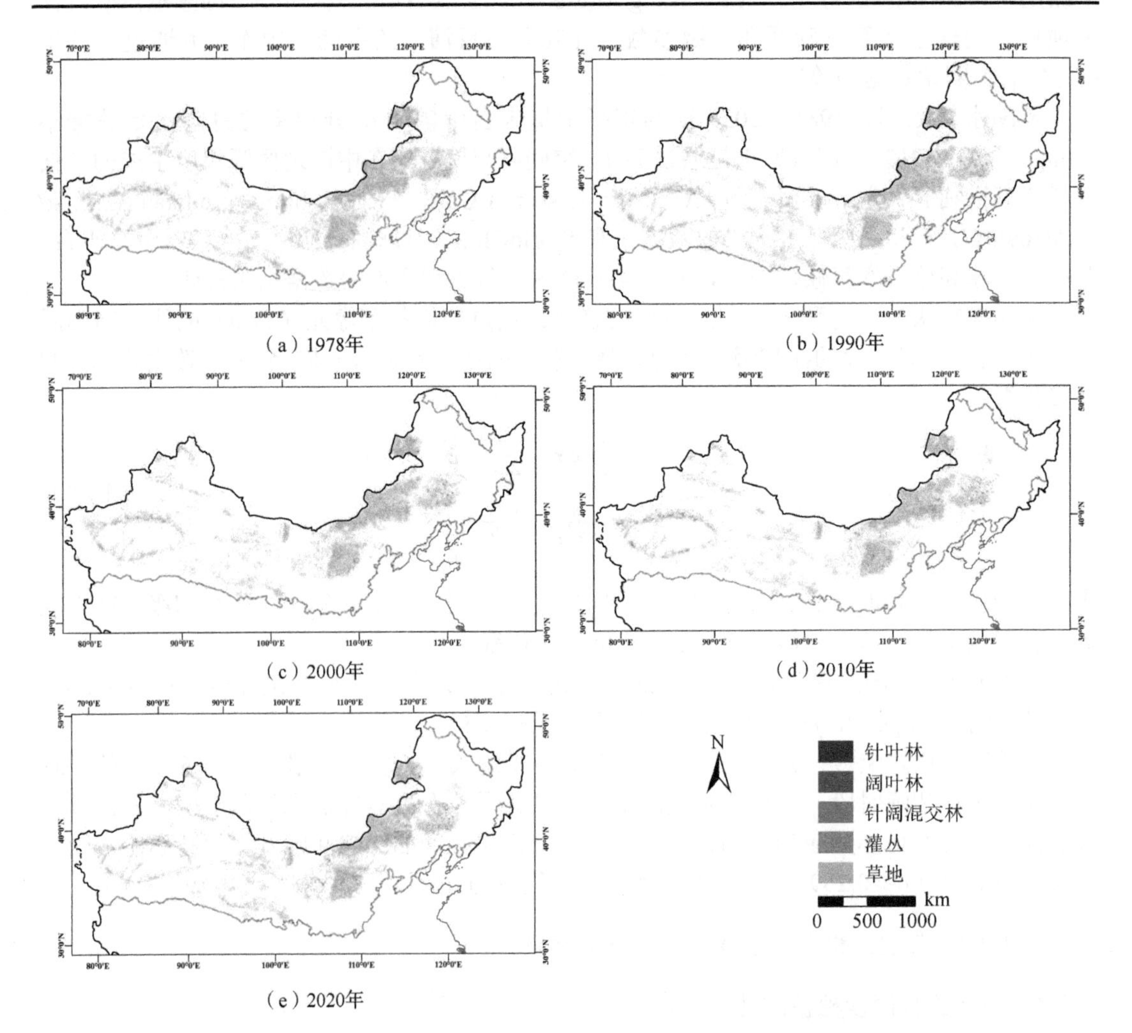

图 10-5 三北工程沙区 1978 年、1990 年、2000 年、2010 年和 2020 年防风固沙植被空间分布图

2）三北工程固沙植被的衰退程度

本研究分别于 1978～1990 年、1990～2000 年、2000～2010 年及 2010～2020 年四个时间段，对三北工程 43 年间建设的防风固沙林和沙区草地进行质量评估。各时间段内的植被质量类型及空间分布结果如表 10-4 和图 10-6 所示。

表 10-4　三北工程沙区四个时间段内植被质量类型统计表

时间段	植被类型		严重衰退类型		潜在衰退 A 类型		潜在衰退 B 类型		未衰退类型		总衰退率/%
			面积/万 hm^2	比例/%	面积/万 hm^2	比例/%	面积/万 hm^2	比例/%	面积/万 hm^2	比例/%	
1978～1990 年	乔木林	针叶林	0.31	1.94	0.12	0.78	2.20	13.75	13.37	83.53	16.47
		阔叶林	0.63	2.41	0.99	3.82	3.32	12.77	21.07	80.99	19.01
		针阔混交林	0.02	0.41	0.00	0.00	0.78	18.84	3.35	80.75	19.25
		小计	0.96	2.07	1.12	2.42	6.30	13.66	37.78	81.85	18.15
	灌木林		3.52	3.59	5.39	5.50	7.83	7.98	81.37	82.93	17.07
	固沙林		9.63	6.67	6.51	4.51	8.99	6.23	119.15	82.59	17.41
	草地		349.77	11.49	121.51	3.99	272.69	8.96	2299.75	75.56	24.44
	全部植被		359.40	11.27	128.02	4.02	281.68	8.84	2418.90	75.88	24.12
1990～2000 年	乔木林	针叶林	0.68	3.78	7.00	38.73	0.67	3.72	9.72	53.78	46.22
		阔叶林	1.35	4.48	4.45	14.74	2.14	7.08	22.25	73.70	26.30
		针阔混交林	0.05	1.27	0.57	15.21	0.02	0.45	3.14	83.07	16.93
		小计	2.08	4.01	12.03	23.11	2.83	5.43	35.11	67.46	32.54
	灌木林		6.43	5.42	12.34	10.39	10.40	8.76	89.57	75.43	24.57
	固沙林		8.52	4.99	24.37	14.27	13.22	7.74	124.68	73.00	27.00
	草地		122.57	4.21	244.44	8.40	23.15	0.80	2519.14	86.59	13.41
	全部植被		131.09	4.26	268.81	8.73	36.38	1.18	2643.82	85.84	14.16
2000～2010 年	乔木林	针叶林	5.59	30.49	2.10	11.44	8.34	45.51	2.30	12.56	87.44
		阔叶林	2.80	9.04	3.14	10.14	16.60	53.57	8.44	27.26	72.74
		针阔混交林	0.09	2.42	0.53	13.99	1.22	32.18	1.96	51.41	48.59
		小计	8.48	15.97	5.77	10.86	26.16	49.26	12.70	23.91	76.09
	灌木林		11.23	3.31	27.73	8.18	79.56	23.47	220.41	65.03	34.97
	固沙林		19.71	5.03	33.50	8.54	105.72	26.97	233.11	59.46	40.54
	草地		121.86	4.40	229.72	8.29	340.43	12.28	2079.69	75.03	24.97
	全部植被		141.57	4.47	263.22	8.32	446.15	14.10	2312.80	73.10	26.90
2010～2020 年	乔木林	针叶林	0.67	3.09	1.84	8.40	9.65	44.17	9.69	44.34	55.66
		阔叶林	1.35	3.29	1.69	4.12	16.63	40.59	21.31	52.00	48.00
		针阔混交林	0.01	0.18	0.28	9.55	0.56	18.91	2.12	71.35	28.65
		小计	2.03	3.08	3.81	5.79	26.84	40.80	33.12	50.33	49.67
	灌木林		10.77	3.22	22.66	6.78	35.26	10.54	265.74	79.46	20.54
	固沙林		12.79	3.20	26.47	6.61	62.10	15.52	298.86	74.67	25.33
	草地		100.03	3.68	487.03	17.93	37.95	1.40	2091.95	77.00	23.00
	全部植被		112.83	3.62	513.50	16.47	100.05	3.21	2390.81	76.70	23.30

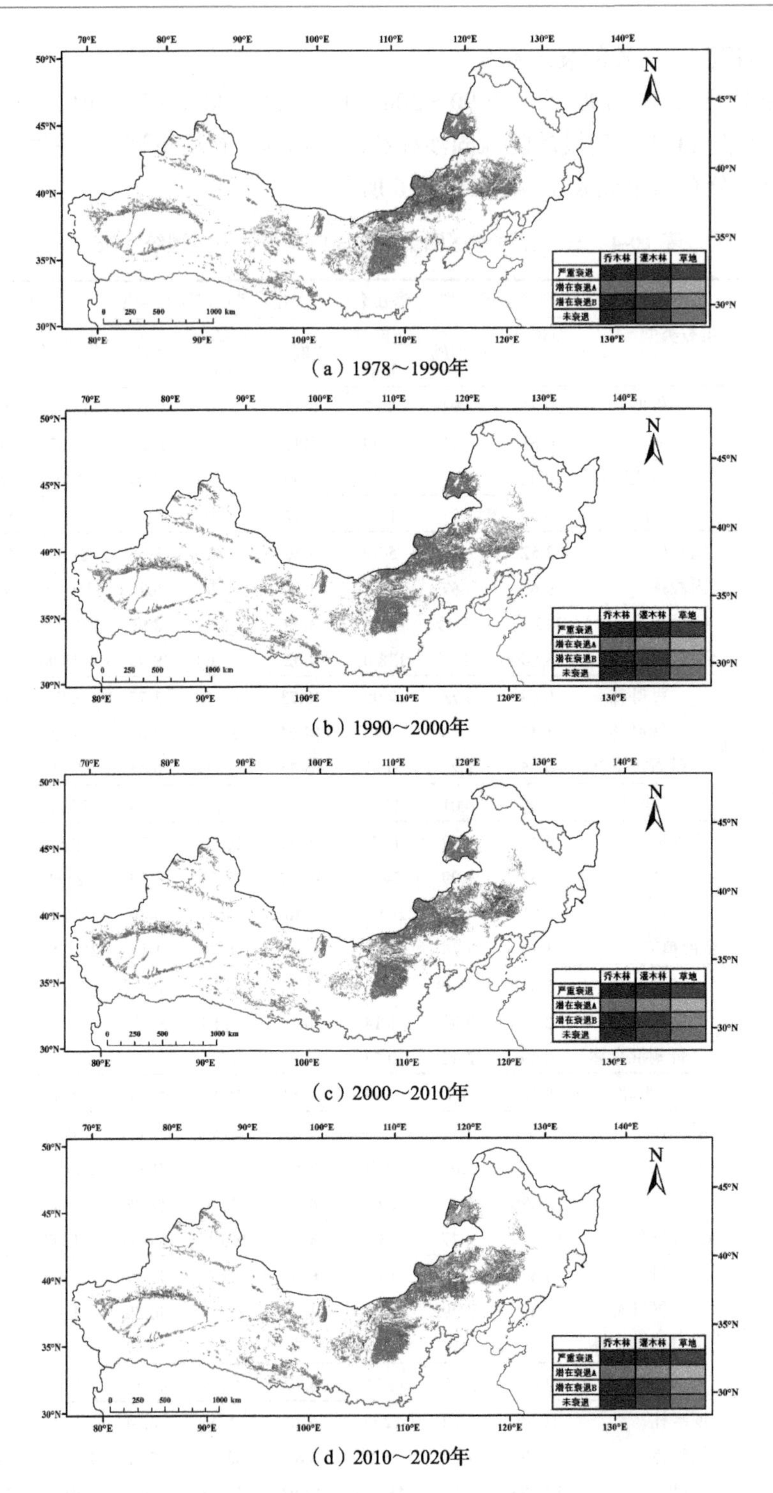

（a）1978～1990年

（b）1990～2000年

（c）2000～2010年

（d）2010～2020年

图 10-6 三北工程沙区 1978～1990 年、1990～2000 年、2000～2010 年和 2010～2020 年防风固沙植被质量时空动态（见书后彩图）

（1）乔木固沙林的衰退状况。

乔木林发生衰退的总比例从 1978～1990 年的 18.15%上升至 2000～2010 年的 76.09%，于 2010～2020 年下降到 49.67%。与 2000～2010 年的衰退率相比，乔木林在 2010～2020 年的衰退率明显下降，其原因可能是在 2010～2020 年，一部分衰退森林因死亡而消失，或通过补植改造等转化为非衰退森林，或经过持续的植树造林建设形成了新的固沙林。从衰退类型上看，1990～2000 年，潜在衰退 A 类型是乔木林的主要衰退类型，占乔木林总面积的 23.11%。2000～2010 年，乔木林的主要衰退类型为利用降水能力受损导致的潜在衰退 B 类型和严重衰退类型，分别占乔木林总面积的 49.26%和 15.97%。乔木固沙林大面积的潜在衰退 A 类型发生后，下一个时间段内往往会发生大面积的潜在衰退 B 类型和严重衰退类型，即固沙林在生物量累积方面出现受损之后，可能会在一定环境条件下，进一步发展为降水利用能力受损。

（2）灌木固沙林的衰退状况。

灌木林发生衰退的总比例从 1978～1990 年的 17.07%升高到 2010～2020 年的 20.54%，在 2000～2010 年达到峰值 34.97%。灌木林在 2010～2020 年的衰退率较 1978～1990 年的衰退率降低，表明随着固沙林的建设，大面积的灌木林得以有效存活，并保持较好质量，即灌木林是沙区相对稳定的植被类型。1990～2000 年，灌木林的主要衰退类型是潜在衰退 A 类型，占灌木林总面积的 10.39%；2000～2010 年，灌木林的主要衰退类型是潜在衰退 A 类型和潜在衰退 B 类型，分别占灌木林总面积的 8.18%和 23.47%。

（3）固沙草地的衰退程度。

在 1978～2020 年，草地发生衰退的比例保持在 25%左右，表明相对于乔木林和灌木林，草地质量在受气候等自然条件的影响以外，还受到持续且具有一定强度的人为干扰。未衰退类型的草地面积从 1978～1990 年的 2299.75 万 hm^2 减少到 2010～2020 年的 2091.95 万 hm^2，但草地总衰退比例从 24.44%下降到 23.00%，表明不论衰退与否，三北沙区内的草地面积都在减少，但已衰退草地的减少速度大于正在衰退草地的增加速度。

（4）固沙植被衰退程度的时空分析。

1978～1990 年，潜在衰退 B 类型草地主要分布在呼伦贝尔沙地、科尔沁沙地和毛乌素沙地，而浑善达克沙地区域则分布有严重衰退类型灌木林和严重衰退类型草地。1990～2000 年，科尔沁沙地有部分乔木林发生严重衰退，部分草地发生潜在衰退 A 类型的衰退；库姆塔格沙漠和柴达木盆地沙漠附近的灌丛发生潜在衰退 A 类型的衰退。2000～2010 年，科尔沁沙地地区发生大面积的乔木林、灌木林和草地的严重衰退。同时，在塔克拉玛干沙漠周围和浑善达克沙地区域出现了潜在衰退 A 类型和潜在衰退 B 类型的灌木林和草地。2010～2020 年，严重衰退现象明显减少，仅发生于分布在柴达木盆地沙漠周围和浑善达克沙地区域的部分乔木林和灌木林；但在呼伦贝尔沙地、科尔沁沙地等沙地，草地的潜在衰退 A 类型仍较为广泛存在。植被质量在空间上的变化规律，进一步印证了潜在衰退 A 类型将在气候条件不理想的情况下，发展为潜在衰退 B 类型和严重衰退类型这一推论（图 10-6）。

10.2 带状防护林生态效应评估

以农田防护林为主体的带状防护林，形成了独特的农田景观格局，在区域尺度上发挥了改变近地面气象和生态过程的作用。基于此，本节将从区域尺度评价农田防护林网对局地环境的改善作用和粮食的增产效应。

10.2.1 农田防护林对环境的改善作用

10.2.1.1 农田防护林的区域气候效应

大面积的农田林网对整个区域近地面的风、蒸发、蒸腾、温度、湿度等均产生显著影响，从而改善区域气候。长期观测实验表明，有林带存在（保护）的地区，风速显著低于没有林带保护的地区（曹新孙，1983）。朱廷曜和周广胜（1993）通过风洞实验和野外观测等发现，中小尺度林网地区，由于林带对气流的阻滞作用，在大气边界层下层出现扰动边界层，其高度达 100m 以上。该层风速随高度的变化满足对数分布规律，与旷野地区相比风速明显减小，有明显的地方气候效应。在林网下层形成下边界层（1～2 倍林带平均高度以下），风速与旷野相比更进一步减小，减弱的程度与距离林带的远近有关，在林带附近形成特有的防护林小气候。这种现象产生的原因在于：大面积林网系统的存在提高了整个区域地面的平均粗糙度，从而使该区域近地面的平均风速廓线发生变化；地表粗糙度的变化使得风速的高度分布上限提高，造成空气抬升。飞行试验发现，在林网化地区上方，迎风面 0.5～1.5km（约 25*H*～75*H*）处即发生了空气的抬升情况；当飞行高度在 100m 时，飞机每经过一条林带都会检测到明显的空气抬升；当飞行高在 200m 以上时，这种影响变得缓和（曹新孙，1983）。

通过改变区域风的行为，农田防护林还对区域其他气象因素产生调节作用。张祥明等（2000）通过对比 1994～1998 年安徽省砂姜黑土区有无农田防护林体系的观测数据，确定了农田防护林体系可降低区域风速 35%～40%，耕作层土壤储水量增加 7.4%，空气相对湿度提高 6.3%，且具有冬保温、夏降温、克服干热风危害的综合生态功能。刘发明和赵登耀（1997）通过收集张掖市 25 年（1971～1995 年）来农田防护林区域性气候资料，采用灰色关联度分析方法分析发现，农田防护林对地面风状况有显著影响作用，可减少大风日数、沙尘暴日数和降低平均风速。

10.2.1.2 农田防护林对土壤的改良效应

农田防护林能够有效降低区域地表风速，通过改善农田小气候，对土壤的水、热条件有相应的调节作用，并能减少土壤机械组成中细土粒的吹蚀，从而起到防止土壤侵蚀的作用。农田防护林网可通过降低风速和降低大风频率，显著减少土壤风蚀；相对于未建设林网的区域，有林网区域土壤风蚀量减少了 75%～81%（曹新孙，1983）。肖巍（2020）的观测结果表明，樟子松和杨树农田防护林网内的土壤表层风蚀深度是未建设农田防护林区域的 54.4%和 70.5%。农田防护林通过调节林冠截留和地表径流，缓解降水和径流对土壤的冲刷和搬运，从而起到了防止水蚀、保持水土的作用。已有研究发现，10%～30%的降水被农田防护林的林冠截留（曹新孙，1983；孙立达和朱金兆，1995）；建立防护林体系后，可使坡面径流减少 60%左右（雷孝章等，2008）。农田防护林能够在距离林带 10 倍树高范围内，有效降低侵蚀沟的密度，从而起到防治土壤水蚀的作用（王文娟等，2017）。

树木根系的活动和地上树木枝叶枯落与分解，对土壤微生物的区系组成和活动产生积极影响；该影响与调节小气候效应共同发挥作用，使农田防护林具有改善土壤特性、肥力和结构的作用（曹新孙，1983）。例如，河北饶阳县官亭乡的沙荒地，通过营造防护林后逐渐改良为高产田。在农田防护林带背风面距离林带 20 倍树高范围内，土壤腐殖质、全氮、全磷的含量可达无防护林防护区域的 182.0%、178.4%和 145.4%（曹新孙，1983）。

10.2.1.3　农田防护林的生物效应

林带与农田交互形成相对稳定的生态环境，为动物、植物和微生物提供了生存空间和庇护所。林带内与林带外的光照、温度、湿度等差异较大，局地小气候为哺乳类动物和鸟类提供了藏身之处与食物来源。林带在高度均质人工化的农田景观内，起到了生态廊道的作用，使昆虫、两栖类、鸟类和哺乳类等动物能够沿着林带内部在景观中移动和扩散，促进了种群的延续和发展。农田防护林保障了农田区域的生物多样性，从而促进了景观内的物质交换和能量流动过程，并进一步提高了农田生态系统的稳定性。曹新孙（1983）发现，营造防护林后，农田区域内的益鸟种群数量增多，增加了对农林害虫的捕食，从而抑制了病虫害的发生。黄守科（2013）在河南省的农田林网调查中发现，与农田防护林有关系的鸟类达 51 种，其中 34%的鸟类在林带中筑巢，45%的鸟类在林中觅食，95%的鸟类在林带中休息、隐蔽，12%的鸟类在林带中过冬。食虫和杂食性鸟类占 92%，林带的存在也会增加小型动物及昆虫的种类和数量。

10.2.1.4　农田防护林的净化环境效应

农田防护林对环境的净化作用主要包括：树木的吸毒、滤尘、杀菌等净化大气功能，吸附滞留农药化肥等净化土壤、水体功能。

防护林对风速的降低和叶表面与枝干凹凸不平的结构能够起到滞留、吸附、过滤烟尘污染物的作用。树木在呼吸作用过程中，通过气孔进行气体交换，将空气中的有害气体吸入叶内，从而起到了净化大气的作用。一些植物能够释放出有杀菌功能的挥发油，降低空气含菌率，净化空气。对于常见的林带树种，杨树的粉尘阻拦率约为 12.8%，松树约为 2.34%。一条 36m 宽的针阔混交林带在距离林带 30 倍树高范围以内的降尘率可达 50%（曹新孙，1983）。

林带不仅可以防治大气污染，在减轻使用农药、化肥对环境产生的副作用方面也发挥一定作用。化肥和农药的流失是水体污染的来源，林带能够吸收一部分流失的化肥，并通过阻滞农药的流动延长其存在于农田区域内的时间，从而增加了农药的降解时间。施肥明显增大了农田土壤的 pH，但对农田防护林土壤的影响不大，说明林带在净化土壤残留化肥方面发挥了显著作用（王力和侯庆春，2000）。

10.2.2 农田防护林的粮食增产效应

农田防护林通过改变风的运行行为，改善农田小气候环境，保护农田土壤免受侵蚀和作物免受风害，进而提升作物水分、养分的利用效率，最终实现提高作物产量的目的（曹新孙，1983；Zhu，2008）。农田防护林对粮食产量的影响研究主要集中于林带尺度，本节基于林带尺度的农田防护林生态效应机理，从景观-区域尺度定量农田防护林对作物的增产效应（Zheng et al.，2016）。

10.2.2.1 区域尺度农田防护林的粮食增产评估方法

区域尺度农田防护林对作物增产效应的评估步骤如下：第一，基于遥感影像数据，提取农田防护林林龄和生长状态的空间分布，构建防护效应程度法量化区域尺度的防护效应程度并空间化（分辨率 1km×1km）。第二，根据农作物气候潜在生产力，将农田分为高、中、低潜力区，并获取区域尺度的实际作物产量。第三，上述三个图层（防护效应程度、作物实际产量图、气候生产潜力分区图）叠加，提取不同气候生产潜力区下，防护效应程度与作物实际产量一一对应的像元数据，并通过统计分析，建立防护效应程度与作物产量的关系。第四，根据防护效应程度与作物产量的关系，确定农田防护林对作物增产的贡献率。

1）农田防护林的防护效应程度量化

将整个评估农田区以 1km×1km 的分辨率进行规则网格分割，通过式（10-3）量化每个网格的防护效应程度：

$$PL=\frac{\sum_{i=1}^{m}A_i\times P_i}{1000000}\times 100\% \tag{10-3}$$

式中，PL 为防护效应程度（%）；A_i 为不同林龄农田防护林的有效防护区（考虑农田防护林结构变化对防护效应的影响，取平均值：一侧 20H）（m）；P_i 为不同林龄不同生长状况的防护程度系数；m 为每个网格（1km×1km）内农田防护林林带数量。

（1）不同林龄农田防护林的有效防护区（A_i）的确定。

以农田防护林为中心，以一侧 20H 为有效防护距离，利用 ArcGIS 软件做缓冲处理形成有效防护面积。树高是进行有效防护距离处理的关键，可通过地面调查以及参考文献获得。东北农田防护林主要树种为杨树，以加拿大杨、北京杨、小钻杨、小青杨、小叶杨等树种为主。农田防护林林龄小于 10 年的平均树高大约为 8m，林龄在 10～20 年的平均树高为 16m，林龄大于等于 20 年的平均树高为 17m。有效防护距离以 20 倍树高计，对于生长状况处于优等的农田防护林，计算得出：林龄小于 10 年的防护林有效防护距离为 160m（8m×20），林龄 10～20 年的防护林有效防护距离为 320m（16m×20），林龄大于等于 20 年的防护林有效防护距离为 340m（17m×20）。

（2）不同生长状况防护程度系数（P_i）的确定。

第一，提取了不同林龄在优、中、劣等级农田防护林的 NDVI 的平均值。

第二，利用 NDVI 对不同林龄的农田防护林进行优、中、劣分级，标准如下：优，NDVI≥NDVI 平均值+标准差/2；中，NDVI 平均值-标准差/2≤NDVI<NDVI 平均值+标准差/2；劣，NDVI<NDVI 平均值-标准差/2。

第三，对不同林龄、不同生长状况农田防护林进行赋值。对于林龄<10 年生长状况为优等的农田防护林，其有效防护程度系数为 100%；而对于中、劣等级的农田防护林，其有效防护程度系数则依据各自的 NDVI 占优等农田防护林 NDVI 的比例进行赋值，如东北地区林龄<10 年的中等农田防护林的防护程度系数为（0.316/0.599）×100%≈53%。对于林龄 10～20 年、20～30 年和≥30 年农田防护林，其赋值过程同林龄<10 年的农田防护林。

第四，获得东北区不同林龄、不同生长状况农田防护林有效防护程度系数。

2）区域尺度农田防护林的作物增产率确定

为了保证气候的相对一致性，以詹克斯自然断点法为基础，依据作物气候生产潜力将农田分为高、中、低潜力区。作物气候生产潜力依据作物生产力形成的机制，考虑光、温、水、土等自然生态因子，施肥、灌溉、耕作、育种等农业技术因子，从作物截光特征和光合作用入手，根据作物能量转化及粮食生产形成过程，逐步“衰减”来估算粮食生产潜力。估算过程中，每一个生产潜力层次只考虑一种主要的限制因子，并假定其他因子均处于理想状态，由式（10-4）计算获得。

$$\begin{aligned} Y_w &= Q \times f(Q) \times f(T) \times f(W) \\ &= Y_Q \times f(T) \times f(W) \end{aligned} \tag{10-4}$$

式中，Y_w为作物气候生产潜力（kg/hm^2）；Q 为作物生育期太阳总辐射（$MJ \cdot m^2$）；$f(Q)$为作物光合修正系数；$f(T)$为温度修正系数；$f(W)$为水分修正系数（何兴元等，2020）；Y_Q 为作物光合生产潜力（kg/hm^2）（郑海霞等，2003）。

为进一步消除农田防护林以外因素（气候、品种、地形等）对作物产量的影响，提取不同气候生产潜力区中防护效应程度与作物单产一一对应的像元值。对不同防护效应程度以及对应的作物单产进行平均化处理，标准如表 10-5。最后建立不同潜力区下防护效应程度与粮食产量的关系。

表 10-5　防护林效应程度的平均化处理

防护效应程度平均值/%	防护效应程度取值范围/%
0	0
10	5～15
20	15～25
30	25～35
40	35～45
50	45～55
60	55～65
70	65～75
80	75～85
90	85～95
100	95～100

农田防护林对作物（玉米）的增产率计算公式见式（10-5）。

$$GR = \left(W_1 - W_0\right) / W_0 \times 100\% \tag{10-5}$$

式中，GR 为增产率；W_1 为防护效应程度达到最佳防护时的作物（玉米）单产量（kg/hm^2）；W_0 为无防护效应程度（防护效应程度等于 0）时的作物（玉米）单产。

10.2.2.2 三北工程农田防护林的粮食增产结果

1）区域尺度防护效应程度与粮食产量关系

在高中潜力区，作物单产呈现出随着防护效应程度提高而增加的趋势，即从无防护林分布区到防护林初具规模区，玉米产量一直呈现上升趋势。由于高中潜力区风沙危害相对较小，农田防护林调节小气候的效果显著，如降低夏季温度、调节土壤湿度，从而使得农作物产量持续增加（曹新孙，1983）。当农田防护林防护效应程度达到一定水平时，林带已经达到防护成熟阶段，根系十分发达，与所防护区域的农作物争夺水肥和热量，导致林带两侧小范围内环境不利于作物生长，造成产量降低（“胁地”现象）。梁宝君（2007）观测结果表明，杨树林带平均胁地距离为 0.75H～1.15H，该范围内胁地造成的作物减产量大于由于农田防护林防护效应产生的作物增产量，因而，在区域尺度上，当防护效应程度达到一定程度后，产量反而下降［图 10-7（a）和（b）］。

在低潜力区，随着防护效应程度的增加，作物（玉米）单产一直处于上升趋势［图 10-7（c）］。低潜力区立地条件较差，风蚀等自然灾害相对严重，同时土壤湿度成为作物生长的限制性因素。因此随着防护效应程度的增加，风速降低、风蚀减弱，土壤湿度有所调节，使得玉米等作物的生长环境相对较好，因此，增产效果较好，中潜力区更明显（黄守科，2013）。

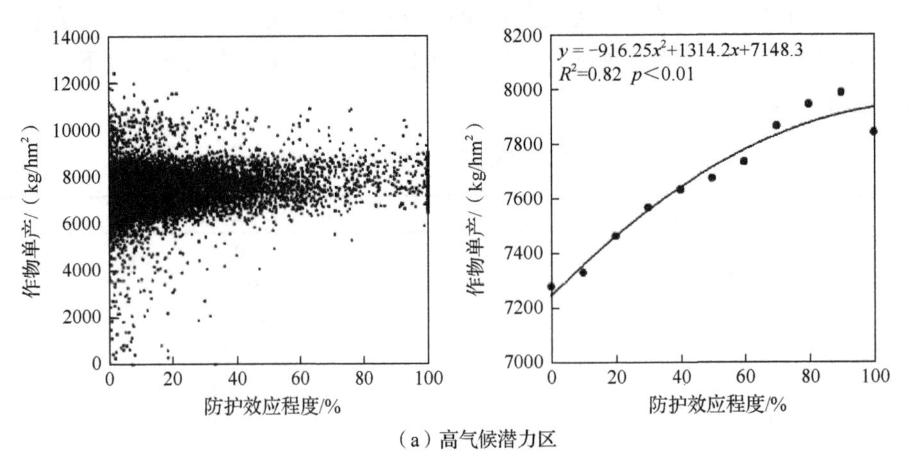

（a）高气候潜力区

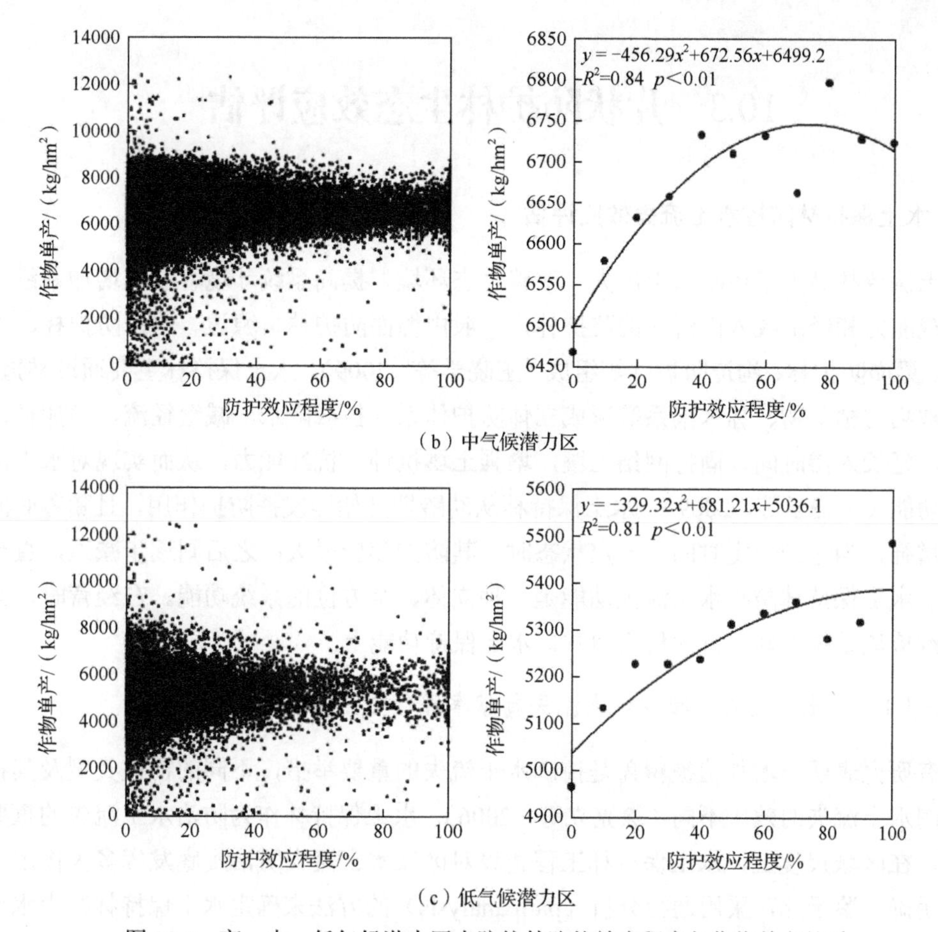

图 10-7　高、中、低气候潜力区中防护林防护效应程度与作物单产关系

2）三北工程农田防护林的增产效应

1978～2020 年，随着防护效应程度的增加，粮食的增产率随之增加。按照防护效应程度与作物单产的关系，结合各期防护效应程度、农田面积和粮食单产量，获得 1978～2020 年农田防护林对粮食的累计增产量，共计 4.38×10^8 t（图 10-8），平均年增产量 1.02×10^7 t（按照玉米作物进行折算），43 年工程建设对三北工程区粮食年均增产率的贡献率不到 2%。此外，自 2010 年后防护效应程度迅速下降，年增产量减少。

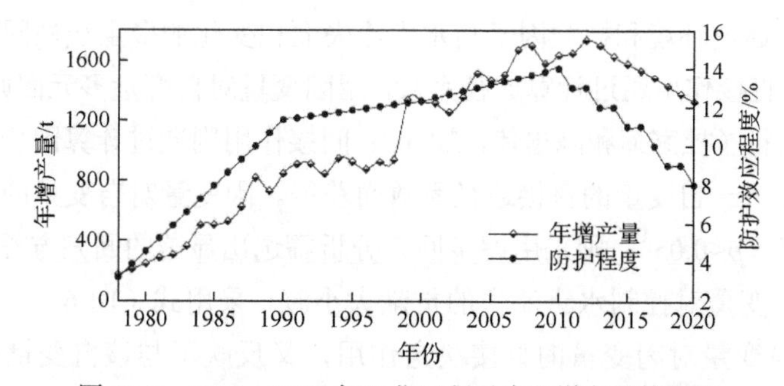

图 10-8　1978～2020 年三北工程对农田增产量的影响

10.3　片状防护林生态效应评估

10.3.1　水土保持林防控水土流失效应评估

水土保持林是为了控制水土流失、改善生态环境、提高系统环境容量、增加系统单位面积承载能力和经济收入而营建的防护林，一般由塬面防护林、塬边、沟边防护林、坡面防护林、梁峁防护林、沟道防护林等组成（王晓学等，2009）。水土保持林主要通过林冠层、林下地被物与枯落物、林木根系等形成立体防护体系，拦截降水，减缓径流，增加径流入渗机会，延长入渗时间，固持网结土壤，增强土壤抗蚀、抗冲能力，从而实现对水土流失的防护功能（王晓学等，2009）。水土保持林从幼龄期开始即发挥防护作用，且随着时间的增长而增强，当达到一定时间、一定状态时，其防护效应最大；之后则逐步减退，直至林木死亡。水土保持林防止水土流失功能是一种立体、全方位的系统功能。在经营时，其重心放在维持该系统长期、持续稳定地发挥水土保持功能上。

10.3.1.1　水土保持林对减少水土流失贡献率评估方法

已有研究表明，增加植被覆盖是控制水土流失的重要举措，不同的植被类型及其搭配组合控制水土流失的效应不同（徐宪立等，2006）。水土保持林作为防治水土流失的重要植被类型，在区域尺度上，水土保持林工程建设对区域水土流失防治到底发挥多大作用，目前尚不明确。鉴于此，采用通径分析（path analysis）的方法来确定水土保持林减少水土流失的贡献率。通径分析可用于分析多个自变量与因变量之间的线性关系，是回归分析的拓展，可以处理较为复杂的变量关系。在复杂条件下，当自变量数目比较多，且自变量间相互关系比较复杂，或者某些自变量是通过其他的自变量间接地对因变量产生影响，通径分析具有较好的效果（蒋定生等，1992）。另外，通径分析将简单相关系数分解为直接通径系数和间接通径系数，透过相关的表面现象，深入研究自变量与因变量之间的关系，从而为统计决策提供可靠的依据。具体计算过程如下。

首先计算自变量与因变量的相关关系，然后进行逐步回归，获得通径方程。直接作用和间接作用结果，通过环境和植被因子与水土流失面积变化的多重线性回归分析和简单相关系数计算获得。直接作用通过计算通径系数，用因变量对自变量多元回归的偏回归系数，进行标准化处理表征（杜家菊和陈志伟，2010）；间接作用则通过计算因变量和自变量间的相关系数，并乘以另一自变量的直接通径系数而获得。因变量对自变量的多元回归方程如果没有统计学意义（$p<0.05$），则采用逐步回归分析筛选出显著的回归方程。在分析气象因素和植被因素等自变量对控制水土流失的贡献大小时，采用式（10-6）计算贡献率（D^2）。贡献率既反映了自变量对因变量的直接决定作用，又反映了与该自变量有关的间接作用的总和（袁志发和周静芋，2000）。在逐步回归方程建立之后，根据回归方程的偏相关系

数的显著水平和通径系数的大小，推断各个自变量对因变量的贡献率（杜家菊和陈志伟，2010）。

$$D^2 = D_i^2 + 2 \times \sum r_{ij} D_{iy} D_{jy} \tag{10-6}$$

式中，D^2 为自变量对因变量直接作用的平方（决策系数，即贡献率）；D_i 为自变量对因变量的直接作用；r_{ij} 为两个自变量间的相关系数；D_{iy}、D_{jy} 分别为自变量对因变量的间接作用。

10.3.1.2　三北工程水土保持林对减少水土流失的贡献

基于长时间序列遥感数据和观测数据，运用修正的通用水土流失模型（RUSLE），对三北工程区的水土流失进行量化，获得 1978～2020 年不同程度水土流失的动态变化。三北工程建设区内的水土流失面积逐渐减少，侵蚀强度减弱，水土流失得到有效控制。三北地区水土流失的土地面积（不分等级），由 1978 年的 6716.27 万 hm^2 下降到 2020 年的 2199.75 万 hm^2，水土流失面积相对减少了 67.25%。按侵蚀级别（参考中华人民共和国水利部发布的《土壤侵蚀分类分级标准》（SL 190—2007），我们将水土流失分为：轻度、中度、强度、极强度和剧烈）：剧烈水土流失面积减少了 88.12%（面积由 1978 年的 102.49 万 hm^2 减少到 2020 年的 12.18 万 hm^2），极强度水土流失面积减少了 93.82%（面积由 1978 年的 524.07 万 hm^2 减少到 2020 年的 32.41 万 hm^2），强度水土流失面积减少了 95.85%（面积由 1978 年的 1102.69 万 hm^2 减少到 2020 年的 45.79 万 hm^2），中度水土流失面积减少了 92.61%（面积由 1978 年的 1693.28 万 hm^2 减少到 2020 年的 125.09 万 hm^2），轻度水土流失面积减少了 39.76%（面积由 1978 年的 3293.74 万 hm^2 减少到 2020 年的 1984.28 万 hm^2）（表 10-6、图 10-9）。

表 10-6　1978～2020 年三北防护林建设区水土流失面积动态变化（单位：万 hm^2）

时间	轻度	中度	强度	极强度	剧烈	合计
1978 年	3293.74	1693.28	1102.69	524.07	102.49	6716.27
1990 年	3383.16	1358.47	782.82	350.24	44.22	5918.91
2000 年	2960.87	1413.35	682.32	317.85	165.97	5540.36
2010 年	2503.82	1123.73	552.93	89.94	1.40	4271.82
2020 年	1984.28	125.09	45.79	32.41	12.18	2199.75
1978～2020 年减少率	39.76%	92.61%	95.85%	93.82%	88.12%	67.25%

注：参考中华人民共和国水利部发布的《土壤侵蚀分类分级标准》（SL 190—2007）（中华人民共和国水利部，2008）对三北工程水蚀强度进行分级。

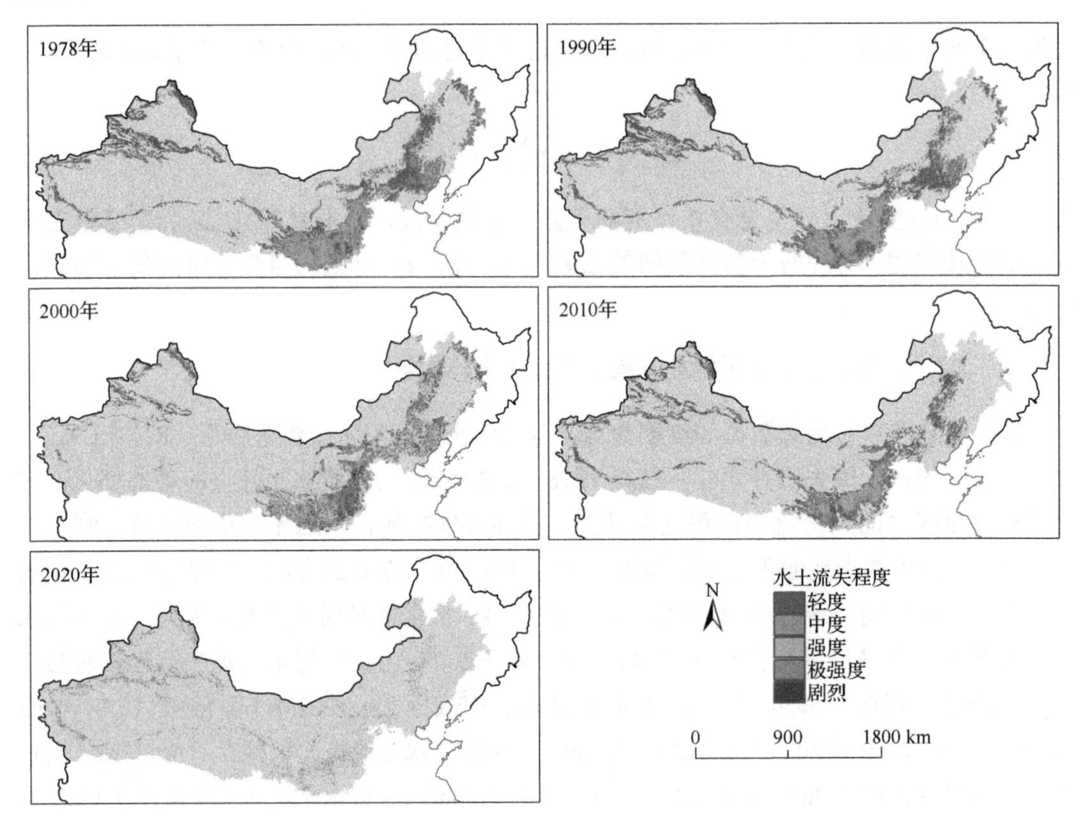

图 10-9 三北工程区水土流失的空间分布与年际变化（1978～2020 年）（见书后彩图）

利用遥感影像，获取了水土流失区水土保持林面积变化。水土保持林在 1978 年为 1724.50 万 hm^2、1990 年为 2003.86 万 hm^2、2000 年为 2064.73 万 hm^2、2010 年为 2856.64 万 hm^2、2020 年为 2918.45 万 hm^2。1978～2020 年，水土保持林面积增加了 1193.95 万 hm^2，增加了 69.23%。在不同林型中，灌木林增长最多，增加了 905.86 万 hm^2，增长了 1.74 倍；其次，阔叶林增长了 184.09 万 hm^2，增长了 24.48%；针阔混交林增长最少，增长了 41.27 万 hm^2（表 10-7）。

表 10-7 1978～2020 年水土保持林动态变化（单位：万 hm^2）

时间	针叶林	阔叶林	针阔混交林	灌木	总面积
1978 年	291.08	751.88	161.79	519.76	1724.50
1990 年	336.75	824.32	189.22	653.57	2003.86
2000 年	343.16	883.62	177.72	660.23	2064.73
2010 年	409.45	1046.01	206.22	1194.96	2856.64
2020 年	353.82	935.97	203.05	1425.61	2918.45
1978～2020 年增量	62.74	184.09	41.27	905.86	1193.95

注：水土保持林定义为位于水土流失区域森林的统称。

将水土保持林与水土流失时空动态相叠加，采用通径分析发现：针叶林、阔叶林、针阔混交林和灌木数量（面积）变化对水土流失面积变化的直接作用显著，其通径系数分别为 0.17、0.29、0.16、0.16，对水土流失面积变化的贡献率分别为 10%、21%、12%、18%。三北工程中针叶林、阔叶林、针阔混交林和灌木对水土流失面积的减少起到显著直接作用，工程贡献率总和为 61%，以阔叶林数量变化贡献率最大。

10.3.2　固沙林沙漠化防治效应评估

防风固沙林是以降低风速、固定流沙、改良土壤等作用为主的防护林，多建设于风沙灾害严重的地区，是重要的防护林林种。风是空气流动的结果，当风速大于 5m/s 时就会发生吹蚀土壤、产生风沙、毁坏农田、形成流动沙丘等灾害。防风固沙林的建立增加了地面粗糙度，从而改变风的行为，降低风速，改变流场和流态，减少风沙流的挟沙量，降低了输沙率，达到防风固沙的作用（姜凤岐和朱教君，1993b；周心澄等，1995）。沙漠化是指在干旱、半干旱及部分半湿润地区，由于与资源环境不相协调的过度人为活动，引发的一种以风沙活动为主要标志的土地退化过程（朱震达等，1980；Kassas，1995）。在沙漠化防治过程中，防护林的防风固沙功能尤其受到重视。针对我国北方地区严重的风沙干旱问题，国家启动了包括三北工程在内的多项生态工程建设（朱教君，2013），而明确沙漠化过程及其驱动力是沙漠化防治的前提（王涛等，2004）。因此，本节通过评估三北工程区内的沙漠化动态变化及驱动力，明确防风固沙林在沙漠化防治中的贡献。

10.3.2.1　防风固沙林的防治沙漠化效应评估

地理探测器法是一种为探索景观空间格局及其影响因素之间关系的主要方法，基本原理是利用空间分层异质性方差分析统计（王劲峰和徐成东，2017）。主要思路为：如果某个自变量对某个因变量有重要影响，那么自变量和因变量的空间分布应该具有相似性。假设研究区分为若干子区域，如果子区域的方差之和小于区域总方差，则存在空间分异性；如果两变量的空间分布趋于一致，则两者存在统计关联性。地理探测器的检测结果（PD 值），可用以度量空间分异性、探测解释因子、分析变量之间交互关系，即自变量在没有线性假设的条件下，客观地探测出自变量能够解释因变量的百分比。该方法无须线性假设、不要求变量之间存在相关关系，并且适用于同时对不同类型变量（如连续变量、类型变量等）进行分析。采用地理探测器法分析防护林体系对沙漠化防治作用，具体步骤如下。

（1）数据的收集与离散化整理。

数据包括自变量 $X_1, X_2, \cdots, X_n$，因变量 Y。当自变量为连续变量等数值类型数据时，需要通过离散化处理转化为类型变量；离散化的方法主要基于等分、分类算法和专家知识等确定。对于空间变量，应先以适当的空间取样粒径对自变量与因变量进行空间上一一对应的采样，再依据各个变量的实际意义和特征进行离散化。最终得到样本（$X_1, X_2, \cdots, X_n, Y$）。

（2）贡献率分析。

将样本（$X_1, X_2, \cdots, X_n, Y$）输入地理探测器软件并运行，获得各个自变量 $X_1, X_2, \cdots, X_n$ 对因变量 Y 的解释力，以及各个自变量的解释力是否显著。以沙漠化驱动力因素为自变量，以 1978 年与 2020 年沙漠化各个等级的面积变化为因变量。沙漠化驱动力因素包括同时期内的 2 个气候变化因子——年降水量变化趋势（mm/a）、年平均气温变化趋势（℃/a），2 个人类活动因子——GDP 变化速度（万元/a）、人口变化速度（人/a），3 个植被因子——乔木林未变化面积（hm^2）与变化面积（hm^2）、灌木林未变化面积（hm^2）与变化面积（hm^2）、草地未变化面积（hm^2）与变化面积（hm^2）。将以上各要素以 10km×10km 为取样网格面积进行空间采样，得到一一对应的样本；然后利用地理探测器进行计算，得到因子对沙漠化变化的贡献率，并检验贡献率的统计显著性。

10.3.2.2　三北工程中防风固沙林对沙漠化防治的贡献

1）三北工程区沙漠化变化动态

据遥感监测与地面调查相结合的方法，获取 1978～2020 年三北工程区沙漠化变化动态。2020 年沙漠化土地面积总计 3503.78 万 hm^2。其中，轻度沙漠化面积为 1257.48 万 hm^2，占沙漠化总面积的 35.89%；中度沙漠化面积为 822.46 万 hm^2，占 23.47%；重度沙漠化面积为 663.69 万 hm^2，占 18.94%；极重度沙漠化面积为 760.18 万 hm^2，占 21.70%（表 10-8，图 10-10）。

1978～2000 年，沙漠化面积变化呈现增加趋势，2000 年后开始减少。1978～2000 年增加 650.20 万 hm^2，而 2000～2020 年沙漠化面积减少了 252.31 万 hm^2（表 10-8，图 10-10）。

三北地区沙漠化程度变化与面积一致，1978～2000 年沙漠化程度呈现逐步增强的趋势，其中，极重度、重度、中度和轻度沙漠化分别增加了 21.80%（面积由 962.92 万 hm^2 增加到 1172.79 万 hm^2）、31.84%（面积由 583.39 万 hm^2 增加到 769.17 万 hm^2）、15.82%（面积由 665.46 万 hm^2 增加到 770.74 万 hm^2）和 16.69%（面积由 894.11 万 hm^2 增加到 1043.37 万 hm^2）。2000 年以后，沙漠化程度呈逐步减轻的态势，极重度沙漠化减少了 412.61 万 hm^2，相对减少了 35.18%；重度沙漠化减少了 105.48 万 hm^2，相对减少了 13.71%。中度沙漠化和轻度沙漠化分别增加了 51.72 万 hm^2 和 214.11 万 hm^2，主要是因为极重度、重度沙漠化转为轻度、中度沙漠化所致（表 10-8，图 10-10）。

表 10-8　1978～2020 年三北防护林建设区沙漠化面积动态变化（单位：万 hm^2）

年份	轻度沙漠化	中度沙漠化	重度沙漠化	极重度沙漠化	合计
1978	894.11	665.46	583.39	962.92	3105.89
1990	858.13	749.16	746.07	1077.71	3431.08
2000	1043.37	770.74	769.17	1172.79	3756.09
2010	1240.30	812.06	760.97	825.50	3638.83
2020	1257.48	822.46	663.69	760.18	3503.78

注：因数值的四舍五入，“合计”列数值可能与前面数值加和不完全相等。

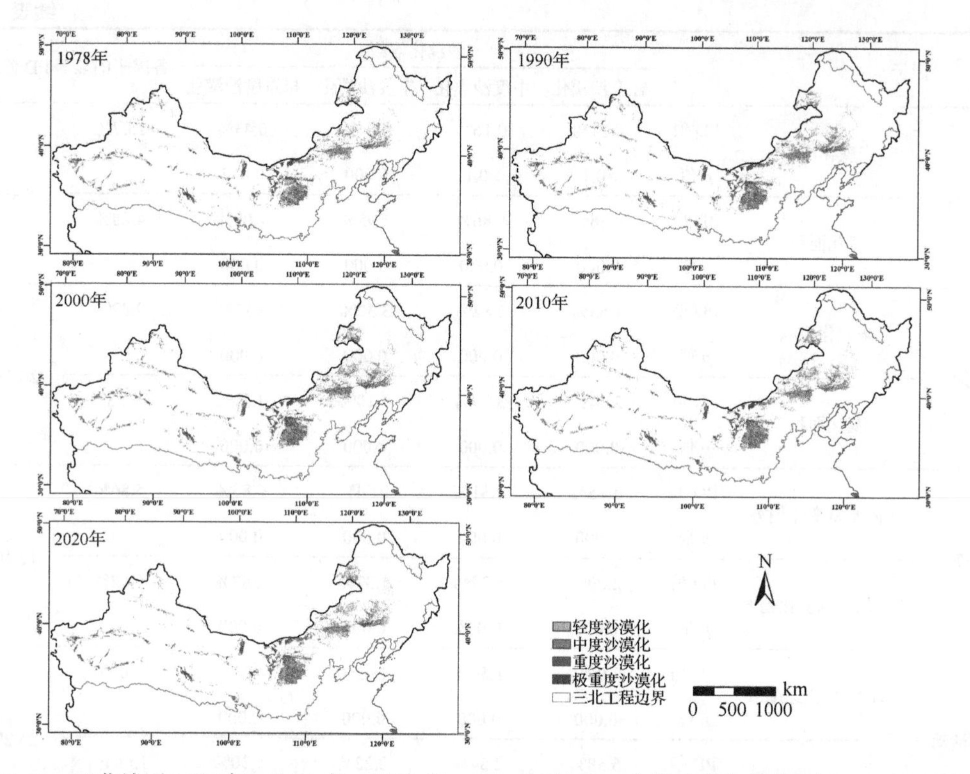

图 10-10　三北地区 1978 年、1990 年、2000 年、2010 年和 2020 年沙漠化空间分布图（见书后彩图）

2）防风固沙林的防治沙漠化效应评价结果

1978～2020 年，气候变化因子、人类活动因子和植被因子分别解释了沙漠化动态的 12.48%、25.29%、38.43%，合计 76.20%（表 10-9）。植被因子是影响沙漠化动态程度最大的因子，其次是人类活动因子，气候变化因子影响最小。

在植被因子中，草地解释了沙漠化动态变化的 26.35%，而以乔木林和灌木林组成的固沙林解释了沙漠化动态变化的 12.08%。其中，三北工程之前（1978 年之前）就存在、至 2020 年一直未发生变化的乔木林和灌木林，对沙漠化治理贡献率为 2.24%，三北工程建设的乔木和灌木固沙林（新建设固沙林）对沙漠化治理贡献率为 9.84%（表 10-9）。

表 10-9　1978～2020 年三北地区植被因子、气候变化因子和人类活动因子对各沙漠化等级面积变化的地理探测器的检测结果（PD 值）

因子			沙漠化等级				各因子的显著PD值之和	
			轻度沙漠化	中度沙漠化	重度沙漠化	极重度沙漠化		
乔木林	未变化面积	PD 值	0.76%	0.15%	0.04%	0.41%	1.17%	6.73%
		p 值	0.000	>0.1	>0.1	0.038		
	变化面积	PD 值	2.32%	1.13%	0.51%	1.59%	5.56%	
		p 值	0.000	0.000	0.000	0.000		

续表

因子			沙漠化等级				各因子的显著PD值之和	
			轻度沙漠化	中度沙漠化	重度沙漠化	极重度沙漠化		
灌木林	未变化面积	PD 值	0.21%	0.16%	0.64%	0.43%	1.07%	5.35%
		p 值	>0.1	>0.1	0.000	0.012		
	变化面积	PD 值	0.38%	0.86%	1.95%	1.09%	4.28%	
		p 值	0.000	0.000	0.000	0.000		
草地	未变化面积	PD 值	1.53%	2.82%	3.30%	2.17%	9.82%	26.35%
		p 值	0.000	0.000	0.000	0.000		
	变化面积	PD 值	2.54%	3.59%	7.10%	3.29%	16.53%	
		p 值	0.000	0.000	0.000	0.000		
气候变化	年降水量变化趋势	PD 值	3.15%	1.31%	0.54%	0.85%	5.86%	12.48%
		p 值	0.000	0.000	0.000	0.000		
	年平均气温变化趋势	PD 值	2.09%	1.27%	1.37%	1.89%	6.62%	
		p 值	0.000	0.000	0.000	0.000		
人类活动	GDP 变化速度	PD 值	2.08%	1.54%	1.43%	4.61%	9.65%	25.29%
		p 值	0.000	0.000	0.000	0.000		
	人口变化速度	PD 值	5.58%	2.54%	2.22%	5.30%	15.64%	
		p 值	0.000	0.000	0.000	0.000		
各要素的显著性 PD 值之和			19.98%	14.79%	17.05%	20.65%	76.20%	

10.3.3　水源涵养林涵养水源效应评估

水源涵养林多分布在大江大河源头、干流、一级支流及生态环境脆弱的二级支流周围，以天然林为主，它是我国天然林资源保护工程的核心区，为下游平原的农区和城市提供工农业及生活用水，因此，定量评估水源涵养林的涵养水源效应对该林种的经营具有重要意义。

10.3.3.1　水源涵养林对涵养水源效应贡献率分析

采用基于水量平衡法的 InVEST 产水量模块评估涵养水源量。防护林建设对涵养水源效应的贡献分析与防治沙漠化效应评价一致，亦采用地理探测器法。产水量变化用以表征涵养水源量，影响因素有水源涵养林要素（面积和净初级生产力）、自然要素（降水量和蒸散量、高程和坡度等）、人类活动（农业活动强度和人口数量）等。

10.3.3.2　东北天然林资源保护工程区森林涵养水源效应评估

1）森林涵养水源动态

东北天然林资源保护工程（1998 年开始实施）区内，是松花江、图们江、鸭绿江、辽河等主要河流的发源地，淡水资源丰富，该区水源涵养林肩负着重要的水资源供给服务功能。东北地区也是我国重要的商品粮生产基地，随着近年来区域农业的快速发展，东北地区面临着巨大的水资源压力（何兴元等，2020）。东北天然林资源保护工程区工程实施前后（1990 年、2000 年和 2015 年）产水量的变化趋势结果显示，1990 年、2000 年和 2015 年产水量分别为 377.62 亿 t、309.05 亿 t 和 502.33 亿 t，呈先减后增的趋势；三期产水能力分别为 8.14 万 t/km^2、6.66 万 t/km^2 和 10.82 万 t/km^2，也呈先减后增趋势（何兴元等，2020）。

从东北地区主要山系来看，长白山地区 1990 年、2000 年和 2015 年产水总量分别为 128.51 亿 t、178.9 亿 t 和 206.08 亿 t，小兴安岭地区 1990 年、2000 年和 2015 年产水总量分别为 84.38 亿 t、52.55 亿 t 和 128.55 亿 t，大兴安岭地区 1990 年、2000 年和 2015 年产水总量分别为 164.49 亿 t、77.51 亿 t 和 167.52 亿 t，三大山系变化趋势基本一致（图 10-11）（何兴元等，2020）。

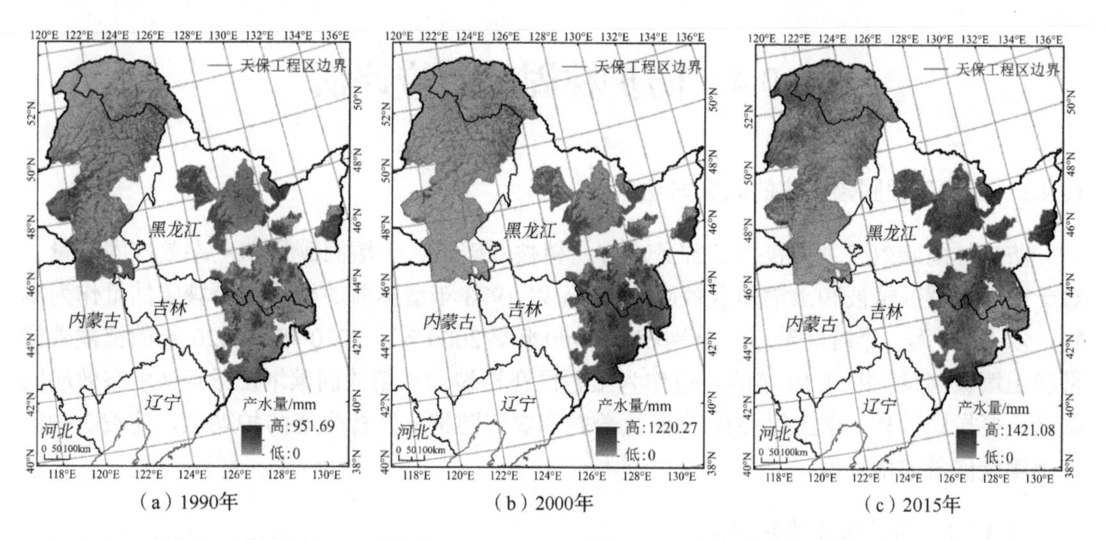

图 10-11　东北天然林资源保护工程区 1990 年、2000 年和 2015 年产水量分布图（何兴元等，2020）（见书后彩图）

2）水源涵养林对涵养水源功能变化的作用

基于因子探测分析，水源涵养林（面积和净初级生产力）、自然要素（降水量和蒸散量、高程和坡度等）、人类活动（农业活动强度和人口数量）对区域水源涵养量变化的影响结果：自然要素是东北森林带水源涵养量的主要影响因素（图 10-12），其中，降水量对水源涵养量空间异质性的解释度为 45.2%，蒸散量的解释度为 28.6%，高程和坡度的解释度分别为 7.1%和 8.9%；水源涵养林的面积和净初级生产力对水源涵养量均具有较大影响，其解释度分别为 38.9%和 40.1%；在人类活动的各因素中，土地利用类型解释水源涵养量空间异质性的 44.7%，农业活动强度和人口数量分别解释水源涵养量空间异质性的 14.1%和 1.1%（图 10-12）（何兴元等，2020）。

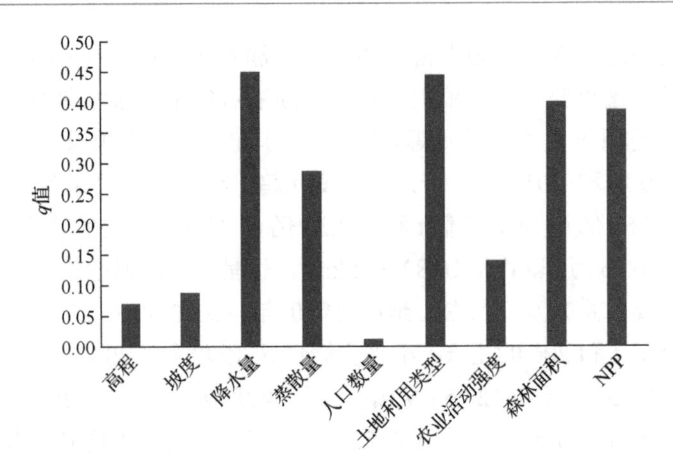

图 10-12 东北森林带水源涵养量的驱动因素探测分析（何兴元等，2020）

10.4 防护林固碳效应评估

10.4.1 三北工程固碳效应的研究方法

防护林固碳效应主要包括三部分内容：植被固碳量、土壤固碳量和生态效应固碳量。对于三北工程区植被和土壤固碳效应的计算，以 1978 年造林前的植被和土壤碳储量作为本底，以 10 年为一个时间节点，分别获取 1990 年、2000 年、2010 年、2020 年的植被碳储量和土壤碳储量，将每 10 年的差值作为工程区在植被和土壤的固碳增汇效应。生态效应固碳量主要指固沙林、水土保持林/水源涵养林和农田防护林发挥生态防护功能，使被防护区内土壤碳储量的增加值。

10.4.1.1 植被碳库确定方法

植被碳库包括地上植被碳库与地下根系碳库。根据防护目的不同，三北工程防护林包括固沙林、水土保持林/水源涵养林和农田防护林。对于固沙林和水土保持林/水源涵养林的固碳效应，基于生物量转换因子法，通过建立生物量与木材蓄积量之间的换算关系（生物量换算因子），采用碳库差值法，对固定样地中植物生物量和碳库进行长时间间隔的重复测定，以两次调查的间隔时间和碳库差值计算植被碳汇变化。

农田防护林由于呈现带状的特点，且林带内不同行间树木个体生长分化严重，边行树木胸径生长和树高生长显著高于内行树木，形成“边行优势效应”。在区域尺度，根据数据可获取程度，农田防护林的植被碳库采用 Logistic 生长方程的植物生长过程模型来拟合生物量密度，见式（10-7）。

$$B=\frac{w}{1+k\mathrm{e}^{-at}} \tag{10-7}$$

式中，B 为生物量密度；t 为林龄；w、k、a 为常数。由于三北工程区内农田防护林 95%以上为杨树，因此，农田防护林植被碳库估算采用杨树树种对应的参数，即 $w = 70.76$、$k = 1.4920$、$a = 0.1434$（徐冰等，2010），建立的生物量密度模型的 $R^2 = 0.934$。其中，农田防护林的林龄利用影像叠加法获得，农田防护林的植被碳库等于生物量密度乘以不同林龄对应的面积。

10.4.1.2　土壤碳库确定方法

1）水土保持林/水源涵养林和固沙林的土壤碳储量

首先，利用第二次全国土壤普查数据作为基础资料（1982 年完成），估算 1978 年造林前三北工程本底土壤固碳量。其次，根据三北工程在 1990 年、2000 年、2010 年和 2020 年的植被变化情况，通过造林前的土壤碳储量本底值与造林后的现实值之差（固碳效应），评估片状和带状防护林土壤碳储量的动态变化。数据来源于第二次全国土壤普查的成果、三北地区土壤碳的相关参考文献形成的数据库及森林面积变化。

三北工程建设前，土壤碳储量本底主要来自于第二次全国土壤普查的成果，包括《中国土种志》(1～6 卷)、《中国土壤》和区域性的土壤普查资料（全国土壤普查办公室，1993，1998）。该数据库主要包括以下内容：每个剖面的土壤类型、地理位置、土层划分、土层厚度、有机质含量、容重、>2mm 的石砾含量。由于没有 1978 年三北工程启动时工程建设区内的土壤碳储量数据，以 1982 年三北工程建设区内土壤碳储量作为本底值。1982 年分布于三北工程建设区内的土壤剖面采样点共 717 个，其中，分布在防护林地（乔木林、灌木林）区内共计 273 个土壤剖面（1978 年三北防护林造林前土壤碳本底数据库），采用国际通用的 1m 深度标准估算三北工程建设区内的土壤有机碳密度。

防护林分布图（乔木、灌木）与《1∶100 万中华人民共和国土壤图》叠加，获得三北工程的土壤碳本底数据库——共计 273 个土壤剖面，隶属于 273 个土种。计算 273 个土种约 1m 深度处的土壤有机碳密度，并利用 GIS 地统计模块，对 273 个样地数据进行统计分析、变异函数计算、理论变异函数的最优拟合及检验。在此基础上，通过克里金插值，实现整个三北工程建设区内土壤碳密度本底的估算。以 1∶100 万土壤数据库中获得的土壤面积为权重，求得各土类有机碳密度；最后，将土类面积分别乘以相应土类的有机碳密度，求得整个三北工程建设区的有机碳储量（本底值）。

三北工程建设后土壤碳储量现状采用不同时期（1990 年、2000 年、2010 年和 2020 年）土壤有机碳储量估算，以造林前土壤碳储量为本底（1978 年），以不同时期（1990 年、2000 年、2010 年和 2020 年）植被类型（针叶林、阔叶林和灌木林）、林龄及不同林龄树种对应的林地面积增量为变量，估算三北工程建设区片状林土壤碳储量现状。通过荟萃分析确定林龄、树种对防护林内土壤碳储量的影响，以“土壤有机质”“土壤碳”“造林”等为关键词，从中国知网学术总库、Elsevier、Springer、ISI Web of Knowledge 等数据库中搜集 2016～2018 年发表在中英文文献中的样地调查数据，并对文献进行筛选，提取试验站点位置、造林前土地利用方式、土壤类型、树种、林龄、试验时间以及土壤有机碳数据，建立三北工程建设区土壤有机碳数据库。从选取的 540 篇文献中提取 340 个不同点的土壤有机碳数据，筛选的数据与第二次全国土壤普查 273 个点的取样位置相邻，荟萃分析所需的有机碳密度数据，可通过 Engauge Digitizer 4.1 软件对所需数据进行转化、提取。将原始数据中土壤有机质（soil organic matter，SOM）数据乘以有机碳转换系数（0.58），全部转化为土壤可溶性有机碳（soluble organic carbon，SOC）数据。

在不考虑树种条件下，与对照样地相比，0～10 年、10～20 年、≥20 年林龄的人工林土壤有机碳密度相对量，分别为-3.2%（减少）、22.9%（增加）和 24.7%（增加），即三北工程建设区内的人工林随着林龄的增加，土壤有机碳密度增加，在造林的最初 10 年土壤有机碳密度略有减少。随着林龄的增加，土壤有机碳密度相对量显著增加（相对量>20%时基本达到稳定）。根据不同林龄土壤有机碳的变化值，将 1978 年存在的防护林数量与 1990 年的数量影像叠加进行比较，确定新营造的防护林面积。根据遥感影像分辨率，1978 年时已经存在的防护林到 1990 年时，其树龄应该大于等于 12 年。因此，在估算 1990 年防护林林地土壤固碳量时，应分别考虑新增加的防护林部分和 1978 年已存在的防护林林地。同样，依此类推，将 1990 年存在的防护林数量与 2000 年进行比较，2000 年存在的防护林数量与 2010 年进行比较，2010 年存在的防护林数量与 2020 年进行比较，确定新增加防护林和已有防护林的林龄和面积。

2）农田防护林的土壤碳储量

农田防护林生态系统碳库缺乏对土壤碳库长期的定点观测，导致农田防护林土壤碳库的源汇特征不清。采用第二次全国土壤普查数据（全国土壤普查办公室，1993，1998）和地面实际调查数据。土壤普查数据中采用三北地区 100cm 土层深度的有机碳密度；另外，在 2012～2013 年，通过对东北区内吉林省德惠市、农安县和辽宁省昌图县的农田防护林取样，对不同林龄（0～10 年、10～20 年和≥20 年）防护林内 100cm 土层深度土壤有机碳进行了实际测定。

不同林龄的林带土壤有机碳密度调查结果表明，随着林龄的增加，土壤有机碳密度逐渐增加，0～10 年和 10～20 年林带的土壤有机碳密度差异显著（相差 6.35kg/m^2），10～20 年和≥20 年林带的土壤有机碳密度差异不显著（表 10-10）。

表 10-10　农田防护林不同林龄土壤有机碳密度调查值

林龄/a	土壤有机碳密度/（kg/m^2）
0～10	12.75[a]
10～20	19.10[b]
≥20	19.25[b]

注：表中不同小写字母表示在 $p<0.05$ 水平的差异性显著。

10.4.1.3　三北工程生态效应固碳量估算方法

水土保持林/水源涵养林通过植被覆盖有效地减少水土和养分的流失，从而增加土壤固碳量。因此，在估算三北工程固碳增汇效应时，考虑水土保持林/水源涵养林遏制土壤侵蚀发生、保护土壤所增加的固碳量。农田防护林通过林带边行优势效应使得土壤固碳量增加，即林带影响范围内的土壤有机碳增加。因此，三北工程的固碳增汇效应估算时应考虑农田防护林的边缘效应使农田土壤增加的固碳量。而对于防风固沙林，由于该林种所防治的沙地有机碳含量较低，且防风固沙林影响的范围有限，因此，其生态效应所带来的固碳量可忽略。

1）水土保持林/水源涵养林生态效应固碳量

根据计算得到 1978～2020 年三北地区东北区、华北区、蒙新区和黄土高原区的水土流失面积，以及 1978～2020 年减少的水土流失面积。由于水土流失主要集中在土壤表层，因此，在计算水土保持林/水源涵养林生态效应的固碳增汇效应时，对于水土保持林/水源涵养林所保持土壤的固碳量的计算采用第二次全国土壤普查数据中 20cm 土层深度土壤有机碳密度。根据水土的平均流失厚度计算东北区、华北区、蒙新区和黄土高原区各级别水土流失的土壤有机碳密度；1978～2020 年，东北区、华北区、蒙新区和黄土高原区减少的水土流失面积与各区各级别水土流失平均土壤有机碳密度的乘积，即为生态效应固碳量。由于水土保持林/水源涵养林在防治水土流失中的贡献率并不是 100%，因此，水土保持林/水源涵养林的生态效应固碳量应乘以其贡献率系数，即得到水土保持林/水源涵养林在 1978～2020 年对不同强度水土流失面积减少的贡献率。

2）农田防护林防护效应固碳估算方法

通过地面调查确定不同林龄（10 年、20 年和 30 年）农田防护林对土壤有机碳的影响范围，在距林带不同距离［0.5*H*、1*H*、2*H*（*H* 为林带高度）以及农田中心］分别采样。农田防护林生态效应固碳被定义为，由于林带的防护效应，与农田中心相比，林带有效影响范围内高出农田中心的土壤固碳量。按照遥感估算的农田防护林林龄，最后计算 1978～2020 年不同林龄林带有效影响范围内的土壤固碳量（不含林带内土壤固碳量，该部分在林带固碳中计算）。通过对不同林龄林带两侧不同距离采样点上与农田中心的 100cm 土层深度土壤有机碳密度的对比，确定不同林龄农田防护林影响的边行效应。基于边行效应，计算不同林龄农田防护林土壤有机碳增量，用以评价其生态效应的固碳量。林带长度采用遥感解译获得的结果，树高根据地面调查确定（东北区和华北区 10 年、20 年和 30 年林龄农田防护林林带高度分别为 8m、16m 和 17m，蒙新区和黄土高原区 10 年、20 年和 30 年林龄农田防护林林带高度分别为 8m、14m 和 15m）。

10.4.2　三北工程建设 43 年植被、土壤和生态效应固碳量

10.4.2.1　植被固碳量

受森林面积增加和质量变化的影响，森林植被碳储量由 1978 年的 3.46 亿 t 增加到 2020 年的 16.42 亿 t。1978～2020 年三北工程植被（活生物）固碳量为 12.96 亿 t，平均每年固碳 0.32 亿 t。其中，第一阶段（1978～2000 年）防护林植被固碳量为 6.05 亿 t，四期工程（2001～2010 年）防护林生物固碳量为 3.05 亿 t，五期工程（2011～2020 年）防护林

生物固碳量为 3.86 亿 t（表 10-11）。

表 10-11　1978～2020 年三北工程固碳效应表（单位：亿 t）

时间段	植被固碳量	土壤固碳量	生态效应固碳量	合计
1978～2000 年	6.05	1.95	0.60	
2001～2010 年	3.05	0.88	1.50	
2011～2020 年	3.86	0.62	0.99	
累计	12.96	3.45	3.09	19.50

10.4.2.2　土壤固碳量

受森林面积增加和林龄增加等要素影响，1978～2020 年三北工程防护林土壤固碳量为 3.45 亿 t，平均每年固碳 0.086 亿 t。其中，第一阶段防护林土壤固碳量为 1.95 亿 t，四期工程防护林土壤固碳量为 0.88 亿 t，五期工程防护林土壤固碳量为 0.62 亿 t（表 10-11）。

10.4.2.3　生态效应固碳量

三北工程生态效应固碳量为水土保持林/水源涵养林和农田防护林的生态效应固碳量的和。1978～2020 年，防护林生态效应固碳量为 3.09 亿 t，平均每年固碳 0.077 亿 t。其中，第一阶段防护林生态效应固碳量为 0.60 亿 t，四期工程生态效应固碳量为 1.50 亿 t，五期工程生态效应固碳量为 0.99 亿 t（表 10-11）。

综上所述，从 1978～2020 年，三北工程总固碳量（生物固碳、土壤固碳和生态效应固碳量之和）为 19.50 亿 t，平均每年固碳 0.49 亿 t（表 10-11）。综合三北防护林生物固碳、土壤固碳和生态效应固碳量之和，1978～2020 年三北防护林固碳量相当于同期（1980～2020 年）中国工业 CO_2 排放量的 5.22%。

1978～2020 年，三北工程的固碳量在显著增加。植被、土壤和生态效应固碳量增加的原因如下：①三北工程建设一直备受重视，造林面积逐年增加，经营管理措施逐步加强，森林质量也随之变好；②森林生长加速，1990～2000 年以后营建的防护林处于中幼龄林阶段，植物-土壤正处于强烈固碳时期，因此，这些防护林生长至成熟林阶段，防护林将进一步吸收大量的碳。由此可见，三北防护林具有较大的固碳潜力，在中国陆地生态系统碳循环、固碳速率和增汇潜力方面发挥着重要作用。

10.4.2.4　三北工程固碳量的不确定性分析

对于植被碳储量的不确定性主要有：第一，森林植被碳汇估算的主要误差源为森林清查时的误差、生物量测定误差，以及利用生物量扩展因子（biomass expansion factor，BEF）值估算碳库所带来的误差等。第二，森林清查法评估区域碳储量时，需要充分代表各树种类型的调查样点和高精度的土地利用和土地覆被空间图，因此，评估结果的可信程度受到观测样点的空间分布密度、取得数据的代表性和生态系统类型分布空间信息的精确程度等限制。第三，碳储量计算模型带来的不确定性。生物量扩展因子值、根茎比、木材密度以及含碳率是测算森林生物量碳储量的重要参数，对模型计算结果影响较大。虽然获得这些参数时做到尽量准确，但仍存在一定的不确定性。第四，经济林和灌木林生物量碳储量计算模型带来的不确定性。尽管收集了迄今为止发表的各类经济林和灌木林生物量测定数据，但由于样本量有限，且经济林、灌木林种类繁多，计算得到的经济林和灌木林单位面积生物量具有较大误差。第五，森林生态系统的地下生物量测定非常困难，利用森林的地上和地下生物量的比值作为经验常数来推测地下生物量，导致估测地下生物量也存在一定的不确定性。

对于土壤固碳量的不确定性主要有：第一，土壤有机碳储量主要受气候、地形、土壤本身状况（质地、土地利用方式等）、人类活动等诸多因素影响，采用荟萃分析方法仅从树种、林龄两方面考虑其对土壤有机碳密度的影响，而忽略了其他多因素的综合作用。第二，进行荟萃分析的数据来源于不同的文献，各文献中所采用的研究方法、技术水平及参照（对照）标准等存在显著差异，即使是同类数据，质量也可能存在不一致性，且很难消除。通过荟萃分析方法，在一定程度上对三北工程建设区土壤有机碳储量进行了定量分析，但其潜在的不确定性仍对估测结果有一定影响。第三，由于缺乏森林土壤碳数据的连续监测，几乎没有确切的土壤碳汇测定数据，而采用荟萃分析方法又存在一定的不确定性。

对于生态效应固碳量的不确定性：三北工程涉及范围广、时间长，生态效应的估算方法由于缺乏长时间、广泛的地面数据支撑，方法的普适性相对较低；另外，由于缺乏大量地面验证数据，模型估算生态效应结果无法验证，也是不确定性来源之一。

第五篇　未 来 展 望

第 11 章 防护林生态学未来

进入 21 世纪以来，面对气候变化、环境恶化、生态安全问题、能源资源安全问题、粮食安全问题和重大自然灾害等一系列全球性问题的严峻挑战，促进绿色低碳发展、推动经济结构转型升级、满足人们日益增长的优美生态环境需求、促进人与自然和谐共生，已成为国际社会的共同使命。

森林是陆地生态系统的主体，具有调节气候、涵养水源、防风固沙、保持水土、改良土壤、净化空气、美化环境、固碳释氧、维护生态平衡等重要生态功能，被称为“地球之肺”。森林在维护国土生态安全、满足林产品供给、发展绿色经济、促进绿色增长以及推动人类文明进步中，发挥着举足轻重的作用；尤其是在气候变化持续、荒漠化扩张和生物多样性锐减等生态危机加剧的形势下，森林越来越受到世界各国的广泛关注和重视。

基于森林在防御自然灾害、保护生物多样性、维护生态平衡和缓解气候变化等方面具有无可替代的作用，对于生态脆弱区，营建（包括区划天然林）防护林生态工程，便成为世界各国应对自然灾害、维护基础设施、促进区域经济发展、改善区域环境和维持生态平衡等最重要的林业生态工程（朱教君，2020）。经过半个多世纪的建设，以中国防护林生态工程为代表，全球林业生态工程取得了举世瞩目的成就。根据美国国家航空航天局卫星数据，自 2000 年到 2017 年，全球新增绿化面积约 5%，其中，25%来自中国，贡献比例居全球首位，其中的主要贡献即是林业生态工程建设。正是由于防护林生态工程的大规模建设，防护林生态学也得到了长足发展；尤其是自 1997 年世界林业大会以来，林业的可持续发展和森林的可持续经营成为各国林业发展的最基本课题，这也推动了防护林生态学不断完善。随着全球和区域生态环境问题的不断出现，人类对生态环境问题也日益重视，特别是我国，面对生态文明建设的千年国策，科技支撑防护林生态工程的防护林生态学将面临新的机遇与挑战。

据 2019 年公布的第九次全国森林资源清查结果，我国防护林面积达到 10082 万 hm^2，占全国森林面积（21822 万 hm^2）的 46.2%，因此，防护林已经成为我国林业资源的主体。新时代生态文明建设的核心和要义是：维护自然生态平衡，实现人与自然和谐（中共中央宣传部，2019）。新时代推进生态文明和美丽中国建设必须坚持“六项原则”：坚持人与自然和谐共生，绿水青山就是金山银山，良好生态环境是最普惠的民生福祉，山水林田湖草是生命共同体，用最严格制度最严密法治保护生态环境，共谋全球生态文明建设。《全国重要生态系统保护和修复重大工程总体规划（2021—2035 年）》明确提出“以统筹山水林田湖草一体化保护和修复为主线，科学布局和组织实施重要生态系统保护和修复重大工程，着力提高生态系统自我修复能力，切实增强生态系统稳定性，显著提升生态系统功能”。另外，《中共中央 国务院关于完整准确全面贯彻新发展理念做好碳达峰碳中和工作的意见》

中明确指出："提升生态系统碳汇增量。实施生态保护修复重大工程，开展山水林田湖草沙一体化保护和修复。深入推进大规模国土绿化行动，巩固退耕还林还草成果，实施森林质量精准提升工程，持续增加森林面积和蓄积量。加强草原生态保护修复。"这些国家重大需求，将对防护林生态工程产生深层次、全方位的影响，为其建设提供前所未有的发展机遇。

从国家重大需求出发，我国目前林草资源总量不足，质量普遍不高，生态系统相对脆弱；风沙危害和水土流失等生态问题依然突出且生态产品短缺。防护林生态工程建设仍然不能满足实现人与自然和谐共生的中国式现代化的要求，应强化防护林生态工程在保护和修复自然生态系统、构建生态安全格局、推动绿色发展、促进人与自然和谐共生、建设美丽中国，以及提升生态系统多样性、稳定性、持续性，践行"绿水青山就是金山银山"和积极稳妥推进"碳中和"目标等一系列重大历史使命中的不可替代的作用。因此，在新的历史条件下，依托防护林生态工程的防护林生态学将承担科技支撑生态文明-美丽中国建设的重要使命。

11.1　防护林生态学国内外研究现状

11.1.1　防护林构建理论与技术

防护林生态工程建设推动了防护林构建理论与技术的发展。防护林生态工程是以森林生态学和森林培育学（造林学）理论与技术为主体，基于恢复生态学和景观生态学等生态学原理，由木本植物材料为主体构成的生物性生态工程。防护林构建理论与技术体系已基本建立，主要包括以下几方面：规划设计、树种选择（立地条件划分）、空间配置（防护林体系）和造林方法（技术）（朱教君，2013）。

11.1.1.1　规划设计

虽然防护林建设主要以人工造林为主，但在我国，由于天然林资源保护工程实施，目前已将多数天然林纳入生态公益林（其中，70%以上为防护林）经营范畴。因此，防护林的规划设计实际包括天然防护林的区划和人工防护林的规划设计；重点在人工防护林的造林，即如何在没有森林的地区，构建具有多样性和稳定性的防护林生态系统，并使其防护功能高效、稳定与可持续，是防护林规划设计中最重要的研究主题（朱教君，2020）。

长期研究表明，防护林规划设计的基本原则是因害设防、因地制宜（Caborn，1957；曹新孙，1983；Schroeder，1988；高志义，1997；Shahanov and Cirella，2022）。不同的防护林种防护目标不同，其设计参数也不尽相同（Tibke，1988；Ticknor，1988）。农田防护林（林带）是防护林构建中较早且较完善的防护林种，有关林带的具体规划设计原则和林带/林网参数确定均有较详细的研究（曹新孙，1983；Dronen，1988；Cleugh et al.，2002；Zhu et al.，2004；Zhou et al.，2005）。随着防护林生态工程建设的发展，现代防护林规划设计中主要考虑如何突破单一配置模式，实行（林）带、片（林）、（林）网相结合的配置（高志义，1997）。另外，防护林的规划设计已逐渐采用计算机仿真模拟、大数据、信息化等新技术（Ellis et al.，2004；Ferreira，2011）。因此，防护林在规划设计时，除考虑因害设防外，也应考虑到美学（Grala et al.，2010）、应对气候变化（Guertin et al.，1997）、系统稳定性（Motta and Haudemand，2000）以及生物多样性保护（Johnson et al.，1994；Gámez-Virués et al.，2010）等需要，即“山水林田湖草沙”系统理念。一些天然林，尤其是以发展涵养水源、保持水土、防治山体滑坡/塌方/落石、防止雪崩以及都市周边综合防护为主的森林，均规划、纳入防护林经营范畴，使防护林概念更为广泛，即目前的绝大多数生态公益林（Zhu et al.，2003c）。

11.1.1.2　树种选择

树种选择不仅直接影响防护林树木成活、生长、发育，而且对防护林结构、防护效应、生态系统稳定性产生持久性影响（曹新孙，1983；Marais et al.，2022），因此，树种选择便成为防护林构建的最重要基础。任何防护林构建之初，树种选择都是工作重点，如美国大平原防护林带工程在 1935～1942 年对常用树种进行筛选，提供了适合大平原地区的主要树种（朱教君，1993）；同样，苏联的草原防护林建设，则是根据乔木、灌木树种根系分布，树木生长发育状况及其对不同土壤的适应性进行分类选择（高志义，1997）；中国由于大规模开展了防护林生态工程建设，在各地区均对主要防护林树种进行了详细筛选（曹新孙，1983）。研究证明，防护林树种选择必须综合考虑树种的生物学、生态学、林学特性，依据气候和土壤条件（立地条件）做出选择。“适地适树”是国内外防护林树种选择中普遍认同的原则（曹新孙，1981；Bagley，1988；姜凤岐等，2003）。防护林树种选择与其他林种造林相比，除“适地适树”要求外，必须考虑树种配置，树木成活、生长等对防护林结构的影响（Ritchie，1988）。另外，随着世界范围内森林经营方向由木材生产为主转向利用森林生态系统多种生态服务功能为主，防护林的稳定性或抗逆性、持久性和天然更新能力等，也成为树种选择时应考虑的要素（Motta and Haudemand，2000）。因此，防护林树种选择应更加注重乡土树种，慎重考虑外来树种（Fujikake，2007）；在生态脆弱区，必须充分考虑气候限制要素，如在干旱、半干旱区，必须考虑“全量水资源”与树木存活、生长所需要的水分来源。

11.1.1.3　空间配置

防护林空间配置依据防护目的不同而不同。农田防护林所在的农田系统中，空间配置较为复杂；由于农田防护林分布这种特殊性和突出的结构问题，林带空间配置理论与技术目前研究较多（朱教君，2020）；而水土保持、水源涵养及防风固沙等非带状防护林的空间配置较农田防护林相对简单（朱教君等，2004）。早在 1981 年，我国“农田防护林学”的创始人曹新孙先生即对林带空间配置研究进行了较为系统的总结：关于林带空间配置必须与林带结构相结合，即不同的林带结构，要求林带宽度及横断面形状不同（曹新孙，1981）。关于林带的宽度，由于林带所处地域和保护对象的不同，国内外一直没有统一结论。如丹麦和英国等欧洲国家的学者认为林带不宜过宽，宽高比超过一定限度，防护效应即受到影响（Caborn，1957）。而苏联学者通过对不同林带宽度的防风试验得出：增加林带宽度的同时，应该增加林带的疏透度，反之亦然（曹新孙和陶玉英，1981）。在我国，林带宽度的设计则多依据所保护的农田现状、所选树种确定，如三北工程建设中的林带宽度多在 8～24m（曹新孙，1983）。林带横断面形状配置主要受林带结构影响，在通透结构下以矩形最佳（曹新孙和陶玉英，1981）；林带长度作为空间配置指标之一早有定论，一般不低于林带高度的 12 倍（曹新孙和陶玉英，1981）；林带走向应垂直于主害风，考虑到与农田作业结合，走向可与主害风方向偏离 30°（曹新孙，1983；朱教君等，2003）。

有效防护距离决定的带间距离作为林带空间配置的关键要素（曹新孙和陶玉英，1981），早在 1935 年就有学者开展了相关研究，但研究结果因地域、防护对象不同差别较大。如丹麦以林带高为 15m 计，则林带之间的距离应为 250m；而苏联在草原农田防护林带设计中，则根据土壤类型采用带间距离 300～400m（栗钙土）、400～500m（南方黑钙土）、500～600m（普通黑钙土）（曹新孙和陶玉英，1981）。实际上，假设在林带结构最佳状态条件下，决定带间距离大小的关键，是保护对象需要降低害风的程度与林带高度，只要这两个因子确定，带间距离即可确定。Zhu 等（2002）在以往研究基础上，通过量化林带结构、林带高度，确定了带间距离设计模型，模型中的关键参数由林带结构试验（曹新孙，1981）和林带高度生长变化规律试验（姜凤岐等，1994；朱教君等，2002a）确定。另外，随着农业生产机械化、智能化发展，农田防护林的空间配置必须与“山水林田湖草沙”综合整治相结合。

其他非带状防护林种，主要依据防护林保护的对象，遵循因地制宜、因害设防、适地适树和乔灌草结合等原则进行空间配置，重点考虑植被演替的规律和各树种的生态学和生物学特性（姜凤岐等，2006，2009）。对于防风固沙林，其空间配置的关键是以水量平衡为依据，造林地区的水分条件必须保证防风固沙林存活、生长与发育成林（Zheng et al.，2012）。因此，树种配置以低耗水的林种和乡土树种为主，保证树木充足的水分营养空间，严格控制乔木树种造林数量与密度，配置成林的覆盖度应与当地水资源相适应。对于水源涵养林和水土保持林，早在 19 世纪 30 年代，欧洲各国（如奥地利、德国、法国、瑞士、意大利、匈牙利等）为山洪、泥石流及滑坡等危险易发区制定了严厉的森林保护法，配置水源涵养林和水土保持林，禁止森林采伐，重点考虑如何最大限度地发挥森林的涵养水源、保持水土、调节气候、改善水质等作用（曹新孙和陶玉英，1981；高志义，1997）。

11.1.1.4　造林技术

防护林的造林技术与林学（森林培育学）的造林技术相似（沈国舫，2001；朱教君，2013），整地方式、整地时间一般随造林地具体环境条件的不同而不同。整地方式包括局部与全面整地，而造林时间依不同林种而异，尤其是在干旱、半干旱沙区的防风固沙林和水土流失严重地区的水土保持林，造林技术的关键是把握土壤含水量和降水季节（曹新孙，1983）。造林方法包括植苗造林（关键技术：保证苗木含水量）、萌蘖造林（关键技术：选择萌蘖性强的树种，成活后的定株）以及大面积飞播造林（属于非常规造林技术，要求从植物种、播种区选择，到播种量、播种期设计等一系列技术）（姜凤岐等，2003）。选择适宜的造林季节也是造林技术的关键，一般以提高造林成活率，保证幼苗、幼树生长为标准，主要包括春季、秋季、雨季和冬季几个时间段（曹新孙，1983；朱教君，2013）。

11.1.2　防护林生态与经营

防护林生态功能的高效、稳定、可持续发挥，依赖于防护林科学合理经营。然而，早期防护林经营理论与技术主要借鉴了用材林经营的理论与技术，不能满足新时代以生态效益为主要目标的防护林经营需求。20 世纪 80 年代末、90 年代初，随着苏联解体，中国成为世界防护林大国，建立了基于生态学原理的防护林经营理论与技术体系。《防护林经营学》（姜凤岐等，2003）的出版发行，标志着防护林生态与经营理论与技术体系框架的形成（Zhu，2008；朱教君，2013）。防护林生态与经营（为森林生态与经营所包含）主要包括：防护成熟与阶段定向经营、结构配置优化与结构调控、衰退机制与更新改造等（朱教君，2013；Zhu and Song，2021）。

11.1.2.1　防护成熟与阶段定向经营

朱教君（2013）在《防护林学研究现状与展望》中对“防护成熟与阶段定向经营”理论与技术进行了较完整的总结，即防护成熟是指防护林在生长发育过程中达到全面有效的防护状态，成熟持续的时间为防护成熟期，其两个阈值点分别定义为初始防护成熟龄和终止防护成熟龄。依据阈值点，可将防护林的生长发育过程分为三个阶段：一为成熟前期，即从幼林到防护成熟到来之前；二为防护成熟期，即防护成熟状态持续的时期；三为更新期，即林木接近自然成熟开始更新直到更新结束的时期。经营防护林的目标就是尽量维持防护林的防护成熟状态，当防护林在非防护成熟状态时，所有的经营措施均应使防护林向着防护成熟状态发展。对应于三个阶段的经营措施：成熟前期以除草、松土、灌溉、施肥、间作、定株、修枝为基本内容的幼林抚育技术，以及其他有利于林分生长、发育或尽快进入防护成熟状态的技术措施；防护成熟期以间伐为主要内容的抚育间伐技术、修枝技术以及其他有利于组成、结构处于最佳防护状态的技术措施；更新期以择伐和间伐为主要方式的主伐技术及与之相应的天然更新、人工促进天然更新和人工更新等更新技术，或其他有利于林木更新，并尽量维持防护效应不间断或少间断的主伐更新方式（姜凤岐等，2003）。上述经营理论与技术措施主要针对人工防护林，天然防护林的防护成熟与经营阶段及其对应经营技术则与人工防护林有所不同，但相关原理相似（朱教君，2013）。

11.1.2.2　结构配置优化与结构调控

防护林结构是发挥防护林效益的决定性要素，既是防护林规划设计的关键参数，同时也是防护林经营过程指示防护状态的依据（朱教君，2013）。为实现防护、经济和社会效益最大化并永续利用，防护林体系必须具有在空间上布局的合理性及树种、林分的多样性和稳定性等特征（姜凤岐等，2003）。结构优化是选择最佳结构并加以保持的过程，因此，防护林结构研究一直是该领域的热点与难点（曹新孙，1983；姜凤岐等，2003；Zhu，2008；Marais et al.，2022）。

由于防护林的种类不同，各防护林种的结构表达也不同，如农田防护林及其他以防御风害为主的带状防护林通常用疏透度表征其结构，其确定方法则多用数字图像处理法（Kenney，1987；姜凤岐等，2003）；而防风固沙林和水土保持林等多以片状形态出现，其结构的表达同天然林一样，主要以林分的成层性、郁闭度等指标表达（Zhu et al.，2003b）。无论是带状林的疏透度，还是片状林的成层性/郁闭度均为林分水平的结构特征，主要通过防护效应对比优选出结构模式和参数，以达到结构优化的目的。关于农田防护林结构与防风效益的研究文献最为丰富，多数认为最佳结构是疏透型，如杨树疏透度为0.25左右（姜凤岐等，2003；朱教君，2013）。Wu等（2018）利用荟萃方法综述了全球尺度林带防护林效应与疏透度的关系，结果表明林带外部因子（带宽、行数、树高和林分类型）能够解释36.1%林带疏透度变化，1行林带最佳疏透度为20%～40%。

防护林生态系统的生态效益不仅仅由林分尺度的结构决定，同时也受到防护林体系景观尺度配置（空间布局形式）的影响（朱教君，2013）。对于带状防护林或防护林体系，其配置布局形式主要涉及林带方向、树木配置、带间距离和林网空间布局及其连续性等指标。对于非带状（片状）防护林，其空间配置则尽可能以增加系统物种、林种多样性，提高系统稳定性，达到多层次、多空间利用的合理生态位结构，使各组分在时空位置各得其所（姜凤岐等，2003；朱教君，2013）。防护林结构调控在林分/林带尺度上，就是要保证每个林分/林带的结构处于最佳防护状态，对于偏离最佳结构状态的林分进行人为调控。例如，对于带状防护林可进行树木分级、抚育间伐、修枝、增加边行灌木等（朱教君等，1993）；对于固沙林主要依据水量平衡原理采取密度调控技术，以保障防护林树种正常生长发育所需的水分营养面积（Zheng et al.，2012；朱教君，2013；Song et al.，2018b），维持固沙林生态系统的稳定性；对于水土保持林或水源涵养林，则重点调控林分郁闭度（透光分层疏透度），使林冠既能有效地减弱降水的冲击，又可使林下植被层得到良好发育（朱教君等，2018）。

11.1.2.3 衰退机制与更新改造

实现防护林功能高效必须以健康稳定为前提，然而，由于种种原因，防护林在生长发育过程中会出现生理机能下降，生长发育滞缓或死亡，生产力、地力下降，林分结构不合理等，进而导致防护效能下降等衰退现象发生（姜凤岐等，2006；宋立宁等，2009）。关于防护林衰退的原因，宋立宁等（2009）和朱教君（2013）总结认为：树种选择不当，没有充分考虑树种与当地气候相适应的规律，所选防护林造林树种不能适应当地的气候条件，造成林木生长不良或死亡；防护林结构不合理导致树体生长不良，尤其是树种结构单一、生物多样性降低、病虫害大面积爆发等导致防护林衰退发生；缺乏应有的经营管理，造林后不及时抚育，或抚育过于粗放；造林密度不合理，特别是地处干旱、半干旱的防风固沙林，树木生长受水分条件影响，且易发生病虫害，极易形成衰退林分；频繁的人为与自然干扰，尤其是不合理的人为干扰会使防护林生态系统结构遭到破坏，导致功能降低甚至丧失，成为引起防护林衰退的主要人为干扰因素。另外，全球变化带来的极端天气现象，如高温、极低降水等胁迫，导致防护林树木代谢和调节过程失调，抑制植物生长，促进衰老、枯萎和落叶等（姜凤岐等，2006；Zhu，2008；Song et al.，2016a）。针对防护林衰退机制，国内外开展了大量研究（Zhu，2008；Song et al.，2016；Sun et al.，2018，Li et al.，2020），主要树种有沙地樟子松（Song et al.，2022）、杨树（Sun et al.，2018；Song et al.，2020a）、刺槐（韦景树等，2018）、梭梭、木麻黄（肖胜生等，2007）等，并系统阐明了沙地樟子松固沙林衰退的水分机制（Zhu，2008；Zheng et al.，2012；Song et al.，2014，2018b）。

对衰退防护林的早期诊断是防治衰退的重要措施，通过生态、生物因子衰退早期诊断法，即以单因素实验，判别分析土层厚度、有机质含量、氮含量、含水率、微生物总量等生态要素，建立判别函数；同时，对防护林系统各个水平——群落水平（密度、结构、叶面积指数）、个体水平（树木生长过程）、器官水平（叶面积、叶绿素、叶养分、水分等），进行监测，以此对防护林衰退的可能性进行预测（姜凤岐等，2003）。应对防护林衰退、维持防护林稳定状态的主要措施，是依据恢复生态学原理对现有防护林进行抚育、更新、改造。根据防护林衰退的原因，首先应最大限度地遵从适地适树原则，采用乡土树种为主替代衰退树种；在单一树种防护林中则需考虑增加适宜树种数量，如中国东北单一杨树带状防护林，用榆树、樟子松、油松等树种更替杨树林带增加树种多样性；对于片带状防护林的衰退，应重点考虑近自然更新技术。朱教君等（2016）针对三北工程防护林衰退原因，提出充分尊重自然规律，重新区划三北工程区，正确认识树种生物、生态学特性，准确把握防护林建设目标，加强现有防护林的经营管理，制订三北防护林经营技术方案。欧阳君祥（2015）针对内蒙古赤峰市防护林衰退原因，提出依照“尊重自然、抗旱节水，突出重点、分类施策，因地制宜、适地适树”的退化防护林改造更新基本原则，调整树种结构和林分密度、地下水位恢复与灌溉、测土配方与施肥、有害生物防治与地力维持、林地环境监测等衰退防护林改造更新技术。

11.1.3　防护林生态效应评价

防护林的生态效应是指防护林生态系统本身具有的生态功能被社会利用产生的效果总和，主要包括涵养水源、水土保持、防风固沙、调节小气候、固碳释氧等（朱教君，2020）。防护林生态效应评价是检验或诊断防护林营建合理与否，以及未来防护林科学规划设计的关键，是链接防护林构建与防护林经营的桥梁、纽带。防护林生态效应评价是防护林生态学研究最多的内容（姜凤岐等，2003），尤其以农田防护林防护效应评价的研究最多（曹新孙，1983）。

在林分/林带尺度上，生态效应评价主要集中在农田防护林（即林带或模拟林带）的防风效应方面（Bitog et al.，2012）；除此之外，学者在林带的热力学效应、水文学效应（曹新孙，1983；Hou et al.，2003）、土壤学效应（Korolev et al.，2012；Wu et al.，2019）、生物效应和固碳效应（Chu et al.，2019；Mayrinck et al.，2019）等方面均开展了相关研究。学者在不同林带或模拟林带结构（宽度、高度、树种组成和疏透度）对蒸腾/蒸发、积雪分布、温度（Campi et al.，2012；Kort et al.，2012）等影响方面进行研究，进而研究了林带对农作物产量的影响（Zheng et al.，2016；Osorio et al.，2019）。水土保持林生态系统生态效应，主要集中在林冠截留、枯落物层、植被根系层水土保持效应（吴林川等，2017），以及水土保持林改良土壤结构、固土保肥（Sun et al.，2014）等方面。防风固沙林生态系统生态效应，主要集中在树种、林分和空间结构对控制风蚀、改善小气候、土壤改良等影响方面（Li Y F et al.，2017；王彦武等，2018；厉静文等，2019）。沿海防护林生态系统生态效应，主要集中在消浪促淤、减灾增产、防风固沙、保护基础设施等方面（魏龙等，2016；王冰，2018）。

在景观/区域尺度上，主要针对重大防护林生态工程的生态环境效应进行综合评价（朱教君等，2016）。在长江上游防护林体系建设生态环境和效应评价方面，中国水土保持学会（2018）提出了利用水源涵养指数和 α-P 关系法评价森林水文效益的新方法，对川江流域森林水文效应做出定量评价并编制森林水源涵养分布图。王冰（2018）针对辽宁省沿海防护林的基本概况，确定价值评价指标体系，并从保护基础设施、保育土壤、涵养水源、固碳释氧等方面对辽宁沿海防护林体系的生态效益进行评估。杨致远等（2022）对延安市退耕还林工程生态效益评价表明，延安市退耕还林工程年生态效益总价值量为 173.10 亿元，在净化大气环境、涵养水源、保育土壤、林木积累营养物质和固碳释氧等生态功能中，以涵养水源发挥的生态功能最大，约占生态效益总价值量的 44.48%，林木积累营养物质发挥的生态功能最小，仅占总价值量的 3.38%。

朱教君等（2016）创建了“天-空-塔-地”一体化的大型防护林生态工程监测与评估技术体系，对 1978～2008 年三北工程的农作物增产效应、水土保持效应、沙漠化防治效应和碳储量动态进行评估，明确了三北工程建设成效、存在的问题与成因，提出了三北工程的未来发展方向。在此基础上，朱教君和郑晓（2019）对三北工程建设 40 年（1978～2018 年）的成果进行了科学、历史性评价。

11.2 防护林生态学未来发展趋势

纵观国内外防护林生态学研究现状，其随着防护林生态工程的发展而同步发展。但是，随着环境变化、社会发展对防护林生态工程建设的新要求，防护林生态学领域将不断出现新的科学问题，其理论与技术随着时代的发展将不断得到完善。防护林生态学未来发展将重点考虑以下方面。

（1）尽管防护林生态学在防护林构建、管理和生态效应评价等方面取得较大进步，但是以往防护林生态学研究主要集中于林分/林带水平，现已无法解决更小和更大尺度防护林生态工程乃至林业生态工程构建、经营和生态效应评价等问题（朱教君，2020）。防护林生态学研究正在从单一尺度为主转向跨尺度综合研究为主，从生态系统中的单一要素转向整个生态系统，将从“山水林田湖草沙”一体化角度重新审视防护林构建、经营和生态效应评价；将创建基于“山水林田湖草沙”的防护林生态系统功能形成与维持机制的功能监测和评估新方法；建立基于“山水林田湖草沙”的不同功能防护林生态系统构建与经营新理论与技术体系框架；服务于防护林生态工程乃至林业生态工程的经营与构建，为国家生态安全、促进区域可持续发展提供科学基础与技术支持。

（2）目前的防护林生态经营理论与技术仍不能满足防护林经营的现实需求，尤其是针对防护林的严重衰退，有关衰退机制、生态修复与风险规避等研究仍十分薄弱。因此，防护林生态学研究正在从以正常、健康防护林为主要对象转变为以衰退防护林为主，以先进的技术手段（探地雷达技术、激光雷达技术、稳定同位素技术、热扩散技术、遥感技术等），从“山水林田湖草沙”一体化角度，重点研究防护林衰退形成的机制及相应的生态修复途径，为完善现有防护林生态经营理论与技术提供支撑（姜凤岐，2011；朱教君，2020）。

（3）遥感技术在防护林生态学领域的广泛应用，为从宏观尺度开展防护林生态系统研究提供了途径。防护林生态学研究从以往以地面观测为主拓展到地面监测与遥感相结合，发挥多学科交叉、多技术集成的优势，对防护林生态工程的总体现状、生态适宜性，以及工程实施成效进行评估；在全球气候变化背景下，在全面考虑防护林区域气候格局及人口压力、经济社会发展条件的基础上，从“山水林田湖草沙”一体化角度提出防护林生态工程乃至林业生态工程建设方向、合理布局与可持续经营对策建议（姜凤岐，2011；朱教君，2013）。

（4）随着城市化进程加快，城市生态环境问题日益突出，城市防护林建设日益兴起。但是有关城市防护林的理论与技术薄弱，不能满足城市化进程的需要。因此，城市防护林生态学理论与技术必将进一步丰富防护林生态学理论与技术（朱教君，2020）。

11.3　防护林生态学研究展望

近年来，全球范围内生态问题不断涌现，国内外防护林生态学研究的广度和深度不断拓展，研究的系统性也得到进一步增强。未来若干年，防护林生态学的重点研究领域及发展方向包括如下几个方面。

研究对象：目前防护林生态学主要以带状农田防护林和片状水源涵养林、水土保持林、防风固沙林等狭义防护林为对象，随着林业定位从以生产木材为主转变为以利用其多功能为主，生态公益林或以发挥防护效能为主的森林，应成为未来该领域的主要研究对象。

研究内容：尽管已经形成了防护林生态学的研究框架，但是随着防护林建设规模的不断扩大与成果积累，需开展基于生态系统多样性与稳定性原理和景观生态学原理的防护林体系建设研究，即从生态学观点出发，开展防护林多样性与稳定性研究，并与防护林规划设计等构建内容相结合，这将是防护林生态学今后的主要研究内容。

防护林构建：在早期防护林建设过程中，由于受当时科学技术水平和社会经济条件限制，缺少因地制宜的规划，防护林出现成林率低、衰退等问题（朱教君等，2016；朱教君和郑晓，2019）。在新时代背景下，应根据我国生态脆弱区水分、土壤、大气、生物等基础资料，进行更为科学合理的设计规划。针对当地自然条件，以水土资源承载力为核心，构建适合我国生态脆弱区“山水林田湖草沙”综合区划体系。尽管防护林建设过程中已经筛选出一批适生树种，但这些树种选择涉及的面仍然较窄，还不能满足防护林建设的需求（成向荣等，2009）。因此，今后需进一步筛选和引进抗逆性强、经济效益好、景观价值高的树种。

另外，随着重大林业生态工程的建设与发展，潜在造林地逐渐减少；2021 年国土规划林地和“边际土地”（包括城市绿化地、需退耕还林的沙化耕地和坡耕地、生态修复区/矿山复垦区，以及目前尚未利用的其他土地类型）总计为 0.62 亿～0.69 亿 hm^2，且主要分布在“胡焕庸线”以西、以北地区，立地条件越来越差，造林难度越来越大、成本也越来越高，原有的树种选择理论与技术难以实现“适地适树”，现有造林工作缺乏科学有效的合理规划和创新技术，后期经营管理不到位。因此，需要充分利用规划的未造林地、边际土地，创新防护林树种选择理论，采用“颠覆性技术”，实现“适地适树”。虽然防护林树种配置和林分结构优化的研究已经取得一些初步成果，但是由于生态脆弱区范围广、气候多样、立地条件复杂，现有的防护林配置模式和优化体系仅在特定地区适用。因此，仍需进一步深入探索不同区域高效防护林生态系统空间配置模式与林分结构优化方法和技术（成向荣等，2009；朱教君，2013）。

防护林经营：在防护林生态工程建设实践中，现有防护林衰退现象严重，防护林衰退形成、重建与恢复机制未明确的前提下，系统研究防护林衰退机理及生态恢复技术也是未来防护林生态学研究的重要内容（朱教君，2013）。在全球气候变暖的背景下，极端气候事件频发，由于对气候变化及灾害发生规律、机制认识不充分，缺乏有效的预估，植物生长受到抑制，甚至出现落叶及顶梢枯死等现象而衰亡（吴秀臣等，2016）。因此，有必要开展防护林生态工程气候效应与适应全球变化对策研究，甄别气候变化和人类干扰对防护林生态工程演变的驱动机制，探明多区域、跨尺度防护林生态工程建设的气候效应与响应机制，确定不同升温情景下防护林生态工程风险并提出应对方案，为构建适应性强的防护林生态工程奠定基础（朱教君和郑晓，2019）。尽管学者对防护林功能形成机制进行了大量的研究，但是对防护林生态系统功能形成机制还不是很了解，从而影响了防护林生态系统服务功能的发挥。因此，需要进一步开展防护林生态系统功能形成及稳定维持机制研究（朱教君等，2016；朱教君，2020）。

效应评价：防护林建设已经到了从规模建设转向内涵建设的新阶段，防护林生态效应研究应紧紧围绕高效、稳定、可持续的建设目标，采用多源数据、从不同尺度上开展生态效应评价，尤其是利用现代遥感技术与生态学相结合的理念，对防护林生态系统多功能效应进行综合评估，为防护林科学管理提供支撑。由于防护林生态系统服务功能及其价值不清，很难为防护林生态系统管理（如结构优化、生态补偿）提供科学依据（欧阳志云和郑华，2009），因此，有必要开展防护林生态系统服务功能及其价值研究。然而，目前防护林（人工林）生态系统存在林下物种多样性减少、生物栖息地丧失、生境斑块减小和破碎化加剧、生态系统服务功能低等问题（Foroughbakhch et al.，2001）；以往研究多关注防护林本身，忽视生态系统、景观生态安全方面的考虑，且对于防护林树种、生态系统和景观生态安全间的关系也不是很清楚，难以有效维持防护林生态系统的稳定性。因此，有必要开展防护林树种-生态系统-景观生态安全三尺度耦合机制研究（He et al.，2018；朱教君，2020）。

另外，随着气温升高，森林碳汇功能日益受到重视，然而，林业生态工程（防护林生态工程）碳汇功能形成、维持与提升机制还不清楚。因此，在“双碳”背景下，有必要开展防护林生态工程乃至林业生态工程碳汇功能形成、维持与提升机制研究。

参考文献

曹新孙, 1981. 农田防护林国外研究概况(二). 中国科学院林业土壤研究所集刊, 5: 191-214.

曹新孙, 1983. 农田防护林学. 北京: 中国林业出版社.

曹新孙, 陶玉英, 1981. 农田防护林国外研究概况(一). 中国科学院林业土壤研究所集刊, 5: 177-190.

曹新孙, 姜凤歧, 朱廷曜, 1980. 对“三北”农田防护林建设的几点意见. 林业科技通讯(3): 16-19.

曹新孙, 雷启迪, 姜凤岐, 1981. 最适疏透度与林带断面形状的研究. 中国科学院林业土壤研究所集刊, 5: 9-19.

曹新孙文集编委会, 2012. 曹新孙文集. 沈阳: 辽宁科学技术出版社.

常兆丰, 赵建林, 刘世增, 等, 2018. 集沙仪开发研究现状、问题及突破点. 生态学杂志, 37(9): 2834-2839.

陈杰, 刘文兆, 张勋昌, 等, 2008. 黄土高原沟壑区不同树种的水土保持效益及其适应性评价. 西北农林科技大学学报(自然科学版), 36(6): 97-104,112.

陈俊华, 刘兴良, 何飞, 等, 2010. 卧龙巴朗山川滇高山栎灌丛主要木本植物种群生态位特征. 林业科学, 46(3): 23-28.

陈磊, 米湘成, 马克平, 2014. 生态位分化与森林群落物种多样性维持研究展望. 生命科学, 26(2): 112-117.

陈利顶, 吕一河, 傅伯杰, 等, 2006. 基于模式识别的景观格局分析与尺度转换研究框架. 生态学报, 26(3): 663-670.

陈顺伟, 高智慧, 卢庭高, 等, 2001. 不同造林措施对岩质海岸防护林造林成活率及其生长的影响. 防护林科技(2): 1-3,9.

陈妍, 乔飞, 江磊, 2016. 基于 InVEST 模型的土地利用格局变化对区域尺度生境质量的评估研究——以北京为例. 北京大学学报(自然科学版), 52(3): 553-562.

陈云明, 梁一民, 程积民, 2002. 黄土高原林草植被建设的地带性特征. 植物生态学报, 26(3): 339-345.

成金华, 尤喆, 2019. “山水林田湖草是生命共同体”原则的科学内涵与实践路径. 中国人口·资源与环境, 29(2):1-6.

成向荣, 虞木奎, 张建锋, 等, 2009. 沿海防护林工程营建技术研究综述. 世界林业研究, 22(1): 63-67.

程金花, 张洪江, 史玉虎, 等, 2003. 三峡库区三种林下地被物储水特性. 应用生态学报, 14(11): 1825-1828.

邓文平, 郭锦荣, 邹芹, 等, 2021. 庐山日本柳杉林下穿透雨时空分布特征. 生态学报, 41(6): 2428-2438.

丁宝永, 张树森, 张世英, 1980. 落叶松人工林林木分级的研究. 东北林学院学报(2): 19-28.

杜家菊, 陈志伟, 2010. 使用 SPSS 线性回归实现通径分析的方法. 生物学通报, 45(2): 4-6.

杜婕, 韩佩杰, 2018. 基于 ArcGIS 区统计的陇南市生态敏感性评价. 测绘与空间地理信息, 41(7): 99-102.

杜灵通, 田庆久, 黄彦, 等, 2012. 基于 TRMM 数据的山东省干旱监测及其可靠性检验. 农业工程学报, 28(2):121-126.

杜晓军, 姜凤岐, 曾德慧, 等, 1999. 辽西油松纯林可持续经营途径探讨. 生态学杂志, 18(5): 36-40.

杜晓军, 姜凤岐, 焦志华, 2004. 辽宁西部低山丘陵区植被恢复研究: 基于演替理论和生态系统退化程度. 应用生态学报, 15(9): 1507-1511.

杜雪莲, 王世杰, 2011. 稳定性氢氧同位素在植物用水策略中的研究进展. 中国农学通报, 27(22): 5-10.

樊宝敏, 董源, 张钧成, 等, 2003. 中国历史上森林破坏对水旱灾害的影响——试论森林的气候和水文效应. 林业科学, 39(3): 136-142.

樊杰, 2016. 我国国土空间开发保护格局优化配置理论创新与“十三五”规划的应对策略. 中国科学院院刊, 31(1): 1-12.

樊军, 邵明安, 王全九, 2008. 黄土区参考作物蒸散量多种计算方法的比较研究. 农业工程学报, 24(3): 98-102.

范渭亮, 杜华强, 周国模, 等, 2010. 大气校正对毛竹林生物量遥感估算的影响. 应用生态学报, 21(1): 1-8.

范志平, 曾德慧, 朱教君, 等, 2003. 基于林网体系尺度上的农田防护林持续经营模型Ⅱ——模型的应用. 生态学杂志, 22(6): 12-16.

方精云, 杨元合, 马文红, 等, 2010. 中国草地生态系统碳库及其变化. 中国科学: 生命科学, 40(7): 566-576.

方丽, 李宜文, 刘加玉, 等, 2001. 沿海防护林主要病虫害发生原因及防治对策. 中国森林病虫(4): 37-38.

房用, 朱宪珍, 王清彬, 等, 2004. 浅谈泥质海岸沿海防护林体系建设. 防护林科技(4): 35-37.

冯晓娟, 米湘成, 肖治术, 等, 2019. 中国生物多样性监测与研究网络建设及进展. 中国科学院院刊, 34(12): 1389-1398.

符亚儒, 高保山, 封斌, 等, 2005. 陕北榆林风沙区防风固沙林体系结构配置与效益研究. 西北林学院学报, 20 (2): 18-23.

傅伯杰, 陈利顶, 马克明, 等, 2001. 景观生态学原理及应用. 北京: 科学出版社.

傅伯杰, 王晓峰, 冯晓明, 2017. 国家生态屏障区生态系统评估. 北京: 科学出版社.

高俊峰, 郑焰锋, 王博宇, 2016. 张家口坝上地区退化杨树防护林改造与配套政策建议. 林业资源管理(4): 30-33.

高志义, 1991. 试论“三北”生态经济型防护林体系. 应用生态学报, 2(4): 373-378.

高志义, 1997. 我国防护林建设与防护林学的发展. 北京林业大学学报, 19(SI): 67-73.

顾宇书, 邢兆凯, 赵冰, 等, 2010. 沙质海岸防护林体系建设技术及其研究现状. 防护林科技(3): 36-38,57.
关君蔚, 1998. 防护林体系建设工程和中国的绿色革命. 防护林科技(4): 6-9.
郭贝贝, 杨绪红, 金晓斌, 等, 2015. 生态流的构成和分析方法研究综述. 生态学报, 35(5): 1630-1639.
郭浩, 李树民, 陈国山, 等, 2003. 水土保持林树种结构调整技术研究. 水土保持学报, 17(6): 181-185.
郭立, 范碧航, 吴渊, 等, 2014. 探地雷达应用于植物粗根探测的研究进展. 中国科技论文, 9(4): 494-498.
国家林业和草原局, 2019. 中国森林资源报告(2014—2018). 北京: 中国林业出版社.
国家林业局, 2014. 中国森林资源报告(2009—2013). 北京: 中国林业出版社.
韩友志, 范俊岗, 潘文利, 等, 2010. 辽宁省沿海防护林体系建设的经营现状及对策. 辽宁林业科技(5): 36-39.
何兴元, 王宗明, 郑海峰, 2020. 东北地区重大生态工程生态成效评估. 北京: 科学出版社.
何英, 2005. 森林固碳估算方法综述. 世界林业研究, 18(1): 22-27.
侯倩, 李意德, 康文星, 等, 2011. 海南热带滨海城市防台风防护林树种的选择. 中南林业科技大学学报, 31(5): 184-191,240.
侯庆春, 黄旭, 韩仕峰, 等, 1991. 关于黄土高原地区小老树成因及其改造途径的研究 Ⅲ 小老树的成因及其改造途径. 水土保持学报, 5(4): 80-86.
侯喜禄, 白岗栓, 曹清玉, 1996. 黄土丘陵区森林保持水土效益及其机理的研究. 水土保持研究, 3 (2): 98-103.
胡理乐, 李俊生, 吴晓莆, 等, 2010. 林窗几何特征的测定方法. 生态学报, 30(7): 1911-1919.
胡理乐, 闫伯前, 孙一荣, 等, 2008. 从径向生长量分析红松幼树生长光需求. 北京林业大学学报, 30(2): 147-150.
胡理乐, 朱教君, 李俊生, 等, 2009. 林窗内光照强度的测量方法. 生态学报, 29(9): 5056-5065.
胡理乐, 朱教君, 谭辉, 等, 2007. 一种测量林窗面积的改良方法: 等角椭圆扇形法. 生态学杂志, 26(3): 455-460.
黄丽艳, 闫巧玲, 高添, 等, 2015. 基于 ALOS PALSAR 雷达影像的人工林蓄积量估算——以塞罕坝机械林场华北落叶松人工林为例. 生态学杂志, 34(9): 2401-2409.
黄琳娜, 2018. 水土保持林空间配置对场降雨径流影响的模拟. 水土保持应用技术(2): 9-11.
黄世能, 王伯荪, 2000. 热带次生林群落动态研究:回顾与展望. 世界林业研究, 13(6): 7-13.
黄守科, 2013. 农田防护林对我国平原地区作物产量的影响. 北京: 北京林业大学.
黄玉梅, 张健, 杨万勤, 等, 2007. 我国人工林的近自然经营.林业资源管理(5): 33-36.
贾志清, 卢琦, 张鹏, 2004. 寒冷高原黄土丘陵浅山区退耕还林模式及造林技术. 水土保持通报(2):63-67.
姜德娟, 王会肖, 李丽娟, 2003. 生态环境需水量分类及计算方法综述. 地理科学进展, 22(4): 369-378.
姜凤岐, 1992. 林带经营技术与理论基础. 北京: 中国林业出版社.
姜凤岐, 1996. 现有防护林合理经营与改造技术研究. 北京: 中国林业出版社.
姜凤岐, 2011. 林业生态工程构建与管理. 沈阳: 辽宁科学技术出版社.
姜凤岐, 曹成有, 曾德慧, 2002. 科尔沁沙地生态系统退化与恢复. 北京: 中国林业出版社.
姜凤岐, 杨瑞英, 林鹤鸣, 1988. 抗旱保湿综合措施对造林成活率的影响. 林业科技通讯, 3: 25-27.
姜凤岐, 于占源, 曾德慧, 2007. 辽西地区油松造林的生态学思考. 生态学杂志, 26(12): 2069-2074.
姜凤岐, 于占源, 曾德慧, 等, 2009. 三北防护林呼唤生态文明. 生态学杂志, 28(9): 1673-1678.
姜凤岐, 曾德慧, 于占源, 2006. 从恢复生态学视角透析防护林衰退及其防治对策:以章古台地区樟子松林为例. 应用生态学报, 17(12): 2229-2235.
姜凤岐, 朱教君, 1993a. 辽河三角洲农业生态环境建设对策——综合防护林体系建设研究(Ⅰ). 防护林科技(4): 2-7.
姜凤岐, 朱教君, 1993b. 宁蒙特大沙暴科学考察报告. 应用生态学报, 4(4): 343-352.
姜凤岐, 朱教君, 曾德慧, 等, 2003. 防护林经营学. 北京: 中国林业出版社.
姜凤岐, 朱教君, 周新华, 等, 1994. 林带的防护成熟与更新. 应用生态学报, 5(4): 337-341.
蒋定生, 江忠善, 侯喜禄, 等, 1992. 黄土高原丘陵区水土流失规律与水土保持措施优化配置研究. 水土保持学报, 6(3): 14-17.
蒋有绪, 2002. 森林生态学的任务及面临的发展问题. 应用生态学报, 13(3): 347-348.
焦菊英, 王万中, 李靖, 2000. 黄土高原林草水土保持有效盖度分析. 植物生态学报, 24(5): 608-612.
焦树仁, 2001. 辽宁省章古台樟子松固沙林提早衰弱的原因与防治措施.林业科学, 37(2): 131-138.
焦树仁, 邢兆凯, 赵冰, 等, 2008. 辽宁西北部地区土地沙化状况、发生原因及防治措施. 防护林科技(4): 43-45, 51.
金栋梁, 刘予伟, 2013. 森林水文效应的综合分析. 水资源与水工程学报, 24(2): 138-144.
荆文龙, 冯敏, 杨雅萍, 2013. 一种 NCEP/NCAR 再分析气温数据的统计降尺度方法. 地球信息科学学报, 15(6): 819-828.
劳可道, 1989. 森林经理学中两个问题的探讨. 林业资源管理(5): 40-41.
雷加富, 2005. 中国森林资源. 北京: 中国林业出版社.
雷相东, 符利勇, 李海奎, 等, 2018. 基于林分潜在生长量的立地质量评价方法与应用. 林业科学, 54(12): 116-126.

雷孝章, 曹叔尤, 江小华, 2008. 森林系统对降雨径流的调节转换规律研究. 中国水土保持科学(S1): 24-29.
李纯英, 杨文斌, 周晋基, 等, 1999. 内蒙古农田防护林现状及发展. 内蒙古林业科技(Z1): 2-20.
李道宁, 王兵, 蔡体久, 等, 2014. 江西省大岗山主要森林类型降雨再分配特征. 应用生态学报, 25(8): 2193-2200.
李德旺, 李红清, 雷晓琴, 等, 2013. 基于 GIS 技术及层次分析法的长江上游生态敏感性研究. 长江流域资源与环境, 22(5): 633-639.
李俊清, 2006. 森林生态学. 北京: 高等教育出版社.
李克志, 1983. 红松生长过程的研究. 林业科学, 19(2): 126-136.
李明泽, 郭鸿郡, 范文义, 等, 2017. 基于 GWR 的大兴安岭森林立地质量遥感分析. 林业科学, 53(6): 56-66.
李鹏飞, 孙小明, 赵昕奕, 2012. 近 50 年中国干旱半干旱地区降水量与潜在蒸散量分析. 干旱区资源与环境, 26(7): 57-63.
李琦, 李春龙, 苏芳莉, 等. 2011. 辽西北沙地裸地潜水蒸发试验研究. 水电能源科学, 29(3): 64-66.
李奇, 朱建华, 肖文发, 2019. 生物多样性与生态系统服务——关系、权衡与管理. 生态学报, 39(8): 2655-2666.
李世东, 翟洪波, 2002. 世界林业生态工程对比研究. 生态学报, 22(11): 1976-1982.
李霆, 1978. 国外防护林研究动态. 陕西林业科技(6): 54-61.
李晓军, 李取生, 2004. 东北地区参考作物蒸散确定方法研究. 地理科学, 24(2): 212-216.
李勇, 徐晓琴, 朱显谟, 1993. 黄土高原油松人工林根系改善土壤物理性质的有效性模式. 林业科学, 29(3): 193-198.
李祗辉, 2021. 韩国森林福祉服务体系构建研究——基于韩国林业发展理念、机制与经验的分析. 林业经济, 43(4): 57-69.
厉静文, 刘明虎, 郭浩, 等, 2019. 防风固沙林研究进展. 世界林业研究, 32(5): 28-33.
梁宝君, 2007. 三北农田防护林建设与更新改造. 北京: 中国林业出版社.
梁一民, 陈云明, 2004. 论黄土高原造林的适地适树与适地适林. 水土保持通报, 24(3): 69-72.
辽宁省林学会, 吉林省林学会, 黑龙江省林学会, 1982. 东北的林业. 北京: 中国林业出版社.
林文棣, 1988. 中国海岸防护林造林地立地类型的分类. 南京林业大学学报(自然科学版)(2): 13-21.
刘恩田, 2010. 渭北黄土高原刺槐林健康经营技术研究. 咸阳: 西北农林科技大学.
刘发明, 赵登耀, 1997. 张掖农田防护林生态效益研究. 甘肃林业科技(2): 54-58.
刘国华, 傅伯杰, 2001. 全球气候变化对森林生态系统的影响. 自然资源学报, 16(1): 71-78.
刘晖, 许博文, 邹子辰, 等, 2021. 以水定绿: 西北地区城市绿地生态设计方法探索. 中国园林, 37(7): 25-30.
刘世荣, 温远光, 王兵, 等, 1996. 中国森林生态系统水文生态功能规律. 北京: 中国林业出版社.
刘向东, 吴钦孝, 施立民, 等, 1982. 对六盘山森林截留降水作用的研究. 林业科技通讯(3): 18-21.
刘亚, 阿拉木萨, 曹静, 2016. 科尔沁沙地樟子松林降雨再分配特征. 生态学杂志, 35(8): 2046-2055.
刘宇, 2017. 景观指数耦合景观格局与土壤侵蚀的有效性. 生态学报, 37(15): 4923-4935.
刘钰华, 文华, 狄心志, 等, 1994. 新疆和田地区农田防护林效益的研究. 防护林科技(4): 9-13.
卢德亮, 朱教君, 王高峰, 2020. 树木萌蘖更新研究进展与展望. 生态学杂志, 39(12): 4178-4184.
陆静英, 刘绍祥, 1989. 农田防护林伐期龄的探讨//向开馥. 东北西部内蒙古东部防护林研究(第一集). 哈尔滨: 东北林业大学出版社: 365-372.
鹿天阁, 2011. 辽西北干旱地区抗旱保水造林关键技术. 辽宁林业科技(4): 61-62.
马光, 2014. 环境与可持续发展导论. 3 版. 北京: 科学出版社.
马骥, 1953. 新中国的防护林带. 生物学通报(5): 165-169.
马文元, 2016. 三北防护林林分退化及更新改造调研报告(一). 林业科技通讯(3): 10-15.
满多清, 杨自辉, 徐先英, 等, 2004. 荒漠绿洲农田防护林伐根嫁接毛白杨更新技术. 中国水土保持科学, 2(2): 50-54.
孟楚, 王琦, 郑小贤, 2017. 北京八达岭林场水源涵养林结构与功能耦合机理研究. 中南林业科技大学学报, 37(3): 69-72.
孟鹏, 张柏习, 王曼, 2018. 科尔沁沙地赤松和樟子松根系生物量分配与构型特征. 生态学杂志, 37(10): 2935-2941.
米湘成, 冯刚, 张健, 等, 2021. 中国生物多样性科学研究进展评述. 中国科学院院刊, 36(4): 384-398.
欧阳君祥, 2015. 内蒙古赤峰市退化防护林改造更新研究. 中南林业科技大学学报, 35(9):1-8.
欧阳志云, 王效科, 苗鸿, 2000. 中国生态环境敏感性及其区域差异规律研究. 生态学报, 20(1): 9-12.
欧阳志云, 郑华, 2009. 生态系统服务的生态学机制研究进展. 生态学报, 29(11): 6183-6188.
庞学勇, 包维楷, 张咏梅, 2005. 岷江上游中山区低效林改造对土壤物理性质的影响. 水土保持通报, 25(5): 12-16.
彭少麟, 周婷, 廖慧璇, 等, 2020. 恢复生态学. 北京: 科学出版社.
钱莲文, 王文卿, 陈清海, 等, 2019. 福建海岸带与海岛乡土园林植物筛选及应用. 福建林业科技, 46(3): 29-34.
乔勇进, 张敦伦, 郗金标, 2002. 山东省沿海沙质海岸的特点及适宜的防护林树种. 河北林果研究, 17 (2): 106-110.
邱俊, 谷加存, 姜红英, 等, 2010. 樟子松人工林细根寿命估计及影响因子研究. 植物生态学报, 34(9): 1066-1074.

全国土壤普查办公室, 1993. 中国土种志(第一卷). 北京: 农业出版社.
全国土壤普查办公室, 1998. 中国土壤. 北京: 中国农业出版社.
任海, 刘庆, 李凌浩, 等, 2019. 恢复生态学导论. 北京: 科学出版社.
任义, 2020. 辽宁海防林造林分区的聚类分析探究. 防护林科技(10): 84-85.
任勇, 高志义, 1996. 关于生态经济型防护林体系基本理论框架的探索. 北京林业大学学报, 18(S2): 1-7.
佘济云, 曾思齐, 陈彩虹, 2002. 低效马尾松水保林林下植被及生态功能恢复研究 II 恢复成效的分析与评价. 中南林业调查规划, 21(3): 1-3.
申建友, 董光荣, 李长治, 1988. 风洞与野外输沙率的分析和讨论. 中国沙漠, 8 (3): 23-30.
申紫雁, 李光莹, 刘昌义, 等, 2021. 黄河源区 4 种植物根系力学特性及根-土复合体抗剪强度研究. 中国水土保持(7): 49-52.
沈国舫, 1996. 在可持续发展战略指导下的中国林业分类经营——青年绿色论坛. 世界林业研究(5): 1-2.
沈国舫, 2001. 森林培育学. 北京: 中国林业出版社.
沈慧, 姜凤岐, 1998. 辽西水土保持林土壤改良效应的研究. 应用生态学报, 9(1): 1-6.
沈慧, 姜凤岐, 杜晓军, 等, 2000. 水土保持林土壤抗蚀性能评价研究. 应用生态学报, 11(3): 345-348.
沈照仁, 2004. 从美国大草原防护林生态工程应借鉴什么(三). 世界林业动态(30): 4-7.
石家琛, 1992. 造林学. 哈尔滨: 东北林业大学出版社.
宋立宁, 朱教君, 闫巧玲, 2009. 防护林衰退研究进展. 生态学杂志, 28(9): 1684-1690.
宋立宁, 朱教君, 郑晓, 2017. 基于沙地樟子松人工林衰退机制的营林方案. 生态学杂志, 36(11): 3249-3256.
宋巍巍, 管东生, 2008. 利用 TM 影像反演广州市气溶胶光学厚度空间分布. 环境科学学报, 28(8): 1638-1645.
宋浠铭, 闫磊, 王景华, 等, 2021.一种全方位自动集沙仪的开发与实验. 林业和草原机械, 2(4): 24-29, 42.
宋兆民, 陈建业, 杨立文, 等, 1981. 河北省深县农田林网防护效应的研究. 林业科学(1): 8-19.
宋兆民, 康立新, 陈建业, 等, 1982. 林带与风向成不同交角时防风效果和透风系数关系的探讨. 江苏林业科技(2): 44-47.
宋子刚, 2007. 森林生态水文功能与林业发展决策. 中国水土保持科学, 5(4): 101-107.
孙宏义, 颜长珍, 韩致文, 等, 2010. 民勤农田防护林对作物增产的贡献率. 甘肃林业科技, 35(2): 43-47, 70.
孙技星, 钟成, 何宏伟, 等, 2021. 2000～2015 年中国土地荒漠化连续遥感监测及其变化. 东北林业大学学报, 49(3): 87-92.
孙立达, 朱金兆, 1995. 水土保持林体系综合效益研究与评价. 北京: 中国科学技术出版社.
孙时轩, 1992. 造林学. 2 版. 北京: 中国林业出版社.
孙学顺, 王力刚, 赵岭, 2013. 半干旱地区杨树林带伐根嫁接更新试验. 防护林科技(3): 25-26.
孙中元, 王正茂, 于见丽, 等, 2021. 山东省重点生态公益林发展对策研究. 林业调查规划, 46(1): 124-128.
谭辉, 朱教君, 康宏樟, 等, 2007. 林窗干扰研究. 生态学杂志, 26(4): 587-594.
汤景明, 徐红梅, 段敬超, 2014. 鄂西南常绿落叶阔叶混交林生态恢复技术研究. 湖北林业科技, 43(4): 32-35.
陶征广, 陶庭叶, 丁鑫, 等, 2021. 基于 GRACE 和 GLDAS 水文模型反演安徽省地下水储量变化. 地球物理学进展, 36(4): 1456-1463.
田宁宁, 张建军, 茹豪, 等, 2015. 晋西黄土区水土保持林地的土壤水分和养分特征. 中国水土保持科学, 13(6): 61-67.
王百田, 2010. 林业生态工程学. 3 版. 北京: 中国林业出版社.
王冰, 2018. 辽宁省沿海防护林体系生态效益评估. 防护林科技(4): 60-61.
王德连, 雷瑞德, 韩创举, 2004. 国内外森林水文研究现状和进展. 西北林学院学报, 19(2): 156-160.
王福军, 2004. 计算流体动力学分析: CFD 软件原理与应用. 北京: 清华大学出版社.
王金强, 李俊峰, 王昭阳, 等, 2019. 干旱绿洲区 3 种典型农田防护林的水分来源. 水土保持通报, 39(1): 72-77.
王金锡, 慕长龙, 彭培好, 等, 2006. 长江中上游防护林体系生态效益监测与评价. 成都: 四川科学技术出版社.
王劲峰, 徐成东, 2017. 地理探测器:原理与展望.地理学报, 72(1): 116-134.
王九龄, 1986. 我国混交林营造的研究现状. 林业科技通讯(11): 1-5.
王礼先, 王斌瑞, 朱金兆, 等, 2000. 林业生态工程学. 2 版. 北京: 中国林业出版社.
王力, 侯庆春, 2000. 林地施肥与水肥效益. 西北林学院学报, 15(2): 84-88.
王力刚, 温丽霞, 赵岭, 等, 2009. 半干旱风沙区杨树林带萌蘖更新综合技术. 防护林科技(6): 110-112.
王庆贵, 2005. 黑龙江省东部山区谷地云冷杉林衰退机理. 哈尔滨: 黑龙江人民出版社.
王盛萍, 张志强, 张化永, 等, 2010. 黄土高原防护林建设的恢复生态学与生态水文学基础. 生态学报, 30(9): 2475-2483.
王涛, 吴薇, 薛娴, 等, 2004. 近 50 年来中国北方沙漠化土地的时空变化. 地理学报, 59(2):203-212.
王文娟, 邓荣鑫, 郝丽君, 2017. 东北黑土区农田防护林与沟谷侵蚀关系. 中国水土保持科学, 15(6): 44-51.
王晓学, 吴秀芹, 赵陟峰, 等, 2009. 黄土半干旱区白榆人工林密度与林下物种多样性的关系研究. 林业调查规划, 34(3): 12-16.

王效科, 冯宗炜, 欧阳志云, 2001. 中国森林生态系统的植物碳储量和碳密度研究. 应用生态学报, 12(1): 13-16.
王兴昌, 王传宽, 2015. 森林生态系统碳循环的基本概念和野外测定方法评述. 生态学报, 35(13): 4241-4256.
王彦武, 罗玲, 张峰, 等, 2018. 民勤县绿洲边缘固沙林防风蚀效应研究. 西北林学院学报, 33(4): 64-70.
王轶浩, 王彦辉, 李振华, 等, 2021. 重庆铁山坪马尾松天然次生林降雨截持与贮水特征. 生态学报, 41(16): 6542-6551.
王佑民, 2000. 中国林地枯落物持水保土作用研究概况. 水土保持学报, 14 (4): 108-113.
王云飞, 叶爱中, 乔飞, 等, 2021. 水源涵养内涵及估算方法综述. 南水北调与水利科技, 19(6): 1041-1071.
王振侯, 1987. 浙江省沿海防护林树种选择和造林技术的调查研究. 浙江林业科技, 7(4): 23-26.
韦红波, 李锐, 杨勤科, 2002. 我国植被水土保持功能研究进展. 植物生态学报, 26(4): 489-496.
韦景树, 李宗善, 冯晓玙, 等, 2018. 黄土高原人工刺槐林生长衰退的生态生理机制. 应用生态学报, 29 (7): 2433-2444.
韦炜, 谢元福, 1997. 沙地农田防护林网二白杨定量施肥试验研究. 甘肃林业科技(1): 14-16.
魏龙, 张方秋, 高常军, 等, 2016. 广东沿海典型木麻黄防护林带风场的时空特征. 林业与环境科学, 32(4): 1-6.
魏庆莒, 1993. 农田防护林速生丰产技术. 防护林科技(3): 33-37.
魏彦昌, 吴炳方, 张喜旺, 等, 2009. 基于高分辨率影像的景观格局定量分析. 国土资源遥感(2): 76-86.
温远光, 刘世荣, 1995. 我国主要森林生态系统类型降水截留规律的数量分析. 林业科学, 31(4): 289-298.
吴凡, 宋鹰, 贺华中, 等, 1997. 沙质海岸防护林体系建设的遥感监测. 林业资源管理(6): 63-68.
吴芳, 陈云明, 于占辉, 2010. 黄土高原半干旱区刺槐生长盛期树干液流动态.植物生态学报, 34(4): 469-476.
吴丽娟, 2013. 国内杨树伐根嫁接技术研究进展. 林业资源管理(3): 151-155,160.
吴林川, 孙婴婴, 郭航, 2017. 不同造林技术对水土保持林 3 种林型土壤蓄水效益的影响——以鲁中砂石山区为例. 东北林业大学学报, 45(5): 75-79.
吴钦孝, 赵鸿雁, 刘向东, 等, 1998. 森林枯枝落叶层涵养水源保持水土的作用评价. 土壤侵蚀与水土保持学报, 4(2): 23-28.
吴祥云, 姜凤岐, 李晓丹, 等, 2004. 樟子松人工固沙林衰退的主要特征. 应用生态学报, 15(12): 2221-2224.
吴秀臣, 裴婷婷, 李小雁, 等, 2016. 树木生长对气候变化的响应研究进展. 北京师范大学学报(自然科学版), 52(1): 109-116.
武生权, 丁博志, 2012. 农田防护林经营技术研究. 吉林林业科技, 41(1): 10-12,26.
席兴军, 闫巧玲, 于立忠, 等, 2009. 辽东山区次生林生态系统主要林型穿透雨的理化性质. 应用生态学报, 20 (9): 2097-2104.
向开馥, 1991. 防护林学. 哈尔滨: 东北林业大学出版社.
肖笃宁, 1999. 论现代景观科学的形成与发展. 地理科学, 19(4): 379-384.
肖辉林, 1994. 森林衰退与全球气候变化. 生态学报, 14(4): 430-436.
肖胜生, 郭瑞红, 叶功富, 2007. 沿海木麻黄衰退机理与维护途径的研究进展. 热带林业, 35(2): 15-17.
肖巍, 2020. 章古台地区农田防护林对风蚀的影响. 防护林科技(7): 12-13,27.
徐冰, 郭兆迪, 朴世龙, 等, 2010. 2000～2050 年中国森林生物量碳库: 基于生物量密度与林龄关系的预测. 中国科学: 生命科学, 40(7): 587-594.
徐驰, 王海军, 刘权兴, 等, 2020. 生态系统的多稳态与突变. 生物多样性, 28(11): 1417-1430.
徐天乐, 朱教君, 于立忠, 等, 2011. 极端降雨对辽东山区次生林土壤侵蚀与树木倒伏的影响. 生态学杂志, 30(8): 1712-1719.
徐宪立, 马克明, 傅伯杰, 等, 2006. 植被与水土流失关系研究进展. 生态学报, 26(9): 3137-3143.
徐兴良, 于贵瑞, 2022. 基于生态系统演变机理的生态系统脆弱性、适应性与突变理论. 应用生态学报, 33(3): 623-628.
许景伟, 王卫东, 王月海, 2008. 沿海防护林体系工程建设技术综述. 防护林科技(5): 69-72.
薛文瑞, 满多清, 徐先英, 2019. 河西地区农田防护林体系建设与发展趋势. 防护林科技(12): 61-64.
阎树文, 1993. 农田防护林学. 北京: 中国林业出版社.
杨明, 周桔, 曾艳, 等, 2021. 我国生物多样性保护的主要进展及工作建议. 中国科学院院刊, 36(4): 399-408.
杨胜天, 朱启疆, 2000. 人机交互式解译在大尺度土壤侵蚀遥感调查中的作用. 水土保持学报, 14(3): 88-91.
杨致远, 刘琪璟, 秦立厚, 等, 2022. 延安市退耕还林工程生态效益评价. 西北林学院学报, 37(1): 259-266.
姚薇, 李志军, 姚琪, 等, 2011. Landsat 卫星遥感影像的大气校正方法研究. 大气科学学报, 34(2): 251-256.
姚原, 顾正华, 李云, 等, 2020. 森林覆盖率变化对流域洪水特性影响的数值模拟. 水利水运工程学报(1): 9-15.
姚远, 陈曦, 钱静, 2019. 定量遥感尺度转换方法研究进展. 地理科学, 39(3): 367-376.
叶镜中, 孙多, 1995. 森林经营学. 北京: 中国林业出版社.
宜树华, 陈世苹, 李英年, 等, 2022. 中国生态脆弱区联网协同观测及其在承载力研究中的应用. 应用生态学报, 33(8): 2271-2278.
尹钊, 公博, 师忱, 等, 2021. 潮河源头不同水源涵养林的土壤饱和导水率. 中国水土保持科学, 19(1): 43-51.
游松财, 孙朝阳, 2005. 中国区域 SRTM 90m 数字高程数据空值区域的填补方法比较. 地理科学进展, 24(6): 88-92,132.

于贵瑞, 张雷明, 孙晓敏, 2014. 中国陆地生态系统通量观测研究网络(ChinaFLUX)的主要进展及发展展望. 地理科学进展, 33(7): 903-917.
于静洁, 刘昌明, 1989. 森林水文学研究综述. 地理研究, 8(1): 88-98.
于立忠, 王利, 刘利芳, 等, 2016. 浑河上游典型水源涵养林降雨再分配过程. 水土保持学报, 30(6): 106-110,117.
于立忠, 朱教君, 张艳红, 等, 2009. 森林干扰度评价. 生态学杂志, 28(5): 976-982.
于震, 毕泉鑫, 2014. 干旱、半干旱山区山地造林技术研究进展. 防护林科技(11): 63-65.
于政中, 1995. 数量森林经理学. 北京: 中国林业出版社.
袁志发, 周静芋, 2000. 试验设计与分析. 北京: 高等教育出版社.
臧润国, 徐化成, 1998. 林隙(GAP)干扰研究进展. 林业科学, 34(1): 90-98.
翟明普, 沈国舫, 2016. 森林培育学. 3 版. 北京: 中国林业出版社.
张光灿, 周泽福, 刘霞, 等, 2007. 五台山华北落叶松水源涵养林密度结构与生长动态. 中国水土保持科学, 5(1): 1-6.
张河辉, 赵宗哲, 1990. 美国防护林发展概述. 国外林业, 1: 1-4.
张建国, 吴静和, 2002. 现代林业论. 2 版. 北京: 中国林业出版社.
张建军, 贺维, 纳磊, 2007. 黄土区刺槐和油松水土保持林合理密度的研究. 中国水土保持科学, 5(2):55-59.
张金池, 2011. 水土保持与防护林学. 2 版. 北京: 中国林业出版社.
张景光, 王新平, 2002. 甘宁蒙陕退耕还林(草)中的适地适树问题. 中国沙漠, 22(5): 489-494.
张丽娟, 2016. 水土保持林规划设计研究. 乡村科技, 132: 49.
张伟, 齐童, 韩斌, 等, 2010. 基于 GIS 的营口市生态旅游资源敏感性评价. 首都师范大学学报(自然科学版), 31(1): 74-79.
张祥明, 闫晓明, 刘枫, 等, 2000. 蒙城砂姜黑土试验区农田防护林体系综合效益分析. 安徽农业科学, 28 (1): 107-108.
张晓明, 余新晓, 武思宏, 等, 2005. 黄土区森林植被对坡面径流和侵蚀产沙的影响. 应用生态学报, 16(9): 1613-1617.
张学儒, 周杰, 李梦梅, 2020. 基于土地利用格局重建的区域生境质量时空变化分析. 地理学报, 75(1): 160-178.
张振明, 余新晓, 牛健植, 等, 2005. 不同林分枯落物层的水文生态功能. 水土保持学报, 19(3): 139-143.
张志翔, 2010. 树木学(北方本). 2 版. 北京: 中国林业出版社.
赵炳鉴, 任军, 万军, 2020. 国土空间规划背景下自然保护地体系整合优化初探. 国土资源情报(9): 16-22.
赵东升, 张雪梅, 2021. 生态系统多稳态研究进展. 生态学报, 41(16): 6314-6328.
赵鸿雁, 吴钦孝, 刘国彬, 2001. 黄土高原森林植被水土保持机理研究. 林业科学, 37(5): 140-144.
赵建军, 尚晨光, 2018. 林业发展要坚持山水林田湖草的系统治理观. 国土绿化(2): 14-15.
赵兴梁, 李万英. 樟子松, 1963. 北京: 农业出版社.
赵宗哲, 1993. 农业防护林学. 北京: 中国林业出版社.
郑海霞, 封志明, 游松财, 2003. 基于 GIS 的甘肃省农业生产潜力研究. 地理科学进展, 22(4): 400-408.
郑晓, 朱教君, 2013. 基于多元遥感影像的三北地区片状防护林面积估算. 应用生态学报, 24(8): 2257-2264.
郑晓, 朱教君, 闫妍, 2013. 三北地区农田防护林面积的多尺度遥感估算. 生态学杂志, 32(5): 1355-1363.
中共中央宣传部, 2019. 习近平新时代中国特色社会主义思想学习纲要. 北京: 学习出版社、人民出版社.
中国水土保持学会, 2018. 2016～2017 水土保持与荒漠化防治学科发展报告. 北京: 中国科学技术出版社.
钟承贝, 高智慧, 陈顺伟, 等, 2004. 沿海岩质海岸防护林体系树种配置设计. 浙江林业科技, 24(1): 29-32, 42.
钟中, 董婕, 1997. 防护林气象效应研究的现状. 气象科技(4): 59-63.
周国逸, 2016. 中国森林生态系统固碳现状、速率和潜力研究. 植物生态学报, 40(4): 279-281.
周健民, 沈仁芳, 2013. 土壤学大辞典. 北京: 科学出版社.
周佩华, 郑世清, 吴普特, 等, 1997. 黄土高原土壤抗冲性的试验研究. 水土保持研究, 4 (5): 47-58, 66.
周为峰, 吴炳方, 2005. 土壤侵蚀调查中的遥感应用综述. 遥感技术与应用, 20(5): 537-542.
周心澄, 高国雄, 张龙生, 1995. 国内外关于防护林体系效益研究动态综述. 水土保持研究, 2(2): 79-84.
周新华, 姜凤岐, 朱教君, 1991. 数字图像处理法确定林带疏透度随机误差研究. 应用生态学报, 2(3): 193-200.
周新华, 孙中伟, 1994. 试论林网在景观中布局的宏观度量与评价. 生态学报, 14(1): 24-31.
周新华, 张艳丽, 1990. 草牧场防护林带对牧草质量和草场生产力影响的评价. 东北林业大学学报, 18(5): 28-37.
周泽福, 2004. 太行山中、亚高山水源涵养森林保护. 山西省五台山森林经营局, 2004-02-17.
周忠学, 孙虎, 李智佩, 2005. 黄土高原水蚀荒漠化发生特点及其防治模式. 干旱区研究, 22(1): 29-34.
朱建华, 侯振宏, 张治军, 等, 2007. 气候变化与森林生态系统: 影响、脆弱性与适应性. 林业科学, 43(11): 138-145.
朱教君, 1993. 美国大平原防护林概况. 世界林业研究(3): 80-85.
朱教君, 2002. 次生林经营基础研究进展. 应用生态学报, 13(12): 1689-1694.

朱教君, 2003. 透光分层疏透度测定及其在次生林结构研究中的应用. 应用生态学报, 14(8):1229-1233.
朱教君, 2013. 防护林学研究现状与展望. 植物生态学报, 37(9): 872-888.
朱教君, 2020. 防护林生态与管理研究进展//中国生态学学会.中国生态学学科 40 年发展回顾. 北京: 科学出版社: 457-464.
朱教君, 姜凤岐, 1992. 农田防护林经营基础与永续利用更新模式的研究//中国科协首届青年学术年会论文集(农科分册). 北京: 中国科学技术出版社: 76-83.
朱教君, 姜凤岐, 1994. 辽河三角洲农业生态环境建设对策——综合防护林体系建设研究(Ⅱ). 防护林科技(1): 7-11,17.
朱教君, 姜凤岐, 1996. 杨树林带生长阶段与林木分级的研究. 应用生态学报, 7 (1): 11-14.
朱教君, 姜凤岐, 范志平, 等, 2003. 林带空间配置与布局优化研究. 应用生态学报, 14(8): 1205-1212.
朱教君, 姜凤岐, 范志平, 等, 2004. 黄土高原刺槐水土保持林防护成熟与更新研究. 生态学杂志, 23(5): 1-6.
朱教君, 姜凤岐, 松崎健, 等, 2002b. 日本的防护林. 生态学杂志, 21(4): 76-80, 64.
朱教君, 姜凤岐, 曾其蕴, 1994. 杨树林带木材纤维长度变化规律及其在经营中的应用. 林业科学, 30(1): 50-56.
朱教君, 姜凤岐, 曾德慧, 2002a. 防护林阶段定向经营研究 Ⅱ.典型防护林种——农田防护林. 应用生态学报, 13(10): 1273-1277.
朱教君, 姜凤岐, 周新华, 等, 1993. 杨树林带树木分化与分级的研究. 沈阳农业大学学报, 24(4): 292-297.
朱教君, 康宏樟, 李智辉, 等, 2005a. 水分胁迫对不同年龄沙地樟子松幼苗存活与光合特性影响. 生态学报, 25(10): 2527-2533.
朱教君, 李凤芹, 松崎健, 等, 2002c. 间伐对日本黑松海岸林更新的影响. 应用生态学报, 13(11): 1361-1367.
朱教君, 李智辉, 康宏樟, 等, 2005c. 聚乙二醇模拟水分胁迫对沙地樟子松种子萌发影响研究. 应用生态学报, 16(5): 801-804.
朱教君, 刘世荣, 2007. 森林干扰生态研究. 北京: 中国林业出版社.
朱教君, 闫巧玲, 于立忠, 等, 2018. 根植森林生态研究与试验示范, 支撑东北森林生态保护恢复与可持续发展. 中国科学院院刊, 33(1): 107-118.
朱教君, 曾德慧, 康宏樟, 等, 2005b. 沙地樟子松人工林衰退机制. 北京: 中国林业出版社.
朱教君, 张金鑫, 2016. 关于人工林可持续经营的思考. 科学(4): 37-40.
朱教君, 郑晓, 2019. 关于三北防护林体系建设的思考与展望——基于 40 年建设综合评估结果. 生态学杂志, 38(5): 1600-1610.
朱教君, 郑晓, 闫巧玲, 2016. 三北防护林工程生态环境效应遥感监测与评估研究. 北京: 科学出版社.
朱金兆, 贺康宁, 魏天兴, 2010. 农田防护林学. 2 版. 北京: 中国林业出版社.
朱良军, 杨婧雯, 朱辰, 等, 2015. 林隙干扰和升温对小兴安岭红松和臭冷杉径向生长的影响. 生态学杂志, 34(8): 2085-2095.
朱廷曜, 1981. 林带防风作用风洞实验. 中国科学院林业土壤研究所集刊, 5: 29-46.
朱廷曜, 关德新, 吴家兵, 等, 2004. 论林带防风效应结构参数及其应用. 林业科学, 40(4): 9-14.
朱廷曜, 关德新, 周广胜, 等, 2001. 农田防护林生态工程学. 北京: 中国林业出版社.
朱廷曜, 周广胜, 1993. 农田林网地区风速减弱规律的探讨. 应用生态学报, 4(2): 136-140.
朱万才, 李亚洲, 李梦, 2011. 森林立地分类方法研究进展. 黑龙江生态工程职业学院学报, 24(1): 24-25.
朱聿申, 陈宇轩, 查同刚, 等, 2016. 大鱼鳞坑双苗造林技术在黄土沟壑区的应用效果. 干旱区研究, 33(3): 560-568.
朱震达, 1998. 中国土地荒漠化的概念、成因与防治. 第四纪研究(2): 145-155.
朱震达, 刘恕, 赵兴梁, 1980. 从沙漠化角度看“三北”防护林体系的建设问题. 林业科技通讯(3): 14-16.
ADRC (Asian Disaster Reduction Center), 2006. Natural disasters data book—2005. [2022-04-02]. http://www.adrc.asia/publications/databook/DB2005_e.html.
Agam N, Kustas W P, Anderson M C, et al., 2007. A vegetation index based technique for spatial sharpening of thermal imagery. Remote Sensing of Environment, 107(4): 545-558.
Alamgir S, Bernier M, Racine M J, 2004. Performance of TRMM satellite data over the rain-gauge observations in Bangladesh. Conference on Remote Sensing for Agriculture, Ecosystems, and Hydrology VI, Maspalomas, Gran Canaria, 5568: 179-188.
Albuquerque E R G M, Sampaio E V S B, Pareyn F G C, et al., 2015. Root biomass under stem bases and at different distances from trees. Journal of Arid Environments, 116: 82-88.
Alila Y, Kuraś P K, Schnorbus M, et al., 2009. Forests and floods: a new paradigm sheds light on age-old controversies. Water Resource Researchs, 45(8): W08416.
Allen R J, de Gaetano A T, 2001. Estimating missing daily temperature extremes using an optimized regression approach. International Journal of Climatology, 21(11): 1305-1319.
Alsamamra H, Ruiz-Arias J A, Pozo-Vázquez D, et al., 2009. A comparative study of ordinary and residual kriging techniques for mapping global solar radiation over southern Spain. Agricultural and Forest Meteorology, 149(8): 1343-1357.
Baer N W. 1989. Shelterbelts and windbreaks on the Great Plains. Journal of Forestry, 87(4)： 32-36.

Bagley W T, 1988. Agroforestry and windbreaks. Agriculture, Ecosystems and Environment, 22-23: 583-591.

Baldocchi D, Falge E, Gu L H, et al., 2001. FLUXNET: a new tool to study the temporal and spatial variability of ecosystem-scale carbon dioxide, water vapor, and energy flux densities. Bulletin of the American Meteorological Society, 82(11): 2415-2434.

Bates C G, 1934. The plains shelterbelt project. Journal of Forestry, 32(9): 978-991.

Bird P R, 1998. Tree windbreaks and shelter benefits to pasture in temperate grazing systems. Agroforestry Systems, 41(1): 35-54.

Bitog J P, Lee I B, Hwang H S, et al., 2012. Numerical simulation study of a tree windbreak. Biosystems Engineering, 111(1): 40-48.

Black B A, Abrams M D, 2003. Use of boundary-line growth patterns as a basis for dendroecological release criteria. Ecological Applications,13(6): 1733-1749.

Black B L, Drost D, Lindstrom T, et al., 2010. A comparison of root distribution patterns among *Prunus* rootstocks. Journal of the American Pomological Society, 64(1): 52-60.

Bodin Ö, Saura S, 2010. Ranking individual habitat patches as connectivity providers: integrating network analysis and patch removal experiments. Ecological Modelling, 221(19): 2393-2405.

Boi P, Fiori M, Canu S, 2011. High spatial resolution interpolation of monthly temperatures of Sardinia. Meteorological Applications, 18(4): 475-482.

Borden K A, Thomas S C, Isaac M E, 2017. Interspecific variation of tree root architecture in a temperate agroforestry system characterized using ground-penetrating radar. Plant and Soil, 410(1-2): 323-334.

Bourdin P, Wilson J D, 2008. Windbreak aerodynamics: is computational fluid dynamics reliable?. Boundary-Layer Meteorology, 126(2): 181-208.

Brandle J R, Hintz D L, 1988. Windbreaks for the future. Agriculture, Ecosystems and Environment, 22-23: 593-596.

Brandle J R, Hodges L, Zhou X H, 2004. Windbreaks in North American agricultural systems. Agroforestry Systems, 61: 65-78.

Brang P, Schönenberger W, Frehner M, et al., 2006. Management of protection forests in the European Alps: an overview. Forest Snow and Landscape Research, 80(1): 23-44.

Brédoire F, Nikitich P, Barsukov P A, et al., 2016. Distributions of fine root length and mass with soil depth in natural ecosystems of southwestern Siberia. Plant and Soil, 400(1-2): 315-335.

Brokaw N, Busing R T, 2000. Niche versus chance and tree diversity in forest gaps. Trends in Ecology and Evolution, 15(5): 183-188.

Brokaw N V L, 1982. The definition of treefall gap and its effect on measures of forest dynamics. Biotropica,14(2): 158-160.

Brokaw N V L, 1987. Gap-phase regeneration of three pioneer tree species in a tropical forest. Journal of Ecology, 75: 9-19.

Brunner P, Franssen H J H, Kgotlhang L, et al., 2007. How can remote sensing contribute in groundwater modelling?. Hydrogeology Journal, 15: 5-18.

Buckley R, 1987. The effect of sparse vegetation on the transport of dune sand by wind. Nature, 325: 426-428.

Caborn J M, 1957. Shelterbelts and microclimate. Edinburgh: Her Majesty's Stationery Office.

Campi P, Palumbo A D, Mastrorilli M, 2012. Evapotranspiration estimation of crops protected by windbreak in a Mediterranean region. Agricultural Water Management, 104: 153-162.

Canham C D, 1988. Growth and canopy architecture of shade-tolerant trees: response to canopy gaps. Ecology, 69(3): 786-795.

Canham C D, Denslow J S, Platt W J, et al., 1990. Light regimes beneath closed canopies and tree-fall gaps in temperate and tropical forests. Canadian Journal of Forest Research, 20(5): 620-631.

Čermák J, Deml M, Penka M, 1973. A new method of sap flow rate determination in trees. Biologia Plantarum, 15(3): 171-178.

Chave J, Coomes D, Jansen S, et al., 2009. Towards a worldwide wood economics spectrum. Ecology Letters,12(4): 351-366.

Chen J M, Black T A, Adams R S, 1991. Evaluation of hemispherical photography for determining plant area index and geometry of a forest stand. Agricultural and Forest Meteorology, 56(1-2): 129-143.

Chi W F, Zhao Y Y, Kuang W H, et al., 2021. Impact of cropland evolution on soil wind erosion in Nei Mongol of China. Land, 10(6): 583.

Chu X, Zhan J Y, Li Z H, et al., 2019. Assessment on forest carbon sequestration in the Three-North Shelterbelt Program region, China. Journal of Cleaner Production, 215: 382-389.

Cleugh H A, Prinsley R, Bird R P, et al., 2002. The Australian national windbreaks program: overview and summary of results. Australian Journal of Experimental Agriculture, 42(6): 649-664.

Coates K D, 2002. Tree recruitment in gaps of various size, clearcuts and undisturbed mixed forest of interior British Columbia, Canada. Forest Ecology and Management, 155(1-3): 387-398.

Cook P S, Cable T T, 1995. The scenic beauty of shelterbelts on the Great Plains. Landscape and Urban Planning, 32(1): 63-69.

Cooper A, Moshe Y, Zangi E, et al., 2014. Are small-scale overstory gaps effective in promoting the development of regenerating oaks (*Quercus ithaburensis*) in the forest understory?. New Forests, 45(6): 843-857.

Cooper D J, Sanderson J S, Stannard D I, et al., 2006. Effects of long-term water table drawdown on evapotranspiration and vegetation in an arid region phreatophyte community. Journal of Hydrology, 325(1-4): 21-34.

Cristóbal J, Ninyerola M, Pons X, 2008. Modeling air temperature through a combination of remote sensing and GIS data. Journal of Geophysical Research, 113: D13106.

Dalling J W, Hubbell S P, Silvera K, 1998. Seed dispersal, seedling establishment and gap partitioning among tropical pioneer trees. Journal of Ecology, 86(4): 674-689.

Dawson T E, Mambelli S, Plamboeck A H, et al., 2002. Stable isotopes in plant ecology. Annual Review of Ecology and Systematics, 33: 507-559.

de Römer A H, Kneeshaw D D, Bergeron Y, 2007. Small gap dynamics in the southern boreal forest of eastern Canada: do canopy gaps influence stand development?. Journal of Vegetation Science, 18(6): 815-826.

de Walle D R, Heisler G M, 1988. Use of windbreaks for home energy conservation. Agriculture, Ecosystems and Environment, 22-23: 243-260.

Denslow J S, 1980. Gap partitioning among tropical rainforest trees. Biotropica, 12(2): 47-55.

Di Michele S, Marzano F S, Mugnai A, et al., 2003. Physically based statistical integration of TRMM microwave measurements for precipitation profiling. Radio Science, 38(4): 37-1-37-12.

Diaci J, Gyoerek N, Gliha J, et al., 2008. Response of *Quercus robur* L. seedlings to north-south asymmetry of light within gaps in floodplain forests of Slovenia. Annals of Forest Science, 65(1): 105.

Dix M E, Johnson R J, Harrell M O, et al., 1995. Influences of trees on abundance of natural enemies of insect pests: a review. Agroforestry Systems, 29: 303-311.

Dronen S I, 1988. Layout and design criteria for livestock windbreaks. Agriculture, Ecosystems and Environment, 22-23: 231-240.

Du S, Wang Y L, Kume T, et al., 2011. Sapflow characteristics and climatic responses in three forest species in the semiarid Loess Plateau region of China. Agricultural and Forest Meteorology, 151(1): 1-10.

Duchesne L, Ouimet R, Moore J D, et al., 2005. Changes in structure and composition of maple-beech stands following sugar maple decline in Québec, Canada. Forest Ecology and Management, 208(1-3): 223-236.

Dzybov D S, 2007. Steppe field shelterbelts: a new factor in ecological stabilization and sustainable development of agrolandscapes. Russian Agricultural Sciences, 33(2):133-135.

Ehleringer J R, Buchmann N, Flanagan L B, 2000. Carbon isotope ratios in belowground carbon cycle processes. Ecological Applications, 10(2): 412-422.

Ehleringer J R, Phillips S L, Schuster W S F, et al., 1991. Differential utilization of summer rains by desert plants. Oecologia, 88(3): 430-434.

Ellis E A, Bentrup G, Schoeneberger M M, 2004. Computer-based tools for decision support in agroforestry: current state and future needs. Agroforestry Systems, 61: 401-421.

Fang J Y, Yu G R, Liu L L, et al., 2018. Climate change, human impacts, and carbon sequestration in China. Proceedings of the National Academy of Sciences of the United States of America, 115(16): 4015-4020.

FAO (Food and Agriculture Organization of the United Nations), 2020. Global Forest Resources Assessment 2020: Main Report. Rome: 90.

FAO (Food and Agriculture Organization of the United Nations), UNEP (United Nations Environmental Programme), 2020. The state of the world's forests: forests, biodiversity and people. Rome.

Fathizadeh O, Hosseini S M, Zimmermann A, et al., 2017. Estimating linkages between forest structural variables and rainfall interception parameters in semi-arid deciduous oak forest stands. Science of the Total Environment, 601-602: 1824-1837.

Ferreira A D, 2011. Structural design of a natural windbreak using computational and experimental modeling. Environmental Fluid Mechanics, 11(5): 517-530.

Fewin R J, Helwig L, 1988. Windbreak renovation in the American Great Plains. Agriculture, Ecosystems and Environment, 22-23: 571-582.

Finch S J, 1988. Field windbreaks: design criteria. Agriculture, Ecosystems and Environment, 22-23: 215-228.

Forman R T T, Baudry J. 1984. Hedgerows and hedgerow networks in landscape ecology. Environmental Management, 8: 495-510.

Foroughbakhch F, Háuad L A, Cespedes A E, et al., 2001. Evaluation of 15 indigenous and introduced species for reforestation and agroforestry in northeastern Mexico. Agroforestry Systems, 51(3): 213-221.

Frank C, Ruck B, 2005. Double-arranged mound-mounted shelterbelts: influence of porosity on wind reduction between the shelters. Environmental Fluid Mechanics, 5(3): 267-292.

Frazer G W, Fournier R A, Trofymow J A, et al., 2001. A comparison of digital and film fisheye photography for analysis of forest canopy structure and gap light transmission. Agricultural and Forest Meteorology, 109(4): 249-263.

Fujikake I, 2007. Selection of tree species for plantations in Japan. Forest Policy and Economics, 9(7): 811-821.

Galpern P, Manseau M, Fall A, 2011. Patch-based graphs of landscape connectivity: a guide to construction, analysis and application for conservation. Biological Conservation, 144(1): 44-55.

Gámez-Virués S, Gurr G M, Raman A, et al., 2010. Plant diversity and habitat structure affect tree growth, herbivory and natural enemies in shelterbelts. Basic and Applied Ecology, 11(6): 542-549.

Gang Q, Yan Q L, Zhu J J, 2015. Effects of thinning on early seed regeneration of two broadleaved tree species in larch plantations: implication for converting pure larch plantations into larch-broadleaved mixed forests. Forestry, 88(5): 573-585.

Gao B C, 1996. NDWI—A normalized difference water index for remote sensing of vegetation liquid water from space. Remote Sensing of Environment, 58(3): 257-266.

Gardner R, 2009. Trees as technology: planting shelterbelts on the Great Plains. History and Technology, 25(4): 325-341.

Gash J H C, 1979. An analytical model of rainfall interception by forests. Quarterly Journal of the Royal Meteorological Society, 105(443): 43-55.

Getzin S, Wiegand T, Wiegand K, et al., 2008. Heterogeneity influences spatial patterns and demographics in forest stands. Journal of Ecology, 96(4): 807-820.

Gong G L, Liu J Y, Shao Q Q, et al., 2014. Sand-fixing function under the change of vegetation coverage in a wind erosion area in northern China. Journal of Resources and Ecology, 5(2): 105-114.

Goodale C L, Apps M J, Birdsey R A, et al., 2002. Forest carbon sinks in the northern hemisphere. Ecological Applications, 12(3): 891-899.

Grala R K, Tyndall J C, Mize C W, 2010. Impact of field windbreaks on visual appearance of agricultural lands. Agroforestry Systems, 80(3): 411-422.

Granier A, 1985. A new method of sap flow measurement in tree stems. Annales des Sciences Forestières, 42(2): 193-200.

Granier A, Loustau D, Bréda N, 2000. A generic model of forest canopy conductance dependent on climate, soil water availability and leaf area index. Annals of Forest Science, 57(8): 755-765.

Gray A N, Spies T A, 1996. Gap size, within-gap position and canopy structure effects on conifer seedling establishment. Journal of Ecology, 84(5): 635-645.

Green S R, 1992. Modelling turbulent air flow in a stand of widely-spaced trees. PHOENICS Journal of Computational Fluid Dynamics and its Applications, 5: 294-312.

Grossiord C, Buckley T N, Cernusak L A, et al., 2020. Plant responses to rising vapor pressure deficit. New Phytologist, 226: 1550-1566.

Gu D X, Wang Q, Mallik A, 2018. Non-convergent transpiration and stomatal conductance response of a dominant desert species in central Asia to climate drivers at leaf, branch and whole plant scales. Journal of Agricultural Meteorology, 74(1): 9-17.

Guan B T, Hsu H W, Wey T H, et al., 2009. Modeling monthly mean temperatures for the mountain regions of Taiwan by generalized additive models. Agricultural and Forest Meteorology, 149(2): 281-290.

Guertin D S, Easterling W E, Brandle J R, 1997. Climate change and forests in the Great Plains: issues in modeling fragmented woodlands in intensively managed landscapes. BioScience, 47(5): 287-295.

Gumma M K, Pavelic P, 2013. Mapping of groundwater potential zones across Ghana using remote sensing, geographic information systems, and spatial modeling. Environmental Monitoring and Assessment, 185(4): 3561-3579.

Guo L, Chen J, Cui X H, et al., 2013. Application of ground penetrating radar for coarse root detection and quantification: a review. Plant and Soil, 362(1-2): 1-23.

Hagen L J, Skidmore E L, 1971. Turbulent velocity fluctuations and vertical flow as affected by windbreak porosity. Transactions of the ASAE, 14(4): 634-637.

Hagen L J, Skidmore E L, Miller P L, et al., 1981. Simulation of effect of wind barriers on airflow. Transactions of the ASAE, 24(4): 1002-1008.

Harary F, 1969. Determinants, permanents and bipartite graphs. Mathematics Magazine, 42(3): 146-148.

Hargreaves G H, Allen R G, 2003. History and evaluation of Hargreaves evapotranspiration equation. Journal of Irrigation and Drainage

Engineering, 129(1): 53-63.

He N P, Liu C C, Piao S L, et al., 2018. Ecosystem traits linking functional traits to macroecology. Trends in Ecology and Evolution, 34(3): 200-210.

Hein L, de Ridder N, 2006. Desertification in the Sahel: a reinterpretation. Global Change Biology, 12(5): 751-758.

Heisler G M, DeWalle D R, 1988. Effects of windbreak structure on wind flow. Agriculture, Ecosystems and Environment, 22-23: 41-69.

Holmes R L, 1983. Computer-assisted quality control in tree-ring dating and measurement. Tree-Ring Bulletin, 43:69-78.

Hosoi F, Omasa K, 2006. Voxel-based 3-D modeling of individual trees for estimating leaf area density using high-resolution portable scanning LiDAR. IEEE Transactions on Geoscience and Remote Sensing, 44(12): 3610-3618.

Hou Q J, Brandle J R, Hubbard K, et al., 2003. Alteration of soil water content consequent to root-pruning at a windbreak/crop interface in Nebraska, USA. Agroforestry Systems, 57(2): 137-147.

Hou Q J, Young L J, Brandle J R, et al., 2011. A spatial model approach for assessing windbreak growth and carbon stocks. Journal of Environmental Quality, 40(3): 842-852.

Hu L L, Gong Z W, Li J S, et al., 2009. Estimation of canopy gap size and gap shape using a hemispherical photograph. Trees-Structure and Function, 23(5): 1101-1108.

Hu L L, Zhu J J, 2008. Improving gap light index (GLI) to quickly calculate gap coordinates. Canadian Journal of Forest Research, 38(9): 2337-2347.

Hu L L, Zhu J J, 2009. Determination of the tridimensional shape of canopy gaps using two hemispherical photographs. Agricultural and Forest Meteorology, 149(5): 862-872.

Huete A, Didan K, Miura T, et al., 2002. Overview of the radiometric and biophysical performance of the MODIS vegetation indices. Remote Sensing of Environment, 83(1-2): 195-213.

Huo A D, Chen X H, Li H K, et al., 2011. Development and testing of a remote sensing-based model for estimating groundwater levels in aeolian desert areas of China. Canadian Journal of Soil Science, 91(1): 29-37.

Husch B, Miller C I, Beers T W, 1972. Forest Measuration. New York: The Ronald Press: 402.

Immerzeel W W, Rutten M M, Droogers P, 2009. Spatial downscaling of TRMM precipitation using vegetative response on the Iberian Peninsula. Remote Sensing of Environment, 113(2): 362-370.

Iwasaki K, Torita H, Abe T, et al., 2019. Spatial pattern of windbreak effects on maize growth evaluated by an unmanned aerial vehicle in Hokkaido, northern Japan. Agroforestry System, 93(3): 1133-1145.

Jia S F, Zhu W B, Lu A F, et al., 2011. A statistical spatial downscaling algorithm of TRMM precipitation based on NDVI and DEM in the Qaidam Basin of China. Remote Sensing of Environment, 115(12): 3069-3079.

Jiang L, Xiao Y, Zheng H, et al., 2016. Spatio-temporal variation of wind erosion in Nei Mongol of China between 2001 and 2010. Chinese Geographical Science, 26(2): 155-164.

Jing W L, Yang Y P, Yue X F, et al., 2016. A spatial downscaling algorithm for satellite-based precipitation over the Qinghai-Xizang Plateau based on NDVI, DEM, and land surface temperature. Remote Sensing, 8(8): 655.

Johnson R J, Beck M M, Brandle J R, 1994. Windbreaks for people: the wildlife connection. Journal of Soil and Water Conservation, 49(6): 546-550.

Ju W M, Gao P, Wang J, et al., 2010. Combining an ecological model with remote sensing and GIS techniques to monitor soil water content of croplands with a monsoon climate. Agricultural Water Management, 97(8): 1221-1231.

Kabrick J M, Dey D C, Jensen R G, et al., 2008. The role of environmental factors in oak decline and mortality in the Ozark Highlands. Forest Ecology and Management, 255(5-6): 1409-1417.

Kajimoto T, Osawa A, Matsuura Y, et al., 2007. Individual-based measurement and analysis of root system development: case studies for *Larix gmelinii* trees growing on the permafrost region in Siberia. Journal of Forest Research, 12(2): 103-112.

Kassas M, 1995. Desertification: a general review. Journal of Arid Environments, 30(2): 115-128.

Kawashima S, Ishida T, Minomura M, et al., 2000. Relations between surface temperature and air temperature on a local scale during winter nights. Journal of Applied Meteorology, 39(9): 1570-1579.

Keim R F, Skaugset A E, Weiler M, 2006. Storage of water on vegetation under simulated rainfall of varying intensity. Advances in Water Resource, 29(7): 974-986.

Kenderes K, Mihók B, Standovár T, 2008. Thirty years of gap dynamics in a central European beech forest reserve. Forestry, 81(1): 111-123.

Kenney W A, 1987. A method for estimating windbreak porosity using digitized photographic silhouettes. Agricultural and Forest Meteorology, 39(2-3): 91-94.

Kerhoulas L P, Kolb T E, Koch G W, 2013. Tree size, stand density, and the source of water used across seasons by ponderosa pine in northern Arizona. Forest Ecology and Management, 289: 425-433.

Kern C C, Montgomery R A, Reich P B, et al., 2013. Canopy gap size influences niche partitioning of the ground-layer plant community in a northern temperate forest. Journal of Plant Ecology, 6(1): 101-112.

Knapp B O, Wang G G, Walker J L, 2013. Effects of canopy structure and cultural treatments on the survival and growth of *Pinus palustris* Mill. seedlings underplanted in *Pinus taeda* L. stands. Ecological Engineering, 57: 46-56.

Komarov S A, Mironov V L, Romanov A N, et al., 2001. Remote sensing of groundwater levels: measurements and data processing algorithms. Earth Observation and Remote Sensing, 16(4): 635-646.

Korolev V A, Gromovik A I, Ionko O A, 2012. Changes in the physical properties of soils in the Kamennaya steppe under the impact of shelterbelts. Eurasian Soil Science, 45(3): 257-265.

Kort J, Bank G, Pomeroy J, et al., 2012. Effects of shelterbelts on snow distribution and sublimation. Agroforestry Systems, 86(3): 335-344.

Kräuchi N, Brang P, Schönenberger W, 2000. Forests of mountainous regions: gaps in knowledge and research needs. Forest Ecology and Management, 132(1): 73-82.

Kristensen S P, Caspersen O H, 2002. Analysis of changes in a shelterbelt network landscape in central Jutland, Denmark. Journal of Environment Management, 66(2): 171-183.

Kropp H, Loranty M, Alexander H D, et al., 2017. Environmental constraints on transpiration and stomatal conductance in a Siberian Arctic boreal forest. Journal of Geophysical Research: Biogeosciences, 122(3): 487-497.

Kulshreshtha S, Kort J, 2009. External economic benefits and social goods from prairie shelterbelts. Agroforestry Systems, 75(1): 39-47.

Lang A R G, Xiang Y Q, 1986. Estimation of leaf area index from transmission of direct sunlight in discontinuous canopies. Agricultural and Forest Meteorology, 37(3): 229-243.

Larcher W, 1980. Physiological plant ecology. 2nd ed. New York: Springer-Verlag: 640.

Lawton R O, Putz F E, 1988. Natural disturbance and gap-phase regeneration in a wind-exposed tropical cloud forest. Ecology, 69(3): 764-777.

Le Houérou H N, 1984. Rain use efficiency: a unifying concept in arid-land ecology. Journal of Arid Environments, 7(3): 213-247.

Leo M, Oberhuber W, Schuster R, et al., 2014. Evaluating the effect of plant water availability on inner alpine coniferous trees based on sap flow measurements. European Journal of Forest Research, 133(4): 691-698.

Lertzman K P, 1992. Patterns of gap-phase replacement in a subalpine, old-growth forest. Ecology, 73(2): 657-669.

Lertzman K P, Krebs C J, 1991. Gap-phase structure of a subalpine old-growth forest. Canadian Journal of Forest Research, 21(12): 1730-1741.

Li M Y, Fang L D, Duan C Y, et al., 2020. Greater risk of hydraulic failure due to increased drought threatens pine plantations in Horqin sandy land of northern China. Forest Ecology and Management, 461: 117980.

Li S H, Dai L Y, Wan H S, et al., 2017. Estimating leaf area density of individual trees using the point cloud segmentation of terrestrial LiDAR data and a voxel-based model. Remote Sensing, 9(11): 1202.

Li X, Xiao Q F, Niu J Z, et al., 2016. Process-based rainfall interception by small trees in northern China: the effect of rainfall traits and crown structure characteristics. Agricultural and Forest Meteorology, 218-219: 65-73.

Li Y F, Li Z W, Wang Z Y, et al., 2017. Impacts of artificially planted vegetation on the ecological restoration of movable sand dunes in the Mugetan Desert, northeastern Qinghai-Xizang Plateau. International Journal of Sediment Research, 32(2): 277-287.

Li Y M, Su Y J, Hu T Y, et al., 2018. Retrieving 2-D leaf angle distributions for deciduous trees from terrestrial laser scanner data. IEEE Transactions on Geoscience and Remote Sensing, 56(8): 4945-4955.

Liu F, Wang X C, Wang C K, et al., 2021. Environmental and biotic controls on the interannual variations in CO_2 fluxes of a continental monsoon temperate forest. Agricultural and Forest Meteorology, 296: 108232.

Liu S G, 1998. Estimation of rainfall storage capacity in the canopies of cypress wetlands and slash pine uplands in north-central Florida. Journal of Hydrology, 207(1-2): 32-41.

Liu X Y, Xin L J, Lu Y H, 2021. National scale assessment of the soil erosion and conservation function of terraces in China. Ecological Indicators, 129: 107940.

Liu Y Y, Wang A Y, An Y N, et al., 2018. Hydraulics play an important role in causing low growth rate and dieback of aging *Pinus sylvestris* var. *mongolica* trees in plantations of Northeast China. Plant, Cell and Environment, 41(7): 1500-1511.

Llorens P, Gallart F, 2000. A simplified method for forest water storage capacity measurement. Journal of Hydrology, 240(1-2): 131-144.

Loeffler A E, Gordon A M, Gillespie T J, 1992. Optical porosity and windspeed reduction by coniferous windbreaks in southern Ontario. Agroforestry Systems, 17: 119-133.

Lu D L, Zhu J J, Sun Y R, et al., 2015. Gap closure process by lateral extension growth of canopy trees and its effect on woody species regeneration in a temperate secondary forest, Northeast China. Silva Fennica, 49(5): 1310.

Lu D L, Wang G G, Yan Q L, et al., 2018b. Effects of gap size and within-gap position on seedling growth and biomass allocation: is the gap partitioning hypothesis applicable to the temperate secondary forest ecosystems in Northeast China?. Forest Ecology and Management, 429: 351-362.

Lu D L, Wang G G, Zhang J X, et al., 2018a. Converting larch plantations to mixed stands: effects of canopy treatment on the survival and growth of planted seedlings with contrasting shade tolerance. Forest Ecology and Management, 409: 19-28.

Lu D L, Zhu J J, Wang X Y, et al., 2021. A systematic evaluation of gap size and within-gap position effects on seedling regeneration in a temperate secondary forest, Northeast China. Forest Ecology and Management, 490: 119140.

Lu D L, Zhu J J, Wu D N, et al., 2020. Detecting dynamics and variations of crown asymmetry induced by natural gaps in a temperate secondary forest using terrestrial laser scanning. Forest Ecology and Management, 473: 118289.

Lu F, Hu H F, Sun W J, et al., 2018. Effects of national ecological restoration projects on carbon sequestration in China from 2001 to 2010. Proceedings of the National Academy of Sciences of the United States of America, 115(16): 4039-4044.

Ma Q, 2004. Appraisal of tree planting options to control desertification: experiences from Three-North Shelterbelt Programme. International Forestry Review, 6(3-4): 327-334.

Madsen P, Larsen J B, 1997. Natural regeneration of beech (*Fagus sylvatica* L.) with respect to canopy density, soil moisture and soil carbon content. Forest Ecology and Management, 97(2): 95-105.

Manion P D, 1991. Tree disease concepts. 2nd ed. New Jersey: Pearson Prentice Hall: 416.

Marais Z E, Baker T P, Hunt M A, et al., 2022. Shelterbelt species composition and age determine structure: consequences for ecosystem services. Agriculture. Ecosystems and Environment, 329: 107884.

Mason W L, Zhu J J, 2014. Silviculture of planted forests managed for multi-functional objectives: lessons from Chinese and British experiences//Challenges and Opportunities for the World's Forests in the 21st Century. Dordrecht: Springer: 37-54.

Matson P A, Parton W J, Power A G, et al., 1997. Agricultural intensification and ecosystem properties. Science, 277: 504-509.

Matzner S L, Rice K J, Richards J H, 2003. Patterns of stomatal conductance among blue oak (*Quercus douglasii*) size classes and populations: implications for seedling establishment. Tree Physiology, 23(11): 777-784.

Mayrinck R C, Laroque C P, Amichev B Y, et al., 2019. Above and below-ground carbon sequestration in shelterbelt trees in Canada: a review. Forests, 10(10): 922.

McCarthy J, 2001. Gap dynamics of forest trees: a review with particular attention to boreal forests. Environmental Reviews, 9(1): 1-59.

Merriam G, 1984. Connectivity: a fundamental ecological characteristic of landscape pattern//Brandt J, Agger P. Proceedings First International Seminar on Methodology in Landscape Ecological Research and Planning Theme I. International Association for Landscape Ecology. Roskilde: Roskilde University: 5-15.

Mertens J, Raes D, Feyen J, 2002. Incorporating rainfall intensity into daily rainfall records for simulating runoff and infiltration into soil profiles. Hydrological Processes,16(3): 731-739.

Mitchell S J, 2000. Stem growth responses in Douglas-fir and Sitka spruce following thinning: implications for assessing wind-firmness. Forest Ecology and Management, 135(1-3): 105-114.

Mize C W, Brandle J R, Schoeneberger M M, et al., 2008. Ecological development and function of shelterbelts in temperate North America//Jose S, Gordon A M, Reuter M, et al. Toward Agroforestry Design: An Ecological Approach, Berlin: Springer-Verlag, T.M.C. Asser Press: 27-54.

Molon M, Boyce J I, Arain M A, 2017. Quantitative, nondestructive estimates of coarse root biomass in a temperate pine forest using 3-D ground-penetrating radar (GPR). Journal of Geophysical Research: Biogeosciences, 122(1): 80-102.

Motta R, Haudemand J C, 2000. Protective forests and silvicultural stability: an example of planning in the Aosta Valley. Mountain Research and Development, 20(2): 180-187.

Moysey E B, McPherson F B, 1966. Effect of porosity on performance of windbreaks. Transactions of the ASAE, 9(1): 74-76.

Munns E N, Stoeckeler J H, 1946. How are the Great Plains Shelterbelts?. Journal of Forestry, 44(4): 237-257.

Murai H, Ishikawa M, Endo J, et al., 1992. The coastal forest in Japan. Tokyo: Soft Science Inc..

Musa A, Zhang Y H, Cao J, et al., 2019. Relationship between root distribution characteristics of Mongolian pine and the soil water content and groundwater table in Horqin sandy land, China. Trees-Structure and Function, 33(4): 1203-1211.

Muscolo A, Bagnato S, Sidari M, et al., 2014. A review of the roles of forest canopy gaps. Journal of Forestry Research, 25(4): 725-736.

Muscolo A, Sidari M, Mercurio R, 2007. Influence of gap size on organic matter decomposition, microbial biomass and nutrient cycle in Calabrian pine (*Pinus laricio*, Poiret) stands. Forest Ecology and Management, 242(2-3): 412-418.

Naithani K J, Ewers B E, Pendall E, 2012. Sap flux-scaled transpiration and stomatal conductance response to soil and atmospheric drought in a semi-arid sagebrush ecosystem. Journal of Hydrology, 464-465: 176-185.

Nakashizuka T, Katsuki T, Tanaka H, 1995. Forest canopy structure analyzed by using aerial photographs. Ecological Research, 10(1): 13-18.

Nilson T, 1971. A theoretical analysis of the frequency of gaps in plant stands. Agricultural Meteorology, 8: 25-38.

Ninemets Ü, Valladares F, 2006. Tolerance to shade, drought, and waterlogging of temperate Northern Hemisphere trees and shrubs. Ecological Monographs,76(4): 521- 547.

Ninyerola M, Pons X, Roure J M, 2000. A methodological approach of climatological modelling of air temperature and precipitation through GIS techniques. International Journal of Climatology, 20(14): 1823-1841.

Norman W B, 1989. Shelterbelts and windbreaks in the Great Plains. Journal of Forestry, 87(4): 32-36.

Obiri J A F, Lawes M J, 2004. Chance versus determinism in canopy gap regeneration in coastal scarp forest in South Africa. Journal of Vegetation Science, 15(4): 539-547.

Oliva J, Colinas C, 2007. Decline of silver fir (*Abies alba* Mill.) stands in the Spanish Pyrenees: role of management, historic dynamics and pathogens. Forest Ecology and Management, 252(1-3): 84-97.

Orth J, 2007. The shelterbelt project: cooperative conservation in 1930s America. Agricultural History, 81(3): 333-357.

Osorio R J, Barden C J, Ciampitti I A, 2019. GIS approach to estimate windbreak crop yield effects in Kansas-Nebraska. Agroforestry Systems, 93(4): 1567-1576.

Ouyang Z Y, Zheng H, Xiao Y, et al., 2016. Improvements in ecosystem services from investments in natural capital. Science, 352(6292): 1455-1459.

Owari T, Tatsumi S, Ning L Z, et al., 2015. Height growth of Korean pine seedlings planted under strip-cut larch plantations in Northeast China. International Journal of Forestry Research, 2015: 1-10.

Pan Y D, Birdsey R A, Fang J Y, et al., 2011. A large and persistent carbon sink in the world's forests. Science, 333(6045): 988-993.

Peng S Z, Ding Y X, Liu W Z, et al., 2019. 1km monthly temperature and precipitation dataset for China from 1901 to 2017. Earth System Science Data, 11(4): 1931-1946.

Phillips D L, Gregg J W, 2003. Source partitioning using stable isotopes: coping with too many sources. Oecologia, 136(2): 261-269.

Pisek J, Chen J M, Lacaze R, et al., 2010. Expanding global mapping of the foliage clumping index with multi-angular POLDER three measurements: evaluation and topographic compensation. ISPRS Journal of Photogrammetry and Remote Sensing, 65(4): 341-346.

Powers M D, Pregitzer K S, Palik B J, 2008. Physiological performance of three pine species provides evidence for gap partitioning. Forest Ecology and Management, 256(12): 2127-2135.

Poyatos R, Martínez-Vilalta J, Čermák J, et al., 2007. Plasticity in hydraulic architecture of Scots pine across Eurasia. Oecologia, 153(2): 245-259.

Prince S D, de Colstoun E B, Kravitz L L, 1998. Evidence from rain - use efficiencies does not indicate extensive Sahelian desertification. Global Change Biology, 4(4): 359-374.

Pueschel P, Newnham G, Rock G, et al., 2013. The influence of scan mode and circle fitting on tree stem detection, stem diameter and volume extraction from terrestrial laser scans. ISPRS Journal of Photogrammetry and Remote Sensing, 77: 44-56.

Rabus B, Eineder M, Roth A, et al., 2003. The shuttle radar topography mission—a new class of digital elevation models acquired by spaceborne radar. ISPRS Journal of Photogrammetry and Remote Sensing, 57(4): 241-262.

Rau B M, Johnson D W, Chambers J C, et al., 2009. Estimating root biomass and distribution after fire in a great basin woodland using cores and pits. Western North American Naturalist, 69(4): 459-468.

Ravazzani G, Corbari C, Morella S, et al., 2012. Modified Hargreaves-Samani equation for the assessment of reference evapotranspiration in Alpine River Basins. Journal of Irrigation and Drainage Engineering, 138(7): 592-599.

Reeves M C, Zhao M, Running S W, 2005. Usefulness and limits of MODIS GPP for estimating wheat yield. International Journal of Remote Sensing, 26(7): 1403-1421.

Renard K G, Foster G R, Weesies G A, et al., 1997. Predicting soil erosion by water: a guide to conservation planning with the revised

Universal Soil Loss Equation(RVSLE)//Agriculture Handbook 703. Washington D.C.: USDA-ARS.

Resh S C, Battaglia M, Worledge D, et al., 2003. Coarse root biomass for eucalypt plantations in Tasmania, Australia: sources of variation and methods for assessment. Trees-Structure and Function, 17(5): 389-399.

Ritchie K A, 1988. Shelterbelt plantings in semi-arid areas. Agriculture, Ecosystems and Environment, 22-23: 425-440.

Ritter E, 2005. Litter decomposition and nitrogen mineralization in newly formed gaps in a Danish beech (*Fagus sylvatica*) forest. Soil Biology and Biochemistry, 37(7): 1237-1247.

Rodell M, Velicogna I, Famiglietti J S, 2009. Satellite-based estimates of groundwater depletion in India. Nature, 460(7258): 999-1002.

Rodríguez-Calcerrada J, Cano F J, Valbuena-Carabaña M, et al., 2010. Functional performance of oak seedlings naturally regenerated across microhabitats of distinct overstorey canopy closure. New Forests, 39(2): 245-259.

Roland R, 1952. Forest and shelterbelt planting in the United States(1951). Journal of Forestry, 50(8): 605-608.

Roth B E, Slatton K C, Cohen M J, 2007. On the potential for high - resolution lidar to improve rainfall interception estimates in forest ecosystems. Frontiers in Ecology and the Environment, 5(8): 421-428.

Runkle J R, 1981. Gap regeneration in some old-growth forests of the Eastern United States. Ecology, 62(4): 1041-1051.

Runkle J R, 1982. Patterns of disturbance in some old-growth mesic forests of Eastern North America. Ecology, 63(5): 1533-1546.

Runkle J R, 1992. Guidelines and samples protocol for sampling forest gaps. General Technical Report: PNW-GTR-283: 44.

Ryu Y, Sonnentag O, Nilson T, et al., 2010. How to quantify tree leaf area index in an open savanna ecosystem: a multi-instrument and multi-model approach. Agricultural and Forest Meteorology, 150(1): 63-76.

Saaty T L, Bennett J P, 1977. A theory of analytical hierarchies applied to political candidacy. Behavioral Science, 22(4): 237-245.

Sabo A E, Forrester J A, Burton J I, et al., 2019. Ungulate exclusion accentuates increases in woody species richness and abundance with canopy gap creation in a temperate hardwood forest. Forest Ecology and Management, 433: 386-395.

Santiago J L, Martín F, Cuerva A, et al., 2007. Experimental and numerical study of wind flow behind windbreaks. Atmospheric Environment, 41(30): 6406-6420.

Savenije H H G, 2004. The importance of interception and why we should delete the term evapotranspiration from our vocabulary. Hydrological Processes, 18(8): 1507-1511.

Scheffer M, Carpenter S, Foley J A, et al., 2001. Catastrophic shifts in ecosystems. Nature, 413(6856): 591-596.

Schiettecatte W, D'Hondt L, Cornelis W M, et al., 2008. Influence of landuse on soil erosion risk in the Cuyaguateje watershed (Cuba). Catena, 74(1): 1-12.

Schleser G H, Anhuf D, Helle G, et al., 2015. A remarkable relationship of the stable carbon isotopic compositions of wood and cellulose in tree-rings of the tropical species *Cariniana micrantha* (Ducke) from Brazil. Chemical Geology, 401: 59-66.

Schliemann S A, Bockheim J G, 2011. Methods for studying treefall gaps: a review. Forest Ecology and Management, 261(7): 1143-1151.

Schroeder W R, 1988. Planting and establishment of shelterbelts in humid sever-winter regions. Agriculture, Ecosystems and Environment, 22-23: 441-463.

Seidel D, Ammer C, Puettmann K, 2015. Describing forest canopy gaps efficiently, accurately, and objectively: new prospects through the use of terrestrial laser scanning. Agricultural and Forest Meteorology, 213: 23-32.

Sernander R, 1936. The primitive forests of Granskar and Fiby: a study of the part played by storm-gaps and dwarf trees in the regeneration of the Swedish spruce forest. Acta Phytogeographica Suecica, 8: 1-232.

Shahanov V M, Cirella G T, 2022. Shelterbelt planning in agriculture: application from Bulgaria//Cirella G T. Human settlements. Singapore: Springer-Verlog: 139-154.

Shaw D J B, 2015. Mastering nature through science: Soviet geographers and the Great Stalin Plan for the transformation of nature, 1948-53. Slavonic and East European Review, 93(1): 120-146.

Shi H D, Liu J Y, Zhuang D F, et al., 2007. Using the RBFN model and GIS technique to assess wind erosion hazard of Nei Mongol, China. Land Degradation and Development, 18(4): 413-422.

Shrimali S S, Aggarwal S P, Samra J S, 2001. Prioritizing erosion-prone areas in hills using remote sensing and GIS—a case study of the Sukhna Lake catchment, northern India. International Journal of Applied Earth Observation and Geoinformation, 3(1): 54-60.

Shure D J, Phillips D L, Bostick P E, 2006. Gap size and succession in cutover southern Appalachian forests: an 18 year study of vegetation dynamics. Plant Ecology,185(2): 299-318.

Silvertown J W, 1983. The distribution of plants in limestone pavement: tests of species interaction and niche separation against null hypotheses. Journal of Ecology, 71(3): 819-828.

Simpson J, Kummerow C, Tao W K, et al., 1996. On the tropical rainfall measuring mission (TRMM). Meteorology and Atmospheric Physics, 60(1-3): 19-36.

Sinclair W A, 1965. Comparisons of recent declines of white ash, oaks and sugar maple in northeastern woodlands. The Cornell Plantations, 20: 62-67.

Sipe T W, Bazzaz F A, 1994. Gap partitioning among maples (*Acer*) in central New England: shoot architecture and photosynthesis. Ecology, 75(8): 2318-2332.

Sipe T W, Bazzaz F A, 1995. Gap partitioning among maples (*Acer*) in central New England: survival and growth. Ecology, 76(5): 1587-1602.

Song L N, Zhu J J, Li M C, et al., 2014. Water utilization of *Pinus sylvestris* var. *mongolica* in a sparse wood grassland in the semiarid sandy region of Northeast China. Trees-Structure and Function, 28(4):971-982.

Song L N, Zhu J J, Li M C, et al., 2016a. Water use patterns of *Pinus sylvestris* var. *mongolica* trees of different ages in a semiarid sandy lands of Northeast China. Environmental and Experimental Botany, 129: 94-107.

Song L N, Zhu J J, Li M C, et al., 2016b. Sources of water used by *Pinus sylvestris* var. *mongolica* trees based on stable isotope measurements in a semiarid sandy region of Northeast China. Agricultural Water Management, 164: 281-290.

Song L N, Zhu J J, Li M C, et al., 2018a. Canopy transpiration of *Pinus sylvestris* var. *mongolica* in a sparse wood grassland in the semiarid sandy region of Northeast China. Agriculture and Forest Meteorology, 250-251: 192-201.

Song L N, Zhu J J, Li M C, et al., 2018b. Water use strategies of natural *Pinus sylvestris* var. *mongolica* trees of different ages in Hulunbuir sandy land of Nei Mongol, China, based on stable isotopic analysis. Trees-Structure and Function, 32(4): 1001-1011.

Song L N, Zhu J J, Li M C, et al., 2020a. Comparison of water-use patterns for non-native and native woody species in a semiarid sandy region of Northeast China based on stable isotopes. Environmental and Experimental Botany, 174: 103923.

Song L N, Zhu J J, Yan Q L, et al., 2012. Estimation of groundwater levels with vertical electrical sounding in the semiarid area of South Keerqin sandy aquifer, China. Journal of Applied Geophysics, 83: 11-18.

Song L N, Zhu J J, Yan Q L, et al., 2015. Comparison of intrinsic water use efficiency between different aged *Pinus sylvestris* var. *mongolica* windbreaks in semiarid sandy land of northern China. Agroforestry Systems, 89(3): 477-489.

Song L N, Zhu J J, Zhang T, et al., 2021. Higher canopy transpiration rates induced dieback in poplar (*Populus×xiaozhuanica*) plantations in a semiarid sandy region of Northeast China. Agricultural Water Management, 243: 106414.

Song L N, Zhu J J, Zheng X, et al., 2020b. Transpiration and canopy conductance dynamics of *Pinus sylvestris* var. *mongolica* in its natural range and in an introduced region in the sandy plains of northern China. Agricultural and Forest Meteorology, 218: 107830.

Song L N, Zhu J J, Zheng X, et al., 2022. Comparison of canopy transpiration between *Pinus sylvestris* var. *mongolica* and *Pinus tabuliformis* plantations in a semiarid sandy region of Northeast China. Agricultural and Forest Meteorology, 314: 108784.

Spies T A, Franklin J F, Klopsch M, 1990. Canopy gaps in Douglas-fir forests of the Cascade Mountains. Canadian Journal of Forest Research, 20(5): 649-658.

Sprent J I, Sutherland J M, de Faria S M, et al., 1987. Some aspects of the biology of nitrogen-fixing organisms. Philosophical Transactions of the Royal Society B: Biological Sciences, 317(1184): 111-129.

Staelens J, de Schrijver A, Verheyen K, et al., 2008. Rainfall partitioning into throughfall, stemflow, and interception within a single beech (*Fagus sylvatica* L.) canopy: influence of foliation, rain event characteristics, and meteorology. Hydrological Processes, 22: 33-45.

Stahl K, Moore R D, Floyer J A, et al., 2006. Comparison of approaches for spatial interpolation of daily air temperature in a large region with complex topography and highly variable station density. Agricultural and Forest Meteorology, 139(3-4): 224-236.

Su H, Li Y G, Liu W, et al., 2014. Changes in water use with growth in *Ulmus pumila* in semiarid sandy land of northern China. Trees-Structure and Function, 28(1): 41-52.

Sun S J, He C X, Qiu L F, et al., 2018. Stable isotope analysis reveals prolonged drought stress in poplar plantation mortality of the Three-North Shelter Forest in northern China. Agricultural and Forest Meteorology, 252: 39-48.

Sun W Y, Shao Q Q, Liu J Y, et al., 2014. Assessing the effects of land use and topography on soil erosion on the Loess Plateau in China. Catena, 121: 151-163.

Sun Y R, Zhu J J, Yan Q L, et al., 2016. Changes in vegetation carbon stocks between 1978 and 2007 in central Loess Plateau, China. Environmental Earth Sciences, 75(4): 312.

Swank W T, Crossley D A, 1988. Forest hydrology and ecology at Coweeta. New York: Springer-Verlag.

Tamang B, Andreu M G, Rockwood D L, 2010. Microclimate patterns on the leeside of single-row tree windbreaks during different weather conditions in Florida farms: implications for improved crop production. Agroforestry Systems, 79(1): 111-122.

Tanaka S, Tanizawa T, Sano H, et al., 1955. Studies on the wind in front and back of the shelter-hedges. Journal of Agricultural Meteorology, 11: 91-94.

Tapley B D, Bettadpur S, Ries J C, et al., 2004. GRACE measurements of mass variability in the earth system. Science, 305(5683): 503-505.

Taylor P D, Fahrig L, Henein K, et al., 1993. Connectivity is a vital element of landscape structure. Oikos, 68(3): 571-573.

Tellman B, Sullivan J A, Kuhn C, et al., 2021. Satellite imaging reveals increased proportion of population exposed to floods. Nature, 596(7870): 80-86.

Thom A S, 1975. Momentum, mass and heat exchange of plant communities. Vegetation and the Atmosphere, 4: 57-109.

Thorsen M, Refsgaard J C, Hansen S, et al., 2001. Assessment of uncertainty in simulation of nitrate leaching to aquifers at catchment scale. Journal of Hydrology, 242(3-4): 210-227.

Tibke G, 1988. Basic principles of wind erosion control. Agriculture, Ecosystems and Environment, 22-23: 103-122.

Ticknor K A, 1988. Design and use of field windbreaks in wind erosion control systems. Agriculture, Ecosystems and Environment, 22-23: 123-132.

Uhlenbrook S, 2006. Catchment hydrology—a science in which all processes are preferential: invited commentary. Hydrological Processes, 20(16): 3581-3585.

Utsugi H, Araki M, Kawasaki T, et al., 2006. Vertical distributions of leaf area and inclination angle, and their relationship in a 46-year-old *Chamaecyparis obtusa* stand. Forest Ecology and Management, 225(1-3): 104-112.

van Couwenberghe R, Collet C, Lacombe E, et al., 2010. Gap partitioning among temperate tree species across a regional soil gradient in windstorm-disturbed forests. Forest Ecology and Management, 260(1): 146-154.

van der Sleen P, Zuidema P A, Pons T L, 2017. Stable isotopes in tropical tree rings: theory, methods and applications. Functional Ecology, 31(9): 1674-1689.

van der Tol C, Verhoef W, Timmermans J, et al., 2009. An integrated model of soil-canopy spectral radiances, photosynthesis, fluorescence, temperature and energy balance. Biogeosciences, 6(12): 3109-3129.

van Deusen J L, 1978. Shelterbelts on the Great Plains: what's happening?. Journal of Forestry, 76(3): 160-161.

Vancutsem C, Ceccato P, Dinku T, et al., 2010. Evaluation of MODIS land surface temperature data to estimate air temperature in different ecosystems over Africa. Remote Sensing of Environment, 114(2): 449-465.

Vandenberghe C, Freléchoux F, Gadallah F, et al., 2006. Competitive effects of herbaceous vegetation on tree seedling emergence, growth and survival: does gap size matter?. Journal of Vegetation Science, 17(4): 481-488.

Vanderlinden K, Giráldez J V, van Meirvenne M, 2004. Assessing reference evapotranspiration by the Hargreaves method in southern Spain. Journal of Irrigation and Drainage Engineering, 130(3): 184-191.

Veblen T T, 1985. Forest development in tree-fall gaps in the temperate rain forests of Chile. National Geographic Research, 1(2): 162-183.

Verón S R, Paruelo J M, 2010. Desertification alters the response of vegetation to changes in precipitation. Journal of Applied Ecology, 47(6): 1233-1241.

Verón S R, Paruelo J M, Oesterheld M, 2006. Assessing desertification. Journal of Arid Environments, 66(4): 751-763.

Vrieling A, Sterk G, Beaulieu N, 2002. Erosion risk mapping: a methodological case study in the Colombian Eastern Plains. Journal of Soil and Water Conservation, 57(3): 158-163.

Wang C Z, Lu Z Q, Haithcoat T L, 2007. Using Landsat images to detect oak decline in the Mark Twain National Forest, Ozark Highlands. Forest Ecology and Management, 240(1-3): 70-78.

Wang G L, Liu F, 2011. The influence of gap creation on the regeneration of *Pinus tabuliformis* planted forest and its role in the near-natural cultivation strategy for planted forest management. Forest Ecology and Management, 262(3): 413-423.

Wang H, Takle E S, Shen J M, 2001. Mathematical modeling and computer simulations of turbulent flows. Annual Review of Fluid Mechanics, 33: 549-586.

Wang H J, Zhou H, 2003. A simulation study on the eco-environmental effects of 3N Shelterbelt in North China. Global and Planetary Change, 37(3-4): 231-246.

Wang J, Rich P M, Price K P, 2003. Temporal responses of NDVI to precipitation and temperature in the central Great Plains, USA. International Journal of Remote Sensing, 24(11): 2345-2364.

Wang J, Yan Q L, Zhang T, et al., 2018. Converting larch plantations to larch-walnut mixed stands: effects of spatial distribution pattern of larch plantations on the rodent-mediated seed dispersal of *Juglans mandshurica*. Forests, 9(11): 716.

Wang J, Yan Q L, Lu D L, et al., 2019. Effects of microhabitat on rodent-mediated seed dispersal in monocultures with thinning treatment. Agricultural and Forest Meteorology, 275: 91-99.

Wang K C, Li Z Q, Cribb M, 2006. Estimation of evaporative fraction from a combination of day and night land surface temperatures and NDVI: a new method to determine the Priestley-Taylor parameter. Remote Sensing of Environment, 102(3-4): 293-305.

Wang M J, Sun R, Zhu A R, et al., 2020. Evaluation and comparison of light use efficiency and gross primary productivity using three different approaches. Remote Sensing, 12(6): 1003.

Wang Q, Tenhunen J, Dinh N Q, et al., 2004. Similarities in ground- and satellite-based NDVI time series and their relationship to physiological activity of a Scots pine forest in Finland. Remote Sensing of Environment, 93(1-2): 225-237.

Wang S J, Liu H, Yu Y, et al., 2020. Evaluation of groundwater sustainability in the arid Hexi Corridor of Northwestern China, using GRACE, GLDAS and measured groundwater data products. Science of the Total Environment, 705: 135829.

Watt A S, 1947. Pattern and process in the plant community. Journal of Ecology, 35(1-2): 1-22.

Weber T A, Hart J L, Schweitzer C J, et al., 2014. Influence of gap-scale disturbance on developmental and successional pathways in *Quercus-Pinus* stands. Forest Ecology and Management, 331: 60-70.

Webster C R, Lorimer C G, 2005. Minimum opening sizes for canopy recruitment of midtolerant tree species: a retrospective approach. Ecological Applications, 15(4): 1245-1262.

Wei W J, Wang B, Niu X, 2020. Soil erosion reduction by Grain for Green Project in desertification areas of northern China. Forests, 11(4): 473.

Whitmore T C, 1989. Canopy gaps and the two major groups of forest trees. Ecology, 70(3): 536-538.

Wilson J D, Yee E, 2003. Calculation of winds disturbed by an array of fences. Agricultural and Forest Meteorology, 115(1-2): 31-50.

Wischmeier W H, Smith D D, 1978. Predicting rainfall erosion losses —a guide to conservation planning//United States Department of Agriculture. Agriculture handbook (USA). Wuhan: Hans Publishers.

Woodruff N P, 1956. The spacing interval for supplemental shelterbelt. Journal of Forestry, 54(2):115-122.

Woodruff N P, Zingg A W, 1953. Wind tunnel studies of shelterbelt models. Journal of Forestry, 51(3): 173-178.

Wright E F, Canham C D, Coates K D, 2000. Effects of suppression and release on sapling growth for 11 tree species of northern, interior British Columbia. Canadian Journal of Forest Research, 30(10): 1571-1580.

Wu J B, Jing Y L, Guan D X, et al., 2013. Controls of evapotranspiration during the short dry season in a temperate mixed forest in Northeast China. Ecohydrology, 6(5): 775-782.

Wu T G, Zhang P, Zhang L, et al., 2018. Relationships between shelter effects and optical porosity: a meta-analysis for tree windbreaks. Agricultural and Forest Meteorology, 259: 75-81.

Wu Y, Guo L, Cui X H, et al., 2014. Ground-penetrating radar based automatic reconstruction of three-dimensional coarse root system architecture. Plant and Soil, 383(1-2): 155-172.

Wu Y, Wang Q, Wang H M, et al., 2019. Shelterbelt poplar forests induced soil changes in deep soil profiles and climates contributed their inter-site variations in dryland regions, Northeastern China. Frontiers in Plant Science, 10: 220.

Xu D Y, Li D J, 2020. Variation of wind erosion and its response to ecological programs in northern China in the period 1981-2015. Land Use Policy, 99: 104871.

Yamamoto S I, 2000. Forest gap dynamics and tree regeneration. Journal of Forest Research, 5: 223-229.

Yamamoto S I, Nishimura N, Torimaru T, et al., 2011. A comparison of different survey methods for assessing gap parameters in old-growth forests. Forest Ecology and Management, 262(5): 886-893.

Yan C Z, Song X, Zhou Y M, et al., 2009. Assessment of aeolian desertification trends from 1975's to 2005's in the watershed of the Longyangxia Reservoir in the upper reaches of China's Yellow River. Geomorphology, 112(3-4): 205-211.

Yan Q L, Gang Q, Zhu J J, et al., 2016b. Variation in survival and growth strategies for seedlings of broadleaved tree species in response to thinning of larch plantations: implication for converting pure larch plantations into larch-broadleaved mixed forests. Environmental and Experimental Botany, 129: 108-117.

Yan Q L, Zhu C Y, Zhu J J, et al., 2022. Estimating gap age using tree-ring width in combination with carbon isotope discrimination in a temperate forest, Northeast China. Annals of Forest Science, 79: 25.

Yan Q L, Zhu J J, Hu Z B, et al., 2011. Environmental impacts of the shelter forests in Horqin sandy land, Northeast China. Journal of Environmental Quality, 40(3): 815-824.

Yan Q L, Zhu J J, Gang Q, 2013. Comparison of spatial patterns of soil seed banks between larch plantations and adjacent secondary forests in Northeast China: implication for spatial distribution of larch plantations. Trees-Structure and Function, 27(6): 1747-1754.

Yan Q L, Zhu J J, Gang Q, et al., 2016a. Comparison of spatial distribution patterns of seed rain between larch plantations and adjacent secondary forests in Northeast China. Forest Science, 62(6): 652-662.

Yan Y, Zhu J J, Yan Q L, et al., 2014. Modeling shallow groundwater levels in Horqin Sandy Land, north China, using satellite-based remote sensing images. Journal of Applied Remote Sensing, 8: 083647.

Yan Q L, Zhu J J, Zhang J P, et al., 2010. Spatial distribution pattern of soil seed bank in canopy gaps of various sizes in temperate secondary forests, Northeast China. Plant Soil, 329(1-2): 469-480.

Yang K, Shi W, Zhu J J, 2013. The impact of secondary forests conversion into larch plantations on soil chemical and microbiological properties. Plant Soil, 368: 535-546.

Yao Y, Li Z, Wang T, et al., 2018. A new estimation of China's net ecosystem productivity based on eddy covariance measurements and a model tree ensemble approach. Agricultural and Forest Meteorology, 253-254: 84-93.

Yasugi R, Kozeki H, Furutani M, et al., 1996. Biology dictionary. Tokyo: Iwanami Shoten: 2027.

Yin Y H, Wu S H, Zheng D, et al., 2008. Radiation calibration of FAO56 Penman-Monteith model to estimate reference crop evapotranspiration in China. Agricultural Water Management, 95(1): 77-84.

York R A, Fuchs D, Battles J J, et al., 2010. Radial growth responses to gap creation in large, old *Sequoiadendron giganteum*. Applied Vegetation Science, 13(4): 498-509.

Yu Y, Gao T, Zhu J J, et al., 2020. Terrestrial laser scanning-derived canopy interception index for predicting rainfall interception. Ecohydrology, 13(5): e2212.

Yusaiyin M, Tanaka N, 2009. Effects of windbreak width in wind direction on wind velocity reduction. Journal of Forestry Research, 20(3): 199-204.

Zagas T D, Raptis D I, Zagas D T, 2011. Identifying and mapping the protective forests of southeast Mt. Olympus as a tool for sustainable ecological and silvicultural planning, in a multi-purpose forest management framework. Ecological Engineering, 37(2): 286-293.

Zhang C C, Li X Y, Wu H W, et al., 2017. Differences in water-use strategies along an aridity gradient between two coexisting desert shrubs (*Reaumuria soongorica* and *Nitraria sphaerocarpa*): isotopic approaches with physiological evidence. Plant and Soil, 419(1-2): 169-187.

Zhang F, Wang J A, Zou X Y, et al., 2020. Wind erosion climate change in northern China during 1981-2016. International Journal of Disaster Risk Science, 11(4): 484-496.

Zhang H D, Wei W, Chen L D, et al., 2017. Effects of terracing on soil water and canopy transpiration of *Pinus tabulaeformis* in the Loess Plateau of China. Ecological Engineering, 102: 557-564.

Zhang L, Dawes W R, Walker G R, 2001. Response of mean annual evapotranspiration to vegetation changes at catchment scale. Water Resources Research, 37(3): 701-708.

Zhang M, Zhu J J, Li M C, et al., 2013. Different light acclimation strategies of two coexisting tree species seedlings in a temperate secondary forest along five natural light levels. Forest Ecology and Management, 306: 234-242.

Zhang T, Song L N, Zhu J J, et al., 2021. Spatial distribution of root systems of *Pinus sylvestris* var. *mongolica* trees with different ages in a semi-arid sandy region of Northeast China. Forest Ecology and Management, 483: 118776.

Zhao G S, Liu M, Shi P L, et al., 2019. Spatial-temporal variation of ANPP and rain-use efficiency along a precipitation gradient on Changtang Plateau, Xizang. Remote Sensing, 11(3): 325.

Zheng X, Zhu J J, 2015a. A methodological approach for spatial downscaling of TRMM precipitation data in north China. International Journal of Remote Sensing, 36(1): 144-169.

Zheng X, Zhu J J, 2015b. Temperature-based approaches for estimating monthly reference evapotranspiration based on MODIS data over north China. Theoretical and Applied Climatology, 121(3-4): 695-711.

Zheng X, Zhu J J, Xing Z F, 2016. Assessment of the effects of shelterbelts on crop yields at the regional scale in Northeast China. Agricultural Systems, 143: 49-60.

Zheng X, Zhu J J, Yan Q L, et al., 2012. Effects of land use changes on the groundwater table and the decline of *Pinus sylvestris* var. *mongolica* plantations in southern Horqin Sandy Land, Northeast China. Agricultural Water Management, 109: 94-106.

Zheng X, Zhu J J, Yan Q L, 2013. Monthly air temperatures over northern China estimated by integrating MODIS data with GIS techniques. Journal of Applied Meteorology and Climatology, 52(9): 1987-2000.

Zhou X H, Brandle J R, Mize C W, et al., 2005. Three-dimensional aerodynamic structure of a tree shelterbelt: definition, characterization and working models. Agroforestry Systems, 63(2): 133-147.

Zhou X H, Brandle J R, Takle E S, et al., 2002. Estimation of the three-dimensional aerodynamic structure of a green ash shelterbelt. Agricultural and Forest Meteorology, 111(2): 93-108.

Zhu C Y, Zhu J J, Zheng X, et al., 2017. Comparison of gap formation and distribution pattern induced by wind/snowstorm and flood in a temperate secondary forest ecosystem, Northeast China. Silva Fennica, 51(5): 7693.

Zhu J J, 2008. Wind shelter belts//Jørgensen S E, Fath B D. Encyclopedia of Ecology—Ecosystems. Oxford: Elsevier: 3803-3812.

Zhu J J, Gonda Y, Yu L Z, et al., 2012. Regeneration of a coastal pine (*Pinus thunbergii* Parl.) forest 11 years after thinning, Niigata, Japan. Plos One, 7(10): e47593.

Zhu J J, Jiang F Q, Matsuzaki T, 2002. Spacing interval between principal tree windbreaks—based on the relationship between windbreak structure and wind reduction. Journal of Forestry Research, 13(2): 83-90.

Zhu J J, Kang H Z, Gonda Y, 2007. Application of Wenner configuration to estimate soil water content in pine plantations on sandy land. Pedosphere, 17(6): 801-812.

Zhu J J, Kang H Z, Tan H, et al., 2005. Natural regeneration characteristics of *Pinus sylvestris* var. *mongolica* forests on sandy land in Honghuaerji, China. Journal of Forestry Research, 16(4): 253-259.

Zhu J J, Kang H Z, Tan H, et al., 2006. Effects of drought stresses induced by polyethylene glycol on germination of *Pinus sylvestris* var. *mongolica* seeds from natural and plantation forests on sandy land. Journal of Forest Research, 11(5): 319-328.

Zhu J J, Li F Q, Gonda Y, et al., 2003c. Effects of thinning on wind damage in *Pinus thunbergii* plantation—based on theoretical derivation of risk-ratios for assessing wind damage. Journal of Forestry Research,14(1): 1-8.

Zhu J J, Li F Q, Xu M L, et al., 2008a. The role of ectomycorrhizal fungi in alleviating pine decline in semiarid sandy soil of northern China: an experimental approach. Annals of Forest Science, 65(3): 304.

Zhu J J, Liu Z G, Wang H X, et al., 2008b. Effects of site preparation on emergence and early establishment of *Larix olgensis* in montane regions of Northeastern China. New Forests, 36(3): 247-260.

Zhu J J, Lu D L, Zhang W D, 2014. Effects of gaps on regeneration of woody plants: a meta-analysis. Journal of Forestry Research, 25(3): 501-510.

Zhu J J, Matsuzaki T, Gonda Y, 2003b. Optical stratification porosity as a measure of vertical canopy structure in a Japanese coastal forest. Forest Ecology and Management, 173(1-3): 89-104.

Zhu J J, Matsuzaki T, Jiang F Q, 2004. Wind on tree windbreaks. Beijing: China Forestry Publishing House: 1-312.

Zhu J J, Matsuzaki T, Lee F Q, et al., 2003a. Effect of gap size created by thinning on seedling emergency, survival and establishment in a coastal pine forest. Forest Ecology and Management, 182(1-3): 339-354.

Zhu J J, Song L N, 2021. A review of ecological mechanisms for management practices of protective forests. Journal of Forestry Research. 32(2): 435-448.

Zhu J J, Zhang G Q, Wang G G, et al., 2015. On the size of forest gaps: can their lower and upper limits be objectively defined?. Agricultural and Forest Meteorology, 213: 64-76.

Zhu J J, Zhu C Y, Lu D L, et al., 2021. Regeneration and succession: a 50-year gap dynamic in temperate secondary forests, Northeast China. Forest Ecology and Management, 484: 118943.

附录1　本书作者撰写并被采纳的科技智库报告

针对防护林生态工程建设，本书作者在参与或带领研究团队研究过程中，根据研究结果向国家与行业部门提交了多项科技智库报告，包括国家采纳的科技智库报告与部门采纳的科技智库报告（自2006年初至2023年本书出版）。为了报告的完整性，报告中部分内容与本书相关章节有所重复。

附录1.1　国家采纳的科技智库报告

附录1.1.1　关于我国防护林衰退问题的思考与对策建议（2006年）

参见朱教君，郑晓，闫巧玲等著的《三北防护林工程生态环境效应遥感监测与评估研究》（科学出版社，2015年）的附录（p412～416：朱教君，姜凤岐）。

附录1.1.2　关于控制我国森林凋落物和泥炭/草炭出口的建议（2008年）

森林凋落物是森林生态系统维持平衡最重要的物质基础，受经济利益驱动，人们对森林凋落物进行无度地攫取，并出口赚取外汇。近年来，森林凋落物资源的管理得到加强，凋落物出口量正在不断减少，但取而代之的是大量泥炭/草炭正以直线上升的趋势不断出口。由于泥炭/草炭是湿地生态系统服务功能发挥的关键，同时又具有巨大的经济利用价值，盲目开发并大量出口，不仅会造成重大经济损失，更为重要的是严重破坏了湿地生态系统服务功能。从辽宁口岸泥炭/草炭出口量逐年上升的趋势看，全国各泥炭/草炭产地正在加大开采、出口力度，这无疑对我国的湿地生态系统造成严重危害。中国科学院沈阳应用生态研究所朱教君研究员对此进行了分析，并提出了对策建议。

1. *森林凋落物和泥炭/草炭对于维护生态系统功能具有十分重要的意义*

（1）森林凋落物是维持养分循环、保持土壤肥力的关键。

凋落物是森林生态系统生物地球化学循环的重要物质基础，是树木/植物生长和养分平衡的基本保证。凋落物分解归还土壤的总氮量占森林生长所需总氮量的70%～80%，占森林生长所需总磷量的65%～80%和总钾量的30%～40%；另外，凋落物能够改善土壤结构，增加土壤有机质，为土壤生物提供物质与能量。

（2）森林凋落物是保障碳素平衡的关键。

凋落物中主要成分纤维素和木质素的降解是自然界维持碳素平衡不可或缺的过程，全球森林凋落物通过降解，每年以 CO_2 形式归还到大气中的碳约为850亿吨，该分解过程一旦停止，且光合作用仍以目前状态继续，则地球上所有生命将在20年内由于缺少 CO_2 而停止。

（3）森林凋落物是涵养水源、控制水土流失的关键。

枯枝落叶在维持森林水量平衡方面起着重要作用，枯枝落叶吸收的水量可达其本身重量的2～5倍，取走林地的枯枝落叶层将使地表径流增加50%～70%。因此，枯枝落叶量越多，截留雨量越大，涵养水源、净化水质能力越强。

（4）泥炭/草炭是湿地生态系统服务功能发挥的关键。

泥炭/草炭作为湿地的主要存在形式，所提供的生态服务功能不亚于森林，特别是对水的调节和供给、碳的储备和吸收以及气候调节等具有极显著的作用。

2. 森林凋落物和泥炭/草炭出口现状及造成的损失

据对辽宁口岸2003～2007年森林凋落物和泥炭/草炭出口量不完全统计结果表明，近5年来，辽宁口岸出口的森林凋落物量达28147吨，赚取外汇744万美元，平均价格为264.3美元/吨，出口对象国主要为日本，占总量的95%，森林凋落物出口量呈逐年下降趋势（2003～2007年出口量分别为8882吨、8153吨、6412吨、4447吨和253吨）；出口泥炭/草炭量达49000吨（干重），赚取外汇总价值602万美元，平均价格为122.8美元/吨；出口泥炭/草炭量呈逐年上升趋势（2003～2007年出口量分别为6336吨、8294吨、9650吨、11443吨和13275吨）。

从森林中攫走凋落物的行为只在发展中国家发生，而出口森林凋落物的国家可能只有中国。攫走凋落物已经成为破坏森林资源和生态环境的第一隐形杀手。森林凋落物带来的森林生态服务价值或生态效益远远大于其出口的经济效益，最保守估计，目前每吨出口凋落物的生态价值至少是其经济价值的10倍以上。辽宁口岸的出口量逐年下降，主要是由于口岸地区周边森林凋落物几乎全部被攫光；此外，在当地环保部门的呼吁下，森林凋落物资源管理得到加强。但是，其他地区森林凋落物的出口仍时有发生。

泥炭/草炭因具有巨大的经济开发利用价值，长期以来为国际社会所关注。欧洲对泥炭/草炭及其相关产品的开发较早，如芬兰在1967年就成立专门研究泥炭问题的研究所，重点研究泥炭在果树、蔬菜和花卉上的应用。我国对这一廉价、优质、丰富的自然资源目前尚未进行深入的研究和合理利用，尤其是对其生态服务功能尚缺乏足够的认识，对其开发与综合利用技术尚不完善，在此背景下，盲目开发并以原料形式大量出口，不仅造成巨大经济损失，更为重要的是可能引发湿地生态系统严重失衡。

3. 对森林凋落物、泥炭/草炭出口问题的对策建议

（1）充分尊重森林生态系统的自然演替规律，从政策、立法上保护森林凋落物资源。

各级林业管理部门应重视森林凋落物在森林生态系统中的重要作用，严格控制从森林中攫取凋落物的行为，并做好对森林凋落物重要性的宣传工作。根据森林凋落物对涵养水源、保持水土和提供森林生长必要的养分元素等功能方面，在生态补偿过程中有所体现，

从政策上引导农民对森林凋落物加以保护。国家林业部门应制定相关法律、法规，明令禁止森林凋落物出口。

（2）立法禁止泥炭/草炭原料直接出口。

国家相关部门应制定相应的政策限制/控制泥炭/草炭原料的廉价直接出口，适当鼓励对泥炭/草炭进行深加工后出口。

（3）开展泥炭/草炭的生态服务功能研究。

目前国内外关于泥炭/草炭相关研究主要集中在泥炭/草炭的土壤改良、绿化、营养土栽培、腐殖酸提取、有机无机复合肥以及绿化荒漠等方面，而对于泥炭/草炭的生态服务功能研究却十分薄弱。因此，建议全面开展有关泥炭/草炭的生态服务功能，特别是涵养水源、碳源/汇及气候调节等方面的基础研究。

（4）开展泥炭/草炭综合开发技术的研究。

我国泥炭/草炭开发技术水平不高，目前主要采用物理掺混方式加工生产复混肥料，而利用其他合成途径生产复合肥较少；泥炭/草炭腐殖酸复混肥料的产品种类虽然很多，但规模化生产技术尚不完善；另外，在综合利用技术方面与国外（如加拿大和白俄罗斯等国家）先进技术相比还有很大差距。因此，建议开展泥炭/草炭开发与综合利用技术系统研究。

（5）对我国泥炭/草炭资源进行彻底清查，制定合理开发利用规划。

我国 1982 年才将泥炭/草炭列入国家非金属自然矿产资源之列，并由当时的地质部组织了全国泥炭/草炭普查，但由于受当时技术与认识水平的限制，目前我国泥炭/草炭资源总量、时空分布格局并不十分清楚，这直接影响国家在宏观上对泥炭/草炭资源的控制。因此，建议对我国泥炭/草炭资源进行彻底清查，并依据其储量、时空分布格局和生态服务功能等，制定泥炭/草炭资源保护和科学合理开发利用的整体规划。

（朱教君）

附录 1.1.3 三北防护林工程建设成效、存在问题与未来发展对策建议（2011 年）

参见朱教君，郑晓，闫巧玲等著的《三北防护林工程生态环境效应遥感监测与评估研究》（科学出版社，2015 年）的附录（p416～420：朱教君，姜凤岐）。

附录 1.1.4 关于在我国北方重大生态工程适宜区推行“塞罕坝人工林模式”的建议（2017 年）

我国是世界上人工林种植面积最大的国家，在创造了巨大的生态、经济效益的同时，也暴露出木材产能有限、生物多样性低、生态功能低下等问题，制约着人工林的健康发展。当前我国木材的需求量还在不断增加，估计 2020 年的消费量将比 2013 年增加约 60%，达到 8 亿米^3。如何实现经济效益和生态效益的共赢，需要探索可持续的人工林经营模式。

习近平对河北塞罕坝林场建设者感人事迹作出重要指示，强调持之以恒推进生态文明建设。中国科学院依托 973 计划项目对北半球面积最大人工林场——塞罕坝机械林场开展长期研究，通过遥感监测、野外考察与定位试验等多种手段，全面评价了该林场的建设成效与经验，分析了在我国北方正在实施的重大生态工程（三北防护林、京津风沙源治理、退耕还林、天然林保护）区发展优质高效落叶松人工林基地的可行性方案，并提出相关的政策建议。

1. 塞罕坝落叶松人工林建设成效分析

塞罕坝地处河北省最北部、浑善达克沙地南缘，距北京约400公里（直线距离280公里），是阻滞浑善达克沙地风沙侵袭北京的第一道防线。通过对比历史数据，发现塞罕坝林场建设的生态、经济与社会效益显著，具体表现如下。

（1）提高区域森林覆被率45%。

塞罕坝林场所在区域森林覆被率由1962年的13.6%增加至2011年的81.6%（有林地面积由1962年的1.3万公顷增加至2011年的7.6万公顷）。其中，落叶松人工林对增加覆被率贡献为45%（净增4.2万公顷），对森林覆被率提升起到了至关重要的作用。

（2）生产木材897万米^3。

塞罕坝林场落叶松人工林面积仅相当于全国人工用材林面积的1.6‰，在1962～2011年累计生产木材897万米^3，相当于全国落叶松人工林蓄积量的5%、全国人工用材林蓄积量的5.8‰。

（3）固定沙化土地1.9万公顷。

1962年塞罕坝沙化土地面积达3.8万公顷，占林场总面积的44.0%；目前沙化土地基本消失，其中有1.9万公顷已成为落叶松人工林。与此同时，大面积落叶松人工林有效地阻止了风沙的南侵。

（4）增加碳储量498万吨。

落叶松人工林现存生物和土壤碳储量达1128.4万吨。扣除1962年已有生物、土壤的碳储量，近50年净增加497.7万吨。按2010年我国人均二氧化碳排放量6.2吨计，可抵消304.2万人1年二氧化碳的排放量。

（5）增加当地就业与居民收入。

由于落叶松人工林建设极大改善了当地环境，旅游业得到蓬勃发展，2010～2014年，塞罕坝林场年均接待游客46.4万人，旅游收入3419万元/年，林场人均年收入约4万元，显著高于所在地围场县平均水平（2.2万元）。

2. 我国北方重大生态工程区推广塞罕坝模式的可行性分析

（1）塞罕坝模式的成功经验。

塞罕坝林场成功运行的经验有二：一是因地制宜。对比我国落叶松天然分布区与塞罕坝林场所在区域（117°16′E～117°35′E，42°23′N～42°47′N，930平方公里）的气候与立地因子（附表1）发现，无论是制约落叶松生长发育的首要气候要素气温，还是其他气候与立地要素，塞罕坝林场所在区域与落叶松天然分布区均无显著差异，因此该区域适合发展落叶松人工林。二是科学运营。塞罕坝林场已形成了高海拔地区落叶松人工林营建与组织管理体系，育苗、造林与经营技术市场化、规模化，累计提供造林绿化苗木超过2亿株。

附表 1　落叶松人工林区和天然林区气候、立地因子对比

环境要素	人工林区	天然林区
气候	温带大陆性季风气候	温带大陆性季风气候
经度	117°16′E～117°35′E	111°08′E～131°40′E
纬度	42°23′N～42°27′N	36°30′N～52°00′N
海拔/米	1100～1900	300～2800
年均温/摄氏度	-2.3～-0.1	-5.7～9.3
≥10℃积温/摄氏度	2779	1310～3291
≥10℃积温天数/天	149	86～173
降水量/毫米	452	323～999
土壤类型	风沙土、灰色森林土、棕壤土	山地棕壤土、沙土、棕色针叶林土
土层厚度/厘米	>80	40～100
坡向	全坡向	全坡向
坡度/度	<25	5～30

（2）北方地区气候与立地条件适合发展落叶松人工林。

基于塞罕坝林场落叶松人工林适宜性评估结果，研究团队确定了我国北方落叶松林天然分布区温度、降水的空间分布格局（1 公里×1 公里分辨率），提取了与塞罕坝林场所在区域温度与降水相同或相似区域。在此基础上，分析上述区域海拔、土壤类型、地形、植被和土地利用状况等相关因素，结合实地考察、与地方林业局座谈等手段，确定适合“塞罕坝模式”的落叶松人工林发展区域。结果显示，我国北方地区与塞罕坝林场相同或相似区域达 488 万公顷，包括黑龙江、内蒙古、河北、甘肃、青海、新疆等省（自治区）（附图 1，深灰色区域）。

（3）相关区域生态环境适合推广塞罕坝模式。

上述 488 万公顷适合“塞罕坝模式”的落叶松人工林发展区域，在剔除坡度大于 20 度区域、现有农田和林地后，仍有 277 万公顷（相当于 63 个塞罕坝林场落叶松林面积），包括内蒙古东部（陈巴尔虎旗、新巴尔虎左旗、鄂温克族自治旗等）、河北省北部（丰宁满族自治县）、甘肃省中部（肃南裕固族自治县、天祝藏族自治县与民乐县等）、青海省东北部（天峻县、刚察县、海晏县等）等 43 个县（市、旗）（附图 1，黑色区域）。这些区域主要为退化灌木林地、退化草地或沙化土地，生态环境脆弱，气候与立地条件不适合农牧业生产。这些产出价值较低区域是建立优质高效落叶松人工用材林基地的最佳选择。

（4）效益分析。

基于塞罕坝林场长期监测数据，预计 20 年后全国森林覆被率可提升 0.3%，木材蓄积量可达 2.64 亿米^3，每年可增加木材 0.27 亿米^3，年吸收二氧化碳 0.49 亿吨，年释氧 0.44 亿吨；50 年净增加碳储量 4.0 亿吨，可抵消 2.4 亿人一年碳排放，每年碳汇交易收入可达 150 亿元以上。同时每年可涵养水源 64.4 亿米^3，使 249.8 万公顷退化灌木林地、退化草地和沙化土地得到恢复，极大地保护与改善区域生态环境。

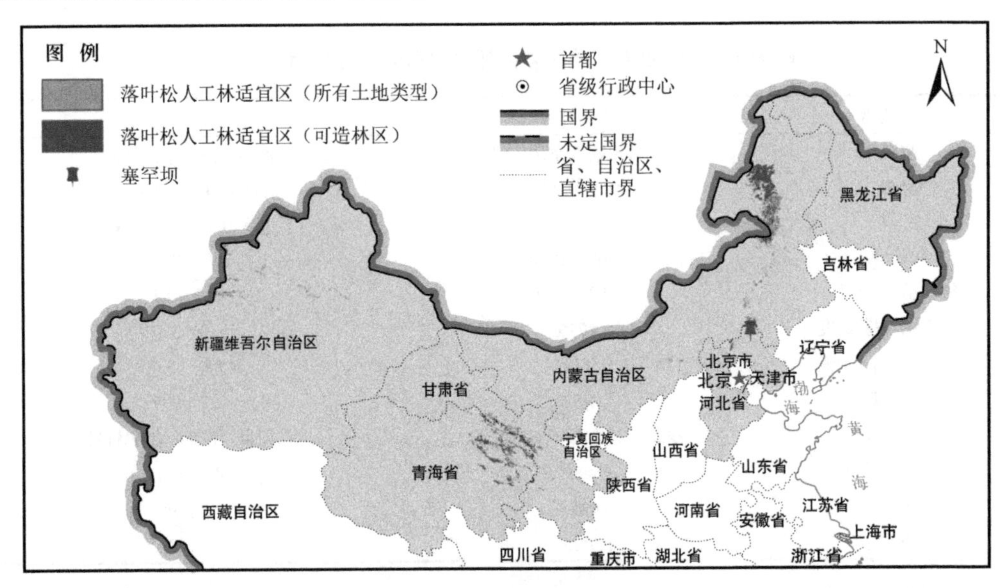

附图1 我国北方落叶松人工林潜在适宜区分布图（坡度<20度，不包括现有林地和农田）

注：落叶松人工林适宜区分辨率为1公里×1公里，覆盖的县（市、旗）（按重大工程排序），共43县（市、旗），其中，面积大于9000公顷的县（市、旗）有26个。三北防护林工程区：新巴尔虎左旗、陈巴尔虎旗、鄂温克族自治旗、海拉尔区、克什克腾旗、东乌珠穆沁旗、科尔沁右翼前旗、丰宁满族自治县、天祝藏族自治县、门源回族自治县、海晏县、刚察县、昭苏县、乐都县、大通回族土族自治县、湟源县、共和县、贵南县、互助土族自治县、湟中县、天峻县、祁连县、肃南裕固族自治县、特克斯县、塔城市。京津风沙源治理工程区：全部在三北防护林工程建设区，包括东乌珠穆沁旗、丰宁满族自治县。退耕还林工程区：海拉尔区、牙克石市、鄂温克族自治旗、克什克腾旗、丰宁满族自治县（与三北防护林工程重叠区域）。天然林资源保护工程区：天峻县、祁连县、天祝藏族自治县、肃南裕固族自治县、乐都区、特克斯县、塔城市（与三北防护林工程全部重叠）。

3. 对北方“塞罕坝模式”人工林基地营林方案建议

（1）对人工林营林区域开展科学评估。

为保证落叶松人工林基地建设的合理性，应全面、科学、准确评估选址的社会、经济与生态状况，详细考察目标区域的立地条件——地形、地貌、坡向、坡度、坡位、土壤等，针对不同落叶松品种，提出针对性的森林经营方案。

（2）通过混交营建模式，提高人工林生态系统稳定性。

在景观尺度上采用“斑块状”或“条带状”混交林营建模式，与落叶松纯林混交的树种以乡土阔叶或常绿针叶树种为主；落叶松与乡土树种混交比例为7∶3或8∶2；营林密度应以当地水量平衡为基础做适时调整，从而避免大面积纯林。在林分尺度采用不同种混植，如长白落叶松、日本落叶松与华北落叶松混交，由于种间与种内竞争的养分机制不同，可以提升木材生产力。

（3）丰富人工林系统的生物多样性。

为防止人工林养分失衡和维持长期生产力，可利用间伐等经营措施，适当引入豆科灌木，如胡枝子、紫穗槐等，增加土壤有机质积累；同时，采用近自然经营技术，将中幼龄落叶松人工纯林诱导成为落叶松-其他树种（乡土树种）混交林。另外，延长采伐间隔期，从目前的40年延至55～60年，采伐、间伐时将枝叶皮等保留在林地，以减少养分输出。

（朱教君、高添、傅伯杰、曹福亮、段晓男）

附录 1.1.5　关于完善天然林保护制度的建议（2018 年）

在 1998 年长江和松花江-嫩江流域发生了特大洪灾后，国家做出了实施“天然林资源保护工程”（简称天保工程）的重大战略决策，在东北-内蒙古重点国有林区和长江上游-黄河上中游地区等 12 个省区全面启动。习近平总书记强调的“绿水青山就是金山银山”作为生态文明建设的核心理念之一，也是党的十九大报告中关于“完善天然林保护制度”要求的指导思想。为此，中国科学院有关专家对天保工程 20 年的成效和问题进行了系统分析，并基于长期定位实验研究和示范推广实践，针对未来提升工程效果，实现生态效益和经济效益双赢，更好地为生态文明美丽中国建设提出相关政策建议。

1. 天保工程实施成效与问题

目前东北-内蒙古区（辽吉黑内蒙古东部）森林总面积约 51 万平方公里，天保工程区约 36 万平方公里；区内原始林（天然形成、未遭人为破坏性开发、相对完整的森林生态系统）所占比例较少（<20%），绝大多数为次生林（由于不便开发利用或极端气候事件等自然干扰，原始林结构与基本功能发生显著变化、经过天然更新或人工诱导天然更新恢复形成的森林）。

1）取得的主要成效

评估工作结果显示，天保工程实施 20 年来，增加工程区森林面积 11530 平方公里、增加森林蓄积总量 3.3 亿米^3（8.89 米^3/公顷）、增加森林碳储量 1.05 亿吨，提高生态效益价值 6300 亿元。森林生境质量明显提升，区域生物多样性得到有效维持与保护；林区民生状况得到一定程度的改善，社会生态保护意识明显增强。

2）存在的主要问题

（1）天保工程维持了绿水青山，但未能实现“金山银山”。

通过围封等措施，天保工程使天然林得到休养生息，从而提升了森林质量，提供了更优的生态调节服务功能和文化休闲服务功能。然而，天保工程却没能较好地协调恢复保护与科学利用之间的关系，导致林农守着绿水青山而得不到“金山银山”，林区经济发展遭遇瓶颈，林农增收脱贫受阻。在生态文明建设成为国家基本方略的时代背景下，天保工程缺乏与之匹配的可持续经营理论与技术体系问题将更加突出。

（2）管理措施未能区别原始林与次生林的保护策略，导致次生林恢复缓慢。

原始林是长期演替形成的顶极群落，数量极少，应严格保护，尽量减少人为干扰。而作为天然林资源主体的次生林，由于其多起源于无性繁殖，建群树种缺失、初期生长快、成熟早，需要适度的人为辅助以确保其恢复速度与质量。在实际操作过程中，未能将原始林和次生林分类管理，仅仅依靠围封式保护，直接导致次生林自然恢复缓慢、生态服务功能低下，严重影响了天保工程的效果。

2. 促进次生林实现生态与经济共赢的可行性分析

实施天保工程的目的不仅仅是保护和恢复森林的面积，更重要的是通过工程实施实现稳定、高效并可持续利用的森林生态系统服务功能。中国科学院专家依托以次生林为研究对象的中国科学院清原森林生态系统观测研究站（简称清原站）和以原始林为研究对象的中国科学院长白山森林生态系统国家野外科学观测研究站（简称长白山站）15 年的长期定位观测、试验、对比研究与示范，提出严格保护原始林、适度人为辅助恢复次生林的保护策略，并探索和建立了相应的推广示范范式，取得了显著成效。

（1）适度人为辅助恢复次生林的理论基础。

森林作为可再生自然资源，科学管理是实现其可持续利用的关键途径。森林培育学要求必须遵循森林自然演替规律，主要依靠自然恢复能力，适度借助人为措施来培育和恢复次生林。从生态系统可持续发展的角度看，应将次生林视为一个有机整体，借助森林培育措施，使森林生态系统结构优化、功能提升，从而增强抗干扰能力。当前次生林自然恢复进程缓慢、周期长、效果差的问题较为突出，究其原因主要是仅仅依靠“围封”的自然恢复方式，而没有进行适度的人为辅助恢复。因此，森林培育学、生态学、可持续发展等科学原理完全可以作为对天然林保护、抚育、更新以及林下资源有效利用等管理措施的理论基础。

（2）适度人为辅助恢复次生林并获得经济效益具有切实可行的范式。

经过多年的实践和探索，清原站集成构建了适度人为辅助的次生林恢复抚育模式（简称恢复抚育模式），同时开发了将次生林抚育与林下资源利用相结合的复合生态经营模式（简称生态经营模式），已取得良好的生态和经济双重效益。

恢复抚育模式采取的措施及取得的效益包括：①生态疏伐，在改善天然林树种组成的同时，涵养水源能力提高 5%～10%；②近自然经营（有机结合目标树种与珍贵乡土阔叶树种的培育），既保护了珍贵乡土树种的遗传资源，又提高了森林质量与生态功能；③林窗更新，解决了在森林更新过程中如何使其干扰小、原生境、恢复快的结构调控难题，有效促进了关键种的恢复与保护；④冠下人工更新红松培育针阔混交林，打破原有的间伐、择伐、带状或块状皆伐等更新方式方法，缩短培育周期，林下灌草植物多样性增加 10%。

生态经营模式采取的措施及取得的效益包括：林-药、林-菜、林-菌等复合种植模式（林下栽培人参、细辛等中草药，大叶芹、刺龙牙等山野菜，利用天然林抚育废弃物种植黑木耳、双孢蘑菇、姬菇等食用菌），年均增加经济效益 6500～16000 元/亩；林-蛙复合养殖模式（应用凋落物保护技术养殖林蛙），幼蛙成活率提高 30%～50%，年均增加经济效益 5000～20000 元/百公顷。

上述适度人为辅助恢复次生林并结合生态经营的不同范式及相关技术基本成熟，已在典型地区推广应用，对于恢复次生林结构、促进森林正向演替进程，提升森林生态服务功能，实现林农绿色脱贫等均产生了显著效果。

3. 优化和完善天保工程的对策方案

（1）将适度人为辅助管理纳入天保工程制度。

进一步明确天然林的功能定位，严格区分原始林与次生林，将适度人为辅助管理政策纳入天保工程规划，使保护与培育有机结合，科学促进天然林恢复进度，提升天然林的生态服务功能。

（2）划分严格保护区与适度人为辅助管理区，编制相应管理技术方案。

依据天然林主导功能，将天保工程区划分为严格保护天然林区（占 39%，主要包括原始林区、自然保护区、森林公园，以及生态功能评级最高的次生林区）和适度人为辅助管理区（占 61%，全部为次生林区）（附图 2）。

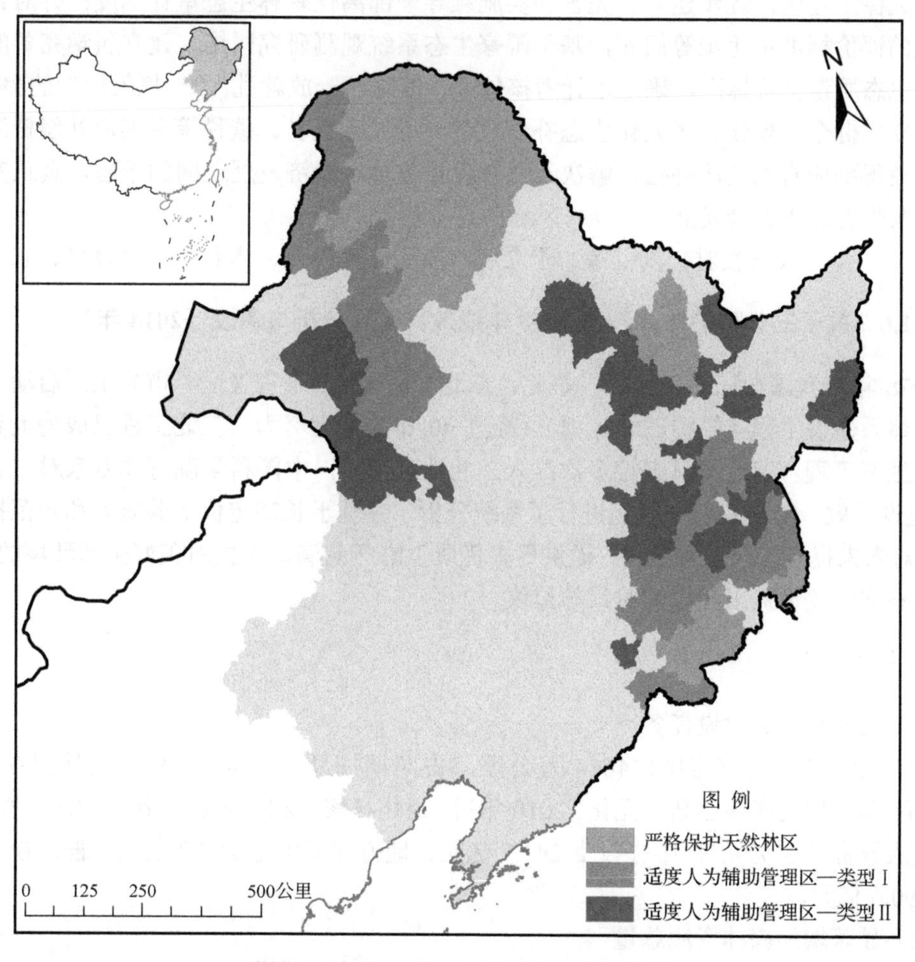

附图 2　东北-内蒙古天保工程划分示范图

注：严格保护天然林区，主要包括原始林区、国家森林自然保护区、国家森林公园区，以及国家划分的生态服务功能评级为"非常高"（very high）的次生林区（如坡度大于 25 度的森林区）；适度人为辅助管理区——类型 I，次生林区，依据山系与地形，国家划分的生态服务功能评级为"非常高"（very high）或"高"（high）的森林区；适度人为辅助管理区——类型 II，次生林区，国家划分的生态服务功能评级为"中"（medium）或"高"（high）的森林区。

对于严格保护的天然林区，加大保护力度，突出自然修复和应有的管理措施，严格控制生产性经营。

对于适度人为辅助管理区，根据实际情况分为两种类型：

类型 I——以生态服务功能为主导的次生林区（30%），以恢复次生林的生态功能为主要目标而开展适度人为辅助管理，重点提升次生林的生态功能。

类型 II——以林下资源利用为主导的次生林区（31%），在不改变林分结构、不影响生态功能正常发挥的前提下，开展适度人为辅助管理，挖掘林地生产潜力，利用林下资源，开发优质林副产品，发展林下经济，形成效益长短结合的可持续发展态势。

（3）完善与天保工程协调配套的保障性制度。

在天保工程区，逐步建立、完善和实施领导干部离任森林生态审计制度；针对目前试点发现的评价标准量化难等问题，基于国家生态系统观测研究网络，建立科学完备的森林资源和生态质量评价标准，确定审计考核体系，消除“一放就乱”“一抓就死”的弊端。

建立、健全市场化、多元化生态补偿机制，引入碳交易、碳税等多渠道补偿资源，使生态效益得到应有的经济补偿，解决天然林保护与地区经济发展之间的矛盾，真正实现资源保护与生态经济融合发展。

（朱教君、刘世荣、于立忠、高添、何兴元、卓君臣、段晓男、宗文君）

附录 1.1.6　关于三北防护林体系建设 40 年成效、问题分析与建议（2018 年）

1978 年，我国在三北（西北、华北、东北）地区 13 个省（区、市）全面启动了三北防护林体系建设工程（简称三北工程）。经过 40 年的不懈努力，三北工程已成为世界最大的林业生态工程。习近平总书记多次深入三北地区考察，中国科学院有关专家对三北工程 40 年建设成效、经验和存在问题进行了系统分析，并基于长期定位实验研究和示范推广实践，针对未来提升三北工程效果，提供更多优质生态产品满足人民对美好生活环境的需求，服务生态文明建设提出相应的对策与建议。

1. 主要成效

（1）按计划完成建设任务。

40 年累计完成造林面积[①]4614 万公顷，占同期规划的 118%；累计造林保存面积[②]3014 万公顷，建设任务逐渐多元化。2010 年后，退化林修复和灌木林平茬等纳入工程管理；累计完成投资 933 亿元[③]，中央投资 241.7 亿元、地方配套资金 200.7 亿元、群众投工投劳折资 490.6 亿元。

（2）显著增加森林资源总量。

40 年森林面积[④]累计增加 2156 万公顷，森林覆盖率提高 5.29%，总蓄积增加约 12 亿米^3。林草植被覆盖度和净初级生产力分别增加 11%和 24%。

（3）明显改善区域生态环境。

水土流失治理成效显著，工程区水土流失面积中 67%的水土流失强度明显降低，其中防护林贡献率达 61%；农田防护林有效改善了农业生产环境，提高低产区粮食产量约 10%；

在风沙荒漠区，防护林建设对减少沙化土地的贡献率约为15%。2000年后呈现出“整体遏制、重点治理区明显好转”态势。

（4）大幅提升生态系统服务功能。

三北工程区森林生态系统服务功能总价值由1978年的4830亿元提高到2017年的23447亿元。生态系统固碳累计达到23.1亿吨，相当于1980～2015年全国工业CO_2排放总量的5.23%。

（5）促进区域经济社会综合发展。

三北工程吸纳农村劳动力3.13亿人，累计接待游客3.8亿人次。特色林果业、森林旅游经济在稳定脱贫方面的贡献率达到27%；改善了少数民族居住区的生态环境，促进了区域经济社会发展，推动了民族团结和边疆稳固。同时，示范带动了国内外众多生态工程实施，展示我国生态建设成就，成为促进国际交流与合作的重要标志和桥梁，为全球生态安全建设贡献中国智慧。

2. 主要经验

（1）林业生态工程必须持之以恒。

40年成效证明了跨世纪三北工程决策的正确性。各届、各级政府按照总体规划，一张蓝图绘到底，坚持不懈，符合林业生态工程建设规律，为生态文明建设实践提供了宝贵经验。

（2）全民参与创造历史。

各级政府领导动员和组织广大群众投工投劳，全社会参与，多部门协作，形成合力，充分体现了社会主义制度集中力量办大事的优势。第一阶段到2000年，群众投工投劳折资占同期总投资的92%，40年累计占总投资的53%。可以说，是人民群众创造了三北工程建设40年的奇迹。

（3）体系思想指导三北工程建设。

三北工程根据实施区域的自然条件，突破了传统的单一防护林建设思想，将防护林体系建设作为国民经济和社会发展系统工程，逐步形成了农林牧、土水林、多树种/林种、带片网、乔灌草、造封管、多效益相结合的防护林体系，产生了巨大的生态效益。

（4）生态治理与民生改善协同推进。

坚持将生态环境治理与民生改善协同推进，在适宜地区实行林粮、林药、林草间作，既防治了风沙危害和水土流失，又促进了农民增收，实现了生态、经济、社会效益的有机统一，大大激活了群众参与的积极性。

3. 主要问题分析

（1）成林率相对较低，衰退风险大。

三北地区多为干旱、半干旱区，水分是防护林建设的关键。造林后缺乏管理或经营粗放，易导致病虫害的发生，进而引起森林衰退。三北工程的平均成林率仅为47%，约25%的成林处于非健康状态。其中，风沙荒漠区防护林衰退最为严重。可以预见，随着生态环境好转，相应人口与农牧业量激增，势必加剧用水矛盾，增大建设难度。

（2）灌木规模和林果产业水平有待提高。

由于乔木树种尤其杨树生长快、造林补助高，造成适宜该区域气候的灌木比重较低。此外，三北地区现有经济林406万公顷，果品年产量占全国的1/3，但受到林果品种杂、产量质量低、初级产品多、深加工落后、品牌市场化程度低及营销网络体系不健全等因素的影响，年产值仅占全国的13%。

（3）防护林对较重度沙漠化防治作用有限。

在重度沙漠化区，水分限制及树种选择不当导致防护林衰退或死亡的现象尤为严重。三北工程建设23年后，沙漠化面积才开始出现减少趋势，且防护林主要对轻度沙漠化减少起作用。另外，人工造林对沙漠化的减少远不能抵消滥垦、滥伐/滥樵、滥牧等人为干扰造成沙漠化的增加。因此，通过单纯造林防治沙漠化的思路需要调整。

（4）农田防护林更新改造困难、建设缓慢。

农田防护林是三北工程初期的主体，目前53%的农田林网达到终止防护成熟龄，实际防护效果只有理想状态的20%，亟须更新改造或新建。然而，至今没有制定防护林更新或重建的规划。调研发现，在现行土地承包责任制的背景下，新建农田防护林占用耕地问题十分敏感，且缺乏更新专项资金，涉地农民更新、改造或重建农田防护林积极性普遍不高。

（5）科技含量低制约工程建设质量。

40年三北工程的科技投入比例不足1%，对防护林构建理论与技术、防护林经营理论与效益评估等工作缺乏深入的研究。大量的实用技术和先进的经营模式停留在试验点、示范区，没有在工程建设中得到广泛的应用。大部分地区没有根据设计林种的差异，确定合理的造林密度和结构配置，造成纯林比例过高，林分质量低下，针对病虫害防治的措施和办法不多。

4. 对策建议

（1）优化三北工程区划、继续加大建设力度。

三北工程规划期限为70年，未来还有2期工程。随着工程建设进入攻坚期，未来水资源矛盾更为突出，造林条件更为苛刻。建议在总结40年建设经验教训的基础上，根据三北地区水、土、气、生等基础资料，进行更为科学合理的设计。针对当地自然条件，以水土资源承载力为核心，构建适合新时代三北地区“山水林田湖草”综合区划体系，继续加大建设力度。

（2）推动三北工程建设任务的多元化。

三北工程应该着眼于防护林系统的可持续发展，不应仅仅是个造林工程，建议将规划、设计等前期工作，补植补造、抚育管护等后期经营管理纳入工程建设内容。对于因水量失衡而衰退的防护林，建议以水资源承载力为依据、以地带性植被为参考，发展近自然林业，宜林则林、宜草则草，构建更为科学合理的复合林带。

（3）调整现有土地制度，实施山水林田路渠系统规划。

针对农田防护林衰退问题，建议从体制机制上入手改革，规划出专门用于农田防护林建设的集体所有用地。建立农田防护林生态补偿机制，切实依据因地制宜、因害设防、山水林田路渠统一规划原则，构建适应新时期现代化农业发展需求的林网体系。适当增加农田防护林更新专项资金，提升农田防护林建设积极性。

（4）建立国家生态建设公共财政保障体系，加强科研与培训。

应建立国家投资主体地位、政府责任主体地位、民众建设主体地位的三位一体运行机制，完善工程建设公共财政保障体系，依据规划投资总量和标准，实现工程国家财政全额投资。鉴于三北工程建设的长期性、复杂性和艰巨性及其对科技进步的依赖性，需将科研与培训经费纳入工程建设经费中。

（5）以三北工程为依托，建设“生态三北”区。

三北工程启动以来，工程区内相应启动了防沙治沙、退耕还林、退牧还草等生态建设工程。尽管各项工程建设内容各具特色，但主体目标和内容与三北工程并无本质差异，均是生态文明建设的具体体现。建议以三北工程为依托，将区内相似工程进行整合，建设“生态三北”区。工程统筹有利于从整体上系统谋划，构建我国北方生态安全屏障、提供更多优质生态产品满足人民对美好生活环境的需求，进一步提升三北工程的国际地位和影响力。

报告中相关数字说明如下

① 完成造林面积：40 年累计造林面积的统计。

② 造林保存面积：造林 3～5 年成活后累计造林面积的统计。

③ 累计完成投资 933 亿元：未考虑货币的购买力变化，相当于 2017 年 12 月 298.2 亿美元。

④ 森林面积：1978 年定义为郁闭度≥0.3 乔木林地面积、竹林地面积，覆盖度≥0.4 灌木林地面积，农田林网以及村旁、路旁、水旁、宅旁林木折合面积；1994 年以后执行标准为郁闭度≥0.2 乔木林地面积、竹林地面积，覆盖度≥0.3 灌木林地面积，农田林网以及村旁、路旁、水旁、宅旁林木折合面积。

（朱教君、傅伯杰、刘世荣、段晓男、杨柳春）

附录 1.1.7　周边国家当前生态问题对我国影响分析及对策建议（2021 年）

生态环境资源具有全球性，任何一个国家或地区对其利用不仅直接影响本国或本地区民众的福祉，更对周边国家或地区产生广泛影响。近几十年来，倍受关注的全球变化、沙漠化扩张、生物多样性锐减等全球性生态环境问题愈演愈烈，已成为危及人类命运共同体的首要问题。例如，我国北方多地今春遭遇了近十年来最强沙尘暴的侵袭，据中国气象局监测，本轮沙尘暴起源于蒙古国，波及中亚、北亚、东北亚各国。然而，国外媒体纷纷妄称“源自中国的沙尘暴……”。对于沙尘暴这类生态环境问题，显然是超越国界的全球性生态危机，污名、抱怨都无济于事，全球携手治理才是正道。为此，中国科学院专家以与我国北疆接壤且沙尘暴等生态问题频发的周边国家为对象，从习近平主席提出构建人类命运共同体理念出发，分析周边国家当前存在的生态问题、成因及其对我国的影响，并提出应对策略与建议。

1. 我国北疆地区生态环境情况及周边国家自然特征

我国北疆地处干旱、半干旱区，自然生态环境严酷，生态安全形势严峻，因此，自新中国成立以来一直特别重视生态环境建设，以国家运作方式启动了三北防护林体系建设（三北工程）等系列重大生态修复工程，经过半个多世纪的努力，不断加大防沙治沙、沙漠化治理等生态保护修复力度，沙尘源区植被状况持续向好，区域生态环境治理已取得显著成效。正是由于生态环境资源的全球性，我国生态环境保护与治理，对全球特别是周边国家产生了积极影响。然而，中国的本国治理却无法阻挡周边国家的沙尘源与大风。

影响我国北疆地区生态环境的周边国家主要包括：蒙古国（156.7 万平方公里）、中亚五国（包括直接接壤的哈萨克斯坦、吉尔吉斯斯坦、塔吉克斯坦，间接接壤的乌兹别克斯坦、土库曼斯坦；总面积 400.3 万平方公里）（附图 3）。上述周边国家位于欧亚大陆腹地，与我国接壤边境线总长度达 8000 公里，大部分地区属大陆性温带-暖温带气候，与我国北疆区域同属干旱-半干旱区，区域植被以草原为主（荒漠-半荒漠植被），森林面积 1170 万公顷（占国土总面积的比例仅为 2.1%），耕地面积 3785 万公顷（占比为 6.8%）；另外，中亚五国境内有原世界第四大湖——咸海。这片区域整体生态环境脆弱，极易受到人类活动和气候变化影响。

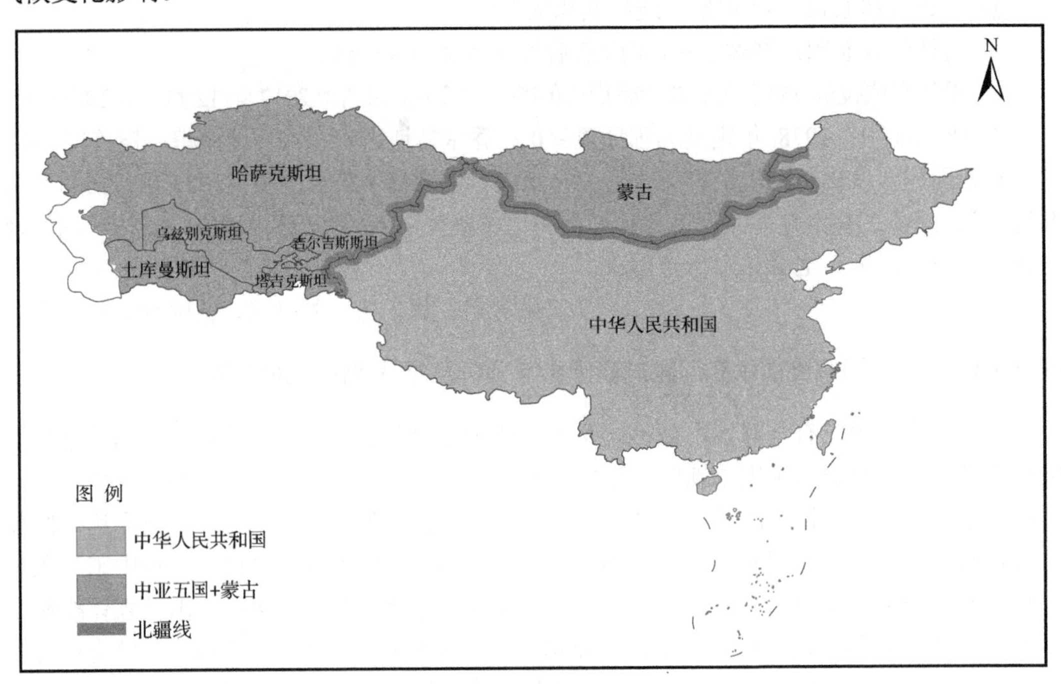

附图 3 中国北疆及周边国家分布图

2. 周边国家主要生态问题及对我国的影响

基于天地空一体化生态系统监测方法体系和《地球大数据支撑可持续发展目标报告（2021）：“一带一路”篇》等数据资料，梳理周边国家主要生态环境问题如下。

（1）近 20 年土地退化呈恶化趋势。

蒙古国和中亚五国土地以栗钙土、棕漠土、风沙土为主。遥感监测显示，2000～2019 年，中亚五国土地退化面积占五国国土总面积的 14.5%（约 58 万平方公里）；蒙古国土地退化面积占国土面积比例更是高达 26.2%（约 41 万平方公里）。在土地退化类型中，中亚五国和蒙古国的土地荒漠化（以沙化为主）面积占比分别达 87.9%、83.1%，其中，中度以上荒漠化面积分别占 79.6%、66.5%。以沙化为主的土地退化形势整体趋于恶化。

（2）自然植被稀疏且退化严重。

地表裸露、植被状况差的沙地均为潜在沙源区（附图 4，叶面积指数<0.1），主要分布在蒙古国（戈壁沙漠）和哈萨克斯坦南部、乌兹别克斯坦中西部和土库曼斯坦的大部分地区（卡拉库姆沙漠、克孜勒库姆沙漠、里海东部）（附图 4）。蒙古国和中亚五国近 50%区域植被出现退化（基于近 20 年叶面积指数统计），使潜在沙源区起沙可能性极度增加，进而造成植被状况进一步退化的恶性循环模式。

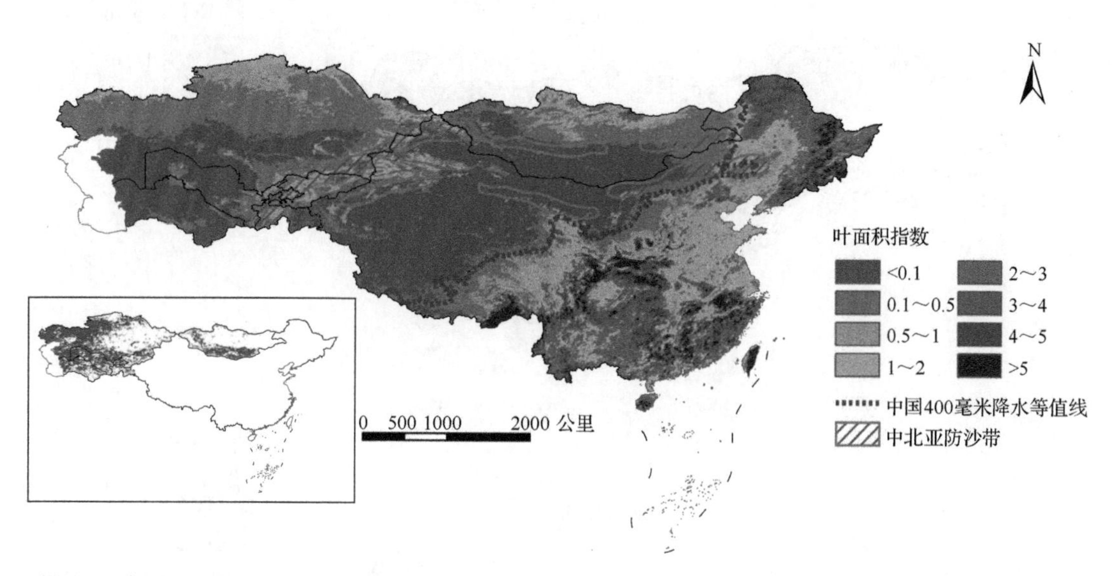

附图 4　中国北疆及周边国家叶面积指数（近 20 年均值）空间分布（左下灰色区域为叶面积指数下降区域）

（3）沙尘暴频发。

2015～2019 年，中亚两个重要沙尘源（里海东南沿岸和中部卡拉库姆沙漠）受干旱和强风的影响达到近 40 年最大值。蒙古国境内的沙尘暴愈发频繁，观测研究表明，20 世纪 50～60 年代，蒙古国发生强沙尘暴频率和沙尘暴天数分别约为 5 次/年和 20 天/年，目前已分别发展为 30 次/年和 100 天/年；与之对比，我国 2015～2020 年 5 年间，北方共发生 43 次沙尘天气，其中沙尘暴仅 12 次，较 2010～2015 年 5 年间减少近 1/3。

（4）水资源匮乏。

该区域人均水资源量为 3916 米^3，仅为世界人均水资源量的一半，且水资源量总体呈下降趋势（下降区域面积占 69%；附图 5）。不合理的水资源利用导致严重生态问题，例如，咸海萎缩（原世界第四大内陆湖泊），成为全球最令人震惊的生态环境灾难之一。

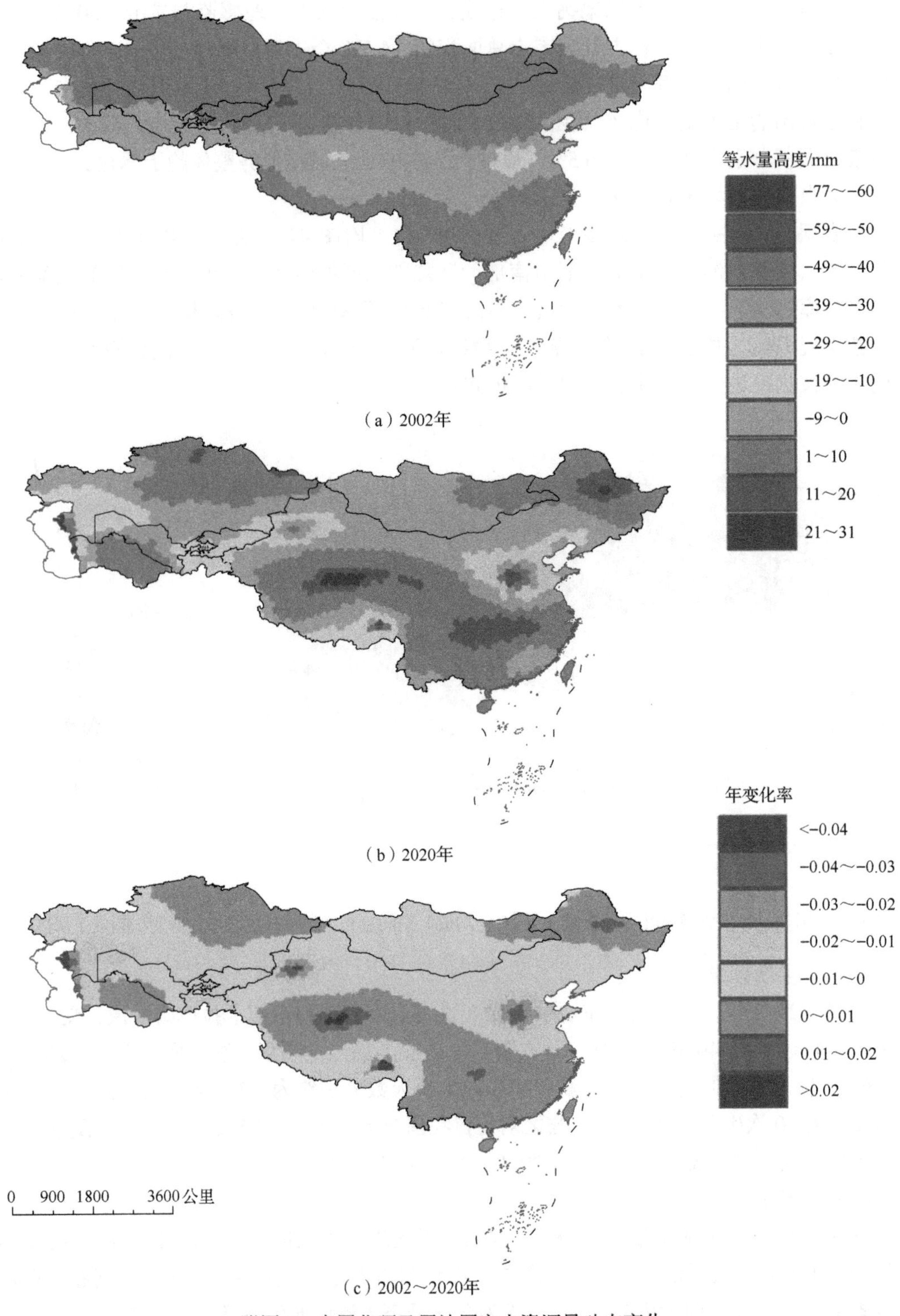

附图5　中国北疆及周边国家水资源量动态变化

（5）周边国家生态问题对我国北疆地区的影响。

土地退化、植被退化直接导致沙尘物质源大幅增加，水资源匮乏及不合理利用，又进一步导致植被退化、土地退化，在人为难以控制的大气环流形成的大风动力影响下，最终结果表现为沙尘暴频发。而我国北疆地区建设的防护林等生态修复工程只能在一定程度控制引起沙尘物质源飞扬的风速，覆盖或固定沙尘物质源，减少沙尘物质源的飞扬数量或程度，对于其“有效防护”范围外、由强动力引起的区域性沙尘天气“有心无力”。

因此，上述周边国家存在的生态问题对我国的影响集中体现在大区域性强沙尘天气灾害。我国北疆沙源区主要集中在与蒙古国和哈萨克斯坦接壤的沙漠化地区。以2021年3月15日沙尘暴为例，蒙古国多个地区出现强沙尘灾害天气，沙尘气团在蒙古高原南缘分为东西两路南下，东路沙尘气团在冷空气持续向南推进作用下，先后影响我国内蒙古东部、东北地区南部、京津冀区域、河南和湖北等地区（附图6），造成上述地区空气被严重污染。

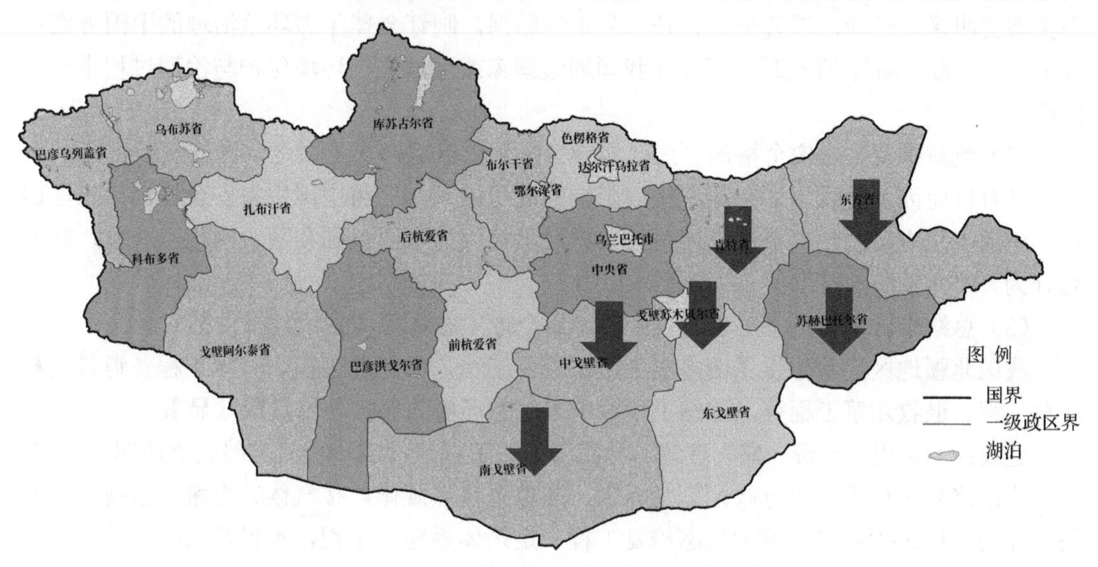

附图6　蒙古国沙尘发生区域（图中箭头所指区域）

3. 周边国家主要生态环境问题成因

（1）全球气候变化等自然干扰加剧。

全球气候变化是影响我国北疆周边国家生态环境问题的关键干扰要素，特别是中亚区域，增温速率（0.33摄氏度/10年）远高于我国，乃至北半球平均水平。由于全球变化的影响，中亚中部及蒙古国境内极端气候事件频次和强度逐渐增加，例如，1961～2018年，中亚五国干旱事件频次由1.82次/年增至2.33次/年，干旱烈度由0.58增至0.63，极端干旱导致植被退化严重，进而加剧土地退化趋势。

（2）产业无序发展、城市化进程加快等人为干扰加剧。

农牧业和工矿业是蒙古国与中亚五国的主要产业。这些产业长期以来无序扩张、粗放经营，特别是过度耕牧等，导致土地水资源形势恶化，例如，乌兹别克斯坦耕地水资源利用率从2000年的2.2克碳/千克水，下降到2019年的1.8克碳/千克水以下。人口过度增长引起城市化进程加快，环境质量不断下降，高强度的人类活动加速了土地退化进程。

（3）水配额不均衡及历史水电规划不合理。

中亚地区水资源分布极为不均（两大主要河流——锡尔河和阿姆河的流量约75%集中在吉尔吉斯斯坦和塔吉克斯坦），成为中亚各国争夺的重要战略资源。水资源分配方案无法达成共识，国家利益纷争急剧凸显。苏联时期的水电规划还没有明确的生态环境保护理念，粗放式的规划为后来留下了重大生态和环境安全隐患。

4. 建议对策

（1）提出区域（周边国家）生态环境治理中国方案，并积极推进使之成为国际标准。

生态环境损害波及全球，其保护与治理效益同样外溢。因此，生态环境保护与治理应区域化、全球化整体推进。建议以“一带一路”各国为组织载体，基于中国生态环境治理等生态文明建设经验，以公平、公开、公正为原则，制订全球生态环境治理的中国方案；并依托“一带一路”，在全球，至少在我国周边国家或区域生态环境保护与治理过程中予以实施。

（2）更新国家生态安全格局“三区四带”区划，以适合人类命运共同体发展目标。

针对目前涉及对我国生态环境构成影响的周边国家，应将中国生态安全格局“三区四带”中的“北方防沙带”范围扩展至与我国北疆接壤的中亚五国和蒙古国相应区域，共同划分为“中北亚防沙带”。

（3）总结中国重大生态工程建设经验，为全球生态环境保护治理提供范式。

我国北疆地区启动建设了诸多重大生态修复工程，如三北工程、天保工程、退耕还林还草工程、退牧还草工程等，这些工程对中国生态环境的保护与修复成效显著。

建议：①利用“一带一路”倡议，将我国生态工程建设成功经验扩展到周边国家。如，重大生态修复工程不应以行政区划为界限，应尊重自然规律，按气候、土壤、植被等自然条件作为工程区划依据；重大生态修复工程一定是体系建设工程，不仅是植树造林、灌草植被建设、保护原有植被等，还需制定包括法律、法规等配套措施，限制引起沙尘物质源的产生和活动，遵从自然规律进行土地利用与开发。②梳理形成适合不同区域的生态环境保护、恢复模式，为周边国家类似区域建设提供范式，践行“人类命运共同体”理念。

（4）针对土地退化、沙尘暴频发、水资源匮乏和全球变化等突出生态环境问题的具体对策。

全面科学评估周边国家生态系统及功能，甄别存在的生态环境问题：全面、科学、准确评估/监测周边国家生态系统的生态、社会与经济效应及存在的生态环境问题，是生态环境治理的前提，是综合施策的重要基础。

规划实施“中北亚防沙带”植被恢复生态工程与退化土地综合治理：将周边国家类似区域纳入我国生态安全格局中的“北方防沙带”，构成“中北亚防沙带”；对该屏障带进行“以水定绿”的植被恢复规划，提高区域应对气候变化与生态风险防控能力，促进周边国家退化土地治理，稳固沙物质源。

协助周边国家制定应对气候变化与经济、社会可持续发展规划：基于我国成功经验和生态环境治理人类命运共同体可持续发展目标，协助周边国家制订节能减排、绿色能源、低碳经济等应对气候变化规划方案，制订基于水源承载力、草原载畜量、绿色采矿工艺以及合理城市建设、人口扩张规划方案，提高区域环境与生态风险防控能力，促进中亚-蒙古经济走廊可持续发展。

（朱教君、郑晓、高添、宗文君）

附录 1.1.8　我国林地“非林化”现状、原因分析与对策建议（2021 年）

森林是陆地生态系统的主体，是国家、民族最大的生存资本，关系国家生态文明建设、生态安全、木材安全、碳中和与气候变化等大局。习近平在气候雄心峰会上提出，到 2030 年，中国森林蓄积量将比 2005 年增加 60 亿米 ^{3}。森林覆盖率的奋斗目标为 30%。国家生态安全与碳中和目标对林业发展提出新挑战。

然而，由于大面积农用地挤占用林地、林地规划不合理及建设用地的不断扩张等原因，造成“林地非林化”问题突出，已经严重阻碍了林业的可持续发展，影响我国森林覆盖率、蓄积和碳汇能力的提升。为此，中国科学院专家提出依据生态区位统筹推进“山水林田湖草沙”国土规划、多途径增加农民收入和继续推行退耕还林政策等建议。

1. 我国林地现状与森林潜在分布

林地是用于培育、恢复和发展森林植被的土地。《中华人民共和国森林法》将林地定义为郁闭度 0.2 以上的乔木林地以及竹林地、灌木林地、疏林地、采伐迹地、火烧迹地、未成林造林地、苗圃地和县级以上人民政府规划的宜林地①。目前，我国现有林地面积约为 32369 万公顷（第九次全国森林资源清查报告），森林（含乔木林、竹林和特种灌木林）面积 21822 万公顷。依据植被自然分布规律，我国潜在森林面积 48400 万公顷。林地“非林化”指林地转为其他土地利用类型，如农用地、建设用地等。

2. 我国林地“非林化”的现状与危害

（1）林地“非林化”的现状。

开垦林地耕种是林地转为非林地的主要类型之一，其行为主体包括：地方政府、单位和个人。以东北林区为例，黑龙江省国有林区（包括重点国有林区和地方国有林区）已垦林地 121.5 万公顷（截至 2016 年），其中 1998 年前后分别开垦了 109 万公顷和 12.5 万公顷（包括森工企业、林区职工和林农开垦）。内蒙古重点国有林区被开垦林地 79 万公顷，其中国有森工被开垦林地 23 万公顷，国有林场被开垦林地 56 万公顷。2000 年前后实施了重大生态工程（天然林保护、退耕还林还草等），垦林耕种虽有所减少，但农民私自开垦情况仍未缓解。进入 21 世纪之初，林地转为农用地面积 707 万公顷。以辽东山区（抚顺、清原、新宾三县）为例，在第一轮退耕还林期间（2002～2014 年）退耕还林面积为 3459 公顷，同期仍有 2404 公顷的森林或灌木被开垦。

工程建设和自然灾害导致林地转为非林地的面积达 125 万公顷，前者包括采石采矿、地产开发建设、土地整理等。其中，林地转为建设用地包括两类：一是国家审批的建设用地，《全国林地保护利用规划纲要》规定了 2011～2020 年总额不超过 105.5 万公顷：二是非法的建设用地占用林地，包括非法征占用林地，且征占用林地等消耗的多是优质林地。

（2）林地“非林化”对生态环境的危害。

林地“非林化”严重影响了我国林业发展战略，对环境带来巨大压力，威胁生态安全（如 1998 年南方长江、北方嫩江洪水，森林被无序采伐、林地被占用是重要诱因之一，因此，我国实施了天保工程）。以主要类型——毁林开荒为例，由于土壤植被覆盖度下降，水土流失加剧、水源涵养功能丧失；例如，在东北黑土区坡度 15～25 度区域毁林开荒，土壤流失量可达 133～221 吨/（公顷·年）（极强度侵蚀）。毁林还可造成水源涵养能力下降（增加洪灾暴发风险），加剧土地沙化、粮食减产、生物多样性丧失等。此外，森林还是主要碳源之一，毁林加剧气候变化所带来的负面影响。

3. 原因分析

1）林区为增加收入，开垦耕地挤占林业用地

（1）2000 年前，为应对林区经济和资源困境开垦林地。

20 世纪 80 年代，部分林区可采森林资源枯竭，为解决林区经济困难，开垦部分林地。地方国有林场已垦林地中，林场对外发包耕种占比为 48.5%，其他单位和个人无偿耕种占比为 34.7%，还有少量林场以“工资田”形式将其分配给职工耕种的。此外，地方政府为建设速生丰产林，拟通过 3～5 年的耕种进行土壤熟化，但开垦后一直耕种至今，被垦林地难以收回。

（2）2000 年后，生态保护与农民生计矛盾凸显，农民私自开荒。

退耕还林补助政策不能充分调动农户退耕的积极性，退耕还林工程使农民的耕地转变为林地，耕种获得的稳定收入变为一纸林权证，在未进入主伐/轮伐期（以落叶松为例，分别为 20 年/40 年）前，无法通过林地获得收益。且退耕还林补助较低、补偿期短，农民收入下降，因此，在退耕还林地私自开荒现象较为普遍。此外，由于全面禁止天然林商业采伐，林农脱贫受阻，通过毁林开荒增加收入。

2）土地规划不合理，林地和耕地相互侵占，建设用地无序扩张

（1）林地保护利用规划和农业用地规划存在矛盾。

林地保护利用规划和农业用地规划存在矛盾，在空间上重叠、甚至相互冲突，未能形成有序统筹的农业与生态功能空间布局。农林规划分属不同的管理部门，两个部门规划目标不同，规划方法和重点也不同。行业部门在守住“耕地红线”和保护“生态红线”中相互博弈，规划自成体系、缺乏衔接协调。

（2）建设用地无序扩张。

随着我国工业化、城镇化步伐的加快，加之国家对耕地保护力度的加大，大量用地项目向林地转移，非法占用林地的现象日趋严重。此外，地方土地规划不合理，缺乏严格林地用途管制也是建设用地无序扩张的重要原因之一。

（3）林地规划不合理。

部分“宜林地”[②]立地条件差，不具备造林条件，不宜规划为宜林地。早期规划未能科

学依据林学和植被生态学基本原理，未充分考虑植被自然分布规律及水热条件；受当时科学技术及社会经济水平的限制，缺乏先进的卫星-航空遥感识别技术，林地调查工作资料不够翔实，未认识到生态建设本身的局限性，难以实现全面、科学、准确的林地规划。

4. 政策建议

1）科学统筹国土规划，保障重点生态功能区森林生态安全屏障

（1）充分考虑生态区位。

以《全国生态功能区划（修编版）》和国家生态安全战略格局为基础，综合考虑区域特点及县域具体立地条件，依据“山水林田湖草沙”综合区划理念，统筹推进国土空间规划，明晰土地用途。

（2）科学分析天然林潜在分布区。

以我国森林潜在分布区为基础，参考近年来和气候模式预测的降水量（400mm 降水线），综合考虑气温、土壤和地形等因子，根据第三次全国国土调查成果，摸清适宜造林区，科学开展林地空间区划。针对我国主要人工林树种，开展针对性的适宜性评价，作为适地适树的科学依据。以重要用材林树种落叶松为例，中国北方地区与塞罕坝林场相同或相似区域达 277 万公顷，相当于再造 37 个“塞罕坝林场”。

（3）规范建设用地管制，限制无序扩张建设。

合理配置土地用途，加强土地用途管制力度，林地必须用于林业发展和生态建设，不得擅自改变用途。采矿和其他建设工程应当不占或少占林地和农用地，且尽量征占低质的林地和农用地；必须占用或者征用的，须严格依法办理审核手续，并严格审核执行。

2）多途径增加林农收入，减少开垦耕地挤占林地

（1）发展碳汇林，完善碳交易市场体系，增加林农收入。

国家生态环境部于 2020 年 12 月正式公布《碳排放权交易管理办法（试行）》，将全面启动全国碳交易市场的建设，森林碳汇作为商品纳入交易。一方面，应完善森林碳汇交易体系，发展森林碳汇测算技术，提高测算精度；另一方面，地方林草局应大力发展碳汇林经营模式，因地制宜，实现从传统用材林/防护林等经营方式向碳汇林经营转变；为林农提供碳汇林经营的技术指导，成立专门机构为森林碳汇交易提供技术服务。通过森林碳汇贸易增加农民收入，提高林农经营碳汇林的积极性，逐步杜绝毁林开荒。

（2）多途径发展林区经济。

以林产品利用为主导的天然林区，在不改变林分结构和生态功能正常发挥的前提下，开展适度经营，挖掘林地生产潜力，培育高品质、高价值木材；开发优质林副产品，发展林下经济。

3）继续推行退耕还林政策，完善农林补偿体系

（1）继续推行退耕还林政策。

基于第三次全国国土调查成果，全面摸清开垦林地面积与分布。一方面，在丘陵山地区及西部地区，对地力衰退、广种薄收、粮食产量低而不稳、难以改造为中高产田，且符合退耕还林标准的耕地进行还林；另一方面，我国闲置耕地比例高，山区县的撂荒耕地比

例高达14.32%（2014～2015年），西部撂荒耕地比例达7.65%（2013年）。随着我国工业化和城镇化进程的推进，上述区域劳动力将进一步减少，以坡耕地为代表的劳动密集型农作方式将被边际化，未来撂荒范围和程度可能进一步加剧。应建立撂荒地监管机制；长期撂荒、地块破碎度和耕作成本高，且难以进入土地流转的耕地，已经不适应农业现代化的需要，应考虑退耕还林。

（2）完善农林补偿体系。

首先，对不同主导功能（生态保护和粮食生产）制定差异化的导向性政策，发挥政策引导作用。其次，建立退耕还林补助+生态补偿的二元补助体系，对还林成本高、难度大的耕地，给予适当生态补偿，充分体现生态优先政策。最后，建立评估制度，适时开展还林质量评估，对达标退耕还林工程给予生态奖励，鼓励定期抚育、优化林分结构。

必须明确，将部分山区、半干旱区的低产田退耕还林，既尊重客观科学规律，又恢复了生态屏障带，提高了土地的利用效率。高质量的森林屏障带可保护更多优质耕地，虽然短期内减少了耕地面积，但可保障主产区粮食的长期稳定增产，维护国家粮食安全。

报告中相关术语说明：

①源于《中华人民共和国森林法》（2020年7月1日起施行）。根据最新《中华人民共和国森林法》（自2020年7月1日起施行），林地是指县级以上人民政府规划确定的用于发展林业的土地，包括郁闭度0.2以上的乔木林地以及竹林地、灌木林地、疏林地、采伐迹地、火烧迹地、未成林造林地、苗圃地等。最新林地定义不包括宜林地。本报告涉及数据依据《中华人民共和国森林法》（2020年7月1日起施行）。

②宜林地是林业用地的一个类别。凡采伐迹地、火烧迹地、林中空地以及不能种植农作物而宜于林木生长的一切荒山荒地，统称宜林地。包括以下3种。

宜林荒山荒地：未达到上述有林地、疏林地、灌木林地、未成林地标准，规划为林地的荒山、荒（海）滩、荒沟、荒地等。

宜林沙荒地：未达到上述有林地、疏林地、灌木林地、未成林地标准，造林可以成活，规划为林地的固定或流动沙地（丘）、有明显沙化趋势的土地等。

其他宜林地：经县级以上人民政府规划用于发展林业的其他土地。

注：国土空间规划（“一张图”）全面推行后，依据第三次全国国土调查土地分类体系，视实际地类情况，“宜林地”将被划为“裸土地”“其他林地”“其他草地”等土地利用等类型。

（朱教君、高添、郑晓、于立忠、宗文君）

附录1.1.9　我国原始森林保护现状、存在突出问题及对策建议（2021年）

森林是陆地生态系统的主体，而原始森林（简称原始林）是核心。原始林生态系统是大自然长期演化的结果，具有极强的自我更新与恢复能力，如依据林学、生态学原理科学保护与经营，完全可以永葆原始林生态系统的活力，实现其服务功能高效、稳定与可持续。然而，由于工业时代以来，人为长期不合理开发利用，至20世纪90年代初，全球原始林遭到严重破坏，且残存原始林多数仍处于工业发展的威胁和毁林开荒、放牧等强烈的人为干扰中。因此，原始林保护已成为全球的共识。

我国于 1998 年实施了天保工程，2016 年全面停止天然林商业采伐。目前，正在建设以国家公园为主的自然保护地体系（包括原始林保护）。可以看出，我国对原始林保护达到前所未有的高度。然而，现实中原始林保护到底达到何种程度、原始林处于何种状态（演替阶段）、目前的保护措施是否科学合理等问题至今未明确，已严重影响了原始林乃至天然林保护与“绿水青山就是金山银山”理念的科学践行。为此，中国科学院专家提出：统一原始林划分标准、厘清原始林演替阶段，克服“一管就死、一放就乱”的现象，在科学统筹生态保护红线和自然保护地体系前提下，依据生态学原理，以森林培育技术体系为基础，变消极被动的单纯保护为积极主动的保护与管理相协同等建议。

1. 关于原始林

依据起源，森林分为天然林和人工林，其中天然林又分为次生林和原始林。原始林指未因人类活动而导致其生态进程遭受明显干扰的天然林；而次生林则是原始林经强烈的人为干扰后，形成与原始林在结构和功能有明显差别的天然林。中外学者从林分结构（如层级林冠、树种组成、林龄、径阶、多样性）和演替阶段（特定地理环境条件界定森林发育阶段、林下植被恢复阶段）等不同角度定义了原始林，但尚未形成共识。绿色和平组织为厘清原始林时空分布，归纳了原始林的两个基本特征：一是外源性特征，指没有受到人为干扰，或者受到较小人为干扰；二是内源性特征，指天然起源的森林，其各种属性相对于同植被带的森林质量最高、面积较大，且可以保证其稳定演替。相对于其他森林类型，原始林具有最完整的动植物群落、最完善的结构与功能、最丰富的生物多样性、最重要的基因库。

2. 我国原始林保护现状

据国家林业局撰写的《中国森林资源报告（2009—2013）》显示，我国原始林（指人为干扰较小、处于原始和接近原始状态的乔木林）面积为 671.6 万公顷。联合国粮食及农业组织 2020 年发布的《全球森林资源评估报告》则显示，我国原始林面积为 1145.3 万公顷（占我国森林总面积的 5.2%）。上述报告仅估计了我国原始林面积，缺乏空间分布数据。2017 年，绿色和平组织依据其归纳的原始林两个基本特征，报告了我国原始林的面积和空间分布：我国原始林面积为 1576.7 万公顷［附图 7（a）］，占我国森林总面积的 7.6%；自北向南主要分布在大小兴安岭、长白山、阿尔泰山、天山、太行山、秦岭、神农架、武夷山、东喜马拉雅山、南岭、西双版纳等山区；从各省分布上看，原始林集中分布在西藏自治区、云南省、内蒙古自治区、黑龙江省和四川省。

除西藏东南部、江西省和浙江省外，我国原始林分布基本与国家天保工程区吻合，即现有绝大多数原始林均于 1998 年纳入天保工程范围［附图 7（b）］。而目前我国正在建设以国家公园为主、以自然保护区为基础、以各类自然公园为补充的自然保护地管理体系；截至 2019 年，国家森林公园已达 897 处，与森林相关的自然保护区和自然公园基本覆盖了我国原始林的分布区。总体上，我国原始林已经全部纳入天保工程和自然保护地体系中。

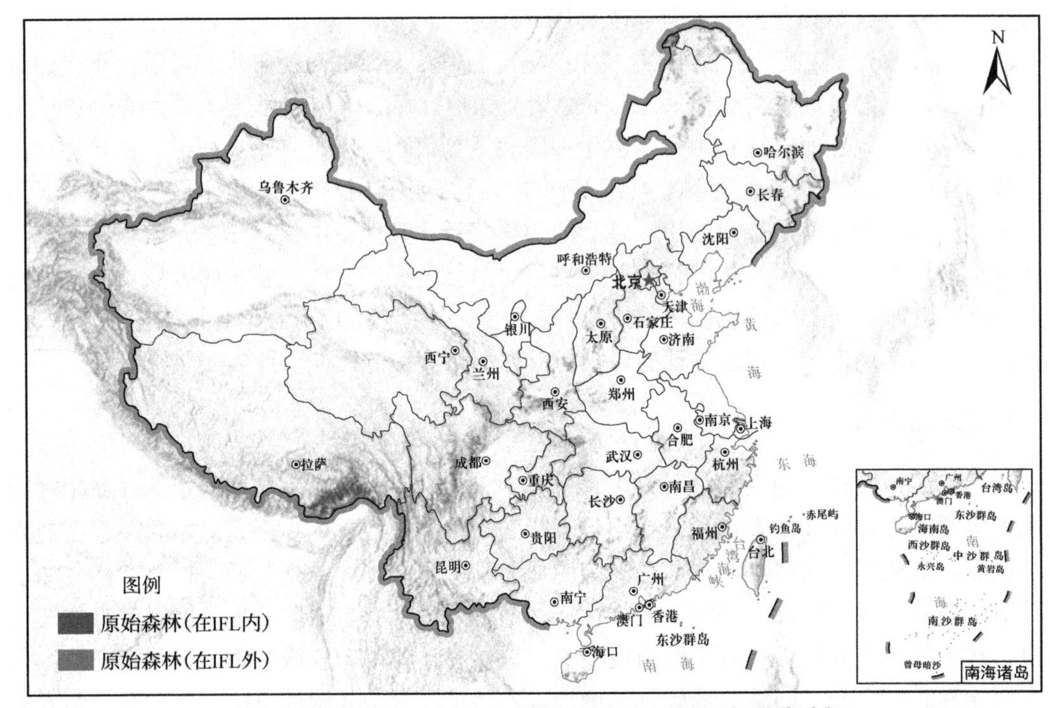

（a）中国原始林空间分布（来自《“自然守护者”数据平台项目报告》）

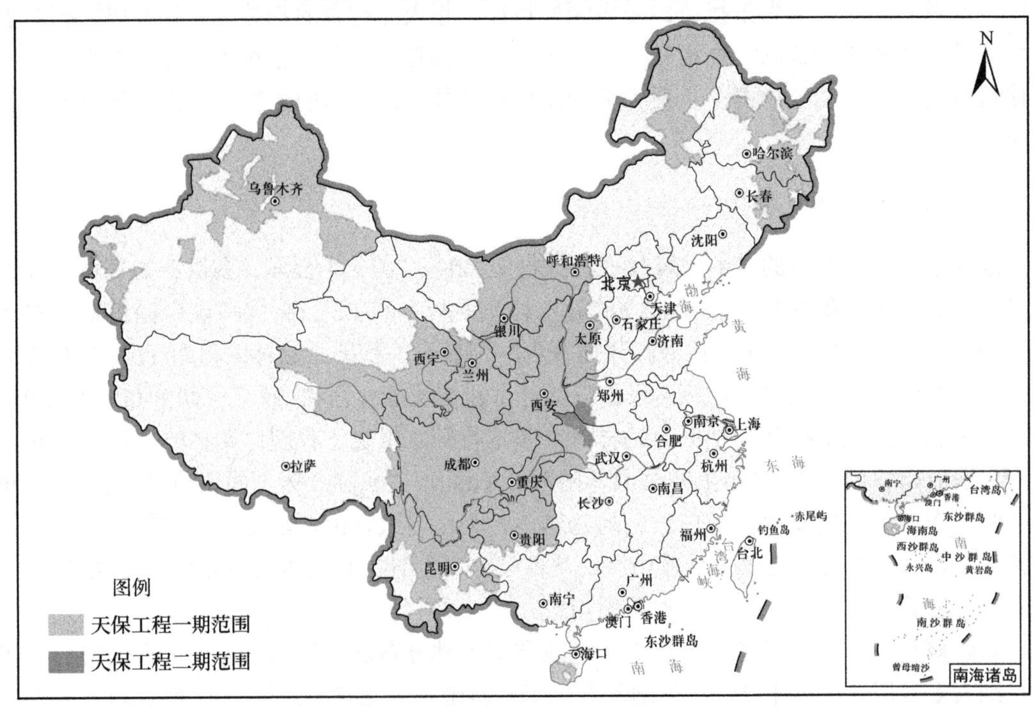

（b）我国天保工程范围

附图 7　中国原始林空间分布和我国天保工程范围

注：IFL 指未受侵扰原始森林景观（intact forest landscape）。

3. 我国原始林保护/管理过程中存在的突出问题及成因

（1）原始林“家底”不清、难以制定有针对性的原始林保护和管理措施，原因：原始林的内涵和划分标准不统一、原始林准确数量与状态不明。

目前对“原始林”的内涵和范畴仍存在很大争议，学者与林业管理者从森林结构特征、年龄、演替阶段和人类活动等方面定义原始林（附表 2），其内涵差异较大、界定不清，难以结合森林实地调查与遥感技术实现原始林资源的本底清查。另外，我国原始林地理分布广、气候条件多样，原始林类型和演替阶段存在差异，针对原始林的调查技术方法不完善，无法全面了解不同类型原始林的结构、组成特征和群落演替状态等，导致不能建立准确的原始林时空分布数据库，更无法甄别原始林所处的状态或演替阶段。因而，难以制定针对性的原始林保护和管理措施。特别是处于森林演替后期的原始老龄林存在生态服务功能严重下降等问题，如小兴安岭凉水阔叶红松老龄林（>250 年），大径阶红松树干芯腐比例超 60%，仅单纯的封育保护，可能使原始林成为潜在的碳源。

附表 2　不同学者对原始林的定义及依据

编号	定义依据	定义与内涵	文献
1	森林结构	具有多层林冠结构，其树种组成和树的径阶大小多样性突出，地表凹凸起伏，具有完善的真菌网	Stamets P, 2005. Mycelium Running: How Mushrooms Can Help Save the World. Berkeley: Ten Speed Press
2	林龄	采用林分年龄确定是否为原始林。对于不同的地理区域，林分从受干扰后开始恢复到原始林阶段均有一个平均时间。如加拿大内陆将 120～140 年的森林确定为原始林；沿海地区的热带雨林则要达到 250 年以上才被确定为原始林	陶晶, 温庆忠, 华朝朗, 2016. 原始林研究现状与展望.林业调查规划, 41(2): 38-42
3	演替阶段	森林演替分为 5 个阶段，原始林是演替进程中林下植被恢复阶段后的森林演替阶段 （1）林分置换阶段：干扰因素造成林分大部分树木死亡 （2）林分介入阶段：新树种开始在被破坏的林地中定居 （3）林分排除期：随着定居树种长高和冠幅的增大，与相邻植株争夺光照，结果使生长较慢的树木死亡，导致森林密度降低，从而促进活下来的植株长得更大；最终随着林冠层的郁闭，到达林下的光照显著减少，导致除了极耐阴树种外的林下植被死亡 （4）林下植被恢复阶段：树木的死亡率处于低水平，主要是风倒和病虫害；单个林隙开始出现，使更多的光线可以照射到林下地表，因此，一些耐阴树种开始在林下定居生长 （5）原始林阶段：林冠层的树木随着年龄增长导致更多的植株死亡，产生更多的林窗，由于林窗形成的时间不同，林下植被的生长阶段也不同。另外，林下每个植株能得到的光线取决于其与林窗的相对位置，因此，林下不同的植株生长速度也有差异。不同的定居生长时间和生长速度造成林下树木的大小各异。最终，林下的部分树木长到林冠层的高度并把林窗填补，形成原始林典型的特征	Dunwiddie P W, Leverett R T, 1997. Survey of old-growth forest in Massachusetts. Rhodora, 98 (896): 419-444

续表

编号	定义依据	定义与内涵	文献
4	生态与人类影响	与树的年龄、大小以及受到人为干扰的情况相关。具体指标包括：森林本身没有明显受到人类活动（栖息、采伐）的影响，景观和生态系统的外貌没有改变；森林按照自然趋势完成内在固有的演替过程；在林分中拥有许多成熟、古老的树种	绿色和平组织, 2017.《"自然守护者"数据平台项目报告》 联合国粮食及农业组织, 2020.《全球森林资源评估报告》

（2）不同保护体系之间关系不明、影响原始林的保护效果，原因：原始林存在“天保工程”“森林公园”“自然保护区”等多重保护现象。

我国大部分原始林已于1998年纳入天保工程，所有天然林（包括原始林）于2016年全面停止商业采伐，而目前国家正在建设的自然保护地体系，很显然又将多数原始林纳入其中，即形成了对原始林的多重保护。不同保护体系之间关系如何界定、实施的政策是否协调、保护的效果如何评定等均不明确。因而，多重保护体系的叠加可能影响原始林的保护与管理效果、降低管理效率。

（3）消极被动的单纯保护，难以适应生态文明建设的新需求。原因：未依据科学规律开展管护，人们意识中的“一管就死、一放就乱”观念难以消除。

包括原始林在内，目前的天然林保护多为消极被动的围封管护，仅重视生态保护和自然恢复（这对于1998年前过度采伐的天然林而实施的天保工程是科学的、合理的）；忽视了森林的最基本服务功能——林产品供给，尤其是天然林生产优质木材的能力；缺乏通过森林培育提高森林质量和功能，兼顾森林保护和利用的科学管护措施；原始林受干扰后的应对措施与恢复方案非常匮乏。上述问题难以适应生态文明建设（“绿水青山就是金山银山”）的新需求。目前，天然林得到有效恢复，相关制度体系逐渐完善，人们生态意识普遍提高，但“一管就死、一放就乱”的怕担责观念很难消除，致使天然林（特别是原始林）由20世纪的过度采伐利用，转为当前缺乏科学分类、精准施策的“一封了之”的简单保护措施。例如，在原始林演替后期或自然干扰（如暴风雪、台风）后，为促进其正向演替发生及维持其功能高效、稳定、可持续，很多成熟的木材完全可以利用；否则，不仅浪费木材，而且老龄木、倒木等腐烂排放二氧化碳，抑制森林更新，不利于原始林群落的正向演替。

4. 我国原始林科学保护与管理对策

（1）明确原始林定义和范畴，确定原始林数量与状态。

从生态系统/自然保护区管理和森林保护学角度阐明原始林的概念，明确其科学内涵与外延，确定其范畴与所处演替阶段；通过天地空一体化监测与评估方法，精准确定我国原始林的数量、质量、所处状态及空间分布格局等，为科学保护和管理奠定基础。

（2）科学确定以国家公园为主的自然保护地体系范围。

明晰关键概念“自然生态系统区域”（出自《中华人民共和国环境保护法》）和“相关自然保护区域”（出自《中华人民共和国野生动物保护法》）的法律内涵，科学界定国家自然保护地体系的范围和区域；明确自然保护地体系与已有的天保工程等重大生态保护工程的关系。基于原始林的面积、类型、特点及地理条件，结合区域生态保护红线的具体范围，将需要单纯保护的原始林划入自然保护地体系。

（3）建立基于林学和生态学原理的天然林（包括原始林）的保育技术体系。

由于原始林是未受人类显著干扰、自然演替到顶极群落的天然林类型，对原始林的管护也应纳入天保工程体系。因此，建议加强不同区域、不同类型天然林生态系统结构和功能等基础研究，利用野外站生态系统网络丰富完善天然林（特别是原始林）数据库，创建基于林学与生态学原理的天然林保育技术体系；根据天然林（包括原始林）所处的演替状态或服务功能的发挥程度，建立包括单纯保护、质量/功能维持与提升多种模式并存的保育技术与监督评价体系，做到"一区一策""精准施策"；改变目前被动消极的单一围封保护方式，采用更加积极主动的天然林管护模式。

（4）完善天然林（包括原始林）保护与管理标准、法律、法规体系。

包括天保工程在内等重大生态工程使我国森林资源数量和质量持续提高、功能稳步提升，特别是美丽中国和"两山论"等生态文明建设实施，促使人民生态意识得到了根本转变。上述转变为天然林的依法、依规、科学保护与管理提供了充分条件，因此，应加快健全与完善天然林管护等法规、标准、政策保障体系，必须明确，包括原始林在内的所有森林，管护的终极目的是实现森林生态系统服务功能（包括林产品供给）高效、稳定与可持续。林业部门应全面推进"依法治林""依规治林"，林业管理者应摒弃"一管就死、一放就乱"的观念，提高林业机械化和智能化管理水平，建立集生态主体功能与生产辅助功能协同一体的现代化林业管护与保育体系，促进天然林的可持续经营、保护与管理。

（朱教君、高添、于立忠、宗文君）

附录 1.1.10　扩大森林植被面积、建设森林碳库面临的问题及对策建议（2022 年）

实现"双碳"目标，需要能源供应、能源消费、人为固碳"三端发力"，其中，人为固碳的核心和关键是生态建设——提升自然生态系统固碳增汇能力。森林既是陆地上最大的生态碳库（汇），也是遵循自然规律的"最大效益碳库"，碳储备能力占陆地生态系统的 80% 以上。因此，扩大森林植被碳储量、建设森林碳库是增汇的核心手段，对实现"双碳"目标（尤其碳中和）意义重大。为此，中国科学院专家以"森林是水库、钱库、粮库、碳库"的核心理念为指导，依据我国森林野外站的长期定位联网观测研究结果和提升森林碳汇能力关键技术的科学实践，全面分析了我国森林植被与现有林地特征和碳汇现状，针对我国森林资源总量少、质量低、困难立地多、造林难等问题和成因，以及对未来碳中和目标的影响，提出了我国扩大森林植被碳储量、建设高效森林碳库、发展系列提升森林碳汇能力的核心技术等应对策略与建议。

1. 扩大森林植被碳储量与建设森林碳库存在的问题与成因

1）我国森林植被、现有林地与潜在造林地特征

我国地域广阔，森林植被类型多样，由南向北包括热带雨林和季雨林、亚热带常绿阔叶林、暖温带落叶阔叶林、温带针阔混交林和寒温带针叶林，是世界上唯一拥有几乎所有

森林生态系统类型的国家。全国森林资源最新清查结果表明，我国森林面积 2.2 亿公顷（居世界第 5 位），森林覆被率约 23%（低于全球 31%的平均水平），蓄积量 176 亿米^3（居世界第 6 位）。但人均森林面积和蓄积量仅为世界人均水平的 1/3 和 1/6，单位面积蓄积量为 95 米^3/公顷，远低于全球平均水平（137 米^3/公顷）。

（1）我国天然林面积 1.4 亿公顷、蓄积量 137 亿米^3，原始林稀缺，绝大多数为次生林，且中幼龄林占比超过 60%。与原始林相比，次生林质量与生态服务功能低下，如，次生林平均蓄积为 99 米^3/公顷，远低于对应原始林的 200～400 米^3/公顷。目前，天然林区多处于依靠缓慢自然恢复的保护状态，制约了天然林生态服务功能充分发挥。

（2）我国人工林面积 0.8 亿公顷（全球最多），占全国森林面积 36%左右；蓄积量约 34 亿米^3，却仅占全国森林蓄积量的 19%左右；单位面积蓄积量为 59 米^3/公顷，仅相当于天然林的 71%；同时，还存在树种单一、林分结构简单、易诱发病虫害、生态系统功能脆弱等问题。我国有近 1/2 人工林来自林业生态工程建设，如三北防护林工程 40 年累计完成造林保存面积超过 0.3 亿公顷。

（3）我国目前国土规划林地中尚有 0.48 亿～0.5 亿公顷未造林（约占总规划林地面积的 15%），其中，多数为质量差的林地（立地困难），超过 2/3 分布在西北和西南地区。

（4）除国土规划林地外，“边际土地”包括城市绿化地、需退耕还林的沙化耕地和坡耕地、生态修复区/矿山复垦区，以及目前尚为其他土地利用类型、在气候变化背景下潜在适合造林区域，面积为 0.14 亿～0.19 亿公顷。

2）扩大森林植被面积与建设森林碳库存在的问题及成因

扩大森林植被面积与建设森林碳库增加森林碳汇有两种主要途径：一是增加森林的质与量——扩大（新增）森林植被面积，同时通过再造林、林分改造和森林管理提升森林质量；二是减少或避免排放——将森林剩余物生产成生物炭等永久固定，保护森林不发生森林火灾、病虫害等，减少土壤碳排放，稳定森林土壤碳库。从扩大森林植被面积与建设森林碳库的两个主要途径出发，目前尚存在如下问题。

（1）扩大森林面积难度加大。

随着我国造林绿化的持续推进，潜在造林地越来越少。目前潜在造林区，包括国土规划林地尚未造林的 0.48 亿～0.50 亿公顷和“边际土地”的 0.14 亿～0.19 亿公顷，总计 0.62 亿～0.69 亿公顷。这些潜在造林区主要分布在“胡焕庸线”以西、以北地区，立地条件差、造林难度大、成本高，扩大森林面积既是增加森林碳储量的“硬骨头”，也是扩大森林面积的潜力所在。此外，我国现有造林、营林因缺乏精细的、科学有效的规划和创新技术，且造林后的经营管理不到位等问题，阻碍了森林植被面积的进一步扩大。

（2）森林增汇能力亟待提高。

我国气候地理分异明显、森林资源类型多样、分布不均、总量不足，且受林种类型、龄级组成等多因素影响，森林植被碳储量较低，目前森林植被碳储量约为 42 吨/公顷，远低于 73 吨/公顷的全球森林植被平均碳储量，森林质量亟待提高。随着天然林资源保护、三北防护林、退耕还林还草等重大生态工程实施，我国人工林面积较大，且其中的森林以中幼林为主，随着森林生长速度加快，固碳能力有较大的提升潜力。但是，目前森林整体经营管理水平较低，火灾、病虫害等时有发生，易造成碳排放、可持续固碳增汇面临巨大挑战。另外，国土规划存在一定程度的不合理性，林地、耕地及其他土地利用相互侵占，建设用地无序扩张等原因，也影响了森林增汇效果。同时，林业生物质资源利用不到位，还没有编制出精细的林分改造及传统林区再造林规划和技术模式，提升森林生态系统碳汇功能措施难以落实。

（3）森林碳汇计量不精准、形成与维持机制不清。

与全球一样，我国森林碳汇核算仍存在极大不确定性，由于缺乏国际认可、统一精准的监测计量方法体系，目前我国森林生态系统碳汇估计值最大值和最小值相差近 6 倍（估计值范围为 1.9 亿～11 亿吨碳/年）。此外，由于森林全要素碳汇（特别是森林土壤碳汇）形成与维持机制不清、碳汇潜力不明、提升碳汇能力的可操作性技术措施不详等，特别是森林地下土壤碳库几乎处于未知状态，严重制约了我国森林增汇目标的实现。

（4）我国林业碳汇市场还未得到应有的发展。

由于森林自然碳汇监测计量及人为增汇核算技术的缺乏，林业碳汇项目核算认证方法学、交易市场和机制不健全，以及相关配套政策不够完善等，制约了我国的森林碳汇交易和生态碳汇经济发展，进而影响提升林业碳汇的积极性。

2. 提升我国森林碳汇能力的对策建议

基于我国森林植被、现有潜在造林地与碳汇现状，针对扩大森林面积与建设森林碳库存在的问题与成因，从提升森林碳汇能力的两个途径出发，提出相关技术对策及相关保障措施如下。

（1）扩大森林植被面积（潜在造林区）：充分利用规划的未造林地和“边际土地”，采用“颠覆性技术”在有限林地上造林。

目前潜在造林区立地质量较差（占 90%），且多位于干旱、半干旱区，造林难度大、碳汇能力低、常规造林技术受限，造林很难成功，即使成功造林，后续衰退风险极高。因此，建议充分利用潜在造林地，开展造林规划和技术严格论证，优选高效固碳、耐旱/耐贫瘠树种，研发并集成创新实施：“困难立地缓释肥/生物炭土壤改良造林技术”“矿区林-光互补多途径造林技术”“坡耕地菌根育苗造林技术”和“城市森林碳汇提升的树种优化配置高效增汇技术”，以及优化“河岸带”“海岸带”“路岸带”“城市群绿化带”造林增汇等颠覆性技术。上述造林技术基于现代生物学、生态学等交叉融合性科学理论，区别于传统常规技术方法，可有效扩大森林植被面积和数量，预期增汇 0.7 亿吨碳/年。

（2）加强森林碳库建设（现有森林区）：提高森林经营水平与再造林相结合，实施“分区定向-精准施策”的森林增汇、减排技术；提高森林生态系统质量，保护现有森林区的森林碳库，提升植被和土壤的碳汇能力。

天然林区：加强现有天然林区防灾减排、分类定向增汇管理。针对次生林面积大、质量差，多处于中幼龄，以及森林火灾和病虫害干扰严重等问题：提高森林灾害防控管理能力，维持天然林植被健康，减少森林碳储量损失；筛选高固碳功效的森林生态系统增汇技术、模式，固碳增汇减排的途径与措施，确定分类（不同区域和不同类型）定向调控-结构优化的管理技术体系，实现生产力与森林碳库增容的协调发展；加强现有林区低产低效和老龄林地或林分的改造。针对林区中的低产次生林和老龄林地，林分生产力不高、碳汇功能衰退、受自然和人为因素干扰的受损林地，有序开展必要的再造林及森林抚育，增强森林固碳能力，维持和提升林区的综合碳库容量及增汇潜力。

人工林区：加强人工林全周期结构调控功能增汇管理。针对人工林树种结构单一、生产力低和碳汇功能不稳定、不持续等问题，筛选高碳汇潜能树种，结合“产量-密度”模型，发展基于“三位一体”（立地指数、发育阶段、气候变化）的混交林群落构建技术和密度优化技术，促进植物-土壤有机碳的协同提升。

防护林区：加强防护林多功能协同增汇管理。针对防护林衰退、结构不合理、生态效应功能相对较低，发展衰退林自然修复、防护林水分-效益协同等管理技术，提高防护林质量与稳定性，促进以防护林为主体的区域碳汇效应。

林业生产区：加强林业生物质碳制备、封存与利用。针对林业生物质有效利用效率低，不当的处置方式造成资源浪费和环境污染，间接增加森林火灾和病虫害风险，增加碳排放等问题：积极拓宽林业生物质资源化利用途径，创新林业生物质能源和碳基化原料替代、林业食物、药材和建筑材料的利用技术；促进碳减排、碱性矿物碳捕集、生物炭利用等无机碳库和有机碳库协同增效相关产业，发展植物残体有机碳的腐殖质化、土壤物理和化学保护功能，开发基于自然或人工辅助生物碳封存技术，挖掘森林生态系统的土壤碳储存潜力。通过上述技术的实施，预计可实现年增汇 1.9 亿～4.2 亿吨碳。

3. 保障森林碳汇能力提升的建议

（1）加强森林全要素碳库形成和维持机制研究，提高科技支撑能力。

面向森林碳汇基础理论与功能提升，组织开展“基础理论—应用技术—示范推广”的全链条科学研究，阐明森林地上-地下-土壤全要素有机碳库的形成和维持机制，认知生物、物理和化学机制协同驱动生态系统有机和无机碳循环规律和调控机制；构建国际认可、适合我国森林生态系统的碳汇监测、核算和认证系统，精准核算森林碳库分布及碳汇时空动态特征，评估气候变化、森林管理、生态工程及自然干扰等对森林碳汇强度及增汇潜力的影响；加快现有技术集成，培育未来新兴技术，优化森林碳汇提升方案，为实现碳中和目标提供科技保障。

（2）促进《天然林保护修复制度方案》落地实施，提升核心森林碳库功能。

天然林是森林碳库建设的核心潜力贡献区，只有实施有效的技术措施，才能保障天然林碳汇功能提升。虽然我国于 2019 年出台《天然林保护修复制度方案》，提出“适度人为辅助管理”措施，但是，由于受天然林保护和实际森林抚育与经营中“一管就死、一放就乱”“一刀切”等惯性思维的影响，保障天然林森林碳库建设技术在实际中难以实施。因此，建议以分类定向、精准施策为原则，保障天然林森林碳库建设技术在《天然林保护修复制度方案》中落地实施，科学促进天然林恢复进度，有力提升天然林碳汇功能。

（3）完善林业碳汇交易平台与政策保障机制，激励森林固碳增汇技术创新。

林业碳汇项目通过发挥有效的政策和市场推动作用，对开发实施森林固碳增汇创新技术、扩大森林植被碳储备量，建设森林碳库等产生深刻影响。因此，针对当前林业碳汇交易平台与政策机制不健全等问题，建议完善标准统一的森林碳汇监测、计量体系，科学评估确定森林碳价，降低林业碳汇项目监测计量和审定核证成本，以提升建设森林碳库的政策吸引力和市场积极性。同时，建议向林业碳汇市场引入指数保险产品，为鼓励培育和实施森林固碳增汇创新技术提供容错和意外保障。

（朱教君、王绪高、于立忠、高添、宗文君、张扬建、于贵瑞）

附录 1.2　部门采纳的科技智库报告

附录 1.2.1　南方雨雪冰冻对森林生态系统影响及恢复/保护对策建议（2008 年）

全球气候变化导致极端天气事件频发已是不争的事实，2008 年我国南方遭受 50 年或 100 年一遇的大范围、长时间雨雪冰冻灾害即为极端天气事件的又一例证。雨雪冰冻对南方各行各业造成巨大损失，初步估计，直接损失超过 1998 年长江流域特大洪灾，其中，林业损失尤为惨重，受损林地面积占全国森林总面积 10%；生态效益损失更是无法估量。如此巨量森林受灾，无疑给我国林业发展及生态安全建设带来严重影响。对于森林生态系统，这是一次严重的自然干扰，要自然恢复到干扰前的水平至少需要 5～10 年，甚至更长时间。如何依据自然干扰对森林生态系统的影响规律，科学有效地缩短自然恢复时间，化自然灾害为演替动力，将森林受灾损失降到最低，同时促使森林生态系统朝着正向演替方向发展，对于目前以发挥森林生态服务功能为主的林业建设至关重要。中国科学院“百人计划”于 2003 年资助的前瞻性研究“干扰条件下次生林生态系统主要生态过程”，重点对北方雪/风自然干扰进行了为期 5 年的研究，通过对 2008 年雨雪冰冻重灾区——湖南省（国家/中国科学院湖南会同森林生态系统国家野外科学观测研究站、湖南保靖县白云山自然保护区、鹰嘴界国家自然保护区）进行实地调查，依据该项目研究结果，分析雨雪冰冻害对森林生态系统的影响，提出恢复/保护对策建议。

1. 雨雪冰冻对南方森林生态系统的影响特点

森林受灾类型主要有压弯、冠折、树干折裂（干折）、雪/风倒和掘根。

（1）人工林受灾程度大于天然林。

人工林（竹林、经济林和用材林）受灾程度远大于天然林。主要人工林/树种受害比例与受害类型：毛竹林 33.3%，干折、压弯；马尾松林 28.6%，干折、冠折；杉木林 16.7%，干折、冠折。而以青冈和栲树为主的天然常绿阔叶林受害较小，干折、冠折比例小于 10%。

（2）人工阔叶林受灾程度大于人工针叶林。

木荷人工林受灾比例高达 68%，主要为冠折；而马尾松林和杉木林受灾比例分别为 28.6%和 16.7%，主要为干折和冠折。

（3）次生林受灾程度大于原始林。

次生林受害比例达 42.2%，主要为干折和冠折，受害树种有青冈、樟树、卵叶山矾等；

而原始林（鹰嘴界国家自然保护区）常绿阔叶林受害程度较小，干折、冠折比例小于10%，且受害木多发生在风口，受立地条件的影响较大。

（4）外来树种受灾程度大于本地乡土树种。

外来树种多为经济树种（如柑橘类），选种时更多考虑其经济价值，而忽略了可能对极端气候的抵抗能力，因此，很多外来树种遭到毁灭性打击。

（5）冠层树种受灾程度大于下层植物。

森林生态系统中受灾树木多为建群种，由于上层木的保护作用，下层树种直接受到物理破坏较轻。

2. 雨雪冰冻害对森林生态系统产生的影响

（1）对生物多样性的影响。

大范围雨雪冰冻对森林生态系统生物多样性产生巨大影响，如素有“物种宝库”之称的广东韶关南岭国家自然保护区，95%的林木被毁，许多动物因生境丧失而消失。此外，由于环境的突然改变，野生动植物的抗病能力下降，容易暴发疫病，如松材线虫等，这将会造成生物多样性的持续降低。

（2）对森林生态系统结构和功能的影响。

雨雪冰冻害改变森林生态系统结构，进而影响其生态服务功能。首先，木材生产功能受到极大影响，尤其是人工用材林（包括竹林）；其次，森林生态系统的生态服务功能，如涵养水源、改良土壤、保持水土、调节气候、净化环境、孕育和保存生物多样性等生态功能也因森林结构的改变而降低。

（3）对森林生态系统的碳源/汇转变的影响。

由于雨雪冰冻害直接造成大量树木死亡，森林生物量丢失。如果人为将这些生物量从森林生态系统中取走，这无异于砍伐森林，从而造成大面积森林碳汇转变为碳源。另外，雨雪冰冻对植物代谢的损害和持续极低土温使土壤动物冻死或窒息死亡等，加速森林生态系统的破坏，也使森林生态系统固碳功能受到严重影响。

（4）对森林生态系统健康的影响。

除对森林生态系统产生直接影响外，雨雪冰冻害后续可能引发多种森林次生灾害，将对森林生态系统健康产生严重影响。如森林病虫害——树木遭受雨雪冰冻害后，树势衰弱，抗性降低，容易诱发溃疡病、腐烂病等树木病害，同时也为树木病原微生物和虫害侵入创造了条件，使大规模次期性病虫害发生的可能性增加；森林火灾——雨雪冰冻害产生大量倒木、枝、落叶等为林火提供燃料，一旦遇适合条件即可发生大面积森林火灾；野生动物疫源疫病——雨雪冰冻害不仅造成大量野生动物死亡，残存下来的个体也处于病弱状态，另外，异常雨雪冰冻迫使大量在我国南部越冬的候鸟迁徙到东南亚（禽流感高发地），当这些候鸟再次返回时，极易导致暴发野生动物疫源疫病。

3. 雨雪冰冻害后森林生态系统恢复/保护对策建议

1）进行雨雪冰冻害全面调查，划分受害林型和受害程度

首先对森林生态系统雨雪冰冻害程度与范围进行全面清查，鉴于此次受害范围广、面积大，建议采取实地精确定位调查与高分辨率（如 QuickBird，0.6 米或 SPOT，2.5 米）遥感监测相结合的方法，对受灾前后遥感数据进行对比分析，划分受害林型与评价灾害程度，为实施分类恢复/保护奠定基础。

2）实施人工林与天然林分类定向保护/恢复

雨雪冰冻害作用于天然林（公益林）与人工林所造成的损失与程度完全不同。因此，依据雨雪冰冻对森林生态系统的影响特点，区别天然林、人工林和受害程度、类型，选择保护/恢复对策或方式。

（1）天然林。

天然林（原始林与次生林）受害程度小于人工林、原始林小于次生林、乡土树种小于外来树种，即此次雨雪冰冻害干扰没有对天然林生态系统造成毁灭性灾难。因此，建议充分依照自然干扰在天然林生态系统中的作用规律，采取自然恢复为主，人工诱导为辅的恢复/保护原则，以尽快达到森林最佳生态服务功能为恢复目标。对于受害程度较低的天然林，实施有效的封育措施，促进林木及林下植被自然演替；对于受害程度较高的天然林，可采用有效的封育和人工促进恢复相结合的技术措施。

（2）人工林。

此次雨雪冰冻害对人工林生态系统（用材林、竹林、经济林、幼林/新造林、林木种苗等）造成了重大损失。因此，建议以市场需求为基础，采取对各人工林类型实施分类恢复或重建原则，以尽快达到最佳生产功能为恢复目标。人工用材林：不同林龄用材林应分别采取不同措施，如新造林补植，幼林及中龄林幼林结合抚育、人工诱导形成针阔混交林、成熟林采伐更新等。竹林：重点进行综合复壮，如竹林清理、护笋养竹、合理采伐、适当垦复等。林木种苗：依据受害程度，分别对良种基地及苗圃进行恢复与重建，如苗木快速繁育、苗木病虫害防治等。

3）加强雨雪冰冻害后森林次生灾害的预防

雨雪冰冻害容易引发后续森林火灾、病虫害和野生动物疫源疫病等次生灾害。因此，建议加强林地内的倒木、折枝等管理，防止病菌、害虫大发生；加强用火管理，防范森林火灾；增强各种珍稀濒危动植物和地方特有物种等的保护意识；充分注意各物种的生物学、生态学特性及其对森林层次和结构的要求。

4）加强雨雪冰冻害后生物多样性的保护

雨雪冰冻害主要通过 4 种方式影响生物多样性：①小种群生物由于直接伤害而灭绝；②分布范围小的特有种由于最适生境的丧失而减少或灭绝；③很多物种因种群数量的锐减而逐步消亡；④次生灾害导致物种灭绝。因此，建议尽早开展生物多样性损害程度调查研

究和保护工作，对受害濒危动植物进行迁地保护等。

5）建立森林生态系统自然干扰后监测系统并开展相关研究

建立森林生态系统自然干扰后监测系统，包括环境要素监测——温度、光、水等；生态功能监测——碳源/汇、水源涵养、生物多样性，动物、微生物等；森林演替监测——群落类型、森林结构、组成种类等。

雪灾在给森林生态系统带来危害的同时，也为许多科研项目创造了条件。为此，建议相关科研单位或研究组围绕雨雪冰冻害对森林生态系统的影响，设置典型、永久实验标准地，以便长期、有效地获取相关数据，为开展相关研究，为受灾林区恢复重建和为政府部门科学决策提供参考。

（朱教君）

附录 1.2.2　引领防护林经营方向、打造中国绿色屏障（2009 年）

自 1978 年我国启动“三北防护林体系建设工程”以来，经过 30 年的营林实践，三北防护林保存面积已逾 2600 万公顷，数量、规模居世界首位。中国科学院沈阳应用生态研究所防护林工程研究团队，结合三北防护林建设，潜心研究防护林经营理论与关键技术，创建了以高效、稳定、持续发挥防护效能为目标的防护林经营理论和技术体系，实现了防护林经营理论的原始创新和技术的集成创新，相关成果在辽、吉、黑、陕、晋、冀、宁、内蒙古 8 省（区）防护林经营实践中得到广泛应用，取得了显著效益。

1. 创建系统性理论框架，引领防护林经营方向

为促使我国巨量的防护林最大限度地发挥多功能效益，服务于社会经济建设，就必须对防护林施以合理的经营，而国内外尚无可以借鉴的系统性防护林经营科学理论。

中国科学院沈阳应用生态研究所防护林工程研究团队，自建所之初在辽宁省彰武县章古台首次进行固沙造林试验研究以来，在国家“七五”“八五”“九五”攻关和“十五”“十一五”中国科学院知识创新工程、国家自然科学基金和国际合作等项目的连续资助下，系统研究了防护林可持续经营理论并取得了多项成果。一是明确防护林防护成熟内涵，据此建立界定防护成熟龄的量化方法，确立了防护林防护成熟与阶段定向经营原理，并针对防护成熟的不同时期分别建立了幼林综合抚育技术、最佳结构调控技术及多种更新技术。二是发明准确测定防护林结构的鱼眼镜头照相法，建立基于效益发挥的防护林结构与易测变量关系模型，研制出应用广泛的结构调控软件系统，编制了最佳疏透度适用数表和最适密度调控图，构筑了结构配置优化与结构调控原理。三是确定防护林稳定性概念、原则与标准，论证防护林多样性与稳定性关系，形成了防护林稳定性原理，据此制定了区域性 6∶4 杨树与其他树种混交构架，确定固沙林与水保林系列经营密度，提出了保留带与更新带 1∶3 纯林更新改造、人工诱导近自然更新及栽阔保针等 9 种更新技术模式。四是研发大地比阻抗仪监测固沙林地下水位新方法，明确地下水位严重下降是固沙林衰退的主要诱导机制，提出了防护林衰退早期诊断新理论，并从生态因子和生物因子途径分别建立了防护林衰退

早期诊断新技术；明确了防护林衰退的"三元论"，即树种单一、经营技术失误及干扰频发。

2. 攻克关键性技术难关，奠定防护林经营基础

科学的防护林经营技术体系为实现高效、稳定和可持续的防护林经营目标奠定了基础，特别是关键性技术难关的突破，基本解决了我国在防护林经营建设和生产实践中遇到的难题。

首先，防护成熟是防护林经营核心，是阶段定向的基础。传统的防护成熟内涵缺乏准确性和系统性，从而导致经营阶段不明确，并缺乏相应技术措施。针对防护林经营实践的需求，中国科学院沈阳应用生态研究所科研人员提出了界定防护成熟期的初始防护成熟龄和终止防护成熟龄概念，并攻克了初始防护成熟龄确定的技术难关，即将林木高生长看作是一个物理运动过程，取其生长加速度极小值作为确定初始防护成熟龄的主要依据，从而明确了防护林各经营阶段及对应的经营技术措施，使防护林阶段定向经营得以实现。

其次，防护林结构是实现功能高效、稳定并可持续的保障。结构如何表达与量化、怎样的结构具有最佳防护效应以及如何调控结构维持成熟状态等是防护林结构调控的技术关键。为此，科研人员建立了应用数字图像处理法确定表征防护林结构的疏透度/郁闭度的技术体系，实现了防护林结构量化，通过不同疏透度/郁闭度防护林效益观测，确定了防护林最适疏透度/郁闭度，制定了防护林结构调控的标准，研制出生产实践中易于操作的防护林适宜结构调控数表和各年龄的合理密度图，使防护林结构调控技术得以广泛应用。

再次，实现防护林功能高效必须以稳定为前提，而现实中防护林衰退普遍存在，如何维持防护林的稳定状态以及如何控制、更新改造衰退的防护林是防护林经营技术的又一难关。科研人员在明确了防护林营造偏离地带性顶极植被方向，造林树种选择不当，树种、结构单一及大面积纯林等是造成不稳定原因的基础上，建立了基于群落、个体、器官水平的生物因子衰退早期诊断新技术。通过长期试验，确定了维持防护林稳定的更新改造技术模式：①应用樟子松、油松等针叶树更替杨树林带；②以杨榆、杨柳"对称式行混"更替杨树纯林；③采用斑块状间伐，间伐强度既适合天然更新又不影响防护效能发挥的人工诱导天然更新；④伐除带与保留带比例为 1∶3 或 1∶2、伐除宽度为 10～30 米的带状皆伐诱导针阔混交林等。从而形成了多树种组成、多样化配置、多功能利用的防护林更新模式与更新技术体系。

3. 研究成果结合经营实践，创新优势带来显著效益

科研成果与生产实践相脱节是以往防护林经营中存在的最主要问题之一。中国科学院沈阳应用生态研究所科研团队在研究过程中，注重科研与生产实践的紧密结合，历经 30 年，先后联合了辽宁省林业技术推广总站、吉林省林业工作总站、陕西省林业技术推广总站、河北省林业工程项目管理中心、内蒙古科左后旗林业局等林业部门，通过了解林业部门在生产与技术推广方面的科技需求，以研究成果中原创性防护林经营基础理论和多项防护林经营技术与模式为依据，与相关林业部门共同制订经营技术方案，及时将成熟技术成果在防护林经营实践中推广应用。

推广活动形成了以科研院所与高等院校为科技支撑，省、市、县和乡镇林业技术推广

站共同参与的科技成果推广体系。事实证明，这种推广应用模式效果显著：据近 3 年统计，防护林经营技术成果在辽、吉、黑、陕、冀、蒙、晋、宁 8 省（区）推广应用面积达 159 万公顷；据有关专家最保守测算，3 年新增产值 71.3 亿元，产生经济效益 45.3 亿元，节支总额 7.6 亿元。研究成果的进一步推广应用，必将有力促进我国三北防护林工程建设，提高现有防护林的防护功能，发挥更大的生态和社会效益。

防护林经营研究系列成果：曾获第三世界科学组织网络（Third World Network of Scientific Organization，TWNSO）农业奖（1998），成为迄今为止该组织颁发的唯一与林业直接相关的奖项；2008 年被授予国家科技进步奖二等奖。出版了《防护林经营学》、《沙地樟子松人工林衰退机制》、*Wind on Tree Windbreaks* 等专著 6 部；发表相关论文 211 篇，其中多篇发表在国际林学顶级杂志；获得“透光分层疏透度测定方法”“土壤含水量测量方法及改进装置”等发明专利 7 项；拥有了防护林经营技术核心自主知识产权，形成了防护林经营学的基本框架。该理论成果还被 *Encyclopedia of Ecology*（《生态学百科全书》）收录。研究成果引领了防护林经营领域的发展方向，为打造我国绿色屏障——防护林建设提供了科技保障。

（朱教君）

附录 1.2.3 关于“沙地樟子松人工林衰退应对策略与营林方案”建议（2015 年）

参见朱教君，郑晓，闫巧玲等著的《三北防护林工程生态环境效应遥感监测与评估研究》（科学出版社，2015 年）的附录（p420～426：朱教君，宋立宁，郑晓）。

附录 1.2.4 关于践行“绿水青山就是金山银山”的对策建议（2019 年）

党的十九大报告明确指出“建设生态文明是中华民族永续发展的千年大计。必须树立和践行绿水青山就是金山银山的理念”。“绿水青山就是金山银山”的论断（简称“两山论”）阐明了保护生态和发展经济之间的辩证关系，是美丽中国和生态文明建设国家战略的核心内容和根本遵循，但如何深入地将“两山论”落在实处，是目前亟待解决的关键问题。

对标“十九大”美丽中国和生态文明建设的科技需求，中国科学院启动了 A 类战略性先导科技专项“美丽中国生态文明建设科技工程”，其中，“绿水青山提质增效与乡村振兴关键技术与示范”项目针对“绿水青山”价值评估、区划、提质增效等关键技术开展联合攻关，项目组基于长期的定位观测、研究、试验、示范等，甄别出践行“两山论”过程中存在的科技问题，提出了践行“两山论”的对策建议。

1. 践行“两山论”存在的科技问题

“两山论”内涵丰富、寓意深刻，既传承了中华五千年文明积淀的“天人合一”“道法自然”的生态智慧，也继承发展了马克思主义的自然观和辩证观，更蕴含了丰富的绿色发展观、幸福观和财富观等新理念。“两山论”的自然学科基础是“生态学”。其科学内涵是：构成“绿水青山”的山水林田湖草等各类生态系统只要处于结构合理、功能高效稳定并可持续的目标状态，就是“金山银山”。其科学原理为：通过对生态系统的科学管理和加强生态建设，建立健全生态系统的生态服务体系——供给服务如优质水、空气等，调节服务如改善小气候环境等，文化服务如娱乐、文化等，支持服务如系统的养分循环等，构成完整的生态系统功能体系，并保障生态系统服务与经济开发的平衡。

"两山论"在指导生态文明建设、取得生态红利和激发经济活力等方面正在释放出强大的思想能量。但是，由于"两山论"建设面临的复杂局面，特别是从生态学角度深入探究，发现践行"两山论"过程中还存在如下问题。

（1）"绿水青山"孕育过程不清、形成机理不明、功能发挥机制不详。

森林、草地、湿地等复合生态系统是构成"绿水青山"的重要组分，各生态系统组成要素之间时刻进行着物质和能量交换，各类生态系统内部和不同生态系统之间始终处于更新、演替、循环、替代等复杂的动态过程中。关于"绿水青山"的孕育过程、形成机理与功能发挥机制等还存在诸多认知不清等问题，需要开展深入的科学研究。特别是对"绿水青山"的生产和生态功能等不同服务功能之间权衡/协同关系的系统认知不足；对影响"绿水青山"服务功能的发挥机制，包括植物生长、景观格局，以及经营管理等多方面要素，在实践中的科学指导应用不足。

（2）对"绿水青山"理解不深，现状（状态）不清，发展方向不明。

由于构成"绿水青山"的生态系统具有多样性、复杂性、区域性、波动性和脆弱性等特征，不同生态系统类型在其中发挥的作用存在很大差异。而现有的管理行为往往针对某一种类型，不能全面科学地把握"绿水青山"的实质内涵，对"绿水青山"的真实状态如何，存在哪些问题，未来发展方向等缺少科学化、标准化的判定和评估。例如，湿地分布区域广泛、生境复杂多变、类型丰富，现有的湿地分类标准、体系与方案亟须完善；再加上湿地本身生态因子繁多，湿地退化胁迫因子评估尚未建立统一方法和指标体系。

（3）"绿水青山"退化严重，未能形成保障"金山银山"的良好生态环境。

由于历史上掠夺性开发利用和现实多重干扰叠加，构成"绿水青山"的重要生态系统遭到严重破坏。例如，结构最完整、功能最强大的原始森林生态系统目前所剩无几，70%以上的东北原始林退化成次生林，25%的三北防护林工程存在衰退或非健康状况，全国60%以上的湿地生态系统处于中差水平，北方50%以上草地存在退化现象等。生态系统结构失衡，稳定性低、抵抗力和自我恢复能力弱，表现出"绿水青山"严重退化，"金山银山"功能下降或缺失。

（4）践行"两山论"的路径尚未完全打通。

"两山论"体现了生态保护与经济发展的矛盾统一，但现实中保护与利用很难有效兼顾。如湿地生态修复/保护与开发仍存在较大冲突，特别是过去的围湿造地、填海造地和湿地过度利用等导致湿地生态系统丧失和功能退化；再如森林生态系统恢复/保护与利用，长期以来林区"木头财政"产业结构单一，经济发展严重滞后，天保工程实施后，由于接续替代产业起点低、规模小，林区就业形势严峻、林农生活困难。目前，多数湿地、森林区域未将"绿水青山"转化成对人口、物流、信息的吸引力，未能带动经济增长、实现"金山银山"。

2. 践行“两山论”的对策建议

（1）分类研究、科学阐明“绿水青山”孕育过程与形成机理，并以此指导实践。

分类研究不同“绿水青山”生态系统（不同区域、不同类型、不同时期）的自组织能力、稳定性、动态演替与演化、多样性发生与维持、多功能协调机制，以及经营管理与调控技术等，明确不同“绿水青山”的服务供给能力、自我调节能力、生命承载能力等机理，阐明各类复合生态系统的孕育过程与功能发挥机制，进而科学指导实践。例如，从景观格局配置上，明确“绿水青山”各种系统类型生产、生态功能的“高值区”，可基于此开展景观格局优化，从而获得更高产出/投入比的服务；从经营管理措施上，以落叶松人工林生态系统为例，可通过调控林分结构、引入阔叶树种等措施，将人工纯林诱导形成落叶松-阔叶混交林，进而改变凋落物组成、提高凋落物和土壤pH、促进土壤养分循环速率，从而维持人工林长期生产力和提升其水源涵养功能等。

（2）科学评估、精准甄别影响实现“金山银山”的问题与短板。

基于“绿水青山”类型丰富、状态多变等特点，结合区域社会、经济发展和人类活动对“绿水青山”的生态服务影响及需求的空间格局，建立多尺度-多层次-多区域-多功能-多类型的“绿水青山”健康评价标准和生态系统服务价值评估和预测方法体系，精准评估与情景预测“绿水青山”健康状态、资源禀赋、生态系统服务功能及总价值量的现状和未来变化趋势，甄别影响实现“金山银山”的问题和发展短板（如管理粗放、未适应新形势，“两山论”范式尚未完善等）。

（3）建立“绿水青山”常在与“金山银山”永续并重的技术体系和规程。

针对不同区域、不同类型的“绿水青山”存在问题与“金山银山”发展短板，依据生境类型、区域气候特点和“绿水青山”类型所处的状态，研制分区、分类、分级的“绿水青山”精准调控技术与管理策略，做到“一区一策”的精准管理。

例如，针对天然林，以促进形成地带性顶极植物群落为目标，建立以自然恢复为主、人工促进为辅的分区分类天然林保育/修复技术体系；针对人工林，以解决我国木材供需矛盾，提升潜在生产力为主要目标，建立分区分类的人工林育种造林技术体系；针对防护林，基于目前较为成熟的防护林构建、经营与评估技术体系，分区分类完善防护林建设规划；针对湿地，对全国673条河流、97座水库和100个湖泊湿地等规划河段和湖库的水生态状况进行分类评价，提出各湿地类型切实有效的管理和生态功能提升措施；针对草地，建立以生产和生态功能合理配置为关键的全面草牧业技术体系和标准化家庭牧场建设技术体系等。

在此基础上，重点研究集成不同退化生态系统的修复技术、“绿水青山”不同类型空间规划技术；建立以生态重要性、生态脆弱性、自然恢复能力和物种珍稀性为导向的生态安全格局评估指标体系；根据“山水林田湖草”生命共同体的理念，形成区域生态服务格局调配及优化设计技术。建立重要的“绿水青山”类型价值提升、主体功能提质的特色生态产业培育与振兴关键技术；形成和建立“绿水青山”常在与“金山银山”永续的技术体系和示范区。

此外，制定、修订和完善国家、行业或地方标准/规程并予以推广。例如，科学修订现有的森林培育技术规程，区分同一树种的用材林与公益林培育技术，在全国建立同一树种，不同立地条件、不同培育目标、不同栽培方式的用材林集约经营培育技术体系，以充分发挥林地潜力气候生产力。

（4）构建“绿水青山”常在与“金山银山”永续的综合保障机制。

基于相关科研成果，加强针对性制度研究，建立起系统完整的法律法规和政策制度体系。如亟须制定湿地法，明确并统一湿地资源的概念及管理目标，规范湿地资源保护和合理利用的各种行为。同时，对于不适应新时代生态文明建设的政策制度进行修改完善，例如，生态补偿制度等，亟须根据市场供求和资源稀缺程度在制度中体现生态价值和代际补偿；对于缺失的相关政策制度，如森林采伐管理政策森林集约化经营指南等需从国家层面进行总体布局。加强投资保障，改革“绿水青山”所有权、承包权、经营权等，建立多元化投融资结构和长效机制，向个人、集体维护与建设“绿水青山”的投资项目进行政策导向。加强舆论保障，强化与提高民众保护与合理利用“绿水青山”的意识和自觉性。

注：提供支撑数据和成果的作者均来自中国科学院沈阳应用生态研究所，包括刘淼、吕晓涛、宋立宁、高添、张金鑫、梁宇、郝广友、杨凯、郑晓、原作强、于大炮、王绪高、林贵刚、周旺明。

（朱教君、于立忠、闫巧玲、张亚平、邵明安、葛全胜、段晓男、卓君臣）

附录1.2.5 关于完善“退耕还林”政策的建议（2020年）

“退耕还林还草工程”是中国乃至世界投资最大、涉及最广、受众最多的重大生态工程。该工程于1999年试点、2002年全面启动，旨在对坡耕地实施停止耕种改为植树种草，以恢复原有植被和控制水土流失。2019年国家林业和草原局发布的数据表明，20年来，全国累计实施退耕还林还草3387万公顷，其中，退耕还林面积占全国重点工程造林总面积的40%，成林面积近2667万公顷，超过全国人工林保存面积的三分之一。退耕还林工程在减轻水土流失、防治沙漠化和提升水源涵养、增加土壤碳储量等方面发挥着巨大作用，有力推动了习近平总书记提出的“山水林田湖草是生命共同体”论断。然而，由于退耕还林工程实施范围广、涉及自然社会等众多要素，实施过程中不可避免地存在制约其成效发挥的各种问题。为此，中国科学院有关专家以东北退耕还林工程区为样本，对退耕还林工程20年实施成效与存在的问题进行了科学准确评估和系统分析，基于长期定位实验研究和示范推广实践，从自然生态系统演替规律和“山水林田湖草是生命共同体”理念出发，提出完善“退耕还林”政策的建议。

1. 退耕还林工程实施面积、质量与生态成效

（1）东北区退耕还林工程20年完成114.4万公顷，其中，退耕地造林面积81.9万公顷，荒山荒地造林面积32.6万公顷，主要林型为阔叶生态公益林；2015年后经济林比例显著提高（>75%）。退耕还林实施区，坡度小于15度的面积为103.8万公顷，占实施区的90.7%。

（2）退耕还林工程提高了区域植被质量，工程区植被覆盖度和净初级生产力呈增加趋

势，2000～2015年分别增加了6.4%和86.2克碳/（米^2·年），显著促进了区域植被恢复。退耕还林的蓄积量平均为34.6米^3/公顷，合计木材储备量0.37亿米^3。随着林龄增加，蓄积量将大幅提高。

（3）退耕还林工程区生态系统服务功能显著提升，工程区同期的土壤保持能力增加1.878×10^7吨、防风固沙能力增幅4.47%、产水量下降15.6毫米，生境质量呈现向好发展趋势，碳固持量增加4倍，体现了森林生态系统服务的巨大优势。

2. 退耕还林工程实施过程中存在的问题与成因

（1）关键生态功能区、生态敏感带和侵蚀黑土农田未退耕还林。

东北区涉及的耕地地形均较平缓，大于25度陡坡耕地几乎不存在（附表3），但该区作为国家生态安全战略格局"两屏三带"中唯一森林带属生态敏感区，如江河源头、水源地、河岸等周边的耕地增加了水土流失、面源污染的风险，并降低水源涵养能力。另外，东北区黑土区是国家重要的商品粮基地，坡度大于5度即发生土壤侵蚀，5～8度土壤流失量在44～71吨/（公顷·年）（中度侵蚀），8～15度土壤流失量在71～133吨/（公顷·年）（强度侵蚀）。依据目前退耕还林标准（除沙化耕地外，基本以耕地坡度大于25度为标准），上述区域均未列入退耕还林工程范畴。

附表3　东北区坡度大于3度的耕地面积

	不同坡度对应的耕地面积			
	3～8度	8～15度	>15度	合计
面积/万公顷*	1675.04	392.15	75.07	2142.26

* 基于2015年遥感解译结果：黑土区耕地1422.54万公顷；生态功能区耕地434.39万公顷；生态功能区与黑土区耕地重叠面积270.20万公顷

（2）退耕还林补助政策不能充分调动农户退耕的积极性。

不同环境条件下的退耕还林成本不同，如陡坡耕地还林成本明显高于缓坡，但退耕还林补助却无差别；另外，支农惠农政策，如农业税减免、良种补贴等高于退耕还林补助，再加上生态敏感区退耕还林后无生态补偿等，导致农户退耕积极性受到一定程度的影响。监测结果显示，目前东北区退耕还林集中在坡度小于15度耕地，而坡度大于15度的耕地仍有75.07万公顷未退耕还林（附表3）。

（3）退耕还林工程缺乏统筹规划，工程后期经营管理不足。

目前退耕地造林仍遵循传统模式，90%为纯林；造林密度普遍偏大，如杨树2500株/公顷、落叶松3300株/公顷；自2015年至今，退耕造林中经济林比例/面积大幅攀升，特别是不适宜经济林区域退耕后形成低质经济林，造成资源浪费。此外，退耕还林工程仅检查造林3年后的成活率和保存率，缺少之后的抚育管理措施和配套政策，无法形成长效激励机制，导致退耕林质量低、系统稳定性差等。主要原因是缺少统筹规划，不符合山水林田湖草一体化保护和生态修复的要求。

综上，退耕还林工程中三大关键问题（哪些耕地必须退？如何退耕还林？还林后如何保障功能发挥？）亟须明确，即退耕还林工程已有标准与政策需要完善，“山水林田湖草是生命共同体”的规划理念有待加强，退耕还林后需要适时评估与管理。

3. 对策建议

（1）建立适合新时代发展需求的退耕还林标准体系。

依据生态系统管理理论，以《全国生态功能区划（修编版）》和“两屏三带”国家生态安全战略格局为基础，综合考虑区域特点及县域具体立地条件，建立与“山水林田湖草是生命共同体”理念相适应的退耕还林标准体系。首先，坚持以减少水土流失为目标的坡耕地退耕还林；其次，改变将坡度作为唯一退耕还林标准的做法，重要土地资源保护和关键生态功能区的耕地需优先退耕还林；第三，退耕地不能仅局限于单一地块的生态恢复，应以“山水林田湖草”景观格局中关键功能区/带为杠杆，统筹协调治理、保护和修复。

（2）完善与新时代退耕还林需求相适应的生态优先政策。

依据生态文明建设总体规划，将退耕还林方案纳入地方生态文明建设目标管理。首先，积极提高退耕还林补助标准，根据具体环境条件实行差别化补助，整合与退耕还林工程建设相关的支农惠农政策和资金，向林业倾斜；其次，建立退耕还林补助+生态补偿的二元补助体系，对还林成本高、难度大、退耕还林达标工程，根据生态补偿机制给予生态补偿，以鼓励退耕造林成本远高于政策补助标准的生态敏感区的保护与恢复，充分体现生态优先政策；再次，建立退耕还林质量与功能标准体系与后评估制度，适时（如每5～10年）开展还林质量与功能监测评估，对达标退耕还林工程给予生态奖励，鼓励定期抚育、优化林分结构，保障功能高效、稳定与可持续。

（3）优化退耕还林空间布局，科学制定多目标的营林措施。

依据森林生态学原理，按照因地制宜、适地适树的原则，制订“山水林田湖草”统筹协调的退耕还林规划和实施方案。首先，优先考虑以人工促进自然恢复为主的方式开展退耕还林；其次，在江河源头退耕区，优先规划、营建针阔混交林，或在已有针叶纯林周边营建阔叶林，形成斑块状针阔混交林，提高景观稳定性；再次，在地势相对平缓的重要土地资源区，以特定树种适宜性评估为依据，科学布局经济林与生态林比例，兼顾退耕还林的生态和经济效益；最后，在沙地及水资源限制区，以水量平衡为基准，合理设计造林密度、优化配置乔-灌-草结构，确保以水定需、以水定林（绿）。

4. 东北区退耕还林工程规划方案

依据东北区的生态定位（国家生态安全战略格局“两屏三带”中唯一的森林带——东北森林带）、耕地现状（全球三大黑土区之一）和主要生态问题（水土流失、水源涵养能力低等），提出东北区退耕还林规划方案。

（1）坡耕地。

优先退耕：符合目前全国优先退耕还林坡度规划标准的耕地，即大于25度和15～25度重要水源地或易发生土壤侵蚀的坡耕地。

还林规划：东北区现有耕地几乎没有大于25度的坡耕地，而大于15度且为重要水源地或易发生土壤侵蚀的坡耕地仍有 75.07 万公顷（附表 3）；退耕后重点以营造阔叶林或针阔混交林为主（附图 8）。

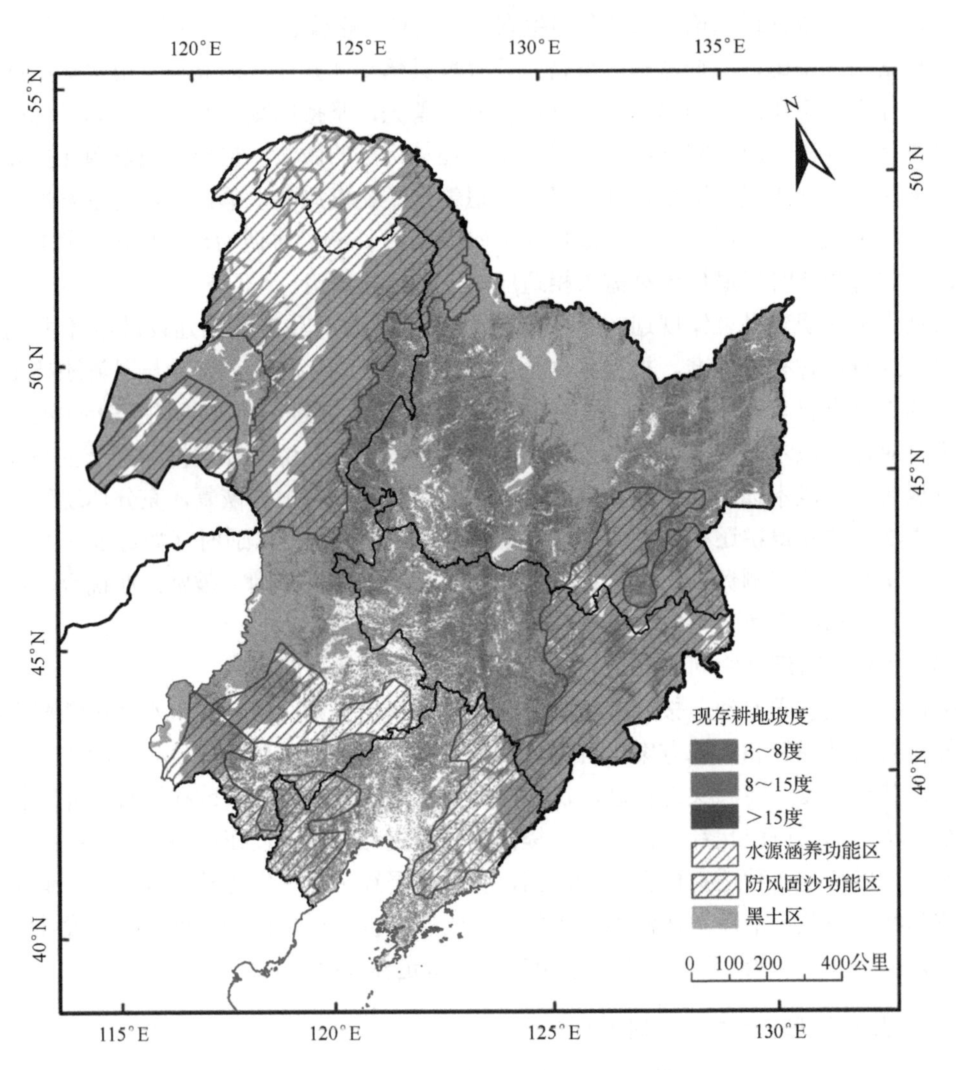

附图 8　东北区退耕还林规划图（优先退耕区）

注：黑土区坡度大于 3 度的耕地为 1422.54 万公顷，生态功能区坡度大于 3 度的耕地为 434.39 万公顷，生态功能区与黑土区坡度大于 3 度的耕地重叠面积为 270.20 万公顷。

（2）水源涵养功能区耕地。

优先退耕：江河发源地或源头区的耕地，即易发生水土流失和面源污染的耕地。

还林规划：根据《全国生态功能区划（修编版）》，分布于大兴安岭北部和中部、长白山山地、千山山地和辽河源水源涵养功能区，以及区内江河两岸和水库周边 100 米范围的耕地达 589.8 万公顷（附表 3，附图 8）；除基本农田外，上述区域应优先退耕水源地、江河两岸和水库周边 100 米范围的耕地。结合天保工程，退耕后重点考虑以人工促进自然恢复为主还林，造林则优先规划、营建针阔混交林；对于地势相对平缓区，根据生态优先原则，适当布局经济林。

（3）防风固沙功能区耕地。

优先退耕：东北防风固沙区的耕地，即沙区内的耕地。

还林规划：根据《全国生态功能区划（修编版）》，涉及的东北区防风固沙区主要包括：科尔沁沙地和呼伦贝尔草原防风固沙区，现有耕地 84.57 万公顷（附表 4，附图 8）；该区退耕后应优先考虑以人工促进自然恢复为主的还林还草；由于地处干旱、半干旱区，必须以水定林草（绿）构建乔-灌-草有机结合的退耕还林工程。

附表 4　东北区主要生态功能区内的耕地面积

功能区*	耕地面积/万公顷	功能区总面积/万公顷	耕地占比/%
大兴安岭水源涵养功能区	113.74	2533.58	4.49
长白山（含千山）山地水源涵养功能区	328.49	1869.06	17.58
辽河源水源涵养功能区	147.61	497.63	29.66
呼伦贝尔草原防风固沙功能区	0.70	417.31	0.17
科尔沁沙地防风固沙功能区	83.87	386.44	21.70

*依据《全国生态功能区划（修编版）》（2015 年）

（4）黑土（保护）区耕地。

优先退耕：东北黑土区侵蚀易发区耕地，即重点为中度侵蚀（侵蚀模数在 25～50 吨/（公顷·年）以上的黑土耕地。

还林规划：东北黑土区轻度、中度、强度、极强度和剧烈侵蚀耕地分别为 497.88 万公顷、15.51 万公顷、3.78 万公顷、1.35 万公顷和 0.24 万公顷（附表 5）。根据黑土区是国家商品粮基地特点，除剧烈侵蚀耕地完全退耕还林外，以“山水林田湖草是生命共同体”原则为指导，规划以生态保护为主的农田防护林带/网还林方案（附图 8）。在现有农田林带/网建设基础上，结合三北防护林工程，优化“林-田”景观格局，依据侵蚀强度建设/完善农田防护林带/网，如中度侵蚀以下耕地建设 500 米×500 米林网，中度～极强度侵蚀耕地建设 300～400 米×300～400 米林网，以保障黑土区粮食的高产与稳产。

附表 5　东北区不同侵蚀强度的黑土*耕地面积

	不同侵蚀强度**对应的黑土耕地面积						
	微度	轻度	中度	强烈	极强烈	剧烈	合计
面积/万公顷	2107.12	497.88	15.51	3.78	1.35	0.24	2625.88

*黑土信息来源于《中国 1∶300 万黑土分布数据集》，主要包括黑土、黑钙土、草甸土、白浆土、暗棕壤和棕壤等

**依据《土壤侵蚀分类分级标准》（SL 190—2007）。微度侵蚀，<2 吨/（公顷·年）；轻度侵蚀，2～25 吨/（公顷·年）；中度侵蚀，25～50 吨/（公顷·年）；强烈侵蚀，50～80 吨/（公顷·年）；极强烈侵蚀，80～150 吨/（公顷·年）；剧烈侵蚀，>150 吨/（公顷·年）

（朱教君、高添、何兴元、王宗明、于立忠、阴黎明、王兴昌、宗文君）

附录 2　本书作者针对媒体提出的防护林相关问题的应答

附录 2.1　对《北京科技报》关于外电报道中国“绿色长城”计划存隐忧的回复与评论（2010 年）

参见朱教君，郑晓，闫巧玲等著的《三北防护林工程生态环境效应遥感监测与评估研究》（科学出版社，2015 年）的附录（p427～432：朱教君）。

附录 2.2　中国气象局公共气象局服务中心关于沙尘暴与防护林关系问题回答（2015 年）

参见朱教君，郑晓，闫巧玲等著的《三北防护林工程生态环境效应遥感监测与评估研究》（科学出版社，2015 年）的附录（p432～434：朱教君）。

附录 2.3　三北防护林体系建设 40 年综合评价国务院新闻办公室新闻发布会答记者问（2018 年）

2018 年 12 月 24 日 10:00～11:00，国务院新闻办公室《三北防护林体系建设 40 年综合评价报告》于新闻发布厅召开新闻发布会。发布人由三北防护林体系建设工程（三北工程）40 年综合评估工作领导小组双组长——张亚平（中国科学院院士、中国科学院副院长）和刘东生（全国政协常委、国家林业和草原局副局长）、三北工程评估技术组组长——朱教君（中国科学院沈阳应用生态研究所所长、研究员）组成。针对媒体记者提出问题，三位发布人分别回答了记者提问。

1. 问：刚才您在发言中提到，三北工程实施的进度和效果、工程完成的目标和效益等内容，这些数据都需要科学和客观地评估才能得出，请问本次评估工作是如何来保证其科学性、客观性和可靠性的？

答（张亚平）：开展评估类工作，必须要科学、客观、公正，经得起历史的检验，这是此类工作的价值和意义所在。本次评估工作中，我们对此高度重视、反复强调，力求能够达到这样的目标和要求。

第一，为了确保评价成果的科学性、准确性和权威性，国家林业和草原局委托中国科学院作为第三方评价机构开展三北工程建设综合评价。中国科学院党组、国家林业和草原局党组高度重视，成立了由中国科学院张亚平副院长、国家林业和草原局刘东生副局长任组长（双组长制）的评价工作领导小组，设立由傅伯杰、唐守正、周成虎、李文华、尹伟伦、曹福亮、张守攻等院士和专家组成的咨询组，组建由中国科学院沈阳应用生态研究所、中国科学院地理科学与资源研究所和国家林业局调查规划设计院等单位为主参加的技术评价组，共同开展综合评价工作。

第二，数据来源丰富、确保客观真实。本次评估利用了多源数据，包括统计数据、23 万个涉林样地调查与监测数据、逾 7 万公里的大规模调查数据、约 2000 景的遥感影像遥感数据等。这些基础性工作保证了评估所用数据的综合性、代表性，以及数据质量的可靠性。

第三，评估方法科学，广受国内外认可。本次评估根据三北工程的特点，建立了评价指标体系，利用野外调查与定位观测相结合、模型与遥感监测相结合等手段，研究了三北工程实施的主要成效。主要研究方法均在国内外重要学术期刊发表，得到业界广泛认可。

第四，广泛征求意见，保证结论可靠。在评估过程中以及报告基本成型后，广泛征求领导小组、咨询小组和高水平同行专家的意见建议，力求评估结论的公正、客观。

综上所述，应该讲，我院本次评估工作总体上比较好地体现了科学、公正、客观的原则，结论是可靠的。

2. 问：三北工程建设了 40 年，除了巨大的生态、社会和经济效益，还有宝贵的经验，是否能分享一下三北成功的经验？

答（刘东生）：三北工程是同我国改革开放一起实施的重大生态工程。工程建设 40 年取得了巨大的生态、经济和社会效益，成为全球生态治理的成功典范。通过 40 年的实践探索，走出了一条国家引导、群众参与，具有中国特色的防护林体系建设道路，创造了丰富的建设经验。概括起来，有以下六个方面的经验。

一是坚持充分发挥中国特色社会主义制度的政治优势，动员和组织广大干部群众，调动一切积极因素，工农兵学商，集中力量、齐心协力推进工程建设。按照党中央、国务院的决策部署，第一次以国家重点工程的形式组织实施，实行大工程带动大发展，谱写了全党动员、全民动手、全社会参与，改变三北地区生态面貌的恢宏篇章。

二是坚持服务经济社会发展大局，主动顺应西部大开发、东北老工业基地振兴、“京津冀”协同发展、“一带一路”、美丽中国建设的新趋势、新布局，在国家战略布局中寻找定位，发挥作用。三北工程集中 70%以上的国家投资和建设任务，突出重要战略区生态治理，成为统筹区域均衡发展，促进经济社会可持续发展的保障工程。

三是坚持以生态建设为主的发展战略，统筹生态惠民、生态利民、生态富民，建设生态经济型防护林体系，让人民群众充分享受工程建设成果。据不完全统计，40 年建设共吸纳农村剩余劳动力 3.13 亿人，约 1500 万人依靠特色林果业实现了稳定脱贫。荒沙秃岭变成财富之源，生态美，百姓富，实现了增绿与增收的有机结合。三北工程成为增加农民群众收入的致富工程。

四是坚持尊重科学规律，按照防护林体系建设思想，因地制宜、因害设防，宜林则林、宜草则草，生物措施和工程措施相结合，实行山水林田湖系统治理。工程建设中，在风沙区设置沙障、栽植固沙植物、封禁保护等措施一起上，在水土流失区按山系、流域系统治理，在平原农区大规模营造护田护路护渠林网，构筑起绵延万里，带片网、乔灌草合理配置的绿色屏障，维护起国土生态安全、流域淡水安全、粮食生产安全和区域气候安全。

五是坚持一张蓝图绘到底，一代接着一代干，咬定青山不放松，上下一心，久久为功，持续推进工程建设。三北地处干旱半干旱区，又是沙化、荒漠化土地和水土流失集中分布区，生态十分脆弱，立地条件差，生态治理难度大、成效慢。三北生态建设是一项宏伟艰巨，功在当代、利在千秋的事业，需要坚持不懈、坚定不移地推进。40 年的实践证明，在党中央、国务院的坚强领导下，只要我们遵循科学规律，发扬艰苦奋斗、顽强拼搏的精神，接续奋斗，生态落后的面貌可以改变，生态脆弱地区的绿色崛起是可以实现的。

六是坚持改革创新，与时俱进，不断完善工程建设的体制机制，增强了持续发展动力。40 年建设中，主动适应经济体制和投资体制改革，不断创新造林营林机制和投资模式，建立起适应三北地区实际的现代管理体制和机制，持续释放工程建设活力。在抗旱造林、防沙治沙等方面取得了一系列技术突破，共实施科技推广项目 660 多项，推广先进适用技术 1200 多项、造林模式 100 多种，推广面积达 735 多万公顷，在大幅提升工程建设质量和效益的同时，丰富和发展了我国防护林建设的理论与实践。

3. 问：三北工程已经建设了 40 年，工程区主要位于干旱、半干旱地区，而干旱半干旱区造林一直被国际社会质疑。本次评估对此质疑有何解释？

答（朱教君）：三北工程区主要位于干旱半干旱区，自然条件恶劣、生态环境相对脆弱，因此，才在三北地区建设防护林体系。所谓防护林体系，除了造林外，还要兼顾灌、草等其他植被建设，就是习近平总书记提出的“统筹山水林田湖草系统治理”。为保障干旱半干旱区三北工程建设成效，我们采取了多方面的措施，重点包括：

第一，因地适宜。三北工程在 1978 年建设之初，完成了《“三北”防护林地区自然资源与综合农业区划》；并在第一、二期工程期间形成了将三北地区划分为东北西部区、蒙新区、黄土高原区和华北北部地区 4 个一级区以及 22 个二级区和 59 个三级区的建设思想。随着科学技术的不断进步，规划也在不断地进行调整。

第二，体系思想。三北工程根据实施区域的自然条件，突破了传统的单一造林思想，将防护林体系建设作为国民经济和社会发展系统工程，逐步形成了农林牧、土水林、多树种、多林种、带片网、乔灌草、造封管、多效益相结合的防护林体系。

第三，适地适树。干旱、半干旱区造林第一重要的是水量平衡，造林树种的选择必须保证物种的适宜性，严格遵从水资源承载力，尤其注重现存的天然植被，物种选择应根据系统退化程度的环境属性选择相应的乡土种与驯化适应的新品种。

第四，强化造林技术。三北工程建设过程中开发了诸如容器育苗技术、钻孔深栽技术、开沟深栽旱作技术、汇集径流抗旱技术等，使造林成活率大幅度提高。

尽管采取了以上措施，由于受前期科学水平与经验的限制，在规划设计、防护建设及防护林经营过程中，不可避免也存在一些问题。其中，最大的问题是防护林出现衰退，据统计2017年约25%的防护林处于非健康状态，风沙荒漠区防护林衰退最为严重。针对该问题，中国科学院三北工程研究团队根据区域水量平衡、生态系统管理等理论与最近20余年的研究成果与积累经验，对三北工程区进行了重新区划，明确了防护林衰退的原因，并提出如何改造、未来如何营造等具体对策与方案，三北工程在五期建设中就已部分实施，并在未来的建设中进行全面实施。

另外，小于200毫米的降水量面积约占三北工程区的一半，主要是戈壁和风沙区。这部分区域除有水源或灌溉条件的河流附近、绿洲等可营建防护林外，其他区域不宜进行大面积人工造林，以减少人为干扰为主，采取自然恢复方法。

4. 问：三北工程已经建设了40年，未来还要建设30多年，未来三北工程的建设，存在哪些制约因素呢？

答（刘东生）：此次评价结果也反映出三北地区仍是我国风沙和水土流失危害最严重的区域，林草资源总量不足、分布不均衡，生态依然脆弱，生态治理任务艰巨。大规模推进国土绿化，改变生态面貌，降低生态风险，仍然是区域内生态治理的首要任务，三北工程建设任务繁重。当前和今后一段时期，三北工程建设还面临以下三方面的难点和制约因素。

一是工程建设投入水平有待提升。三北工程是公益性事业。按照事权划分，政府在工程建设中居于主体责任。三北工程实行以国家补助带动、多渠道筹集的建设机制。40年来，一方面，随着传统劳动力、土地等投入要素优势逐步丧失，苗木费用、劳动力成本等大幅度增加，再加上抚育管护投入，工程建设投入缺口不断扩大。另一方面，宜林地质量越来越差，生态用水保障不足，林草恢复难度增加，往往需要多次补植补造才能成林，进一步提高了造林绿化成本。加之一些地方因财政困难，造林绿化补贴政策缺失，对工程建设提出了严峻挑战。甚至在部分区域出现了造林绿化任务分解难、落实难问题。

二是防护林结构功能有待优化提升。工程区现有770多万公顷的防护林进入成过熟阶段，老化现象日益增多。一些经济林果品种出现品质下降、产量降低，部分农田林网老化、断带严重。特别是，受干旱缺水、病虫鼠害、造林措施不当和抚育经营滞后等多重因素影响，森林20%遭受各种灾害干扰、26%处于非健康状态，林木生长衰退、抵抗力下降，生态防护功能退化。必须加强防护林管护经营，实现生态防护等综合效能优化升级。

三是工程建设政策机制有待创新完善。当前，一些地区受国土空间利用开发等制约，生态修复任务重与绿色生态空间不足的矛盾日益突出，大规模国土绿化用地保障机制有待进一步建立。部分地方受短期市场经济效益影响，开发利用力度加大，侵占林草地、违规利用问题突出，对沙区生态保护与修复造成很大压力，工程建设成果巩固制度亟待完善。政策性和商业性相结合的森林保险制度等保障机制有待健全，激发社会资本参与工程建设的市场机制和内生动力不足，金融资本、社会资本向三北工程建设聚集相对缓慢。还有就是林业科技成果转化率仅为55%，尚处在较低水平，支撑工程建设的科技攻关与推广体系还不健全。这些都需要在今后的工程建设中，通过改革创新完善政策体制机制逐步破解。

5. 问：党的十八大以来，以习近平同志为核心的党中央把生态文明建设作为统筹推进“五位一体”总体布局和协调推进“四个全面”战略布局的重要内容，三北工程在生态文明建设中的作用有哪些？

答（张亚平）：林业作为生态文明建设的主体，在保护和修复自然生态系统、构建生态安全格局、促进绿色发展、建设美丽中国和应对全球气候变化等一系列重大历史使命中，具有不可替代的作用。三北地区生态依然脆弱，与全国生态状况平均水平相比，仍然是我国森林植被最稀少、生态产品最短缺、生态建设任务最繁重的地区，是建设生态文明，实现美丽中国奋斗目标的短板区域。

中共中央总书记、国家主席、中央军委主席习近平已指示：“继续推进三北工程建设不仅有利于区域可持续发展，也有利于中华民族永续发展。要坚持久久为功，创新体制机制，完善政策措施，持续不懈推进三北工程建设，不断提升林草资源总量和质量，持续改善三北地区生态环境，巩固和发展祖国北疆绿色生态屏障，为建设美丽中国作出新的更大的贡献。”

中共中央政治局常委、国务院总理李克强作出批示：“40年来，经过几代人的艰苦努力，三北防护林体系建设取得巨大成就，在祖国北疆筑起了一道抵御风沙、保持水土、护农促牧的绿色长城，为生态文明建设树立了成功典范。要牢固树立新发展理念，坚持绿色发展，尊重科学规律，统筹考虑实际需要和水资源承载力等因素，继续把三北工程建设好，并与推进乡村振兴、脱贫攻坚结合起来，努力实现增绿与增收相统一，为促进可持续发展构筑更加稳固的生态屏障。”

三北工程是生态文明建设的一个重要标志性工程，为推进我国生态文明建设树立了成功典范，在世界生态文明建设史上写下了浓墨重彩的一页。三北工程在生态文明建设中的作用集中体现在：

一是40年来，三北地区广大干部群众发扬愚公移山的精神，积极投身到改变自然的三北工程伟大实践中，涌现了一大批英雄模范人物，铸就了以“艰苦奋斗、顽强拼搏”为核心的三北精神，成为新时代建设生态文明和美丽中国的强大精神动力。

二是三北工程建设，大大促进了三北地区生态观念的转变，成为生态意识的“播种机”，使生态意识植根于广大干部群众心中，形成了人人营林、护林、爱林的思想意识，从“要我造”变成“我要造”，加速促进了三北地区生态面貌的历史性转变，也使广大人民群众获得了实实在在的生态幸福感。

三是三北工程成为我国生态文化建设实践的主阵地，40年建设中，建立起8572处森林公园、324个国家湿地公园、90个国家沙漠公园等为主体的生态驿站、公共营地和体验基地，极大挖掘和提升了独具特色的森林文化、荒漠绿洲文化，有力促进了三北地区生态文化的繁荣和发展。同时，将普世的生态价值观、生态道德观、生态发展观、生态消费观、生态政绩观等生态文明理念纳入社会主义核心价值观，成为共同遵守的精神准则、文化修养和道德标准。

6. 问：众所周知三北工程是一个生态工程，刚才您也讲到了，三北工程是生态治理与民生改善协同推进。您能具体谈一下三北工程对社会经济发展的作用吗？

答（刘东生）：通过三北防护林工程建设增加了农民收入，带动了乡村发展：建设了一批经济林、用材林、薪炭林、饲料林基地，大力发展特色林果种植、木材加工、林下养殖、休闲观光等产业，已成为广大农民增收致富的稳定来源，实现了生态建设与经济发展的良性互动。2017 年，进入盛果期的经济林每年产出干鲜果品 4800 万吨，比 1978 年前增长了近 30 倍，年总产值可达 1200 亿元左右，约占全国总产量的 1/4；2004～2016 年，三北地区非木质林产品产量 5.86 亿吨，年均 4510 万吨，年均产值达 1990 亿元；当前，三北地区森林旅游接待游客累计达到 3.8 亿人次，旅游直接收入达 480 亿元。通过三北工程实施，从植树造林、产业发展等方面吸纳农村劳动力约 3.13 亿人。目前，约 0.15 亿人通过发展经济林，培育特色经济林果，依靠特色林果业实现了稳定脱贫，工程对群众脱贫致富贡献率约为 27%。

同时，改善了少数民族居住区的生态环境、促进了工程区内少数民族地区经济和社会发展，对于促进民族团结和边疆稳固也具有重要意义。

在国际上，三北工程是全球五大生态工程之一，其建设规模之大、时间之长、效果之好，被誉为"世界林业生态工程之最"，2003 年 12 月 28 日，三北工程获得"世界上最大的植树造林工程"吉尼斯证书。实施三北工程充分展现了中国政府应对气候变化、促进温室气体减排的负责任大国形象，充分展示了我国政府实施可持续发展战略的能力和决心；三北工程由此成为展示我国生态环保建设成就、促进林业建设国际交流与合作的重要标志和桥梁，为全球生态安全建设贡献了中国智慧。

7. 问：请问三北防护林工程建设 40 年，对我国沙漠化防治有多大的作用？另外，最近几年北方频发的沙尘暴与三北防护林工程有什么关系？

答（朱教君）：根据本次评估结果，三北工程建设 40 年来，1978～2000 年沙漠化总面积增加了 650 万公顷；2000～2017 年沙漠化减少了 181 万公顷。与此对应，三北工程区 40 年固沙林面积增加了 641 万公顷，相对增加了 154%；通过空间叠加统计，确认固沙林对防治沙漠化（主要集中轻度沙化土地）的贡献率约 15%。不可否认，防护林对沙漠化减少的贡献率低于预期。究其原因，沙漠化区域的水资源短缺，防护林的存活是固沙的前提。由于轻度沙漠化的水资源条件相对较好，防护林可以存活，因此，防护林主要对轻度沙漠化起作用。从沙漠化发生、发展过程可知，沙漠化主要是人为干扰引起的，在 1978～2000 年，人为干扰强烈，正是沙漠化扩展的主要原因，而三北工程对于沙漠化的影响，最突出的贡献是提高居民的生态意识，有效地防止人为干扰，如"三滥"（滥垦、滥伐/滥樵、滥牧）。

沙尘暴与三北防护工程关系。沙尘暴与三北防护工程关系非常复杂。沙尘暴的发生必须具备两方面的条件：强烈扰动气流的风动力和足够的沙物质源。对于风动力，主要受大气候影响，人为力量或防护林建设对于大的气候环境——大气环流影响有限。防护林对于沙尘暴所起的作用主要是通过对沙物质源的覆盖或防护，有限地减少了沙物质源。然而，沙区（包括裸沙区、戈壁等）的森林（防护林）总覆被率不足2%，因此，防护林对沙物质源的防控极其有限，另外，沙物质源的流动性更受气温、降水、人为扰动等影响，近年北方沙尘天气频发，如果没有三北工程，这种现象可能更严重。

事实上，我们在京津冀地区进行了相关研究，初步结果：1978～2015年京津冀地区年均沙尘暴日数由1978年的5.1天下降到2015年的0.1天。对沙尘暴如此复杂的问题，人们不可能指望一个三北防护林体系建设工程就全部解决。

8. 问：很多地区防护林出现大面积枯梢和死亡现象，例如科尔沁沙地樟子松固沙林以及张家口坝上的杨树林，对此您有何看法？

答（朱教君）：关于防护林衰退，多发生在风沙干旱区和西北荒漠区，长期研究表明，导致防护林衰退的原因如下。

第一，错误的树种选择，没有适地适树。所选择造林树种的生物、生态学特性与当地气候条件不相适宜，导致树木原有的生长发育节律改变，生命周期缩短或不能生存或引起衰退。

第二，水量失衡，超过区域水分承载力。造林密度不合理，成林后不及时抚育或抚育过于粗放，导致林分水量失衡，从而极易形成衰退林分。

第三，经营管理水平低下。造林树种单一、造林密度过大，三分造、七分管。但防护林经营管理问题是防护林建设中最重要同时又是最薄弱的一环，造成这种现状的原因，应该说涉及了技术、政策、资金、管理体制等诸多方面。

樟子松固沙林的衰退则是由于区域水分失衡造成，具体过程：樟子松固沙造林成功，改善了区域生态环境，使农业生产成为可能，在此示范下，为扩张大农田生产，生长更为快速的杨树防护林大规模栽植，农田和杨树林大量消耗系统水资源，地下水位大幅度下降，造成区域水分失衡（50年内消耗系统水资源73%），而樟子松是浅根系树种（98%根系分布在1米内），因此樟子松固沙林最先表现出衰退。

至于张北地区的杨树防护林出现大面积衰退主要包括以下几方面原因。

第一，林木进入成过熟期，生命力逐步衰退，生理功能逐步丧失。该区域的杨树防护林多为20世纪70年代营造，目前林分年龄都已达到40年以上，均达到了终止防护成熟龄，因此，林网集中进入衰退阶段。

第二，多年干旱和地下水位持续下降，严重影响杨树防护林生存。张家口坝上地区属寒温带干旱半干旱气候，常年平均降水量在380毫米左右，而2000～2009年10年间的平均降水量为350毫米左右，其中2001年、2002年连续2年降水量在330毫米以下，2006年和2009年降水量在300毫米以下，干旱频发，严重影响树木生长。另外，随着生产、生活用水的逐年增加，坝上地区地下水位迅速下降。据张家口市水务局监测，张家口坝上地区2000年以来地下水位呈逐年下降趋势，平均每年下降1～3米。地下水位下降，降水量减少，干旱频发，加快了树木衰老死亡。

关于防护林衰退问题的具体对策建议我们已提交三北防护林建设局，目前正在实施。

附录3　本书出现的木本植物名录（以拉丁文字母顺序排列）

序号	树种	拉丁文名称
1	冷杉	*Abies fabri* (Mast.) Craib
2	臭冷杉	*Abies nephrolepis* (Trautv. ex Maxim.) Maxim.
3	台湾相思	*Acacia confusa* Merr.
4	槭树	*Acer miyabei* Maxim.
5	色木槭	*Acer pictum* subsp. *mono* (Maxim.) H. Ohashi
6	紫花槭（假色槭）	*Acer pseudosieboldianum* (Pax) Kom.
7	三花槭（拧筋槭）	*Acer triflorum* Kom.
8	元宝槭	*Acer truncatum* Bunge
9	软枣猕猴桃（软枣子）	*Actinidia arguta* (Siebold & Zucc.) Planch. ex Miq.
10	蜡烛果（桐花树）	*Aegiceras corniculatum* (L.) Blanco
11	臭椿	*Ailanthus altissima* (Mill.) Swingle
12	紫穗槐	*Amorpha fruticosa* L.
13	见血封喉（箭毒木）	*Antiaris toxicaria* Lesch.
14	滇糙叶树	*Aphananthe cuspidata* (Blume) Planch.
15	盐蒿（差不嘎蒿）	*Artemisia halodendron* Turcz. ex Bess.
16	白桂木	*Artocarpus hypargyreus* Hance
17	海榄雌	*Avicennia marina* (Forsk.)Vierh.
18	硕桦（枫桦）	*Betula costata* Trautv.
19	黑桦	*Betula dahurica* Pall.
20	白桦	*Betula platyphylla* Sukaczev
21	构树	*Broussonetia papyrifera* (L.) L'Hér. ex Vent.
22	沙拐枣	*Calligonum mongolicum* Turcz.
23	拧条锦鸡儿（柠条）	*Caragana korshinskii* Kom.
24	小叶锦鸡儿	*Caragana microphylla* Lam.
25	锦鸡儿	*Caragana sinica* (Buc'hoz) Rehder
26	基及树（福建茶）	*Carmona microphylla* (Lam.) G. Don
27	千金榆	*Carpinus cordata* Blume
28	栗（板栗）	*Castanea mollissima* Blume
29	木麻黄	*Casuarina equisetifolia* L.
30	银杉	*Cathaya argyrophylla* Chun & Kuang
31	朴树	*Celtis sinensis* Pers.
32	日本扁柏	*Chamaecyparis obtusa* (Siebold & Zucc.) Endl.
33	南酸枣	*Choerospondias axillaris* (Roxb.) B. L. Burtt & A. W. Hill

续表

序号	树种	拉丁文名称
34	柚	*Citrus maxima* (Burm.) Merr.
35	蒙古羊柴（杨柴）	*Corethrodendron fruticosum* var. *mongolicum* (Turcz.) Turcz. ex Kitag.
36	细枝羊柴（花棒）	*Corethrodendron scoparium* (Fisch. & C. A. Mey.) Fisch. & Basiner
37	灯台树	*Cornus controversa* Hemsl.
38	榛	*Corylus heterophylla* Fisch. ex Trautv.
39	芙蓉菊	*Crossostephium chinense*（L.）Makino
40	车桑子	*Dodonaea viscosa* Jacquem.
41	沙枣	*Elaeagnus angustifolia* L.
42	福建胡颓子	*Elaeagnus oldhamii* Maxim.
43	黄桐	*Endospermum chinense* Benth.
44	卫矛	*Euonymus alatus* (Thunb.) Siebold
45	冬青卫矛	*Euonymus japonicus* Thunb.
46	滨柃	*Eurya emarginata* (Thunb.) Makino
47	水青冈	*Fagus longipetiolata* Seemen
48	南洋楹	*Falcataria falcata* (L.) Greuter & R. Rankin
49	高山榕	*Ficus altissima* Blume
50	笔管榕	*Ficus subpisocarpa* Gagnep.
51	花曲柳	*Fraxinus chinensis* subsp. *rhynchophylla* (Hance) E. Murray
52	水曲柳	*Fraxinus mandshurica* Rupr.
53	梭梭	*Haloxylon ammodendron* (C. A. Mey.) Bunge
54	蝴蝶树	*Heritiera parvifolia* Merr.
55	幌伞枫	*Heteropanax fragrans* (Roxb.) Seem.
56	海滨木槿	*Hibiscus hamabo* Sieb. & Zucc.
57	沙棘	*Hippophae rhamnoides* L.
58	坡垒	*Hopea hainanensis* Merr. & Chun
59	胡桃楸	*Juglans mandshurica* Maxim.
60	胡桃（核桃）	*Juglans regia* L.
61	铺地柏	*Juniperus procumbens* (Siebold ex Endl.) Miq.
62	祁连圆柏	*Juniperus przewalskii* Komarov
63	叉子圆柏	*Juniperus sabina* L.
64	秋茄树	*Kandelia obovata* Sheue & al.
65	驼绒藜	*Krascheninnikovia ceratoides* (L.) Gueldenst.
66	兴安落叶松	*Larix gmelinii*（Rupr.）Kuzen.
67	华北落叶松	*Larix gmelinii* var. *principis-rupprechtii* (Mayr) Pilg.
68	日本落叶松	*Larix kaempferi* (Lamb.) Carrière
69	落叶松属	*Larix* Mill.
70	黄花落叶松	*Larix olgensis* A.Henry
71	新疆落叶松（西伯利亚落叶松）	*Larix sibirica* Ledeb.
72	胡枝子	*Lespedeza bicolor* Turcz.
73	银合欢	*Leucaena leucocephala* (Lam.) de Wit
74	枫香树	*Liquidambar formosana* Hance

续表

序号	树种	拉丁文名称
75	忍冬	*Lonicera japonica* Thunb.
76	枸杞	*Lycium chinense* Mill.
77	苹果	*Malus pumila* Mill.
78	楝（苦楝）	*Melia azedarach* L.
79	杨梅	*Morella rubra* Lour.
80	桑（桑树）	*Morus alba* L.
81	海南韶子	*Nephelium topengii* (Merr.) H. S. Lo
82	白刺	*Nitraria tangutorum* Bobrov
83	露兜树（露兜簕）	*Pandanus tectorius* Parkinson
84	苦槛蓝	*Pentacoelium bontioides* Siebold & Zucc.
85	杠柳	*Periploca sepium* Bunge
86	黄檗（黄波椤树）	*Phellodendron amurense* Rupr.
87	山梅花	*Philadelphus incanus* Koehne
88	欧洲云杉	*Picea abies* (L.) H. Karst.
89	云杉	*Picea asperata* Mast.
90	青海云杉	*Picea crassifolia* Kom.
91	鱼鳞云杉	*Picea jezoensis* (Siebold & Zucc.) Carrière
92	红皮云杉	*Picea koraiensis* Nakai
93	沙地云杉	*Picea meyeri* var. *mongolica* H. Q. Wu
94	天山云杉	*Picea schrenkiana* subsp.*tianschanica* (Rupr.) Bykov
95	加勒比松	*Pinus caribaea* Morelet
96	赤松	*Pinus densiflora* Siebold & Zucc.
97	湿地松	*Pinus elliottii* Engelm.
98	红松	*Pinus koraiensis* Siebold & Zucc.
99	马尾松	*Pinus massoniana* Lamb.
100	海岸松	*Pinus pinaster* Aiton
101	刚火松	*Pinus rigida* × *P. taeda*
102	刚松	*Pinus rigida* Mill.
103	樟子松	*Pinus sylvestris* var. *mongolica* Litv.
104	油松	*Pinus tabuliformis* Carrière
105	火炬松	*Pinus taeda* L.
106	黑松	*Pinus thunbergii* Parl.
107	黄连木	*Pistacia chinensis* Bunge
108	海桐	*Pittosporum tobira* (Thunb.) W. T. Aiton
109	化香树	*Platycarya strobilacea* Siebold & Zucc.
110	侧柏	*Platycladus orientalis* (L.) Franco
111	水黄皮	*Pongamia pinnata* (L.) Pierre
112	北京杨	*Populus* × *beijingensis* W. Y. Hsu
113	健杨	*Populus* × *canadensis* 'Robusta'
114	沙兰杨	*Populus* × *canadensis* 'Sacrau 79'
115	加杨（加拿大杨）	*Populus* × *canadensis* Moench
116	小黑杨	*Populus* × *xiaohei* T. S. Hwang & Liang

续表

序号	树种	拉丁文名称
117	二白杨	*Populus* × *xiaohei* var. *gansuensis* (C. Wang & H. L. Yang) C. Shang
118	小钻杨	*Populus* × *xiaohei* var. *xiaozhuanica* (W. Y. Hsu & Liang) C. Shang
119	白城杨	*Populus* ×*xiaozhuanica* W.Y. Hsu et Liang cv. 'Baicheng'
120	盖县3号	*Populus* ×*xiaozhuanica* W.Y. Hsu et Liang cv. 'Gaixian-3'
121	银白杨	*Populus alba* L.
122	新疆杨	*Populus alba* var. *pyramidalis* Bunge
123	山杨	*Populus davidiana* Dode
124	胡杨	*Populus euphratica* Oliv.
125	箭杆杨	*Populus nigra* var. *thevestina* (Dode)Bean
126	灰胡杨	*Populus pruinosa* Schrenk
127	小青杨	*Populus pseudosimonii* Kitag.
128	小青黑杨	*Populus pseudosimonii* Kitag. × *P. nigra* L.
129	合作杨	*Populus simonii* ×*P. pyramibalis* cv.
130	小美旱杨（群众杨）	*Populus simonii* ×(*P. pyramidalis* +*Salix matsudana*) cv. *poplaris*
131	小叶杨	*Populus simonii* Carrière
132	毛白杨	*Populus tomentosa* Carrière
133	桃榄	*Pouteria annamensis* (Pierre) Baehni
134	大扁杏	*Prunus armeniaca* ×*P. sibirica*
135	杏	*Prunus armeniaca* L.
136	山杏	*Prunus sibirica* L.
137	毛樱桃	*Prunus tomentosa* (Thunb.)
138	假鹊肾树	*Pseudostreblus indicus* Bureau
139	花旗松	*Pseudotsuga menziesii* (Mirbel) Franco
140	石榴	*Punica granatum* L.
141	麻栎	*Quercus acutissima* Carruth.
142	蒙古栎	*Quercus mongolica* Fisch. ex Ledeb.
143	夏栎	*Quercus robur* Linnaeus
144	海南菜豆树	*Radermachera hainanensis* Merr.
145	鼠李	*Rhamnus davurica* Pall.
146	厚叶石斑木	*Rhaphiolepis umbellata* (Thunb.) Makino
147	红海兰（红海榄）	*Rhizophora stylosa* Griff.
148	杜香	*Rhododendron tomentosum* Harmaja
149	刺槐	*Robinia pseudoacacia* L.
150	光叶蔷薇	*Rosa luciae* Franch. & Roch. ex Crép.
151	沙柳	*Salix cheilophila*
152	乌柳	*Salix cheilophila* C. K. Schneid. in Sargent
153	黄柳	*Salix gordejevii* Y. L. Chang & Skvortzov
154	杞柳	*Salix integra* Thunb.
155	旱柳	*Salix matsudana* Koidz.
156	灌木柳	*Salix saposhnikovii* A. K. Skvortsov
157	草海桐	*Scaevola taccada* (Gaertn.) Roxb.
158	木荷	*Schima superba* Gardner & Champ.

续表

序号	树种	拉丁文名称
159	五味子	*Schisandra chinensis* (Turcz.) Baill.
160	青皮木	*Schoepfia jasminodora* Siebold & Zucc.
161	双荚决明	*Senna bicapsularis* (L.) Roxb.
162	海桑	*Sonneratia caseolaris* (L.) Engler
163	桃花心木	*Swietenia mahagoni* (L.) Jacq.
164	黄槿	*Talipariti tiliaceum* (L.) Fryxell
165	柽柳	*Tamarix chinensis* Lour.
166	多枝柽柳	*Tamarix ramosissima* Ledeb.
167	池杉	*Taxodium distichum* var. *imbricatum* (Nutt.) Croom
168	紫椴	*Tilia amurensis* Rupr.
169	辽椴（糠椴）	*Tilia mandshurica* Rupr. & Maxim.
170	香椿	*Toona sinensis* (Juss.) Roem.
171	乌桕	*Triadica sebifera* (L.) Small
172	春榆	*Ulmus davidiana* var. *japonica* (Rehder)Nakai
173	裂叶榆	*Ulmus laciniata* (Trautv.) Mayr
174	榆树（白榆）	*Ulmus pumila* L.
175	珊瑚树	*Viburnum odoratissimum* Ker Gawl.
176	单叶蔓荆	*Vitex rotundifolia* L. f.
177	苦郎树	*Volkameria inermis* L.
178	文冠果	*Xanthoceras sorbifolium* Bunge
179	枣	*Ziziphus jujuba* Mill.
180	酸枣	*Ziziphus jujuba* var. *spinosa* (Bunge) Hu ex H.F.Chow

附录 4　本书出现的主要专业名词

[1] **斑块 Patch**：与周围环境在外貌或性质上不同，并具有一定内部均质性的空间单元。

[2] **斑块密度 Patch density**：反映单位面积上的斑块数量，可对景观异质性和破碎度进行简单描述。

[3] **半带皆伐更新 Semi-shelterbelt clearcutting regeneration**：将衰老林带一侧的数行伐除，然后采用植苗或萌芽等更新方法，在林带采伐迹地上建立新一代林带；待新林带郁闭、发挥防护作用后，再伐除保留的部分林带。

[4] **边材 Sapwood**：位于形成层和心材之间的木材。

[5] **边缘效应 Edge effect**：生态系统边缘区域与内部区域之间的生态差异。

[6] **标准地 Sample plot**：生态或林业研究中，选取的能充分代表林分总体特征平均水平的地块。

[7] **采伐强度 Harvesting intensity**：单位面积上采伐的木材数量（或株数）占林木蓄积量（或株数）的百分比。

[8] **参考生态系统 Reference ecosystem**：生态恢复时选定的参考目标生态系统。

[9] **草牧场防护林 Pasture shelterbelt**：为改善草牧场小气候、提高牧草产量和质量、增强草原生态系统承载能力和稳定性而营造的防护林。

[10] **成熟林 Mature forest**：已经发育成熟的森林，树木已经达到了最大高生长和径生长，且形成了相对稳定的物种组成和生态系统结构。

[11] **成熟前期 Pre-maturity period**：防护林自栽植后形成相对稳定的幼林开始到初始防护成熟龄所持续的时间。

[12] **尺度 Scale**：研究客体或过程的空间维和时间维。

[13] **初始防护成熟 Initial protection maturity**：一代防护林（林分或林带）开始进入防护成熟时的状态。

[14] **初始防护成熟龄 Initial protection maturity age**：初始防护成熟所对应的时间。

[15] **穿透雨 Throughfall**：穿过树体之间的孔隙直接降落到地面的雨量，或被林冠拦截、在重力或者风的作用下从林冠表面滴下落到地面的雨量。

[16] **纯林 Pure forest**：由同一树种（蓄积量占比≥80%）组成的森林。

[17] **次生林 Secondary forest**：是原始林经过干扰后在次生裸地上形成的森林，它既保持着原始林的物种成分与生境，又与原始森林在结构组成、林木生长、生产力、林分环境和生态功能等诸多方面有着显著的不同；次生林可以理解为是原始林的一种退化，于

一定的时空背景下，在自然、人为或二者共同干扰下，生态系统的结构和功能发生与原有平衡状态相反的位移。

[18] **粗放经营 Extensive management**：与集约经营相对，指林业经营中由于劳力投资的不足和科技水平的低下，经营管理范围内森林资源不能发挥应有效益，林木生长发育受到阻碍，单位面积林地上平均生产率低下的经营方式。

[19] **带间距离 Distance between shelterbelts**：两条平行林带之间的垂直距离。

[20] **带内更新 In-shelterbelt regeneration**：在林带内原有林木行间或伐除部分树木的空隙地上进行带状或块状整地、造林，并依次逐步实现对全部林带的更新。

[21] **带外更新 Out-of-shelterbelt regeneration**：在林带的一侧（一般是阳侧）按林带设计宽度整地，用植苗造林或萌芽更新的方式营造新林带，待新植林带郁闭后再伐除原林带的更新方式。

[22] **凋落物 Litter**：从植物体上落下的叶、枝、茎干、树皮、花果等植物器官或组织的统称。

[23] **断面 Cross-sectional area**：与延伸方向（如树木生长方向、林带方向等）垂直的剖面。

[24] **防风固沙林 Sand fixation forest**：为降低风速、固定流沙、改良土壤而营造的防护林。

[25] **防护成熟 Protection maturity**：防护林在生长发育过程中，达到将其保护的对象全面、有效防护时的状态。

[26] **防护成熟期 Duration of protection maturity**：防护成熟状态所持续的时间。

[27] **防护距离 Protection distance**：林带产生降低风速作用所能达到的距离，一般确定防护距离为林带削弱旷野风速10%所能达到的距离。

[28] **防护林 Protective forest**：以发挥防护效应为基本经营目的的森林的总称。

[29] **防护林的生态效应 Ecological effect of protective forest**：防护林生态系统本身具有的生态功能被社会利用产生的效果总和，主要包括涵养水源、水土保持、防风固沙、调节小气候、固碳释氧等。

[30] **防护林的生物效应 Biological effect of protective forest**：防护林通过改善环境，对防护区内植被和动物的影响作用。

[31] **防护林的土壤改良效应 Soil amelioration effect of protective forest**：防护林对土壤物理性质、土壤肥力状况、土壤微生物分布、土壤酶的活性、保土效应等方面的改良效益。

[32] **防护林构建 Construction of protective forest**：依托防护林生态工程，以森林生态学、恢复生态学与景观生态学基本原理为基础，以森林培育学（造林学）理论与技术为主体，对防护林进行规划设计、树种选择（立地条件划分）、空间配置（防护林体系）和造林方法（技术）的总称。

[33] **防护林固碳效应 Carbon sequestration effect of protective forest**：包括植被固碳量、土壤固碳量和生态效应固碳。

[34] **防护林结构 Structure of protective forest**：林分或林带内树木干、枝、叶的密集程度和分布状态。

[35] 防护林生态工程 Ecological engineering of protective forest：以森林生态学和森林培育学（造林学）理论与技术为主体，基于恢复生态学和景观生态学等生态学原理，由木本植物材料为主体构成的生物性生态工程。

[36] 防护林生态恢复 Ecological restoration of protective forest：基于防护林衰退机制，依据生态学原理，通过一定的途径修复衰退的防护林，使其结构与功能达到满足防护需要的状态。

[37] 防护林生态学 Ecology of protective forests：研究防护林生态系统生态服务功能高效、稳定、可持续利用与经营管理的科学。

[38] 防护林衰退 Decline of protective forest：防护林在生长发育过程中，出现的生理机能下降，因生产力、地力衰退、林分结构不合理等导致防护效能下降的状态。

[39] 防护林学 Sciences of protective forest：研究防护林构建及经营理论与技术的科学。

[40] 分层疏透度 Stratification porosity：表征片状林分内空隙分布的特征量，是林分垂直结构的重要指标。

[41] 封山育林 Passive forest restoration：一种森林保护和恢复的管理方法，其主要目的是通过禁止砍伐和放牧等人类活动，让森林自然恢复和发展。

[42] 抚育伐 Tending thinning：又称间伐或抚育间伐，是从幼林郁闭开始，至主伐前一个龄级为止，为改善林分质量，促进林木生长，定期采伐一部分林木的措施。

[43] 复垦 Reclamation：对被破坏的土地（挖掘、塌陷等）采取整治措施，使其恢复到可以垦殖的程度。

[44] 干燥度指数 Aridity index：降水量与潜在蒸散量的比值。

[45] 隔带更新 Regeneration of alternate strip-felling of shelterbelt：针对整个林网的更新所采取的一种更新方式，一般指隔一带伐一带的做法，待新植林带生长成型，能起到一定的防护作用时，再进行保留林带的更新。

[46] 根茎 Rhizome：延长横卧的根状地下茎。

[47] 根径 Root collar diameter：又称基径，指树木基部根茎部位的直径。

[48] 根蘖 Root sprout：从根部长出的不定芽伸出地面而形成的植株。

[49] 根系的有效影响面积 Effective influence area of root system：指树木根系对周围土壤产生明显生理和生化效应的面积范围。它反映树木根系对土壤的占有和利用程度，是评估树木对土壤营养吸收和水分吸收能力的一个重要参数。

[50] 更新 Regeneration：森林经过采伐、火烧或遭受其他自然灾害后，以自然力或人为的方法重新恢复森林的过程。

[51] 更新采伐 Regeneration cutting：为了恢复、改善、提高防护林和特用林的有益效能，进而为林分的更新创造良好条件而进行的采伐。包括林分更新采伐和林带更新采伐。

[52] 更新方式 Regeneration mode：新林代替老林的方法和措施。

[53] 更新龄 Age for initiating new regeneration：防护林的更新期到来时所对应的林龄，因

防护林林种、树种、经营类型等因素而异。

[54] **更新期 Regeneration duration**：从防护林达到终止防护成熟龄或更新龄准备更新开始，直至更新结束的时期。

[55] **公益林 Non-commercial forest**：也称生态公益林，是以保护和改善人类生存环境、保持生态平衡、保存物种资源、科学实验、森林旅游、国土保安等需要为主要经营目标的森林和灌木林。

[56] **冠层分层 Canopy stratification**：因冠层树木高度差异呈现出的树冠层次变化的状态。

[57] **冠层树 Canopy tree**：生长在森林顶层的高大树木，形成森林的冠层。

[58] **冠下更新 Understroy regeneration**：在林冠遮阴下，幼苗、幼树成长、完成森林更新的过程。

[59] **过伐林 Over-logged forest**：原始林经过度采伐之后残留的林分。

[60] **过熟林 Overmature forest**：森林中树木生长已经超过了最佳采伐年限，进入了老龄化阶段的森林。

[61] **海岸防护林 Coastal forest belt**：以保堤护岸，防止建筑设施、人居环境及农作物等遭受风害、盐害为主要目的的有林地、疏林地和灌木林地。

[62] **胡焕庸线 Hu Huanyong Line**：中国地理学家胡焕庸（1901—1998年）在1935年提出的划分我国人口密度的对比线，与400毫米等降水量线基本重合。

[63] **环度 Closure degree**：通过度量林网内形成闭合回路的情况描述林网的网络化状态，是林网成型状况的一个指标。

[64] **荒漠化 Desertification**：由于大风吹蚀、流水侵蚀、土壤盐渍化以及人为活动等造成的土壤生产力下降或丧失，所引发的土地退化过程。

[65] **恢复能力 Resilience**：生态系统受干扰后恢复到原来结构与功能的能力。

[66] **恢复生态学 Restoration ecology**：研究生态系统退化的过程与原因、退化生态系统恢复过程与机理、生态恢复与重建的技术和方法的科学。

[67] **混交林 Mixed forest**：由两种或两种以上树种所构成的森林，其中每种树木在林内所占比例均不少于一成。

[68] **火烧迹地 Burned area**：在森林火灾中被烧毁的区域。

[69] **嫁接更新 Grafting regeneration**：运用同科或同属植物砧木与移植组织间的木质部、韧皮部亲和力较强的特性，将一种植物的生长组织移植到另一种植物上，形成新植物体的繁殖方式。

[70] **皆伐 Clearcutting**：将整个林分全部采伐的一种森林经营方式。

[71] **近自然更新 Close-to-nature regeneration**：通过模拟低强度自然干扰，促进森林的更新恢复；近自然更新强调保护森林生态系统的完整性和多样性。

[72] **经济林 Economic forest**：以生产果品、食用油料、饮料、调料、工业原料和药材等为主要目的的林木。

[73] **景观格局 Landscape pattern**：景观要素的空间分布和组合特征。

[74] **景观结构 Landscape structure**：景观的组分和要素在空间上的排列和组合形式。

[75] **景观结构的镶嵌性 Landscape mosaics**：景观异质性的重要表现，是各种生态过程在不同尺度上作用的结果。

[76] **景观连接度 Landscape connectivity**：景观对斑块之间生态流促进或阻碍的程度。

[77] **景观生态学 Landscape Ecology**：研究景观单元类型组成、空间配置及其与生态学过程之间关系的综合性学科。

[78] **景观异质性 Landscape heterogeneity**：景观类别、组成要素和属性的多样性水平。

[79] **净初级生产力 Net primary productivity**：植物群落的总初级生产力减去植物呼吸消耗所剩余的有机物的数量。

[80] **聚集度指数 Aggregation index**：景观图上所有斑块类型中，相邻的不同类型两斑块出现的概率。

[81] **绝对有效防护距离 Absolutely effective protection distance**：林带削弱风速或防止其他灾害因子达到不引起土壤风蚀或其他灾害所能达到的距离。

[82] **块状整地 Patch site preparation**：块状翻耕造林地土壤的整地方法。

[83] **扩展林窗 Expanded gap**：由构成林冠林窗的冠层树种树干所围成的面积。

[84] **立地 Site**：植物生长地段作用于植物环境条件的综合体。

[85] **立地类型 Site classification**：把生态学上相近的环境要素进行组合，组合成的单位成为立地条件类型，简称立地类型。

[86] **立地条件 Site condition**：造林地上与森林生长发育有关的所有自然环境因子的总和。

[87] **立地指数 Site index**：又称地位指数，依据林分优势木平均高与林分年龄的相关关系，用基准年龄时林分优势木平均高的绝对值划分的林地生产力等级。

[88] **立地质量 Site quality**：某一立地上既定森林或其他植被类型的生产潜力，立地质量与树种相关联。

[89] **连接度 Connectivity**：通过度量林网内的路径连通情况描述林网的连接状态，是林网成型状况的一个指标。

[90] **连年生长量 Current annual increment**：树木的胸径、树高或材积等在某一年间的生长量。

[91] **林窗 Gap**：森林一株或多株优势木倒伏后形成的林间空隙。

[92] **林窗边缘木偏冠指数 Crown asymmetry index**：林窗闭合过程中边缘木树冠侧向生长表现出的非对称性程度。

[93] **林窗大小 Gap size**：林窗边缘木环围的空间，通常用面积衡量，分为林冠林窗面积和扩展林窗面积。

[94] **林窗更新 Gap regeneration**：一种森林更新方式，利用天然或人工林窗促进目标树种的更新。

[95] 林窗光指数 Gap light index：反映林下光环境的指标；取值范围为 0～100，0 表示林下没有光，即全部被林冠遮挡，100 表示光没有任何遮挡全部到达地面。

[96] 林窗径高比 Ratio of gap diameter to gap border tree height：林窗直径与边缘木平均高度之比。

[97] 林窗立体结构 Three-dimensional structure of gap：表征林窗大小、形状和边缘木高度等结构特征的综合参数。

[98] 林窗年龄 Gap age：林窗最初形成的时间与监测时的时间间隔。

[99] 林窗形状 Gap shape：边缘木树冠或树干基部围成的形状，一般用林窗周长与林窗面积之比来表达，即林窗形状指数。

[100] 林带 Shelterbelt/Windbreak：在农田、草原、居民点、厂矿、水库周围和铁路、公路、河流、渠道两侧及滨海地带等，以带状形式营造的具有防护作用的人工林。

[101] 林带断面 Shelterbelt cross-sectional area：与林带方向垂直的剖面。

[102] 林带断面形状 Shelterbelt cross-sectional shape：林带营造时由于乔木、亚乔木、灌木的搭配方式不同而形成不同的横断面形状。

[103] 林带立体疏透度 Volumetric porosity of shelterbelt：表征气流通过单位纵断面受到摩擦或阻碍的树木体积。

[104] 林带透风系数 Ventilation coefficient of shelterbelt：又称透风度，指当风垂直林带时，林带背风面林缘在林带高度以下的平均风速与旷野同一高度以下的平均风速之比。

[105] 林带透光疏透度 Optical porosity of shelterbelt：立体疏透度的二维替代，纵断面上透光孔隙的投影面积与该纵断面投影总面积之比。

[106] 林带与农田的带斑比 Ratio of shelterbelt area to farmland area：林网在景观中的数量，即林带的条数或所占的面积与被保护农田面积之比。

[107] 林带走向 Shelterbelt orientation：林带配置方向，以林带方位角（林带中心线和子午线的夹角）表示。

[108] 林分/林带结构 Stand structure/Shelterbelt structure：树木群体各组成成分的空间分布格局。

[109] 林分 Stand：内部特征相同且与四周相邻部分有明显区别的森林地段。

[110] 林分动态 Stand dynamics：林分结构随时间的变化，包括干扰期间和干扰后的林分特征。

[111] 林分密度 Stand density：单位面积上林木的数量（株数、断面积、蓄积量等）。

[112] 林冠层 Canopy layer：森林中由上层树冠所构成的覆盖层。

[113] 林冠持水能力 Canopy storage capacity：在一场使林冠能够完全湿润的降雨过后，当林冠表面的雨滴停止滑落时，树木各组分（叶片、枝条和树干）能够存储的最大雨量。

[114] 林冠盖度 Canopy cover：林地被树冠垂直投影所覆盖的比例，与生态学中的植被覆盖度相似。

[115] **林冠截留 Canopy interception**：降落到树体表面的雨量一部分被树体表面吸收，一部分通过蒸发最终返回大气，这两部分雨量合称为林冠截留。

[116] **林冠截雨指数 Canopy interception index**：单位投影面积上叶片、枝条和树干三组分表面积的权重之和。

[117] **林冠林窗 Canopy gap**：直接位于林冠空隙下的空地面积。

[118] **林龄 Age**：指林分的平均年龄。

[119] **林网景观连接度指数 Landscape connectivity index of shelterbelt network**：林网景观结构的连续程度，反映林网在区域尺度上发挥防护效应的潜在能力。

[120] **林网优势度 Dominance of shelterbelt network**：林网在景观中的数量及其分布的均匀程度。

[121] **林相 Forest physiognomy**：森林的外形，一是指林冠的层次，有单层林和复层林之分，二是指林木品质和健康状况。

[122] **林业生态工程 Forestry ecological engineering**：依据生态学、林学及生态控制论原理，设计、建造与调控以木本植物为主体的人工复合生态系统工程技术，其目的在于保护、改善与持续利用自然资源与环境。

[123] **龄级 Age class**：按树种的生长速度和寿命确定的林龄单位。

[124] **龄组 Age group**：龄级的整化，一般分为幼龄、中龄、近成熟龄、成熟龄、过成熟龄5个龄组。

[125] **流域 Watershed**：河流或湖泊由分水岭所包围的集水区域。

[126] **轮作 Forest rotation**：在同一地块上有顺序地在季节间和年度间轮换种植不同作物/树种或复种组合的种植方式，是用地养地相结合的一种措施。

[127] **裸根 Bare root**：不带土的苗木根系。

[128] **萌发 Germination**：种子从吸水开始到胚根突破种皮的一系列生理生化变化过程。

[129] **萌蘖 Sprouting**：树木或灌木在干部或根部受损后，通过新芽生长恢复的过程。

[130] **萌蘖更新 Resprouting**：利用植物地下部分的分生能力强，或利用植物的地上部分根原基数量比较丰富，且易于萌发的特性，在适宜的外界条件下能够再生出新植物体的无性繁殖方式。

[131] **母树林 Seed orchard**：在选择优良天然林或种源清楚的优良人工林的基础上，为生产遗传品质较好的林木种子而培育的采种林。

[132] **木质化 Lignification**：木质素单体氧化聚合形成的木质素在细胞壁上沉积的过程。

[133] **农林生态系统 Agroforestry ecosystem**：以农业和林业两种产业的主要栽培物种（包括其他生物种）进行生态学的合理组合和构建，最终形成的一种新型的人工自然复合生态经济系统。

[134] **农林业 Agroforestry**：农作物与树木间作、混作，充分利用土地及光、热、水资源，以生产农林业产品的经营方式。

[135] **农田防护林 Farmland shelterbelt**：为了防止自然灾害，改善气候、土壤、水文条件，创造有利于农作物生长繁育的环境，以保证农业稳产、高产的人工林生态系统。

[136] **农田防护林可持续经营 Sustainable management of farmland shelterbelt**：通过一定的培育措施，使一定时空尺度上的林网体系具备在时空布局上的合理性、林分的多样性和稳定性、生态服务功能的持续性等特征，从而使整个农田防护林体系持续地发挥防护功能。

[137] **平均斑块形状指数 Mean patch shape index**：反映斑块形状的复杂程度，指数越接近 1，斑块形状越接近圆形。

[138] **潜在蒸散量 Potential evapotranspiration**：又称参考作物蒸散量，表示在一定气象条件下水分供应不受限制时，某一固定下垫面可能达到的最大蒸发蒸腾量；是表征大气蒸发能力的特征量，即水热平衡的重要组成分量。

[139] **全带皆伐更新 Clearcutting regeneration of whole shelterbelt**：将衰老林带一次全部伐除，然后在林带迹地上建立起新一代林带。

[140] **全面整地 Intensive site preparation**：翻垦造林地全部土壤的整地方法。

[141] **人工补植 Enrichment planting, Interplanting**：对未达到造林成活率规定的或天然更新苗不足的造林地进行人为补种的方法。

[142] **人工辅助更新 Manually assisted regeneration**：又称人工促进更新，指为保证森林天然更新获得良好效果而采取的人工辅助措施。

[143] **人工更新 Artificial regeneration**：以人为的方法重新恢复森林的过程。

[144] **人工林 Plantation forest**：由人工直播（条播或穴播）、植苗、分殖或扦插造林形成的森林、林木、灌木林。

[145] **容器苗 Containerized seedling**：利用各种容器培育的苗木。

[146] **三北防护林工程 The Three-North Afforestation Program**：1978 年，在中国三北地区（东北、华北和西北）建设的大型人工林业生态工程。

[147] **森林覆盖率 Percent forest coverage**：一个国家或地区森林面积占土地总面积的百分比，反映一个国家或地区森林资源的丰富程度及绿化程度。

[148] **森林经理 Forest management**：根据森林永续利用原则，对森林资源进行区划、调查、生长与效益评价，制订森林经营方案等。

[149] **森林经营 Silvicultural management**：是森林培育过程中各种措施的总称，是在森林经理指导思想下的森林经理工作的延伸和深入。

[150] **森林立地 Forest site**：指在一定的森林地理区域内，由气候、地形、土壤、水文等自然条件所决定的、影响着森林生长和发育的环境总和。森林立地条件直接影响树木的选择、生长、产量和质量。立地条件的优劣决定着森林经营的难易程度。立地分类和评价是森林经营管理的基础。

[151] **森林碳汇 Forest carbon sink**：森林植物吸收大气中的二氧化碳，并将其固定在植被

和土壤中，从而减少二氧化碳在大气中的浓度。

[152] **森林演替 Forest succession**：一个森林植物群落被另一个森林植物群落取代的过程。

[153] **森林资源 Forest Resource**：森林、林木、林地以及依托森林、林木、林地生存的野生动物、植物和微生物等的总称。

[154] **森林资源清查 Forest inventory**：对林木、林地和林区内的野生动植物及其他自然环境因素进行调查的工作。

[155] **沙漠化 Sandy desertification, Desertification**：在干旱、半干旱及部分半湿润地区，由与资源环境不相协调的过度人为活动所引发的一种以风沙活动为主要标志的土地退化过程。

[156] **商品林 Commercial forest**：以生产木材、薪炭、干鲜果品及其他工业原料为主要经营目标的森林和灌木林。

[157] **商业采伐 Commercial harvesting**：以生产木材为主要目的的采伐，主要包括用材林的主伐和公益林的更新采伐。

[158] **生境 Habitat**：生态系统中生物赖以生存的环境。

[159] **生境质量 Habitat quality**：在一定时间和空间中，生态系统为个体与种群持续生存与发展提供适宜条件的能力。

[160] **生态敏感性 Ecological sensitivity**：生态系统对人类活动干扰和自然环境变化的反应程度，表明发生区域生态环境问题的难易程度和可能性大小。

[161] **生态适宜性 Ecological suitability**：某一特定生态环境对某一特定生物群落所提供的生存空间的大小，以及对其正向演替的适宜程度。

[162] **生态位 Niche**：每个物种在群落或生态系统中的时间和空间位置与其机能关系。

[163] **生态系统多稳态 Ecosystem multi-stability**：在相同的外力驱动或干扰情况下，生态系统内生物群落的结构、物质和能量均会发生变化，并且可能表现为由负反馈调节维持的两种及以上不同的稳定状态。

[164] **生态系统管理 Ecosystem management**：在充分理解（森林）生态系统组成、结构和功能过程的基础上，制定适应性的管理策略，以恢复或维持（森林）生态系统稳定性和可持续性。

[165] **生物防治 Biological control**：利用天敌、拮抗生物、竞争性生物或其他生物进行有害生物防治的手段。

[166] **生长释放 Growth release**：在受到一定干扰后，树木径向生长出现的快速而持续的增加。

[167] **适地适树 Matching species with the site (condition)**：使造林树种的生物学、生态学特性与造林地的立地条件相适应，以提高造林的成活率与生长效果，充分发挥造林地的生产潜力，达到该立地在当前的技术经济和管理条件下的高产水平或高效益。

[168] **疏伐 Thinning**：又称生长伐或生长抚育，是指林分自壮龄至成熟以前，为了解决目

标树种个体间竞争的矛盾，不断调整林分密度，以促进保留木生长为主要目的的采伐。

[169] 疏林地 Sparse forestland： 由乔木树种组成，连续面积大于 0.067 公顷、郁闭度在 0.10～0.19 的林地。

[170] 疏透度 Porosity： 具有栅栏结构的固体障碍物的孔隙率。

[171] 树干径流 Stemflow： 林冠截持的降雨经树叶、树枝沿树干流向地面的雨水。

[172] 树冠体积 Canopy volume： 树冠结构三维空间大小。

[173] 树种选择 Tree species selection： 为具体的造林地（立地类型）选择适宜的造林树种。

[174] 水土保持林 Soil and water conservation forest： 以减缓地表径流、减少冲刷、防止水土流失、保持和恢复土地肥力为主要目的的有林地、疏林地和灌木林地。

[175] 水土流失 Water and soil loss： 在水力、重力、风力等外力作用下，水土资源和土地生产力受到破坏和损失，包括土地表层侵蚀和水土损失。

[176] 水源涵养 Water conservation： 在特定时空尺度上，通过植被层、枯落物层和土壤层等实现的对降水的截留、蓄持和时空调配，进而调节水量与水质等。

[177] 水源涵养功能 Water conservation function： 狭义上的水源涵养功能是指森林通过拦蓄降水进而调节河川径流和净化水质的作用，广义上的水源涵养功能是指森林生态系统内多个水文过程综合作用所产生的综合效应。

[178] 水源涵养林 Water conservation forest： 以涵养水源、改善水文状况、调节区域水分循环，防止河流、湖泊、水库淤塞，以及保护饮用水水源为主要目的的有林地、疏林地和灌木林地。

[179] 水资源 Water resource： 地球上具有足够的数量和合适的质量，可供人类直接利用，能不断更新的天然淡水，主要指陆地上的地表水和地下水。

[180] 松土 Scarification： 为种植而以人力或机械力翻耕土壤。

[181] 特种用途林 Specialty forest： 以国防、环境保护、科学实验等为主要目的的森林和林木，包括国防林、实验林、母树林、环境保护林、风景林、名胜古迹和革命纪念地的林木，自然保护区的森林。

[182] 土壤种子库 Soil seed bank： 土壤基质中有活力的种子的总和。

[183] 天然更新 Natural regeneration： 林木利用自然的力量形成新一代森林的过程。

[184] 天然林 Natural forest： 由天然下种或萌生形成的森林、林木、灌木林。

[185] 天然林资源保护工程 Natural Forest Protection Project： 简称“天保工程”，1998 年，在我国长江上游、黄河中上游地区以及东北、内蒙古等重点天然林区，为从根本上遏制生态环境恶化，以保护生物多样性，促进社会、经济的可持续发展为目标，实施的具有全局战略性的林业生态工程。

[186] 田间持水量 Field capacity： 在不受地下水影响的自然条件下，土壤毛细管悬着水达最大值时的土壤含水量。

[187] 透光伐 Release cutting： 又称透光抚育，一般在幼龄林时期，为解决树种之间或林木

与其他植物之间竞争的矛盾，保证目标树种和其他林木不受压抑，以调整林分组成为主要目的的采伐。

[188] 透光分层疏透度 Optical stratification porosity：林分内一定高度的某一平面以上部分没有被树木要素（树干、枝、小枝及叶）遮挡的天空球面的比率。

[189] 土壤有机碳 Soil organic carbon：指生物体产生的任何物质部分，分解后留在土壤中的碳；通过大气、植被、土壤、河流和海洋构成全球碳循环的关键要素。

[190] 退耕还林工程 Grain for Green Project：1999 年，国家通过无偿向退耕户提供粮食、现金补助等方式，将水土流失、沙化、盐碱化、石漠化严重地区和生态位重要、粮食产量低而不稳地区的耕地转化为林地的形式而实施的林业生态工程。

[191] 卫生伐 Sanitation cutting：为维护与改善林分的卫生状况而进行的抚育采伐。

[192] 温室气体 Greenhouse gas：大气中由自然或人为产生的能够吸收长波辐射而造成近地层增温的气体成分。

[193] 温室效应 Greenhouse effect：大气中的温室气体通过对长波辐射的吸收阻止地表热能耗散，从而导致地表温度增高的现象。

[194] 物候 Phenology：动植物的生长、发育、活动规律与非生物环境变化对节候的反应。

[195] 先锋树种 Pioneer tree species：常在空地或无林地上天然更新、自然生长成林的树种，一般为更新能力强、竞争适应性强、耐干旱瘠薄的阳性树种。

[196] 乡土（树）种 Native species：历史上自然分布或土生土长于当地的树种。

[197] 相对有效防护距离 Relatively effective protection distance：林带削弱旷野风速到一定程度所能达到的距离，一般取削弱旷野风速的 20%～30%。

[198] 香农多样性指数 Shannon's diversity index：用于表征植物群落局域生境内多样性的指数。

[199] 新干燥度指数 New aridity index：区域全部可利用水资源量与潜在蒸散量的比值。

[200] 薪炭林 Fuelwood forest：以提供柴炭燃料为主要经营目的的乔木林和灌木林。

[201] 胸高断面积 Basal area：树干胸高（树干距根部地面 1.3 米）处的横切面面积。

[202] 休眠期 Dormancy：植物体或其器官在发育过程中，生长和代谢出现暂时停顿的时期。

[203] 蓄积量 Growing stock：一定面积森林中各种活立木的材积总量。

[204] 叶面积密度 Leaf area density：单位土地面积、单位高度范围内的单面叶面积总和。

[205] 叶面积指数 Leaf area index：单位土地面积上植物叶片的总面积。

[206] 叶片聚集度 Leaf clumping index：又称叶片聚集度指数，表征植被叶片在空间分布的聚集程度。

[207] 叶倾角 Leaf inclination angle：叶片平面与水平面的夹角，或叶片腹面的法线与天顶轴的夹角。

[208] 宜林地 Land suitable for afforestation：经县级以上人民政府规划为林地的土地。

[209] 移植 Transplanting：将幼苗或树木移至他处栽植。

[210] **用材林 Commercial forest, Timber forest**：以生产木材和木纤维为主要目的的森林。

[211] **优势树种 Dominant tree species**：森林中株数最多、材积最大的乔木树种。

[212] **有林地 Forested land**：连续面积大于 0.067 公顷、郁闭度在 0.20 以上、附着有森林植被的林地。

[213] **幼龄林 Juvenile stand**：处于生长发育初期的林分。

[214] **幼苗 Seedling**：高度 30 厘米以下的针叶树个体，高度 1.0 米以下的阔叶树个体。

[215] **幼树 Sapling**：30 厘米以上至起测径阶以下的针叶树个体，或 1.0 米以上至起测径阶以下的阔叶树个体。

[216] **郁闭度 Canopy cover**：从林地一点向上仰视，被树木枝体所遮挡的天空球面的比例，或林冠在阳光直射下在地面的总投影面积（冠幅）与林地（林分）总面积的比值。

[217] **原始林 Primary**：未因人类活动导致生态进程遭受明显干扰的天然林。

[218] **早期更新 Early-stage regeneration**：森林天然更新的早期过程，即由种子或休眠芽/不定芽萌发到幼苗定居/建植的整个过程。

[219] **造林 Afforestation**：在无林地栽植树木的生产过程，常作为人工造林的同义语；无林地包括适宜造林的荒山、荒地、采伐迹地、火烧迹地、滩涂地、沙荒地和废矿基地等。

[220] **造林密度（初植密度）Planting density (Initial planting density)**：单位面积造林地上的栽植（播种）点（穴）数或造林设计的株行距。

[221] **择伐 Selective cutting**：每隔一定时期，采伐一部分成熟林木，使林地始终保持不同年龄的有林状态的一种主伐方式。

[222] **整地 Site preparation**：造林前清除造林地上的植被或采伐剩余物，并以翻垦土壤为主要内容的一项生产技术。

[223] **植被面积指数 Plant area index**：单位土地面积上植物要素总面积占土地面积的倍数。

[224] **植苗更新 Regeneration by seedling planting**：在造林地上栽植带根的苗木。

[225] **植苗造林 Forest establishment by seedling planting**：以苗木作为栽植材料的一种造林方法。

[226] **中龄林 Middle aged stand**：处于生长发育中期的林分。

[227] **终止防护成熟 Terminal protection maturity**：一代防护林（林分或林带）的防护功能（包括其他功能）明显下降、不能满足防护要求时的状态。

[228] **终止防护成熟龄 Terminal protection maturity age**：终止防护成熟所对应的时间。

[229] **种源 Provenance**：从同一树种的天然分布区范围内不同地点收集的种子或其他繁殖材料。

[230] **种子密度 Seed density**：单位面积内的种子数量。

[231] **种子雨 Seed rain**：特定时间从母树上散落的种子量。

[232] **主伐 Logging/Timber harvest**：对成熟、过熟林分或林木所进行的采伐。

[233] **自然保护区 Natural reserve**：为了保护自然环境和自然资源，促进社会经济可持续发展，将一定面积的陆地和水体划分出来，并经各级人民政府批准而进行特殊保护和管理的区域。

[234] **自然整枝 Self-pruning**：幼林郁闭后，处于树冠基部的枝条因光照不足逐渐枯落的现象。

[235] **总初级生产力 Gross primary productivity**：单位地表面积、单位时间内绿色植物通过光合作用所固定的碳量。

[236] **总防护效应 Total protective effect**：又称为动量减弱系数，指风（气流）通过林带后在一定的距离内动量所减弱的程度。

彩　图

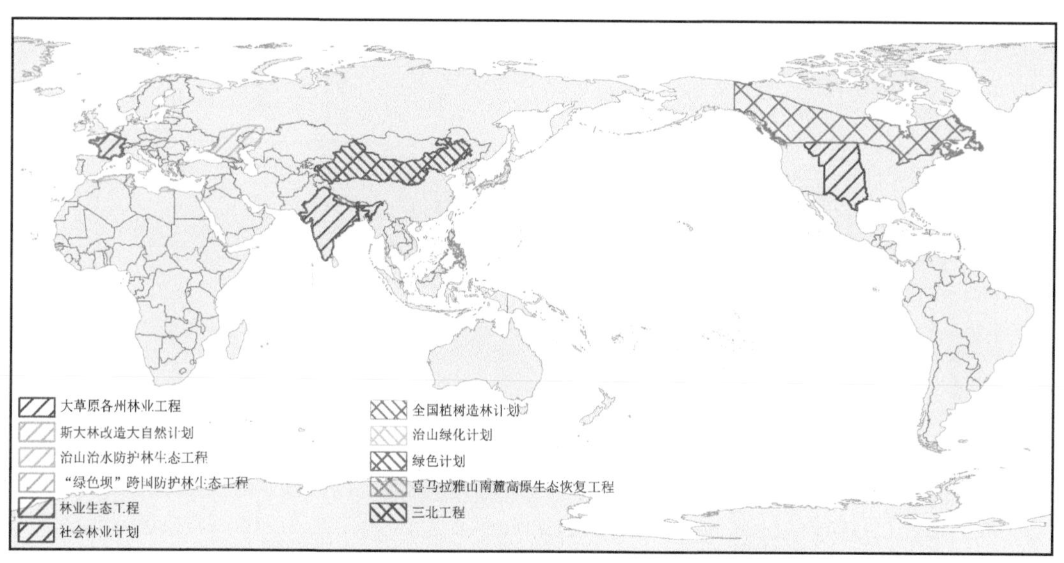

图 1-1　世界主要防护林生态工程分布图（引自 Zhu and Song，2021）

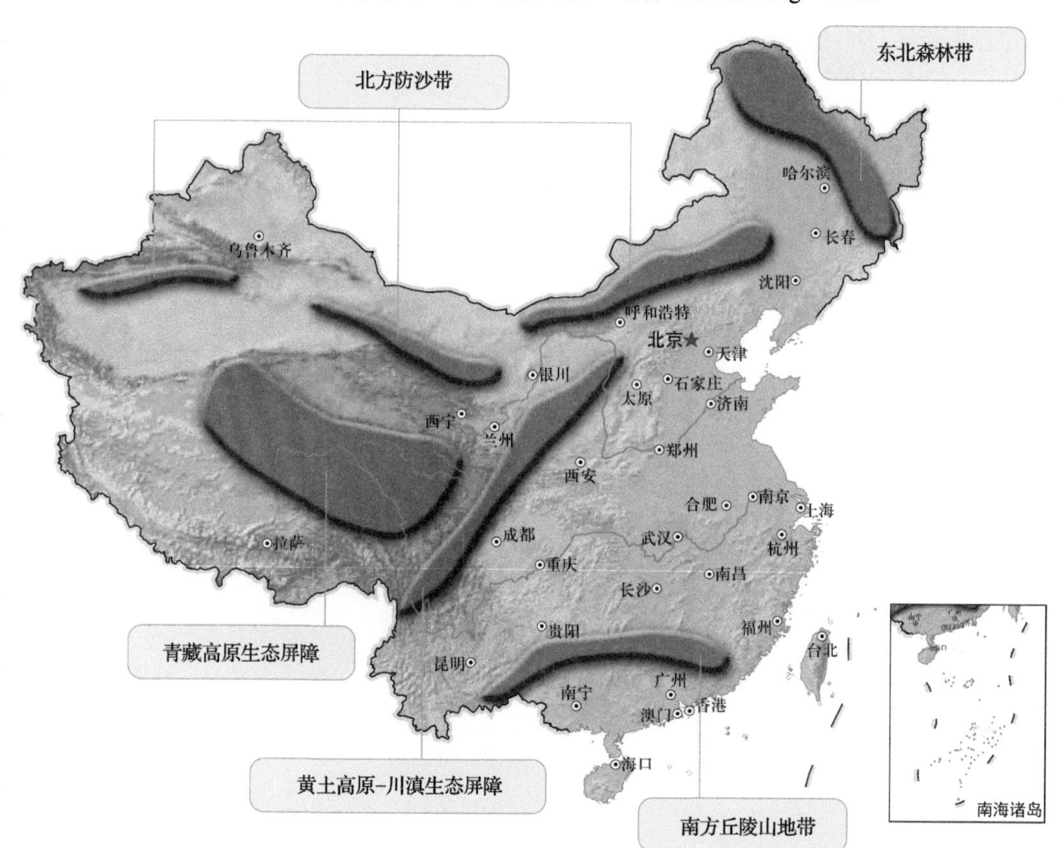

图 1-2　“两屏三带”生态安全战略格局示意图（引自樊杰，2016）

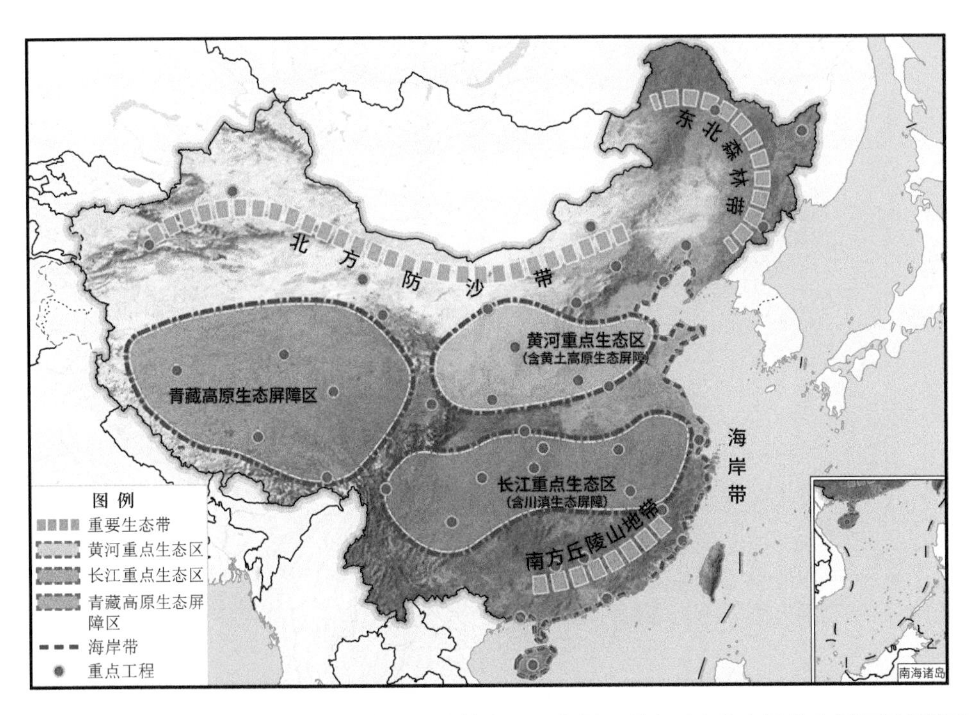

图 1-3　重要生态系统保护和修复重大工程总体布局示意图（引自《中华人民共和国国民经济和社会发展第十四个五年规划和 2035 年远景目标纲要》）

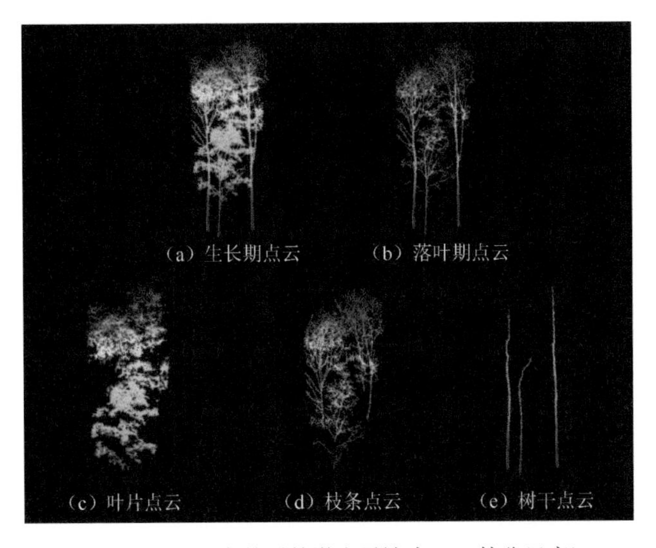

图 3-5　枝叶分离前后的激光雷达点云（林分尺度）

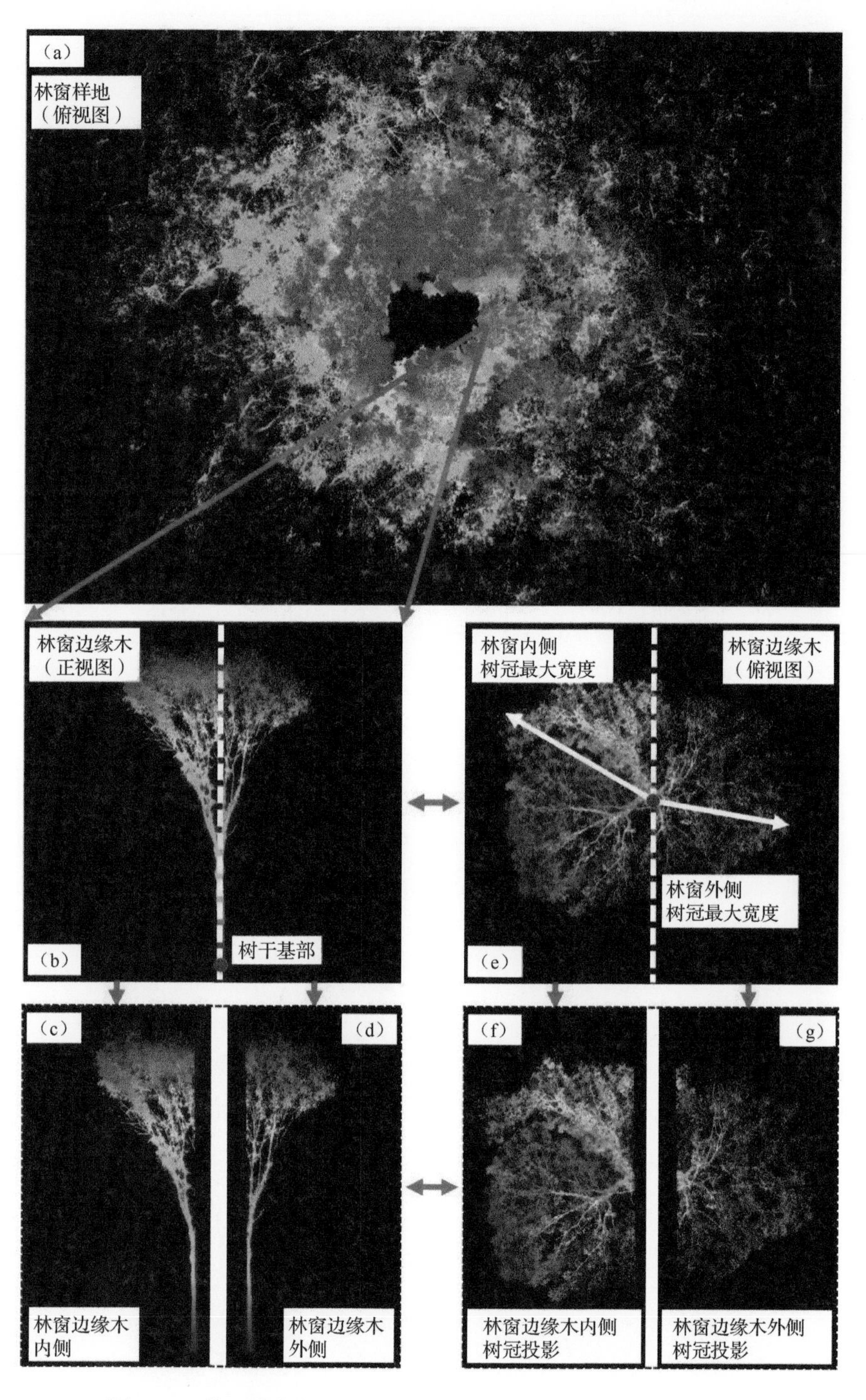

图 3-19　基于地基激光雷达扫描法量化林窗边缘木偏冠的流程图

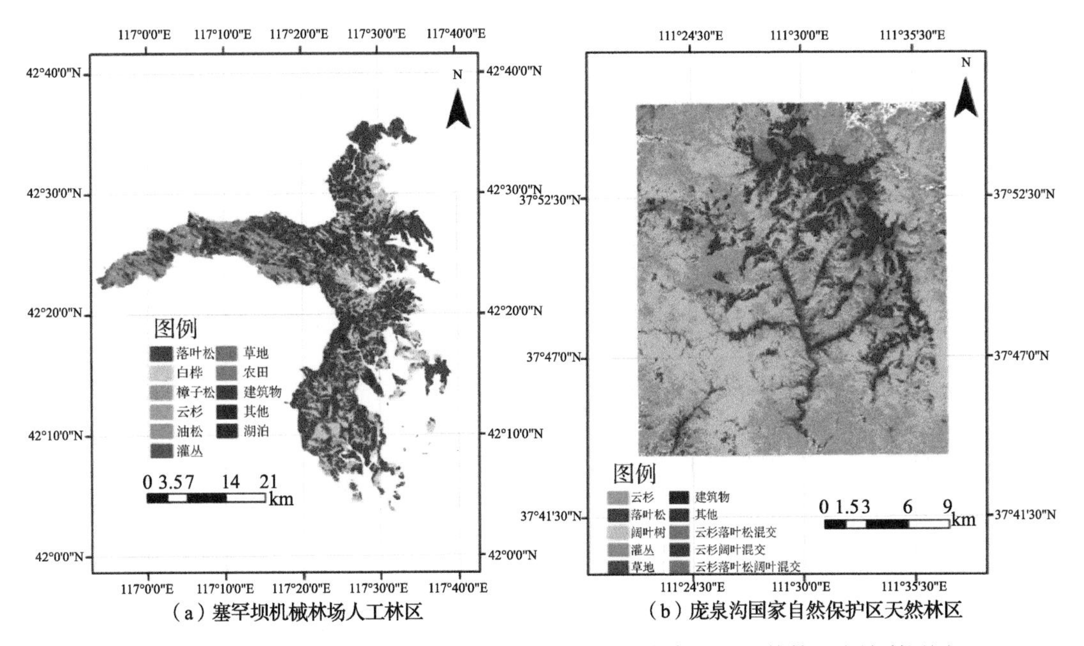

（a）塞罕坝机械林场人工林区　　（b）庞泉沟国家自然保护区天然林区

图 3-38　塞罕坝机械林场人工林区与庞泉沟国家自然保护区天然林区土地利用图

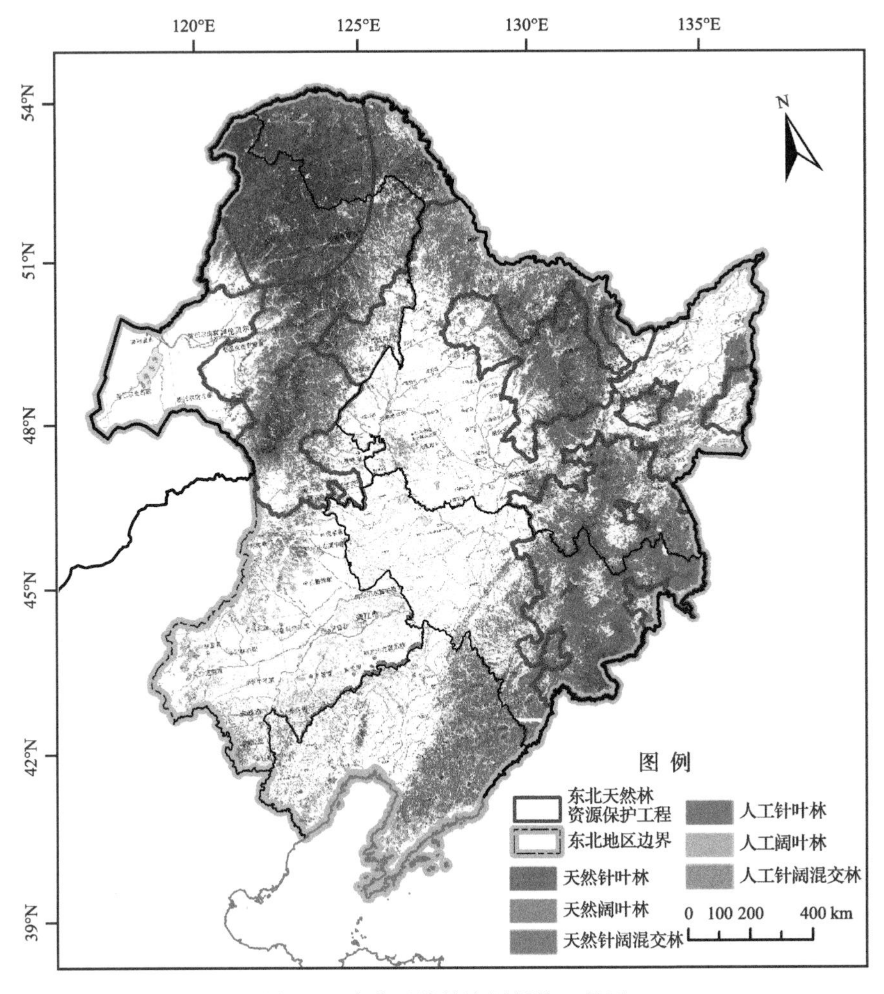

图 4-1　东北天然林资源保护工程区

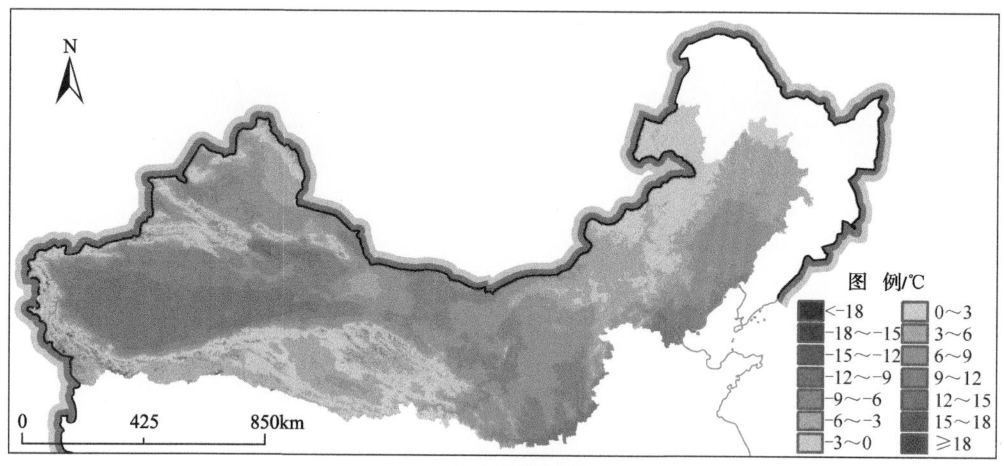

（a）年平均气温

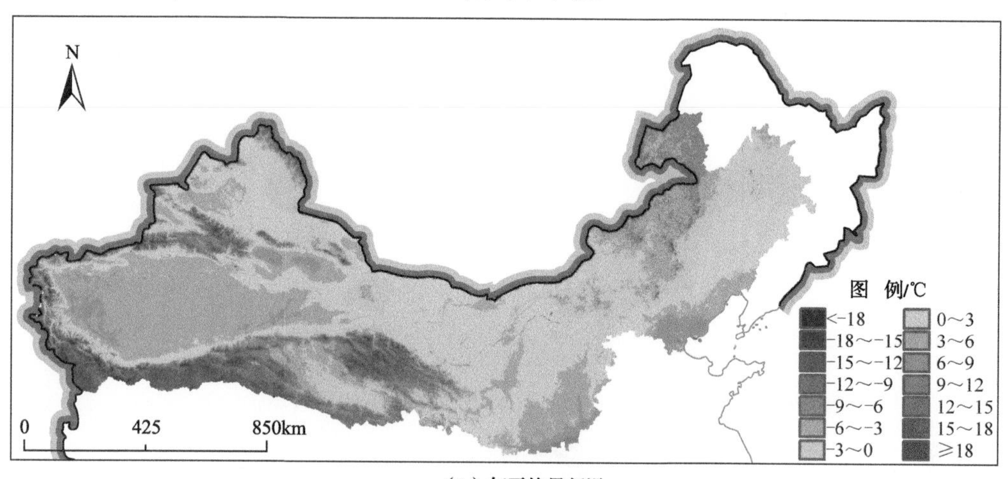

（b）年平均最低温

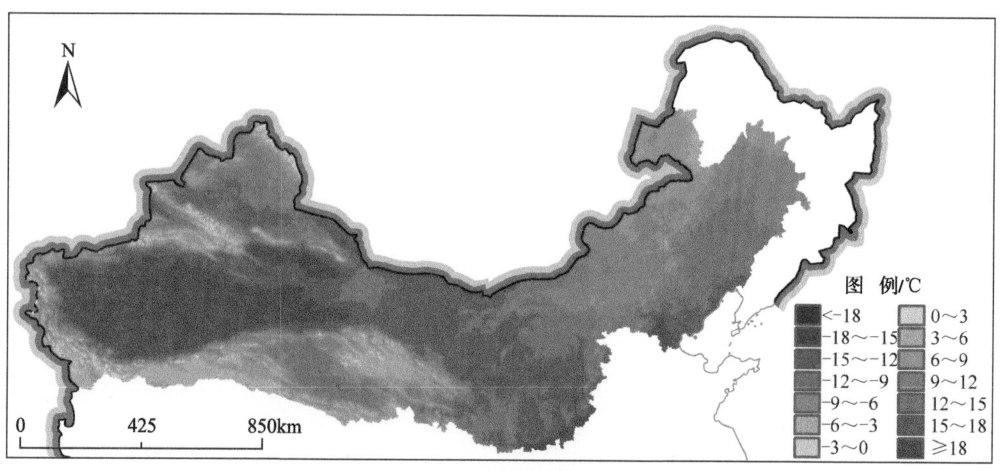

（c）年平均最高温

图 5-2　基于 SRMSIT 方法估算 2000～2009 年三北工程建设区的年平均气温、年平均最低温、年平均最高温分布图

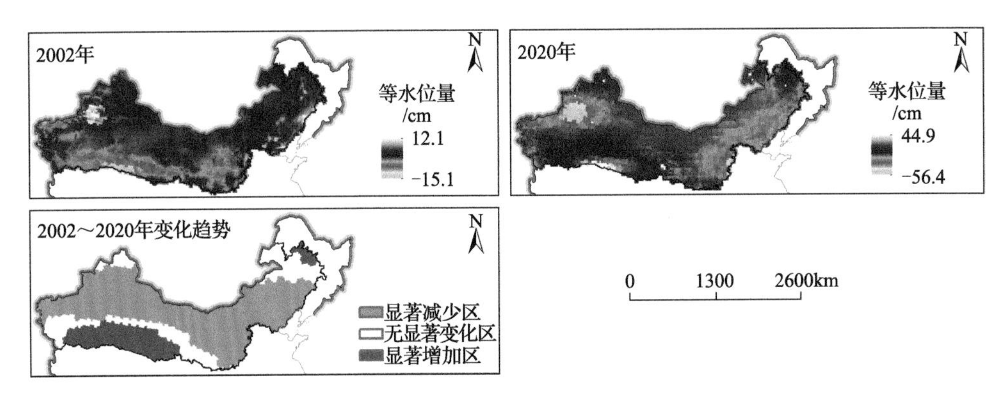

图 5-8　2002 年和 2020 年总水资源量及 2002～2020 年水资源量变化趋势

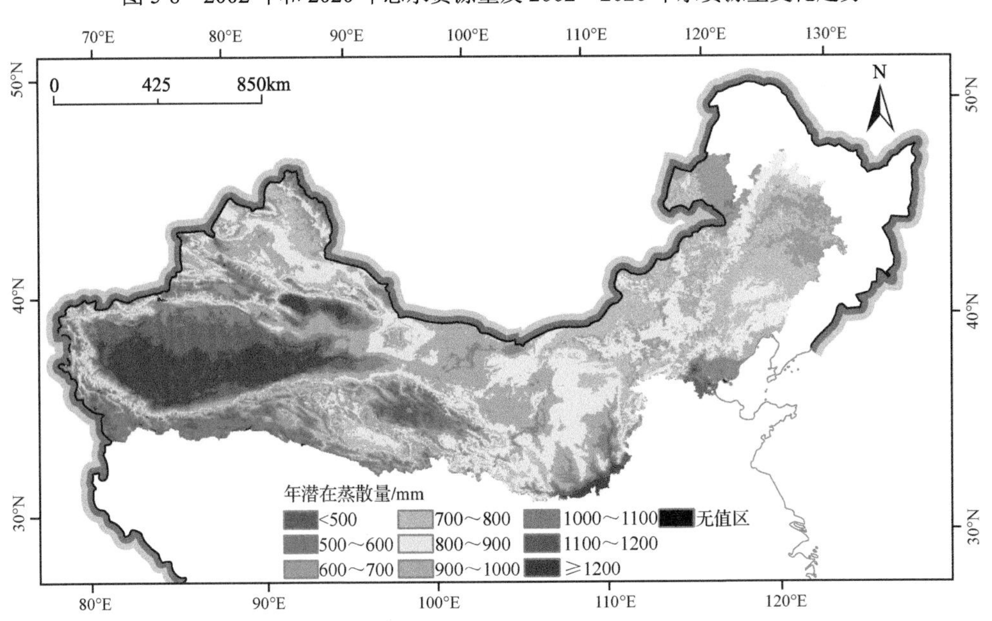

图 5-12　基于修正 Hargreaves 模型的三北工程建设区（最初规划范围）平均年蒸散量空间分布图

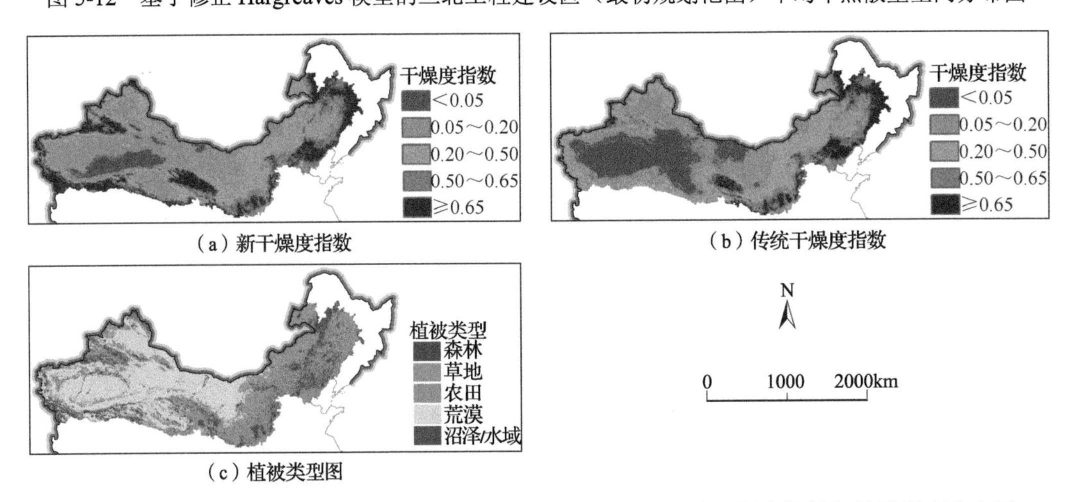

图 5-13　三北工程建设区（最初规划范围）新干燥度指数、传统干燥度指数与植被类型分布图

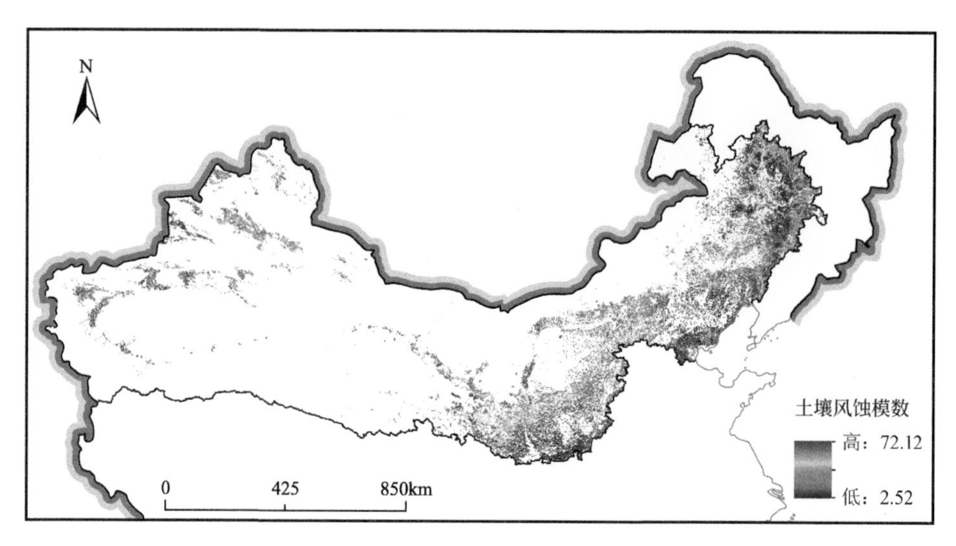

图 5-25　2020 年三北工程建设区农田土壤的风蚀模数［单位：10^3t/（km^2·a）］

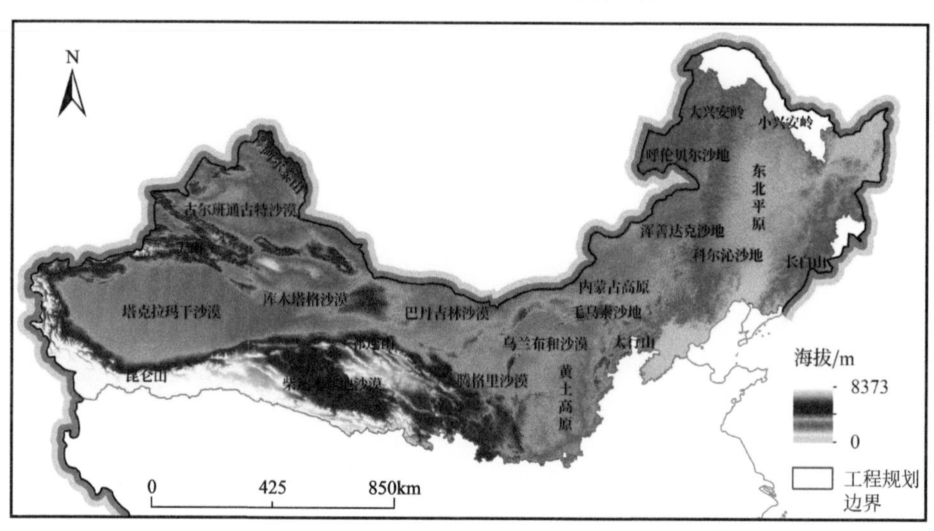

图 5-26　三北工程建设区地形图

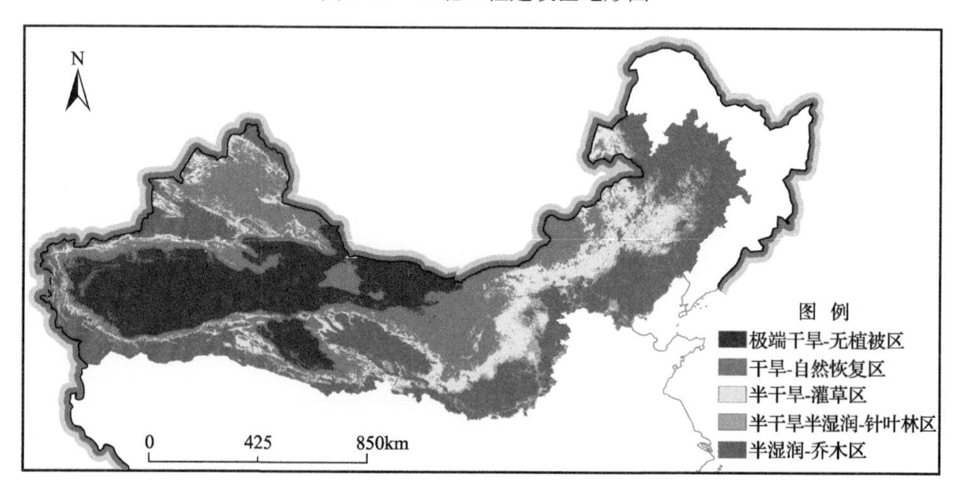

图 5-27　三北工程建设区基于新干燥度指数气候特征图

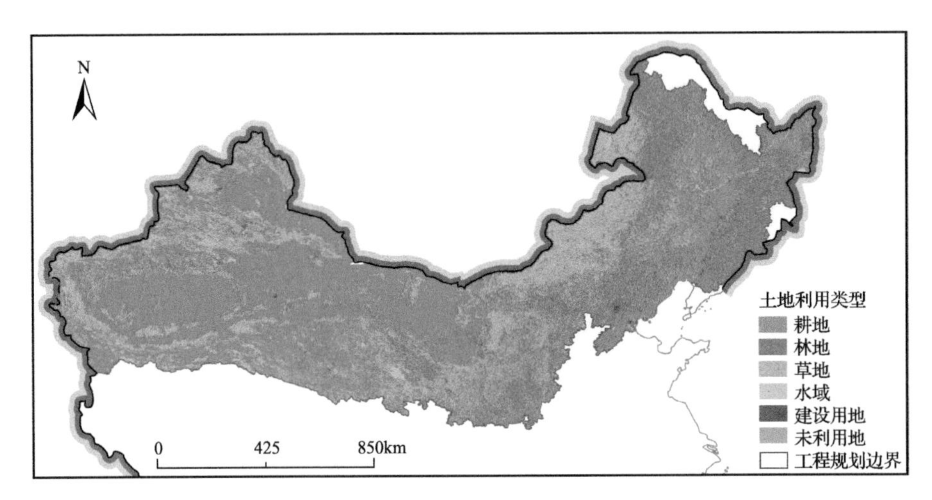

图 5-28　三北工程建设区土地利用类型图

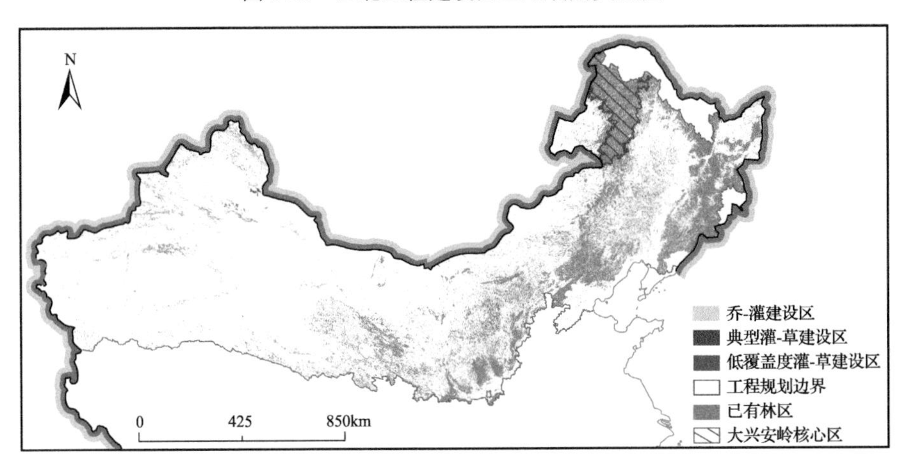

图 5-31　三北工程建设区适宜建设区分布示意图

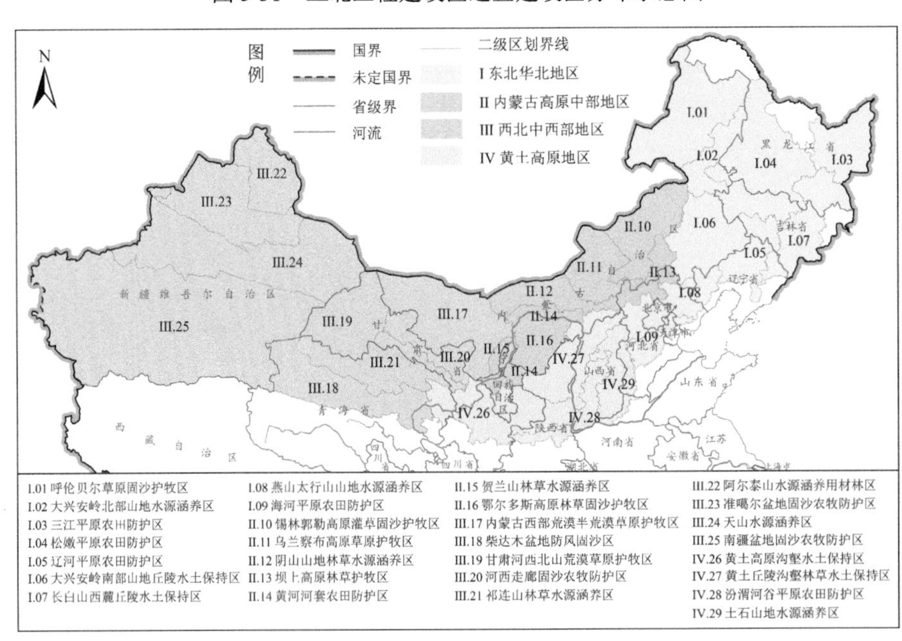

图 5-32　三北工程建设六期布局图

图 7-9　樟子松最早引种地区（章古台地区）樟子松固沙林衰退图像

（a）探地雷达仪器

（b）根系探测

（c）用于根系准确性验证的土壤剖面

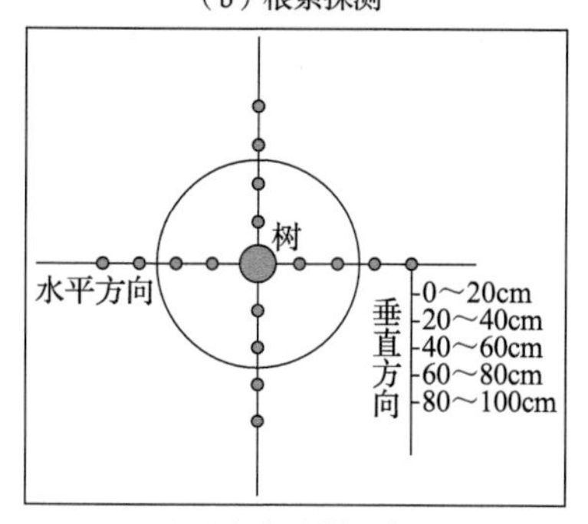

（d）细根取样示意图

图 8-1　探地雷达的粗根探测

图 8-4　落叶松人工林与阔叶天然次生林的相对空间格局调控

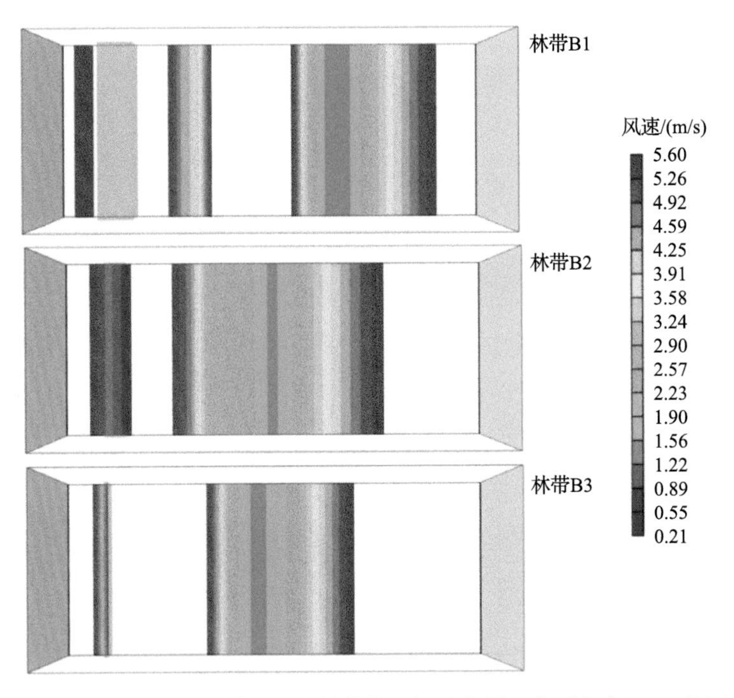

图 9-5　计算流体力学模拟得到的林带风场示意图（水平高度 1.5m 处）

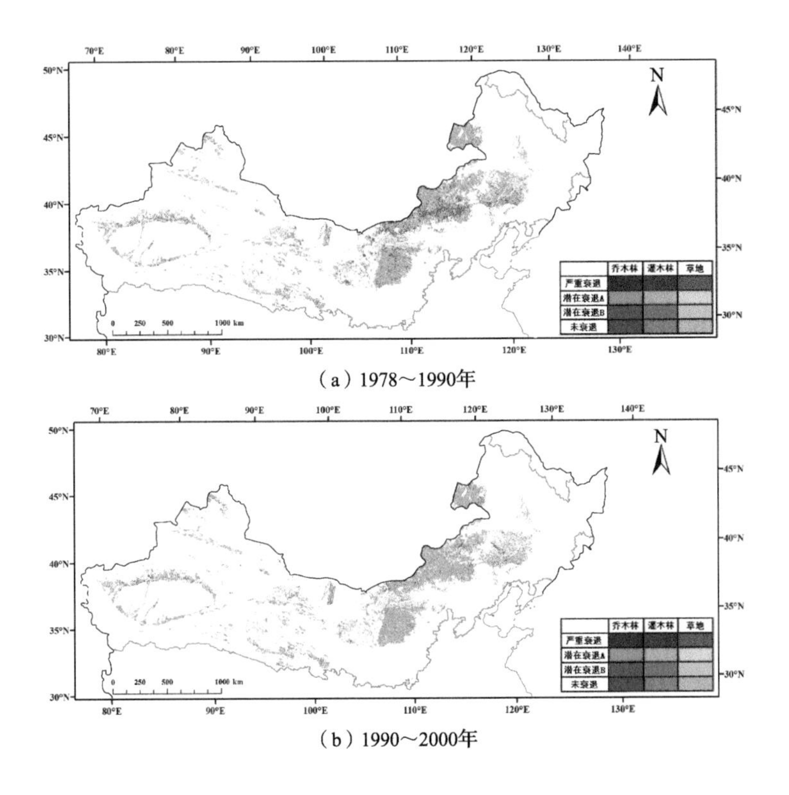

（a）1978～1990年

（b）1990～2000年

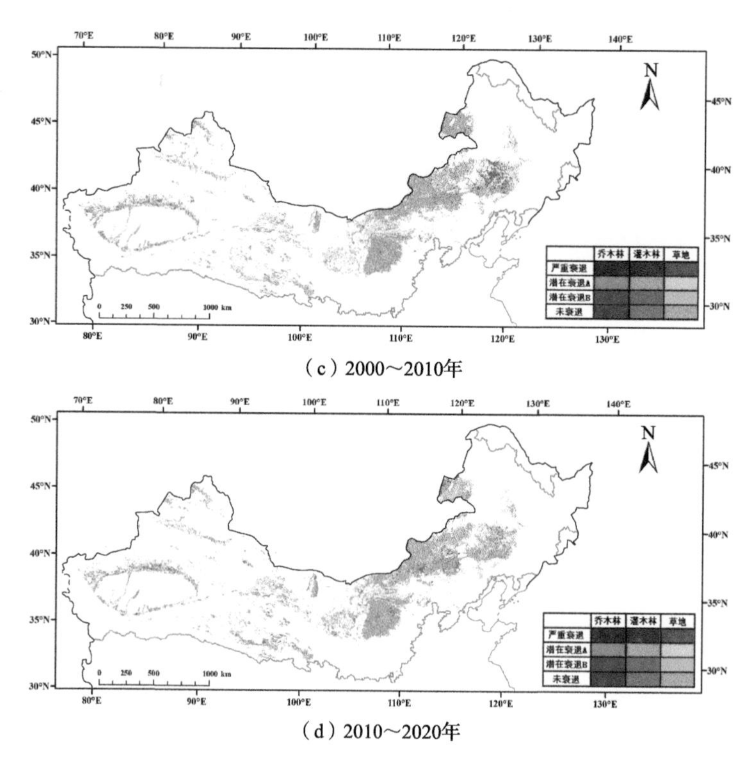

（c）2000～2010年

（d）2010～2020年

图 10-6　三北工程沙区 1978～1990 年、1990～2000 年、2000～2010 年和 2010～2020 年防风固沙植被质量时空动态

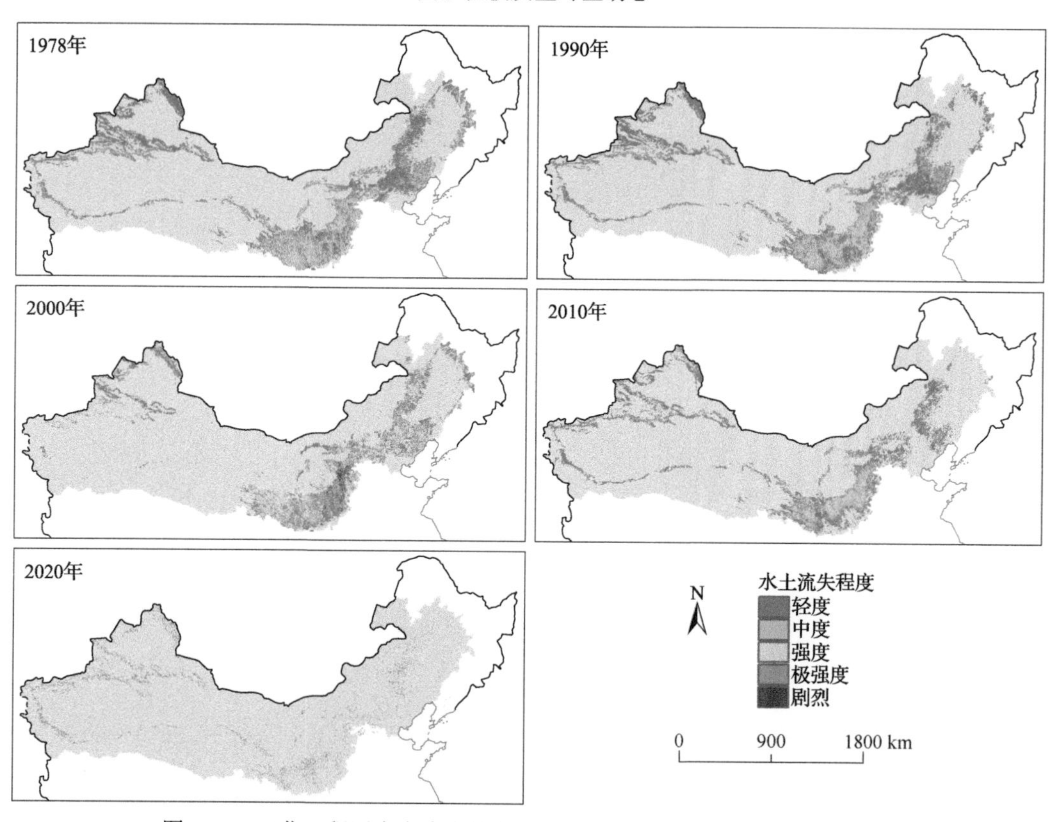

图 10-9　三北工程区水土流失的空间分布与年际变化（1978～2020 年）

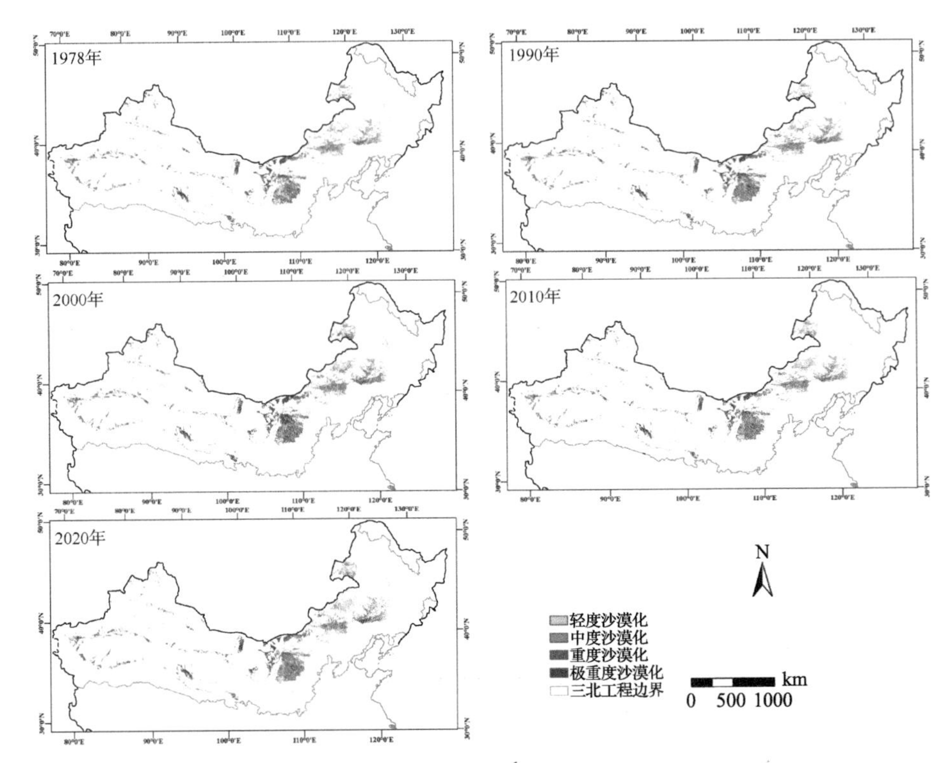

图 10-10　三北地区 1978 年、1990 年、2000 年、2010 年和 2020 年沙漠化空间分布图

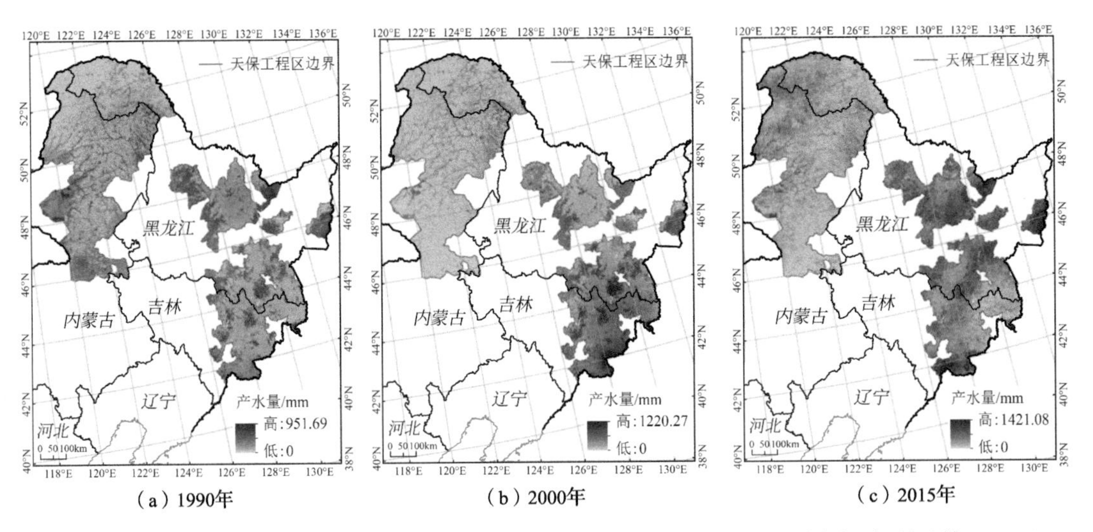

图 10-11　东北天然林资源保护工程区 1990 年、2000 年和 2015 年产水量分布图（何兴元等，2020）